데이터 통신

Data Communications
A Practical Approach

윤종호

계백북스

머리말

100여년 전의 전화 시스템과 무선 전신 시스템과 같은 초기 유무선 데이터 통신 기술은 현재 100Gbps급 이더넷 유선 통신 기술과 LTE 방식의 스마트 폰과 같은 최신 모바일 데이터 통신 기술로 무르익고 있다. 하지만 이면에는 유무선 전송선로에 가해지는 잡음과 왜곡, 지연 그리고 시스템 내부의 버퍼 부족에 의한 손실 등의 수 많은 기술적인 난관을 극복한 수 많은 통신정보 공학자의 이론적이고 실질적인 헌신이 있었다.

본 교재는 데이터 통신 기술의 기본 개념과 이것이 적용된 다양한 단말 및 네트워킹 시스템의 구성과 동작을 다룬 것이다. 또한 패킷망과 같은 장거리 데이터 통신 기술을 다루었던 기존 교재와 달리 임베디드 보드 내부 통신방식인 SPI, I2C, I2S 등의 초단거리 통신방식과 자동차 내부 제어통신망 기술인 LIN 및 CAN도 심도 있게 다루었다. 또한 오디오 및 조명제어와 같은 융합된 데이터 통신 기술도 포함하였다. 특히 다양한 데이터 통신 시스템의 기본 기능을 하드웨어 및 소프트웨어로 설계할 수 있는 능력을 배양할 수 있도록 총 70여 개의 설계 과제를 제시하고 관련 회로도와 프로그램도 함께 수록하였다.

본 교재의 구성은 다음과 같다.

- 1 ~ 3장 : 데이터 통신 시스템의 동작을 가능케 하는 라인코딩 및 변복조 기술, 오류 제어 등의 기본 개념을 다루었으며, Verilog 또는 C 언어로 수행할 수 있는 PRBS 및 NRZI 인코더 등의 다양한 설계 항목을 제시하였다. 또한 Omnet 시뮬레이터와 큐잉 시스템도 함께 다루었다.
- 4 ~ 5장 : 비동기 전송 기술인 UART 및 RS485 관련 기술을 다루면서 비동기 전송, 불평형 및 평형전송 개념을 소개하였다. 이를 응용한 Current Loop 통신 시스템과 조명제어용 DMX512 기술도 함께 다루고 관련 시스템을 설계할 수 있도록 하였다.
- 6장 : 전화망 시스템을 구성하는 전화기의 내부구조와 동작, 공간분할 및 시분할 교환기의 기능을 다루면서 각 기능에 대한 설계를 수행할 수 있도록 하였다.
- 7장 : HDLC를 기반으로 프레이밍, 흐름 및 오류제어 등에 대한 데이터 링크 계층 프로토콜의 기능을 다루면서 HDLC 칩을 기반으로 한 HDLC 전용 통신 모듈의 설계를 수행할 수 있도록 하였다. 이를 통하여 동기식 전송방식을 이해할 수 있도록 하였다.
- 8장 : 다중화와 다중접근 기술을 다루면서 대표적인 E1 TDM 다중화기의 설계를 수행할 수 있도록 하였다.
- 9장 : 패킷교환망과 케이블TV 시스템, 광통신 시스템, 인터넷, MPLS, OTN, PTN 등의 다양한 유선 데이터 통신망 기술을 소개하였다.

- 10장 : 무선LAN과 WPAN, 적외선 통신 등을 포함한 무선 데이터 통신망 기술을 다루면서 블루투스, GPS, IrDA 시스템의 설계를 수행하도록 하였다.
- 11장과 12장 : 스마트 폰과 같은 임베디드 시스템 내부 통신 기술인 SPI와 I2C 그리고 디지털 오디오 전송방식인 I2S, AES/EBU, S/PDIF를 다루었다. 이를 통하여 온도, 자이로스코프, 가속도 센서, 대기압 센서에 대한 인터페이싱 기법과 디지털 오디오 전송 시스템의 설계를 수행하도록 하였다.
- 13장과 14장 : 자동차 내부 제어 통신망 기술인 LIN과 CAN을 심도 있게 다루고, 관련 스텝모터 구동이 가능한 LIN/CAN 시스템 설계를 다루었다.
- 15장 : 대표적인 고속 전송 기술인 이더넷을 다루고, 관련된 이더넷 브리지 및 10Mbps/100Mbps급 이더넷 그리고 MDIO 제어기능을 설계하도록 하였다.
- 16장 : RFID와 NFC를 다루면서 부하변조의 원리를 습득할 수 있도록 하고, 125KHz 및 13MHz RFID 시스템을 설계하도록 하였다.
- 부록 : 데이터 통신 시스템 개발환경 구축 절차를 소개하였다.

이와 같이 본 교재는 기본적인 데이터 통신 기술의 개념뿐만 아니라 다양한 첨단 데이터 통신 시스템 설계 기술의 기반을 함께 습득할 수 있도록 준비하였다. 또한 이러한 설계과정의 원활한 수행을 돕기 위해 가급적 저렴한 데이터 통신 소자 및 소프트웨어 개발도구를 선정 제시하였다.

참고로 본 교재에서 요구되는 설계 항목은 타 교과목, 즉 통신공학, 디지털공학, 마이크로 프로세서, 전자회로, 전력전자, 소프트웨어 공학 등과 같은 분야의 다양한 지식뿐만 아니라 여러 종류의 개발도구의 활용능력이 함께 요구된다.

만약 여건이 여의치 않다면 본 교재에 제시된 70여 개의 설계과제 중 하드웨어관련 설계 과제는 이미 상품화된 아두이노 쉴드 모듈을 활용하고 관련 프로그램을 참조하는 것도 좋겠다. 하지만 가급적 흥미 있는 하나의 설계과제를 선택하여 회로설계에서 PCB 제작까지 스스로 수행하고 관련된 소프트웨어까지 설계하는 것을 추천한다. 이러한 학습과정을 통하여 최신 데이터 통신 시스템 설계뿐만 아니라 스마트 자동차, 무인기 등의 IT 융합 분야에도 큰 자신감을 얻게 될 것이다.

마지막으로 지난 3년여에 걸친 본 교재의 준비과정에서 무심하게 대한 주변 분들에게 깊은 미안함을 표한다. 특히 어려움에도 불구하고 출판을 수락하신 도 사장님과 강 선생님 그리고 이번 학기에 도움을 많이 주신 제주대학교의 임재윤 교수님과 좌정우 교수님께 큰 감사를 드린다.

2015. 봄
윤종호
yoonch@kau.ac.kr

Contents

제 1 장 데이터 통신

제 2 장 데이터 통신의 기초

Contents

Contents

Contents

Contents

Contents

Contents

Contents

Contents

Contents

Contents

제 **1** 장

데이터 통신

컴퓨터 또는 스마트 폰 등의 정보통신기기를 연결하여 데이터를 유무선으로 전송할 때 다양한 데이터 통신용 소자 및 소프트웨어가 사용된다.

예들 들어 스마트 폰에 있는 사진파일을 무선 LAN을 통하여 전달한다고 하자. 스마트 폰의 프로세서는 플래시 메모리에 저장된 바이트 단위의 사진파일을 읽어 내부의 무선 LAN 컨트롤러에 전달한다. 이것은 비트단위로 직렬화한 후 2.4GHz 대역의 주파수로 변조하여 주변의 액세스 포인트(AP)에 전달한다. AP는 이더넷을 통하여 이더넷 스위치 또는 라우터로 중계하고 결국 인터넷을 경유하여 상대방에게 전달된다. 수신 측 스마트 폰은 수신되는 비트열을 바이트 단위로 재조립하여 내부 버퍼에 일시 저장하면서 내부 플래시 메모리에 이동시켜 저장한다.

이러한 직렬 및 병렬 전송과정에서 비트동기 및 바이트 동기과정이 필수적이다. 또한 전송과정 중 발생하는 전송오류를 감지하고 재전송 등의 절차를 사용하여 복구하거나 흐름제어를 수행해야 한다. 또한 이러한 전송과정에서 전화망과 같은 장거리 전송 시스템을 경유하거나 무선 전송 방식이 사용될 경우 적절한 변조 및 복조과정이 수행되어야 한다.

이러한 대부분의 작업은 데이터 통신 전용 컨트롤러에 의해 하드웨어적으로 수행되지만 이들을 초기 설정하거나 재전송 절차 등을 지원하기 위해서는 관련된 드라이버 및 응용 소프트웨어가 역시 필요하다. 따라서 모든 데이터 통신 장치는 기본적인 통신용 송수신 기능뿐만 아니라 CPU와 메모리도 함께 갖는 일종의 컴퓨터 시스템이라고 할 수 있다. 본 장에서는 이러한 데이터 통신 시스템이 갖추어야 할 기능과 다양한 종류의 통신방식을 다룬다.

1.1 데이터 통신

(1) 개요

1876년에 전화기가 발명되면서 전기적인 통신망이 전 세계에 설치되었다. 이러한 통신망을 활용하여 각 문자를 5비트의 디지털 데이터로 인코딩하여 장거리 전송하는 데이터 통신기술인 current loop 기반의 텔렉스(Telex) 시스템도 널리 설치된다. 또한 변복조 기술을 사용한 무선 전신 기술도 개발되었다. 이러한 초기의 유무선 데이터 통신기술은 현재 100Gbps급 이더넷 유선 통신기술과 LTE(Long Term Evolution) 방식의 최신 모바일 데이터 통신기술을 활용한 스마트 폰의 사용으로 무르익고 있다. 하지만 이면에는 전송선로에 가해지는 잡음과 왜곡, 지연, 손실 등 예상하지 못하는 난관을 극복한 수 많은 통신정보 공학자의 이론적이고 실질적인 헌신이 있었다.

(2) 통신

통신이란 상대방에게 단방향 또는 양방향으로 음성과 같은 아날로그 정보 또는 파일과 같은 디지털 정보를 유선 또는 무선으로 전달하는 기술이다.

(3) 데이터

데이터는 의미가 있는 정보의 집합이다. 일반적으로 '0'과 같은 숫자 및 'A'와 같은 문자 정보뿐만 아니라 연속적으로 신호가 변화하는 음성이나 영상과 같은 아날로그 정보도 포함한다. 이러한 데이터는 장거리 또는 무선 전송이 필요한 경우 디지털 또는 아날로그 신호로 변환되어 전송된다.

(4) 데이터 통신

데이터 통신은 유선선로 또는 무선 전송선로를 이용하여 장치간에 데이터를 가급적 완벽하게 전기적으로 전달하고 이를 처리하는 데이터 전송(Data Transmission)기술과 데이터 처리(Data Processing) 기술을 결합한 기술이다[1]. 전송거리에 따라 수십 Km 이상의 장거리 데이터 통신, 100m 이하의 근거리 통신, 컴퓨터 메인보드 위의 칩들 사이의 단거리 데이터 통신기술 등으로 구분된다. 또한 블루투스의 페어링 방법과 같이 1:1로 연결될 수도 있고, TV방송처럼 하나의 송신국에 다수의 수신단말이 접속될 수도 있다.

(5) 데이터 통신 시스템의 구성요소

효율적인 데이터 통신 시스템의 구성요소는 다음과 같다.

- 전송매체(transmission medium) : 유선 케이블 또는 무선으로 송신부와 수신부를 물리적으로 연결하는 매체이다.
- 송신부 : 데이터를 송신하는 기능부이다. 필요시 원래 데이터를 변환하여 전송한다.
- 수신부 : 상대방으로부터 데이터를 수신하는 기능부이다. 변환된 데이터 수신시 원래의 데이터로 복원한다.
- 단말 : 송신부와 수신부가 함께 있거나 한 부분만 있는 장치로써 종단장치(End System)이라고도 한다. 예를 들어 스마트 폰은 송신부와 수신부가 모두 있는 단말이다. 반면에 라디오는 수신부만 있는 단말이고, 방송국은 송신 전용 단말이다.
- 중계 및 교환장치 : 송신부와 수신부 중간에서 신호를 중계하거나 교환하는 장치로 access point(AP), 기지국, 교환기, 라우터 등이 있다. Intermediate System(IS)라고도 한다.
- 통신망 : 중계장치를 다수 연결한 것이다. 인터넷, 전화망 등이 있다.
- 데이터 메시지 블록 : 송수신부간에 의미가 있는 데이터의 묶음이다. 이것의 단위는 비트, 바이트, 그리고 이들이 다중 결합된 프레임, 패킷, 메시지 등을 말한다.
- 통신규약(프로토콜): 데이터 메시지 블록의 효율적인 전달 절차이다.

---

[1] 컴퓨터 통신은 데이터 통신의 한 종류로서 특별히 컴퓨터 간의 통신기술이며, 정보 통신(Information Communication)은 데이터 통신기술을 기반으로 데이터뿐만 아니라 음성, 화상, 영상, 멀티미디어 등을 종합적으로 서비스하는 분야이다.

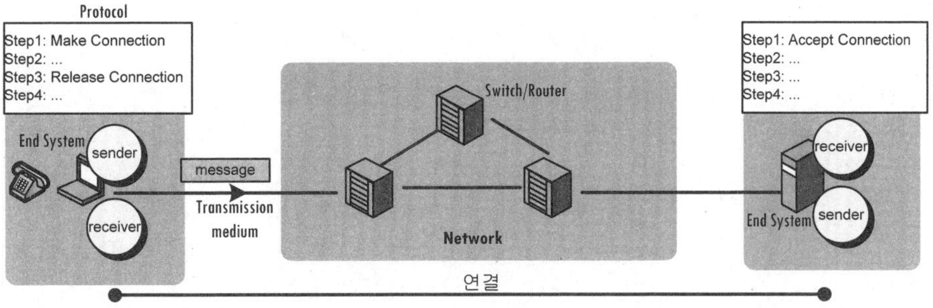

<그림 1.1> 데이터 통신 시스템의 구성요소

(6) 데이터 통신의 난제와 해결방법

멀리 떨어져 있는 상대방과의 의미 있는 데이터를 전달하는 수단을 제공하는 데이터 통신 시스템은 전송과정에서의 왜곡(Distortion), 감쇄(Attenuation), 지연(Delay), 간섭(Interference), 데이터 오류(Error), 데이터 분실(Loss), 과부하(Overload), 지터(Jitter) 등에 의한 전송 장애에 의해 원래의 데이터로 복원하는데 기술적 어려움을 겪는다.

데이터 통신 시스템은 이러한 난관을 극복하기 위하여 오류감지 및 복구를 위한 오류제어 (Error Control)기능, 과부하를 방지하기 위한 흐름제어(Flow Control)기능, 송수신측간의 비트시간을 일치시키기 위한 동기(Synchronization)기능, 하나의 물리적인 전송매체상에 다중의 연결로를 제공하는 다중화(Multiplexing)기능, 하나의 선로상에서 동시에 송수신이 가능하도록 하는 동시이중통신(Duplexing)기능, 다수의 장치들이 하나의 전송선로를 효율적으로 활용하도록 하는 다중접근(Multiple Access)기능, 필요한 곳으로 정보를 중계하는 교환(Switching)기능, 연결로를 설정하고 해제하는 신호방식(Signalling) 등이 사용된다.

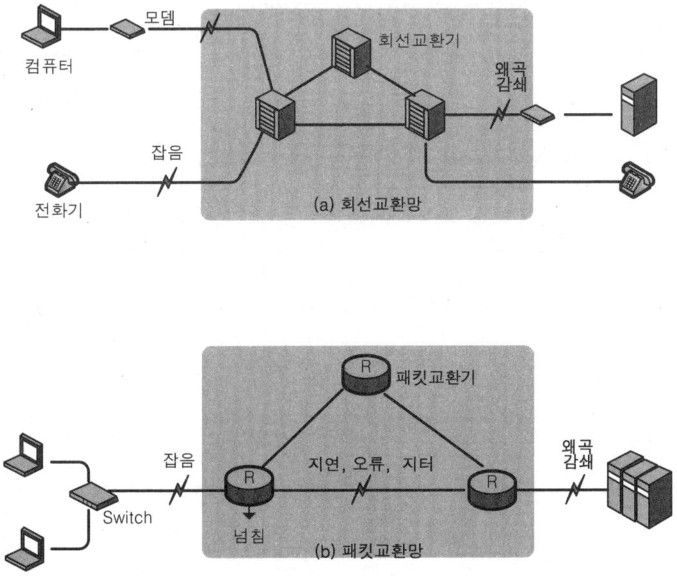

<그림 1.2> 데이터 통신 시스템의 구성요소

1.2 데이터의 전송단위

데이터 통신 시스템의 전송단위는 <그림 1.3>과 같이 가장 작은 전송단위인 심볼에서 수퍼 프레임까지이다.

- 심볼(Symbol 또는 Chip) : 하나의 비트를 여러 개의 신호로 조합할 때 그 단위 신호성분이다[2]. 주로 변조시 사용되는 단위이다. 또는 여러 비트를 하나의 심볼로 표현할 경우도 있다. 즉 심볼율은 초당 신호의 변화율을 의미한다.
- 비트(Bit) : 디지털 데이터를 표현하는 최소단위로써 1 또는 0의 값을 가진다.
- 니블(Nibble) : 4비트 단위의 데이터이다. 예를 들어 100Mbps급 이더넷 프레임의 각 바이트는 2개의 Nibble 단위로 분리되어 전송된다.
- 바이트(Byte) : 8 비트 단위의 데이터이다.
- 워드(Word) : 16비트 또는 32비트 단위의 데이터이다. 심지어 64비트 단위도 워드라고 한다.
- 프레임(Frame) : 최대 및 최소 길이로 규정되는 바이트열의 한 묶음을 말하며, 패킷, 메시지, Protocol Data Unit(PDU) 등으로 불린다.
- 슈퍼프레임(SuperFrame) : 6, 12, 24개 등의 프레임의 집합이다. 시분할 다중화(Time Division Multiplexing) 방식에서 주로 사용된다.

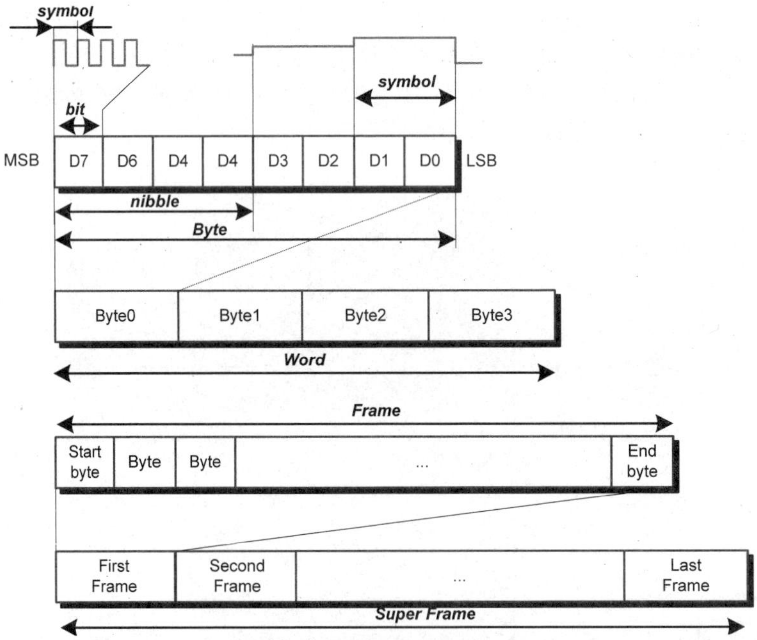

<그림 1.3> 데이터의 전송단위

[2] 적외선 리모컨, RFID, CDMA 등에서 한 비트 송신시 사용된다.

1.3 Byte Order

시스템 내부에서 사용하는 변수들의 바이트 순서는 <그림 1.4>와 같이 CPU 제조회별로 상이할 수 있다. 예를 들어 변수 x = 0x1234에 대하여, Freescale사의 CPU가 탑재된 시스템의 메모리에는 메모리의 시작번지부터 각각 0x12와 0x34가 저장된다.
반면에 인텔 CPU를 사용하는 시스템의 메모리에는 시작번지부터 각각 0x34와 0x12가 저장된다. CPU 제조사별로 서로의 바이트 정렬 (Byte Ordering) 방식이 정 반대이며, 이들을 각각 big endian 및 little endian계열 CPU라고 한다.

Big endian 시스템			Little endian 시스템		
Freescale(Motorola), IBM, Internet			Intel, VAX		
High-order 바이트가 먼저 저장됨			Low-order 바이트가 먼저 저장됨		
unsigned short x = 0x1234;					
메모리번지	100	*12*	메모리번지	100	*34*
	101	*34*		101	*12*

<그림 1.4> CPU 종류에 따른 저장위치의 비교

이렇게 상이한 CPU를 탑재한 시스템간의 데이터 전송시 바이트 순서 차이에 의해 잘못 전달될 수 있다. 예를 들어 <그림 1.5>와 같이 프리스케일 시스템에서 인텔 시스템으로 0x1234값을 전송한다고 하자. 바이트 스트림이 {12, 34} 순으로 송신되면, 인텔 시스템의 메모리에는 도착하는 순서대로 {12, 34}가 저장된다. 하지만 이 값은 인텔 시스템에서 0x3412로 읽혀지는 문제가 발생한다.
이러한 문제를 해결하기 위하여 네트워크로 전송되는 모든 값들은 모두 big-endian계열로 전송하고, 시스템에 따라 내부적으로 바이트의 순서를 바꾸어 처리한다. 이렇게 네트워크로 전송시 정의된 바이트 전송순서를 network byte order라고 한다.

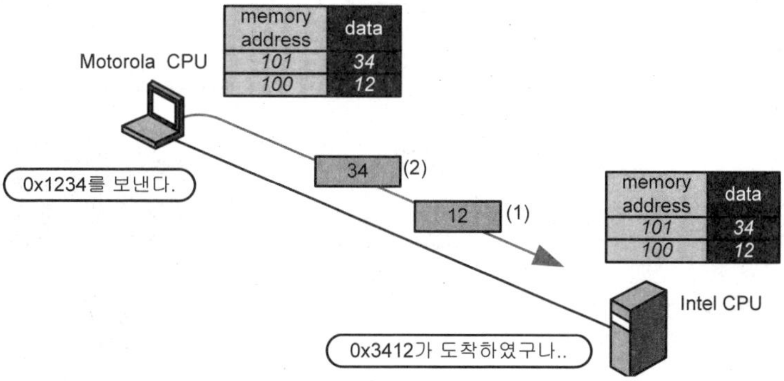

<그림 1.5> 프리스케일 시스템에서 인텔 시스템으로의 전송과정 예

1.4 유무선 통신선로

(1) 전송방식에 따른 통신선로의 종류

통신선로는 이더넷과 같은 유선선로, 무선 LAN와 같은 무선선로로 구분된다.

- 유선선로 : 구리선 또는 광섬유를 사용하여 전기적인 신호 또는 광 신호를 전달하는 통신로이다.
- 무선선로 : 전자파, 음향, 빛(적외선 포함) 등을 사용하여 신호를 전달하는 통신로이다.

(2) 연결방법에 따른 통신선로의 종류

통신국간의 연결방법에 따라 다음과 같은 2종류의 통신선로가 있다.

- 점대점(point-to-point) 통신선로 : 이더넷 스위치의 특정포트와 단말간의 직접 연결 또는 전화기와 교환기간의 연결, 마이크로 웨이브 통신국간 무선연결 등과 같이 두 장치간에 직접 연결된 통신선로이다.
- 공유 통신선로 : 무선 LAN이나 초기 이더넷 등과 같이 하나의 유무선 전송매체에 3개 이상의 장치가 공유하는 선로이다. 이 경우 동시에 송신을 시도하는 장치가 2개 이상 있다면 데이터가 충돌될 수 있으므로 다중접근(multiple access) 절차를 통해 해결한다.

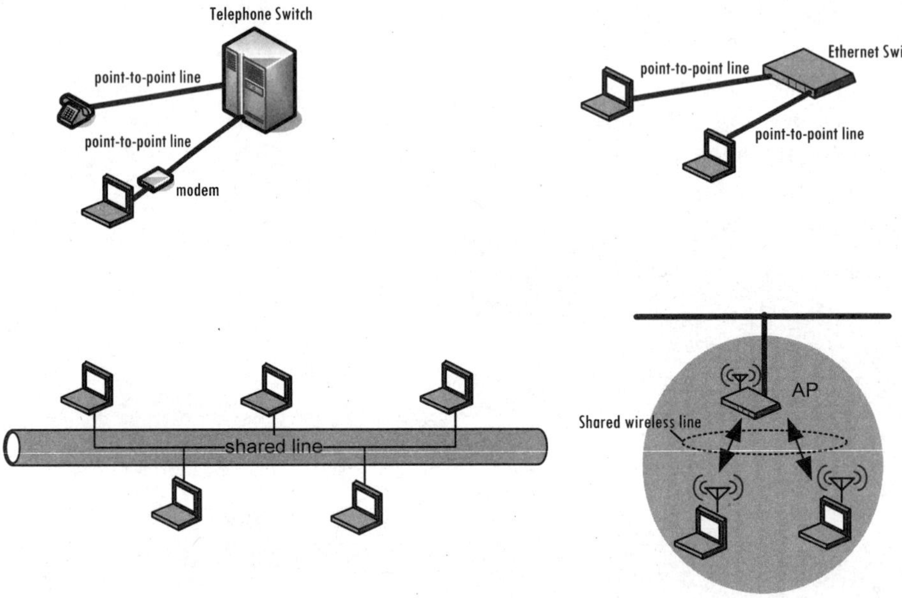

<그림 1.6> 통신선로의 종류

1.5 데이터 트래픽의 특성

음성/영상 및 컴퓨터 데이터는 생성간격, 오류 수용여부, 지연 수용여부가 서로 상이하다.

- 음성/영상 데이터 : 지속적, 오류 수용, 지연 비수용
- 컴퓨터 데이터 : 간헐적(bursty), 오류 비수용, 지연 수용

지속적으로 생성되는 음성신호가 상대방에게 무리 없이 전달되려면 경로상에서의 지연이 일정해야 한다. 물론 경로상에서 외부 잡음에 의해 일부가 왜곡되더라도 수용할 수 있다. 동영상의 경우도 음성과 마찬가지로 경로상에서 외부 잡음에 의해 일부가 왜곡되더라도 원만한 사람이면 수용할 수 있다. 반면에 컴퓨터간 통신시 생성되는 데이터는 간헐적인 특성이 있다. 즉 특정 웹싸이트 접근시 일시적으로 데이터가 전달되지만 화면을 보고 있는 대부분의 시간에는 데이터가 생성되지 않는다. 그리고 오류가 있는 데이터 수신시에는 오류복구 절차를 사용하여 극복하거나 이 사실을 사용자에게 알려야 한다. 대신 전달지연이 가변적이어도 큰 무리는 없다.

1.6 데이터의 전달방법과 선로의 활용방법

(1) 데이터의 전달 방법

하나의 신호원에서 생성된 데이터를 하나 이상의 수신측에 전달하는 방법은 다음과 같다.

- Unicast : 한 곳에만 전달하는 방법
- Multicast : 특정 그룹에 속한 수신측에만 전달하는 방법
- Broadcast : 불특정 다수의 수신측에 전달하는 방법

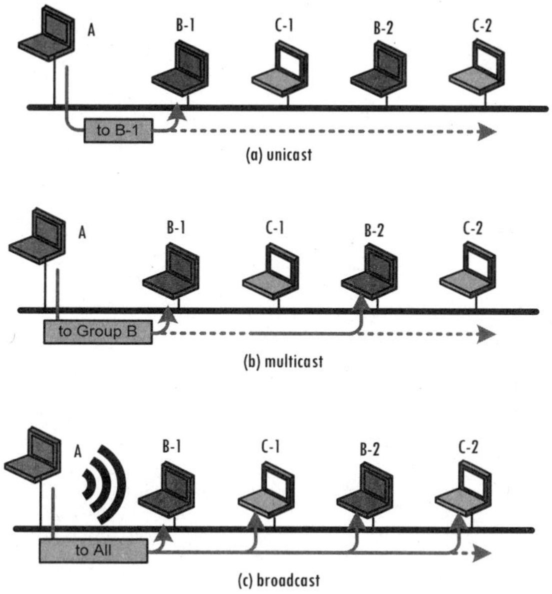

<그림 1.7> 데이터 전달 방법

(2) 통신채널

통신채널(channel)은 전송매체를 통하여 전기적으로 데이터를 전달하는 통로(path)로써 다음과 같은 3종류가 있다.

- 단방향(Simplex) 채널 : 키보드로부터의 입력이나 모니터로의 출력 등의 단방향 채널이다.
- 반이중(Half-Duplex) 채널 : 하나의 선로를 송신과 수신용으로 교대하면서 사용한다. USB, 무선 LAN 단말과 AP간의 통신 등에서 사용된다.
- 전이중(Full-Duplex) 채널 : 동시에 송수신이 가능한 채널이다. 쌍방간에 송신선로와 수신선로가 각각 분리되어 있기 때문에 송신중에도 수신이 가능하다. 100Mbps 이상의 이더넷에서 사용된다.

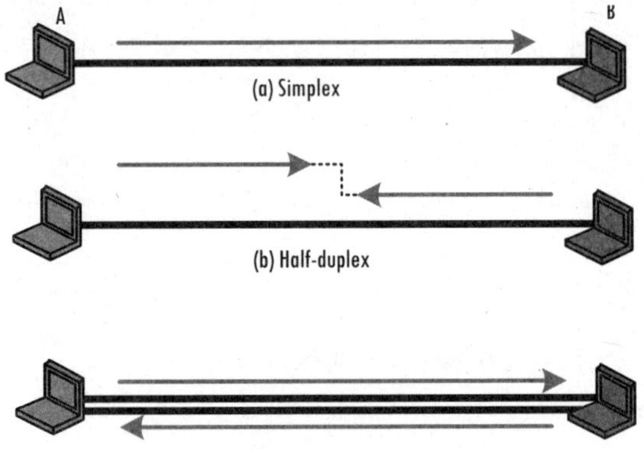

<그림 1.8> 선로의 활용 방법

1.7 직렬전송 및 병렬전송

(1) 직렬전송

직렬전송은 데이터 전송시 한 비트씩 차례로 보내는 것이다. 장거리 전송 또는 케이블 가닥 감소 목적으로 사용된다[3]. 이러한 직렬전송방식을 사용하는 기술은 다음과 같이 대부분의 데이터 통신에서 사용된다.

- 단거리 직렬전송 : I²C, SPI, I2S, USB, Firewire, SATA, PCI Express, S/PDIF
- 중거리 직렬전송 : RS-232, RS-422, RS-423, RS-485, LIN, CAN, 이더넷, Fiber Channel, DMX512, AES-EBU
- 장거리 직렬전송 : Current Loop, T-1, E-1, SONET/SDH

[3] 병렬전송방식과 동등한 전송속도를 제공하려면 더 빨리 전송을 해야 한다.

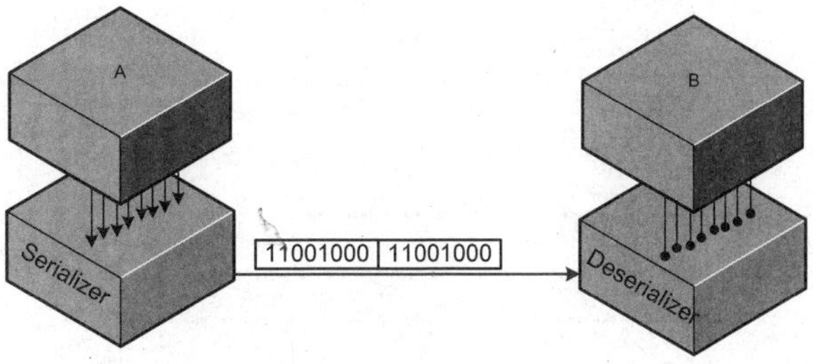

<그림 1.9> 직렬전송

(2) 직렬전송

병렬전송은 주로 CPU와 주변장치 연결시 사용된다. 이것은 8, 16, 32 또는 64비트의 데이터를 한 클럭에 전송할 수 있다. 케이블 가닥수가 많이 소요되고 커넥터가 차지하는 면적도 크다. 또한 단거리 통신만 가능하다.

왜냐하면 케이블이 길어지면 각 케이블 가닥마다의 상이한 전송특성에 의해 동시에 출발한 각 비트들이 동시에 도착하지 않을 수 있기 때문이다. 주로 Centronix 프린터, IDE 하드 디스크, 메인보드 내 메모리 버스 등의 단거리 전송에서 사용된다.

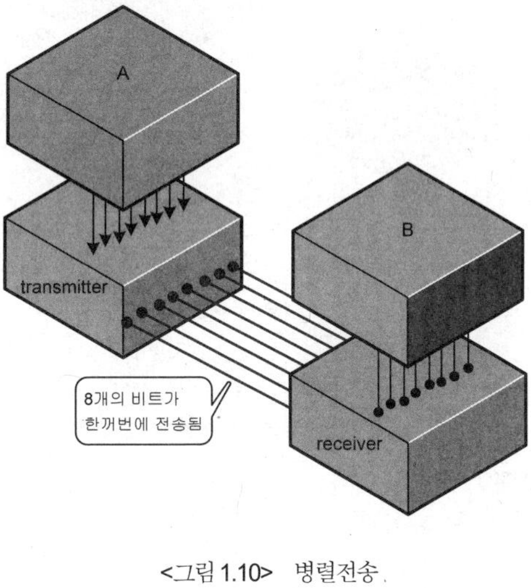

<그림 1.10> 병렬전송

(3) 직/병렬 변환

8비트 또는 4비트 단위의 병렬로 전달된 데이터에 대하여 직렬화하는 기능은 Serializer라고 하며 원래의 병열 데이터로 복원하는 기능을 Deserializer라고 한다. 이러한 2가지 기능을 함께 구현한 모듈을 SerDes라고도 한다. 이러한 SerDes기능은 시프트레지스터로 구현된다.

<그림 1.11>은 100Mbps급 이더넷에서 사용되는 직/병렬 변환기능의 예이다[4].

---

4 수신측 입장에서는 병렬로 변환시 수신되는 직렬 비트열로부터 바이트의 경계 또는 4비트 nibble단위로 정

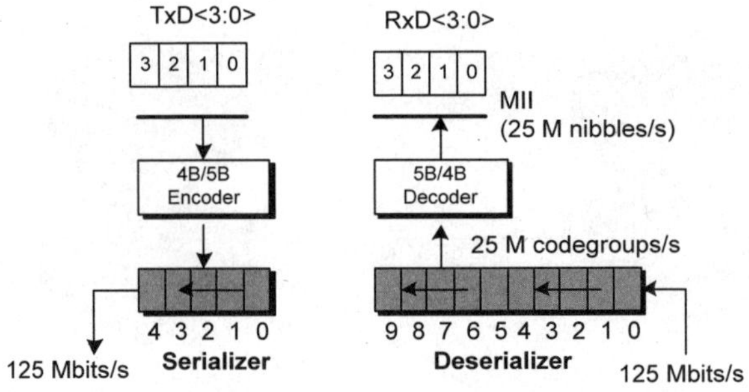

<그림 1.11> 직/병렬 변환의 예

(4) Bitwise trunking

전송률을 증가시키기 위하여 n비트씩 나누어 *n*가닥으로 전송하는 방식이다. PCIe의 경우 2Gbps급 선로를 2, 4, 8, 또는 16 개를 동시에 사용한다. 또한 Gbps급 이더넷의 경우 4개의 선로를 사용하여 각각 250 Mbit/s로 동시에 전송한다.

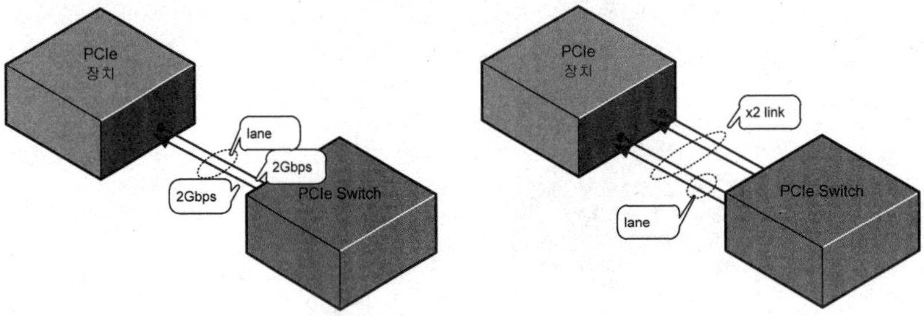

(a) x1 link (b) x2 link

<그림 1.12> PCIe 의 lane 과 link

(5) Link Trunking

이것은 기존 직렬 전송링크를 2, 4, 8개 등을 통합하여 전송하는 기술이다. 이러한 기술을 Link Aggregation, Link Bonding이라고도 한다.

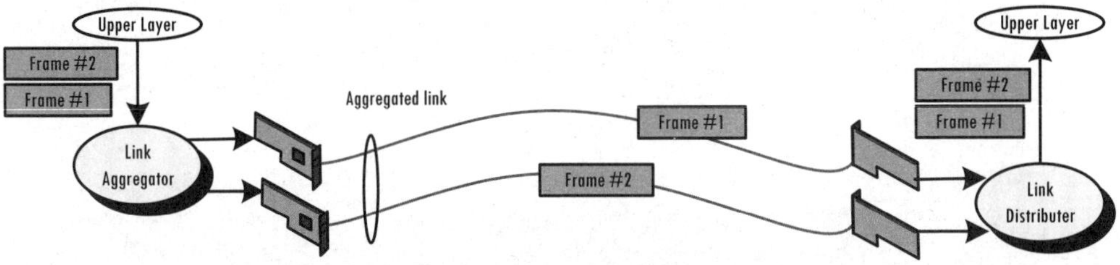

<그림 1.13> 링크 트렁킹

확하게 정렬할 필요가 있다.

1.8 통신망(네트워크)

통신망은 <그림 1.14>와 같이 다양한 방법으로 연결된 데이터 통신장치들의 집합이다[5]. 연결방식과 토폴로지의 종류는 다음과 같다[6].

- 연결방식 : 점대점, 멀티드롭
- 토폴로지 : 스타, 그물, 버스, 링

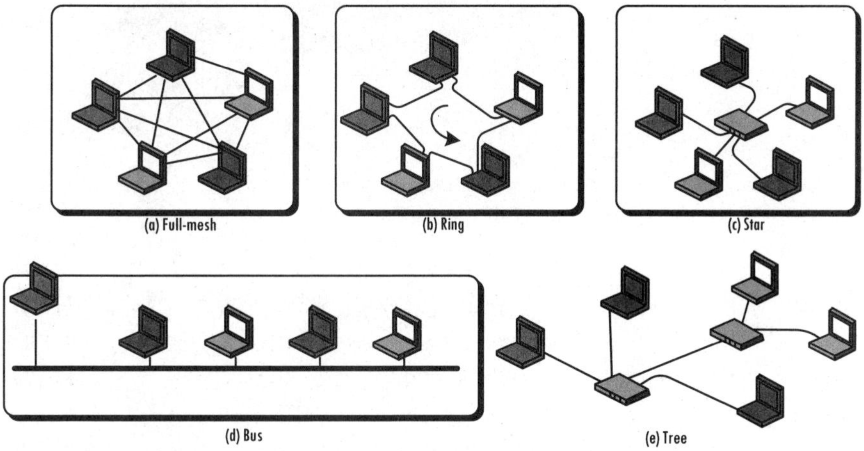

<그림 1.14> 통신망의 종류

1.9 교환방식

*N*개의 장치가 또 다른 *N*개의 상대방 장치와 직접 연결한다면 *N* x *N*개의 통신로가 필요할 것이다. 더욱이 양방향 통신이 가능하려면 이것의 2배가 필요하게 된다.
실 생활에서 *N*개의 장치 모두가 24시간 계속 통신하는 것은 아니므로 통신자원을 낭비하게 된다. 이러한 문제점을 해결하기 위하여 경로상에 교환장치를 설치함으로써 전송선로를 공유하도록 한다. 교환방식으로는 회선교환, 패킷교환, 메시지교환, 레이블교환 등이 있다.

(1) 회선교환

회선교환방식의 예로 전화 교환망이 있다. 사용자는 필요시 상대방과의 연결로 설정을 시도한다. 경로상의 교환기는 이러한 요청에 대하여 가용한 채널이 있으면 연결을 수락하지만 그렇지 못하면 거부한다. 사용자는 이러한 시도가 성공하면 이 연결로는 독점적으로 사용할 수 있다. 반면에 연결된 이후 대화를 하지 않아도 요금이 누적된다. 또한 일시적으로 통화량이 폭주할 경우 아예 통화접속 자체가 실패할 수 있다.

---

[5] 물론 동호회 등의 사람들이 연결된 집합도 일종의 네트워크이다.
[6] 각 토폴로지의 장단점을 분석해 보자.

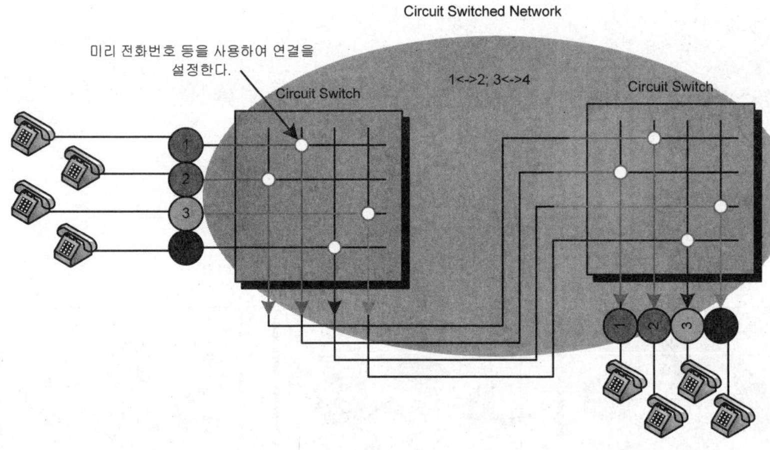

<그림 1.15> 회선교환방식

(2) 패킷교환

컴퓨터간 통신시 생성되는 데이터는 간헐적인 특성이 있다. 즉 인터넷 서핑시 클릭할 때에는 일시적으로 데이터가 전달되지만, 화면을 보고 있는 대부분의 시간에는 데이터가 생성되지 않는다. 패킷교환 방식은 이러한 특성을 고려하여 데이터를 패킷 단위로 분할하여 전송하고 데이터를 보내지 않는 시간에는 다른 컴퓨터가 생성한 패킷을 중계하는 방식이다.
여기서 패킷이란 컴퓨터에서 생성되는 메시지 또는 파일과 같은 긴 정보를 적당한 길이로 분할하고, 분할된 각각에 대하여 수신측 주소정보 등의 헤더을 부착한 일종의 전송단위이다. 우리에게 친숙한 TCP/IP가 바로 패킷 단위로 전송하는 방식이다.

패킷교환기는 다음과 같은 작업을 수행한다.

- 수신되는 여러 패킷들을 순서대로 버퍼에 축적하면서 각 패킷 헤더에 명시된 주소를 읽은 후, 목적지 단말로의 최적 경로상에 있는 다음 패킷교환기로 중계한다[7].
- 일시적으로 특정 출력포트에 많은 패킷이 유입되면 이들을 버퍼링한다. 따라서 전달 지연시간이 가변적이다.
- 패킷교환기의 수신버퍼가 부족하거나 오류가 있는 패킷이 수신되면 폐기한다.

패킷단말은 이러한 패킷교환기의 특성을 고려하여 다음과 같은 작업을 수행해야 한다.

- 송신측 단말은 여러 개의 패킷으로 데이터를 분할한다.
- 각 패킷헤더에 목적지의 주소를 명시한다.
- 전달 과정에서 오류가 발생하거나, 패킷교환기의 버퍼가 넘쳐 제대로 전달되지 못할 수도 있으므로, 적절한 오류제어 및 흐름제어를 수행한다.
- 수신측 단말은 여러 개의 수신 패킷으로부터 원래의 데이터로 재조립한다.

---

[7] TCP/IP를 사용하는 인터넷에서는 이러한 패킷교환기를 라우터 또는 게이트웨이라고 한다.

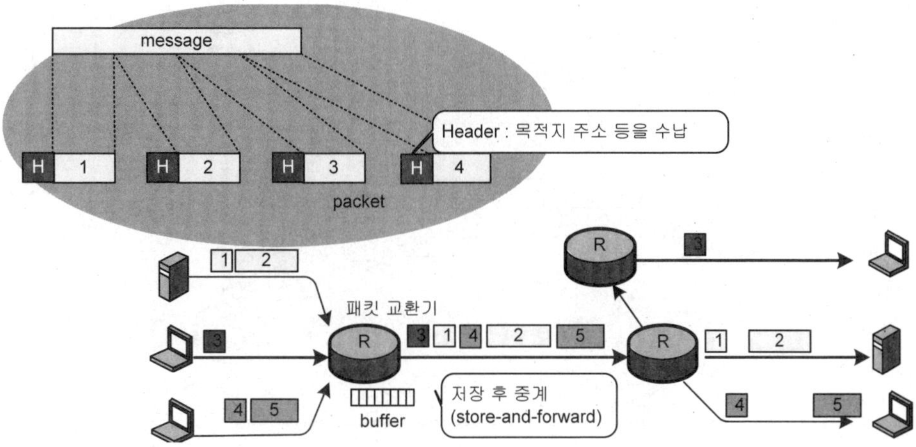

<그림 1.16> 패킷교환방식

(3) 메시지교환

메시지(또는 파일) 단위로 축적한 후 중계하는 교환방식이다. e-mail 시스템이 바로 메시지 교환 방식의 한 예이다. 송신자 메일은 송신측 메일서버에 일단 저장된 후 목적지 메일서버에 전달된다[8]. 목적지 메일서버는 일종의 메시지 교환기로써 수신된 메일 메시지를 메일박스에 저장한 후 사용자의 요청시 전달한다.

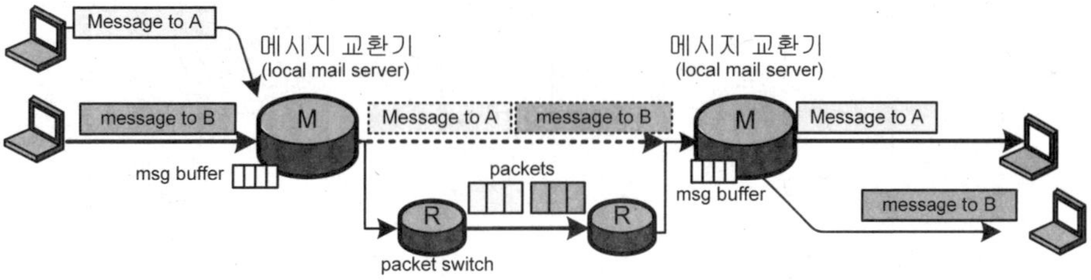

<그림 1.17> 메시지교환방식

(4) 레이블교환

패킷교환 기능의 효율을 향상시키기 위해 주소영역 보다 짧은 길이의 레이블(Label)을 사용하여 중계하는 방식이다. 단말을 연결하는 엣지교환기는 목적지 주소별로 구분되는 레이블을 선두에 부착하여 코어교환기로 전달한다.

코어교환기는 레이블을 참조하여 출력포트를 선택한 후 해당 패킷을 중계한다. 수신측 엣지교환기는 레이블을 제거한 후 목적지 단말에 패킷을 중계한다. 이러한 교환방식은 MPLS(Multi Protocol Label Switching) 시스템에서 사용된다.

[8] 물론 이 과정 중에 메시지는 패킷 단위로 분할되어 전달된다.

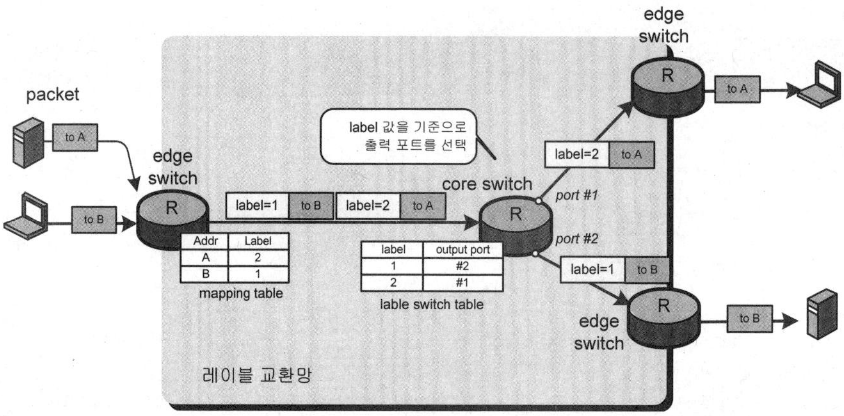

<그림 1.18> 레이블교환방식

(5) 비교

<그림 1.19>는 앞의 네 가지 교환방식을 비교한 예이다. 물론 패킷교환방식이 링크의 사용율을 향상시키는 장점이 있지만, 너무 많은 트래픽을 수용할 경우에는 일부 패킷의 지연이 커지며, 심지어 손실될 수도 있는 단점도 역시 있다.

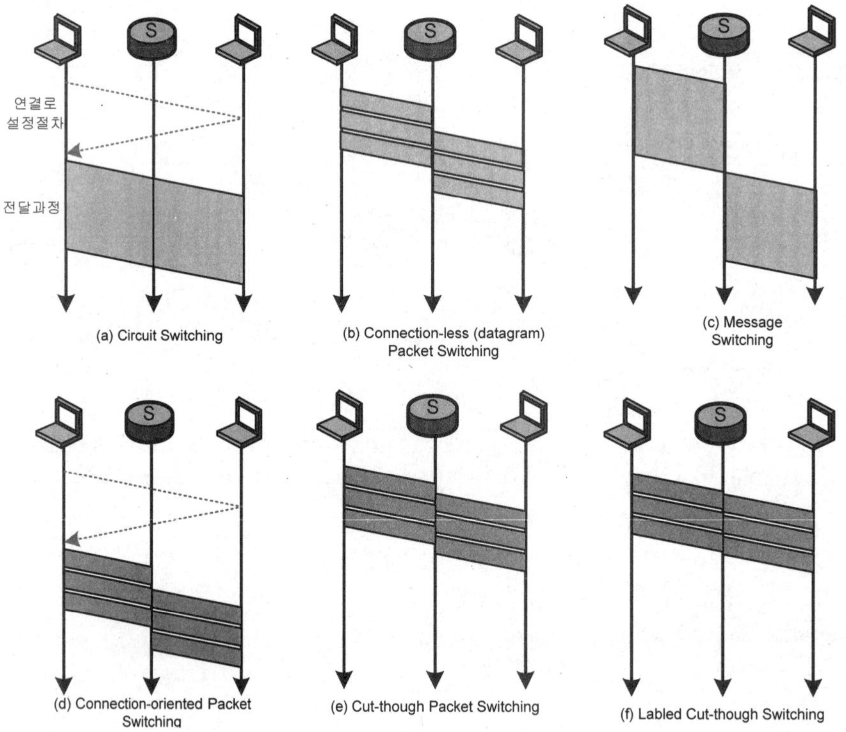

<그림 1.19> 다양한 교환방식의 비교

1.10 전송거리에 따른 데이터 통신망의 분류

(1) Local Area Network (LAN)

개인용 컴퓨터가 일반화되기 전에 컴퓨터 사용자들은 대형컴퓨터에 직접 접속된 더미 터미널(Dummy Terminal)을 이용하여 인터넷을 사용하였다. 이후 개인용 컴퓨터가 보편화되면서 사무실이나 캠퍼스 내부의 컴퓨터를 연결하기 위한 근거리 통신망(Local Area Network)이 설치되기 시작했으며, 이들을 장거리로 연결하는 인터넷에 의해 그 수요가 확대되었다.

초기의 LAN은 대부분 10Mbps의 전송속도를 갖는 이더넷을 사용하였지만, 고속화의 필요성에 따라 100Mbps의 Fast Ethernet으로 발전하였고, 기가비트 이더넷도 보편화되고 있다.

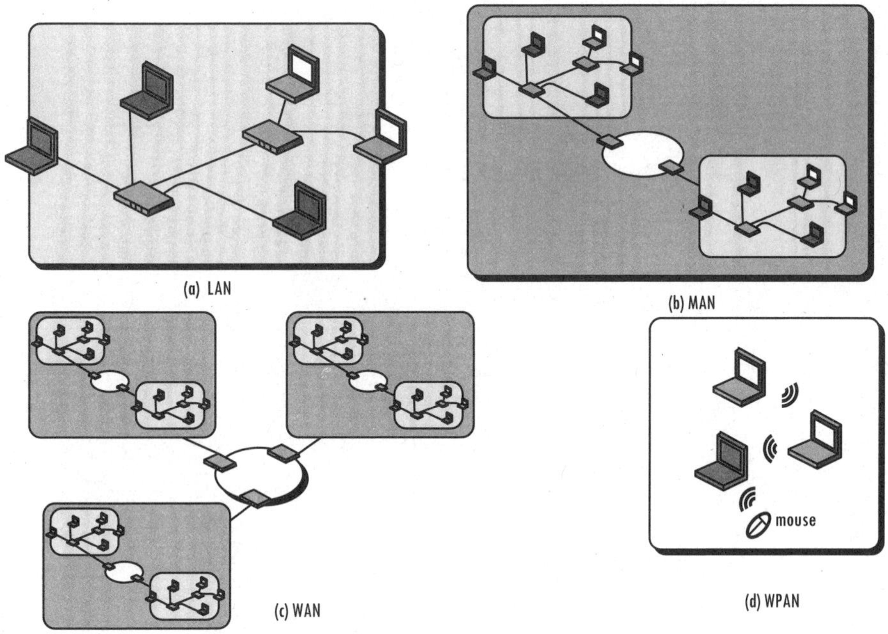

<그림 1.20> 크기에 따른 통신망의 종류

(2) Metropolitan Area Network(MAN)

LAN들을 연결하는 80Km 이내의 망이다. 예를 들어 서울 지하철 2호선 역사를 환형으로 연결하는 망은 MAN의 일종이다. 주로 기가급 광 이더넷 스위치의 상호연결로 구현된다.

(3) WAN(Wide Area Network)

WAN은 인터넷 구성요소인 라우터(Router)와 이들을 연결하는 장거리 전송 시스템으로 구성된다. 라우터는 IP패킷을 중계하는 패킷교환기이며, 장거리 전송 시스템은 서로 멀리 떨어져 있는 라우터간을 고속으로 연결하는 SONET(Synchronous Optical Network)/SDH(Synchronous Digital Hierarchy) 등의 광 전송 시스템이다.

전화교환기를 연결하는 전화망도 WAN의 일종이다.

(4) Wireless Personal Area Network(WPAN)과 Body Area Network(BAN)기술

WPAN은 10m거리를 1Mbps로 전송하는 블루투스 기술, 70m를 55Mbps로 전송하는 IEEE 802.15.3 High-rate 전송기술 그리고 250Kbps로 전송하는 IEEE802.15.4 Sensor Network기술에 의해 무선 단말들이 서로 연결되는 소규모의 통신망 기술이며, 대부분 2.4GHz 대역에서 동작한다.

특히 센서가 취득한 정보를 무선으로 전송하는 통신 기능이 장착된 노드인 센서노드들이 서로 ad hoc 방식의 멀티홉으로 연결된 무선 통신망을 무선 센서망이라고 하며, 용이하게 설치할 수 있기 때문에 우리나라에서는 Ubiquotous Sensor Network(USN) 기술이라고 부른다.

센서망은 다른 기술에 비하여 망을 구성하는 노드의 개수가 아주 많으며, 전송속도는 최고 250Kbps로써 다른 기술에 비하여 상당히 낮다. 특히 배터리의 수명이 아주 긴 특징이 있다. 이렇게 배터리의 수명이 긴 이유는 대부분의 시간을 거의 전력소모가 없는 sleep상태에 머물기 때문이다.

그리고 환자의 몸에 내장한 통신장치와 외부를 연결하는 의료/스포츠/헤드폰연결용 단거리 통신망을 BAN이라고 한다. 이것은 전자파에 대한 인체의 영향을 고려하여 최소의 출력으로 최대 2m의 거리에서 1Mbps의 속도를 지원한다. 최근 이를 인터넷에 접속시켜 다양한 서비스를 제공할 수 있는 사물 인터넷(Internet of Things) 기술도 개발되고 있다.

1.11 사설망과 공중망

(1) 사설망

사설망은 전용선(leased line)을 회선 사업자로부터 임대하여 본사와 지사간을 연결한 것이다. 이 선로는 독점적으로 사용되므로 전송대역이나 보안성을 보장받을 수 있다. 하지만 임대료가 높은 단점이 있다. 이 선로를 사용하여 데이터뿐만 아니라 전화연결도 가능하다[9].

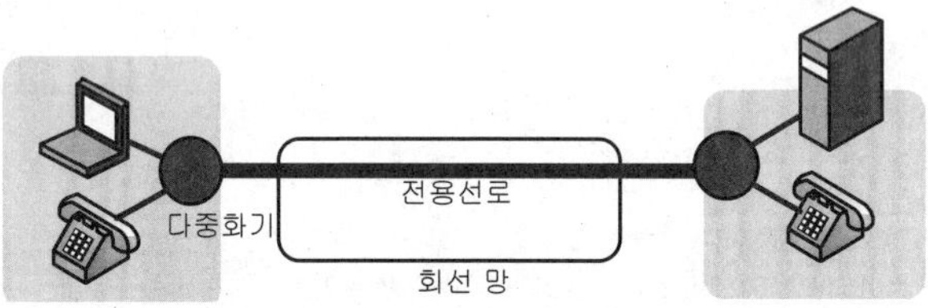

<그림 1.21> 사설망

(2) 공중망

전화망과 같은 공중 회선교환망 또는 인터넷과 같은 공중 패킷교환망은 다른 연결과 공존하는 망이다. 따라서 연결이 잘 안될 수 있거나 과도한 외부 트래픽에 의해 자신의 전달지연시간이 증가하는 문제가 있다. 또한 데이터 유출이나 외부로부터의 보안공격에 취약하게 되는 문제점이 있다.

---

[9] 이러한 전용선으로 보통 2.048Mbps의 E1급이 많이 사용된다.

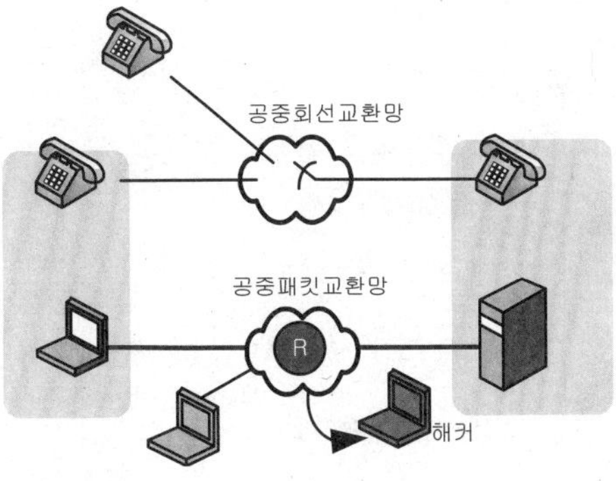

<그림 1.22> 공중망

(3) 가상사설망

공중망을 경유하더라도 네트워크 구성요소들 간에 전송되는 음성이나 데이터를 암호화함으로써 보안 면에서는 전용사설망과 같은 등급의 보안기능을 제공할 수 있는 망을 가상사설망 VPN(Virtual Private Network)이라고 한다. 사용자 관점에서의 VPN은 자신과 상대방이 마치 전용선으로 연결된 것으로 간주될 수 있도록 한다. 공중망에서의 보안문제를 해결할 수 있을 뿐만 아니라 경제적이다[10].

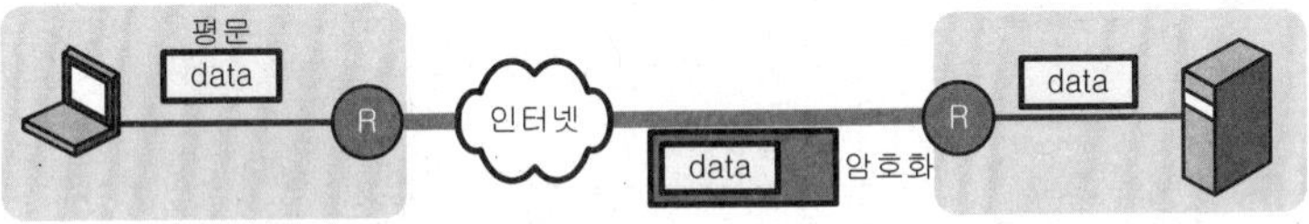

<그림 1.23> 가상사설망

1.12 프로토콜

우리는 호감이 가는 상대방을 만났을 때 먼저 악수를 시도한다. 대부분의 경우 상대방도 손을 내밀어 맞잡고 악수할 것이다. 이 과정이 자연스럽지만 만약 상대방이 손을 내밀지 않으면 어떻게 할 것인가? 또는 동시에 손을 내밀면 어떻게 할 것인가? 여러분은 이러한 예외상황에 대한 다양한 대처방법을 알고 있을 것이다.

이러한 절차는 두 장치간의 연결을 시도할 때에도 적용된다. 즉 통신장치 간의 연결이 제대로 설정되려면 현재 상태에서 송수신 허용되는 신호의 종류(연결요청, 응답, 연결거부 등)와 순서, 응답이 오지 않을 경우의 재 전송절차 등에 대한 규정이 있어야 할 것이다.

---

[10] 물론 프레임릴레이나 MPLS의 경우, 망 사업자와 계약하여, 특정 그룹에 속한 장비간에만 통신이 허용되는 closed user group(CUG)으로 망을 형성하여, 링크계층에서의 가상 사설망을 제공할 수도 있다. 하지만 일반적으로 VPN이란 공중망을 경유하지만 암호 및 인증기능을 강화함으로써, 마치 가상적인 사설망으로 동작하는 Secure VPN을 말한다. 다만 전용선을 사용하는 사설망에 비하여 이러한 VPN은 공중망에서 다른 트래픽들과 대역을 공유하므로 필요한 대역을 보장받지 못하는 단점은 있다.

이렇게 통신장치간에 교환되는 약속된 신호의 형식과 절차 규정을 프로토콜이라고 한다[11].

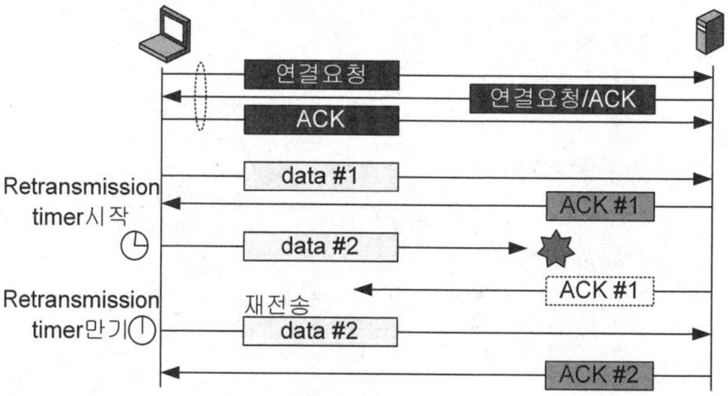

<그림 1.24> 프로토콜의 예

1.13 OSI 7 계층 모델

Open System Interconnection(OSI) 7 계층 모델은 다양한 컴퓨터 통신용 프로토콜의 기능을 7개의 계층으로 세분한 것이다. 각 계층은 하위 계층의 기능을 활용하면서 상위 계층에게는 자신의 기능을 제공한다. <그림 1.25>는 OSI-7 계층의 구성이다.

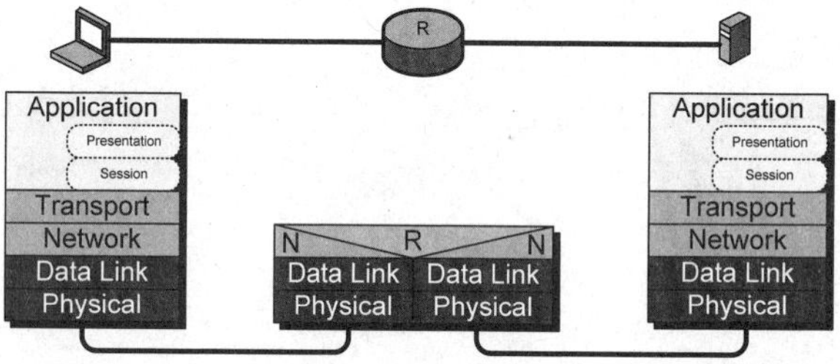

<그림 1.25> OSI 7 계층의 구성

(1) 응용 계층(Application layer)

일반적인 응용 프로세스이다. 그 예로, e-mail, 텔넷 등이 있다.

(2) 표현 계층(Presentation layer)

문자열만 전송이 가능한 e-mail과 같은 응용은 이진 데이터 형식인 그림파일을 직접 첨부할 수 없다. 대신 이진파일을 문자열 형태로 변환하는 기능인 MIME 인코딩 과정을 수행한 후 전송한다. 수신측에서는 원래의 이진파일로 디코딩한다. 이러한 과정이 바로 표현 계층에서 수행하는 작업의 예이다.

---

[11] 참고로 인터넷에 관련된 대부분의 프로토콜 표준은 IETF에서 규정하며 개별적인 표준은 일련번호가 붙은 RFC(Request For Comment)로 명시된다. 그리고 이더넷과 같은 링크 계층 및 물리 계층 프로토콜은 대부분 IEEE802에서 규정한다.

또한 보안 메일을 전송할 때 암호화하고 복호화하는 작업도 역시 표현 계층의 작업이다. 이러한 작업을 수행할 때 사용한 변환방식과 같은 상세 정보가 선두에 명시되는데 이것이 바로 표현 계층의 헤더라고 할 수 있다.

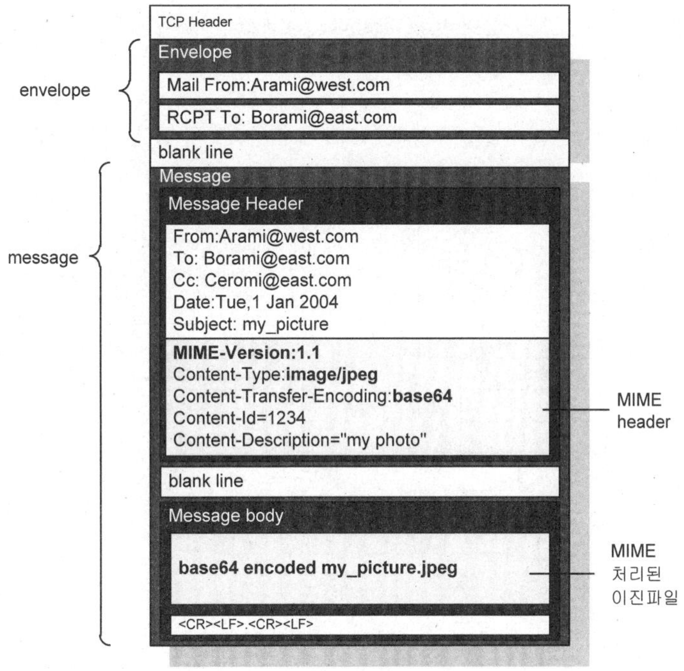

<그림 1.26> 세션 계층의 예(e-mail 메시지의 경우)

(3) 세션 계층(Session layer)

세션이란 응용 프로세스간 연결을 의미한다. 이러한 연결에 대하여 누가 주도권을 갖고 이 연결을 유지 관리할 것인지 협상한다.

예를 들어 하부의 전달 계층에서 수행한 일련의 재전송과정이 결국 실패할 경우 이 연결을 단절하거나 재 연결을 시도하는 등의 결정을 누가 마스터 역할을 하면서 수행할 것인지 결정한다. 또한 이러한 오류 발생시 이어 받기를 위한 재진입점(Synchronization Point) 설정 등을 다룬다[12]. 그리고 반이중 방식(half-duplex) 방식으로 할 것인지 전이중 방식(Full Duplex)으로 진행할 것인지에 대한 통신모드도 결정한다.

FTP(File Transfer Protocol)와 같은 파일 전송 응용 프로그램에서 사용되는 "이어 받기" 등의 기능이 바로 세션 계층의 기능이라고 할 수 있다.

[12] 예를 들어 원격지에 있는 프린터에 여러 단원으로 구성된 교재 파일을 출력하도록 했지만 종이가 걸렸거나, 종이가 소진되었다고 하자. 이것은 하부의 전달 계층에는 문제가 없지만 프린팅 응용 입장에서는 오류가 발생한 것이다. 이 상황에서 세션계층은 이 교재 파일의 첫 단원부터 재 출력하도록 하는 대신에 문제가 발생한 단원부터 재 출력을 지시하면 더 효율적일 것이다.

(4) 전달 계층(Transport layer)

양 종단 시스템 내부에서 동작하는 응용 프로세스간의 데이터를 신뢰성 있게 전달하는 기능을 수행한다. 즉 패킷은 경로상에서 폐기될 수 있으므로 전달 계층은 재전송 기능과 흐름제어기법을 사용하여 최대한 전달될 수 있도록 한다. 필요시 이러한 재전송기능과 흐름제어 기법을 사용하지 않을 수도 있다. 예를 들어 TCP(Transmission Control Protocol) 및 UDP(User Datagram Protocol)가 있다. 경로상의 라우터는 이 영역을 처리하지 않는다.

또한 전달 계층은 여러 응용프로세스에 대한 구분기능도 함께 제공한다. 이를 위하여 상대방 프로세스에 자신의 데이터가 전달될 수 있도록 이 데이터를 수납한 전달 계층 헤더에 특정 목적지 프로세스를 지시하는 포트번호(port number)를 명시하여 전송한다.

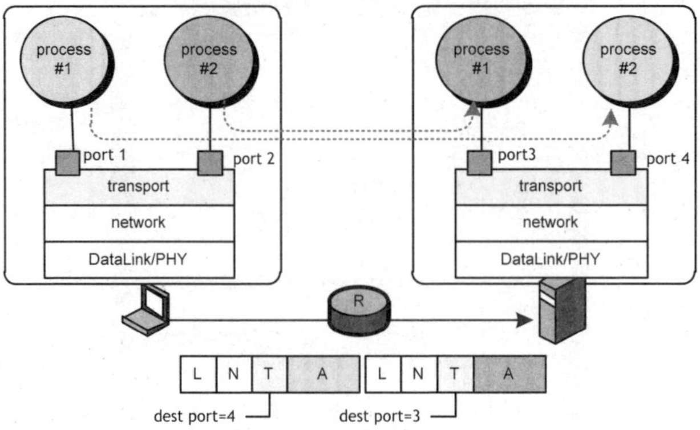

<그림 1.27> 전달 계층의 기능

(5) 네트워크 계층(Network layer)

대규모 망은 여러 개의 라우터(중계기)로 연결되어 있고, 최종 목적지로 데이터가 원활히 전달될 수 있도록 송신측의 네트워크 계층은 최종 목적지 주소를 명시한 패킷을 링크 계층 프레임에 수납하여 송신한다. 이를 수신한 경로상의 교환기(라우터)의 네트워크 계층은 수신된 목적지 주소를 검사하고 새로운 링크 계층 프레임에 재수납한 후 교환기로 중계(라우팅)한다. 필요시 패킷을 분할하여 전송하고 재조립하기도 한다. 대표적인 프로토콜로 IP(Internet Protocol)가 있다.

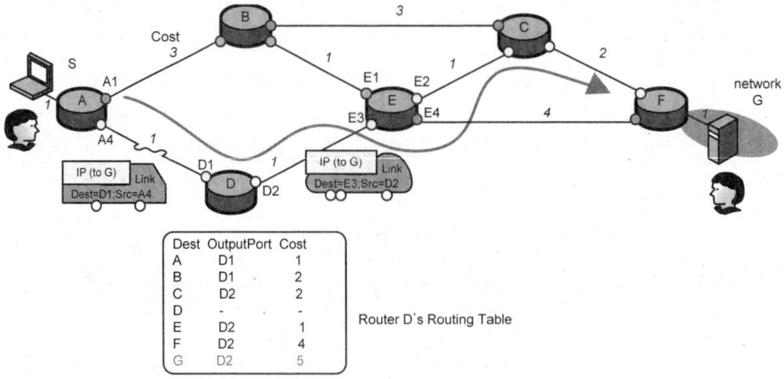

<그림 1.28> 네트워크 계층의 라우팅 기능

(6) 데이터 링크 계층(Data link layer)

직접 연결된 이웃 장치간의 가급적 신뢰성 있는 전달기능을 제공한다. 이를 위하여 프레이밍(Framming)에 의한 전송단위 구분, 주소식별, 오류감지 및 복구 절차를 수행한다. <그림 1.29>와 같이 데이터 링크 계층 시스템의 예로는 이더넷, 무선 LAN(Local Arer Network) 등이 있다.

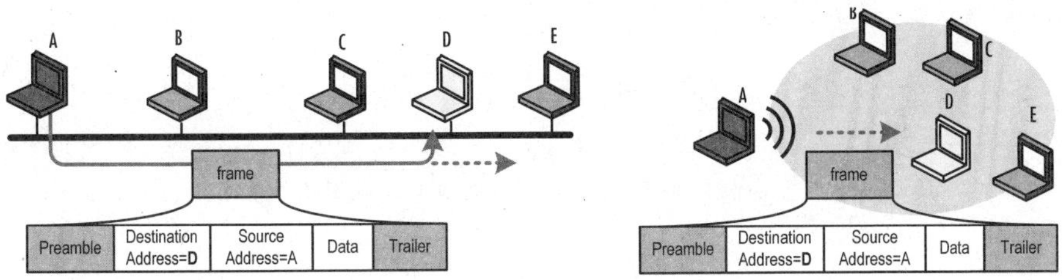

<그림 1.29> 링크 계층의 역할

(7) 물리 계층(Physical layer)

물리 계층은 두 장치간의 연결시 필요한 전송매체, 커넥터, 신호의 전압레벨, 전류의 양, 라인코딩 방식, 변조방식, 사용 주파수, 대역폭 등을 규격화하여 쌍방간의 데이터가 전달될 수 있도록 한다. 이 과정에서 비트동기, 변복조, 반향제거 등의 고급 기능이 수행되므로 대부분의 디지털/아날로그 통신기술이 이 계층에서 활용된다.

1.14 TCP/IP 프로토콜 수트

특정 시스템의 '프로토콜 스택' 혹은 '프로토콜 Suite'는 이러한 여러 계층의 다양한 기능을 용도에 맞게 선택하여 조합한 것이다. 각 계층의 기능은 하드웨어나 소프트웨어 혹은 둘을 혼용하여 구현할 수 있다. 일반적으로 하위 계층은 하드웨어로, 상위 계층은 소프트웨어로 구현된다.
<그림 1.30>은 인터넷용 TCP/IP 프로토콜 수트의 구성이다.

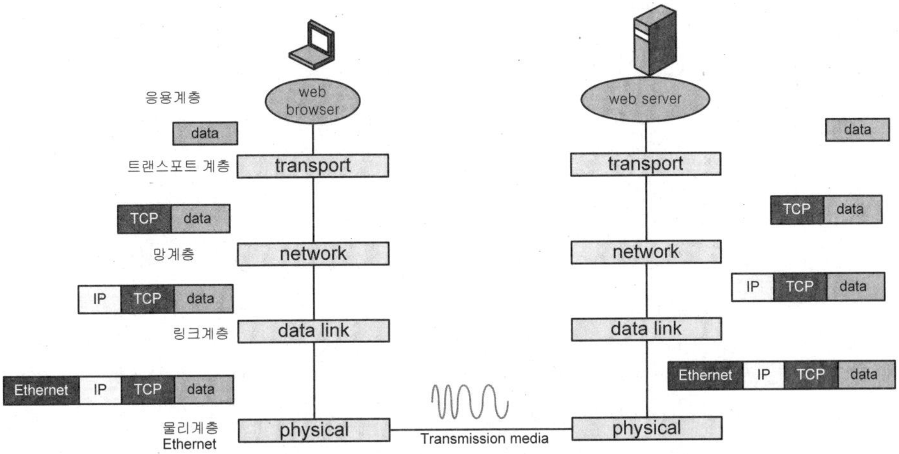

<그림 1.30> TCP/IP 프로토콜 수트

OSI 7 계층 모델에서는 응용 계층을 응용(Application), 표현(Presentation), 세션(Session) 등 3개의 계층으로 세분하고 있지만 인터넷 등에서 널리 사용되는 TCP/IP 프로토콜 수트에서는 이러한 3개의 계층 기능을 하나의 응용 계층 프로세스로 모두 수행한다.

1.15 계층별 데이터 통신 연결

데이터 통신분야에서는 통신용 연결에 대하여 선로, 전송매체, 채널, 링크 등 다양한 관련된 용어를 혼용한다. 하지만 일반적으로 <그림 1.31>과 같이 각 계층별로 고유한 이름이 사용되는데, 여기에는 Medium(전송매체), Link, Connection, Channel, Circuit, Path, Route, Session, Association 등이 있다.

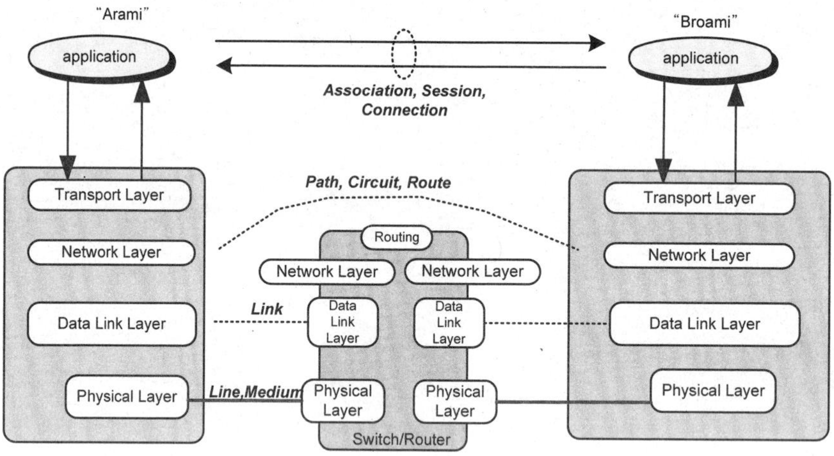

<그림 1.31> 계층별 연결의 종류

1.16 데이터 통신 분야 표준화 기구

표준은 장비 제조업체간에 자유 경쟁 시장 체제가 이루어지고, 국내 및 국가간의 데이터 및 전기 통신기술의 상호 운용성을 보장하기 위해서 반드시 필요한 것이다. 표준은 교역과 국제적인 통신에 필요한 상호 연결성을 확보하기 위한 지침을 제조업체, 판매업체, 정부기관 및 기타 서비스 업체들에게 제공한다.

데이터 통신의 표준은 사실 표준과 법률 표준으로 구분된다.

- 사실 표준(de facto) : 공인된 기관에서 승인된 것은 아니지만 폭넓게 사용됨으로써 표준으로 채택된 것이 사실 표준이다. 사실 표준은 주로 새로운 상품이나 기술의 기능성을 규정하고자 하는 제조업체에 의해 만들어진다.
- 법률 표준 : 법률 표준은 공인된 표준화 기구에 의해 제정된 표준이다.

정보 통신 분야의 주요한 표준화 기구의 종류는 다음과 같다.

- ISO(International Standards Organization) : 세계 각국의 표준제정위원회에서 선정된 위원들로 구성된 1947년에 창설된 다국적 기구이다. 현재 전세계 82개국의 대표부를 포함한 회원을 가지고 있으며, 과학, 기술, 경제 분야에서 다양한 종류의 표준을 제정하고 있다.
- ITU-T : 국제연합(UN)의 국제전기통신연합(International Telecommunications Union ; ITU)의 부속기구로써, CCITT(Consultative Committee for International Telegraphy and Telephony)라는 위원회를 만들어 전기통신과 전화 그리고 데이터 통신 시스템의 표준을 제정하다가 1993년부터 국제전기통신연합 전기통신 표준영역(International Telecommunications Union Telecommunication Standards Sector ; ITU-T)으로 바뀌었다.
- ANSI(American National Standards Institute) : 이름과는 달리 미국 연방정부와 무관한 비영리 표준화 기구이다.
- IEEE(Institute of Electrical and Electronics Engineers) : 전기공학, 전자공학, 무선공학 분야의 국제표준을 개발하고 채택한다. 예를 들어 유무선 LAN분야의 표준화는 IEEE Standard Association산하의 IEEE802위원회에서 수행하고 있다.
- EIA(Electronic Industries Association) : 미국의 전자산업계를 대표하는 표준화기구이다. 특히, RS232와 같은 물리적인 연결 인터페이스와 신호의 규격을 규정하였다.
- IETF(Internet Engineering Task Force) : 계층 3 이상의 인터넷 프로토콜관련 표준을 제정한다. 표준화는 초안인 Internet draft로 시작되어 일련번호가 붙은 RFC(Request for Comment)라는 이름으로 발간된다.
- TTA : 한국을 대표하는 정보통신분야의 표준화 기구이다. WiBro 및 DMB와 같은 한국 고유의 표준을 제정하고 국제표준화를 지원한다.

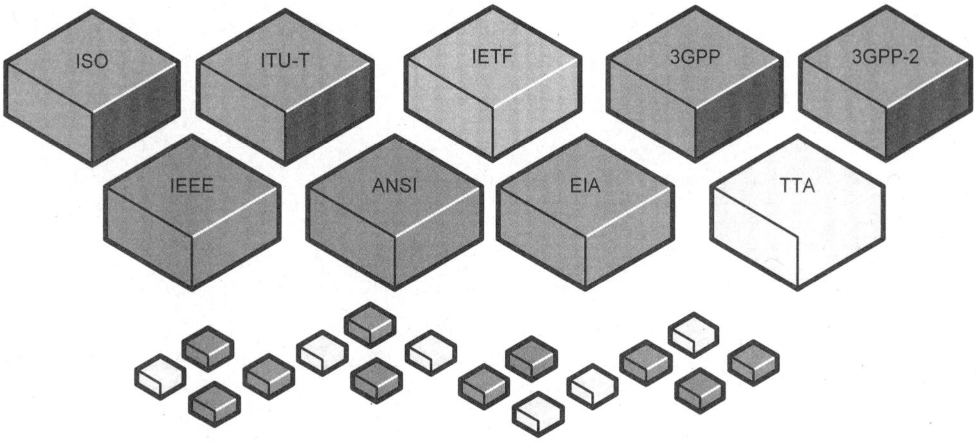

<그림 1.32> 표준화 기구의 예

1.17 데이터 통신과 임베디드 시스템

(1) 임베디드 시스템

일반적으로 임베디드 시스템은 특별한 용도의 작업을 수행하는 전용 컴퓨터 장치이다. 이것은 PC와 같은 범용(general-purpose)컴퓨터와 달리 미리 정해진 작업만 수행한다. 따라서 시스템 설계자는 하드웨어 및 소프트웨어를 최적화할 수 있어 크기와 가격뿐만 아니라 빠른 부팅시간 등을 제공할 수 있다.

이러한 임베디드 시스템은 스마트 폰, 현금인출기 디지털카메라, 세탁기 휴대폰, 라우터, GPS 네비게이터, 유무선 공유기 등이 있다. 일부 시스템은 키보드나 디스플레이 장치가 없이도 동작한다. 최근 이러한 임베디드 시스템을 인터넷에 접속시켜 다양한 서비스를 제공할 수 있는 사물인터넷 (Internet of Things) 기술도 개발되고 있다.

<그림 1.33> 임베디드 시스템의 예

(2) 임베디드 시스템의 구성

임베디드 시스템은 <그림 1.34>와 같이 프로세서와 메모리, 입출력기능부가 하나의 칩에 내장된 것을 대부분 사용한다. 이 칩을 MCU(Micro Controller Unit)라고 부른다.

MCU 내부의 각 기능부는 내부버스로 연결되어 있다. 따라서 MCU는 기능적으로는 일반적인 PC의 구조와 유사하다. 필요시 외부에 SD 카드메모리 또는 입출력장치를 추가할 수 있다. MCU로는 ARM, PowerPC, X86, PIC, 8051, Atmel AVR등이 많이 사용된다. 이러한 임베디드 시스템에는 DOS, Linux, NetBSD 등의 범용 운영체제 대신에 운영체제가 없거나 VxWorks, QNX 등의 실시간 운영체제가 사용된다.

이 외에도 Embedded Windows XP, Embedded WinCE 등과 같이 범용 운영체제를 수정하여 임베디드 시스템에 사용할 수 있는 운영체제도 있다. 이러한 운영체제는 제품당 로열티를 지불해야 하는 단점이 있기 때문에 Embedded Linux 등도 많이 사용된다.

최근에는 스마트 폰용 운영체제인 Android, iPhoneOS 등의 사용이 증가하고 있다. 이것은 그래픽 인터페이스가 우수하고 기존 PC와의 호환성이 우수하다.

이러한 임베디드 시스템은 PC와 같은 범용 컴퓨터와 달리 미리 지정된 작업만 수행한다. 또한 임베디드용 소프트웨어는 하드디스크 대신에 MCU내부의 플래시 메모리 및 외부 EEPROM 등에 저장된다[13]. 따라서 하드웨어 및 소프트웨어의 최적화가 가능하여 최소비용의 제품이 구현될 수 있다.

[13] 이러한 소프트웨어를 펌웨어(firmware)라고 부른다.

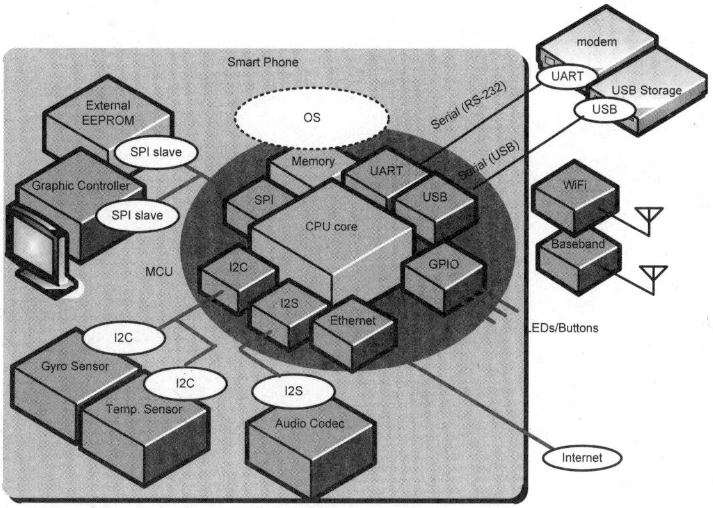

<그림 1.34> 임베디드 시스템의 구조

(3) 임베디드 시스템과 데이터 통신

모뎀, 3G 휴대폰, AP, 무선 LAN 공유기, LAN 스위치, 라우터, 전화 교환기, SONET 장치, 무선기지국, 통신위성 등은 통신 전용 시스템이라고 할 수 있다. 이러한 시스템은 다음과 같은 통신기술을 사용한다.

- 단거리 내부통신 : MCU 주변의 오디오 코덱, EEPROM, LCD, 온도센서, 자이로 센서, 기압센서, GPS, 나침반, 사용자의 입출력을 지원하기 위하여 다양한 버튼, 터치센서 등의 주변장치의 연결을 위하여 I2C, SPI, I2S 등의 단거리 내부 직렬전송방식이 사용된다.
- 단거리 외부통신 : UART/RS232, RS485, 이더넷, CAN(Control Area Network), LIN(Local Interconnectiion Network), WiFi 등을 이용하여 1Km이내에 위치한 장치와 단거리 유무선 통신기능을 제공한다.
- 장거리 외부통신 : T1, SONET(Syncrhonous Optical Network) 등의 장거리 유선 전송기술과 3G/4G 등의 장거리 무선 데이터 연결로를 제공하기 위한 디지털모뎀 접속 기능이 사용된다. 특히 교환기간 데이터 전송과 각종 제어정보를 처리하고 교환하는데 필요한 다양한 종류의 프로토콜도 장치 내부의 MCU가 처리한다.

1.18 데이터 통신기술의 활용 분야

(1) 개요

데이터 통신기술이 가장 널리 사용되는 곳은 회선교환방식의 전화 시스템과 패킷교환방식의 인터넷 시스템일 것이다. <그림 1.35>는 댁내 통신망이 장거리 유선 통신 시스템에 연결되고 다시 무선 통신기술에 의해 이동단말까지 연결된 것으로, 여기서 장거리 유선 통신기술뿐만 아니라 LAN과 같은 단거리 유선통신 및 보드 내부의 초단거리 통신기술이 모두 활용됨을 알 수 있다.

심지어 리모컨과 TV간에도 적외선 통신기술이 사용된다. 뿐만 아니라 자동차 및 항공기의 내부 제어를 위한 다양한 데이터 통신기술이 사용된다.

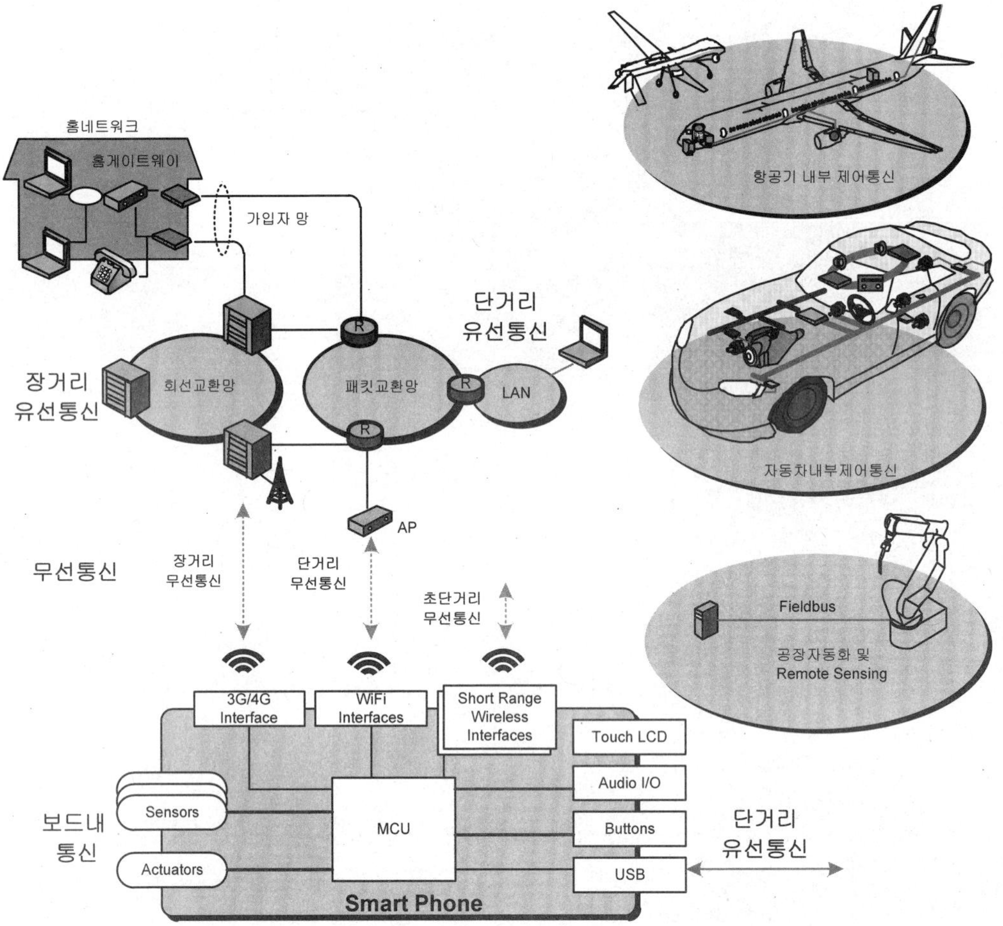

<그림 1.35> 데이터 통신기술의 활용 분야(일부)

(2) 장거리 데이터 통신 시스템

전화 시스템, 이동전화 시스템, 인터넷과 같은 큰 규모의 통신망은 크게 장거리로 연결하는 기간망, 각 가정이나 회사 내의 네트워크인 홈 네트워크, 이것을 기간망에 연결하기 위한 액세스 망으로 구성된다.

특히 기간망은 SONET/SDH(Synchronous Digital Hierarchy) 기반의 회선교환망과 IP 라우터 기반의 패킷교환망으로 구분되는데, 사실 패킷교환망을 구성하는 라우터는 회선교환망이 제공하는 장거리 전용선으로 연결된다.

<그림 1.36>는 장거리 데이터 통신 시스템의 구성을 나타내고 있다.

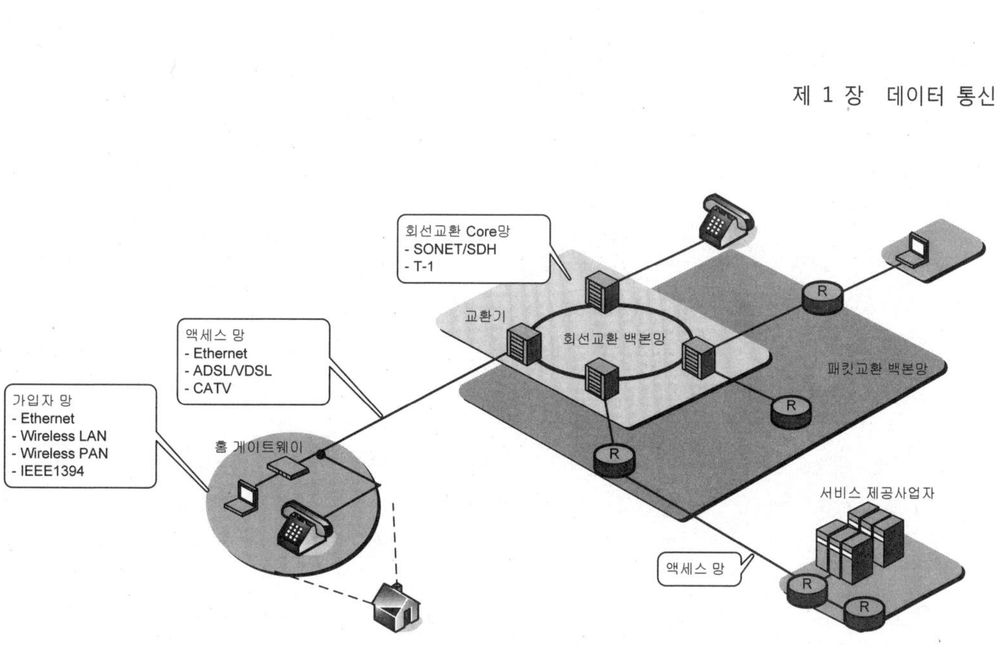

<그림 1.36> 장거리 데이터 통신 시스템의 구성

(2) 단거리 데이터 통신 시스템

a) 스마트 폰의 구성

사용자와의 입출력용으로 LCD 터치스크린 등의 그래픽 인터페이스를 대부분 사용하는 스마트 폰의 경우 화상 처리를 고속으로 처리할 수 있도록 전용 Graphic Processing Unit(GPU) 기능을 MCU에 함께 내장한 프로세서인 Application Processor (AP)를 장착하고 있다.

이 AP는 온도센서, 자이로센서 등의 다양한 주변장치와 SPI(Serial Peripheral Interface), I2C(Inter-IC Communication), I2S(Inter-IC Sounc) 등의 단거리 직렬버스로 연결된다.

예를 들어 EEPROM에 저장된 음악 파일의 구동시 CPU 코어는 해당 파일을 SPI로 읽어 코덱에 I2S로 전달하여 음악을 재생한다.

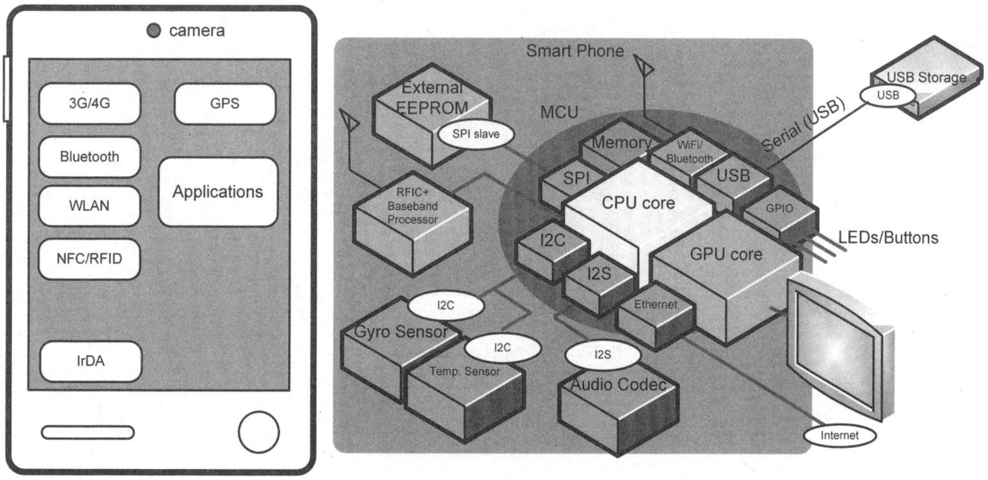

<그림 1.37> 스마트 폰 내부의 데이터 통신기능

b) 차량내 통신

<그림 1.38>은 다양한 전자제어장치로 결합된 최근의 승용차 내부의 구성도이다. 이들 중에서 electronic control unit(ECU), 변속기, 에어백, ABS(antilock braking) 등의 안전과 직결된 장치와 크루즈 콘트롤, 파워 스티어링, 오디오 시스템, 파워 윈도우, 파워 백도어, 후시경 조절기, 좌석경사조절기 등의 저속 제어장치가 있다. 또한 CD플레이어 등의 엔터테인먼트 장치들을 연결하는 망도 있다. 이러한 장치들은 개별적으로 센서로부터의 입력값을 수신하여 액츄에이터를 구동하는 일종의 임베디드 마이크로프로세서 모듈로 구현되며 필요한 메시지를 생성하고 처리하는 통신기능을 내장하고 있다. 이러한 기능을 수행하기 위한 차량내 제어용 통신망 기술은 LIN(Local Interconnect Network), CAN(Control Area Network), FlexRay, MOST, AVB(Audio/Video Bridge) Automotive 등은 전송보장 기능을 제공하여 차량용으로 사용할 수 있는 기술이다.

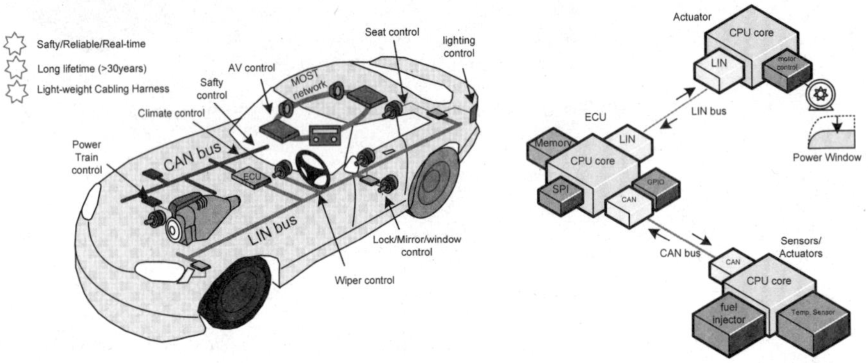

<그림 1.38> 차량 내부 데이터 통신방식

c) 산업용 데이터 통신 시스템

자동화된 생산라인에 설치된 조립용 로봇에 대한 중앙제어를 위해 RS232, RS485 등의 저속 직렬버스를 사용한다. 최근에는 EtherCAT, Ether/IP, Fieldbus, SERCOS 등의 고속 이더넷 기반의 공장자동화용 제어버스로 대체되고 있다. 이러한 제어버스는 순차적인 작업과 즉시성을 제공한다.

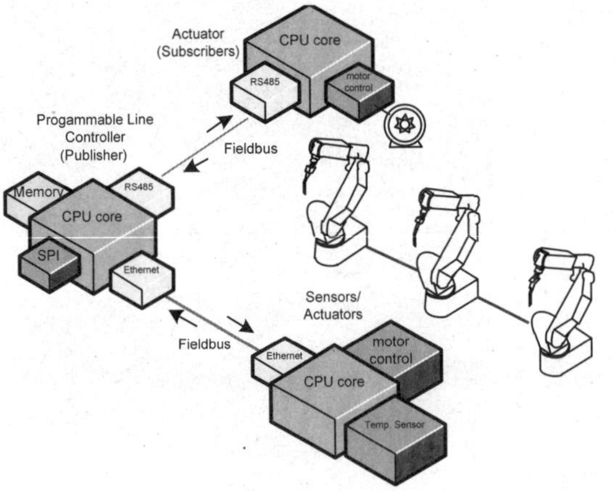

<그림 1.39> 산업용 데이터 통신의 활용

d) 국방 및 항공 통신 시스템

무인기, 상업용 항공기, 우주 탐사선 등에 설치된 중앙의 비행컴퓨터는 외부의 다양한 센서로부터 취득된 데이터를 참조하여 자세제어, 무장제어, 추력제어 기능부에 연결된 액츄에이터를 구동한다. 이러한 제어는 자동차제어, 로봇제어 등과 마찬가지로 즉시성을 제공해야 하며, 특히 전송선로 단락 및 외부의 전자파 공격 등에 의한 내성을 위해 다중 링크 및 전송장치를 활용한 내고장성 기능을 필수적으로 가져야 한다.

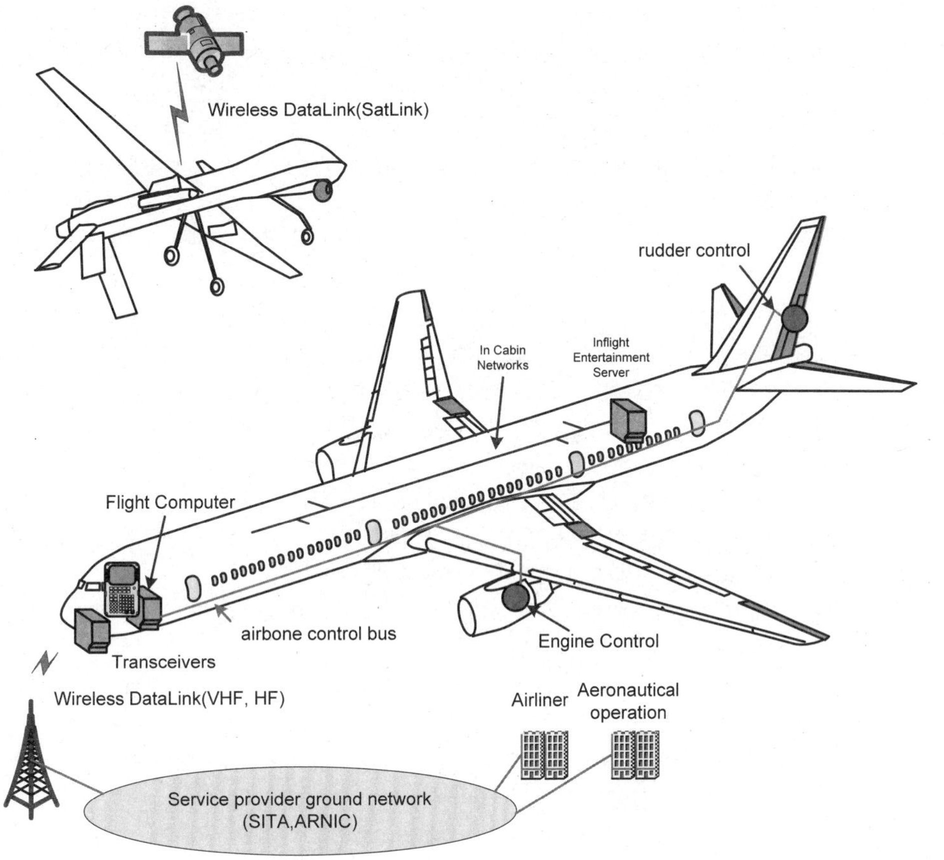

<그림 1.40> 항공 우주 분야에서의 데이터 통신의 활용

1.19 데이터 통신기술의 Positioning

데이터 통신기술은 사람 및 컴퓨터간의 정보를 효율적으로 전달하는 유무선 통신 기술이며 관련 시스템은 물리계층과 데이터링크 계층 등 OSI 7계층의 하부 2계층의 기능을 제공한다. 특히 전송과정에서 필연적으로 개입되는 다양한 잡음, 간섭, 왜곡, 지연 등을 극복해야 한다.

이를 위하여 본 데이터 통신 분야는 다음과 같은 다양한 기술분야의 일부 내용을 함께 다루는 종합적인 기술분야라고 할 수 있다.

- 전송 이론 : 주로 유선상에서의 지원 가능한 대역폭, 감쇄율, 전파지연시간, 반향 등의 전송선로의 특성 분석, 채널부호(Channel Coding) 등을 다룬다.
- 초고주파 및 안테나 공학 : 반송파 주파수 대역의 송수신과 전파 특성, 관련된 안테나 이론과 설계/해석을 다룬다.
- 광전송 공학 : 장거리 전송을 위한 광/전 변환기능 광통신 분야는 변/복조에 관한 내용과 아울러 광 신호를 발생/검출하는 부품에 관한 내용이 포함되며, 이를 전송하는 광섬유 개발기술과 전송모드에 관한 내용이 주를 이룬다.
- 전자회로 : 증폭, 바이어스 , 전류구동 또는 전압구동 기능 등의 기본 기능을 다룬다.
- 전기회로 : 트랜스포머, 인덕터, 커패시터, isolation 등의 회로 설계. 통신기능을 지원하는 각 블록을 구성하는 전자부품에 관한 분야이다. 오늘날 반도체 제조 공정의 획기적인 발달로 인하여 집적회로(Integrated Circuit) 기술은 놀라운 향상을 거듭해왔다. 특히 주문형 반도체(ASIC) 기술과 system-on-chip 기술의 발달은 과거에 상상할 수 없었던 초소형 통신기기의 출현을 가능케 하고 있다. 다양한 목적의 필터 설계와 디지털/아날로그 전자회로 설계분야와 검증 분야, 프로세서 설계 분야 등이 있다.
- 디지털 신호처리(DSP) : 적응형 등화기(Adaptive Equalizer), 반향제거(Echo canceller), 필터, 클럭복원 기능 등을 다룬다. 무선의 경우 다양한 종류의 디지털 변복조 기능도 다룬다.
- 아날로그 통신공학 : 유무선 아날로그 변복조기능을 다룬다.
- 디지털 통신공학 : 라인코딩, 블록코딩, 오류검사, 랜덤비트열 생성 및 감지, 압축 등을 다룬다.
- 디지털 및 마이크로 프로세서 공학: 프로세서의 구조, 동작, 이벤트에 따른 프로토콜의 처리, 버퍼처리, DMA지원, 시스템 감시, 보고, 복구 등의 제어기능을 다룬다. 또한 Verilog 등을 활용한 하드웨어 모듈 설계도 다룬다.
- 원천부호(Source Coding) : 대표적으로 음성신호와 정지영상 및 동영상의 전송을 위한 포맷팅과 압축 기술을 다루는 분야이다.
- 시스템 소프트웨어 설계: 프로토콜 및 드라이버 설계를 위한 다양한 프로그래밍 기법을 다룬다.
- 통신망 공학: 일대일 통신에 관한 내용보다는 여러 사용자가 통신망을 구성하고 있는 경우, 정보 비트의 흐름을 제어하는 방법과 고장수리방법 등 실로 난해한 문제들이 산적해 있는 분야이다. 주로 기저대역 신호를 사용하여 디지털 변/복조가 행해지며, 전체 사용자가 가능한 통신자원을 효과적으로 이용하게 하기 위한 기술 등, 통신 프로토콜의 설계와 성능분석이 주를 이룬다.
- 대기이론(Queueing Theory) 및 시뮬레이션 : 입출력 데이터 양을 예상하여 시스템이 수용할 수 있는 버퍼의 크기, 지연시간, 프레임의 폐기율, 효율 등을 수식적으로 분석하여 예측할 수 있도록 한다.

참고로 고전적인 통신분야에서의 "정보통신" 기술은 일반적인 "정보통신" 기술의 한 부분 즉 정보의 내용보다는 정보의 안전하고 빠른 전달에 주안점을 두는 반면, 정보분야에서의 "정보통신" 기술은 안전하게 전달된 정보에 대한 효율적인 처리과정에 주안점을 둔다.
본 교재는 통신분야에서의 "정보통신"에 주안점을 둔 것이다.

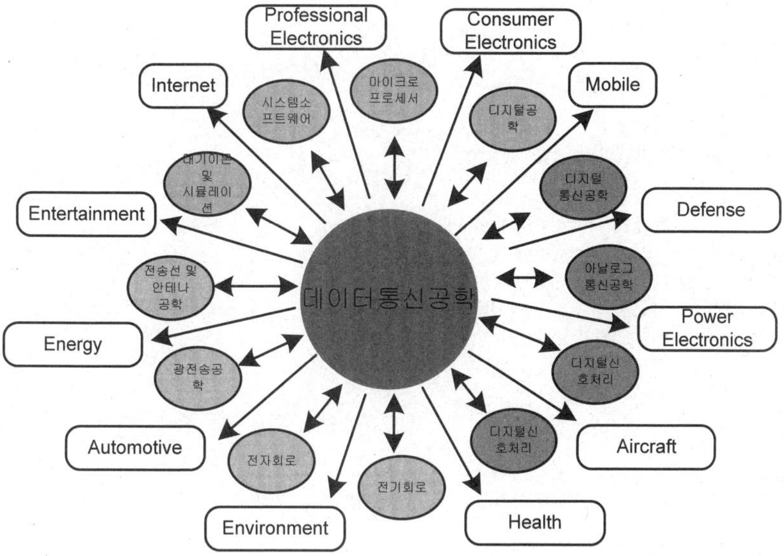

<그림 1.41> 데이터 통신기술과 타 기술과의 관계

1.20 연습문제

[1] 다음과 같은 망의 종류를 전송거리가 큰 순서대로 정렬하시오.
a) WPAN　　b) BAN　　c) LAN　　d) WAN

[2] 고정 대역폭을 사용하는 교환 방식은?
a) 회선 교환　　b) 데이터그램 교환　　c) 가상 회선 교환　　d) 메시지 교환

[3] 반이중 통신이 사용되는 시스템은?
a) USB　　b) 100Mbps 이더넷　　c) TV　　d) 전화

[4] 병렬 전송 방식이 사용되는 시스템은?
a) USB　　b) 100Mbps 이더넷　　c) IDE 하드 디스크　　d) SATA

[5] 직렬전송하는 인터페이스 규격이 아닌 것은?
a) PCI-X　　b) PCIe　　c) USB　　d) IEEE1394

[6] SATA에 대한 설명 중 틀린 것은?
a) 직렬전송한다.
b) 7 가닥의 케이블은 2 가닥씩 쌍으로 구성된 2 개의 차동 송수신 데이터 선과 나머지 3가닥의 그라운드선으로 구성된다.
c) 8B/10B 인코딩방식을 사용한다.
d) 데이터 케이블로 전원을 공급받는다.

[7] 직렬전송방식에 대한 설명으로 맞는 2가지는무엇인가?
a) 비동기방식은 송수신측간의 비트동기과정이 없다.
b) 동기방식은 송수신측간의 비트동기가 필요하다.
c) 비동기방식에서는 Preamble이 사용된다.
d) 동기방식에서는 start 비트가 사용된다.

[8] 패킷 교환방식의 특징이 아닌 것은?
a) 저장 후 전달
b) 수신버퍼 부족시 수신 프레임 폐기
c) 메시지를 분할
d) 물리적인 연결로의 독점 점유
e) 가변 지연

[9] 단거리 통신 방식이 아닌 것은?
a) I2C
b) SPI
c) I2S
d) SONET

[10] 표준화 기구에 대한 설명 중 틀린 것은?
a) ISO : 전기통신분야에 대한 표준만 제정한다.
b) ITU-T : UN산하 전기통신분야의 표준화 기구이다.
c) IEEE802 : LAN 분야의 표준화 기구이다.
d). IETF : 인터넷 분야의 표준화 기구이다.

[11] 인터넷은 ___ 교환방식의 망이다.
a) 패킷
b) 회선
c) 메시지
d) 레이블

[12] 종단간 데이터 전달을 수행하는 것은 ___계층이다.
a) 물리
b) 데이터 링크
c) 네트워크
d) 트랜스포트

[13] 자동차 내부 통신망 기술이 아닌 것은?
a) CAN
b) LIN
c) FlexRay
d) SDH

[14] 공장 자동화 통신 기술이 아닌 것은?
a) EtherCAT
b) Fieldbus
c) MIL/STD 1553
d) Ether/IP

[15] 전화 시스템에서 사용하는 교환방식은?

[16] 인터넷 시스템에서 사용하는 교환방식은?

[17] 스타, 그물, 버스, 링 등의 통신망 토폴로지의 장단점을 표로 정리하라.

[18] 데이터 통신과 컴퓨터(임베디드 시스템)과 어떤 관련이 있는가?

[19] 임베디드 시스템의 장 단점을 나열하라.

[20] 주변의 임베디드 시스템 5가지를 열거하라.

[21] 일상 생활에서 단방향, 반이중, 전이중 채널을 이용하는 예를 2가지씩 열거하라.

제 **2** 장

데이터 통신의 기초

본 장에서는 다양한 데이터의 전송단위, 데이터 부호, 데이터와 신호의 개념, 신호세기의 단위, 대역폭과 전송속도간의 관계, 다양한 아날로그와 디지털 간의 신호변환과정인 변조 및 복조와 인코딩 및 디코딩, 라인 코딩 및 블록코딩, 대역확산방법에 대하여 다룬다. 이를 기반으로 아날로그 디지털 변환기능, 맨체스터 인코더, NRZI 인코더, MLT-3 인코더 등을 설계한다.

2.1 데이터 부호

(1) 모스 부호

모스 부호는 각 문자를 여러 개의 "dot"와 "dash" 로 표현한 것이다. 이러한 부호는 <그림 2.1>과 같은 키를 사용하여 생성한다. 참고로 " SOS"에 대한 모스 부호열은 "***__***"이다[1].

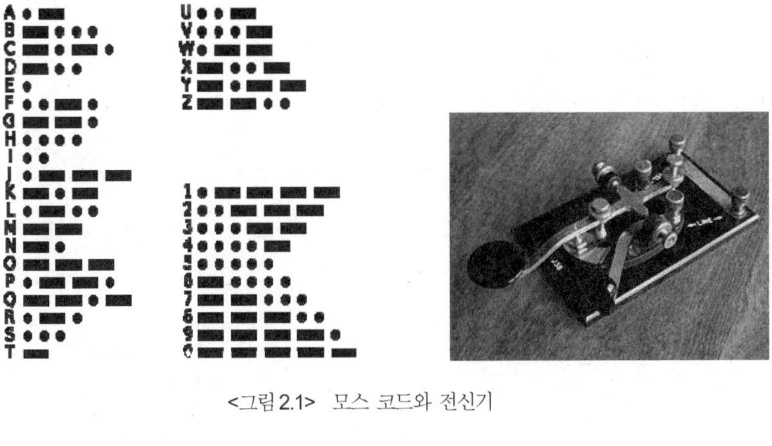

<그림 2.1> 모스 코드와 전신기

---

1 모스는 원래 "루부르 갤러리"라는 야심작을 그린 화가였다. 그림의 아래쪽 중앙에 앉아있는 젊은 여인은 모스의 딸이고 그 등에 기댄 사람이 모스이다. 비록 그는 미술계에서 크게 주목 받지 못하였지만 자신의 이름을 딴 모스 부호를 발명하고 이를 활용한 전신기(Telegraph)의 발명가로 크게 성공하였다.

(2) Baudot 부호

Baudot가 개발한 한 부호로써 한 문자를 5 비트로 표현한다. 텔레그라프(telegraph)용으로 사용되었으며, IA-2코드라고도 부른다. 예를 들어 "A=00011", "B=11001" 등이다.

(3) ASCII 코드

한 문자를 7비트로 표현한 코드로써 가장 많이 사용된다. 예를 들어 '0'은 0x30이다.

Non-printable Characters			Printable Characters	
0x00	NULL		0x30	'0'
0x01	SOH	Start of Header		
0x02	STX	Start of Text	0x39	'9'
0x03	ETX	End of Text	0x41	'A'
0x04	EOT	End of Transmission	..	
0x05	ENQ	Enquiry	0x5A	'Z'
0x06	ACK	Acknowledge	..	
0x07	BEL	Bell	0x61	'a'
..			..	
0x0A	LF	Line Feed	0x7A	'z'
0x0D	CR	Carrage Return	..	
0x10	DLE	DataLink Escape	0x7F	DEL
0x15	NAK	Negative Ack		
0x1B	ESC	Escape		

2.2 데이터와 신호

원시정보를 데이터라고 한다면 이것의 전송이나 보관을 위하여 변화시킨 것을 신호라고 한다.

(1) 아날로그와 디지털 데이터

원시 정보 또는 복원된 정보를 데이터라고 한다. 여기에는 아날로그 형태와 디지털 형태가 있다.

- 아날로그 데이터 : 연속적인 정보 : 가수의 음성
- 디지털 데이터: 비연속적인 정보 : CD에 담긴 가수의 디지털 음성

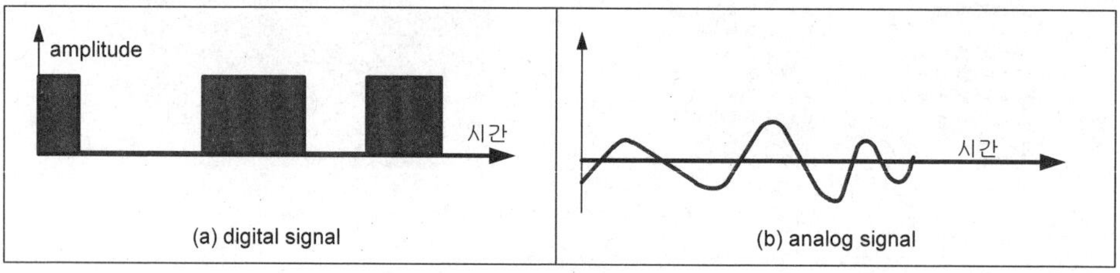

<그림 2.2> 아날로그와 디지털 데이터의 예

(2) 아날로그와 디지털 신호

효율적인 전송이나 보관을 위하여 데이터를 변환한 결과 값을 신호라고 한다. 다음과 같은 두 종류가 있다.

- 아날로그 신호 : 예를 들어 CD에 담긴 가수의 디지털 음성을 복원하여 들을 때의 아날로그 음성
- 디지털 신호 : CD에 담기 위해 가수의 아날로그 음성을 디지털화 한 결과

(3) 신호의 구성요소

다양한 종류의 신호는 다음과 같은 3가지 요소를 가진다.

- 진폭 (amplitude)
- 주기(period, sec)와 주파수(frequency, Hz) , 파장
- 위상(phase)

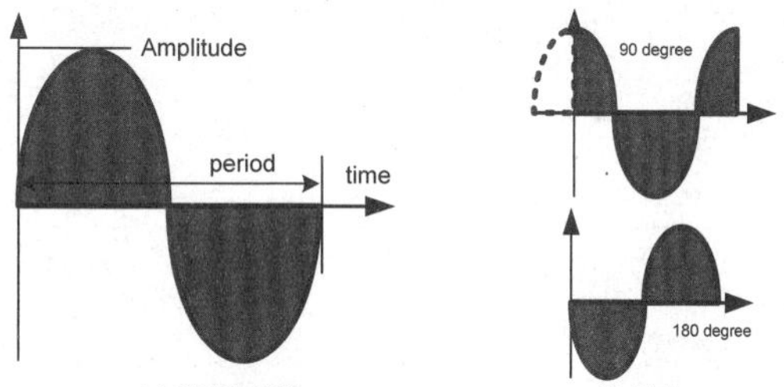

(a) 진폭과 주기 (b) 위상

<그림 2.3> 신호의 구성요소

(예) 우리가 알고 있는 전력선은 220V의 진폭을 가지며 60Hz의 주파수를 갖는다.

(4) 디지털 신호의 실제

<그림 2.4a>은 SPI(Serial Peripheral Interface)방식으로 전송한 신호이고, <그림 2.4b>는 차량내 통신 방식 중 하나인 CAN(Control Area Network)전송방식으로 20cm 전송한 신호이다.

여러 분이 상상한 디지털 신호가 맞는가? 실제 디지털 신호는 전송매체의 저항과 전달 특성, 외부 잡음 등에 의해 왜곡된다. 수신측은 왜곡되고 약해진 신호를 다양한 방법으로 복원해야 한다.

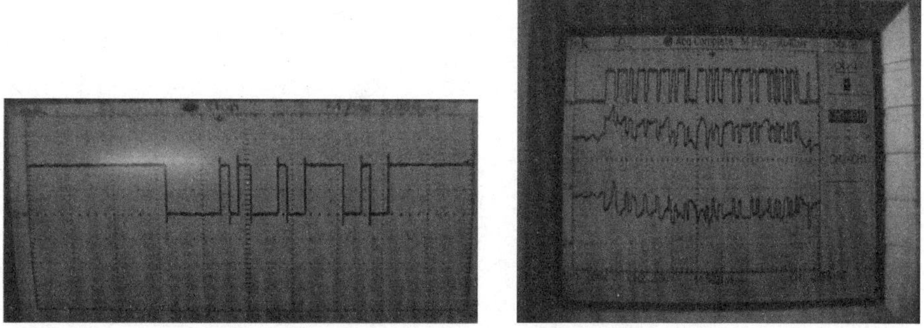

<그림 2.4> 디지털 신호의 실제

2.3 신호의 표현

(1) 개요

우리가 흔히 오실로스코프 등으로 본 아날로그 및 디지털 신호는 대부분 시간영역에서 본 것이다. 이제 이 신호를 주파수영역에서도 바라 보기로 하자.

<그림 2.5>는 단일 주기를 가지는 2종류의 신호를 시간영역과 주파수영역에서 비교한 것이다.

여기서 다음 사항을 알 수 있다.

- 첫번째 신호는 0V를 기준으로 $3V_{pp}$의 첨두치를 갖는 2 Hz의 신호이다. 이것은 주파수 영역에서 2 Hz의 신호성분만 갖는다.
- 두번째 신호는 RS485 전송방식의 경우로써, +2.5V 직류전압의 공통모드(common mode) 전압 상에서 3 Vpp 신호로 송신된다. 이 신호의 주파수 영역에서 보면 기본적인 2Hz의 신호 외에 주파수 0 Hz, 진폭 2.5V의 직류성분이 함께 있다.

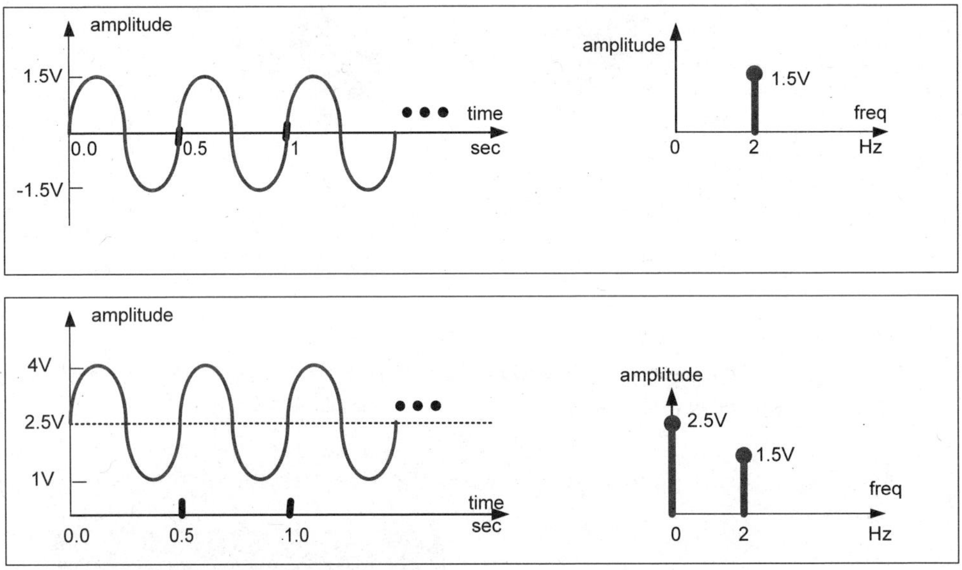

<그림2.5> 신호의 표현

(2) 다중 주파수 성분을 갖는 아날로그 신호

대부분의 아날로그 신호는 여러 주파수 성분로 구성된 아날로그 신호이다. 대표적으로 전화기 다이얼링용 DTMF (Dual Tone Multi Frequency) 신호가 있다.

<그림 2.6>은 전화기의 키패드의 '1'을 입력할 경우 생성되는 신호를 분석한 것이다. 이것은 697Hz와 1209Hz의 싸인파로 조합된 신호임을 알 수 있으며 전화국의 DTMF 디코더는 해당 신호의 주파수 성분을 분해하여 '1'로 인식한다.

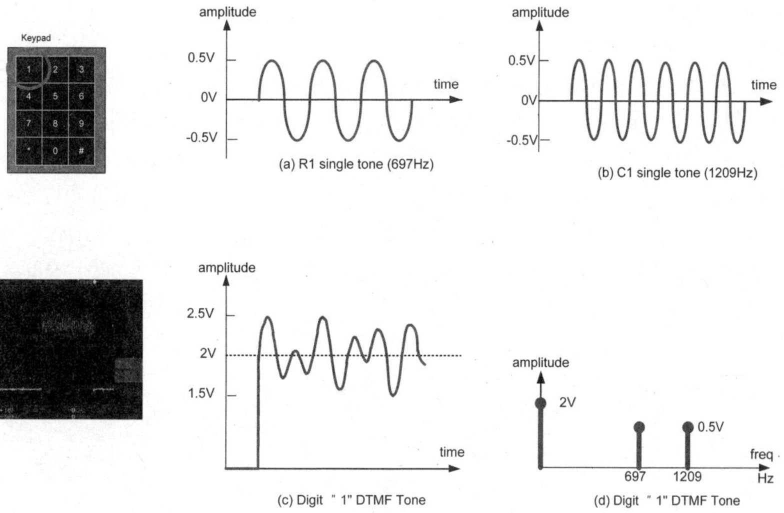

<그림 2.6> DTMF 다이얼링 신호의 예

(3) 성상도와 I-Q 다이어그램

신호의 진폭과 위상을 함께 표현할 때 극좌표계(polar system)에서의 성상도(constellation diagram)가 사용된다. 반송파 신호는 주파수와 위상의 기준점을 제공하고, 신호는 이 반송파에 대한 상대적인 값으로 표현된다. 또한 극좌표계에서 표현되는 신호를 I (In-phase) 및 Q (Quadrature)축을 갖는 직교좌표계에서의 I-Q 다이어그램 형태로 표현할 수도 있다.

여기서 신호의 크기 S= $\sqrt{I^2 + Q^2}$이고 위상 $\emptyset = \tan^{-1}(I/Q)$ 이다.

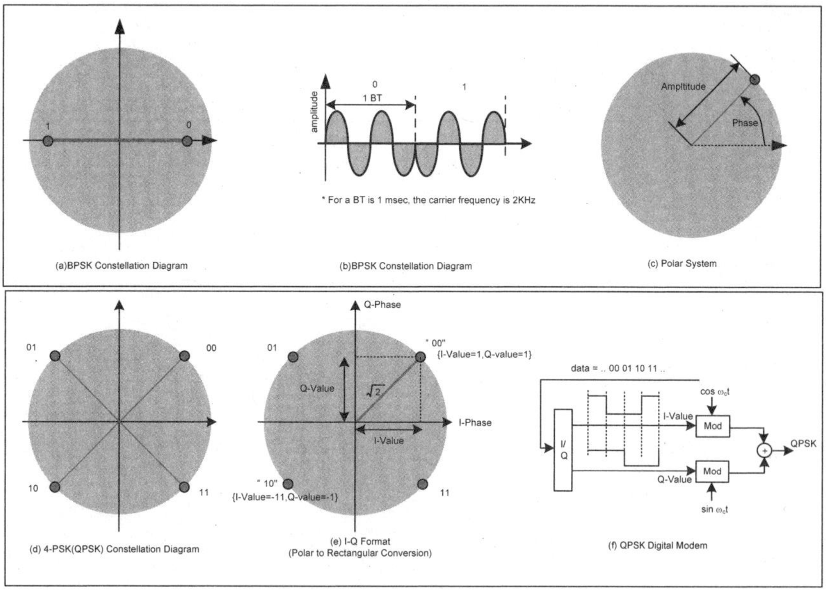

<그림 2.7> 성상도와 I-Q 다이어그램

2.4 디지털 신호의 분해

T의 주기를 갖는 구형파로 표현되는 디지털 신호는 <그림 2.8>과 같이 $f(=1/T)$, $3f$, $5f$ 등 무한개의 서로 다른 주파수를 가지는 수 많은 정현파의 아날로그신호가 조합된 것이다[2].

따라서 $5f$의 주파수까지만 통과되는 선로를 통하여 디지털 신호가 전송될 경우, 이 신호의 $1f$, $3f$, $5f$의 주파수 성분만이 수신되므로 원래의 신호에 비하여 왜곡된다.

또한 실제 전송선로의 전달지연시간과 감쇄율은 신호의 주파수 성분별로 상이하다. 따라서 통과대역에 제한이 있는 선로를 통해 전달된 디지털 신호는 원래의 모양과 달리 심각하게 왜곡될 수 있다.

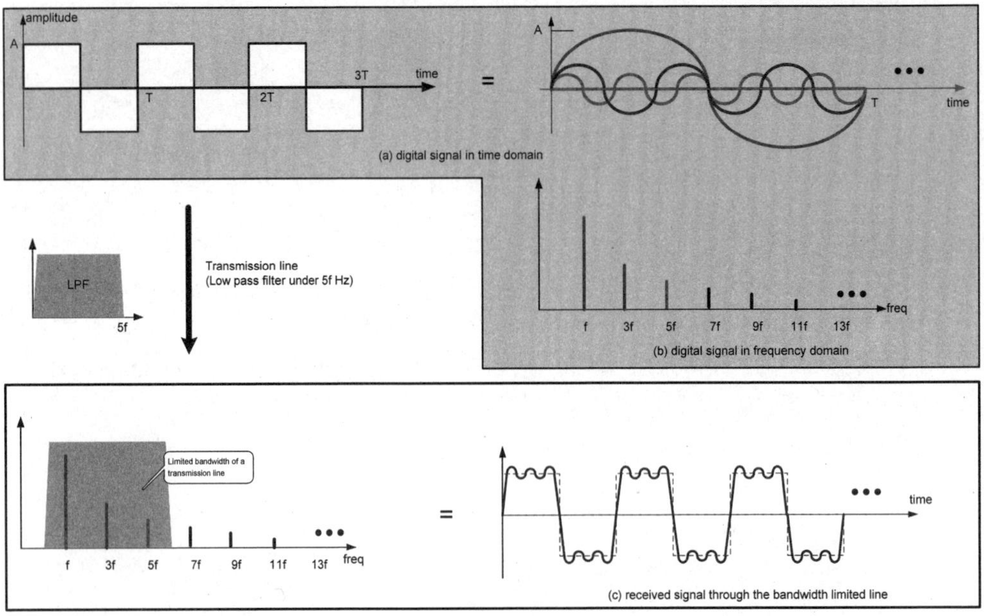

<그림 2.8> 디지털 신호의 분해

2.5 비트율과 보오율

(1) Bit Rate와 Bit Time

Bit Rate는 초당 전송되는 비트 수이고, 단위는 bit per second(bps)이다.

<그림 2.9>는 1μsec에 10비트를 전송하는 예이다. 한 비트의 송신시간인 Bit Time(BT)는 100nsec이며, 초당 10Mbit가 송신된다. 많이 사용되는 100Mbps급 이더넷의 경우 BT는 10nsec이다.

[2] Fourier변환, 급수분해 참조.

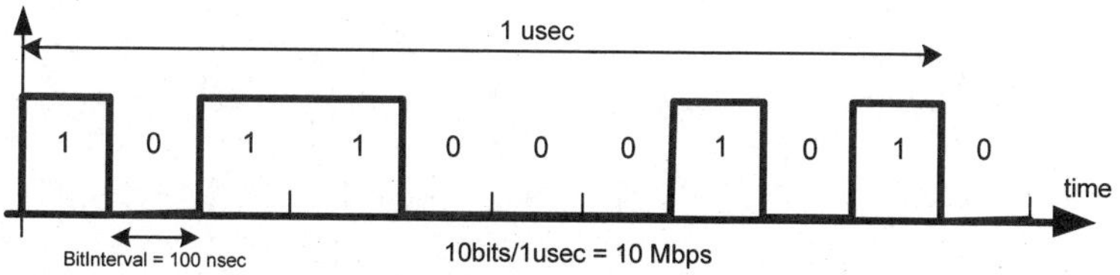

<그림 2.9> 비트전송률과 비트타임

(2) 보오율 (Baud rate)

통신분야에서의 심볼(Symbol)은 디지털 전송시 각 펄스를 의미하고, 모뎀을 사용하여 통과대역(passband)를 통해 아날로그로 송신될 경우에는 톤(tone)을 의미한다.

보오율(Baud rate)은 초당 심볼의 전송률(symbol rate) 또는 변조율(modulation rate)이라고 한다. 보오율이 f_s일 때 한 심볼의 전송시간 T_s 는 $T_s = 1/f_s$이다. 여기서 T_s 를 unit interval(UI)라고도 한다. 이러한 보오율은 <그림 2.10>과 같이 비트율과 같거나 다를 수 있다.

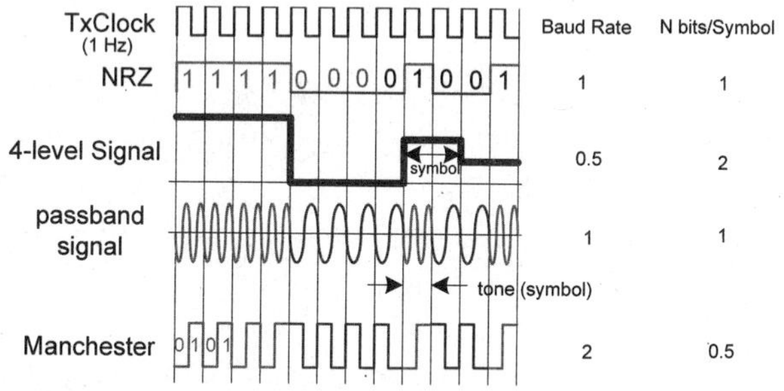

<그림 2.10> 보오율의 비교

(3) 비트율과 보오율과의 관계

<그림 2.10>에서도 알 수 있듯이, 한 개의 심볼이 N 비트의 의미를 가질 때, 실제 전송률 R 에 대하여 보오율(심볼률)은 R/N 로 주어짐을 알 수 있다. 그리고 N>=1인 경우, N 비트의 정보를 한 개의 심볼로 표현하려면 $M=2^N$ 개의 상이한 심볼이 필요함도 알 수 있다.

이 경우 실제전송률 R 은 다음과 같이 표현된다.

$$R \text{ bps} = \text{Baud rate} * N = \text{Baud rate} * log_2 M$$

분명히 큰 M 값을 가지면 전송률이 증가된다. 모뎀 개발자는 이를 이용하여 최대 심볼률이 제한된 전화선과 같은 선로에서 전송률을 증가시키기 위하여 심볼당 비트수를 증가시켰다. 예를 들어 2400 보오율을 사용하는 V.29모뎀방식의 경우 심볼당 4비트를 전송함으로써 9,600 bps의 전송율을 달성할 수 있다. 이 경우 $M = 2^4 = 16$개의 심볼 종류를 가진다. 이렇게 M개의 심볼을 사용하는 변조방식을 M-ary 변조방식이라고 한다[3].

---

[3] 일반적으로 (2400, 9600, 14,400,19,200bps)등의 모뎀은 2400 baud 이하로 신호를 만들어 전화선 상으로 전송한다. 물론 신호레벨의 개수를 증가시킬수록 수신측 입장에서는 판독하기가 어렵게 된다.

2.6 데시벨과 SNR

(1) 데시벨

P_0에 대한 P_1의 전력(Watt)을 갖는 신호세기를 표현할 때 다음과 같은 데시벨 단위를 사용한다.

$$G_{dB} = 10\, log_{10}(P_1/P_0)$$

(예 1) 1kW 는 1W에 대한 decibel값은 $G_{dB} = 10 \log_{10}(1000W/1W) = 30dB$
(예 2) 1mW (one milliwatt)는 1W에 대하여 $G_{dB} = 10 \log_{10}(0.001W/1W) = -30dB$의 크기를 갖는다.

반면에 전압 또는 전류, 또는 임피던스를 비교할 때의 데시벨은 다음과 같다.

$$G_{dB} = 20 \log_{10}(A_1/A_0)$$

(예 3) 1V에 대한 1000V는 $20 \log_{10}(1000V/1V) = 60dB$ 이다.

[참고] dBm은 1mW에 대하여 신호의 전력이 얼마인지를 표시하는 단위이다. 즉 dBm = 10 $\log_{10}$ (power/1mW)이다. 예를 들어, 10uW의 신호는 10 $\log_{10}$ (10uW/1mW) = -20dBm이다. 이러한 단위를 사용하면 송수신간에 손실되는 전력을 계산할 수 있다. 예를 들어, 송신전력이 33dBm이고, 수신전력이 -10dBm이면, 송신경로상에서의 손실은 33dBm-(-10dBm) = 43dBm이다.

(2) SNR

수신신호는 원래의 신호에 잡음이 추가되면서 수신측을 힘들게 한다. Signal-to-noise ratio (SNR, S/N)은 다음과 같이 잡음(noise)에 대한 신호의 평균전력비이다. 이 값이 클수록 전송로의 품질이 좋으므로 보다 고속으로 전송할 수 있다.

$$SNR = P_{signal} / P_{noise}$$

이것은 dB로 다음과 같이 표시된다.

$$SNR_{dB} = 10\, log_{10}\, (P_{signal} / P_{noise}) = P_{signal,dB} - P_{noise,dB}$$

2.7 대역폭과 전송속도

(1) 대역폭

대역폭 (Bandwidth)는 신호의 최고주파수와 최저주파수의 간격이다. 참고로 하나의 AM라디오방송국이 점유하는 대역폭은 10KHz이고 FM라디오방송국이 점유하는 대역폭은 200KHz이다.

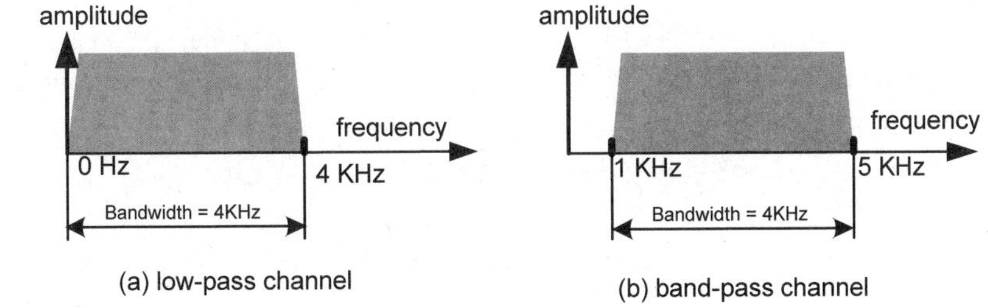

<그림 2.11> 대역폭

(예) 주기 신호가 주파수 100, 300, 500, 700, 900 Hz인 5개의 정현파로 구성되어 있다. 대역폭은 얼마인가? f_H를 최고 주파수, f_L을 최저 주파수, BW를 대역폭이라고 하면 BW = f_H - f_L = 900 - 100 = 800 Hz이다.

(2) 대역폭과 전송속도

디지털 데이터를 전송시 전송매체의 대역폭이 제한되어 있을 때 실제 수신되는 신호는 원래의 신호에 비하여 많이 왜곡된다. 이것은 디지털 데이터가 무한대의 주파수 성분을 가진 신호이기 때문에 통과대역이 제한된 전송로를 통하여 이 신호의 일부만 전달되기 때문이다. 따라서 통과 대역이 넓을 수록 보다 깨끗한 신호가 수신될 수 있다. 그렇다면 주어진 전송속도에 대한 필요한 대역폭은 얼마일까? 또는 주어진 대역폭에 가능한 최대 전송속도는 얼마일까?

디지털 데이터를 송신할 때 사용하는 선로의 대역폭이 넓으면 고속전송이 가능하다고 한다. 사실 고속전송이란 시간축관점에서 다른 방식에 비하여 초당 몇 비트를 더 빨리 송신할 수 있는가인 반면에 광대역이란 주파수 관점에서 넓은 통과 대역폭을 가지는 전송매체를 의미한다. 시간축과 주파수축 관점에서의 전송율을 결정하는 공식은 바로 Nyquist공식과 Shannon공식이다.

(3) Nyquist공식

Nyquist는 대역폭 B Hz의 무잡음 채널에서 최대 전송량 (C_{bps}) 은 M개의 상이한 심볼을 사용시 다음과 같이 얻을 수 있다고 하였다.

$$C_{bps} = 2B*log_2M$$

<그림 2.12>는 250Mbps 데이터를 2-level의 NRZ신호와 4-level의 신호에 대한 소요 대역폭을 비교한 것이다.

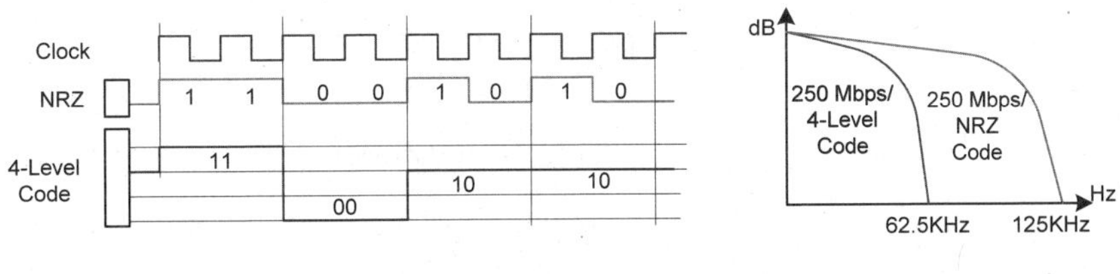

<그림 2.12> 심볼률에 따른 소요 대역폭의 변화

(4) Shannon-Hartley공식

Shannon은 잡음이 있는 채널에서 대역폭 B에 대하여 M개의 심볼을 사용하면 다음과 같은 최대 전송속도를 얻을 수 있다고 하였다. 여기서, S/N은 신호에 대한 잡음의 비(SNR)로써, 품질이 좋은 케이블일수록 SNR 비가 커지므로 더 고속으로 전송이 가능하다. 또한 이 공식에서 알 수 있듯이 전송매체의 대역폭이 크면 당연히 큰 전송속도를 지원할 수 있다[4].

$$\text{전송속도 } C_{bps} = B * log_2(1+S/N)$$

(5) 상승시간에 따른 소요 대역폭[참고]

일반적으로 디지털 펄스 진폭의 10%에서 90%로 상승할 때의 소요시간을 상승시간(risetime)이라고 한다. 일반적으로 이러한 상승시간을 갖는 신호를 지원할 수 있는 소요 대역폭은 "BW = 0.35/risetime"으로 어림잡을 수 있다. 또한 전송속도에 대한 소요대역폭도 "BW = (3~5)*데이터전송속도"로 어림잡을 수 있다.

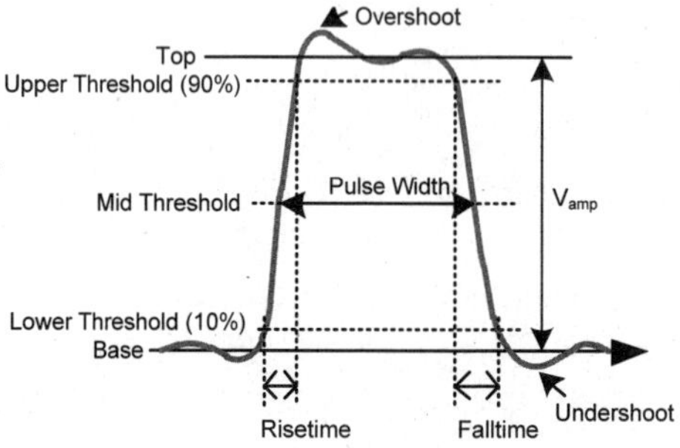

<그림 2.13> 펄스의 상승시간에 따른 소요 대역폭

2.8 신호의 변환

(1) 아날로그 데이터에 대한 아날로그 신호변환

사람의 아날로그 음성이 전화기를 통하여 전화국으로 전달될 경우이다. 또한 방송국 아나운서의 아날로그 음성은 AM(Amplitude Modulation)이나 FM(Frequency Modulation) 등의 변조방식을 통하여 방송되는 경우도 이에 해당된다[5]. 라디오와 같은 수신기에서 원래의 신호로 복원하는 절차를 복조라고 한다.

<그림 2.14> 아날로그 데이터에 대한 아날로그 신호변환 예

[4] 따라서 많은 사람들은 '광대역'이라는 것과 '초고속'이라는 것을 동일하게 말한다.
[5] 이것은 저주파의 음성을 고주파의 반송파에 실어 안테나를 통하여 효율적으로 방사시키기 위함이다.

(2) 아날로그 데이터에 대한 디지털 신호변환

예를 들어 가수의 음성을 CD에 저장할 때 사용된다. 펄스부호변조(PCM:Pulse Code Modulation)방식이 일반적으로 사용된다. 이렇게 변환하는 과정을 인코딩한다고 한다.

<그림 2.15> 아날로그 데이터에 대한 디지털 신호변환 예

(3) 디지털 데이터에 대한 아날로그 전송신호 변환

디지털 데이터를 아날로그로 변화하는 방법에는 다음과 같이 진폭, 주파수, 위상, 진폭과 위상의 조합 등 4가지가 있다.

- ASK(Amplitude Shift Keying)
- FSK(Frequency Shift Keying)
- PSK(Phase Shift Keying)
- QAM(Quadrature Amplitude Modulation)

<그림 2.16> 디지털 데이터에 대한 아날로그 신호변환 예

(4) 디지털 데이터에 대한 디지털 전송신호 변환

이 과정을 베이스밴드 전송시 사용하는 라인코딩(Line coding)방식이라고 한다. 대부분의 디지털 전송시 사용되며 대표적으로 Manchester, NRZI 등이 사용된다.

<그림 2.17> 디지털 데이터에 대한 디지털 신호변환 예

2.9 아날로그 데이터에 대한 아날로그 신호변환

(1) AM (진폭변조)

AM(Amplitude Modulation)은 위상과 주파수는 변하지 않고 진폭만 정보에 따라 변화한다. 오디오 데이터(음성과 음악) 대역폭이 5KHz인 경우 소요되는 대역폭은 이것의 2배인 10KHz이다.

각 AM 방송국은 530 ~ 1700 KHz내의 반송(Carrier) 주파수를 사용한다.

[참고] AM 변조율(AM modulation index)은 무변조 반송파의 진폭에 대하여 변조 신호 포락선 최대값과의 비율이다. 변조된 파형의 최대값(A_{max})와 최소값(A_{min})이 주어졌을 때 변조율은 $h = (A_{max} - A_{min}) / (A_{max} + A_{min})$ 로 표현된다. 예를 들어 따라서 <그림 2.18a>의 경우 변조율 $h=(1.5-0.5)/(1.5+0.5)=50\%$이다. 이 경우 반송파의 진폭은 무변조 신호에 비하여 50% 위 아래를 갖는다. 왜곡되지 않으려면 변조율 h는 1.0을 넘지 않아야 하므로 리미터(limiter)를 사용해야 한다.

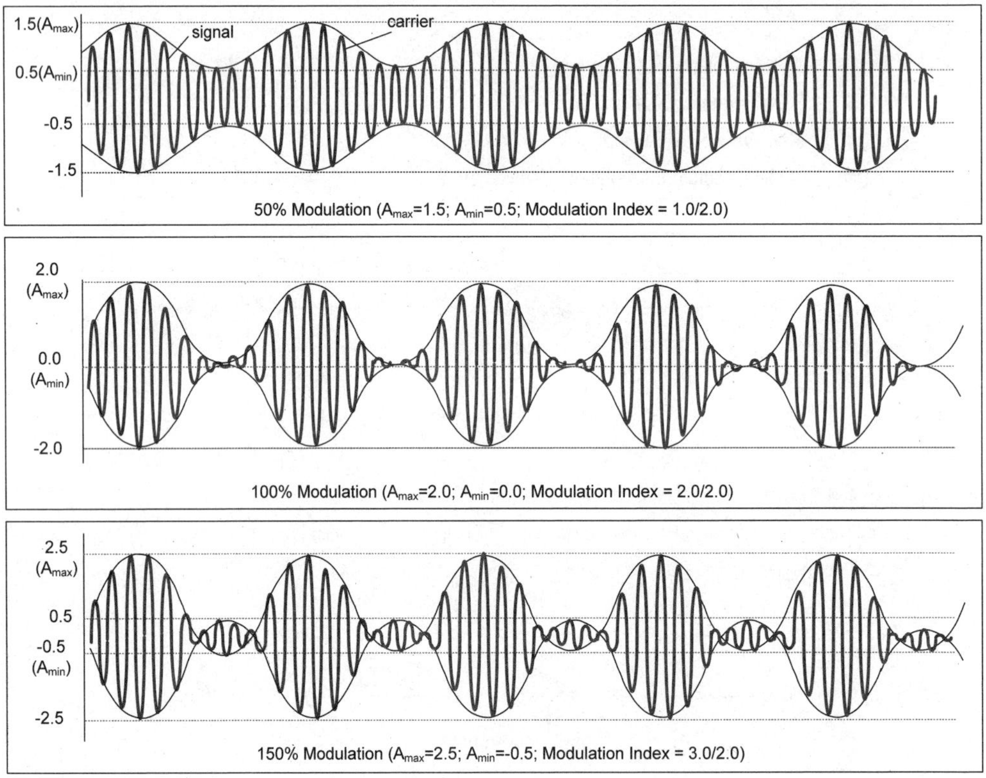

<그림 2.18> 변조율

(2) FM 주파수 변조(FM: Frequency Modulation)

음성의 진폭에 따라 신호의 주파수를 변경하는 변조방식이다. 15KHz 대역을 갖는 스테레오 오디오에 대한 FM 변조시 최소 소요 대역폭은 이것의 10배인 150KHz이다. 각 방송국은 88~108 MHz 대역내에서 50KHz의 여유분을 추가한 200 KHz(0.2 MHz) 대역을 할당받는다.

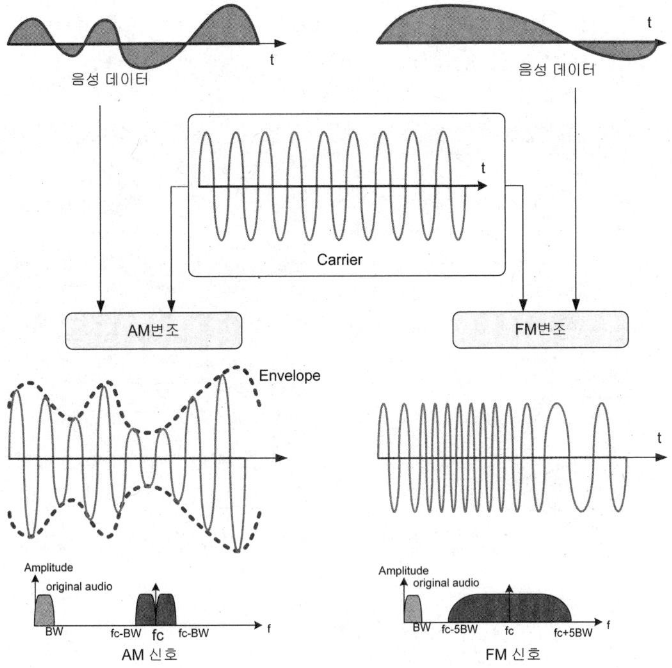

<그림 2.19> AM과 FM 변조

2.10 아날로그 데이터에 대한 디지털 신호변환

(1) 개요

전화 시스템의 경우 전화기로부터 수신되는 아날로그 음성신호에 대하여 교환기는 디지털로 변환하는 인코딩 과정을 수행한 수 상대방이 연결된 교환기까지 디지털로 전달한다. 수신측 교환기는 원래의 아날로그로 디코딩하여 전화기로 전달한다. 이렇게 아날로그를 디지털로 변환 또는 그 반대로 복원하는 장치를 코덱이라고 한다.
전화교환기에서 사용되는 코덱은 다음과 같은 구성요소를 가진다.

- 표본화기(Sampler) : 4KHz의 주파수 대역을 가지는 음성신호에 대하여 초당 8000번씩 (즉, 125μsec마다) 음성신호의 전압을 샘플링한다[6].
- 양자화기(Quantizer) : 각 샘플에 대하여 256 단계의 크기로 구분한다. 실제값과의 오차를 양자화 오류 (quantization error)라고 한다.
- 부호화기(Encoder) : 양자화기의 출력값을 8비트의 디지털 데이터로 할당한다[7].

---

[6] 샘플링횟수는 Nyquist의 샘플링이론에 의해 결정된 것이다. 이 이론은 최대 주파수 성분 fmax 를 갖는 아날로그 데이터를 샘플링하여 전송할 경우 수신측에서 원래의 아날로그 데이터로 복원하려면 초당 fmax의 2배, 즉 Ts = 2* fmax 번 샘플링을 해야 한다는 것이다.
[7] 결과적으로 4KHz의 최대주파수를 갖는 아날로그 음성은 PCM에 의해 8000/s*8bit=64Kbps로 전송된다.

이러한 방식의 인코딩을 64 Kbps Pulse Code Modulation(PCM)방식이라고 부르며 ITU-T의 G.711 표준이다[8]. 이러한 PCM은 CD 플레이어 등에서도 역시 사용되고 있다[9].

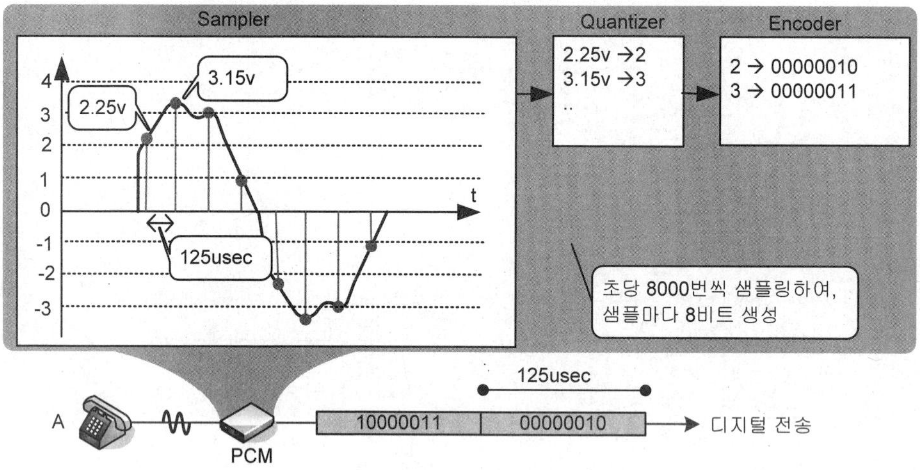

<그림 2.20> PCM 인코딩

(2) 나이키스트 샘플링 이론

나이키스트 샘플링 이론은 다음과 같다.

최대 주파수 성분 f_{max} 를 갖는 아날로그 데이터에 대하여 $T_s = 2*f_{max}$번 이상 샘플링하면 원래의 아날로그 데이터로 복원할 수 있다.

(3) 장단점

왜 아날로그 음성을 디지털 음성으로 굳이 변환하여 전송할까? 그것은 장거리 전송시 아날로그 신호는 외부잡음에 취약하기 때문이다.

<그림 2.21>을 보자. 신호의 세기는 전송거리에 따라 약해진다. 이를 보완하기 위하여 증폭기를 사용한다면 래의 신호는 경로상에 유입되는 잡음과 함께 증폭되어 전달되는 문제가 있다.

반면에 리피터는 왜곡된 입력신호에 대하여 샘플링 시점에서의 레벨을 기준으로 원래의 신호대로 재생하므로 디지털 전송이 아날로그 전송에 비하여 전송품질이 우수하다[10].

[8] G.723(G.726으로 대체됨)은 Adaptive Differential PCM방식의 압축된 오디오 인코딩 방식이다.

[9] quantization error를 줄인 고급 음향을 위해 샘플링을 더 자주하고 샘플당 비트수도 16비트 등으로 증가시킨다.

[10] 하지만 디지털 신호의 완벽한 전송에는 주파수 대역이 많이 소요된다. 따라서 디지털 데이터를 직접 선로상에 전송하는 방법인 베이스밴드 전송은 전송선로의 대역폭이 아주 넓어야 장거리 전송이 가능하므로 동축케이블과 같은 높은 품질의 케이블이 사용된다. 물론 LAN과 같이 100m정도의 단거리 전송시에는 품질이 그다지 좋지 않은 UTP케이블도 사용 가능하다.

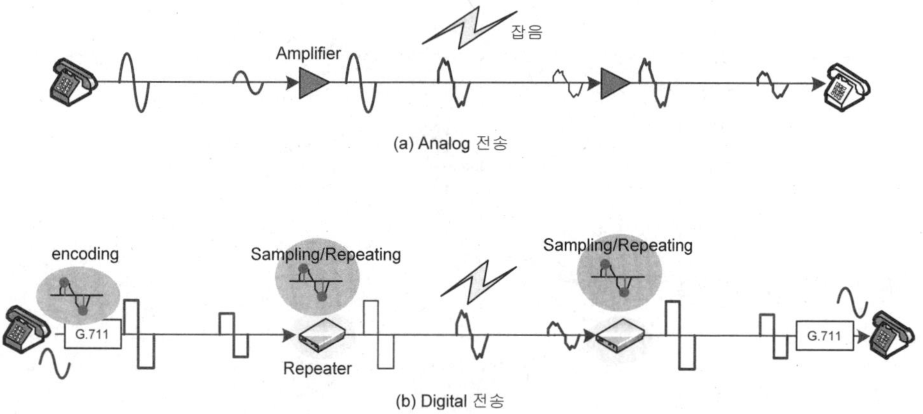

<그림 2.21> 증폭기와 리피터의 비교

2.11 PCM 코덱

교환기의 가입자측 인터페이스에서 수행하는 기능 중 한가지인 PCM 인코딩 및 디코딩 기능은 기본적으로 입력되는 아날로그 음성을 초당 8000번(8KHz의 샘플링 주파수) 샘플링하여 샘플마다 8비트의 PCM 데이터를 생성하여 다른 교환기로 전달하거나 원래의 음성으로 복원한다.
이러한 인코딩시에 출력되는 비트의 수 n은 양자화기의 양자화 레벨의 개수인 2^n에 의해서 결정된다.
기준전압에 대하여 신호가 양과 음의 값을 가지므로 인코딩시에는 신호의 극성도 함께 표시해야 한다. 예를 들어 3비트로 인코딩시에는 3개의 +레벨과 3개의 –레벨, 그리고 1개의 0레벨을 가진다.

인코딩 방법에는 크게 다음과 같이 선형방식과 비선형방식이 있다.

(1) 선형 코덱(linear codec)
<그림 2.22>는 8단계를 갖는 선형 인코딩 방식의 예이다. 이것은 입력신호에 대하여 출력신호를 선형적으로 인코딩한다.
입력신호가 1.5V라면 출력은 당연히 '101'이다. 하지만 1.2V 입력의 경우에도 여전히 '101'로 인코딩된다. 이 경우 0.2V의 오차, 즉 양자화 잡음이 발생한다. 이러한 오차를 감소시키려면 인코딩 단계를 조밀하게 해야 할 것이다.
특히 이러한 선형 코덱의 경우에는 작은 입력신호에 대하여(예를 들어 0 ~ ±1.0V의 신호) 모두 동일한 값으로 인코딩하기 때문에 작은 소리에 민감한 사람의 청각 특성을 지원하지 못하는 문제가 있다.

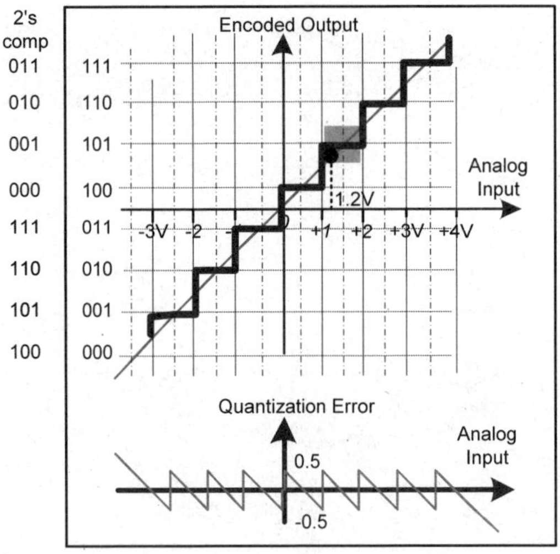

<그림 2.22> 선형 인코딩의 특성곡선

(2) 비선형 코덱(nonlinear codec)

이것은 작은 입력신호에 대해서는 가급적 세밀한 인코딩레벨을 사용하고 큰 신호에 대해서는 인코딩 레벨의 간격을 증가시키는 것이다.

<그림 2.23>의 예를 보자. X축의 아날로그 입력신호값이 0.6V일 때 선형 코덱방식에서는 '100'으로 인코딩되었지만 비선형 코덱방식에서는 '101'로 인코딩되므로 0.1V의 신호와 구분됨을 알 수 있다.

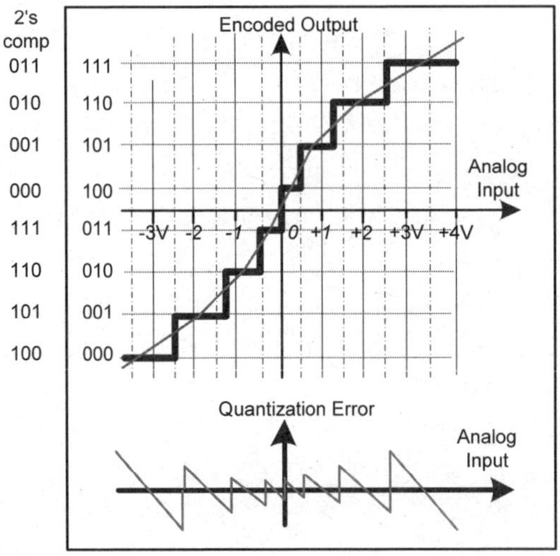

<그림 2.23> 비선형 인코딩의 특성곡선

(3) u-law 비선형 인코딩방식

G.711표준인 μ-law 인코딩방식은 14비트의 선형 샘플링된 값에 32를 더한 후 이것을 다음과 같이 8비트 값으로 변환한다.

Linear input code	Compressed code
s00000001wxyz`a	s000wxyz
s0000001wxyz`ab	s001wxyz
s000001wxyz`abc	s010wxyz
s00001wxyz`abcd	s011wxyz
s0001wxyz`abcde	s100wxyz
s001wxyz`abcdef	s101wxyz
s01wxyz`abcdefg	s110wxyz
s1wxyz`abcdefgh	s111wxyz

여기서 *S*는 부호 비트이고, 소위 backtick mark(`) 이후 값은 변환시 무시된다. 이렇게 변환된 값에 대하여 최종적으로 모든 비트를 반전시켜 송신한다. 예를 들어 묵음시 생성되는 0x00값은 0xFF로 송신된다.

(4) A-law

역시 G.711표준인 이것은 13비트의 선형 샘플링 결과값에서 다음과 같은 규칙에 따라 8비트 단위로 변환하는 방식이다.

Linear input code(13bits)	Compressed code(8bits)
s0000000wxyz`*a*	s000wxyz
s0000001wxyz`*a*	s001wxyz
s000001wxyz`*ab*	s010wxyz
s00001wxyz`*abc*	s011wxyz
s0001wxyz`*abcd*	s100wxyz
s001wxyz`*abcde*	s101wxyz
s01wxyz`*abcdef*	s110wxyz
s1wxyz`*abcdefg*	s111wxyz

여기서 S는 부호 비트이고, backtick mark(`)이후 값은 변환시 무시된다.
예를 들어 13비트의 "1 0000 0001 0101" 값은 "1000 1010"로 변환되며,
"0 0000 0011 0101"은 "0 001 1010 "로 변환된다.
이어 변환된 결과값의 짝수번째 비트값을 반전시킨 후 송신함으로써 수신측의 클럭복원이 용이하도록 한다. 예를 들어 묵음인 경우 즉 0x00로 1차 변환된 값은 "01010101", 즉 0x55로 최종변환되어 MSB부터 송신된다.

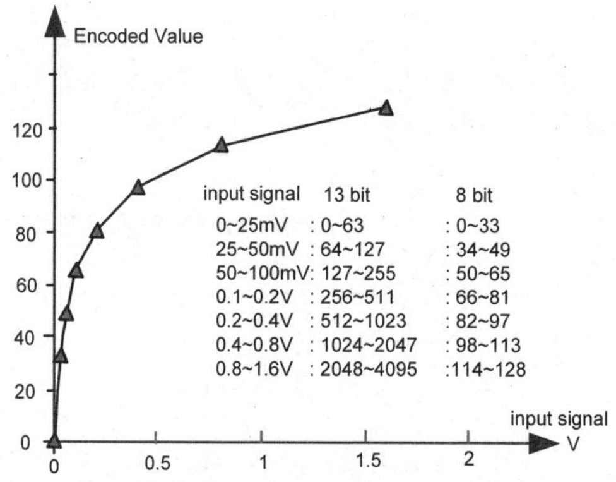

<그림 2.24> A-law PCM 인코딩 특성곡선

(5) 기타 인코딩규격

- G.729 : 인터넷 전화 시스템에서 많이 쓰인다. 10msec마다 CELP(Code Excited Linear Prediction) 부호화방식으로 압축된 80비트의 오디오를 송신하여 8Kbps의 전송속도를 갖는다[11]. MOS(Mean Opinion Score)=3.92이다. 특허권이 있다. G.729a와 G.729b 등은 이것의 변종이다.
- G.723.1 : 30msec마다 압축된 24바이트(192비트)의 오디오 샘플을 30ms마다 송신한다. 결과적으로 6.4Kbps로 송신하면서도 MOS는 3.9를 제공한다. 이것의 변종은 30msec마다 20바이트로 압축된 오디오 샘플을 5.3kbps로 송신하며 MOS=3.7이다.

이러한 저속의 인코딩방식은 인터넷을 통한 전송에 유리하다.

2.12 디지털 데이터에 대한 디지털 전송 신호변환(라인코딩)

라인코딩은 원래의 디지털 데이터를 변형하여 새로운 디지털 신호로 전송하는 방법이다. 굳이 원래의 디지털 데이터를 다른 형태의 디지털 신호로 변환하는 이유는 송신측의 비트클럭 정보를 수신측에 전달하여 정확한 비트동기를 설정하기 위함이다. 또한 이렇게 함으로써 직류 성분이 가급적 제거할 수 있어 저역대 신호의 감쇄가 아주 큰 대부분의 전송선로에 잘 전파될 수 있도록 한다. 더욱이 일부 라인코드는 신호 자체에 오류검출 능력을 제공하기도 한다.

(1) NRZ(Non-Return to Zero)

이것은 주로 메인보드내의 CPU 및 데이터 통신 모듈간에 데이터를 전송할 때 사용된다. 신호전압은 Active High인 경우 '1'일 때 5V, '0'일 때 0V를 사용한다[12]. '1'과 '0'의 판정은 전압 레벨로 하므로 NRZ-L이라고도 부른다. 이것은 비동기 전송시 '1' 또는 '0'이 연속될 경우 수신측 입장에서는 송신측의 클럭에 동기를 맞추는 과정이 어려운 단점이 있다.

---

[11] CELP : Code−Excited Linear Prediction speech encoding

[12] 최근에는 3.3V, 2.5V, 1.8V, 1.2V 등의 저전압 신호도 사용된다.

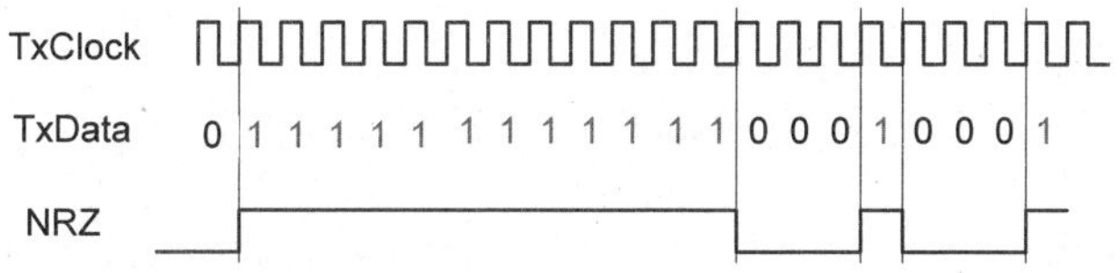

<그림 2.25> NRZ 라인코딩의 예

또한 이 신호방식은 신호의 평균전압이 VDD/2인 직류성분을 가지고 있으므로 ac-coupled 선로에서 baseline wander(droop)현상이 발생할 수 있다. 즉 전송되는 비트열의 신호성분이 동일한 비율로 교대한다면 전송선로의 커패시턴스 성분에 의해 선로상에서 충전과 방전이 교대하면서 0V 또는 일정한 DC전압 성분을 유지할 수 있다. 하지만 '1'이 반복전송되거나 '0'이 반복전송될 경우 아래와 같이 평균전압성분이 이동하여 신호가 이동하는 현상인 baseline wander가 발생한다. 이에 수신전압의 문턱값으로 ' 1'과 '0'을 판정하는 수신측은 그릇된 값을 샘플링할 수 있다.

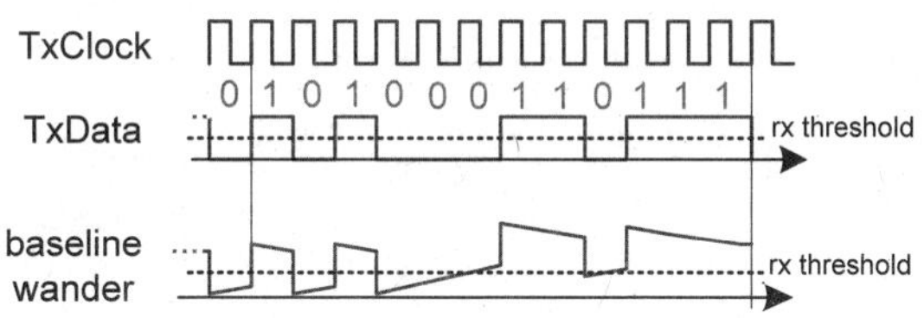

<그림 2.26> baseline wander의 예

(2) NRZI(Non-Return to Zero Inverted)

이것은 '1'일 때 천이하며 0일때 유지한다[13]. 따라서 연속된 '1'에 대하여 각 비트별로 신호가 반전되므로 수신측 입장에서는 송신측의 클럭에 동기를 맞추는 과정이 용이하다[14].

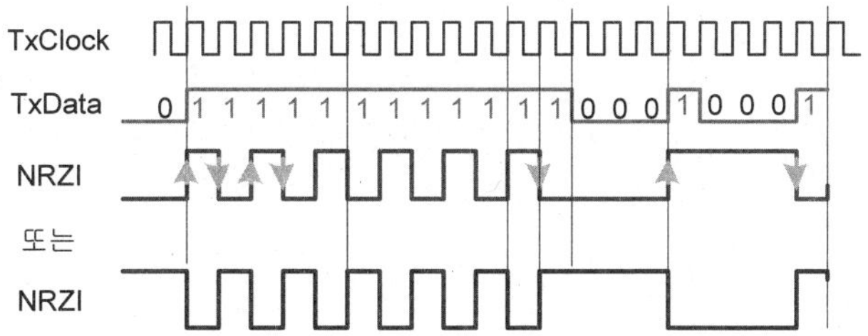

<그림 2.27> NRZI 라인코딩의 예

[13] 또는 USB의 경우와 같이 '0'일 때 천이하며 1일때 유지하는 것도 역시 NRZI이다. 이 방식을 NRZ-S(NRZ-Space)방식이라고 한다.

[14] 이 방식을 NRZ-M(NRZ-Mark)라고도 부른다. 그리고 '0'일 때 천이하며 '1'일때 유지하는 변형된 NRZI 방식을 NRZ-S(NRZ-Space) 방식이라고 하며 USB에서 사용된다.

그럼에도 불구하고 0이 반복될 경우에는 여전히 천이하지 않는 문제가 있으므로 NRZI 방식을 사용하는 이더넷이나 USB의 경우 다음과 같은 추가적인 방법으로 해결한다.

- 100Mbps급 이더넷 : '1'일 때 천이하며 '0'일때 유지하므로 0이 반복 전송될 경우를 예방하기 위하여 4B5B 블록인코딩 후 NRZI 인코딩을 적용한다.
- USB : '0'일 때 천이하며 1일때 유지하는 NRZI의 경우 6개의 연속된 '1'에 대하여 '0'을 추가 삽입하여 전송하는 bit stuffing 방식으로 해결한다.

(4) Manchester 라인코딩[15]

이것은 각 비트타임의 중간에 반드시 천이하며, '1'일 때에는 H->L로 천이하고, '0'일 때에는 L->H로 천이한다. 또는 그 반대도 가능하다. 이 방식을 Bi-phase Level(Biphase-L)방식이라고도 한다. 이것은 연속되는 '1' 또는 '0'에 대한 천이를 제공하므로 비트동기 설정에 유리하다.

하지만 NRZ에 비하여 천이횟수가 2배로 증가하므로 대역폭이 2배 증가하는 문제가 있다. 또한 천이방법이 2가지이므로 인코딩된 데이터 수신시에는 신호의 극성을 반드시 맞추어야 한다. 이것은 10Mbps급 이더넷 및 토큰버스, 그리고 항공용 데이터버스인 MIL-STD-1553 등에서 사용되며, RFID나 NFC(Near Field Communication)등의 무선방식에서도 사용된다[16].

	'0'	'1'
Basic Manchester	Low-to-High천이	High-to-Low 천이
10Mbps 이더넷 방식	High-to-Low 천이	Low-to-High천이

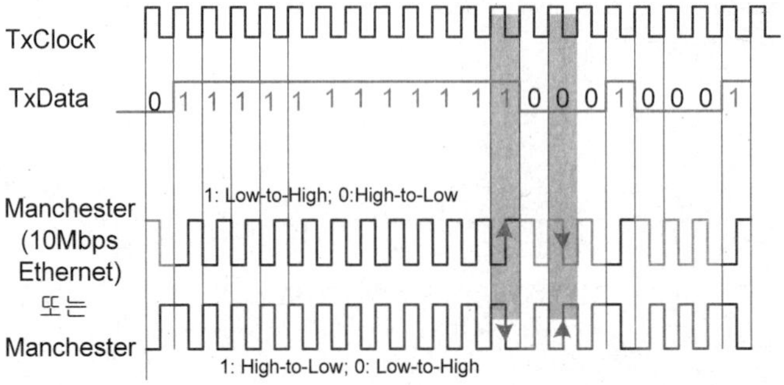

<그림 2.28> 맨체스터 라인코딩의 예

(5) Differential Manchester 라인코딩(차동 맨체스터 라인코딩)

Differential Manchester 방식은 각 비트타임의 중간에 반드시 천이하지만, 이전 신호와 현재 신호 간의 변화를 기준으로 1과 0을 결정한다. 따라서 맨체스터 방식에 비하여 수신측 입장에서는 케이블의 극성이 반전되더라도 문제없이 데이터를 판정할 수 있는 장점이 있다. 토큰 링 LAN 시스템에서 사용되었다.

---

15 이것은 맨체스터대학에서 고안하였다.

16 Am7960, HD6409, HD15530, HD15531 등의 칩은 Machester encoder/decoder 전용 칩이다.

이것의 규칙은 다음과 같으며 맨체스터 부호화와 마찬가지로 2종류가 있다.

- 비트 중간에 반드시 천이
- 이전 레벨에 대하여
  - 1= 유지; 0=천이 (Differential Bi-Phase-Mark)
  - 1 =천이; 0 =유지 (Differential Bi-Phase-Space)

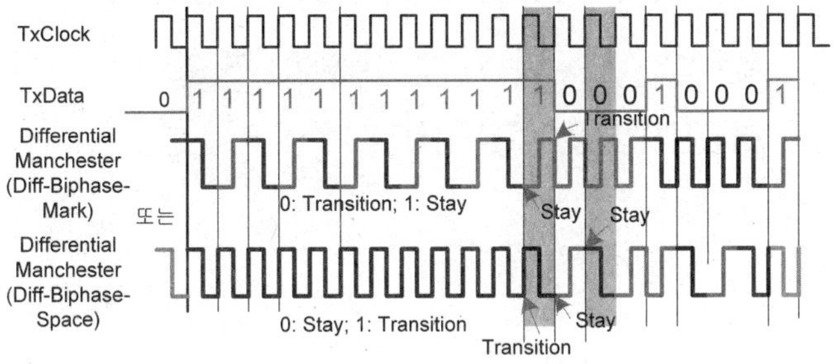

<그림 2.29> 차동 맨체스터 라인코딩의 예

(5) Biphase Mark Code(BMC) 라인코딩

디지털 오디오 전송방식인 AES3 및 S/PDIF방식과 디지털 방송 시스템용 전송규격인 SMPTE 에서 사용되는 Biphase Mark Code(BMC)는 BiPhase-M방식이라고도 하며 다음과 같이 라인코딩 된다[17].

- 비트 시작시점에 반드시 천이한다.
- 1: 비트 중간에 반드시 천이한다.
- 0: 비트 중간에 천이하지 않는다.

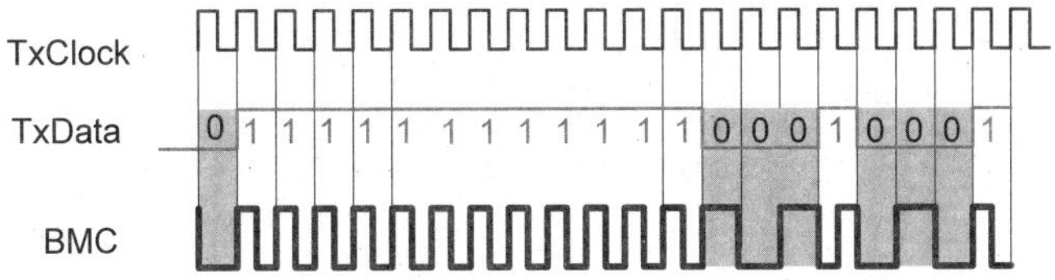

<그림 2.30> BMC 라인코딩의 예

[17] AES/EBU규격은 44.1KHz의 CD 형식뿐만 아니라 48KHz의 DAT형식의 스테레오 오디오 스트림도 지원할 수 있도록 설계되었다. 이러한 상이한 형식의 오디오 스트림을 수납하여 전송할 경우 각 오디오 형식에 따라 전송속도가 달라야 한다. 이러한 상황을 지원할 수 있도록 수신측이 송신측의 클럭을 용이하게 추출할 수 있는 biphase mark code (BMC) 라인코딩 방법을 사용한다. 또한 이것은 직류전압 성분이 없으므로 커넥터 핀의 극성이 바뀌어도 동작할 수 있는 장점도 제공한다.

(6) RZ(Return to Zero)

이 신호방식은 +V와 -V신호를 사용하면서 동시에 신호비트기간 중간에 반드시 0V레벨로 복귀하는 특성을 갖는다. 즉 3개의 레벨값을 사용한다. '1'의 경우 +V에서 0V, '0'의 경우 -V에서 0V로 천이한다. 따라서 송수신측간에 비트 동기를 맞추는데 유리하다. 반면에 다른 방법에 비하여 신호의 천이횟수가 2배 증가하므로 더 많은 대역폭이 소요된다.

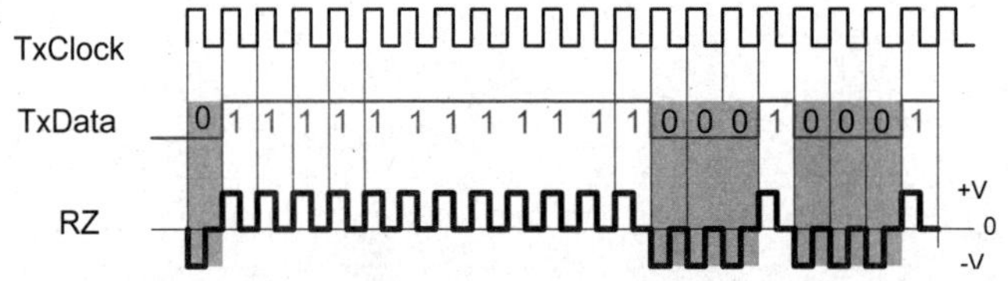

<그림 2.31> RZ 라인코딩의 예

(5) AMI

AMI((Alternate Mark Inversion)방식은 RZ와 마찬가지로 3개의 전압 레벨 사용(양극, 음극, 0V)를 사용한다. 하지만 '0'은 0V를 유지하는 반면, '1'은 +V와 -V신호값을 교대한다. '1'을 연속 전송한다면 일정한 주기의 신호가 생성되므로 수신측과의 비트동기에 유리하다. 또한 '1'에 대한 극성이 반전되지 않은 상태로 수신되는 경우 전송중 오류가 있었음을 감지할 수 있다. 물론 여전히 '0'이 반복 전송될 경우 문제가 있기는 하다. 이것은 전화망 시스템에서 사용하는 T1 및 E1 전송방식에서 사용된다.

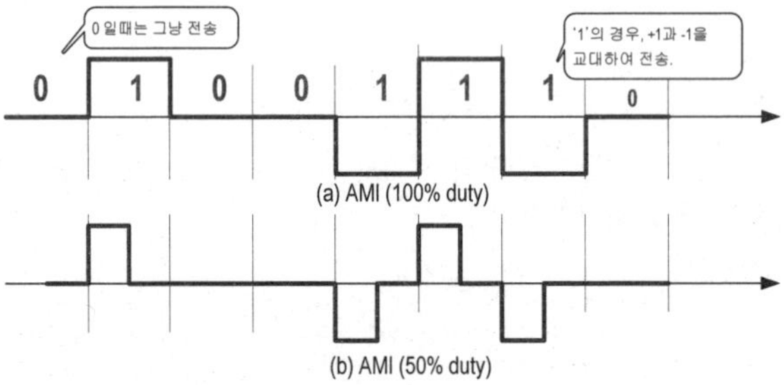

<그림 2.32> AMI 라인코딩의 예

(6) MLT-3

RZ 및 AMI와 같이 {-1,0,+1}등 3개의 레벨을 가진다. 단 '1' 전송시에는 -1V, 0V, +1V, 0V 등의 순서로 전송하고 '0'의 경우에는 상태를 유지한다. 가장 천이횟수가 많은 '1111.. '의 경우 4클럭의 주기를 가지면서 천이된다. 따라서 Manchester코드 방식에 비하여 1/4의 클럭 주파수로 동작 가능하다. 이것은 100Mbps급 이더넷에서 사용된다. 송신할 NRZ비트열은 NRZI비트열로 일단 변환한 후 추가로 MLT-3(Multi-Level Ternary) 형식의 신호로 변화시켜 전송한다[18].

[18] 이것을 지원하는 칩으로 ML6671이 있다.

이렇게 함으로써 '1'이 반복 전송되는 IDLE상태에서 NRZI신호는 계속 신호가 변화하는데 비하여 MLT-3의 신호의 주파수는 1/2로 감소된다. 따라서 높은 주파수의 전자파방출을 감소시켜 인접 선로에 대한 간섭을 예방한다.

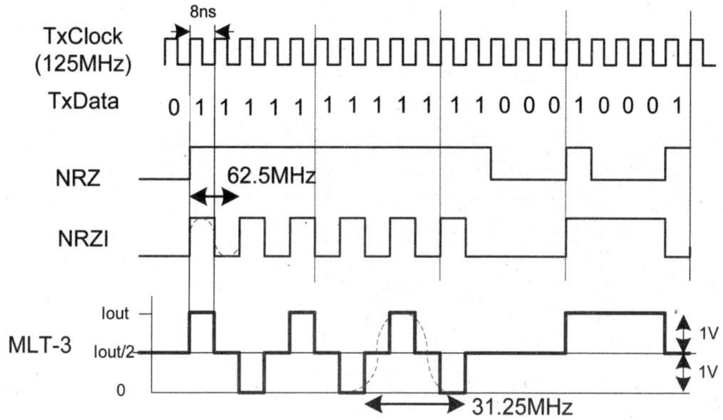

<그림 2.33> NRZI와 MLT-3코드.

(7) PAM5

PAM5(5 level Pulse Amplitude Modulation)는 5개의 상이한 레벨의 신호(심볼)을 전송하는 방식으로써 100Base-T2 및 1000Base-T 이더넷에서 사용된다.

<그림 2.34>는 페어 케이블 2개를 함께 사용하면서 각각 50Mbps씩 총 100Mbps로 송신할 수 있는 100Baset-T2에 대한 것이다[19]. 여기서 PAM5는 각 페어 케이블에 적용되므로 2dimensional PAM-5 또는 PAM 5x5 방식이라고 한다.

즉 4비트단위로 전달되는 TxDn[3:0]는 2비트씩 분리되어 각각 A와 B의 PAM5 모듈로 전달된다. 각 PAM5 모듈의 전단부는 스크램블링 비트열 $S_{(a,b)}$n과 송신가능신호인 TxEN신호를 참조하여 3비트의 $T_{(a,b)}$n[2:0]비트열을 생성한다.

이어 symbol mapper는 $T_{(a,b)}$n값에 따라 {-2, -1, 0, +1, +2}의 5가지의 레벨 중 하나로 매핑하여 송신될 신호 An 또는 Bn을 생성한다. An과 Bn은 각각 실제 전송선로상에서 {1, 0.5, 0, -0.5, -1V} 신호레벨의 디지털로 전송된다. 결과적으로 각 페어 케이블상에는 25Mbaud, 즉 50 Mbps로 송신되므로 총 100 Mbps를 지원할 수 있다.

이러한 PAM5방식은 기가급 이더넷인 1000Base-T에서도 사용된다. 이 경우 4개의 페어 케이블을 사용하고 각 페어마다 PAM5 방식을 적용한 4Dimensional PAM5방식이 사용된다.

---

[19] 100Base-T2는 LAN 시장에서는 실패했지만, 케이블 가닥 수를 감소시킬 수 있어 앞으로 자동차 내부 통신망에서 널리 활용될 것이다.

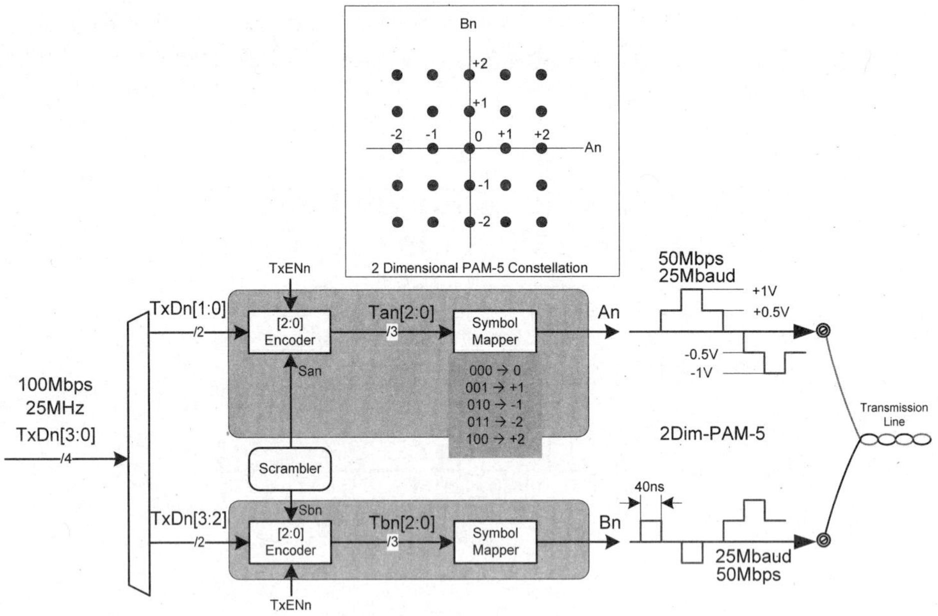

<그림 2.34> PAM5 라인코딩

(9) 라인코딩의 비교

지금까지 다루었던 각종 라인코딩방식을 비교하면 <그림 2.35>와 같다. NRZ코드를 제외한 대부분의 라인코딩 방식은 클럭정보 성분이 있음을 알 수 있다. 수신측은 이를 이용하여 송신측의 클럭에 동기된 자신의 수신클럭으로 사용할 수 있다.

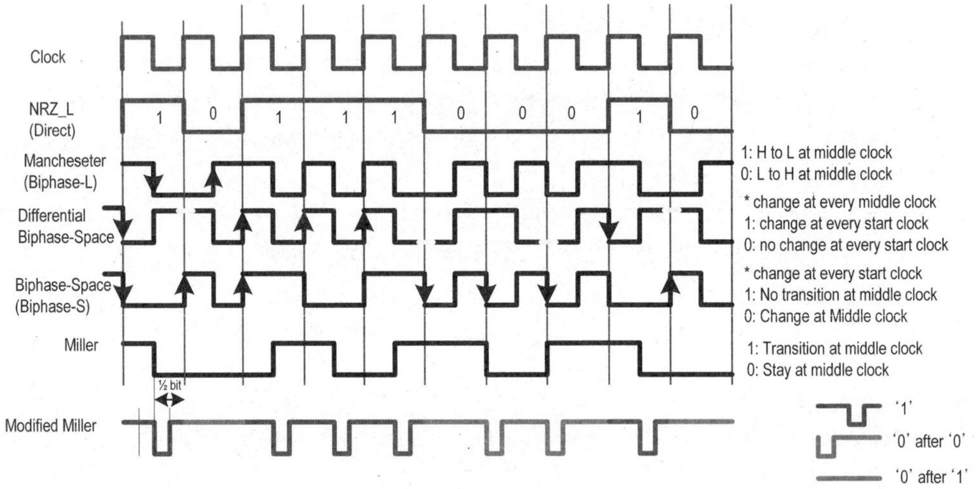

<그림 2.35> 라인코딩 비교

2.13 블록 인코딩

(1) 4B/5B 및 8B/10B 블록 인코딩방식

NRZI방식의 경우 '0'이 연속전송될 경우 신호의 천이가 없으므로 수신측에서의 클럭복원에 어려움이 있다. 이를 해결하기 위하여 100Mbps급 이더넷 시스템의 경우 4비트의 nibble을 5비트의 코드그룹(심볼)으로 인코딩(4B/5B)하거나 디코딩하는 블록단위의 인코딩을 사용한다.

4비트 데이터는 변환표에 따라 5비트값으로 인코딩되어 전송된다. 따라서 실제 물리적 링크상으로는 125Mbps로 신호가 전송된다.

4B/5B변환표인 <표 2.1>을 참조하여 100Mbps이더넷에서 사용하는 4B/5B인코딩 절차는 <그림 2.36>과 같다. 송신요구된 프레임의 첫번째 바이트는 4비트씩 분할되어 각각 J심볼과 K심볼로 변환된다. 이후의 프레임 비트열은 모두 데이터 심볼로 변환되어 송신된다. 송신이 완료되면, T 및 R심볼 조합을 추가 송신하면서 작업을 완료한다. 이후 IDLE 심볼을 계속 송신한다.

100 Mbps전송을 수행하면서 실제로는 125 Mbps의 속도로 전송되는 문제점이 있기는 하다. 하지만 각 심볼은 적절한 파형의 변화를 생성하는 특징을 가지는데 유의할 필요가 있다. 이것은 수신측이 데이터를 수신하면서 동시에 비트 동기를 추출하는데 유리하다. 특히 IDLE 심볼은 5개의 1로 구성되는 비트열이므로 NRZI에 의한 라인코딩시 각 비트마다 파형에 변화가 있어 평소에도 송수신측간 비트동기를 유지할 수 있는 장점이 있다.

기가비트 이더넷(1000Base-T)의 경우 8비트마다 10비트값으로 인코딩하는 8B10B인코딩방식을 사용한다. 따라서 실제 물리적 링크상으로는 1.25Gbps로 신호가 전송된다[20].

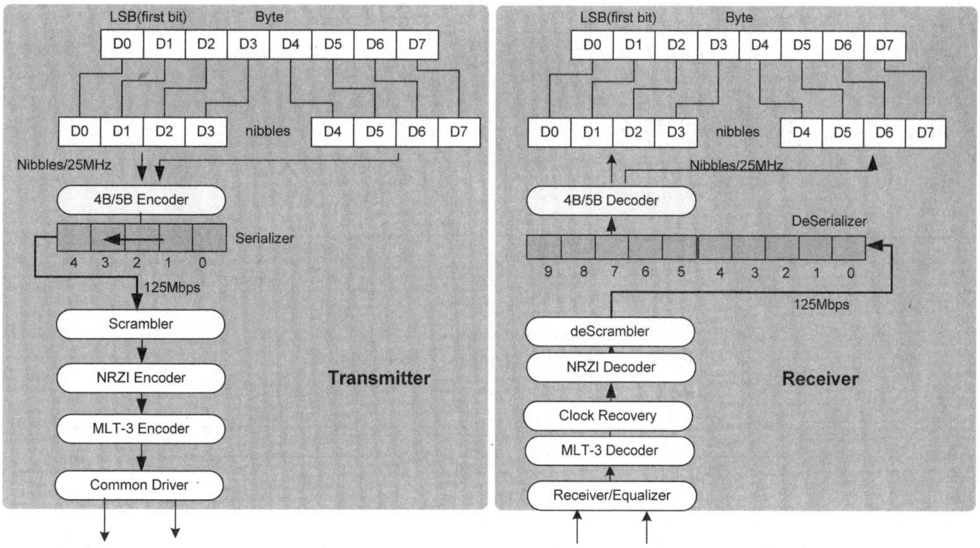

<그림 2.36> 4B/5B 블록 코딩

[20] 또한 10Gbps 이더넷의 경우에는 64B/66B 인코딩방식을 사용한다.

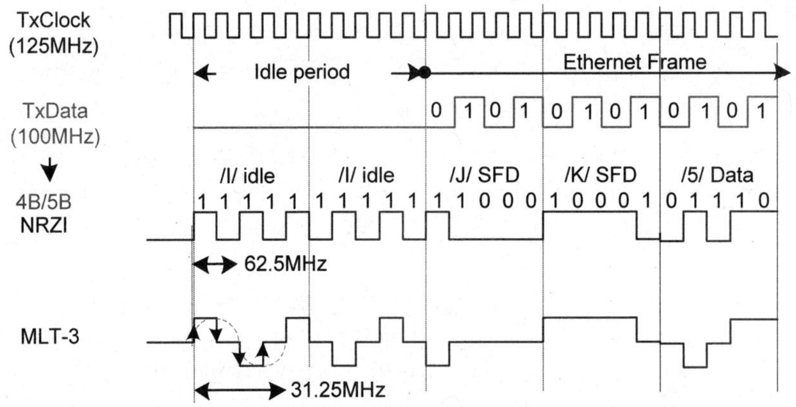

<그림 2.37> 4B/5B 블록 코딩의 예

<표 2.1> 100Mbps급 이더넷에서 사용하는 4B/5B코드심볼의 종류

DATA symbols		
4bit data group (Hex)	5bit symbol	comment
0	11110	
1	01001	
2	10100	
3	10101	
4	01011	
5	01110	
6	01111	
7	10010	
8	10011	
9	10110	
A	10111	
B	11010	
C	11011	
E	11100	
F	11101	
CONTROL symbols		
IDLE	11111	frame을 송신하지 않을 때 전송됨(inter-Stream fill code)
J(0101)	11000	Start-of-Delimiter(SD)의 첫 symbol
K(0101)	10001	Start-of-Delimiter(SD)의 마지막 symbol
T	01101	End-of-Delimiter(SD)의 첫 symbol
R	00111	End-of-Delimiter(SD)의 마지막 symbol
HALT	00100	Transmit Error(TX_ER)
	이외의 심볼	허용되지 않는 심볼임

(2) B8ZS 블록 인코딩방식

전화국 간의 다중화 전송방식 중 하나인 T1방식에서는 비트 '1'은 서로 '+'와 '-'펄스를 교대하면서 전송하는 alternate mark inversion(AMI)라인코딩 방식이 사용된다. 이렇게 함으로써, 1이 연속되는 경우에도 수신측에서는 송신측의 전송속도를 쉽게 알아차려 비트동기를 설정할 수 있다. 하지만 AMI라인코딩방법으로 연속된 '0'을 전송한다면 어떤 일이 발생할까? AMI 인코딩시에는 '1'에 대해서만 펄스가 변화하므로 '0'이 연속 전송된다면 수신측에서는 펄스의 변화를 감지하지 못하게 된다. 이러한 현상이 장시간 지속된다면 수신측은 송신측과의 비트동기를 잃어버릴 수 있다.

이러한 문제점을 방지할 목적으로 AMI 인코딩시 8개의 연속된 '0'에 대하여 B8ZS (bipolar 8-zero substitution) 블록 인코딩방식을 적용한다.
이것은 8개의 연속된 '0'이 전송될 경우, '1'이 포함된 '000V10V1'로 블록단위로 변환하여 송신하는 방법이다. 여기서, V는 '1'이 전송될 경우 +와 – 전압의 펄스를 교대해서 사용하는 AMI인코딩 규칙을 위반한 '1'의 값을 가지는 것으로써, bipolar violation의 의미를 가진다. 수신측은 이렇게 규칙에 어긋난 비트열이 수신되면, B8ZS로 대체된 코드로 인지하고, 원래의 '0'으로 복원한다.

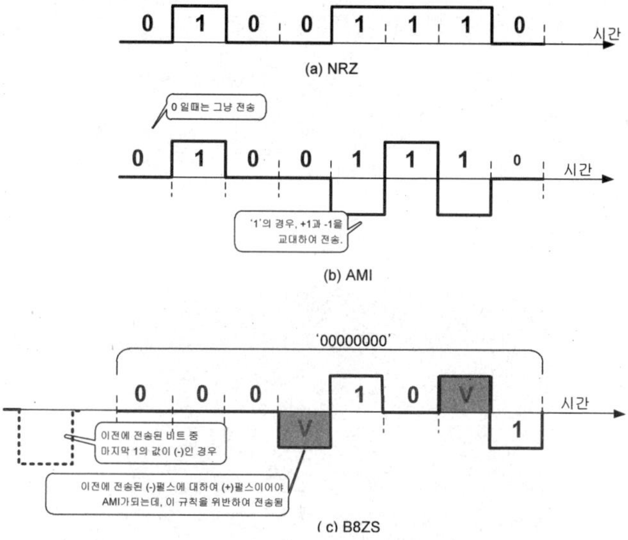

<그림 2.38> AMI 라인코딩과 B8ZS 블럭코딩.

(3) HDB3 인코딩방식

한국 및 유럽에서 사용하는 E1 다중화방식에서 사용하는 전송방식은 B8ZS방식이 아닌 4비트 블록단위의 high-density bipolar 3(HDB3) 블록 인코딩방식이 사용된다. 이것은 연속 전송되는 '0'의 개수를 최대 3개로 제한함으로써 단순한 AMI 코드의 단점을 보완한다[21].
HDB3 인코딩규칙은 다음과 같다.

① 연속된 4개의 '0'비트열에 대하여 4번째 '0'은 Violation(V)비트로 대체된다. V비트는 앞선 '1'의 극성과 동일한 것으로서 AMI인코딩 규칙을 위반한 것이다. 즉 '0000'은 '000V'이 된다.
② 단, 추가할 V비트와 이전에 전송된 V비트간에 짝수개의 '1'이 있었다면 '0000'은 'B00V'로 대체한다. 여기서 'B'비트는 '0'이 '1'로 대체할 때 정상적인 극성, 즉 balanced 비트로 대체된 것이다.

[21] B8ZS 및 HDB3인코딩은 모두 클럭복원이 용이할 수 있게 할 뿐만 아니라 직류전압 성분을 안 가지므로 트랜스포머로 결합된 평형선로에서 신호가 잘 전달될 수 있도록 한다.

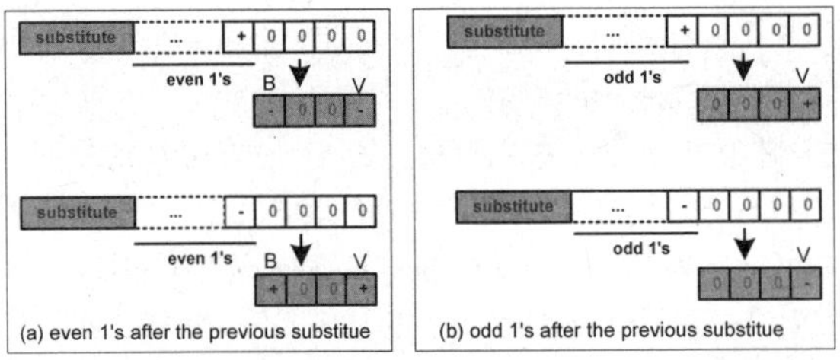

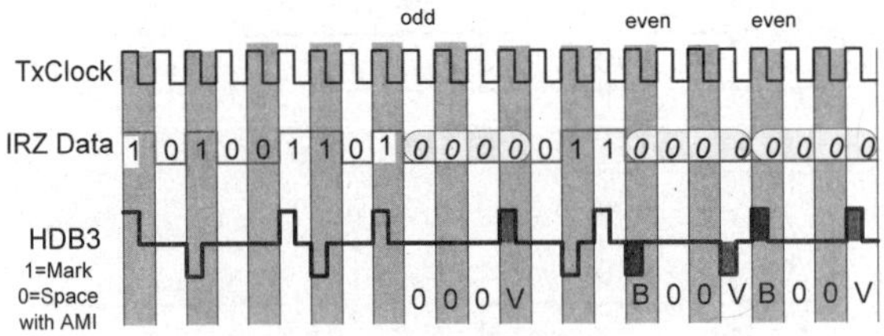

<그림 2.39> HDB3 블록코딩

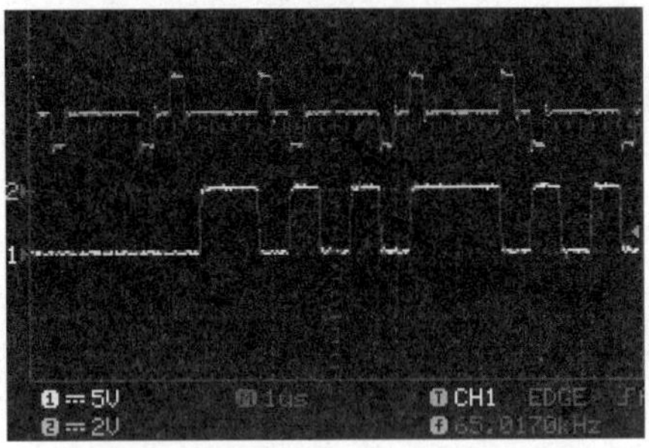

<그림 2.40> HDB3 블록인코딩의 실제

(4) Convolutional 인코딩(길쌈 부호화)

a) 인코더

<그림 2.41>은 k =1비트의 입력에 대하여 n =2개의 심볼을 생성하는 길쌈부호기의 구성이다. 출력 심볼값은 현재의 입력 비트와 이전에 송신된 K-1개의 비트열, 즉 총 K개의 입력값에 의해 생성된다. 이때 K값을 구속장(constraint length)이라고 하며 현재 정보값에 영향을 미치는 비트 수를 의미한다. 즉 k-1개의 비트는 일종의 패리티 비트이다. 이 예에서는 현재 입력비트와 2개의 과거 입력비트, 즉 총 3개의 입력값에 의해 출력값이 결정되므로 K=3이다. 인코더 내부는 K-1 개의 레지스터와 K-1 개의 exor로 조합된다[22].

이 경우 $(n,k,K) = (2,1,3)$ 인코더라고 하며 부호화율(Coding Rate)은 $R=k/n$ = 1/2로써 입력률에 비하여 2배의 심볼율로 동작한다[23]. 이러한 convolutional 인코더의 동작은 Trellis 다이어그램(격자형태)으로 표현할 수 있다.

---

22 다시 말하면 길쌈부호기는 입력비트열에 대하여 일종의 패리티 비트열을 출력한다고 볼 수 있다.

23 일반적인 TCM인코더는 입력단위를 k개의 입력비트로 구성된 블록 단위로 동작한다.

이러한 convolutional 인코더의 동작은 Trellis 다이어그램(격자형태)으로 표현할 수 있다. 특히 이러한 길쌈부호화의 경우 Trellis를 통하면 유효한 비트값만 송신될 수 있다는 특성을 제공한다. 예를 들어 code group 11이 송신되면 다음에 송신될 code group은 01 또는 10만 가능하다. 이러한 길쌈부호화 기능을 활용한 Trellis Coded Modulation(TCM)은 입력단위를 k >=1 비트로 구성된 블록에 대하여 길쌈부호화 방식으로 $(k+1)$ 개의 출력을 얻고 이것을 2^{k+1}-ary 변조하는 방식이다.

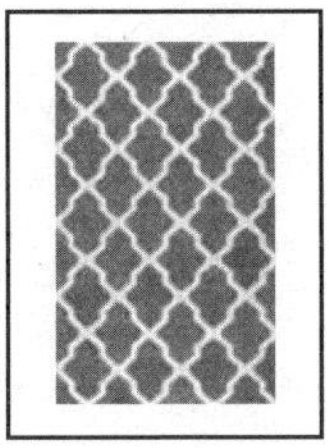

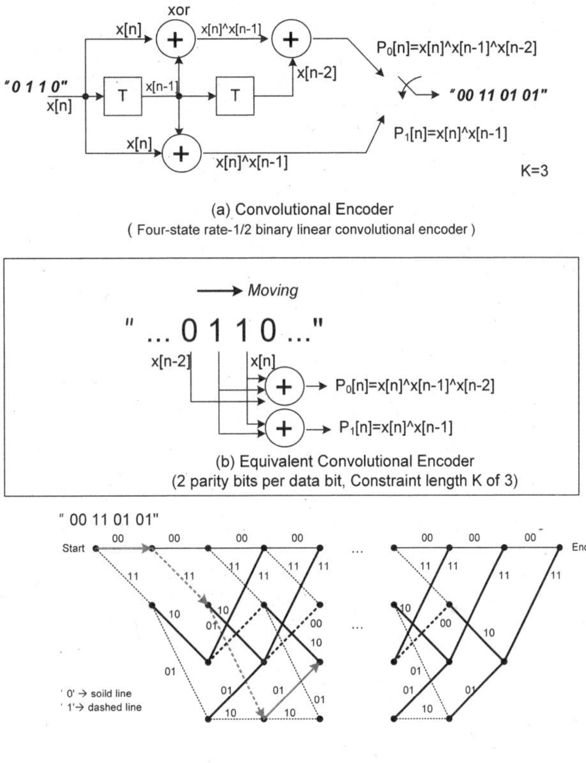

(a) Convolutional Encoder
(Four-state rate-1/2 binary linear convolutional encoder)

(b) Equivalent Convolutional Encoder
(2 parity bits per data bit, Constraint length K of 3)

(c) Trellis Diagram

<그림 2.41> 길쌈부호화

b) Viterbi 디코더

수신측은 길쌈부화화의 경우 Trellis 를 통하면 유효한 비트값만 송신될 수 있다는 특성을 활용하여 수신된 코드그룹에 오류가 발견되더라도 허용된 코드그룹으로 정정할 수 있다. 이러한 오류 정정 기능을 활용한 수신부의 기능 중 가장 널리 사용되는 것으로 Viterbi 디코더가 있다[24]. 이러한 Viterbi 디코딩 방식의 동작의 예는 <그림 2.42>와 같다. 먼저 "00 00 00 00 00" 코드 그룹열이 전송되는 과정에서 "01 00 01 00 00"과 같이 2개의 코드에 오류가 발생하였다고 하자.

- 01이 수신된 경우 : 시작점에서 Trellis 다이어그램에서 천이할 수 있는 2개의 경로에 대한 Hamming distance는 모두 1이다. 각 지점에서의 Hamming distance값을 기록한다.

[24] Viterbi는 Qualcomm사 창립멤버 중 하나이다.

- 00이 수신된 경우 : 시작점에서 2번째 점까지의 Hamming distance를 구하고 기록한다.
- 01이 수신된 경우 : 시작점에서 3번째 점까지의 Hamming distance를 구하고 기록한다. 이때 동일한 점을 가리키는 경우 큰 값의 경로를 삭제한다.
- 00이 수신된 경우 : 시작점에서 4번째 점까지의 Hamming distance를 구하고 기록한다. 이 과정에서 기존 경로는 우월한 새로운 경로에 의해 대체된다.
- 00이 수신된 경우 : 시작점에서 5번째 점까지의 Hamming distance를 구하고 기록한다.

결국 최단 Hamming distance를 갖는 경로에 따른 코드그룹 값인 "00 00 00 00 00" 코드 그룹열이 선정되어 2개의 오류가 있던 코드그룹을 정정할 수 있다.

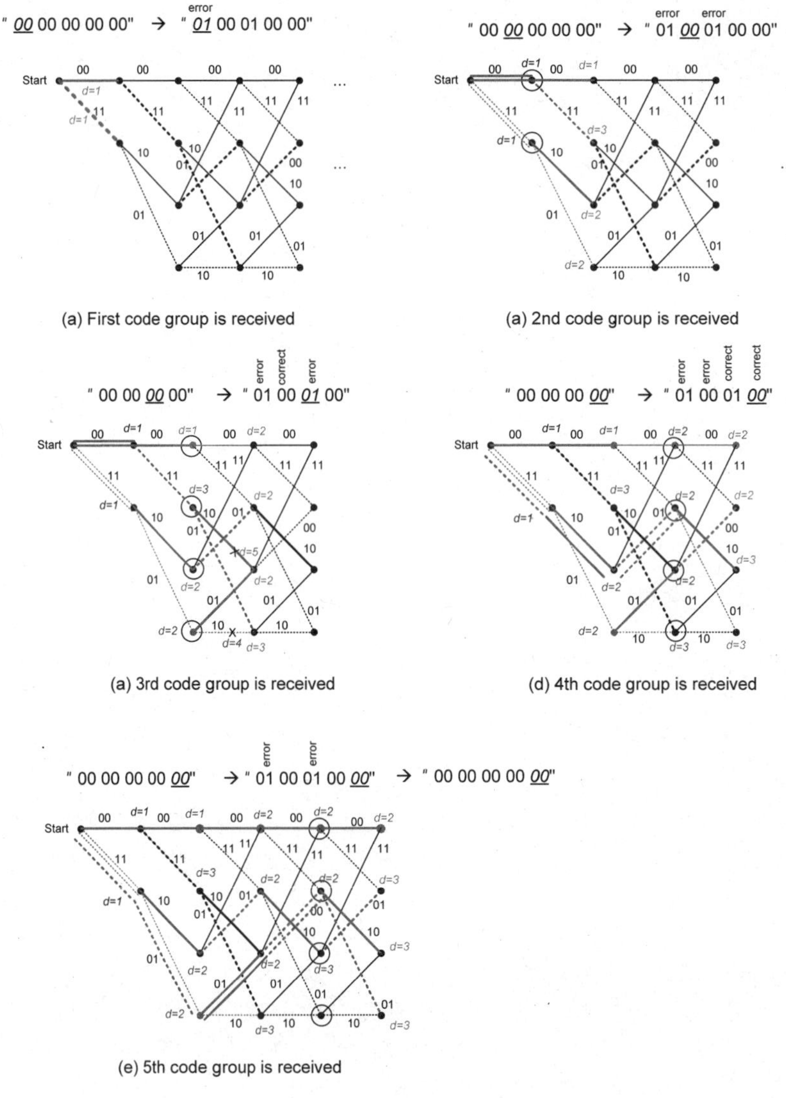

<그림 2.42> Viterbi 디코더의 동작 예

2.14 디지털 데이터에 대한 아날로그 전송 신호변환(모뎀)

전화선로는 300~3100Hz 이내의 아날로그 신호를 잘 통과시킨다. 하지만 디지털 데이터는 무한대의 대역을 가진 신호이므로 전화선로를 통하여 디지털 데이터를 장거리 전송할 수 없다. 대신에 {1,0}의 의미를 가지는 아날로그신호로 변조하여 이 주파수대역내를 통과하도록 전송하고, 수신측 모뎀에서는 이것을 다시 디지털 데이터로 복조하는 장치를 모뎀(Modem)이라고 한다.
이러한 모뎀기능은 고전적인 전화선용 모뎀뿐만 아니라 CATV용 동축케이블을 사용하는 소위 케이블 모뎀, 무선을 사용하는 HDTV 시스템, 위성 방송 시스템 등에도 널리 사용된다[25].
<그림 2.43>에는 변조방식의 예를 도시한 것이다. 오른쪽에 있는 주파수영역의 그림은 쌍방향 전송에 대한 것이다.

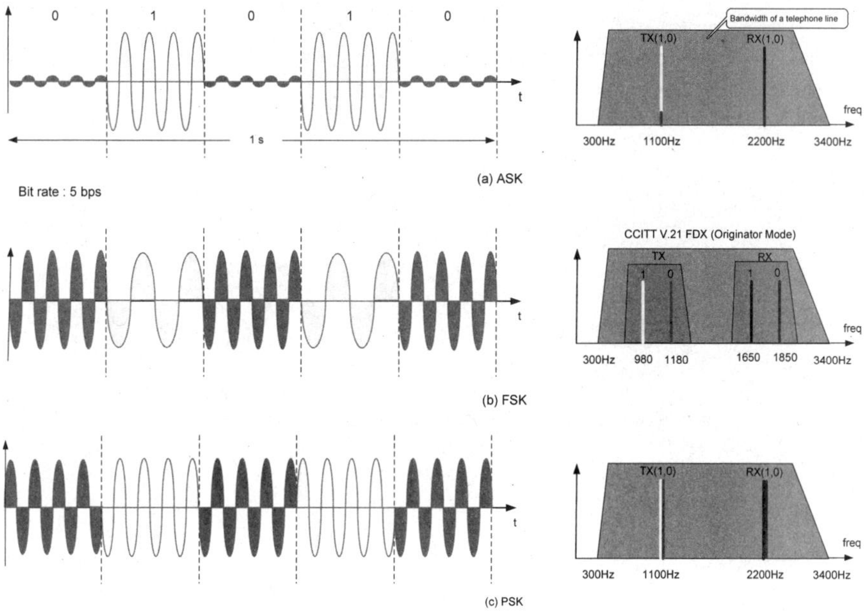

<그림 2.43> ASK, FSK, PSK변조방식

(1) ASK(Amplitude Shift Keying)

예를 들어 '5'라는 문자는 실제로 {00110101}로 구성되는 비트열을 가진다. Arami는 이 비트열을 [솔] 정도의 주파수를 가지는 "약약강강약강약강"의 박수소리로 변환하여 전화기로 전송하면, 수신측 Borami는 소리의 세기를 판독하여 '5'라는 숫자로 복원할 수 있다.

[25] 이것은 AM이나 FM처럼 그 신호의 높낮이의 연속된 값으로 복원해야 하는 아날로그 데이터에 대한 변조와 달리 수신된 파형에서 1 또는 0만 정확하게 판정할 수 있다면 수신신호의 열화에도 불구하고 원래 데이터를 완벽하게 복원할 수 있다. 이러한 특징에 의하여 HDTV 등의 디지털 TV는 아날로그 영상 데이터를 디지털로 변환한 후 변조기를 사용하여 아날로그 반송파에 실어 방송한다. TV 수신기는 수신된 신호에서 1과 0을 복원하여 LCD패널의 픽셀마다의 색으로 표현한다.

이 과정에서 박수소리는 세기만 다를 뿐이지, 하나의 [솔]주파수 성분만 가지므로 전화가입자 선로를 잘 통과할 수 있다. 이렇게 디지털 데이터를 아날로그신호의 세기의 변화로 변환하는 방식을 진폭편위변조(Amplitude Shift Keying, ASK)라고 한다. 여기서 Keying이라는 용어는 '. '와 '-' 등 2개의 기호만 가지는 모스부호를 생성하는 장치인 건반 즉, key에서 유래되었다.

(2) Frequency Shift Keying(FSK)

FSK는 디지털값 {1,0}에 대하여 일정한 진폭에 $\{f_1, f_2\}$와 같이 주파수를 달리하는 변조방식이다. 참고로, ASK과 FSK는 AM과 FM과 유사하고, FM이 음질이 더 우수함을 여러분은 알고 있을 것이다.

(3) Phase shift keying(PSK)

각 비트의 값에 따라 위상을 달리하는 변조방식을 Phase shift keying(PSK)라고 한다. BPSK는 0과 1 데이터를 0도의 위상신호와 180도 반전된 신호로 변조하는 방식이다. <그림 2.44>는 $\cos\omega_c t$ 의 반송파를 사용한 예이다.

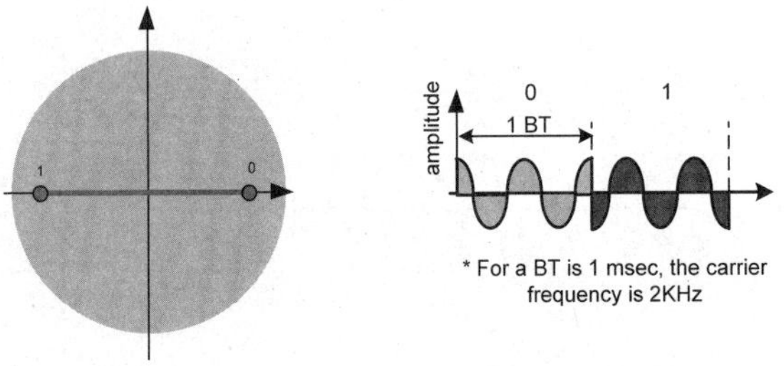

(a)BPSK Constellation Diagram (a)BPSK Constellation Diagram

<그림 2.44> PSK신호

그리고 Quadrature PSK(QPSK)는 4개의 위상신호를 사용하여 한 심볼로 2비트의 데이터를 전송할 수 있다[26].

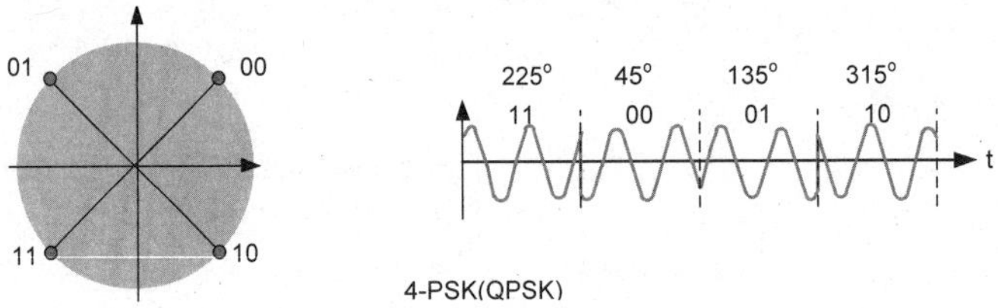

4-PSK(QPSK)

<그림 2.45> 4-PSK 신호

[26] QPSK의 경우, 2개의 I값과 2개의 Q값으로 4종류의 심볼을 표현한다. 일부 아날로그 모뎀은 256QAM방식을 사용하여 최대 56Kbps로 송신할 수 있다.

실제 시스템의 경우 여러 종류의 위상 신호를 생성하는 것이 어려우므로 각 위상 신호를 서로 직교(orthogonal)하여 상호 간섭하지 않는 *I*(Inphase) 및 *Q*(Quadrature)신호로 분리하여 생성하고 이들을 각각 반송파로 변조한 후 합하는 I-Q 변조방식을 사용한다.
즉 송신부는 극좌표계(polar system)으로 표현되는 위상신호를 직교좌표계의 *I*성분과 *Q*성분으로 분리하고, 이들을 각각 $\cos\omega_c t$와 $\sin\omega_c t$ 반송파로 변조한 후 더하여 최종 송신한다[27]. 여기서 $\cos\omega_c t$ 반송파는 local oscillator(LO)에 의해 생성되며, $\sin\omega_c t$ 반송파는 90도 이격된 phase shifter에 의해 생성된다.
수신측 복조기는 수신신호에 대하여 $\cos\omega_c t$와 $\sin\omega_c t$ 반송파로 각각 복조하면 *I*신호와 *Q*신호성분으로 복원할 수 있다.

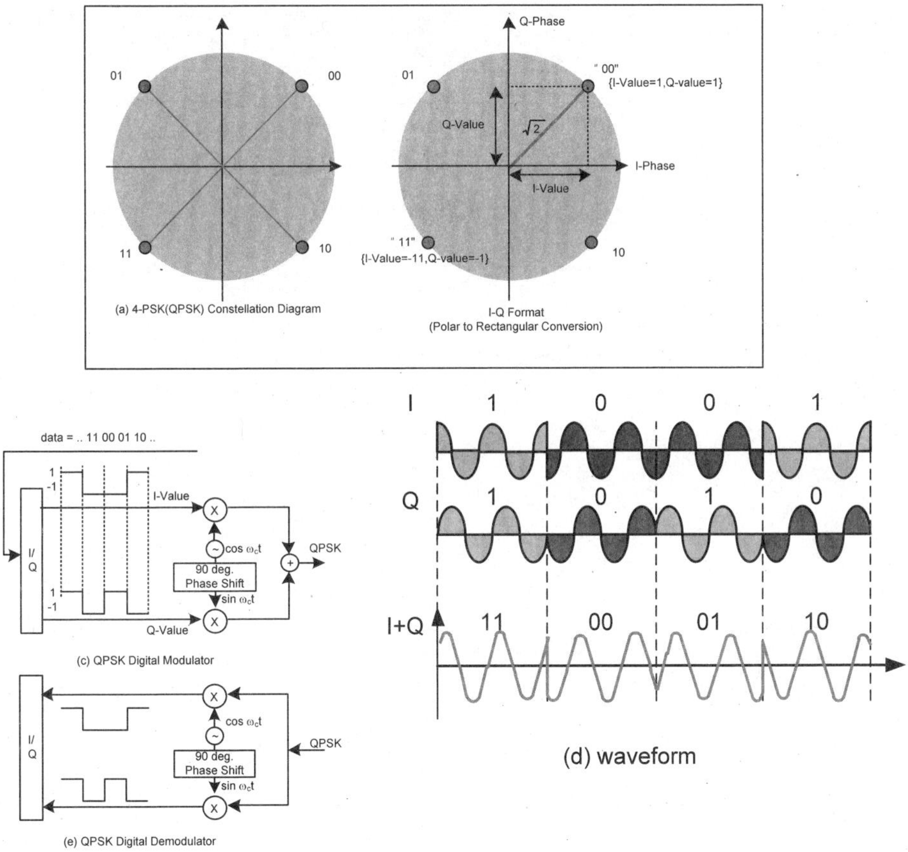

<그림 2.46> 4-PSK용 I-Q변조

---

[27] $\cos\omega_c t$와 $\sin\omega_c t$ 반송파는 상호간에 영향을 주지 않는 orthogonal한 독립적인 신호이다. 왜냐하면 이들은 $\int_0^{2\pi} \cos x * \sin x \; dx = \left(\frac{1}{2}\right)\int_0^{2\pi} \sin 2x \; dx = 0$ 특성을 갖기 때문이다. 또한 2개의 독립적인 *I*, *Q*신호로 송신함으로써 송신부가 간단해지는 장점이 있다.

(4) QAM(Quadrature Amplitude Modulation)

QAM은 진폭과 위상을 모두 달리하는 변조방식으로써 ASK와 PSK를 결합시킨 것이다. 8-QAM의 경우 <그림 2.47>에서 알 수 있듯이, 어느 시점에 주어진 {진폭, 위상}으로 변조된 한 신호성분에 3비트의 데이터를 한꺼번에 표현할 수 있기 때문에 보다 많은 정보를 고속을 전송할 수 있다. 하지만 오류율은 증가한다. 이 예에서는 1초에 신호파형(심볼)이 8번 변하면서 24비트의 데이터를 송신한다.

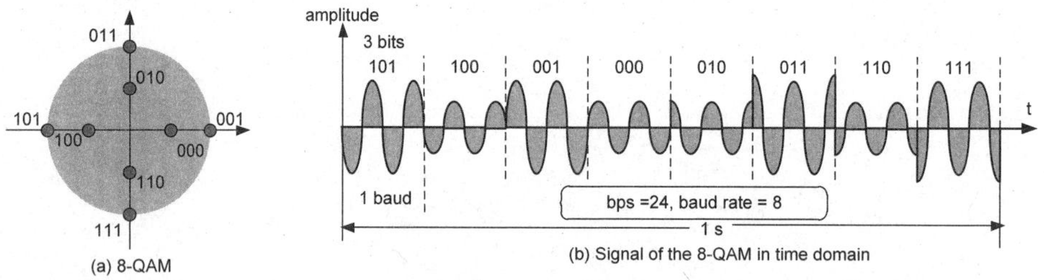

<그림 2.47> QAM의 성상도와 QAM변조방식의 예

(5) Trellis Coded Modulation (TCM)

TCM은 별도의 변조방식이 아니라 *k* 비트의 데이터 블록에 대하여 $R= k/(k+1)$율로 길쌈부호화하여 $k+1$비트의 심볼블록을 생성하고 이것을 QPSK 또는 QAM으로 변조하는 방식이다. 이것에 대하여 수신측은 Viterbi 디코딩으로 사용하여 전송과정에서의 오류를 복원할 수 있다.

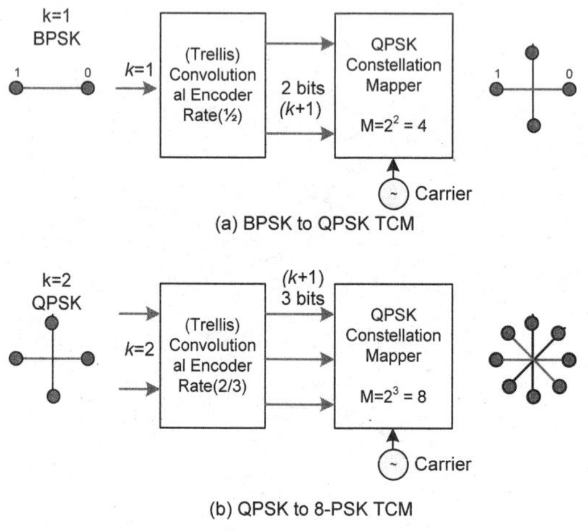

<그림 2.48> TCM

(5) 기타 디지털 변조방식

<표 2.2>는 상용 시스템에서 사용되는 기본적인 변조방식과 Minimum Shift Keying, Offset QPSK 등의 변조방식에 대한 것이다.

<표 2.2> 기타 디지털 변조 방식

변조방식	응용분야
MSK, GMSK	GSM, CDPD
BPSK	우주통신, 케이블 모뎀
QPSK, π/4 DQPSK	위성통신, CDMA, DVB-S, 케이블 모뎀
OQPSK	CDMA, 위성통신
FSK, GFSK	DECT, AMPS,
8, 16 VSB	Digital TV
8 PSK	위성통신, 항공통신
16 QAM	DVB-C, DVB-T
32 QAM	마이크로웨이브
64 QAM	DVB-C
256 QAM	모뎀

2.15 아날로그 모뎀

(1) 개요

전화선로는 300~3100Hz 이내의 아날로그 신호를 잘 통과시킨다. 하지만 무한대의 주파수 성분을 갖는 디지털 신호는 주파수 성분에 따라 상이한 전달지연과 감쇄를 겪게 되므로 결국 통과 주파수에 제한이 있는 전화 선로를 통해 전달된 디지털 신호는 원래의 모양과 달리 심각하게 왜곡된다.

따라서 디지털 데이터를 이 주파수 대역을 잘 통과할 수 있는 아날로그신호로 변조하여 전송하고, 수신측 모뎀에서는 이것을 다시 디지털 데이터로 복조하는 장치를 모뎀(Modem)이라고 한다. 성공적인 최초의 모뎀은 300bps급 FSK 변조방식의 전이중 모뎀인 Hayes 모뎀이다[28].

이후 PC 내장형 모뎀도 다수 생산되었다.

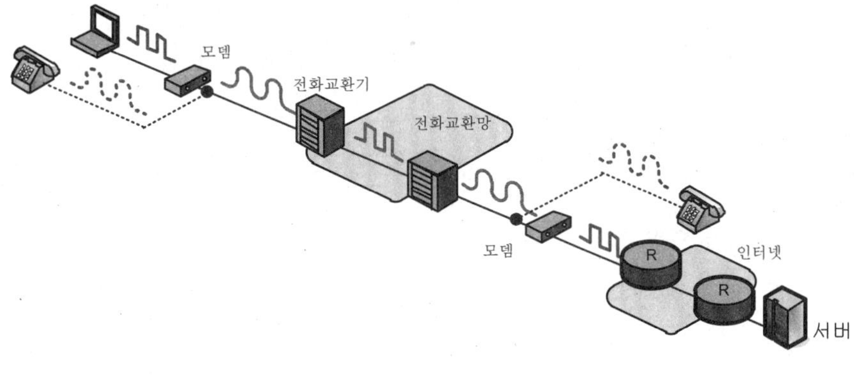

<그림 2.49> 모뎀을 이용한 디지털 데이터 전송방식

28 이것은 70년대 중반 조지아 공대를 졸업한 Hayes가 설계한 것으로써 PC에 내장되어 프로그램에 의해 스스로 다이얼링하여 연결을 설정하거나 응답할 수 있다. Hayes가 개발한 모뎀은 RS-232로 PC에 연결되며 AT(Attention) 명령어로 제어된다. 이것은 bulletin board systems(BBS)응용이 활성화되면서 폭발적인 수요가 창출되었다. 하지만 이후 U.S. Robotics(USR) 등에서 출시한 고속 모뎀에 의한 경쟁에서의 열세와 ISDN으로 새로운 데이터 통신방식이 발전할 것이라고 굳게 믿고 관련 제품개발에 전력을 투구하였지만 끝내 ISDN이 전개되지 못하여 큰 손실이 초래됨으로써 결국 1999년에 자본 잠식되었다.

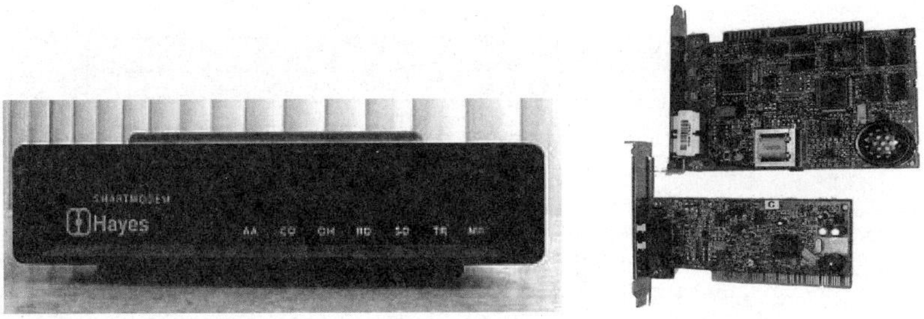

<그림 2.50> 아날로그 모뎀의 예

(2) 구조

지금까지도 사용되는 300bps급 FSK 모뎀의 내부구조는 <그림 2.51>과 같다. DTE의 UART(또는 RS232)로부터의 송신데이터 TxD는 변조기에 의해 전화선의 대역폭을 통과할 수 있는 정현파로 변환되어 전화선으로 송신된다. 수신측은 불필요한 잡음을 필터링한 후 복조기가 원래의 디지털 데이터인 RxD로 복원한다. 이 과정에서 주파수관점에서는 양측이 서로 상이한 대역에서 송신을 하지만 2가닥의 전송선로상에는 Originator가 송신한 신호와 Answer측에서 송신한 신호가 전기적으로는 중첩되어 표출될 수 있다. 중첩된 신호로부터 상대방으로부터의 수신신호 추출은 일종의 하이브리드 회로인 duplexer가 수행한다. 즉 duplexer는 송신신호를 전화선에 인가하면서 동시에 수신신호를 추출한다.

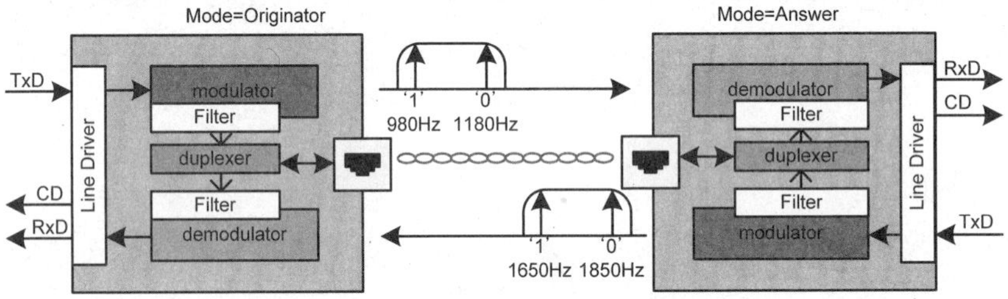

<그림 2.51> FSK 모뎀의 동작

300bps급 FSK모뎀은 '1'과 '0'의 변조 주파수에 따라 다음과 같이 CCITT V.21규격과 Bell103규격이 있으며 이들간의 연결은 사용 주파수가 상이하여 불가능하다.

Data	발신모드		응대모드	
	송신	수신	송신	수신
CCITT V.21				
Space	1180Hz	1850Hz	1850Hz	1180Hz
Mark	980Hz	1650Hz	1650Hz	98z
Bell 103				
Space	1070Hz	2025Hz	2025Hz	1070Hz
Mark	1270Hz	2225Hz	2225Hz	1270Hz

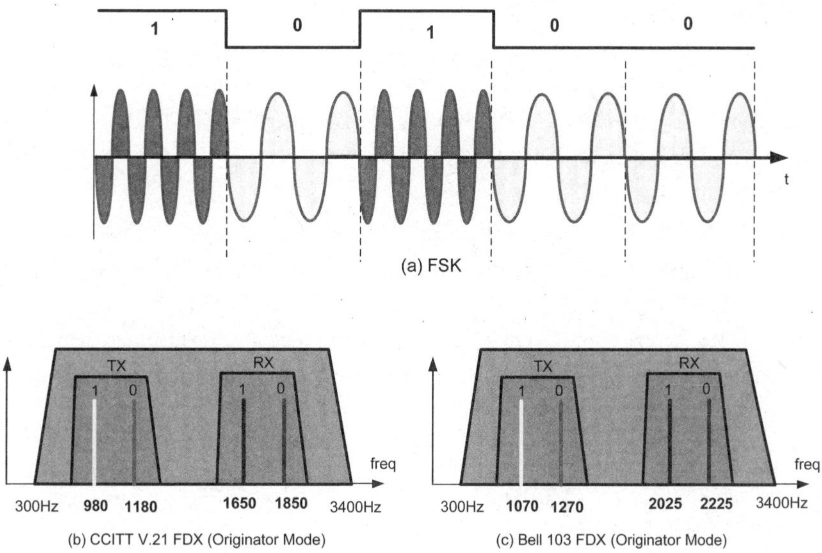

(a) FSK

(b) CCITT V.21 FDX (Originator Mode)

(c) Bell 103 FDX (Originator Mode)

<그림 2.52> FSK 모뎀의 표준에 따른 신호

(3) Duplexer

모뎀 내부의 Duplexer기능부는 송신신호가 전화선으로 송출되도록 하고 이 신호가 수신부로 다시 유입되는 것을 방지하는 회로이다. 즉 듀플렉스는 라인상에 표출되는 신호에서 자신이 송신한 신호를 제외한 상대방 신호만 추출할 수 있도록 한다. 이러한 duplexer는 일종의 하이브리드 회로의 기능으로써 모뎀 칩 내부에 op Amp기반의 감산기회로로 구성된다.

2.16 Baseband와 Broadband 전송

(1) Baseband 전송

베이스밴드(기저대역) 신호는 주파수성분이 0Hz와 가까운 낮은 주파수에서 신호의 가장 높은 주파수까지 걸쳐져 있는 신호이다. 따라서 이것을 저역통과(low-pass) 신호라고도 한다. 예를 들어 전화선을 통해 전달되는 아날로그 음성신호는 보통 300~3300Hz 성분을 가지므로 이것은 베이스밴드 신호라고 할 수 있다.

하지만 디지털 신호에 대한 베이스밴드 전송은 아날로그로 변조되지 않은 디지털 펄스를 직접 전송하는 것을 의미한다. 이더넷의 경우 10BASE5, 100BASE-T, 1000BASE-SX 등과 같이 Base라는 의미는 바로 베이스밴드 디지털 전송을 의미한다.

(2) Broadband 전송

Broadband(또는 passband, 통과대역) 전송은 특정 주파수 대역의 반송파(carrier)로 변조하여 전송하는 방식이다. 이것의 예로는 아날로그 음성의 FM 변조, 그리고 디지털 데이터를 아날로그로 변조하는 케이블 모뎀을 사용하는 CATV 시스템 등이 있다.

2.17 대역확산(Spread Spectrum) 기술

(1) 개요

스팩트럼 확산 또는 대역확산 통신방식이란 무선 LAN과 같이 여러 대의 단말이 하나의 무선채널을 경쟁하면서 공유할 때, 외부의 전자파잡음에 강하도록 넓은 주파수대역으로 분산시키는 일종의 변조방식이다.

만약 무선LAN에서 ASK나 FSK 등으로 특정 주파수대역을 중심으로 집중되는 변조방식을 사용한다면, <그림 2.53>과 같이 동일한 대역의 외부의 잡음에 의해 치명적인 전송장애가 발생할 것이다.

반면에 동일한 정보가 들어있는 것을 넓은 주파수대역으로 확산시킨다면, 특정주파수의 잡음에 대한 영향은 미미하게 될 것이다. 바로 이러한 이유에 의해 대역확산방식이 사용된다.

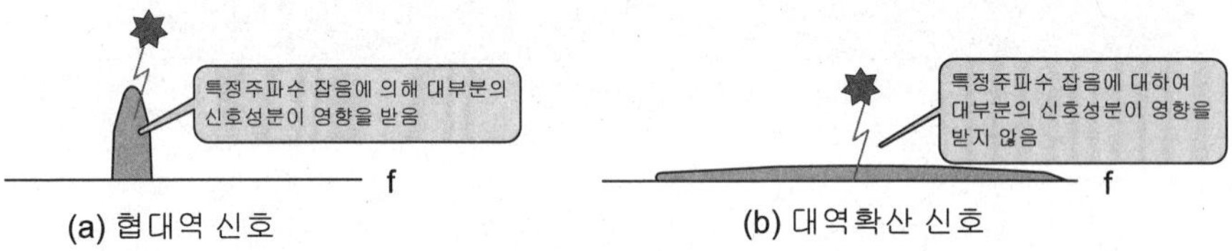

<그림 2.53> 대역확산 신호의 장점

이렇게 대역을 확산시키는 방법에는 2가지가 있다.

- Frequency Hopping SS(FHSS)
- Direct Sequence 대역확산(DSSS) 방식

(2) FHSS 방법

<그림 2.54>는 FHSS방식의 예이다. 일정시간 간격으로 여러 개의 반송파의 중심주파수를 미리 정해진 순서대로 옮기면서 전송한다. 결과적으로 소요되는 대역이 넓기 때문에 대역확산방식 중 하나이다. 블루투스이나 초기 무선 LAN 시스템에서 사용된다.

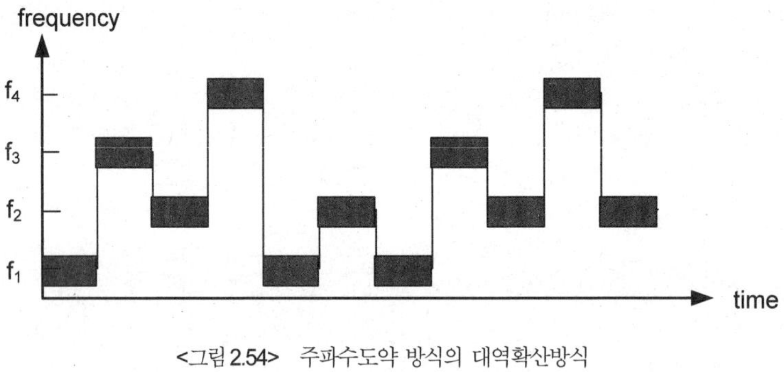

<그림 2.54> 주파수도약 방식의 대역확산방식

(2) Direct-sequence spread spectrum (DSSS)방식

이것의 예는 <그림 2.55>와 같다. 먼저 각 데이터 비트가 전송되는 시간의 1/N의 길이를 가지는 칩(chip)이라고 불리는 디지털 값이 *N*개로 조합된 칩 시퀀스를 데이터비트와 exor한다.

이 칩시퀀스를 확산코드열이라고도 부르며 1/*N* 길이를 가지는 신호성분을 '칩' 또는 '칩 코드'라고 한다.

이 예에서는 송수신측간에 미리 알려진 '10110'의 칩 시퀀스가 사용되었다[29]. 이렇게 확산된 신호를 송신하면 수신측에서는 수신되는 신호에 동일한 확산코드열를 exor하여 수신 데이터를 얻을 수 있다[30].

물론 만약 수신측에서 이 확산코드를 모른다면 원래의 데이터로 복원할 수 없다. 또한 확산코드열을 exor하는 시작시점이 데이터값의 시작시점과 일치하지 않을 경우에도 복원되지 않는다.

여기서 칩코드열을 데이터에 exor하면 왜 원래 데이터가 가지고 있는 주파수 대역이 넓게 확산될까? 예를 들어, 초당 1비트씩 전송되는 "101010..."의 비트열은 주기가 2초이며, 이때 이 신호의 기본 주파수는 1/2 Hz이다. 따라서 외부의 강력한 잡음이 1/2 Hz의 주파수 특성을 가진다면 이 비트열은 심각하게 훼손될 것이다.

반면에 비트열이 "1001010000100..."로 구성되어 동일한 비트열이 끝내 반복되지 않는 경우라면 이 신호를 구성하는 주파수성분의 종류는 굉장히 많게 된다. 즉 이 신호는 특정 주파수에 에너지가 집중되지 않고 넓은 주파수 대역에 골고루 분포되므로, 특정 주파수의 잡음에 큰 영향을 받지 않게 된다. 이러한 랜덤 비트열은 주기성이 없어야 하는데, 주기성이 없는 비트열은 현실적으로 얻을 수 없으므로 아주 긴 주기를 가지는 비트열을 사용하는데 이것을 가상랜덤 (pseudo random) 코드라고 한다.

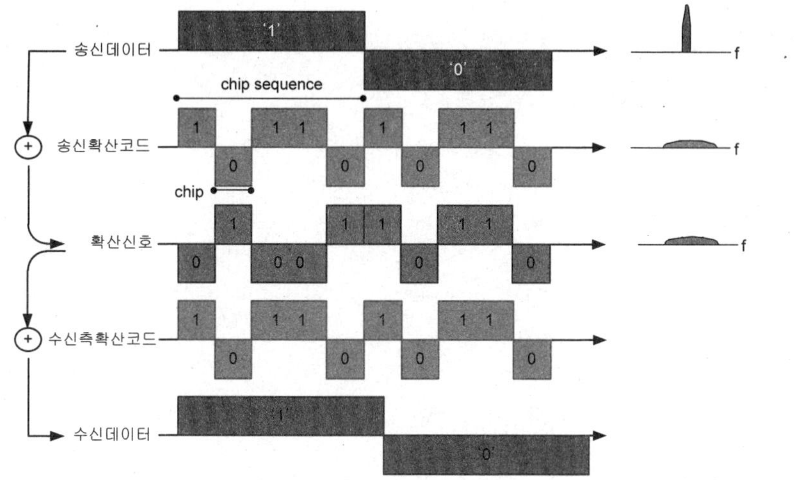

<그림 2.55> 확산코드에 의한 대역확산통신의 예

---

29 CDMA의 경우 비트 당 64 또는 128개의 칩을 사용한다.

30 이 예에서 알 수 있듯이 '1'은 확산코드열의 반전된 값으로 변환되며, '0'은 확산코드열과 동일한 값을 갖는다.

(3) Chip Rate

GPS, CDMA, 무선 LAN과 같은 경우에서 사용하는 대역확산 방식의 경우 송수신측 간에 미리 약속된 확산코드열을 사용한다. 대역확산하기 전에 QAM 변조방식을 사용하여 데이터 전송률 보다 낮은 심볼률의 신호로 변환 후 확산코드열을 적용한다[31].
이 경우 실제 전송되는 신호의 변화율인 심볼률은 바로 칩 전송률에 의해 결정되므로 데이터 전송률 보다 훨씬 크다. 여기서 하나의 심볼은 여러 개의 칩으로 구성되므로 이들간의 비율, 즉 Chip rate/symbol율을 spreading factor (SF) 또는 processing gain이라고 부른다.
<그림 2.56>은 동기식 CDMA 시스템으로써 1.2288M chips/s를 사용한다. 각 심볼은 64개의 칩으로 구성되므로 64/1.228M = 52.08μusec의 전송시간을 갖는다.

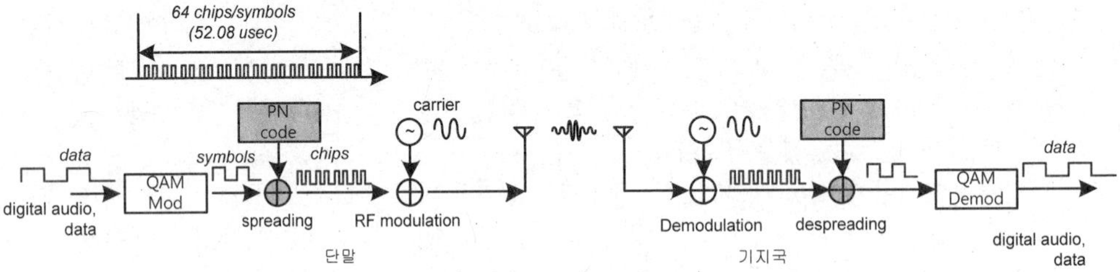

<그림 2.56> 확산부호화와 Chip rate

2.18 바코드 시스템(참고)

1973년에 최초로 개발된 Universal Product Code(UPC)는 여러 가지의 변형이 있지만, 기본적인 UPC-A형 바코드에 표기된 각 숫자는 7비트로 표시된다. 이때 각 비트는 <그림 2.57>과 같이 바(bar) 또는 빈칸(space)로 표시되어 각각 1과 0을 의미한다. 그리고, 맨 앞과 중간, 그리고 마지막에 있는 Guard bar는 6자리 숫자로 구성된 2개의 앞뒤 그룹을 구분하는데 사용된다.
이러한 UPC는 12자리의 숫자를 "*SLLLLLLMRRRRRRE*"로 표기하는데, 여기서 *S*(start)와 *E*(end)는 '101'비트열로 표기되며, *M*(middle)은 Guard bar라고 불리우는 '01010'비트열로 표기된다.
그리고 각 *L*(left)과 *R*(right)숫자들은 7비트길이의 코드로 표기된다 따라서 12자리의 숫자를 표기하는데 총 95비트가 사용된다. 단, 각 숫자를 표기하는 7비트들은 인식율을 높이기 위하여 1이나 0이 최대 3개까지만 반복되는 비트열로 인코딩되어 있다.
이러한 UPC는 숫자만 표기할 수 있는데, 첫번째 *L* 숫자는 제품의 대분류용으로 사용되며 바코드의 제일 왼쪽에 숫자로도 표시된다. 즉 0=일반잡화, 2=채소나 육류와 같은 가변중량물품, 3=약품, 5=쿠폰을 의미한다. 나머지 *L*값은 제조회사 식별용 코드이다.
그리고 첫번째 5개의 *R* 숫자는 제조회사에서 해당 제품에 할당한 제품식별자이며, 마지막 *R*숫자는 오류검사용 첵섬값이다. 이 첵섬의 예는 다음과 같다. 예를 들어, "03600029145[C]"에서, *C*가 바로 구하려는 첵섬값이라고 했을 때, *C*는 홀수번째 숫자를 모두 더한 값 (0+6+0+2+1+5 = 14)에 3을 곱하고 (14 × 3 = 42), 이것을 짝수번째 숫자의 합과 더한다(42+(3+0+0+9+4) = 58).

---

[31] 일반적인 심볼률은 변조된 신호의 변화율이다. 대역확산 시스템에서는 이 심볼에 대하여 다시 칩을 적용하므로 chip rate는 심볼률보다 높으며, 원 데이터 비트율에 비하여 더 높다.

마지막으로, 이 값 보다 큰 10자리 숫자 중 첫번째인 60에서 이 값을 뺀 (60 - 58 = 2)값이다. 이 값은 보통 바코드의 End code의 오른쪽에 숫자로도 표기된다.
그리고 채소나 과일과 같은 가변중량제품은 매장에서 중량을 측정할 때 만들어지는 UPC코드값으로는 *LLLLL*항목이 해당 제품의 식별번호이고 *_RRRR*은 무게 또는 가격이다. 여기서 첫번째 R은 무게인지 가격인지를 지시하는 값으로 사용된다. 쿠폰의 경우에는 coupon code값이 *LLLLL*에 지시되고, 할인율 또는 할인가격 또는 할인갯수 등은 *_RRRR*로 표기한다. 첫번째 *R*은 바로 할인가격 또는 할인 개수를 구분할 수 있도록 한다.

<그림 2.57> Universal Product Code (UPC)의 구조.

이러한 바코드에서 각 숫자는 7개의 비트로 구성되며 이 비트들의 조합에 의해 서로 상이한 폭을 가지는 2개의 바와 하나의 빈칸으로 구성된다.
UPC-A의 각 숫자는 2가지 형식으로 표기된다. 예를 들어, '6'은 다음과 같다.

- Left에 위치하는 '6' = 0101111
- Right에 위치하는 '6' = 1010000

이러한 동일한 값을 표시하는 2개의 비트열은 서로 1의 보수형태임을 알 수 있다.

	Left code	Right Code
0	0001101	1110010
1	0011001	1100110
2	0010011	1101100
3	0111101	1000010
4	0100011	1011100
5	0110001	1001110
6	0101111	1010000
7	0111011	1000100
8	0110111	1001000
9	0001011	1110100

각 숫자를 구성하는 7비트는 위의 표에서 알 수 있듯이, 비트 1과 0을 각각 표시하는 바와 스페이스의 조합에 의해 4가지의 다른 길이를 갖는다. 즉, 각 숫자는 2개의 스페이스와 2개의 바로 표현되는데 각각의 길이는 4가지 종류임을 알 수 있다. 이때, 1, 2, 3, 4개의 스페이스 또는 바가 서로 연속할 수 있기 때문에 눈으로 보기에 굵은 바 또는 넓은 스페이스가 보이는 것이다.

2.19 설계과제

본 장에서는 데이터 통신을 위한 기본적인 개념을 다루었다. 관련된 다음과 같은 주제에 대한 설계를 수행한다.

- 라인코딩 분석
- Manchester 인코더/디코더 설계
- NRZI인코더/디코더 설계
- MLT-3 인코더/디코더 설계

이러한 설계는 데이터통신분야의 하드웨어와 소프트웨어를 모두 활용하는데 목적이 있다. 하드웨어 관점에서는 두 장치간의 데이터 통신을 위한 모듈의 설계 및 구현을 포함한다. 소프트웨어 관점에서는 하이퍼터미널 소프트웨어 등의 공개된 소프트웨어의 활용 또는 MCU기반의 프로그래밍 기법을 습득할 수 있다.
이를 위해 다음과 같은 순서로 설계를 수행해야 한다.

① 데이터시트를 참조하여 해당 기능을 수행하는 하드웨어 칩을 비교 후 선택한다.
② 선정된 칩의 내부 블록도를 참조하여 기능을 분석한 후 각 핀의 역할을 검토한다. 특히 입출력 신호의 동작 가능한 전압 레벨에 유의해야 한다.
③ 참조 회로도를 면밀히 분석한다. 특히 ac-coupling 및 임피던스 매칭에 유의한다.
④ 필요한 주변 부품의 기능을 검토한 후 입수한다.
⑤ MCU와의 인터페이스를 설정한다.
⑥ 회로도의 작성 및 PCB 패턴을 설계한다.
⑦ 부품장착 후 기본 기능을 시험한다.
⑧ 컴파일러 및 디버거가 통합된 개발환경을 사용하여 MCU와 주변 모듈 구동용 소프트웨어를 작성하면서 디버깅한다.

2.20 이더넷 라인코딩 파형 분석

(1) 설계 목표

이더넷의 맨체스터 인코딩 신호와 MLT-3 인코딩 신호를 각각 분석한다.

(2) 요구 사항

- 두 PC간을 UTP로 연결하고 passive한 탭을 설계한다.
- 10Base-T 이더넷의 맨체스터 코드 신호를 분석한다.

- 100Base-TX 이더넷의 MLT-3로 인코딩 신호를 분석한다.
- UTP케이블의 길이에 따른 신호의 왜곡을 알아본다.
- Idle시의 전송되는 파형을 중점적으로 분석한다.

(3) Passive Tap 설계

수동 탭이란 전원을 공급받지 않으면서 두 장치간에 접속하여 쌍방의 신호를 수집하는 장치이다. 이더넷용 수동 탭의 회로 예는 <그림 2.58>과 같다.

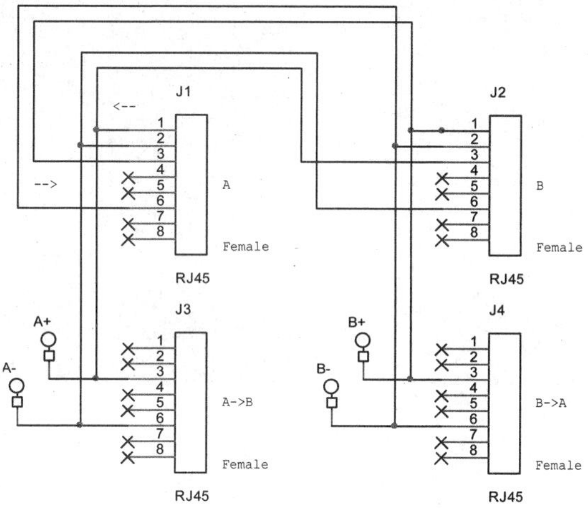

<그림 2.58> 이더넷용 Passive Tap의 구성

(3) 맨체스터 코드 파형 분석

10Mbps로 동작하도록 PC의 이더넷 LAN카드를 다음과 같이 10Mbps/Half Duplex로 설정한다. 이어 RJ45 신호선을 오실로스코프에 연결하여 분석한다.

<그림 2.59>는 그 예로, 10Mbps의 경우 +/-2.5V의 펄스가 동작함을 알 수 있다.

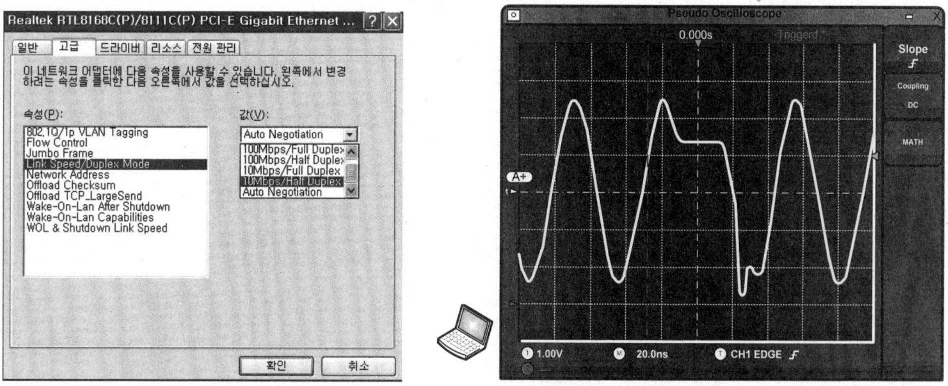

<그림 2.59> 10Mbps 파형

(4) MLT-3 코드 파형 분석

100Mbps로 동작하도록 PC의 이더넷 LAN카드를 다음과 같이 100Mbps/Full Duplex로 설정한다. 이 경우 125Mbps의 NRZ신호가 기준전압에서 +/-1V의 진폭을 갖는 MLT3부호로 인코딩되어 송신된다. 이것은 100Mbps급 이더넷에서 사용되며 idle시 파형의 예는 <그림 2.60>과 같다.

40mA를 구동되는 이 신호는 $2V_{pp}$진폭을 가지며 90%의 에너지가 40MHz 이하에 배치된다. 여기서 MLT-3부호화에 의해 '1'의 경우 +1 과 –1 V를 교대한다. 물론 그 전압레벨 보다는 변화여부로 신호를 판별하게 된다.

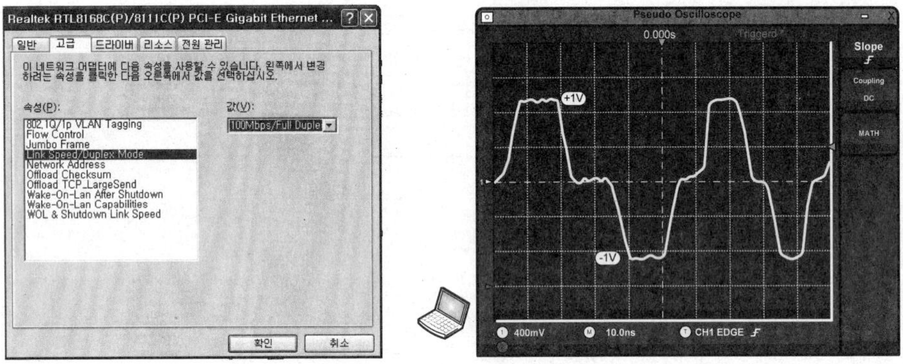

<그림 2.60> 100Mbps 이더넷의 MLT-3 파형

2.21 NRZI 인코더와 디코더 설계

(1) 설계 목표

NRZ 비트열을 NRZI 라인 인코딩을 수행하는 모듈과 이들에 대한 디코더를 설계한다.

(2) 요구 사항

- TTL 게이트를 사용하거나, Verilog로 시뮬레이션을 수행한다.
- 기본 구조는 <그림 2.61>과 같다.

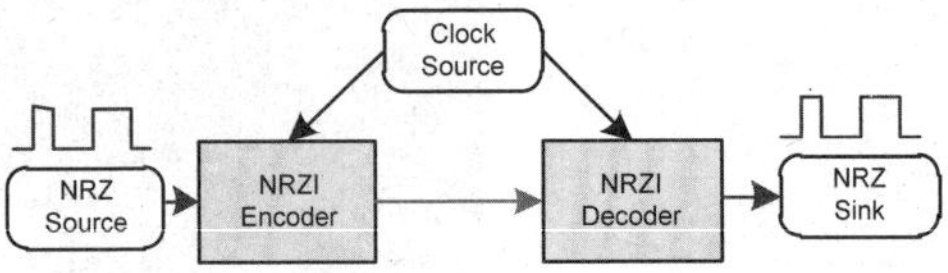

<그림 2.61> NRZI 인코더와 디코더의 구성

(3) 하드웨어 설계 예

NRZI는 NRZ 값이 '1'일 때 천이하며 0일때 유지한다. 즉 1인 경우 이전 값을 반전시키면 되므로 다음과 같이 JK 플립플럽(또는 T 플립플럽)으로 설계할 수 있다. 여기서 사용한 74LV107은 2개의 negative edge triggered JK 플립플럽이다.

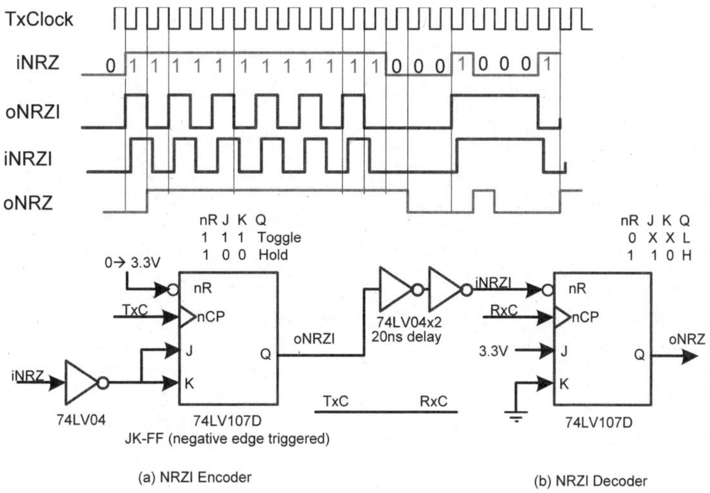

<그림 2.62> NRZI 인코더와 디코더의 하드웨어 설계

2.22 맨체스터 인코더 설계

(1) 설계 목표

NRZ 비트열에 대한 맨체스터 라인 인코더를 설계한다.

(2) 요구 사항

- TTL 게이트를 사용하거나, Verilog로 시뮬레이션을 수행한다.
- 디코더를 추가 설계한다.

(3) 인코더 하드웨어 설계 예

맨체스터 인코더는 1개의 로직 게이트를 사용하여 <그림 2.63>와 같이 간단하게 설계할 수 있다.

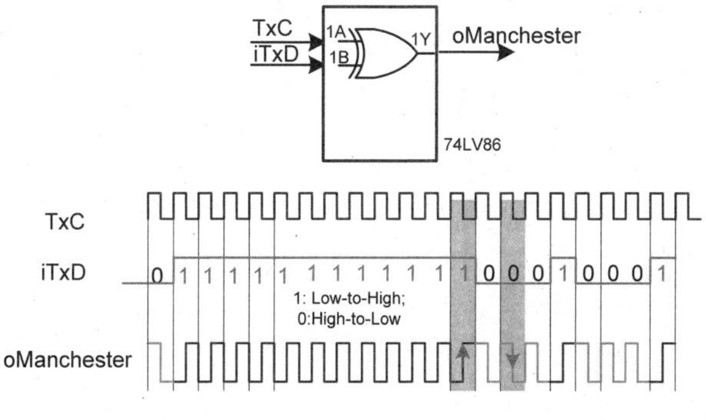

<그림 2.63> 맨체스터 인코더의 하드웨어 설계

(4) Verilog 설계 예

```
//Manchester.v
//Manchester encoding
module manchester(clk, dIn, dOut);
  input clk;
  input dIn;
  output dOut;
  reg Qa, Qb;
  wire dA, dB, dOut;
  assign dA = dIn & (~Qa);
  assign dB = (~dIn) & (~Qb);
  assign dOut = (~Qa)& (dIn | Qb);

  always@(posedge clk)
  begin
  Qa <= dA;
  Qb <= dB;
  end
endmodule
```

2.23 MLT-3 인코더 설계

(1) 설계 목표

NRZI 비트열에 대한 MLT-3 라인 인코더를 설계한다.

(2) 요구 사항

- TTL 게이트를 사용하거나, Verilog로 시뮬레이션을 수행한다.
- 추가로 MLT-3 디코더를 설계한다.

(3) 인코더 하드웨어 설계 예

100Mbps급 이더넷에서 사용하는 MLT-3(Multi-Level Ternary) 인코딩은 다음과 같은 간단한 로직으로 설계할 수 있다.

MLT-3의 경우 '1'값에 대해서만 신호가 변화된다. *U*1 D-플립플럽은 NRZI값이 1인 경우 매 클럭마다 0과 1을 교대 출력한다. 이 출력은 U2 D-플립플럽의 클럭 입력으로 연결된다.

*U*3와 *U*4는 모두 tri-state출력을 갖는 라인 버퍼로써, 트랜스포머의 중간 탭에 연결된 3.3V 전원에 대한 current sink동작을 수행한다.

예를 들어 (*Q*1, *Q*2) = (1,1)인 경우 U3의 output enable=1에 의해 트랜스포머의 중간 탭으로부터의 전류를 유입시키고 이것은 트랜스포머의 2차 권선을 통해 여자되면서 외부 저항 *R*에 양극의 MLT-3 신호를 생성한다.

반면에 (*Q*1 ,*Q*2) = (1,0)인 경우에는 *U*4의 output enable=1에 의해 트랜스포머의 중간탭으로 부터의 전류를 유입시키고 이것은 트랜스포머의 2차 권선을 통해 여자되면서 외부 저항 *R*에 음극의 MLT-3 신호를 생성한다.

이러한 회로는 100Mbps급 이더넷에서 널리 활용된다.

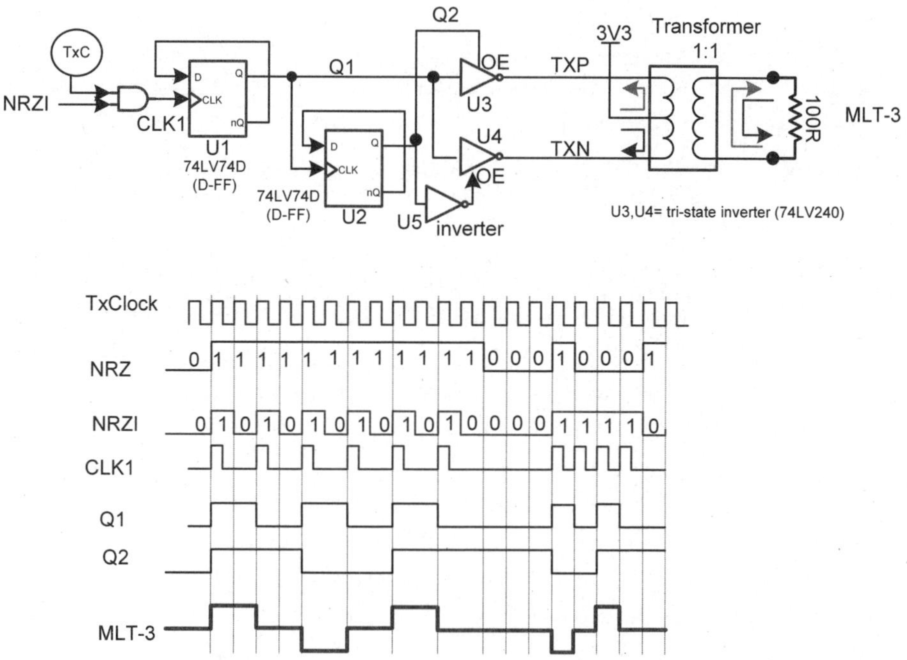

<그림 2.64> MLT-3 인코더의 하드웨어 설계

2.24 FSK 모뎀 설계[32]

(1) 설계 목표

전화선을 통하여 디지털 데이터를 아날로그 신호로 변복조하는 방법 중에서 V.21표준의 300bps 급 FSK방식의 전이중 모뎀기능을 MC145442 모뎀칩을 사용하여 설계한다.

(2) 요구 사항

- MC145442 V.21 FSK 모뎀칩을 사용한다.
- MODE : '1'로 설정시 Origitator이며, '0'이면 Answer모드로 설정된다.
- Loopback 기능을 선택할 수 있도록 한다.
- Squelch(SQT) : '1'로 설정시 변조기가 동작하지 않도록 한다.
- 전류 sink회로인 Gyrator 회로를 추가한다.

(3) MC145442 V.21 FSK 모뎀

V.21 300bps FSK 모뎀은 자신이 Originator이면 1(Mark)과 0(Space)의 송신시 980Hz 톤과 1180Hz 톤으로 변조한다. 반면에 자신이 수신하는 경우에는 Answer 모드인 상대방으로부터의 1650Hz와 1850Hz의 톤을 각각 1(Mark)과 0(Space)으로 복조함으로써 전이중 통신이 가능하다.

[32] 교재 후반부에서 설계를 진행하는 것이 더 좋을 수도 있다.

이것은 비록 저속이지만 웬만한 잡음환경에서도 우수한 전송능력을 가지고 있어 지금도 비상용, POS용 등으로 여전히 사용되고 있으며, 심지어 이 모뎀 기능은 소프트웨어적으로도 구현된다. 또한 보다 고속의 V.34, V.90, V.92 모뎀이 연결된 경우에도 초기화 과정 중에는 V.21 방식으로 동작한다. 특히 우리가 사용하는 전화기의 caller ID 정보도 바로 이 방식으로 전송된다.
우리는 V.21 규격을 지원하는 MC145442 모뎀칩을 활용하여 주변회로를 설계한다[33].
이것의 특징은 다음과 같다.

- 전이중 통신 지원 : 저역 및 고역 통과 필터를 모두 내장하여 전이중 통신로를 구분한다. 또한 Hybrid (Duplexer) 기능을 내장하여 자신의 재 입력되는 송신신호를 감쇄시킨다[34].
- Originate 또는 Answer 모드를 선택할 수 있다.
- Analog 루프백 기능을 지원한다.

MC145442는 정현파를 사용하는 FSK변조를 위하여 변조부의 ROM에 해당 파형을 16단계로 디지털화 하여 저장하고 있다. 변조시 이를 DAC하여 아날로그 파형을 생성한다. 복조부는 수신된 신호에서 잡음을 필터링하고 진폭을 제한한 후 '1'과 '0'에 해당되는 2개의 대역통과필터를 동시에 통과시켜 이를 비교함으로써 디지털신호를 복원한다.
그리고 duplexer는 수신부가 라인상의 신호에서 자신이 송신한 신호를 제외한 상대방 신호만 추출할 수 있도록 한다. 물론 전화선의 임피던스가 일정하지 않으므로 일부 송신신호가 수신부로 유입되지만 이런 신호는 고역통과 또는 저역통과 필터를 사용하여 감쇄된다.

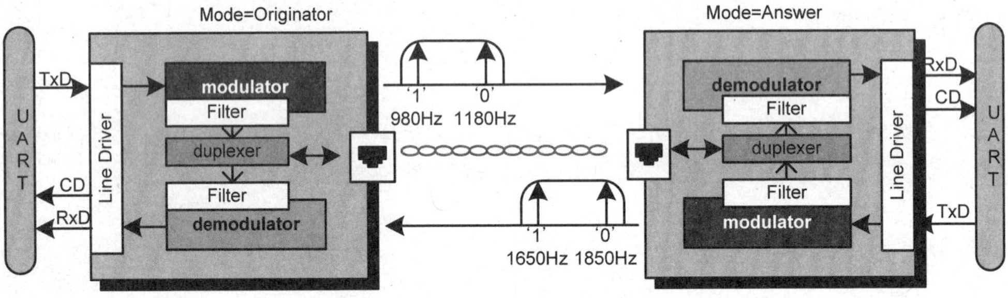

<그림 2.65> V.21 모뎀의 동작

3.579MHz 클럭으로 동작하는 MC145442 모뎀칩은 가입자측 모뎀 즉 Originator기능과 상대측 모뎀인 Answer모드를 MODE 핀 입력값으로 선택할 수 있다.

33 핀 매핑이 동일한 MC145443은 Bell 103규격을 지원한다. 유사 칩으로는 MM74HC942, MT3530BE, 73K222BL, S3531, 74VHC943WM, Si2401가 있다.
34 당연히 originate 모드인 경우 lowpass 필터가 송신부에서 사용되는 반면 수신부는 high pass 필터를 사용한다. 물론 answer 모드인 경우 이와 반대이다.

내부 구성은 <그림 2.66>과 같다.

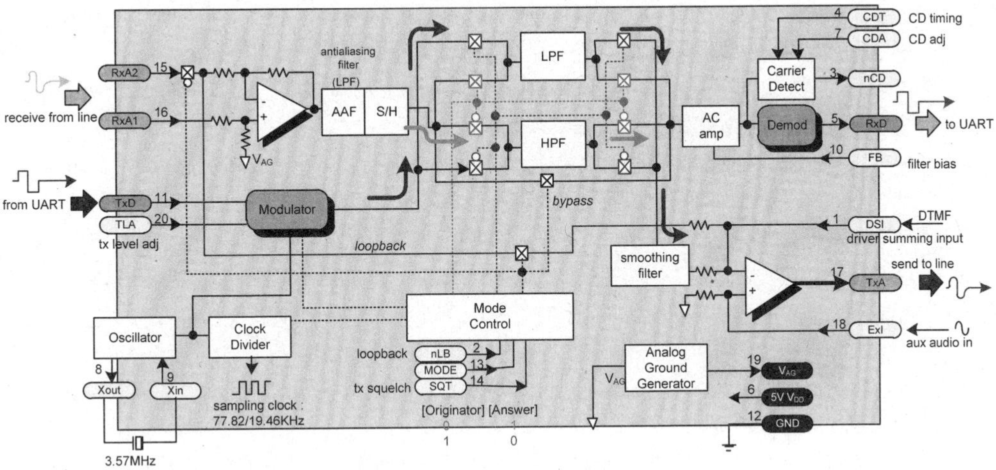

<그림 2.66> MC145442 V.21 모뎀의 내부 구성 및 동작

- 송신부 : 송신 데이터인 TxD(11)를 전달받아 FSK로 변조한 후 '1'과 '0'값에 따라 해당 대역통과필터를 통과시킨다. 이후 전화선과 연결된 TxA 핀을 통하여 전송된다. 출력부에 있는 OP앰프는 DSI(Driver Summing Input)핀으로부터 유입되는 DTMF 다이얼 신호도 함께 전송할 경우를 지원하는 일종의 가산회로이다[35]. DTMF신호를 여기에 연결하여 다이얼링 기능도 함께 지원할 수 있다. 또한 ExI(external Input) 핀에는 음성이나 추가적인 오디오 입력을 받아 TxA핀으로 통해 상대방에 전달될 수 있도록 한다[36].
- 수신부 : 전화선에 연결된 RXA1과 RXA2로부터 수신되는 변조된 아날로그 신호로부터 자신이 송신한 내용을 제거하기 위한 OP 앰프 기반의 능동 하이브리드 회로를 거친다. 이후 수신 신호는 필터를 거친 후 DEMOD부에서 복조되어 RxD 핀으로 출력된다. 이 과정에서 검출되는 캐리어 신호는 nCD 핀으로 출력한다.
- nLB(입력) : 0으로 설정시 송신신호가 수신신호로 모뎀 내부에서 루프백된다.
- MODE(입력) : 0 으로 설정시 Answer모드로 설정된다.
- nCD(출력) : Carrier Detect(CD)시 '0'을 출력한다.
- CDA(입력) : CD 신호에 대한 문턱 전압을 설정한다.
- SQT(Squelch Tx) : '1'로 설정시 데이터의 변조기능이 비활성화 된다. 대신 DTMF 등의 다이얼링 정보와 같은 아날로그 신호가 송신될 수 있다.
- TLA(입력) : 송신레벨조정 : 송신출력레벨을 설정한다.
- VAG(출력) : 아날로그신호에 대한 기준전압으로써 일종의 바이어스 전압이다. 공급전압/2, 즉 2.5V이며 모뎀칩이 출력한다.

35 DSI 입력은 inverting되므로 DTMF만 송신시 이 신호는 반전되어 송신된다.
36 우리는 ExI 신호를 사용하지 않는다. 따라서 VAG에 연결한다.

(4) Current sink 회로

다이얼업 모뎀의 경우 음성 전화선을 사용하므로 연결시 교환기로부터 공급되는 20mA 이상의 전류를 소모해야 교환기는 이 전화 연결이 유효하다고 판단하고 연결을 유지하고 그렇지 않으면 교환기는 수화기를 내려 놓은 것으로 간주한다.

따라서 모뎀은 연결을 유지하기 위하여 교환기로부터의 전류를 소모해야 한다. 이를 위하여 모뎀은 일종의 current sink 회로인 gyrator 회로를 가진다[37].

이러한 gyrator 회로는 벨 신호나 모뎀신호 등의 직류가 아닌 신호에 대해서는 높은 임피던스을 갖지만 직류신호에 대해서는 낮은 저항값을 갖도록 하여 전화교환기가 전화기에 공급하는 직류 루프 전류가 흐를 수 있도록 한다.

따라서 이러한 gyrator의 기능을 인덕터로 구현할 수 있지만 부피가 큰 단점이 있다. 대신에 gyrator회로를 사용한다. 이것은 수 H의 인덕터 역할을 하면서 일정한 전류를 소모하는 역할도 함께 수행하여 교환기 입장에서 해당 전화기가 정상동작함을 믿도록 한다.

이러한 gyrator에 브리지 다이오드와 제너 다이오드를 추가하여 극성반전 문제를 해결하고 과전압도 보호하는 것이 좋다.

*C*1은 *Q*1의 베이스에 전달되는 교류신호를 차폐하는 필터역할을 한다. *Q*1의 base to emitter전류가 일정하게 유지되므로 *Q*2의 출력도 일정하게 유지되면서 교류신호는 모두 차폐시켜 회로 전체가 inductive하게 된다.

(4) 하드웨어 설계

다음 사항을 고려하여 설계한다.

- 전화선과는 600:600옴의 트랜스포머를 사용하여 직류성분을 차단한다. 또한 이것은 전화국의 그라운드와 이 모뎀의 그라운드 레벨을 분리하도록 한다.
- RXA1과 RXA2간에는 600옴의 임피던스 매칭 저항을 연결한다.
- RXA2와 TxA간을 연결한다. 이것은 수신신호에서 송신신호성분을 제거하는 하이브리드 회로 입력용이다.
- DSI입력핀에 DTMF신호를 연결한다.
- EXI(추가 외부입력 신호)는 ExI은 Vag에 연결하여 사용하지 않는다.
- SQT는 수동으로 설정한다.
- nLB와 MODE는 선택할 수 있도록 한다.
- TXD와 RXD신호는 5V로직이므로 3.3V를 사용하는 MCU를 위해 레벨변환기능을 추가한다.

---

[37] 이것을 DC holding 회로라고도 한다. 일부 모뎀 칩(CMX878 등)은 이러한 기능을 내장하고 있다.

<그림 2.67>은 회로의 예이다.

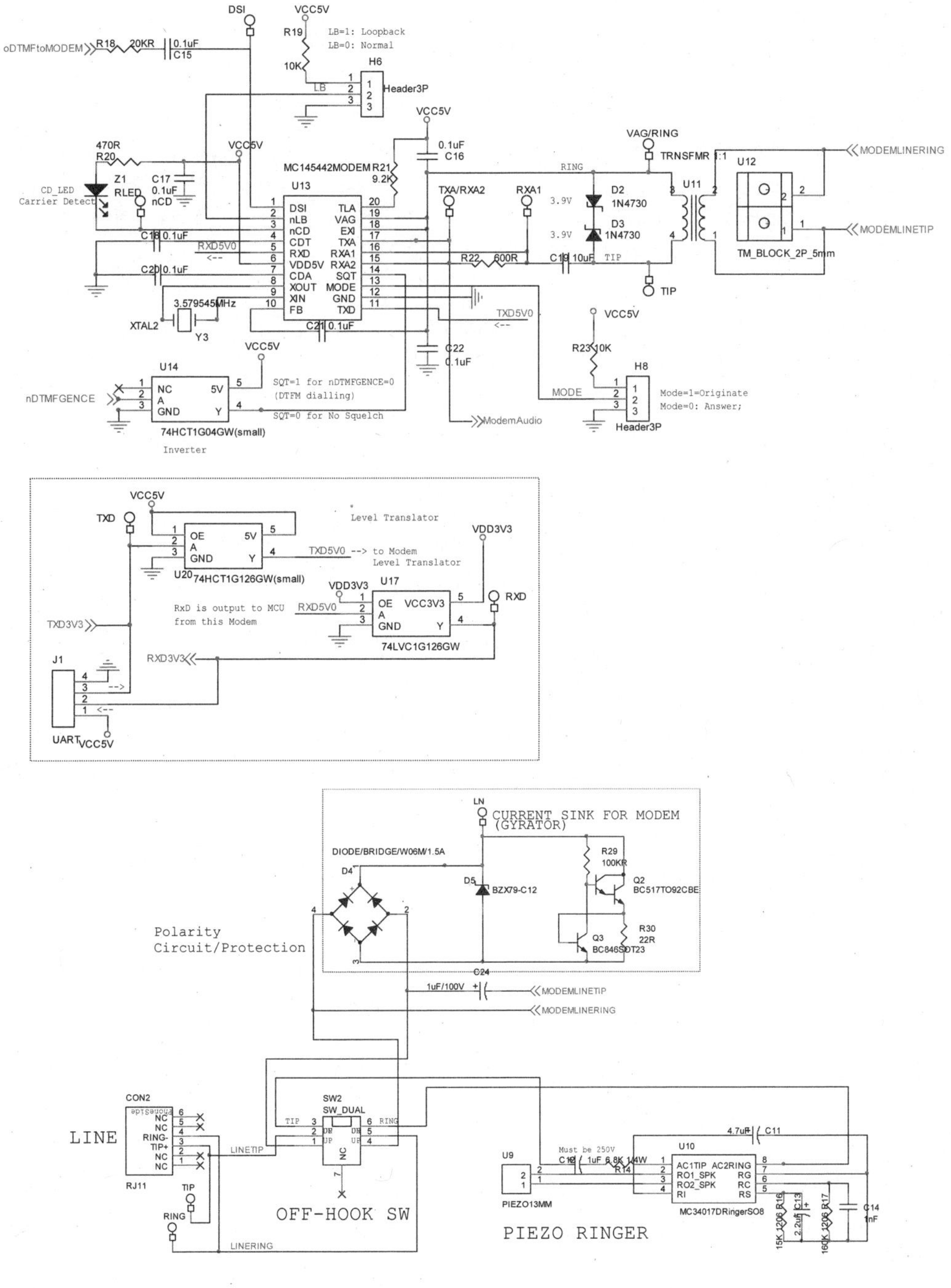

<그림 2.67> MC145442 V.21 모뎀의 주변회로의 예

(5) 동작 실험

다음 절차에 따라 기능을 시험한다.

a) 송신 변조 기능 시험 1 : Mode = 'originate', no loop back, no squelch로 설정하고 다음과 같은 과정을 수행한다.

① TxD=0를 인가하고, TxA핀의 신호의 주파수와 진폭을 오실로스코프로 확인한다. 또한 트랜스포머 주변의 TIP과 Ring간의 주파수와 진폭을 오실로스코프로 확인한다.
② TxD=1를 인가하고, TxA핀의 신호의 주파수와 진폭을 오실로스코프로 확인한다. 또한 트랜스포머 주변의 TIP과 Ring간의 주파수와 진폭을 오실로스코프로 확인한다.

b) 송신 변조기능 시험 2 : Mode = 'answer', no loop back, no squelch로 설정하고 위의 과정을 반복한 후 V.21규격에 따른 송신신호임을 확인한다.

c) 복조부기능 시험 1 : mode = 'originate', no loop back, no squelch로 설정하고 다음과 같은 과정을 수행한다.

① 1650 Hz 정현파를 TIP과 Ring 사이에 인가한 후 RxD와 nCD의 신호값을 확인한다.
② 1850 Hz s정현파를 TIP과 Ring 사이에 인가한 후 RxD와 nCD의 신호값을 확인한다.

d) 복조부기능 시험 2 : mode = 'answer', no loop back, no squelch로 설정하고 다음과 같은 과정을 수행한다.

① 1180 Hz 정현파를 TIP과 Ring사이에 인가한 후 RxD와 nCD의 신호값을 확인한다.
② 980 Hz 정현파를 TIP과 Ring사이에 인가한 후 RxD와 nCD의 신호값을 확인한다.

e) Loopback 시험 : mode = loop back로 설정한다. 이어 다음과 같은 2가지를 시험한다.

① TxD핀에 150Hz의 TTL 레벨의 구형파를 인가했을 때 RxD핀으로 수신되는 파형을 비교한다. 오실로스코프 상에서 2개의 신호를 비교했을 때의 지연시간도 기록한다.
② 구형파의 주파수를 35~200Hz내에서 가변시키면서 수신파형과 비교한다. 어떤 주파수에서 데이터가 손실 없이 전송되는지 판단하여 이 모뎀의 전송률을 검사한다.

f) 600R 저항값을 변경시키면 어떤 일이 발생할까?

g) 전송케이블의 길이를 증가시키면 어떤 일이 발생하는가?

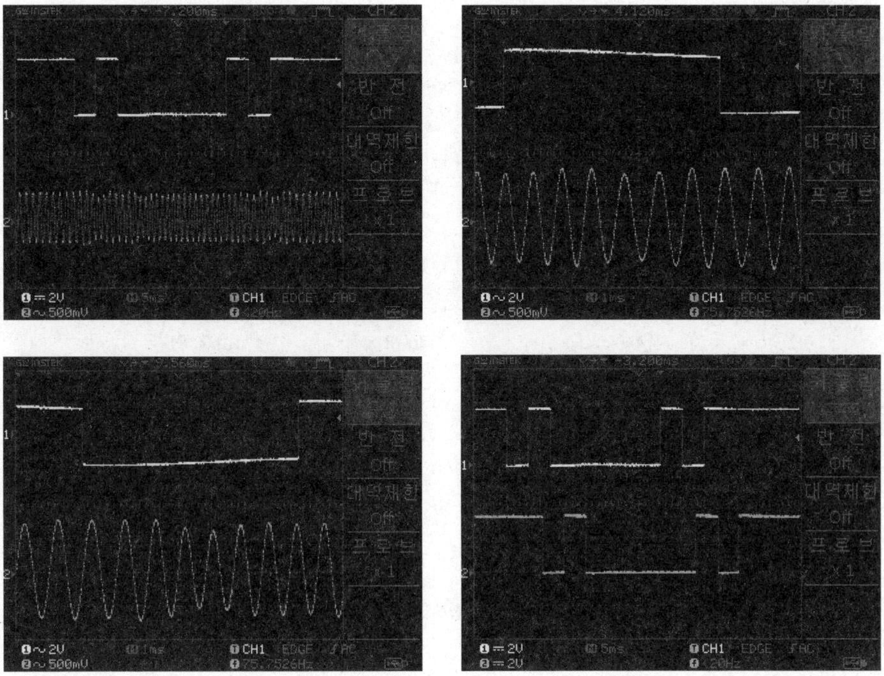

<그림 2.68> MC145442 V.21 모뎀의 동작 신호의 예

2.25 연습문제

[1] 다음 중 디지털 전송의 장점에 대하여 틀린 것은?
a) 잡음의 영향 없이 장거리 전송할 수 있다.
b) 암호화하기 용이하다.
c) 음성, 영상, 데이터를 통합 전송하기 용이하다.
d) 아날로그 전송에 비해 작은 대역폭을 요구한다.

[2] Non-printable character인 것은?
a) 'A' b) '0' c) 0x07 d) 'a'

[3] I-Q 다이어그램에서 I=1, Q=1을 갖는 신호의 진폭과 위상은 각각 __와 __이다.
a) 1, 45도 b) 1.414, 90도 c) -1, -45도 d) 1.414, 45도

[4] *T*의 주기를 갖는 구형파가 갖는 주파수 성분이 아닌 것은?
a) 1/T b) 2/T c) 3/T d) 5/T

[5] 100Mbps급 이더넷의 경우 BitTime은 __이다.
a) 1μsec b) 10μsec c) 100μsec d) 1μsec

[6] 16-ary 변조방식을 이용하여 2400보오율로 전송시 초당 ___비트를 송신할 수 있다.
a) 2400 b) 4800 c) 9600 d) 56000

[7] 1 mW(one milliwatt)는 1 W에 대하여 __dB이다.
a) 1000 b) -1000 c) 30 d) -30

[8] 10μW의 신호는 __dBm이다.
a) 10 b) 20 c) -20 d) 10

[9] 무잡음 전송선로상에서 4-level의 신호로 250Mbps를 전송시 소요 최소대역폭은 __KHz이다.
a) 500 b) 250 c) 125 d) 62.5

[10] 아날로그 데이터에 대한 디지털 신호변환 기술을 사용하는 시스템은?
a) AM 라디오 b) CD c) 모뎀 d) 이더넷

[11] AM 변조된 신호의 최대 진폭과 최저 진폭의 값이 각각 1V와 0.9V이다. 이 변조기의 변조율은?
a) 90% b) 81.8% c) 100% d) 10%

[12] 2KHz~4KHz의 주파수 성분을 갖는 아날로그 신호에 대한 PCM 인코딩시 최소 샘플링률은?
a) 2000Hz b) 4000KHz c) 8000Hz d)16000Hz

[13] NRZI 인코딩시 '0'이 반복되는 경우 비트 천이율을 높이는 방법으로 사용되는 것이 아닌 것은?
a) 4B5B 인코딩 b) 비트 스터핑 c) B8ZS d) Parity

[14]AMI 인코딩의 특징이 아닌 것은?
a) 3개의 신호레벨을 사용한다. b) '0'값에 대하여 0V를 유지한다.
c) '1'값에 대하여 +V와 -V를 교대한다. d) '1'값에 대한 오류를 감지할 수 없다.

[15] 모두 '1'의 값을 갖는 100Mbps 데이터에 대하여 4B5B 인코딩하여 전송시 이 신호의 기본 주파수 성분은 __MHz이다.
a) 125 b) 62.5 c) 250 d) 100

[16] 전이중 모뎀의 Duplexer 기능은 __이다.

[17] k=2 블록 데이터를 TCM시 길쌈부호화하여 __-ary 변조한다.
a) 2 b) 3 c) 4 d) 8

[18] 동기식 CDMA 시스템은 1.2288M chips/s를 사용한다. 각 심볼은 64개의 칩으로 구성되므로 __usec의 전송 시간을 갖는다.
a) 104.16 b) 52.08 c) 13.2 d) 6,6

[19] AM 변조에서 신호파의 최대 진폭이 4V이고, 반송파의 최대 진폭이 5V일 때 변조율은 몇 %인가?
a) 60% b) 80% c) 90% d) 100%

[20] 신호전력이 100와트이고, 잡음전력이 1와트이면, SNR은 __이며 신호는 잡음에 비해 __dB 크다.
a) 100, 20 b) 100, 10 c) 1, 20 d) 1, 10

[21] V.3 4모뎀은 3,420Bd이고 symbol당 10bit를 전송한다. 전송속도는 몇 bps인가?
a) 3420 b) 34200 c) 1000 d) 6840

[22] 단극형 부호화에 비하여 RZ 부호화시 __배의 대역폭이 필요하다.
a) 1/2 b) 1 c) 2 d) 4

[23] TV 스크린이 525라인 x 700 컬럼으로 구성되어 있다(총 367,500 픽셀). 픽셀은 검정과 흰색(0과 1) 일 수 있다. 1초 동안 30개의 완전한 스크린(즉, 프레임)이 주사 된다. 이론적으로 요구되는 대역폭은 얼마인가?
a) 3MHz b) 6MHz c) 12MHz d) 24MHz

[24] M=2인 일반적인 전송의 경우, 대역폭 1000 Hz에 대한 최대 가능한 전송속도는?
a) 1Kbps b) 2Kbps c) 4KHz d) 8KHz

[24] M=2인 일반적인 전송의 경우, 최대 전송속도를 4Kbps로 하려면 필요한 대역은 얼마인가?
a) 1KHz b) 2KHz c) 4KHz d) 8KHz

[25] 1KHz 대역의 전송로 상에서 최대 전송속도를 4Kbps로 하려면 필요한 심볼의 종류는 __이다.
a) 1 b) 2 c) 4 d) 8

[26] Com 포트의 전송속도를 9600bps로 설정한다면 비트타임은?
a) 52.335μsec b) 104.67μsec c) 26.167μsec d) 209.34μsec

[27] 리액턴스를 무시할 수 있는 저주파 신호의 경우, 선로의 직류저항성분에 의해 신호가 감쇄된다. AWG 24 (직경 d=0.510mm) UTP 케이블의 경우 100m당 직류저항은 (1/58) * (4/ πd^2) * L로 주어진다. 즉 선로저항은 단면적(A)에 반비례하고 도체 길이 L에 비례한다. 100m UTP 케이블의 선로저항값은?

[28] 수신신호전력 P_2가 송신신호전력 P_1 의 1/2 이라고 하자. 이 경우 감쇄율은 __ dB이다.
a) -3 b) 0.5 c) 3 d) -0.5

[29] QAM은 ___와 ___를 결합한 것이다.
a) ASK b) PSK c) FSK d) SDK

[30] 어떤 전송 케이블의 감쇄율이 (-0.3dB/km)이다. 시작점에서의 전력이 2mW일 때 10Km에서 의 신호전력은 몇 dBm인가?

[31] 60Hz 아날로그신호의 파장은 몇 m 인가?

[32] 1과 0이 반복되는 데이터를 100Mbps의 NRZ로 송신한다고 하자.
a) 이 신호의 주파수와 파장은?

b) 한 비트의 전송시간인 비트타임은?

[33] 25MHz 오실레이터의 주기는?

[34] –6 dBm은 몇 W인가?

[35] SNR=30dB인 통신로에서 1Mbps로 전송이 가능한가? 가능하다면 몇 종류의 심볼을 사용해야 할까?

[36] UART를 이용하여 250Kbps로 100바이트 길이의 프레임을 1Km 떨어진 상대방에게 단방향으로 전송하고자 한다. 프레임간 간격(Inter frame gap)은 반드시 10바이트 길이의 시간이 지켜져야 한다.
a) 한 비트를 전송하는데 소요되는 시간 Bit Time(BT)는?

b) 초당 몇개의 프레임을 송신할 수 있는가?

c) 유효전송률은 몇 %인가?

d) 한 프레임을 송신하는데 소요되는 시간은?

e) 한 프레임의 송신이 개시되면서 첫번째 비트가 상대방에 도달하는데 소요되는 전파지연시간은? (케이블상의 전파속도는 빛의 속도의 2/3임)

f) 이러한 전송률을 제공할 수 있는 케이블의 최소대역폭은 얼마인가? (Noise가 없는 경우)

g) 이러한 전송률을 제공할 수 있는 케이블의 최소대역폭은 얼마인가? (SNR=10dB인 경우)

[37] 링크의 대역폭이 4KHz이고 SNR=20 dB라면, 최대 전송가능한 속도는 얼마인가?

[38] 정현파를 진폭변조한 아래 그림과 같은 파형에 대하여 다음 질문에 답하라.

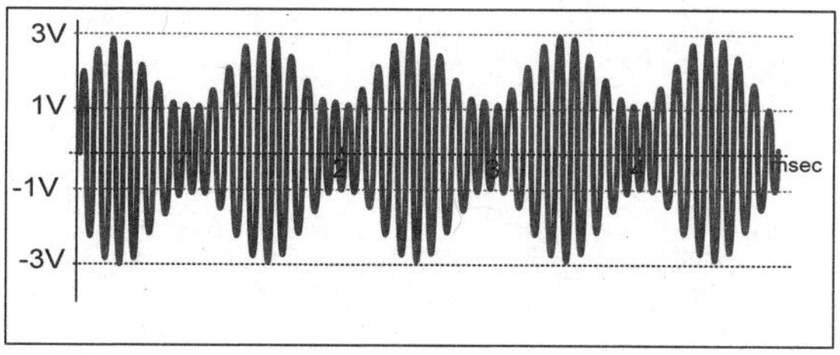

a) 최대 전압은?

b) 최소 전압은?

c) 변조율은?

d) 반송파의 주파수는?

e) 원 신호의 주파수는?

[39] V.22bis 모뎀은 1200Baud rate의 QAM 변조방식을 사용하여 2400bps로 전송한다. 이것의 반송파 주파수는 1800 Hz이다.
a) symboal rate는?

b) 심볼당 몇 비트가 전송되는가?

c) 몇 종류의 심볼이 사용되는가?

d) 요구되는 대역폭은?

e) 이 신호의 lower cut off 주파수는?

f) 이 신호의 upper cutoff 주파수는?

[40] 50bps 데이터를 전송하기 위하여 1.023Mchips/s 심볼률을 사용하는 GPS 시스템의 경우 초당 몇 심볼이 송신되는가?

[41] $f(x) = sin(3x)$와 $g(x)=cos(3x)$가 $[-\pi,+\pi]$구간에서 orthogonal함을 보여라.

[42] 주어진 대역폭 B Hz에 대하여 Nyquist공식에 의거 M을 무한대로 하면 무한대의 전송속도를 얻을 수 있을까? 가능하다면 어떤 전제조건이 있어야 하는가?

[43] $M = 2n$개의 양자화 레벨을 사용하여 양자화/부호화하는 PCM 신호의 대역폭은?

[44] printf("%c", 0x07);을 수행하면 어떤 결과가 나올까? Non-printable charater란 무엇인가?

[45] 입력 데이터의 각 비트당 4개의 칩으로 대역 확산시키는 Direct sequence spread spectrum 기능을 설계하라. PN 다항식은 임의로 정하라.

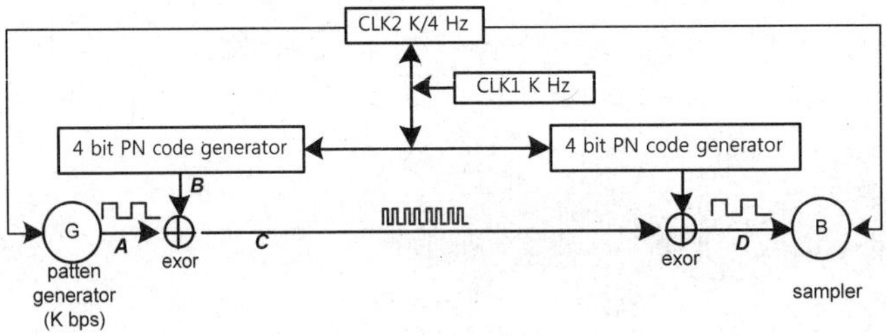

제 3 장

데이터 전송 기술

본 장에서는 데이터 통신 시스템의 전송부에 대한 구성과 기술요소를 다룬다. 이를 위하여 전송 매체 특성, 전송방식, 전송 장애 및 복구, 클럭 동기, 큐잉 시스템 등에 대하여 알아본다. 이를 기반으로 스크램블러, Pseudo Random Bit Sequence(PRBS), CRC, 첵섬 기능을 설계한다.

3.1 데이터 전송 시스템의 구성

데이터 전송 시스템은 송신부, 전송선로, 수신부로 구성되며 다음과 같은 기능을 수행한다.

① 아날로그 데이터는 디지털로 변환한다.
② 필요시 암호화 또는 압축을 수행하는 소스 인코딩을 한다.
③ 전송 오류 감지, Forward Error Correction (FEC), 동기기능 제공 등을 위한 Reed-Solomon 블록 부호화 또는 Convolutional 부호화 그리고 4B/5B 블록 부호화 등의 채널 부호화를 수행한다.
④ 유선 시스템의 경우, 필요시 특정 주파수에 에너지가 집중되지 않도록 스크램블링한다. 이 스크램블링 기능은 직렬기능부 이후에 수행할 수도 있다. 무선 시스템의 경우, 연집 오류율을 감소시키기 위하여 송신 비트열을 순서를 재배열하는 인터리빙을 수행한다.
⑤ 병렬데이터를 직렬비트열로 변환한다[1].
⑥ 기저대역 (베이스 밴드) 전송시에는 직렬화된 비트열은 전송선로상의 대역제한이나 충분한 신호의 천이를 제공하기 위하여 NRZI, MLT-3, 맨체스터 코드, PAM5 등의 라인 인코딩을 수행한다. 이어 최대 전송거리상의 전송을 보장하기 위해 신호의 세기를 증가시키거나 차동전송을 수행하는 라인 드라이버를 통해 전송된다. 필요시 평형전송을 위해 트랜스포머를 경유하도록 한다.
⑦ 통과대역(패스 밴드) 전송시에는 추가적으로 아날로그 반송파에 디지털 신호를 실어 안테나 또는 광대역 케이블을 통해 송신하는 변조과정을 수행한다.
⑧ 수신측 라인 수신부와 등화기는 감쇄된 신호 보상, 위상차 보정, 상호신호간섭 제거 등의 등화기능을 수행한다. 차동 수신방식인 경우에는 single-ended 신호로 변환한다.

---

[1] 기가비트 이더넷의 경우 4개의 전송선로를 모두 사용하여 전송한다. 이것도 직렬화 과정이라고 본다.

⑨ 라인 디코더는 수신되는 비트열로부터 송신클럭과 동일한 수신클럭을 추출하는 Clock and Data Recovery(CDR)에 의해 복원된 수신클럭를 활용하여 수신 비트열로부터 원래의 디지털 데이터로 복원한다.
⑩ 무선의 경우에도 마찬가지로 수신신호에 대한 등화, 페이딩 제거, 잡음 제거 등을 수행하면서 복조한다.
⑪ 이후 송신과정의 역과정을 거쳐 데이터를 처리한다.

이러한 과정에서 외부 잡음 및 변화 무상한 전송선로의 변화를 모두 극복해야 한다. 따라서 대부분의 통신 시스템에서 항상 수신부가 더 복잡하다.
즉 송신 클럭주기 자체가 변동하거나 전송과정에서의 다양한 제약 상황에 의해 그 클럭이 변동되므로 수신부는 송신측의 현재 클럭주기를 감지해야 수신 신호로부터 1 또는 0값을 샘플링하여 복원할 수 있다. 따라서 동기과정은 수신부의 성능에 중요하게 영향을 끼친다.
참고로 전송선로를 복수 개 사용하거나 동일한 선로상에서 송신과 수신을 동시에 수행하는 방법도 사용된다. 이 경우에는 누화(Crosstalk) 및 반향(Echo)를 제거하는 기능이 추가되어야 한다.
일반적인 데이터 전송 시스템은 <그림 3.1>과 같이 송신부, 전송선로, 수신부로 구성된다.

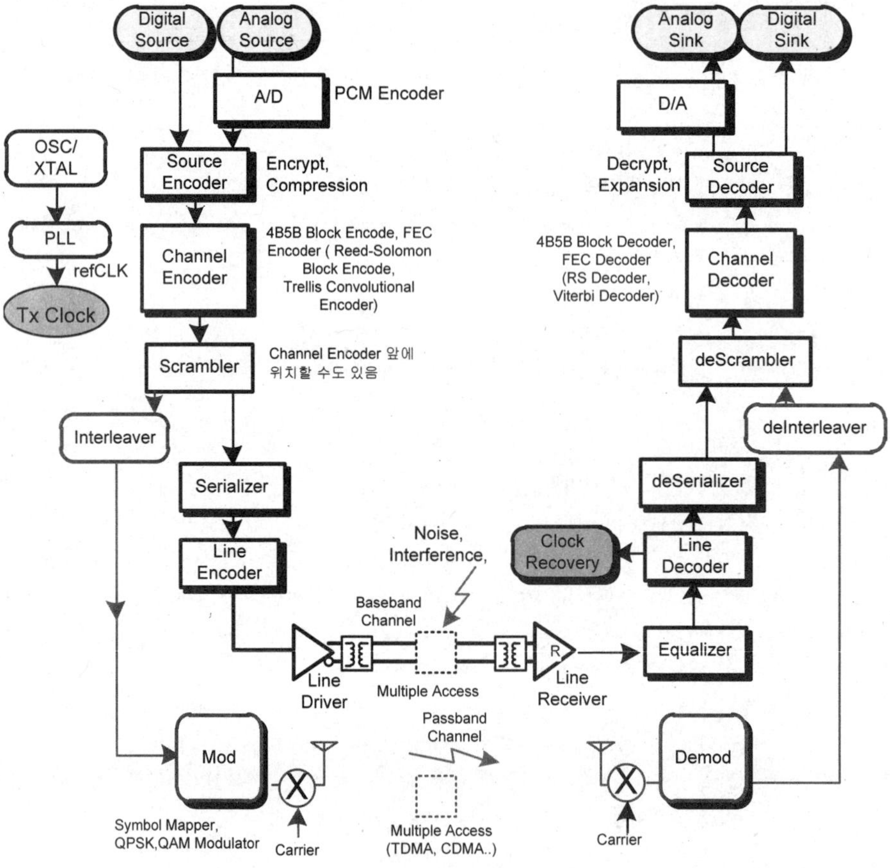

<그림 3.1> 유무선 디지털 데이터 통신 시스템의 구성요소

3.2 전송매체

(1) 종류

전자파인 신호를 유도 전달하는 통신용 전송매체는 이더넷 등에서 사용하는 동축케이블 혹은 광섬유와 같은 유선링크와 블루투스, 무선 LAN, 인공위성통신, 무선휴대전화기에서 사용하는 무선링크로 구분된다.

이러한 전송매체를 통해 낮은 주파수에서 디지털 신호를 직접 전달할 수 있는 차단주파수까지의 기저대역을 사용하는 기저대역(baseband) 전송 방식과 특정 주파수대역을 갖는 고주파의 반송파로 변조된 아날로그 신호로 전송하는 통과대역(passband) 전송방식으로 다시 분류할 수 있다[2].

- 기저대역용 전송 방식 : 컴퓨터와 프린터 등의 근거리 데이터 통신에서 주로 사용하며, 원거리 통신을 위해서는 반복중계기가 사용된다.
- 통과대역 전송 방식 : 전화선 모뎀 및 케이블 모뎀 등은 유선을 사용하고 TV 혹은 라디오, 휴대폰, 무선 LAN 등은 무선을 사용한다.

(2) 유선매체

a) 나선(Open Wire)

도체 외부에 절연피복이 없는 전송매체이다. 초기 전화망에서 전화기를 전화국까지 연결할 때 전신주 위에 가설된 것이다. 단락 등의 문제가 있어 현재 거의 사용되지 않는다.

b) 꼬임쌍선(Twisted-Pair Cable)

각각 PVC 등으로 피복한 2개의 신호선을 일정 간격으로 꼰 것이다. 다음과 같은 2종류가 있다.

- 비차폐선(UTP:Unshielded Twisted-Pair) 케이블 : 꼬임 간격의 조밀함에 따라 다음과 같은 등급으로 구분된다.
  - 1등급 : 기본 꼬임선(전화 시스템)
  - 2등급 : 4 Mbps급의 음성과 디지털 데이터 전송
  - 3등급 : 10 Mbps급(현재, 표준 케이블) 데이터 전송
  - 4등급 : 16 Mbps급의 전송률
  - 5등급 : 100Mbps급의 데이터 전송
  - 6등급 : 100Mbps급 이상의 데이터 전송
- 차폐선(STP:Shielded Twisted-Pair) 케이블 : 꼬임쌍선 외부에 그물형태의 차폐 스크린을 한 것이다.

---

[2] 참고로 BroadBand는 동축케이블 또는 광케이블과 같이 큰 대역폭을 갖는 전송매체를 사용하는 통신방식이다. 이를 통하여 수백 개 이상의 채널을 동시에 제공할 수 있다. 예로는 CATV용 동축케이블이 있다.

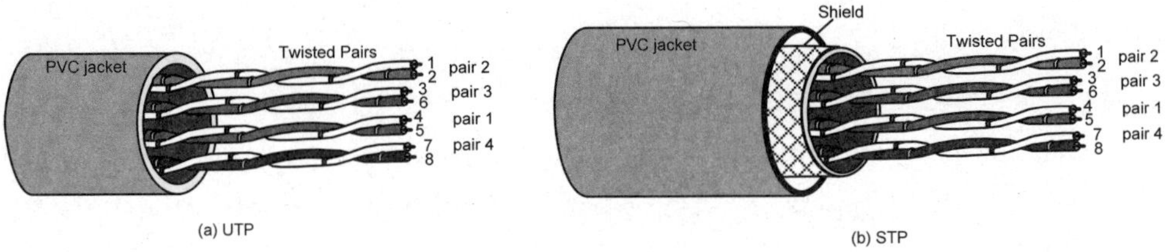

<그림 3.2> 꼬임쌍선

(3) 동축케이블(Coaxial Cable)

동축케이블은 구리선을 중심으로 차폐 스크린이 둘러 싼 형태의 케이블이다. 이것의 차폐될 뿐만 아니라 굵은 선로를 사용하여 전송품질이 좋아 큰 대역폭이 필요한 비디오 전송용 케이블 TV(CATV) 등에서 사용되고 있다. 굵기에 따라 RG-75 등 다양하다.

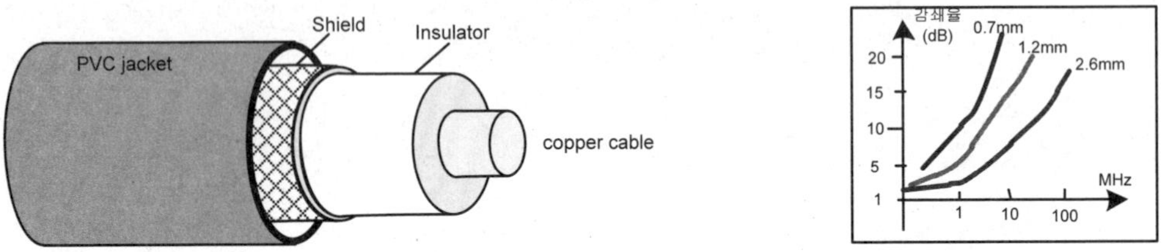

<그림 3.3> 동축케이블

(4) 광케이블

광케이블은 레이저나 LED에서 송신하는 빛은 직진성이 있으므로 직선거리에 위치하지 않은 수신부에게 빛을 유도하기 위하여 유리나 프라스틱으로 구성된다. 이것은 서로 굴절률이 다른 코어 유리봉과 이를 둘러싼 유리관인 Cladding으로 구성되며 외부는 고무 등으로 외부의 충격으로부터 보호한다.

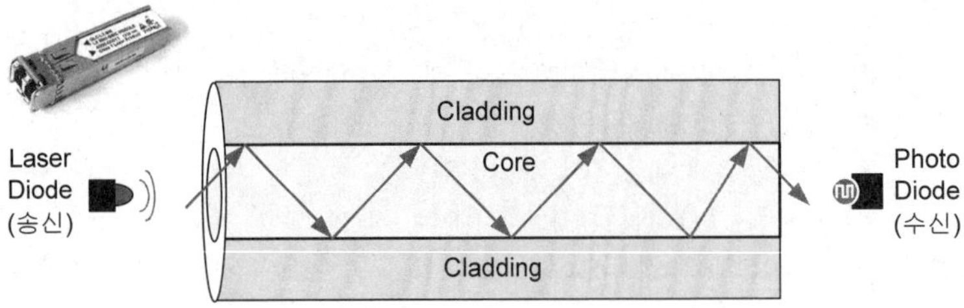

<그림 3.4> 광 케이블

광케이블은 유리봉의 굵기에 따라 멀티모드와 싱글모드 케이블이 있다. 여기서 모드란 이동하는 광자(photon)의 경로수를 의미한다. 이러한 경로가 여럿인 멀티모드 케이블의 경우 수신측에서는 각 경로를 따라 도착한 신호간의 간섭에 의해 신호가 왜곡된다.

장거리 전송시에는 이러한 왜곡이 더 심각해지므로 주로 300m 이내의 단거리에만 사용된다. 반면에 싱글모드 케이블의 코어 굵기는 7마이크론으로 아주 가늘어 그 경로가 하나만 만들어져 다른 경로의 신호와의 간섭이 없어 최대 80Km까지의 전송이 가능하다. 관련 커넥터는 SC, media interface connector(MIC), ST 등이 있다.

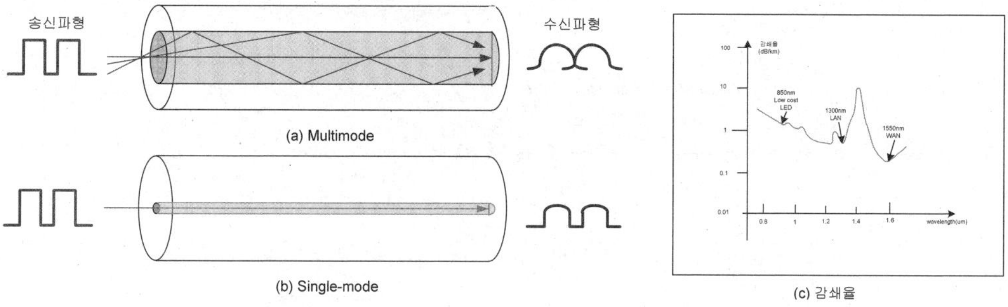

<그림 3.5> 멀티모드/싱글모드 광케이블

(5) 무선매체

안테나로 송출되는 전자파에 데이터를 실어 무선으로 전송한다. 여기에는 리모콘이나 IrDA와 같은 적외선 방식도 포함된다.

전파는 <그림 3.6>과 같이 주파수에 따라 다양한 종류가 있다. 셀룰라 이동통신이나 무선 LAN에서는 UHF대역인 1~2GHz 대역을 사용한다. 이 주파수대역은 직진성이 강하기 때문에 전파의 일부는 직접 휴대폰에 전달되지만, 나머지 일부는 건물벽에 반사되어 서로 다른 경로를 거쳐 전달됨으로써 수신전파의 형태가 변형된다. 이것을 다중경로 페이딩이라고 한다. 또한 두꺼운 벽이나 지하에로는 전달되지 못하기 때문에 별도의 중계기가 설치되어야 한다.

대부분의 전파는 국가가 관리하고 있다. 만약에 전파관리를 국가가 하지 않는다면, 너도 나도 특정 주파수대역을 마음대로 사용하여 서로간에 불편을 초래할 수 있기 때문이다.

하지만 주파수대역을 국가가 관리하고는 있지만 특정 주파수대역 예를 들면 유료화하면 산업발전에 악 영향을 미치는 Industry, Science, Medical분야에 대해서는 누구라도 무료로 사용할 수 있도록 허용하고 있다. 이 용도의 2.4GHz 대역을 ISM 밴드라고 한다. 단, 이 밴드는 저출력 단거리 무선통신용으로 제한되어 있다. 무선 LAN, 블루투스, 센서 통신망 등에서 사용한다.

또한 U-NII(Unlicensed National Information Intra-structure) 밴드라고 부르는 5.15 ~ 5.35 GHz 및 5.725 ~ 5.825GHz 대역도 허가 없이 사용이 가능하여 고속 무선 LAN장비들이 이 대역을 사용한다.

HiPass 서비스와 같은 지능형 교통 시스템(ITS)용 통신방식인 DSRC(Dedicated Short Range Communication)도 이 5.8GHz 대역을 사용한다.

그리고 300~400GHz의 적외선 대역은 적외선(InfraRed, IR) 통신용으로 많이 사용된다. 이 적외선 통신방식은 높은 주파수 덕분에 직진성이 아주 높고 벽이나 바닥을 투과하지 못하고 모두 반사되므로 실내에서만 통신이 가능한 단점이 있다. 하지만 저렴하고, 전력소모가 낮으며, 우수한 반사특성을 가지고 있기 때문에 리모컨 등에서 많이 사용되고 있다.

또한 가시광 통신(Visible Light Communication)은 조명 빛을 깜박임으로써 조명과 동시에 통신을 할 수 있는 기술이다.

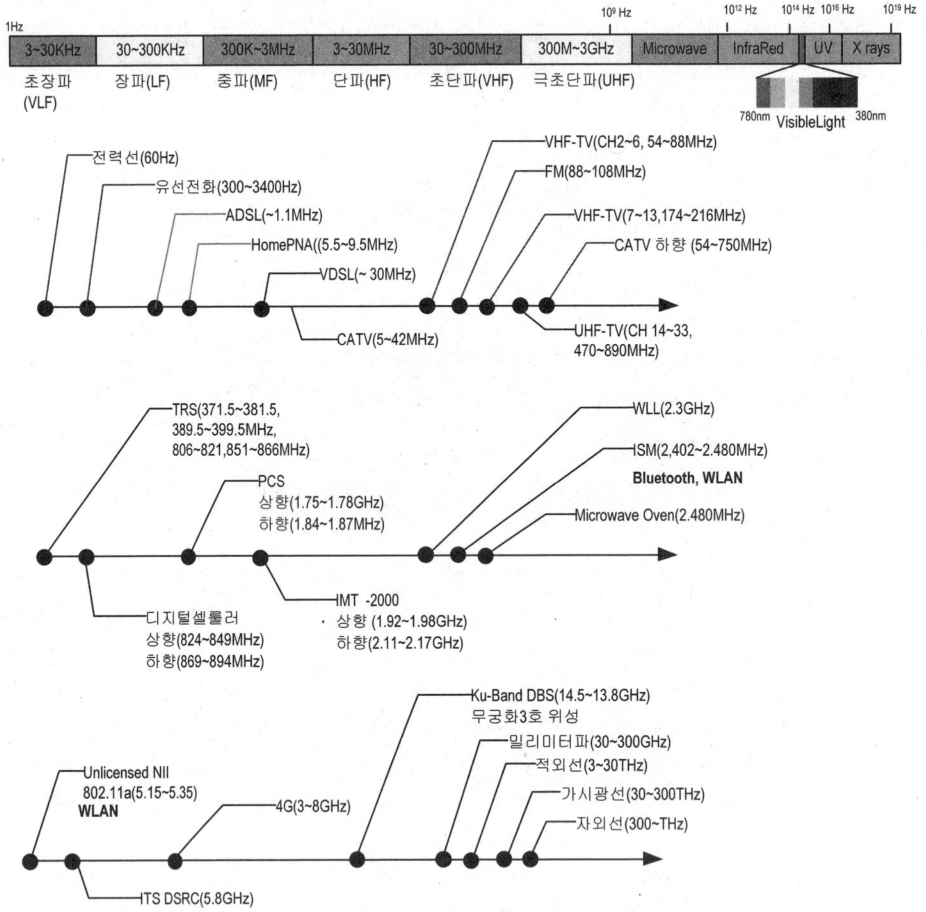

<그림 3.6> 주파수의 구분

3.3 전송선로의 임피던스

(1) 개요

전송선로는 연속적으로 변화하는 신호를 전달하는 케이블이다. 이러한 전송선로는 신호의 주파수에 무관한 고정저항값 R뿐만 아니라 주파수에 종속적인 C와 L성분을 갖는 리액턴스(reactance)도 함께 가진다.

이것의 합을 전송매체의 임피던스 Z라고 하며 단위는 옴이다. 따라서 임피던스는 직류신호에 대해서는 일정한 R 성분만 가지는 반면에 주파수에 따라 그 값이 변화한다.

$$Z = R + j\omega L + \frac{1}{j\omega C}$$

(2) 특성 임피던스

임피던스를 구성하는 요소 중 하나인 R은 전송길이가 늘어남에 따라 증가한다. 반면에 전송선로는 단위길이(인치)별로 <그림 3.7>과 같은 Capacitance, Inductance, Resistance, Conductance 성분을 갖는다.

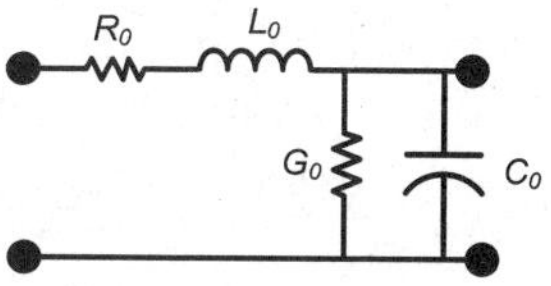

<그림 3.7> 특성 임피던스

이러한 전송선로의 단위 길이별 임피던스를 특성임피던스 또는 고유 임피던스(cdkharacteristic impedance)라고 하며 다음과 같이 Z_o 로 표현된다.

$$Z_0 = \sqrt{\frac{R_0 + j\omega L_0}{G_0 + j\omega C_0}}$$

여기서 C_0, L_0, R_0, G_0 는 각각 인치당 Capacitance, Inductance, Resistance, Conductance 이다. 이상적인 무손실 전송선로인 경우 $R=0$, $G_0 \rightarrow 0$이므로 이때의 특성 임피던스 $Z_0 = \sqrt{(L_0 / C_0)}$이다. 참고로 동축케이블의 경우 Z_0는 50Ω 또는 75Ω이며, UTP케이블은 100Ω이다.

(3) 전송선로의 임피던스 매칭

특성임피던스 Z_0 를 갖는 전송선로에 연결된 송신측과 수신측은 <그림 3.8>과 같이 모델링된다.

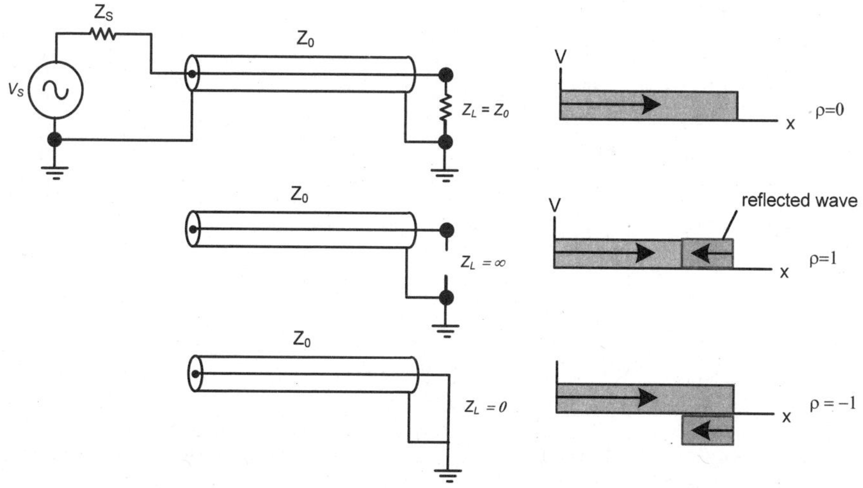

<그림 3.8> 임피던스 정합의 필요성

송신측의 출력 임피던스가 Z_S = 0이고 전송선로의 특성임피던스가 Z_0 일 때 수신측의 부하 Z_L에 최대전력을 전달되려면 $Z_L = Z_0$ 이어야 한다. 만약 케이블의 특성임피던스 Z_0 값과 수신측의 부하 Z_L 값이 일치하지 않으면 송신된 신호의 일부가 수신측에서 반향된다[3].

이렇게 되돌아 오는 신호의 비율을 reflection ratio 라고 하며 $\rho = (Z_L - Z_0)/(Z_L + Z_0)$로 주어진다. 만약 $Z_L = Z_0$ 이면 수신된 신호는 모두 부하에서 열로 사라지지만, 그렇지 않은 경우에는 송신측으로 되돌아 오면서 송신신호 자체를 열화시키는 return loss로 된다.

참고로 return loss는 $R_{L(dB)} = 10 \log_{10}(P_i / P_r)$, P_i 는 입력신호전력, P_r 은 반사된 신호 전력이다. 이를 방지하기 위하여 쌍방의 임피던스를 일치시키는 것을 임피던스 정합이라고 한다[4].

(4) 임피던스 정합 방법

소스와 부하간의 임피던스 정합을 위하여 트랜스포머, 종단저항, PCB패턴을 사용한 전송선로 등을 개별적으로 사용하거나 이들을 조합한다. 예를 들어 임피던스가 300Ω인 TV 안테나 케이블을 임피던스가 75Ω인 동축케이블용 커넥터를 갖는 TV 입력 커넥터에 연결시 임피던스 정합을 위하여 트랜스포머를 사용한다고 하자. 이때 필요한 1차 권선과 2차 권선의 비, 즉 권선비(turn ratio) a는 {2차 측 부하 임피던스 = a^2*1차측 임피던스} 특성에 의하여 a = 1/2값을 얻을 수 있다. 따라서 1:2의 권선비를 갖는 트랜스포머를 사용하여 정합할 수 있다.

그리고 RS485, 이더넷, CAN 등의 경우 케이블의 특성임피던스와 동일한 종단 저항을 케이블의 양 종단에 설치하여 임피던스를 정합함으로써 Return loss 를 억제한다[5].

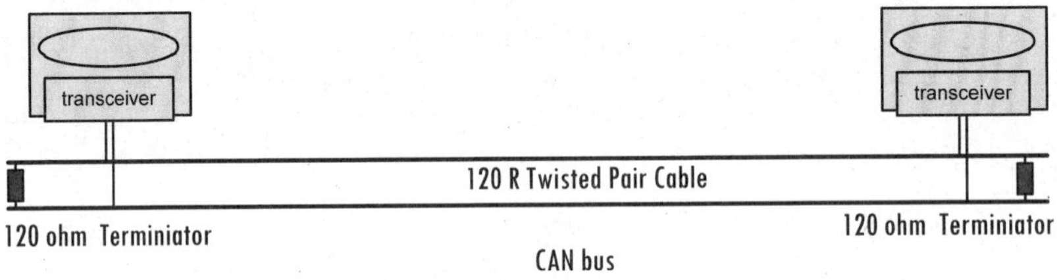

<그림 3.9> 종단저항의 사용 예

3.4 Single-ended/Differential 전송

전기적으로 유선상에서 데이터를 전송할 경우 전송선로상에 전류가 흘러야 하고 그 결과로 수신측에서는 수신되는 신호레벨(전압)을 기준으로 '1'과 '0'을 판정한다. 수신신호선로와 기준선로간의 전압의 변화를 판정하는 방법으로 Single-ended와 Differential 전송 등 2가지가 있다.

---

[3] 맞은편 산을 향해 "야호"하면 이 음성이 매질이 다른 암벽에 부딪혀 되돌아 오는 것이 메아리이다. 전송선로에서도 이러한 반향 현상이 발생한다. 이것은 임피던스가 일치하지 않을 때 송신측에서 공급하는 전력이 부하에서 모두 소모되지 않고 일부 전력이 되돌아 온다고도 할 수 있다.

[4] 저주파 신호의 경우 L과 C 성분으로 조합된 리액턴스 값은 0에 가까우므로 R 값만 매칭시키면 된다.

[5] 물론 송신측입장에서도 부하종단으로부터의 반사가 유입될 수 있으므로 소스의 임피던스도 라인 임피던스와 매칭시켜야 부하로부터의 반사파가 송신측에서 흡수된다. 그렇지 않으면 다시 부하쪽으로 재반사되는 무한 반복과정이 발생하여 전송품질이 열화된다. 사실 종단 임피던스를 케이블 특성임피던스 Z_o에 정확하게 일치시키는 것이 어려우므로 보통 ±20% 오차는 허용된다.

(1) Single-ended 전송

수신측은 <그림 3.10>과 같이 신호선과 그라운드 간의 전위차로 입력 신호의 상태를 판정한다. RS232와 같이 비교적 단거리 전송의 경우 대부분 이 방식에 의한 전송이 수행된다.

하지만 장거리 전송시 송신측과 수신측간에 그라운드간에 전위차 V_g가 있다면 다음과 같은 문제가 발생할 수 있다. 즉 송신측 구동기에서 V_o로 송신한 신호는 그라운드 전위차 V_g뿐만 아니라 경로상에서 외부 잡음 V_n이 추가된다면 $V_i = V_o + V_n + V_g$ 으로 수신될 것이다. 이 때 수신측은 잡음과 그라운드 전위차의 합($V_n + V_g$)의 크기에 따라 잘못된 데이터로 판정할 수 있다. 이러한 문제점을 회피하려면 보다 큰 진폭의 V_i를 송신하거나 그라운드 전위치가 거의 없는 단거리 전송을 해야만 한다.

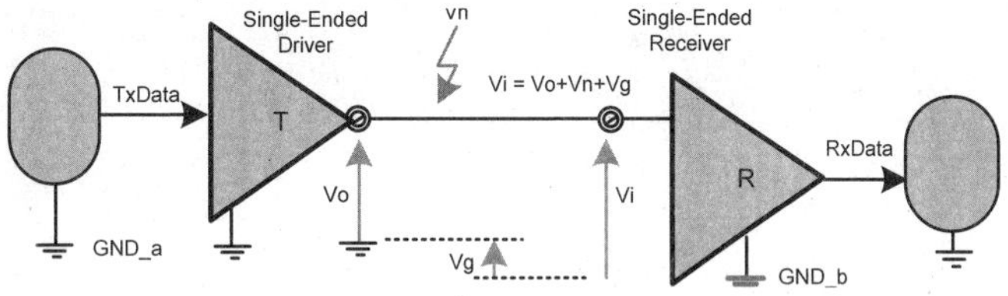

<그림 3.10> Single-ended 전송.

(2) Differential (차동) 전송

이것은 <그림 3.11>과 같이 2개의 선로상에 서로 반대 위상의 신호를 송신하고 수신측은 두 신호의 차이로 신호상태를 판정하는 방법이다.

선로상에 V_N 잡음이 부가되는 경우 $V_{iA} = V_{oA} + V_N + V_G$이고, $V_{iB} = V_{oB} + V_N + V_G$가 된다. 하지만 이 2개의 신호의 전위차인 $V_{diff} = V_{iA} - V_{iB}$는 외부 잡음이나 송수신측간 그라운드 전위차와 상관없이 항상 일정한 $V_{oA} - V_{oB}$값으로 신호를 판정할 수 있다[6].

또한 이러한 차동 전송방식은 2가닥의 선로상에 반대의 위상을 가진 신호를 송신하므로 각 케이블에서의 전자파 방출을 서로 상쇄시키는 장점도 함께 가진다. 그리고 single-ended 전송방식에 비하여 1/2의 저전압으로 송신할 수 있어 보다 고속 전송이 가능한 장점도 있다. 이러한 차동전송방식은 RS-422, RS-485, 이더넷, USB 등과 같이 고속 또는 장거리용으로 사용된다[7].

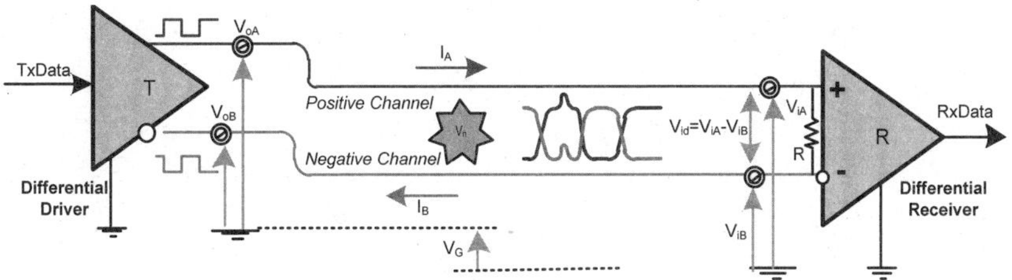

<그림 3.11> 차동 전송

[6] 이 경우 $I_A = -I_B$, $I_A + I_B = 0$이다. 즉 전송과정에서의 전류는 모두 부하 R을 경유하고 GND로 유출되지 않는다.

[7] 유사한 차동전송방식인 Low Voltage Differential Signaling(LVDS)는 TIA/EIA-644표준으로써 2Gbps, 10m, 차동전송하는 기술이다. 또한 Current Mode Logic(CML)전송방식은 5 Gbps를 1m에 차동전송하는 것으로써 PCI Express, Infiniband, USB, SATA 등에서 사용된다.

3.5 불평형 전송과 평형 전송 신호방식

불평형(Unbalanced) 전송 신호방식은 전송선로상의 신호상태를 GND기준으로 판정하는 것이다. <그림 3.12>에서 송신단과 수신단 내부에서의 신호방식이 바로 이것이다. 반면에 같은 그림의 전송선로 상에서의 신호방식은 이웃 선로의 신호상태를 기준으로 신호상태가 판정되는 평형 전송 신호방식이 적용된다. 이러한 평형 전송의 경우 트랜스포머 또는 옵토 커플러 등을 사용하여 송수신측의 그라운드와 무관하게 연결한다.

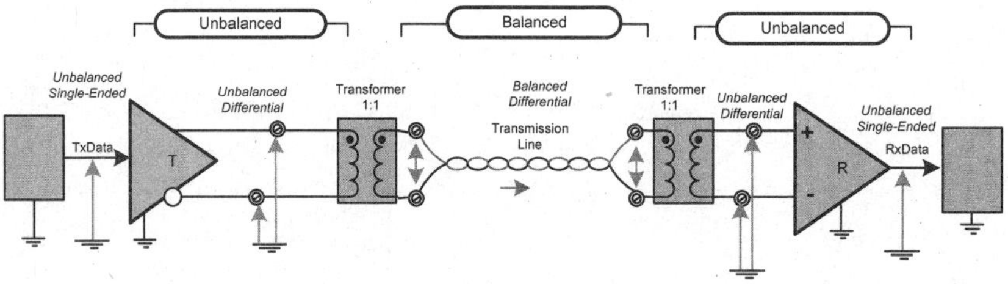

<그림 3.12> 불평형 전송 및 평형 전송 신호방식

3.6 전송장애

높은 주파수의 신호는 케이블이나 안테나를 통하여 전자파의 진행방향을 초당 백만 번 이상 교대한다. 그 결과로 케이블 외부로 전자파가 방출되면서 에너지 손실이 발생하여 신호가 약해지고 외부의 다른 케이블의 신호에 간섭을 초래한다. 뿐만 아니라 커넥터 종단부분에서는 임피던스 불일치에 의해 반사되는 신호와 유입되는 신호가 서로 간섭하여 감쇄되고 왜곡된다. 본 절에서는 다양한 전송장애를 다룬다.

(1) 전자파 간섭(Electromagnetic interference, EMI)

전자파 간섭은 외부의 다른 케이블 또는 신호원으로부터 방사되어 유입되는 전자파로 인한 잡음이다. 전송선로의 차폐 스크린으로 방지할 수 있다.

(2) 감쇄

송신측을 출발한 신호는 저항 및 리액턴스로 결합된 유무선 전송로 상을 전파하면서 내부 저항과 외부로의 전자파 방출에 의해 신호가 약해진다. 특히 선로의 리액턴스 성분에 의해 신호의 주파수 성분에 따라 감쇄율은 <그림 3.13>과 같이 변한다. 만약 리액턴스를 무시할 수 있는 저주파 신호의 경우, 직류신호에 대한 선로 저항인 직류도체저항 성분에 의해 감쇄된다. 이러한 감쇄율은 dB로 표현된다.

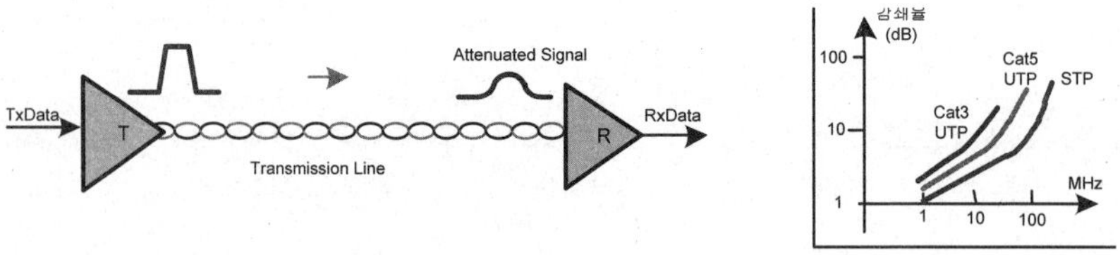

<그림 3.13> 감쇄

(3) 지연

이상적인 진공상태에서의 전기신호는 빛의 속도 즉 c_0 = 3*10[8] m/sec로 전파한다. 하지만 전기도체에서 전파될 경우 외부 피복의 유전률과 투자율 등에 의해 0.6 ~0.7 * c_0 로 결정된다. 전달지연시간은 전파속도와 케이블의 길이에 의해 결정된다[8].

전송매체를 구성하는 외부 절연체와 내부 도체의 투자율과 유전율은 신호의 주파수에 따라 변동된다. 따라서 매체상에서의 전파지연시간은 신호를 구성하는 상이한 주파수 성분에 의해 서로 다른 지연을 초래함으로써 신호가 왜곡된다. 특별히 케이블의 투자율(permeability) μ와 유전률(Permittivity) ε가 주어졌을 때 전파속도는 다음과 같이 주어진다[9].

$$V = \frac{1}{\sqrt{lc}} = \frac{1}{\sqrt{\varepsilon\mu}} = \frac{c_0}{\sqrt{\varepsilon_r \mu_r}}$$

(4) 왜곡(distortion)

전송매체는 특정 주파수대역만 통과시키는 특성이 있고, 주파수에 따른 감쇄율 및 지연시간이 상이할 뿐만 아니라 위상까지 달라진다. 이러한 영향에 의해 <그림 3.14>와 같이 수신된 신호는 원래의 데이터와 달리 더 많이 왜곡될 수 있다.

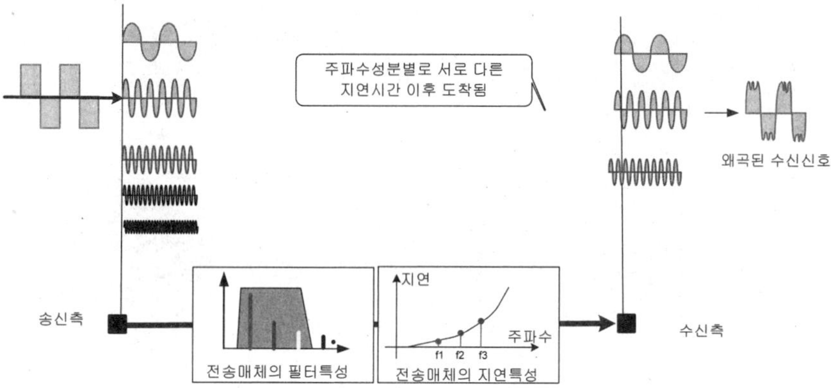

<그림 3.14> 신호성분별 지연왜곡에 의한 신호의 왜곡

(5) 공통모드 잡음(Common Mode Noise)

2개의 선로상에 서로 반대 위상의 신호를 송신하는 차동 전송방식에서 외부 잡음이나 GND 전위의 변화, 두 케이블간 임피던스의 변동 등에 의해 송신측 2개의 선로상에서 원하지 않는 동일한 크기의 신호가 추가되는데 이것을 공통모드 잡음이라고 한다.

이 잡음은 2개의 케이블 모두에 동일하게 영향을 미친다. 그 결과 동일한 량의 전류 I_{Acom}과 I_{Bcom}가 발생하지만 동일한 전위상에 있는 수신측 부하 R을 경유하지는 못하고, 대신 선로상의 기생(Parasitic) 커패시터(C_p)를 통하여 GND로 흘러 나가게 된다. 이 과정에서 2개의 케이블에는 동일한 전위의 잡음인 V_{Acom} 및 V_{Bcom}가 표출된다.

---

8 100 Mbps급 이더넷의 경우 UTP 케이블을 통하여 570 nsec/100m의 최대지연시간을 허용한다.

9 투자율(透磁率, permeability)은 어떤 매질이 주어진 자기장에 대하여 얼마나 자화하는지를 나타내는 H/m단위의 값이다.

외부의 전자파 잡음 등의 영향에 의해 변동되는 이러한 공통모드 잡음은 수신측에는 영향을 미치지 않지만 전송 케이블을 마치 안테나로 변화시켜 외부에 전자파 잡음으로 방출하게 된다.

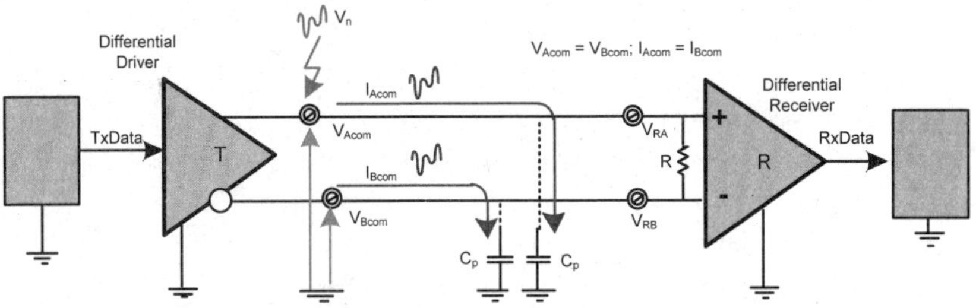

<그림 3.15> 공통모드 잡음

이러한 공통모드 잡음은 <그림 3.16>과 같은 공통모드 초크 (Common mode choke)를 사용하여 제거할 수 있다[10].

즉 차동모드의 전송신호가 쵸크코일을 경유할 때 상호간 위상은 정 반대이므로 각각 반대방향의 자기장을 유도한다. 이 자기장은 상호 상쇄되므로 쵸크코일의 임피던스는 0이 되어 원래의 신호가 감쇄되지 않고 전달된다. 반면에 동일 위상의 공통모드 전류는 동상의 자기장을 유도하여 큰 임피던스를 발생하므로 쵸크코일을 통한 공통모드 전류가 흐르지 못하게 된다. 초크코일의 이러한 특성을 공통모드제거(common mode rejection)특성이라고 한다[11].

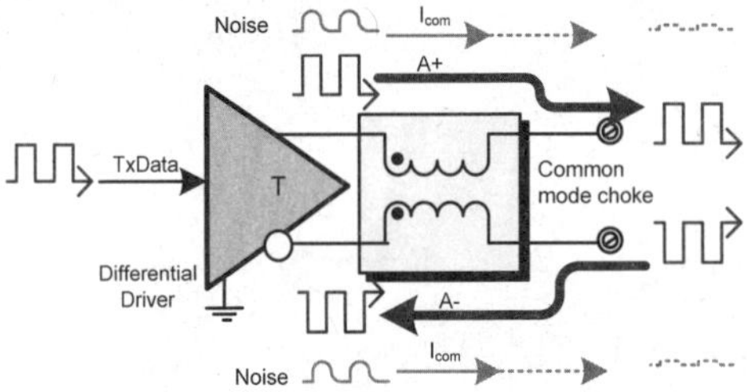

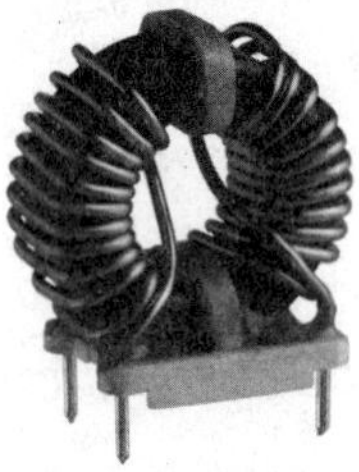

<그림 3.16> 쵸크코일의 기능

(6) Intersymbol interference (ISI)

ISI는 전송매체의 제한된 대역폭에 의해 송신중인 신호가 늘어지면서 이전 신호와 중첩되어 왜곡되는 간섭의 일종이다. <그림 3.17>을 보자. 구형파로 송신개시된 디지털 신호는 대역제한된 채널의 비선형특성에 의해 펼쳐져 전파된다. 따라서 채널상에서 감지되는 신호는 이웃한 신호와 겹쳐진 상호간섭된 파형으로 표출된다[12].

수신측은 비트 동기 및 정확한 데이터 샘플링에 어려움을 겪게 된다. 또한 무선환경에서 다중경로를 통해 전파된 신호들간 간섭인 페이딩(Fading)도 포함된다.

---

10 공통모드 잡음을 제거하는 방법에는 포토커플러, 트랜스포머, 커패시터, Bead 등 다양한 방법이 있다.

11 전원 어댑터 코드 등에 두툼한 원통형으로 달려 있는 것이 바로 쵸크코일이다.

12 이러한 ISI는 무선의 경우 다중 경로(multi path)에 의해 전파되어 수신되는 신호에서도 감지된다. 이러한 ISI를 제거하기 위하여 raised-cosine filter, Feed Forward Equalizer, Decision Feedback Equalizer, error correcting code등이 사용된다.

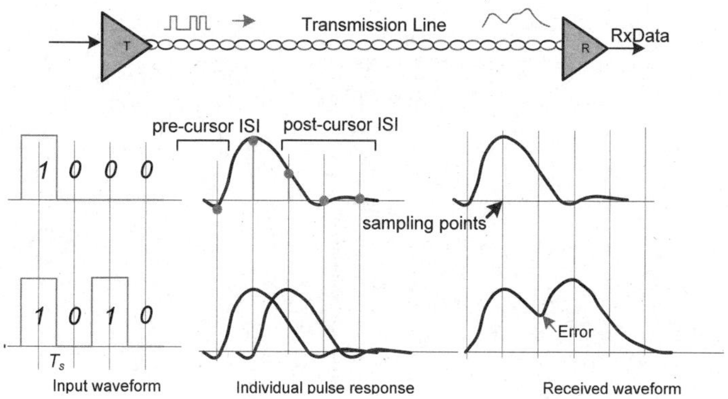

<그림 3.17> 상호심볼간섭의 예.

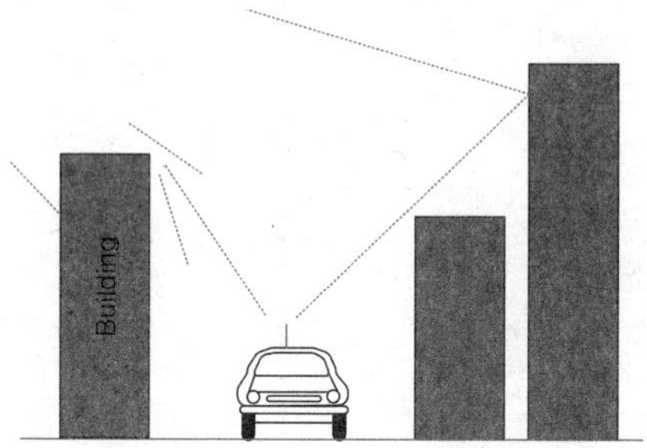

<그림 3.18> 다중경로 페이딩의 예

(7) 누화(Crosstalk)

또 다른 간섭의 일종인 누화는 자신의 이웃하는 선로에 전자파를 방사시키거나 이웃에게 잡음을 초래하거나 이웃으로부터 유입되는 잡음이다. 이것은 여러 개의 케이블이 다발로 엮여있는 번들(bundle)케이블이나 기가비트 이더넷처럼 4개의 페어 케이블로 동시에 고속 전송할 때 발생한다. 이러한 누화는 다음과 같이 분류된다.

- NEXT(Near-end cross talk, 근단누화) : 송신측의 한 케이블에서 생성된 신호가 자신의 다른 송신 케이블에 영향을 주는 잡음이다. Co-channel interference(CCI)라고도 한다.
- FEXT(원단누화, Far end crosstalk) : 송신측 신호가 누설되어 상대측 수신부의 다른 케이블에 영향을 미치는 잡음이다.

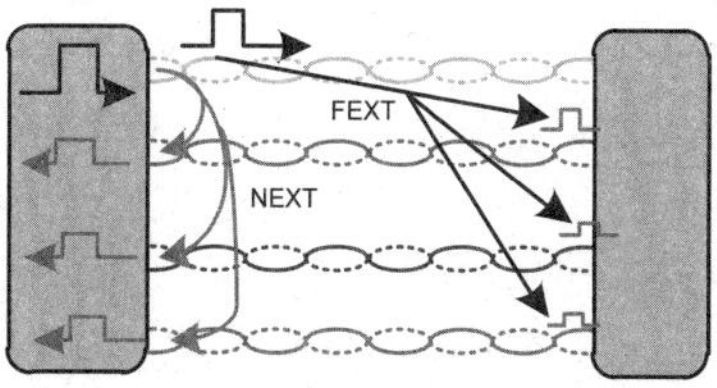

<그림 3.19> Crosstalk

<그림 3.20>은 4쌍의 케이블을 동시에 사용하여 전송하는 기가비트 이더넷의 경우에 발생되는 NEXT 누화의 예로써 페어 2,3,4에서 송신된 누화신호가 페어 1에 영향을 주는 경우이다. 이러한 NEXT 누화는 자신이 페어 2,3,4를 통해 송신하고 있는 신호값을 알고 있기 때문에 용이하게 제거할 수 있다.

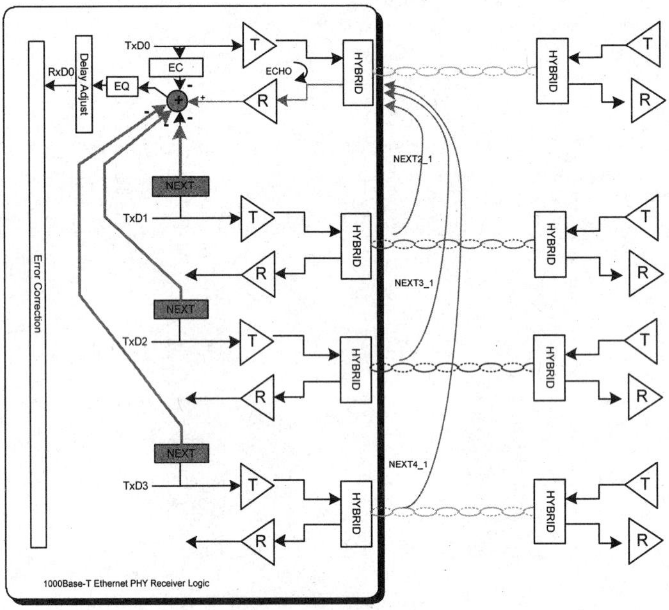

<그림 3.20> 기가비트 이더넷에서의 NEXT

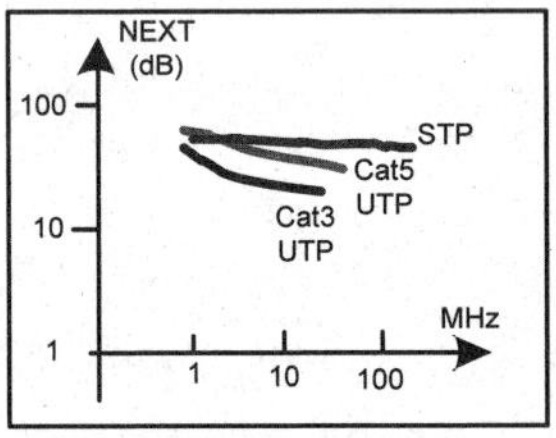

<그림 3.21> 케이블 등급에 따른 NEXT의 크기

(8) 지터(Jitter)

전송되는 각 심볼의 진폭은 외부 공급전압의 변동, 외부온도의 변화, 케이블 길이 및 굵기의 변화, ISI 등에 의해 변동된다. 또한 수신측에서는 ISI, 누화, 임피던스 매칭문제 등에 의해 수신되는 비트의 상승엣지 시점이나 하강엣지의 시점도 변동된다. 이러한 변동폭을 지터라고 한다.

수신측 입장에서는 지터가 큰 신호가 입력된다면 수신신호되는 신호로부터 정확한 데이터를 샘플링하는데 실패할 수 있다. 보다 엄밀한 지터의 정의는 이상적인 기준점에서의 시간변위를 뜻한다. 즉 신호가 기준점보다 얼마나 빨리 혹은 늦게 표출되는가를 표현하는 값이다. 이러한 지터값은 아이 다이어그램으로 측정할 수 있다.

<그림 3.22>는 지터를 측정하는 몇 가지 방법을 나타내고 있다. 점선은 이상적인 에지 위치를 나타내며 실선 파형은 측정된 신호를 나타낸다. 각 지터의 정의는 다음과 같으며, 시간, 위상(rads/s), 주파수(Hz) 등으로 표현된다.

- TIE(Time Interval Error) : 이상적인 에지 포인터와 실제 측정된 파형과의 차이로써 Phase Jitter 또는 Accumulated Jitter 라고도 한다.
- Periodic 지터 : 이상적인 주기에 대하여 이격된 주기의 양이다.

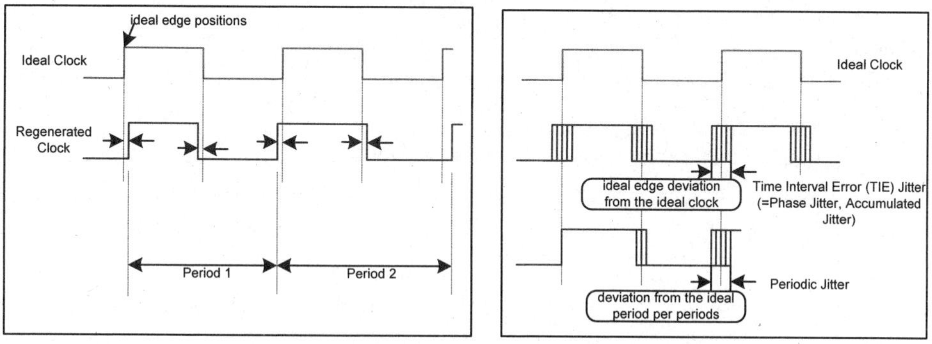

<그림 3.22> 지터

(9) Delay Skew

여러 가닥을 함께 사용하는 병렬전송시 각 가닥 별로 실제 길이가 상이하므로 신호의 도착시점이 달라진다. Delay Skew는 이러한 전달지연시간차를 말한다.
100 Mbps급 이더넷의 경우 45nsec/100m의 최대 지연차 시간을 허용한다.

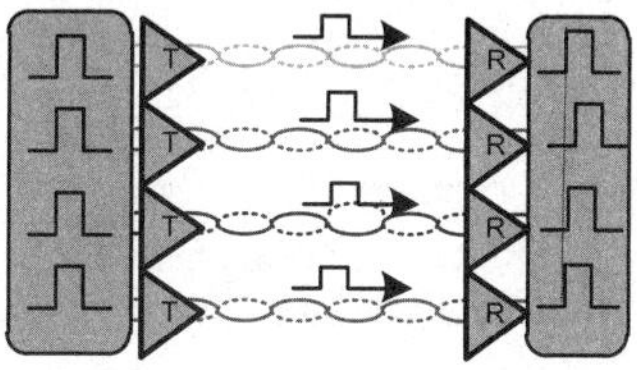

<그림 3.23> Delay Skew.

(10) Return Loss (반사 손실)

임피던스 불일치에 의해 송신된 신호가 되돌아 오면서 상대방으로부터의 수신신호에 잡음으로 부가되는 정도를 의미한다. 즉 Return loss는 종단에서 반사되는 에너지의 양이다[13]. 이것은 1000Base-T 기가비트 이더넷 처럼 하나의 페어케이블에서 송신과 수신을 동시에 수행하는 경우 자신이 송신한 신호의 반사된 신호가 수신신호에 합해져 수신되므로 수신신호를 열화시킬 수 있다. 이러한 반사는 종단뿐만 아니라 케이블 중간에서도 발생한다.

[13] www.amanogawa.com/archive/LoadResistance/LoadResistance.html에 접속하면 종단 임피던스 불일치에 따른, return loss 과정을 애니메이션으로 확인할 수 있다.

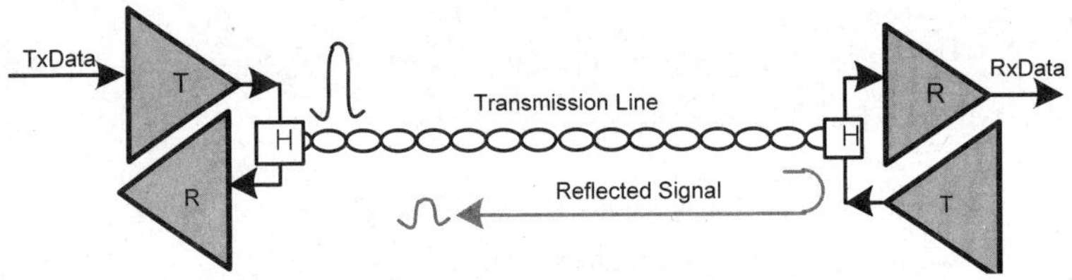

<그림 3.24> Return loss.

(11) Baseline Wander(BLW)

비트열이 수신될 때 DC 옵셋값이 일정하지 않아 파형이 느리게 파도치는 것처럼 변화할 수 있다. 그 이유는 다음과 같다.

<그림 3.25>와 같이 대부분의 송신부는 고역통과필터(HPF)를 사용하여 변동되는 신호만 통과시키는 AC coupled 회로 또는 트랜스포머로 구성된다. '1'과 '0'을 반복 송신된다면 즉 +1V와 -1V의 신호가 교대한다면 커패시터에서의 충전과 방전이 교대하므로 출력파형의 DC 옵셋은 일정하게 유지된다.

하지만 0이 연속 전송되는 경우, 커패시터는 그동안 충전되었던 전하를 방전만 하게되므로 수신측에서의 DC 기준전압이 상승하게 된다. 이후 '1'이 송신되면 이미 상승된 신호레벨에서 신호가 수신되므로 판정기준레벨에서 '1'과 '0'을 판정하는 수신측은 그릇된 판정을 함으로써 비트오류가 발생하게 된다[14]. 이것은 '1'만 연속 송신되는 경우에도 마찬가지로써 DC 기준전압이 하강하게 된다.

이러한 문제를 baseline wander라고 하며 이를 해결하기 위하여 송신측은 '1'과 '0'이 가급적 자주 교대하는 4B5B 또는 8B10B 라인코딩 등을 수행하고, 수신측에서도 일종의 저역통과필터인 Decision Feedback Equalizer(DFE)회로를 사용하여 이러한 BLW를 제거한다.

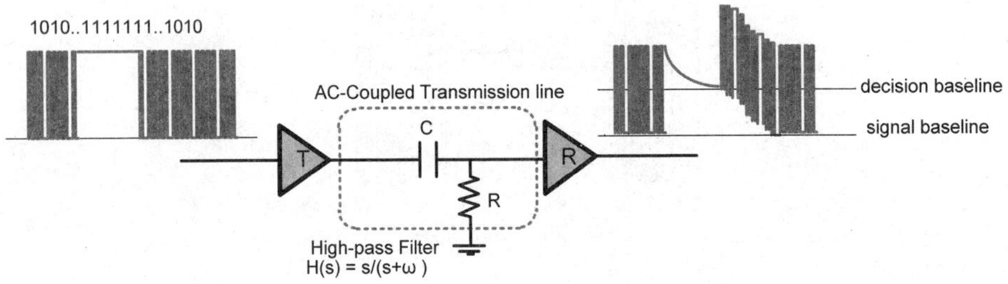

<그림 3.25> Baseline Wander

(12) 연집 오류 (burst error)

연집오류는 단위길이(패킷 또는 프레임)의 심볼열 중에서 발생하는 연속된 오류이다. 이것의 오류를 보정하기 위하여 인터리빙 기법을 사용한다.

---

[14] 이것을 Bias Distortion이라고도 한다. 이것은 '1'만 연속 송신되는 경우에도 마찬가지이다.

3.7 오류 감지 및 복구기능

(1) 개요

전송된 프레임은 전송선로상의 장애 또는 수신측 링크계층 기능부에서의 버퍼부족 등에 의해 비정상적으로 전달될 수 있다. 이러한 장애를 감지하고 필요시 복구하기 위한 다음과 같은 절차가 필요하다.

- 오류 검출하는 방법 : 패리티 비트, CRC, 첵섬 방법
- 오류복구 방법 : 순방향 오류복구 방법(Forward Error Correction), Automatic Repeat reQuest(ARQ) 피드백에 의한 재 전송방법

특히 오류 복구시 CRC 또는 첵섬의 경우 수신측에서 오류를 발견한 경우 송신측에 재전송을 요구하는 ARQ방식에 의한 재전송절차를 수행한다. 하지만 이러한 재전송절차에 지연시간이 크다면 효율이 저하될 것이다. 반면에 오류 감지시 수신측에서 직접 오류를 정정할 수 있도록 하는 코딩방식을 Forward Error Correction(FEC)방식이라고 한다. 이러한 FEC방식으로는 해밍코드, Reed-Solomon 코드, 다 차원 패리티 방식 등의 블록방식과 Viterbi 디코딩, LDPC, 터보코드 등의 길쌈부호화를 사용하는 방법이 있다.

(2) Hamming Distance

일반적으로 2개의 이진 데이터간에 상이한 값을 갖는 비트 수를 의미한다. 예를 들어 <그림 3.26>의 3비트 코드 중에서 110와 111의 Hamming distance는 d=1이다. 하지만 101과 011의 Hamming distance는 d=2이다. 그리고 총 8개의 코드 중에서 4개의 코드워드인 {001,010,100,111}만 유효한 코드워드로 사용할 경우를 보자[15]. 이들은 상호간의 최소 해밍거리는 2이다.
만약 {111}의 송신중에 오류가 발생하여 {011}이 수신되었다면, 유효 코드워드들과의 해밍거리가 1이므로, 최소 해밍거리를 만족하지 못함을 알 수 있고 이것을 오류로 판단할 수 있다. 반면에 2비트 오류시, 즉 {001}이 수신되면 유효한 코드워드로 잘못 판정할 수 있다.
만약 총 8개의 코드 중에서 2개의 코드워드인 {000,111}만 유효한 코드워드로 사용할 경우, 즉 {0,1}은 {000,111}로 인코딩된다고 하자. 이들은 상호간의 최소 해밍거리는 d=3이다. 이 경우 {111} 송신시 2비트 오류인 {001}이 수신되었다면 d=2 이므로 오류로 판단할 수 있다. 만약 1비트 오류인 {011}이라면 더욱이 {111}로 복원할 수 있다. 즉 k개의 비트 오류를 감지하려면 해밍거리는 k+1 이상이어야 한다. 또한 이것을 정정하려면 2k+1 이상의 해밍거리가 되어야 한다.

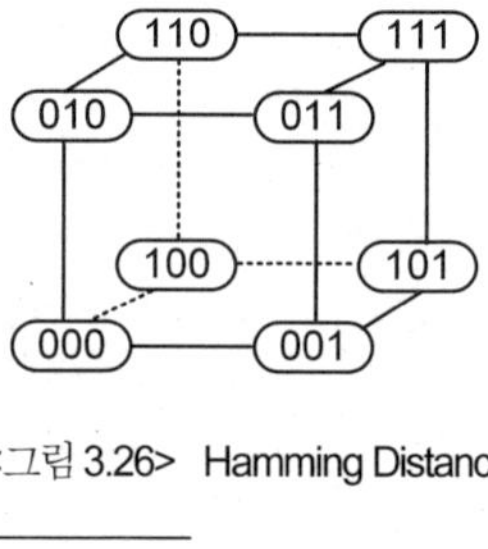

<그림 3.26> Hamming Distance

[15] k비트의 데이터에 오류검사 및 정정코드가 추가되어 n비트로 조합된 단위블록을 코드워드라고 한다. 이때 k/n을 code rate라고 부른다.

(3) 패리티 비트

각 바이트별로 1의 개수를 홀수 또는 짝수가 되도록 패리티 비트를 추가하는 방법이다. 이러한 패리티 코드는 1비트 오류검사 기능을 수행한다[16]. 하지만 오류 비트를 정정할 수는 없다.

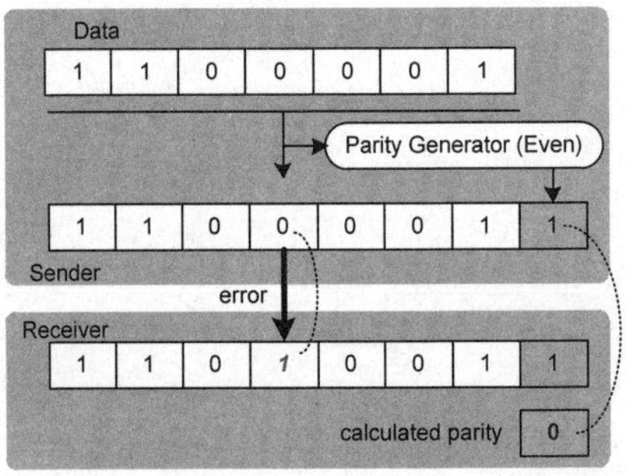

<그림 3.27> 패리티 비트에 의한 오류 검사 기능

(4) 2차원 패리티

RFID 시스템의 경우에는 여러 바이트에 대한 수직방향의 패리티 값도 함께 사용하는 2 차원 패리티 방식을 사용한다. 이 경우 1비트의 오류가 이 블록 내부에서 발생하면 행과 열 패리티에 의해 그 위치를 판독할 수 있어 정정할 수도 있다. 즉 2차원 패리티 방식은 각 비트는 2개 이상의 패리티에 의해 보호되는 overlapping 패리티 방식 중 하나이다.

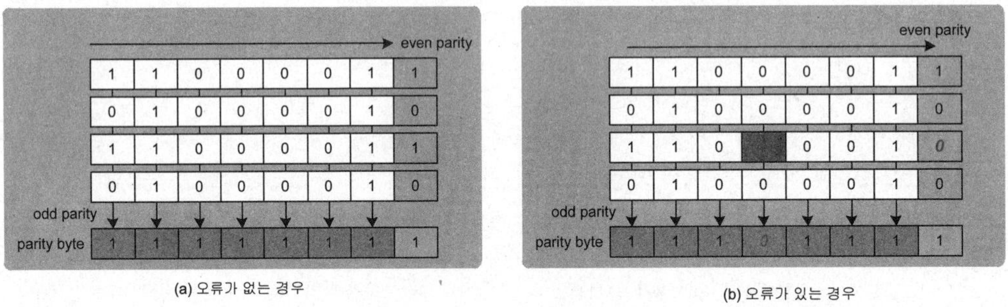

<그림 3.28> 2차원 패리티의 오류 정정기능

(5) CRC(Cyclic Redundancy Check)

메시지 $M(x)$에 대하여 n차 Generator 다항식 $G(x)$로 Modulo-2 나눗셈하여 얻어지는 n비트 길이의 나머지인 R 값을 CRC라고 한다. 송신측은 이것을 프레임의 마지막에 위치하는 Frame Check Sequence(FCS)영역에 수납하여 전송한다. 수신측은 수신된 메시지에 대하여 동일한 $G(x)$로 나누었을 때 그 나머지가 0이면 오류가 없는 것으로 판단한다.

---

[16] 패리티 검사 코드는 1개의 데이터 비트 오류가 있다면 수신측에서 계산한 패리티 비트값이 원래의 것과 상이하므로 해밍거리 =2인 코드이다.

절차는 다음과 같다.

[송신측]

① 송신할 메시지를 다항식으로 표현한 $M(x)$에 x^n을 곱한 $T(x)$를 준비한다. 이것은 $M(x)$를 shift left n한 것과 같다. $T(x)$는 $(k+1) + (n)$ 차 다항식으로 표현되며 후미의 n비트는 0으로 채워진 것이다.

② $T(x)$를 $G(x)$로 Modulo-2방식으로 나눈다. 그 결과의 몫인 $Q(x)$와 나머지인 n비트 길이의 $R(x)$를 얻는다. 이 경우 $T(x)=Q(x) * G(x) + R(x)$로 표현할 수 있다.

③ $T(x)$에 나머지 $R(x)$를 더한 송신 메시지 $F(x) = T(x) + R(x)$ 를 전송한다. 즉 $R(x)$는 FCS 영역에 수납되어 송신된다.

[수신측]

① 수신메시지 $F(x)$에 대하여 $G(x)$로 나눈다. 이때 그 나머지 $R(x)$가 0이 아니면 오류가 있다고 판정한다[17].

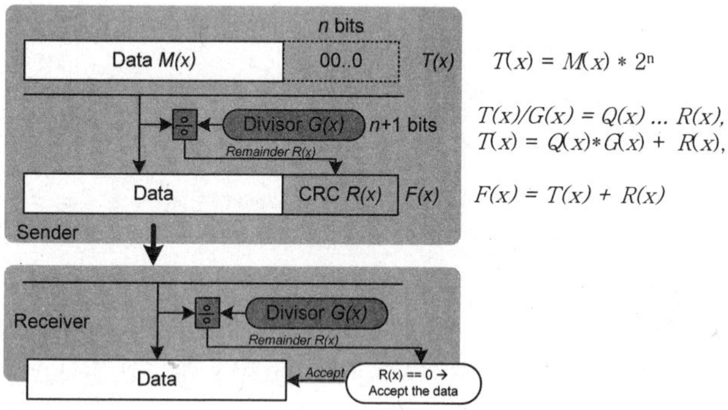

<그림 3.29> CRC의한 오류 검사 기능

(예 1) 메시지 M="100100"과 Generator G="1101"라고 하자. 이 경우 M은 k=5차 다항식인 $M(x) = x^5+x^2+1$으로 표현할 수 있다.
그리고 Generator는 n=3차 다항식인 $G(x)=x^3+x^2+1$로 표현할 수 있다.

① $M(x)*x^3$을 하여 $T(x)=x^{5+3}+x^{2+3}+x^3$ = 100100<u>000</u>를 얻는다.

② $R(x)=T(x)\%G(x)$='001'를 구한다.

③ $F(x)=T(x)+R(x)$ = 100100<u>001</u>를 전송한다.

④ $F(x)$를 수신한 수신측에서는 만약 오류가 없다면 나머지 0을 얻는다. 그렇지 않다면 오류로 판정한다. 반면에 $F(x)\%G(x) != 0$을 얻으면 오류가 있음을 발견한다.

---

[17] 이 과정은 다음과 같이 증명할 수 있다. 즉 오류가 없다면 F(x) % G(x) = [T(x) + R(x)] % G(x) = [Q(x)*G(x) + R(x) + R(x)] % G(x) = [Q(x)*G(x) + 0] % G(x) = Q(x), 나머지=0.

널리 사용되는 Generator 다항식은 다음과 같다.

- 이더넷의 경우[18] : $G(x)=x^{32}+x^{26}+x^{23}+x^{22}+x^{16}+x^{12}+x^{11}+x^{10}+x^{8}+x^{7}+x^{5}+x^{4}+x^{2}+x+1$
- CAN의 경우 : $G(x)=x^{16}+x^{14}+x^{10}+x^{8}+x^{7}+x^{5}+x^{4}+x^{3}+1$

<그림 3.30>은 CAN용 CRC 생성기의 구성이다.

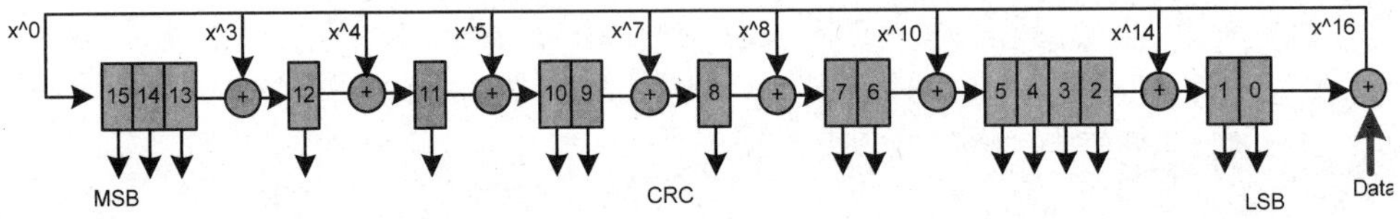

<그림 3.30> CAN용 CRC 생성기의 구성

(6) Checksum 방법

주로 TCP/IP 등에서 사용한다.

a) 송신시의 첵섬 생성과정

① 2바이트 길이의 첵섬영역은 0x0000으로 채워 놓는다.
② IP 헤더를 2바이트 길이의 unsigned short integer 형식의 배열로 만든다.
③ unsigned short integer 형식의 각 배열 항목들을 모두 더한다.
④ 총 합의 결과값이 2바이트 길이를 넘는다면, 자리 올림된 부분과 나머지 부분으로 구분한 다음, 이들을 더한다. 만약 더한 결과 다시 자리 올림이 발생하면, 이 과정을 한 번 더 반복한다. 마지막으로, 이 값에 대한 보수를 취한 결과값을 얻는다.
⑤ 이 값을 IP 헤더의 첵섬 영역에 넣어 송신한다.

b) 수신시의 첵섬 검사과정

① 수신된 IP 패킷의 헤더에 대하여 송신과정 중 2~4번 과정을 수행한다.
② 결과값이 0x0000이면 수신시 오류가 없다.

다음 <그림 3.31>은 IP 헤더에 대한 첵섬생성 과정과 수신시 검사과정을 도시한 것이다. 이해를 돕기 위하여 IP 헤더는 6바이트로 하였다.

[18] 이것을 32비트의 16진수로 표현하기도 하는데 이 경우 0x82608EDB이다.

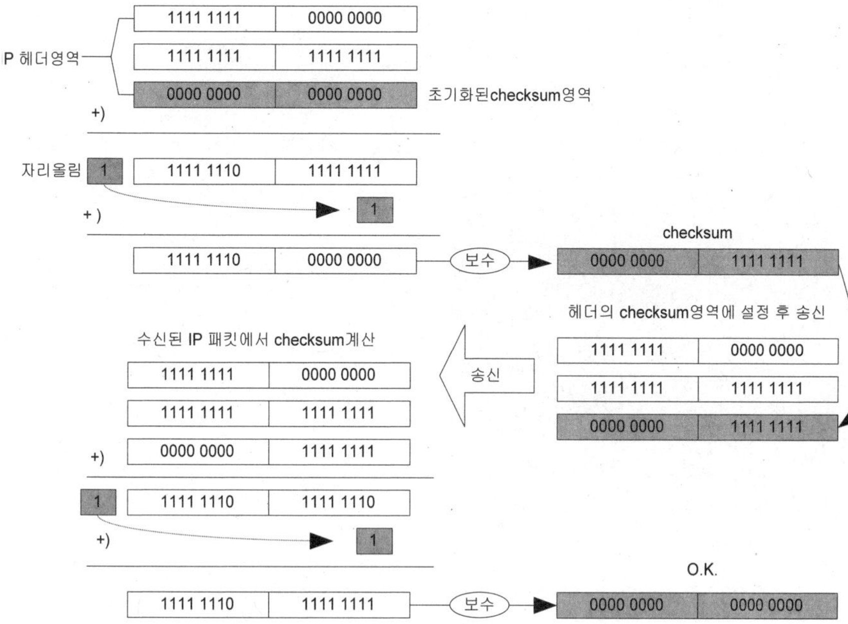

<그림 3.31> 첵섬 생성 및 검사과정의 예

(7) Hamming 코드

NAND 계열 플래시 메모리에서도 사용되는 대표적인 블록 FEC 방식인 Hamming 코드 중에서 기본적인 Hamming (7,4) 코드의 동작은 <그림 3.32>와 같다.

이것은 4비트의 데이터에 대하여 중첩되는 3개의 3비트 데이터에 대한 패리티(총 3비트)를 추가함으로써 1비트의 오류를 정정하고 2비트의 오류를 발견할 수 있도록 한다.

- <그림 3.32a>는 4비트 데이터에 대한 3비트의 패리티가 생성되는 (7,4)코드의 구조이다.
- <그림 3.32b>는 해당 해밍코드를 Van Diagram으로 표현한 것으로써 4비트의 데이터 {d3,d2,d1,d0}는 3개의 패리티 {p2,p1,p0}가 각각 3비트의 데이터를 중복하여 보호함을 알 수 있다.
- <그림 3.32c>는 비트 2가 전송중 오류가 발생한 경우 수신측에서 재계산한 Hamming 코드 패리티와 수신된 Hamming 코드 패리티와의 차이인 Syndrome을 Modulo 2연산을 통하여 얻고 그 결과값에서 1을 뺀 값의 비트값을 반전시킴으로써 오류를 정정한다[19].

[19] 1을 빼는 것은 Hamming 코딩된 비트열의 LSB를 비트 0으로 설정했기 때문이고, 만약 LSB를 비트 1로 설정한다면 1을 뺄 필요는 없다.

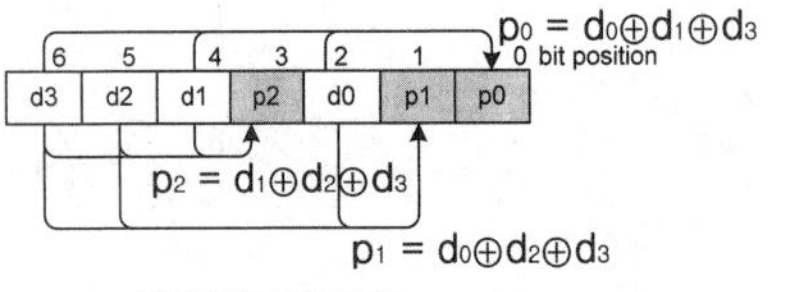

(a) (7,4) Hamming code

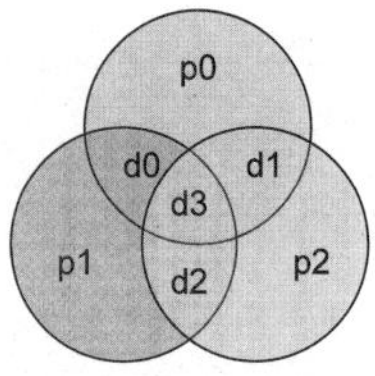

(b) Hamming code Van Diagram

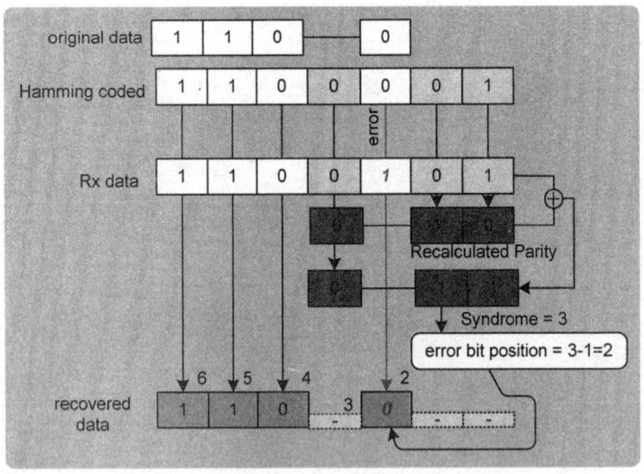

(c) Example (error at bit position 2)

error bit position	Errors found on parity bits	Syndrome	(error bit position)
No	None	000	NA
0	p0	001	0
1	p1	010	1
2	p0,p1	011	2
4	p2	100	3
5	p0,p2	101	4
6	p1,p2	110	5
7	p0,p1,p2	111	6

(d) Hamming code Syndrome

<그림 3.32> (7,4) Hamming 오류 정정 방법

(8) Reed-Solomon 코드

RS 코드는 <그림 3.33>과 같이 블록단위로 패리티를 추가하여 수신측에서 오류를 직접 정정할 수 있도록 한다. 이것은 우수한 연집오류 복구기능을 제공하므로 CD, DVD, 스마트폰, TV, DVB, ADSL 등 널리 사용된다. RS 코드에서는 s비트 단위를 심볼이라고 부른다. 보통 s는 8이다.

하나의 RS 인코더는 s비트 단위의 심볼에 대한 RS(n, k)로 기술된다. 여기서 n은 블록당 인코딩된 총 심볼의 개수이고 k는 원 데이터의 심볼 수이다. 따라서 (n-k = 2t) 개의 패리티 심볼이 추가된다. 예를 들어 DVB 시스템에서는 s=8비트 단위의 심볼을 사용하는 RS(204,188)가 사용되는데 이것은 188개의 데이터 심볼에 대하여 16(=204-188)개의 패리티 심볼을 추가하여 블록 당 총 204개의 심볼로 인코딩하는 것이다. 이것은 2t(=16)개의 심볼오류를 감지하며, t=8(=16/2)개의 심볼오류를 정정할 수 있다.

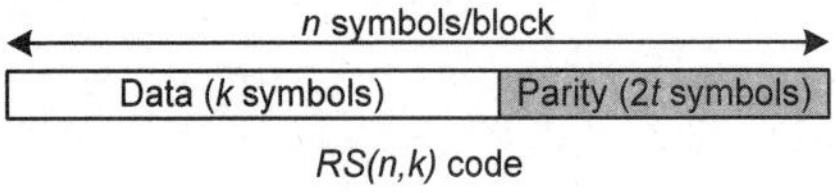

<그림 3.33> Reed Solomon 코드 블록의 구성

3.8 유선 디지털 통신 시스템의 구성

(1) 시스템 구성

<그림 3.34>는 대표적인 유선 디지털 데이터 통신 모듈인 이더넷 시스템의 물리계층의 내부 구조이다. 고전적인 아날로그 모뎀과 달리 여러 쌍의 선로를 사용하여 고속으로 동시에 송수신하는 이더넷시스템의 경우 경로상의 잡음, skew, 상호신호간섭 등을 고려하여 ISI 제거기능, 필터, 변복조기, 등화기 등으로 비교적 복잡하게 구성된다.

반면에 RS232, RS485, LIN, 10 Mbps급 이더넷 등의 단거리 저속 데이터 통신 시스템의 경우 전송 오류에 크게 민감하지 않으므로 블록 인코더, 채널 인코더, 스크램블러, 등화기 등의 기능이 없다.

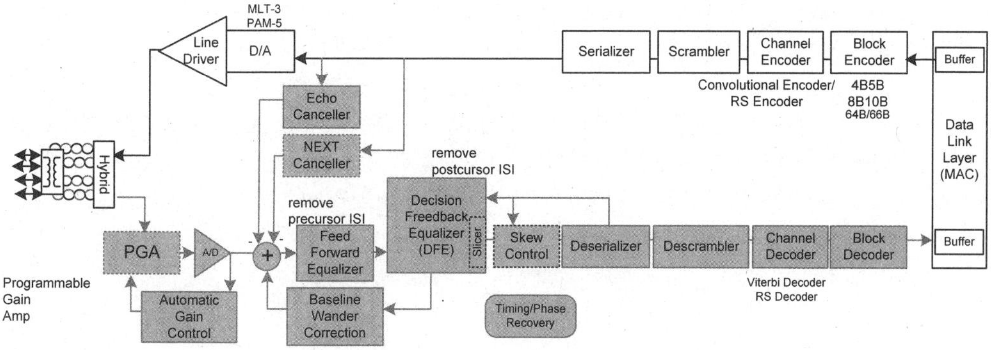

<그림 3.34> 유선 디지털 통신 시스템의 물리 계층 구조

(2) 라인 드라이버

대부분의 범용 MCU주변의 송신 포트의 출력은 3.3V의 12mA 정도로 미약한 신호이다. 이것은 케이블상에서의 신호감쇄 등에 의해 장거리 전송이 불가능하다. 또한 수신측에서는 미약한 신호를 원래의 신호세기로 증가시킬 필요가 있다.

그리고 필요시 차동전송과 평형전송기능도 제공해야 한다. 전송방식에 따라 다양한 신호 전압과 전류가 규정되어 있다. Single Ended 라인 드라이버의 경우 다음과 같은 3종류의 기본적인 회로로 구성된다.

- Common Collector 회로 : '1'에 대하여 Vcc를 출력하고 'OFF'시 '0'을 출력한다.
- Open Collector 회로 : '1'에 대하여 GND 값을 출력하고 'OFF'시 '1"을 출력한다. 반드시 외부 풀업 저항이 필요하다. I2C 및 CAN 등의 Wired OR 로직 버스에 활용된다.
- Push-Pull 회로 : Common collector 와 open collector 회로를 결합한 것으로써 '1'에 대하여 0을 출력하고 '0'에 대하여 Vcc 값을 출력한다. 통신 시스템의 출력포트는 대부분이 방식의 CMOS형태로 구현된다. 또한 전단부에 인버터를 추가하여 '1' 입력에 Vcc가 출력되도록 한다.

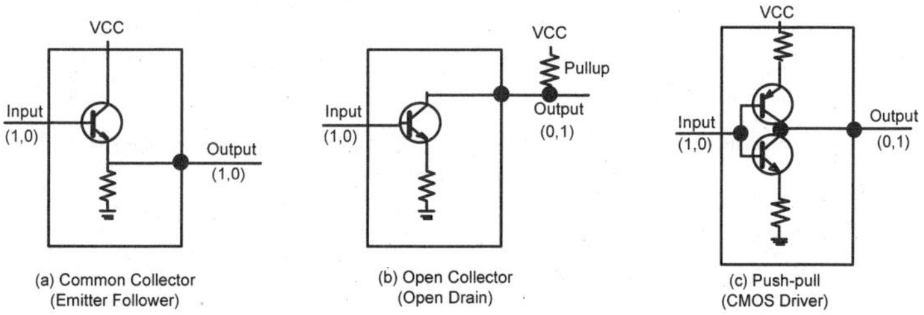

<그림 3.35> 라인 구동부의 종류

(3) 라인 수신부

전송선로상의 single ended 또는 차동신호를 수신하여 시스템 내부 신호레벨의 신호로 복원한다.

(4) 하이브리드(Hybrid)

<그림 3.36a>와 같이 송수신로가 물리적으로 분리되어 있다면 전이중 통신이 당연히 가능하다. 하지만 <그림 3.36b>의 전화 시스템을 보자. 전화기의 핸드셋은 마이크를 구동하는 2가닥의 송신선로와 스피커를 구동하는 2가닥의 수신선로로 구분된 총 4가닥의 선로에 의해 전화기 본체에 연결되어 있다. 반면에 전화국과 연결된 가입자 선로는 2가닥뿐이다. 어떻게 2가닥의 선로를 통하여 동시에 양방향 대화가 가능한가?

이것은 송신 및 수신 신호를 분리하는, 즉 2와이어의 양방향 신호를 4와이어 신호로 분리하는 하이브리드 회로에 의해 가능하다[20]. 이 회로는 자신의 수신부에 유입되는 {상대방의 송신신호 + 자신의 송신 신호}에서 상대방의 송신신호만 추출하도록 한다.

이러한 하이브리드 회로는 전용 트랜스포머, 휘스톤 브리지 회로, 또는 OP Amp의 감산기 회로 등으로 구성될 수 있다. 또한 이러한 하이브리드 회로는 4쌍의 케이블상에서 송수신이 동시에 수행되는 1Gbps급 이더넷에서도 echo canceller 형태로 사용된다[21].

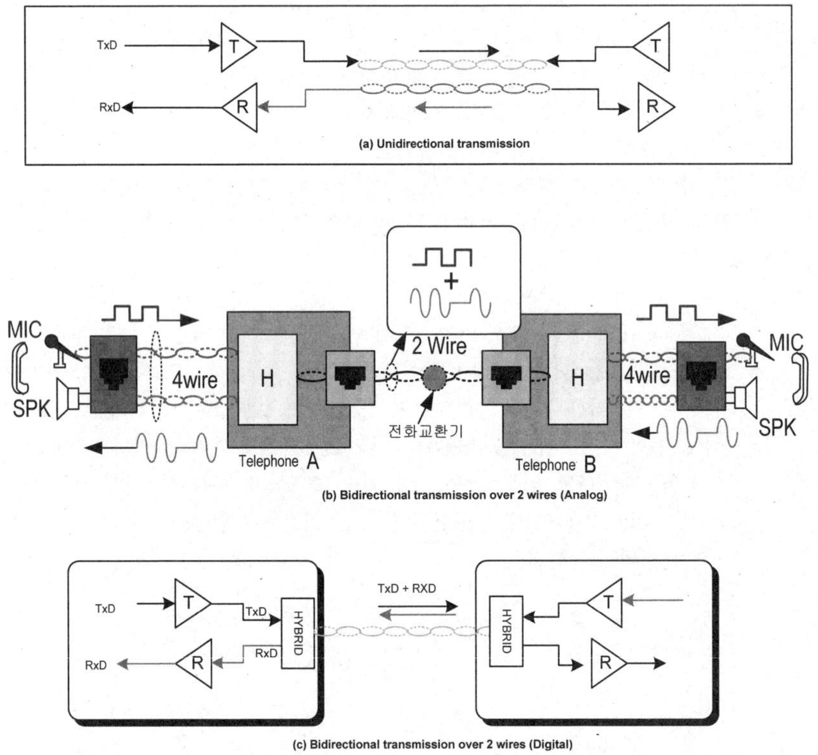

<그림 3.36> 하이브리드 회로의 기능

20 밸런스(balance)회로 또는 duplexer회로라고도 한다.

21 케이블 무게가 중요한 자동차 내부 통신시스템을 위해 1쌍의 케이블만 사용하여 송수신이 동시에 가능한 이더넷 시스템도 있다.

<그림 3.37>은 하이브리드 회로를 위한 OP Amp의 감산기의 원리이다[22].
이때 *R*1=*R*2이고, *R*3=*R*4이면 $V_o = V_A - V_B$이다. 따라서 자신이 송신하는 신호 V_A가 V_B로 입력된다면 $V_o = V_A - V_B = 0$이 되므로 자신의 송신신호는 되돌아오지 않는다.

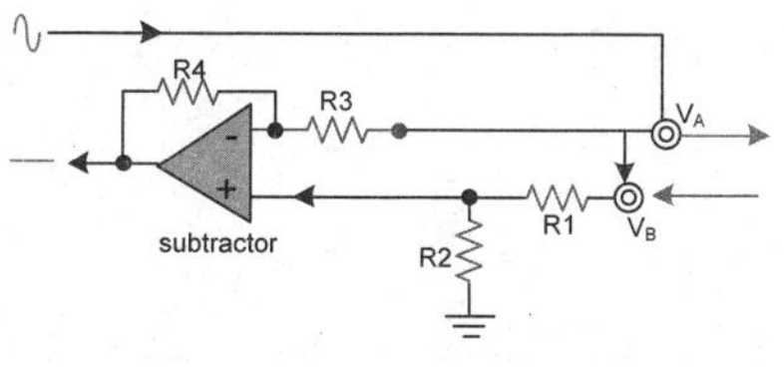

<그림 3.37> 하이브리드 회로용 감산기의 구성

이를 활용한 전화기 내부의 동작을 <그림 3.38>에서 보자. 추가된 600Ω의 1:1 트랜스포머는 직류성분 차폐 및 임피던스 매칭용이다.
마이크로 송신만 하는 경우는 2-wire의 가입자선로 전송될 때 자신의 음성은 감산기에 의해 감쇄되어 자신의 귀에는 들리지 않는다[23]. 스피커로 수신만 하는 경우는 수신되는 상대방의 음성은 감산기를 거치지만 *R*1을 경유하는 신호는 감쇄되므로 수신음성은 스피커로 대부분 전달된다.
쌍방이 통화하는 경우는 마이크를 통하여 송신한 음성과 상대방으로부터의 수신음성은 전화국과 연결된 2-wire 선로상에서 합해진다. 하지만 합해진 신호에서 자신의 송신한 음성성분은 감산회로에 의해 제거되므로 자신의 귀에는 상대방의 음성만 들리게 된다.

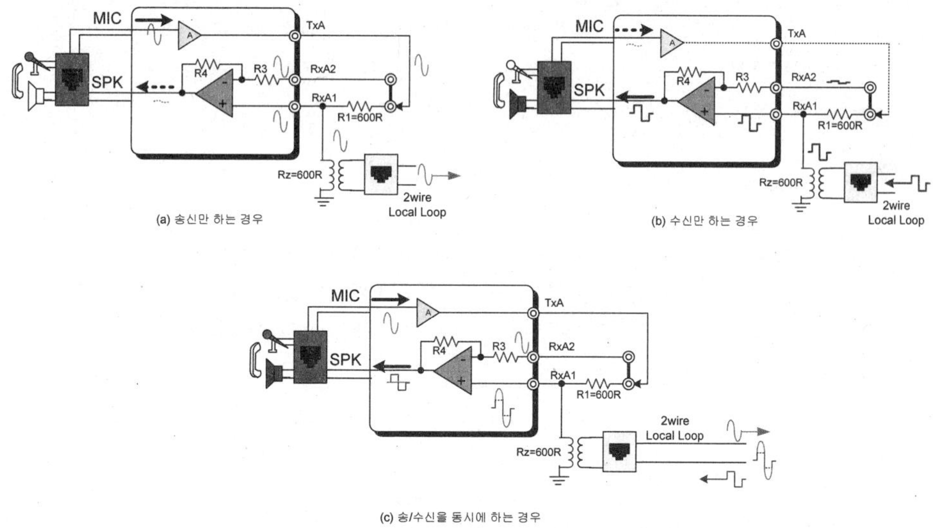

<그림 3.38> 전화기용 하이브리드 회로의 동작

[22] 이것은 트랜스포머, 휘스톤 브리지 회로, 또는 OP 앰프 기반의 감산기로 구현된다. 상세한 내용은 제 6 장에서 다룬다.
[23] 임피던스가 매칭되면 마이크의 음성이 스피커로 되돌아오지 않지만 완벽한 매칭이 어려우므로 마이크 입력 음성이 스피커로 일부 되돌아온다. 이것을 sidetone이라고 하는데 이것은 긍정적인 영향을 주기도 한다. 즉 자신이 말한 내용이 귀로 들리지 않는다면 전화기의 동작을 의심할 수 있기 때문이다. 하지만 디지털 데이터 전송시에는 이러한 sidetone은 제거해야 한다.

(5) 반향 제거기(Echo Canceller)

트랜스포머를 사용하여 전송시 임피던스 불일치로 인해 케이블 중간 및 종단에서 반향(echo)이 발생한다. 즉 자신이 송신한 신호가 되돌아 수신될 수 있어 상대방으로부터의 수신신호에 대하여 잡음으로 부가된다. 이를 제거하기 위하여 누화제거기와 유사한 기능의 반향제거기를 사용한다. 이 기능을 활용하면 하나의 페어 케이블에서 양방향 동시 전송이 가능하다.

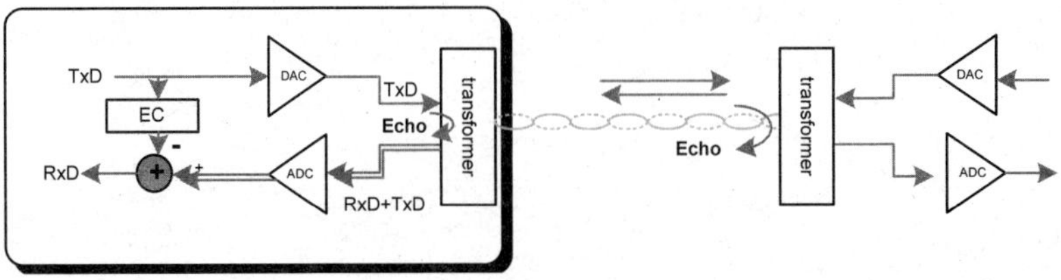

<그림 3.39> 반향 제거기

(6) Crosstalk 제거기

자신이 송신한 신호가 되돌아 오는 반향신호 외에도 자신의 이웃한 선로의 전송에 의해 자신에게 유입되는 잡음인 누화신호도 제거해야 한다. 이것은 단일 페어로 송신하는 100Base-TX의 경우에는 불필요하지만 2개 이상의 페어케이블을 동시에 사용하는 100BaseT2 또는 1000Base-T의 경우에는 반드시 필요하다.

Crosstalk를 제거하기 위하여 Echo canceller 유사한 방법을 사용하는데 이웃한 선로가 송신한 신호의 내용을 알아야 제거할 수 있다. 다행히 여러 개의 페어케이블을 사용하여 한꺼번에 송신하는 경우에는 나머지 페어케이블에 송신하고 있는 데이터 값을 자신은 알고 있으므로 Echo canceller 유사한 방법을 사용하여 제거한다.

(7) Baseline Wander Correction

비트열이 수신될 때 DC 옵셋값이 일정하지 않아 파형이 느리게 파도치는 것처럼 변동되는 baseline wander를 해결하기 위하여 송신측은 '1'과 '0'이 가급적 자주 교대하는 4B5B 또는 8B10B 라인코딩 등을 수행한다. 또한 수신측에서도 이를 상쇄시키기 위한 채널의 특성과 반대의 특성을 갖는 일종의 저역통과필터인 Decision Feedback Equalizer(DFE) 회로를 사용하여 이러한 BLW를 제거한다.

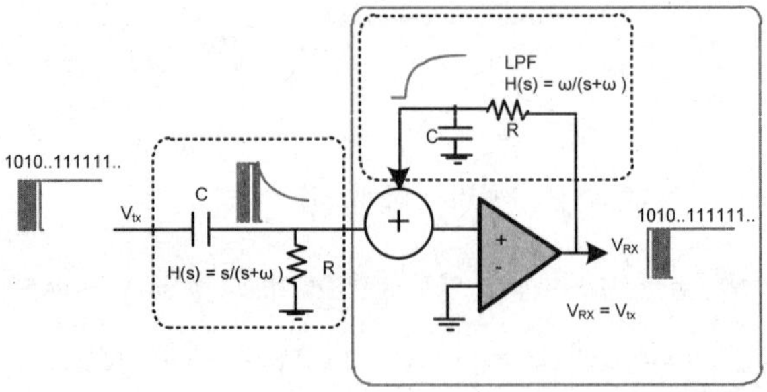

<그림 3.40> Baseline Wander 제거기의 구성과 동작

(8) 적응형 등화기(adaptive equalizer)

전송선로의 길이와 주파수 성분에 따라 전달과정에서 디지털 신호는 감쇄된다. 특히 주파수가 높을수록 감쇄가 증가한다. 이 경우 등화기는 고주파 성분을 더 증폭시킴으로써 보상한다.

<그림 3.41a>는 100Mbps 이더넷 신호가 임피던스 Z_o = 100Ω인 UTP 케이블 50m와 100m에서 감지되는 신호를 비교한 것이다. 수신측은 약해진 신호를 원래의 크기로 복원하기 위해 신호가 100m 케이블로 경유되었다고 간주하고 보상을 크게 하면 50m 케이블로 경유한 신호에 대해서는 과다 증폭하게 되어 큰 지터를 초래한다. 반면에 보상을 작게 하면 긴 케이블의 경우 너무 작은 신호로 복원되면서 역시 문제가 발행한다. <그림 34.1b>는 작게 또는 크게 보상된 예이다.

이러한 문제점을 해결하기 위하여 시험패턴을 미리 전송하고 이 신호가 반향되는 세기를 측정함으로써 실제 케이블의 길이를 추정하고 이를 보상하거나 초기화 과정에서 수신되는 특정 비트열을 참조하는 적응형 등화기(adaptive equalizer)를 사용한다.

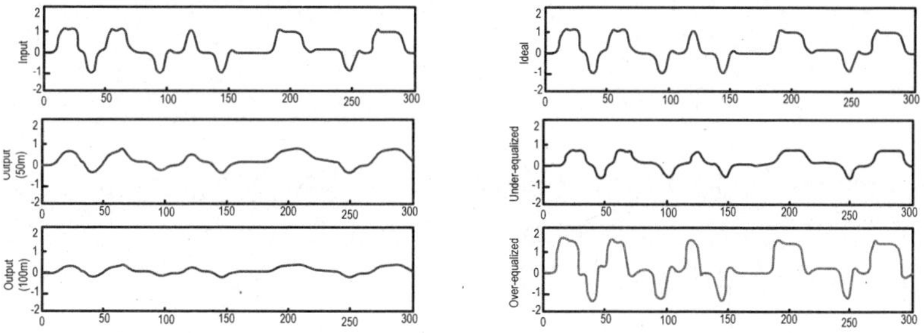

(a) Attenuated Signals (b) Equalized Signals

<그림 3.41> 등화기의 기능

(9) Decision Feedback Equalization (DFE)

DFE는 현재의 심볼정보를 사용하여 다음 심볼의 ISI를 제거하는 등화기이다. 일단 현재 심볼을 결정했다면 다음 심볼에 영향을 주는 postcursor ISI(후방 ISI)값을 계산하여 이것을 피드백시켜 심볼의 후방 ISI를 제거하도록 한다[24]. <그림 3.42>는 DFE의 간략한 구성이다. 한 펄스의 후방 ISI를 샘플링한 a1~a4 값을 기억하고 이후 입력 신호에서 감산함으로써 후방 ISI를 제거한다.

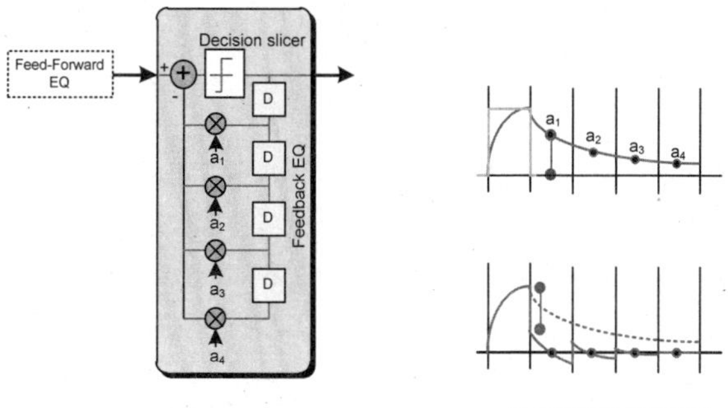

(a) Simple DFE (b) Removed Postcursor ISI

<그림 3.42> DFE의 구성과 동작

[24] precursor ISI(전방 ISI)는 이미 feed-forward equalizer에 의해 제거되었다고 간주한다.

(10) Skew 제거

스큐제거(deskew)기능은 각 페어 케이블에 idle구간에서 수신되는 스크램블된 신호를 독립적인 FIFO에 저장하면서 예상값이 얻어질 때 까지 FIFO 포인터를 이동시키면서 찾는 과정으로 구현된다.

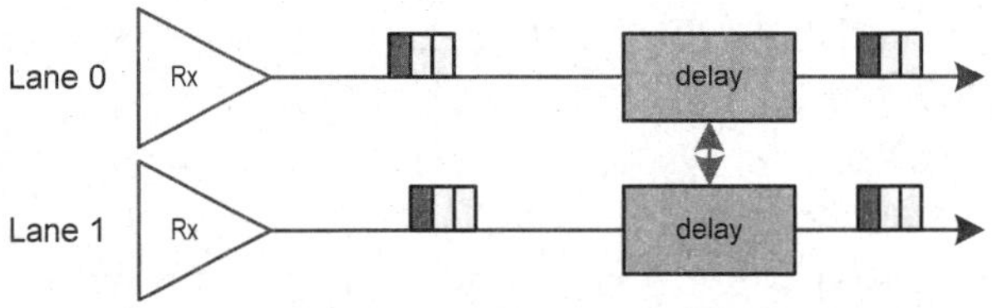

<그림 3.43> 지연 스큐 제거기의 기능

(11) 채널 코딩

채널코딩은 forward error correction(FEC) 기능을 지원하는 부호화를 의미한다. 핵심은 송신시 error-correcting code(ECC)를 추가함으로써 ARQ 재전송 절차 대신에 수신측에서 직접 오류를 보정하는 기법이다. 이러한 기법은 전파지연시간이 아주 큰 우주통신이나 1:N 멀티캐스트 통신에 요긴하다. 또한 ECC기능이 추가된 DRAM 메모리 소자 또는 CD 등에서 사용된다. 채널코딩을 위한 FEC 코드는 크게 블록 코드와 길쌈 (convolutional) 코드로 구분된다[25].

a) 블록코드

이것은 일정 길이의 블록에 대하여 ECC를 추가하는 기법으로써 CD, DVD, 하드 디스크 등에서 널리 사용되는 Reed-Solomon 코딩과 해밍코드 등이 있다. 이러한 블록 부호화기는 k비트의 정보 블록에 대하여 n비트의 부호어(codeword) 블록을 생성한다.

b) 길쌈코드 (Convolutional code)

정형화된 일반적인 블록코딩 방식과 달리 길쌈부호화 방식은 그 블록길이를 임의로 설정할 수 있다. 이것은 블록단위의 스트림에 대하여 출력 비트값을 현재값뿐만 아니라 이전 비트열의 값을 고려하여 결정함으로써 수신측에서 FEC 오류정정이 가능하도록 한다. 대표적으로는 Trellis 부호화하여 전송하고 수신측은 Viterbi 디코딩을 사용하여 변형된 신호의 오류를 복원한다.

(12) Interleaver

전송과정에서의 연집 오류(burst error)를 대처하기 위하여 비트열 또는 심볼들을 분산 배치하는 Interleaving 기법이 사용된다[26]. 이러한 인터리빙 기법은 블록단위로 하거나 스트림 방식의 Convolutional 방식으로 수행된다.

---

[25] Reed-Solomon 블록코드와 Viterbi 길쌈 부호방식을 결합한 concatenated 코딩방식도 있다. 이것은 보이저2호와 같은 위성통신에서 사용된다. 또한 인터리빙 기능을 포함한 Low-density parity-check (LDPC)는 DVB-S2 (Digital video broadcasting), IEEE802.16e WiMAX, IEEE 802.11n WLAN, IEEE802.3an 10GBase-T 이더넷 등에서 사용된다. 그리고 CDMA 시스템에서 사용되는 Turbo코드도 LDPC 코드와 동급의 성능을 제공한다.

[26] 인터리빙은 비트열을 재배치한다는 의미이다.

예를 들어 "*ThisSectionCoversInterleaving*" 메시지를 전송중에 연집오류에 의해 "*ThisSeZZZZZZers Interleaving*"를 수신한다면 오류 부분을 복구하는데 어렵다.
만약 이것을 "*TSioseagheovIrv.icnenli.stCrten*"로 인터리빙하여 송신하고 이 과정에서 연집오류에 의해 " *TSioseZZZZZZIrv.icnenli.stCrten* "로 수신되었다고 하자. 이것에 대하여 deinterleaving한 결과가 "*T_isS_cti_nCo_ersInterle_vin_..*"라면 대부분의 단어들을 추정하여 복구할 수 있을 것이다.

이러한 원리를 사용한 Interleaver의 예는 다음과 같다. 먼저, {0,1}에 대하여 한 비트의 오류 정정 기능이 있는 FEC를 사용하여 {000, 111}로 송신한다고 하자. 이 방식을 사용하여 데이터 비트열 "1010"을 FEC를 거쳐 송신하는 경우 이것은 {111,000,111,000} 코드열로 부호화되어 송신될 것이다.

- 인터리빙을 사용하지 않는 경우 : 수신된 심볼들이 연집오류에 의해 {111,001, 001, 000}라면 FEC 디코더에 의해 {1,0,?,0}과 같이 1비트 오류만 있는 2번째 코드는 복원될 수 있지만 3번째 코드와 같이 2비트 연속 오류에 대해서는 복원할 수 없다.
- 인터리빙을 사용하는 경우 : {111,000,111,000} 코드열을 인터리빙하여 {101,010,101, 010}로 송신한다. 동일한 위치에서의 연집오류가 발생한 경우 {101, 011, 011, 010}이 수신될 것이다. 이 코드열을 deinterleaver에 통과시키면 {111,001, 011,100}가 얻어지고, 이것은 FEC에 의해 {1,0,1,0}으로 복구된다.

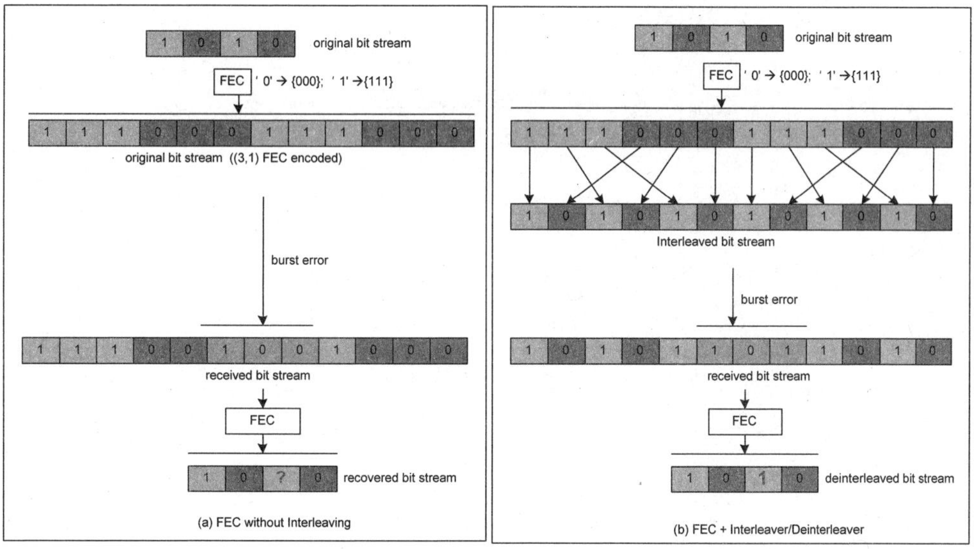

(a) FEC without Interleaving

(b) FEC + Interleaver/Deinterleaver

<그림 3.44> 인터리버의 동작 예

즉 인터리빙 기법은 연집 오류가 발생할 경우에 FEC 부호화 성능을 향상시키는 목적으로 사용된다. 물론 이러한 인터리빙은 블록단위로 수행되므로 수신시 해당 블록 단위의 데이터가 모두 수신되어야 deinterleaving할 수 있으므로 지연이 증가되는 문제는 있다.

실제 시스템의 경우 FEC 부호화기능과 인터리빙기능을 결합하여 사용된다. 여기에는 Low-density parity-check(LDPC) FEC 부호화방식과 터보 부호화방식이 있다. 또한 MIMO와 같은 여러 개의 안테나를 사용하는 다중 캐리어 무선 통신시스템의 경우에는 주파수 선택적인 페이딩 잡음에 내성을 주기 위하여 여러 개의 안테나를 통한 출력을 인터리빙하는 주파수 다이버시티 기법에 적용된다.

3.9 클럭 동기

(1) 개요

대부분의 경우 <그림 3.45>와 같이 송신측은 자신의 하강엣지에서 비트 또는 심볼을 송신 개시하고 수신측은 자신의 상승엣지에서 신호를 샘플링하여 데이터를 수신한다.

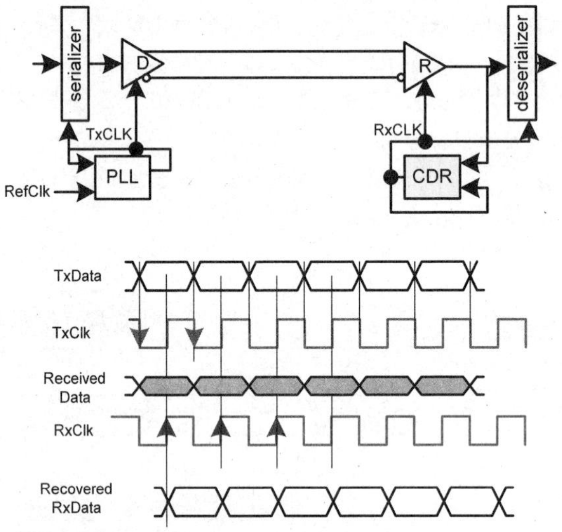

<그림 3.45> 클럭 동기

이러한 과정이 무리없이 수행되려면 송수신측간의 송신클럭(TXC)와 수신클럭(RXC)이 일치해야 한다. 물론 송수신측 클럭의 주기는 평균값 관점에서 일치되어야 하지만 <그림 3.46>과 같이 순간적 또는 지속적으로 클럭의 오차가 발생할 수 있다.

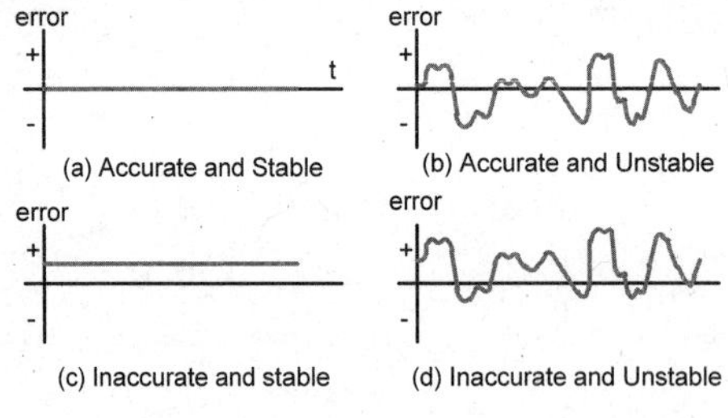

<그림 3.46> 클럭 동기와 안정도

이러한 문제점을 해결하여 송수신 클럭을 동기시키기 위한 방법으로 다음과 같은 3가지 방법이 사용된다.

① 중앙에서 클럭을 공급한다.
② 마스터와 슬레이브 관계로 연결한 후 마스터가 별도의 클럭선로에 자신의 송신클럭 신호를 제공한다.
③ 임베디드 클럭킹 : 수신되는 데이터 비트열로부터 송신측의 클럭을 추출한다. 이것은 수신비트열로부터 송신측의 클럭을 추출할 수 있도록 송신 데이터 비트열에 충분한 신호 변화를 줄 수 있는 맨체스터 또는 NRZI 등의 라인 인코딩 방식을 사용하여 송신한다. 수신측은 엣지 감지부 및 PLL(Phase Locked Loop) 등을 이용하여 수신 비트열로부터 송신측 클럭을 추출하고 이를 이용해 수신데이터를 샘플링하는 Clock and Data Recovery(CDR)기능을 수행한다. 이러한 방법은 이더넷, HDLC, PCI Express, SATA, USB 등 대부분의 고속링크에서 사용된다.

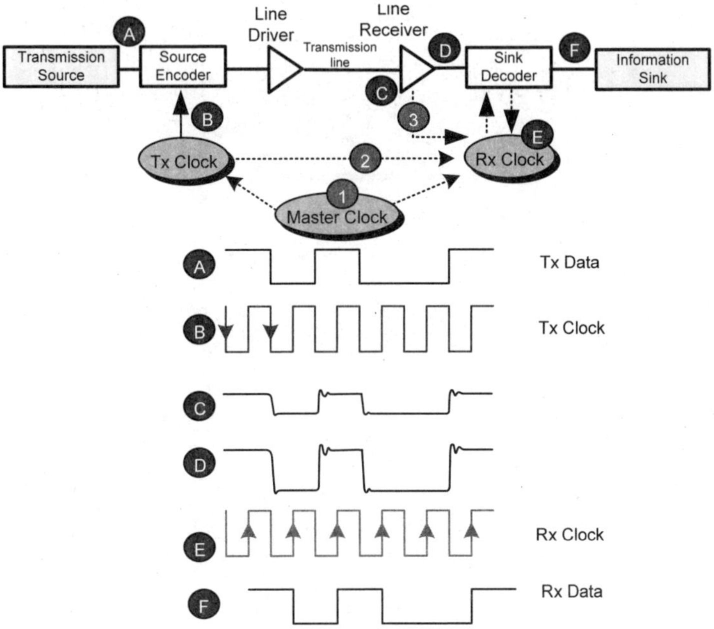

<그림 3.47> 신호성분별 지연왜곡에 의한 신호의 왜곡

(2) 클럭 복원기능

<그림 3.48>과 같이 수신되는 비트열로부터 송신측의 클럭을 추출하는 기능을 클럭 복원(Clock recovery)이라고 한다. 이를 위하여 클럭 복원부는 다음과 같이 구성된다.

- 엣지 감지부 : 수신비트열의 천이시점 즉 상승 및 하강엣지를 모두 감지한다.
- High-Q 오실레이터 또는 PLL : 잠시 엣지가 감지되지 않더라도 클럭을 계속 생성하는 역할을 수행한다.

이를 위하여 엣지 입력이 없는 경우에도 발진을 계속할 수 있는 큰 *Q*값(>1000)을 갖는 오실레이터를 사용한다. 또는 이것과 유사한 기능을 수행할 수 있는 저역통과필터와 VCO(Voltage Controlled Oscillator)로 구성한 PLL로 대체할 수 있다[27].
여기서 저역통과필터는 여러 싸이클에 걸친 입력신호로부터 평균 전압을 얻어 이것을 VCO로 공급하여 일정한 주파수를 얻도록 한다.

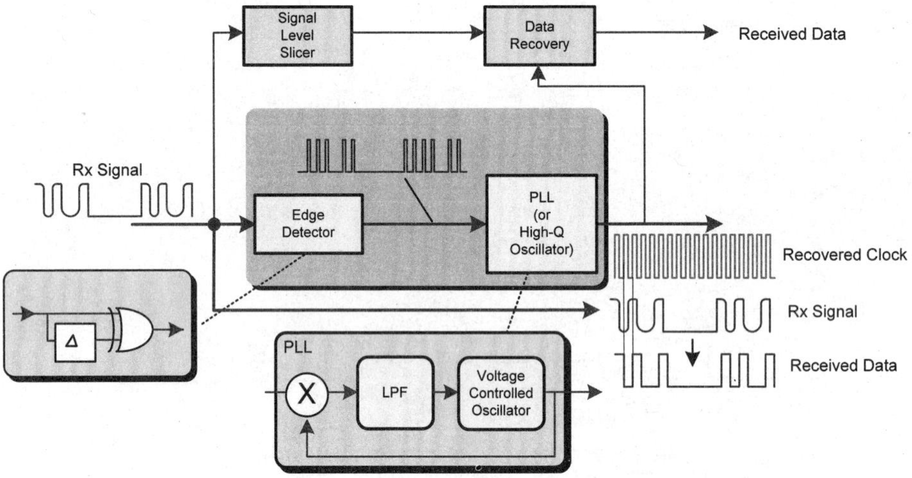

<그림 3.48> CDR의 구성

3.10 스크램블러

(1) 개요

100 Mbps급 이더넷에서 프레임 전송이 없는 구간에서 항상 전송되는 IDLE 코드는 '11111' 값을 갖는데 이것은 NRZI로 라인코딩되면서 1과 0으로 조합된 비트열로 변환되어 전송된다. 이렇게 반복되는 비트열은 주기성을 가지므로 특정 주파수 대역에 에너지가 크다. 이러한 에너지는 외부로 쉽게 방사되면서 주변 기기나 사람에게 영향을 미치는 부작용이 있다. 이를 방지하기 위하여 비트열의 주기성을 거의 랜덤하도록 변환시키는 것을 스크램블링한다고 한다[28].
그리고 수신측은 디스크램블링하여 원래의 비트열로 복원한다.
이러한 스크램블러의 구조는 <그림 3.49>와 같이 2가지 방법으로 구현된다.

- 동기식 스크램블러 : 입력 데이터 비트열을 키 스트림과 exor(modulo-two addition)하는 방식이다. Sidestream 스크램블러라고도 한다. 키 스트림은 linear feedback shift register (LFSR)에 의해 생성된다. 수신측의 디스크램블러는 exor된 값을 exor하면 원래의 데

[27] 만약 천이가 장시간 발생하지 않아 엣지 감지기로부터의 입력이 0이 되면 multiplier로부터의 입력값은 0이 된다. 이 경우 LPF를 거쳐 VCO에 가해지는 전압은 서서히 감소하게 될 것이다. 만약 LPF의 시정수가 아주 크다면 VCO에 가해지는 전압 강하가 완만하므로 VCO는 한동안 기존 주파수로 발진할 수 있다.
[28] 랜덤하게 변환된 신호의 에너지는 넓은 대역폭에 펼쳐지게 된다. 이렇게 함으로써 전송시 예상되는 고주파의 신호에 의한 전자파의 방출이 감소되어 인접한 선로를 간섭하지 않으면서 인체에 미치는 전자파 영향도 완화시킨다.

이터로 복원되는 원리를 이용하여 스크램블링시 사용된 동일한 키 스트림을 스크램블된 수신비트열과 exor하여 데이터를 복원한다. 이때 수신측에서의 디스크램블링을 위해서 쌍방은 PRBS(Pseudo Random Binary Sequence) 비트열의 내용이 시간상으로 동일한 값으로 동기되어야 하므로 초기화시 *sync-word* 가 반드시 사용되어야 한다. 이것은 1Gbps급 이하의 이더넷 시스템은 이 방식을 사용한다.

- 자체 동기식 스크램블러 : 스크램블러의 출력 비트열을 LFSR의 입력비트열에 직접 피드백하여 사용한다. 별도의 동기화가 불필요한 장점이 있지만 1개의 오류비트 수신에 대하여 여러 개의 잘못된 비트열을 출력하는 단점이 있다. 이것은 10Gbps급 이더넷은 이것을 사용한다.
-

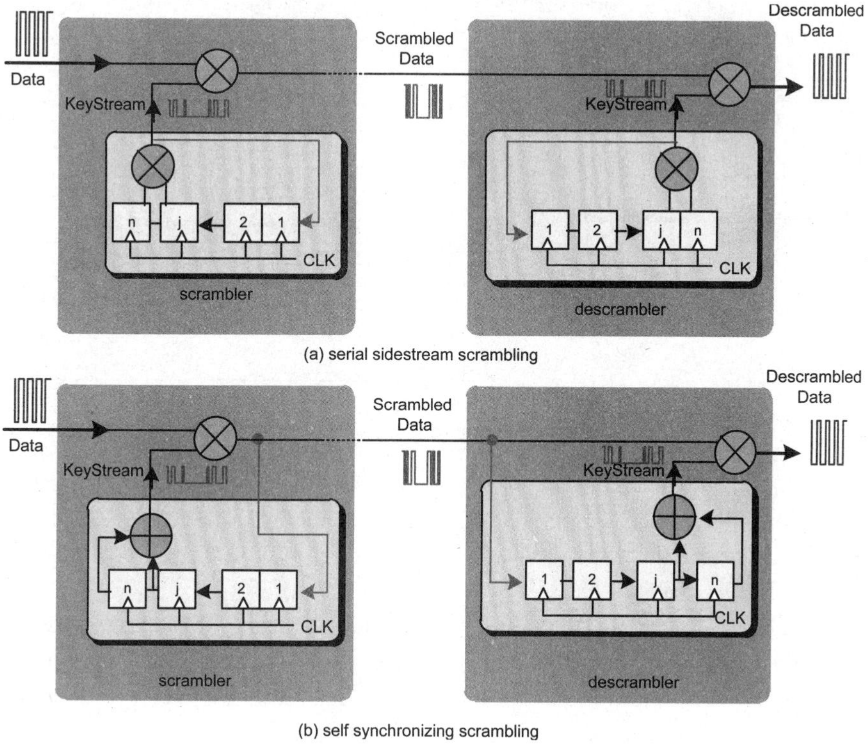

<그림 3.49> 스크램블러의 종류와 동작

(2) 예

예를 들어 <그림 3.50>과 같이 3개의 레지스터와 exor로 구성된 LFSR은 2^3-1개의 비트, "0010111" 스크램블링 비트 패턴을 반복 출력한다[29].

수신측 디스크램블러의 스크램블링 비트열 동기를 위한 "HELLO"라는 쌍방이 이미 알고 있는 동기패턴을 idle 구간에서 송신한다고 하자.

---

29 . 이러한 구조는 무선 LAN의 RC4 암호방식에서 사용되는 스트림 싸이퍼(stream cipher)의 구조와 유사하다. 즉 스크램블러는 일종의 암호화기라고도 할 수 있다. 따라서 전송할 비트열을 평문 plain text, 스크램블된 비트열을 cipher text(암호문), LFSR의 출력 비트열을 key stream이라고 부른다.

그리고 이해를 돕기 위하여 이 동기패턴은 알파벳 순서에 따른 "08 05 12 12 15"의 값을 갖는 열이라고 하자. 이 동기패턴에 대하여 스크램블러는 스크램블링 비트열을 구성하는 {0,1}에 대하여 {-1,+1}로 매핑하면 "0010111"에 대하여 "-1 -1 +1 -1 +1 +1 +1"이 되고 이 값들은 동기패턴 값과 덧셈에 의해 "07 04 13 11 16 ... " 값으로 스크램블링되어 전송될 것이다.

수신측은 스크램블링된 값을 동일한 스크램블링 비트 패턴인 "-1 -1 +1 -1 +1 +1 +1"과 덧셈하면서 알고 있는 동기패턴인 "HELLO"인지 확인한다. 만약 그렇지 않다면 키 스트림의 1비트를 이동시켜 다시 시도한다.

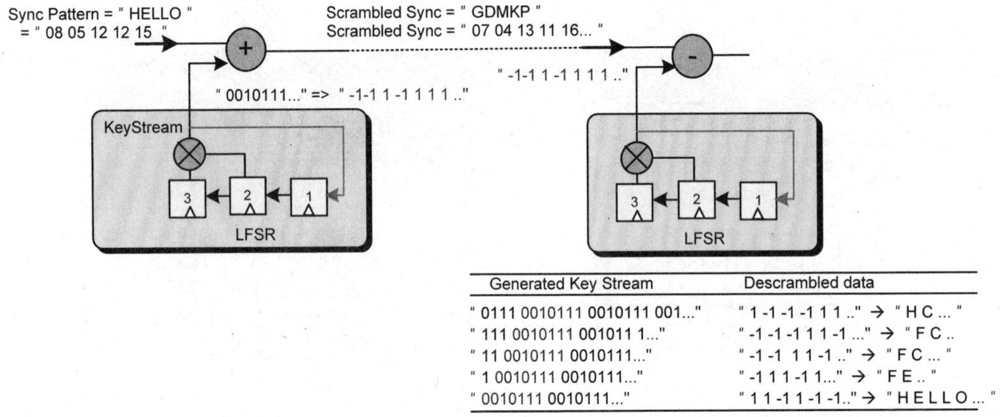

<그림 3.50> 스크램블러의 동작 예

(3) 이더넷용 스크램블러의 구성[30]

이더넷의 경우 NRZI 또는 NRZ 데이터 스트림에 대하여 <그림 3.51>과 같은 Sidestream 스크램블러를 거친 후 송신한다. 스크램블러는 다항식 $x^{11} + x^9 + 1$에 따른 11비트의 시프트 레지스터와 1개의 EXOR게이트로 구성된 Linear Feedback Shift Register(LFSR)방식의 스트림 싸이퍼로 구성된다. 이것의 출력인 키 스트림은 2047비트의 주기로 순환하는 pseudo-random 비트열이다.

스크램블러는 입력 데이터 스트림에 대하여 키 스트림의 비트열과 비트단위로 exor한 결과인 스크램블된 비트열을 출력한다[31]. 각각의 기능은 다음과 같다.

- 스트림싸이퍼의 시프트 레지스터 S : 9번째와 11번째의 값을 탭핑하여 이들을 XOR-B로 exor 하고 그 결과를 시프트레지스터의 입력으로 피드백한다.
- XOR-B 결과인 키 스트림은 XOR-A에 전달되어 입력 데이터 비트열과 exor함으로써 스크램블링된 출력을 생성한다.

---

30 이더넷용 stream cipher는 현재 대부분의 PHY칩 내부에 내장되어 있지만 DP83222 Twisted Pair FDDI Stream Cipher Device 또는 MicroLinear사의 Physical Layer Controller with Scrambler (PLC−S) Am79C864 칩은 Stream Cipher Scrambler/Descrambler를 수행한다.

31 참고로 100BASE−FX의 경우에는 이러한 스크램블러를 사용하지 않고 NRZI비트열을 그대로 송신한다.

여기서 n번째의 입력데이터 스트림, 키 스트림, 스크램블된 결과 데이터 스트림을 각각 $P[n]$, $K[n]$, $C[n]$이라고 했을 때 n번째 키 스트림 값은 $k[n] = k[n-9] \wedge k[n-11]$이다. 따라서 n번째 스크램블된 결과값은 $c[n] = p[n] \wedge k[n]$이다[32].

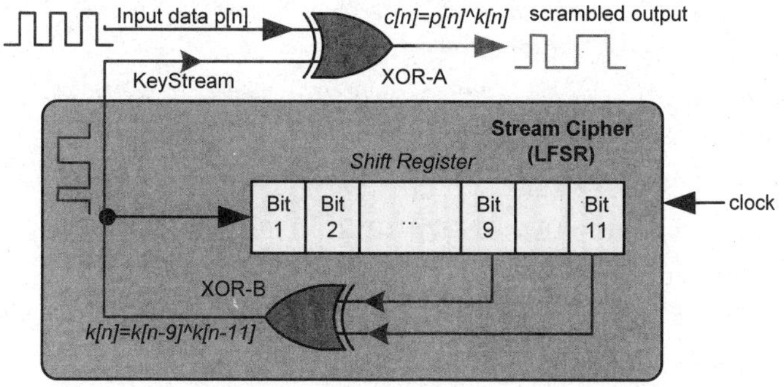

<그림 3.51> 이더넷용 sidestream 스크램블러의 구성

생성되는 키 스트림은 다음과 같은 총 2047비트의 길이를 가지며 반복된다.

“100000000101000000010001000010101010010000000110100000111001000110111010111010100010100001010001001000101011010100001100001001111001011100111001011110111001001010111011000010101110010000101110100100101001101100011110111011001010101111000000100110000101111100100100011101101011010110001100011101111011010100101100001100111001111110111100001010011001000111111010110000100011100101011011100001101011001110001111101101100010110111010011010100111100000111001100110111111111010000000100100000010110100010011001010111111000010000110010100111110001110001101101101110110110101011011000000110111000111010110110100011011001011101111001010100111000000111011000110101110111000101010110100000011001000011111010011000100111110101110001000101101010100110000000111110000110001100111101111110010100001110001001101101011111011000100101110101100101000111100010110011010011111100111000011110110011001011111111001000000011101000011010010011100110111011111010101000100000001010100001000000100101000101100010100111010001110100101101001100110011111111111000000000110000000111100000110011000111111110110000000101110000100101100101100111100111110011110001111001101100111110111110001010001101000101110010100101110001100101101111100110100011111001011000111001110110111101011010010001100110101111111000100000110101000111000010110110010011011110111101001010010011000110111111011101000101010010100000110001000111101010110010000011110100011001001011111011001000101111010100100100001101101001110110011101011111010001000100101010101100000000111000000110110000111011100110101011111000000100011000101011110100001001001001011011011001101101111110110100001011001001001111011011100101101011100110001011111101001000010011010010111110011001001111111011100000101011000100001110101001101000011110010011001110111111101010000001000010001010010101000110000001011110001001001101011011110001101001101110011110101111001000100111010101110100000101001000100011010101011100000000101100000100111000101110110100101011001100001111111001100000111111000110000110111100111010011110100111001001110111011101010101010000000000”

---

32 참고로 "11..11.. "로 구성된 아이들 코드를 전송시에는 $p[n] = 1$이므로 스크램블된 스트림은 $c[n] = \sim k[n]$의 특성을 갖는다.

(4) 이더넷용 디스크램블러의 구성

수신측은 송신측이 스크램블링시 사용한 것과 동일한 키 스트림을 스크램블된 수신 비트열과 exor하여 데이터를 복원한다.

하지만 이러한 과정이 수행되려면 스크램블되어 수신된 현재의 비트가 2047비트 길이의 키 스트림의 몇 번째 비트와 exor된 것인지 알아야 하는 전제조건이 있다. 즉 송신측과 수신측의 키 스트림의 내용이 시간상으로 일치되어야 한다.

이를 위하여 이더넷의 수신부는 <그림 3.52>와 같이 자주 송수신되는 idle 코드를 *sync-word*로 사용하여 송신측 스크램블러와 동기시킨다.

- 자주 송신하는 IDLE 코드는 4B5B 인코딩된 '11111'이다. 이것의 각 비트값을 Unscrambled Data(UD)라고 하자. 즉 *n*번째 UD는 UD[*n*]=1이다.
- 송신측은 이 아이들 코드에 대하여 스크램블링한다. 스크램블된 데이터를 SD[*n*]이라고 했을 때 SD[*n*] = UD[*n*] ^ K[*n*] = 1 ^ K[*n*] = ~K[*n*]이 된다.
- 수신측은 스크램블된 수신비트열 SD[*n*]을 LFSR에 입력시키고 그 출력값 SD'[*n*]을 얻는다. 이때 SD'[*n*] = SD[*n*-9]^SD[*n*-11]이다. 수신측은 이 수신비트열이 아이들 코드에 대한 것으로 가정하면 SD[*n*] = ~K[*n*]이므로 SD'[*n*] = ~K[*n*-9]^~K[*n*-11]이다. 여기서 ~K[*n*-9]^~K[*n*-11]= K[*n*-9]^K[*n*-11]이므로, SD'[*n*] = K[*n*]이 된다.
- 이어 SD[*n*]과 SD'[*n*]을 exor한 결과인 HD[*n*]은 다음과 같이 1을 얻을 수 있다.
  HD[*n*] = SD'[*n*]^SD[*n*] = K[*n*]^~K[*n*] = 1
- 이것은 수신된 비트열이 아이들 코드라고 간주했을 때 얻어지는 결과이다. 물론 1이 얻어질 수도 있고 그렇지 않을 수도 있다. Line State Monitor는 레지스터를 거쳐간 50개 이상의 데이터가 1이라면 유효한 아이들 코드로 판단하고 송신측과 동기(lock)되었음을 HF=1로 표시한다.
- HF=1신호는 MUX의 입력핀을 HOLD핀으로 변경한다. SAMPLE핀이 선택되고 있었던 직전까지 입력된 비트열은 모두 아래쪽 LFSR 레지스터에도 모두 저장되어 있었다. 즉 2개의 LFSR내용은 모두 동일하다. 따라서 저장된 그 값은 아이들 코드에 의한 SD'[*n*]값이다. 이것은 송신측과 동일한 값을 같는 K[*n*]값과 같다. 즉 송신측과 동기된 것이다. 따라서 HOLD핀으로 변경되면 아래쪽 LFSR은 송신측과 동기된 키 스트림을 생성하게 되어 수신되는 스크램블된 데이터 SD[*n*]을 디스크램블링할 수 있다.

이후 케이블 단절 또는 리셋 등에 의한 Loss of Synchronization(LOS)는 디스크램블러가 1.5msec 기간동안 20개의 연속된 아이들 비트 감지하지 못한 경우에 발생한다.

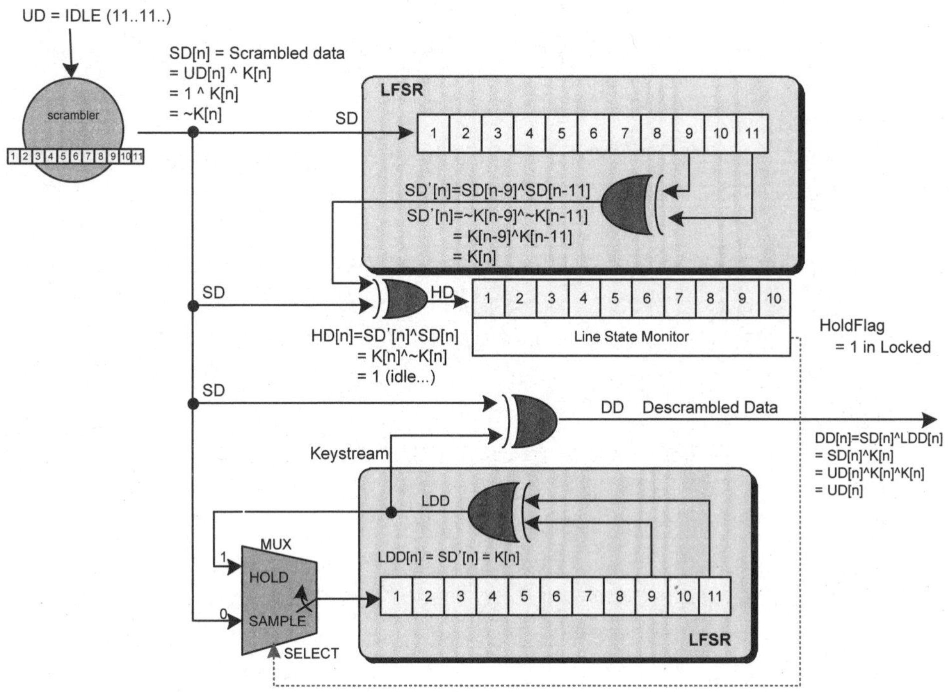

<그림 3.52> 이더넷용 디스크램블러의 구성과 동작

3.11 데이터 통신 시스템의 성능

(1) 지연시간

a) 전파 지연시간(Propagation Delay) : 길이 L인 전송선로상에서 신호가 출발하여 도착할 때까지 소요되는 시간이다. 일반적으로 진공상태에서의 전기신호 전파시간인 $c_0 = 3 \times 10^8$m/sec에 대하여 전송매체에서의 전파시간 T_P 는 $c_0 * 0.66$ 정도 소요된다.

b) 전송 지연시간(Transmission Delay) : 프레임과 같이 L비트 길이의 단위 데이터를 전송하는데 소요되는 시간이다. 이것은 전송링크의 전송률 C bps에 의해 결정되는데 이 프레임의 첫비트가 송신개시되어 마지막 비트가 송신완료될 때까지의 시간이다. 즉 $T_T = L/C$ (sec)이다.

c) 대기 지연시간(Queueing/Buffering Delay) : 사용자가 프레임의 전송을 지시했지만 이미 앞서 전송중인 프레임이나 앞서 버퍼링된 프레임에 의해 자신의 전송이 개시될 때까지 내부 버퍼에서 대기하는 시간이다. 만약 버퍼가 비어 있었다면 대기기연시간은 0이다.

d) 내부 처리지연시간 : 송신할 프레임을 구성하거나 수신된 프레임을 분석하는데 소요되는 시간이다. 고속 프로세서를 사용하는 경우 보통 무시되지만 프레임의 길이가 긴 경우 또는 복잡한 암호 및 복호화시에는 고려되어야 한다.

e) 왕복지연시간 : Round Trip Time(RTT)라고 하며, 보통 송신측에서 보낸 프레임의 송신완료 시점에서 이에 대한 응답이 수신개시 될 때까지의 지연시간이다. 즉 $T_{RTT} = 2^*T_P$ 이다.

(2) 처리율(Throughput, Utilization)

데이터 통신 시스템에서의 처리율은 통신채널을 통하여 성공적으로 프레임을 전달하는 평균율로서 bps 또는 FPS(Frames/sec)로 표현된다. 또는 전송링크의 속도로 나누어 일반화시킨 값 또는 %로도 표현된다.

(예) T_{RTT} = 0.9초, 한 프레임 전송시간 T_T = 0.1초일 때, 응답이 오기 전에는 다음 프레임의 송신이 금지되는 데이터 통신 시스템의 처리율은 0.1/(0.9+0.1) = 10% (또는 0.1)이다. 이 시스템에서 사용하는 전송링크의 속도가 100Mbps라면, 이 경우 처리율은 10Mbps라고 할 수도 있다.

(3) 유효 전송률

일반적인 데이터 전송시 '프레임'의 구조는 <그림 3.53>과 같다. 이와 같이 전송하고자 하는 데이터의 시작과 끝을 표시하고 전송중 오류를 감안하여 오류감지코드를 추가하거나 목적지주소를 명시할 경우 실제 유효데이터 외에 부가되는 오버헤드가 있다.

예를 들어 UART와 같이 비동기 전송시에는 각 바이트의 선두에 Start비트가 추가되고 후미에는 2비트의 Stop비트가 추가된다고 하자. 이 경우 8비트의 데이터를 전송시 실제로는 11비트의 전송시간이 소요된다. 이러한 데이터를 연속 전송한다면 실제 유효 전송율은 8/11이다.

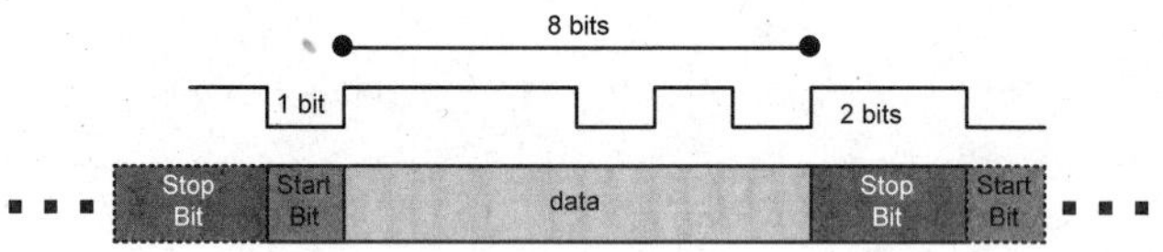

<그림 3.53> 전송단위의 예

(4) 폐기율

버퍼링방식을 사용하는 경우 버퍼의 크기가 유한할 때 더 이상의 유입되는 프레임을 담아둘 수 없는 경우 이를 폐기하는 비율이다. Loss rate 또는 blocking probability P_B라고 한다[33].

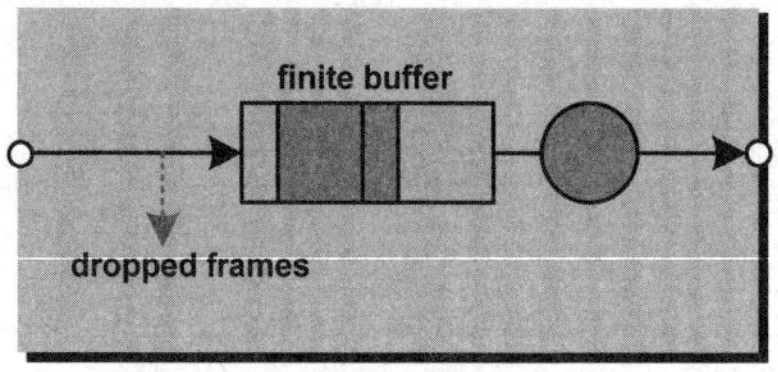

<그림 3.54> 유한 버퍼에 의한 데이터 폐기

[33] bit error rate tester(BERT)는 링크상에 강제로 비트오류를 발생시켜 시험대상 장비가 얼마나 이러한 오류에 내성이 있는지 시험하는 장비이다.

(5) Bit error rate (BER)

수신한 데이터열에서 발견되는 오류를 비트오류라고 하는데 이것은 통신로상의 잡음, 간섭, 왜곡, 비트동기 오류, 감쇄, 다중 경로 페이딩 등에 의해 초래된다. Bit error rate(P_e) 또는 bit error ratio (BER)는 임의의 간격동안 총 수신된 비트열에서 오류가 있는 비트수를 나눈 값이다.

(6) Packet error rate (PER)

Packet error rate (PER)는 수신된 패킷중에서 오류가 발견된 패킷의 수의 비율이다. 오류가 있는 패킷은 패킷내의 한비트 이상의 비트오류가 있는 것이다. 따라서 비트오류율이 P_e 이고 각 비트의 오류율이 독립적인 경우 길이 N비트의 패킷오류율은 $P_p = 1 - (1 - P_e)^N$ 로 주어진다. 따라서 가급적 패킷길이를 감소시키면 P_p 가 감소된다.

3.12 큐잉 시스템(Queueing system)

(1) 큐잉 시스템

<그림 3.55>는 2개의 입력포트와 1개의 출력포트를 갖는 라우터를 모델링한 것이다. 각 포트의 최대 전송률 C = 4000bps이고, 각 포트에 연결된 컴퓨터는 L=100비트의 평균 길이를 갖는 프레임을 평균적으로 초당 10 개씩 생성한다고 하자. 그리고 모든 프레임은 하나의 출력포트로 중계된다. 이 경우 라우터의 각 입력포트에 도착하는 프레임의 평균 도착률 (arrival rate) $\lambda_1 = \lambda_2 = 10$ 개/sec 이므로 총 도착률은 $\lambda = \lambda_1 + \lambda_2 = 20$개/sec이다.

그리고 각 프레임이 출력 포트를 통해 송신될 때 소요되는 평균 서비스 시간은 L/C= 25msec이다. 이것은 출력포트가 초당 1/0.025=40개의 프레임을 처리할 수 있는 서비스율 μ=40을 갖는다. 이때 라우터는 도착률(λ)과 처리율(μ)에 대한 비율, 즉 $\rho = \lambda / \mu = 20/40 = 0.5$의 부하율로 동작한다고 하며, 또한 (1.0 - 0.5), 즉 평균적으로 1/2의 시간은 idle하다고 할 수 있다.

비록 부하율이 0.5이지만, 2개 이상의 컴퓨터로부터 거의 동시에 프레임을 수신하면 즉시 처리할 수 없으므로 버퍼에 일시 이들을 저장해야 한다. 버퍼링된 프레임은 자신의 차례가 올 때까지 대기하여야 한다. 이렇게 주어진 부하율에 대하여 각 프레임이 시스템에서 대기해야 할 시간과 외부에서 봤을 때 이 시스템에 평균적으로 몇 개의 프레임이 저장되어 있는가는 대기이론(queueing theory)에 의한 수학적 해석이나 전용 네트워크 시뮬레이터로 얻을 수 있다.

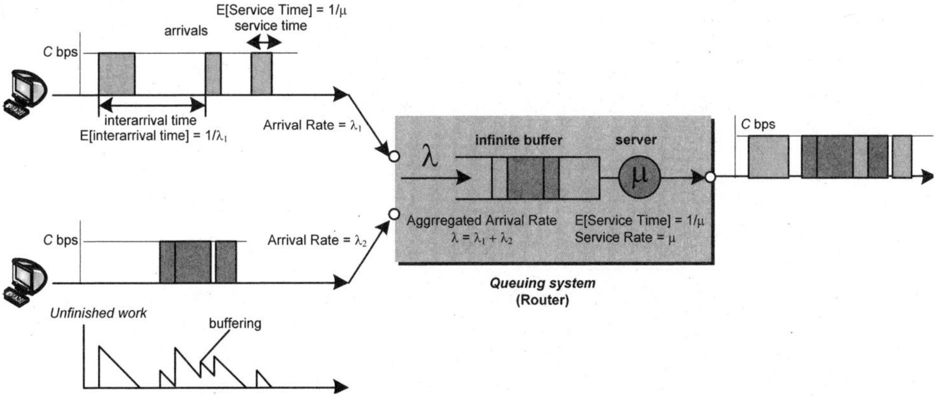

<그림 3.55> 큐일 시스템 모델링

(2) M/M/1 큐잉 시스템

가장 기본적인 큐잉 모델인 *M/M/1*시스템은 프레임이 Poisson 분포로 도착하고 각 프레임에 대한 서비스 시간이 지수분포를 갖는 경우이다[34].

이때 시스템에 k개의 프레임이 있을 확률은 $P_k = (1 - \rho)\rho^k$ 로 주어진다. 그리고 시스템에 있을 프레임의 평균 개수(시스템 길이)는 $L = \rho/(1- \rho)$이며 각 프레임의 시스템에서 머무르는 평균 시간(residence time, system time)은 $R = 1/(\mu - \lambda)$이다[35].

그리고 버퍼에서의 평균 대기시간은 $W = R - (1/\mu)$이다[36].

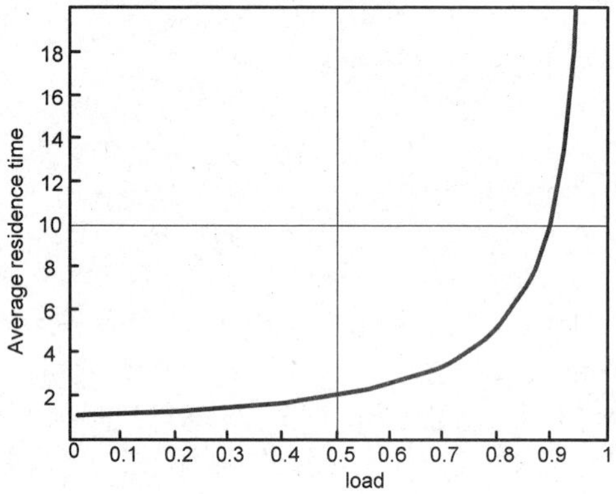

<그림 3.56> M/M/1 큐잉 시스템의 대기시간 분석

(3) 네트워크 시뮬레이터

데이터 통신시스템의 성능을 예측할 때 가장 용이한 방법은 물론 큐잉 이론을 사용하여 수학적으로 해석하는 것이다. 하지만 실제의 경우 프레임 길이 분포가 지수분포를 따르지 않는 경우가 많고, 도착 분포도 Poisson이 아닌 경우도 많다. 더욱이 실제 버퍼 크기는 무한하지 않으며 이러한 시스템들이 그물망 형태로 상호 연결된 경우 각 시스템 및 전체 시스템의 성능을 수학적으로 분석하는 것에 무리가 따른다. 네트워크 시뮬레이터는 이러한 실제 상황 및 대규모 망에 대한 성능을 분석할 수 있는 도구이다.

또한 특정 데이터 통신 시스템에 대하여 객체지향 프로그래밍 기반의 네트워크 시뮬레이터가 제공하는 다양한 큐잉 모델을 활용하여 해당 시스템의 처리율, 폐기율, 지연시간 등의 핵심적인 성능을 예측하고 평가할 수 있다. 이러한 네트워크 시뮬레이터에는 ns-2, omnet++, opnet 등이 있다.

<그림 3.57>은 omnet++ 시뮬레이터의 simple queueing system과 라우터를 경유하는 시스템에 대한 시뮬레이션의 예이다.

---

[34] 평균 처리시간 $1/\mu$을 갖는 지수분포의 probability density function (pdf) 는 $f(x) = \mu e^{-\mu x}$ 이다. 그리고 이것의 Cumulative distribution function(cdf) $F(x) = 1 - e^{-\mu x}$ 이다.

[35] Little's Law에 의하면 $L = \lambda * R$ 이므로, L 또는 R만 구하면 R 또는 L을 구할 수 있다.

[36] 버퍼의 크기가 유한한 경우, 가득 찬 시스템에 도착하는 프레임은 폐기된다. 서버와 버퍼에 모두 K개를 최대한 수용할 수 있는 큐잉 시스템을 M/M/1/K 시스템이라고 부르며, 부하율에 따른 폐기율을 수식적으로 구할 수 있다.

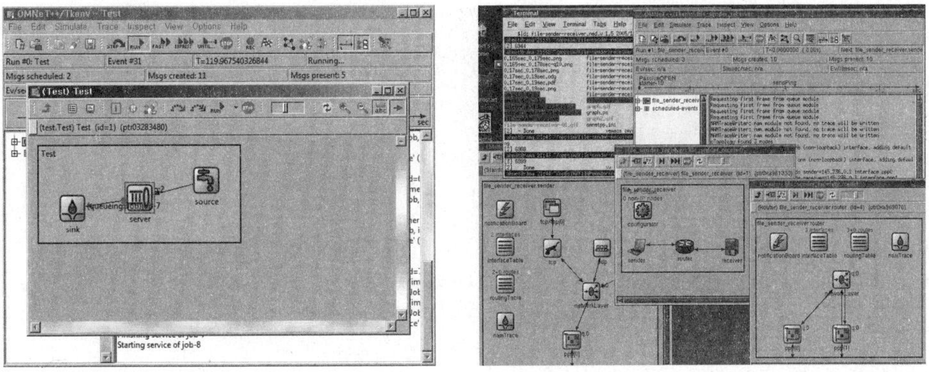

<그림 3.57> Omnet++ 네트워크 시뮬레이터

3.13 설계과제

본 장에서는 데이터 전송 및 다중화기술에 대하여 다루었다. 본 절에서는 다음과 같은 설계과제를 수행한다.

- 스크램블러 설계 : $G(x) = x^{16} + x^{14} + x^{13} + x^{11} + 1$ 다항식의 스크램블러와 디스크램블러를 설계한다.
- PRBS생성기 및 PRBS검사기 설계 : PRBS-4 패턴 생성기와 검사기를 C언어와 Matlab으로 설계한다.
- PRBS7 패턴 생성기를 Verilog로 로직을 설계하고 가능한 경우 FPGA를 사용하여 PRBS를 생성한다. 또한 $PRBS7 = x^7 + x^6 + 1$ 다항식으로 생성된 랜덤비트열에 대하여 동기를 맞추고 오류가 없는 경우 LED로 표시하는 기능을 Verilog로 로직을 설계하고 가능한 경우 FPGA를 사용하여 구현한다.
- M/M/1 큐잉 시스템 시뮬레이터 설계 : Omnet++ 네트워크 시뮬레이터를 사용하여 간단한 M/M/1 FIFO 시스템을 설계한다.

3.14 스크램블러 설계

(1) 설계 목표

스크램블러와 디스크램블러를 설계한다.

(2) 요구 사항

- $G(x) = x^{16} + x^{14} + x^{13} + x^{11} + 1$ 다항식의 스크램블러를 설계한다.
- 관련 디스크램블러를 설계한다.
- C 언어로 프로그래밍을 통해 설계하고 확인한다.

(3) 스크램블러 설계 예

C 언어를 사용하여 간단한 스크램블러를 다음과 같이 설계할 수 있다.

```
#include <stdint.h>
int main(void)
{
uint16_t lfsr = 0xACE1; //초기값
unsigned bit;
unsigned period = 0;
do{   /* taps: 16 14 13 11; feedback polynomial: x^16 + x^14 + x^13 + x^11 + 1 */
  bit  = ((lfsr >> 0) ^ (lfsr >> 2) ^ (lfsr >> 3) ^ (lfsr >> 5) ) & 1;
  lfsr =    (lfsr >> 1) | (bit << 15);
  ++period;
} while(lfsr != 0xACE1u);
return 0;
}
```

3.15 PRBS(Pseudo Random Bit Sequence) 생성기 및 검사기 설계

(1) 설계 목표

PRBS-4 패턴 생성기를 소프트웨어로 설계한다.

(2) 요구 사항

- $G(x) = x^{16} + x^{14} + x^{13} + x^{11} + 1$ 다항식의 스크램블러를 설계한다.
- PRBS 패턴의 주파수 스펙트럼 특성 및 대역폭을 분석한다.

(3) PRBS

데이터 통신 시스템의 성능을 측정하는 일반적인 시험환경은 <그림 3.58>과 같다.

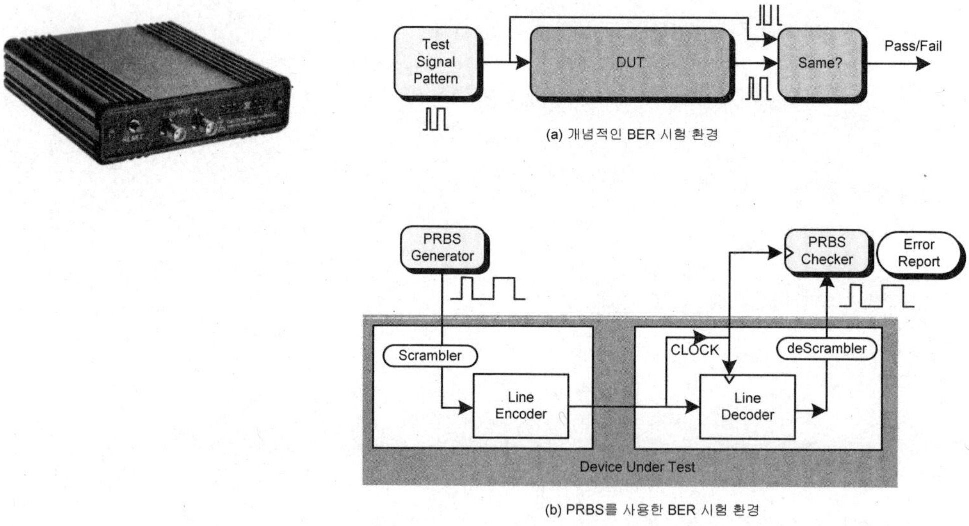

(a) 개념적인 BER 시험 환경

(b) PRBS를 사용한 BER 시험 환경

<그림 3.58> 데이터 통신 시스템 시험환경

시험환경의 각 구성은 다음과 같다.

- PRBS Generator : 사용자들을 대신하여 가상적인 랜덤한 비트열을 생성하는 PRBS 생성기와 라인코딩 장치로 구성된다.
- DUT(device under test) : 시험대상 시스템이다.
- PRBS Checker : 수신측의 PRBS checker는 DUT의 BER을 측정하는데 사용된다. 원시데이터와 DUT를 거쳐 수신된 데이터를 미리 약속된 비트열과 비교한다.

시험을 위한 트래픽 발생기는 다양한 비트패턴을 갖는 실제 전송 시스템을 가정하여 가급적 비주기적인 비트 패턴을 송신하여 수신측에서 이것을 정확하게 복원하는지 검사함으로써 전송과정에서의 bit error rate(BER) 성능지표를 얻을 수 있다.

(4) PRBS 생성기

이러한 비주기적 비트 패턴의 생성장치를 Pseudo Random Bit Sequence(PRBS) 생성장치라고 한다. PRBS 비트열은 스크램벌러에서도 다루었던 LFSR을 사용하여 생성한다.

<그림 3.59>는 4 비트 x^4+x^3+1 LFSR의 예이다. 시프트 레지스터의 각 셀의 초기값으로 모두 '1'인 seed 값으로 채운 뒤 매 클럭마다의 내용 변화와 출력값을 도시한 것이다. 마지막 비트 출력 이후에는 첫 과정을 반복한다. 총 15비트의 pseudo random 비트열이 생성된다[37].

이렇게 생성된 PRBS의 패턴은 15비트 길이의 "111100010011010"이다. 여기서 8개의 엣지가 토글되며 8개의 1과 7개의 0으로 구성됨을 알 수 있다. 즉 한 주기가 (2^4-1)개의 비트로 구성되는 PRBS는 $2^{(4-1)}$ 개의 1과 $(2^{(4-1)}-1)$개의 0으로 구성된다.

이것은 거의 주기적이지 않은 Pseudo Random Binary Sequence (PRBS)이다.

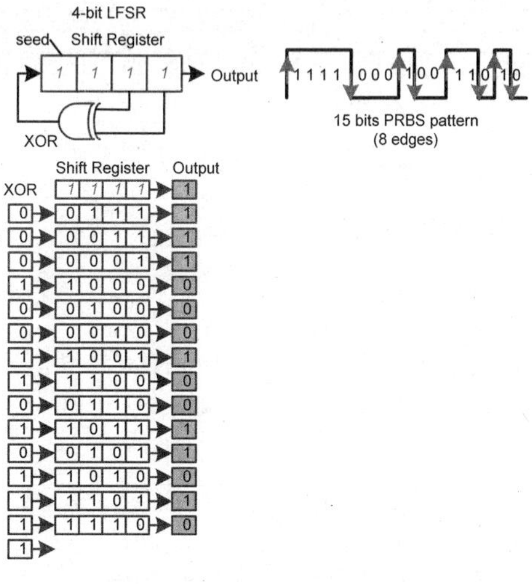

<그림 3.59> 4비트 PRBS 생성기(x^4+x^3+1)

---

37 일반적으로 N비트길이의 시프트 레지스터를 사용할 경우 $(2N-1)$비트길이의 주기를 갖는 랜덤한 비트열을 생성할 수 있다. 이 과정에서 모든 4비트의 조합에서 모두 '0'인 것은 제외되었음을 알 수 있다. 만약 "0000"이 시프트 레지스터에 있게 되면 '0'만 계속 출력되기 때문이다. 따라서 seed 값으로는 모두 '0'인 것은 금지된다.

(5) LFSR 다항식

앞에서 다루었던 4비트 시프트 레지스터와 exor로 구성된 LFSR을 수학적으로 표현하면 x^4+x^3+1 이다. 실제 SONET, 파이버 채널 등의 다양한 통신 시스템용 PRBS에서 각각 사용되는 다항식은 다음과 같다. <그림 3.60>은 SONET용 PRBS7의 예이다.

- PRBS7(SONET) = $X^7 + X^6 + 1$
- PRBS15 = $X^{15} + X^{14} + 1$
- PRBS23 = $X^{23} + X^{18} + 1$
- PRBS31(Fibre Channel) = $X^{31} + X^{28} + 1$

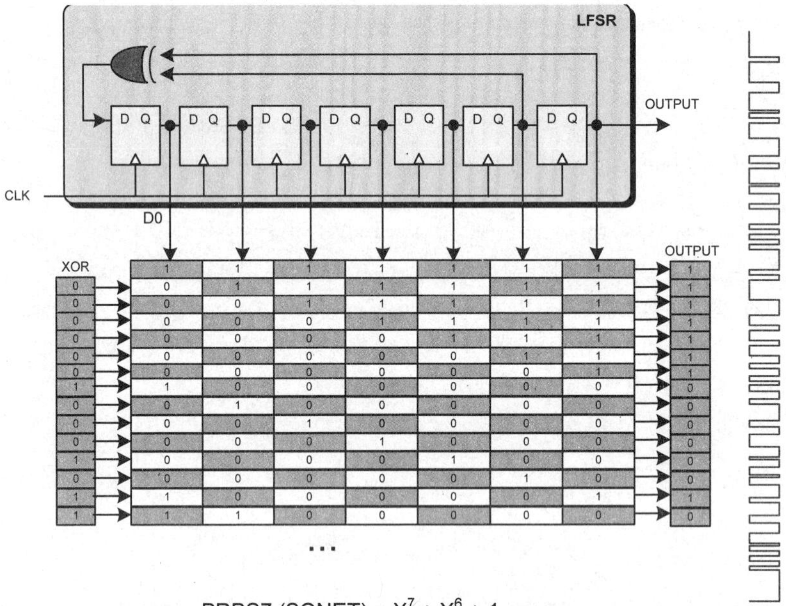

PRBS7 (SONET) = $X^7 + X^6 + 1$

<그림 3.60> SONET용 7비트 PRBS 생성기

(6) PRBS 검사기

PRBS 검사기는 PRBS 생성기로부터의 생성된 비트열이 수신부를 거쳐 비트열이 복원되면 이것과 원래의 PRBS 생성 비트열과 비교하여 송수신과정에서의 비트오류를 판정하는 장치이다.

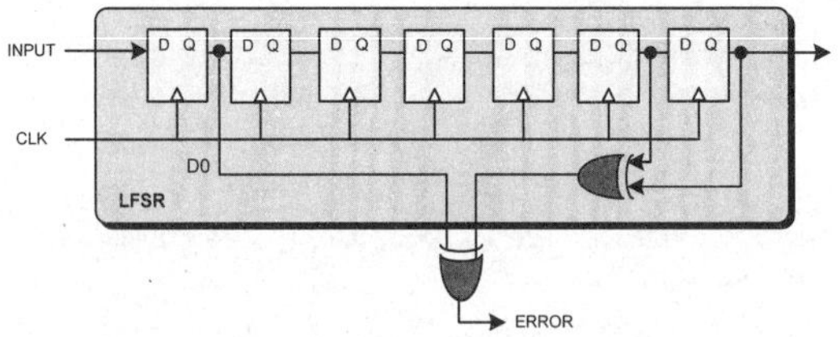

<그림 3.61> PRBS 검사기

(7) PRBS 설계

PRBS-4 패턴 생성기를 소프트웨어로 구현하면 다음과 같다. $I = 0$에서 시작시 iSR 레지스터 변수 값은 "1111" 또는 0x000f의 seed 값으로 초기화 한다.

```
#include <stdio.h>
int iPRBS(int iFlag)
{
 static int iSR;
 int iOut;
 if (!iFlag) iSR=0x000f; //seed '1111'
 iOut = iSR & 0x0001;
 iSR = (((((iSR & 0x0002) >> 1) ^ (iSR & 0x0001)) <<4) | (iSR & 0x000f)) >>1;
 return (iOut);
}

main()
{
 int i;
 for (i=0;i<15; i++) printf("%02x", iPRBS(i));
}
```

(8) Matlab 시뮬레이션

```
Simulink 2.0 / Matlab 5.0.
function z=prbs(init,g)
% z=prbs(init,g)
% 2^n-1-bit PRBS sequence based on initial string 'init'
% and polynomial represented by vector g (e.g., g=[7 1] => x^7+x+1).
% Rob Lynch Quinta Corporation 3/31/97 rob@quinta.com
z=init;
n=length(init);
for i=(n+1):(2^n-1)
  q=z(i-g(1));
  for j=2:length(g)
      q=xor(q,z(i-g(j)));
  end
  z=[z q];
end
```

(9) 추가 실험

1 Gbps로 PRBS-4를 생성하여 FFT 처리시 메인 lobe가 1GHz를 점유하는지 확인한다.

또한 15개의 패턴별로 각각 1개의 직류 성분을 포함한 주파수 영역을 점유하는지 확인한다. 이들은 66.666MHz(=1GHz/15) 간격을 가지는 것도 확인한다. 이 패턴에 대한 IFFT를 했을 때 필요한 전송라인의 통과 대역폭이 3GHz 이상이어야 함을 확인한다.

3.16 CRC 생성기능 설계

(1) 설계 목표

이더넷용 CRC 생성기능부를 소프트웨어로 설계한다.

(2) 요구 사항

주어진 데이터 영역에 대한 $G(x) = x^{16} + x^{14} + x^{13} + x^{11} + 1$ 다항식의 CRC 생성부를 설계한다.

(3) 이더넷 CRC 프로그램 예

```
#include <stdio.h>
//Expected CRC is 7A D5 6B B3.
int main(void)
{
  unsigned char data[] =
  {
    0x00, 0x0A, 0xE6, 0xF0, 0x05, 0xA3, 0x00, 0x12,
    0x34, 0x56, 0x78, 0x90, 0x08, 0x00, 0x45, 0x00,
    0x00, 0x30, 0xB3, 0xFE, 0x00, 0x00, 0x80, 0x11,
    0x72, 0xBA, 0x0A, 0x00, 0x00, 0x03, 0x0A, 0x00,
    0x00, 0x02, 0x04, 0x00, 0x04, 0x00, 0x00, 0x1C,
    0x89, 0x4D, 0x00, 0x01, 0x02, 0x03, 0x04, 0x05,
    0x06, 0x07, 0x08, 0x09, 0x0A, 0x0B, 0x0C, 0x0D,
    0x0E, 0x0F, 0x10, 0x11, 0x12, 0x13
  };
  unsigned int crc_table[] =
  {
    0x4DBDF21C, 0x500AE278, 0x76D3D2D4, 0x6B64C2B0,
    0x3B61B38C, 0x26D6A3E8, 0x000F9344, 0x1DB88320,
    0xA005713C, 0xBDB26158, 0x9B6B51F4, 0x86DC4190,
    0xD6D930AC, 0xCB6E20C8, 0xEDB71064, 0xF0000000
  };

  unsigned int n, crc=0;

  for (n=0; n<sizeof(data); n++)
  {
    crc = (crc >> 4) ^ crc_table[(crc ^ (data[n] >> 0)) & 0x0F];    /* lower nibble */
    crc = (crc >> 4) ^ crc_table[(crc ^ (data[n] >> 4)) & 0x0F];    /* upper nibble */
  }

  for (n=0; n<4; n++)    /* display the CRC, lower byte first */
  {
    printf("%02X ", crc & 0xFF);
    crc >>= 8;
  }
  printf("\n");
  return 0;
}
```

3.17 Checksum 생성기능 설계

(1) 설계 목표

책섬 생성부와 계산 기능부를 소프트웨어로 설계한다.

(2) 요구 사항

- 주어진 20 바이트 길이의 인터넷 IP 헤더에 대한 책섬값 생성부를 설계한다.
- 수신된 IP 헤더에 대한 책섬 검사부를 소프트웨어로 설계한다.

(3) 책섬 프로그램의 예

```
#include <stdio.h>
unsigned short in_cksum(unsigned short buf[], int nbytes){
 long sum = 0; //sum 은 4 바이트의 길이를 가지는 long integer 임.
 while (nbytes > 1) {
     sum += buf[i]; //2 바이트씩 더함.
     nbytes -= 2;
 }

if (nbytes == 1)  //홀수길이인 경우에만 적용됨. IP 헤더의 경우에는 무시됨.
     sum += *(unsigned char *)buf;
     sum = (sum >> 16) + (sum & 0xffff); //자리올림 처리.
     sum += (sum >> 16); //혹시 다시 자리올림이 되면, 처리.
     return (~sum); //마지막으로, 1 의 보수 처리
}

main(){
    unsigned short ip_header[] = {  //20 바이트의 sample IP 헤더임.
              0x4500, 0x002c, 0x5b22, 0x4000, 0x8006,
              0x0000, //Checksum 영역: 비어있음.
              0x81ad, 0x4389, //Source IP 주소
              0x81ad, 0x423d  //Destination IP 주소
    };
    unsigned short ret;
    ret = in_cksum(ip_header, 20); //20 바이트의 IP 헤더에 대한 checksum 계산 요청
    printf("Send Checksum = 0x%04x (should be 0x1689)\n",ret);
    //insert IP header checksum
    ip_header[5] = ret;
    printf("Sent…..and Received\n");

   //Receiver checksum
   ret = in_cksum(ip_header, 20);
   if(ret == 0)     printf("O.K.\n");
   else printf("Error\n");
}
```

3.18 연습문제

[1] 구형 휴대폰에 많이 사용되었던 320x240 해상도의 2.8인치 컬러 LCD 면을 통하여 초당 30번 화면이 교체되는 동영상을 보려고 한다. 각 RGB 픽셀당 8*8*8비트가 소요된다.
a) 한 화면의 내용을 교체하려면 몇 비트의 데이터가 교체되어야 하는가?

b) {8비트 데이터, No parity, 1 Stop bit} 형식으로 9600 bps의 UART 직렬통신방식을 사용하여 한 화면의 내용을 전송시 소요되는 시간은?

[2] 1100110'에 대한 짝수 패리티값은 ___이다.
a) 1 b) 0

[3] 3비트 코드에서, 110와 111의 Hamming distance는 ___이다.
a) 0 b) 1 c) 2 d) 3

[4] 8개의 코드 중에서 2개의 코드워드인 {000,111}만 유효한 코드워드로 사용할 경우, 이들은 상호간의 최소 해밍거리는 ___이다. {111} 송신시 {011}이 수신되면 ___로 복원할 수 있다.
a) 3, 111 b) 2, 000 c) 1, 111 d) 2, 111

[5] 데이터 패킷의 길이가 125 바이트이고, 전송링크가 9600 bps를 제공한다. 거리는 20Km이다.
a) 패킷 하나를 보내고 받는데 걸리는 시간은?

b) 초당 최대 몇 개의 패킷을 보낼 수 있는가? 이때의 사용률은 얼마인가?

c) 만약 초당 1개씩 보내면 이 링크의 사용율을 얼마인가?

[6] 현재 평균 125 바이트 길이의 패킷이 라우터에 초당 1000개 유입되고 있다. 이 라우터는 평균 125 바이트 길이의 패킷을 초당 2000개 처리할 수 있는 능력을 가지고 있다. 또한 무한 크기의 버퍼를 가진다.
a) 이 라우터의 현재 사용율은?

b) M/M/1 큐잉 시스템의 공식을 이용하여 이 패킷이 라우터에 들어와서 버퍼에 대기하는 평균 시간을 구하라.

c) 만약 이 패킷의 길이가 항상 125바이트이고, 그 도착 간격도 일정하다면 이 패킷이 라우터에 들어와서 버퍼에 대기하는 평균 시간은 얼마인가?

[7] 2개의 UART 장치를 각각 9600 bps로 연동한 라우터에 프레임이 평균 초당 5개가 유입된다. 이 프레임의 길이는 지수분포를 가지며 평균 길이는 144 바이트이다.
a) 라우터가 수신한 이 프레임의 헤더가 수신된 이후 중계되어 이 프레임의 꼬리까지 완전히 전송완료 될 때까지 소요되는 평균 시간은?

b) 전송중인 프레임과 내부 버퍼에 대기하는 프레임을 모두 포함하여 라우터 내부에 머무는 프레임의 평균 개수는?

[8] LAN에 100개의 PC와 한 개의 웹 서버가 연결되었다. 각 웹 페이지 요청에 대한 처리시간은 평균 0.6초이다. 만약 1분에 20대의 PC로 부터 웹 페이지 요청이 발생될 경우 각 사용자가 체감하는 이 서버의 평균 응답시간은?

[9] 최대 페이로드 1500바이트인 이더넷의 경우, 최대 프레임 길이는 프리앰블과 헤더 등의 오버헤드를 포함하면 총 1526 바이트이다. 추가적으로 프레임과 프레임간은 반드시 12바이트 기간동안 쉬어야 하는 interframe gap(IFG)기간이 있어야 한다.
a) 이더넷 시스템의 유효전송률은?

b) 각 프레임의 헤더 등에 의한 오버헤드를 고려할 경우 1500바이트의 페이로드의 유효전송율은?

[10] 오류감지 및 정정 부호의 특성은 해밍거리(Hamming distance)에 따른다. 즉 k개의 오류를 감지하려면 해밍거리 $d=k+1$인 코드를 사용해야 한다. 예를 들어 4개의 데이터 {00,01,10,11}에 대한 유효한 코드워드로 {0000000000, 0000011111, 1111100000, 1111111111}를 매핑시켜 사용한 다고 하자.
a) 이 방식의 해밍거리는? b) 2 비트의 오류를 감지할 수 있는가?

[11] 일반 전화 통화의 유지 시간(holding time)이 지수분포를 갖는 평균 3분이라고 하자. 어떤 통화가 6분이상 지속될 확률은 몇 %인가?

[12] $\lambda=10$개이고 $\mu=20$개 이면, 이 시스템의 부하는?

[13] 송신비트열이 "0 1 1 0 0 0 1 0 1 1"이었는데 수신비트열이 "0 $\underline{0}$ 1 0 $\underline{1}$ 0 1 0 $\underline{0}$ 1"이라고 하자.
a) 오류비트의 개수는? b) BER은?

[14] $G(x)=1101$을 사용하여 $M(x)=111011$을 전송시 CRC 값은?

[15] 다음과 같은 8비트 CRC 생성기에 01과 80이 각각 입력될 때 얻어지는 CRC 값을 구하라.

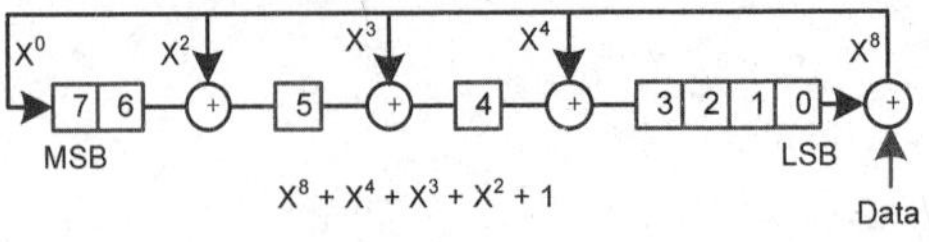

제 **4** 장

직렬통신방식과 UART

본 장에서는 대표적인 비동기 직렬전송을 수행하는 UART(Univeral Asynchronous Receiver/Transmitter)의 기능과 single-ended 전송방식의 직렬버스 인터페이스 규격인 RS-232를 다룬다. 추가적으로 장거리 전송기능을 제공하는 4-20mA Current Loop 통신기술도 함께 다룬다. 이를 통하여 물리계층의 기능, 비동기 전송방식, 이것은 컴퓨터간의 연결뿐만 아니라 GPS, USB 등의 유선장치 연결과 블루투스, RFID 등의 무선장치를 연결할 경우에도 활용된다. 특히 프로그램 디버깅용으로 사용되는 터미널 연결에 기본적으로 사용된다.

이를 바탕으로 UART 드라이버 소프트웨어 설계, RS-232 레벨 변환부 설계, USB-to-UART 모듈 설계, 디지털 및 아날로그 회로 Current Loop 통신 시스템의 설계를 함께 수행한다.

4.1 DTE와 DCE 장치

데이터 통신은 2대 이상의 장치간에 유선 또는 무선으로 데이터를 전달하는 기능이다. 간단한 1:1 통신의 경우, 이들은 송신전용장치와 수신전용장치의 역할을 할 수도 있고 서로 상대방과 송신/수신을 병행할 수도 있다.

이들을 연결하는 여러 개의 통신선로의 기능을 구분한다면 이러한 선로는 각각 TXD, RXD, GND 등일 것이다.

<그림 4.1>을 보자. 이것은 PC의 통신포트(Com포트)와 모뎀간 연결에 대한 것이다. PC측 통신포트 커넥터의 1번핀은 TXD인데 이것은 모뎀측 커넥터의 1번핀에 연결되어 있다. 이때 PC측 1번핀의 역할은 송신기능인 반면, 동일한 모뎀의 1번핀의 역할은 수신기능이다.

그렇다면 1번핀을 무엇이라고 불러야 할까? 데이터통신용 커넥터의 각 핀의 이름은 모두 단말측 커넥터의 역할에 따라 명명된다. 따라서 단말 또는 모뎀측 커넥터의 1번핀은 항상 TXD핀이라고 부른다. 그리고 단말과 이것의 상대가 되는 장치의 역할을 각각 Data Terminal Equipment (DTE)와 Data Carrier Equipment(DCE)라고 부른다. 일반적으로 DTE는 단말(computer) 및 스마트폰, 그리고 DCE는 모뎀 및 이더넷 스위치, AP, 기지국 등이다. DCE측 TXD핀은 DTE의 TXD라인으로부터의 신호를 수신한다는 점에 유의하라.

만약 두 장치간에 모뎀이나 이더넷 스위치를 사용하지 않고 직접 연결할 경우, 즉 DTE간을 직접 연결할 경우 이들간의 연결선로를 <그림 4.1>과 같이 교차시켜야 한다. 이를 간편하게 연결할 수 있는 부품을 NULL modem이라고 부른다. 이것은 내부적으로 선로를 교차시킨 장치에 불과하다.

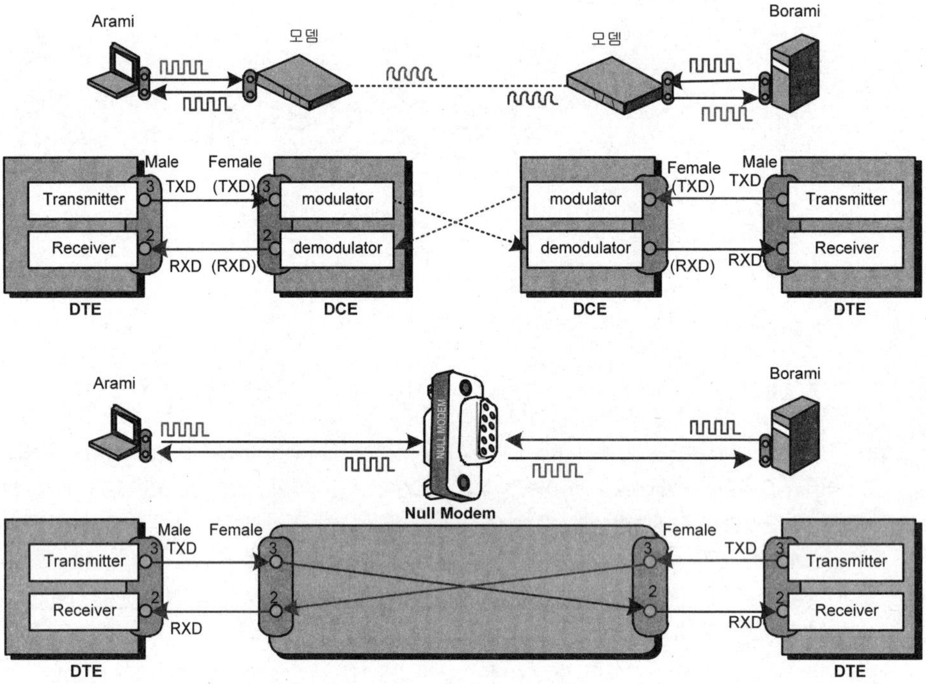

<그림 4.1> DTE와 DCE

4.2 물리 계층에서의 비동기 및 동기 직렬 전송방식

(1) 개요

직렬 전송 케이블로 연결된 송신측과 수신측은 상호간에 송신속도와 수신속도가 일치해야 한다. 만약 송신속도가 더 빠르다면, 즉 수신부가 유입되는 데이터를 제시간에 처리 못하면 데이터의 일부가 손실될 수 있다.

또한 전송 중에 발생할 수 있는 잡음에 의해 데이터의 일부 비트가 변화된다면 이것을 감지할 수 있으면 더 좋을 것이다. 뿐만 아니라 수신측이 준비되었는지 알아본 후 송신을 하는 것이 바람직하다.

송신측과 수신측의 전송/처리속도를 일치시키는 방법을 알아보자.

<그림 4.2>와 같이 송수신측은 각각 자신의 시계가 정확하다고 믿고 초당 1000비트(1000bps), 즉 1msec마다 1비트를 송신하거나 수신하도록 설정하였다고 하자.

송신부의 클럭은 수정발진자로 동작하는데, 이것은 온도에 따라 발진주파수가 틀려진다. 만약 송신측 클럭에 비하여 수신측 클럭이 조금 더 빠르다면 어느 순간 수신된 데이터 비트를 2번 읽을 수도 있는 문제가 발생할 수 있다. 이것을 예방하기 위하여 다음과 같은 2가지 방법 중 하나를 사용한다.

- 비동기 전송
- 동기 전송

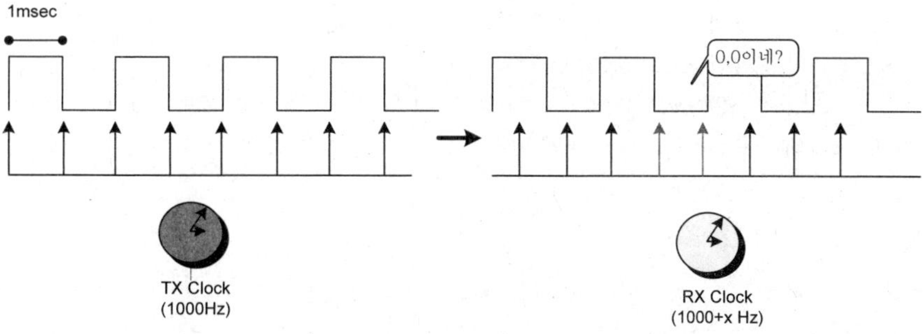

<그림 4.2> 송수신 클럭이 서로 다른 경우

(2) 비동기 전송(Asynchronous Transmission)

비동기 전송이란 송신측이 수신측에게 자신의 송신클럭신호를 보내지 않는 전송방식이다. 수신측은 단지 송신측과 사전에 약속된 데이터 전송율(초당 몇 비트)만 알고 있으므로 송신측 클럭과는 독립적인 수신클럭을 사용하여 수신되는 비트열의 값을 판독한다.

이렇게 송신측과 수신측은 자신의 클럭만을 활용하여 각자 송신하고 수신하는 방식을 비동기 전송방식이라고 한다. 이러한 비동기 전송방식은 별도의 클럭신호선을 사용하지 않는 간편성에 의해 RS-232, RS-485, LIN 등의 비교적 저속전송방식에서 널리 사용된다. 하지만 고속전송 또는 장거리 전송시 송신측과 수신측의 클럭의 편차에 의해 오동작할 수 있는 문제가 있다.

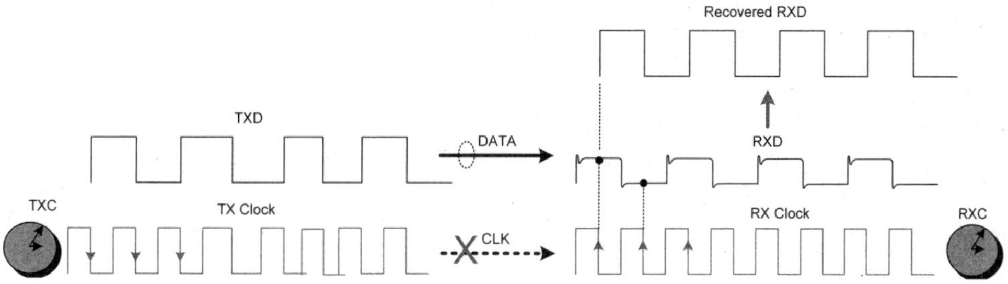

<그림 4.3> 비동기 전송

(3) 동기 전송(Synchronous Transmission)

동기전송방식은 송신측의 송신클럭신호를 수신측에게 물리적으로 전달함으로써 송신클럭에 동기된 수신클럭을 사용할 수 있도록 하는 것이다.

송신클럭신호를 전달하는 방법에는 다음과 같은 3가지가 있다.

- 데이터 선로와 분리된 전용 송신클럭 선로를 사용하는 방법
- 하나의 송신 데이터 선로상에 송신클럭을 포함시켜 전송하는 방법
- 중앙집중형 클럭을 사용하는 방법

a) 데이터 선로와 분리된 송신클럭 선로 사용하는 방법

송신측은 데이터 선로뿐만 아니라 추가적인 클럭신호선을 수신측에 제공한다. 수신측은 제공받은 송신측클럭을 자신의 수신클럭으로 사용하여 수신되는 데이터신호를 정확하게 샘플링하여 원래의 데이터로 복원할 수 있다.

만약 송신측 클럭의 주기가 조금 변동하더라도 수신측에 전달되는 클럭신호도 함께 변동하므로 문제가 없어 고속전송이 가능하다.

이러한 방법은 SPI(Serial Peripheral Interface), I2S(Inter-IC Sound), I2C(Inter-IC Communication), SMI(Serial Management Interface) 등의 단거리 고속 직렬 전송방식에서 사용된다.

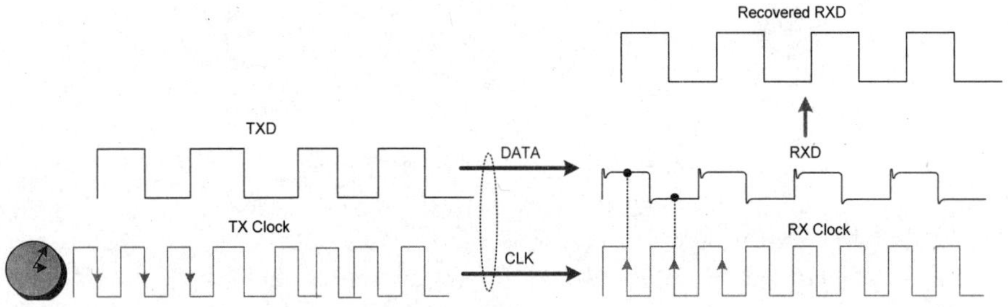

<그림 4.4> 동기 전송(전용 클럭선로를 사용하는 방법)

b) 하나의 송신 데이터 선로상에 송신클럭을 포함시켜 전송하는 방법

하나의 송신 데이터 선로상에 송신클럭 정보를 포함시켜 전송하기 위하여 송신 데이터 비트열의 신호레벨 변화를 충분히 줌으로써 수신측이 수신데이터 비트열로부터 송신측 클럭을 추출할 수 있도록 한다[1].

이를 위하여 송신측은 가급적 신호 상태 변화율이 높은 라인 인코딩 기법을 사용하여 자신의 송신클럭의 하강엣지에서 송신한다.

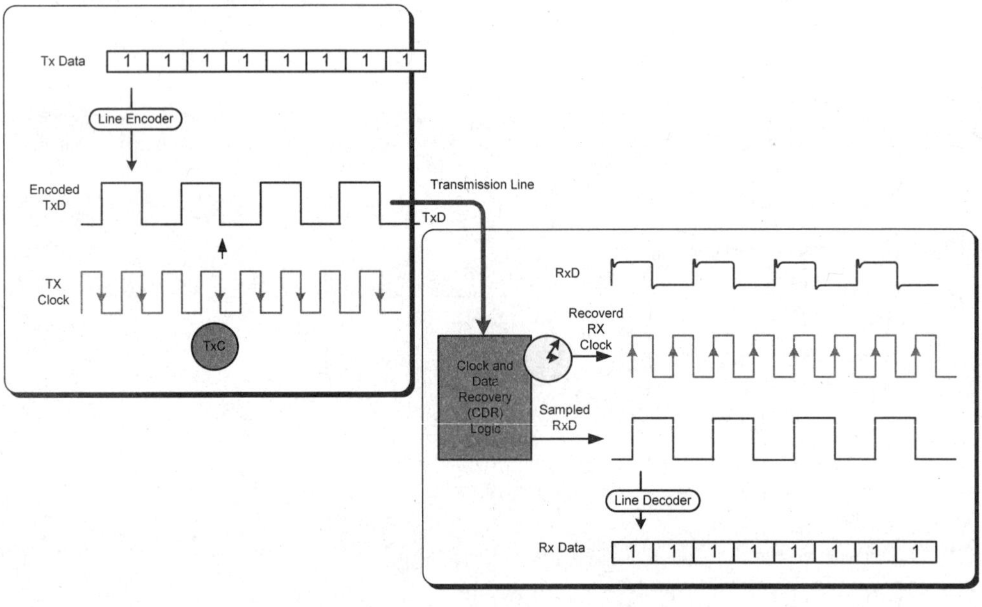

<그림 4.5> 동기 전송(Self clocking방법)

[1] 이 방법을 Self-synchronization 또는 embedded clocking방식이라고도 한다.

수신측은 Clock and Data Recovery(CDR)로직을 사용하여 수신되는 비트열로부터 클럭을 추출하고 추출된 클럭의 상승엣지에서 수신 데이터 비트열을 샘플링한다. 이어 라인 디코딩에 의해 원래의 데이터를 복원한다. 이러한 임베디드 클럭킹을 지원하기 위한 라인코딩에는 Manchester 또는 NRZI 인코딩 방식 등이 있으며 100Mbps급 이더넷, 무선LAN, T1 전송 시스템 등의 다양한 고속 전송 시스템에서 널리 사용된다.

(예) 0xFF값을 갖는 데이터를 NRZ로 전송한다면 신호의 변화가 없어 수신측에서는 클럭의 추출이 어렵다. NRZI 인코딩 방식을 사용한다면 '11111111'값은 '10101010'로 변환되므로 수신측은 클럭을 용이하게 추출할 수 있다.

c) 중앙집중형 클럭제공 방법
하나의 고정밀 클럭 제공장치를 두고 모든 장치에게 이 클럭을 별도의 신호선으로 각각 제공하는 방법이다. 이것은 장거리 회선교환망에서 사용된다.

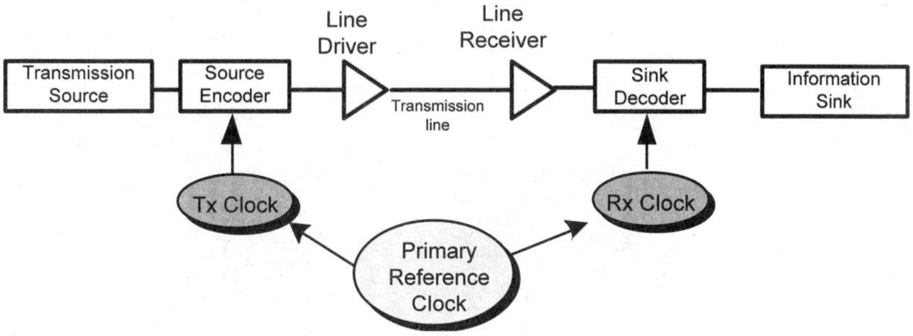

<그림 4.6> 중앙집중형 클럭 제공 방법

4.3 전송단위의 구분

(1) 개요

비트동기가 되었더라도 8비트의 조합으로 구성되는 바이트간 경계를 맞추어야 한다. 이를 위한 방법은 다음과 같다.

- Start Bit 사용 방법 : 비동기 전송방식에서 사용된다.
- Starting Frame Delimter(SFD) 사용 방법 : 이더넷
- Flag(0x7e) 사용 방법 : HDLC

(2) 비동기 방식의 경우

바이트간의 간격이 일정하지 않는 비동기 직렬 전송시 송신측은 각 바이트별로 Start 비트와 Stop 비트를 추가하여 이들이 구분될 수 있도록 한다.
<그림 4.6>을 보자. 송신측은 먼저 Start비트를 보낸다. 수신측은 이를 감지한 후 상대방과는 독립적인 자신만의 수신 클럭을 사용하여 이어지는 데이터 비트들을 연속 수신한다. 쌍방과 약속된 데이터 비트 개수가 수신되면 Stop 비트구간을 기대한다. Stop 기간 이후에 다시 Start 비트가 수신되면 위의 절차를 반복한다.

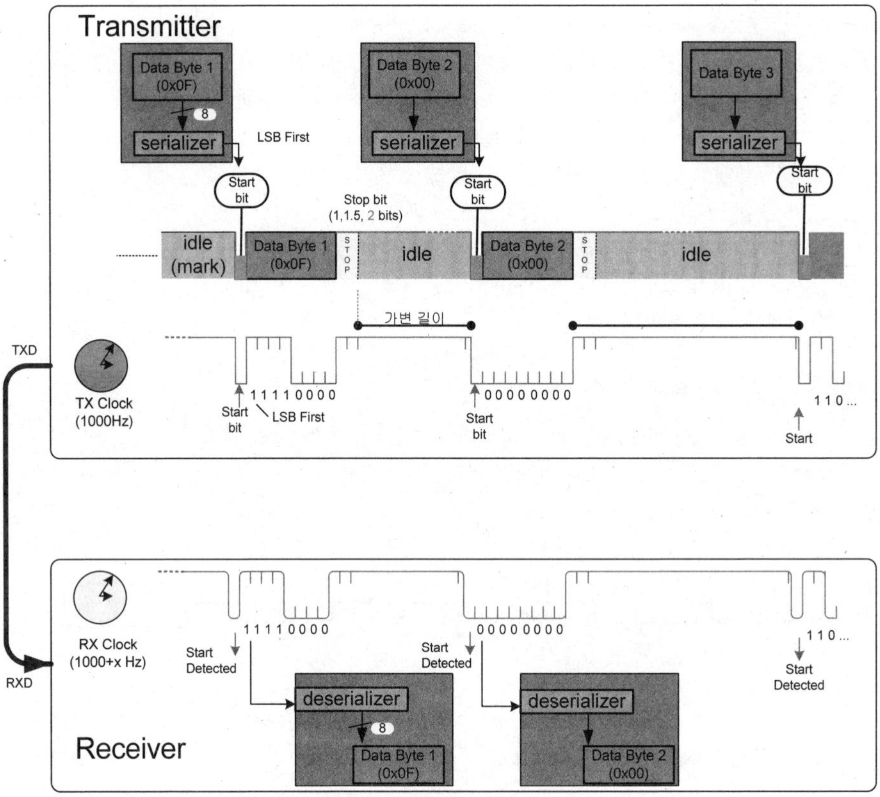

<그림 4.7> 비동기 전송방식

(3) 동기 전송방식의 경우

비동기 전송방식의 경우에는 각 바이트의 시작과 끝을 Start와 Stop 비트로 알 수 있었다. 하지만 동기 전송방식의 경우, 최대 길이가 제한되거나 사전에 약속된 고정길이의 바이트열을 한 꾸러미로 조합한 프레임(Frame) 단위로 전송한다.
이때 이 프레임의 시작과 끝을 수신측이 구분할 수 있도록 프레임의 시작을 표시하는 비트(또는 바이트)와 필요시 프레임의 끝을 표시하는 비트(또는 바이트)를 부착한다. 이러한 프레임 구분자를 Frame Delimiter, 또는 Flag라고 한다. 이러한 Frame Delimiter는 프레임의 경계를 표시할 뿐만 아니라 바이트 단위의 시작을 알릴 수 있어 프레임 동기 및 바이트 동기 기능을 함께 제공한다.
이러한 방법을 사용하는 방식의 대표적인 예는 다음과 같다.

- Flag 바이트 (0x7e) 사용 방법 : HDLC
- Starting Frame Delimter(SFD) 바이트 사용 방법 : 이더넷
- Starting Bit 사용 방법 : I2C, CAN
- 별도의 Word Selector 신호선 사용 방법 : I2S
- 묵시적인 신호 방법 : SPI

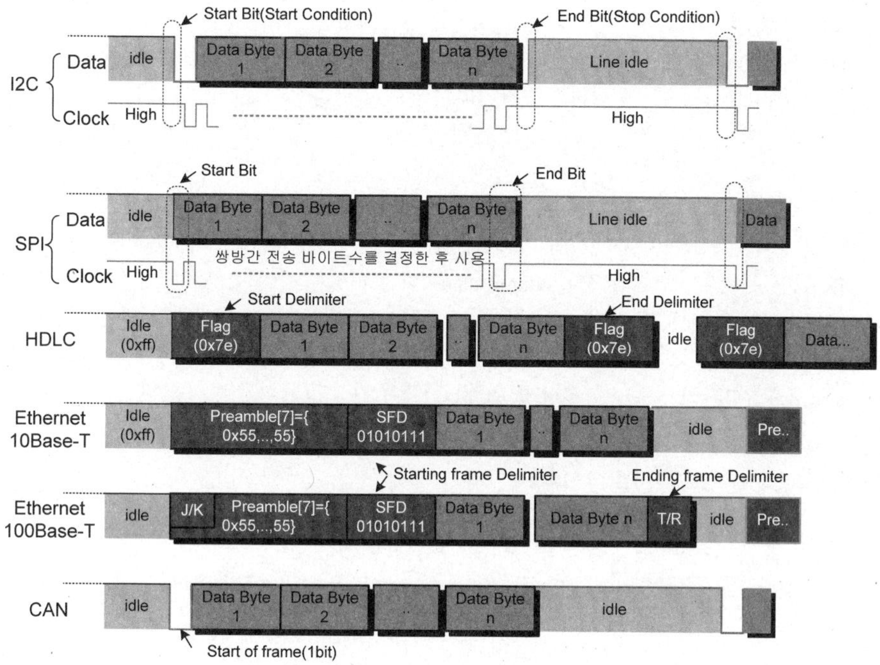

<그림 4.8> 동기 전송방식의 종류

a) HDLC의 경우

High-level Data Link Control(HDLC) 프레임은 0x7e('01111110')의 값을 갖는 Flag 바이트를 프레임의 선두와 후미에 각각 부착하여 프레임의 시작과 끝을 명시적으로 표시한다. 데이터 바이트값0x7e과 Flag 값과의 구분을 위하여 데이터 영역은 비트 스터핑된다.

b) 이더넷의 경우

이더넷 프레임은 0x55로 구성된 비트동기용 프리앰블 영역과 0x57값을 갖는 Starting frame delimiter(SFD)를 사용하여 데이터영역의 시작을 표시한다. 100Base-T의 경우 프리앰블의 첫 바이트는 특수한 J/K 코드로 인코딩하고, 프레임의 끝을 명시적으로 표시하기 위하여 후미에 T/R코드가 추가 부착된다.

c) CAN의 경우

CAN 버스는 idle시 high상태를 유지한다. 이 상태를 Low로 천이시켜 프레임의 시작을 알린다.

d) I2C의 경우

별도의 클럭 신호선을 사용하므로 데이터 선로의 값과 클럭 신호선의 값을 조합시켜 프레임의 시작과 끝을 표시한다. 클럭의 변화가 없음에도 데이터 신호값을 Low로 천이시키는 start 신호를 생성함으로 프레임의 시작을 표시한다. 프레임의 끝은 반대로 클럭의 변화가 없음에도 데이터 신호값을 High로 천이시키는 stop 신호를 생성함으로써 표시한다.

e) SPI의 경우

SPI는 점대점 연결이므로 쌍방간에 미리 1바이트 또는 2바이트의 전송단위를 결정하여 사용한다. 클럭이 idle상태에서 변화하면 프레임의 시작이고 미리 약속된 전송단위가 모두 수신되고 클럭이 idle상태로 되면 프레임의 끝임을 알게 된다.

(4) 비동기 및 동기 전송방식의 비교

비동기 전송은 매 바이트 전송시 마다 바이트 동기를 위한 Start비트와 Stop비트를 사용해야 한다. 반면에 동기식 전송의 경우 Frame Delimter나 프리앰블 등이 추가로 사용되어야 한다.

따라서 제법 긴 패킷과 같이 송신되는 바이트열이 프리앰블보다 충분히 길다면 각 바이트별로 Start비트 및 Stop비트가 사용되어야 하는 비동기 방식에 비하여 이러한 비트를 사용하지 않아도 되므로 효율적인 송신이 가능하다. 오버헤드면에서 가장 효율적인 방식은 SPI이다.

4.4 계층별 비동기 및 동기 전송방식

비동기 및 동기전송방식을 계층별로 다시 구분할 수 있다.

(1) 물리 계층

- 비동기 전송 : RS232, RS485, LIN
- 동기 전송 : I2C, SPI, CAN, I2S, 이더넷, SONET/SDH

(2) 링크 계층

하부의 물리 계층이 비동기 방식으로 전송하거나 동기 전송방식이거나 상관없이 링크 계층의 전달단위인 프레임은 미리 정해진 시간마다 전송되거나 그렇지 못할 수 있다. 이것을 각각 동기식 전달모드 및 비동기식 전달모드라고 한다.

- 비동기식 전달모드(Asynchronous Transfer Mode) : 통계적 다중화(statistical multiplexing)방식을 사용하는 이더넷 스위치, USB, X.25 패킷교환기, ATM 교환기 등에서 사용된다. 전송프레임의 길이에 따라 가변길이 방식과 고정길이 방식이 있다.
- 동기식 전달모드(Synchronous Transfer Mode) : TDM다중화 방식을 사용하는 회선교환장치에서 사용하며 논리적으로 개별적인 링크를 보장한다. 예로는 SONET/SDH, ISDN 등이다
- 혼합 전달모드 : 고정된 싸이클 간격을 동기식 전달모드와 비동기식 전달모드 구간을 분할하는 방식이다. 동기식 전달구간에서는 오디오 및 비디오 트래픽을 전송하고 비동기식 전달구간에서는 일반 데이터를 전송한다. 무선 LAN, 블루투스, Audio Video Bridging(AVB), 공장자동화 통신망 기술인 필드버스 등에서 사용된다.

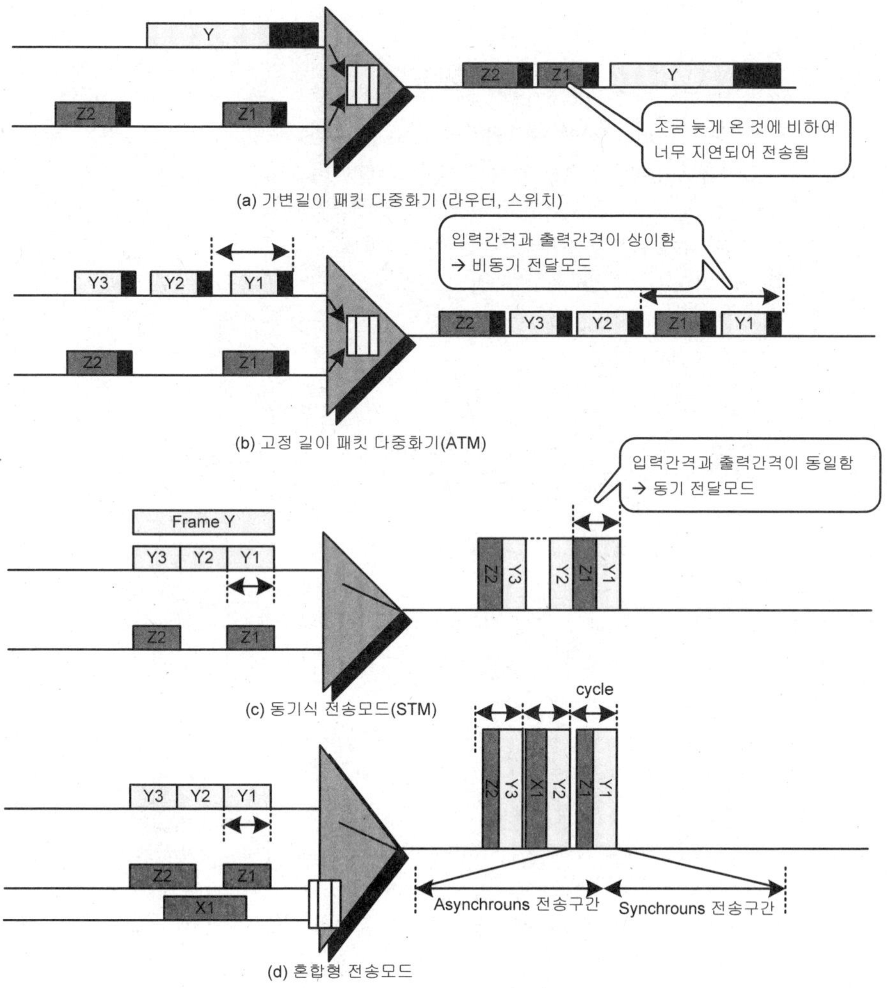

<그림 4.9> 링크 계층에서의 다중화 방법의 종류

(3) 응용 계층

비동기형 서비스의 예를 들면 email, 파일전송, www 등이 있다. 이것은 실제 메시지가 가변적인 간격으로 전달되는 것을 허용하며 전송된 내용을 즉시 읽지 않아도 된다. 반면에 동기형 서비스의 예로는 VoIP, IPTV, 화상회의 등의 실시간 서비스가 있다.

4.5 UART

(1) 개요

UART(Universal Asynchronous Receiver/Transmitter)는 프로세서 내부에서 사용하는 8비트 길이의 병렬 바이트를 직렬로 변환하여 비동기식으로 전송하고 수신측에서는 다시 병렬로 복원하는 기능을 수행한다. 따라서 물리적으로 분리된 2개의 선로를 가진다 반면에 USRT(Universal Synchronous Receiver/Transmitter)는 고속 동기식 직렬전송장치에서 사용된다.

<그림 4.10>은 기본적인 비동기 전송형식이다. 송신측은 이러한 수신측을 배려하여 한 바이트를 송신할 때 stop비트를 먼저 송신한다. 이것은 선로상태를 한 비트구간 동안 0으로 변화시킨 것이다. 이 선로상태 변화는 수신측에게 "이제 드디어 송신이 개시되는구나."라고 통지할 수 있도록 한다. 한 바이트 데이터 송신이 완료되면 1~2 bit time(BT) 동안 High상태를 유지한다. 이것을 Stop비트구간이라고 한다[2]. 이것도 역시 수신측을 배려한 것이다. 수신측은 이 구간에서 그동안 수집된 비트들을 병렬화(deserialize)하여 프로세서에 전달하는 충분한 시간을 갖게 된다. 또한 이 Stop비트 구간은 바이트간 경계를 구분하는데 도움이 된다.
필요시 패리티 비트를 추가할 수 있는데 단거리 통신시스템에서는 전송오류 발생률이 극히 낮으므로 No Parity방식을 대부분 사용한다.

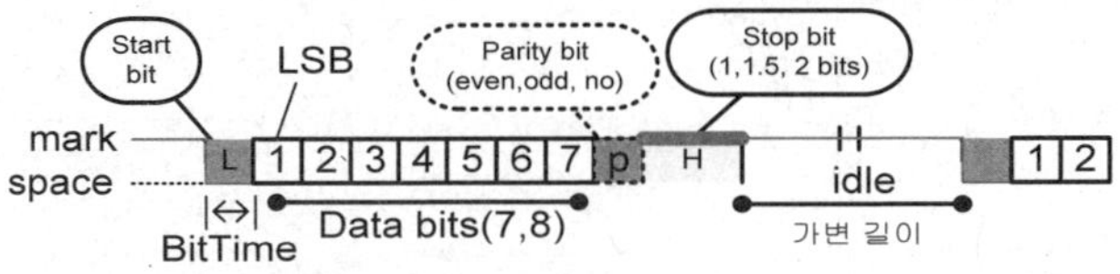

<그림 4.10> UART의 비동기 전송 형식

물론 쌍방간의 전송속도, 데이터비트 의 수와 Stop비트열의 지속시간, 그리고 패리티비트의 사용여부, LSB부터 송신할 것인지의 데이터 비트의 송신 순서 등에 대하여 다음과 같이 사전에 약속되어야 한다.

- 통신속도 : 송수신측 간 전송속도를 일치시켜야 한다.
- 스톱비트의 길이 : 각 데이터 바이트의 끝은 스톱비트로 마감된다. 이 스톱비트는 1과 1.5, 2비트 중 하나가 선택되며 이 기간동안 'H'상태, 즉 idle상태를 유지한다. 다음에 전송될 데이터의 Start 비트는 이 기간 이후에 송신 가능하다.
- 패리티 사용여부 및 패리티 종류 결정 : 패리티 비트는 데이터전달 중 발생하는 오류를 수신측에서 검출할 수 있도록 송신측에서 삽입하는 오류 검출 비트이다. 이것의 종류에는 {짝수, 홀수, 사용하지 않음}이 있다. 짝수 패리티로 설정된 경우, {데이터 비트열, 패리티}영역에서 1의 개수가 짝수가 되도록 패리티 비트의 값이 설정된다. 예를 들어 {011010}이면 짝수패리티의 값은 {1}이다. 이러한 패리티 비트는 데이터의 길이가 7비트인 경우에 8번째 비트영역에 패리티 비트가 추가된다.
- 문자별 데이터비트 수 : 각 문자의 길이가 7비트인 영문자의 경우에는 7로 설정하고, 한글의 경우에는 8로 설정해야 한다.

(2) 송신부

송신부는 TX FIFO에 저장된 바이트를 parallel-to-serial 변환기를 사용하여 직렬 전송한다. 이때 송신부의 제어부는 먼저 Start비트를 송신후 해당 바이트의 LSB부터 데이터 비트열을 송신한다. 이어 필요시 패리티 비트를 송신한 후, 마지막으로 Stop비트 영역을 송신한다. 패리티 비트의 부착여부 및 Stop비트 영역의 길이는 쌍방이 일치해야 한다.

[2] 특히 1.5비트 구간의 stop영역은 오래 전에 사용되었던 텔레타이프 시스템에서 사용된 것이다.

(3) 수신부

수신부는 수신선로의 상태가 idle상태에서 Start비트를 감지하고 이어 수신되는 직렬 비트열을 바이트로 변환하여 수신 FIFO에 저장하는 serial-in-parallel-out(SIPO)로직 즉 시프트 레지스터로 구성되어 있다. 수신이 완료되면 수신 인터럽트를 발행한다. 또한 버퍼의 overrun, parity, frame error 검사, break 신호감지 등을 함께 수행하여 그 결과를 상태 레지스터에 표시한다.

(4) 모뎀 제어부

일반적으로 단말 UART의 상대는 모뎀이다. 모뎀은 UART와의 흐름제어를 위한 RTS(Request To Send) 및 CTS(Clear To Send) 등의 전용 신호선을 이용하여 제어신호 처리 및 DTR/DSR 등의 동작상태 정보를 교환한다. UART와 UART 간의 직접 연결시에는 프로세서의 고속 처리 기능에 의해 이러한 모뎀 제어 신호가 불필요하다.

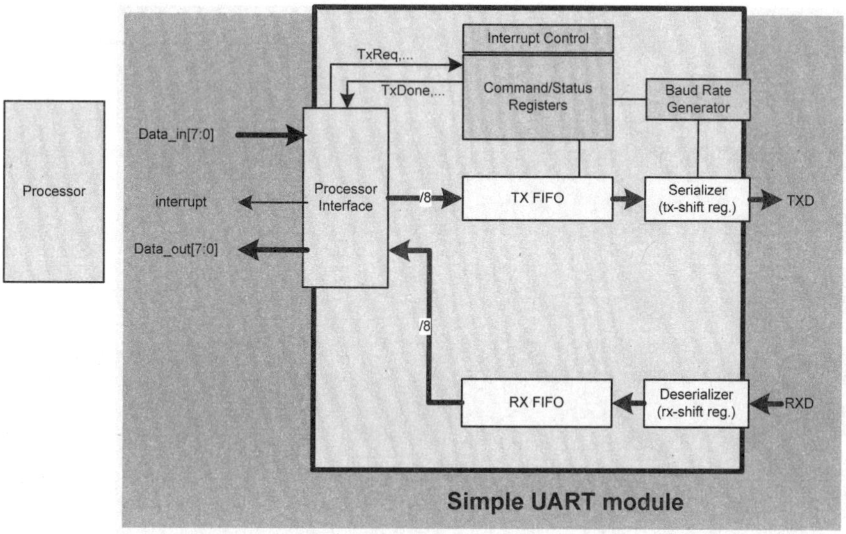

<그림 4.11> UART와 RS232

4.6 UART의 비동기 전송방식

비동기 전송 특성상 송신측은 수신측에게 자신의 송신클럭 신호를 보내지 않는다. 따라서 수신측은 자신의 수신클럭만을 활용하여 스스로 수신비트열을 샘플링하는 "self synchronizing"방식을 사용해야 한다. 따라서 Start와 Stop비트내에서의 비트 전송율은 반드시 준수되어야 한다.
특히 idle구간에서는 아무런 신호가 전달되지 않는다. 따라서 송신측과 수신측의 클럭은 상대방과 무관하게 동작한다[3]. 각 바이트의 구분은 Start와 Stop비트에 의해서만 가능하다[4]. UART의 세부적인 동작은 다음과 같다.

---

[3] 물론 쌍방은 동일한 baud rate로 설정되어야 한다.
[4] 이러한 UART 관련 특허는 1961년에 등록되었다.

(1) 송신

- CPU가 UART에게 한 바이트의 송신을 명령하면 UART는 우선 Start 비트를 먼저 송신한다. 이 Start 비트는 수신측에게 수신 준비하라는 신호인 동시에 수신측의클럭을 활용하여 이어지는 비트열을 샘플링하라는 의미이다. 물론 송신측의 클럭과 수신측의 클럭은 일치할 수 없지만 10%내외로 허용된다.
- Start 비트 이후 데이터 바이트의 Least Significant Bit (LSB)부터 송신한다.
- 데이터 비트열을 모두 송신하면 필요시 패리티 비트를 송신하고 마지막으로 Stop 비트를 송신한다. 이후 idle 상태로 복귀한다.

(2) 수신

- Idle상태에서 Start 비트의 감지를 대기한다.
- Idle(High)상태에 있던 링크상태가 Low 값으로 천이할 경우 Start 비트로 인식한다.
- 이후 1.5 BT(bitTime) 이후 첫번째 데이터 비트를 샘플링한다. 이것은 수신신호의 비트 기간 중간에 해당된다.
- 나머지 비트에 대하여 1 BT 간격으로 샘플링한다. 즉 각 비트기간의 중간점에서 신호의 값을 읽어 1 또는 0을 판정한다[5].
- 모든 데이터 비트와 패리티 비트를 수신한 후 Stop 비트를 기대한다. 만약 Stop 비트가 인식되지 않는다면 전송로 상에서 오류가 발생했다고 간주하고 이것을 Framing Error 이벤트로 보고한다[6].
- Start, Parity, Stop비트 부분이 제거된 데이터 부분만 FIFO에 저장한 후 프로세서에 상태 레지스터 또는 인터럽트 등으로 이를 알린다.

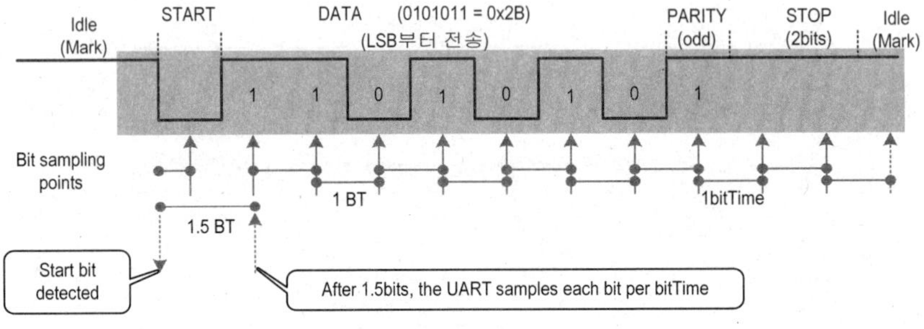

<그림 4.12> UART 수신부의 샘플링 동작

(3) 패리티 비트

패리티 비트는 <그림 4.13>과 같은 exor의 조합으로 만들 수 있다.

[5] 예를 들어 각 비트를 보내는 시간이 1초라면 Start 비트의 변화 감지 후 0.5+1초 뒤에 첫번째 데이터비트를 샘플링하고 이후부터는 1초간격으로 다음 비트들을 샘플링한다.
[6] 이러한 Framing Error는 송수신측간의 통신속도를 상이하게 설정한 경우 대부분 발생한다.

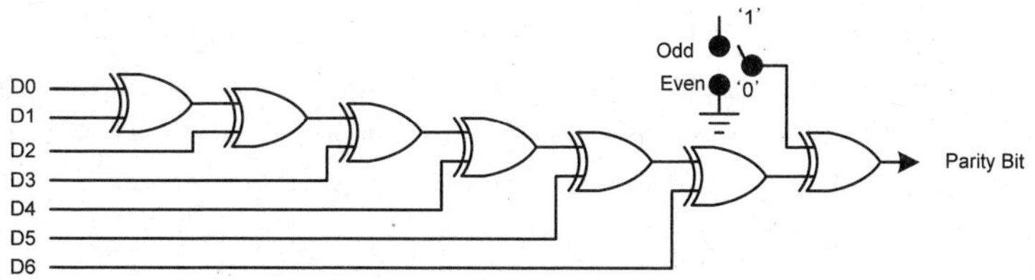

<그림 4.13> 패리티 비트 생성기의 구조

4.7 UART의 제어기능

(1) 개요

직렬 데이터 전송시 수신측의 CPU가 다른 작업으로 인해 UART의 수신 FIFO에 저장된 데이터를 가져가지 못한다면 이후 수신되는 데이터에 의해 해당 FIFO가 넘치게 될 것이다. 이를 방지하기 위하여 UART는 상대 송신측에게 자신의 수신가능 여부를 알리기 위한 다음과 같은 추가적인 RTS, CTS, DSR, DCD, DTR 등의 신호선을 사용한다.

용도	이름	약어	기능	신호발생원	
				DTE	DCE
공통 GND	Common Signal Gnd	SG			
데이터전달용	Transmitted Data	TxD	DTE에서 DCE로의 송신데이터	●	
	Received Data	RxD	DTE가 받는 DCE로부터의 수신데이터		●
하드웨어기반 흐름제어용	Request To Send	RTS	DCE에게 DTE가 전송할 데이터가 있으니 수신준비를 요청함	●	
	Clear To Send	CTS	DTE에게 DCE자신의 수신버퍼에 여유가 있어 수신 가능함을 응답함		●
DTE/DCE 간 동작상태 점검용	Data Terminal Ready	DTR	DCE에게 DTE가 동작준비 완료되었음을 보고함	●	
	Data Set Ready	DSR	DTE에게 DCE가 동작준비 완료되었음을 보고함		●
연결 및 통신상태표시용	Ring Indicator	RI	DTE에게 DCE가 원격에 있는 상대방으로부터 전화연결요청이 왔음을 보고함		●
	Data Carrier Detect	DCD	상대방 DCE와 연결된 선로상에서 모뎀 기능이 작동함을 DTE에 보고함		●

(2) 흐름제어 기능

수신버퍼의 넘침을 방지하기 위하여 상대방에게 다음과 같은 3가지의 방법으로 자신의 수신가능 여부를 통보함으로써 흐름을 제어한다.

- Hardware Flow Control(RTS/CTS) : 두 장치간의 흐름제어를 위하여 송신측은 문자를 전송하기 전에 데이터 선로와 별개인 RTS 신호선 상태를 1로 설정하여 수신측에게 알린다. 이에 수신측은 수신 가능한 경우 Clear-To-Send(CTS) 신호선을 사용하여 응답한다. 이 응답이 오지 않으면 송신을 지연함으로써 흐름을 조절한다. 이렇게 별도의 제어 신호선을 사용하는 것을 하드웨어 기반의 흐름제어 방식이라고 하며 UART간 직접 연결시에는 거의 사용되지 않는다.

- X-on/off 방법 : RTS/CTS 등의 제어 신호선을 사용하지 못하는 경우 데이터 선로상에 0x11(X-ON) 및 0x13(X-OFF) 값을 갖는 특수문자로 흐름 제어하는 방법이다.
- 사용하지 않는 방법 : 현재 대부분의 MCU는 예전에 비해 동작 처리속도가 높아 112 Kbps 등의 고속으로 유입되는 수신 데이터를 무리 없이 처리할 수 있다. 따라서 복잡한 흐름 제어기능이 불필요하므로 위와 같은 흐름 제어기능은 실제 사용하지 않는다.

[참고] RTS/CTS를 사용하여 흐름을 제어하는 방법은 DTE관점에서 보면 자신이 송신할 수 있는지를 DCE에게 물어보고 DCE가 CTS로 허가하면 송신을 하는 것이다. 하지만 반대로 DTE는 DCE로부터의 데이터 수신을 거부하거나 지연시킬 수는 없어 불평등한 절차라고 할 수 있다.
이러한 문제점을 해결하는 평등한 절차로써 비표준방식인 "RTS/CTS handshaking" 절차가 개발되었으며 현재 RS-232-E로 표준화되어 RTR(Ready to Receive) 신호로 불리운다. 이 절차의 경우 CTS는 RTS에 대한 응답으로 간주되지 않는다. 대신에 다음과 같이 사용된다.

- CTS : DCE가 DTE에 대하여 DCE에게 데이터 송신을 허가하는 용도로써 RTS에 대한 응답은 아니다.
- RTS : DTE가 DCE에 대하여 DTE에게 데이터 송신을 허가하는 용도로써 CTS의 응답을 기대하지 않는다.

즉 RTS와 CTS는 각각 DTE와 DCE에 의해 개별적으로 운용된다.

(3) DTE/DCE간 동작상태 점검용 신호

- DTR (Data Terminal Ready) : DTE가 동작 준비되었음을 상대방 DCE에게 알릴 때 사용된다.
- DSR(Data Set Ready) : DCE가 동작 준비되었음을 상대방 DTE에게 알릴 때 사용된다.

(4) 연결 및 통신상태표시용 신호

- RI(Ring Indicator) : 상대방으로 부터 연결호출이 왔음을 DTE에게 통보시 사용된다.
- DCD(Data Carrier Detect) : 모뎀 기능이 작동함을 DTE에게 통보시 사용된다.

4.8 상용 UART 칩

(1) 개요

고전적인 UART 칩은 8250 UART(universal asynchronous receiver/transmitter)이다.
이것의 기능은 다음과 같다.

- 시프트 레지스터 기반의 직병렬 변환기능을 지원한다.
- Start, Stop, parity비트를 자동 생성하고 검사한다.
- 인터럽트 발생기능을 가진다.

- 한 바이트 단위의 송신과 수신을 수행한다.
- 상대방 장치(모뎀 등)과의 제어신호를 생성하고 감지한다.

이후 개발된 16550 UART는 바이트 단위의 송수신에 의한 잦은 인터럽트 발생 문제점을 해결하기 위하여 16바이트 크기의 FIFO 를 내장하여 1, 4, 8, 14바이트 등의 문턱치를 초과할 경우에만 인터럽트를 발생하고 DMA로 메모리에 직접 데이터를 전달할 수 있도록 개선한 것이다. 또한 최대 5~10Mbps까지 가능하다[7].

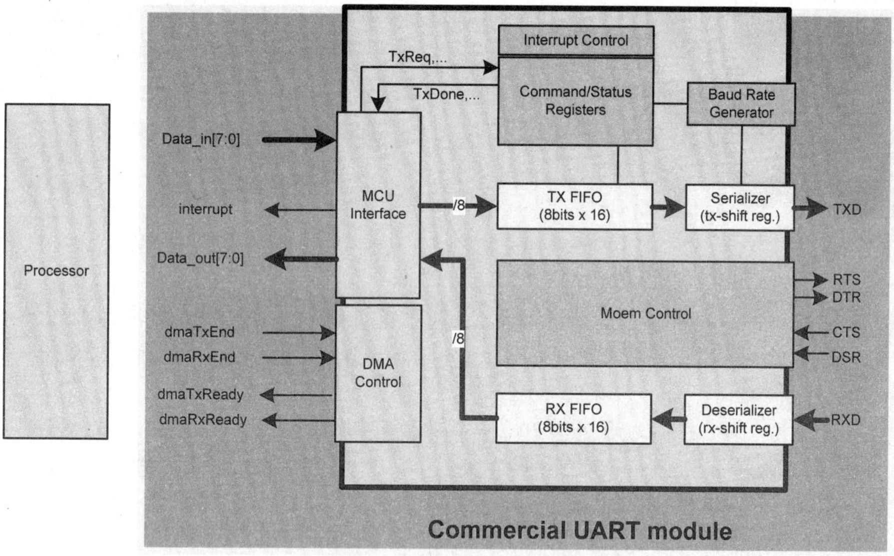

<그림 4.14> 상용 UART모듈의 구성

(2) 인터럽트 발생기능

UART가 CPU에게 발행할 수 있는 인터럽트는 다음과 같은 상황에서 가능하다.

- Transmit : 송신완료시 발행된다. 대부분의 경우 사용하지 않는다.
- Receive : 수신완료시, 즉 FIFO 문턱치를 초과한 바이트가 버퍼에 저장된 경우 발행된다.
- Receive Timeout : RX FIFO가 비어 있지 않을 때 32 BT 동안 추가적으로 데이터가 입력되지 않으면 생성된다. 이것은 FIFO 문턱치에 도달하지 않아 CPU나 메모리로 데이터를 옮기지 못해 지연되는 것을 예방한다.
- Overrun Error : 수신 FIFO가 넘치는 경우 발행된다.
- Break Error : Start비트 이후 규정보다 긴 시간동안 low 상태를 유지하는 경우 발행된다.
- Parity Error : 수신된 바이트의 패리티 오류 감지시 발행된다.
- Framing Error(FE) : 규정보다 긴 시간동안 Stop비트 상태로 천이하지 않는 경우 발행된다.

---

[7] MCU에 내장된 UART는 Line-break 신호의 생성과 감지 기능도 제공한다. 또한 IrDA serial-IR (SIR) encoder/decoder 기능도 함께 가지고 있어 최대 115.2 Kbps의 적외선 통신을 할 수 있다. 그리고 자동차내부 통신방식인 LIN도 지원한다.

(3) 루프백 기능

디버깅이나 프로그램 개발시 UART에 대하여 내부적인 루프백 동작을 설정할 수 있다. 이 경우 TXD 데이터는 내부적으로 루프백되어 수신부에 입력된다.

(4) Break 신호 생성 및 감지기능

Break 신호는 {Start + byte + Parity + Stop}으로 구성된 하나의 전송단위 전송소요시간보다 길게 '0'을 유지하는 신호이다. 대부분의 UART는 이러한 Break 신호를 생성하기도 하고 이를 감지할 수 있다. 현재 2종류의 Break 신호가 사용되고 있다. Break 신호가 1.6초 이상이면 "Modem Break" 신호라고 하는데, 이것은 상대방에게 "이제 통신과정을 종료하자"라는 신호로 사용된다. 반면에 1.6초 보다 짧은 경우에는 "Data Break" 신호라고 하며 상대방에게 이 신호에 대한 응답을 요청하는 용도로 사용된다. 이 경우 Break 신호는 마치 Ctrl-C문자처럼 Attention 또는 인터럽트 신호로 간주된다. DMX512 및 LIN에서는 나름대로의 Break 신호 규정이 있다.

(5) UART의 마이크로샘플링 기능(참고)

앞에서 수신측은 선로상태가 idle(Mark 상태)에서 Space 상태로 천이하는 순간을 Start 비트의 시작이라고 판단하였다. 하지만 만약 외부 잡음에 의해 순간적으로 0으로 천이하고 1로 복귀할 수도 있을 것이다. 상용 UART는 보다 정밀한 샘플링을 위하여 내부적으로 BT의 16배 빠른 Micro Sampling 클럭을 사용한다. 샘플링 기능부는 수신되는 RXD값이 high(=idle)에서 low(Start)로 천이하는 것을 감지하면 유효한 Start 비트영역인지 판정하는 절차가 개시된다.

<그림 4.15>에서 idle 상태에 있던 입력 신호값이 천이된 것을 최초의 micro sample시 감지한 후 {8,9,10}번째의 micro sample 값도 여전히 모두 0이라면 이것을 유효한 Start 비트의 중간부분으로 판단한다. 이후부터는 16개의 micro sample 마다 해당 데이터 비트에 대한 샘플링을 반복한다. 이러한 과정은 Start 비트로 시작되는 각 바이트별로 재시작 된다.

그리고 Stop 비트는 지정된 Stop 비트기간 동안 샘플링된 값이 '0'인지 판단한다. 만약 '0'으로 감지되면 Frame Error(FE)로 간주하여 이를 프로세서에 인터럽트로 알린다.

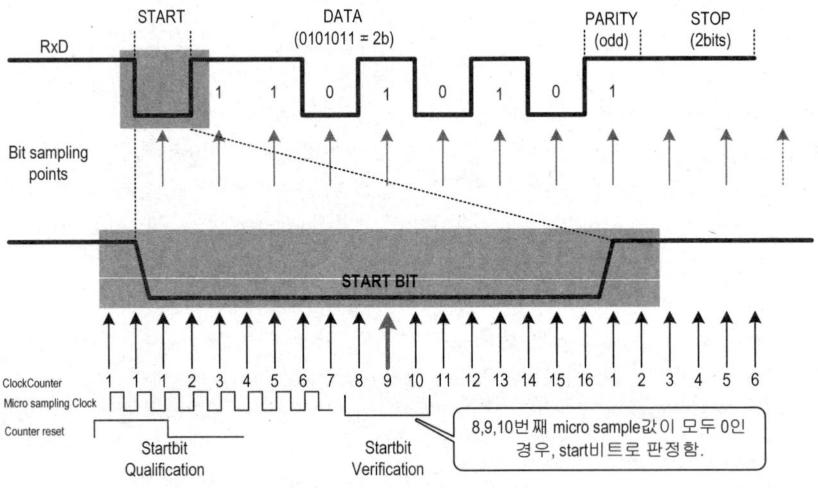

<그림 4.15> Micro Sampling기능과 Start비트영역 감지 동작

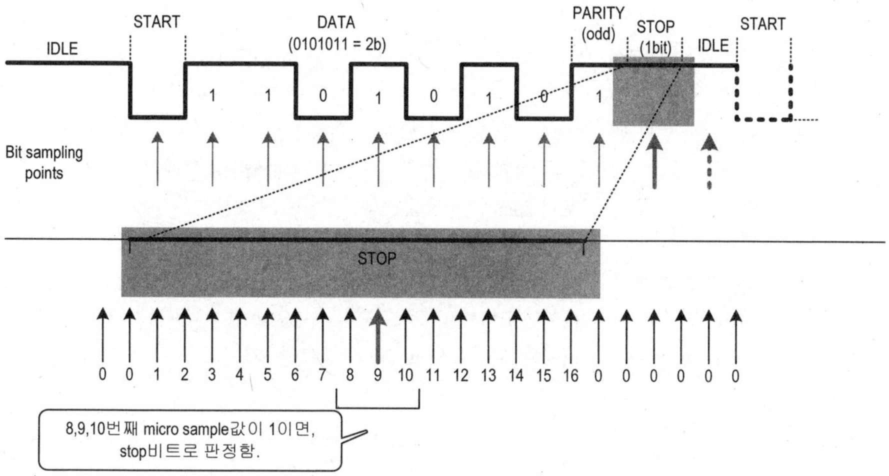

<그림 4.16> Stop비트영역 감지 동작

4.9 RS232

(1) 개요

RS-232 는 DTE(Data Terminal Equipment)와 DCE (Data Circuit-terminating Equipment)간을 연결하는 직렬 single-ended 신호규격과 커넥터의 사양을 규정한 것이다. 여기서 single-ended란 모든 데이터와 제어신호선의 신호레벨은 모두 공통의 GND를 기준으로 한다는 것이다.

또한 TXD와 RXD라인을 분리함으로써 전이중 전송이 가능하다. 케이블 길이규정은 없지만 15~300m를 연결할 수 있다.

대부분의 MCU 내부에 내장하는 UART 모듈 또는 외장형 UART칩의 송신핀의 신호는 3.3V 또는 5V의 TTL레벨이고 구동 전류값도 작기 때문에 장거리 전송이 불가능하다. 이를 가능하게 하기 위하여 보다 높은 신호전압(최대 15V) 과 큰 전류(500mA)를 공급할 수 있는 RS232 전용 라인드라이버를 UART에 추가한다.

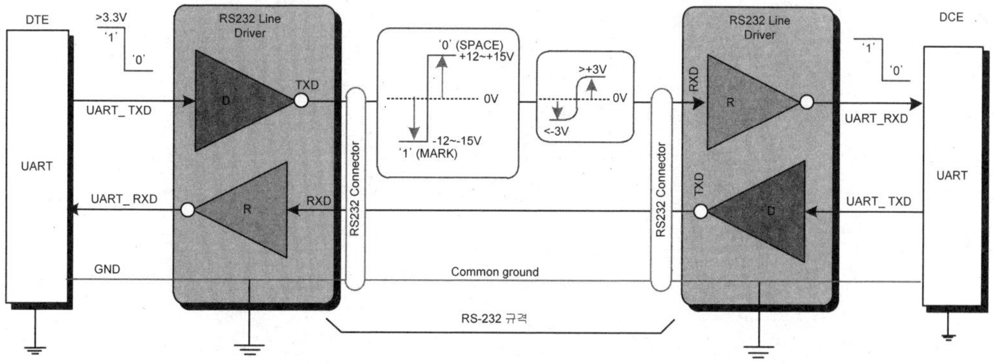

<그림 4.17> RS232의 기능

(2) RS232 신호레벨

다음과 같이 데이터와 제어신호는 서로 상이한 신호레벨을 사용한다.

- 데이터신호레벨 : 데이터 라인(TxD, RxD)의 경우 logic '1'은 -3 ~ -15 V 전압이며 이것을 Mark상태라고 한다. 반면에 Logic '0'은 3 ~15 V이며 Space 상태라고 부른다. 송신하지 않는 경우 즉 통신로가 idle하면 "Mark"상태 또는 연속적으로 1을 전송하고 있는 상태이다.
- 제어신호레벨 : 제어신호선(RTS, CTS, DTR, DSR 등) 의 경우 데이터신호와 반대로 Mark인 경우 +3 ~ +15 V이며 Space값은 −3 ~ −15 V이다. 이러한 제어신호에 대하여 active low 로직을 사용하므로 nRTS, nCTS 등의 핀을 가진다.

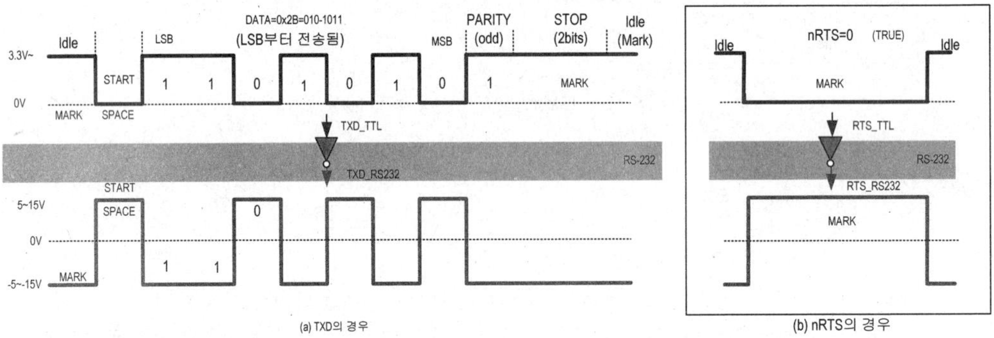

<그림 4.18> RS232의 신호레벨

(3) RS232 라인 드라이버

+/-12V의 RS232의 신호 전압은 3.3~5V의 TTL 레벨로 작동하는 일반적인 UART는 생성할 수 없는 것이므로 전용 라인드라이버 칩을 추가 사용해야 한다. 이러한 칩으로는 5V의 동작전원을 사용하는 MAX232와 3.3V의 동작전압으로 동작하는 SP3232 등이 있다.

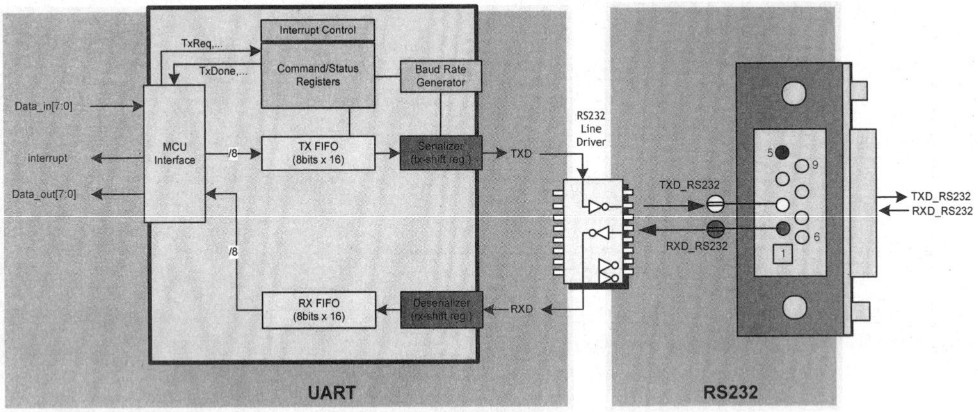

<그림 4.19> RS232 라인 드라이버

이것은 5V 또는 3.3V의 전원을 공급받아 8~12V의 RS232 신호를 생성하기 위하여 대용량 커패시터를 사용하는 charge pump방식의 DC 승압회로를 가지며, 내부적으로는 4개의 inverter 로직으로 구성되어 있다.

(4) RS-232 커넥터

D-subminiature(D-sub)는 다목적으로 사용되는 인터페이스이다[8]. 이것은 핀의 개수에 따라, {A=15 pin, B=25 pin, C=37 pin, D=50 pin, E=9 pin} 등으로 명시된다. 예를 들어 DB25M은 25핀의 Male 커넥터이다. 일반적으로 단말 즉 DTE 측은 male 커넥터를 사용하고 DCE측은 female 커넥터를 사용한다[9]. 그리고 기본적인 커넥터는 25핀의 DB-25커넥터이지만 오늘날 해당 핀의 기능이 대부분 필요없기 때문에 DE-9 이 많이 사용된다. 또한 RJ45 커넥터를 사용할 수도 있다.

또한 데이터의 송수신만 활용할 경우에는 TXD, RXD, Ground 등 3개의 선만 사용할 수 있다. 심지어 UART 인터페이스를 제공하는 GPS 수신기로부터의 데이터를 수신할 경우에는 단방향 통신만 수행되므로 MCU의 UART입장에서는 RXD와 Ground 선만 있어도 된다. 필요시 양방향 통신과 RTS/CTS를 활용한 hardware flow control기능이 필요할 때는 5핀 커넥터를 사용하기도 한다. <표 4.1>은 9핀의 경우에 대한 것이며 이름은 모두 DTE 관점에서 명명된 것이다. 다시 상기하면 GND선은 다른 모든 신호선에 대한 기준 GND선으로써 common return이라고도 부른다.

<표4.1> DB25와 DB9 규격

Signal	DB9	DB25	Description
DCD	1	8	Data Carrier Detect
RxD	2	3	Received Data (by DTE)
TxD	3	2	Transmitted Data (by DTE)
DTR	4	20	Data Terminal Ready
GND	5	7	Signal Ground
DSR	6	6	Data Set Ready
RTS	7	4	Request To Send
CTS	8	5	Clear To Send
RI	9	22	Ring Indicator

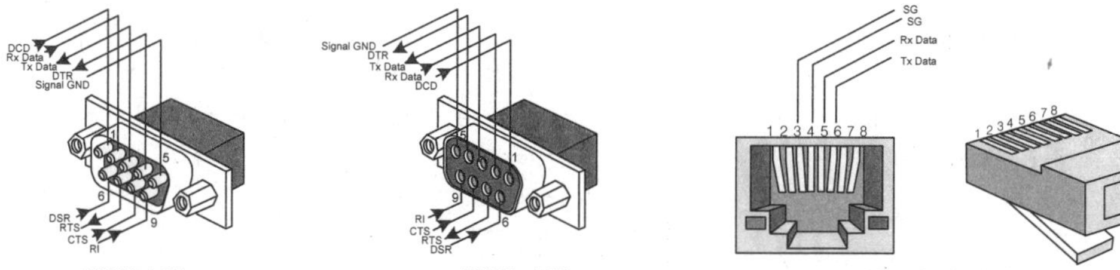

(a) DE-9M(male-DTE) (b) DE-9F(female-DTE) (c) JR-45 Tap Down Port RS232 Mode

<그림 4.20> RS232 커넥터

[8] 이 D-sub는 외부에서 봤을 때 'D'자 모양이어서 붙여진 이름이다. 이 'D'자 모양의 금속은 소켓이 결합될 때 시스템의 접지선로에 접속되어 외부로부터의 전자파를 차폐할 수 있도록 한다.

[9] DTE용으로 female 커넥처를 사용할 수도 있다.

(5) 유사 RS232

- TTL 레벨 RS232 : RS232라인드라이버 없이 UART 간 직접 연결하는 경우 TTL 신호 레벨(0+5V)로 통신할 수 있다.
- Current Loop : 20mA Current Loop는 상대방에 대하여 20mA의 전류공급여부로 이진데이터를 전송하는 장거리 전송기술이다.

(6) UART 응용제품

a) UART-to-USB 변환기 : 최근의 PC 및 노트북 컴퓨터의 경우 UART/RS232 포트를 제공하지 않는다. 대신 필요시 USB를 이용한 UART기능을 제공할 수 있는 다양한 변환 칩이 있다. 여기에는 Prolific사의 PL-2303, Silicon Labs의 CP2102, FTDI사의 FT232RL 등의 USB to Serial Bridge Controller 이다.

b) UART-to-GPIO 브리지 : SC18IM700 Master I2C-bus controller with UART interface칩은 GPIO입출력 데이터를 UART로 송수신하는 브리지 기능과I2C 송수신데이터를 UART로 송수신하는 브리지 기능을 선택적으로 제공한다.

c) 기타 : SPI-to-UART 및 I2C-to-UART, Bluetooth-to-UART 등의 다양한 변환기가 있다.

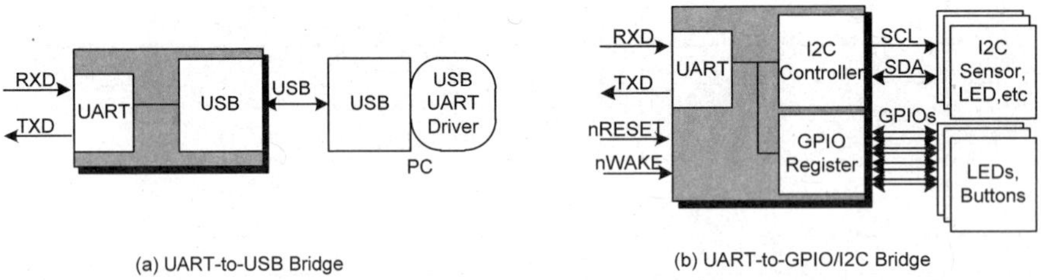

<그림 4.21> UART 응용 제품의 예

4.10 4~20mA Current Loop 통신

(1) 개요

Current Loop 통신방식은 최대 30Km 떨어진 장치간에 4mA에서 최대 20mA까지의 전류량을 변화시킴으로써 데이터를 전송하는 것이다. 이것은 원격지에 설치된 강우량 센서, 지진파감지 센서, 지질침하 센서 등의 데이터를 신뢰성 있게 장거리 전달한다.
이러한 Current loop 시스템은 50~60년의 역사를 가진다. 1962년에 최초로 20mA방식의 Model 33 텔레타이프가 개발되어 현재까지도 효율적인 장거리 전송기술로 사용되고 있다. 이것은 600m 전송선로에서 19.2Kbps로 전송할 수 있으며 300 baud인 경우 더 먼 거리 전송이 가능하다.

(2) 구성요소

Current Loop 통신 시스템은 다음과 같은 4가지의 요소가 모두 직렬로 연결되어 일종의 전류 loop회로를 구성한다.

- Sensor/transducer : 센서는 측정된 값을 아날로그 전압의 세기로 출력한다. 보통 +1~4V 진폭의 출력이다.
- Voltage-to-current converter(transmitter) : 센서의 전압에 비례하는 4~20mA의 전류의 세기로 변환한다. 즉 +1V입력에 대하여 4mA를 출력하고 +4V의 입력은 20mA의 전류로 변환한다. 이때 전류의 방향은 자신이 current source이거나 current sink에 따라 다르다. 디지털 Current Loop시스템의 경우 최소전류는 0 mA가 허용된다.
- Loop power supply : 24V 또는 12V의 전원공급 장치이다. Current loop시스템에서 전류원을 제공하는 장치를 active장치라고 하고 전송선로로부터 전류를 제공받는 장치를 passive장치라고 한다.
- Receiver : 저항이나 비교기를 사용하여 전류의 양의 변화를 전압의 세기로 복원하여 기록하거나 게이지로 표시한다. 이것을 Monitor 장치라고도 한다.

이러한 Current loop방식의 가장 큰 장점은 장거리 전송에도 신호감쇄가 없다는 점이다. 즉 만약 전압의 변화량으로 송신시 전송로상의 감쇄에 의해 전압강하가 심하게 발생한다. 하지만 전류는 선로 밖으로 유출되지 않으므로 선로의 저항값이 변화하지 않는다면 전류량의 감쇄는 없기 때문이다.

<그림 4.22>는 전류 공급원이 각각 Receiver이거나 Transmitter인 경우를 도시한 것이다. 일반적으로 수신부가 전류를 공급하는 Active Monitor 방식이 사용된다.

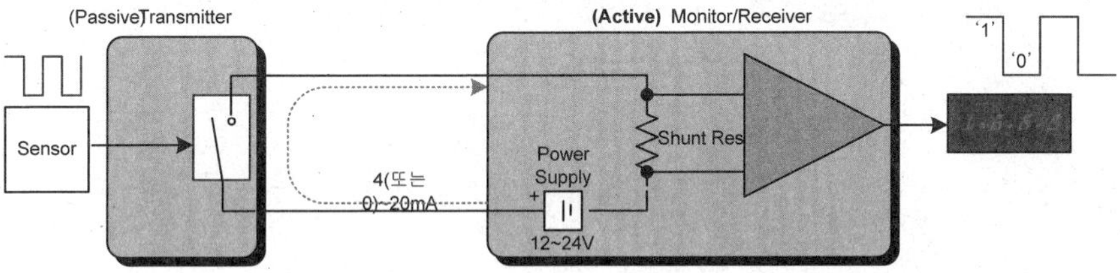

(a) Active Monitor System

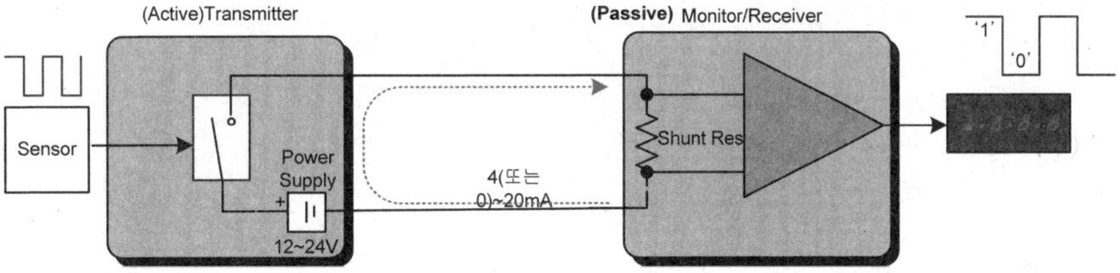

(b) Passive Monitor System

<그림 4.22> 전류원에 따른 Current Loop 시스템의 구분

(3) 종류

Current loop 시스템의 동작 방식은 다음과 같이 3가지 방식으로 구분된다.

- 디지털 Current loop 방식
- 아날로그 Current loop 방식
- HART 방식

(a) 디지털 Current Loop 방식

이것은 전류가 12mA이상 흐르면 '1'(Mark)이며, 0~2mA 이하로 흐르면 '0'(Space)로 판정하도록 하는 디지털 전송방식이다. 필요시 송수신부는 회로 보호를 위하여 optocoupler를 이용한 isolation회로를 내장한다.

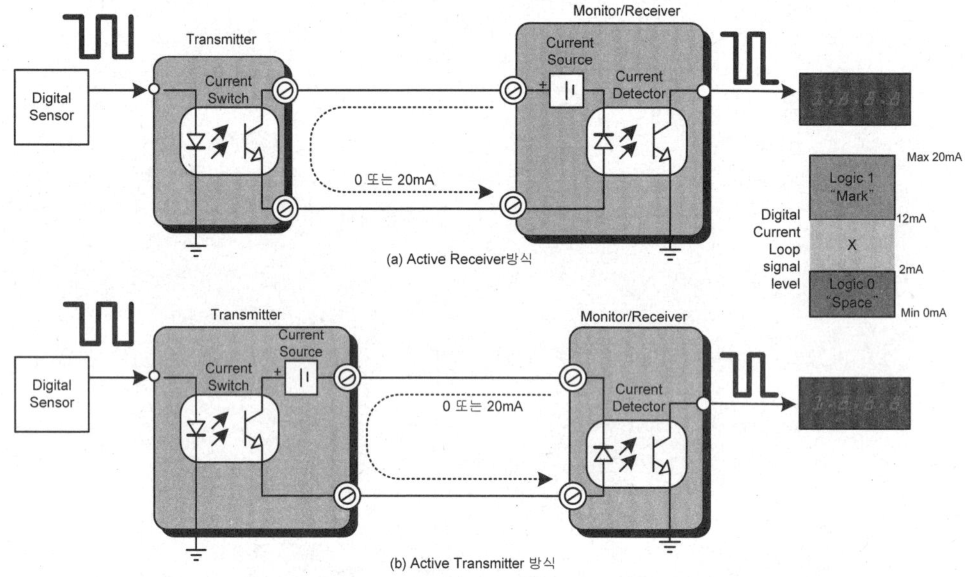

<그림 4.23> 디지털 Current Loop 시스템

(b) 아날로그 current loop 방식

이것은 온도, 압력, 습도, 강우량 정보를 전압으로 출력하는 아날로그 센서에 대하여 이 전압에 비례하는 전류량으로 변환하여 중앙의 모니터(수신장치)에 전송하는데 사용된다. 측정값은 최소 4mA와 최대 20mA 사이의 전류값으로 표현된다. 디지털 current loop방식과 달리 4mA 미만의 전류가 흐르거나 아예 흐르지 않으면 케이블 오류로 판정한다[10]. 전류의 변화에 따른 측정값을 표시하려면 설치후 미세 조정이 추가 필요하다.

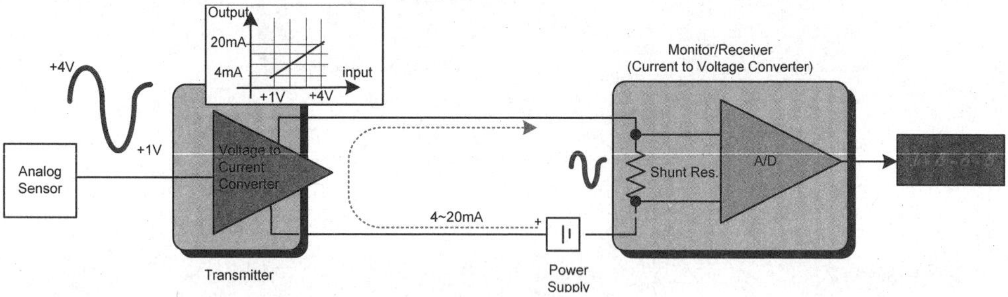

<그림 4.24> 아날로그 Current Loop 시스템

[10] 따라서 본 기술을 4-20mA Current Loop기술이라고 부른다.

(c) HART 방식

Highway Addressable Remote Transducer(HART) 방식은 디지털 데이터를 FSK 방식으로 변조한 후 이것을 전압이 아닌 4~20mA 전류의 변화량으로 전송하는 것이다. 즉 이것은 전류의 흐름을 단속적으로 변환하는 디지털 loop 방식과 달리 디지털 데이터를 FSK로 변조하여 아날로그 current loop 방식으로 전송하는 방식이다.

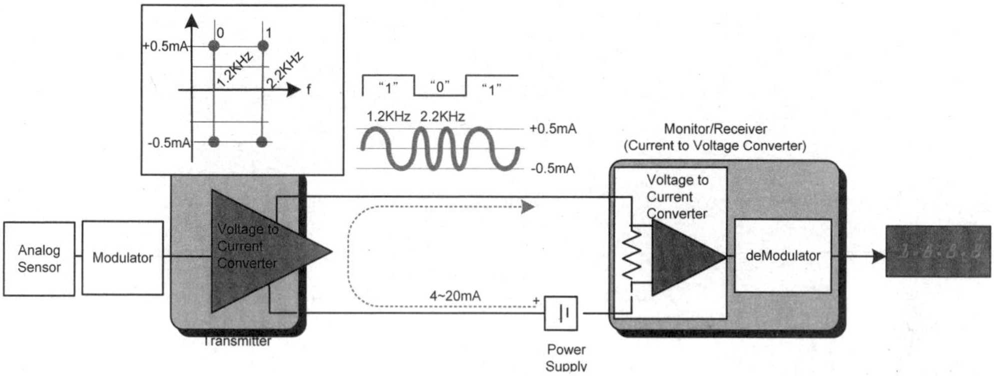

<그림 4.25> HART Current Loop 시스템

4.11 38KHz 적외선 리모컨 통신 시스템

(1) 개요

가전기기 또는 로봇 등의 제어용으로 널리 사용되는 리모컨은 38KHz의 변조주파수와 940nm 파장을 갖는 IRED(적외선 LED)송신부와 수신부로 구성된다. 이것을 IrDA와 구분하여 Consumer IR(CIR), Remote IR 등으로 불리운다[11].

가전회사별로 고유한 변조방식과 메시지 형식을 갖는다. 이것의 전송률은 4~120 bps이다.

<그림 4.26>은 38KHz 적외선 리모컨 시스템의 구성이다. 크게 NEC방식과 필립스방식이 있다.

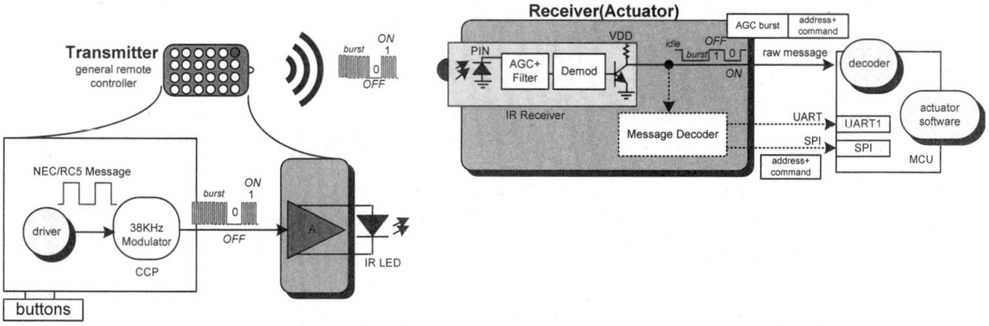

<그림 4.26> 38KHz 적외선 리모컨 통신 시스템의 구조와 동작

[11] 115.2Kbps의 고속 직렬 적외선 통신방식인 Serial IR(SIR) 방식의 IrDA는 본 교재 후반부에서 다룬다.

(2) NEC 방식

a) 신호변조 방식

Mark('1')와 Space('0') 데이터값은 <그림 4.27>과 같이 각각 2.56msec와 1.12msec의 구간에서 송신된다. 각 구간의 선두는 560μsec길이의 펄스로 시작하며, 각 펄스는 38KHz 주파수의 심볼로 구성된다. 이렇게 데이터 값에 따라 펄스의 간격이 다르게 전송하는 방식을 pulse distance modulation방식이라고도 한다.

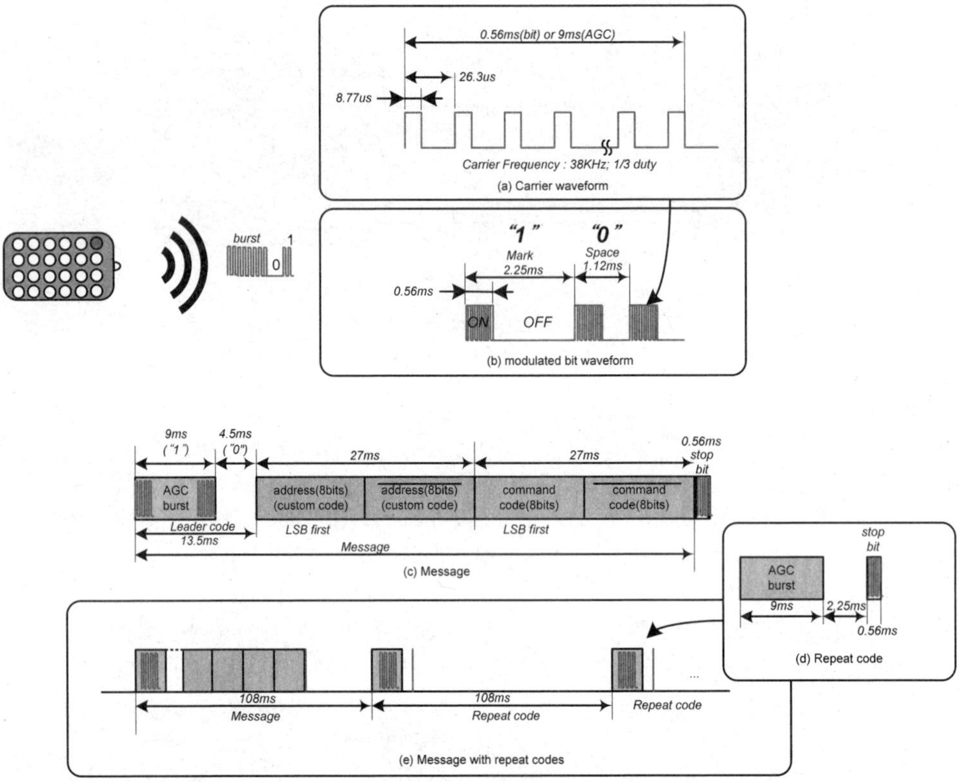

<그림 4.27> NEC 형식

b) 메시지 형식

각 메시지는 수신부가 자동으로 이득을 조정할 수 있도록 AGC burst를 선두로 주소와 명령어로 구성된다. 8비트 주소영역과 8비트의 명령어는 신뢰성을 위해 각각 2번씩 연속 송신된다. LSB가 먼저 송신된다. 반복된 송신의 경우 해당 비트값은 반전되어 송신된다. 각 메시지의 송신시간은 고정된다. 필요시 {Address, Command}을 각각 16비트로 증가시킬 수 있다[12].

---

[12] (참고) Extended NEC protocol : 주소영역을 16비트로 확장한 것이다. 반면에 command는 기존과 같이 반복 송신된다. 기본형과 확장형의 구분은 주소 바이트 다음 값이 반전된 주소값이 아니라면 Extended NEC 메시지로 간주한다.

사용자가 해당 키를 계속 누르고 있다면 108ms마다 repeat code를 송신한다. 이러한 repeat code는 9ms AGC pulse+ 2.25ms space + 560μs burst로 조합된 것이다.

(3) 필립스 RC-5 방식

가) 신호 변조방식
<그림 4.28>과 같이 각 비트에 대하여 36 KHz의 맨체스터(bi-phase)인코딩을 사용한다. 각 비트는 1.778msec로 일정하며 1/2 BT구간에서 36 KHz의 펄스를 송신하고 남는 1/2 BT은 idle하게 된다.
1비트 송신시간은 1.778ms (36KHz의 64싸이클)이다.

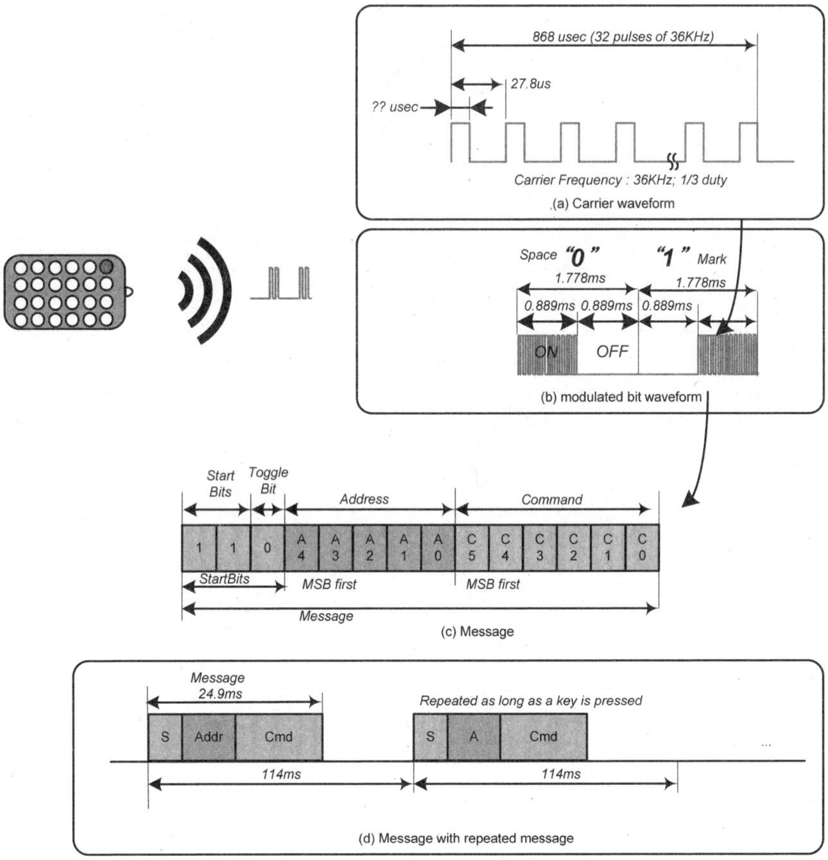

<그림 4.28> RC5 형식

다) 메시지 형식
각 메시지는 {5 비트 주소 + 6 비트 명령어}로 구성된다. 첫 2개의 펄스는 Start 펄스로써 논리 '1' 값을 갖는다. 3번째 비트는 토글 비트로써 키가 떨어지거나 눌러졌을 때 마다 반전한다. 이렇게 함으로써 키가 계속 눌러져 있는 것과 구분할 수 있도록 한다.
다음 5비트는 IR 장치 주소로써 MSB 가 먼저 송신되며 이어 6 비트 명령어가 송신된다.

따라서 하나의 메시지는 총 14비트로 구성되며 25msec 구간을 갖는다.
키가 계속 눌려진 경우 이 메시지는 114msec마다 반복 송신된다. 이때 토글 비트는 이전값과 동일한 값을 갖는다. 이것은 수신부로 하여금 재전송된 것으로 판단할 수 있도록 한다. 아래 표는 각 장치에 대하여 고정 할당된 주소값과 TV에 대한 명령어에 대한 것이다.

RC-5 Address	Device	RC-5 Address	Device
$00 - 0	TV1	$14 - 20	CD Player
$01 - 1	TV2	$1D - 29	Lighting
$07 - 7	Experimental	$1E - 30	Lighting
$14 - 20	CD Player	$1F - 31	Phone
$11 - 17	Tuner		

RC-5 Command	TV Command	RC-5 Command	TV Command
$00 - 0	0	$0A - 10	-/--
$01 - 1	1	$0C - 12	Standby
$02 - 2	2	$0D - 13	Mute
$03 - 3	3	$10 - 16	Volume +
$04 - 4	4	$11 - 17	Volume -
$05 - 5	5	$12 - 18	Brightness +
$06 - 6	6	$13 - 19	Brightness -
$07 - 7	7	$20 - 32	Program +
$08 - 8	8	$21 - 33	Program -
$09 - 9	9		

4.12 설계과제

본 장에서는 비동기 직렬전송방식인 UART와 RS232 그리고 4-20mA Current Loop통신방식에 대하여 다루었다. 보다 실용적인 학습을 위하여 관련된 다음과 같은 설계과제를 수행한다.

① Hello World
② UART 드라이버 소프트웨어 설계
③ RS-232 구동 하드웨어 설계
④ USB/UART 변환모듈 설계
⑤ 디지털 Current Loop 시스템 설계
⑥ 아날로그 4-20mA Current Loop 시스템 설계
⑦ 38KHz 적외선 리모컨 송수신 모듈 설계

4.13 Hello World

(1) 설계 목표

MCU가 지원하는 UART 모듈과 PC간을 UART로 연결하여 "Hello World"를 화면에 출력하는 소프트웨어를 설계한다.

(2) 요구 사항

- MCU가 지원하는 0번째 UART 모듈(U0)을 사용한다.
- 관련 UART0 용 드라이버는 해당 MCU 전용 소프트웨어 라이버러리를 활용한다.
- PC의 "터미널" 응용을 UART통신용으로 사용한다. PC측 UART 기능은 별도의 USB-UART모듈을 사용하거나 UART-USB 변환 칩이 내장된 대부분의 다운로더/디버거 모듈을 활용하도록 한다.
- "Hello World"를 화면에 출력하는 소프트웨어를 설계한다. 이 기능은 앞으로 수행될 모든 설계과제에서 콘솔 디버깅용으로 활용되도록 한다.
- 흐름제어는 사용하지 않는다.
- {No parity, STOP 1 bit, 8 bit data}로 설정한다.
- Baud rate는 115200 bps이다.

(3) 소프트웨어 설계

다음과 같은 항목을 설계한다.

- MCU의 UART 0 기능부를 활성화 한다.
- "Hello World"를 UART 0로 출력하는 코드를 작성한다.

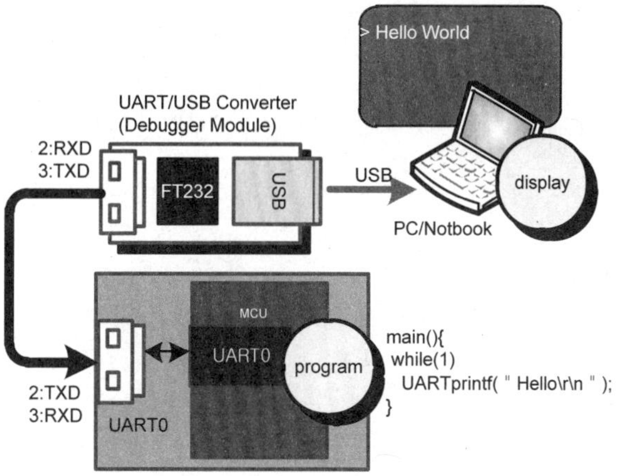

<그림 4.29> UART0 기반의 Hello World 시험 환경

(4) 시험

"Hello World" 스트링 출력시 UART 0로 출력되는 신호를 오실로스코프로 분석한다.
이때 다음 사항에 유의하도록 한다.

- 흐름제어 설정 방법(PC에서) = 사용하지 않음(즉, 하드웨어 방식, XON/XOFF방식 모두 사용하지 않음)

- 윈도우 PC의 "하이퍼터미널" 응용 프로그램이나 TeraTerm 프로그램을 사용하는 것도 좋다.
- UART 포트를 직접 상호 연결시 Null Modem방식으로 연결해야 함.

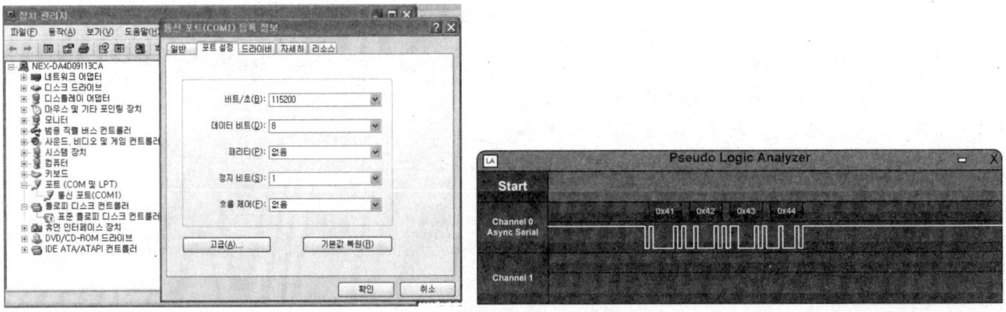

<그림 4.30> PC측 UART 설정과 시험 결과

4.14 UART1 모듈 설계

(1) 설계 목표

UART1에 대한 초기화 및 송신/수신 기능 모듈을 설계한다.

(2) 요구 사항

- MCU가 지원하는 두번째 UART 모듈인 UART1에 대한 초기화 및 송신/수신 기능을 소프트웨어 설계한다.
- 버튼을 누를 때 마다 'B'를 UART1을 통하여 PC로 전송한다.
- 이때 MCU보드상의 LED도 ON시킨다.
- 흐름제어는 사용하지 않는다.
- MCU가 지원하는 UART1용 포트핀을 할당하고 초기화한다.
- 해당 UART는 {No parity, STOP 1 bit, 8 bit data}로 설정한다.
- 인터럽트는 사용하지 않는다.
- UART 1의 Baud rate = 4800 bps.

(3) 소프트웨어 설계

다음과 같은 항목을 설계한다.

- MCU의 UART 1 기능부를 활성화 한다.
- 버튼 및 LED용 GPIO를 설정한다.
- 버튼 이벤트 발생시 UART1으로 'B'를 송신하고 LED를 점등한다.

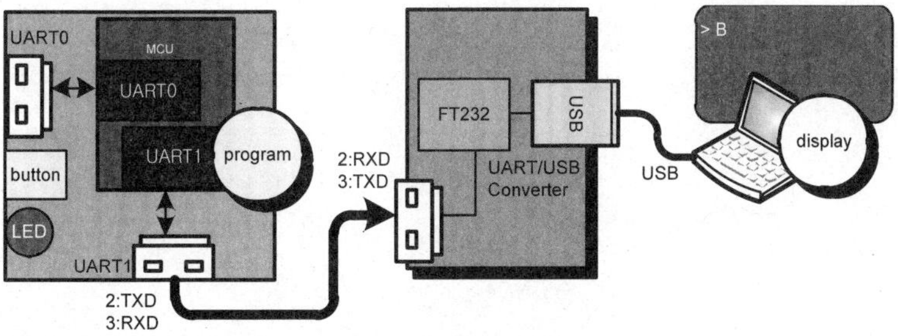

<그림 4.31> UART1모듈 시험환경

(4) 소프트웨어의 예

```
//+ MCU Specific (LM3S8962)
void InitUart1(u32 bps)
{
    SysCtlPeripheralEnable(SYSCTL_PERIPH_GPIOD);

    GPIOPinConfigure(GPIO_PD2_U1RX);
    GPIOPinConfigure(GPIO_PD3_U1TX);
    GPIOPinTypeUART(GPIO_PORTD_BASE, GPIO_PIN_2 | GPIO_PIN_3);

    SysCtlPeripheralEnable(SYSCTL_PERIPH_UART1);
    // Configure the UART1 for (bps), n, 8, 1
    UARTConfigSetExpClk(UART1_BASE, SysCtlClockGet(), bps,
                        (UART_CONFIG_PAR_NONE | UART_CONFIG_STOP_ONE |
                         UART_CONFIG_WLEN_8));
    UARTEnable(UART1_BASE);
}

//+ MCU Specific (LM3S8962)
void UART1Send(const char *pucBuffer, unsigned long ulCount){
    while(ulCount--)
    {
        while((HWREG(UART1_BASE + UART_O_FR) & UART_FR_TXFF));
        UARTCharPutNonBlocking(UART1_BASE, *pucBuffer++);
    }
}

//+ MCU Specific (LM3S8962)
u8 UART1RcvChar(void){
  unsigned char cChar;
  long lChar;

  // Receive a character from the UART1.
  if(UARTCharsAvail(UART1_BASE)){
        lChar = UARTCharGetNonBlocking(UART1_BASE);
        cChar = (unsigned char)(lChar & 0xFF);//
        return cChar;
  }else return 0;
}

//Send to U1
void U1SendLoop(void){
  unsigned char retc;
  InitUart1(4800);
  while(1) //main loop
```

```
        {
          UART1Send("ABCD",4); //send Str via Uart 1
          delayms(1000);
        }
    }
```

(5) 시험

다음 항목을 시험한다.

① Mark와 Space의 파형을 비교한다. 특히 logic 0와 logic 1에 대한 파형과 의미를 분석한다.
② 'A' 가 UART로 직렬 송신될 때의 파형을 분석하라. 특히 LSB, MSB의 순서에 주의하라.
③ 연속된 string이 직렬 송신될 때 각 문자간 간격이 일정한가? 그렇지 않은가?
④ 한 비트타임(BT)은 몇 초인가? 한 문자가 전송되는데 소요되는 시간은 몇 초인가?
⑤ 쌍방간의 baud rate, stop bit유무 등이 일치하지 않으면 어떤 일이 발생하는가?
⑥ blocking 방식과 unblocking방식의 차잇점을 인식하고, 수신측 입장에서 다시 한번 UART의 동작을 심도 있게 이해해 보자.

4.15 USB / UART 변환모듈 설계

(1) 설계 목표

USB 인터페이스를 제공하는 UART 변환 모듈을 설계한다.

(2) 요구 사항

- FT232 RL USB to Serial Bridge Controller 주변회로를 설계한다.
- PC에서 해당 변환모듈이 Com 포트로 인식되도록 한다.

(3) USB to Serial Bridge Controller

최근의 PC 및 노트북 컴퓨터의 경우 UART/RS232 포트를 제공하지 않는다. 대신 필요시 USB를 이용한 UART기능을 제공할 수 있는 다양한 변환 칩이 있다.

여기에는 Prolific사의 PL-2303, Silicon Labs의 CP2102, FTDI사의 FT232RL, FT232BM 등의 USB to Serial Bridge Controller 가 있다[13].

이 중에서 칩 내부에 오실레이터가 내장되어 있어 간편하게 설계할 수 있는 FT232RL USB to RS232 변환 칩을 사용한 UART-USB 하드웨어를 설계한다. 아래 그림과 같이 연결할 경우 null modem 역할을 추가해야 한다.

[13] 많은 경우 디버거/다운로드 모듈내에도 USB to Serial Bridge 기능을 수행하는 FT232BM 칩이 내장되어 있다. 이 칩은 2개의 UART 기능을 제공한다.

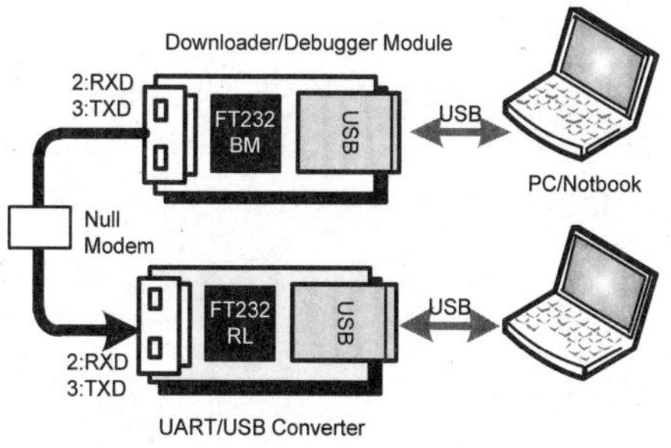

<그림 4.32> USB/UART 변환 모듈 설계

(4) 하드웨어 설계

FT232RL 기반의 변환모듈의 구성은 비교적 간단하다. 5V의 주전원은 USB로부터 받아 VCC에 연결한다. 그리고 VCCIO부분도 5V로 작동하도록 한다. (3.3V로 동작시킬 경우 3V3OUT핀과 연결하거나 외부로부터 3.3V를 공급받으면 된다.) 그리고 TXLED#와 RXLED#를 송수신용 LED에 연결하여 송수신상태를 표시한다. 그 외 모뎀 제어 신호는 사용하지 않는다. 다음 회로를 참조하여 설계한다.

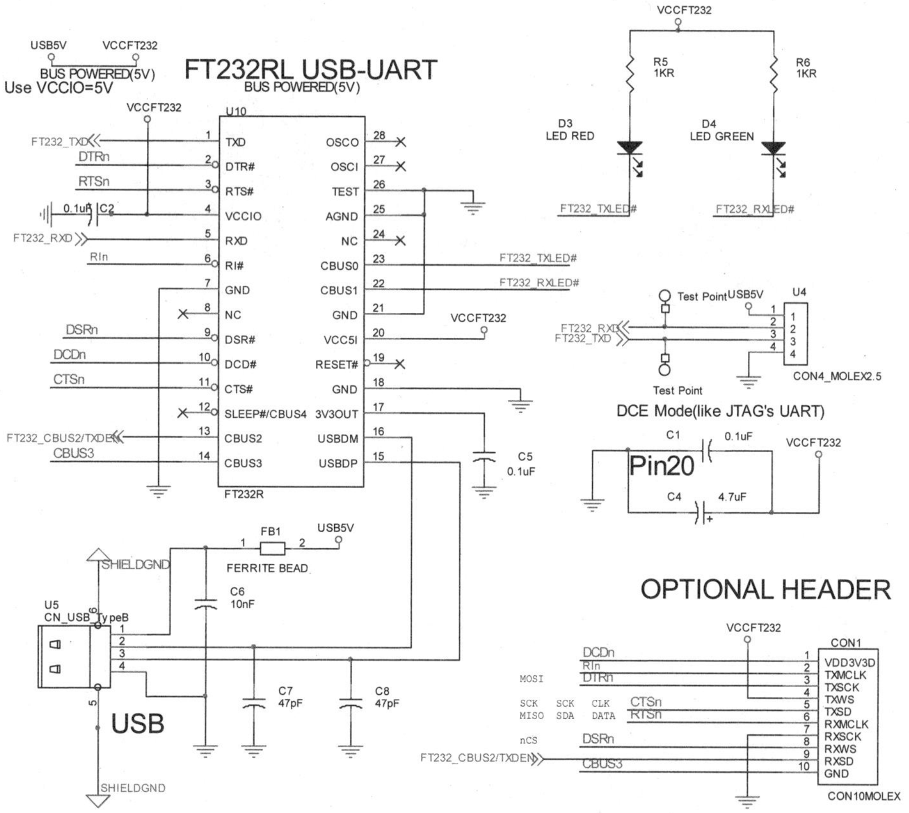

<그림 4.33> USB/UART 변환 모듈 회로의 예

(5) 시험

FT232R 기반의 변환모듈을 PC와 USB로 연결한다. 해당 USB 드라이버 프로그램은 FTDI사에서 직접 내려받아 설치한다. 정상적인 동작시 "장치관리자"의 "포트(COM 및 LPT)"에 "USB Serial Port(ComXX)" 포트로 인식되며 이후 마치 UART와 같이 동작한다. 다른 시스템과의 UART 통신이 가능한지 시험한다.

4.16 UART1 / RS-232 하드웨어 설계

(1) 설계 목표

UART1 주변에 RS232 트랜시버 회로를 설계하고 신호레벨을 비교한다.

(2) 요구 사항

- UART1의 TXD와 RXD신호를 RS232 신호레벨로 변환하는 기능을 설계한다.
- MAX232D를 사용한다.
- 신호레벨을 TTL과 RS232레벨에서 비교한다.

(3) 하드웨어 설계

<그림 4.34>는 RS232 모듈 회로의 예이다.

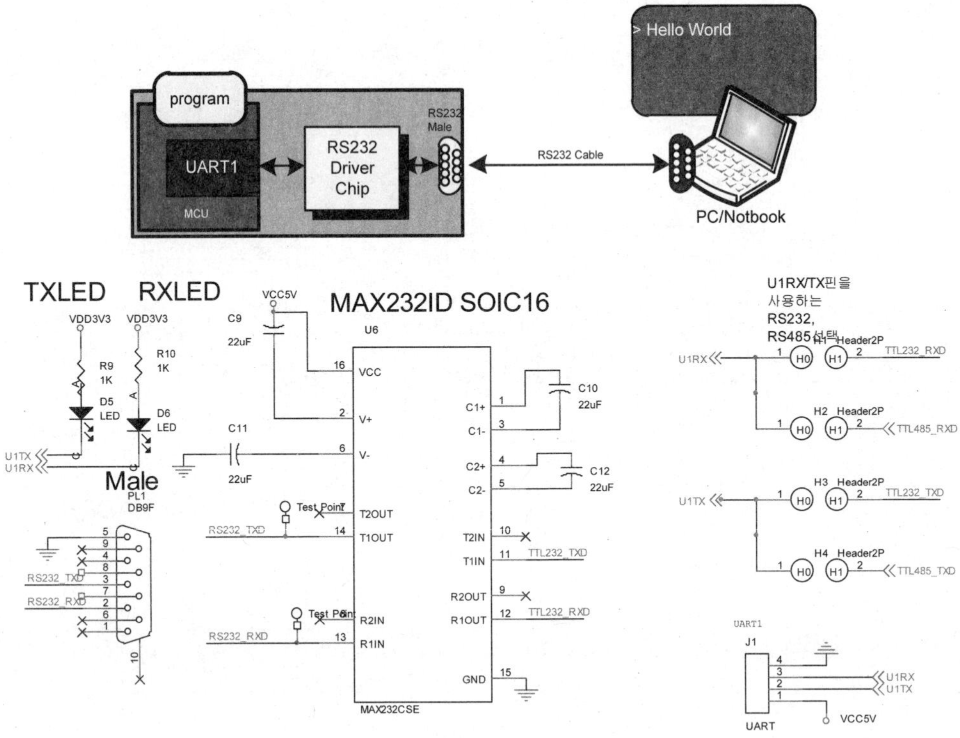

<그림 4.34> RS232 모듈 회로의 예

하드웨어 설계는 다음 사항을 고려하여 설계한다.

- MCU 내부모듈인 UART1에 출력/입력신호인 3.3V레벨의 U1_TXD와 U1_RXD 신호를 이용한다.
- RS232 드라이버와 UART1을 연결하여 RS232 신호레벨과 UART1의 입출력 신호레벨을 정합한다.
- U1_TXD와 U1_RXD는 RS232 드라이버 외에도 RS485와 IrDA 등에서도 함께 사용될 것이므로 선택할 수 있도록 한다.
- 각 신호들을 관측할 수 있도록 여러 개의 Test Point를 설치한다.

(4) 시험

UART1 의 TXD와 RXD의 신호파형과 MAX232의 신호파형을 오실로스코프로 분석한다.

- UART1 핀의 출력파형과 RS232 드라이버 핀의 출력파형을 오실로스코프를 사용하여 비교한다.
- Mark와 Space의 파형을 비교한다. 특히 logic 0와 logic 1에 대한 파형과 의미를 분석한다.

4.17 UART0와 UART1의 연동기능 설계

(1) 설계 목표

MCU에 내장된 2개의 UART인 UART0와 UART1을 상호 연동하는 소프트웨어 모듈을 설계한다.

(2) 요구 사항

- UART0를 통해 입력된 문자를 UART1에 연결된 PC에 표출한다.
- 흐름제어는 사용하지 않는다.
- 모든 UART는 {No parity, STOP 1 bit, 8 bit data}로 설정한다.
- UART0 Baud rate = 115200 bps. UART1 Baud rate = 4800 bps.

(3) 시스템 구성

2대의 PC의 "터미널" 응용간을 연결하는 소프트웨어를 설계하여 UART0에 연결된 PC에서 키보드로 입력된 문자열에 대하여 UART1을 통하여 중계하는 프로그램을 MCU에서 동작시켜 다른 PC의 화면에 출력되도록 한다.

<그림 4.35>는 UART0와 UART1 연동 시스템의 구성이다.

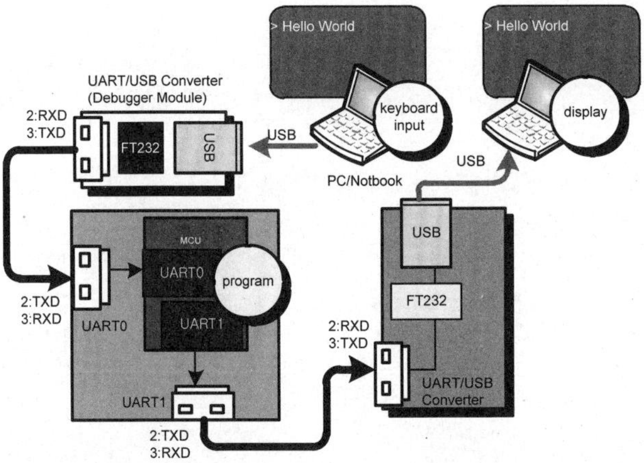

<그림 4.35> UART0와 UART1 연동 시스템의 구성

(4) 소프트웨어 설계

```
//U0 U1 Loopback (Uart0=115200bps, Uart1=4800bps)");
// Get the keyInputString from U0, pass it to U1.
void U0toU1Loop(void)
{
  u8 retc;
  char *pStr;
  //U0 Config
  InitUart0();
  IntMasterEnable();
  //U1 Config
  InitUart1(4800);//4800bps, 1 stop bit, no parity, no flow control
  UART0printf("U0U1>Enter a string:");
  while(1){ //main loop
      retc = dt_scanf0(g_cUartBuf); //+Development Enviroment Specicif Library
      if(retc>0){
              UART1Send(g_cUartBuf,retc); //send Str via Uart 1
              UART0printf("Sent(%d):%s\r\n",retc,g_cUartBuf);
              UART0printf("\r\nU0U1>Enter a string:");
      }
  }
}
//Receive a character from U1, pass it to U0.
void U1toU0Loop(void)
{
  unsigned char retc;
  InitUart0();
  IntMasterEnable();
  InitUart1(4800);
  UART0printf(">U0Rcv");
  while(1){ //main loop
      retc = UART1RcvChar(); //receive data and transfer to uart 0 - Platform specific
      if(retc){
          UART0printf("%c ",retc);
          delayms(50);
      }
  }
}
```

4.18 20mA Digital Current Loop 시스템 설계

(1) 설계 목표

디지털 current loop 시스템을 설계한다.

(2) 요구 사항

- HDCL-4100 opto coupler가 내장된 Current loop용 칩을 사용하여 remote 장치의 송신부를 설계한다.
- 수신부인 모니터 장치는 LM317를 사용한 current driver와 LM311을 사용한 current-to-voltage 변환회로를 구성하여 설계한다.
- 모니터측(수신측)에서 +12V의 전원을 공급하도록 한다.
- 디지털 Current Loop방식이므로 전류는 0과 20mA를 각각 생성하도록 한다.
- 송수신부는 모두 U1TXD와 U1RXD신호에 연결되도록 한다.
- UART0를 사용자 인터페이스로 사용하여 키보드 입력내용이 이 보드의 송신부를 통하여 Current Loop방식으로 전송되어 상대방 모니터에 출력되도록 한다.

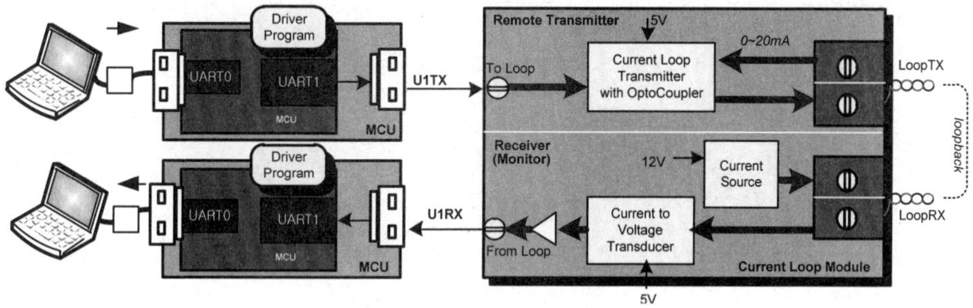

<그림 4.36> 디지털 Current Loop 시스템의 구조

(3) 하드웨어 설계

Current Loop 송신부 HCPL-4100은 로직 '1' 입력에 대하여 20mA의 전류를 통하게 하고 그렇지 않으면 2mA이하의 누설전류만 허용하는 optocoupler이다. 참고로 이 송신모듈을 경유하는 loop의 전압강하는 2.7V이다.

Receiver(모니터) 모듈은 최대 20mA의 제한된 전류공급원으로 동작하기 위하여 LM317을 이용한 current limit 모듈로 구성한다. 이 경우 Vi 전압에 대하여 Vo 출력이 3V 강하되므로 Vo는 12V-3V=9V출력을 갖는다. 출력전류 I_{loop}는 Adj와 Vo핀간의 고정된 전압차인 1.25V에 대하여 62옴의 저항을 사용하여 I_{loop}= 1.25V/62옴=20mA로 제한한다.

그리고 LM311은 비교기로써 3번핀에 인가되는 0.75V 보다 높은 전압(즉, 20mA x 75R =1.5V)가 되면 출력으로 High를 표출하고, 그렇지 못하면 Low를 출력한다. 여기서 0.75V는 범용 다이오드인 1N917의 순방향 전압강하특성을 이용한다. 참고로 이것은 5V 로직이므로 MCU의 UART0가 사용하는 3.3V로직으로의 변환부를 추가한다[14].

---

[14] 대부분의 MCU는 5V입력신호를 견딜 수 있어 이 기능은 필요 없을 수도 있다.

<그림 4.37>은 디지털 current loop 시스템의 회로 예이다.

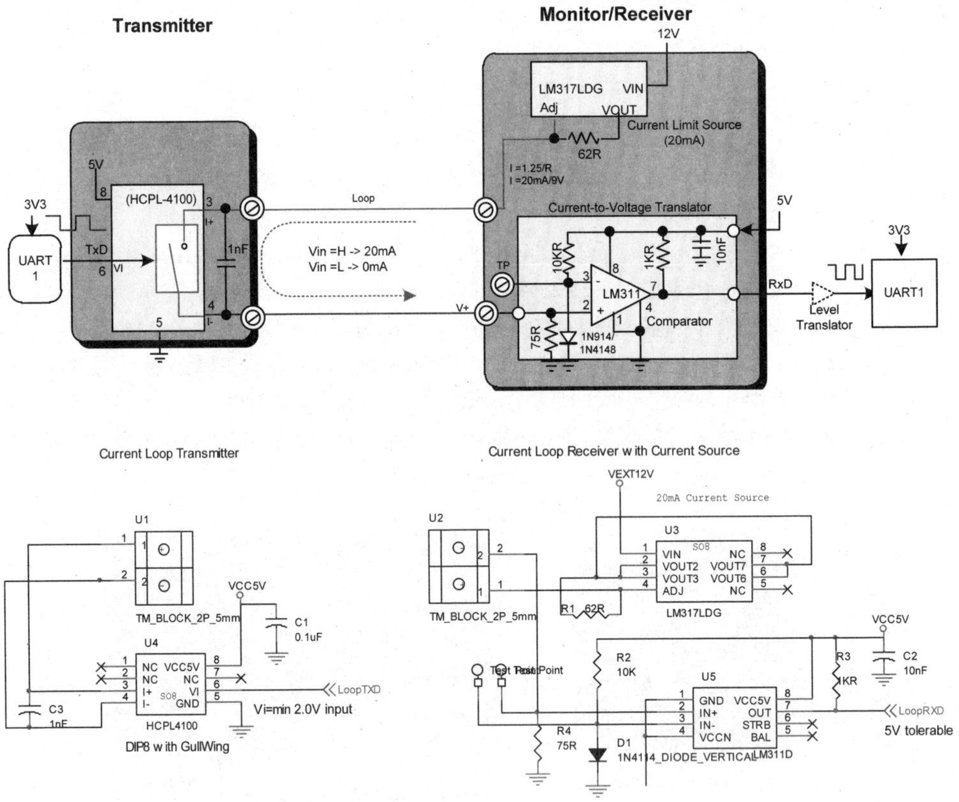

<그림 4.37> 디지털 Current Loop 시스템 회로의 예

(4) 소프트웨어 설계

UART1의 출력 데이터를 Current Loop 시스템에 입력시킨다. 루프백 모드이므로 자신이 송신한 데이터를 수신하여 UART0에 출력한다.

```
int dtCurrentLoopLoop(void)
{
 unsigned char retc;

 InitUart0();
 IntMasterEnable();
 InitUart1(9600); //9600bps
 while(1){ //main loop
     UART1Send("A",1); //send 'A' via Uart 1
     somedelay(1000000);
     retc = UART1RcvToUART0(); //receive data and transfer to uart 0
     UART0printf("Current Loop>Rcv..0x%02x\r\n",retc);
     delayms(1000);
 }
}
```

(5) 시험

<그림 4.38>은 'A'를 수신한 LM311의 V+핀과 Vout핀의 파형이다. V+는 1.5V의 진폭으로 동작하며(75Ω 저항에 20mA가 흐르는 경우), Vout은 5V의 진폭으로 동작함을 알 수 있다. 이것으로부터 20mA의 전류가 loop상으로 On/Off되면서 신호를 전송하는 것을 알 수 있다. 그리고 idle시 20mA의 전류가 계속 흐르므로 에너지 소모가 있음을 알 수 있다.

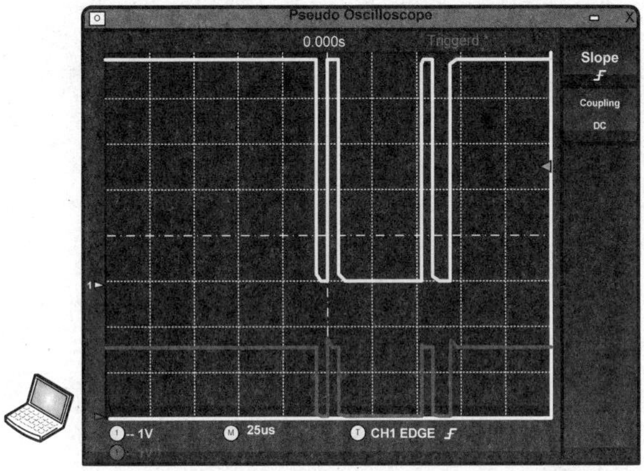

<그림 4.38> 디지털 Current Loop 시스템 동작 신호의 예

4.19 4~20mA Analog Current Loop 시스템 설계

(1) 설계 목표

4mA와 20mA 사이의 연속된 전류량을 변화시킬 수 있는 아날로그 current loop방식의 시스템을 설계한다.

(2) 요구 사항

- Monitor 측(수신측)에서 +12V의 전원을 공급하도록 한다.
- 아날로그 Current Loop방식이므로 전류는 4mA와 20mA사이에 연속 변동할 수 있어야 한다.
- 외부 입력센서 역할을 에뮬레이션하기 위하여 50K 가변저항기를 사용한다. 이것은 0.8~4V에서 가변되는 전압을 XTR116 Current Loop송신기에 제공한다.
- XTR116 Current Loop Transmitter와 INA196 Current Shunt Monitor를 이용하여 설계한다.
- MCU는 아날로그 수신 신호를 ADC를 사용하여 디지털로 변환하여 UART0를 통해 콘솔에 출력되도록 한다.

(3) 하드웨어 설계

핵심 부품의 동작의 기능은 다음과 같다.

- INA196 : Current Shunt 모니터 칩으로써 전류의 변화량을 병렬로 연결된 저항(4.99R)에 표출되는 전압으로 변환하여 MCU의 ADC0 또는 외부의 ADC로 전달한다.

이를 위한 시스템의 구조는 다음과 같다.

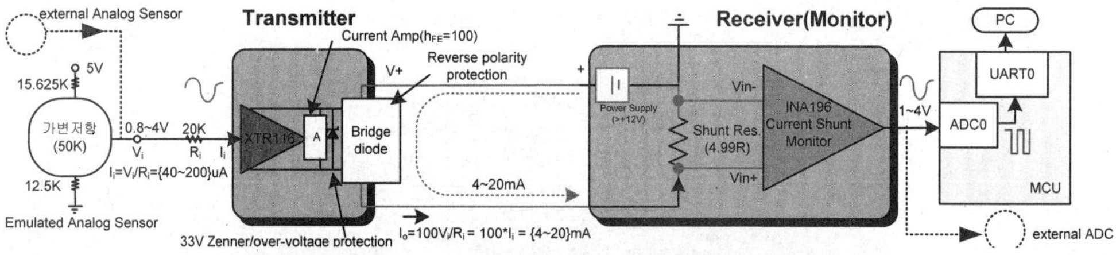

<그림 4.39> 아날로그 Current Loop 시스템의 구조

- 송신모듈 (Remote) : 아날로그 입력신호에 대하여 4~20mA범위를 갖는 전류의 변화량으로 변환한다. 이를 위하여 50K옴 가변저항에 표출되는 아날로그 입력 전압에 대하여 4~20mA범위를 갖는 전류의 변화량으로 변환하기 위하여 XTR116과 같은 송신칩을 사용한다. XRT116은 입력저항 Ri(20K)와 입력전압 V_i에 의해 결정되는 입력 전류 I_i(40~200uA)를 외부에 추가된 트랜지스터와의 조합에 의해 전류증폭률 $\beta = h_{FE} = 100$인 current sink기능을 수행하여 루프상의 전류를 4~20mA를 sink한다.
- 수신모듈 (Monitor) : Current Shunt 모니터 칩인 INA196를 사용한다. 이것은 전류의 변화량을 병렬로 연결된 저항(4.99R)에 표출되는 전압을 증폭하여 아날로그로 출력한다. 이 출력신호를 MCU의 ADC0 또는 외부의 ADC로 전달한다.
- MCU는 ADC0에 입력되는 신호를 디지털로 변환하여 이것을 UART0에 출력한다.

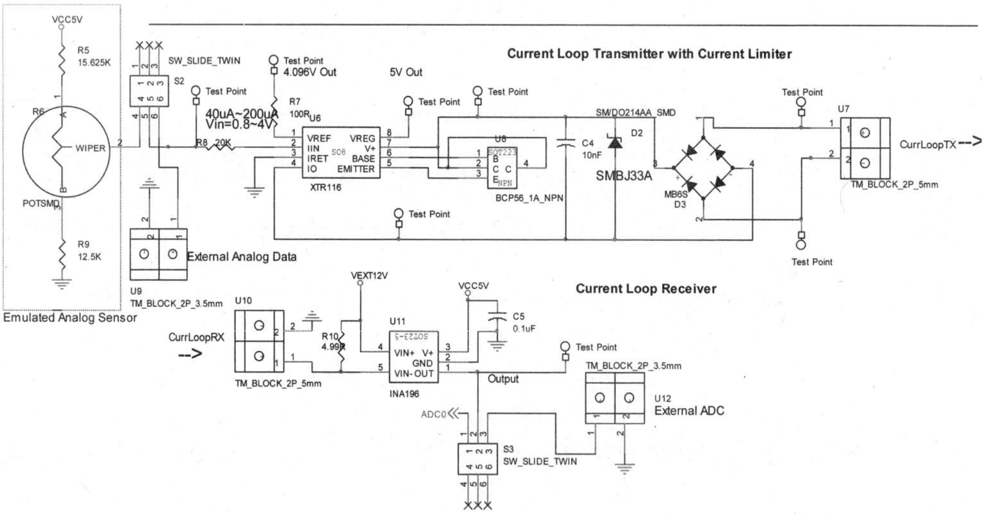

<그림 4.40> 아날로그 Current Loop 시스템의 회로 예

(4) 시험

가변저항 값을 변동시킬 때의 아날로그 입력값을 송신하고 이것을 수신한 모듈에서의 출력값을 오실로스코프로 비교한다. 또한 ADC 된 출력값을 UART0로 확인한다.

4.20 38KHz 적외선 리모컨 통신 시스템 설계

(1) 설계 목표

리모컨용 38KHz 적외선 송수신 시스템을 설계한다.

(2) 요구 사항

- <그림 4.41>과 같은 리모컨용 적외선 시스템을 설계한다.
- 이것은 적외선 송신부과 리모컨 신호 수신부로 구성된다.
- 추가적인 적외선 수신부와 관련 소프트웨어를 사용하여 적외선 신호를 분석하는 기능도 함께 설계한다.

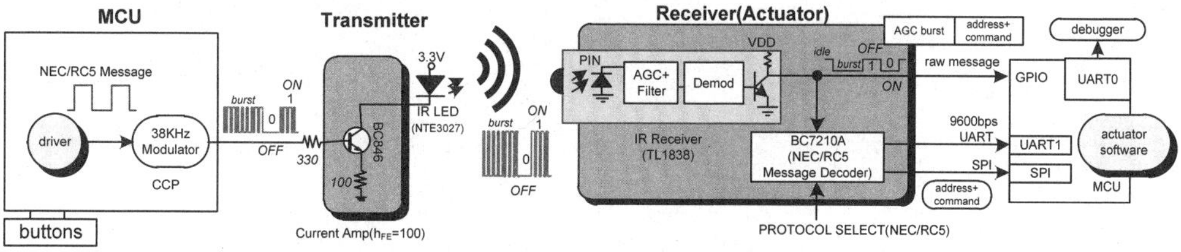

<그림 4.41> 38KHz 적외선 리모컨 송수신 모듈의 구성

(3)하드웨어 설계

이것은 다음과 같이 구성된다.

a) 송신부

- 38KHz의 변조파형을 생성하기 위하여 MCU의 CCP1(Compare/Capture/PWM) 모듈의 PWM 기능을 활용한다. 이 모듈의 출력 전류는 보통 8mA 이하에 불과하므로 20mA 이상의 출력이 가능하도록 h_{FE}=100인 NPN트랜지스터를 사용한 전류증폭회로를 추가한다.
- 적외선 LED(NTE3027 등)는 범용 LED보다 저 전압에서 구동된다. 주파수 940nm이고 화각+-20도 인 NTE3027의 경우 3.3V 전압에 대하여 20mA 의 전류가 흐르도록 하면 1.35V로 동작하므로 100옴의 저항을 직렬 연결한다.

b) 수신부

940nm 파장에 적합한 필터회로와 복조회로가 내장된 수광 모듈인 BC7201A를 사용한다. 주의할 점은 이것의 출력은 inverted logic 레벨로 출력되는 것이다.

관련 하드웨어는 <그림 4.42>와 같다.

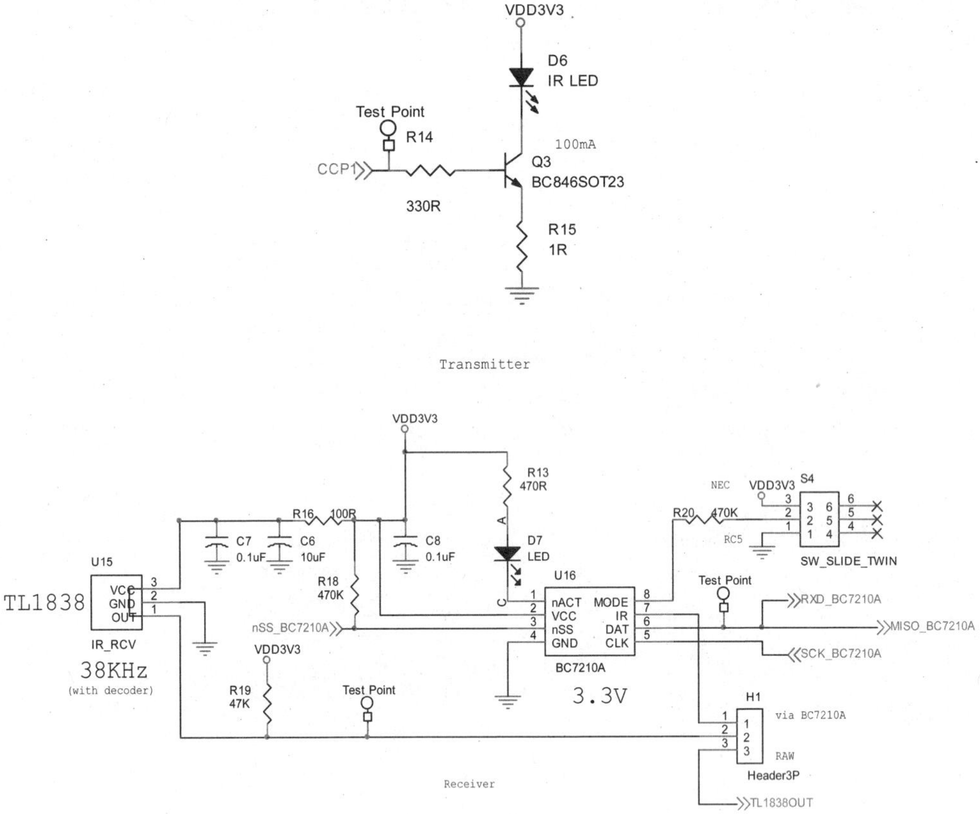

<그림 4.42> 38KHz 적외선 리모컨 송수신 모듈 회로의 예

(4) 38KHz 적외선 리모컨 통신 시스템 분석도구 설계(참고)

<그림 4.43>과 같이 간단한 Photo 트랜지스터와 스테레오 오디오 잭을 이용하면 리모컨에서 출력하는 NEC 적외선 프로토콜을 분석할 수 있다. 이것을 PC의 마이크 입력잭에 연결하고 관련된 소프트웨어를 작동하면 해당 파형과 그 값을 확인할 수 있다[15].

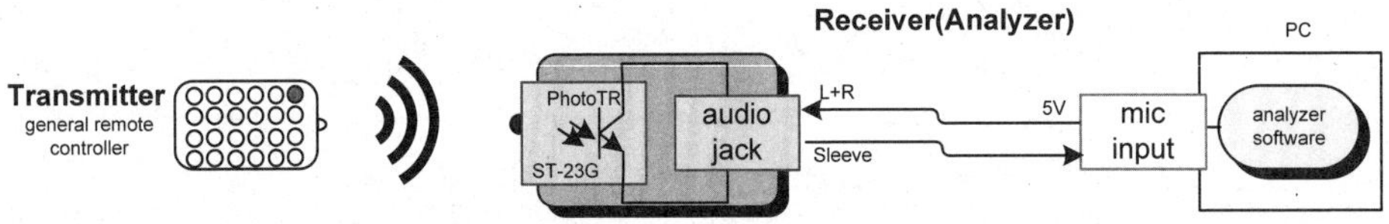

<그림 4.43> 38KHz 적외선 리모컨 시스템 분석도구

[15] 관련 소프트웨어는 인터넷에서 검색하시오.

(5) 소프트웨어 설계

a) 송신부

데이터를 38KHz로 변조하기 위하여 MCU에 내장된 PWM 타이머(CCP)를 사용하여 적외선 LED을 깜빡이도록 한다.

이를 위하여 다음 함수를 설계한다.

- enableIROut(): CCP 모듈 초기화.
- mark():mark값을 일정기간동안 PWM방식으로 송신한다.
- space() : PWM출력을 일시 중지한다.

```
// Support NEC Format
//Using 38KHz 1/3 Duty PWM Generator with CCP1 module

#define SEND_MODULATE      1   //Normal
#define SEND_UNMODULATE 0   //Emulation Test

u8 g_mod = SEND_MODULATE;   //Normal
u8 g_reverse = 0;                    //0=Normal; 1 = For Emulation Test

#define NEC_BIT_MARK 560        //560 usec
#define NEC_ONE_SPACE 1600   //1.6 msec
#define NEC_ZERO_SPACE 560   //560 usec

void IrTxConfig(){ //+MCU Specific
  SysCtlPeripheralEnable(SYSCTL_PERIPH_GPIOA);//PA6(CCP1) for IR_TX
  if(g_mod){ //Normal
     SysCtlPeripheralEnable(SYSCTL_PERIPH_TIMER0);
     //Timer-CCP1 with PWM Mode (16 bit)
     // Set the Tx pin to generate PWM.
     GPIOPinTypeTimer(GPIO_PORTA_BASE, GPIO_PIN_6);//PA6
     TimerConfigure(TIMER0_BASE, TIMER_CFG_16_BIT_PAIR | TIMER_CFG_B_PWM);
     TimerLoadSet(TIMER0_BASE, TIMER_B,1316); //1316 = > 50MHz clock. 38KHz (1315.789)
     TimerMatchSet(TIMER0_BASE, TIMER_B,1316*2/3);
     TimerEnable(TIMER0_BASE, TIMER_B);
  }else{ //Emulation test with external loopback mode
     GPIOPinTypeGPIOOutput(GPIO_PORTA_BASE, GPIO_PIN_6);
     if(g_reverse) //Emulation Mode
        GPIOPinWrite(GPIO_PORTA_BASE, GPIO_PIN_6 , GPIO_PIN_6 ); //reverse
     else            //Normal Mode
        GPIOPinWrite(GPIO_PORTA_BASE, GPIO_PIN_6 , ~GPIO_PIN_6 );
  }
  IntMasterEnable();
}

void sendMark(u32 time){ //+MCU Specific
  if(g_mod){ //Normal Mode
     GPIOPinTypeTimer(GPIO_PORTA_BASE, GPIO_PIN_6);//PA6
     TimerEnable(TIMER0_BASE, TIMER_B);
  }else{
     if(g_reverse) //Emulation Mode
        GPIOPinWrite(GPIO_PORTA_BASE, GPIO_PIN_6 ,  ~GPIO_PIN_6 );
     else //Normal Mode
        GPIOPinWrite(GPIO_PORTA_BASE, GPIO_PIN_6 ,  GPIO_PIN_6 );
  }
  delay_us(time);
```

```
}

void sendSpace(u32 time){
  if(g_mod){ //stop PWM, then output SPACE(1).
     TimerDisable(TIMER0_BASE, TIMER_B);
     GPIOPinTypeGPIOOutput(GPIO_PORTA_BASE, GPIO_PIN_6);
  }else{        //Emulation Mode
     if(g_reverse) //Emulation Mode
        GPIOPinWrite(GPIO_PORTA_BASE, GPIO_PIN_6 , GPIO_PIN_6 );
     else //Normal Mode
        GPIOPinWrite(GPIO_PORTA_BASE, GPIO_PIN_6 , ~GPIO_PIN_6 );
  }
  delay_us(time);
}

//Send each bit with Pulse Position Modulation.
void IrSendByteNEC(u8 byte){
  u8 i;
  //-- LSB First
  for(i=0;i<8;i++){
     if(byte & 0x01){
        sendMark(NEC_BIT_MARK);
        sendSpace(NEC_ONE_SPACE);
     }else{
        sendMark(NEC_BIT_MARK);
        sendSpace(NEC_ZERO_SPACE);
     }
     byte = byte >> 1;
  }
}

//Send a message
void IrSendMsgNEC(u8 addr, u8 cmd){
  //AGC burst (leader code)
  sendMark(9000); //9msec
  sendSpace(4500); //4.5msec
  //Addr
  IrSendByteNEC(addr);
  IrSendByteNEC(~addr);
  IrSendByteNEC(cmd);
  IrSendByteNEC(~cmd);
  //Finally send a stop bit
  sendMark(NEC_BIT_MARK); //STOP BIT
  sendSpace(40500); //Idle for 40.5msec
}

//Send Repeat Codes
void IrSendRepeatNEC(){
  //send AGC burst (leader code)
  sendMark(9000); //9msec
  sendSpace(2250); //2.25msec
  sendMark(NEC_BIT_MARK); //Send Stop bit
  sendSpace(96190); //Idle : 108-(9+2.25+0.56) = 108-11.81 =96190usec
}

//IR Remote controller Transmitter Loop
void IrRemoconTransmitterLoop(){
  int i=0;
  int r=0;
  InitUart0();
  g_mod = SEND_MODULATE; //SEND_UNMODULATE
  g_reverse = 0;
```

```
IrTxConfig();
while(1){
    //send a sample NEC Message
    IrSendMsgNEC(0x55,0xAA); //10101010-01010101--01010101-10101010 (Just sample data)
    for(r=0; r<3; r++){//repeat code 3 times
        IrSendRepeatNEC();
    }
    delayms(1000);
}
}
```

b) 수신부

수신되는 raw 데이터에 대하여 32비트 타이머와 입력신호의 엣지변화에 반응하는 GPIO 인터럽트를 사용하여 0과 1 값의 구간을 측정한다. 이 값이 유효하면 1 또는 0으로 판정하여 수신버퍼에 저장한다. 마지막 비트 수신시 그 동안 수신된 비트열에 대하여 디코딩한다.

다양한 규격의 수신신호를 감안하여 디코딩시 각 프로토콜 규칙에 적용하여 해당 프로토콜을 결정한다. 이때 MATCH 매크로 함수를 정의하여 mark/ space간격이 해당 프로토콜에 일치하는지를 판단한다. 또한 repeated 송신 신호는 무시하도록 한다.

인터럽트 서비스 루틴은 {STATE_IDLE, STATE_MARK, STATE_SPACE, STATE_STOP} 상태를 갖는 상태 천이도 방식으로 설계한다. 특히 STATE_STOP 상태는 메시지 수신 완료를 표시하는 플래그로 사용되며, 이에 대한 처리가 완료되면 STATE_IDLE로 천이하도록 한다.

```
// IR Receiver : TSOP1738 IR receiver(or equivalent) should be connected to PF1 Pin.
// Output of the IR receiver is inverted decoded signal.

// MCU Specific
// The PF1 pin should be GPIO interrupt enabled with both edge triggered.
// Using a Timer0 AB with down counter. For 50MHz system clock,
// the counter will be decrement at each 20nsec tick.
#define TIMEDIV 50 // for 1usec, 50 ticks will be needed.

// Receiver States
#define IR_IDLE                        255
#define IR_VALIDATE_LEAD_HIGH          0 //Leader Code
#define IR_VALIDATE_LEAD_LOW           1 //
#define IR_RECEIVE_BITS                3 //Receive each data bit
#define IR_WAIT_STOP_BIT               4 //Receive Stop bit

#define TOL 0.1                //Tollerence for timming (10%)
#define QMAX 16                //Size of the Remote command buffer
#define RC_NONE 255            //Empty in Queue

volatile unsigned char BitNo;        //Position of next BIT
volatile unsigned char ByteNo;       //Position of current Byte
volatile unsigned char IrData[4];    //4 data Bytes of Ir Packet. (2-Byte Address and 2-Byte Command)

volatile u8 QEnd=255;          //Position of next BIT
volatile u8 QFront=255;        //Position of current Byte

struct _IrRxQ{  u8 addr;    u8 cmd;  u8 repeat;};
volatile struct _IrRxQ IrRxQ[QMAX];
volatile unsigned char PrevCmd, PrevAdd;  //for repeat code
volatile unsigned char State;
volatile unsigned char Edge;         //Edge of interrupt [ RISING=1 OR FALLING=0 ]
volatile unsigned char WantEdge;  //Expected interrupt edge(rising or falling).
```

```
volatile unsigned int RepeatCode=0;

//Setup a GPIO for IR Interrupt and a 32 bit Down Counter.
void IrRxConfig(){ //MCU Specific
    char i;
    //Setup a GPIO for IR Interrupt
   SysCtlPeripheralEnable(SYSCTL_PERIPH_GPIOF);   //PF1 for IR_RX
   GPIOPinTypeGPIOInput(GPIO_PORTF_BASE, GPIO_PIN_1);

   //Set this Rx pin to generate an interrupt on the both edge.
   GPIOIntTypeSet(GPIO_PORTF_BASE, GPIO_PIN_1, GPIO_BOTH_EDGES);
   GPIOPinIntClear(GPIO_PORTF_BASE, GPIO_PIN_1);
   IntPrioritySet(INT_GPIOF, 0x00);//priority 0 is the highest
   GPIOPinIntEnable(GPIO_PORTF_BASE, GPIO_PIN_1);
   IntEnable(INT_GPIOF);

   //Timer : Configure TimerAB as a 32-bit one shot/Periodic timer
    SysCtlPeripheralEnable(SYSCTL_PERIPH_TIMER0);
    TimerConfigure(TIMER0_BASE, TIMER_CFG_32_BIT_PER);//32 bit down counter
    TimerLoadSet(TIMER0_BASE, TIMER_A,0xFFFFFFFF);
     TimerEnable(TIMER0_BASE, TIMER_BOTH); // Enable the timers with free running.

      for(i=0;i<4;i++) IrData[i]=0;
      memset(IrRxQ, sizeof(struct _IrRxQ)*QMAX, 0x00);
      State=IR_IDLE;     Edge=0;    WantEdge = 0;
       IntMasterEnable();
}

//GPIO Interrupt Service Routine on both edges on IR Signal Input
void IrRxIsr(void){ //PF1
    u32 curTime,elapseTime;

    IntMasterDisable(); //Mask all interrupts
    GPIOPinIntClear(GPIO_PORTF_BASE, GPIO_PIN_1);
    curTime = TimerValueGet(TIMER0_BASE, TIMER_A);
    TimerLoadSet(TIMER0_BASE, TIMER_A,0xFFFFFFFF);//reload the initial value
    elapseTime = 0xFFFFFFFF - curTime; //get elapsed time
    elapseTime = elapseTime/TIMEDIV;    //coverts it to microseconds

    Edge = GPIOPinRead(GPIO_PORTF_BASE, GPIO_PIN_1) ? 1:0 ; //whether    rising or falling edge

    if(WantEdge != Edge){ //False edge
          ResetIR(); IntEnable(INT_GPIOF);   IntMasterEnable();   return;
    }

    switch(State) {
     case IR_IDLE: {
         if(!Edge){ //Falling (Start of Lead). Start of Leader Code.
             WantEdge=1;            //Set next INT on Rising Edge
             State = IR_VALIDATE_LEAD_HIGH;
         }
         break;
     }

     case IR_VALIDATE_LEAD_HIGH: {       //at rising edge. End of Leader Code.
        if(Edge){ //rising --
         if((elapseTime>(9000-(9000*TOL))) && (elapseTime<(9000+(9000*TOL)))){ //Good Leader
                State=IR_VALIDATE_LEAD_LOW;
         }else { //Error
             ResetIR();
         }
         WantEdge=0;   //next INT ON FALLING EDGE
```

```
            }
            break;
    }

    case IR_VALIDATE_LEAD_LOW{: //Normal or Repeat code at falling edge
        if((elapseTime>(4500-(4500*TOL))) && (elapseTime<(4500+(4500*TOL)))) {//Valid leader
            BitNo=0;        ByteNo=0;        State=IR_RECEIVE_BITS;
        }else if((elapseTime>2000) && (elapseTime<2450)) { //Repeat code
            RepeatCode = 1;      State=IR_WAIT_STOP_BIT;
        }else { //Error
            ResetIR();
        }
        WantEdge=1;//Set INT on Rising Edge
        break;
    }

    case IR_RECEIVE_BITS:  {
      if(Edge) { //Rising Edge
        if((elapseTime>500) && (elapseTime<690)) { //Good bit
          WantEdge=0; //Set next INT on Falling Edge
        }else{ //Error
          ResetIR();
        }
      }else { //Falling Edge
        if((elapseTime>410) && (elapseTime<580)) {//We've got a '0'
          BitNo++;
          if(BitNo==8) {  BitNo=0;   ByteNo++;     if(ByteNo==4) State=IR_WAIT_STOP_BIT;   }
          WantEdge=1; //Set next INT on Rising Edge
        }else if((elapseTime>(1690-(1690*TOL))) && (elapseTime<(1690+(1690*TOL)))){// Got a '1'
            IrData[ByteNo]|=(1<<BitNo);      BitNo++;
            if(BitNo==8){ BitNo=0;        ByteNo++; if(ByteNo==4) State=IR_WAIT_STOP_BIT;  }
            WantEdge=1; //Set INT on Rising Edge
        }else{ //Invalid Bit
            ResetIR();
        }
      }
      break;
    }

    case IR_WAIT_STOP_BIT:    {
        if(Edge) {
        //Check for integrity
        if(RepeatCode){
            RepeatCode = 0;
            if((QEnd==(QMAX-1) && QFront==0)||((QEnd+1)==QFront)){//Check of Q full
                QFront++; //delete it.
                if(QFront==(QMAX))   QFront=0;
            }
            if(QEnd==(QMAX-1))  QEnd=0;
            else                        QEnd++;

            IrRxQ[QEnd].addr =PrevAddr;    IrRxQ[QEnd].cmd = PrevCmd;
            IrRxQ[QEnd].repeat = 1;           if(QFront==255) QFront=0;
            //UARTprintf("R(%d)\r\n",QEnd);
        }
        else if(IrData[2]==((unsigned char)~IrData[3])){    //valid command
            //Now We have got a packet. Add it to Queue
            if((QEnd==(QMAX-1) && QFront==0)||((QEnd+1)==QFront)){//Check for Q full
                QFront++; //delete it.
                if(QFront==(QMAX))   QFront=0;
            }
            if(QEnd==(QMAX-1))  QEnd=0; //wrap around queue
```

```
            else                    QEnd++;

            IrRxQ[QEnd].addr =IrData[0];    IrRxQ[QEnd].cmd =IrData[2];
            IrRxQ[QEnd].repeat = 0;      PrevCmd=IrData[2];       PrevAddr = IrData[0];
            if(QFront==255) QFront=0;
          }
        }
        ResetIR();
        break;
      }
    }
    IntEnable(INT_GPIOF);
   IntMasterEnable();
}

void ResetIR(){
    char i;
    for(i=0;i<4;i++) IrData[i]=0; State = IR_IDLE;    WantEdge = 0;//next INT ON FALLING EDGE
}

unsigned char GetRemoteCmd(char wait){
    unsigned char cmd;
    if(wait) while(QFront==255); //wait while empty
    else if(QFront==255)  //empty
      return (RC_NONE);

    cmd=IrRxQ[QFront].cmd;
    UART0printf("(%d)addr=%x; cmd=%x; repeat=%d\r\n",QFront,IrRxQ[QFront].addr,
                                        IrRxQ[QFront].cmd,IrRxQ[QFront].repeat);

    if(QFront==QEnd)   QFront=QEnd=255;
    else{
      if(QFront==(QMAX-1))   QFront=0; //wrap around
      else    QFront++;
    }
    return cmd;
}

// Rx main.
void IrRemoconReceiverLoop(){
    u8 cmd;
    InitUart0();
     IntMasterEnable();

     IrRxConfig();
     while(1){
      cmd = GetRemoteCmd(1);
     UART0printf("cmd=%x",cmd);
  }
}
/* 루프백 시험용 메인 --
void IrRemoconLoopbackTest(){
    u8 cmd;
    int r=0;
    InitUart0();
   IntMasterEnable();

   IrRxConfig();

   g_mod = SEND_UNMODULATE; //SEND_MODULATE;
   g_reverse = 1;
```

```
    IrTxConfig();

      while(1){
    //send NEC msg
      IrSendMsgNEC(0x55,0xAA); //10101010-01010101--01010101-10101010 (Just a sample data)
      for(r=0; r<3; r++){//repeat code 3 times.
          IrSendRepeatNEC();
      }
      //show the received msg with repeat codes
      while(1){
          cmd = GetRemoteCmd(0);
          if(cmd == RC_NONE)   break;
      }
      delayms(1000);
    }
}
*/
```

(5) 시험 결과

<그림 4.44>은 {address=0x55,command=0xAA}를 송신시의 파형이다. 9msec의 AGC burst 패턴 이후에 4.5msec의 '0'으로 구성되는 leader code가 먼저 송신된다.

이어 {address, /address, command, /command} 형태의 메시지가 송신된다.

오른쪽 그림은 AGC burst 패턴 시작 부분을 확대한 것으로써 변조시 각 심볼은 총 26.3μsec의 길이를 갖는 것을 알 수 있다.

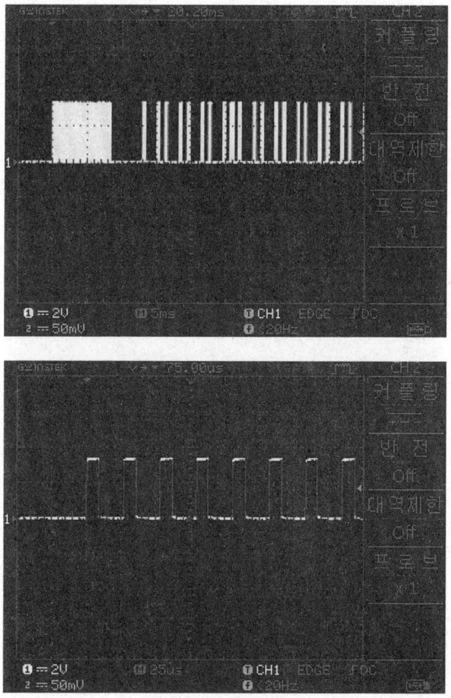

<그림 4.44> 38KHz 적외선 리모컨 시스템의 신호의 예

4.21 연습문제

[1] 모뎀은 ___이다.
a) DTE   b) DCE

[2] UART의 기능이 아닌 것은?
a) 동기식 전송기능을 제공한다.   b) 비동기식 전송기능을 제공한다.
c) Idle시 Logic 1을 출력한다.   d) '1' 출력시 3.3 또는 5V가 출력된다.

[3] UART의 TXD출력은 ___ 레벨이다.
a) TTL   b) RS232

[4] HDLC에서는 프레임의 시작과 끝을 ___로부터 구분한다.
a) Flag   b) Preamble   c) Start Condition bit   d) J/K code

[5] UART의 흐름 제어방식이 아닌 것은 __이다.
a) RTS/CTS 신호 기반의 하드웨어 방식   b) XON/XOFF 문자에 의한 방식
c) RR/RNR 프레임에 의한 방식

[6] RS232에서 데이터의 Mark값은 ___V 신호이다.
a) +12   b) -12   c) +2   d) -2

[7] Current loop 통신 시스템의 설명 중 틀린 것은?
a) 디지털 Current Loop 방식은 전류가 12mA이상 흐르면 '1'(Mark)이며, 0~2mA 이하로 흐르면 '0' (Space)로 판정한다.
b) 아날로그 current loop 방식은 측정값을 최소 4mA와 최대 20mA 사이의 전류값으로 표현한다.
c) Highway Addressable Remote Transducer(HART) 방식은 디지털 데이터를 FSK 방식으로 변조한 후 4~20mA 전류의 변화량으로 전송한다.
d) 아날로그 current loop 방식에서 0~2mA 전류 흐름은 '0'을 의미한다.

[8] '1100110'에 대한 짝수 패리티값은 ___이다.
a) 1   b) 0

[9] 상용화된 RS232 드라이버 칩을 조사하라.

[10] RGB 픽셀당 8x8x8비트를 사용하면서 128x160 해상도를 가지는 1.8인치 RGB 컬러 LCD 컨트롤러에 9600bps의 비동기방식으로 한 화면을 갱신할 데이터를 송신할 경우 몇 초가 소요되는가?

[11] Software UART를 설계하라. Software UART란 MCU가 제공하는 하드웨어 UART 모듈를 더 이상 사용할 수 없거나 아예 UART모듈이 MCU에 없는 경우, 2개의 GPIO핀과 내부의 16비트 타이머 2개를 사용하여 마치 하드웨어 UART처럼 구현한 것이다. 여기서 2개의 타이머는 설정된 baud rate에 따른 직렬 데이터 송수신을 위하여 각각 송신용 tick과 수신용 tick 인터럽트를 생성하는데 사용한다. 상세한 코드 예는 Stellarisware 라이브러리 관련 SoftUART 부분을 참조하라.

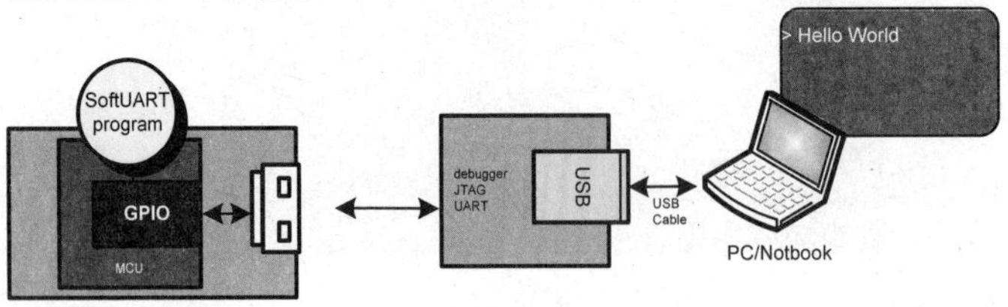

제 **5** 장

차동 직렬전송방식: RS485와 DMX512

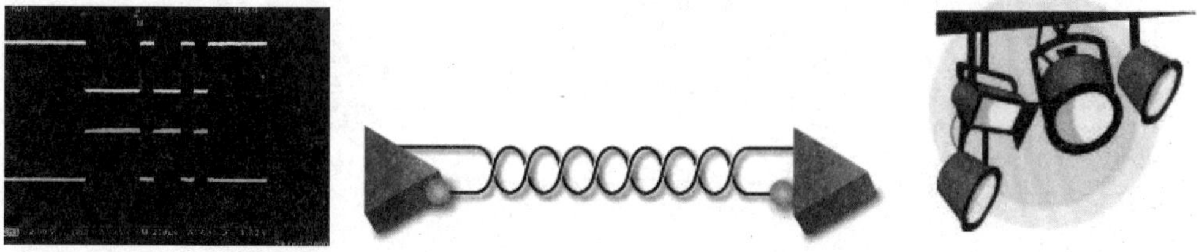

본 장에서는 꼬임쌍선 케이블을 사용하는 반이중/차동방식의 1Mbps급 직렬버스 인터페이스 규격인 RS485를 다룬다. RS422도 함께 소개한다. 이를 위하여 차동신호방식과 종단방법, 공통모드전압에 대하여 알아본다. 설계과제로써 RS485송수신 시스템을 설계한 후 이를 활용한 DMX512 기반의 조명제어 관련 시스템을 설계하고 프로그래밍한다.

5.1 Single-ended 신호방식과 Differential 신호방식

두 장치간을 2가닥의 선로를 사용하여 연결시 선로상의 전기적 신호를 생성하는 방법에는 다음과 같은 2가지 방식이 있다.

(1) Single-ended 신호방식

Single-ended 신호방식은 <그림 5.1>과 같이 GND가 기준인 하나의 신호선을 사용하여 송신하는 것이다. 이것은 앞 장에서 다루었던 RS-232방식에서 사용한 것이다. 수신측은 이 신호선의 전압과 0V의 기준전압을 제공하는 그라운드 선의 전압차이로 신호값을 판단하게 된다.

물론 RS232의 경우 TXD 선로 외에 RXD 및 RTS 등의 추가적인 신호선이 있지만 이들 신호선도 모두가 공유하는 GND 선로의 0V를 기준으로 표시된다. 즉 single-ended 방식이란 별도의 GND선 외에 각 신호의 전송시 단일 선로(single)를 사용하는 방식이다.

이러한 single-ended 신호방식은 RS423, RS232, I2C, SCSI, VGA 등에서도 사용되므로 이 방식은 비교적 저속/단거리 전송에서 주로 사용됨을 알 수 있다.

그 이유는 장거리 전송시 신호선 외부의 잡음에 의해 수신측에 유입되는 신호전압 레벨이 변동되는 경우 잘못 판독될 수 있기 때문이다.

물론 송신시 큰 전압을 사용하면 이러한 문제를 완화시킬 수 있지만 소모전력이 증가하고 케이블의 커패시턴스 및 인덕턴스 성분에 의해 상승시간(rise time)이나 하강시간(falling time)이 길어져 고속 전송이 어렵게 된다.
반대로 낮은 전압을 갖는 신호를 사용한다면 외부 잡음에 더 취약해 진다. 물론 이것은 차동 전송방식에 비해 신호당 1개의 신호선만 사용할 수 있는 장점이 있다.

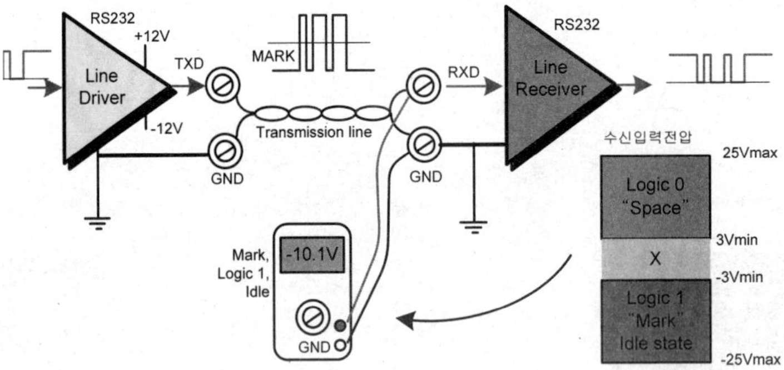

<그림 5.1> Single-ended 신호방식

(2) Differential(차동) 신호방식

차동 신호방식은 <그림>과 같이 하나의 신호 전송시 A와 B라인 등 2개의 선로를 사용하고 각 선로상의 신호는 서로 위상이 반대로 생성하는 것이다. 수신측은 두 선로에 감지되는 신호의 전위차로부터 원래의 데이터를 복원한다. 각 라인은 다음과 같이 구분된다[1].

- A라인 :'-' A-, 또는 inverting 라인이라고 한다.
- B라인 :'+', B+, 또는 Non-Inverting라인이라고 한다.

차동 전송 시스템에서의 버스 B+와 A-간의 전위차 V_{OD} 가 다음과 같이 양일 때 logic 1이며, 음이면 Logic 0이다. $|V_{OD}| = 0.2V \sim 10V$이다.

- Logic 1 (MARK) = $V_{OD} (V_A - V_B) < -0.2V$.
  즉 $V_B < V_A$
- Logic 0 (SPACE) = $V_{OD} (V_A - V_B) > +0.2V$.
  즉 $V_B > V_A$

예를 들어 1(Mark)을 전송시 드라이버 출력값으로 V_A = +1V, V_B = +4V가 표출되었다고 하자. 외부 잡음이 없다면 수신측은 V_{DIFF} = (+1V)-(4V) = -3V < -0.2V의 신호값이 감지되므로 이것을 Mark('1', ON) 로 판단한다.

[1] 이렇게 구분하는 것은 idle시 A에 비하여 B라인이 positive하기 때문이다. 제조회사별로 EIA−485규격과 반대로 표기하기도 한다. 예를 들어 TI, Maxim 등의 대부분의 제품에서는 표준규격과 반대로 A+, B−를 사용한다.

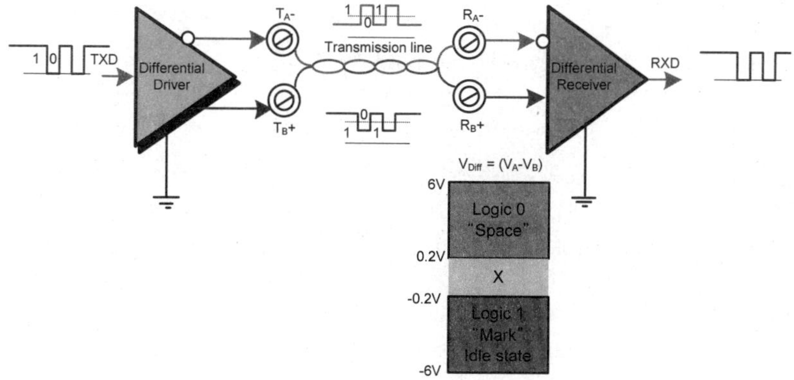

<그림 5.2> 차동 신호방식

<그림 5.3>은 0x2B값이 비동기방식으로 차동전송되는 예이다.

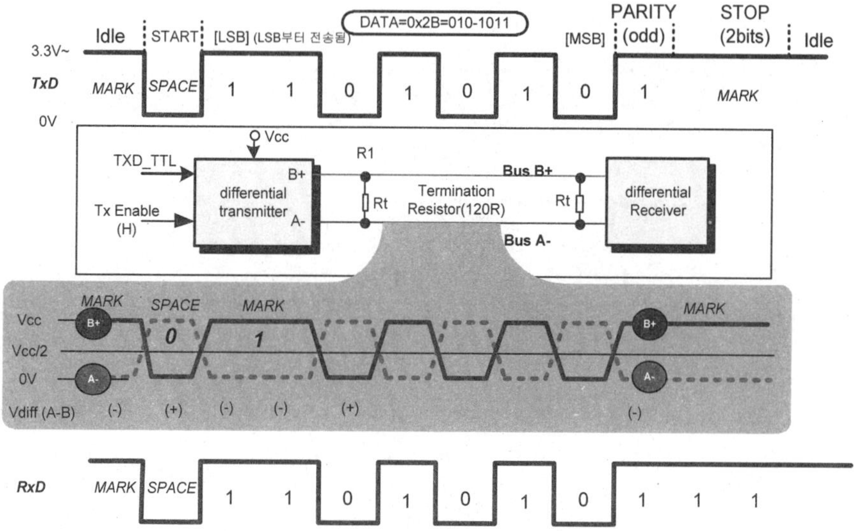

<그림 5.3> 차동 신호방식의 예

그림에서 Rt는 종단저항이다. 차동 송신부의 TxEnable입력 신호값이 1로 유지되는 상태에서 TXD 신호는 2개의 선로 즉 A(-)와 B(+) 선로상으로 동시 전송된다.

물론 이 두 신호의 위상은 반대이다.

수신측은 differential receiver를 사용하여 RXD = V_{DIFF} = $(V_A - V_B)$ 값을 얻는다.

이렇게 반대의 위상값을 동시에 전송하는 이유는 두 선로상에 동일하게 유입되는 외부 잡음이 수신측에서 제거되도록 하기 위함이다. 예를 들어 V_n의 잡음이 선로에 유입된 경우 RXD=$(V_A + V_n) - (V_B + V_n) = V_A - V_B$가 되므로 외부 잡음 V_n이 제거됨을 알 수 있다. 이러한 특성은 single-ended방식에 비하여 장거리 전송을 가능하도록 한다.

추가적인 장점은 single-ended방식에 비해 저전압 전송이 가능한 것이다.

예를 들어 휴대전화 등은 소모전력을 감소시키기 위하여 저전압으로 동작하기 때문에 내부 또는 외부 장치와의 직렬전송시 외부 잡음에 취약할 수 있다[2].

하지만 차동 신호방식은 차동 전압방식이므로 single-ended방식에 비해 2배의 전압차를 제공하여 이러한 문제점을 감소시킬 수 있다. 이것은 각 선로상으로 송신된 전압폭 5V신호가 차동 수신측에서는 10V의 전위차로 판정되는 위의 예에서도 알 수 있다. 물론 신호별로 2개의 선로를 사용해야 하는 점은 single-ended방식에 비해 단점이다. 이러한 차동 신호방식은 RS-422, RS-485, 이더넷, PCI Express, SATA, HDMI, USB 등의 고속 디지털 신호를 전송할 때 널리 사용된다[3].

(3) Common Mode 전압

앞의 차동 신호방식에서 다루었던 차동 신호는 모두 공급전원 Vcc의 1/2전압을 기준으로 교차되었다. 이러한 기준 직류 전압을 Common Mode 전압이라고 한다.

즉 Common-Mode 전압이란 GND를 기준으로 2개의 선로에 공통으로 인가되는 전압이다. 이것은 차동 신호인 V_A와 V_B에 추가되는 직류 offset 전압 또는 DC 바이어스 전압이라고도 한다[4].

예를 들어 <그림 5.4>와 같은 RS485 시스템의 경우 진폭 3V의 차동 신호전압이 2.5V의 직류전압에 바이어스되어 전송된다.

즉 이 신호의 Common-mode 전압은 두 신호의 평균값 즉 $(V_A + V_B)/2$와 같은 2.5V이다. 이렇게 바이어스된 common mode전압은 수신측에서 트랜스포머, Optical coupled 회로, Capacitor coupled 회로 등에 의해 제거된다.

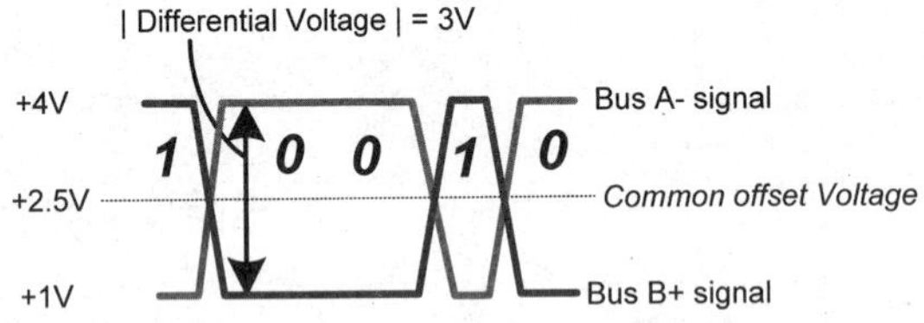

<그림 5.4> RS-485 common-mode DC offset voltage

(4) Common-Mode Range

Common mode 전압은 일정하게 유지되어야 한다. 하지만 외부 잡음이나 송수신측간에 GND 전위차가 변동된다면 실제 수신부가 인식하는 공통 기준전압 레벨도 시간에 따라 변동한다. 만약 이 기준전압이 과다하게 높아지면 수신측 회로에 장애가 발생할 수 있다.

이를 고려하여 차동 전송규격에는 수신측 입장에서 입력되는 common-mode 전압의 최대 허용범위를 규정하고 있다. RS-422의 경우 수신부는 {-7~+7}V의 common-mode 입력전압 영역을 허용한다. 그리고 RS-485의 경우 수신부는 좀 더 큰 {-7~+12}V의 common-mode 입력전압 영역을 허용하고 있다.

---

[2] 참고로 디지털 통신기기에서는 일반적으로 5V의 신호전압을 사용하는데 이것보다 낮은 전압을 사용하는 방식을 Low-Voltage Differential Signaling (LVDS)라고 한다.

[3] 또한 아날로그 오디오 전송시에도 이러한 차동 신호방식이 사용되는데 마이크 또는 일렉 기타를 앰프에 연결시 사용되는 XLR커넥터의 balanced 연결방식이 그것이다. 이것은 외부의 교류전원의 60Hz 신호에 의한 hum을 제거한다.

[4] 이 전압이 빠르게 변동하면 Common Mode 잡음으로 간주된다.

5.2 RS422 / V.11

(1) 개요

RS-422은 차동 디지털 신호를 전송규격으로써 ANSI/TIA/EIA-422-B 및 ITU-T/V.11 표준이다. 100Ω 임피던스를 갖는 두 가닥의 꼬임쌍선을 사용하여 최대 1.2Km에서 100Kbps 전송할 수 있다. 단거리인 40m에서서는 최대 10Mbps로 송신할 수도 있다[5].

송신부인 driver(D)와 receiver (R), 그리고 종단저항 100Ω의 R_T로 구성된 RS422 디지털 버스 시스템의 구조는 <그림 5.5>와 같다. 종단저항은 마지막 슬레이브 노드가 접속된 케이블의 종단에만 설치하면 된다. 케이블 상에 하나의 송신부와 최대 10개의 수신부가 버스상에 설치될 수 있어 단방향 멀티드롭 전송만 지원한다[6].

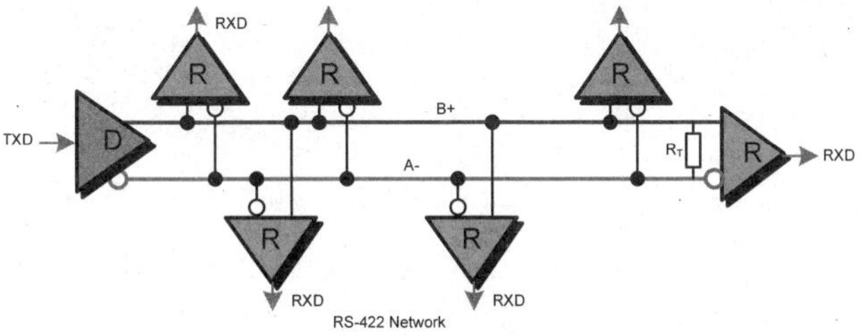

<그림 5.5> RS-422/V.11

(2) 신호특성

RS-422에서는 버스 B+와 A-간의 전위차 V_{OD} 가 다음과 같이 200mV 이상의 양의 값일 때 logic 1이며, -200mV 이상의 음의 값이면 Logic 0이다. 즉 수신임계전압은 200mV이다.

- Logic 1 (MARK) = $V_{OD}(V_A - V_B)$ < -0.2V. 즉 V_B+ < V_A-
- Logic 0 (SPACE) = $V_{OD}(V_A - V_B)$ > +0.2V. 즉 V_B+ > V_A-

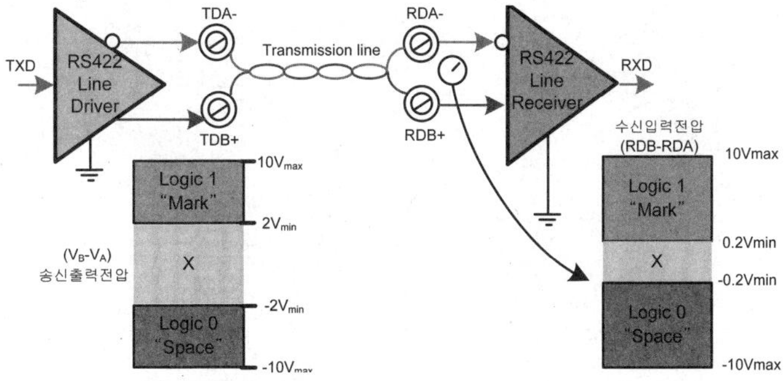

<그림 5.6> RS-422/V.11 신호레벨

[5] 일반적으로 data signaling rate (in bps) x cable length (in meters) < 108이어야 한다. 예를 들어 500m 케이블의 경우 < 200 kbps (108/500)이어야 한다.

[6] 참고로 유사한 차동 전송규격인 RS-485는 각 노드별 송수신이 가능한 멀티포인트 방식이다.

(3) RS422케이블과 커넥터

100Ω의 임피던스를 갖는 24 AWG 굵기의 꼬임쌍선이며 차폐기능이 있는 것이 좋다. 필요시 동일한 임피던스 100Ω의 CAT5 UTP케이블도 사용한다. 그리고 커넥터는 9핀, 15핀, 25핀, 37핀 등의 다양한 D타입 커넥터가 사용된다.

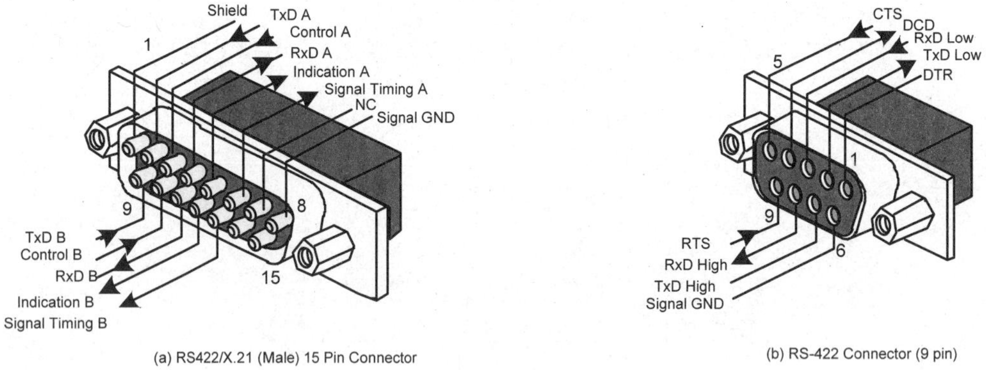

<그림 5.7> RS-422/V용 커넥터

5.3 RS423(참고)

(1) 개요

이것은 RS422와 동일한 차동 수신부를 사용한다. 하지만 송신부의 경우 RS232와 같이 그라운드 선로를 데이터 및 제어신호선이 공통으로 사용하는 single-ended방식을 사용하는 점이 다르다. 이것은 1개의 송신부와 10개의 수신부를 최대 1.3Km 버스로 연결하여 100Kbps로 전송할 수 있다.

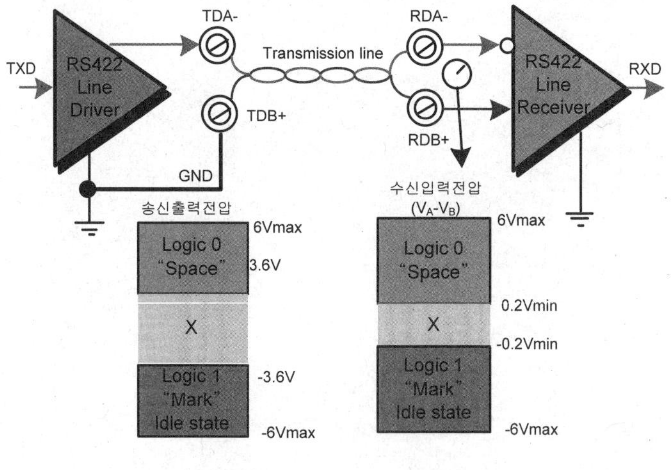

<그림 5.8> RS423 신호레벨

(2) 망의 구성

RS423용 커넥터는 25핀의 EIA-530 또는 37핀의 EIA-449 커넥터의 사용을 규정하고 있지만 송수신용으로 4개만 필요하다. 따라서 산업계에서는 5핀 산업용 DIN 커넥터를 대부분 사용한다.

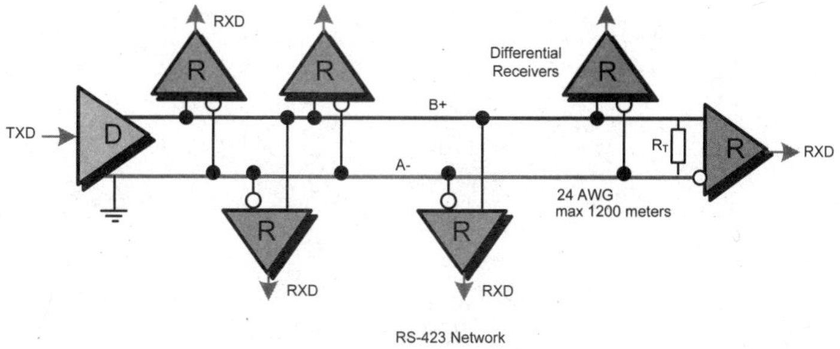

<그림 5.9> RS423 통신 시스템의 구성

5.4 RS485

(1) 개요

RS-485(EIA/TIA-485)는 RS422규격과 유사한 차동 평형 전송방식의 직렬 전송 규격이다. 이것은 <그림 5.10>과 같이 최대 32개의 노드가 접속된 버스를 지원한다[7]. RS422/423과 달리 각 노드는 송신 및 수신부를 함께 가질 수 있다. 물론 하나의 RS-485버스를 여러 노드가 공유하지만 어떤 시점에 한 노드만이 송신할 수 있는 반이중 방식으로 동작해야 한다. 최고 전송속도는 거리에 따라 상이한데 40m의 경우 최대 10Mbps이고 1.2Km의 경우 100Kbps가 가능하다. 그 외의 동작값은 RS-422과 유사하므로 RS-485장치는 대부분의 RS-422장치와 호환 가능하다.

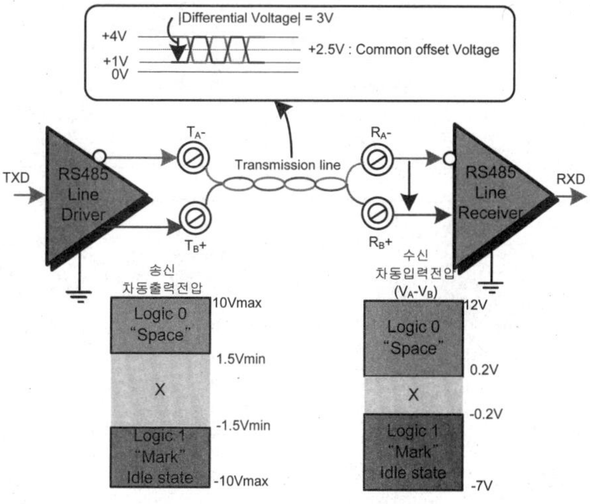

<그림 5.10> RS485 신호레벨

---

7 참고로 유사한 차동 평형 신호방식을 사용하는 RS-422은 하나의 송신노드와 최대 10개의 수신노드로만 구성할 수 있는 단방향 멀티드롭 전송만 지원한다.

(2) RS485의 신호특성

RS-485는 RS422과 마찬가지로 버스 B+와 A-간의 전위차 V_{OD} 가 다음과 같이 200mV보다 클 경우 Logic 1이며, -200mV보다 작으면 Logic 0이다.

- Logic 1 (MARK) = V_{OD} ($V_A - V_B$) < -0.2V.
  즉 V_B+ < V_A-
- Logic 0 (SPACE) = V_{OD} ($V_A - V_B$) > +0.2V
  즉 V_B+ > V_A-

(3) 공통모드 허용전압

RS-485수신부는 -7 V ~12 V의 common-mode 허용전압영역에서 +200mV(0.2V) 이상의 차동전압이 감지되면 '0'으로 판정하고 -200mV 이상인 경우 1로 판정한다

(4) RS485 망 구성

최대 32개의 노드가 하나의 버스에 접속될 수 있다. 접속방법에 따른 망의 구성은 다음과 같다.

- Daisy-Chain 구성 : 가장 많이 사용된다. 각 단말은 입력과 출력용으로 분리된 2개의 인터페이스를 장착하여 이웃 노드와 용이하게 연결되어 버스를 구성한다.
- Bus/Stub 구성 : 메인 버스(backbone)를 설치하고 여기에 각 장치는 탭기능을 가진 stub (또는 커플러)모듈을 사용하여 연결된다.
- Point-to-Point 구성 : 물론 점대점 연결도 가능하다.

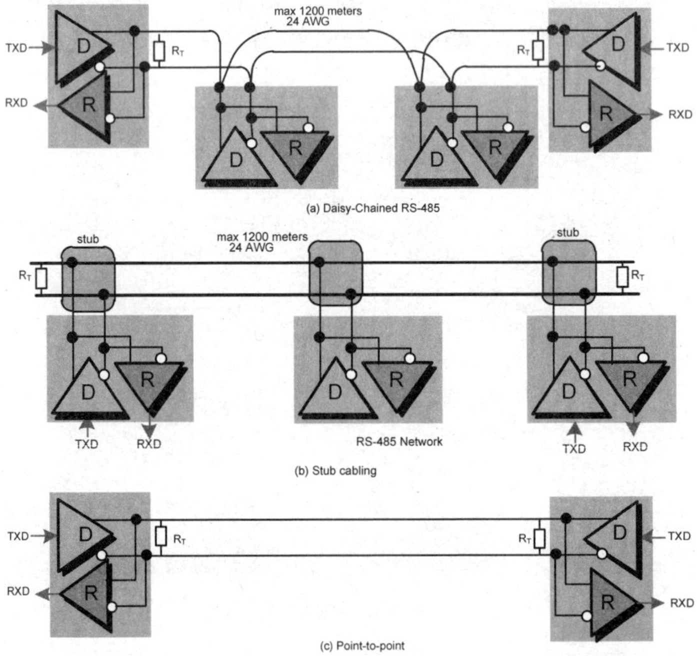

<그림 5.11> RS485 시스템 구성의 종류

(5) 반이중/ 전이중 통신

RS-485는 기본적으로 반이중 통신방식이다. 만약 전이중 방식을 사용하려면 <그림 5.12>와 같이 RS485버스를 하나 더 추가 사용해야 한다.

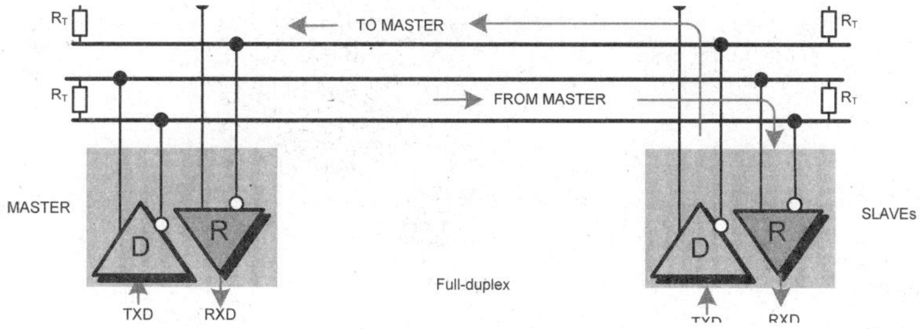

<그림 5.12> 전이중 RS485 시스템의 구성

(6) RS-485 케이블

산업용 RS-485 케이블은 100Ω, 22–24 AWG의 비차폐 꼬임쌍선이다.

5.5 RS485에 대한 고려사항

(1) 종단 저항

RS485 케이블의 특성임피던스 Z_o는 120Ω이며, 24-AWG, 꼬임쌍선(twisted-pair cable)이 사용된다. 장거리 연결시 케이블 끝에 종단저항이 없으면 임피던스 불일치에 의해 신호가 반사되므로 원래 신호를 왜곡시킨다. 이를 해결하기 위하여 버스상에 오직 한 개만의 송신단말이 운용되는 RS-422의 경우 가장 멀리 떨어진 수신부에는 <그림 5.13>과 같이 전송선로의 특성임피던스와 동일한 저항값을 갖는 120Ω의 종단저항을 설치해야 한다. 하지만 여러 개의 송신노드가 멀티드롭되어 운용되는 RS-485의 경우에는 케이블 양단 모두에 종단저항을 설치해야 한다.

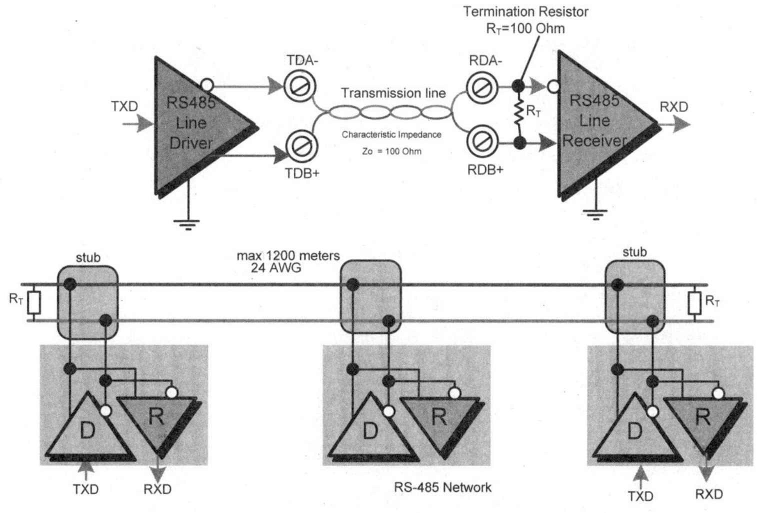

<그림 5.13> RS485 시스템 구성의 종류

(2) 종단저항의 소모전력

RS485버스의 경우 120Ω 종단저항을 사용하는데 이것의 전력소모는 두 신호선의 전위차에 따른다. 예를 들어 송신측이 5V의 차동 전압을 초래한다면 전력소모는 $P= V*V/R=$ 5*5/120 = 208mW이다. 하지만 최대 허용 차동전압의 절대값은 6 V이므로 전력소모량은 $P= V*V/R=$ 6*6/120 = 300 mW이므로 종단저항은 1/2 W급 저항이어야 한다.

(3) Tri-State 제어

RS485의 경우 '1'값을 출력하는 노드의 RS-485 송신부는 TxEn=1인 입력에 대하여 드라이버 출력값으로 V_{A}- = 0V, V_{B}+ = +5V를 버스상에 표출한다. 이 전압에 의해 2개의 종단 저항(즉 120‖120 Ω = 60 Ω)을 경유하여 버스상에 전류가 흐르게 된다. RS-485시스템은 멀티드롭된 버스구조를 가지므로 모든 송신부가 이러한 상태를 유지한다면, 특히 '1'을 유지하는 idle상태에서 버스상에 많은 전류가 흐르게 되어 발열 등의 문제를 야기할 수 있다.

이를 방지하기 위하여 송신하지 않는 경우 TxEn=0로 설정함으로써 출력부를 하이 임피던스 상태로 설정되도록 한다. 이렇게 함으로써 해당 노드는 버스에서 이탈된 상태가 되도록 한다.

하지만 이렇게 하더라도 즉 TxEn=0인 경우 송신부는 이탈되어 Open된 상태가 되지만 RS485 트랜시버의 수신부는 여전히 동작 중에 있다. 이 경우 버스상의 $|V_{AB}|$ 값은 0이 된다. RS485 트랜시버의 수신부는 $|V_{AB}|$ < 200mV가 되면 버스의 로직 상태는 비결정 상태로 인식하여 '1'인지 '0'인지를 구분할 수 없는 문제가 발생한다.

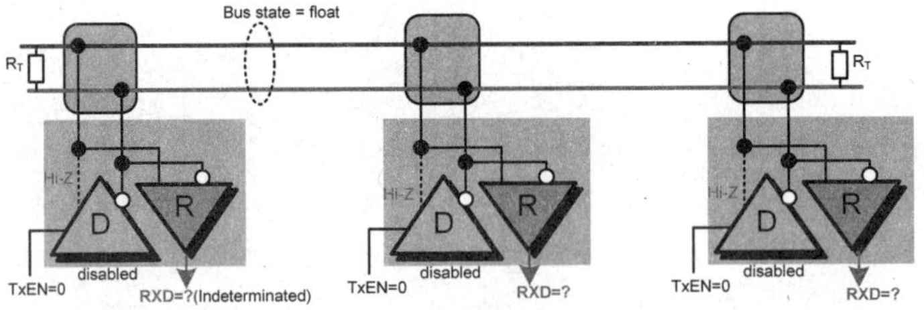

<그림 5.14> RS485 시스템의 Tri-state 제어 문제

따라서 버스의 idle상태를 명확하게 표시할 필요가 있다. 즉 TxEn=0인 상태에서는 V_{B}-V_{A} 전압차로 0V가 아니라 적어도 200mV 이상은 되도록 함으로써 Mark상태(idle상태)임을 알 수 있도록 해야 한다. 이를 위해서 각 노드별로 Pull-up 저항과 Pull-down 저항을 <그림 5.15>와 같이 B+와 A- 단자에 설치해야 한다. 저항값은 TxEn=0인 상태에서는 V_{A}-V_{B} 전압차가 적어도 +200mV 이상이 되도록 결정해야 한다. 예를 들어 2개의 노드만 있는 경우에는 다음과 같이 결정된다.

- 각각 120Ω인 2개의 종단저항 R_t 에 의한 버스간의 병렬 저항값은 60Ω이다.
  (수신부 내부의 12KΩ 은 무시한다)
- 풀업 저항 $+R_t$병렬저항 + 풀다운 저항 $=2R+R_t \| R_t$
- 전류 $i=\mathrm{Vcc}/(2R+R_t \| R_t)$
- V_{A}-V_{B}전압차 = i* $(R_t \| R_t)$. 이것이 > 200mV가 되려면 R은 720Ω 이하의 값이어야 한다[8].
  (만약 단독으로 사용된다면 R<1.44KΩ이면 된다)

[8] 사실 Mark 신호값은 −200 mV(VAB) 이상의 값이면 되므로 보통 약 −300 mV가 표출되도록 한다. 이러한 바이어스 저항은 버스상에 어떤 위치에 설치되어도 된다.

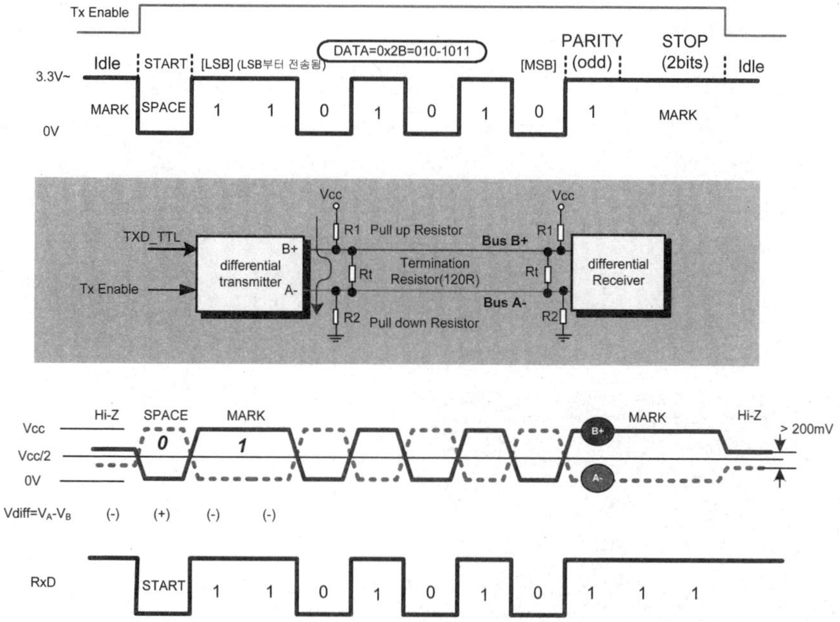

<그림 5.15> RS485 시스템의 Tri-state 제어 문제

5.6 RS422 / RS423 / RS485의 비교

<표 5.1>은 RS232/RS422/RS423/RS485를 비교한 것이다. 물론 single-ended방식의 RS232나 RS423에 비하여 차동 신호방식인 RS422과 RS485가 우수함을 알 수 있다. 그리고 신호레벨이 작을 수록 고속전송이 가능함도 함께 알 수 있다. 하지만 RS232는 점대점 연결에서만 사용하고 RXD와 TXD의 신호선을 분리하여 사용하므로 유일한 전이중 통신기능을 제공함을 알 수 있다.

<표 5.1> RS232/RS422/RS423/RS485 비교

	RS232	RS422	RS423	RS485
차동전송	x	0	x	0
노드 수	1/1	1 driver/ 10 receivers	1/10	32
반이중/전이중	전이중	반이중	반이중	반이중
Topology	점대점	멀티드롭	멀티드롭	멀티포인트
케이블 길이	15m	1.2Km	1.2Km	1.2Km
최대 전송속도 (12m/1200m)	20Kbps/1Kbps	1Kbps/10Mbps	100Kbps/10Mbps	100Kbps/35Mbps
최대 common-mode 전압		+/-7V		-7~+12V
송신측 최대출력전압	+/-25V	+/-6V	+/-6V	-7~+12V
송신측 차동출력전압	-	2v<|Vod|<10V		1.5v<|Vod|<5V
수신측 threshold전압	+/-3V	+/- 200mV		+/- 200mV
수신측 허용최대전압	+/-15V	+/-10V	+/-12V	-7~+12V

5.7 DMX512 원격 조명제어 방식

(1) 개요

RS485는 비교적 장거리 고속전송을 지원하므로 공장자동화, 로봇제어, 운송장비 내부 제어 등으로 널리 활용되고 있다. 본 절에서는 많은 사람들이 열광하는 공연장에서 무대조명 제어용으로 널리 사용되는 DMX-512 조명제어 방식에 대하여 다룬다.

DMX-512는 1986년에 US institute of theater technology (USITT)에서 최대 512개의 조명 채널 제어 정보를 전송하기 위해 만든 것이다. 이것은 조명제어분야에 있어 사실상 표준 프로토콜이다. 여기서 DMX는 Digital Multiplex의 약어로써 원격에 있는 최대 512개의 조명제어 채널 제어정보를 다중화하여 디지털 전송방식으로 전송한다는 의미를 갖는다. 각 채널에 대한 조명 밝기 값은 0~255값을 갖는 1바이트 값으로 표현된다[9].

DMX512 시스템은 최대 31개의 물리적인 조명장치를 250Kbps의 RS485 선로를 통해 중앙의 제어장치(마스터 콘솔)와 연결한다[10].

마스터 콘솔은 최대 512 바이트의 채널 제어 값을 주기적으로 전송한다[11].

관련 표준은 DMX512 사실 표준을 기반으로 2004년에 ANSI표준이 되었다. 2008년에 한번 개정되었다.

(2) DMX512 시스템 구성

다음과 같이 구성된다.

- DMX 512는 RS-485 방식의 비동기 차동 직렬전송방식을 사용하여 최대 1.2Km 거리에 멀티드롭 형태로 접속된 최대 32개의 조명장치를 연결한다.
- 하나의 세그먼트는 한 대의 마스터 (DMX controller)이고 나머지 31대는 슬레이브로써 디머(dimmer) 또는 안개 생성기 등이다.
- 마스터만 송신할 수 있으며, 나머지 슬레이브 조명장치는 수신만 한다.
- 보통 300m의 단위 전송 케이블을 사용하고 그 이상의 거리는 RS485 리피터로 연장한다.
- 각 슬레이브는 입력 및 출력용 커넥터를 함께 사용하여 다른 단말과 멀티드롭으로 연결된다.
- 케이블의 종단에 위치한 단말은 120Ω/1/4W 종단저항이 내장된 커넥터를 사용한다.
- 선로상의 각 단말은 신호의 재전송이나 증폭을 하지 않는다.

---

[9] 0=Off; 255=Full On.

[10] 단위 연결 선로를 세그먼트 또는 'universe'라고 부른다.

[11] DMX512에서 사용하는 RS485 버스는 하나의 버스에 최대 32개의 장치만 연결할 수 있으므로 하나의 universe에 실제 설치 가능한 슬레이브 조명기기는 31개로 제한된다. 각 조명장치는 여러 개의 채널로 제어될 수 있다. 예를 들어 한 개의 조명장치에 밝기 조정기능, 회전기능, 안개 생성기능 등 여러 개의 제어 채널이 소요될 수 있다.

(3) DMX512 시스템의 예

채널 정보 전달의 예는 다음과 같다. <그림 5.16>의 DMX 마스터 콘솔은 여러 개의 fader를 가지고 있으며, 2개의 가동형 조명장치와 4개의 단순형 조명장치가 하나의 RS485 버스에 연결되어 있다. 마스터 콘솔의 fader 슬라이더를 가변할 때 생성되는 밝기 값을 8비트로 변환하여 (0 is off and 255 is full on) 해당 채널에 수납하여 전송한다.

가동형 조명장치는 각각 8개의 제어 채널을 처리한다. 이들은 각 채널별로 밝기 제어뿐만 아니라 좌우 회전, 상하 회전 등의 다양한 제어 기능을 수행한다. 반면에 단순형 조명장치들은 각각 1개의 채널만 처리한다. 이러한 총 20개의 채널 정보가 각 장치에 전달될 수 있도록 각 슬레이브에는 해당 채널 주소가 <그림 5.16>과 같이 사전에 설정되어야 한다. 예를 들어 001 ~008은 첫 번째 가동형 조명장치에 대한 채널 번호이다. 보통 각 장치의 채널번호는 10비트의 설정 스위치에 의해 해당 채널의 시작 값이 사전에 설정된다.

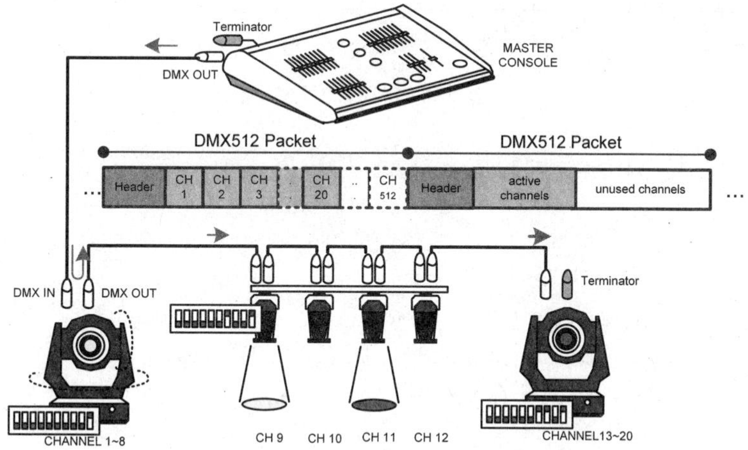

<그림 5.16> DMX512 시스템의 구성

5.8 DMX512 상세

(1) 패킷 구조

<그림 5.17>과 같이 마스터 콘솔은 최대 512바이트로 구성된 512개의 채널정보를 프레임에 수납하여 반복 전송한다. 이 프레임 내에서 각 바이트 위치가 바로 해당 채널의 값을 의미한다. 즉 명시적인 주소정보는 전송되지 않는다[12].

조명감독이 특정 조명장치에 대한 조명값을 변경하면 변경된 그 값은 다음 싸이클의 해당 채널 영역에 수납되어 전송된다. 수신단말 각각은 미리 관리자가 설정해 놓은 자신의 채널 시작값과 자신에 할당된 채널의 개수를 참조하여 수신되는 채널값을 읽어 밝기 또는 움직임을 제어한다[13].

참고로 그림에서 알 수 있듯이 512개의 채널을 갖는 DMX 패킷은 약 5700비트로 구성되고 이것이 250Kbps로 송신되므로 초당 44개의 DMX 패킷이 연속 전송될 수 있다.

[12] 이것은 마치 T1 TDM방식과 유사하지만 동기 전송방식이 아닌 비동기 전송방식을 사용하므로 각 채널은 비 주기적인 Start 비트에 의해 구분된다.

[13] 물론 동일한 채널설정값이 다른 단말장치에 설정될 수도 있다.

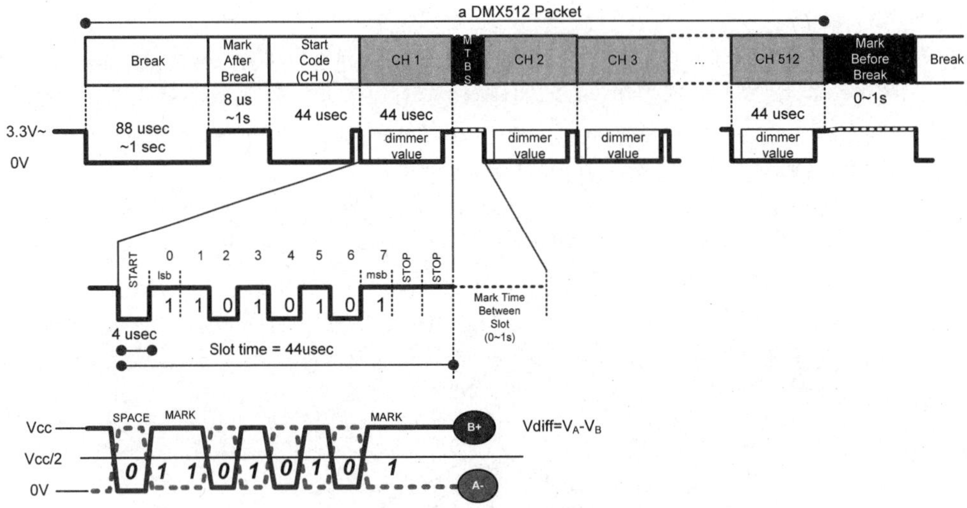

<그림 5.17> DMX512 프레임의 구성과 동작

DMX512 패킷의 형식의 세부항목은 다음과 같다.

- Idle : 휴지 기간의 경우 신호레벨은 '1'이어야 하며 이것을 "Mark before break(MBB)"라고 부른다.
- Break : 88μsec 이상의 '0' 신호레벨을 갖는다. 보통 120μsec이다.
- Mark After Break (MAB) : Break에 이어 전송되는 8μsec 이상의 '1'이다. 이것은 Break와 Start Code 슬롯을 구분한다.
- Start Code(SC) 슬롯 : 이것은 이후의 데이터 슬롯들의 기능을 표시하는 용도로 사용된다. 즉 밝기조절(dimming)관련 명령의 경우 기본값인 0x00값을 갖는다[14].
  이것을 Null Start Code라고도 부르며 일종의 0x00로 구성된 Slot 0의 데이터로 간주해도 된다[15].
  Break 및 MAB는 각 프레임별로 그 길이가 상이할 수 있지만 SC부터는 각 채널별로 11개의 펄스(총 44μsec)로 구성되어야 한다.
- Mark Time Between Frames (MTBF) : 각 슬롯간 Idle 구간을 0~1초간 제공한다.
- Data Channel(Channel Data(CD) : SC 이후에 1 ~ 512 개의 바이트로 구성되는 채널 값이다. 명심해야 할 것은 각 데이터 채널에는 명시적인 주소값이 수납되지 않는다는 점이다. 대신 SC 슬롯 이후의 첫 바이트는 채널 1을 의미하고 그 다음 바이트는 채널 2를 의미한다. 최대 512까지 채널값이 사용된다. 따라서 수신측은 SC 다음부터 각 바이트별로 카운트하여 채널주소를 인식해야 한다.
- Mark Time Between Packets (MTBP) : 다음 패킷의 시작시점까지의 Idle 구간이다. Mark Before Break(MBB)라고도 한다.

---

[14] 그 외의 값은 USSIT-DMX512-A 규격을 참조하도록 한다.(예를 들면 0x90은 UTF-8 Text Packet 용 SC이고, 0xCC는 RDM용 SC 이다.

[15] 참고로 모든 data packet의 시작은 {BREAK, MARK AFTER BREAK, START CODE} 로 구성되므로 이 조합을 RESET sequence라고도 부른다.

(2) 데이터 형식

DMX512는 기본적으로 250kbps전송을 지원하므로 선로상에서 NRZ로 전송되는 각 비트는 4μsec를 가진다. 그리고 각 채널값은 전형적인 비동기 전송 형식 즉 {1비트 Start, 8비트 데이터, No 패리티, 2비트 Stop}에 수납되므로 8비트의 데이터전송시 11비트의 시간을 소요한다. 최대 512개의 채널값을 반복 전송시에는 초당 44번의 싸이클로 전송되며, 최소 24채널값만 반복 전송시에는 초당 830개의 패킷을 전송할 수 있다.

(3) 주소법

각 장치에 대한 주소법으로는 하나의 프레임내에 별도의 주소정보를 설정하는 것이 아니라 각 장치별 제어정보는 사전에 할당된 한 개 이상의 채널에 대응된다. 예를 들어 하나의 세그먼트에 간단한 디머(dimmer)의 경우 밝기값을 해당 채널에 수납한다. 반면에 {R,G,B,A}를 사용하는 LED조명의 경우에는 총 4개의 채널이 할당된다. 또한 조명장치의 ON/OFF, pan(좌우 조절), tilt(상하조절), color, gobo(차광판) 제어가 필요한 경우 각 기능별로 채널이 추가 할당되어야 한다. 중앙의 마스터 콘솔은 한 개 이상의 세그먼트를 제어할 수 있는 여러 개의 출력 포트를 가진다.

5.9 DMX512 커넥터와 케이블

(1) 5핀 XLR 커넥터와 케이블

DMX 표준에는 5핀 XLR 커넥터를 규정하고 있다[16].

하지만 실제로는 이 커넥터의 3핀만 사용하는데 이것은 이미 저렴한 3핀 XLR 커넥터가 널리 사용되고 있었기 때문이다. 나머지 2핀은 마스터에게 램프 사용 시간, 주변 온도 등의 정보를 상향 전송할 때 사용할 수 있도록 예약되어 있다.

그리고 DMX규격에는 케이블을 규정하지 않지만 RS485용 120Ω의 차폐된 꼬임쌍선이 대부분 사용된다.

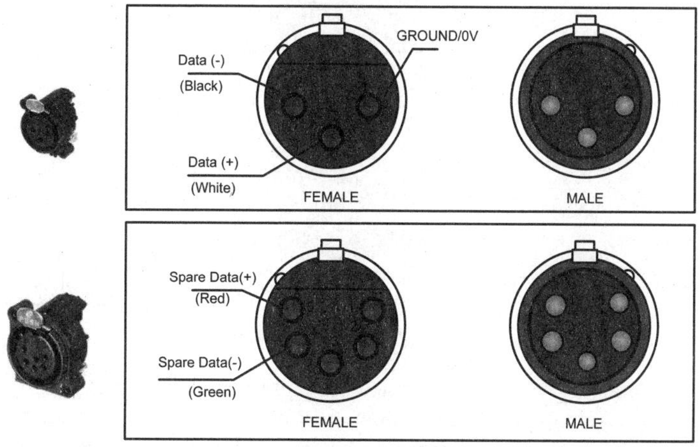

<그림 5.18> DMX512 용 커넥터

[16] 여기서 XLR은 "Cannon X connector with a Latch and Rubber guard"의 약어이다.

암수 상관없이 다음과 같이 구성된다.

- 1 : Shield : 쉴드 그라운드. 커넥터의 몸체와 연결시키지는 않아야 한다. 대신 장치의 새시그라운드에 연결한다[17].
- 2 : Data – (Black) : 데이터 –라인으로써 Bus B라고도 한다.
- 3 : Data + (White) : 데이터 +라인으로써 Bus A라고도 한다.
- 4 : Spare – (Green) : 예비 라인[18].
- 5 : Spare + (Red) : 예비 라인.

a) 3 핀 XLR 커넥터
기존 DMX512 장치는 3핀 XLR 커넥터를 사용한다. 5핀 XLR 커넥터와 마찬가지로 1번은 shield ground 핀이다. 2번과 3번 핀도 각각 동일한 Cold(-) 및 Hot(+)핀이다[19].

b) RJ-45 커넥터와 케이블
DMX512-A규격은 용이한 케이블링을 위하여 CAT 5 UTP/STP 케이블과 이것의 연결용 RJ45커넥터의 사용을 허용하고 있다. 물론 UTP 케이블의 임피던스는 100Ω이므로 임피던스가 매칭 되지 않지만 그 영향은 무시할 수 있다.
이것의 핀 배치는 다음과 같다.

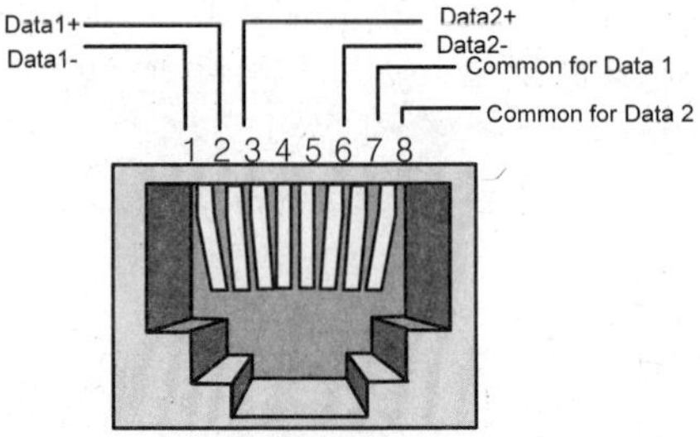

<그림 5.19> DMX512 용 커넥터

(2) 연결

마스터 장치는 female XLR 커넥터를 장착하고 있으며 슬레이브 장치는 데이지 체인 방식에 의한 연결을 위하여 male 및 female 커넥터를 각각 1개씩 장착한다[20].
DMX512의 경우 male 커넥터는 입력용이고 female 커넥터가 출력용이다.

---

[17] AES규격에는 커넥터의 shells을 pin 1 이나 shield선에 연결하지 않는 것이다.

[18] 4번 5번 핀은 DMX512 프로토콜의 추후 업데이트 버전에 사용될 예정이었으나 DMX장비 제조사들이 해당 핀을 데이터 리턴이나 전원으로 사용하는 등 임의로 사용하고 있어, 4번핀과 5번핀은 이러지도 저러지도 못하고 있는 실정이므로 사용하지 않는다.

[19] 음향규격인 AES14-1992(r2004)표준에서는 반대로 pin2와 pin3을 각각 'hot'과 'cold'라고 부른다. 그리고 필요시 5Pin을 3Pin XLR 커넥터로 연결시 1-1; 2-2; 3-3 직접 연결하면 된다.

[20] 일반적으로 male 커넥터를 plug, female 커넥터를 jack이라고 부른다. 또한 male 커넥터는 출력용이고 female 커넥터는 입력용으로 사용하지만 DMX512 시스템의 경우에는 그 반대로 사용된다.

5.10 DMX512 기반의 조명 장치 예

(1) 마스터 장치

DMX-512의 최대 전송률은 250Kbps급이고 SC 및 데이터 슬롯은 모두 {1Start 비트, 8데이터비트, No 패리티, 2Stop 비트}로 구성되므로 저렴한 MCU의 내부에 있는 UART기능과 외부의 RS485 드라이버 칩을 이용하여 DMX512 마스터를 구현할 수 있다. 그리고 조명감독용 사용자 인터페이스를 위하여 다양한 슬라이드 바를 외부에 장착한다. 또한 USB-UART칩을 이용한 마스터 모듈을 구성하고 제어는 모두 PC에서 수행하는 방법도 많이 사용되고 있다. 대표적인 것은 Open DMX USB이다. 그리고 이더넷-DMX512 인터페이스 또는 무선LAN-DMX512 연동 제품도 있다. 상용 마스터 노드의 예는 <그림 5.20>과 같다.

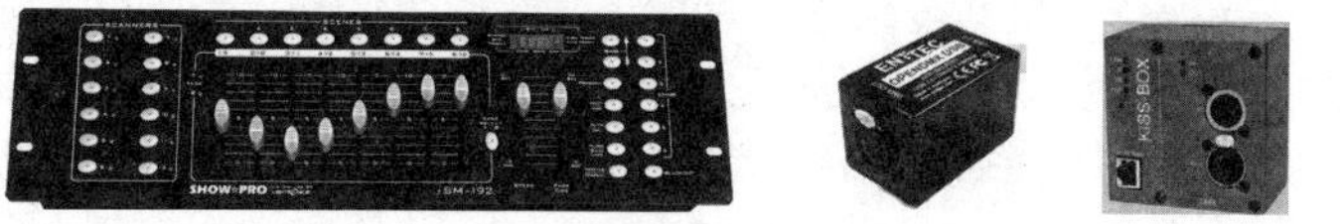

<그림 5.20> 상용 DMX512 마스터 장치

(2) 슬레이브 노드의 구성

슬레이브 노드는 기본적으로 DMX-512 프레임을 인식하기 위한 프로세서와 RS485 트랜시버, 주소설정을 위한 DIP스위치, 그리고 수신된 데이터에 대한 디머제어용 PWM기능부, 조명기구 회전용 DC모터 드라이버 등의 추가적인 IO기능을 장착한다.

기본적인 하드웨어 구성은 <그림 5.21>과 같다.

최근에는 지능형 조명기술의 상품화가 활발해 지면서 보다 정밀한 조명제어를 위해 전용 프로세서가 개발되고 있다. 이것은 내부에 8~16개의 PWM제어모듈, ADC, LED 도트별 밝기조정, 외부 DC전원을 LED조명용 DC전압으로 변환하는 기능과 함께 초저전력 프로세서를 내장한다. 이를 통하여 Mono-/multi-/full-color LED display 및 LEC광고판 등을 설계할 수 있다.

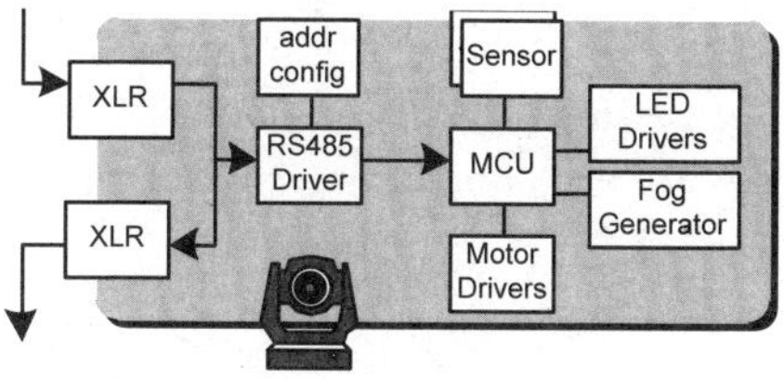

<그림 5.21> DMX512 슬레이브 노드의 구성

5.11 설계과제

차동 전송방식에 대한 다음과 같은 항목의 설계를 수행한다.

- 차동 송신부 설계
- RS485 시스템 설계
- DMX512 마스터 설계
- DMX512 슬레이브 설계

5.12 차동 송신부 설계

(1) 설계 목표

N-MOSFET인 BSS138과 P-MOSTFET인 BSS84를 사용하여 차동방식의 송신부를 설계한다.

(2) 요구사항

- 3.3V 단일전원을 사용한다.
- 200mA용 소전력 FET인 BSS138과 BSS84의 규격에 따라 안전한 설계를 해야 한다.
- Common mode 출력 전압은 3V로 설계한다.
- 부하저항 100R연결시 Differential Output Voltage(VoD2) = 2.7V이어야 한다.
- 부하저항이 없는 경우 Differential Output Voltage은 2*VoD2이어야 한다.
- 입력신호는 {3.3,0}을 교대하는 디지털 신호로써 최대 8mA 신호이다.
- PSPICE에 의한 회로를 분석한다.

(3) 하드웨어 설계

<그림 5.22>는 회로의 예이다.

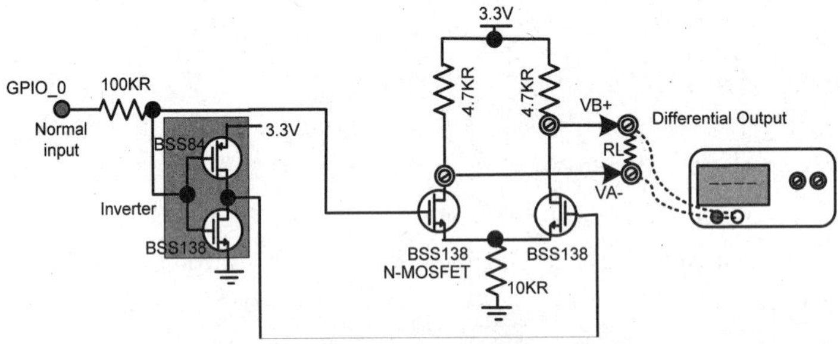

<그림 5.22> 차동 송신부 회로의 예

5.13 RS485 시스템 설계

(1) 설계 목표

UART1의 출력과 입력을 RS232 대신에 RS485 트랜시버에 연결하여 UART0를 통한 문자의 송수신과정을 수행한다.

(2) 요구 사항

- 마스터는 송신전용, 슬레이브는 수신전용으로 설정한다.
- UART1의 TXD와 RXD핀을 RS485 트랜시버인 SN75176과 연결한다.
- RS485 라인신호 생성용 SN75176 RS485 드라이버의 동작전압은 5V이다.

- DMX_DE 신호선을 nRE핀과 DE핀에 함께 연결한다. 이렇게 하는 이유는 nRE/DE 핀의 입력신호로 1이 인가되면 Driver(송신) 기능을 수행하고 0을 인가하면 Receiver(수신) 기능을 수행할 수 있도록 하기 위함이다.
- Bus A는 NonInverting 버스용이고 BusB는 Inverting 버스용이다(주의: TI에서 제조한 SN75176의 경우 RS485 표준규격과 반대의 핀 이름과 기능을 수행한다[21]).
- 버스A는 5V로 풀업시키고 버스 B는 GND로 풀다운시킨다.
- 각 버스에 6.8V 제너다이오드를 연결하여 과전압을 방지한다.
- B+와 A- 선로상의 신호파형을 원래 TXD신호와 비교한다.

(3) RS485 구동 트랜시버

SN75176 및 DS75176 등의 트랜시버 칩은 RS-422와 RS485의 규격을 모두 만족하는 DIFFERENTIAL BUS TRANSCEIVERS 칩이다. MAX485도 유사한 칩이다.
핀의 역할은 다음과 같다.

- R(Receive) : TTL레벨의 수신 데이터
- D(Driver) : TTL레벨의 송신 데이터
- /RE : 수신용 Receive Enable이다.
- DE : 출력용 Driver Enable이다.
- VCC = 5V
- A(Line+, NonInverting), B(Line-, Inverting) : RS485버스측 차동 직렬 송수신 데이터 핀이다. -7V ~ +12V의 입력전압이 허용된다. 주의할 점은 RS485 규격과 정반대로 SN75176 칩은 A핀을 HOT(NonInverting)이라고 하고 B핀을 COLD(Inverting)핀으로 사용해야 한다.

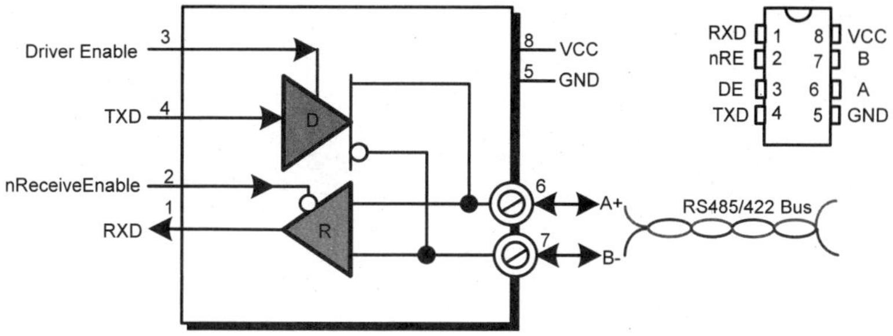

<그림 5.23> SN75176 RS485 트랜시버

이것은 외부로부터의 5V전원을 받아 TTL레벨로 작동하는 D(TX), 또는 R(RX) 데이터와 A와 B로의 차동신호를 상호 변환한다. 여기서 A와 B는 RS485버스의 입출력 데이터 핀으로써 수신시 A-B의 차이가 0.2V 이상이거나 -0.2V 이하일 때, 각각 H나 L로 결정된다.

[21] 또한 Maxim사의 MAX483 등도 TI처럼 반대로 사용한다.

다음의 표는 동작 진리표이다. R_L=100Ω인 부하가 있을 때 차동 출력 전압은 2.7V이다. 반면에 부하가 없는 경우의 차동출력 전압은 2*2.7V이다.
그리고 GND기준의 Common-mode 전압은 3V이다.

송신시				수신시		
DE	TXD	A+	B−	nRE	A−B 입력	RXD
1	1	H	L	0	> 200mV	1
	0	L	H		<−200mV	0
0	X	Z	Z		Open	?
				1	X	Z

(4) 하드웨어 설계

송수신 선택용 DE와 nRE은 각각 Driver Enable(즉 송신 enable)과 Receiver Enable용이다. 반이중 통신용으로 사용할 경우 이 2개의 핀을 서로 연결하면 TX 또는 RX 중 하나를 간단히 선택할 수 있다. 즉 Receive 동작만 하고 싶다면 RE는 0에 DE는 0로 설정하면 된다.
송수신을 교대해서 모두 가능하도록 하려면 /RE와 DE를 하나로 묶어 MCU가 송신 또는 수신용으로 제어할 수 있다.
설계할 노드는 마스트와 슬레이브 기능을 모두 선택 가능해야 하므로 DMX_DE 핀을 MCU의 GPIO가 제어하도록 한다.<그림 5.24>는 하드웨어 회로의 예이다.

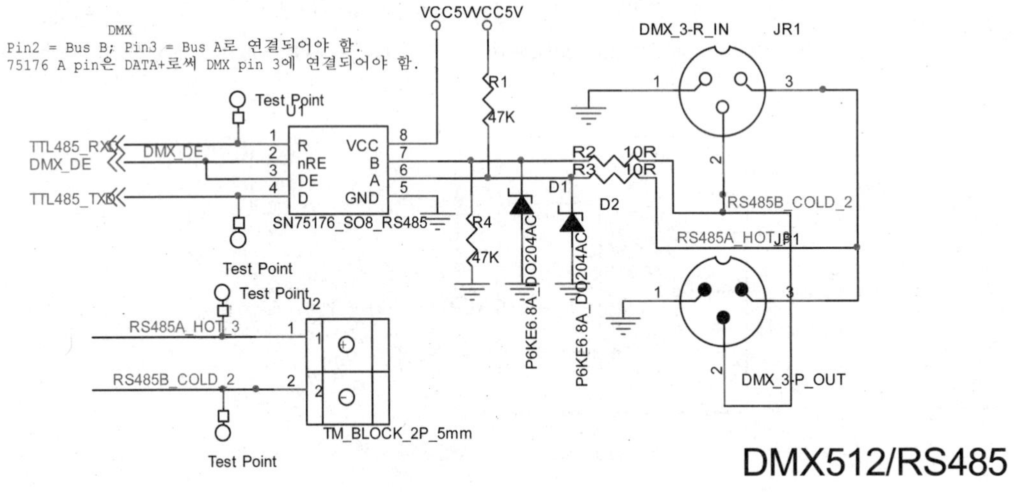

<그림 5.24> DMX 512 회로의 예

(5) 소프트웨어 설계

본 절에서는 앞 장에서 수행한 UART1 소프트웨어를 재사용한다.
추가로 DE핀을 구동하기 위해 GPIO의 해당 핀을 송신시 1로 설정하고 수신시에는 0으로 설정하는 기능을 추가해야 한다.

(6) 시험

다음 과정을 수행한다.

- idle상태에서의 UART1 Pin(U1TX, U1RX)에서의 TTL 레벨의 파형을 분석한다.
- idle상태에서의 SN75176 RS485 출력 부분에서 RS-485 파형을 분석한다.
- MCU보드의 User Switch SW0를 누를 때 마다 'Q'를 전송한다. 이때의 RS-485 신호를 분석한다.

  <그림 5.25>는 그 예이다.

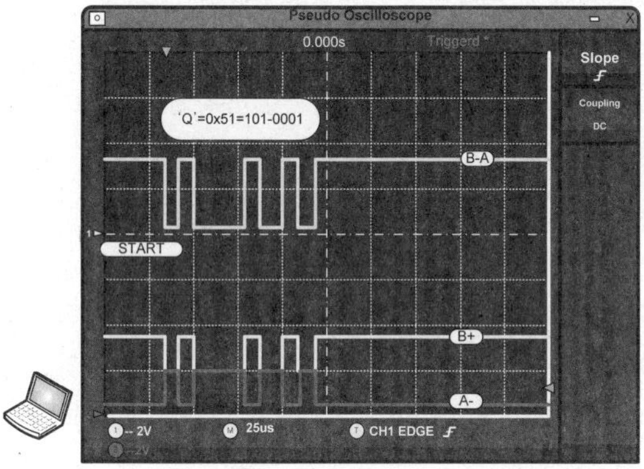

<그림 5.25> RS485 동작 시험 예

5.14 DMX512 마스터 노드의 설계

(1) 설계 목표

MCU 내부의 UART1과 RS485 드라이버 칩을 이용하여 DMX512 마스터 노드 기능을 설계한다. UART0는 디버깅 콘솔용으로 사용한다.

(2) 요구 사항

- RS485 트랜시버 모듈을 재활용 한다.
- DMX용 커넥터인 3핀 XLR커넥터를 지원해야 한다.
- 마스터와 슬레이브 기능을 선택할 수 있어야 한다.
- UART1에 RS485 모듈을 연결한다.
- UART1을 통한 DMX512 프레임을 송신하는 소프트웨어를 설계한다.

(3) 하드웨어 설계

기본적인 하드웨어 구성은 <그림 5.23>과 동일하다. 참고로 DMX용 커넥터인 3핀 XLR커넥터를 사용한다. 조명제어용으로 사용할 경우 오디오용과 달리 female 커넥터는 transmitter(console)용이고, male 커넥터는 receiver (dimmer)용이다. 마스터 동작만 수행시에는 Female커넥터만 사용한다. 버스 중간에 있는 슬레이브 기능 수행을 하려면 수신용 Male커넥터를 추가해야 한다.

(4) 소프트웨어 설계

DMX-512의 최대 전송률은 250Kbps급이고 SC 및 데이터 슬롯은 모두 {1 START, 8 Data, No Parity, 2 STOP bit}로 구성되므로 MCU 내부의 UART1을 사용하여 DMX512 프레임을 생성할 수 있다.

이때 고려해야 할 사항은 다음과 같다.

- Break 신호 : 최소 92usec 동안 '0'값만 전송해야 한다. 더욱이 그 길이는 가변적이다. UART로 이러한 0x00값을 갖는 Break신호를 250Kbps로 송신할 때 겨우 44μsec만 소요된다. 따라서 3번 0x00를 송신하면 될 것 같지만 각 바이트별로 2비트의 STOP비트에 의해 MARK가 송신되므로 Break신호를 만들 수 없다.
- MAB 신호: 최소한 12usce 동안 MARK상태를 유지해야 하는데 2비트의 STOP비트로는 겨우 8usec만 생성할 수 있다.

이를 해결하기 위하여 다음과 같이 설계한다.

- Break 및 MAB 송신시에는 UART의 전송률을 90Kbps로 설정한다.
- 이 기간에 BREAK값으로 '0x00'를 UART를 통해 송신한다. 이 경우 {START bit, 8 bit Data}가 모두 SPACE값으로 전송된다. 이후 2비트 구간에서 MAB의 일부인 MARK신호가 전송된다. 각각의 지속시간은 약 11.11μsec X 9bit = 100μsec, 11.11μsec X 2bit = 22μsec이다 더 긴 MAB가 필요하다면 이후 소프트웨어에서 일정시간 지연 후 SC를 송신하면 된다.
- 이후 UART의 전송률을 250Kbps로 재 설정하여 Start Code 0x00을 포함한 총 513개의 데이터를 송신을 UART방식으로 전송한다.

[참고] Break 신호를 생성하는 또 다른 방법으로 UART핀을 GPIO 핀으로 변경한 뒤, '1' 설정한 후 즉시 88μs 이상 '0'으로 천이시킨 후 해당 핀을 UART핀으로 복구한다. Break의 허용시간은 88us ~ 1s이므로 소요시간은 큰 문제가 없다.

(5) 프로그래밍 예

```
[파일 dmx512.c]
#include <string.h>
…
//-- We use UART 1 for DMX512
unsigned char *gp_dmxmsg;
unsigned char dmxmsg[512]={ 0x01, 0x02, 0xFF }; //sample message

//+GPIO Configure for UART1
//+ MCU Specific

void dmx512Uart1PortInit(void){
   //+ add GPIO configuration for UART1 for your MCU.
}

//+ MCU Specific
void dmxNodeInit(unsigned char role){
```

```
gp_dmxmsg = &dmxmsg[0];
dmx512Uart1PortInit();
if(role) //Master
  //+ Output DE=1: Driver Enable for TX
else
  //+ Output DE=0: Receiver Enable for RX
}

//+ MCU Specific (LM3S8962)
void dmxSendBreakAndMAB(){
 //Break: Set Baud rate to 90Kbps
 UARTConfigSetExpClk(UART1_BASE, SysCtlClockGet(), 90000,
                         (UART_CONFIG_PAR_NONE | UART_CONFIG_STOP_TWO |
                          UART_CONFIG_WLEN_8));
 while(UARTBusy(UART1_BASE));
 UARTCharPut(UART1_BASE,0x00); //Send Break in 100usec(meet for min 88usec)
 while(UARTBusy(UART1_BASE));

//On finishing 0x00 byte, its Two Stop bits make the line MARK state.
//This is the first two bit time of MAB.
 //Just stay here to meet MAB timing of 8usec
 while(UARTBusy(UART1_BASE)); //Prolong Break Period some times.
 //Set Mark
 somedelay(10); //Emulate Mark -- min 8usec --> The Previous 2 Stop bits + This delay takes about 38usec
}

//+MCU Specific (LM3S8962)
void dmxSendMessage(unsigned char *p_dmxmsg){
 int i=0;
 dmxSendBreakAndMAB(); //Send Break and MAB

 //Send START code. We first change the baud rate to 250Kbps.
 UARTConfigSetExpClk(UART1_BASE, SysCtlClockGet(), 250000,
                        (UART_CONFIG_PAR_NONE | UART_CONFIG_STOP_TWO |
                         UART_CONFIG_WLEN_8));
    while(UARTBusy(UART1_BASE));
 UARTCharPut(UART1_BASE,0x00); //Send START CODE with 0x00
 for(i=0; i<512; i++){ //Send the 512 bytes of data
    while(UARTBusy(UART1_BASE));
    UARTCharPut(UART1_BASE,p_dmxmsg[i]);
 }
}

//master main loop
void dmxMaster_loop(void)
{

   //Sample Dimmer Control Message
    dmxmsg[100] = 0xFA;   dmxmsg[200] = 0xFB;   dmxmsg[300] = 0xFC;   dmxmsg[400] = 0xFD;
    dmxmsg[500] = 0xFE;   dmxmsg[511] = 0xFF; //TheLast channel data
    while(1){
      dmxSendMessage(gp_dmxmsg);
      somedelay(1000000);
    }

}
```

(6) 시험

로직 어낼라이저 및 오실로스코프로 DMX512 프레임 구성과 신호를 분석한다.

<그림 5.26>은 한 예이다.

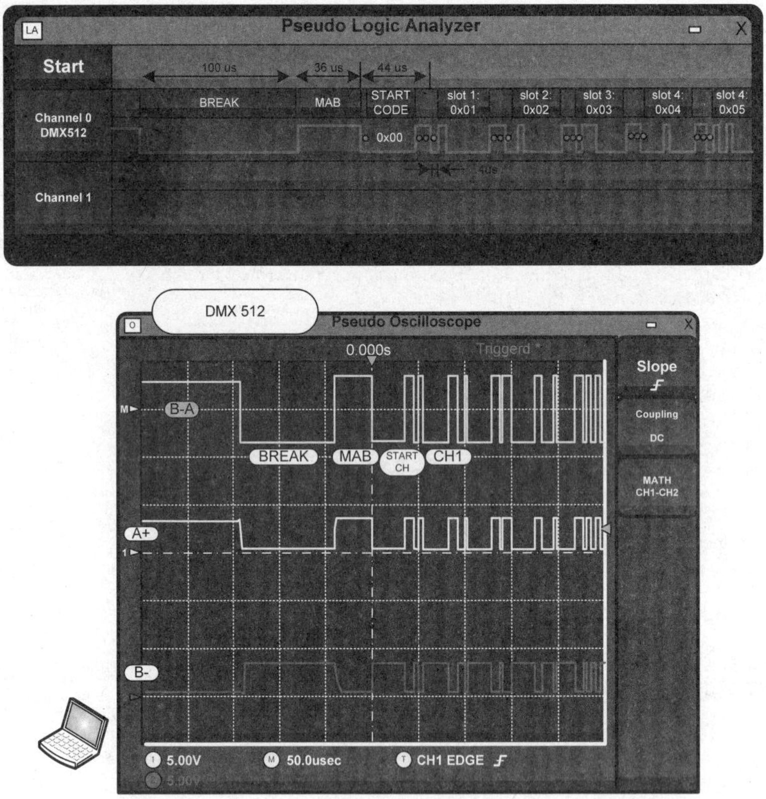

<그림 5.26> DMX512 마스터 노드에 의한 DMX512 프레임 전송 예

5.15 USB 기반의 DMX512 마스터 노드의 설계(참고)

유사한 Open DMX 512와 같은 USB-UART 기반의 마스터노드와 이를 이용한 응용 프로그램으로 PC에서 작동할 마스터 콘솔 프로그램에는 DMX Desk, Light Up 등이 있다.

USB를 통한 UART기능을 활용하여 DMX512 프로토콜을 지원하려면 기본적인 TXD 신호선을 통한 DMX프레임 전송 외에 RS485 트랜시버의 Driver Enable신호를 전송중에 활성화시켜야 한다.

제 4 장에서 다루었던 USB-UART 변환기인 FT232RL은 기본적인 USB 데이터 선로와 UART용 TXD 및 RXD 신호선 외에 CBUS라고 하는 5개의 GPIO핀을 제공한다. 이 GPIO핀의 C0와 C1은 통상적으로 TXD와 RXD에 대한 LED를 연결하는 용도로 사용된다. 남은 핀 중에서 C2핀을 TX Enable 신호선 용으로 설정하여 DMX512 마스터 응용 프로그램에서 이 핀을 DE핀으로 연결하여 사용할 수 있다.

제4장에서 설계하였던 하드웨어를 재활용하면 OpenDMX 마스터 기능을 수행할 수 있다

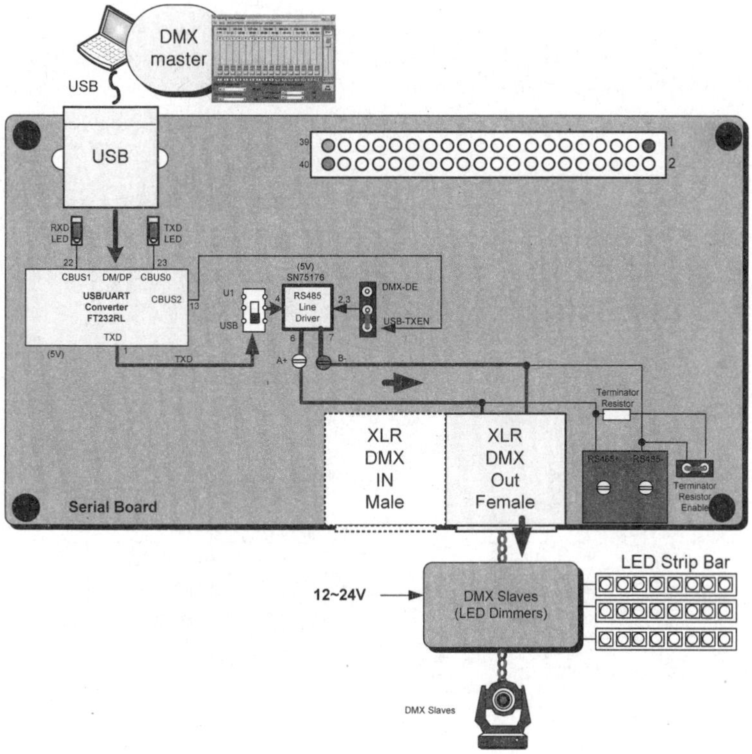

<그림 5.27> OpenDMX512 기능 모듈의 구성 예

5.16 DMX512 슬레이브 노드의 설계

(1) 설계 목표

DMX512 프레임을 수신하여 자신에게 할당된 주소에 해당되는 슬롯의 값을 읽어 그 값이 0xFF 이면 LED를 점등하고 그렇지 않으면 끄는 DMX512 슬레이브 기능을 설계한다.

(2) 요구 사항

- 기본 하드웨어 모듈은 RS485 모듈을 재활용한다.
- 10핀의 DIP 스위치를 사용하여 자신의 주소를 설정할 수 있다. 우리는 소프트웨어적으로 설정하도록 한다.
- 해당 슬롯 값이 0xFF이면 LED를 점등한다.
- [선택] 3개의 외장 LED바를 제어할 수 있도록 IRL540 MOSFET를 추가한다. 빛의 밝기는 MCU에 내장된 3개의 PWM모듈에 의해 제어되도록 한다.
- [선택] 5x5 mm의 RGB LED를 MCU가 직접 제어할 수도 있도록 한다.

(3) 하드웨어 설계

상용 슬레이브 노드는 10핀의 DIP 스위치를 사용하여 자신의 주소를 설정할 수 있다. 우리는 소프트웨어적으로 설정하도록 한다.
그리고 2개의 DMX전용 XLR 커넥터를 연결한다.

[선택] 큰 전류를 소모하는 3개의 외장 LED바를 제어할 수 있도록 27A급의 IRL540 MOSFET를 사용한다. 이러한 3개의 LED바를 제어하려면 3개의 채널이 필요함은 당연할 것이다. 이것은 외부 12V전원이 필요하다. 빛의 밝기는 MCU에 내장된 3개의 PWM모듈에 의해 제어되도록 한다. 필요시 5x5 mm의 RGB LED를 MCU가 직접 제어할 수도 있도록 한다.

<그림 5.28>은 기본 구조이며 <그림 5.29>는 회로의 예이다.

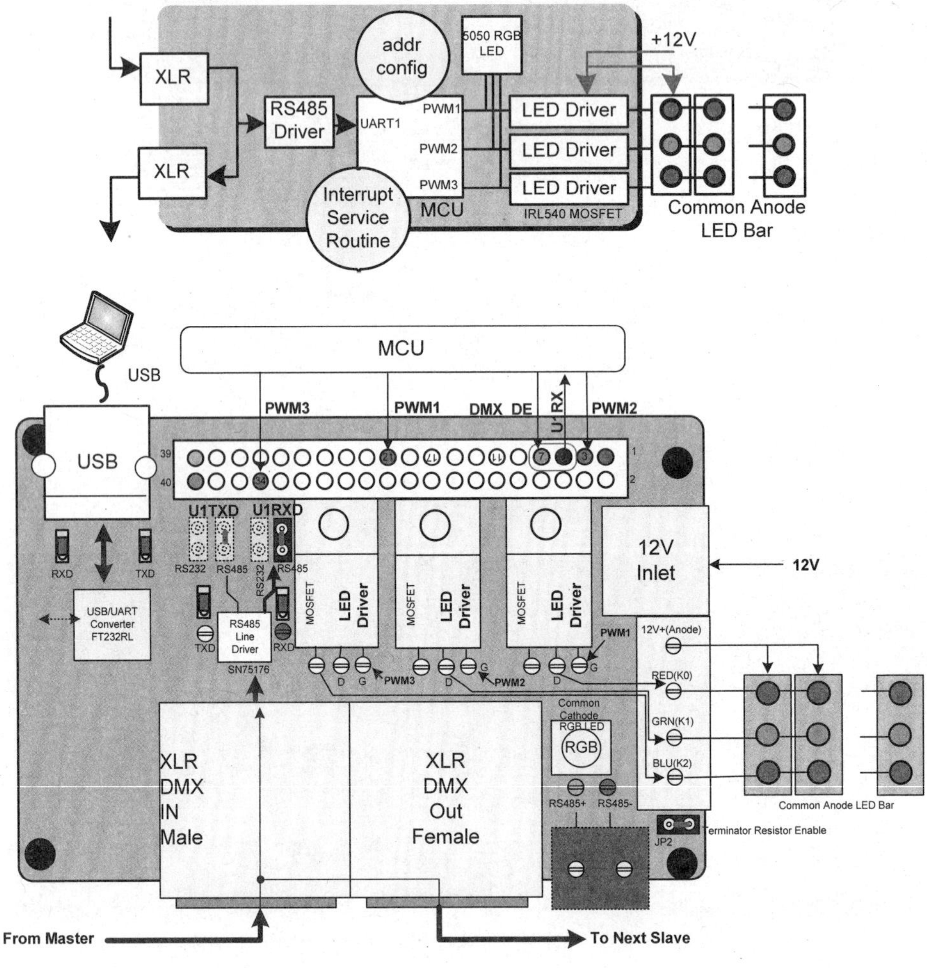

<그림 5.28> DMX512 슬레이브 모듈의 구성

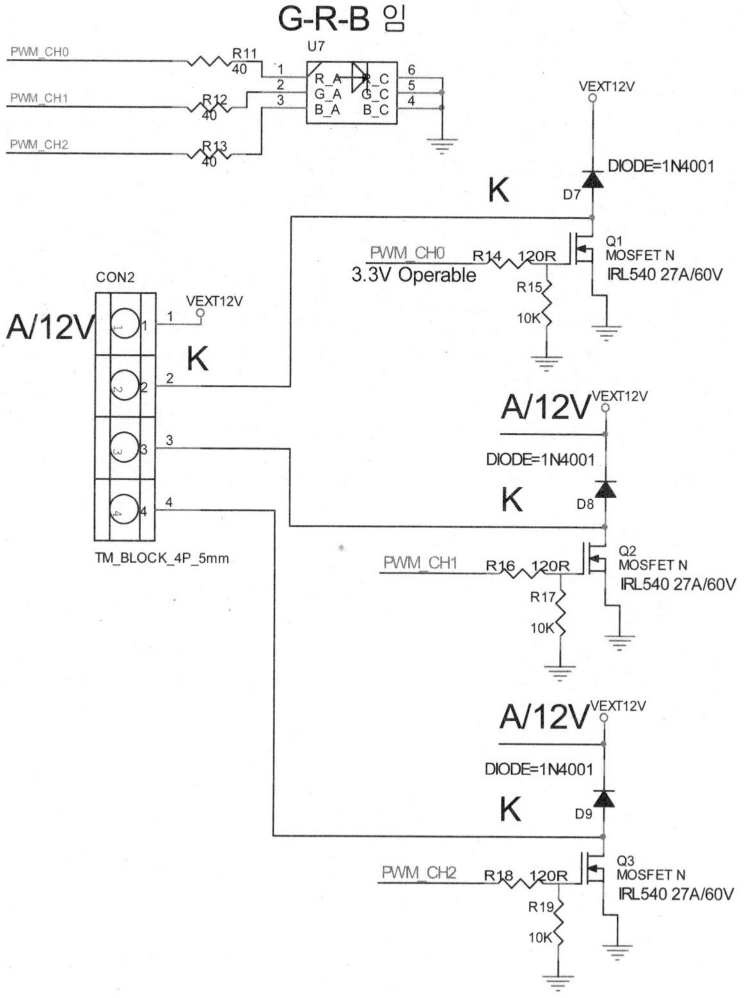

<그림 5.29> DMX512 슬레이브 모듈용 LED 구동부 회로의 예

(4) 소프트웨어 설계

슬레이브는 UART1을 통한 수신기능만 수행한다. 하지만 송신기능에 비하여 수신기능의 구현은 더 어렵다. 즉 수신부 입장에서는 언제 데이터가 수신될지 모르고 전송과정에서 오류가 발생할 수 있기 때문에 이를 처리할 수 있어야 한다. 먼저 수신부 입장에서 Break를 감지해야 한다. 이를 위해 UART의 Error Detection 기능을 이용한다.

대부분의 MCU내부 UART가 지원하는 Frame Error Detection 기능을 다음과 같이 활용한다[22].

[22] 이 오류는 비 정상적인 데이터 수신시 발생하며 이를 인터럽트로 통보할 수 있다. UART Break Error(BE) 인터럽트는 하나의 문자 수신시간(start, data, parity, and stop bits)동안 계속 Low값이 감지될 경우 발생한다. 그리고 UART Framing Error(FE) 인터럽터는 한 문자의 마지막 비트의 수신이 완료된 이후에도 유효한 STOP(High)값이 감지되지 않을 때 발생한다.

- Idle 상태에서 Low 신호, 즉 BREAK일지도 모르는 신호가 감지되면 이것의 첫 번째 비트(0)는 정상적인 start비트로 간주한다. 이어 8비트는 모두 0인 데이터 비트열로 간주한다. 하지만 이어지는 신호값으로 2비트 길이의 STOP(11)을 예상하지만 여전히 '0'인 값이 감지되면 UART는 이것을 UART Break Error (BE)로 판단하고 이를 UART 상태 레지스터에 이를 보고한다.
- '0'값으로 유지되는 Break 신호 상태에 대하여 이것을 framing error로 판단하는 상태에 머물다가 '1'상태를 갖는 MAB영역이 수신되면 idle 상태로 판단한다. 이어 이전까지의 데이터는 모두 삭제한 후 데이터 슬롯의 수신을 개시한다.
- 이후 Start Code와 512개의 채널 데이터는 250Kbps, 8비트 데이터, 2stop 비트, no parity 비트로 설정된 정상적인 UART 데이터로 처리한다.

이러한 오류는 모두 인터럽트를 생성하므로 이를 활용한 인터럽트 서비스 루틴(ISR)인 UART1IntHandler 함수를 설계하고 이것을 UART1에 대한 인터럽트 벡터테이블에 등록하여야 한다.

이후 이 ISR은 Break 신호를 감지하면 내부 채널 인덱스 변수 (gs_index)를 리셋하고 이어 SC가 수신되면 이것을 무시하도록 한다. 다음에 수신되는 첫번째 바이트를 첫번째 채널값으로 판단하고, 채널 인덱스를 1로 증가시킨다. 자신에게 설정된 채널값이 50이고 3개의 채널이 할당되어 있다면 채널 인덱스 값이 50이 되면 해당 값을 저장하고 이후 52까지 계속 저장한 후 나머지는 무시한다. 물론 마스터가 512개의 채널값을 모두 전송하지 않을 수 있으므로 새로운 Break 및 MAB가 감지되면 채널 인덱스 값을 0으로 리셋한다.

(5) 프로그램의 예

```
//-- We use UART 1 for DMX512
//[TBD] You may add the slave address, and handle it.

unsigned char *gp_dmxmsg;
unsigned char dmxmsg[512];

//+GPIO Configure for UART1
//+ MCU Specific
void dmx512Uart1PortInit(void){
   //+ add GPIO configuration for UART1 for your MCU.
}

//+ MCU Specific
void dmxNodeInit(unsigned char role){
     gp_dmxmsg = &dmxmsg[0];
     dmx512Uart1PortInit();
  if(role) //Master
     //+ Output DE=1: Driver Enable for TX
  else
     //+ Output DE=0: Receiver Enable for RX
}

//The UART1 interrupt handler.
//MCU Specific (LM3S8962)
unsigned char gc_detect_break =0;
unsigned char gc_detect_fe =0;
unsigned char gc_startcode_rcvd =0;
unsigned short gs_index = 0;
```

```

void UART1_IntHandler(void)
{
      unsigned long ulIntStatus;
      unsigned char val;

      IntDisable(INT_UART1);
      ulIntStatus = UARTIntStatus(UART1_BASE, true); // Get the interrrupt status.

      UARTIntClear(UART1_BASE, ulIntStatus);
      UARTRxErrorClear(UART1_BASE);

      if((ulIntStatus & UART_INT_BE) == UART_INT_BE){ //먼저 Break Interrupt인지 검사
        if(UARTCharsAvail(UART1_BASE)) {
            //BE의 경우에도 FIFO에 해당 데이터가 들어있으므로 읽고 무시함.
            val = UARTCharGetNonBlocking(UART1_BASE);
        }
        gc_detect_break = 1; gs_index = 0;
      }else  if((ulIntStatus & UART_INT_FE) == UART_INT_FE){ //이어서 Framing Error Interrupt인지 검사
       //여전히 수신되는 Break신호값(LOW)에 의해 유효한 STOP신호가 감지되지 않을 수 있어 이를 처리함.
        if(UARTCharsAvail(UART1_BASE)){
              //FE의 경우에도 FIFO에 해당 데이터가 들어있으므로 읽고 무시함.
              val = UARTCharGetNonBlocking(UART1_BASE);
        }
        gc_detect_fe = 1;
        gs_index = 0;
      }else if(ulIntStatus & (UART_INT_RX | UART_INT_RT)) {//정상적인 데이터 수신 인터럽트
        while(UARTCharsAvail(UART1_BASE)) {
          val = UARTCharGetNonBlocking(UART1_BASE); // Read the character from the UART.
          if(val == -1) break;
          if(gc_startcode_rcvd==0){
            if(val == 0x00 ){ //SC
                gc_startcode_rcvd=1;    gs_index = 0;
            }else{ //No Start Code -- Error
                gc_startcode_rcvd=0;    gs_index = 0;
            }
            continue;
          }else{ //already got the start code
              if(gs_index==512){
                gc_startcode_rcvd=0;    gs_index = 0;
              }
              else{
                gp_dmxmsg[gs_index++]= val;
                if(gs_index==512){ //The Last One.
                  gc_startcode_rcvd=0; gs_index = 0;
                }
              }
          }
        }
   }else{
        //Unknown Interrupt
   }
   IntEnable(INT_UART1);
}

// Slave main loop
//+MCU Specific
void dmxSlave_loop(void)
{
    // Configure the UART for 250Kbps 8-N-2 operation.
    UARTConfigSetExpClk(UART1_BASE, SysCtlClockGet(), 250000,
```

```
                                            (UART_CONFIG_PAR_NONE | UART_CONFIG_STOP_TWO |
                                             UART_CONFIG_WLEN_8));
    // Enable the UART interrupt.
    IntEnable(INT_UART1);

   //We will additionally serve Break and FramingError Interrupts.
    UARTIntEnable(UART1_BASE, UART_INT_RX | UART_INT_RT | UART_INT_BE | UART_INT_FE);
      // Loop forever
      while(1)      {     }
}
```

5.17 연습문제

[1] 4V와 1V의 차동전압으로 동작하는 RS485 버스의 공통모든 전압은 ___V이다.
a) 2 b) 2.5 c) 3 d) 0

[2] 차동 전송 방식에 대한 설명 중 틀린 것은?
a) 반대의 위상값을 동시에 전송한다.
b) 외부 잡음이 수신측에서 제거된다.
c) single-ended 방식에 비하여 장거리 전송이 가능하다.
d) single-ended 방식에 비해 고전압 전송이 필요하다.
e) RS-422, RS-485, 이더넷, PCI Express, SATA, HDMI, USB 등에서 사용된다.

[3] 조명 제어방식 중 하나인 DMX512는 최대 __개의 채널을 지원한다.
a) 64 b) 512 c) 12 d) 1024

[4] DMX512의 특징이 아닌 것은? [2개 선택]
a) 최대 512개의 조명단말을 제어할 수 있다.
b) 기본 전송속도는 250Kbps이다.
c) 장거리 전송을 위하여 RS232 single ended 전송방식을 사용한다.
d) 케이블 종단에 케이블 임피던스와 동일한 종단저항을 갖는다.
e) 명시적인 주소영역을 갖는다.

[5] DMX512의 프레임은 초당 몇 번 전송되는가?

[6] DMX512에서 각 비트의 전송시간은 ___이다.

[7] PC에서 작동할 수 있는 DMX512 마스터 콘솔 프로그램의 기능을 분석하고 기능을 설계하라.

[8] Digital Addressable Lighting Interface(DALI) 조명기술을 분석하라. DMX512와의 차이점은 무엇인가?

[9] LDT사의 LD1512 LED 조명 제어 칩의 기능을 분석하라.

제 **6** 장

유무선 회선교환 시스템

회선교환방식의 대표적인 시스템인 공중전화교환망(public switched telephone network, PSTN)은 100여년이 넘는 완숙된 기술이며 Plain old telephone system (POTS)이라고도 한다.
현재 이것은 무선 모바일 폰이나 Voice over Internet Protocol(VoIP)기반의 인터넷 전화에 의해 그 영역이 축소되고 있지만 데이터 통신 분야의 기본적인 기술은 대부분은 바로 PSTN 시스템에서 발전된 것이다 앞으로도 이것은 긴급 통화나 저속 데이터 통신용으로 계속 사용될 것이다.
본 장에서는 회선교환망에서 사용하는 전화기, 교환기, 전송 시스템과 PCM 코덱의 구성과 동작에 대하여 알아보고 ringer, dialer, 전화기, 공간분할 교환기능과 time slot interchange(TSI) 교환기능을 가진 소규모 교환기를 각각 설계한다.

6.1 공중전화교환망의 구성

전화교환기는 가입자선로(subscriver loop 또는 local loop)를 통하여 전화기에 대하여 -48V의 직류 전원을 공급하고 발신음을 생성하는 기능을 수행한다[1].
이러한 교환기는 크게 시내교환기와 시외교환기로 구분되며, 이들이 설치된 전화국을 각각 단국(end-office 또는 central office) 및 시외교환국(toll office)이라고 부른다. 사용자가 다이얼링을 하면 직접 연결된 교환기는 동일한 교환기에 상대방이 연결되어 있다면 직접 상대방 단말에 대한 벨을 울린다. 하지만 시외통화이거나 수신측이 다른 전화국에 연결되어 있는 경우라면 경로상에 있는 다음 교환기에게 수신측 전화번호 정보를 전달하면서 최종 교환기까지의 경로를 설정한다. 이러한 경로는 미리 고정된 것이 아니라 상황에 따라 서로 다른 경로가 설정될 수 있다.

---

[1] 가입자 전화기에 대하여 교환기가 전원을 공급하므로 가정에 정전이 발생되었을 때에도 전화기는 정상동작 한다.

참고로 시내 중계국(tandem office)은 직접 단말과 접속하는 대신에 시내의 다른 전화국간의 연결을 제공한다. 이러한 공중전화 시스템을 공중전화교환망(PSTN)이라고 부른다.
공중전화교환망은 <그림 6.1>과 같이 구성된다.

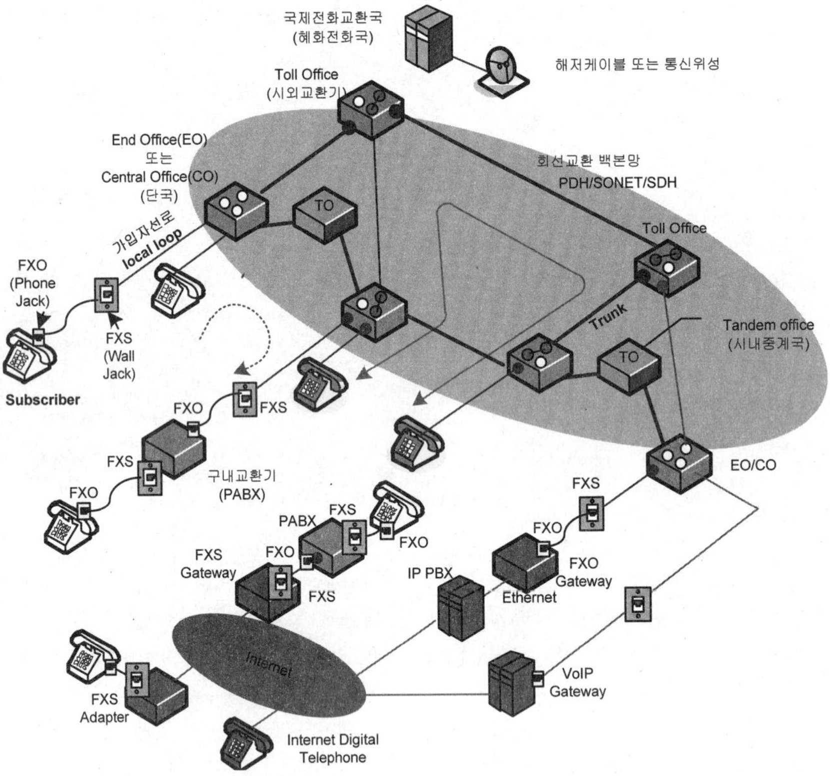

<그림 6.1> 공중전화교환망의 구성

[참고] 인터넷을 활용하는 Voice Over IP(VoIP) 인터넷 전화 시스템의 경우 다음과 같은 장치가 추가 사용된다[2].

- FXS 게이트웨이 : 기존의 PSTN용 PBX를 VoIP용 인터넷에 연결하는 장치이다.
- FXO 게이트웨이 : 기존 PSTN포트와 VoIP전용 PBX를 연결하는 장치이다. PSTN 신호와 아날로그 음성을 인터넷용 VoIP프로토콜로 변환한다.
- FXS 어댑터 : 기존의 아날로그 전화기를 VoIP망에 접속한다. PSTN 신호와 아날로그 음성을 인터넷용 VoIP프로토콜로 변환한다.
- 인터넷 전화기 : FSX어댑터 기능이 내장된 전화기로써 인터넷에 직접 접속하여 VoIP 방식으로 통화기능을 제공한다.
- VoIP 게이트웨이 : FXO게이트웨이와 IP PBX의 기능을 통합한 것이다.

---

[2] 참고로 벽면의 전화포트(wall-plate jack)과 전화기에 장착된 커넥터(phone jack)을 각각 FXS(Foreign Exchange Subscriber)와 FXO(Foreign Exchange Office)인터페이스라고 한다. 이러한 FSX와 FXO는 항상 짝을 이룬다.

6.2 아날로그 전화기

(1) 전화기의 구성

1800년대 미국의 그래험 벨이 발명한 전화기는 100년이 넘은 지금도 사용되고 있는 장수 제품이다. 전화기와 교환기간에는 300~3400Hz의 음성 주파수대역을 통과시키는 2가닥의 twisted pair 케이블로 연결되며, 이 선로를 가입자 선로(subscriber loop)라고 한다. 전화국에서는 이 선로를 통하여 음성뿐만 아니라 전화기가 동작할 수 있도록 (-)48V의 직류전원을 제공한다.

이러한 전화기는 <그림 6.2>와 같이 핸드셋과 본체로 구성된다. 본체는 벨소리 발생기(ringer), 키패드, DTMF 신호 발생기, Speech Network회로 등으로 구성된다. 핸드셋과 본체는 4가닥의 선을 연결하는 RJ9 커넥터로 연결되며 전화국과는 2가닥의 선을 연결하는 RJ11 커넥터를 갖는다.

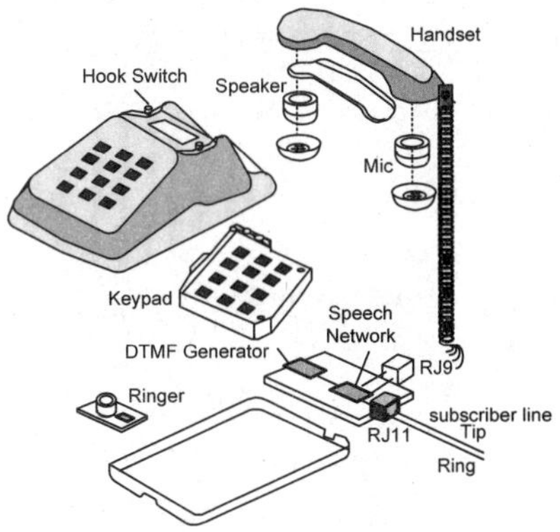

<그림 6.2> 전화기의 구성

(2) 동작 예

전화기와 교환기간의 신호절차의 예는 <그림 6.3>과 같다.

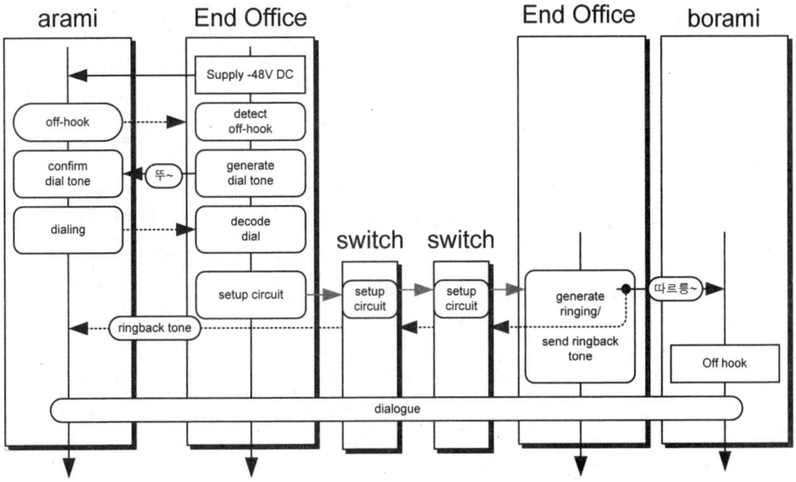

<그림 6.3> 전화 연결 과정

① Arami가 핸드셋을 든다. 이것을 "off-hook"한다고 한다. 귀에서 들리는 "뚜-"소리는 전화국과 전화기 모두가 정상동작하고 있음을 전화국에서 알리는 신호로써 dial tone이라고 한다. 상대방 Borami가 전화번호를 입력하는 순간, 교환기는 이 dial tone의 송출을 중지한다.

② 키 패드를 누를 때 마다 들리는 "삐뽀" 소리는 각 숫자마다 할당된 2개의 주파수가 합성된 것으로써 Dual-tone Multi-Frequency(DTMF) 신호음이라고 한다. 전화교환기는 DTMF 신호음을 판독하여 Borami의 전화기가 연결된 교환기로 호출신호를 보내어 벨을 울리도록 한다. Arami도 벨소리가 울리는 상황을 간접적으로 들을 수 있는데 이 것은 수신측 교환기가 생성한 ring-back tone이다.

③ Borami가 수화기를 들면 Arami와 Borami간의 전화연결로가 설정되며, 이때부터 교환기는 접속시간에 따른 요금을 누적한다. 참고로 통화가 끝난 후 수화기를 올려 놓지 않았을 때 들리는 "뚜뚜..."하는 경고음은 off-hook tone이라고 부른다.

(3) 가입자 선로 접속부와 커넥터

가입자 선로는 최대 4~5Km의 600Ω 임피던스를 갖는 22AWG(0.5mm)의 2가닥 꼬임쌍선 케이블이다. 이것의 루프저항값은 16.46 Ω/330m이다. 각각을 Tip(팁)선과 Ring(링)선이라고 한다[3].

수화기가 내려져 있는 on-hook 상태에서 "TIP"선로는 0V이고 "RING"선로를 통해 -48V를 전화국으로부터 공급받지만 전류는 흐르지 않는다.

이후 사용자가 off hook하면 선로상에 전류가 흐르게 된다. 이때 선로상의 저항 등에 의해 TIP=-20V, RING= -28V의 전위를 가지게 되어 약 8V의 전압을 전화기가 공급받는다. 이 전압과 전화기 내부회로의 200~300Ω 저항값에 의해 전화기는 20~50 mA의 전류를 공급받게 된다. 교환기측으로 연결되는 전화기의 커넥터는 6P2C, 6P4C, 6P6C 등 6핀 커넥터에 2,4,6개의 접점을 가지는 3 종류의 커넥터 중 하나가 사용된다. 이들을 각각 RJ11, RJ14, RJ25 모듈러 커넥터라고 한다[4].

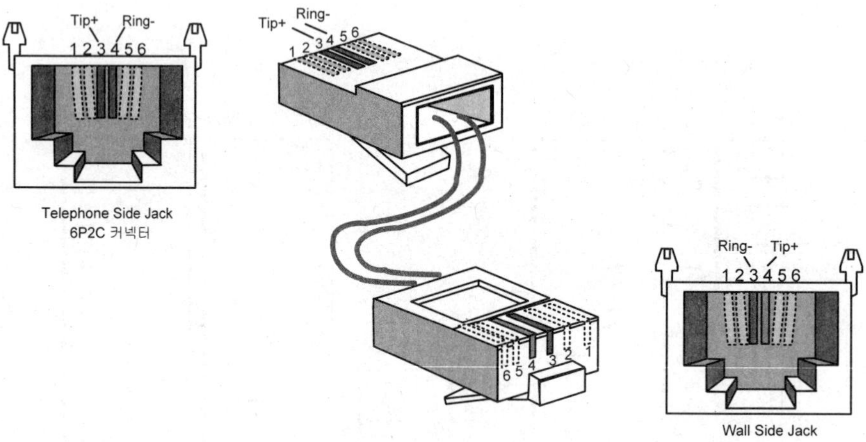

<그림 6.4> 전화기 본체 구성요소

[3] 이것은 초기의 수동식 교환기에서 교환수가 사용한 플러그 모양에서 유래된 것이다.
[4] 전화기 측 커넥터(FXO)와 벽면의 커넥터(FXS)의 케이블링은 서로 반대이다.

(4) 핸드셋

핸드셋은 마이크와 스피커로 구성되며 전화기 본체와 4가닥의 케이블로 연결된다. 케이블의 양단에는 4P4C((4 position, 4 contact) 커넥터인 RJ9이 접속되어 있다. 이것의 핀 번호는 커넥터 탭을 아랫쪽으로 하고 cable opening부분을 앞에서 봤을 때 왼쪽에서부터 1번이 할당된다.

핸드셋의 Jack을 기준으로 {1,4}핀은 마이크 용 {MIC-, MIC+}이며, {2,3}핀은 스피커 용이다[5]. 반면에 전화기 본체의 Jack의 경우 그 반대이다. 일반적으로 스피커는 극성이 반전되어도 상관이 없으나, 탄소마이크가 아닌 electlet 마이크는 전원을 공급받아야 작동하므로 극성에 따라야 한다. 그리고 핸드셋 내부의 스피커는 다이나믹 또는 피에조 등의 스피커이다.

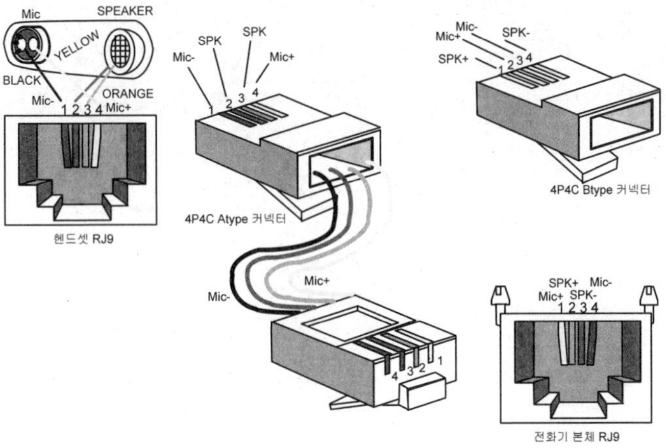

<그림 6.5> Phone Jack

(5) 본체

전화기 본체는 <그림 6.6>과 같이 구성된다. 이들은 각각 개별적인 칩으로 조합되거나 통합된 칩으로 구현된다. 이러한 내부 소자들의 구동용 전원은 전화국으로부터 전화선을 통해 공급되는 -48V 직류전원을 사용한다.

- Ringer 회로 : 전화국으로부터의 90 V_{pp} 교류신호 형태의 벨 신호를 브리지 다이오드 회로로 정류하여 tone ringer칩의 전원으로 공급함으로써 합성된 벨 소리를 생성하도록 한다.
- 가입자 라인 접속부: 브리지 다이오드 회로는 tip 선로와 ring 선로가 바뀌더라도 문제없이 동작하도록 하는 용도이며, 2개의 제너 다이오드는 12V를 초과하지 않도록 보호한다.
- Speech Network 회로 : 마이크로부터의 송화자 음성을 가입자선로로 송신하고 동시에 상대방으로부터 수신되는 음성을 스피커로 분리하여 전달하는 전화기의 핵심 기능을 수행한다. 즉 2 wire의 가입자 선로를 통해 동시에 송신하고 수신하는 음성을 핸드셋의 마이크와 스피커용으로 사용하는 4 wire 신호로 분리하거나 통합하는 기능을 수행한다.

[5] 이러한 규칙은 전화기 제조회사별로 상이할 수 있다.

- 전원부 : 내부 소자의 동작을 위한 전원을 가입자 선로로부터 추출하는 기능을 수행한다. 대부분의 경우 Speech Network 소자에 내장되어 있다.

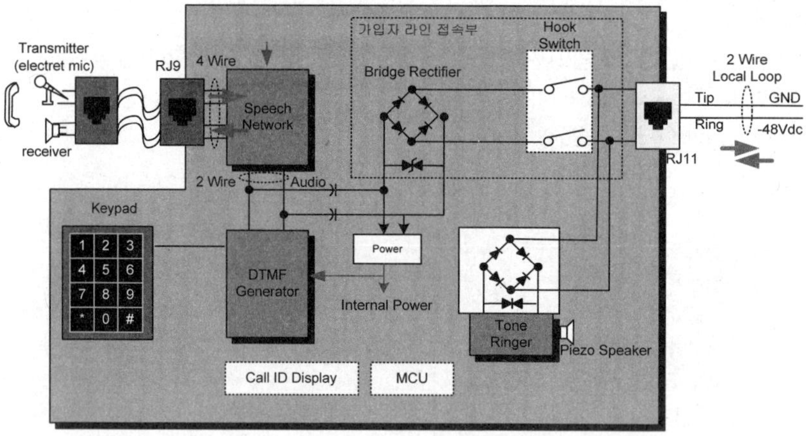

<그림 6.6> 전화기 본체 구성요소

(6) Ringer

전화국은 수신측 호출시 90 V_{pp}의 20~40Hz 정현파 신호인 링신호를 보내어 벨이 울리도록 한다. 이 벨 신호는 2초 동인 생성되고 이후 4초를 쉬는 동작이 반복되는 것이다. 전화기의 ringer는 1μF/250V의 커패시터를 사용하여 직류 전류를 차폐하여 링신호만 통과시킨다.

통과된 링 신호는 고전적인 전화기의 경우 초인종과 같은 원리의 벨 코일에 전달시켜 벨을 울리도록 한다. 사용자가 수화기를 들면 이 회로쪽으로 신호가 전달되지 않도록 한다.

근래에는 전용 ringer칩을 사용하여 벨신호를 전자적으로 생성한다. 수신측은 벨이 울리기 전에는 on-hook되어 있으므로, 전화선으로부터 직접 교류형태의 링신호를 수신한다. 이것을 브리지 다이오드로 정류하여 벨을 울리기 위한 전원으로 사용한다.

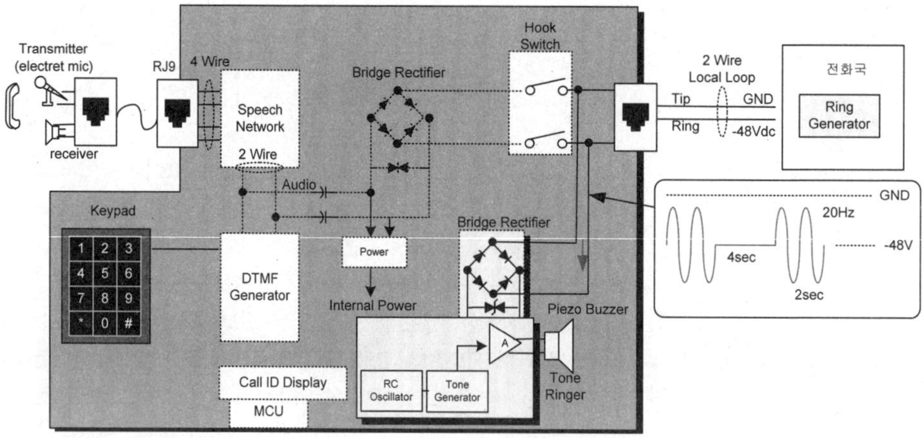

<그림 6.7> 벨 소리 생성부

일부 링칩(KA2418, MC34017, MC34012, LS1240)는 내부에 브리지 다이오드를 내장하고 있다. 일반적인 링칩은 전원 공급시 500~2KHz의 벨 소리를 RC발진기로 생성하고 이것을 증폭하여 스피커를 구동한다[6].

(7) Dialer

기존에는 번호별로 펄스의 개수를 생성하는 기계식 펄스방식이었지만 현재는 Touch-tone, Dual Tone Multi-Frequency (DTMF), 또는 Multi-Frequency (MF)라는 방식의 전자식 다이얼링이 사용된다. 키 패드를 누를 때 마다 들리는 "삐뽀" 소리는 <그림 6.8>과 같이 각 숫자마다 할당된 2개의 주파수가 합성된 소리로써, Dual-tone Multi-Frequency(DTMF) 신호음이라고 한다. 발신측 전화기의 dialer를 DTMF Generator라고 하고 전화교환기의 DTMF Receiver는 DTMF신호음을 판독한다.

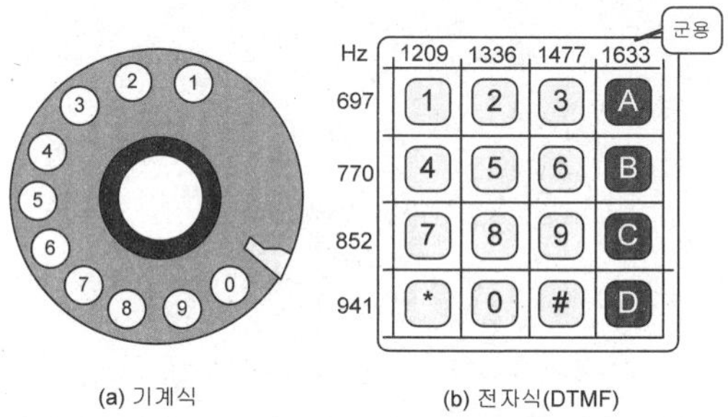

<그림 6.8> 기계식과 전자식 다이얼

이것의 구성은 <그림 6.9>와 같이 크게 2종류가 있다.

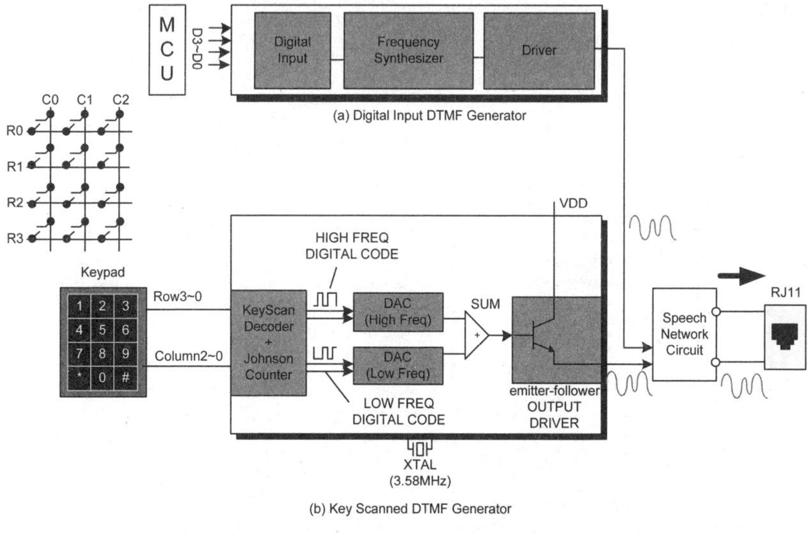

<그림 6.9> DTMF 생성회로

---

[6] 참고로 모뎀의 경우, 링신호가 감지되면 벨을 울리는 대신에 MODEM칩에 RI신호로 통보한다.

- Digit Input방식 : MCU가 생성한 디지털 데이터를 입력받아 DTMF 톤을 생성한다. KS58015, HT9017 등이 있다.
- Key Scan Input방식 : 키 패드의 row와 column 신호레벨 입력으로부터 숫자를 판독하여 DTMF 톤을 생성한다. KS58006, UM91210 등이 있다. DTMF신호 발생기에서 생성되는 신호는 보통 VDD/2 직류전압에 바이어스 되어 있다.

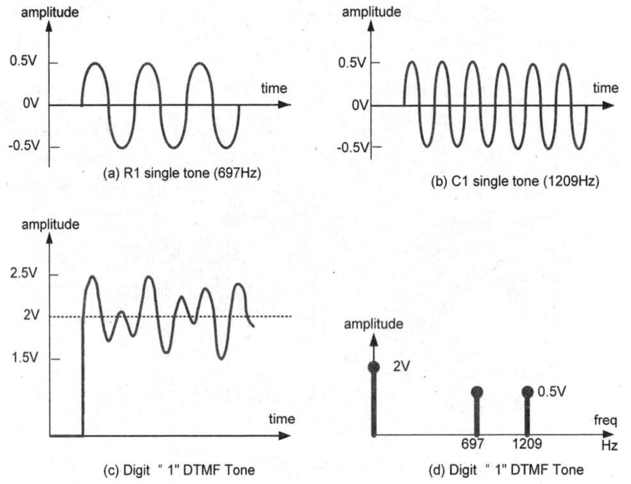

<그림 6.10> DTMF 신호의 예

(8) Speech Network

전화기 내부의 핵심기능인 음성처리부를 Speech Network 회로라 하며 <그림 6.11>과 같다.

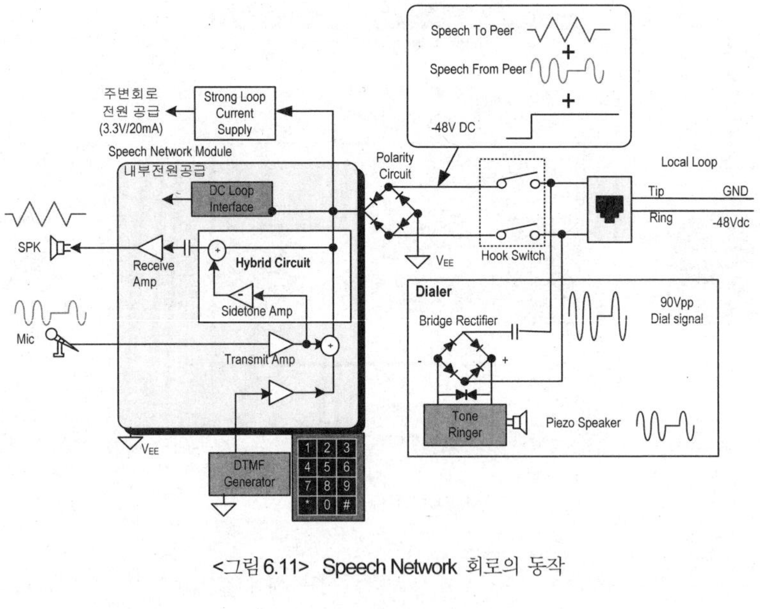

<그림 6.11> Speech Network 회로의 동작

이것은 마이크로부터의 음성을 증폭하여 전화선으로 송신하거나 수신된 음성을 증폭하여 스피커로 전달하는 증폭회로를 가진다. 특히 이러한 송수신 과정이 2가닥 전화선로상에 동시에 수행되므로 송신음성신호가 수신음성신호와 합해져 수신된다. 따라서 이 신호에서 자신의 송신음성을 제거하여 상대방의 음성만 들리도록 하는 sidetone 제거기능을 제공한다[7].

또한 DTMF 생성부로부터 전달받은 다이얼링 신호를 전화선으로 전송한다. 그리고 이러한 과정이 동작할 수 있도록 전화선으로부터 전력을 공급받아 내부 소자의 동작전원을 공급하는 DC Loop 접속부를 가진다. 이러한 기능을 수행하는 칩으로는 KA8603, MC34014, L6726, UTC34014, TEA1062 등이 있다.

6.3 **Sidetone** 제거기능

(1) 개요

전화기는 핸드셋의 마이크로부터의 음성을 2가닥의 선로를 통해 전달받아 2가닥의 전화선을 통해 송신한다. 또한 동일한 2가닥의 전화선으로부터 상대방의 음성을 별도의 2가닥 선로를 통하여 스피커에 전달한다. 즉 핸드셋은 송신 및 수신선로가 각각 분리되어 전화기 본체와 연결되어 있는 반면 전화국과 연결된 가입자 선로(local loop)는 2가닥만 있으므로 쌍방이 동시에 말을 할 경우 2가닥의 가입자 선로상에는 쌍방의 음성신호가 합해져 표출된다. 따라서 각 전화기의 수신부는 가입자선로상에 표출되는 합해진 쌍방의 음성신호에서 가입자가 송신하는 음성신호 성분을 제거하거나 감쇄시킬 필요가 있다[8]. 이것은 다음과 같은 3가지 방법으로 가능하다.

- Wheatston balanced bridge 회로 방식
- Transformer 방식
- OP Amp 방식

이들은 모두 4wire선로와 2wire 선로를 정합하는 기능을 제공하는 것으로써 2W/4W 하이브리드, balance 또는 sidetone 제거기능이라고 한다[9]. 이 기능은 전화기 내부뿐만 아니라 교환기 내부에도 있는데 이 경우 전화국간의 장거리 전송시 신호의 재생 및 증폭용으로 사용된다.

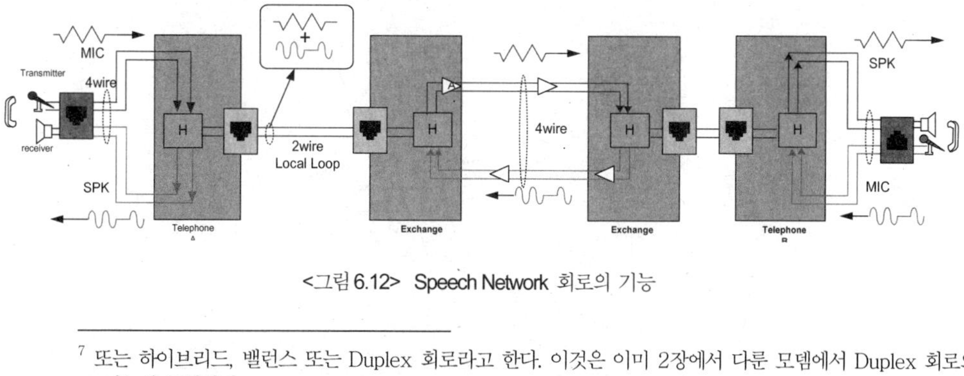

<그림 6.12> Speech Network 회로의 기능

---

[7] 또는 하이브리드, 밸런스 또는 Duplex 회로라고 한다. 이것은 이미 2장에서 다룬 모뎀에서 Duplex 회로와 그 기능이 동일하다.

[8] 마이크 입력 음성의 일부를 스피커로 되돌리는 경우 sidetone이라고 하는데 이것은 긍정적인 영향을 주기도 한다. 즉 자신이 말한 내용이 귀로 들리지 않는다면 전화기의 동작을 의심할 수 있기 때문이다.

[9] Adaptive least mean square 필터와 같은 DSP기능으로 구현된 하이브리드를 'line echo cancellers' 라고도 한다.

(2) 휘스톤 브리지 회로를 사용하는 하이브리드 모듈

휘스톤 평형브리지를 활용한 하이브리드 회로는 <그림 6.13>과 같다. 이것은 전화선의 600Ω 임피던스를 고려하여 추가적인 3개의 저항으로 조합된다. 예를 들어 보자.

- A만 말하는 경우 : 평형회로에 의해 P1과 P2간은 등전위가 되므로 스피커로 자신의 음성이 들리지 않는다. 반면에 A의 음성신호는 P2와 P4간의 전위변화값으로 상대방에 전달된다[10].
- B로부터의 음성을 듣기만 하는 경우 : 라인으로부터 수신되는 B의 음성신호는 회로의 총 저항값 R에 걸리는 전압의 변화로 수신된다.
- A와 B가 동시에 말하는 경우 : 위와 같은 원리에 의해 자신이 말하는 음성과 상대방의 음성이 가입자 선로에서 합해지더라도 상대방의 음성만 들을 수 있게 된다.

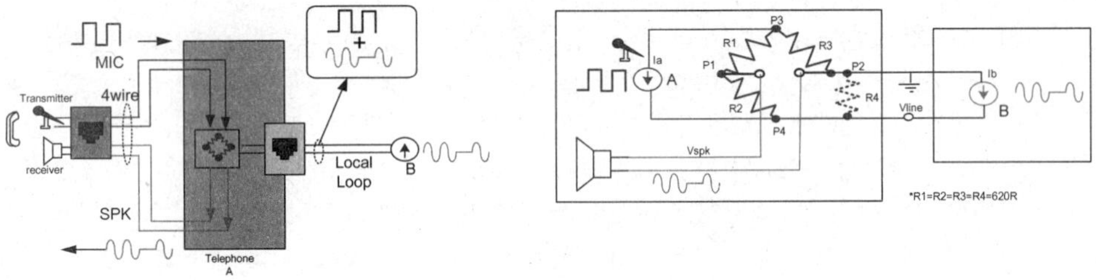

<그림 6.13> 휘스톤 브리지 기반의 Speech Network 회로의 동작

(3) 하이브리드 코일 사용방법

각 상황의 예를 들어 그 기능을 소개한다.

a) 마이크로 송신할 경우 : 마이크 선로를 통한 송출 음성이 2-wire의 가입자선로 전송될 때 자신의 음성이 자신의 귀에 들리지 않도록 한다[11].
이것은 마이크에서 가입자 선로로의 신호는 동상으로 전송되는 반면 스피커로의 신호는 반대방향의 전류에 의해 상쇄되어 송신음성이 스피커로 전달되지 않게 된다.

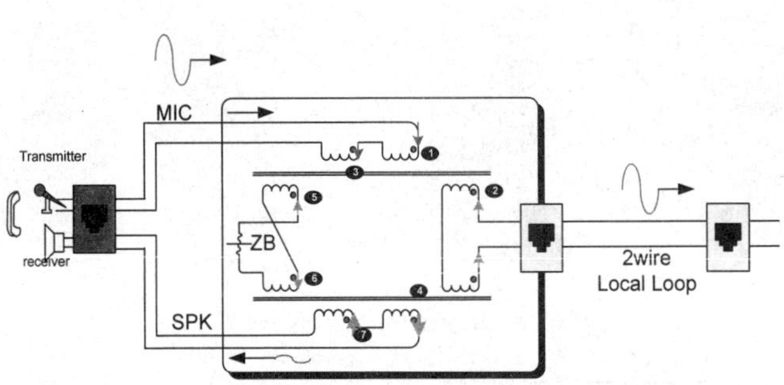

<그림 6.14> 마이크 신호의 전달과정

---

10 물론 자신의 음성 일부도 함께 들리면 더 좋을 것이다.

11 일반적으로 임피던스가 매칭되면 mic의 음성이 spk로 되돌아오지 않지만 완벽한 매칭이 어려우므로 mic 입력 음성이 spk로 일부 sidetone으로 되돌아올 수 있다.

b) 스피커로 수신할 경우 : 2-wire로부터 입력되는 상대방의 음성은 하이브리드 회로를 거쳐 스피커로 전달된다. 반면에 마이크측에 연결된 선로에서는 서로 반대방향의 전류가 흐르므로 수신된 음성이 마이크로 전달되지 않는다.

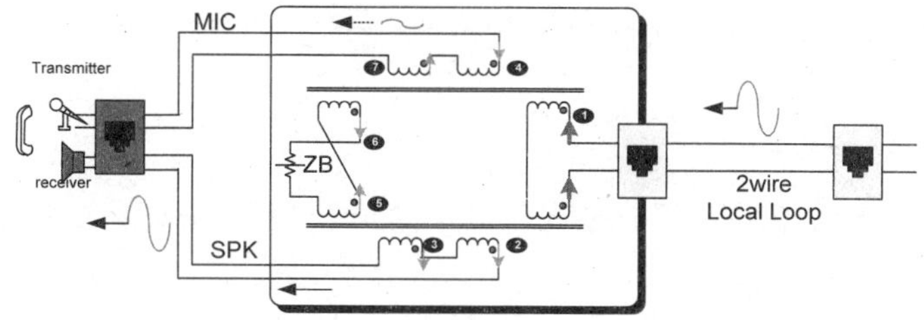

<그림 6.15> 스피커 수신 신호의 전달과정

c) 쌍방이 통화하는 경우 : 자신이 마이크를 통하여 송신한 음성과 상대방으로 부터의 수신음성은 2-wire선로상에서 합해진다. 하지만 합해진 신호에서 자신의 송신한 음성성분만큼 하이브리드 회로에서 제거되므로 자신의 귀에는 상대방의 음성만 스피커로 전달된다.

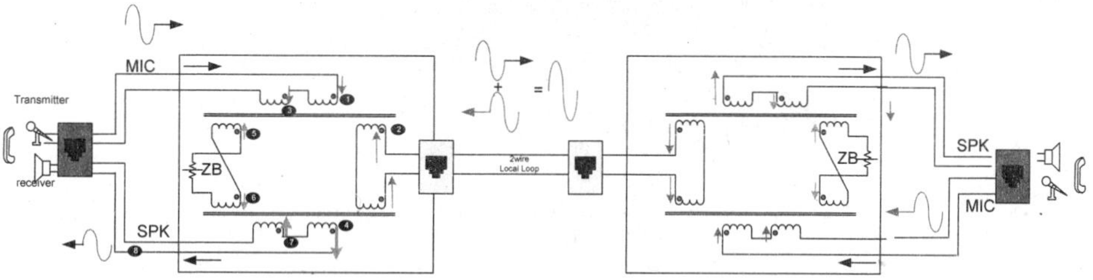

<그림 6.16> 쌍방 통화 신호의 전달

(4) OP 앰프를 사용한 하이브리드 모듈

트랜스포머 대신에 능동소자인 OP Amp의 감산기 회로를 활용하여 하이브리드 회로도 많이 사용된다. <그림 6.17>과 같이 되돌아온 자신의 송신신호가 제거됨을 알 수 있다. 반면에 상대방의 음성은 문제없이 수신됨을 <그림 6.18> 에서 알 수 있다. 이를 활용하여 송신한 음성을 제거하여 상대방의 음성만 수신할 수 있다. 여기서 사용된 600:600 트랜스포머는 직류차단 및 임피던스 매칭용이다. 상세한 내용은 모뎀을 다루는 절에서 다루도록 한다.

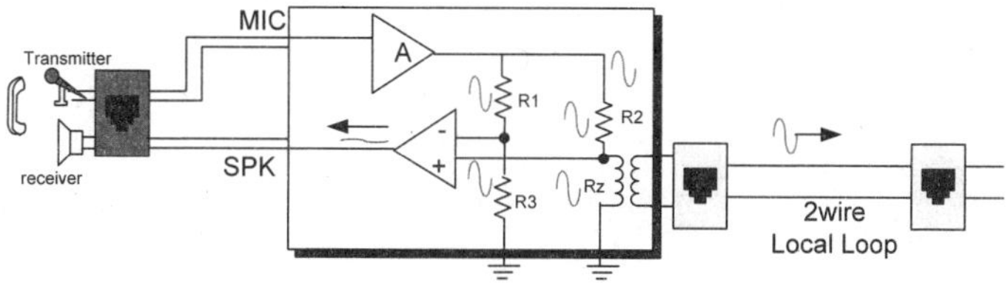

<그림 6.17> 능동소자 하이브리드 회로의 동작(송신)

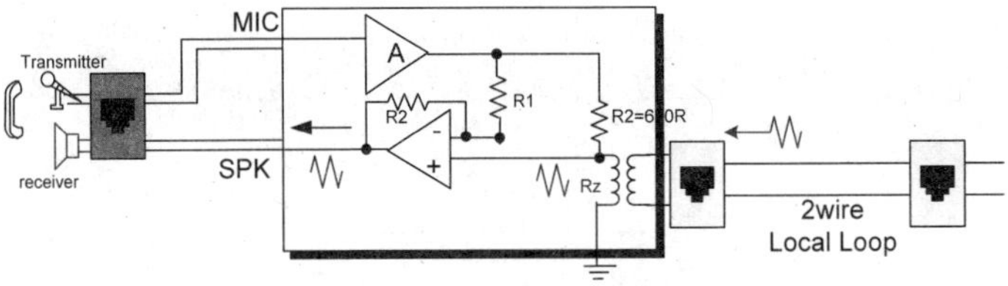

<그림 6.18> 능동소자 하이브리드 회로의 동작(수신)

(5) Telephone balance unit (TBU)

하이브리드 기능은 전화기 내부뿐만 아니라 별도의 장치로 사용되기도 한다.
예를 들어 방송국에서 전화가입자로부터 2wire의 가입자 선로로부터 수신되는 아날로그 음성을 방송장비에서 사용하는 송신과 수신선로로 각각 분리된 4wire방식의 오디오 케이블로 변환하는 telephone balance unit (TBU)가 그것이다. 이것은 불평형 오디오 신호를 평형 오디오 신호로 변환하면서 DC성분을 제거한다. 또는 balun이라고도 부른다.

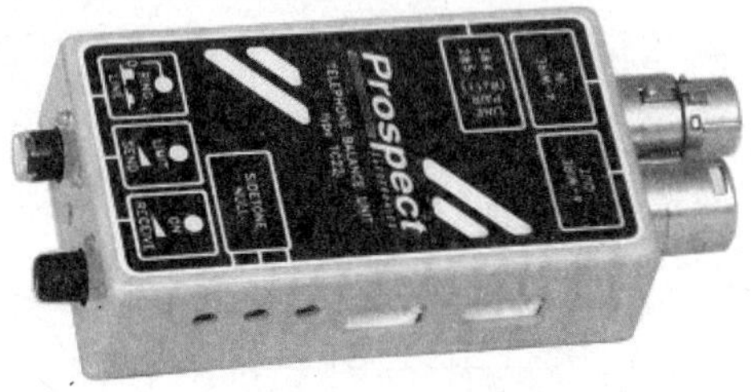

<그림 6.19> TBU Balun의 예

6.4 전화교환기의 기능

(1) 개요

회선교환 시스템의 핵심인 회선 교환기는 수동식, 기계식, 전자식 교환기 등으로 발전되어 왔다. 이러한 전화 교환기의 기능은 다음과 같다.

[가입자측]

- 전원공급
- 가입자 신호처리

[교환기간]

- 교환
- 교환기간 신호처리
- 다중화

가입자선 신호 장치와 중계선 신호 장치는 호 처리를 위해 가입자선 및 중계선에 각각 필요한 각종 신호 처리기능을 수행하는 신호 서비스 장치이다.

제어장치는 프로그램에 의해 모든 교환절차를 제어하고, 교환기 내부 관리의 제어 등 각종 기능을 수행한다.

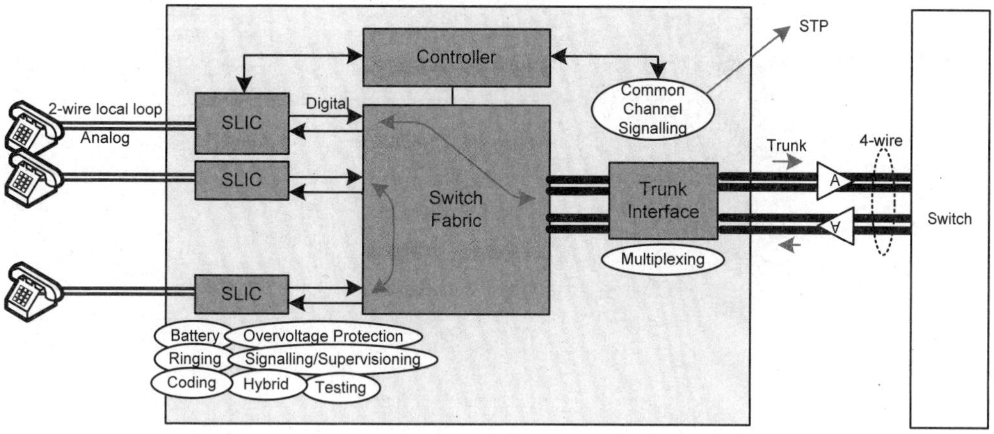

<그림 6.20> 회선교환기의 구조와 기능

(2) 가입자 인터페이스

교환기의 가입자측 인터페이스는 다음과 같이 가입자 신호처리, PCM인코딩 및 디코딩, 가입자 전화기에 대한 전원공급기능도 제공한다.

- Battery supply (–48 V) : 단말 전화기 구동용 -48V 직류전원을 공급한다.
- Overvoltage protection(과전압방지) : 제너 다이오드를 사용하여 과전압이나 과전류를 방지한다.
- Ringing(20 Hz, 100+ V) : 피호출 전화기에게 20Hz의 아날로그 신호를 생성하여 송출한다.
- Signalling/supervision 가입자의 off-hook, 다이얼정보를 감지하고(signaling), 상대방의 전화벨 울리는 상황을 ring back tone으로 보고하고 상대방이 수화기를 올려버린 상황을 감독관리하고(supervising)하는 기능, 전류의 흐름과 중지를 감독하는 기능을 수행한다.
- Coding/decoding : A/D, D/A 변환기능을 수행한다.
- Hybrid(two- to four-line conversion) : 전화기 내부의 하이브리드 기능과 마찬가지로 2가닥의 가입자 선로의 양방향 음성을 다른 교환기로의 전달시 단방향의 증폭을 위해 각 방향에 대한 흐름으로 분리하여 4wire로 변환하는 기능을 hybrid transformer로 수행한다. 하지만 현재 사용하고 있는 디지털 교환기능에서는 이 hybrid기능이 SLIC쪽에서 trunk쪽으로 이동하였다.
- Testing 기능 : 교환기의 관리기능부가 해당 전화기에 대한 선로점검 기능을 수행한다.

이러한 기능을 약칭하여 *"BORSCHT"*기능이라고 한다. 이러한 기능을 수행하는 하나의 모듈을 Subscriber line interface circuit(SLIC) 이라고 한다. 예전에는 여러 개의 단위 칩으로 하나의 큰 PCB 상에 구현되었지만 최근에는 하나 또는 2개의 IC칩으로 집적화되었다.

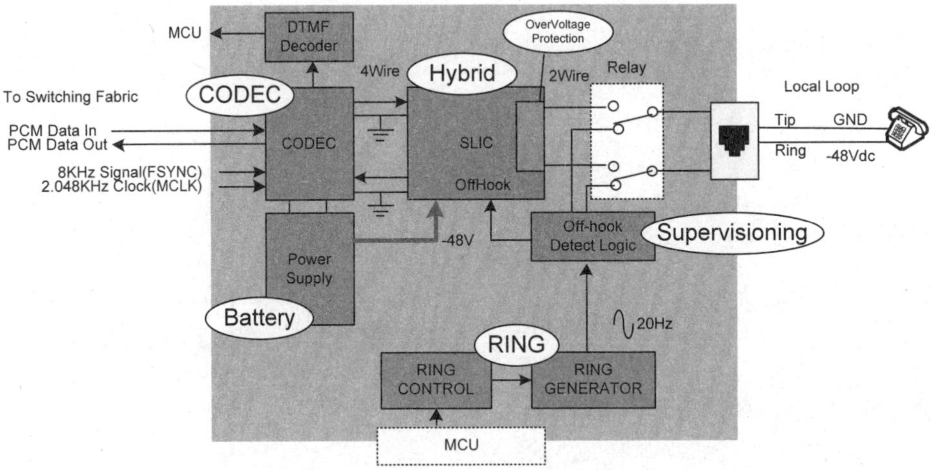

<그림 6.21> 가입자 인터페이스 모듈의 구성

(3) 전원공급 기능

교환기는 TIP=GND, RING=-48V, 60mA의 직류전원을 가입자 전화기에 공급한다[12]. 수화기가 내려져 있을 경우에는 전류가 거의 흐르지 않는다. 이후 사용자가 수화기를 들면, 교환기는 자신의 전류감지기를 사용하여 off hook상태를 감지하고 사용자에게 "뚜우~"라는 다이얼링 tone을 전화기에 송출한다. 이 과정에서 선로상의 저항 및 전화기 내부 저항값(400~800옴)에 의해 선로의 TIP=-20V, ring=-28v의 전위를 가지게 되어 8V 의 20~60mA의 전원을 전화기에 공급할 수 있다. 교환기에 추가된 과전압 방지기능은 선로상의 낙뢰 또는 전화기가 아닌 다른 고전압 발생장치가 연결되었을 때 이것의 유입을 차단하여 내부회로를 방지하는 기능이다.

(4) Ringing

전화국에서 수신자를 호출시 -48V 바이어스된 90~105V_{pp}의 20~40 Hz인 ringing신호를 보내어 벨을 울린다. 전화기의 ringer는 커패시터를 사용하여 직류전류를 차폐하고 교류신호인 ring신호에 대하여 브리지 정류회로를 사용하여 벨을 울릴 수 있는 전압을 얻는다. 이후 사용자가 off hook하면 벨 울림을 중지시킨다. 생성하는 벨 신호는 2초 울린 후 4초를 중지하는 것을 반복한다.

(5) 시그널링과 Supervisioning

우리가 핸드셋을 off hook하면 ring tone을 들을 수 있다. 또한 호출자인 Arami가 Borami전화를 호출할, 때 Arami도 이 호출음을 들을 수 있는데 이 소리는 수신측 교환기가 생성한 ringback tone(또는 calling tone)신호이다 또한 Borami가 이미 다른 사람과 통화중이면 교환기는 busy tone으로 Arami에게 알린다.

이와 같은 신호와 관리기능을 siganling과 supervisioning기능이라고 한다.

---

[12] 여기서 사용하는 -48V의 전압은 수Km의 전화선으로 전원을 공급하면서도 감전시 생명에 위협이 없는 전압이고 널리 사용되던 12V의 납축전지를 4개 연결하면 얻을 수 있기 때문이다. 또한 -V를 사용한 것은 +V에 비해 케이블의 산화가 덜 되기 때문이다. 물론 구내교환기(PBX)의 경우 +24V 를 공급하기도 한다.

Tone	주파수(Hz)	On 기간(sec)	Off 기간(sec)
Dial	350+440	연속	
Busy	480+620	0.5	0.5
RingbackTone	440+480	2	4
Congestion (toll)	480+620	0.2	0.3
Receiver Off Hook	1400+2060	0.1	0.1
No such number	200 to 400	연속 1-Hz	

(6) 인코딩/디코딩 기능

교환기의 가입자측 인터페이스인 SLIC 기능부가 수행하는 기능 중 한가지인 PCM 인코딩 및 디코딩 기능은 기본적으로 입력되는 아날로그 음성을 초당 8000번, 즉 8KHz의 샘플링 주파수로 동작하며 샘플마다 8비트의 PCM 데이터를 생성하여 다른 교환기로 전달하거나 원래의 음성으로 복원한다. 단말용 코덱과 달리 교환기의 SLIC 모듈용으로 사용되는 PCM 코덱은 2.048Mbps 또는 1.544 Mbps의 PCM 버스인터페이스를 가진다. 즉 인코딩된 PCM 데이터를 적절한 타임슬롯에 수납하고 디코딩시에는 미리 지정된 타임슬롯의 PCM 데이터를 읽어야 한다.

또한 가입자선로로부터 전달되는 아날로그 음성에 대하여 고주파 성분의 외부잡음 등을 제거하기 위하여 200~3400 Hz의 대역만 통과시키는 필터도 함께 내장하고 아날로그 증폭기능도 함께 가진다. 그리고 sidetone 기능도 있다.

이를 위한 일반적인 SLIC용 PCM 코덱은 <그림 6.22>와 같은 구성을 가진다.

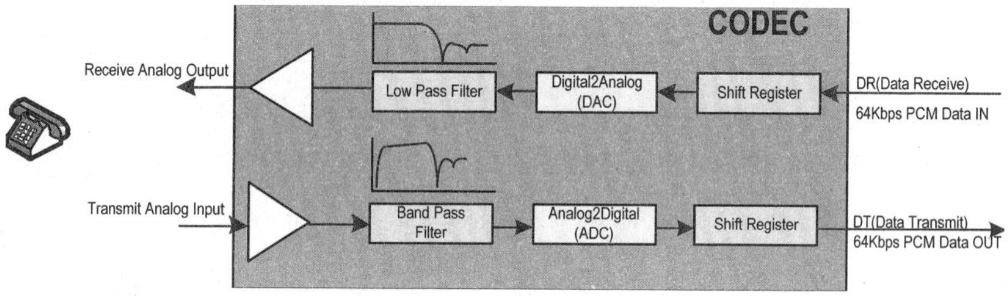

<그림 6.22> 코덱 기능부의 구성

(7) Hybrid

전화기 본체내에는 4가닥의 선로, 즉 2가닥은 마이크, 2가닥은 스피커가 연결된 4wire선로를 2가닥의 가입자 선로를 통하여 동시에 양방향 대화가 가능한 것은 전화기 내부에 내장된 하이브리드 회로에 의한 것이다. 전화국의 교환기의 SLIC측에도 동일한 방식의 하이브리드 기능을 가진다. SLIC의 하이브리드 기능은 OP Amp를 사용한 액티브 하이브리드 회로로 구현된다.

6.5 교환기능

(1) 개요

n개의 전화기를 상호 직접 연결한다면 단 방향 전송로의 수는 $N=n(n-1)$개가 소요된다. 예를 들어 <그림 6.23>과 같이 n=4인 경우, 총 12개의 선로가 소요된다.

전화교환망은 보다 효율적인 연결을 위해 n X n 개의 접점을 갖는 교환기를 사용한다. n=4인 경우, 4 X 4개의 접점을 갖는 교환기를 사용하면 8개의 단 방향 전송로를 사용하여 상호간을 경제적으로 연결할 수 있다.

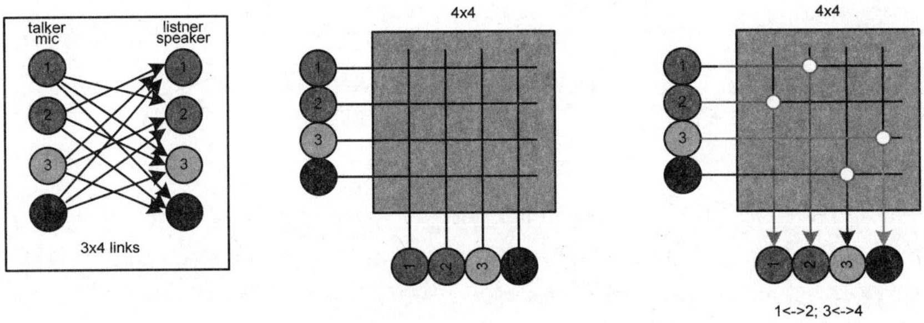

<그림 6.23> 교환기의 기능 예

교환기의 교환기능은 크게 공간분할 교환방식과 시분할 교환방식 그리고 이들을 조합한 방식으로 구분된다.

- 공간분할 크로스바 교환방식(Space Division Switching)
- 시분할 교환방식(Time Division Switching)
- 다단 조합방식

(2) 교환기간 신호방식

교환기 A가 B를 호출할 때의 절차는 <그림 6.24>와 같이 음성 전달로와 분리된 신호 패킷 전달방식을 사용한다.

① Arami가 수화기를 들면, 교환기와 연결된 2가닥의 가입자선로에 48볼트의 전원이 공급되면서 회로가 연결된다. 이에 교환기는 가청신호인 dial tone을 전화기에 보낸다. Arami가 Bormai의 전화번호를 누른다.

② 교환기 A는 전화번호를 분석한 후, initial address message(IAM)를 일종의 신호 전용 패킷교환기인 Signaling Transfer Point(STP)로 보내어 교환기 B로 전달되도록 한다. 이 메시지에는 발신측 교환기 및 수신측 교환기 식별자, 선택한 링크식별자, 송수신측 전화번호 등이 수납된다.

③ 교환기 B는 IAM 메시지에 대하여 수신측 전화가 idle한지 검사한 후, address complete message(ACM)로 IAM 메시지가 수신지까지 이상 없이 전달되었음을 보고한다.

④ Bormai 전화기에 벨을 울리도록 한다. 또한 교환기 A쪽으로의 통화로를 개설하여 이 통화로를 통하여 현재 벨을 울리고 있음을 ring back tone으로 Arami에게 알린다.

⑤ Borami가 수화기를 들면, 교환기 B는 이 사실을 answer message(ANM)로 알린다. 이때 이미 Arami와 Borami간 통화로는 개설되어 있다.

⑥ 통화 후 Arami가 수화기를 내려놓으면, 교환기 A는 release message(REL)를 STP교환기 W를 통하여 교환기 B로 보낸다.

⑦ STP 교환기 B가 REL 메시지를 받으면 통화를 끊은 후 release complete message(RLC) 메시지를 교환기 A로 보낸다.

이렇게 교환기간의 제어신호 메시지(호출, 과금, 연결설정 등)의 전달을 위하여 실제 음성전달 선로와는 분리된 56~64Kbps의 신호전달 전용 링크가 사용된다. 이러한 메시지의 형식은 HDLC 형식을 따르며 해당 교환기까지 라우팅하는 기능은 일종의 패킷교환기인 signaling transfer point(STP)라고 부르는 장치가 수행한다. 이러한 제어신호 전달방법을 공통선 신호방식(common-channel signaling)이라고 부르는데 Signaling System No.7(SS7)이 대표적이다. 여기서 common이라는 의미는 수많은 음성채널에 대한 시그널링을 하나의 링크상에서 패킷 형태로 전달하는 것이다.

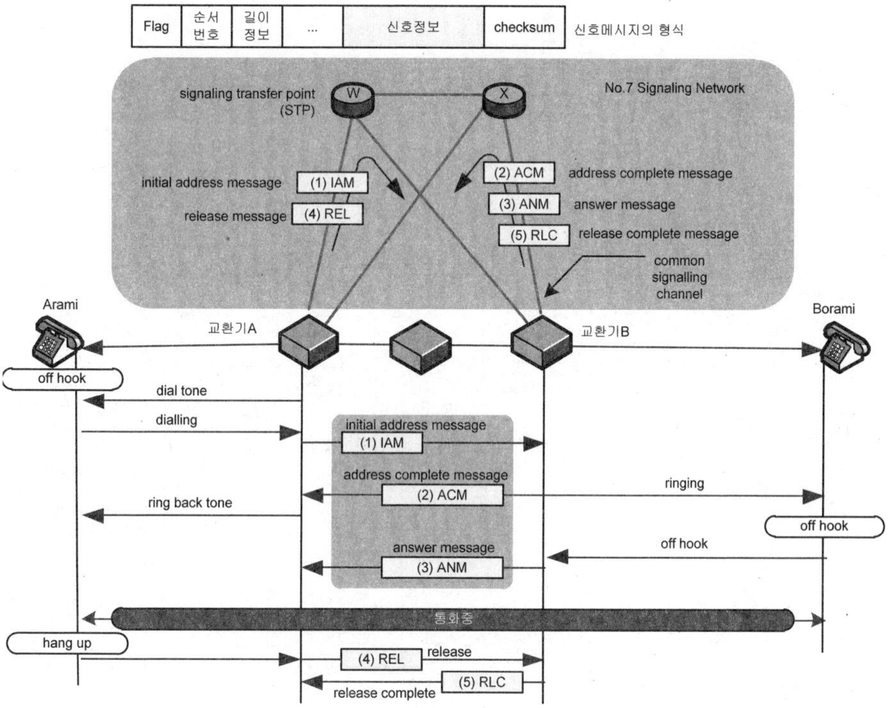

<그림 6.24> 회선 교환망에서의 제어 메시지 활용

6.6 공간분할 교환방식

(1) 개요

공간분할 교환방식은 릴레이를 사용하는 기계식 교환방식 대신에 현재는 전자식으로 동작하는 크로스바(또는 크로스포인트) 교환방식이 사용되고 있다. 이것의 원리는 많은 스위치접점으로 구성된 스위치 패브릭을 구성하고 상호간을 연결하는 것이다.

예를 들어 <그림 6.25>와 같이 1과 2가 통화할 경우 1->2와 2->1로 향하는 2개의 접점을 연결함으로써 양방향 통화가 가동하도록 한다. 이것은 물리적으로 분리된 전달경로를 제공한다.

하지만 준비된 접점 수에 비해 실제 연결에 활용되는 접점 수가 아주 적으므로 비효율적이다.

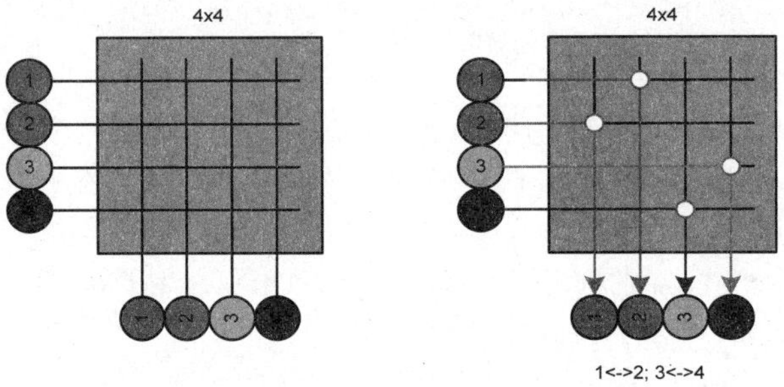

<그림 6.25> 공간분할 교환기능의 예

(2) 크로스포인트 스위치의 예

<그림 6.26>은 4 X 4 크로스포인트 스위치의 내부구조이다. 각 접점은 게이트가 활성화되면 Anode(K)와 Cathode(K)를 연결하는 단방향 스위치로 구성되며, 각 핀의 역할은 다음과 같다.

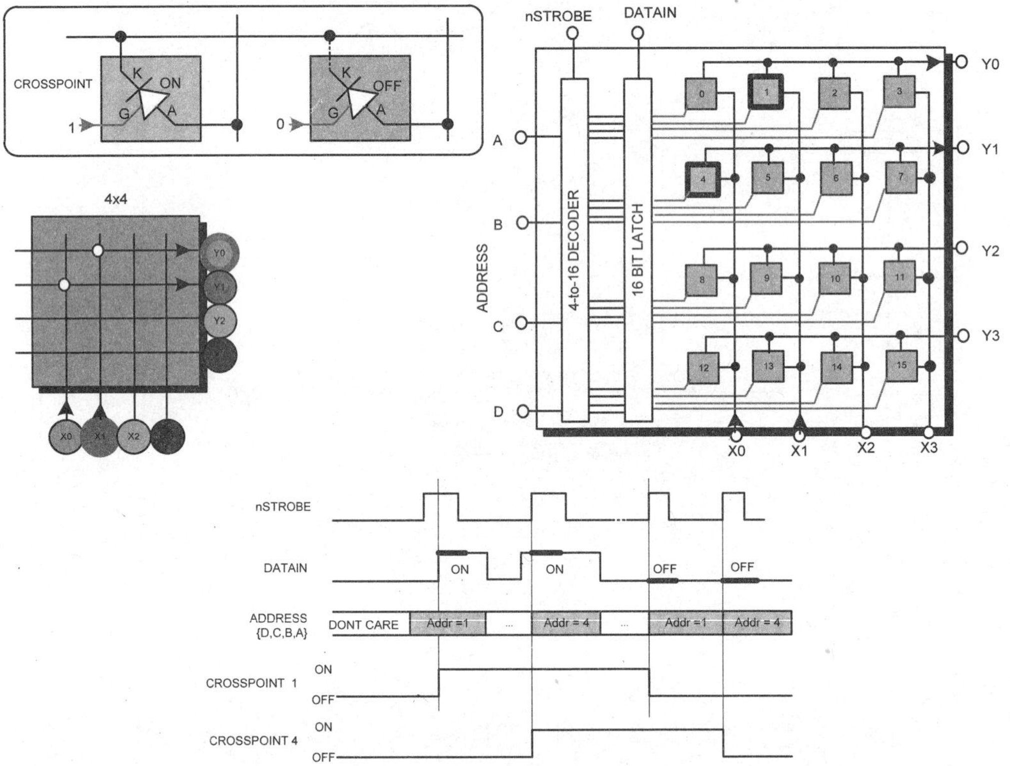

*X1과 Y0의 연결의 경우

<그림 6.26> 4 X 4 크로스포인트 스위치의 내부구조

- X0~X3: 입력포트
- Y0~Y3 : 출력포트
- {A,B,C, D}: 16개의 접점 중 하나를 지정하는 4비트 데이터
- DataIn : 지정된 접점에 대하여 1을 인가하면 접점을 연결한다.
- nStrobe : DataIn 신호의 유효 신호값.

이러한 신호를 사용하여 특정 접점을 연결하고자 할 경우, 해당 접점을 지정하는 {A.~D}로 구성된 4비트 값을 입력하고, DataIn =1(=ON)로 설정한 후 nStrobe=1 신호를 인가한다. 반대로 해당 접점을 끊는 경우에는 DataIn = 0(=OFF)으로 설정하고 동일한 작업을 수행하면 된다.

6.7 시분할 교환방식

시분할 교환방식은 Time Slot Interchange(TSI)방식과 TDM버스방식으로 크게 구분된다.

(1) TimeSlot Interchange(TSI)방식

이것의 원리는 하나의 TDM 버스를 공유하면서 순차적인 쓰기 동작과 비순차적인 읽기 동작을 사용함으로써 쌍방을 연결하는 것이다. 예를 들어 32개의 입력채널에 대하여 32개의 출력채널을 갖는 32 X 32 TSI 교환기능을 보자. 교환기는 순차적으로 유입되는 디지털 음성이 수납된 슬롯 데이터를 미리 설정된 타임슬롯 테이블을 참조하여 비순차적으로 읽어 송출한다. 이러한 TSI방식의 경우 쓰기 및 읽기용 Frame Sync신호는 모두 공유된다.

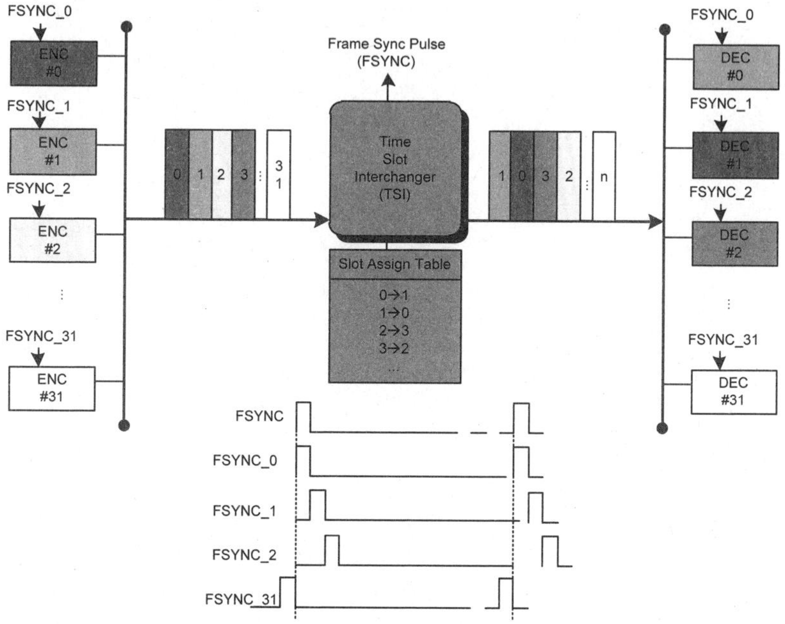

<그림 6.27> TSI 시분할 교환기의 동작 예

(3) TDM 버스방식

이 방식은 Time Slot Interchange(TSI) 모듈이 직접 PCM 슬롯을 교체하는 방법과 달리, Time slot assigner(TSA) 모듈을 사용하여 TDM 버스상에 쓰기할 인코더의 출력시점과 이것을 읽기할 특정 디코더 입력시점을 각각 FSYNC_TXn신호와 FSYNC_RXn신호로 동시에 지시한다.

이에 해당 인코더과 디코더는 준비된 PCM 음성 데이터를 버스상에 출력하거나 수신한다. 따라서 동일한 타임슬롯에 특정 출력값이 특정 입력측으로 읽혀지면서 교환이 수행된다.

<그림 6.28>의 예를 보자. 0->1의 전송이 수행될 경우 슬롯할당 테이블에 지정된 대로 0번 인코더의 출력을 지시하는 FSYNC_TX0 신호와 1번 디코더의 입력을 지시하는 FSYNC_RX1 신호를 동일한 시간에 발행(strobe)함으로써 0->1의 PCM 슬롯이 버스상에 전송되도록 한다. 이러한 방식을 지원하는 칩을 Time Slot Assignment(TSA) 또는 Time Slot Assigner(TSA)라고 한다.

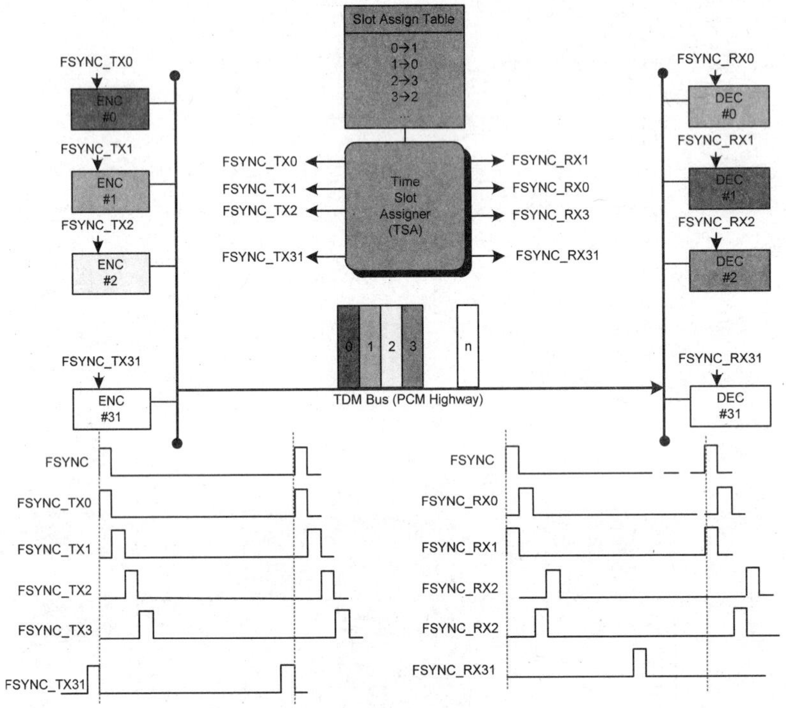

<그림 6.28> TDM 버스 시분할 교환기의 동작 예

6.8 다단교환기

다단교환기는 T-S-T, T-S-S-T 등으로 조합하여 시스템 전체의 접점수를 감소시킨다. 예를 들어 10 X 10 교환기를 공간분할 스위치로 구현한다면 총 100개의 접점이 필요하다. 보다 경제적으로 교환기를 설계할 경우 다단 교환기를 사용한다. 예를 들어 <그림 6.29>와 같은 3단 스위치를 보자. 이 경우 소요되는 접점의 개수는 (5x2) x 4 + (2 x 2) x 2 = 40 + 8 = 48개만 소요된다. 하지만 연결할 수 없는 경우도 발생하는 블록킹 문제도 함께 가진다. 예를 들어 1번과 2번이 통화하는 경우 3,4,5는 통화가 불가능하다. 우리가 겪는 전화연결 실패도 바로 이러한 문제 때문에 발생한다.

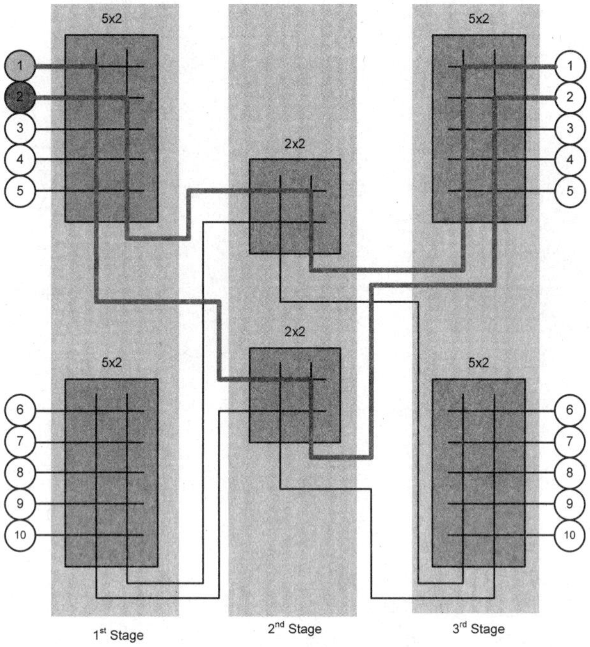

<그림 6.29> 다단교환기의 동작 예

6.9 이동 전화 시스템

무선 이동 전화 서비스를 제공하는 셀룰러 시스템은 주파수 재사용과 핸드오버 기능을 특징적으로 갖는다.

(1) 주파수 재사용

셀룰러 시스템에서는 셀 모양을 정육각형으로 모델링한다[13].
<그림 6.30>과 같이 사용 가능한 전체의 주파수대역을 *N*개로 분할하고 이러한 집합을 재사용하여 서비스 영역을 확장할 수 있는 경우 주파수 재사용계수가 *N*인 셀룰라 시스템이라고 한다. 각 집합을 셀 클러스터라고 부른다. 이 예에서 각 셀 클러스터를 구성하는 셀의 ro수, 즉 주파수 재사용계수가 각각 4와 7인 경우의 예를 보인 것이다.
주파수 재사용 계수가 작을수록 동일한 면적에 많은 셀을 할당할 수 있기 때문에 통화 채널 수를 증가시킬 수 있다. 그러나 주파수 재사용계수가 작아지면 동일 주파수를 사용하는 셀이 가까워지므로 상호간의 전파 간섭이 증가하므로 단순히 주파수 재사용계수를 줄일 수는 없다[14].

---

[13] 기지국(base station, 또는 BTS)별로 무선이 도달 가능한 영역을 셀(cell)이라고 한다. 물론 실제 셀의 구조가 정육각형은 아니다.

[14] 제 1 세대 아날로그 휴대폰 시스템의 경우에는 주파수 재사용 계수를 7을 적용하고 있는 반면, 유럽방식의 GSM에서는 4를 사용한다. 제 2 세대 CDMA의 경우에는 모든 기지국이 동일한 주파수를 사용하므로, 주파수 재사용 계수는 1이다.

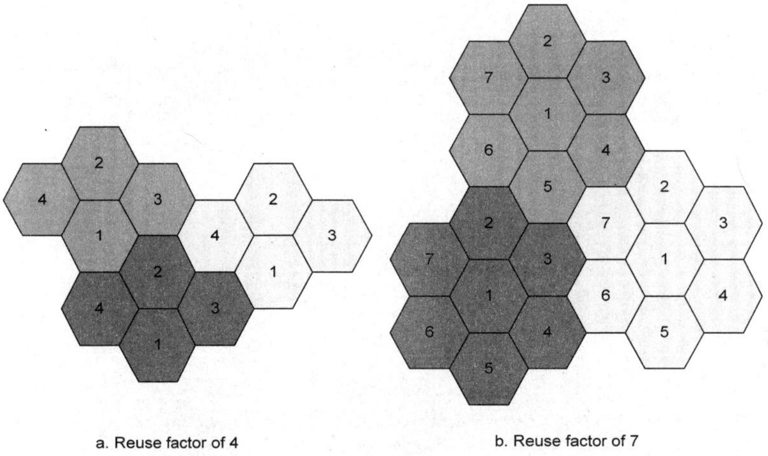

<그림 6.30> 셀의 구조 및 주파수 재사용률

(2) 핸드오버

장소를 이동하면서 특정 라디오 방송을 계속 청취하려면 송신탑에서 멀어지면 근처의 강한 신호를 송출하는 지역 방송국 채널로 주파수를 변경해야 하는 핸드오버 과정을 수행한다. 무선이동전화시스템도 유사한 방법으로 통화가 지속되도록 한다.

주파수분할 방식으로 동작하는 제 1 세대 휴대폰 시스템에서의 핸드오버의 예는 <그림 6.31a>와 같이 셀 A에서 20번 채널을 사용해 통화중인 사용자가 셀 C로 건너갈 때 비어있는 채널이 60번 채널이라면 20번 채널에서 60번 채널로 전환하여 통화를 계속한다[15].

최근의 셀룰라 시스템은 <그림 6.31b>와 같이 120도의 지향성을 갖는 3개의 안테나를 갖는 기지국을 사용함으로써 단위 면적당 많은 단말을 서비스할 수 있다.

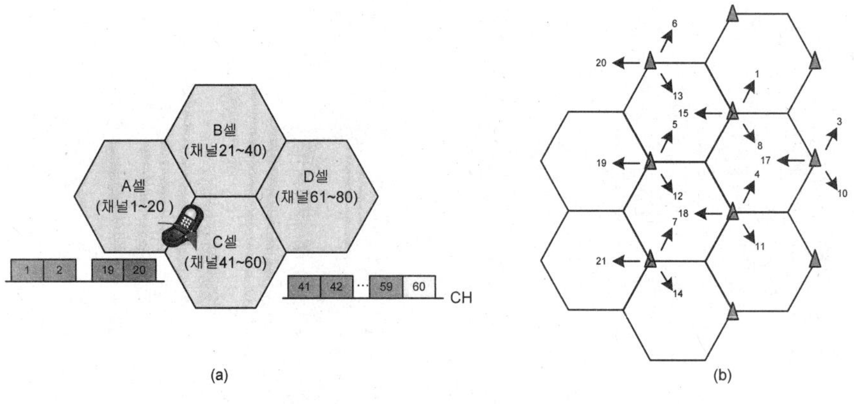

<그림 6.31> 핸드오버 절차

15 하지만 셀 C에 여유 채널이 없는 경우에는 통화는 끊기게 된다. 아예 처음부터 채널이 모자라 통화가 거부되는 것보다 통화중에 끊기는 것이 가입자의 불만을 더 크게 만들므로, 이러한 원활한 핸드오버과정이 수행될 수 있으려면 각 셀은 핸드오버로 넘어오는 통화에 대비하여 충분한 여유채널을 항상 가지고 있어야 한다.

6.10 이동 전화 시스템의 구성

(1) 2G GSM 및 3G UMTS 이동 통신망의 구성

<그림 6.32>는 2G용 GSM(Global Systems for Mobile Communication)과 3G 이동 통신망 시스템의 구성도이다[16]. 기지국(base station, 또는 BTS)은 셀 내의 단말을 연결하는 장치이다. 여러 개의 기지국은 BSC를 거쳐 Mobile Switching Center(MSC)라는 교환기까지 유선으로 연결되고, 결국 일반 유선전화망으로 연결된다. 크게 무선구간을 지원하는 Radio Subsystem(RSS)와 이를 지원한 백본망인 Network and Switching Subsystem(NSS)로 구성된다.

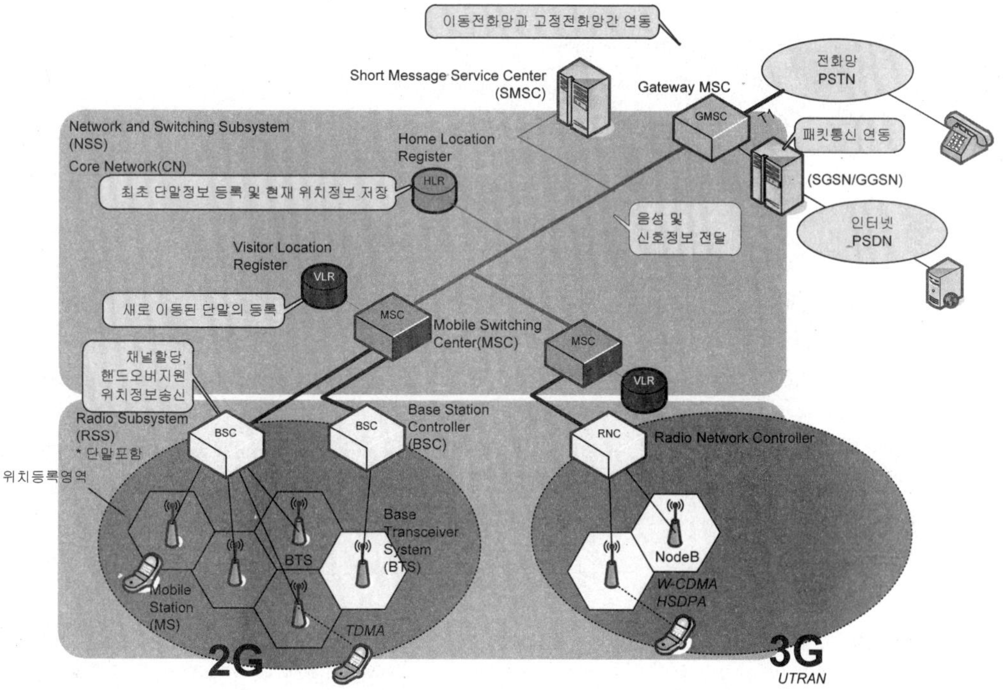

<그림 6.32> 2G GSM 및 3G 시스템의 구성

a) Radio Subsystem(RSS)

- 무선기지국 BTS(Base Transceiver Station) : 안테나와 송수신모뎀으로 구성된 무선모뎀 기능을 수행한다. BTS는 단말로부터 13Kbps의 인코딩된 디지털 음성을 받아 이것을 64Kbps PCM으로 재변환 하여 BSC로 전달한다. 3G의 경우, Node B는 RNC(Radio Network Controller)에 의해 출력 등을 제어 받는 일종의 BTS이다. 3.5G에서의 Node B는 HSDPA 를 위하여 재전송 기능이 추가되었다.

[16] 이것은 미국 TIA(Telecommunications Industry Association)에서 제정한 TR-45/46권고안에 제시된 IS-95 CDMA셀룰러망의 구성도 이와 유사하다.

- 기지국 제어장치 BSC(Base station controller) : 10~40여 개의 BTS를 거느리면서 단말들에 대한 무선채널의 할당을 BTS에 지시하고, 단말의 송신출력도 제어한다. 그리고 BTS에 접속된 단말간 음성통화로를 연결하며, BTS간을 이동하는 단말에 대한 핸드오버를 지원한다. 즉 일종의 소형 교환기이다[17].
- 이동 단말국 Mobile Station(MS) : BTS에 접속하여 무선구간의 전송을 하는 이동 단말이다. 이 단말에는 공장에서 생산시 할당된 단말고유 일련번호인 IMEI(International MS equipment Identity)가 설정되어 있다. 그리고 가입자 식별번호인 IMSI(International Mobile Subscriber Identity)와 전화번호인 Mobile Subscriber ISDN(MSISDN)번호는 착탈 가능한 플래시 메모리카드인 SIM(subscriber Identity Module)에 저장한다[18].

b) Network and Switching Subsystem(NSS)

- 이동교환국 MSC(Mobile Switching Center) : 여러 개의 Base station controller(BSC)를 거느리면서, 외부 일반전화 또는 다른 곳에 있는 휴대폰과의 연결을 제공하는 일종의 전화교환기이다. 물론 일반 전화교환기에 비하여, 단말의 이동성을 지원해야 하기 때문에 수신 휴대폰을 탐색하기 위한 페이징 메시지를 전송하는 등의 기능이 추가되어 있다.
- Home Location Register(HLR) : 단말기의 전화번호(MSISDN), 사용자 식별번호(IMSI), 인적정보, 서비스종류, 단말기의 식별번호(IMEI), 인증정보 등의 고정정보와 현재의 동적인 위치정보(현재 위치한 곳의 VLR주소, MSC주소, MSRN(MS Routing Number 등)를 저장하는 서버이다. 이 HLR은 MSC에 함께 설치되거나 별도로 설치될 수 있다.
- Visitor Location Register(VLR) : HLR에 질의하여 가입자의 현재 위치정보(LAI), MSIDSN, IMSI, IMEI, MSRN, TMSI(Temporary MS Identification)등을 임시로 저장한다. 단말이 어떤 MSC이 관리하는 셀로 이동하였을 때, MSC는 VLR에게 해당 단말에 대한 정보를 HLR에 질의하여 확보하도록 한다. 이러한 VLR은 MSC별로 설치되며, 보통 MSC내에 내장된다.
- GMSC(Gateway MSC) : 기존 전화망과 연동하는 장치이다. 유선 전화망으로부터의 연결요청이 수신되면 해당 이동단말의 전화번호를 HLR에 제시하여 수신 휴대폰이 현재 어떤 MSC에 접속되어 있는지 알아낸 후, 해당 MSC에게 휴대폰 호출 신호를 전달한다. 물론 휴대폰에서 일반 전화로의 연결요청도 이 GMSC를 경유하여 전달된다.
- SMS-SC(Short Message Service-Service Center) : 최대 160바이트 길이의 단문을 전달하는 서버이다.
- SGSN/GGSN : 데이터 패킷망과 휴대폰간의 데이터 패킷 전송을 위한 연동기능을 수행한다.
- 이 외에도 사용자 인증을 위한 인증센터와 불법단말의 사용을 예방하는 Equipment Identity Register(EIR)이 있다.

---

[17] 또한 이 BSC는 이동단말 자신이 어떤 위치영역에 있는지를 알 수 있도록 각 BSC에 할당된 고유한 위치영역식별번호인 Location Area Identifier(LAI)도 BTS를 경유하여 주기적으로 방송한다. 그리고 BTS와 BSC의 구성을 하나의 Base Station Subsystem(BSS)라고 한다.

[18] 사용자는 자신의 SIM모듈만 있으면 도착지 공항에서 임대한 폰에 장착하면, 마치 자신의 폰인양 즉시 사용할 수 있다.

6.11 이동 전화 시스템의 동작

(1) 기본 동작

만약 일반전화기에서 휴대폰을 호출할 경우에는 이 휴대폰이 어디 있는지 먼저 알아야 할 것이다. 그렇지 않다면, 전국에 설치된 모든 기지국을 통하여 "Arami 휴대폰을 찾는다."라고 전국에 방송(이것을 paging한다고 한다)해야 할 것이다.

좀 더 효율적으로 Arami 휴대폰을 찾기 위하여 각 휴대폰이 현재 접속하고 있는 기지국 정보는 특별한 위치등록장치에 항상 기록된다. 무선이동전화 시스템에서는 이 장치를 Home Location Registry(HLR)이라고 부른다.

HLR의 도움을 받아 Arami를 호출하는 과정을 보자. 이미 Arami의 휴대폰은 주기적으로 자신의 위치를 기지국에 보고하고 있으며, 이 정보는 VLR 및 HLR에 계속 갱신된다.

Borami가 Arami의 휴대폰 번호를 입력하면 전화망을 거쳐 이동통신회사는 해당 단말이 어디에 있는지 HLR에 질의하여 알아낸다. 이 정보를 기반으로 Armai가 있는 해당 기지국을 통하여 Arami을 호출한다. 이렇게 함으로써 호출방송을 전국적으로 하지 않아도 된다.

만약 통화중에 있는 Arami가 이동하여 현재 연결된 기지국과 멀어지는 대신에 이웃 기지국으로부터의 신호가 더 세어졌다고 하자. 단말은 기지국을 통하여 BSC에 이 사실을 전달하면 BSC가 "그럼 넌 다른 기지국으로 핸드오버하라."고 단말에게 지시한다. 이 정보를 사용하여 해당 기지국으로 이동하여 무선채널을 새로 설정한다. 이렇게 셀을 이동하면서도 통화가 연속된다.

(2) 일반전화가 휴대폰으로 전화하는 경우

예를 들어, 일반전화기를 사용하는 Arami가 Borami 휴대폰으로 전화하는 절차는 다음과 같다.

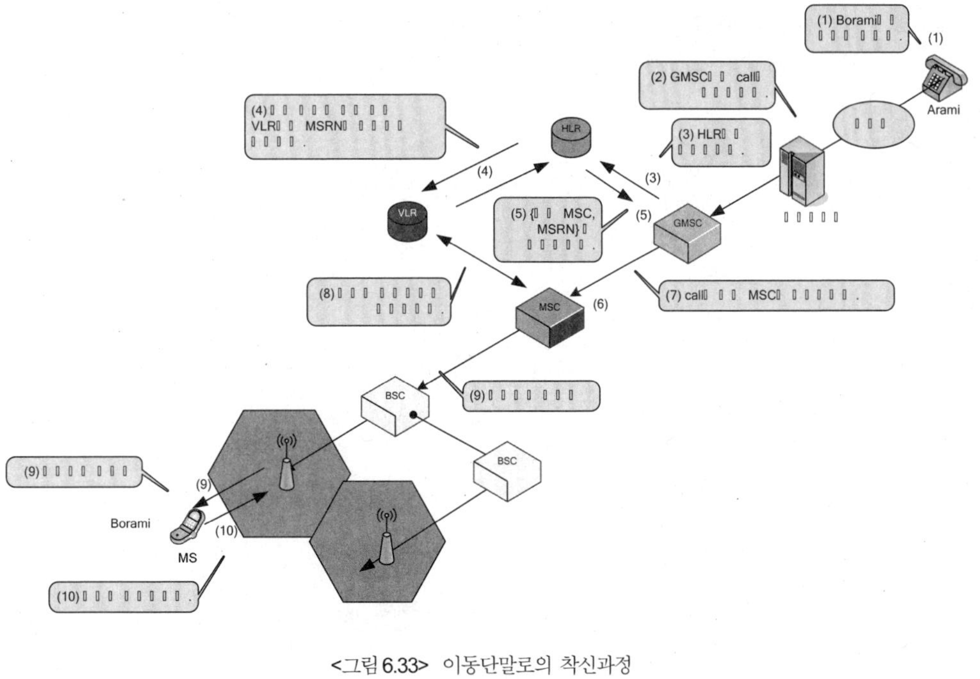

<그림 6.33> 이동단말로의 착신과정

① Araim가 Borami 휴대폰과의 통화를 위하여 전화번호를 누른다.
② 수신측 전화번호는 일반전화번호와 다른 010 등으로 시작되므로, 이 번호를 수신한 일반 전화교환기는 해당 호출정보를 이동전화망의 GMSC로 보낸다.
③ GMSC는 현재 Borami가 어떤 곳에 접속되어 있는지에 대한 위치정보를 알아내기 위하여 Borami 휴대폰 전화번호로 HLR에게 질의한다.
④ 현재 단말이 위치한 곳을 알고 있는 HLR은 해당 VLR에게 단말에 대한 망 내부 식별번호인 Mobile Station Roaming Number (MSRN)을 요청한다.
⑤ HLR은 {MSC, MSRN}을 GMSC에 전달한다.
⑥ GMSC는 해당 MSC에게 Borami에 대한 연결요청 메시지를 전달한다.
⑦ Borami가 위치한 MSC는 자신의 VLR에게 Borami의 현재 상태를 확인한다. 이 경우, Borami가 통화 중이라면 이 사실을 Arami에게 알리도록 한다. 그리고 Borami가 있는 곳에 대한 상세 위치영역정보가 VLR에 있다면, MSC는 이것을 알 수 있게 된다.
⑧ MSC는 해당 위치영역에 있는 모든 기지국을 통하여 "Borami를 찾는다"라는 페이징 메시지를 방송하도록 한다. 보통 10개의 기지국 단위로 페이징된다. 만약 실패하면 이 범위를 확대한 2차 호출을 수행한다.
⑨ 이 페이징 메시지를 수신한 Borami는 이 페이징 요청에 응답한다. 하지만 아직 벨은 울리지 않는다.
⑩ Borami 단말은 신호채널을 사용하여 자신의 단말기 정보를 보내어 불법단말인지 검증 받는다.
⑪ 유효성이 검증되면 BSC는 통화채널을 할당하고 이 사실을 MSC에게 알린다.
⑫ MSC는 Borami의 벨을 울리도록 한다.

(2) 휴대폰이 일반전화로 통화개시할 때

반면에 Borami휴대폰이 Arami에게 전화할 경우는 다음과 같다.

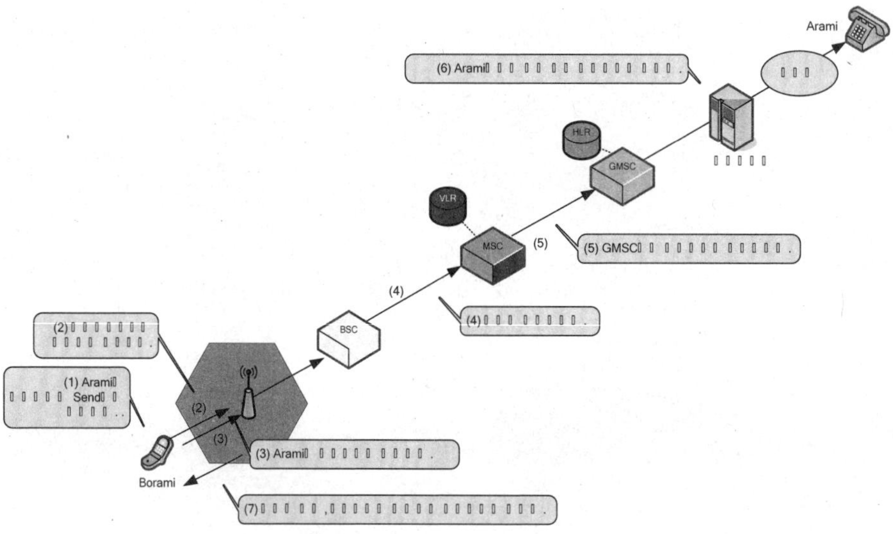

<그림 6.34> 이동단말로부터의 발신과정

① Borami가 Arrami의 전화 번호를 입력하면 단말기는 기지국으로의 상향 제어채널을 통하여 연결을 요청한다.
② 만약 기지국이 해당 단말에 대한 무선채널을 할당할 수 있다면, MSC에게 이 요청을 중계한다.
③ 이에 MSC는 해당 수신측 전화번호가 일반 전화망으로 향하는 것이라면 GMSC에게 이 발신요구를 전달한다.
④ GMSC는 기존 전화망을 통하여 Arami 전화의 벨을 울리도록 한다.

(3) 휴대폰에서 휴대폰으로의 통화연결 과정

만약 Borami 휴대폰이 Ceromi 휴대폰으로 전화하는 경우, MSC는 Ceromi 단말의 현재 위치를 HLR이나 VLR에 조회한 후, 호출 메시지를 Ceromi 휴대폰이 접속된 MSC에게 송신한다. 해당 MSC는 Ceromi를 찾기 위한 페이징을 한 후, Ceromi의 응답에 의해 연결이 설정된다.

6.12 휴대폰 시스템의 세대별 진화

일반적으로 이동 통신의 발전과정을 다음과 같은 여러 개의 세대로 구분한다.

- 1G : 800MHz대역의 아날로그 무선전화 시스템이다. 각 음성채널은 FDMA 방식으로 다중접근된다. AMPS 방식이라고 한다.
- 2G : 코드분할다중접속(CDMA) 방식의 IS95기술과 시분할다중접속(TDMA) 방식의 GSM(Global Systems for Mobile) 기술 그리고 기존 AMPS 방식을 디지털화 한 DAMPS 방식 등 3종류가 있다. 이러한 기술의 특징은 음성을 디지털화하고 압축하여 전송하는 것이다. 데이터는 내장 모뎀을 사용하여 음성채널로 전송된다.
- 2.5G : 고속의 데이터 패킷 전송기능이 지원되는 IS-95B 및 General Packet Radio Service(GPRS) 기술이다.
- 3G : 2Mbps급의 고속 데이터 패킷 서비스를 제공하는 유럽의 WCDMA/UMTS (Universal Mobile Telephone System) 기술과 미국의 CDMA 2000 기술을 모두 포함하는 IMT-2000 기술을 3세대 이동 통신기술이라고 부른다[19].
  데이터 패킷은 음성채널과 분리된 채널을 사용한다.
- 3.5G : 효율적인 재전송, 다중 안테나, 이중 셀 활용 등을 사용하여 최대 337Mbps의 하향 패킷전송이 가능한 High-speed Downlink Packet Access(HSDPA)나 고속의 상향 패킷전송이 가능한 High-speed Uplink Packet Access(HSUPA) 등의 기술이다.
- 4G : LTE(Long Term Evolution) 기술 : LTE는 OFDMA와 100Mbps 이상의 데이터 전용 전달망 기술이다. 따라서 음성통화를 위해서는 기존 3G 기능을 사용하거나 Voice over LTE 기술을 사용해야 한다[20].

---

[19] Universal Mobile Telecommunications System: 유럽의 3GPP그룹 표준인 2G 개량형 이동 통신 시스템 규격. CDMA2000은 미국의 3GPP2그룹에서 표준화한 시스템이다.
[20] 3G 인터페이스로 교체하는 Circuit-Switched fallback (CSFB) 기법에 의해 음성통화를 한다.

이러한 세대별 분류는 제 1 및 2세대까지는 음성 통신을 아날로그로 하는가 아니면 디지털로 하는가로 구분되었지만, 이후의 세대별 분류는 기본적인 음성 통신기능 외에 얼마나 빠른 데이터 패킷 전송기능을 제공할 수 있는가에 의해 구분된다고 할 수 있다.

<그림 6.35>는 주요한 이동통신 방식의 발전 천이도를 나타내고 있으며 각각의 특징을 함께 설명하고 있다.

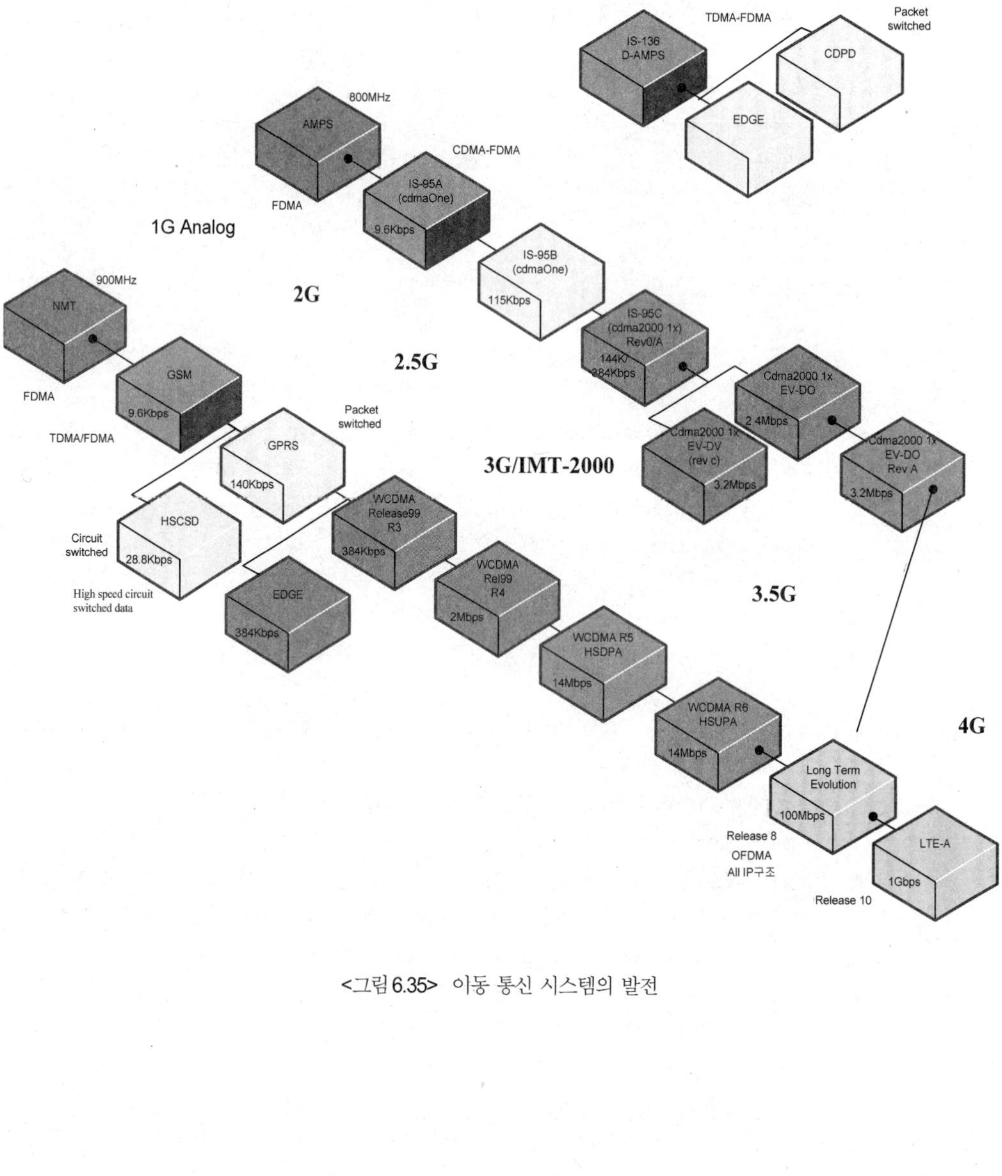

<그림 6.35> 이동 통신 시스템의 발전

6.13 설계과제

지금까지 본 장에서는 전화교환 시스템을 중심으로 회선교환기술에 대하여 다루었다. 지난 100 년동안 여전히 우리 주변에 있는 아날로그 전화기는 기계식에서 전자식으로 진화되면서 이를 구성하는 다음과 같은 다양한 칩과 부품이 개발되었다.

- Tone Ringer : UTC31002, LS1240, TA31001/2, MC34012/34017
- Speech Network : TEA1062A, L6726, XR-T5995, GL6862, MC34014,TP5700
- DTMF Generator : MC145412, TP5380, HT9200A
- 통합 전화기 칩 : MC34010
- 마이크 : 다이나믹 또는 Electet Condensor 마이크(ECM)
- 스피커 : 마그네틱 스피커/Piezo Electric 스피커

본 절에서는 이를 활용하여 전화기를 구성하는 요소인 Ringer와 DTMF 다이얼링 기능부를 설계한 후 Speech Network 칩을 추가한 완전한 전화기를 설계한다.
설계항목은 다음과 같다.

① DTMF 신호발생기 설계
② DTMF 신호수신기 설계
③ Active Hybrid 회로 설계
④ Speech Network이 포함된 전화기 설계
⑤ Ringer 설계
⑥ 크로스바 공간분할 교환기 설계
⑦ TDM 버스 교환기 설계

6.14 **DTMF** 신호발생기와 수신기의 설계

(1) 설계목표

MCU와 연동되는 DTMF 신호 발생기 및 신호 수신기를 설계한다.

(2) 요구사항

- HT9200B를 사용하여 MCU로부터의 병렬 데이터 형식의 숫자를 전달받아 DTMF 신호를 생성한다.
- KT3170 또는 HT9170D DTMF Receiver를 사용하여 DTMF신호를 복조하여 7Segment LED에 숫자로 표시되도록 한다.

(3) DTM신호발생기와 수신기의 동작

<그림 6.36>은 DTMF신호발생기와 교환기측의 DTMF수신기의 기능에 대한 것이다.
이러한 DTMF 방식은 전화뿐만 아니라 다양한 응용분야에 적용된다.

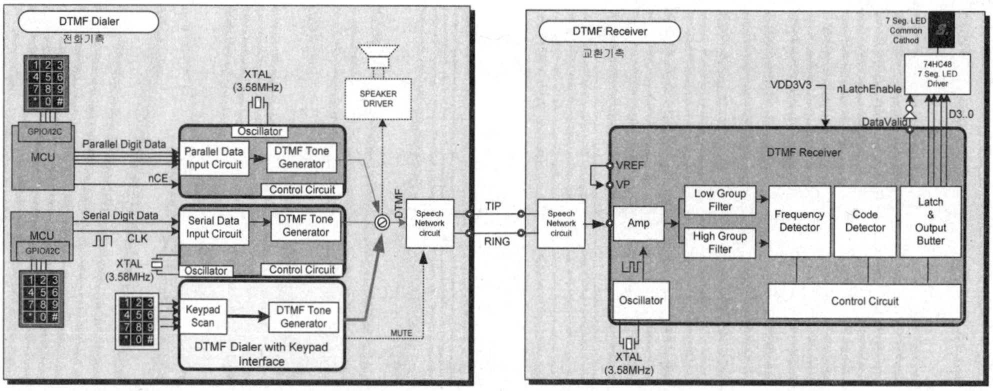

<그림 6.36> DTMF 신호발생기와 수신기의 구성

DTMF신호발생기는 다음과 같은 3가지 방법으로 설계할 수 있다.
우리는 첫 2가지 방법을 사용한다.

- MCU로부터 병렬 데이터 형식으로 숫자를 전달받아 DTMF신호를 생성하는 방법 : HT9200B를 사용한다[21]
- MCU로부터 직렬 데이터 형식으로 숫자를 전달받아 DTMF신호를 생성하는 방법: HT9200A를 사용한다.
- 키패드의 컬럼과 row출력을 직접 받아 DTMF신호를 생성하는 방법 : MC145412, UM91210E, 또는 TP5088N를 사용한다.

(3) 병렬 인터페이스 방식의 DTMF신호발생기 설계

이것은 키패드로 입력된 전화번호를 전달받은 MCU로부터의 각 숫자별 4비트의 병렬데이터를 수신하여 DTMF신호를 생성하는 기능을 수행한다[22].
이를 위하여 3.3V로 동작 가능한 Holtek사의 HT9200B DTMF Generator를 사용하여 설계한다.

- D3~D0 : Data 입력: 각 디지트마다 4비트의 병렬데이터 입력이다.
- 해당 데이터에 대한 DTMF 신호를 DTMF 핀으로 출력한다.
- nCE 입력 : Chip Enable로써 nCE=0일 때 D3~D0값을 래치하여 DTMF신호를 생성하도록 한다.
- nS/P : High로 설정하여 병렬모드로 동작하도록 설정한다.
- DATA와 CLK핀 : 병렬방식인 경우 사용하지 않는다.

[21] 이것은 직렬기능도 함께 제공함
[22] 또는 UART로부터 사용자가 입력한 숫자를 MCU가 전달할 수도 있다.

<그림 6.37>은 HT9200B 주변회로의 예이다.

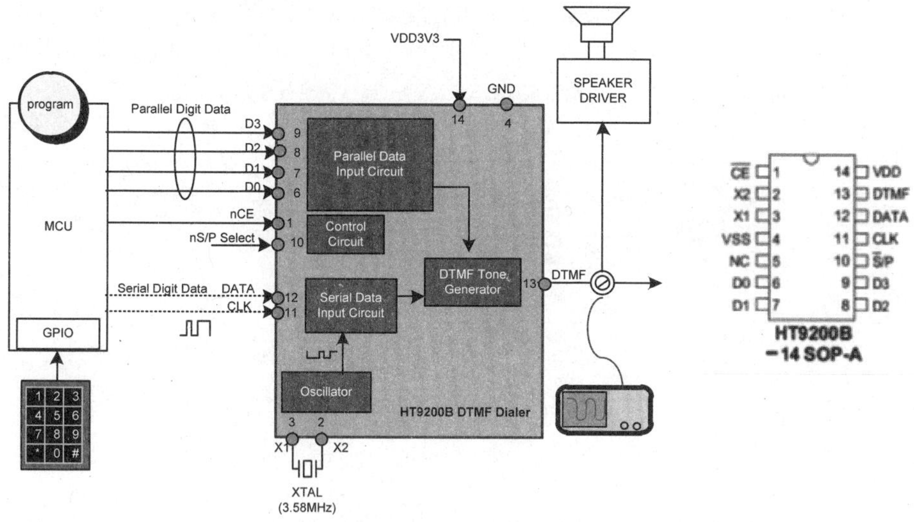

<그림 6.37> 병렬 인터페이스 방식의 DTMF신호발생기의 구성

<그림 6.38>은 HT9200B 주변회로의 예이다.

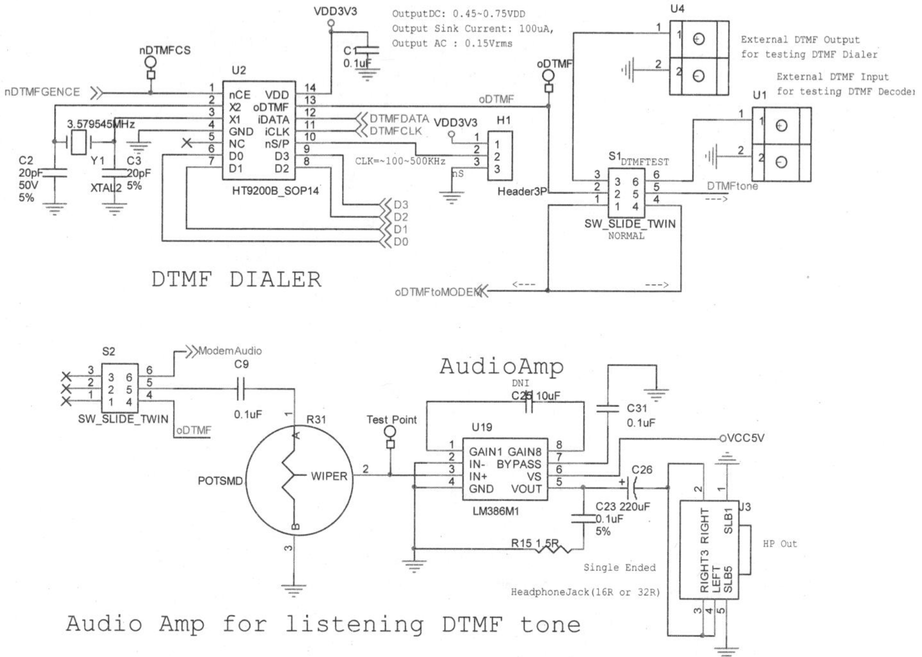

<그림 6.38> 병렬 인터페이스 방식의 DTMF신호발생기의 회로 설계(예)

(4) 직렬 인터페이스 방식의 DTMF신호발생기의 설계(참고)

MCU로부터 전달되는 각 숫자별 5비트의 직렬데이터를 수신하여 DTMF신호를 생성하는 기능을 설계한다. 이를 위하여 HT9200A DTMF Generator를 사용한다.(또는 HT9200B의 동작모드를 직렬방식으로 설정하여 설계할 수도 있다.) 직렬 인터페이스를 위하여 2개의 GPIO핀을 사용하여 각각 DATA와 CLK을 제공하도록 한다. 그리고 nCS핀은 항상 enable시키도록 한다.

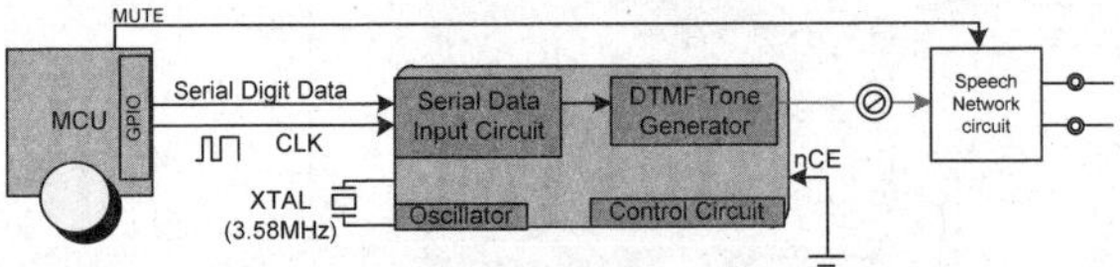

<그림 6.39> 직렬 인터페이스 방식의 DTMF신호발생기의 회로 구성

(5) DTMF 수신기 설계

DTMF수신기는 전화기에는 불필요하지만 교환기 또는 유무선 선로에 연결된 DTMF 생성장치로부터의 DTMF 신호를 디코딩하는 용도로 많이 사용된다.

삼성전자의 KT3170이나 Holtek사의 HT9170D 또는 MT8870 DTMF Receiver는 수신된 DTMF 신호를 복조하여 4비트의 숫자로 출력 한다. 유효 데이터 출력시 oDV 신호가 1로 출력된다. 이 값에 대하여 74HC4511을 사용하여 7Segment LED에 숫자로 표시되도록 한다.

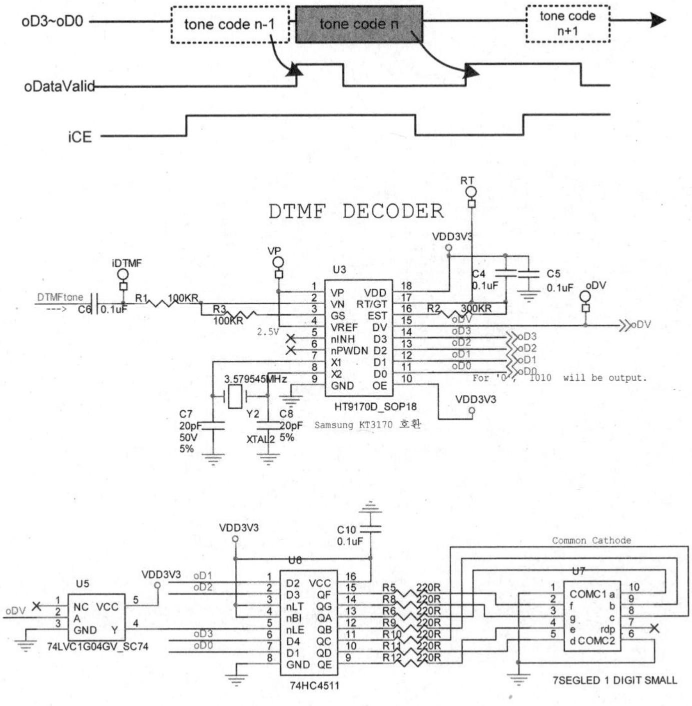

<그림 6.40> DTMF 수신기의 회로 예

(6) 동작 시험

DTMF 신호 발생기의 동작 결과는 <그림 6.41>과 같다. 2V에 바이어스된 DTMF 신호가 발생됨을 알 수 있다.

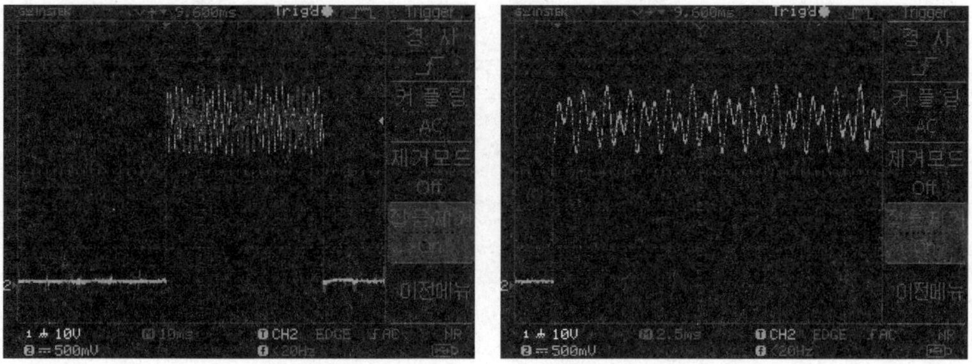

<그림 6.41> DTMF 신호 파형의 예

6.15 전화기용 Ringer 설계

(1) 설계목표

Ringer는 $90V_{pp}$의 정현파 신호인 링신호를 내부의 브리지 정류회로를 사용하여 내부 동작전원으로 활용하여 합성된 벨소리를 버저로 출력한다.

(2) 요구사항

- 실제 전화선로를 이용한다.
- 브리지 정류기가 내장된 MC34017D Ringer칩을 사용하여 주변회로를 설계한다.
- MC34017D Ringer칩은 교류형태의 링 신호가 입력되면 내장된 브리지 다이오드로 정류하여 내부 동작을 위한 전원으로 사용한다.
- 링신호는 피에조 스피커로 출력한다.
- $C1$의 내압은 250V 이상이어야 한다.
- 칩 외부의 저항과 커패시터값을 조정하여 R/C발진기의 주파수를 결정할 수 있도록 한다.
- 전화국에서 공급하는 벨 신호를 TIP/RING 핀에서 측정한다.
- Ringer칩의 종류와 기능을 분석한다.

(3) 하드웨어 설계

<그림 6.42>와 <그림 6.43>을 참조하여 설계한다.

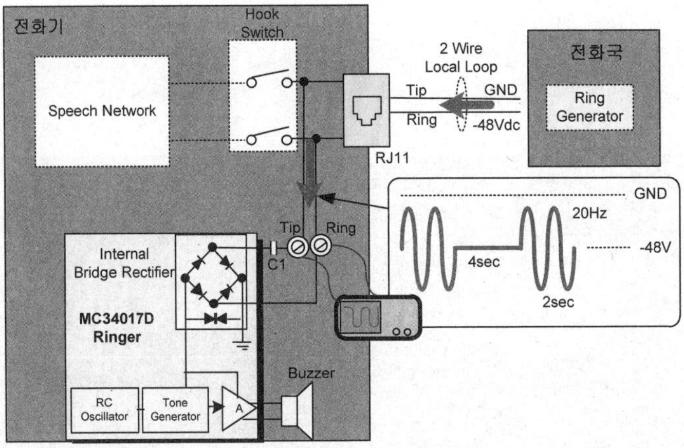

<그림 6.42> Ringer의 주변회로의 예

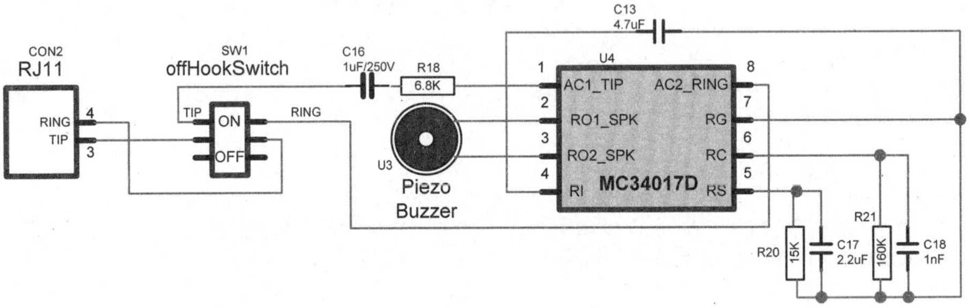

<그림 6.43> Ringer의 주변회로의 예

(4) 동작결과 분석

전화선에 연결된 Tip과 Ring신호선을 연결한 후 외부에서 해당 전화기로 다이얼링을 한다. 이때 off hook 스위치는 off시킨 상태를 유지해야 한다. 수신되는 신호의 예는 <그림 6.44>와 같다.

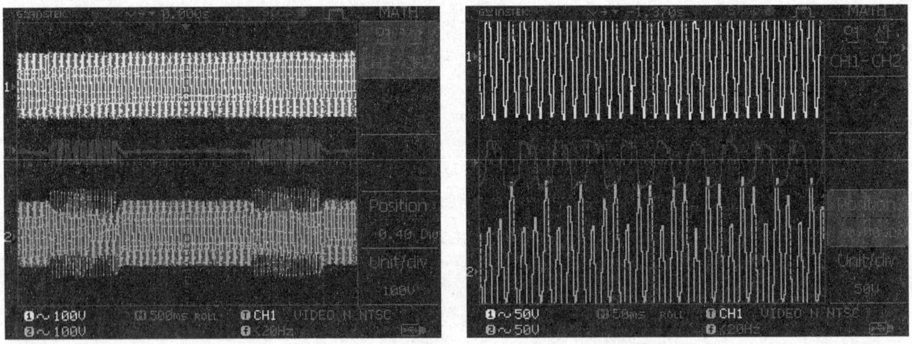

<그림 6.44> Ring 신호의 예

6.16 전화기용 **DTMF** 신호발생기 설계

(1) 설계 목표

Key scan 방식의 DTMF 신호발생기를 설계하고 DTMF 신호의 파형을 분석한다.

(2) 요구사항

- 4 X 4 single-contact 키패드를 지원하는 삼성전자의 KS58006(또는 UM91210E) DTMF 생성기 사용.
- 동작전원은 3.3V 직류전원장치로부터 공급한다. 다음 절에서 다룰 아날로그 전화기 설계시에는 이 전원을 Speech Network칩으로부터 공급받도록 할 것이다.
- 키패드는 4 X 3(또는 4 X 4)의 single contact방식을 사용한다.
- 톤 방식만 지원한다. 톤 출력핀은 NPN 트랜지스터를 사용한 Emiter Follower 회로이므로 적절한 부하저항을 부착해야 한다.
- DTMF 출력신호를 측정한다. 특히 바이이스된 신호에 유의하라.
- XTAL은 3.58MHz를 사용한다.

(3) KS58006

<그림 6.45>와 같이 4 X 4 single-contact 키패드를 지원하는 삼성전자의 KS58006(또는 UM91210E) 기반의 KeyScan방식의 DTMF 발생회로를 설계한다.
이것은 3.3V~5V로 동작하며 Tone방식뿐만 아니라 고전적인 펄스 다이얼 신호도 출력할 수 있다.
또한 다이얼링시 음성의 송신을 중지시킬 수 있도록 nMUTE신호도 출력한다.
그리고 32자리의 전화번호를 저장할 수 있어 재다이얼링기능도 지원한다.

[주의] 삼성 KS58006(또는 호환되는 UM91210E)는 Dial Pulse 및 nMUTE신호의 출력은 N-MOSFET를 사용한 OpenDrain 출력회로이므로 외부에서 pull up시켜야 한다.
반면에 Tone 출력핀은 NPN트랜지스터를 사용한 Emiter Follower회로이므로 적절한 부하저항을 부착해야 한다.

[참고] 전화기용 Keypad는 회로 연결방식에 따라 2종류가 있다. 하나는 키를 눌렀을 때 Row와 Column회로 각각이 모두 GND 또는 VCC에 연결어야 하는 Dual Contact (표준)키이다.
반면에 키를 눌렀을 때 Row와 Column회로가 서로 연결 되는 Singlel Contact 키이다. KS58006의 경우 2번째 방식으로 동작한다.

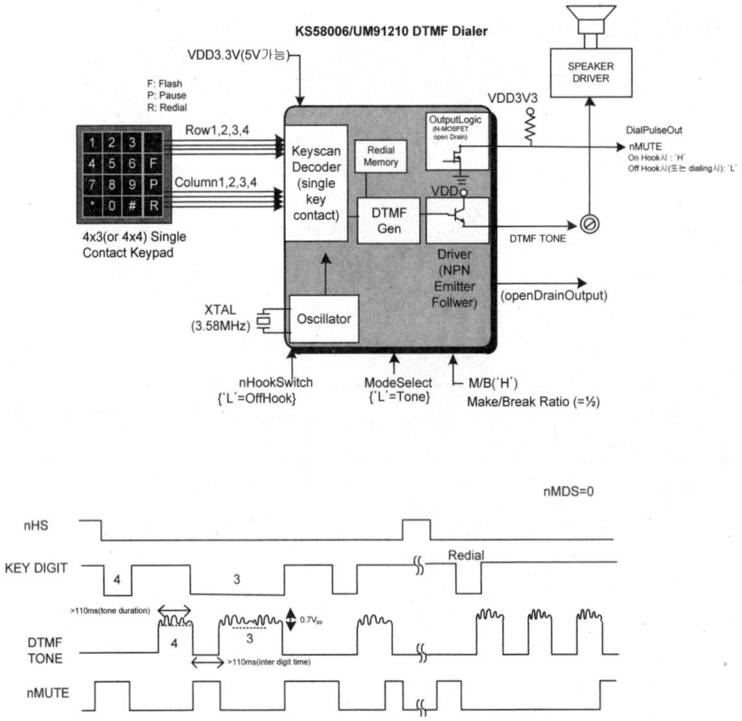

<그림 6.45> Keyscan 방식의 DTMF 신호발생기의 구성

(4) 하드웨어 설계

회로 구성의 예는 다음과 같다.

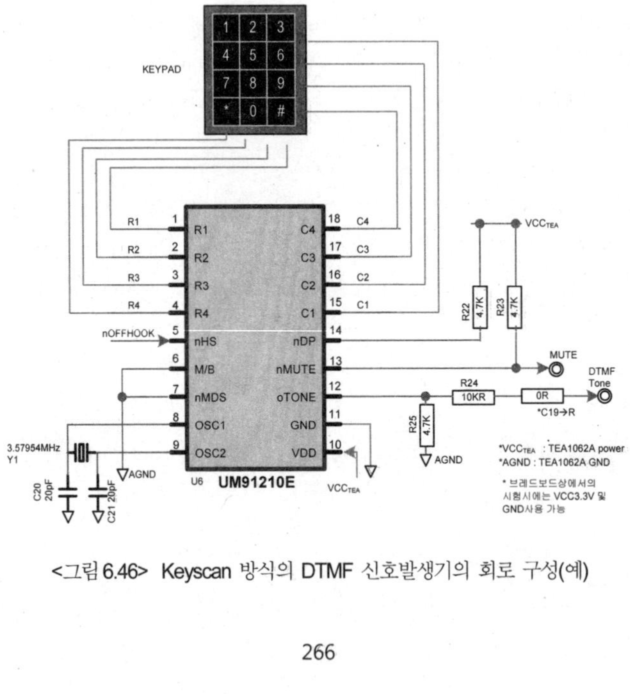

<그림 6.46> Keyscan 방식의 DTMF 신호발생기의 회로 구성(예)

6.17 Active 하이브리드 회로 설계(참고)

대부분의 전화기용 칩에는 하이브리드(Sidetone제거) 기능이 내장되어 있어 별도로 구현하지 않아도 된다. 하지만 본 절에서는 하이브리드의 기능을 이해하기 위해 코일 대신 OP Amp를 사용한 액티브 하이브리드 회로를 설계한다. 이것은 수신한 신호에서 송신한 음성을 제거하여 상대방 음성만 수신할 수 있어야 한다. 여기서 사용된 600:600Ω 트랜스포머는 DC 차폐 및 임피던스 매칭용이며, 커패시터와 저항의 조합으로 대체될 수 있으며, Amp A는 증폭율 1인 버퍼용이다.

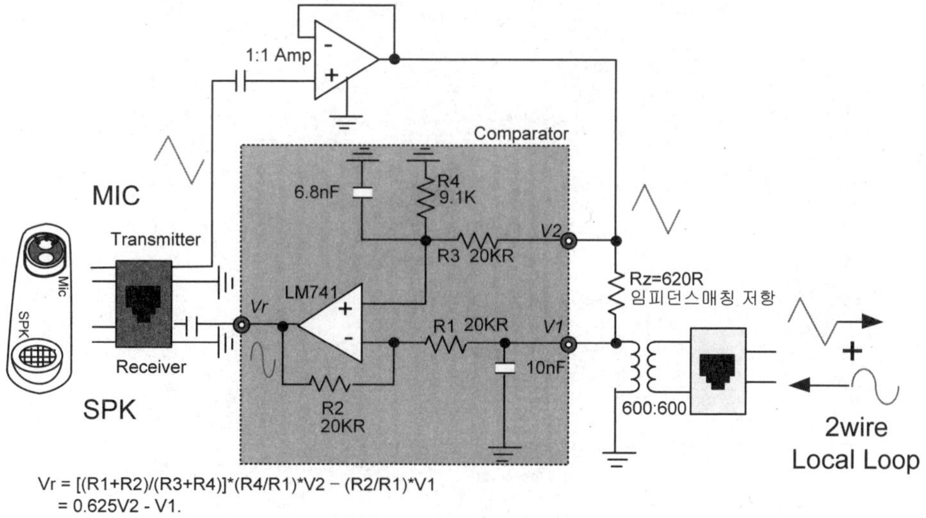

<그림 6.47> Active 하이브리드 회로의 구성(예)

6.18 아날로그 전화기 설계

(1) 설계 목표

Speech Network 기능이 포함된 완전한 아날로그 전화기를 설계한다.

(2) 요구사항

- 아날로그 전화기용 Low voltage transmission circuits with dialler interface 칩인 TEA1062를 사용한다[23].
- 칩 주변 라인 인터페이스 모듈을 설계한다.
- DTMF 다이얼링 모듈 인터페이스를 포함한다.
- Ringer 모듈을 포함한다.

[23] MC34014, L6726, XR-T5995, GL6862, TP5700 등도 유사한 칩이다.

(3) 아날로그 전화기의 구성

하나의 완전한 전화기가 구성되려면 가입자 선로에서 전원을 추출하는 라인 인터페이스 모듈, 하이브리드(sidetone제거) 회로, 송수신 음성의 증폭을 다루는 Speech Network회로, off-hook 스위치 회로, Ringer, DTMF 생성기 등이 있어야 한다.

이를 종합하여 본 절에서는 이를 포함한 간단한 아날로그 전화기를 <그림 6.48>과 같이 설계하기로 한다.

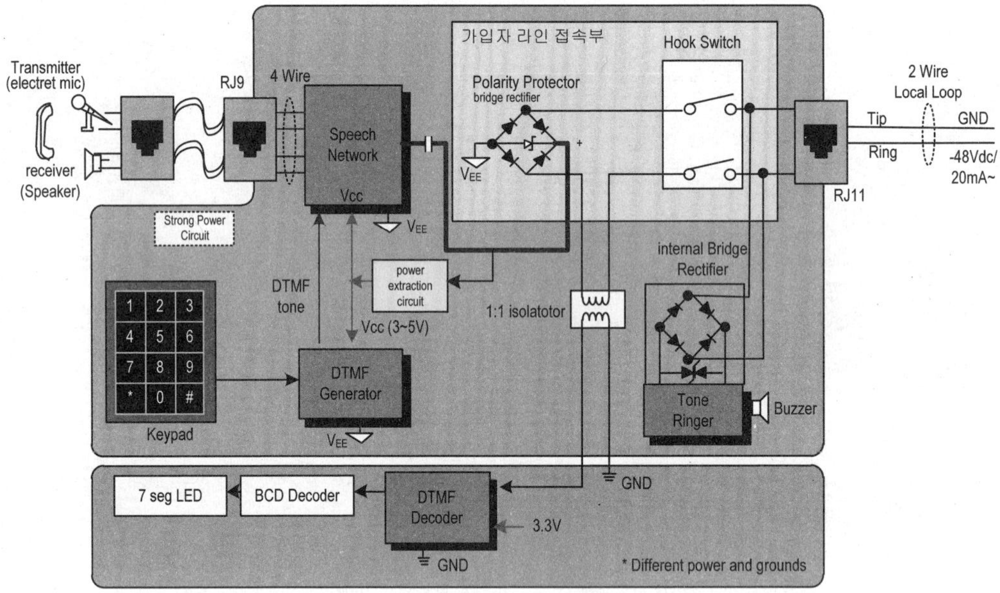

<그림 6.48> 아날로그 전화기의 구성

(4) TEA 1062

핵심소자인 TEA1062는 DTMF 또는 Pulse dialler를 연결할 수 있으며 가입자선로로부터의 전원 추출기능 및 하이브리드 회로 기능을 수행하는 speech network 기능이 모두 포함된 전화기용 칩이다.

이것은 다음과 같은 기능을 제공한다.

- 전화선으로부터의 직류전원을 추출하여 그 전압이 1.6V 이상이면 내부 동작 및 외부의 DTMF 다이알링 모듈 등에 공급할 수 있다.
- 외부의 저항을 사용한 휘스톤브리지 방식의 하이브리드 회로를 활용하여 2w/4w 변환기능을 수행한다.
- 마이크는 dynamic, piezoelectric, electret 마이크 등을 모두 수용할 수 있다.
- 스피커 출력앰프를 내장한다.
- DTMF 다이얼링 입력시 음성 송신기능을 Mute하는 입력핀을 제공한다

내부구조와 주변회로의 예는 <그림 6.49>와 같다.

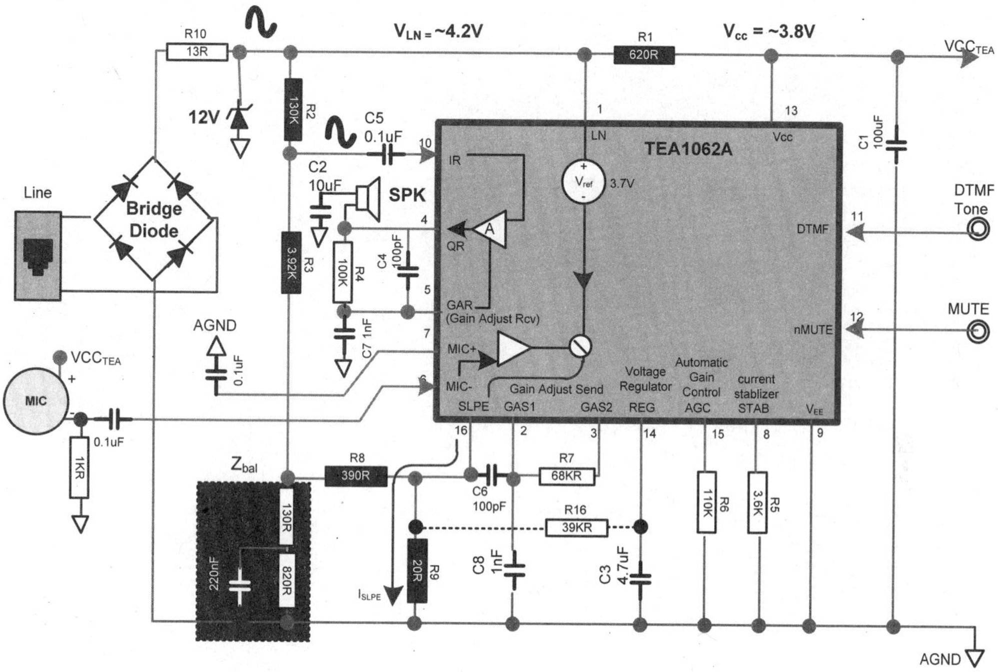

<그림 6.49> TEA1062 주변회로 설계(예)

- DTMF(입력) 핀 : DTMF 톤 생성기로부터의 입력신호를 전화선으로 송출한다. 증폭률은 25.5 dB 이다. 이 신호는 선로상으로 송신되므로 발신자의 귀로 들을 수 있다.
- nMUTE(입력) : nMUTE=0(Active Low)일 때 마이크 입력 및 전화선으로부터의 입력신호를 모두 무시하여 DTMF 송출신호가 깨끗하게 전화선으로 출력되도록 한다.
- IR(입력), QR(출력), GAR(출력) : 전화선으로부터 수신된 음성에 대한 증폭기능과 관련된 핀이다. IR핀으로부터 입력되는 아날로그 음성신호를 증폭하여 스피커가 연결된 GAR과 QR핀으로 출력한다. 이때 증폭률(QR/IR)은 31dB(증폭율 조정용 R4 = 100k옴인 경우)이다. LN과 QR간의 총 증폭률은 내부 증폭기의 이득에서 anti-sidetone을 위한 감쇄량(32dB)를 뺀 값이다.
- AGC(입력) : 전화선상의 감쇄를 자동으로 보상하기 위하여 R6가 사용된다. 내부적으로는 전화선으로부터 공급받는 전류량에 따라 마이크 및 수신 앰프의 증폭률을 증감시킨다. 만약 R6를 개방하면 관련 앰프의 증폭률이 최대로 설정된다.
- Sidetone suppression : anti-sidetone회로는 송신음성이 내 귀에 다시 들리는 것을 감쇄시키는 것으로 R1//Zline, R2, R3, R8, R9, Z_{bal}값으로 구성된 일종의 하이브리드 회로이다.

(5) 하드웨어 설계

<그림 4.50>을 참고하여 설계한다.

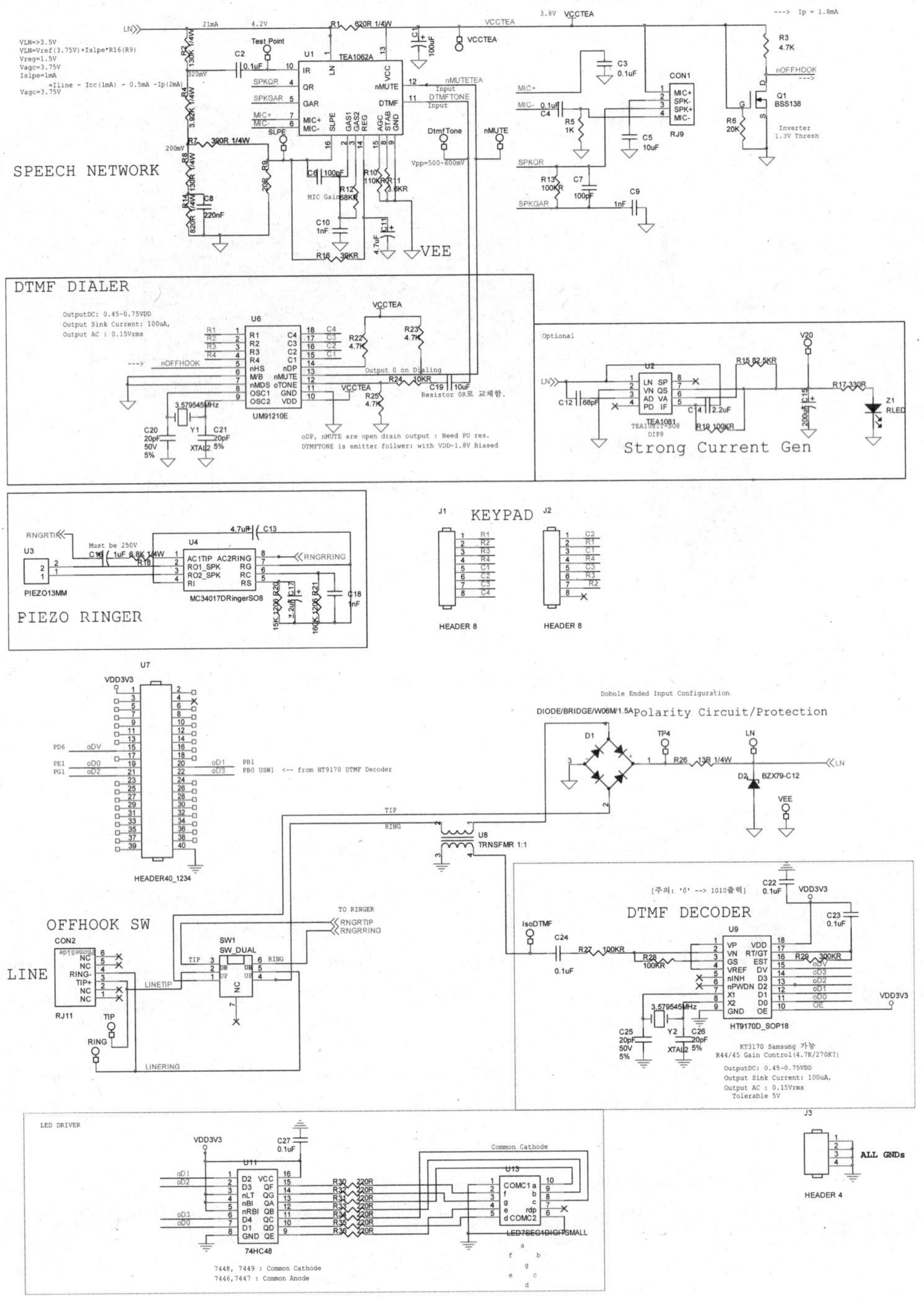

<그림 6.50> TEA1062 기반의 아날로그 전화기 회로(예)

6.19 G.711 PCM 코덱 기능부 설계

(1) 설계 목표

교환기의 SLIC기능부에 포함된 PCM 코덱 주변회로를 설계한다. 이것은 다음 절에서 설계할 공간분할 및 시분할 교환기의 가입자 접속용으로 활용된다.

(2) 요구사항

- 이미 하이브리드 회로를 거쳐 오디오 입력과 오디오 출력이 분리되었음을 전제한다.
- Codec칩은 64Kbps의 PCM방식의 표준인 G.711을 지원하는 전통적인 PCM 코덱인 Freescale사의 MC145484을 사용한다
- 동작전압은 단일 5V이다.
- 코덱에 필요한 클럭은 모두 공통클럭인 2.048MHz의 MCLK을 사용한다.
- 코덱의 인코딩 및 디코딩된 값을 쓰기 또는 읽기 동작을 지시하는 스트로브 신호인 FST와 FSR신호는 모두 8KHz의 FSYNC신호에 연결하여 공통적으로 사용한다. 즉 모든 코덱 칩의 FST와 FSR은 동일하게 적용되거나 그렇지 않은 것을 선택할 수 있도록 한다.

(3) MC145484 PCM 코덱

64Kbps의 PCM방식의 표준인 G.711을 지원하는 MC145484의 구성은 <그림 6.51>과 같다.

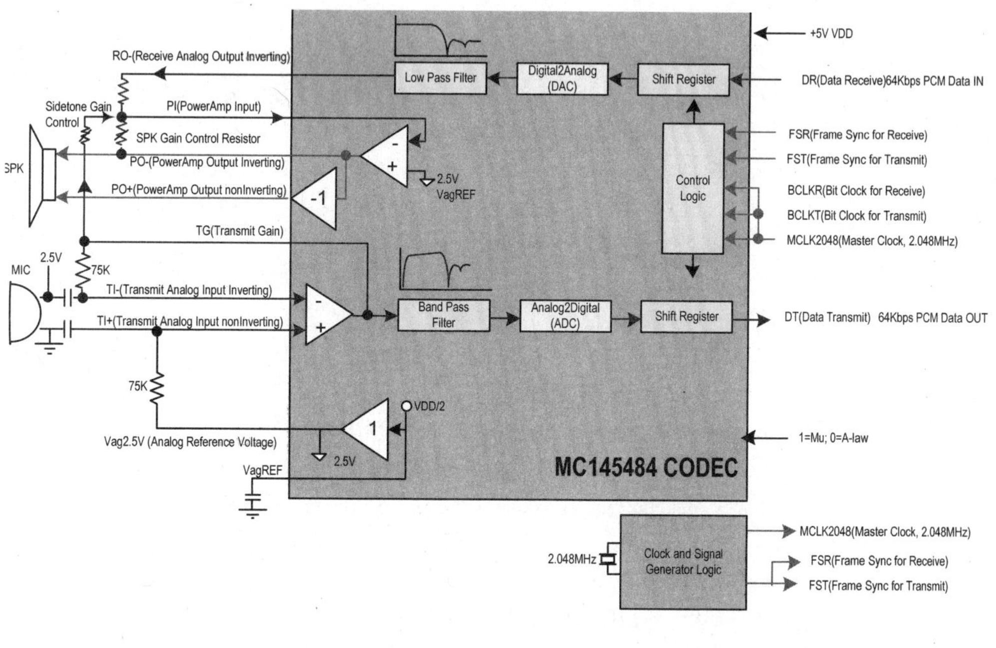

<그림 6.51> MC145484 PCM 코덱의 내부구성과 주변회로.

이것은 20핀 칩으로써 5V의 단일전원으로 동작하면서 A-law 및 u-law기능을 선택할 수 있다. 내부에 전화선 대역폭에 맞춘 200~3400Hz의 대역통과 필터도 내장하고 있다.
아날로그 부분은 모두 차동회로이며, 1.575 V의 기준전압을 사용한다. 아날로그 입력 및 출력에 대한 증폭회로를 내장하고 있어 electret 마이크 및 스피커를 직접 연결할 수 있다.

이것의 동작 절차는 다음과 같다.

- A/D변환과정 : TI-로 입력되는 아날로그 음성은 증폭기와 대역통과필터를 거친후 PCM 인코딩에 의해 부호화된 8비트 길이의 PCM 데이터는 시프트레지스터에 저장된 후 일종의 송신 Enable 신호인 FST(Frame Sync, Transmit)가 활성화된 기간동안 BCLK의 상승엣지마다 1비트씩 DT(Data Transmit) 핀을 통해 PCM Highway 버스로 BCLKT의 속도(MCLK과 동일한 2.048Mbps)로 송출된다.
- DA과정복호화(Decoding)과정 : 수신 Enable 신호인 FSR(Frame Sync, Receive)가 활성화된 기간동안 수신용 PCM Highway에 접속된 DR 핀을 통하여 BCLK의 상승엣지마다 한 비트씩 PCM 데이터를 수신용 시프트레지스터에 래치한다. 이후 DAC한 후 LPF를 통과시킨 후 RO-(Receive Analog Output Inverting) 핀으로 내보낸다.

이러한 과정이 고속으로 수행되어야 하므로 2.048Mbps의 master clock (MCLK)이 사용된다. 이것은 E1 PCM 하이웨이용 클럭으로도 사용하며 BCLK용으로도 함께 사용한다.

주요 핀의 구성은 다음과 같다.

- VAG2.5V(Analog Ground Output (Pin 20)): 이것은 2.5V의 아날로그용 기준전압의 출력으로써 칩 내부의 모든 아날로그 신호를 처리할 때의 기준전압이다.
- Mu/A(Mu/A Law Select (Pin 16)): 1=Mu; 0=A
- TI+(Transmit Analog Input(Non–Inverting) (Pin 19))과 TI–(Transmit Analog Input(Inverting) (Pin 18)) : 송신용 차동 아날로그 입력핀이다. 2.5V 바이어스된 Electret 마이크로부터의 입력을 수신한다.
- RO–(Receive Analog TG(Transmit Gain(Pin 17)) : 이것은 OP앰프의 출력으로써 2 k옴의 부하를 구동할 수 있다.
- Output(Inverting) (Pin 2)) : 이것은 DAC출력의 반전신호로써 외부의 2 k옴 부하를 VAG를 기준으로 1.575 V peak로 구동한다.
- PI(Power Amplifier Input(Pin 3)) : PI와 PO–핀간에 외부 저항으로 op amp의 이득을 설정하여 스피커 출력핀인 PO+/PO– push–pull 출력앰프 이득을 조정한다.
- PO–(Power Amplifier Output(Inverting) (Pin 4)) / PO+(Power Amplifier Output (Non–Inverting) (Pin 5)): 스피커 구동용 push–pull 앰프출력으로써 3.15 Vpp 신호를 구동한다. 이 신호의 바이어스는 2.5V이다.
- MCLK: Master Clock (Pin 11): 2.048MHz 입력 클럭핀이다.
- BCLKT(Bit Clock, Transmit(Pin 12)) : PCM 데이터 송신용 클럭으로써 MCLK과 연결하여 같은 속도를 가지도록 한다.

- BCLKR(Bit Clock, Receive (Pin 9)): PCM 데이터를 수신용 클럭으로써 MCLK과 연결하여 같은 속도를 가지도록 한다.
- FST(Frame Sync, Transmit(Pin 14)) : 1이 입력될 경우 DT 핀으로 8비트의 PCM 데이터를 출력하도록 한다.
- FSR(Frame Sync, Receive(Pin 7)) : 1이 입력될 경우 DR 핀으로부터 8비트의 PCM 데이터를 입력받아 시프트 레지스터에 저장한다. FSR은 FST와 일치하지 않아도 되지만 본 설계에서는 동일하게 설정한다.
- DT(Data, Transmit (Pin 13)) : 송신 PCM 데이터 출력핀이다. PCM 데이터를 출력하지 않는 경우 Hi-Z 상태를 유지한다.
- DR(Data, Receive (Pin 8)) : 수신 PCM 데이터 입력핀이다.

(4) 클럭 및 FSYNC 신호 생성부 설계

PCM 코덱을 위한 MCLK과 FSYNC 신호의 생성부를 먼저 설계한다.[24]
참고로 FSX와 FSR 신호의 길이가 각각 1 BCLK 폭인가 아니면 3 BCLK 폭 이상인가에 따라 "short" 및 "long" Frame Sync신호방식으로 구분된다[25].
우리는 long Frame Sync 방식을 사용한다. 코덱의 송신 및 수신은 송신용 FSYNC와 수신용 FSYNC 핀인 FST와 FSR 입력신호에 의해 <그림 6.52>와 같이 동작한다.

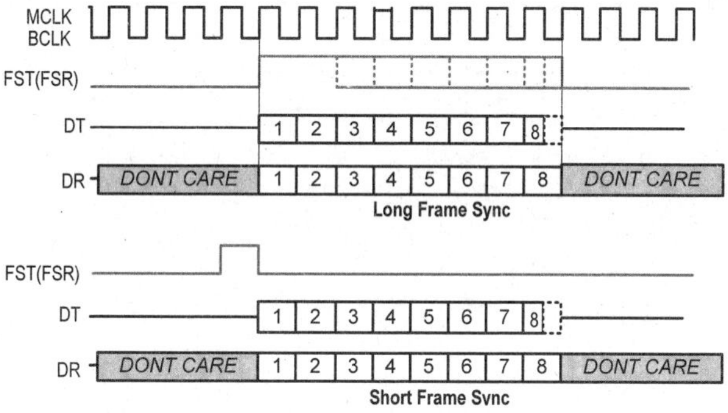

<그림 6.52> Long Frame Sync와 Short Frame Sync 신호.

이 경우 FSYNC신호는 초당 8000번씩 생성되어야 한다. 따라서 2.048MHz MCLK의 1/256분주해야 하고 이것의 지속시간은 8 BCLK이 되도록 <그림 6.53>과 같이 설계한다.
참고로 시스템 내부의 모든 기능부는 MCLK에 동기되어 동작한다.

---

[24] 여기서 "'Sync'"라는 의미는 여러 코덱과 공유하는 PCM 데이터 버스(PCM Highway)에 자신의 데이터 쓰기동작이 다른 코덱의 쓰기동작과 겹치지 않도록 하고 자신에 해당되는 슬롯타임에서의 읽기동작을 가능하게 한다는 것이다.

[25] "Long"의미는 해당 프레임 sync신호가 해당 코덱의 입출력 enable 신호로 사용될 만큼 긴 시간을 뜻한다. 일반적으로 Long Frame Sync방식을 지원하는 장치는 frame sync 신호가 2개의 MCLK의 하강엣지가 지속되는 기간 이상이면 frame sync 신호라고 간주한다. 따라서 굳이 8클럭 기간동안 유지할 필요는 없다. 반면에 Short 방식의 FSYNC펄스는 일종의 "pre-synchronization"신호로 사용된다.

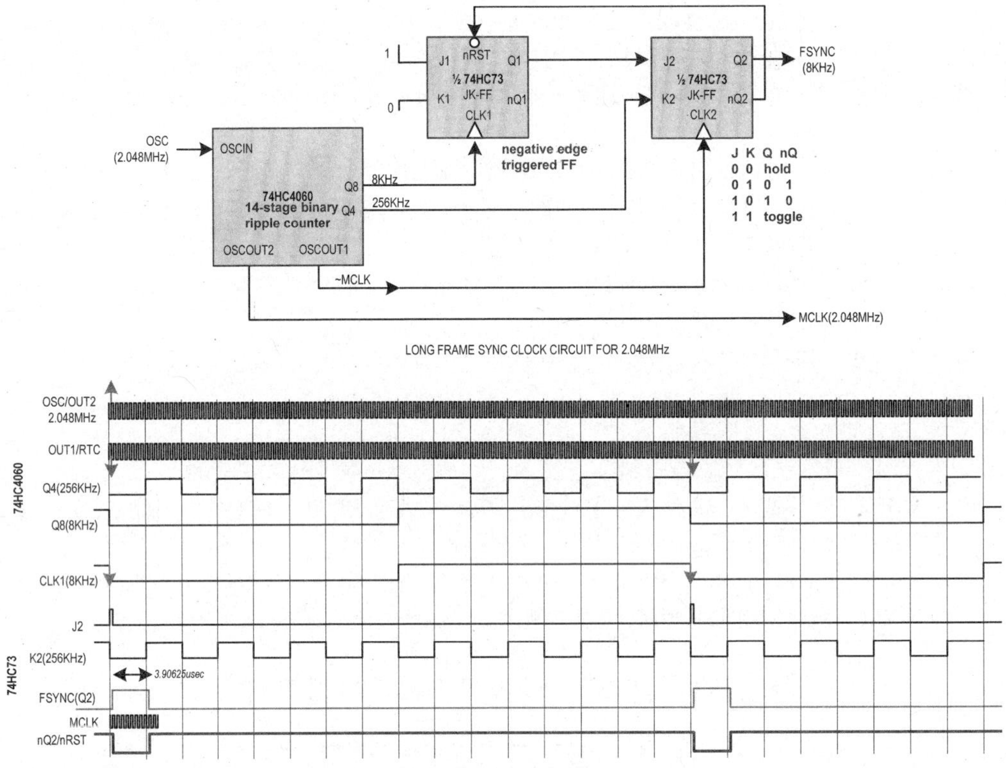

<그림 6.53> FSYNC신호생성부의 구성과 동작

(5) 코덱 주변회로 하드웨어 설계

다음 회로를 참고하여 설계한다. 이 예는 총 4개의 동일한 코덱과 FSYNC 신호생성부에 대한 것이다.

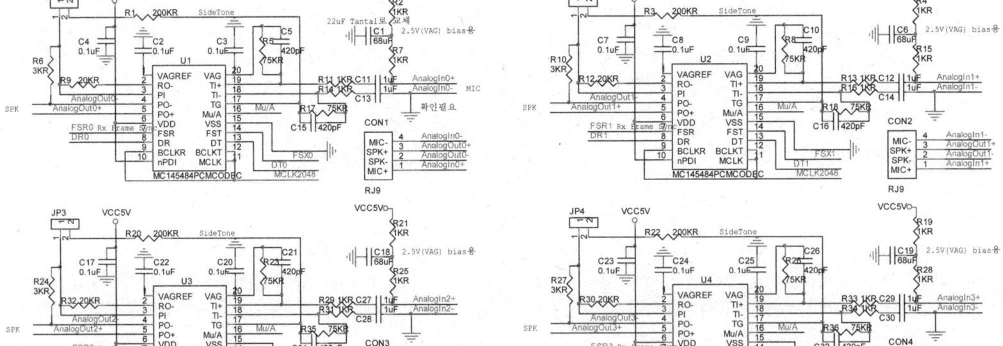

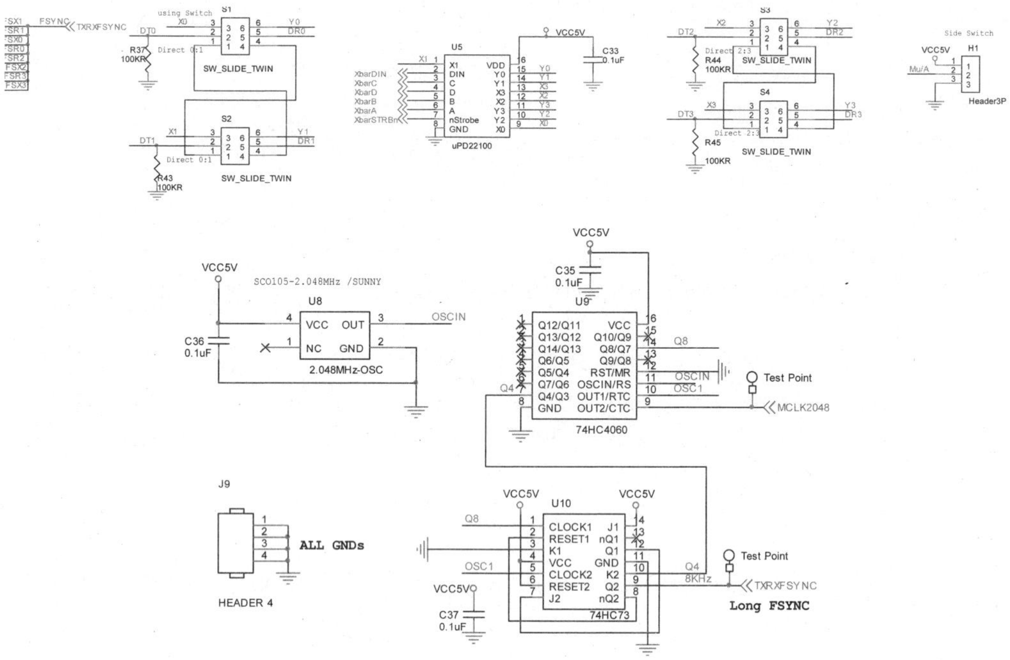

<그림 6.54> PCM 코덱 회로 설계 (예)

(6) Codec 동작 시험

A<-->B간과 C<-->D간 직접 연결시킨 후 실제 전화기의 핸드셋을 연결하여 쌍방간의 통화를 시험한다. 시험 환경의 예는 <그림 6.55>와 같다.

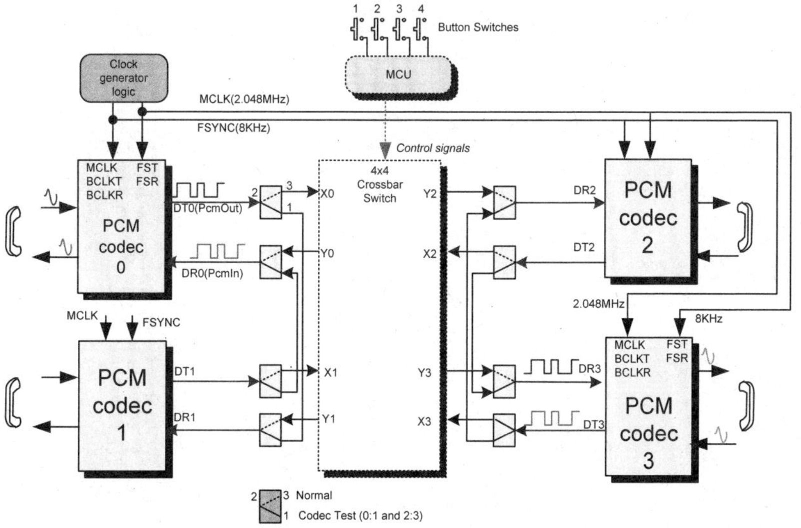

<그림 6.55> PCM 코덱 모듈 시험 환경(예)

6.20 공간분할 크로스포인트 교환기와 코덱 기능부 설계

(1) 설계 목적

4 X 4 크로스포인트 교환기능을 제공하는 미니 전화교환기를 설계한다.

(2) 요구사항

- Crossbar스위치 칩 : NEC uPD22100 4x4 Crosspoint 스위치 칩 (12x12는 SSI78A093이다)
- 동작전압 : 5V
- 4개의 코덱은 앞 절에서 설계한 것을 사용한다.
- 각 코덱의 FST와 FSR신호는 모두 FSYNC신호에 연결하여 공통적으로 사용한다.
- 각 코덱의 PCM Data선로인 DT와 DR신호는 Crosspoint스위치의 Xn과 Yn포트에 각각 연결한다.
- 연결제어는 연결작업은 4개의 버턴 입력을 기반으로 작동하거나 소프트웨어로 처리한다.
- 필요시 MCU 포트의 신호레벨이 3.3V인 경우 신호레벨 변환회로를 사용하여 5V에 정합한다.

(3) 하드웨어 설계

4 x 4 Crossbar스위치의 각 입출력 핀에 대하여 앞 절에서 설계한 코덱 기능부를 연결한다. 이전과동일하게 각 코덱에 대한 FST와 FSR은 <그림 6.56>에서 알 수 있듯이 역시 공통을 사용된다.

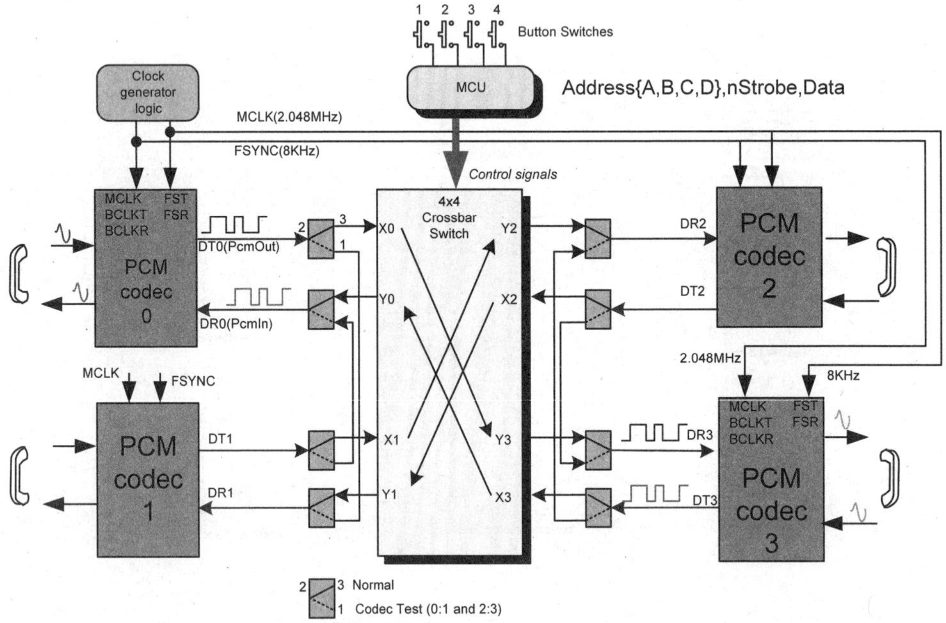

<그림 6.56> 공간분할 교환기의 구성

(4) 소프트웨어 설계

예를 들어 Y0와 X1을 연결한다면 uPD22100의 진리표와 타이밍도를 참조하여 nStrobe=1; Data=1; Address(DCBA=0001)을 인가하면 된다. 즉 nStrobe=1로 활성화되었을 때 Data=1이면 Address값에 해당되는 채널이 연결되도록 하고 Data=0이면 채널을 끊는다.

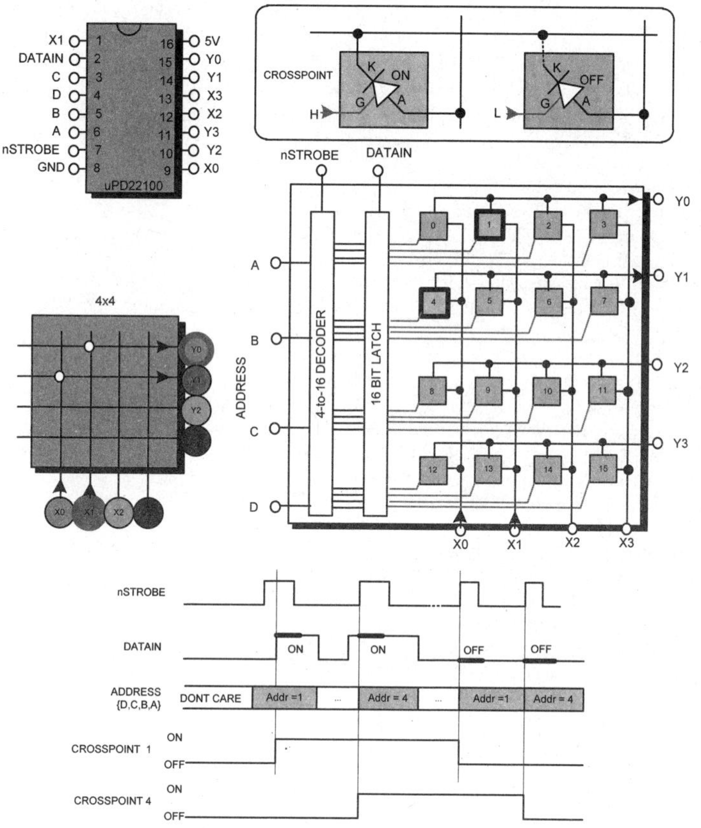

*X1과 Y0의 연결의 경우

<그림 6.57> 공간분할 교환기의 동작

(5) 프로그래밍 예

```
//uPD22100 4x4 Crossbar Switch Test

/* XBAR_DATA      : Pin8 : PD5 (0=DISCONNECT; 1=CONNECT)
 * XBAR_STRBn     : Pin9 : PD0 (Active High Logic)-- Caution.
 * XBAR_A         : Pin10: PD1 (LSB)
 * XBAR_B         : Pin26: PF1
 * XBAR_C         : Pin27: PE3
 * XBAR_D         : Pin28: PE2 (MSB)
 */
//GPIO Configuration
#define XBAR_DATA_DISC   (GPIOPinWrite(GPIO_PORTD_BASE, GPIO_PIN_5, ~GPIO_PIN_5))
```

```
#define XBAR_DATA_CONN   (GPIOPinWrite(GPIO_PORTD_BASE, GPIO_PIN_5, GPIO_PIN_5))
#define XBAR_STRB_ON     (GPIOPinWrite(GPIO_PORTD_BASE, GPIO_PIN_0, GPIO_PIN_0))
#define XBAR_STRB_OFF    (GPIOPinWrite(GPIO_PORTD_BASE, GPIO_PIN_0, ~GPIO_PIN_0))
//Control Signals
#define XBAR_A0          (GPIOPinWrite(GPIO_PORTD_BASE, GPIO_PIN_1, ~GPIO_PIN_1))
#define XBAR_A1          (GPIOPinWrite(GPIO_PORTD_BASE, GPIO_PIN_1, GPIO_PIN_1))
#define XBAR_B0          (GPIOPinWrite(GPIO_PORTF_BASE, GPIO_PIN_1, ~GPIO_PIN_1))
#define XBAR_B1          (GPIOPinWrite(GPIO_PORTF_BASE, GPIO_PIN_1, GPIO_PIN_1))
#define XBAR_C0          (GPIOPinWrite(GPIO_PORTE_BASE, GPIO_PIN_3, ~GPIO_PIN_3))
#define XBAR_C1          (GPIOPinWrite(GPIO_PORTE_BASE, GPIO_PIN_3, GPIO_PIN_3))
#define XBAR_D0          (GPIOPinWrite(GPIO_PORTE_BASE, GPIO_PIN_2, ~GPIO_PIN_2))
#define XBAR_D1          (GPIOPinWrite(GPIO_PORTE_BASE, GPIO_PIN_2, GPIO_PIN_2))

void uPD22100Init(void)
{
  //Set GPIOs -- MCU Specific
  SysCtlPeripheralEnable(SYSCTL_PERIPH_GPIOD);
  SysCtlPeripheralEnable(SYSCTL_PERIPH_GPIOE);
  SysCtlPeripheralEnable(SYSCTL_PERIPH_GPIOF);
  GPIOPinTypeGPIOOutput(GPIO_PORTD_BASE, GPIO_PIN_5 | GPIO_PIN_1 | GPIO_PIN_0);
  GPIOPinTypeGPIOOutput(GPIO_PORTE_BASE, GPIO_PIN_3 | GPIO_PIN_1);
  GPIOPinTypeGPIOOutput(GPIO_PORTF_BASE, GPIO_PIN_1);
}
unsigned char uPD22100_Control(unsigned char X, unsigned char Y, u8 con){
  unsigned long retVal;
  if((Y==0) && (X==0)){//Y0:X0 ==> 0000
     XBAR_D0; XBAR_C0;    XBAR_B0;   XBAR_A0;
  }else if((Y==0) && (X==1)){//Y0:X1 ==> 0001
     XBAR_D0; XBAR_C0;    XBAR_B0;   XBAR_A1;
  }else if((Y==0) && (X==2)){//Y0:X1 ==> 0010
     XBAR_D0; XBAR_C0;    XBAR_B1;   XBAR_A0;
  }else if((Y==0) && (X==3)){//Y0:X1 ==> 0011
     XBAR_D0; XBAR_C0;    XBAR_B1;   XBAR_A1;
  }else if((Y==1) && (X==0)){//Y1:X0 ==> 0100
     XBAR_D0; XBAR_C1;    XBAR_B0;   XBAR_A0;
  }else if((Y==1) && (X==1)){//Y1:X1 ==> 0101
     XBAR_D0; XBAR_C1;    XBAR_B0;   XBAR_A1;
  }else if((Y==1) && (X==2)){//Y1:X2 ==> 0110
     XBAR_D0; XBAR_C1;    XBAR_B1;   XBAR_A0;
  }else if((Y==1) && (X==3)){//Y1:X3 ==> 0111
     XBAR_D0; XBAR_C1;    XBAR_B1;   XBAR_A1;
  }else{ //TBD

  }
  if(con)    XBAR_DATA_CONN;
  else       XBAR_DATA_DISC;

  XBAR_STRB_ON;   delayms(1);     XBAR_STRB_OFF;

  if(con)    UART0printf("Connect X=%u --> Y=%u.\n",X,Y);
  else       UART0printf("Disconnect X=%u --> Y=%u.\n",X,Y);
  return 0;
}

int uPD22100Loop(){

  uPD22100Init();
  while(1){
    //connect 0 with 1
     uPD22100_Control(0,1,1); //On Crosspoint 1
     uPD22100_Control(1,0,1); //On Crosspoint 4
     delayms(2000);
```

```
    //disconnect 0 with 1
    uPD22100_Control(0,1,0); //Off Crosspoint 1
    uPD22100_Control(1,0,0); // Off Crosspoint 4

    delayms(2000);

    uPD22100_Control(2,3,1); //CONNECT
    uPD22100_Control(3,2,1); //CONNECT
    delayms(2000);
    uPD22100_Control(2,3,0); //DISCONNECT
    uPD22100_Control(3,2,0); //DISCONNECT
    delayms(2000);
  }
}
```

6.21 **TDM** 버스교환방식의 시분할 교환기능의 설계

(1) 설계 목표

4 X 4 TDM 버스교환방식의 교환기를 설계한다.

(2) 요구사항

TDM 버스교환방식의 시분할 교환기의 구성은 <그림 6.58>과 같다.

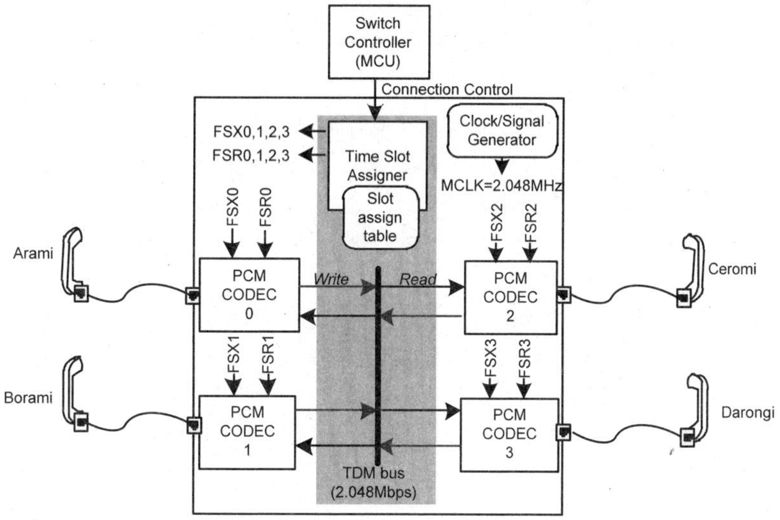

<그림 6.58> TDM 버스교환방식의 시분할 교환기의 구성

- TDM 버스교환기능을 지원하는 TP3155(또는 KT8555) TSA Time slot assigment(TSA) 칩을 사용한다.
- 각 코덱에 대한 FSYNC 펄스는 TSA칩이 직접 서로 상이하게 발생시켜 공통의 TDM버스를 사용하면서 교환될 수 있도록 한다.
- TDM버스는 쓰기 및 읽기동작이 동시에 가능하도록 한다.

- 4개의 코덱을 접속한다. (최대 32개까지 가능 함)
- 각 코덱용 클럭은 공통클럭을 사용한다.
- 동작전압은 5V이다. MCU 신호레벨이 3.3V인 경우 신호레벨 정합회로를 추가하여 5V로 정합한다.
- 연결제어는 MCU의 소프트웨어로 구현한다.

(3) TP3155 Time-Slot Assignment Circuit (TSAC)

TP3155 (KT8555)의 구성과 각 핀의 역할은 다음과 같다.

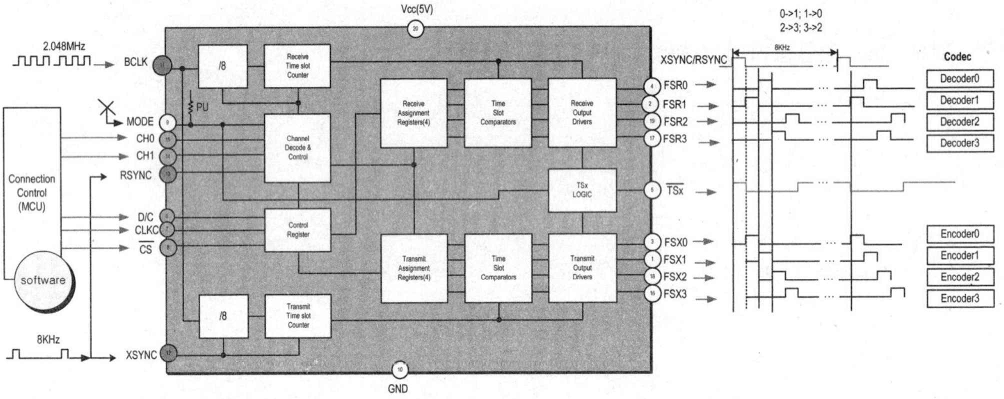

<그림 6.59> TSAC의 구성도

- XSYNC : 첫번째 타임슬롯의 송신 개시시점을 지시하는 입력신호
- RSYNC : 첫번째 타임슬롯의 수신 개시시점을 지시하는 입력신호. 우리는 XSYNC와 동일하게 설정한다.
- FSX0..3: 각 코덱에게 해당 데이터를 송신 개시하도록 지시하는 송신용 Frame Xync 신호출력이다. 8 BCLK 기간동안 1로 활성화된다.
- FSR0..3 : 수신용 Frame Sync 신호출력으로써 8 BCLK기간동안 1로 활성화된다.
- nTSX : Open-drain 출력핀으로써 FSX0..3의 transmit time slot이 활성화되었을 때 active low로 천이한다. 참고용이다.
- 슬롯할당 제어신호
  - DC : 제어용 직렬데이터 입력핀이다. MCU를 이용한 제어부는 이 핀을 통하여 각 코덱에 대한 송신시점과 수신시점을 지정한다.
  - CLKC : 제어용 직렬데이터 클럭 입력핀이다. 최소 480nsec 주기 이상이면 된다. BCLK과 무관하다.
  - nCS : Chip Select핀이다.
  - CH1 및 CH0 : 4개의 FSX 및 FSR 생성시점을 각각 설정할 때 사용된다.
- MODE : 동작모드 설정핀으로써 VCC로 연결하거나 개방시켜 모드 1을 선택한다. 모드1은 TX 슬롯과 RX 슬롯의 위치를 상이하게 설정할 수 있는 모드이다.

교환기능의 가장 핵심적인 Write용(송신용) 및 Read용(수신용) 슬롯할당 테이블은 TP3155의 송신용 레지스터와 수신용 레지스터 형태로 내장되어 있다.
이들의 내용은 {CH1, CH0, DC} 등의 제어신호에 의해 설정될 수 있다. 이 설정값에 따라 8KHz의 FSYNC신호를 기준으로 각 코덱별 PCM 데이터 슬롯의 송신시점을 FSX신호로 알리고 수신측 코덱의 PCM데이터 슬롯의 수신시점을 FSR신호로 지시함으로써 공유 TDM버스상에서 PCM 데이터가 교환되도록 한다.
<그림 6.60>의 예는 타임슬롯 0이 송신용으로 할당된 첫번째 코덱의 송신동작에 대한 것이다. TSA는 XSYNC 펄스가 인가되면 BCLK의 첫번째 하강엣지에서 FSX1을 활성화시킨다.
이에 해당 코덱은 BCLK의 상승엣지에서 자신의 PCM 데이터를 DT 버스상에 송신개시한다. 이 과정에서 nTSx신호가 active low로 표시된다.

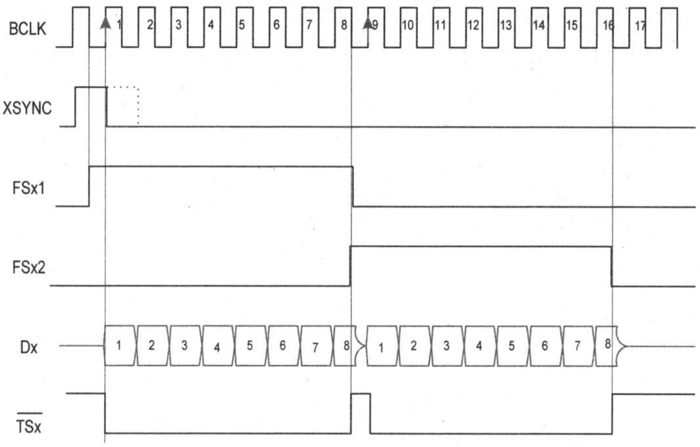

<그림 6.60> 타임슬롯 0 에 대한 TSA의 동작

(4) 제어신호

MCU는 {D/C, CLKc, CH1, CH0} 신호를 사용하여 TDM 버스 교환기능이 가능하도록 TSAC의 송신 및 수신용 슬롯할당 레지스터를 설정한다.

이것의 상세는 다음과 같다.

- D/C (Data/Command) : 8비트 직렬 데이터로써 선두의 {X, R}은 입력과 출력을 각각 결정하고, 나머지 6비트 값으로 해당 타임슬롯을 할당한다.
- CLKc : D/C용 직렬버스 클럭. BCLK과 무관하다. 480nsec 주기 이상, 즉 2.048MHz이하이면 되므로 bitbang 방식으로 생성하거나 SPI의 기능을 이용해도 된다. 우리는 SPI Mode 1을 사용한다.
- CH1/0 : 채널 선택 정보이다. 이것은 각 바이트 단위 전송시 마지막 비트 부분에서 유효해야 한다.
- nCS : ChipSelect

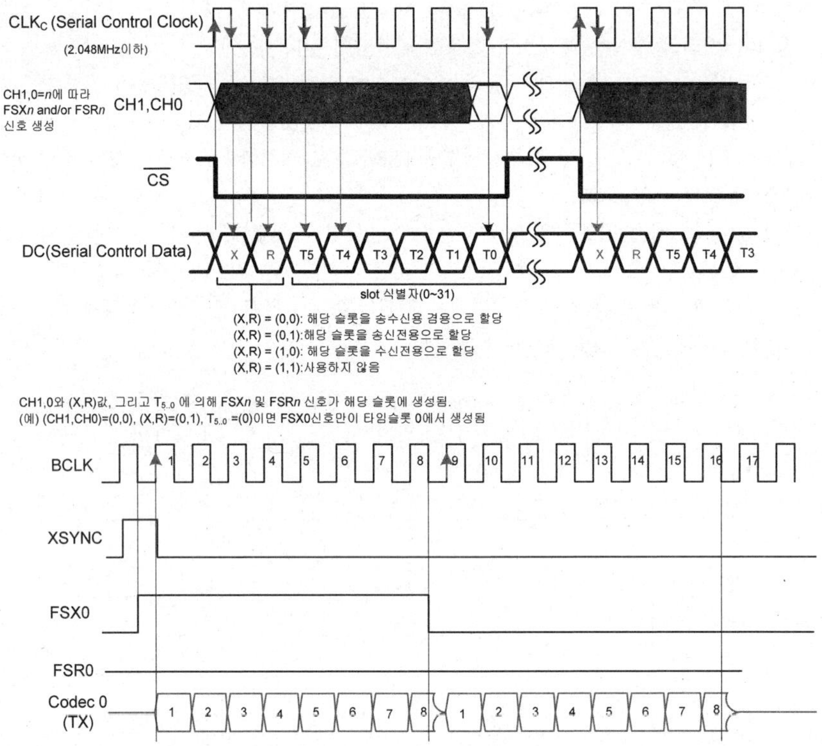

<그림 6.61> TSA의 제어신호

(5) 설정방법

예를 들어 0번 전화기와 1번을 연결할 경우, 다음과 같은 순서로 제어 데이터를 입력한다.

① 0번 전화기에 대하여 (FSX0 및 FSR0에 해당 코덱이 연결되어 있음)

1. (CH1,CH0)=(0,0) : FSXn/FSRn = FSX0/FSR0
2. DC=*01***000000**(FSX0 송신 전용, 0번 슬롯 사용)
3. DC=*10***000001**(FSR0 수신 전용, 1번 슬롯 사용)

② 1번 전화기에 대하여(FSX1 및 FSR1에 해당 코덱이 연결되어 있음)

A. (CH1,CH0)=(0,1) : : FSXn/FSRn = FSX1/FSR1
B. DC=*01***000001**(FSX1 송신 전용, 1번 슬롯 사용)
C. DC= *10***000000** (FSR1 수신 전용, 0번 슬롯 사용)

즉 0번 전화기의 FSX 입력핀에 TSA의 FSX0 출력을 연결하고, 1번 전화기의 FSR 입력핀에 TSA의 FSR1 출력을 연결한다. 그리고 동일한 타임슬롯(000000)에서 0-->1로의 음성이 전달되도록 한다.

또한 0번 전화기의 FSR과 1번 전화기의 FSX에 동일한 타임슬롯(000001)을 할당하여 1-->0으로의 음성이 전달될 수 있도록 한다. 결과적으로 총 32개의 슬롯 중에서 0번과 1번 슬롯이 각각 0->1, 1-->0으로의 전달용으로 할당된다.

(6) 하드웨어 설계

<그림 6.62>를 참조하여 하드웨어를 설계한다.

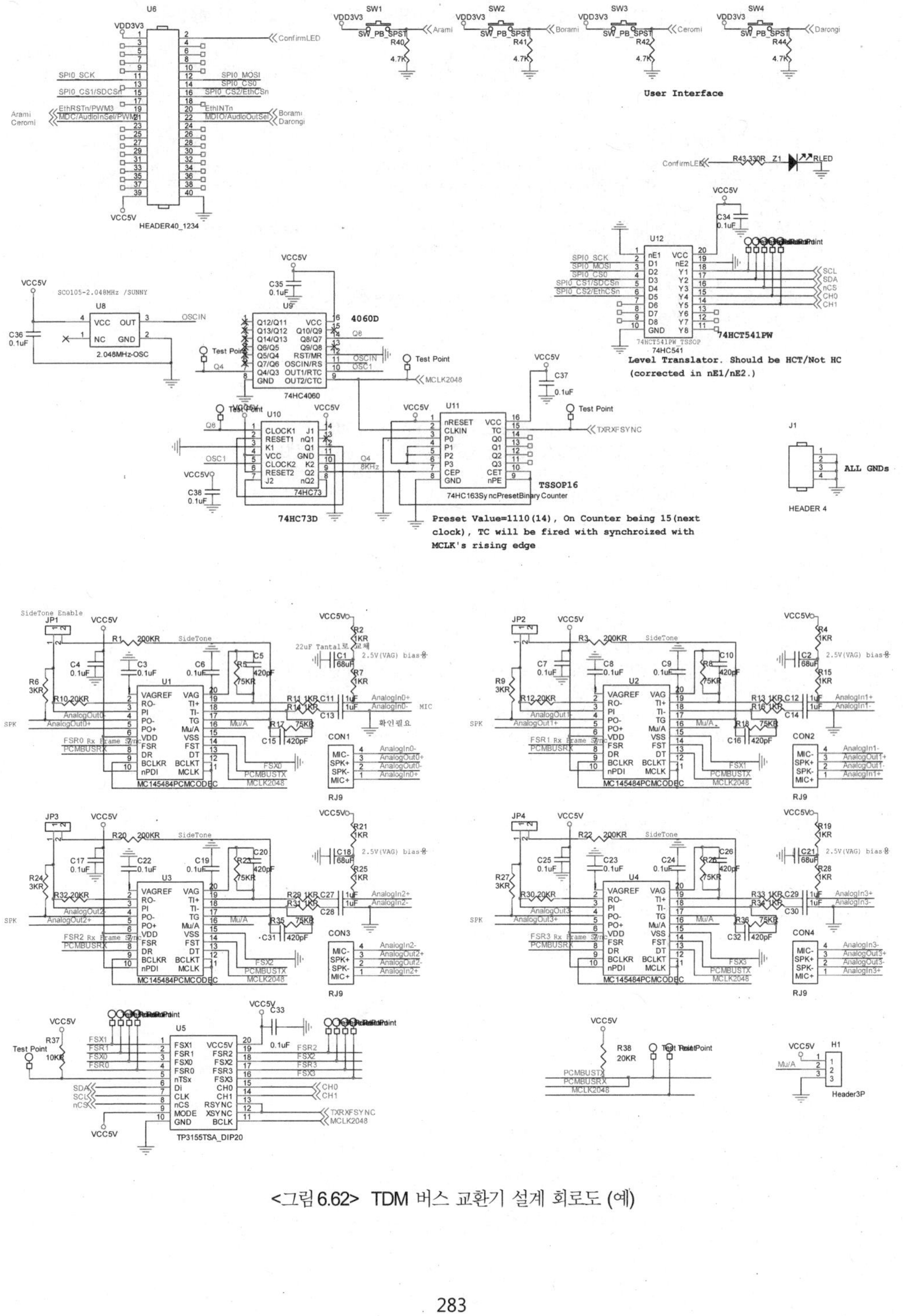

<그림 6.62> TDM 버스 교환기 설계 회로도 (예)

(7) 소프트웨어 설계

제어신호는 직렬 데이터 전송방식이다. 따라서 제어 데이터와 함께 데이터용 클럭 신호를 역시 생성해야 한다. 이것은 bitbang 방식으로 설계할 수 있지만 제12장의 SPI 직렬버스의 모드 1 방식을 사용하면 클럭 신호를 자동으로 생성할 수 있어 훨씬 간편하게 설계할 수 있다.

(8) 프로그램의 예

```
//#define NUM_SSI_DATA 1
//The tp3155 TSA follows a kind of SPI Mode 1 for assigning slots.
// Configure SSI0 in master (SPI) mode 1. Data is 8 bit. 1Mbps,
//MCU-Specific
#define nCS0_0 (GPIOPinWrite(GPIO_PORTA_BASE, GPIO_PIN_3, ~GPIO_PIN_3)) //nCS=L
#define nCS0_1 (GPIOPinWrite(GPIO_PORTA_BASE, GPIO_PIN_3, GPIO_PIN_3)) //nCS=H

unsigned char TP3155_WriteControl(unsigned char I, unsigned char R){
  unsigned char ch1,ch0;
  unsigned long dc;
  unsigned long retVal;
  //for Initiator
  ch1 = (I & 0x02)>>1; ch0= I & 0x01;
  if(ch1) GPIOPinWrite(GPIO_PORTE_BASE, GPIO_PIN_0, GPIO_PIN_0);
  else    GPIOPinWrite(GPIO_PORTE_BASE, GPIO_PIN_0, ~GPIO_PIN_0);
  if(ch0) GPIOPinWrite(GPIO_PORTD_BASE, GPIO_PIN_6, GPIO_PIN_6);
  else    GPIOPinWrite(GPIO_PORTD_BASE, GPIO_PIN_6, ~GPIO_PIN_6);
  dc = 0x40 | I;  nCS0_0;
  dtSpiWrByte(dc); nCS0_1;
  dc = 0x80 | R;  nCS0_0;
  dtSpiWrByte(dc); nCS0_1;

  //for Responder
  ch1 = (R & 0x02)>>1; ch0= R & 0x01;
  if(ch1) GPIOPinWrite(GPIO_PORTE_BASE, GPIO_PIN_0, GPIO_PIN_0);
  else    GPIOPinWrite(GPIO_PORTE_BASE, GPIO_PIN_0, ~GPIO_PIN_0);
  if(ch0) GPIOPinWrite(GPIO_PORTD_BASE, GPIO_PIN_6, GPIO_PIN_6);
  else    GPIOPinWrite(GPIO_PORTD_BASE, GPIO_PIN_6, ~GPIO_PIN_6);

  dc = 0x40 | R;  nCS0_0;
  SSIDataPut(SSI0_BASE, dc);
  SSIDataGet(SSI0_BASE, &retVal); //dummy
  nCS0_1; while(SSIBusy(SSI0_BASE));

  dc = 0x80 | I;  nCS0_0;
  SSIDataPut(SSI0_BASE, dc);
  SSIDataGet(SSI0_BASE, &retVal); //dummy
  nCS0_1; while(SSIBusy(SSI0_BASE));

  return 0;
}

void Tp3155Init(void)
{
  //Enable SPI 0. Mode 1, 8 bit data
  SysCtlPeripheralEnable(SYSCTL_PERIPH_SSI0);
  GPIOPinConfigure(GPIO_PA2_SSI0CLK);
  GPIOPinConfigure(GPIO_PA3_SSI0FSS);
  GPIOPinConfigure(GPIO_PA5_SSI0TX);
  GPIOPinTypeSSI(GPIO_PORTA_BASE,GPIO_PIN_2 | GPIO_PIN_3 | GPIO_PIN_5);
  SSIDisable(SSI0_BASE);
```

```
  SSIConfigSetExpClk(SSI0_BASE, SysCtlClockGet(),SSI_FRF_MOTO_MODE_1,
                    SSI_MODE_MASTER, 1000000, 8);
  SSIIntDisable(SSI0_BASE,SSI_TXFF | SSI_RXFF | SSI_RXOR | SSI_RXTO);
  SSIDMADisable(SSI0_BASE, SSI_DMA_RX | SSI_DMA_TX);
  SSIEnable(SSI0_BASE);
}

int Tp3155Loop(){

  GuiInit("Tp3155 TSA Switch Test");

  Tp3155Init();
  while(1){
   TP3155_WriteControl(0,1); // Codec 0과 Codec 1 연결
     delayms(2000);
   TP3155_WriteControl(0,2); // Codec 0과 Codec 2 연결
     delayms(2000);
   TP3155_WriteControl(0,3); // Codec 0과 Codec 3 연결
     delayms(2000);
  }
}
```

6.22 연습문제

[1] 전화국의 가입자 인터페이스 카드가 제공하는 BORSCHT 기능이 아닌 것은?
a) 전원공급 b) PCM 인코딩 c) 하이브리드 d) TDM 슬롯 할당

[2] 전화 교환기의 기능이 아닌 것은?
a) 교환 b) 교환기간 신호처리 c) 다중화 d) IP 처리

[3] 아날로그 전화기의 Ringer 동작에 필요한 전원은 __에서 공급받는다.
a) 전화국 b) 전화기 자체전원

[4] 전화기의 동작을 위한 전원은 __에서 공급받는 __이다.
a) 전화국, 48V b) 전화기 자체전원, 5V

[5] DTMF용 주파수는 __개이다.
a) 2 b) 4 c) 6 d) 8

[6] 전화기 내부의 하이브리드 회로는 __용이다.
a) 데이터 전송 b) 동시 양방향 음성 통화 c) 전원 추출 d) 신호 처리

[7] 10개의 전화기를 상호 직접 연결할 때 소요되는 단 방향 전송로의 개수는 __이다.
a) 100 b) 990 c) 99000 d) 100000

[8] *10*개의 전화기를 상호 연결할 수 있는 교환기의 접점 수는 __이다.
a) 100 b) 990 c) 100 d) 100000

[9] 전화 시스템에서는 __교환방식이 사용된다.
a) 패킷 b) 회선 c) 메시지

[10] 전화기와 교환기간은 __wire 케이블이 사용되고 교환기간은 __wire 케이블이 사용된다. 또한 전화기 본체와 핸드셋간에는 __wire 케이블이 사용된다.
a) 2, 2, 4 b) 2,4,4 c) 4,2,2 d) 4,4,4

[11] 일반 전화 통화의 유지 시간(holding time)이 지수분포를 갖는 평균 3분이라고 하자. 어떤 통화가 6분 이상 지속될 확률은 몇 %인가?

[12] 이동 무선 전화 시스템의 구성요소가 아닌 것은?
a) BTS b) MSC c) HLR d) ACR

[13] 역할이 틀린 것은 ?
a) BTS는 무선모뎀 기능을 수행한다. b) BTS와 MSC를 연결하는 일종의 교환기이다.
c) GMSC는 기존 전화망과 이동전화망을 연동하는 장치이다.
d) HLR은 단말의 최초 위치정보만 알지 현재 이동된 위치는 알지 못한다.

[14]_______와 _____는 각각 이동 단말 사용자 식별번호와 단말기 식별번호이다.
a) MSISDN b) IMEI c) IMSI d) TMSI

[15] 세대별 이동 전화 시스템의 발전순서를 순서대로 정렬하라.
a) IS-95 b) AMPS c) WCDMA/CDMA-2000 d) HSDPA

[16] 1세대 이동 전화 시스템의 특징이 아닌 것은?
a) 음성의 아날로그 전송 b) 800MHz 대역 사용 c) 채널당 30KHz사용 d) Time division duplex

[17] 2세대 이동 전화 시스템의 특징이 아닌 것은?
a) 음성의 디지털 전송 b) 800MHz 대역 사용
c) D-AMPS의 경우 음성 1 채널당 30KHz 사용 d) D-AMPS, IS-95, GSM 모두 Frequency division duplex 사용
e) IS-95는 CDMA이고 D-AMPS와 GSM은 모두 TDMA 다원 접속

[18] 2.5세대에 대한 설명 중 틀린 것은?
a) GPRS, EDGE, HSCSD, CDPD, IS-95b 방식이 있다.
b) 384Kbps 정도의 데이터 패킷 전송을 지원한다. c) 상향전송 특성이 하향보다 우수하다.
d) 핸드오버를 지원한다. e) GPRS는 GSM망 기반에서 동작한다.
f) GPRS는 SGSN과 GGSN노드가 패킷교환을 지원한다.

[19] LTE에 대한 설명으로 틀린 것은?
a) 모든 트래픽은 IP 기반으로 전달된다. b) 3.5세대 이동 통신 기술이다.
c) 음성은 3G 기술을 이용하거나 VoLTE 방식으로 전달된다.

[20] 디지털 전화 시스템의 특징이 아닌 것은?
a) 회선 교환방식 b) 연결 후 사용 방식
c) 탠덤 오피스 교환기에도 단말전화기가 접속된다. d) 아날로그 음성을 디지털로 변환한다.

[21] PCM의 구성요소가 아닌 것은?
a) sampler b) quantizer c) encoder d) packetizer

[22] 교환기간 T1 시스템의 특징이 맞는 것은?
a) 32개의 슬롯을 사용한다. b) 프레임당 193비트가 125μsec마다 전송된다.
c) 디지털 데이터는 전송할 수 없다. d) 슬롯당 8비트의 디지털 데이터를 수납한다.

[23] 육각형 형태의 전방향 셀의 경우, 동일한 주파수가 재사용되는 셀간 거리는 주파수 재사용계수에 의해 $D/R = (3N)^{(1/2)}$로 결정된다. 셀 반경이 2km인 셀에 대하여, 주파수 재사용계수가 7이라면, 동일 주파수를 재사용되는 다른 셀과의 간격은 __이다.
a) 9.2km b) 10.2km c) 15.2km d) 2km

[24] 공통선 신호방식에 대한 설명 중 틀린 것은?
a) 교환기간 제어정보를 전달한다. b) 패킷 기반 통신을 사용한다.
c) 여러 전화기에 대한 제어정보를 전달한다. d) STP는 회선교환기이다.

[25] SNR이 1000이고, 3100Hz의 대역폭을 갖는 전화선을 통해 모뎀으로 최대 전송 가능한 속도는 얼마인가?

[26] SNR이 -30dB이고, 20MHz의 대역폭을 갖는 무선채널에서의 최대 전송 가능한 속도는 얼마인가?

제 7 장

데이터 링크 계층과 HDLC

지금까지 비트동기, 변복조, 반향제거 등의 다양한 물리계층 기능을 다루었다. 하지만 통신 선로 상에서 겪는 왜곡, 감쇄, 잡음 등에 의해 송신된 데이터가 모두 완벽하게 수신될 수 없음을 알 수 있었다.

본 장에서는 전송 중 발생할 수 있는 오류를 감지하고 복구하며 또한 흐름을 제어하는 링크 계층의 기능을 소개한다. 이어 가장 보편적인 링크 계층 프로토콜인 HDLC에 대하여 다룬다. 이를 위하여 링크의 종류, ARQ(Automatic Repeat reQuest), 흐름제어, 다중접근, Balanced/Unbalanced 구성 등을 소개한다. 이후 HDLC제어기를 활용한 하드웨어 설계 및 프로그램 설계를 수행한다.

7.1 데이터 링크 계층의 기능

유선 또는 무선의 전송매체를 사용하여 물리적으로 직접 연결된 두 장치 또는 중계장치를 경유하여 서로 약속된 형식의 데이터 꾸러미를 전달할 수 있는 논리적인 연결로를 데이터 링크라고 한다.

<그림 7.1>을 보자. A에서 B로 데이터를 보낼 때 리피터 또는 이더넷 스위치와 같은 중계장치를 경유하거나 직접 연결된 경우 A-B간의 데이터 통신로가 바로 데이터 링크이다.(** 링크 계층 스위치를 경유할 경우 A-간의 연결로 역시 데이터 링크이다.)

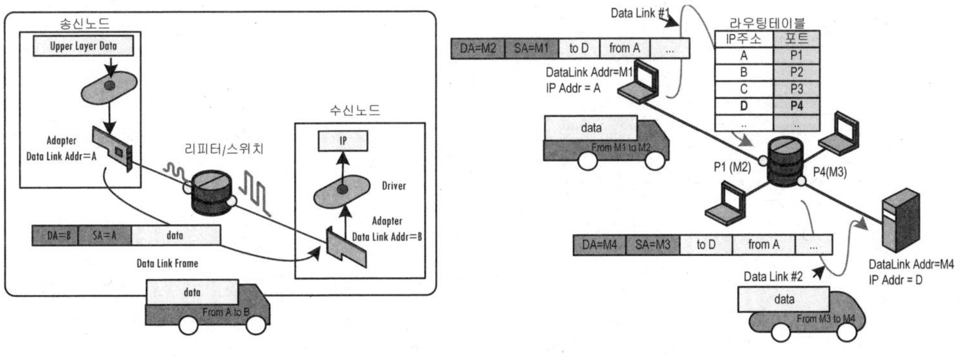

<그림 7.1> 데이터 링크

데이터 링크는 물리적인 전송매체와 구분된다. 전송매체는 단순히 전기적인 신호를 전달하는 선로에 불과하므로 이 선로상에 전송되는 데이터는 외부잡음이나 커넥터의 고장 등에 의해 전달에 실패할 수 있다. 또한 수신측 처리속도에 비하여 높은 속도로 데이터를 송신하는 경우 수신측 버퍼 넘침에 의해 데이터가 손실될 수 있다.
더욱이 수신측이 여럿 있을 때 특정 수신장치에게만 데이터가 유효하게 전달될 수 있도록 목적지 장치식별자, 즉 주소를 데이터와 함께 전송할 필요가 있다. 따라서 쌍방은 서로 약속된 형태의 데이터 꾸러미인 프레임을 사용해야 하며 비정상적인 전달에 대한 처리 기능도 서로 약속된 절차를 사용해야 한다. 이와 같이 프레임의 형식과 전송절차를 규정한 것이 바로 데이터 링크 계층프로토콜이다. 앞으로 다룰 이더넷, X.25, 프레임릴레이, ATM(Asynchronous Transfer Mode) 등의 데이터 전송 및 중계기술에서는 나름대로의 데이터 링크 계층 프로토콜을 각각 가지고 있다. 이러한 데이터 링크 계층의 기능을 나열하면 다음과 같다.

- 프레이밍
- 주소법
- 연결설정, 유지 및 해제기능
- 오류감지 기능
- 오류복구 기능
- 다중 접근방식 (회선제어 방식)

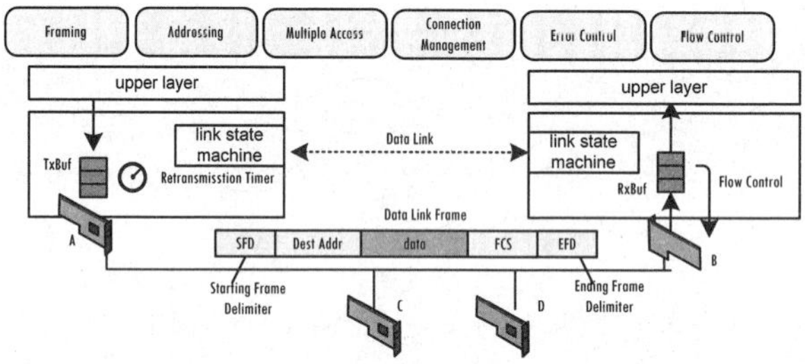

<그림 7.2> 데이터 링크의 기능

7.2 물리 링크와 가상(논리) 링크

(1) 물리 링크(Physical Link)

전기적인 비트열을 전달하는 케이블이나 무선으로 연결된 연결로를 말하며 전송매체(medium)이라고도 한다. 이 물리적 링크는 물리 계층에 속한다.

(2) 데이터 링크

물리적 링크를 이용하여 {수신측 주소, 송신측 주소} 등이 명시된 프레임에 데이터를 수납하여 상대방에게 전달될 수 있는 연결로이다. 이 과정에서 재전송 절차도 수행될 수 있다. 이것은 데이터 링크 계층에 속한다. <그림 7.3>과 같이 하나의 물리 링크를 여러 장치가 공유할 경우에도 각 장치는 자신의 프레임을 무리 없이 전송할 수 있다면 각각 독자적인 데이터 링크를 가지고 있다고 할 수 있다.

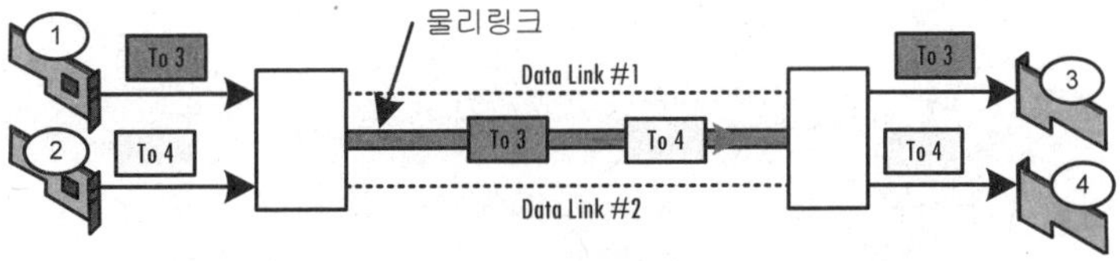

<그림 7.3> 데이터 링크

(3) 가상 링크(virtual link) 또는 논리 링크(logical link)

한 시스템에 연결된 하나의 물리 링크상에 2개 이상의 연결로(계층2)를 설정할 수 있을 때 각 연결로를 가상 링크 또는 논리 링크라고 한다. 각각의 논리적 링크(채널)은 해당 프레임의 헤더에 수납된 {목적지 주소, 송신지 주소}로 구분되는 것이 아니라 별도의 연결 식별자(*connection identifier, 또는 Label*)로 구분된다.

일부 이더넷에서 사용하는 논리 링크는 LLC(Logical Link Control) 기능부를 사용하는 두 단말의 상위 계층간 논리적인 연결을 의미하고, 각 연결은 Service Access Point(SAP) 값에 따라 논리적으로 구분된다.

<그림 7.4>를 보자. 여기서 두 시스템간에 한 개의 물리적 링크밖에 없다. 하지만 여러 상위 계층은 서로 다른 SAP 번호를 부착한 LLC 패킷에 수납되어 물리적 링크상에 열을 지어 전송된다. 이들을 수신한 단말은 SAP별로 이들을 분류할 수 있으므로 LLC의 상위 계층 입장에서는 마치 여러 개의 독립적인 링크가 있는 것으로 간주된다.

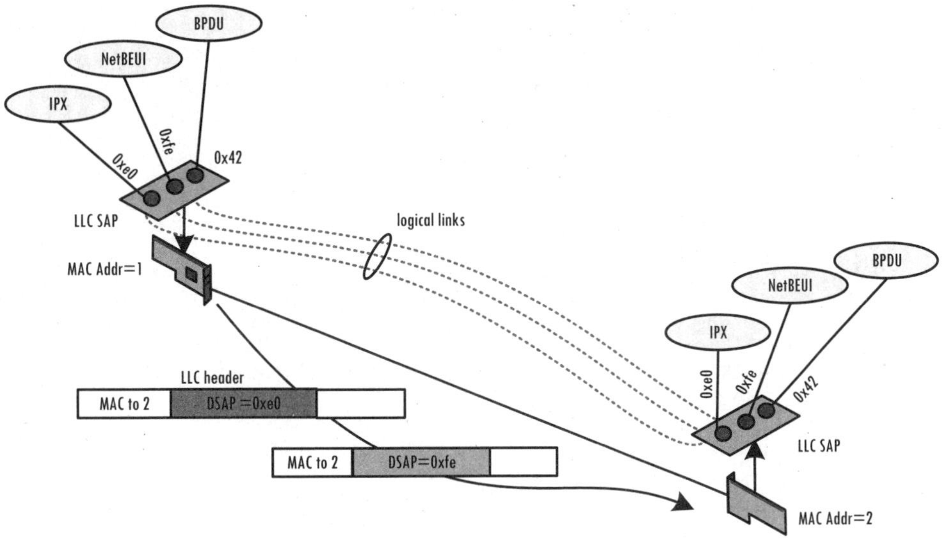

<그림 7.4> LLC의 SAP과 Logical link의 개념

이러한 논리적인 링크는 이더넷에서 사용하는 LLC뿐만 아니라 FrameRelay, ATM, MPLS 등의 장거리 패킷교환기술에서도 사용된다. 이러한 가상 링크 식별자(Logical Link ID)는 점대점 연결에서만 유효하므로 local significance를 가진다.

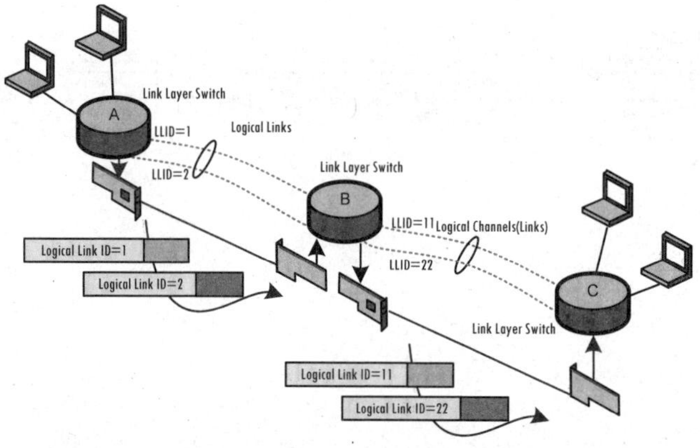

<그림 7.5> Logical link의 국지적인 의미.

7.3 연결형과 비연결형 데이터 링크 절차

일반적인 데이터 링크 계층은 두 통신국의 링크 계층간 통신을 위하여 데이터 링크 계층용 연결로(link)를 설정하고, 이 연결로를 유지하면서 프레임을 전송하고, 이후 그 연결로를 단절하는 절차를 제공한다. 반면에 이더넷과 같은 데이터 링크 방식은 이러한 연결로를 설정하고 해제하는 절차를 생략하기도 한다.

- 연결설정 절차 : 먼저 상대방 장치에 대하여 내가 원하는 동작모드를 지원하도록 요청하는 제어용 프레임을 송신한다. HDLC에서 Balanced mode로 연결을 시도할 경우, SABM를 송신하고 이에 대한 응답으로 UA를 기대한다.
- 연결유지 절차 : PPP와 같은 경우 idle시 '나는 여전히 살아 있다.' 등의 프레임을 주기적으로 보내어 자신이 여전히 살아있음을 표시한다.
- 연결해제 절차 : 명시적으로, 비 명시적으로 ,...

a) 연결형 프로토콜

지원 가능한 프레임 길이, 마스터또는 슬레이브 역할의 선택 등에 대하여 이후 수행될 데이터프레임의 전송이 원활하게끔 쌍방의 링크 계층간에 협상을 진행하여 그 협상결과가 성공할 경우 연결형 링크가 설정된다고 한다. 이렇게 설정된 링크를 통하여 전송되는 프레임들은 순서를 지키면서 수신측으로 전달된다. 대표적인 연결형 데이터 링크 계층 프로토콜에는 HDLC, Frame Relay, ATM, MPLS 등이 있다[1].

b) 비연결형 프로토콜

비연결형(connectionless) 프로토콜은 상대방에 대하여 사전협의 없이 즉 링크 계층간의 연결설정 절차 없이 데이터프레임을 전송할 수 있는 방식이다. 대표적인 비연결형 링크 계층 프로토콜에는 DIX2.0 이더넷 및 LLC Type 1가 있다[2].

---

[1] 전달 계층에서의 TCP도 역시 연결형 프로토콜이다.

[2] 네트워크 계층에서의 IP (internet protocol), ICMP, IPX, 그리고 전달 계층에서의 UDP도 역시 비연결형 프로토콜이다.

7.4 프레이밍(Framing)

(1) 프레이밍의 필요성

일반적인 데이터 링크 계층은 통신 링크에서 발생하는 오류를 감지하여 이를 복구하기 위하여 재전송을 시도한다. 외부잡음이 많은 경우 10000바이트 길이의 긴 데이터를 한꺼번에 전송하는 것 보다 100바이트로 분할하여 전송하는 것이 더 유리할 것이다.

또한 여러 개의 통신장치가 하나의 공유매체에 모두 연결된 경우, 송신국 A가 특정수신국 B에게 전송한 데이터를 통신장치 B만 수신하고 나머지는 자신에 대한 데이터가 아닌 것으로 판별하여 버리도록 해야 할 것이다. 그리고 여러 개의 데이터블록을 연속해서 전송할 때 이들간의 경계를 정확하게 구분하여 각 데이터블록을 인식하는데 문제가 없도록 해야 할 것이다.

이를 위하여 여러 단말을 식별할 수 있는 링크 계층 주소영역, 채널권확보 및 데이터전송을 위해 사용되는 다양한 종류의 프레임을 구분하는 제어영역, 오류검사영역 등으로 구성되는 전송단위인 프레임을 구성한다. 이 프레임의 데이터영역에는 상위계층 패킷이 수납된다.

(2) 일반적인 데이터 링크계 층 프레임의 구조

이를 위하여 각 장치의 데이터 링크 계층에서는 <그림 7.6>과 같은 구조를 갖는 '프레임'을 준비하여 데이터 블록을 수납하여 송신하고 수신측은 이 프레임에 수납된 데이터블록을 획득한다.

이러한 프레임은 수신측을 지시하는 주소영역, 채널권확보 및 데이터전송을 위해 사용되는 다양한 종류의 프레임을 구분하는 제어영역, 데이터수납영역, 오류검사영역 등으로 구성되는 전송단위인 프레임을 구성한다. 또한 각 프레임의 시작과 끝에는 연속 전송될 경우 각 프레임의 시작과 끝을 구분할 수 있도록 '구분자'인 frame delimiter가 각각 부착된다. 이러한 프레임구조는 다양한 종류의 링크 계층 프로토콜에 따라 조금씩 상이하지만 그 기능은 각각 유사하다.

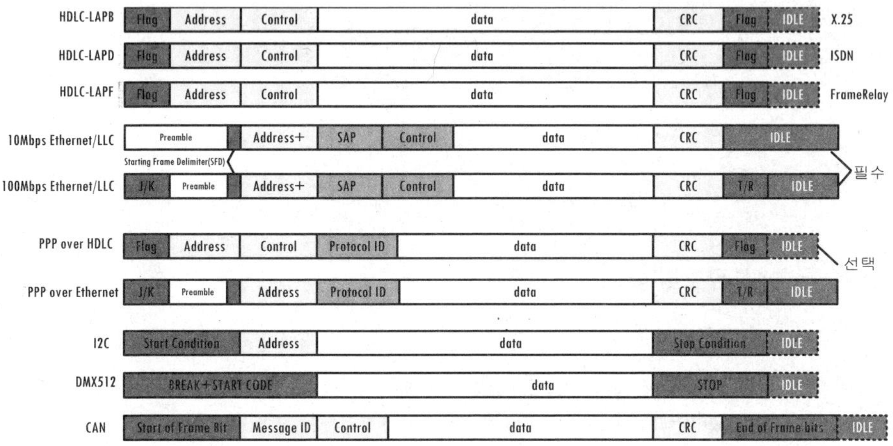

<그림 7.6> 데이터 링크 계층 프레임의 종류와 구성

(3) 고정 및 가변길이 프레이밍방식

다양한 종류의 링크 계층 프로토콜은 나름대로의 프레임구조를 가진다. 이러한 프레임구조는 크게 가변길이와 고정길이 프레이밍방식으로 구분된다.

- 가변길이 프레이밍 : 일반적인 방식으로써 HDLC, 이더넷 등에서 사용된다. 물론 프레임에 수납될 수 있는 데이터 블록의 최대 허용길이는 128바이트 또는 1500바이트 등으로 제한되지만 이 허용길이 내에서는 0 ~ 최대허용길이까지의 데이터블록이 가변적으로 수납된다. 이렇게 가변적인 길이를 갖는 경우 수신측 입장에서는 수납된 데이터블록의 길이를 알아낼 수 있는 방법이 추가적으로 고려되어야 한다. 이를 위하여 IEEE802.3 이더넷과 같은 일부 데이터 링크 프로토콜에서는 길이정보를 프레임헤더에 포함시키기도 한다.

- 고정길이 프레이밍 : 모든 프레임의 길이를 고정시켜 사용하는 방법이다. 예를 들어 53바이트 길이의 고정된 프레임, 즉 셀을 사용하는 Asynchronous Transfer Mode(ATM) 방식이 그 예이다.

가변길이의 프레이밍의 경우 <그림 7.7a>처럼 긴 패킷의 전송에 의해 조금 늦게 도착한 짧은 패킷들의 전송이 상당히 지연될 수 있다. 이러한 지연으로 인해 가급적 신속히 전송되어야 할 음성이나 화상 데이터가 수납된 패킷들은 도착지에서 서로간의 도착간격이 아주 큰 단점이 있다. 반면에 고정길이 프레이밍의 경우 스트림간 전송지연을 감소시킬 수 있지만 데이터 길이가 짧은 경우 일부 영역을 빈채로 전송해야 하는 단점은 있다.

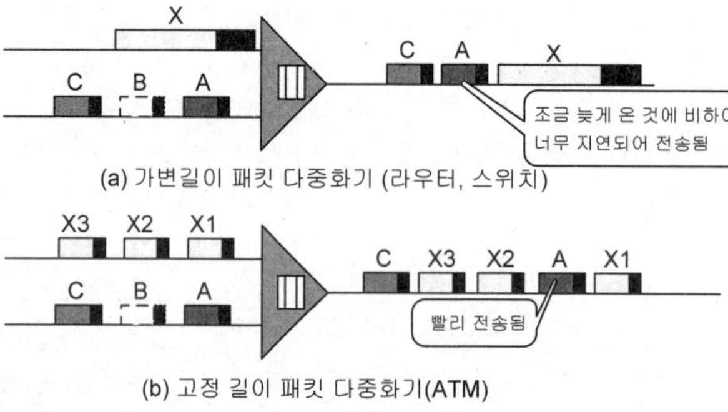

<그림 7.7> 가변길이 및 고정길이 프레임 다중화기의 동작

7.5 프레임 경계 설정방법

(1) 필요성

데이터 선로를 통하여 클럭신호도 함께 전송하는 동기식 전송방식에서 비트동기를 위하여 IDLE 부분은 0xFF를 NRZI로 인코딩하여 전송한다고 하자.

<IDLE><IDLE><Addr=0xAA><DATA=0xDD><0x7E><IDLE>....<IDLE><Addr=0xFF><DATA=0xDD><IDLE>......

FFFFAADD7EFF....FFFFDDFF....

과연 수신측은 수신되는 비트열로부터 프레임을 복원할 수 있는가?

이러한 문제점을 해결하기 위하여 프레임을 구성하는 주소영역과 데이터영역을 하나로 묶을 수 있는 특별한 영역인 Starting Delimiter 코드(SD=0x7E)를 프레임의 첫 부분에 선행시키고 마지막 부분에도 별도의 Ending Delimiter(ED=0x7E)를 첨부하여 다음과 같이 전송해 보자.

<IDLE><IDLE><SD><Addr=0xAA><DATA=0xDD><0x7E><ED><IDLE>....<IDLE><SD><Addr=0xFF><DATA=0xDD
><ED><IDLE>......

FFFF7EAADD7E7EFF....FF7EFFDD7EFF....

하지만 Delimiter "0x7E"값은 데이터 0x7E와의 구분이 되지 않는 문제가 여전히 남는다. 다양한 링크 계층의 프레임에서는 Delimiter와 전송데이터내의 비트열이 구분될 수 있도록 다음과 같은 방법을 사용한다.

(2) 비트 스터핑(Bit stuffing)방식

이것은 동기식 직렬전송선로를 사용하는 HDLC방식에서 사용된다. HDLC 규격에 따르면 한 프레임은 0x7E("01111110") 값을 가지는 Delimiter인 플래그 바이트로 시작하고 마지막에도 동일한 값의 플래그 바이트를 첨부한다.

하지만 {Address, control, data, FCS} 영역에서 플래그와 동일한 비트열을 가진 데이터가 존재할 경우 플래그로 잘못 판단할 수 있는 문제가 발생한다.

이를 해결하기 위하여 {Address, control, data, FCS} 영역에서의 연속되는 5개의 1값을 가지는 "11111" 비트열에 대해서는 강제로 "111110"으로 변환하여 송신하고 수신측에서는 이 비트열에서 '0'을 제거하여 복원한다[3].

이러한 과정을 비트 스터핑이라고 한다[4].

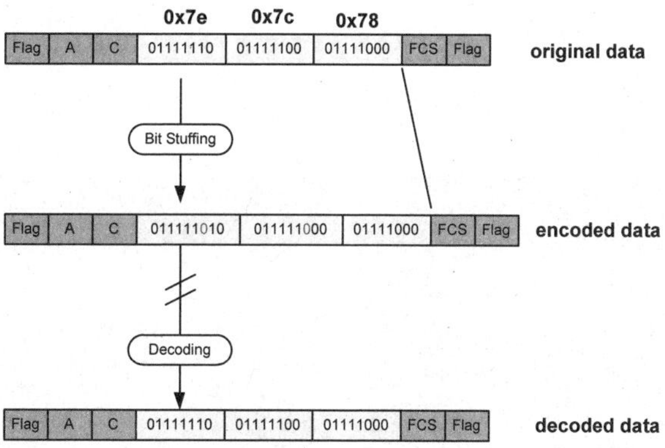

<그림 7.8> 비트 스터핑의 예

[3] 물론 6개의 '1'이 연속 수신된 후 '0'이 수신되면 이것을 flag로 간주한다.

[4] 물론 원래 데이터비트열에 비하여 실제 전송되는 비트열이 길어지는 단점이 있다. 하지만 'FFFFFF..' 등의 '1'이 연속된 비트열을 전송시 5비트마다 '0'이 추가되므로 NRZI 인코딩되어 송신됨으로써 라인상의 파형변화를 초래하여 비트동기를 유지할 수 있도록하는 장점이 더 크다.

실제 HDLC프레임의 경우에 대한 비트 스터핑의 예를 보자.

<그림 7.9>는 각각 NRZI를 하지 않고 NRZ 형태로 0xFF와 0x00를 각각 연속 송신한 경우의 대한 것이다. 모두 선두의 01111110은 HDLC프레임의 선두 Flag 영역이다. 하지만 <그림 7.9a>의 경우 이후의 값은 0xFF에 대하여 모두 5개의 1 다음에는 0이 삽입된 비트 스터핑 결과가 도출된다. 반면에 0x00를 연속 송신하는 <그림 7.9b>의 경우에는 비트 스터핑되지 않으므로 연속된 '0' 비트값이 표출됨을 알 수 있다. 이러한 비트 변화가 없는 신호는 수신측에서의 클럭복원에 문제점을 야기할 수 있다.

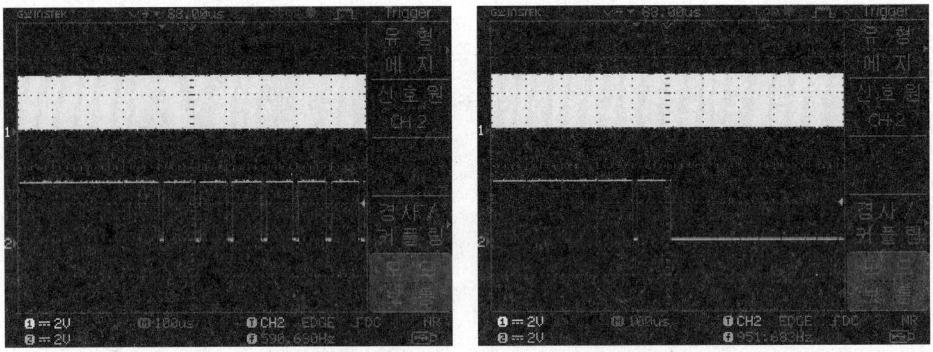

(a) NRZ, 0xFF 연속 전송시

(b) NRZ, 0x00 연속 전송시

<그림 7.9> NRZ방식의 HDLC 프레임 송신 예

반면에 <그림 7.10>은 각각 0일 때 반전하는 NRZI를 수행하면서 0xFF와 0x00를 각각 연속 송신한 경우의 대한 것이다. 모두 선두의 01111110은 HDLC프레임의 선두 Flag 영역이다.

하지만 < 그림 7.10a>의 경우 이후의 값은 0xFF에 대하여 모두 5개의 1 다음에는 0이 삽입된 비트 스터핑 결과가 도출되면서 5비트의 '1' 이후의 '0'에 의해 송신파형이 반전된다. 반면에 0x00를 연속 송신하는 <그림 7.10b>의 경우에는 연속된 '0'에 대하여 지속적으로 반전된 파형을 표출하므로 수신측에서의 클럭복원에 도움을 준다.

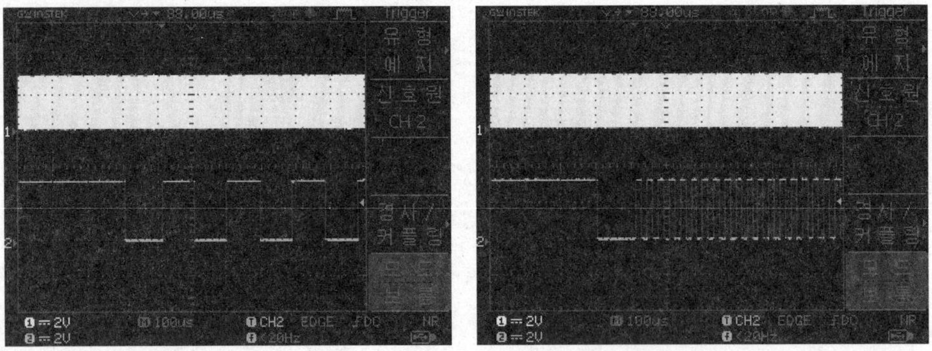

(a) NRZI, 0xff 연속 전송시

(b) NRZI, 0x00 연속 전송시

<그림 7.10> NRZI방식의 HDLC 프레임 송신 예

(3) 바이트 스터핑(Byte stuffing) (참고)

문자단위, 즉 바이트 단위로만 전송할 수 있는 UART기반의 비동기링크를 사용하여 HDLC 프레임을 송신할 수도 있다. 하지만 이 경우 전송단위가 바이트이므로 비트스터핑을 사용할 수 없다. 대신에 다음과 같은 바이트 스터핑 기법을 사용한다.

이 경우 프레임 구분자 즉 플래그의 값은 0x7E로 동일하다. 이후 영역에서 전송될 데이터가 0x7E라면 이 값을 0x20과 exor하고 0x7D값을 갖는 "escape" 문자를 선행시킨다[5].

예를 들어 플래그영역이 아닌 "01111110"(0x7E)를 송신시 "01111101 01011110" ("0x7D 5E")로 변환한다. 이러한 전송방식을 비동기 HDLC 방식이라고 한다[6].

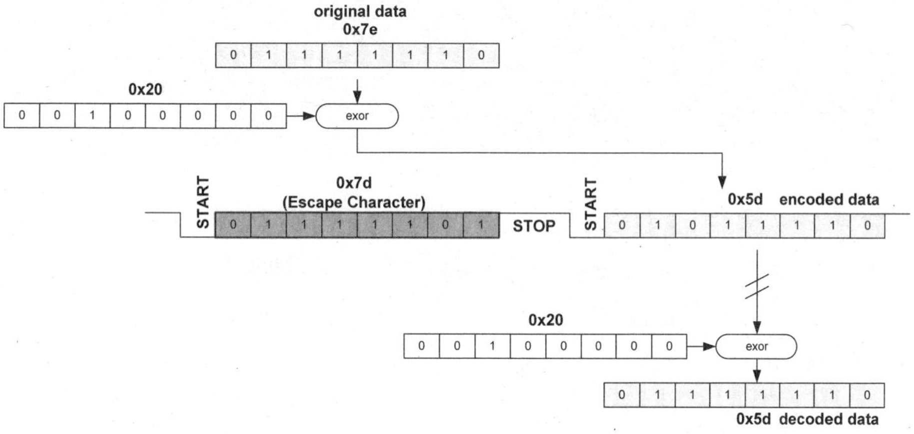

<그림 7.11> 바이트 스터핑의 예

(4) 4B/5B 및 8B/10B 블록인코딩 방식

이것은 이더넷에서 사용하는 방식이다. 4비트의 nibble 단위를 5비트의 코드그룹(심볼)으로 인코딩(4B/5B)하거나 디코딩한다. 전송하려는 4비트마다 변환표를 참조하여 5비트값으로 인코딩하여 전송한다. 따라서 실제 물리적 링크상으로는 125 Mbps로 신호가 전송된다.

<그림 7.12>는 100Mbps 이더넷에서 사용하는 4B/5B인코딩 절차이다. 송신 요구된 프레임의 프리앰블의 첫번째 바이트를 J코드와 K코드로 변환하여 전송한다. 이후의 프레임 비트열은 모두 데이타 심볼로 변환되어 송신된다.

데이터 송신이 완료되면 T 및 R코드 조합을 추가 송신하면서 작업을 마친다. 즉 <J><K> 코드조합이 일종의 프레임시작 플래그이고 <T><R>코드조합이 프레임의 마지막 플래그이다.

송신이 완료되면 IDLE 코드그룹을 계속 송신한다. 이 idle 코드그룹은 5개의 1로 구성되는 비트열인데 NRZI에 의한 라인코딩시 각 비트마다 파형에 변화가 있으므로 수신측이 동기를 추출하는데 유리하다. 참고로 기가비트 이더넷의 경우 8B10B 인코딩방식을 사용하여 8비트마다 10비트값으로 인코딩하여 전송한다. 따라서 실제 물리적 링크상으로는 1.25Gbps로 신호가 전송된다.

---

[5] 여기서 5번째 비트를 반전시킨다는 것은 해당 바이트에 대하여 0x20과 exclusive OR시키는 것과 같다.

[6] 이것은 HDLC형식의 프레임을 사용하는 PPP에서 활용된다. 또한 0x00~0x1F에 속하는 특수 제어문자 (XON or XOFF) 도 역시 동일한 방법으로 바이트 스터핑된다. RFC1549를 참조하라.

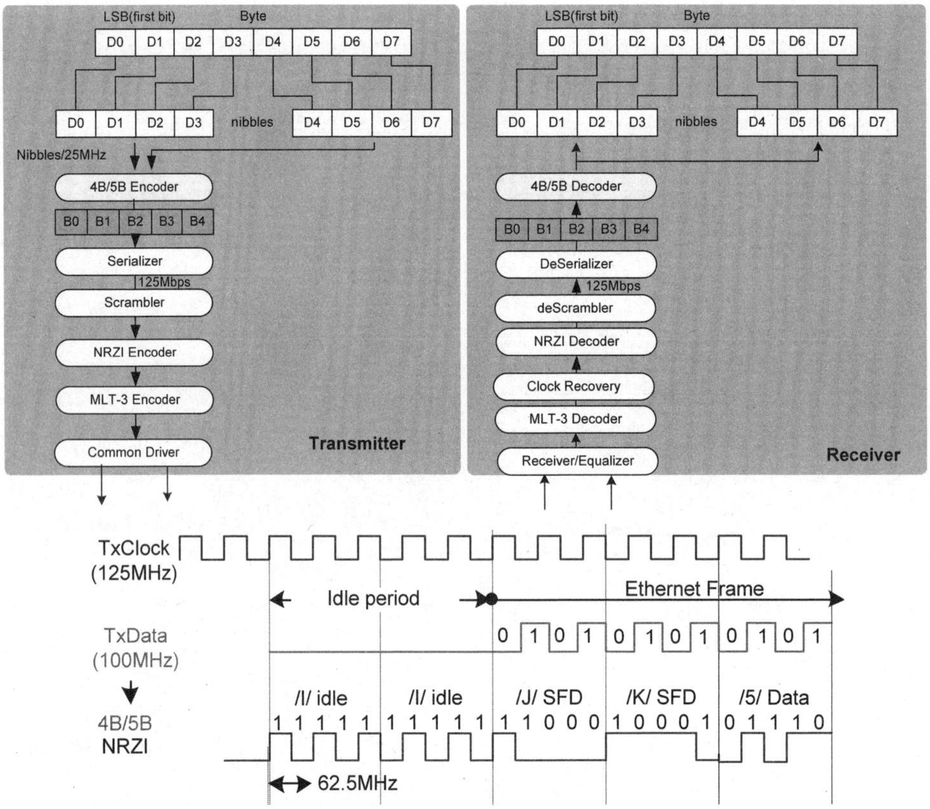

<그림 7.12> 4B/5B 코딩 방식의 동작과 NRZI에 의한 동기과정

7.6 링크 계층에서의 흐름 제어기능

(1) 필요성

수신측 장치인 프린터에 종이 걸림현상이 발생하면 이 사실을 모르는 송신측에 의해 수신측 버퍼는 금방 찰 것이다. 이 사실을 송신측에 알리지 않으면 버퍼 넘침에 의해 많은 데이터가 손실될 것이다. 또는 송신측에 비해 수신측의 처리 속도가 느리다면 유사한 상황이 역시 발생할 것이다. 이를 효과적으로 대처하기 위한 방법으로 Stop-and-Wait방식과 Sliding Window방식의 흐름 제어 기법이 있다.

(2) Stop-and-Wait 흐름제어 기능

한 개의 단위 데이터별로 흐름을 제어한다. 수신측으로부터의 송신허가를 받아야 송신측은 단위 데이터를 한 개 송신할 수 있다.

이것을 Stop-and-Wait 흐름 제어기능이라고 한다[7].

---

[7] 이것은 WindowSize=1인 Sliding Window 흐름 제어방식이라고 할 수 있다.

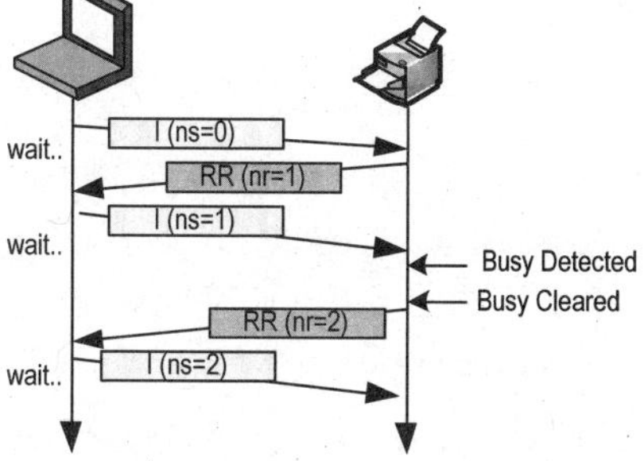

<그림 7.13> Stop-and-Wait 흐름제어 기능

(3) 슬라이딩 윈도우(Sliding window) 흐름 제어기능

최대 *K*개의 프레임까지 연속 송신한 후 대기하는 방식이다. 여기서 *K*는 최대 윈도우 크기라고 한다. <그림 7.14>는 *K*=2의 경우이다. 송신측은 상대방으로부터의 ACK를 수신하지 않고도 최대 2 개의 프레임을 연속 송신한 후 ACK를 대기한다. 수신측은 자신이 busy한 경우 ACK 응답을 하지 않음으로써 송신측이 추가의 프레임을 송신하지 않도록 흐름을 제어할 수 있다.

또는 수신측이 busy신호인 Receive Not Ready(RNR) 프레임을 사용하여 자신의 busy 상황을 송신측에 알리고 이후 송신 재개 신호로 Receive Ready(RR) 프레임을 사용하는 명시적인 흐름 제어 방법을 운용할 수도 있다.

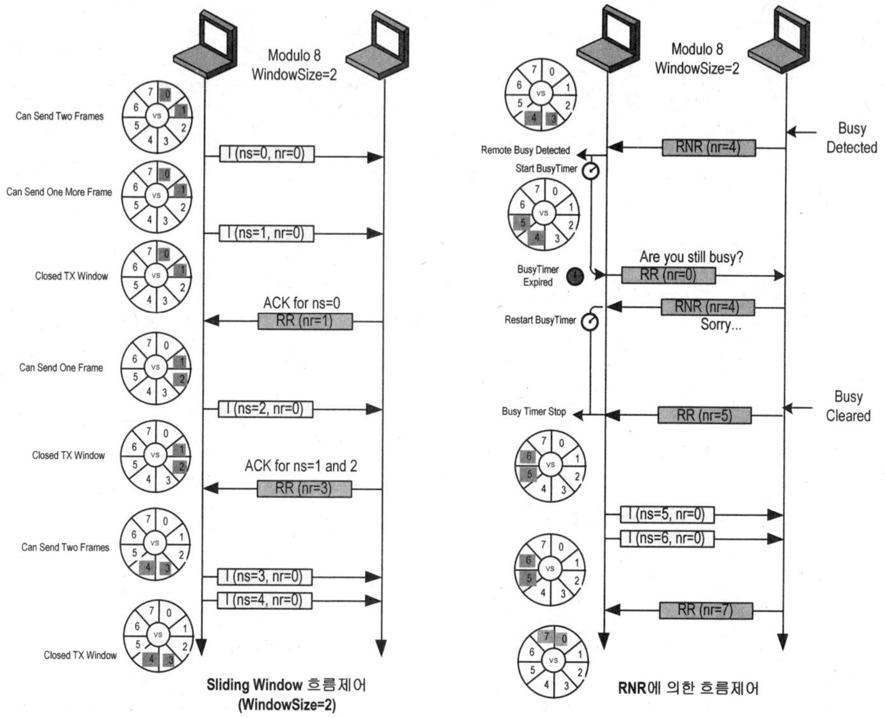

<그림 7.14> 슬라이딩 윌도우 기반 흐름 제어방식의 예

7.7 링크 계층에서의 오류 복구기능

(1) 개요

패리티, CRC 등에 의해 전송오류가 발견된 경우 이것의 복구를 링크 계층에서 수행하는 절차를 자동반복요청(ARQ: Automatic Repeat Request) 절차라고 한다. 이러한 ARQ 방식은 전송장애가 많은 저속 장거리 전송용 HDLC에서는 기본적으로 사용된다[8].

오류복구을 위하여 Stop-and-Wait ARQ, Go-back-N ARQ, Selective Reject ARQ 등이 사용된다[9].

(2) Stop-and-Wait ARQ

이것은 Stop-and-Wait 흐름 제어를 사용하는 경우에 발생하는 오류 복구절차이다. Stop-and-Wait 흐름 제어에 의해 송신된 한 개의 프레임에 오류가 발생하면 이것에 대해서만 재전송 절차를 수행한다.

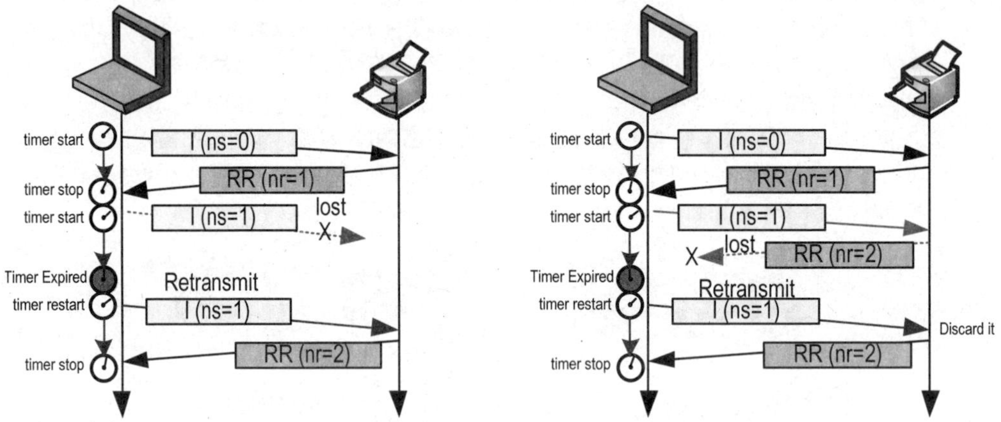

<그림 7.15> Stop-and-Wait ARQ 방식의 동작

(3) 슬라이딩 윈도우 ARQ

이것은 ACK를 수신하기 전에도 최대 *K*개의 프레임을 연속 송신할 수 있는 슬라이딩 윈도우 기반의 흐름 제어방식에서 발생할 수 있는 오류에 대한 재전송 절차로써 다음과 같은 2가지 방법이 있다.

- go-back-N ARQ 방식 : 재전송 과정에서 오류가 발생한 프레임부터 재전송한다.
- selective-reject ARQ 방식 : 오류가 발생한 해당 프레임에 대해서만 재전송 절차를 수행한다.

---

8 단거리 이더넷에서는 이러한 오류 복구기능을 사용하지 않는다. 이더넷에서 전송중 발생한 오류에 대한 복구는 상위 계층인 TCP에서 수행될 수 있다.

9 해밍코드 등의 FEC를 사용할 수도 있다.

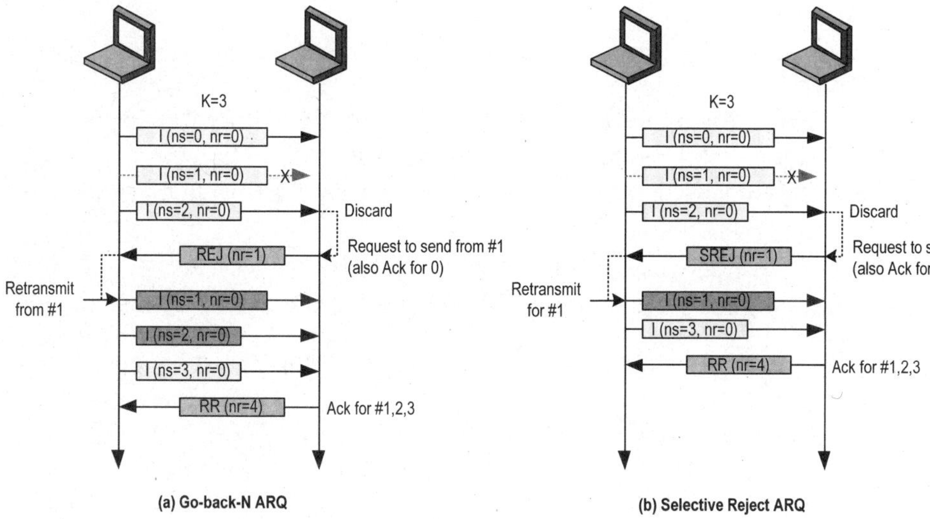

<그림 7.16> Sliding Window ARQ 방식의 동작

7.8 HDLC

(1) 개요

HDLC(High-level Data Link Control)는 IBM의 대형 컴퓨터간 통신을 위해 사용하던 링크 계층 프로토콜인 SDLC(synchronous data link communication)를 참조하여 표준화된 링크 계층 프로토콜이다. 이것은 ISO 13239로 표준화된 bit-oriented synchronous data link layer protocol이다[10].

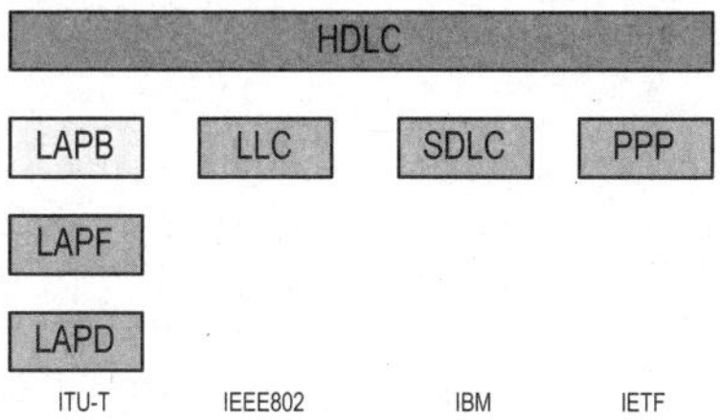

<그림 7.17> HDLC와 관련된 링크 계층 프로토콜의 종류

특히 장거리 패킷통신망 규격인 X.25의 링크 계층 프로토콜로 HDLC에 규정된 3가지 동작모드 중에서 Asynchronous Balanced Mode(ABM)를 사용한 LAPB(Link Access Procedute-Balanced Mode)방식이 사용된다[11].

---

[10] Synchronous Data Link Control (SDLC)는 IBM사의 메인 프레임급 컴퓨터를 상호 연결하기 위하여 개발된 비트 위주의 링크 계층 프로토콜로써 HDLC의 개발시 참조된 것이다.

[11] X.25 외에 HDLC를 기반으로 한 다양한 링크 계층 프로토콜이 사용되었다. FrameRelay는 LAPF라는 링크 계층 규격을 그리고 ISDN에서는 LAPD라는 링크 계층규격을 사용한다. 뿐만 아니라 HDLC는 LAN에서 사용하는 IEEE 802.2LLC 및 PPP에서도 그 개념이 역시 사용되고 있다. 또한 HDLC 프레임은 TDM에 수납되는 HDLC over TDM방식, SONET에 수납되는 HDLC over SONET 등에 의해 다양하게 전송된다.

(2) HDLC 통신국과 링크의 종류

HDLC에서는 링크상에 접속된 각 통신국은 자신의 능력에 따라 다음과 같은 역할을 수행한다.

- 주통신국(Primary Station) : 마스터장치라고도 한다. 이것은 해당링크에 접속된 나머지 장치(즉 부통신국)에 대하여 링크의 활용을 주관하는 장치이다.
- 부통신국(Secondary Station) : 슬레이브장치라고도 하며, 주통신국의 지시가 있을 때에만 반응한다.
- 복합통신국(Combined Station) : 한 장치에 주통신국과 부통신국 기능을 모두 포함하고 있는 장치이다. 따라서 언제라도 상대방에게 데이터를 보내거나 받을 수 있다.

그리고 HDLC 통신국간 연결시 해당 링크는 다음과 같은 2가지방법 중 하나로 구성된다.

- *Unbalanced Configuraton* : 하나의 주통신국과 하나 이상의 부통신국으로 연결되어 마스터만 명령하고 슬레이브는 응답만 하는 불평등한 링크 연결이 설정된 경우이다.
- *Balanced Configuraton* : 두 개의 복합 통신국간 연결인 경우로써 쌍방은 언제라도 명령하고 응답하는 경우이다.

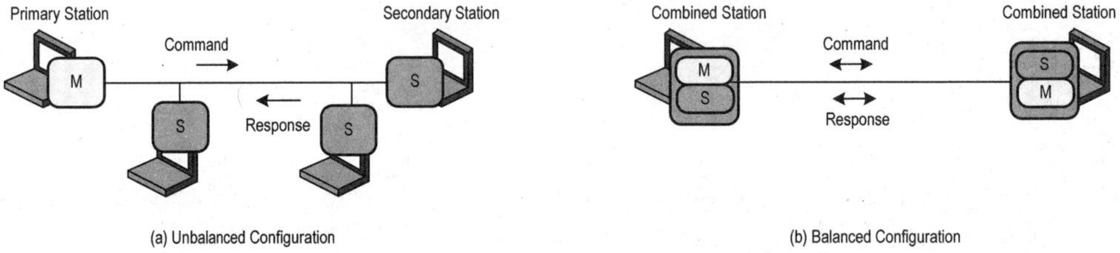

<그림 7.18> HDLC시스템의 불평형 및 평형 구성

(3) HDLC의 동작모드(데이터 전달모드/동작모드)

HDLC는 주로 점대점 연결용으로 사용되지만 버스상에 여러 개의 노드가 멀티드롭 된point to multipoint 환경에서도 사용된다. 따라서 각 통신국은 현재 자신이 접속된 링크상태에 따라 자신의 동작모드를 결정해야 한다. 이러한 환경을 각각 Asynchronous Balanced Mode(ABM), Normal Response Mode(NRM), Asynchronous Response Mode(ARM)라고 한다. HDLC에서 링크 설정방식에 따라 다음과 같은 3가지 절차의 HDLC 동작모드 중 한 가지가 사용된다.

- *Normal Response Mode*(NRM) : Unbalanced 구성시 사용되는데 부통신국(Slave)은 주통신국(Master)으로부터 폴링(poll)되었을 때에만 데이터를 송신하거나 응답할 수 있다. 즉 주통신국이 링크를 주도적으로 관리한다. 따라서 슬레이브 장치는 마스터장치로부터의 명령(command) 성격을 가진 프레임에 대해서만 응답하거나 데이터프레임을 마스터에게 보낼 수 있다. 이것은 주로 반이중 멀티포인트 링크에서 사용된다.
- *Asynchronous Response Mode*(ARM) : 마찬가지로 unbalanced 구성에서 사용되지만 송수신링크가 분리된 전이중링크를 사용하므로 슬레이브는 마스터로부터 폴링되지 않더라도 데이터프레임을 능동적으로 송신할 수 있다. 물론 마스터는 해당 링크에 대한 설정 및 관리를 전담해야 한다. 이러한 모드는 거의 사용되지 않는다.

- *Asynchronous Balanced Mode*(ABM) : 두 장치가 직접 연결된 balanced 구성에서만 사용되며 각 장치는 누구라도 링크설정을 개시할 수 있다. 이러한 동작모드로 동작하는 절차를 LAPB(link access procedure-balanced mode)라고 하며 X.25에서 사용된다.

(4) HDLC의 연결설정, 유지 및 해제 단계

- 연결설정 단계 : 상대방 장치와의 동일한 동작모드를 설정하는 연결설정 단계를 수행한다. HDLC에서 Balanced 모드로 연결을 시도할 경우, SABM(Set Asynchronous Balanced Mode) 프레임을 송신하고 이에 대한 응답으로 UA(Unnubered Ack) 프레임을 기대한다.
- 데이터 전송 단계 : 연결이 되면 데이터를 송수신한다. 이 과정에서 오류 및 흐름제어를 수행한다. 또한 자신이 여전히 살아 있음을 표시하는 연결유지 절차도 병행한다.
- 연결해제 단계 : Disconnect 등의 메시지를 보내어 명시적으로 연결을 해제한다. 필요시 타이머를 사용하여 일정 기간 이후에 연결을 강제 해제할 수 있다.

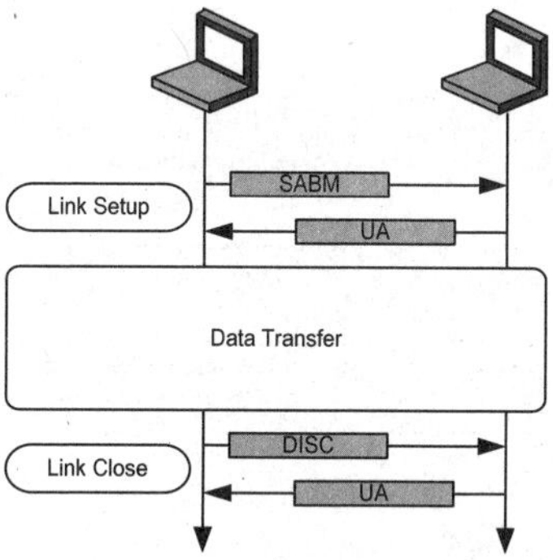

<그림 7.19> HDLC의 기본 동작 절차

7.9 HDLC 프레임 구조

HDLC 프레임의 구조는 <그림 7.20>과 같다. FCS 영역을 제외한 모든 바이트들은 LSB부터 송신된다. 그리고 각 영역은 다음과 같이 비트별로 의미를 갖는다[12].

- Start/End 플래그 : 각 프레임은 이웃 프레임과 구분될 수 있도록 각 프레임의 시작부분과 끝을 표시하는 beginning(start) 플래그를 사용한다. 이것을 frame delimiter, 즉 프레임 구분자라고 한다. HDLC에서는 플래그로= '01111110', (0x7E)값을 사용한다. 수신측은 이러한 6개의 연속된 비트1값이 수신되면 무조건 플래그로 간주하므로 송신측은 플래그를 제외한 나머지 부분의 송신시에는 송신되는 비트열에 1이 6개 연속되지 않도록 하는 비트 스터핑(bit-stuffing) 절차를 수행한다.

---

[12] Bit oriented protocol이라고 한다. 반면에 문자위주 프로토콜(Character-oriented protocol)은 제어영역을 포함하여 모든 값은 바이트 단위로 의미가 부여된다. 예를 들어 헤더영역의 순서번호 0x23을 표현하려면 '2'와 '3' 문자가 연속 사용되어야 한다.

- 주소 영역 : 슬레이브 장치의 식별자값으로 사용한다. 물론 unbalanced설정인 경우, 주소 영역은 마스터가 슬레이브에게 송신하는 프레임의 성격이 command이고 슬레이브가 마스터에게 송신하는 프레임의 성격은 response라고 할 수 있지만, 사실 이것은 전송방향 구분용이다. 통신국 입장에서는 수신되는 프레임이 command인지 내가 지시한 command에 대한 응답인지를 헤더의 제어영역에서 구분할 수 있도록 한다. 참고로 C/R 비트 값이 0이면 command이다.
- 제어 영역 : 프레임의 종류, 즉 이것이 링크 개설용 제어 프레임인지 일반 데이터를 수납한 데이터인지 그리고 ACK 용도인지를 비트열로 표시한다. 즉 I-frame, S-Frame, U-Frame이 그것이다.
  또한 일부 영역은 송수신 순서번호로 활용된다.
- Data : 최대 128바이트 길이의 데이터가 수납된다.
- Frame check sequence(FCS) : {Address, Control, and Information}영역에 대한 16 비트 CRC-CCITT 또는 32비트 CRC-32값이 부착되는 영역이다.
  FCS영역은 MSB가 먼저 송신된다.

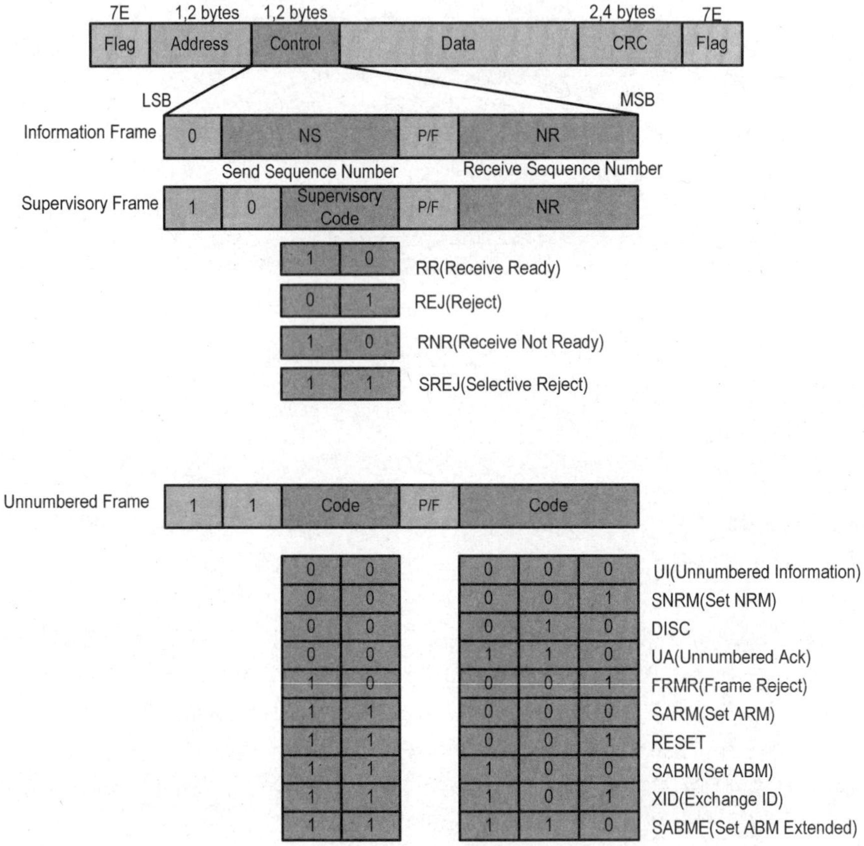

<그림 7.20> HDLC 프레임의 구조

(1) 프레임의 종류

HDLC가 규정한 여러 종류의 프레임을 크게 분류하면 information(I), supervisory(S), unnumbered(U) 프레임으로 구분된다. 이것은 모두 헤더의 제어 영역의 비트조합으로 구분된다.

- Information Frame(I-Frame) : 실제 상위 계층 데이터를 수납한다. 신뢰성 있는 전달을 위해 송신순서번호 N(S)와 수신을 기대하는 순서번호 N(R) 영역을 사용한다.
- Supervisory Frame(S-Frame) : Ack, 재전송 요구, 흐름 제어용으로 사용된다. 수신을 기대하는 순서번호 N(R)영역은 사용되지만 데이터영역은 없다.
- Unnumbered Frame(U-Frame) : 링크 설정 및 해제 등에서 사용되는 제어용 프레임이다. N(S) 및 N(R)등의 순서번호 영역이 없다.

(2) 순서번호 영역

순서번호 영역은 크게 N(S)와 N(R)이 있다.

- N(S) : 송신 순서번호이다. I-프레임 송신시 마다 modulo 8(또는 128)로 1씩 증가한다.
- N(R) : 수신 순서번호이다. I- 및 S-프레임에 수납되며 수신된 프레임의 N(S)에 대하여 1을 더한 값이다. 즉 N(R)의 의미는 다음에 수신할 프레임의 송신 순서번호를 의미하는 동시에 N(R)-1까지 수신된 모든 프레임에 대한 ACK를 한다.

(3) P/F 비트

1비트의 Poll/Final 비트영역은 2가지 의미를 갖는다. 이 비트가 Poll 비트로 사용될 경우는 마스터가 슬레이브에게 응답을 요구할 때이다. 반면에 Final로 사용될 경우는 슬레이브가 해당요청(P=1)에 대한 응답임을 표시하거나 전송완료임을 표시할 때이다. 그 외의 경우 0으로 설정된다.

a) NRM : 마스터가 슬레이브에게 송신을 허용할 때 P=1인 프레임을 송신하고, 이에 슬레이브는 자신의 마지막 송신프레임에 F=1로 설정한다.

b) ABM : P=1인 프레임은 상대방에 대하여 응답하라고 지시하는 용도로 사용된다. 이에 수신측은 F=1로 설정한 프레임을 응답한다. 만약 송신할 프레임이 없다면 RR(F=1)로 응답한다.

(4) S-프레임의 상세

S-프레임은 다음과 같은 4종류가 있다.

- Receive Ready(RR) : ACK용이다.
- Receive Not Ready(RNR): 자신이 Busy할 때 송신한다.
- Reject(REJ) : n(R)에 해당되는 프레임부터의 재전송 요청시 송신한다.
- Selective Reject(SREJ) : n(R)에 해당되는 프레임만의 재전송 요청시 송신한다.

(5) U-프레임 상세

Unnumbered 프레임은 주로 링크 설정 및 해제 등의 링크 관리용으로 사용된다. 물론 데이터 전달기능도 일부 제공한다.

- 연결 설정 및 해제용
  - SABM(Set Asynchronous Balanced Mode), SABME
  - SNRM(Set Normal Response Mode)
  - SARM(Set Asynchronous Response Mode)
  - UA(Unnumbered Ack)
  - DM(Disconnect Mode)
  - DISC (Disconnect)
- 데이터 전송용
  - UI(Unnumbered Information) : ACK기능을 사용하지 않는 데이터 전달시 사용된다.
- 오류 보고 및 리셋용
  - FRMR (Frame Reject)과 RSET(Reset) : 유효하지 않은 프레임 수신시 그 이유를 송신측에 통보시 사용되며 필요시 RSET 프레임으로 해당 링크를 리셋한다.
- 기타
  - XID(eXchange ID)
  - TEST : Ping과 유사한 기능을 수행시 사용된다.

7.10 ABM 모드에서의 HDLC 동작절차

(1) 기본 절차

<그림 7.21>은 두 장치간에 점대점으로 연결된 ABM 모드에서의 동작절차이다. 이것은 다음과 같이 3 단계로 구성된다.

- 연결설정 단계 : 연결개시는 양쪽에서 동시에도 가능하다. 이때 initiator는 SABM 프레임을 송신하고 responder는 UA프레임으로 응답한다. 만약 거부시에는 DM 또는 RSET프레임으로 응답한다. 물론 이 과정에서 쌍방이 SABM 프레임을 동시에 송신할 수도 있다.
- 데이터전송 단계 : 순서번호가 부착된 I 및 S-프레임을 사용하여 오류 제어 및 흐름 제어 절차를 함께 수행하면서 데이터를 상호 전송한다.
- 연결해제 단계 : 연결해제는 양쪽에서 동시에도 가능하다. 이때 initiator는 DISC 프레임을 송신하고 responder는 UA프레임으로 응답한다. 만약 거부시에는 DM(Disconnect Mode) 또는 RSET 프레임으로 응답하며 그 결과는 역시 연결 해제이다.

(2) 데이터 전송

각 장치는 내부에 다음과 같은 변수를 유지하도록 한다.

- Vs : 내부송신순서 번호로써 다음에 송신할 프레임의 N(s) 값으로 매핑된다. ACK를 받으면 1증가한다.
- vr : 내부 수신 순서번호로써 예상하는 I-프레임의 순서번호 이다. 수신된 I 프레임의 N(s) 값이 vr과 같으면 수락하고 vr 값을 1 증가시킨다.
- N2 : 재전송 회수로써 최대값 N2=6을 초과하면 연결을 해제하고 사용자에게 보고한다.
- T1 : 응답만기시간. 프레임 송신시 개시되어 이 시간동안 응답이 없으면 재전송을 시도한다.

(3) 흐름제어 절차

수신된 프레임을 처리하지 못하는 busy한 상황에서는 RNR 프레임으로 응답하여 추가 전송이 중지되도록 한다.

WindowSize=1이면 Stop-and-Wait 흐름제어 방식의 경우이므로 필요시 RR(Receive Ready) 프레임의 응답을 지연하거나 RNR(Receive Not Ready) 프레임으로 자신의 busy상태를 상대방에게 알린다. 이후 상태가 호전되면 RR 프레임으로 전송을 재개하도록 한다.

(4) 오류제어 절차

무효한 순서번호를 갖는 I-프레임 수신시 REJ(Reject) 프레임으로 유효한 프레임의 재전송을 요구하거나 재전송타이머를 사용한 재전송절차에 의해 오류를 제어한다.

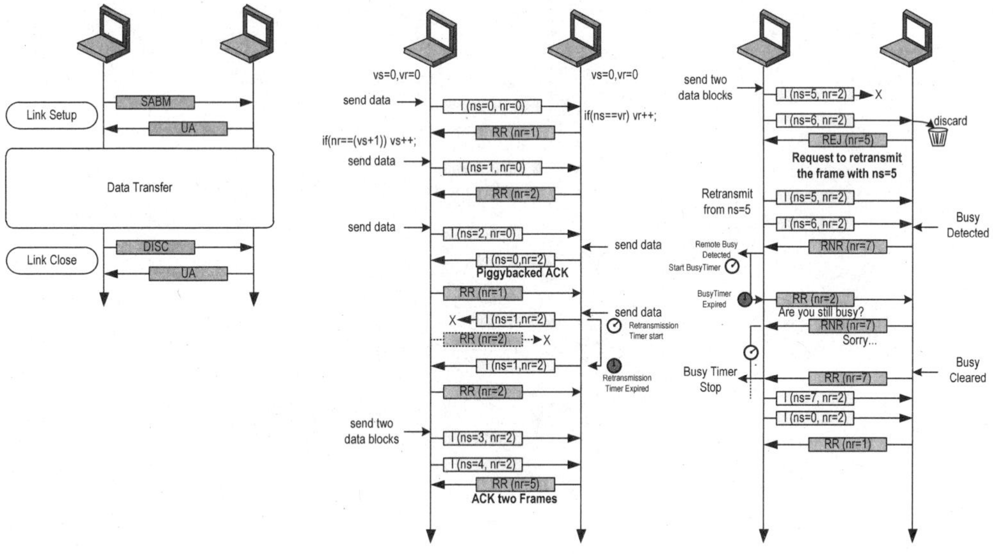

(a) 연결/해제과정 (b) 데이터전송과정 (c) 흐름제어 및 재전송과정

<그림 7.21> HDLC의 동작 예

7.11 동기식 HDLC 컨트롤러(USART)[13]

HDLC를 지원하는 전용 하드웨어로는 HD64570, uPD7201, Z85C30, Am186CC 등의 전용 동기식 HDLC 컨트롤러 칩이 있다.

최근에는 ARM 코어를 갖는 삼성 S3C4510 MCU, Motorola사의 MPC860 등의 MCU 내에도 모듈 형태로 내장되어 있다. 특히 삼성 S3C4510 MCU에는 2개의 HDLC 모듈이 내장되어 있다. 이 모듈에는 4바이트 폭의 Tx 및 Rx FIFO를 8개씩 가지며 최대 10Mbps로 전송할 수 있다.

[13] 참고로 TI MSP430, Atmega 등의 MCU에서 제공하는 USART 모듈은 기본적으로 UART이며, Synch mode의 경우 master-slave로 두 장치를 설정하고 마스터가 클럭을 제공하는 방식이다. 실제 이 방식은 4wire SPI 방식으로 활용된다. 즉 MSP430, Atmega MCU 내부의 USART 모듈은 HDLC 프레임을 처리할 수 있는 USRT가 아니다. 고급 MCU인 삼성의 S3C4510 MCU는 진정한 USRT 기능을 내장하고 있다.

이것은 기본적인 송수신기능뿐만 아니라 플래그 감지 및 동기기능, 비트 스터핑기능, FCS 처리기능을 제공하며 NRZI 라인코딩 기능도 지원한다. Idle시에 송신부는 플래그 패턴을 연속 송신하거나 1(mark idle)을 연속 송신한다.

<그림 7.22> RISCom/N2 카드와 S3C4510 기반 보드

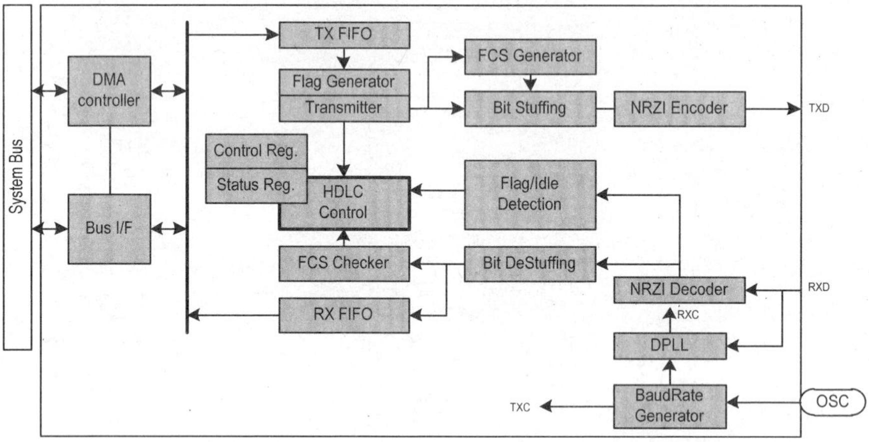

<그림 7.23> 범용 HDLC 컨트롤러의 구성

7.12 HDLC 시스템용 물리 계층

(1) 개요

링크 계층에서 사용되는 HDLC 프레임은 USRT 기반의 동기식뿐만 아니라 UART 기반의 비동기식 전송방식으로도 전송 가능하다. 전송선로상에서 송신되는 비트열은 NRZI(또는 NRZ) 라인코딩되어 전송되고 FCS영역을 제외한 모든 영역은 LSB가 먼저 전송된다[14].
특히 단방향통신 또는 전이중통신로를 사용하는 동기식전송방식을 사용할 경우 전송할 프레임이 없는 Idle한 경우에도 0x7E값을 가지는 플래그 바이트를 연속 송신함으로써 평소에도 비트동기가 유지되도록 한다. 이렇게 하는 이유는 0x7E값이 NRZI 인코딩되어 전송될 때 0일때 반전하고 1인 경우는 유지하므로 초기상태 값에 따라 <그림 7.24>와 같이 주기적인 펄스를 생성하여 송수신측간의 비트동기를 유지할 수 있다[15].

[14] little-endian order라고 부른다. 이더넷에서도 마찬가지다. 단 FCS영역은 MSB부터 송신된다.
[15] 반면에 multi-drop형태의 NRM모드의 반이중통신을 사용하는 경우, idle시 '1'비트를 연속 송신한다.

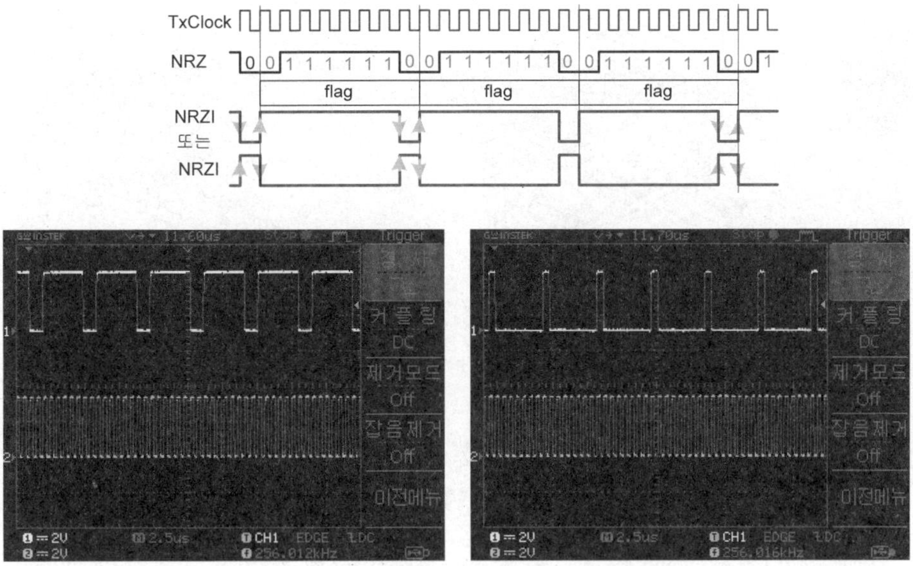

(a) NRZ코딩시　　　　(b) NRZI 코딩시

<그림 7.24> Idle시 플래그 열이 송신되는 경우

(2) 인터페이스 규격

- RS-232C(EIA)/V.24(CCITT) : 이것은 가장 널리 되고 있는 인터페이스이다. 하나의 접지선을 가진 공통모드 통신을 하므로 잡음에 약하다. 보통 20Kbps, 15m 이하가 권장되고 있다. HDLC, SDLC, Frame Relay, X.25와 같은 동기전송시에는 동기신호(c l o c k) 선을 별도로 사용한다.
- V.35 : DSU기반의 20kbps 이상의 속도를 지원하는 39 핀 방식으로써 RS422 등으로 대체되었다. 이것은 데이터와 동기신호(clock)는 differential mode로, 제어 신호선은 common mode로 사용한 것이다.
- X.21/V.11 : 송/수신 데이터뿐만 아니라 제어선도 differential mode로 동작하므로 잡음에 강하다. 1 Mbps, 100m 이상의 조건에서도 가능하다.

(3) X.21/V.11

X.21규격은 V.11 차동 전송방식의 전기적인 규격을 사용하는 인터페이스 규격으로써 10Mbps 까지의 직렬동기전송을 지원한다. 이것은 최대 1Km를 연결할 수 있으며 가까운 거리에서는 최대 10 Mbps를 지원한다.

X.21의 전기적인 신호규격인 V.11은 RS-422, RS-449 (EIA-449), RS-530(EIA-530) 규격에도 적용된다. 이러한 X.21/V.11 인터페이스는 64~256Kbps의 전송속도를 요구하는 X.25시스템의 장거리 연결용으로 사용된다. 보통 X.21 규격은 DB15 핀 커넥터를 사용한다. DTE측은 male 커넥터이다.

참고로 X.21bis는 불평형 전기적 규격인 V.24를 사용하는 RS232 인터페이스로써 19.2Kbps 이하의 X.25 시스템 연결시 사용된다.

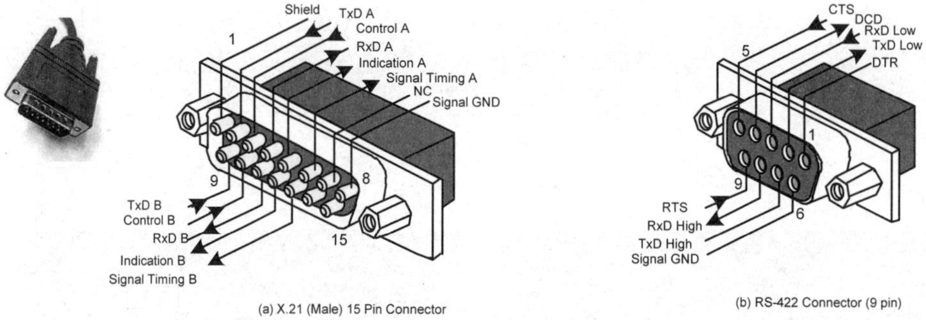

<그림 7.25> X.21 인터페이스

7.13 PPP

(1) 개요

Point-to-Point Protocol(PPP)는 원래 아날로그 모뎀으로 연결된 전화망에서 점 대 점 연결을 제공하여 사용자에 대한 개별적인 인증기능과 동적인 IP 주소 할당 기능을 제공하기 위한 용도로 사용된다. 이를 위해 PPP는 다음과 같은 다양한 절차를 사용한다.

- Link Control Protocol(LCP) : 송수신단 간에 최대 프레임 길이와 인증방식 등에 대한 설정값을 협상하는 절차이다.
- PAP/CHAP(Password Authentication Protocol/Challenge Handshaking Authentication Protocol) : 사용자 인증과정 절차이다.
- IPCP(IP control protocol) : 서버로부터 동적 IP를 할당받고, DNS와 Default Gateway 등의 주소를 내려 받는 기능을 수행하는 절차이다.
- IP over PPP : PPP 프레임에 IP가 수납된다.

이러한 PPP 패킷은 HDLC 프레임 또는 이더넷 프레임에 수납된다. 이더넷에 수납되는 경우에는 PPP over Ethernet(PPPoE)방식이라고 한다. 즉 PPP 자체는 다양한 종류의 또 다른 링크 계층 프로토콜에 수납되어 전송된다.

(2) 필요성

<그림 7.26>과 같이 전화용 아날로그 모뎀을 이용한 인터넷 서비스를 제공하는 망 사업자는 접속을 시도하는 사용자들에 대한 인증과정을 수행한 후, 해당 단말에 대한 IP를 부여하여 외부 인터넷을 사용할 수 있도록 한다[16].

이때 망 사업자의 PPP 종단기능을 수행하는 장치를 Network Access Server(NAS) 또는 Access Concentrator(AC)라고 부르며, PPP 사용자에 대한 PPP 서버의 기능을 수행한다. 이 NAS 장치는 라우터 기능에 PPP 종단기능과 인증서버 및 IP 자동할당 기능들이 추가된 것이다. 이러한 PPP에 의한 사용자 인증절차는 망 사업자에 의한 과금정책에 대단히 중요한 기능임에 분명하다.

---

[16] 예전에 사용하던 56Kbps 모뎀을 사용하는 천리안 서비스 같은 경우.

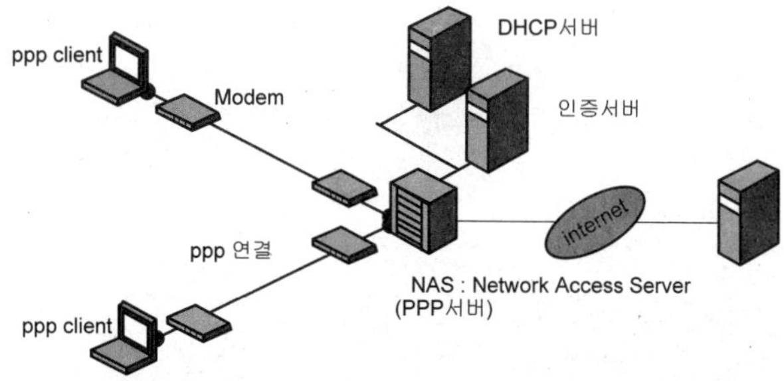

<그림 7.26> 전화용 아날로그 모뎀을 이용한 인터넷 서비스

(3) PPP의 동작과정

PPP 연결을 설정하기 위해서는 다음과 같은 3가지 단계의 절차가 수행된다.

① Link Control Protocol(LCP)을 사용하여 PPP 연결에 필요한 최대 허용 프레임 길이와 인증과정에서 사용할 인증 프로토콜의 종류 등을 PPP 단말과 PPP 서버간에 협상한다.

② LCP 단계에서 선택된 사용자 인증 프로토콜인 Password Authentication Protocol(PAP) 또는 Challenge Handshake Authentication Protocol(CHAP)을 사용하여 사용자 ID와 패스워드를 사용한 인증과정을 수행한다. 이때 PPP 서버는 자신의 내부에 인증서버가 있으면, 자신이 인증절차를 수행하고, 외부의 RADIUS 인증서버를 사용하는 경우, 이러한 인증정보들을 인증서버에게 전달한다.

③ 인증이 성공하면, IP Control Protocol(IPCP)를 사용하여, 네트워크계층 프로토콜(IP, IPX, IDP 등)에 대한 설정값(단말의 주소, 게이트웨이 주소, DNS 주소 등)을 할당한다[17].

④ 이러한 세 가지의 연속된 절차가 모두 성공하면, IP와 같은 네트워크 계층 프로토콜들은 PPP의 데이터 영역에 수납되어 PPP 연결로상에 전달된다.

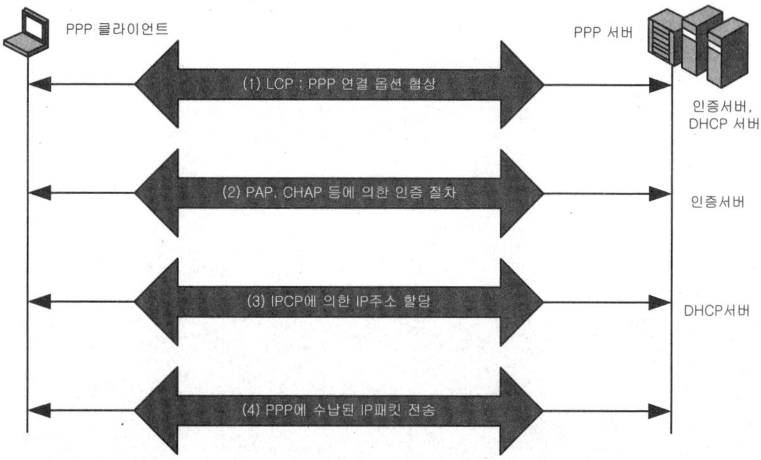

<그림 7.27> PPP 연결 절차

[17] IPCP와 같은 프로토콜을 Network Control Protocol(NCP)이라고 한다.

(4) PPP 패킷의 형식

PPP 패킷은 다음과 같이 PPP와 관련된 여러 가지의 프로토콜 종류를 표시하는 Protocol ID 영역에 이어진 페이로드로 구성되며, HDLC 또는 이더넷 또는 SONET 등의 전송 프레임 내부에 수납된다.

전달용 링크 계층 프레임 헤더(Ethernet, HDLC 등)	n
Protocol ID	2 또는 1 byte
PPP protocol ID 에 따른 payload	n
전달용 링크 계층 프레임 트레일러	n

<그림 7.28> PPP 프레임의 형식

여기서 Protocol 식별자(Protocol ID)는 PPP 패킷의 종류를 표시하는 용도로 사용된다. 다음 표는 대표적인 Protocol ID이다. 이 프로토콜 식별자영역은 기본적으로 2바이트의 길이를 가지지만, LCP 협상과정에서 Protocol Compression 옵션이 사용되는 경우, 0x00으로 시작되는 프로토콜 식별자들은 두번째 바이트값만 사용되어 1바이트의 길이로 단축된다.

Protocol ID	Protocol Name	비고
C021	Link Control Protocol (LCP)	RFC 1661
C023	Password Authentication Protocol (PAP)	RFC 1334
0021	IP	IP 수납시 사용됨
8021	Internet Protocol Control Protocol (IPCP)	RFC 1332

(5) PPP IP

인증절차와 IP 주소할당 과정이 수행되면, 다음과 같이 PPP에 IP가 수납되어 전송된다.

전달용 링크 계층 프레임 헤더 (Ethernet, HDLC 등)	n
Protocol ID = 0x0021 또는 0x21	2 또는 1
IP packet	n

<그림 7.29> PPP IP 패킷의 형식

<그림 7.30>은 IP를 수납한 PPP/PPPoE 패킷의 예로서, Protocol ID가 0x0021임을 알 수 있다.

<그림 7.30> IP를 수납한 PPP/PPPoE 패킷의 예

7.14 HDLC 모듈 설계

(1) 설계 목표

2개의 비동기 단말을 링크 계층에서 연동하는 동기식 HDLC 모듈을 설계한다. 이것은 X.25 망에서 사용하는 PAD 장치와 유사하다.

(2) 요구사항

- 플래그와 FCS가 자동으로 생성되는 동기식 HDLC 드라이버 칩인 SAB82525/PT7A 6525LJ를 사용한다. 이 시스템의 구성과 동작은 <그림 7.30>과 같다.

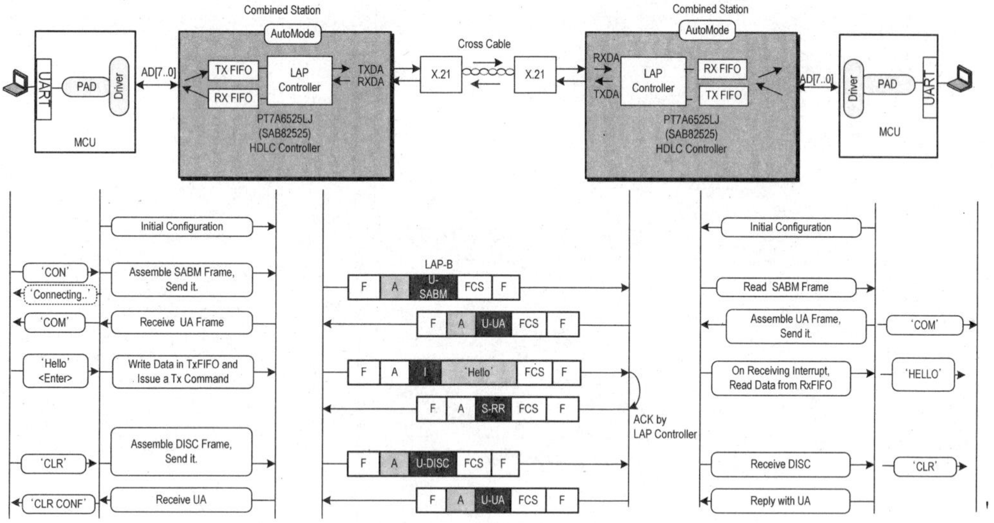

<그림 7.31> PT7A6252LJ HDLC 기반의 시스템 구성

- 이 칩의 내부에는 2개의 HDLC 기능부가 있으므로 각각을 DTE모드와 DCE모드로 각각 설계한다.
- HDLC Balanced 통신국간 연결을 지원해야 한다. 즉 ABM모드로 설계한다.
- Idle시 플래그를 연속 송신하도록 하여 비트동기가 유지되도록 한다.
- NRZI 및 비트 스터핑 기능의 활성화 여부를 소프트웨어로 선택할 수 있어야 한다.
- 시스템 클럭은 2.048MHz이다.
- 주소영역은 1바이트를 사용한다.
- I 프레임내의 정보영역의 최대허용길이는 32바이트이다.
- Window Size는 1이다.
- 순서번호영역은 Modulo8을 사용한다.
- 동작모드로 Transparent 0 모드를 사용한다. 추가로 Auto Mode를 사용한다.
- 클럭모드는 6을 사용한다.

- 링크속도는 62.5bps로 설정한다. 이것은 오실로스코프 및 프로토콜 분석기로 확인하기 용이한 저속이다. 클럭모드 6에서 62.5bps로 동작시키기 위하여 BRG값을 1023으로 설정한다.
- 재전송 타이머(T1)와 재전송횟수(N2)는 TIMR레지스터의 VALUE값과 CNT값으로 함께 설정한다.
- DMA 대신 인터럽트 방식을 사용한다.
- 칩과 MCU간의 연결은 GPIO를 통한 8비트 인텔 버스 방식을 사용한다.
- 물리 계층은 불평형방식의 V.24(RS232C), 평형방식의 X.21(V.11), V.35, Rs-422, RS-485, E1 등 다양하지만 X.21방식을 사용한다.

(3) PT7A6525LJ HDLC 컨트롤러

3.3V로 동작하는 Pericom사의 PT7A6525LJ(또는 지멘스사의 SAB82525)는 독립적으로 분리된 2개의 HDLC제어기능을 내장한 44핀 칩이다.

PT7A6525LJ의 구조는 <그림 7.32>와 같다.

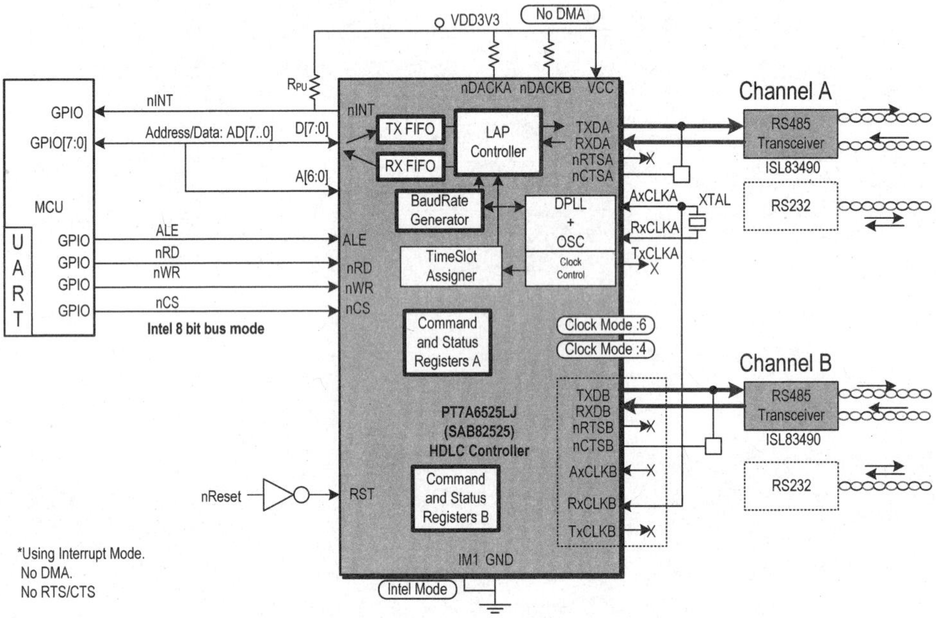

<그림 7.32> PT7A6252LJ HDLC 드라이버의 구성

이것의 기능은 다음과 같다.

- 3.3V전압으로 동작한다.(PT7A6525는 동작전압은 5V이다.)
- 2개의 HDLC 기능부가 한 칩에 있다.
- Flag, 비트스터핑, FCS 및 주소영역 등의 HDLC용 프레이밍을 하드웨어로 자동 처리한다.

- NRZI 또는 NRZ 라인코딩을 선택할 수 있다.
- 링크설정 및 해제 기능은 외부의 MCU가 소프트웨어 방식으로 SABM 등의 U 프레임을 직접 생성하고 처리해야 한다.
- 자동과 투명 2가지 모드를 지원한다.
  - 자동 모드 : LAPB 동작시 필요한 RR, RNR, REJ와 같은 흐름제어용 S프레임을 자동 생성하고 관련된 순서번호도 자동으로 처리한다[18].
  - 투명 모드 : 별도의 MCU가 소프트웨어로 모든 LAP-B 프로토콜을 처리해야 한다.
- 송수신 링크에 대한 입출력은 모두 TTL레벨이다. 따라서 외부에 RS485 등의 전용 라인 드라이버를 추가하여 X.21 커넥터에 연결해야 한다.
- 내부에 각각 64바이트길이의 송신용 및 수신용 FIFO를 갖는다.
- MCU와는 인텔모드 또는 모토롤라 모드로 연결되며 인터럽트 또는 DMA방식으로 메시지를 전달할 수 있다.
- 다양한 클럭모드를 지원한다.
- 최대 전송속도는 4Mbps이다.

일부 중요한 핀의 기능은 다음과 같다. A와 B로 2개의 HDLC 제어부를 각각 구분한다.

- RST : Reset핀. 리셋시 2개의 HDLC 제어부는 모두 combined station으로 설정된다. 이것은 Active High임에 주의해야 한다.
- IM1 : MCU인터페이스 버스 형식을 선택한다. Intel버스모드로 설정시 0을 인가한다.
- TXDA/TXDB : HDLC프레임이 송신되는 직렬 송신데이터 핀이다. Push-pull 또는 Open Drain출력을 선택할 수 있다. 기본값은 일반적인 Push -pull출력이다.
- RxDA/RxDB : HDLC프레임이 수신되는 핀이다.
- MCU 인터페이스 핀 : A[6:0], D[7:0], ALE, nCS,nRD, nWR, nINT핀이 있다. 이 외에 DMA관련 핀(DACK, DRQR, DRQT)도 있지만 우리는 사용하지 않는다. 특별히 nINT 핀은 Open Drain출력핀이므로 외부 저항으로 pull-up시켜야 한다.
- nCTS/CXD : NRM모드로 설정하여 Multi-point방식의 버스형태로 구성시 Slave장치로 설정될 경우 TxD핀과 연결하여 Collision Detection용으로 사용된다. Combined Station으로 점대점 연결시에는 언제라도 송신이 가능하도록 GND에 연결한다.
- 클럭 신호선
  - AxCLK(Alternative Clock, 입력) : 기본적으로 외부의 XTAL과 연결되지만 (Clock Mode=4,6,7), 동작모드에 따라 Collision Detect 신호입력 또는 GPIO 입력용, Receive Strobe 신호입력용(Clock Mode 1), Frame Synchronization 신호입력용(Clock Mode 5)으로 클럭모드에 따라 기능이 변형된다.
  - TxCLK(Transmit Clock, 입/출력) : 클럭모드에 따라 입출력이 결정된다. 기본적으로 송신클럭 입력용으로 사용되지만 (Clock Mode=0,2,6), Transmit Strobe 신호입력용(Clock Mode 1)으로도 사용된다. 출력용으로 설정하면 이 클럭의 소스는 내부의 baudrate generator(Clock Mode 2,6), 내부 DPLL (Clock Mode 3,7), 외부의 XTAL (Clock Mode 4)에 의해 결정된다. 또한 TimeSlot 신호출력용(Clock Mode 5)으로 변형되어 사용될 수 있다.

---

[18] 단 자동 모드의 경우 윈도우 크기는 1로 제한된다.

- RxCLK(Receive Clock, 입력) : 기본적으로 수신클럭입력(Clock Mode 0)이다. 외부 XTAL 연결용 핀(Clock Mode 4,6,7, AxCLK와 함께)으로 사용되거나, 외부로부터의 송수신용 클럭을 입력받을 수 있다(Clock Mode 1,5).

(4) PT7A6525LJ HDLC 컨트롤러의 클럭 모드

송신 및 수신용 클럭은 다음 중 하나의 방법에 의해 생성된다[19].

- 외부 클럭원으로 부터의 클럭킹 방법 : RxCLK 과 TxCLK 핀으로 별도의 외부 클럭원이 수신 및 송신용 클럭을 공급함.
- 내부 클럭 사용 방법
  - DPLL방법 : RxCLKA와 ACLKA핀에 크리스털 발진기가 연결되어 있으면, 이것을 활용하여 수신되는 RxD 데이터 비트열로부터 수신클럭을 복원하는 방법이다.
  - 이것을 송신용 클럭용으로 사용할 수 있다. DPLL의 경우 클럭소스는 내부의 BaudRateGenerator(BRG)이다. 이 BRG의 분주값은 CCR2레지스터의 2비트와 BRG레지스터의 8비트를 조합한 총 10비트의 설정값에 2배하여 1,2,4,6. . .2048까지 가능하다[20].
  - 내부의 OSC 또는 BaudRate Generator가 직접 송수신용 클럭을 생성하도록 한다.

이러한 방법의 조합에 의해 다음과 같은 8가지의 클럭모드가 가능하다. 이것은 CCR1(Channel Configuration Register1)로 선택할 수 있다.

- Clock Mode 0(외부클럭 사용 모드) : 송신 및 수신용 클럭신호가 각각 분리되어 외부의 클럭원으로부터 공급받는 경우이다.
- Clock Mode 1(Receive/Transmit Strobe) : 외부에서 송신 및 수신 클럭용으로 RxCLK핀을 통해 공급받고, 별도의 receive strobe(Rx Data Valid)신호와 transmit strobe(Tx Enable)신호가 각각 AxCLK과 TxCLK핀으로부터 공급되는 경우이다. 이것은 E-1 TDM다중화기가 제공하는 PCM버스의 특정 슬롯에 송신 및 수신 비트열을 송수신할 경우 사용된다.
- Clock Mode 2(RxClock from DPLL) : 외부로부터의 클럭이 RxCLK핀을 통해 BRG에 공급되면 BRG가 DPLL에게 수신용 클럭을 생성할 수 있도록 기준클럭을 제공한다. 송신클럭은 외부의 TxCLK입력을 사용한다. 또는 BRG가 생성한 클럭을 다시 16분주하여 송신용 클럭으로 사용하면서 TxCLK핀으로 출력시킬 수도 있다.
- Clock Mode 3(Receive and Transmit Clock from DPLL) : 외부로부터의 RxCLK 입력에 의해 BRG가 동작하며 BRG가 DPLL에 대한 기준클럭을 공급한다. 이 클럭은 송신 및 수신용으로 함께 사용되며 TxCLK 핀으로 그 클럭을 출력한다.
- Clock Mode 4(OSC-Direct) : RxCLKA와 AxCLKA핀에 2.048~8MHz의 크리스털과 조합된 내부의 오실레이터가 직접 송신 및 수신용 클럭을 모두 생성한다. 또한 이 클럭은 TxCLK핀으로 출력된다. 추가로 AxCLKA와 RxCLKB핀을 연결하면 2번째 HDLC 기능부에도 동일한 클럭을 공급할 수 있다.

---

[19] 칩 내부에는 Oscillator(OSC)와 Baudrate Generator(BRG), Digital Phase Locked Loop(DPLL)를 각 채널별로 내장하고 있다. 참고로 칩 내부의 시스템 클럭은 항상 transmit clock을 기준으로 동작한다.

[20] 모드 2,6의 경우 BRG의 클럭은 추가로 16분주될 수 있다.

- Clock Mode 5(Time-Slots) : 외부에서 송신 및 수신용 클럭이 RxCLK핀으로 공급되고, AxCLK핀으로 입력되는 Frame Sync신호로부터 TSAR 및 TSAX레지스터에 설정된 슬롯 개수 이후에 송신데이터 또는 수신데이터를 각각 송 수신한다. 즉 지정된 슬롯수는 일종의 strobe신호와 기능이 같다. 타임슬롯의 폭과 위치도 관련 레지스터의 설정에 의해 가능하다. 이것은 Clock Mode 1와 유사하므로 TDM기반의 PCM 시스템에 사용할 수 있다.
- Clock Mode 6(OSC-RxClock From DPLL) : 외부 클럭신호를 RxCLK핀으로 공급받는 대신에 크리스털과 조합된 OSC로부터 BRG용 클럭을 공급받는 것 외에는 Clock모드2와 동일하다. 이 모드를 사용하면 100bps 이하의 전송도 가능하다.
- Clock Mode 7(OSC-Rx and TxClk from DPLL) : 외부 클럭신호를 RxCLK핀으로 공급받는 대신에 크리스털과 조합된 OSC로부터 BRG용 클럭을 공급받는 것 외에는 Clock 모드3과 동일하다.

(5) PT7A6525LJ HDLC 컨트롤러의 라인코딩

기본적인 NRZI 라인코딩기능을 제공한다. 특히 수신신호로부터 수신클럭을 복원해야 하는 DPLL방식을 사용하는 클럭모드 2,3,6,7의 경우 NRZI 인코딩방식을 사용해야 한다. 왜냐하면 HDLC의 비트스터핑에 의해 5개의 연속된 '1' 이후에는 반드시 '0'이 전송되므로 '0'일 때 반전하는 NRZI방식이 수신클럭복원에 유리하기 때문이다. 이것은 CCR1레지스터로 설정할 수 있다. 필요시 NRZ방식으로 설정할 수도 있다.

(6) PT7A6525LJ HDLC 컨트롤러의 동작모드

Mode Select 설정값에 의해 다음과 같은 4가지의 동작모드를 선택할 수 있다.

- auto-mode(MDS[1:0]=00) : I-프레임 및 S-프레임의 프레이밍을 자동으로 수행한다. 또한 I-프레임에 대한 S-프레임의 자동 생성 및 응답기능을 수행한다. 단 윈도우 크기는 1로 제한된다. 수신시 주소영역 검사를 수행한다. 주소영역은 1바이트 또는 2바이트 주소방식에 따라 RAH와 RAL레지스터에 각각 저장되며, 이후 영역은 모두 RFIFO에 저장된다. 동시에 제어영역은 RHCR에 분리되어 저장된다. 또한 수신프레임 끝에 수신상태 값을 추가하여 RFIFO에 수납된다.
- non-auto mode(MDS[1:0]=01) : 송신시 모든 종류의 프레임에 대한 프레이밍을 직접 해야 한다. 하지만 헤더에 대한 분석 기능은 하드웨어적으로 처리하며 그 결과는 RHCR 및 RSTA레지스터에서 확인할 수 있다. 수신 프레임의 주소영역은 8비트 또는 16비트 주소체계에 따라 RAH와 RAL레지스터에 저장되어 검사되며, 제어영역과 데이터영역은 모두 RFIFO에 분리되어 저장된다. 자동모드와 달리 임의의 윈도우 크기를 사용할 수 있는 장점이 있다.
- transparent mode(MDS[1:0]=10) : ADM = 0(주소영역이 한 바이트)일 때를 transparent mode 0라고 하며, 주소영역이 검사된다. RFIFO에는 주소영역을 제외하고 제어영역부터 RFIFO에 저장된다. 동시에 RAL1과 RHCR에도 프레임의 2번째와 3번째 바이트가 각각 저장된다. 또한 ADM=1인 경우를 Transparent Mode 1이라고 하는데 이 경우에는 주소영역 검사를 하지 않으므로 프레임의 주소영역부터 RFIFO에 저장된다. 동시에 RAL1과 RHCR에도 프레임의 1번째와 2번째 바이트가 각각 저장된다.

- extended transparent mode(MDS[1:0]=11) : 이것은 완전히 transparent하여 Flag 및 FCS 뿐만 아니라 비트스터핑 조차 생성하거나 처리하지 않는다. 필요시 문자위주 프로토콜 등을 다룰 때 사용할 수 있다. 수신시 ADM=0인 경우 데이터는 RAL1레지스터에만 저장되고, ADM=1인 경우에는 이것이 RFIFO에 shift되면서 저장된다.

(7) PT7A6525LJ HDLC 컨트롤러의 동작모드에 따른 송신과정

본 교재에서 다룰 자동모드와 투명모드에 의해 프레임은 종류에 따라 자동이나 수동으로 송신할 수 있다.

- 자동 모드인 경우
  - I-프레임 : 내부의 XFIFO에 데이터 영역을 저장한 후 CMDR레지스터의 XIF=1로 설정하면 사전에 XAD1(및 XAD2) 레지스터에 설정된 주소영역값과 자동으로 갱신되는 제어영역이 송신되면서 이어 XFIFO내에 있는 데이터를 송신 개시한다. 관련 순서번호 영역도 자동으로 갱신된다. 즉 자동으로 I-프레임을 구성하여 송신한다.
  - S-프레임 : ACK와 관련된 S-Frame이 자동으로 생성되어 응답된다.
  - U-프레임 : 반드시 투명 프레임 전송방식으로 송신되어야 한다. 이를 위하여 XFIFO에 주소 및 제어영역으로 구성된 완전한 U-프레임 생성하여 저장한 후 CMDR레지스터의 XTF=1을 설정하여 프레임이 송신되도록 한다.
- 투명 모드인 경우
  - 모든 종류의 프레임에 대하여 주소 및 제어영역으로 구성된 완전한 프레임을 사전에 생성하여 준비한 후 XFIFO에 32바이트씩 이동시키면서 CMDR레지스터의 XTF=1을 설정하여 XFIFO에 있는 바이트들이 송신되도록 한다.

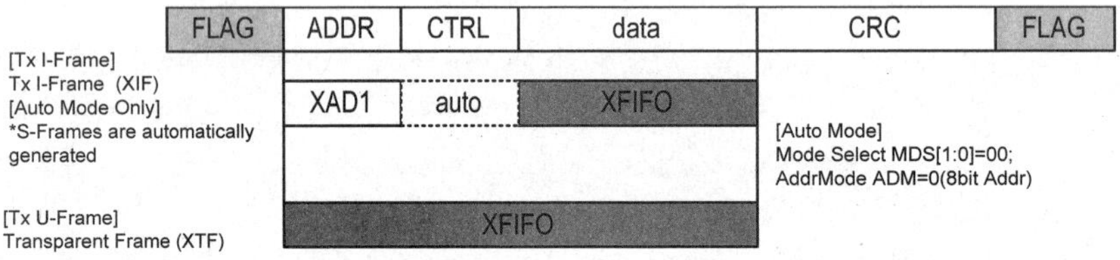

(a) Auto Mode

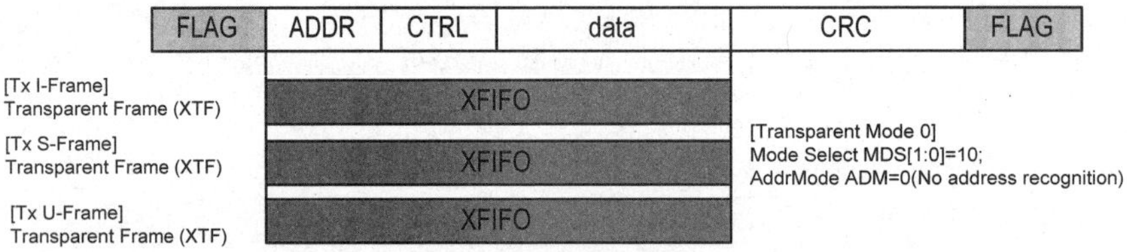

(b) Transparent Mode

<그림 7.33> PT7A6252LJ 동작 모드

(8) 동작모드에 따른 수신 과정

이 칩은 HDLC프레이밍을 위한 비트스터핑, Flag 및 FCS 자동생성, 주소인식 등의 기능을 모두 하드웨어적으로 지원한다. 자동모드와 투명모드의 경우 <그림 7.34>와 같이 처리된다. 참고로 모든 수신상태 정보는 RSTA레지스터에 표시된다.

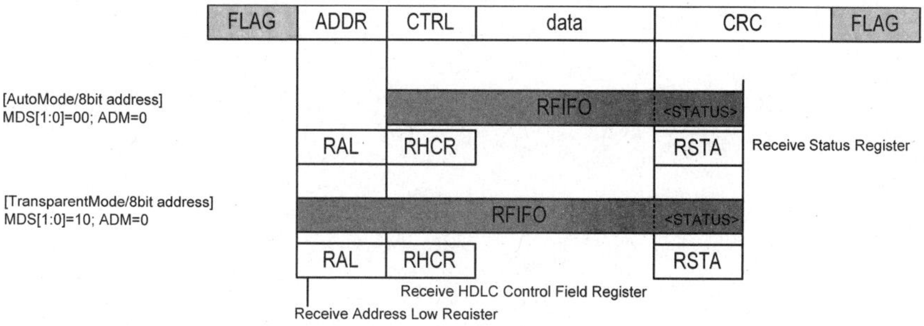

<그림 7.34> PT7A6252LJ의 수신 동작

(9) 송신 및 수신용 FIFO의 구조

송신 및 수신용 FIFO는 64바이트 깊이를 갖는다. 이것은 32바이트씩 2개로 분할되어 있으며 이 중 한개만 MCU가 접근할 수 있다.

수신용 버퍼인 RFIFO는 최대 64바이트 길이의 프레임을 저장할 수 있다. 첫 32 바이트가 수신 완료되면 이것을 읽어가도록 인터럽트를 발행한다. 물론 주소영역과 제어영역만 있는 짧은 프레임(S-Frame 및 U-Frame)인 경우 최대 16개 저장될 수 있다. 물론 이들은 해당 프레임의 {제어영역, RXSTATUS} 정보 형식, 즉 2바이트 단위로 저장된다.

(10) 초기화 설정

① 동작모드 설정 및 클럭모드 설정를 설정한다.
② 각 채널에 대하여 CCR1의 PU(power-up)비트=1로 설정한다.
③ 송신부와 수신부를 가동하기 위하여 CMDR레지스터에 XRES (transmitter reset) 및 RHR(receiver reset) 명령을 발행한다.
④ 데이터를 수신할 수 있도록 MODE레지스터의 RAC bit=1로 설정한다.

이제 데이터의 송수신이 가능해졌으므로 이후 data transfer phase의 제어는 CMDR register를 사용하고 또한 interrupt에 의해 해당 이벤트를 처리하도록 한다. 추가적인 상태정보 취득은 STAR register를 읽으면 된다.

(11) 송신 절차

송신작업은 2개의 32 바이트 송신용 FIFO로 구성된 XFIFO를 활용한다.

① XFIFO상태를 STAR레지스터의 XFW비트를 읽어 FIFO에 쓸 수 있는지 확인 후 쓴다. 또는 Transmit Pool Ready (XPR)인터럽트 수신시 최대 32 바이트를 XFIFO에 쓴다.

② CMDR레지스터의 XTF(투명모드시) 또는 XIF(자동모드의 I-프레임의 경우) 비트를 1로 설정하면 송신 개시된다.
③ 마지막 부분의 송신이 완료될 때까지 위의 과정을 반복한다.
④ 마지막의 경우 CMDR의 XME(end of message indication)=1로 설정하면 CRC와 flag가 자동으로 부착되어 전송이 완료된다.

(12) 수신 절차

인터럽트가 활성화된 경우 수신프레임은 2개의 32 바이트로 조합된 RFIFO에 저장되면서 2 종류의 인터럽트가 발행될 수 있다.

- RPF(Receive Pool Full) 인터럽트 : 32바이트의 RFIFO가 가득 찼으며, 앞으로 계속 해당 메시지의 바이트들이 수신될 것이다.
- RME(Receive Message End) 인터럽트 : 프레임 수신이 완료되었다. 즉 32바이트 보다 짧은 프레임이거나 보다 긴 프레임의 마지막 부분이다.

일단 해당 인터럽트를 처리하면, 즉 수신데이터를 RFIFO로부터 읽은 후라면 MCU는 RMC (Receive Message Complete) 를 사용하여 완료되었음을 알린다.

(13) 자동모드에서의 동작의 예

자동모드로 설정되면 S 및 I프레임에 대한 순서번호가 자동 갱신된다. 또한 RR, RNR, REJ 등의 S프레임이 자동 응답되며, 재전송도 자동으로 수행되는 등 HDLC프로토콜 기능이 모두 자동으로 수행된다. 단 연결설정 및 단절용 SABM, UA, DISC 등의 U 프레임은 투명모드를 사용하여 MCU가 직접 생성하고 처리해야 한다. 상세한 기능은 다음과 같다.

- 송신 및 수신 카운터값의 갱신
- 송수신번호 검사
- S-Command프레임의 자동 처리(S-Frame수신시 자동으로 처리하므로 MCU에 인터럽트로 전달하지 않는다.)
- RR/RNR을 사용한 자동 흐름제어
- 자동응답 프레임 생성
- ACK가 없는 경우 S-Command프레임의 자동송신
- RNR수신시 이후 RR송신에 의한 연결지속성 유지
- 프로토콜 오류 인식
- 타이머에 따른 자동 재전송
- WindowSize=1로 고정된다.

단, U-frame은 투명모드로 송수신되어야 한다. 따라서 수신된 U-frame은 RFIFO에 저장된 후 MCU에 의해 읽혀져야 한다. 이것은 Transparent frame은 동작모드와 무관하게 전송할 수 있기 때문에 가능하다.

<그림 7.35>는 자동모드의 동작 예이다.

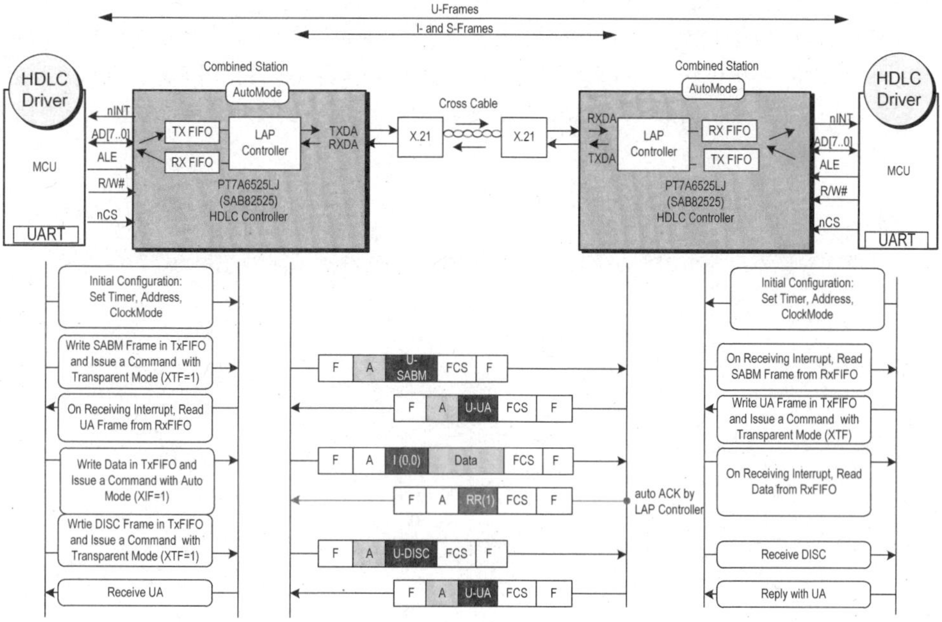

<그림 7.35> PT7A6252LJ의 자동 모드의 동작 과정

a) 송신과정 : 자동모드에서의 상세 송신과정은 다음과 같다.

- I-프레임의 송신 : 내부의 XFIFO에 데이터 영역을 저장한 후 CMDR 레지스터의 XIF 비트를 1로 설정하면 주소 및 제어영역이 자동으로 생성되며, 이어 XFIFO 내에 있는 데이터를 송신 개시한다. 관련 순서번호 영역도 자동으로 갱신된다.
- U-프레임의 송신 : XFIFO에 주소 및 제어영역으로 구성된 완전한 프레임을 저장한 후 CMDR 레지스터의 XTF=1을 설정하면 XFIFO에 프레임이 송신된다.

이 과정에서 수신측 S-프레임은 자동으로 응답된다. 또한 내부의 타이머가 재전송과정을 지원한다. 즉 프레임 송신이 완료되면 타이머가 자동으로 시작되며 ACK를 기대한다. 만약 T1시간내에 ACK가 오지 않으면 p=1인 S-프레임을 송신하여 f=1로 설정된 S-프레임의 응답을 기대한다. 다시 만기되면 최대 N1(=6) 횟수만큼 재전송을 시도한다. 이후 응답이 성공되면 이 사실을 MCU에 인터럽트로 통보한다. 송신관련 인터럽트는 다음 경우에 발생한다.

- 응답이 positive한 경우(XPR interrupt)
- 재전송된 경우(XMR interrupt)
- 만기된 경우(TIN interrupt)

Busy한 상대방으로부터의 RNR 수신시에는 내부 타이머가 개시되면서 T1기간마다 상대방 상태를 RR(p=1)프레임으로 반복적으로 질의하면서 RR(F=1)이 응답되기를 기대한다.

b) 수신과정

수신된 I-프레임에 대해서는 5클럭 이후 응답 프레임이 자동으로 응답된다. 수신되는 프레임의 제어영역과 데이터영역은 RFIFO에 저장된다. 또한 제어영역에 대한 디코딩 결과도 RHCR과 RSTA레지스터에 함께 보고된다. 기본적인 1바이트 길이의 주소영역을 사용할 경우 Command프레임인 경우 RAL1, Response프레임인 경우 RAL2에 설정된 주소값으로 비교되면서 수락여부가 결정된다.

(14) 하드웨어 설계

다음 사항을 고려하여 PT7A6525LJ를 사용한 HDLC모듈의 회로의 예는 <그림 7.36>과 같다.

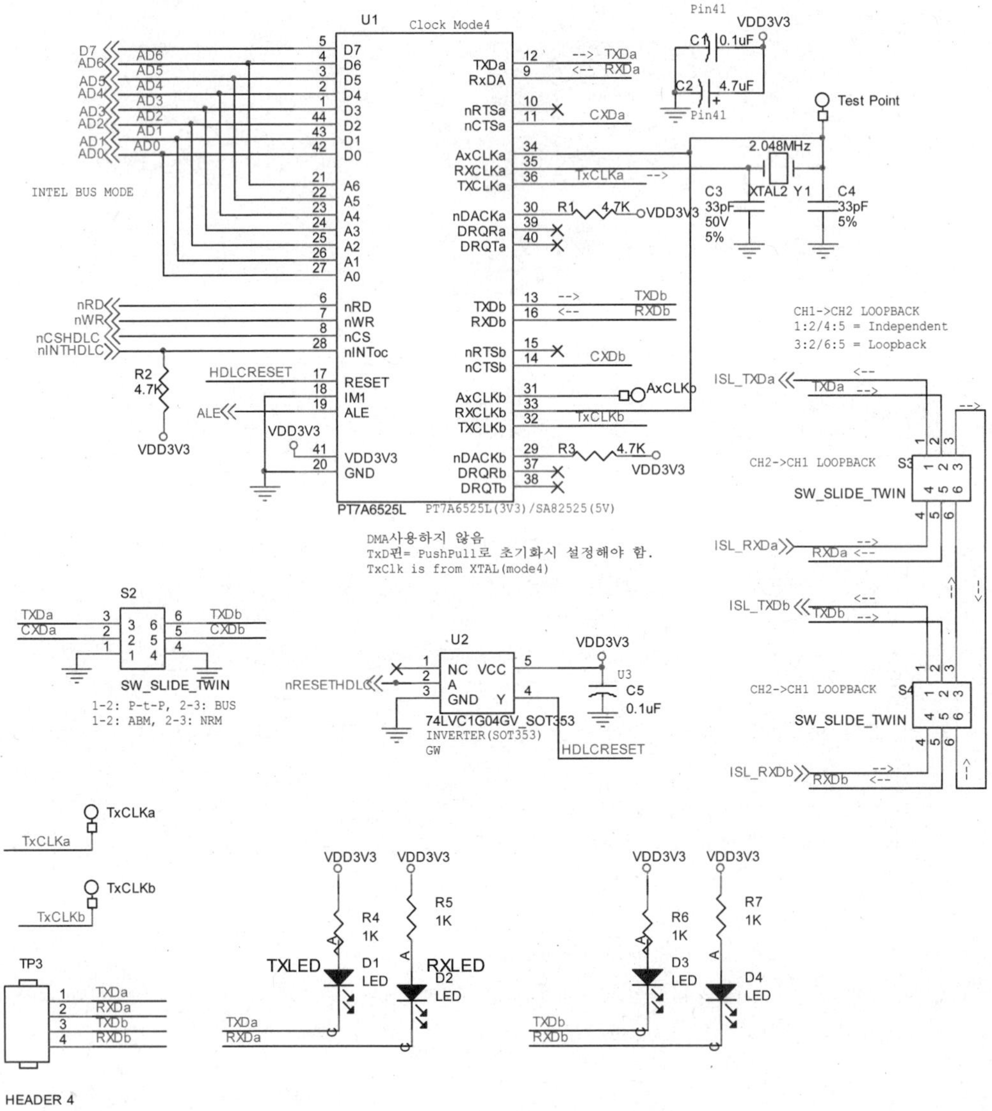

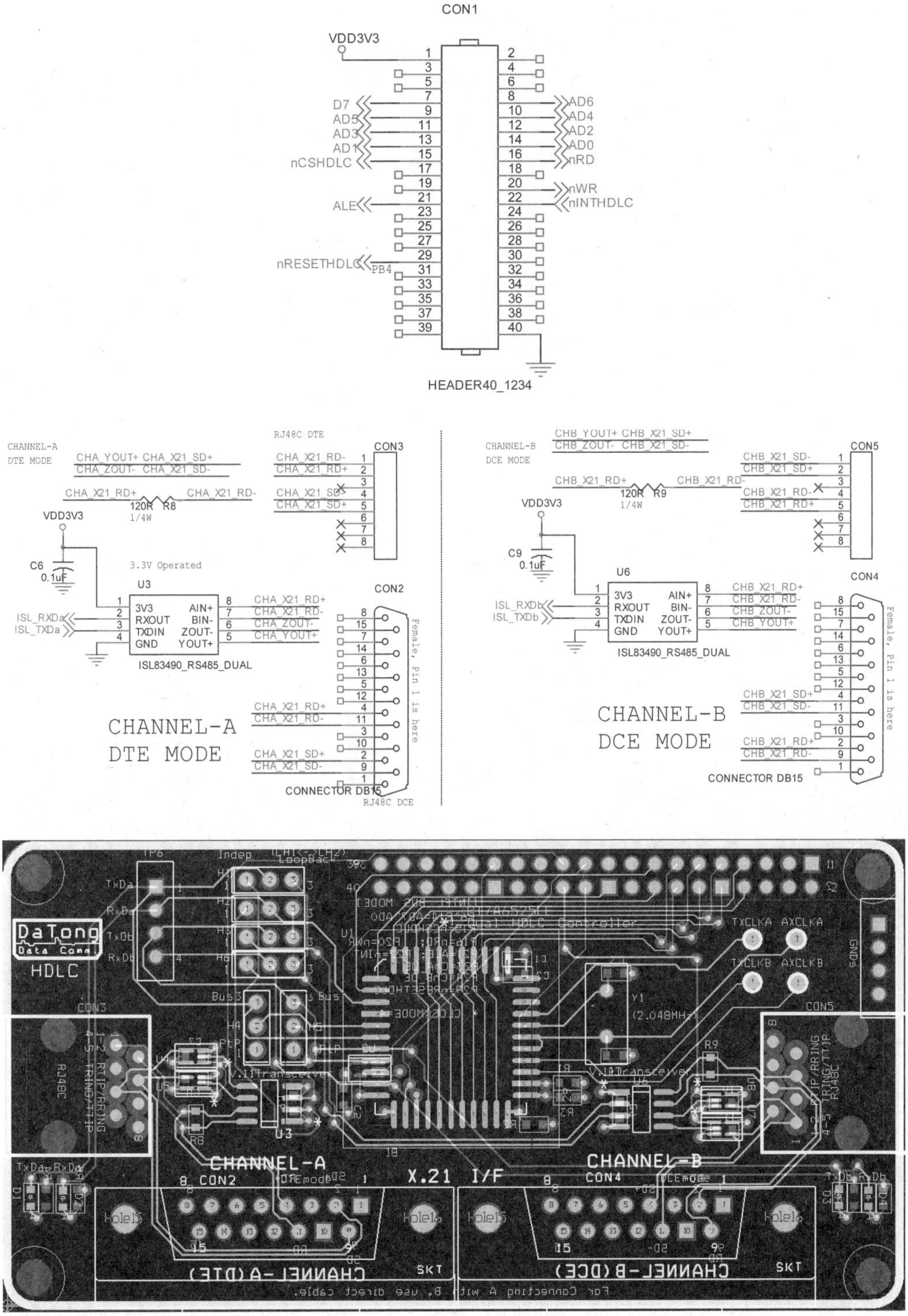

<그림 7.36> PT7A6252LJ 기반의 HDLC 모듈 회로의 예

- 칩과 MCU간의 연결은 GPIO를 통한 8비트 인텔 버스 방식과 인터럽트방식 지원을 위하여 {IM1=0, nDACKA=1, nDACKB=1}로 고정 설정한다.
- 클럭모드 6의 경우 수신되는 비트열로부터 수신클럭을 내부의 DPLL에 의해 복원한다. 이 DPLL은 설정된 데이터 클럭의 16배인 BRG로부터 기준 클럭을 공급받는다. 또한 송신클럭은 BRG의 1/16배이다[21].

(15) 소프트웨어 설계

a) 기본 설계

MCU와 HDLC제어기간은 인텔버스 방식으로 연결하여 다음과 같은 기능을 수행한다.

- 지원함수 : GPIO를 통한 내부 레지스터에 대한 쓰기 및 읽기 동작 지원 함수를 설계한다.
- 초기화 : HDLC 칩의 동작모드 설정 및 클럭모드(6)을 설정한다. 또한 인터럽트 벡터를 설치한다.
- 메인루프 :
  - 연결설정과정 : SABM 및 UA 프레임을 생성하여 연결을 설정한다.
  - 데이터 전송과정 : I 프레임 송신과 RR 프레임 응답 기능을 수행한다.

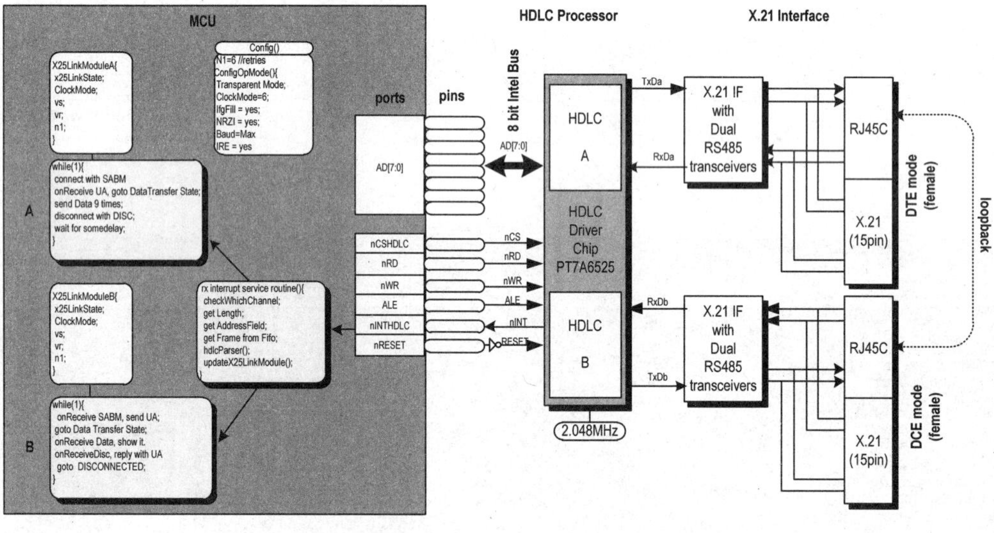

<그림 7.37> PT7A6252LJ 기반의 HDLC 모듈 구동 소프트웨어 구조

[21] 칩 내부의 baudrate generator의 division factor k 는 BR9~0값을 N이라고 했을 때 $k=(N+1)\times 2$로 주어진다. 시스템 클럭으로 우리는 2.048MHz를 사용하므로 이것의 N=1023으로 설정하면 k=2048이므로 BRG=2.048MHz/2048=1000Hz이다. 송신클럭은 모드 6일 때 BRG의 1/16이므로 62.5Hz, 즉 62.5bps 송신이 가능하다.

b) MCU와의 인터페이스

HDLC제어기와 MCU의 GPIO 사이를 <그림 7.38>과 같은 8비트 인텔버스 신호방식으로 설계한다. 이를 통하여 HDLC내부의 레지스터에 대한 쓰기동작과 읽기동작이 가능하도록 한다. 주의할 사항은 8비트의 AD버스는 MCU입장에서 출력 또는 입력상태를 교대할 수 있도록 GPIO포트의 동작모드를 입력 또는 출력모드용으로 동적으로 변경시켜야 한다.

또한 HDLC 칩으로부터의 인터럽트 신호를 GPIO로 입력받을 수 있도록 해당 GPIO포트를 인터럽트 모드로 설정해야 한다.

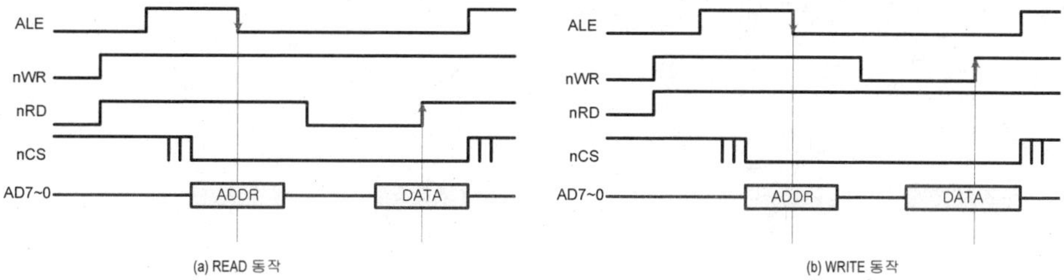

<그림 7.38> MCU와의 인터페이스

c) 인터럽트 처리부

HDLC 칩으로부터의 인터럽트는 크게 수신 인터럽트 및 송신 인터럽트 그리고 상태변화에 관련된 것으로 구분된다. 이러한 인터럽트의 종류는 내부의 ISTA 레지스터의 내용을 읽어 판단하도록 한다. 유의해야 할 것은 2개의 HDLC기능부가 한 칩에 함께 있지만 인터럽트 핀은 오직 한 개이므로 인터럽트 감지시 ISR에서 이를 구분해야 한다. 참고로 HDLC칩으로부터의 인터럽트 출력신호는 active low이다.

그 절차는 다음과 같다.

- nINT에 대하여 인터럽트 상태 레지스터(ISTA-A와 –B)와 EXIR를 읽어 인터럽트의 종류를 판단한다. 이를 위하여 MCU는 먼저 채널 B에 관련된 인터럽트 상태 레지스터인 ISTA-B를 읽는다.
- ISTA-B의 LSB 3비트 (ICA, EXA, EXB)로 부터 인터럽트 근원지를 판단한다.
- 만약 ICA 비트=1이면 채널 A에 관련된 인터럽트이므로 해당 ISTA-A 레지스터를 읽어야 한다.
- 물론 채널 B로부터의 인터럽트는 ISTA-B의 7-3비트로부터 알 수 있으므로 당연히 검사에 포함되어야 한다.
- 수신 관련인 경우 각 인터럽트 상태 레지스터의 RM (Receive Message End)=1이면 수신 프레임이 32바이트 크기의 RFIFO에 저장 완료되었음을 알 수 있다.
- 모든 인터럽트는 해당 인터럽트 레지스터 읽기동작에 의해 자동으로 해제된다.

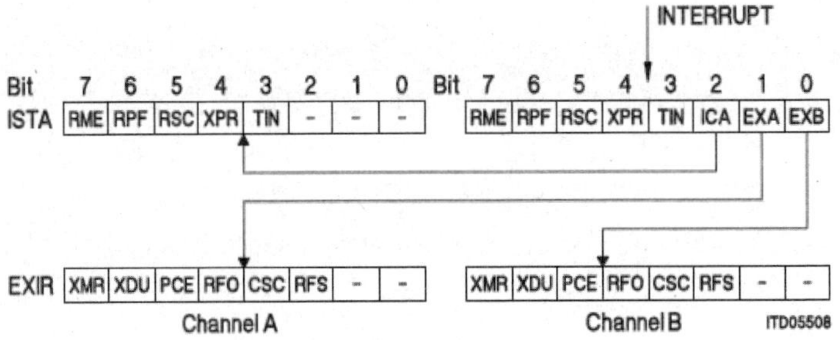

<그림 7.39> 인터럽트 상태 레지스터의 구성

(16) 프로그램 예

본 프로그램은 제법 복잡하다. 기본적인 헤더 파일과 메인 코드를 참조하여 상세 설계한다[22].

a) 헤더파일

```
//====================== HDLC Registers =============================================
#define XFIFOA   0x00 //~0x1F -- Transmit Fifo Reg.(write) // Receive Fifo Reg(Read)
#define XFIFOB   0x40 //~0x5F
#define MASKA 0x20     //Wr
#define MASKB 0x60     //Wr
#define ISTAA 0x20     //Rd Interrupt Status Register
#define ISTAB 0x60     //Rd
#define CMDRA 0x21     //Wr
#define CMDRB 0x61     //Wr
#define STARA 0x21     //Rd Status Reg
#define STARB 0x61     //Rd Status Reg
#define MODEA 0x22     //R/W
#define MODEB 0x62     //R/W
#define TIMRA 0x23 //Timing R/W
#define TIMRB 0x63 //Timing R/W
#define XAD1A 0x24 //Wr Transmit Address Reg.1
#define XAD1B 0x64 //Wr Transmit Address Reg.1
#define EXIRA 0x24 //Rd Extended Interrupt Reg
#define EXIRB 0x64 //Rd Extended Interrupt Reg
#define XAD2A 0x25 //Wr Transmit Address Reg.2
#define XAD2B 0x65 //Wr Transmit Address Reg.2
#define RBCLA 0x25 //Rd Rx Byte Counter LOW
#define RBCLB 0x65 //Rd Rx Byte Counter LOW
#define RAH1A 0x26 //Wr
#define RAH1B 0x66 //Wr
#define RSTAA 0x27 //Rd Rx Status Reg
#define RSTAB 0x67 //Rd Rx Status Reg
#define RAH2A 0x27 //Wr
#define RAH2B 0x67 //Wr
#define RAL1A 0x28 //Rd/Wr Rx Addr Low 1
#define RAL1B 0x68 //Rd/Wr Rx Addr Low 1
#define RHCRA 0x29 //Rd Rx HDLC Control
#define RHCRB 0x69 //Rd Rx HDLC Control
#define RAL2A 0x29 //Wr Rx Addrr Low 2
```

[22] 상세한 코드가 필요하면 yoonch@kau.ac.kr로 메일 요망

```
#define RAL2B 0x69 //Wr Rx Addrr Low 2
#define XBCLA 0x2a //Wr Tx Byte Count Low
#define XBCLB 0x6a //Wr Tx Byte Count Low
#define BGRA   0x2b //Wr Baud rate Gen
#define BGRB   0x6b //Wr Baud rate Gen
#define CCR2A 0x2c //R/W Channel Config Reg 2
#define CCR2B 0x6c //R/W Channel Config Reg 2
#define XBCHA 0x2d //Wr Tx Byte Count High
#define XBCHB 0x6d //Wr Tx Byte Count High
#define RBCHA 0x2d //Rd Rx Byte Count High
#define RBCHB 0x6d //Rd Rx Byte Count High
#define VSTRA 0x2e //Rd Carrier Detect Reg
#define VSTRB 0x6e //Rd Carrier Detect Reg
#define RLCRA 0x2e //Wr Rx Frame Len Check
#define RLCRB 0x6e //Wr Rx Frame Len Check
#define CCR1A 0x2f //R/W Channel Config Reg 1 -- Clock Mode
#define CCR1B 0x6f //R/W Channel Config Reg 1 -- Clock Mode

#define CH_A 0
#define CH_B 1
//=== Status Register Bits, Extended Interrupt Status Register Bits ====
#define XFWA   ((readRegHdlc(STARA)&0x40)   >> 6)          //TX FIFO Write Enable
#define CECA ((readRegHdlc(STARA) &0x04) >> 2)             //Executing CMDR Done.
#define RMEA ((readRegHdlc(ISTAA) & 0x80) >>7)             //Receive Msg End.
#define PCEA   (readRegHdle(EXIRA)& 0x20)>>5)
#define PCEB   (readRegHdle(EXIRB)& 0x20)>>5)
#define XFWB   ((readRegHdlc(STARB)&0x40) >> 6)            //TX FIFO Write Enable
#define CECB ((readRegHdlc(STARB) &0x04) >> 2)             //CECCMDR ExecutingCMDR Done.
#define RMEB ((readRegHdlc(ISTAB) & 0x80) >>7)             //Receive Msg End.
#define ICAB   ((readRegHdlc(ISTAB) & 0x40) >>2)           //Is this from Channel A?

//HDLC Framing
typedef struct {  u8 addr;  u8 ctrl;} HdlcHdr;

#define HDLC_SABM 0x2F
#define HDLC_UA      0x63
#define HDLC_DISC 0x43
#define HDLC_RR      0x01
//macro
#define isIfrm(ctrl)    ((ctrl & 0x01) ? 0 : 1)
#define isSfrm(ctrl)    (((ctrl & 0x03) == 0x01) ? 1 : 0)
#define isUfrm(ctrl)    (((ctrl & 0x03) == 0x03) ? 1 : 0)
#define Ucode(ctrl)      (ctrl & 0xef); //makes p/f 0
#define isPf(ctrl)       ((ctrl & 0x10) ? 1:0)

//===== Ready-made HDLC frames for test =====
unsigned char SabmFrame[4] = {0x00,HDLC_SABM};
unsigned char UaFrame[4] =     {0x01,HDLC_UA};
unsigned char DiscFrame[4] = {0x00,HDLC_DISC};
unsigned char RrFrame[4] = {0x01,HDLC_RR};
unsigned char SampleDataFrameAuto[12] = {0xff,0xff,0xff,0xff,0xff,0xff,0xff,0xff,0xff,0xff};
unsigned char SampleDataFrame0[12] = {0x00, 0x01,
0x02,0x03,0x04,0x05,0x06,0x07,0x08,0x09,0x0a,0x00};
unsigned char SampleDataFrame1[12] = {0x00, 0x02, 0xff,0xff,0xff,0xff,0xff,0xff,0xff,0xff,0xff,0xff};
unsigned char SampleDataFrame2[12] = {0x00, 0x04, 0xff,0xff,0xff,0xff,0xff,0xff,0xff,0xff,0xff,0xff};

//TX and RX buffers for assembling/disassembling frames
u8 g_TxBuf[20][32];
u8 hdlc_rxbufA[128];
u8 hdlc_rxbufB[128];
//=================================================
#define N1 6 //Max Retries
```

```
#define TXIFRM 1        //I-Frame
#define TXTPFRM 2   //Transparent Frame

//Operation Modes
typedef enum {AUTO_MODE8=0, AUTO_MODE16=1, NONAUTO_MODE8=2,NONAUTO_MODE16=3, TRANSP_MODE0 =4,TRANSP_MODE1=5,EXTTRANSP_MODE8=6, EXTTRANSP_MODE16=7} OPMODE;
// Link Status
typedef enum {DISCONNECTED=0, SABM_SENT=1,DATATRANSER =2,DISC_SENT=3} X25LINKSTATE;

struct X25LINKMODULE{
  X25LINKSTATE x25LinkState;  u8 Mode;    u8 ClockMode;  u8 vs;   u8 vr;    u8 n1;
};

struct X25LINKMODULE g_x25LinkModule[2]; //Channel A and B

u8 g_gotRxFrameUA;
u8 g_gotRxFrameSABM;
u8 g_gotRxFrameDISC;
u8 g_gotRxFrameI;
OPMODE g_opMode;

//Need for your own codes. If you need the detail codes, you mail to yoonch@kau.ac.kr.
void writeByteHdlc(unsigned char x, unsigned char nWR); //MCU가 HDLC칩에 쓰기동작
unsigned char readByteHdlc(void); //읽기 동작
void writeAddrHdlc(unsigned char addr); //Intel bus 인터페이스 중 레지스터 주소 영역 쓰기
void writeRegHdlc(unsigned char addr, unsigned char reg);// writeAddrHdlc()에 이어 writeByteHdlc()사용
unsigned char readRegHdlc(unsigned char addr)// writeAddrHdlc()에 이어 readByteHdlc() 사용
void hdlcIsrConfig(); //HDLC로 부터의 인터럽트를 수신할 GPIO핀 설정(FALLING_EDGE로 설정해야 함)
void setClockMode_Ifg_Nrzi_BaudRate(u8 ClockMode, u8 ifgFillEn, u8 nrziEn, u16 baudRate, u8 rieEn)
void setMode_Auto_Clk_Ifg_Nrzi(u8 ClockMode, u8 ifgFillEn, u8 nrziEn, u16 baudRate, u8 rieEn)
void setMode_Transparent_Clk_Ifg_Nrzi_Baud(u8 ClockMode, u8 ifgFillEn, u8 nrziEn, u16 baudRate, u8 rieEn)
void transmit(u8 ch, u8 kindoffrm,    unsigned char *txfrm, u8 len);
void hdlcConfig_OpMode_ClockMode_Ifg_Nrzi_BaudRate(u8 opMode,u8 ClockMode, u8 ifgFillEn, u8 nrziEn, u16 baudRate, u8 rieEn);
void hdlcReadAllReg(void);
u8 hdlcParser(u8 ch, u8 *rxfrm, u8 len);
void hdlcGpioIsr(void){//인터럽트 수신용 GPIO핀으로부터의 falling edge에서 호출되는 ISR
    //-- Parser를 사용하여 HDLC 프레임 처리
}

//main loop
void    PT7A6525LLoop(){
//+.....GPIO 설정
  ResetHDLC0;
  ResetHDLC1;
  delayms(100);

  hdlcConfig_OpMode_ClockMode_Ifg_Nrzi_BaudRate(
          TRANSP_MODE0, //Operation Mode
          6,//Clock Mode
          1,//IFG Fill Enable
          1,//NRZI Enable
          1023, //1023 = BaudRate in 62.5bps (The lowest rate).
          0);//RIE (Receive Frame Start Interrupt Enable -- Disabled)

  delayms(1000);
  hdlcReadAllReg(); //Test
```

```

vs = 0;
numTxCount = 0;
while(1){
    // CH-A
    switch(g_x25LinkModule[CH_A].x25LinkState){
        case DISCONNECTED:
            //===Setup Phase :
            printf("A> Try to connected with B\r\n");
            g_x25LinkModule[CH_A].x25LinkState = SABM_SENT;
            g_x25LinkModule[CH_A].vs = 0;
            g_x25LinkModule[CH_A].vr = 0;
            transmit(CH_A,TXTPFRM, &SabmFrame, 2);
            break;
        case SABM_SENT:
            if(g_gotRxFrameUA){
                g_gotRxFrameUA = 0;
                g_x25LinkModule[CH_A].x25LinkState = DATATRANSER;
                printf("A> Now Connected to B\r\n");
            }
            break;
        case DATATRANSER:
            if(numTxCount==3){
                //====Disconnect Phase
                numTxCount=0;
                printf("\r\nA> Try to disconnected with B\r\n");
                g_x25LinkModule[CH_A].x25LinkState = DISC_SENT;
                transmit(CH_A,TXTPFRM, &DiscFrame, 2);
                g_x25LinkModule[CH_A].vs = 0;
                g_x25LinkModule[CH_A].vr = 0;
                delayms(100);
            }else{//====Data Trasfer Phase
                    numTxCount++;
                    printf("A> Try to send Data to B(#%d)\r\n",numTxCount);
                    if(g_opMode == AUTO_MODE8){
                        transmit(CH_A,TXIFRM, &SampleDataFrameAuto, 10);
                    }else { //Transparent Mode
                        SampleDataFrame0[1] = g_x25LinkModule[CH_A].vs << 5;
                        transmit(CH_A,TXTPFRM, &SampleDataFrame0, 10);
                        g_x25LinkModule[CH_A].vs = (g_x25LinkModule[CH_A].vs + 1) % 8;
                        delayms(1000);
                    }
            }
            break;
        case DISC_SENT:
            if(g_gotRxFrameUA){
                g_gotRxFrameUA = 0;
                g_x25LinkModule[CH_A].x25LinkState = DISCONNECTED;
                printf("A> Finally DisConnected to B\r\n");
                g_x25LinkModule[CH_A].vs = 0;
                g_x25LinkModule[CH_A].vr = 0;
            }
            break;
    }
    //CH-B
    switch(g_x25LinkModule[CH_B].x25LinkState){
        case DISCONNECTED:
            if(g_gotRxFrameSABM){
                g_gotRxFrameSABM = 0;
                transmit(CH_B,TXTPFRM, &UaFrame, 2);
                g_x25LinkModule[CH_B].x25LinkState = DATATRANSER;
                g_x25LinkModule[CH_B].vs = 0;
```

```
                g_x25LinkModule[CH_B].vr = 0;
                printf("B> Connected with A\r\n");
            }
            break;
        case DATATRANSER:
            if(g_gotRxFrameDISC){
                g_gotRxFrameDISC = 0;
                transmit(CH_B,TXTPFRM, &UaFrame, 2);
                g_x25LinkModule[CH_B].x25LinkState = DISCONNECTED;
                g_x25LinkModule[CH_B].vs = 0;
                g_x25LinkModule[CH_B].vr = 0;
                printf("B> DisConnected with A\r\n");
            }else if(g_gotRxFrameI){
                printf("B> Rx I Frame:");
                printf("B> ACK to A(vr=%d)\r\n",g_x25LinkModule[CH_B].vr);
                g_x25LinkModule[CH_B].vr = (g_x25LinkModule[CH_B].vr + 1) % 8;
                if(g_opMode == AUTO_MODE8){
                    transmit(CH_A,TXIFRM, &SampleDataFrameAuto, 10);
                }else {
                    RrFrame[1] = 0x01 | (g_x25LinkModule[CH_B].vr << 5);
                    printf("RrFrame[1]=%x\r\n",RrFrame[1]);
                    transmit(CH_B,TXTPFRM, &RrFrame, 2);
                    delayms(1000);
                }
                g_gotRxFrameI = 0;
            }
            break;
        default:
            break;
    }
  }
}
```

(17) 시험

Salae16 등의 로직/프로토콜 분석기와 오실로스코프를 사용하여 다음 항목을 시험한다.

a) Idle시 : 이것은 0x7e(01111110)값을 갖는 플래그 열이 연속 송신되는 것을 오실로스코프로 확인한다.
<그림 7.40>은 그 예이다.

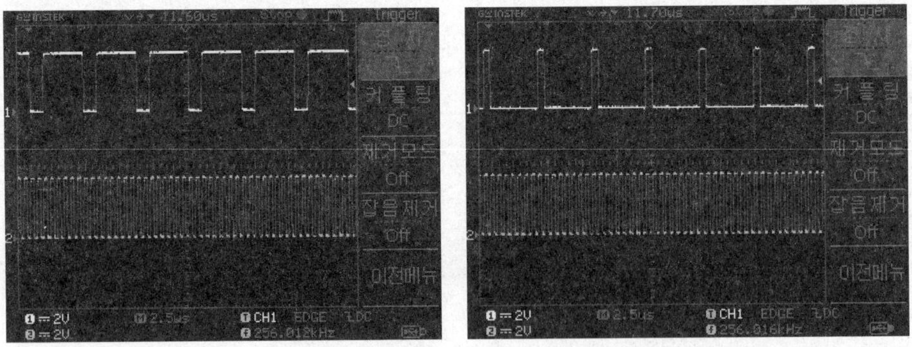

<그림 7.40> Idle시 플래그 열이 송신되는 경우 (a) NRZ코딩시 (b) NRZI 코딩시

b) 투명모드에서의 SABM 프레임 전송시 : Addr=0x00,Ctrl=2F(SABM) 로 구성된 U프레임을 투명 모드로 전송한다. 이 경우 선두의 플래그와 후미의 자동으로 계산된 CRC16영역, 그리고 마지막의 플래그로 구성된 완전한 SABM 메시지가 송신된다. <그림 7.41>은 로직 분석기로 분석된 SABM 프레임의 예이다.

<그림 7.41> SABM 프레임의 예

(18) 투명모드에서의 HDLC 절차 분석

연결, 데이터 전송, 해제 절차를 연속 수행한 예는 <그림 7.42>와 같다.

<그림 7.42> HDLC 동작과정의 예

그리고 <그림 7.43>은 SABM과 UA 프레임이 상호 교환되는 예이다.

<그림 7.43> SABM과 UA 프레임의 예

<그림 7.44> <그림 7.44>는 {02,03,04,05,06,07,08} 의 데이터를 수납한 첫번째 I(0,0)프레임의 예이다.

<그림 7.45> I(0,0) 프레임의 예

7.15 연습 문제

[1] HDLC는 __계층 프로토콜이다.
a) 물리 b) 링크 c) 망 d) 전달

[2]HDLC가 지원하지 않는 동작모드는?
a) ABM b) ARM c) NRM d) ATM

[3] 데이터 링크 계층의 기능이 아닌 것은 __이다.
a) 프레이밍 b) 주소법 c) 연결설정, 유지 및 해제기능
d) 종단간 오류복구 e) 다중 접근방식

[4] HDLC에서의 비트스터핑의 사용 목적은?
a) 플래그와의 구분 b) 비트동기 c) DC 평형성 제공 d) 암호화

[5] 4B/5B 블록 인코딩의 사용 목적이 아닌 것은?
a) 고속 전송 b) 비트동기 c) 특수 제어 코드 송신 d) 프레임 구분

[6] HDLC에서의 흐름제어용으로 사용되는 프레임은 __와 __이다.
a) SABM b) UA c) RR d) RNR e) REJ

[7] ARQ 오류복구 절차가 아닌 것은?
a) Go-back-N b) Stop-and-Wait c) Selective-Reject d) FEC

[8] HDLC에서 balanced 구성이 가능한 통신국은 __이다.
a) Primary Station b) Secondary Station c) Combined Station d) Slave Station

[9] HDLC에서 balanced 구성이 가능한 통신국간의 링크 연결시 전송되는 프레임은 __이다.
a) SABM b) SNRM c) SARM d) RESET

[10] Modulo 8로 동작하는 HDLC에서 n(s)=7인 I-프레임을 수신한 경우 n(r)=__인 RR 등의 프레임으로 응답한다.
a) 7 b) 8 c) 9 d) 0

[11] PPP가 지원하는 기능이 아닌 것은?
a) 인증기능 b) 동적인 IP주소할당 c) PPP 연결 설정값 협상 d) 라우팅

[12] PPPoE는 PPP 패킷을 ___에 수납하여 송신하기 위한 프로토콜이다.
a) ATM b) AAL5 c) 이더넷 d) 프레임 릴레이

[13] PPP는 ___, ___, ___순서로 연결과정이 수행된다.
a) LCP, CHAP, IPCP b) PAP, CHAP, IPCP c) IPCP, LCP, PAP d) PAP, IPCP, LCP

[14] HDLC를 지원하는 칩 내부 버퍼의 역할은 무엇인가? 버퍼의 크기는 어떻게 결정해야 할까?

[15] HDLC는 synchrohous 전송방식으로 동작하므로 전용 USRT칩이 필요하다. HDLC전용 컨트롤러의 종류를 열거하라.

[15] PPP에서 사용되는 인증프로토콜의 특징 중 맞는 것은?
a) PAP는 패스워드를 노출시키지 않는다. b) CHAP은 사용자 이름을 노출시키지 않는다.
c) PAP는 사용자 이름을 노출시키지 않는다. d) CHAP은 패스워드를 노출시키지 않는다.

[16] PPP의 IPCP는 ___이다.
a) PPP용 ICMP b) PPP용 ARP c) PPP용 IP 주소할당 프로토콜 d) PPP용 IPX

[17] SLIP과 PPP를 비교하라

제 **8** 장

다중화와 다중접근

8.1 다중화

서로 멀리 떨어진 여러 개의 장치를 상호 연결할 때 어떻게 하면 경제적으로 연결할 수 있을까? 다중화(multiplexing)는 여러 개의 아날로그 또는 디지털 데이터를 하나의 선로에 통합하여 전송하는 방법이다.

이 경우 다중화를 수행하는 송신부를 다중화기(multiplexer)라고 하며 원래의 데이터를 역다중화는 수신부를 역다중화기(demultiplexer)라고 한다.

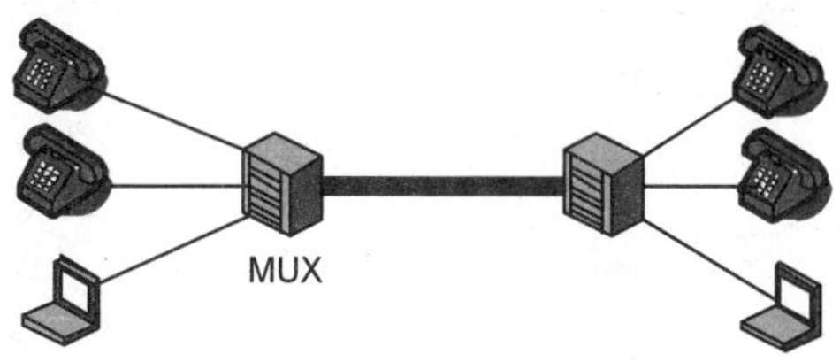

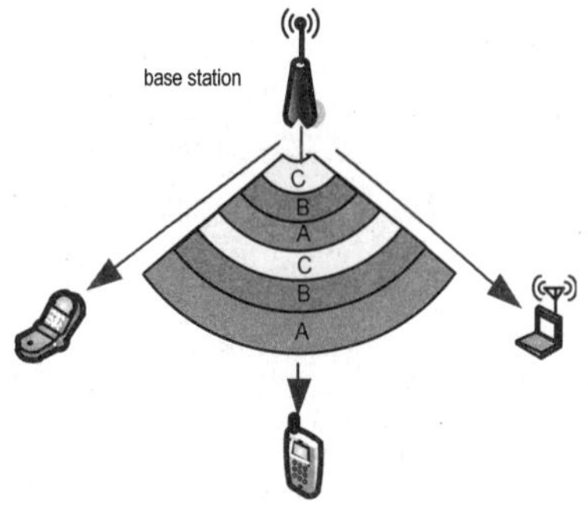

<그림 8.1> 유무선 다중화

이러한 다중화기술은 물리 계층뿐만 아니라 다음과 같이 데이터링크계층 이상의 다양한 계층에서도 사용된다.

- 물리 계층 다중화 : TDM, FDM, WDM, CDM
- 패킷모드 다중화(통계적 다중화)
- 링크 계층 다중화
- 네트워크 계층 다중화
- 트랜스포트 계층 다중화

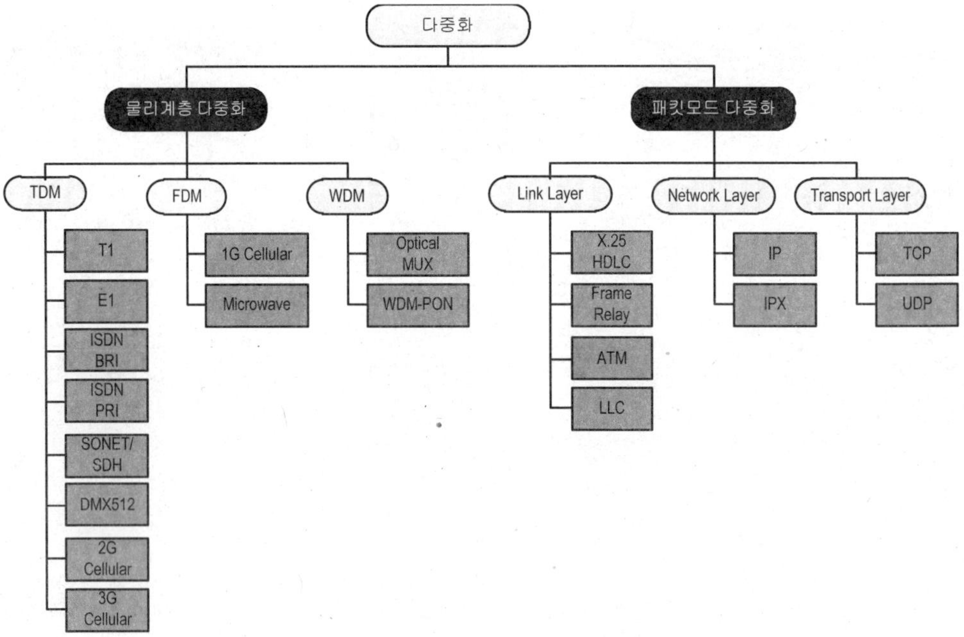

<그림 8.2> 다중화 방식의 종류

8.2 시분할 다중화 방식(TDM)

(1) 개요

Time Division Multiplexing은 하나의 전송선로상에서 125μsec 등의 고정된 주기마다 시간상으로 분할된 여러 개의 타임슬롯에 음성이나 데이터를 수납하여 전송하는 다중화 방법이다. 이러한 TDM 다중화 방식을 사용하는 기술의 예는 다음과 같다.

- T1 : 24개의 타임슬롯을 1.544Mbps로 다중화한다. 매 싸이클마다 1비트의 sync비트가 추가되어 총 193비트가 125usec마다 주기적으로 송신된다.
- E1 : 32개의 타임슬롯을 2.048Mbps로 다중화한다. 운용방법에 따라 유효 슬롯은 30~32개이다.
- ISDN Basic Rate Interface(BRI) : 2개의 64Kbps 슬롯과 16Kbps의 슬롯을 제공하며, 48Kbps의 오버헤더를 포함하여 192Kbps로 다중화한다.
- ISDN Primary Rate Interface(PRI) : E1방식과 유사하게 32개의 타임슬롯을 2.048Mbps로 다중화 한다.
- SONET/SDH : 광전송기술을 이용한 50Mbps 이상의 다중화를 제공한다.
- 기지국에서 단말로의 하향 채널 : 무선방식의 TDM 다중화방식이 사용된다.
- I2S 및 AES/EBU : L과 R채널의 디지털 오디오를 다중화하여 전송한다.
- DMX512 : 512개의 슬롯으로 구성된 프레임을 주기적으로 전송하여 최대 512개의 조명채널을 제어한다.

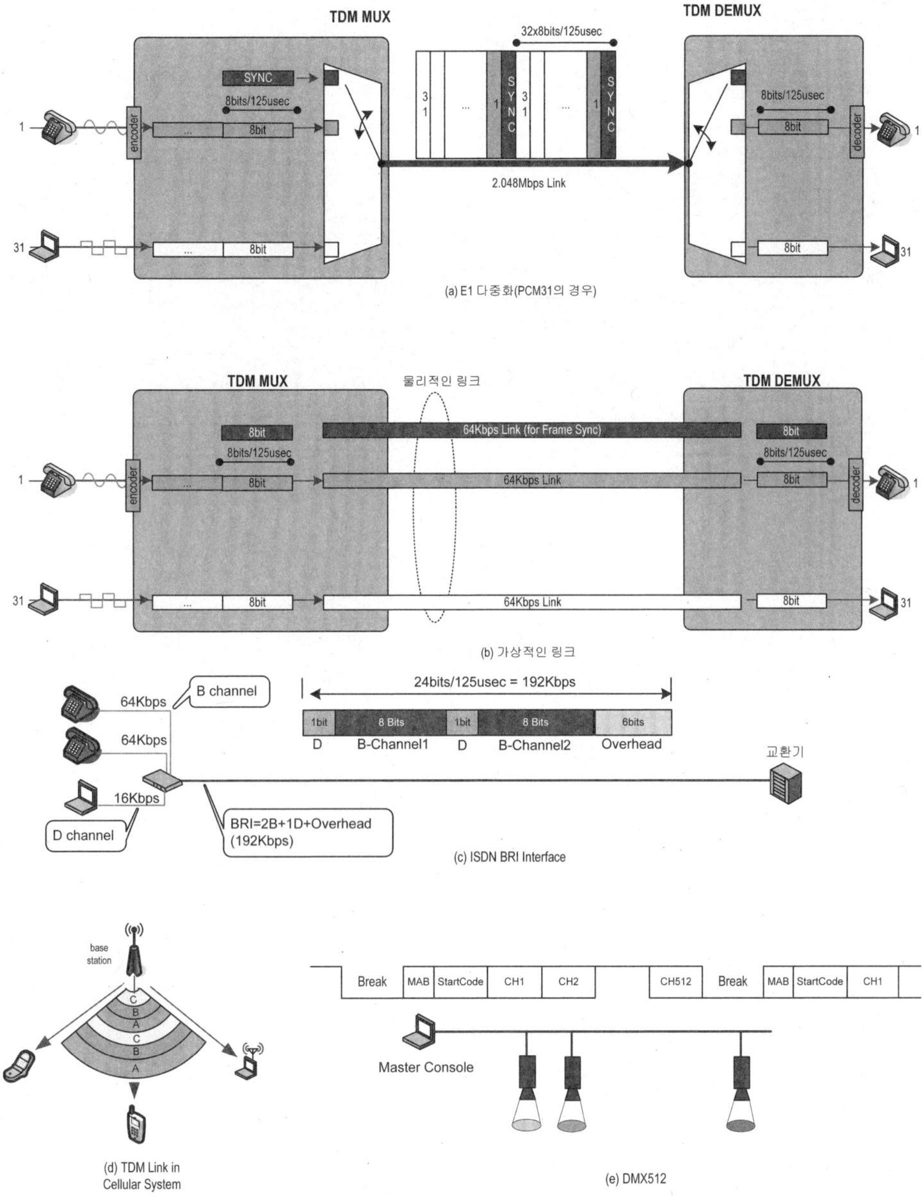

<그림 8.3> TDM 다중화방식의 예

8.3 주파수분할 다중화 방식(FDM)

Frequency Division Multiplexing(FDM) 방식에 의한 다중화는 주어진 주파수대역을 여러 개의 작은 주파수대역으로 세분하여 다중화하는 방법이다. 주로 마이크로웨이브 중계국간에 사용된다. 또한 기지국에서 여러 단말에 대한 하향채널용으로 음성을 전달하는 초기 아날로그 이동전화 시스템에서도 사용되었다.

이러한 FDM 다중화방식은 각 단말별로 서로 상이한 주파수로 변조하여 하나의 안테나로 전송하고, 각 단말은 자신의 해당 주파수로 복조한다[1]. 이 방법은 마치 라디오의 튜닝 다이얼을 해당 방송국에 맞추는 것과 유사하다.

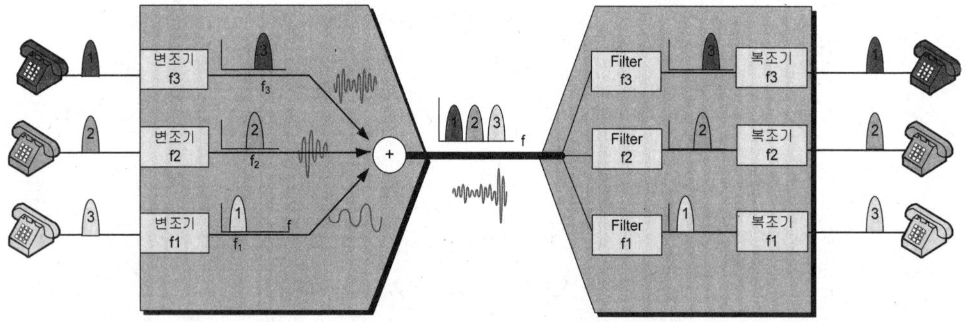

<그림 8.4> FDM 다중화 방식의 원리

8.4 파장분할 다중화 방식(WDM)

파장분할 다중화방식(WDM)은 <그림 8.5>와 같이 하나의 광케이블에 파장이 다른 신호를 사용하여 동시에 전송하는 방식이다. 이것은 외부의 전자파 잡음에도 영향을 받지 않고 도청도 비교적 어려운 장점이 있으며 장거리 전송이 가능하여 SONET/SDH 등의 장거리 전송 시스템에서 사용된다.

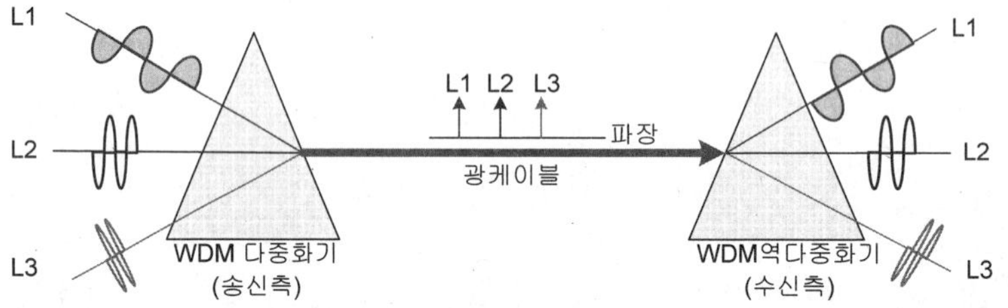

<그림 8.5> WDM다중화 방식의 원리

8.5 패킷모드 다중화

(1) 개요

데이터 링크 계층 이상에서 유입되는 패킷을 내부버퍼에 저장하고 버퍼 선두에 있는 패킷부터 송신한다. TCP/IP와 같은 상위계층에서도 유사한 방법으로 다양한 응용 계층 메시지를 다중화하여 전송한다. 이러한 패킷모드 다중화는 많이 송신하는 곳이 많이 송신할 수 있어 통계적 다중화하고 하며 그 결과로 수신 간격이 송신간격과 상이하므로 비동기식 다중화라고도 한다.

[1] 무선LAN에서 여러 개의 안테나를 사용하는 Multiple−input multiple−output communications(MIMO) 방식도 일종의 물리계층에서의 다중화방식이다.

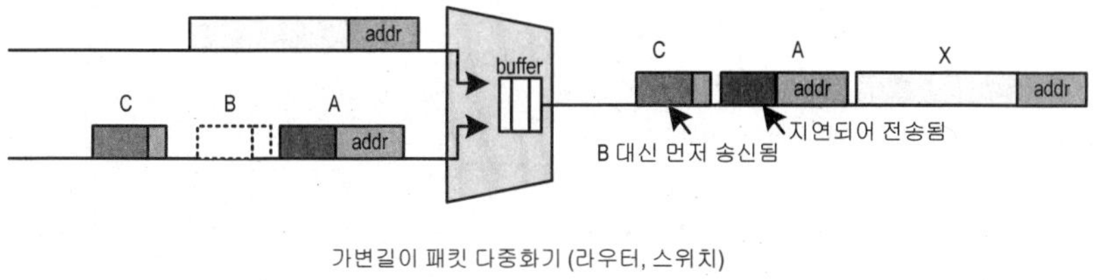

<그림 8.6> 통계적 다중화기

(2) 링크 계층 다중화

링크계층 목적지 주소가 상이한 여러 개의 링크계층 프레임을 하나의 전송매체를 통해 전송하는 경우이다. 이것은 LAN, X.25, FrameRelay, ATM 등에서 사용된다.

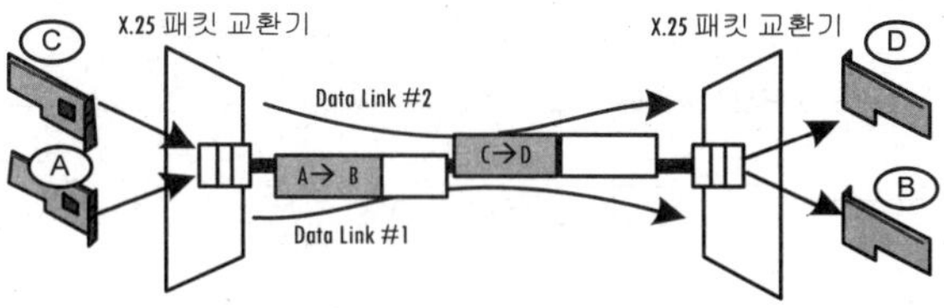

<그림 8.7> 링크 계층에서의 다중화

(3) 네트워크 계층 다중화

IP 계층에서 사용되는 논리적 링크는 <그림 8.8>과 같이 IP를 사용하는 두 단말의 상위 계층간 논리적인 연결을 의미하고, 각 연결들의 구분은 IP 헤더의 Protocol 영역값에 따른다.

여기서 논리적 링크란 다음과 같다. 두 시스템을 연결하는 물리적 링크가 한 개밖에 없지만 서로 다른 SAP 번호를 사용하는 여러 개의 상위 계층 프로토콜들이 송신한 IP 패킷들이 동일한 데이터링크 프레임에 수납되어 열을 지어 전송된다. 이들을 수신한 단말이 Protocol 값으로 이들을 분류할 수 있고, IP의 상위 계층 입장에서는 마치 여러 개의 독립적인 채널이 있는 것으로 간주되는 논리적인 채널을 말한다.

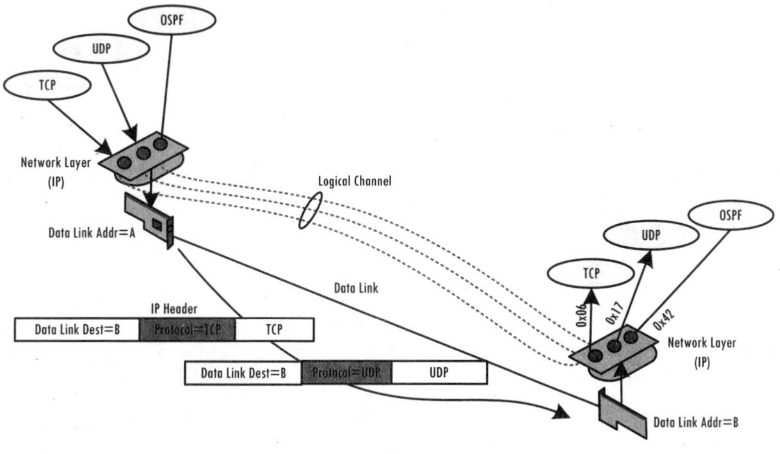

<그림 8.8> 네트워크 계층에서의 다중화

(4) 트랜스포트 계층 다중화

동일한 링크 및 IP연결로상에서 다양한 응용 계층 프로세스간의 데이터 전달을 다중화할 수 있다. 수신측은 수신 메시지의 목적지 포트번호를 구분하여 해당 프로세스에 전달한다.

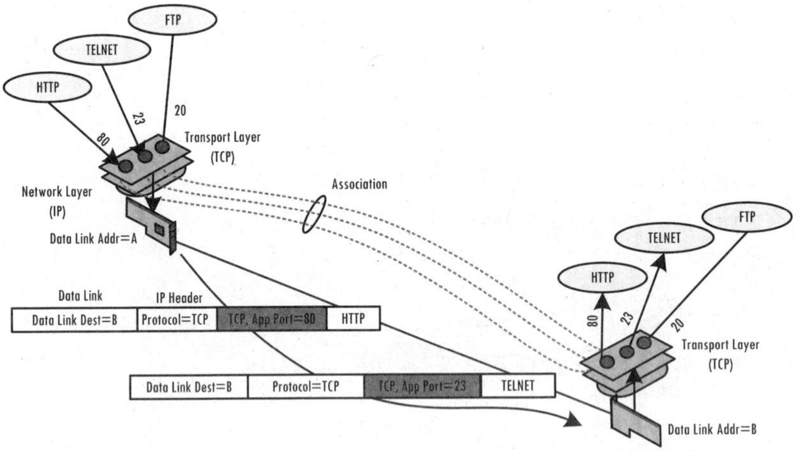

<그림 8.9> 트랜스포트 계층에서의 다중화

(5) 역다중화(Inverse multiplexing)

역다중화는 유입되는 하나의 고속 스트림을 여러개의 저속 링크로 분산하여 전송하고 수신측에서는 원래의 스트림으로 복원하는 방식이다.

예를 들어 <그림 8.10>과 같이 4개의 100 Mbps급 이더넷을 사용하여 400 Mbps의 데이터를 전송할 수 있다. 이 과정에서 패킷간의 순서를 지켜야 한다. 이러한 기술을 bonding, link aggregation 이라고도 부른다.

이 방법은 고속 전송을 지원하는 기능 외에도 일부 링크 단절시 나머지 링크가 전송기능을 유지할 수 있는 기능도 선택적으로 제공할 수 있다.

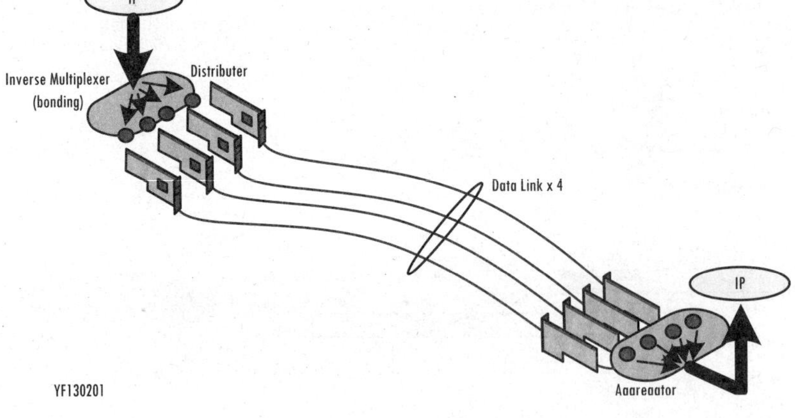

<그림 8.10> 역 다중화

8.6 다중접근(Multiple Access)

(1) 개요

다중접근기술은 여러 장치의 송신부가 하나의 전송선로를 공유하여 하나의 물리적인 링크상으로 송신할 때 이들간의 충돌이 가급적 발생하지 않도록 효율적으로 이들을 배열시키는 기술로 다원접속 기능이라고도 하며, 회선모드 다중접근방식과 패킷모드 다중접근방식이 있다.

회선모드 다중접근방식은 일종의 무경쟁 다중접근방식으로써 각 단말은 미리 할당된 채널을 연결기간 동안 독점 사용하는 것이다[2]. 여기에는 서로 다른 시간을 사용하는 TDMA(Time Division Multiple Access), 서로 다른 주파수를 사용하는 FDMA(Frequency Division Multiple Access), 서로 다른 부호열을 사용하는 CDMA(Code Division Multiple Access), 지향성이 상이한 2개 이상의 안테나를 사용하는 Space Division Multiple Access(SDMA) 등이 있다. 이들은 주로 이동 전화망에서 여러 단말이 기지국으로 송신하는 상향채널에서 사용된다.

패킷모드 다중접근방식은 패킷단위로 채널을 확보하는 것으로써 경쟁방식과 스케듈에 따라 전송권을 확보하는 방식으로 다시 구분된다. 경쟁방식의 다중접근방식은 여러 장치가 전송권을 경쟁하는 것이다. 초기 이더넷에 사용된 CSMA/CD방식이 대표적이다. 또한 무선 LAN에서 사용하는 CSMA/CA방식도 경쟁방식에 속한다. 스케듈 기반의 다중접근방식은 마스터 노드가 여러 슬레이브 노드에 대하여 순차적으로 전송권을 할당하는 것이다.

실제 시스템에서는 2개 이상의 다중접근방식을 혼용하여 사용된다. 예를 들어 블루투스의 경우 일반 데이터 전송은 CSMA/CA 경쟁방식을 사용하지만 디지털 오디오 스트림 전송시에는 주기별로 고정 대역을 제공받을 수 있는 TDMA를 사용한다.

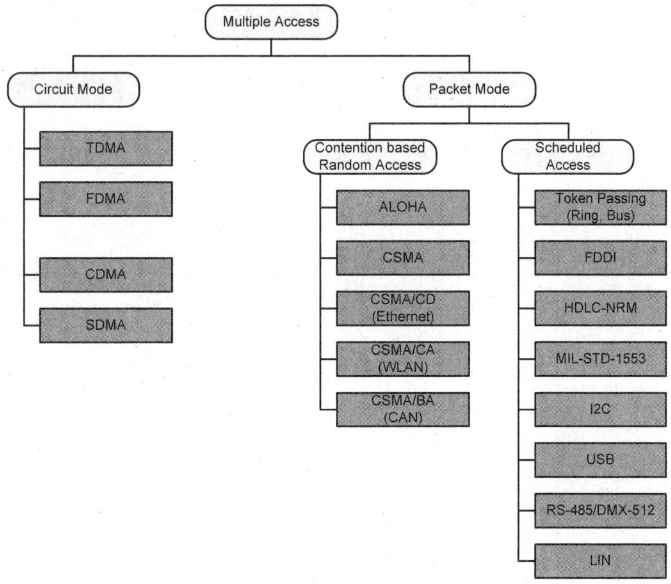

<그림 8.11> 다중 접근 방식의 종류

[2] 이러한 채널은 관리자에 의해 고정 설정되거나 요청하여 할당받는다. 물론 할당 요청시 단말간 공유하는 채널을 통하여 경쟁할 수도 있다.

(2) 다중화와 다중접근의 구분(참고)

앞에서 다루었던 TDM, FDM, CDM 등의 다중화와 TDMA, FDMA, CDMA와 같은 다중접근 기능을 구분하면 다음과 같다.

- 다중화 : 여러 개의 입력 스트림을 하나로 통합하여 전송하는 물리계층 기술이다.
- 다중접근 : 여러 개의 송신장치가 하나의 수신측에 효율적으로 자신의 스트림을 전송하는 링크계층 기술이다.

<그림 8.12>를 보자. 이것은 TDM과 TDMA의 기능에 대한 것이다. 하향링크의 경우 하나의 기지국 송신부가 3개의 사용자 스트림을 차례로 송신하는 TDM기반의 다중화 기술이 사용된다. 반면에 상향링크에서 사용되는 TDMA는 각 단말이 주기적인 싸이클내에서 각자 할당된 타임슬롯을 사용함으로써 상호간에 충돌을 발생하지 않는 다중접근절차를 사용한다.

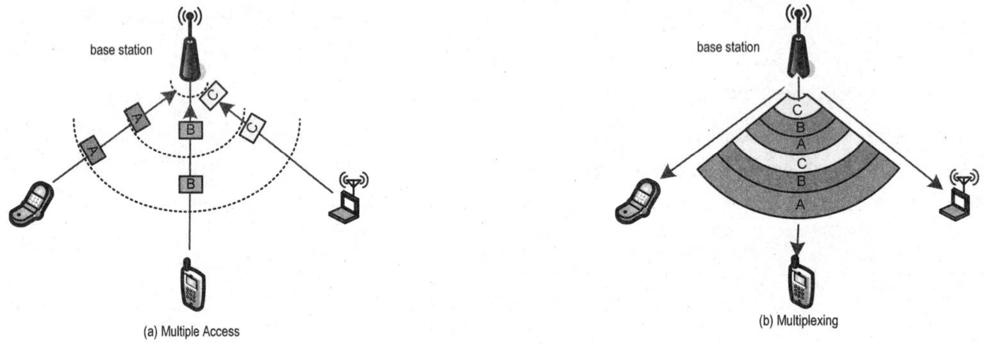

<그림 8.12> 다중화와 다중접근의 구분

8.7 스케듈 기반의 다중접근방식

(1) 분산방식

토큰 링과 토큰 버스 방식은 모두 스케듈 기반의 다중접근방식이다. 토큰링(Token Ring)방식은 3바이트길이의 특별한 토큰 프레임을 사용하여 다중접근을 수행한다.
이것은 다음과 같이 동작한다.

- 마스터 단말을 선정한다.
- 마스터 단말은 토큰 프레임을 생성하여 이웃 단말에 전달한다.
- 토큰을 전달받은 단말은 자신의 데이터 프레임을 송신한다. 송신할 프레임이 없다면 이웃에 토큰을 전달한다.
- 목적지 단말은 수신되는 프레임을 중계하면서 수신한다. 그리고 프레임의 마지막에 ACK비트를 표시한다.
- 송신단말은 되돌아오는 원래의 프레임에 대하여 ACK비트를 확인한 후 이것을 제거한다.
- 마지막으로 토큰 프레임을 이웃 노드에 전달한다.

즉 토큰 링 방식에서는 토큰을 가진 노드만 전송매체를 사용할 수 있다. 이 방식은 IBM사에서 제안한 4Mbps 또는 16Mbps급 IEEE 802.5 표준이다. 이후 1 Gbps급 토큰링도 개발되었으나 상용화되지는 않았다. 실제 토큰링 시스템은 <그림 8.13>과 같이 내부에 릴레이가 있는 MAU를 사용하여 구성된다. 따라서 포트에 노드가 연결되지 않은 경우에도 릴레이 접점에 의해 링이 구성되도록 한다. 그리고 이 절차는 버스형 전송매체에서도 사용될 수 있는데 이 방식은 IEEE802.4 Token Bus방식이라고 한다.

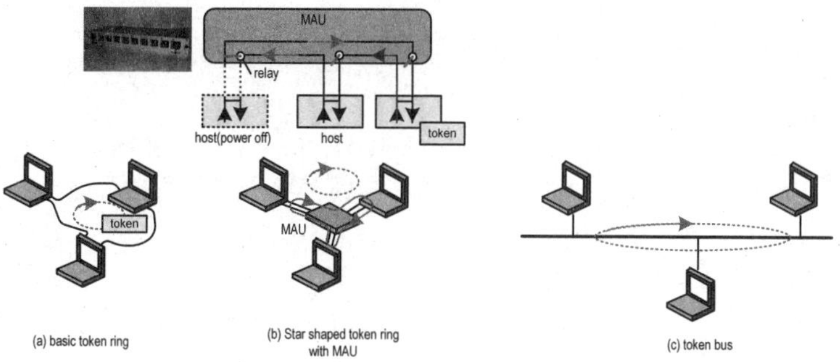

<그림 8.13> 토큰링 다중접근방식

(2) 중앙집중방식

이것은 하나의 전용 마스터 장치가 다수의 슬레이브에 대한 링크 사용권을 순차적으로 할당하는 방식이다. 이러한 방법은 I2C, USB, RS-485, HDLC-NRM, MIL-STD-1553 등에서 널리 사용된다.

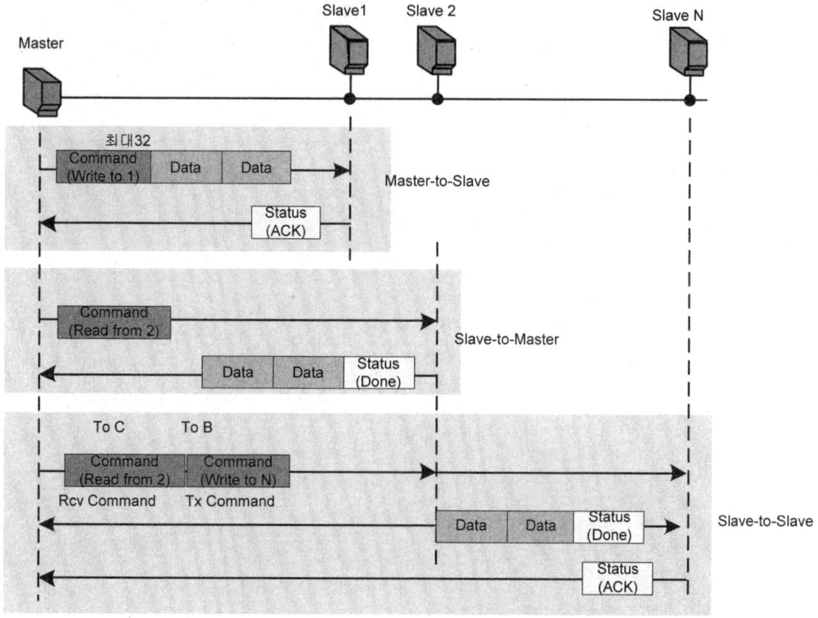

<그림 8.14> 중앙집중형 스케듈 기반의 다중접근방식

8.8 경쟁 기반의 다중접근방식

(1) 개요

경쟁방식의 다원접속(또는 프레임모드 multiple-access방식)은 필요시 채널권을 확보하여 전송하는 방법이다[3]. 이 과정에서 다른 단말과의 링크확보 절차가 필요한데 이것을 media access control (MAC) 프로토콜이라고 한다. 여기에는 다음과 같이 다양한 방법이 있다.

(2) ALOHA

ALOHA 방식은 하와이 대학에서 1971년에 개발한 UHF대역의 무선 패킷 통신망에서 사용한 다중접근방식이다. 시스템은 중앙의 호스트와 여러 무선 단말로 구성된 스타구조이며 각각 100KHz의 대역을 가진 주파수가 상이한 상향채널과 하향채널로 구분되어 운용되었다[4].

단말은 최대 88 바이트길이의 패킷이 준비되면 일단 무조건 상향채널로 9600 bps의 속도로 송신한다. 만약 이 송신이 성공하면 중앙의 호스트는 ACK 패킷을 하향채널로 응답한다. 하지만 만약 다른 패킷과 충돌하여 수신측으로부터의 ACK가 없다면 랜덤한 시간 이후에 재전송한다. 이렇게 랜덤한 시간 이후에 재전송하는 절차를 backoff 한다고 한다. 이러한 충돌현상에 의해 유효전송효율은 18%에 불과하다.

이후 채널사용개시 시점을 일정시간으로 구분된 타임슬롯의 시작시점에 맞추어 송신하는 방식인 Slotted ALOHA로 개량되었다. 이에 최대 효율은 37%로 증가되었다. 이러한 ALOHA 패킷망은 현재 인터넷의 시초가 되었다.

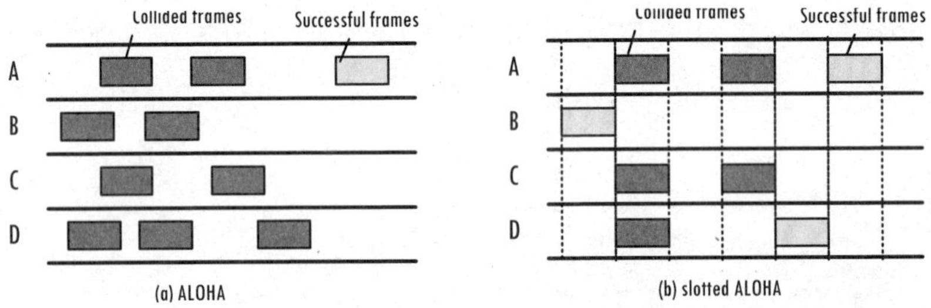

<그림 8.15> ALOHA 다중 접근 방식

(2) CSMA

Carrier sense multiple access (CSMA)는 기존 ALOHA방식의 낮은 전송효율을 개선한 것이다. 이것은 전송직전에 전송매체의 상태를 점검하는 carrier sense과정을 수행한다. 만약 idle하면 각 노드는 임의의 짧은 시간을 지연한 후 여전히 idle하면 송신을 개시한다. 만약 carrier가 감지되면 매체가 idle해질 때까지 송신을 지연한 후 임의의 임의의 짧은 시간을 지연한 후 여전히 idle하면 송신을 개시한다. 따라서 이러한 CSMA 방식을 "listen before talk"방식이라고 한다.

---

3 따라서 해당 단말에는 고정된 대역이 할당되지 않는 동적 대역 할당 방법이다.

4 중앙의 호스트를 Interface message Processor(IMP)라고 하며, 단말은 Terminal Control Unit(TCU)라고 하였다.

물론 자신 외에 다른 단말도 이 과정을 준비하고 있었다면 매체가 idle 해지면 이들간의 전송개시에 의해 충돌이 발생할 수 있다. 하지만 이러한 충돌을 감지하는 기능이 없으므로 충돌이 난 채로 전송이 지속되어 효율이 낮아진다. 특히 충돌이 발생한 사실은 CSMA 다중접근 기능부는 인지하지 못하므로 해당 프레임의 재전송은 보다 긴 재전송 타이머를 사용하는 상위 계층 프로토콜에 의해 재전송되므로 효율이 더 낮아진다.

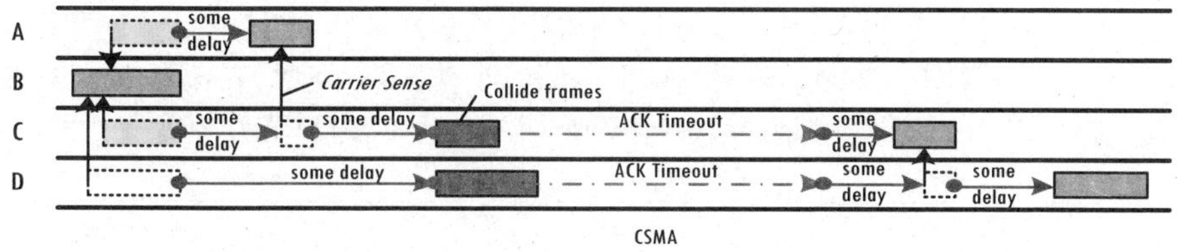

<그림 8.16> CSMA 다중 접근 방식

(3) CSMA/CD

Carrier sense multiple access with collision detection(CSMA/CD)는 기존 CSMA방식에서 전송 중 충돌이 발생하더라도 프레임의 송신을 계속 진행하는 문제점을 해결한 것이다. 이 방식은 10 Mbps급 이더넷에서 사용되었다. 동작 절차는 다음과 같다.

- 송신할 프레임이 준비되면 캐리어를 감지한다.
- 만약 busy하면 idle할 때까지 기다린 후 임의의 짧은 시간을 더 지연하고 여전히 idle하면 송신을 개시한다.
- 전송 중에는 충돌을 감지할 수 있도록 계속 링크상태를 감시한다.
- 만약 전송중 충돌이 감지되면 즉시 송신을 중지한 후 재전송을 준비한다.

이러한 충돌감지 방식에 의해 신속한 재전송이 가능하므로 CSMA방식에 비해 효율이 높다.

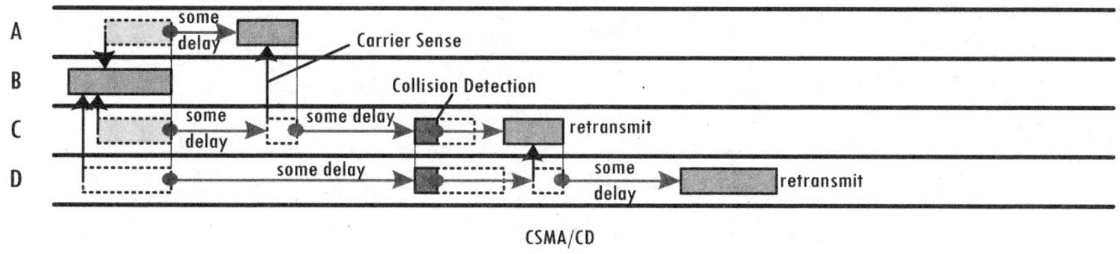

<그림 8.17> CSMA/CD 다중접근방식

(4) CSMA/CA

일반적인 무선 LAN 및 Bluetooth와 같은 무선 데이터 통신 시스템은 전송중에는 충돌감지기능을 수행할 수 없다[5].

대신에 충돌을 가급적 사전에 회피할 수 있는 CSMA-CA 경쟁방식이 주로 사용된다.

이것의 동작절차는 다음과 같다.

[5] 왜냐하면 무선 트랜시버는 송신 또는 수신을 교대하면서 동작하고 동시에는 동작할 수 없기 때문이다.

- 단말들은 자신의 전송으로 인해 다른 전송과의 충돌이 발생하는 것을 가능한 회피하기 위하여, 현재 채널의 사용 유무를 먼저 검사한다. 이것을 carrier sense한다고 한다.
- 만약 다른 단말 모두 사용중이 아니라면 자신의 데이터 전송에 필요한 시간을 예약하는 제어 프레임인 RTS(Request-to-Send)를 AP에 송신한다[6].
- 만약 이 제어프레임이 성공적으로 AP에 전달되면, 즉시 CTS(Clear-to-Send)라는 프레임으로 응답한다. 이 CTS프레임에는 AP주변의 모든 단말에게 전파되고 여기에는 해당 단말의 무선채널 사용시간이 명시되어 있어 주변 단말들은 그 기간동안 송신을 지연시킴으로써 데이터 프레임 전송시의 충돌을 회피할 수 있다. 이러한 방법을 Carrier Sense Multiple Access with Collision Avoidance(CSMA/CA)라고 한다.

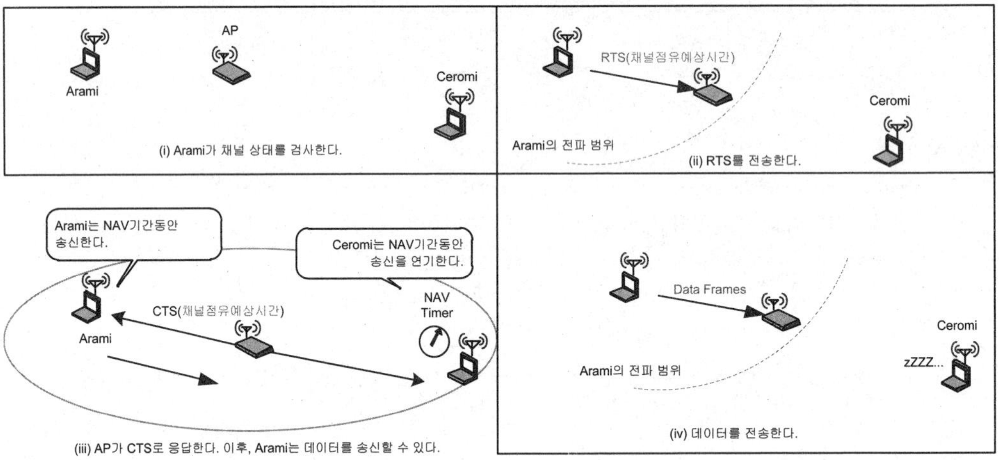

<그림 8.18> CSMA/CA 다중 접근 방식

(5) CSMA/BA(또는 CSMA/CR)

CSMA with Bitwise Arbitration(또는 CSMA with collision resolution)은 다중 노드가 설치된 버스상에서 충돌을 최소화하고 충돌이 발생하더라도 우선순위가 높은 노드는 자신의 메시지 전송을 계속할 수 있도록 다음과 같이 동작한다.

① MAC은 송신될 메시지를 준비한 후 전송매체상태(즉, 캐리어 상태)를 점검한다. 이것을 carrier sense한다고 한다[7]. 만약 캐리어신호가 감지되면(즉, 다른 통신국에 의한 전송이 진행 중이거나 충돌이 지속되는 경우), 장치들은 캐리어가 없어질 때까지 계속 케이블의 상태를 감시한다[8].

---

[6] 물론 주변의 단말도 이러한 제어 프레임을 거의 동시에 송신할 수 있기 때문에 충돌이 발생할 수도 있고 이 경우 충돌을 송신중에는 감지할 수 없어 CSMA방식과 동일하다.

[7] Carrier라는 용어는 Metcalf가 Communications of ACM저널에 개제한 그의 논문에서 사용되었는데, 그는 이더넷이 캐리어(반송파)에 변조된 신호를 실어 송신하는 무선방식의 ALOHA프로토콜을 개량한 것이기 때문에, 일관성을 유지하기 위하여 사용한 것이다. 대부분의 이더넷은 변조되지 않은 디지털신호를 전송하는 baseband방식이므로, 엄밀한 의미의 아날로그 반송파(carrier)는 없다. 여기서 캐리어란, 케이블상에 전송되는 프레임이나 충돌신호들을 의미한다.

[8] 1-persistent방식이라고 한다.

② 캐리어가 idle하면 이 프레임을 송신 개시한다.

③ 이 과정에서 송신국들은 자신의 송신중에 충돌이 발생하는지를 계속 점검한다. 만약에 송신국들이 충돌발생을 감지하면, 즉 자신이 송신하고 있는 비트값과 버스상에 표출되는 비트값이 상이한 경우 즉시 전송을 중단한다. 그리고 랜덤하게 결정되는 backoff 지연시간 이후 다시 캐리어을 감지하여 전송을 재시도한다.

메시지 식별자값에 의한 우선순위가 높은 송신노드는 이 과정에서 충돌발생 여부가 감지되지는 않는다. <그림 8.19>를 보자. 노드 A, B, C가 동시에 SOF비트를 시작으로 자신의 ID영역을 송신 개시한다. 각 노드는 송신 중에도 버스상태를 감시하므로 비트별로 자신의 전송과정이 버스상에 표출되는지 알 수 있다. 각 노드의 메시지 식별자의 값은 3<2<1이라고 하자.

- 노드 3 : CAN에서는 비트값 '0'이 dominant하므로 버스상에는 노드3이 송신하는 id값과 동일한 값만이 표출되므로 경쟁에서 이겨 프레임의 송신을 완료할 수 있다.
- 노드 2 : 자신의 메시지 식별자가 상대적으로 큰 값을 가지므로 우선 송신하던 recessive 비트('1')은 노드 3이 송신하는 '0값에 의해 실제 버스상에서 '0으로 인식되므로 자신의 송신을 중지하고 receive상태로 천이한다.
- 노드 1 : 마찬가지로 결국 receive 상태로 천이한다.

이러한 과정에서 각 프레임의 선두에 위치한 메시지 식별자 값은 우선순위를 내포하고 있음을 알 수 있다. 특히 버스상에서 여러 개의 프레임이 충돌하더라도 우선순위가 높은 프레임은 송신을 성공하는 장점을 가진다[9]. 이러한 기법을 메시지 식별자 기반의 'Non-Destructive Bit-wise Arbitration' 버스중재방법이라고 부른다. 이것은 CSMA/CD방식을 사용하는 이더넷에서는 충돌이 감지되었을 때 전송이 중단되는 것과는 달리, CAN의 경우 우선순위가 높은 메시지의 송신은 지속될 수 있어 중단 없는 데이터 전송이 가능하다.

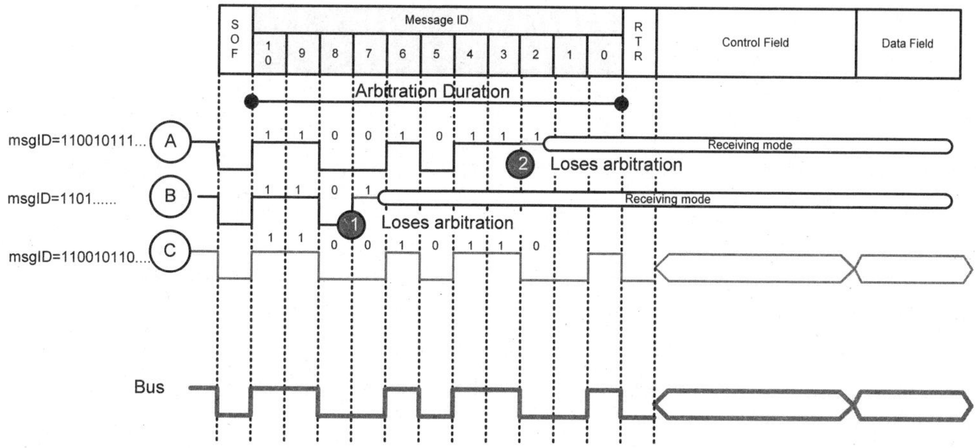

<그림 8.19> CSMA/BA 다중접근 방식

[9] CSMA/CD를 사용하는 이더넷의 경우 이러한 충돌이 발생하면 해당 프레임 모두가 버려진다.

8.9 회선모드 다중접근방식

(1) Time division multiple access(TDMA)

<그림 8.20>은 다중접속방식 중 각 단말별로 전송할 시간을 상이하게 할당하는 TDMA(Time Division Multiple Access)방식의 예를 도시한 것이다.

상향채널은 일정시간간격인 타임프레임 기간내에 각 단말별로 할당된시간 동안만 전송을 할 수 있도록 시간상으로 분할되어 있기 때문에 다른 단말의 전송과의 충돌이 없다. 이렇게 함으로써 여러 단말들이 하나의 상향채널을 공유할 수 있다.

이러한 방법은 2세대 셀룰라 시스템 규격인 GSM(Global System for Mobile Communications)과 위성통신에서 사용된다.

유선용 TDMA방식으로는 자동차 내부 제어 통신 기술인 FlexRay, 산업용 이더넷 기술인 Fieldbus, 항공기 내부제어 통신기술인 ARINC622 등이 있다.

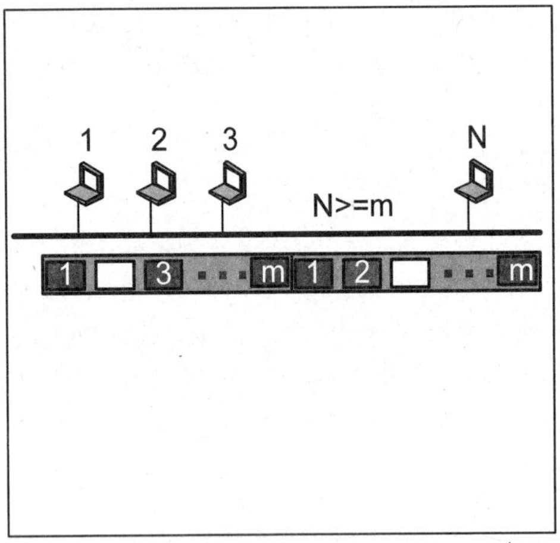

(a) TDMA in Wired Systems

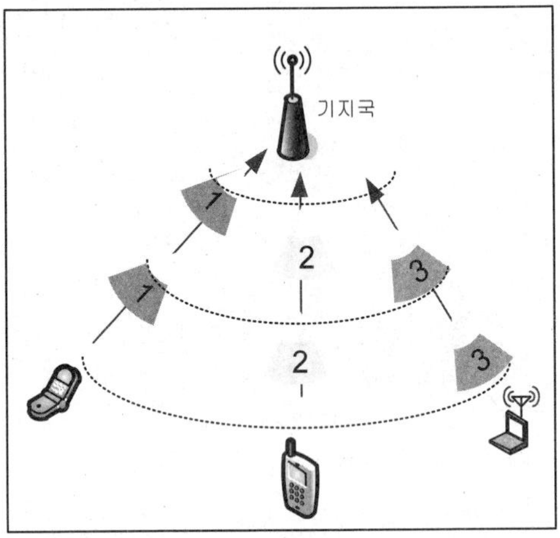

(b) TDMA in Wireless Systems

<그림 8.20> TDMA 다중접근방식

(2) FDMA(Frequency Division Multiple Access, 주파수분할 다중접근방식)

이것은 1세대 셀룰라 시스템과 위성통신에서 사용된다. 각 단말은 상향 및 하향채널을 각각 할당받아 사용한다.

1세대 셀룰라 시스템에서는 기지국과 단말간에 할당된 824~849MHz와 869~894MHz의 대역을 각각 상향(역방향-단말에서 기지국으로) 및 하향(전방향-기지국에서 단말로) 링크로 사용한다. 각 링크의 25MHz대역은 30KHz대역으로 분할된 832개의 채널을 제공한다. 각 30KHz의 채널은 30KHz의 FM 방식으로 변조된 음성을 전송하는데 사용된다.

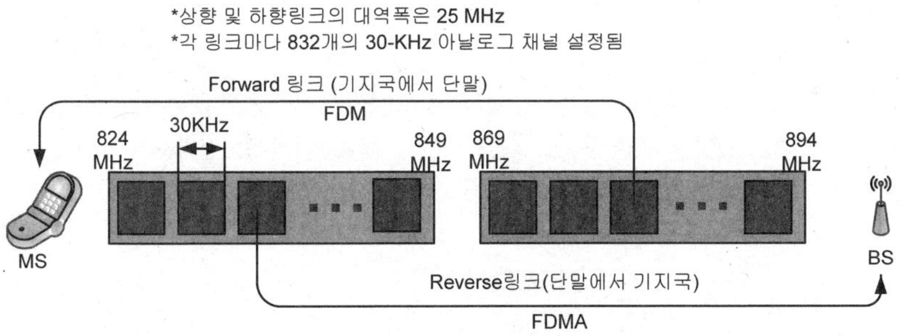

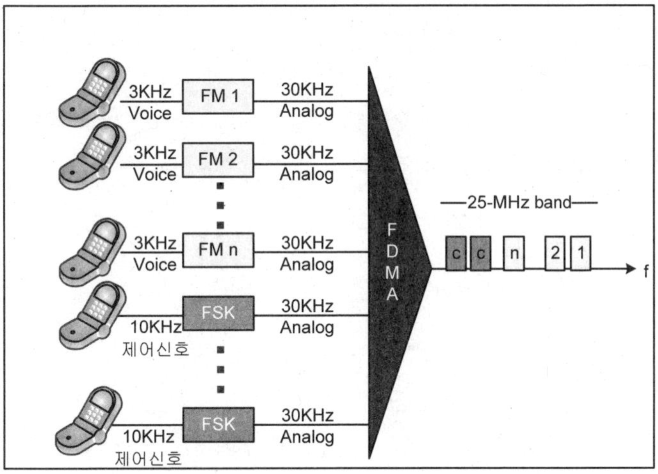

<그림 8.21> 아날로그 휴대폰 시스템용 FDMA

(3) Code division multiple access(CDMA)

외국에 출장 가서 다양한 나라의 사람이 모인 회의장에서 마음만 먹으면 한국친구의 목소리는 깨끗하게만 들린다. 사람들은 서로 다른 언어를 사용하기 때문에 자기가 알 수 있는 언어를 쉽게 알아 듣고 다른 사람이 이야기 하는 것은 단지 잡음으로만 느끼는 것과 같다. 코드분할 다중접근(CDMA: Code Division Multiple Access)는 바로 이러한 원리를 사용하며 또 다른 2세대 셀룰라 시스템 규격인 GSM과 경쟁기술이다.

CDMA는 각 단말별로 상이한 칩코드를 할당하고 각 단말은 자신에게 할당된 칩코드를 사용한 대역확산변조방식으로 전송한다[10].

이러한 칩코드는 단말별로 상이하여 수신측에서는 이들을 구별할 수 있다.

예를 들면 <그림 8.22(a)>와 같다. 4개의 단말 각각마다 고유한 4개의 칩코드열을 할당한다. 각 단말이 전송하고자 하는 데이터 1비트의 전송시간 동안에 4개의 코드를 곱한다. 4개의 단말로부터 생성된 각각의 출력을 모두 더한 결과인 {-1,-1,-3,+1}를 송신한다.

[10] 참고로 대역확산(DSSS) 통신기술을 다시 한번 생각해 보자. DSSS전송방식을 사용하는 무선LAN에서는 해당 AP에 접속된 여러 개의 단말은 모두 동일한 칩코드를 사용한다. 대역확산된 하나의 무선채널을 여러 단말들이 공유하므로 이들간에는 CSMA/CA방식으로 하나의 채널을 서로 사용하려고 경쟁한다. 즉 DSSS는 다중화방식이 아니라 특정 주파수를 가지는 잡음에 내성이 있도록 하는 변조방식이다.

이러한 변환과정에 의해 4개의 단말의 데이터비트가 한꺼번에 전송되며 이 칩 코드가 기지국으로부터 연결시도시 매번 할당받는다면 CDMA방식으로 다중접근한다고 한다[11].
수신측에서는 <그림 8.22(b)>와 같이 수신된 {-1,-1,-3,+1}코드열에 대하여 송신단말별로 사용한 것과 동일한 칩코드열을 곱한 후, 그 값을 모두 더하여 얻어지는 결과값이 +값이면 1로 판정하고, -값이면 0으로 판정하여 원래의 스트림을 복원한다[12].

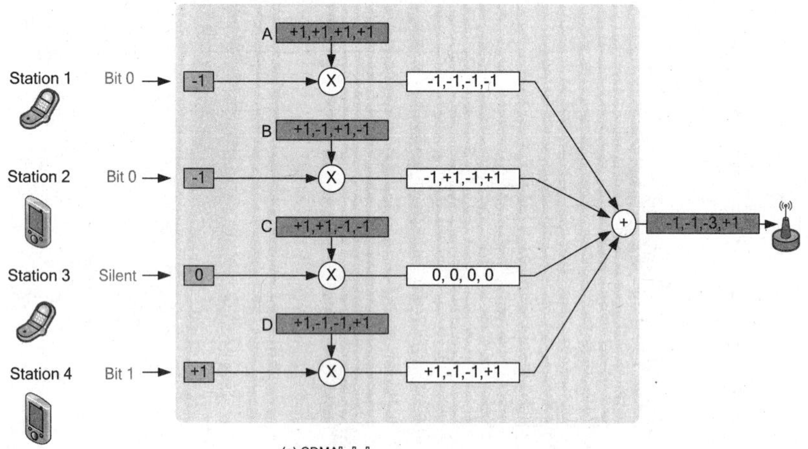

(a) CDMA□ □ □

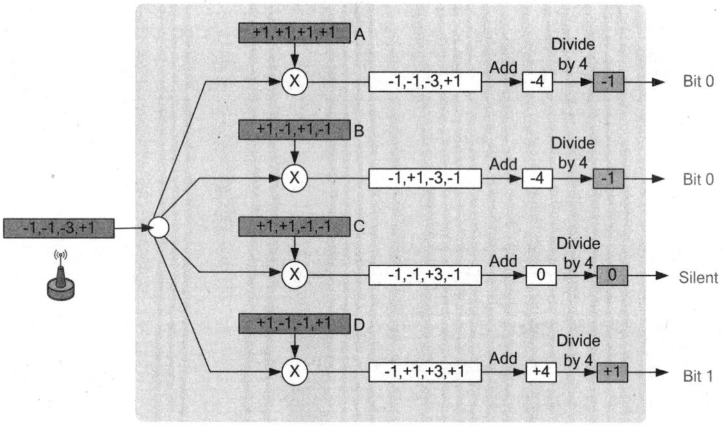

(b) CDMA□ □ □

<그림 8.22> CDMA송수신부의 예

이때 사용하는 4개의 단말별로 상이한 칩코드열은 <그림 8.23>과 같은 Walsh 코드 방법에 의해 생성된 것이다. 이 코드의 특성 중 하나는 서로 동일한 코드간에 내적을 수행하면 1이지만 상이한 코드간의 내적은 0인 점이다.

---

[11] 만약 기지국이 다른 기지국에 미리 정해진 코드를 사용하여 다중화하면 CDM방식으로 다중화할 수있다.
[12] 이러한 과정은 하나의 기지국에서 여러 개의 단말로 부호분할하여 한꺼번에 전송하므로 Code Division Multiplexing (CDM)이라고 할 수 있다.

즉 A*A = [1,1,1,1]*[1,1,1,1]=1+1+1+1=4인 반면, A*B=[1,1,1,1]*[1,-1,1,-1]=1-1+1-1=0이 된다. 이러한 CDMA시스템은 서로 다른 코드를 사용하여 통신을 하기 때문에 무선 구간의 통신 비밀 보호 특성이 매우 우수하다는 장점이 있다.

$$W_1 = \begin{bmatrix} +1 \end{bmatrix} \qquad W_{2N} = \begin{bmatrix} \boldsymbol{W_1} & \boldsymbol{W_N} \\ \boldsymbol{W_N} & \overline{\boldsymbol{W_N}} \end{bmatrix}$$

$$W_1 = \begin{bmatrix} +1 \end{bmatrix} \qquad W_2 = \begin{bmatrix} +1 & +1 \\ +1 & -1 \end{bmatrix}$$

$$W_4 = \begin{bmatrix} +1 & +1 & +1 & +1 \\ +1 & -1 & +1 & -1 \\ +1 & +1 & -1 & -1 \\ +1 & -1 & -1 & +1 \end{bmatrix}$$

<그림 8.23> Walsh코드

(4) Space Division Multiple Access

SDMA는 동일한 주파수대역을 사용하더라도 지향성이 큰 안테나를 사용함으로써 동일한 주파수를 사용하더라도 물리적으로 구분될 수 있는 여러 개의 무선 링크를 동시에 설정할 수 있는 다중접근 방식이다. 이것은 위성통신 시스템 또는 스마트 안테나기술을 사용하는 셀룰라 이동통신 시스템에서 사용된다.

(5) OFDMA

OFDMA(orthogonal frequency-division multiple-access)는 고속 무선 LAN 및 4G 이동통신망에서 사용되는 다중접근방식이다 참고로 OFDM은 모든 부반송파를 하나의 송신장치가 사용하는 변조 방식이다.

만약 OFDM 변조방식을 사용하는 여러 단말이 동시에 다중접근하려면 TDMA 방식으로 시간차를 두고 송신하면 될 것이다. 하지만 TDMA 방식은 실제 트래픽을 생성하지 않는 단말에게도 송신시간이 할당되는 문제가 있다.

이러한 문제점을 극복하기 위하여 OFDM 변조시 사용하는 수백 개의 부반송파 중에서 서로 겹치지 않는 몇 개씩만 각 장치에 할당하여 이들이 동시에 전송하는 다중접근방식을 OFDMA라고 한다.

OFDM 특성상 각 단말에 할당된 부반송파 그룹은 다른 사용자의 그것과 직교성을 가지므로 시간축상에서 여러 단말로부터의 동시 송신이 가능하다.

참고로 TDMA 기법을 추가 적용하여 시간축으로도 각 심볼기간마다 서로 다른 단말에 할당하는 OFDMA-TDMA방식도 있다.

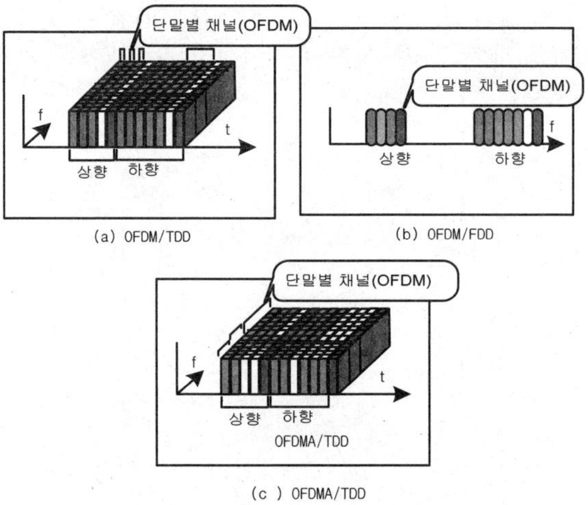

<그림 8.24> OFDM와 OFDMA

(6) 혼합형

유럽형 3G 셀룰라 시스템 규격인 Wideband CDMA는 상향링크에서 CDMA방식과 TDMA방식을 결합하여 사용한다. 즉 상향링크는 TDMA방식으로 각 단말에 대하여 슬롯을 할당하고, 이것을 미리 정해진 512개의 스크램블링 코드열 중 하나를 사용한 DSSS방식으로 확산 변조하여 전송한다. 이 스크램블링 코드는 기지국별로 상이하거나 기지국의 섹터별로 상이하도록 하여 이웃 링크를 간섭하지 않도록 한다[13].

또한 LTE의 경우 하향링크는 OFDMA를 사용하고 상향링크는 SC-FDMA방식을 사용한다.

8.10 이중링크방식

(1) 종류

양방향 통신이 되려면 2개의 링크가 필요하다. 이러한 상향 및 하향 전송을 하나의 물리적 링상에서 양방향 전송을 수행하는 전이중 통신방식을 Duplex 기술이라고 한다. 여기에는 다음과 같은 2가지 방법이 있다.

- Frequencey Division Duplexing(FDD)방식
- Time Division Duplexing(TDD)
- Echo Cancelling방식

(2) FDD 방식

FDD 방식은 상향링크와 하향링크를 주파수로 분할하여 시간상으로 동시에 사용하는 것이다. 무선전화 시스템의 경우 상향링크는 여러 개의 단말기가 사용하고, 기지국은 이를 수신한다. 반면에 하향링크는 기지국에서 송신할 때 사용하고 단말은 이 링크로부터 음성을 수신한다.

---

[13] CDMA방식의 셀룰라 시스템에서는 각 단말별로 상이한 확산코드가 사용되었지만, WCDMA에서는 기지국, 또는 섹터별로 상이한 확산코드가 사용되는 CDMA이다. 하향링크는 TDM방식으로 여러 개의 슬롯으로 구성되며 이것은 미리 정해진 512개의 스크램블링 코드열 중 하나를 사용한 DSSS방식으로 확산 변조된다.

(3) TDD 방식

TDD 방식은 상향 및 하향링크의 사용을 시간상으로 교대하면서 제공하는 것이다. <그림 8.25> 에서 단말 A는 125μsec 주기 내에서 자신의 음성을 송신하고 125/2μsec 이후 기지국으로부터의 상대방 음성을 수신한다. 따라서 단말과 기지국간에는 시간상으로 분리된 상향 및 하량 링크가 각각 제공된다고 할 수 있다. 물론 이것이 가능하려면 TDD 링크는 상향 또는 하향링크에 비하여 2배 이상 고속이어야 한다[14].

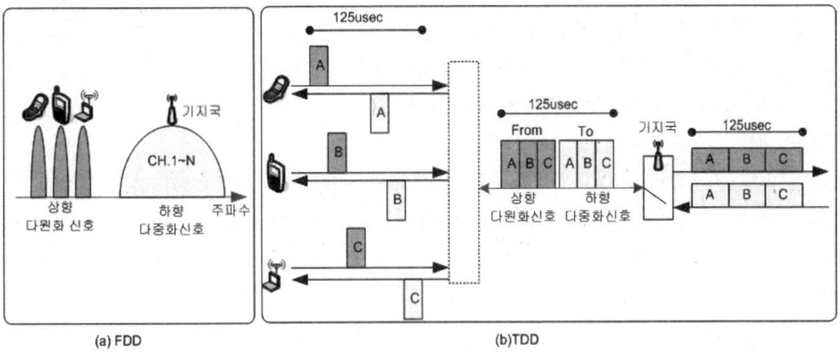

<그림 8.25> 이중링크방식

(4) Echo Cancelling 방식

1000Base-T 이더넷에 사용하는 echo canceller기법의 양방향 전송기술도 이중채널기술에 포함된다

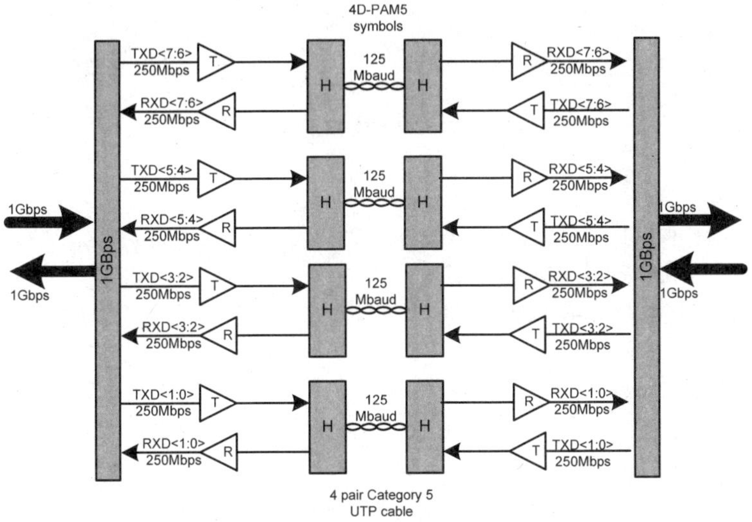

<그림 8.26> 기가비트 이더넷에서의 양방향 전송방식

---

14 참고로 상향링크와 하향링크를 시간상으로 분할하여 duplexing기능을 제공하고, 각 링크에 대해서는 OFDMA방식으로 여러 개의 채널을 제공하여 다중접근 기능을 제공하는 OFDMA/TDD방식이 WiBro에서 사용된다.

(5) 예 1

이동전화 시스템에서 사용하는 TDMA/FDD의 경우를 보자. 이것은 다음과 같은 2가지 기술이 사용된 것이다.

- 이중링크기능 : FDD방식
- 다중화 기술 : TDMA

즉 상향링크와 하향링크는 주파수 분할 이중링크 방식으로 명확하게 구분되어 제공된다. 그리고 각 단말에서 기지국으로의 상향링크는 다른 단말과의 충돌을 회피하기 위하여 시간상으로 분할된 TDMA 방식으로 운용된다. 그리고 하향링크는 송신측이 기지국뿐이므로 TDM 방식으로 다중화된 채널을 사용한다.

<그림 8.27>은 TDMA/FDD 방식으로써 상향/하향 채널을 주파수로 분할하고(FDD), 상향회선은 TDMA(시분할 다원접속), 하향회선은 TDM(시분할 다중화)으로 사용하는 방식이다. 이 방식은 2G 디지털 셀룰러망에서 사용된다.

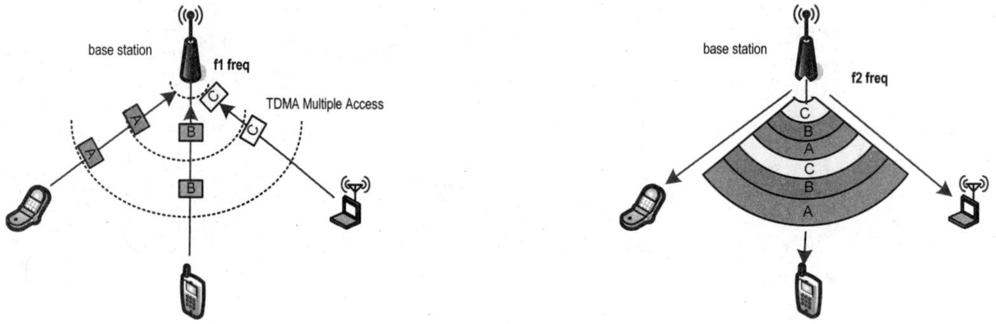

<그림 8.27> TDMA/FDD 방식

(5) 예 2(WCDMA)

유럽형 3G 셀룰라 시스템 규격인 Wideband CDMA는 상향 및 하향링크를 구분하기 위하여 FDD(또는 TDD) 방식을 사용한다.

이 경우 각각 WCDMA-FDD, WCDMA-TDD라고 부른다.

8.11 E1 다중화기술

(1) 개요

가장 대표적인 TDM 다중화방식 중 하나인 E1 다중화방식은 총 32개의 8비트 채널을 초당 8000번씩, 즉 2.048Mbps로 다중화한다. 물리적으로는 꼬임쌍선의 UTP 케이블을 사용한 평형전송방식 또는 동축케이블을 사용한 불평형 전송방식을 사용하여 3Vpp신호를 송신한다.

참고로 하나의 E1 링크는 물리적으로 분리된 상향 및 하향 선로를 사용하는 전이중통신링크를 말한다.

관련 규격은 다음과 같다.

- G.703 : Physical/Electrical Characteristics of Hierarchical Digital Interfaces : BNC 커넥터를 사용하는 75옴 동축케이블과 RJ48C 커넥터를 사용하는 120옴의 STP케이블상의 전기적 규격
- G.704 : Synchronous Frame Structures Used and Primary and Secondary Hierarchical Levels : E1 프레임 구조 규격을 규정함.
- G.732 : Characteristics of Primary PCM Multiplex Equipment Operating at 2048 KBPS: A-law 인코딩 사용, 오류 보고 및 신호방식을 규정함.

이러한 E1 및 T1 라인은 PCM 음성 다중화뿐만 아니라 데이터 전송용 X.25 연결 등에도 널리 사용된다.

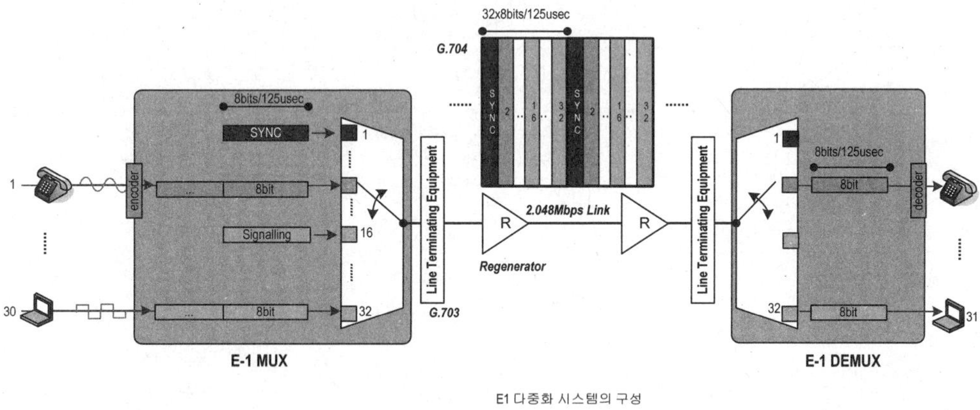

<그림 8.28> E1 다중화 시스템의 구성

(2) E1 프레이밍

<그림 8.29>는 2.048Mbps의 링크 속도로 32개의 타임슬롯을 제공하는 기본적인 E1 프레임의 구성을 나타내고 있다.

8비트로 구성되는 각 타임슬롯에는 A-law방식의 8비트 PCM 음성데이터 또는 HDLC 프레임 등의 데이터가 수납된다. 이러한 프레임을 16개 조합되면 이것을 MultiFrame(MF)이라고 부른다. 또한 Multiframe의 1/2, 즉 8개의 프레임 조합을 subMultiframe(SMF)이라고 한다. 한 프레임내의 각 타임슬롯의 기본 용도는 다음과 같다.

- Time slot 0 : 프레이밍 슬롯이다. 프레임의 시작을 표시한다.
- Time slot 16 : 시그널링 슬롯이다. 가입자 장치의 동작상태 신호정보를 전달한다. 예를 들어 offhook 되거나 벨 신호, 전화번호 등이 수납된다.
- 나머지 슬롯 : voice/data 슬롯으로써 PCM 음성이나 컴퓨터 데이터가 수납된다.

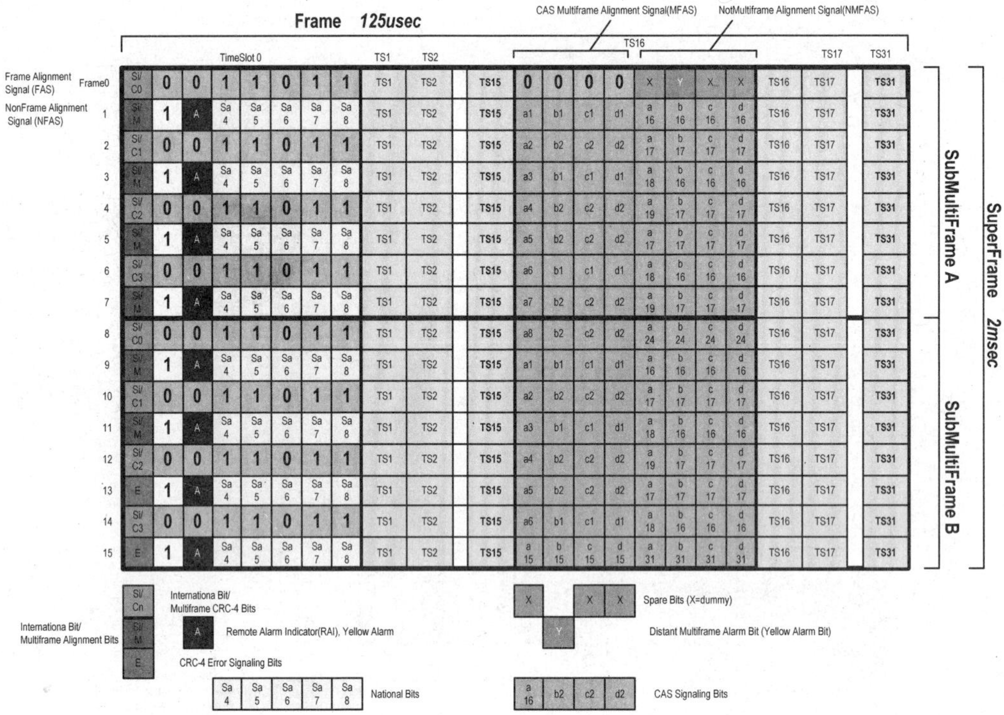

<그림 8.29> E-1 프레임의 구성

(3) E1 다중화 방법

32개의 슬롯으로 구성되는 하나의 E1프레임에 대하여 슬롯 활용방법에 따라서 최대 전송률, 신호정보전송기능, 오류검사 기능을 선택할 수 있다.
선택하는 방법은 다음의 4가지가 있다.

- PCM30C : 32개의 슬롯 중에서 0과 16번째 슬롯은 프레이밍 및 신호용으로 각각 사용되므로 음성/데이터용으로 30개의 슬롯만 활용할 수 있다.
- PCM30 : PCM30C와 유사하지만 TS16이 2부분으로 분할되어, 첫번째 4비트는 신호용이고 나머지 4비트는 CRC값 수납용으로 사용된다.
- PCM31 : TS16을 데이터용으로 사용하여 총 31개의 슬롯을 음성/데이터용으로 사용할 수 있다. ISDN Primary rate인터페이스 또는 교환기간 신호전달방식인 CCS(Common Channel Signaling) 용으로 사용된다.
- Unframed mode : 모든 32개의 슬롯을 음성/Data 전송용으로 제한 없이 사용한다. 따라서 프레이밍이나 제어기능이 없다. 일부 칩에서는 이것을 Transparent Mode, Clear Channel라고 한다.

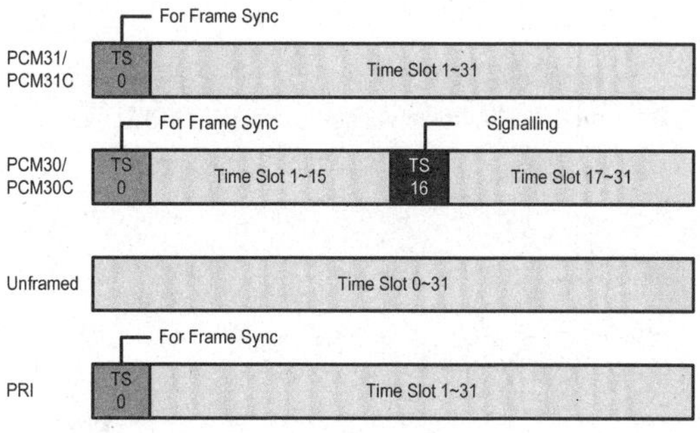

<그림 8.30> E-1 다중화 방법의 종류

8.12 E1의 Time Slot 0의 상세기능

(1) 개요

E1 프레임의 선두에 위치하는 Time Slot 0은 다음과 같은 2가지 용도로 사용되며 그 용도는 각 프레임마다 교대된다.

- 프레임 동기용 (Frame Alignment Signal, FAS)
- Alarm 통보 및 관리 메시지 전송용(Non Frame Alignment Signal, NFAS)

짝수번째 프레임마다 송신되는 TS 0는 전형적인 동기용으로써 synchronization 슬롯이라고 한다. 반면에 홀수번째 프레임마다 송신되는 이 영역은 alarm 등의 신호 전달용으로 사용된다.

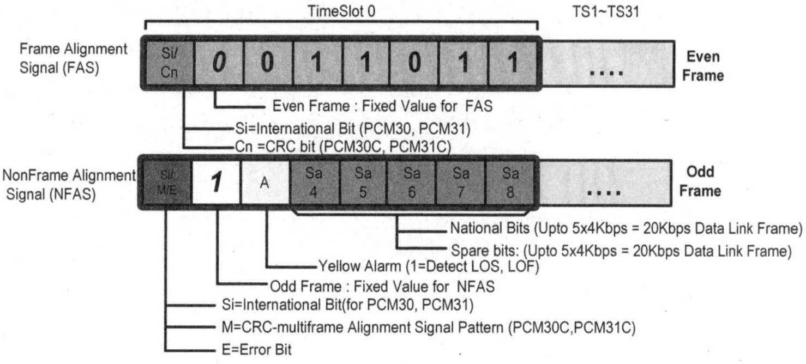

<그림 8.31> TimeSlot 0의 구성

(2) 프레임 동기용으로 사용될 경우(Frame-alignment signal, FAS)

짝수번째 프레임의 TS0를 Frame-alignment signal(FAS)이라고 하며 그 구성은 다음과 같다.

- Si/C : 다음과 같은 2가지 용도 중 하나가 사용된다.
  - Si : PCM30 및 PCM31 방식의 경우 국가별로 임의로 특정목적으로 사용할 수 있다. 기본값은 '1'이다. 여기서 'i'는 'International' 의미이다.

  - C_n : PCM30C 및 PCM31C 방식의 경우 이전 subMultiframe(즉 8개의 프레임)에 대한 4비트 길이의 CRC-4값을 구성하는 비트이다.
- 나머지 7비트 : Frame-alignment signal(FAS) 패턴 비트열 : 미리 정해진 비트열(7비트 ("0011011"))로 구성된다. 수신측은 수신비트열로 부터 이 패턴을 탐색하여 프레임의 시작점을 추출하여 이후 각 프레임의 시작점을 알 수 있도록 한다.

(3) Non Frame-alignment signal(NFAS)

홀수번째 프레임의 TS0에 송신되는 영역이다. 이것은 프레임 동기용이 아니라 쌍방간에 링크상태정보 및 제어정보를 수납하는 용도이다. 이것의 2번째 비트(supervision bit) 값은 '1'로 고정되어 짝수번째 프레임의 동기용 FAS와 구분되도록 한다. 필요시 Sa4~Sa8 영역에 HDLC 프레임 등의 비트열을 전송할 수 있다.

- Si/M/E : 이것은 PCM30 및 PCM31의 경우에는 각 국가별로 용도에 따라 사용하는 Si 비트이다. PCM30C 및 PCM31C경우에는 MultiFrame 동기용인 6비트의 "001011"가 1,3,5,7,9,11번째 프레임에 차례로 수납되는 M비트와 나머지 2비트의 오류보고용 E비트로 구성된다.
- Bit 2 : FAS와 구분용 비트로써 '1'로 고정되어 있다.
- A(Alarm Bit): Remote Alarm Indication(RAI)통보용이다. 전원이상 또는 loss of signal (LOS), loss of frame alignment (LOF), 또는 BER > 10^{-3} 인 경우 '1로 설정된다.
- Sa4~Sa8: Signaling Associated(SA)비트이며 다음과 같은 용도로 사용된다.
  - National Bits : CRC4를 사용하지 않는 기본방식의 경우, 이 비트열을 National Bits 라고 부른다.
  - Spare Bits : CRC4를 사용하는 경우 이 비트열을 Spare Bit라고 부른다. 4비트를 모두 사용하면 추가적인 20Kbps의 데이터 전송로를 확보할 수 있고, 한 비트만 사용하면 4Kbps의 데이터 전송로가 확보된다. 이를 이용하여 CCS용 HDLC프레임을 송신할 수 있으며 필요시 시스템 OAM(Operation, Administration, and Management)용 메시지를 송신할 수 있다. 사용하지 않을 경우 '1'로 설정한다.

8.13 E1 시스템의 Time Slot 16

(1) 개요

이것은 PCM30/PCM30C에서만 사용되는 신호채널(signalling)로서 다음과 같은 2가지 신호를 전달한다.

- Channel associated signaling(CAS) : 연결을 설정하고 단절 등의 사용자 채널에 연관된 신호정보를 전달한다. 예를 들어 사용자가 전화기를 들었거나 다이얼링 정보를 보내거나 할 때의 정보가 수납된다.
- Common channel signaling(CCS) : 공통선 신호방식에 의한 메시지 또는 종단간 투명한 전달용으로도 사용한다.

(2) Channel-Associated Signaling (CAS)

이것은 PCM30/PCM30C에서 사용하는 신호방식으로써 최대 30개의 음성 채널에 대한 연결설정 및 해제와 관련된 신호정보를 TS16에 수납하여 전달하는 방식이다[15]. 이러한 CAS신호 전달을 위하여 <그림 8.32>와 같이 하나의 수퍼프레임이 제공하는 16개의 TS16 슬롯은 8*16/2msec = 64Kbps의 전송량을 제공한다. 그리고 각 TS16를 다시 4비트씩 분할하면 각각 2Kbps의 총 32개의 subTimeSlot이 만들어 진다. 이것의 용도는 다음과 같다.

- SubTimeSlot 0 : Frame 0의 TS16의 첫번째 subTimeSlot으로써 '0000'으로 고정되어 있다. 이것은 16개의 TS16 슬롯으로 구성되는 신호전용 채널의 시작점을 알 수 있도록 하는 CAS Multiframe Alignment Signal(MFAS)이다.
- SubTimeSlot 1 : 이것은 Frame 0의 TS16의 두번째 subTimeSlot 영역으로써 'X,Y,X,X'로 구성된 4비트열이며 Not Multiframe Alignment Signal(NMFAS) 이라고 한다. 여기서 'X'는 '1'로 설정되며, 'Y'는 Loss of Multiframe Alignment Alarm 비트이다. 수신된 프레임에 이상을 발견하면 이 비트를 '1'로 설정하여 상대방에게 보고한다.
- 나머지 30개의 subTimeSlot : 각 4비트의 subTimeSlot의 값을 {a,b,c,d}라고 하면, 이 4비트의 값으로 각 가입자선로에 대한 신호정보를 수납한다. 단 '0000'은 허용되지 않는다. 이러한 각 사용자별 2 Kbps의 신호채널 속도는 신호정보 전달용으로 충분하다.

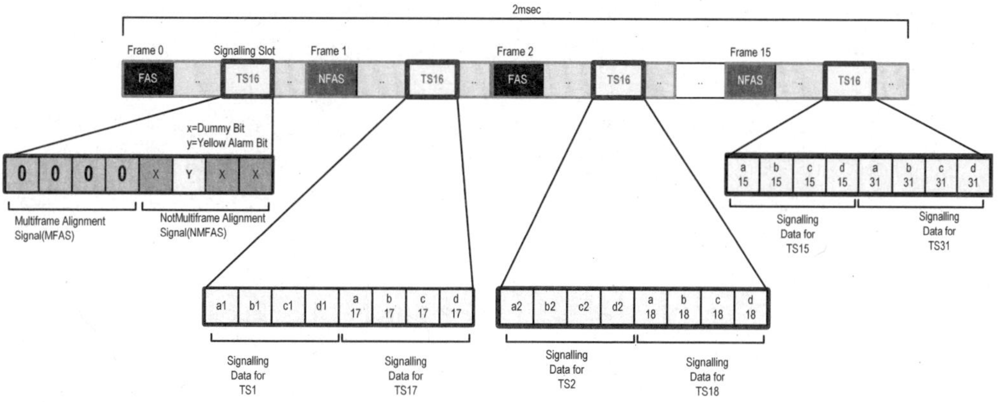

<그림 8.32> Channel-Associated Signaling(CAS)의 구성

(3) Common-Channel Signaling(CCS)/Signalling System 7(SS7)

앞의 CAS신호방식에서는 30개의 사용자에 대한 신호정보가 TS16의 특정위치에 고정 할당되었다. 반면에 CCS신호방식에서는 다음과 같은 방법 중 하나를 사용한다.

① 30개의 음성채널에 대한 공통채널신호를 TS16에 실어 보낸다. 이 경우 64Kbps의 공통신호채널을 사용하는 것이다.

[15] 예를 들어 사용자가 전화기를 들었거나 다이얼링 정보를 보내거나 할 때의 정보를 수납한다.

② 30개의 음성채널에 대한 공통채널신호를 National Bit에 전송할 뿐만 아니라 CAS데이터도 함께 TS16에 실어 보낸다.
③ 31개의 음성채널에 대한 공통채널신호를 NFAS의 Sa4~Sa8 비트열(National Bit)이 제공하는 20Kbps링크에 실어 보낸다.

여기서 공통선 신호방식이란 30~31개의 가입자 장치에 대한 이벤트 발생시에만 해당 가입자 장치의 식별자와 이벤트의 종류를 신호전달 전용 패킷형식에 수납하여 CCS 신호채널로 송신하는 것이다. 즉 이 신호채널은 30~31개의 가입자 장치가 공통으로 사용하는 채널이다.

(4) PRI

ISDN의 전송인터페이스 방식중 하나인 PRI는 음성뿐만 아니라 데이터를 함께 송신할 수 있다. E1의 경우 30 B + D (64Kbps)channel이고 ISDN-30이라고도 한다. Signaling Slot(TS16)이 없는 것은 PRI는 기업간 통신방식으로 많이 사용되는 일반적인 망 사업자망에 필수적인 SS7 등의 신호방식이 불필요하기 때문이다.

8.14 E1 CRC-4의 기능(참고)

(1) 개요

링크 설정 초기화 시점에서 수신측은 멀티프레임의 시작점을 알아야 한다. 이를 위하여 각 짝수번째 프레임의 선두 슬롯인 TS_0의 값으로 특정 패턴의 비트열을 사용하여 수신측이 해당 프레임의 시작점을 알 수 있도록 "Si/C_n-0011011" 패턴을 갖는 FAS영역이 사용된다.

이 FAS영역은 고정된 7비트의 '0011011'패턴으로 구성되어 있으므로 수신측은 수신비트열로 부터 해당 비트패턴을 비교함으로써 프레임동기용 슬롯의 시작점을 찾을 수 있다.

하지만 이 패턴과 동일한 값이 TS0가 아닌 다른 타임슬롯에 데이터로 송신되었다면 수신측은 이것을 새로운 프레임의 시작으로 판단하는 오류가 발생하게 된다. 이러한 문제를 보완하기 위하여 G.704에 규정된 CRC-4를 프레임 동기 설정용으로 추가 사용한다. 이후 프레임 동기가 설정된 정상상태에서 CRC-4는 수신비트열에 대한 오류검사용으로도 사용된다.

(2) CRC-4 오류검사기능

CRC-4는 1msec 기간에 전송된 이전 8개의 프레임, 즉 하나의 subMultiframe 내용에 대한 4비트의 CRC 값이다[16].

송신측은 송신 완료된 2개의 이전 subMultiframe에 대하여 계산된 2개의 CRC-4값을 다음 2개의 subMultiframe의 짝수번째 프레임의 TS_0, 즉 FAS의 첫번째 비트자리인 C_n영역에 수납한다.

수신측은 정상동작 중에 CRC-4 오류가 발견되면 Sync Loss Alarm 신호로 송신측에 보고한다. 이때 수퍼프레임의 첫번째 subMultiframe에서의 오류라면 13번째 프레임의 NFAS 선두에 있는 E비트 영역을 '0'로 설정하고, 두번째 subMultiframe에서의 오류라면 15번째 프레임의 NFAS 선두에 있는 E비트 영역을 '0'로 설정하여 송신측에 보고한다. 이 'E'비트 오류를 remote 또는 distant CRC error라고도 한다.

---

[16] 즉 총 2048비트(8 X 256비트) 블럭에 대한 CRC값이다.

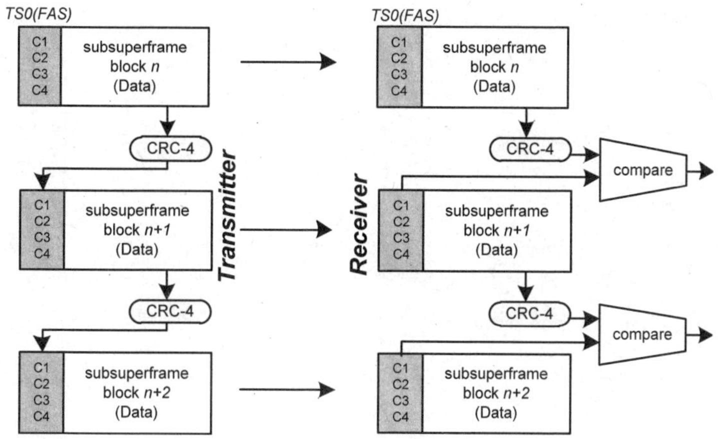

<그림 8.33> CRC-4 오류검사 기능의 동작

(3) CRC-4 multiframe alignment

CRC-4는 오류감시용뿐만 아니라 프레임 동기 및 멀티 프레임 동기용으로 사용된다. 동기 설정을 위하여 송수신측은 각각 다음과 같은 동작을 한다.

- 송신측 : CRC-4 값은 subMultiframe의 FAS 영역의 첫번째 비트영역에 수납하여 송신한다. FAS 영역의 나머지 7 비트에는 프레임 동기용 패턴인 "0011011"을 수납한다. 추가로 1,3,5,7,9,11번째 프레임 선두 NFAS 영역의 첫번째 비트값으로 subMultiframe 동기용 패턴인 6비트의 "001011"을 순서대로 수납한다.
- 수신측 :
  - 프레임 동기용 패턴인 "0011011"을 참조하여 짝수번째 프레임의 시작점을 찾는다.
  - 홀수번째 프레임 선두의 NFAS 영역 2번째 비트값이 '1'인지 확인한다.
  - 1,3,5,7,9,11번째 프레임 선두 NFAS 영역의 첫번째 비트값으로 subMultiframe 동기용 패턴인 6비트의 "001011"임을 확인한다.
  - 수신된 subMultiframe에 대한 CRC-4 값을 계산하고, 연속 수신되는 다음 subMultiframe의 FAS 영역에 수납된 CRC-4값과 비교한다. 만약 틀리면 동기가 설정되지 않은 상태로 간주한다.

(5) Alarm 과정

과도한 비트오류 등을 감지한 노드는 자신의 PCM 인코딩작업을 중지하고 상대방에게 "1111... " 과 같은 연속된 '1'을 송신하여 통보한다. 이것을 AIS(Alarm Indication Signal)라고 한다. 이 AIS 신호비트열 전송과정에서도 쌍방간의 Frame동기는 유지해야 하므로 TS0의 FAS비트열을 구성하는 "001101"비트열의 송신은 지속되어야 한다. 따라서 AIS 신호는 2개의 프레임 전송에 필요한 512 비트열에서 509개의 '1'과 3개의 '0'으로 구성된다. 이러한 비트열을 수신한 곳은 AIS Alarm으로 판단한다.

a) Alarm 통보 상황

E1 시스템에서 발생하는 Line Alarm 상황은 다음과 같다.

- 과도한 비트오류율 감지 : FAS(frame alignment signal)상의 비트오류율이 4~5초 동안 10^{-3} 이상인 경우이다.
- Loss of frame alignment : (=loss of synchronization) : 이전 5개의 프레임에서 3~4개의 frame alignment signal (FAS)에 오류가 감지된 경우이다. 이때 NFAS에 A=1로 설정하여 상대방에 통보한다. 이후 2개의 연속된 프레임에서 FAS 오류가 없으면 해제된다.
- Loss of multiframe alignment : 256S multiframe 방식이 사용될 경우, multiframe alignment signal (MAS)에 과도한 오류가 감지될 경우로써 Y=1로 상대방에 통보한다.
- Alarm indication signal (AIS): 이것은 '1'이 연속되는 신호로써 입력신호가 없을 때 비트 동기를 유지하기 위하여 송신되는 신호이다. AIS 신호의 수신측은 프레임 동기 상태를 상실한다.

b) Alarm 통보절차

상대방에게 통보하는 Alarm의 종류와 절차는 다음과 같다.

- Remote Alam Indication(RAI) : 홀수번째 프레임의 NFAS를 사용하여 서비스 정보를 송신한다. NFAS의 A 비트값은 상대방 Alarm 값이다. 만약 A비트= 0이면 정상이지만, 1이라면 {전원장치오류, 코텍오류, 프레임정렬오류, 또는 프레임정렬비트오류 > 10^{-3}} 등의 비정상 상태를 표시한다[17]. 사실 FAS는 2개의 프레임마다 반복 수신되므로 이러한 오류정보는 250μsec마다 수신된다.
- Alarm Indication Signal (AIS): 이 사실을 통보받은 A는 자신의 송신작업을 중지하고 '1'을 연속 송신한다. 이에 B는 이러한 비트열을 Alarm Indication Signal(AIS) 경보로 간주한다. 그리고 수신되는 '1'열로부터 클럭복원기능을 수행한다. 이후 FAS 비트오류율이 10^{-3} 이하로 감소하면 정상상태로 복귀한다[18].
- Frame Sync Loss오류 : 연속된 3개의 틀린 FAS가 수신될 경우 또는 초당 914번의 CRC오류가 감지된 경우이다.
- Multiframe Sync Loss 오류 : MFAS 신호가 사라진 경우이다.
- Distant Multiframe Alarm : MFAS 신호가 사라져 Multiframe Sync Loss 오류로 판단한 경우 상대방에게 NMFAS의 bit2(Ybit)를 1로 설정하여 상대방에게 알릴 때이다. 이를 수신한 측은 이것을 Distant Multiframe 경보로 판단한다.

8.15 E1 물리 계층

(1) 라인코딩 방식

기본적인 E1 신호는 HDB3(High-Density Bipolar 3) 코드이다. HDB3 코드는 AMI 신호를 보완한 것으로 연속적인 '0'이 3개 이상 발생하지 않도록 신호를 만든다. 송신 전위는 +2.7 ~3.3V이다. 이러한 라인코딩에 의해 수신측은 송신측의 클럭에 동기될 수 있다.

---

[17] Yellow Alarm이라고 한다.

[18] Blue Alarm이라고 한다.

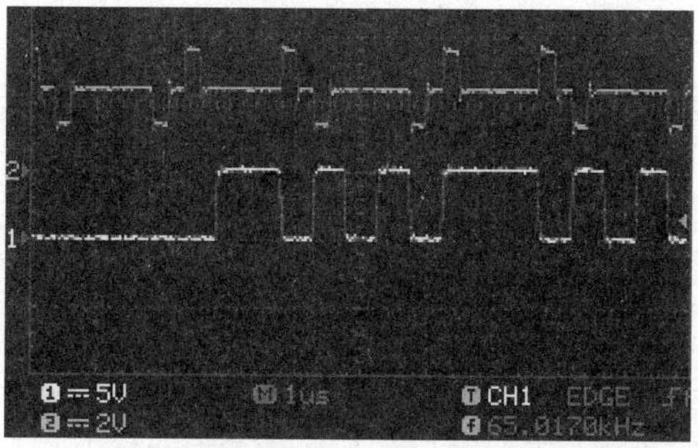

<그림 8.34> HDB3 신호의 예

(2) 커넥터

G.703 규격은 E1라인의 전기적인 규격으로써 75Ω의 동축케이블용 불평형 BNC커넥터 및 평형 전송방식의 120Ω의 STP 케이블을 사용하는 8핀의 RJ48 커넥터를 사용하도록 규정한다. 일부 시스템은 DA15핀 커넥터를 사용하기도 한다. RJ48 커넥터는 이더넷용 RJ45와 외양은 동일하다[19]. 하지만 핀 설정은 이더넷과 다르며 다음과 같이 2종류가 있다.

- 1/2; 4/5 : 커넥터가 이탈될 경우 1-4, 2-5를 상호 연결시켜 루프백하는 기능을 갖는 RJ48X 방식("smart jack"이라고도 한다.)과 루프백을 지원하지 않는 RJ45C방식이 있다.
- 1/2; 7/8 : RJ48S 방식이라고 한다. 주로 DSU 접속시 사용된다.

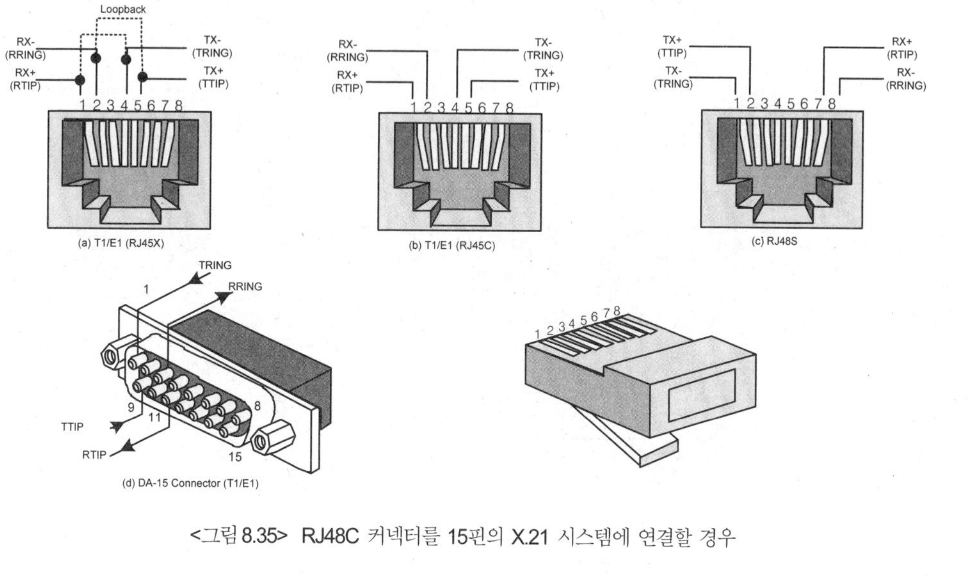

<그림 8.35> RJ48C 커넥터를 15핀의 X.21 시스템에 연결할 경우

[19] RJ48C와 RJ45는 모두 8P8C modular plug를 사용하며 4개의 pair 중에서 2개의 pair를 송신과 수신용으로 사용하므로 유사하다. 하지만 1,2,3,6번 핀을 사용하는 RJ45와 달리, RJ48C에서는 1,2,4,5를 사용하거나 1,2,7,8을 사용한다. 또한 RJ45는 LAN용 UTP 케이블을사용하지만, RJ48C는 T1/E1용 STP 케이블을 사용한다.

(3) ITU-T G.703 규격

E1 라인의 전기적 규격인 G.703 규격은 다음과 같다.

케이블	동축케이블 75 옴	STP : 120 옴
	불평형 전송 송수신 케이블이 분리됨	평형전송
MARK 전압첨두치	2.37V	3V
SPACE 전압첨두치	+/- 0.237V	+/- 0.3V
펄스 폭	244nsec	

8.16 T1 (참고)

(1) 개요

하나의 전송선로상에 24개의 음성채널을 TDM 방식으로 전송하는 T-1 다중화방식은 <그림 8.36>과 같이 동작한다.

- 이것은 125μsec의 기간동안 총 24개의 가입자 채널에서 각각 생성되는 1바이트의 데이터, 즉 총 24바이트의 데이터를 수납하고 1비트의 프레임 구분용 비트를 추가한 총 193 비트의 T1 프레임을 사용한다[20]. 따라서 T1 다중화기의 초당 전송속도는(24슬롯 X 8 비트/슬롯 + 1 비트) X 8000 = 1.544Mbps이다[21].
- T1 라인의 전기적인 규격은 ANSI T1.403 이다.
- T1은 RJ-48C 커넥터를 통하여 2개의 페어(TX 및 RX)신호를 1Km까지 차동 전송한다. B8ZS를 사용한다.

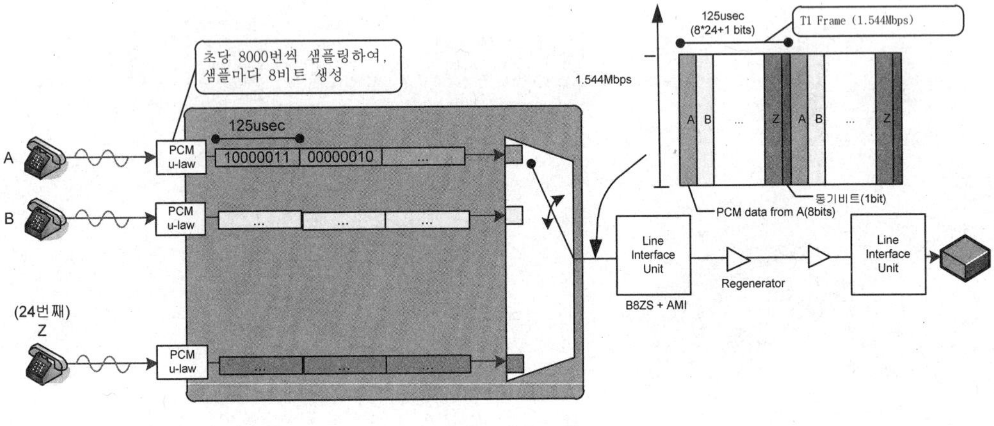

<그림 8.36> T1 다중화 시스템

[20] 프레임내 각 바이트는 타임슬롯(time slot)이라고 한다.

[21] 이러한 시스템은 모든 장비들이 하나의 마스터 시계에 대하여 전송 싸이클을 엄격하게 맞추어 동작하는 동기식 전송방식을 사용한다. 이렇게 함으로써 교환기간의 시간차를 완화시키는 버퍼의 크기를 감소시킬 수 있다.

T1 시스템은 1.544Mbps로 운용되고 각 T1 프레임은 193비트로 구성된다. 비트 0은 프레임 동기용이고 최대 24채널을 지원한다. T1 신호의 물리적인 신호는 B8ZS(Bipolar with 8 Zero Substitution) 블럭 인코딩된 후 AMI 라인코딩하여 8개 이상 연속적인 '0'이 발생하지 않도록 한다.
그리고 사용자 신호정보와 CRC 등의 정보도 제공할 수 있도록 12 또는 24개의 프레임을 조합한 SF(Super Frame)과 ESF(Extended Super Frame)이 사용된다.

(2) SuperFrame(SF)

하나의 SuperFrame은 <그림 8.37>과 같이 12개의 프레임으로 조합된 것이다. 이것을 구성하는 비트는 다음과 같다.

- Terminal framing bits(Ft) : 홀수번째 프레임에 송신되며, 각 프레임을 구분하는 프레임 동기용으로써 “101010”패턴을 갖는다.
- Signaling Framing bit(Fs) : 짝수번째 프레임에 송신되며 super-frame 동기용, 즉 multiframe alignment용으로써 "0–0–1–1–1–0" 패턴을 갖는다.
- CAS 사용자 시그널링 비트 : SuperFrame마다 각 채널별로 2비트의 신호정보를 전달한다. 이를 위해 6번째 프레임과 12번째 프레임의 각 슬롯에 수납된 8비트의 채널 데이터값의 LSB비트에 각각 1비트씩의 신호비트를 덧씌우는 비트로빙(bit robbing) 기법에 의해 전송된다. 이 2비트로 4종류의 신호정보(0–0, 0–1, 1–0, 1–1)를 전달할 수 있다.

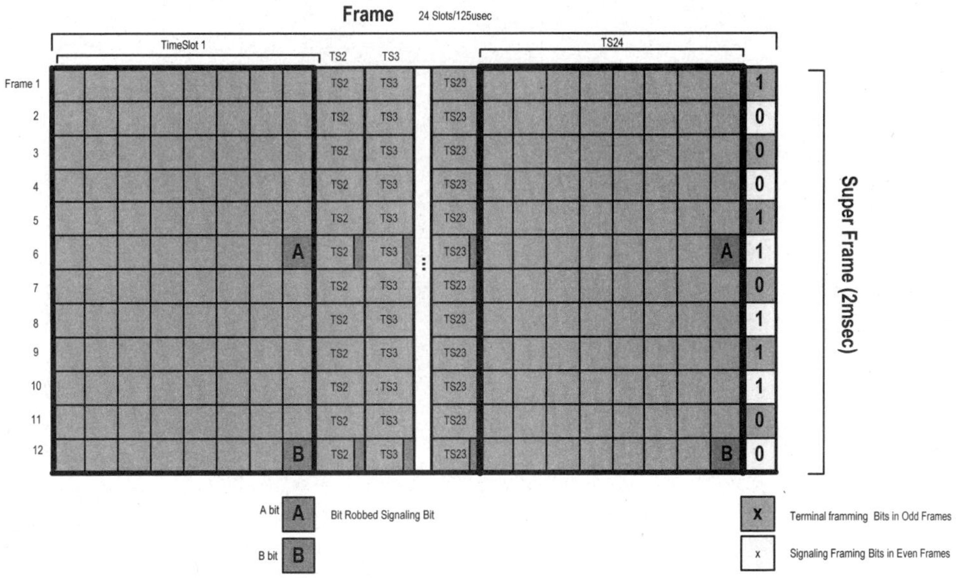

<그림 8.37> T1 수퍼 프레임 형식

(3) Extended Super Frame (ESF)

24개의 프레임으로 구성되며 bit robbed 방식에 의해 각 채널별 신호인 CAS 신호를 전달하는 방법은 기존 SF와 동일하다. 하지만 총 24개로 증가된 193번째 비트열을 활용하여 4Kbps의 데이터 채널을 추가로 제공한다.

- ESF 프레이밍 패턴 : "001011"으로 구성되어 {4, 8, 12, 16, 20, 24}번째 프레임에 송신함으로써 프레임 동기를 설정하도록 한다. (2Kbps)
- CRC-6 : 2 kbit/s.
- Data link (DL) 채널 : 4 Kbps의 데이터 채널을 추가로 제공한다.

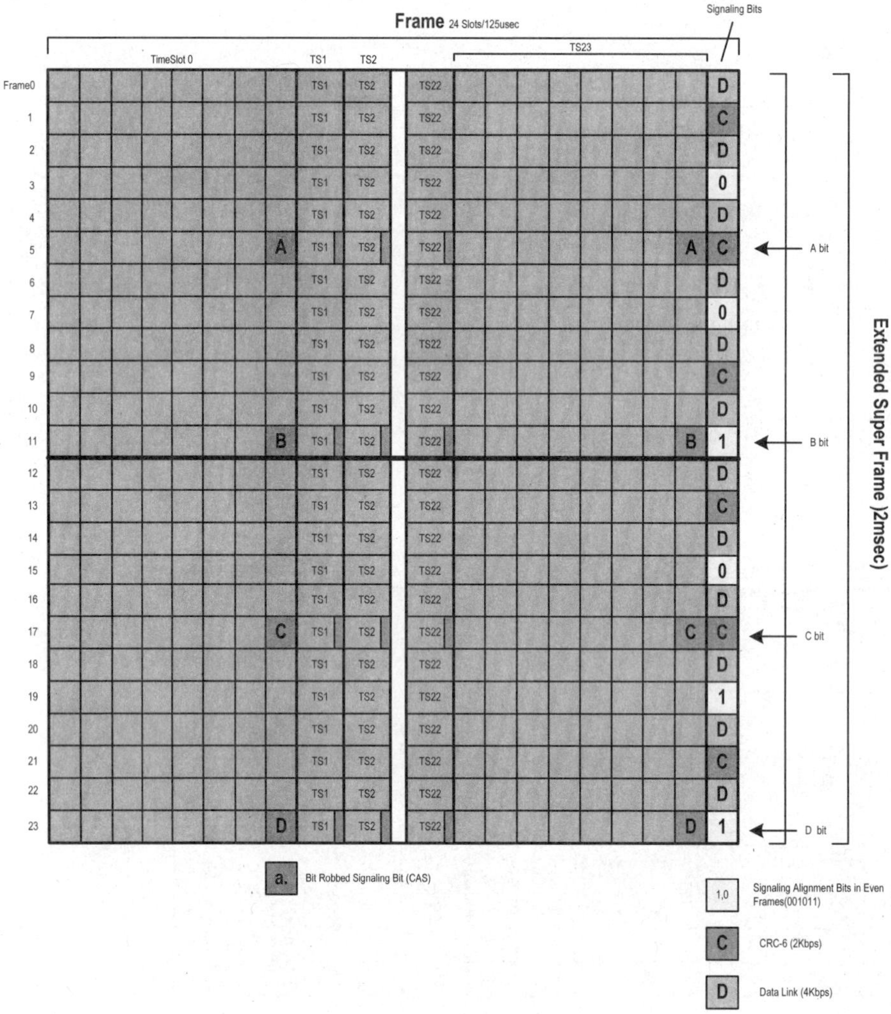

<그림 8.38> T1 Extended SuperFrame 형식

8.17 Plesiochronous Digital Hierarchy(PDH)

(1) 개요

E1 또는 T1 다중화 방법은 30개 또는 24개의 가입자 선로를 하나의 선로에 다중화하는 것이었다. 경제적인 이유로 여러 개의 이러한 E1 또는 T1 링크를 하나의 링크로 다중화하고, 다시 이들을 다중화하는 등의 다 단계로 다중화한다. 이러한 다중화 단계를 digital hierachy라고 부른다.

하지만 이러한 다중화 과정에서 여러 입력신호간의 상이한 클럭이 문제가 된다. 예를 들어 E1을 4개 묶는 E2 다중화의 경우 각 E1 링크별 송신측 클럭의 변동에 의해 이를 다중화하는 하나의 E2 다중화기 입장에서는 이들이 synchronous하다고 볼 수 없다.

하지만 허용오차(±50ppm) 내에서 이들은 거의 synchronous하므로 plesiochronous하다고 하며 이러한 다중화 시스템을 plesiochronous digital hierarchy(PDH)라고 한다. 다중화시 이러한 상이한 클럭 문제는 Positive justification(positive bit stuffing) 등의 방법으로 해결한다.

(2) 유럽방식 PDH의 구성

바이트 단위로 다중화하는 E-1과 달리 E-2 다중화 시스템은 4개의 E-1 링크 입력신호를 비트단위로 다중화하여 8.448Mbps로 전송한다. 보다 고속의 상위 레벨인 E-3, E-4 등도 각각 4개의 하위 레벨의 링크를 다중화하여 34.368 및 139.264 Mbps의 전송속도를 갖는다.

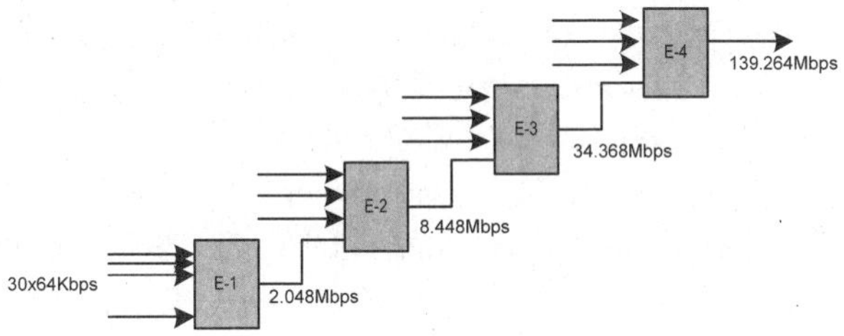

<그림 8.39> 유럽방식의 PDH 다중화 계위

(3) Plesiochronous 동기과정

4개의 E1링크를 다중화하는 E2의 경우 출력포트는 각 링크의 입력클럭에 비하여 4배 빠른 클럭을 사용하여 다중화하면 될 것이다. 하지만 4개의 E1 링크의 속도가 변동될 수 있음에 대응하기 위하여 justification(oppotunity) 비트와 이를 제어하는 justification control 비트열이 추가되고, 다중화시 E2 프레임의 경계와 각 E1 데이터를 구분할 수 있는 정보가 추가되므로 E2의 속도는 4*2.048 Mbps = 8.192Mbps 보다 큰 8.448Mbps 이다[22].

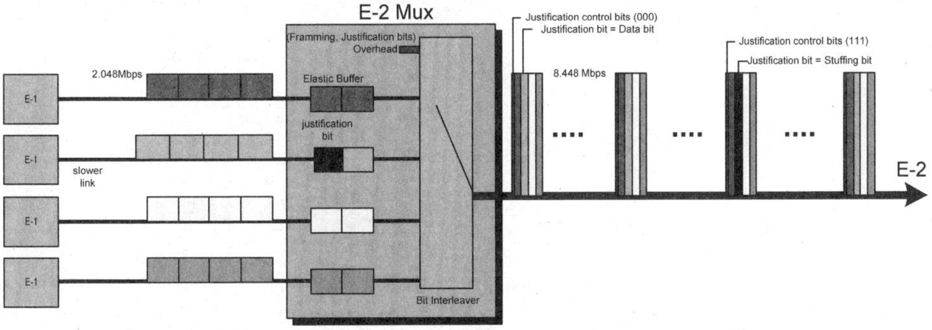

<그림 8.40> E-2 시스템에 대한 동기과정

[22] justification 비트는 justification oppotunity 비트라고도 한다. 참고로 tributary는 다중화 대상 링크를 의미한다.

다중화 대상인 각 E1 링크(Tributary라고 함)는 허용치 내에서 상이한 클럭으로 동작하는 plesiochronous특성을 가지므로 일부 링크로부터의 비트가 일찍 도착하거나 지연 도착할 수 있다. 4개의 입력포트로부터 서로 상이하게 도착하는 비트들을 처리하기 위하여 다음과 같은 Positive justification 방법을 사용한다.

- 수신되는 E1 비트들을 버퍼에 일시 저장한다.
- 4개의 E1 입력 데이터에 대하여 비트별 다중화한다.
- 출력 포트는 4배 보다 좀 더 고속의 출력포트를 사용한다. 따라서 특정 E1의 입력 버퍼가 빌 수 있으므로 미리 준비된 여유비트인 justification 비트 영역을 준비한다[23].
  - 만약 비어 있다면 justification 비트 영역에 데이터가 아닌 임의의 비트를 대신 전송한다[24].
  - 그렇지 않다면 justification 비트 영역에는 데이터 비트를 수납한다.
- 또한 justification 비트 영역에 수납된 값이 Justification 비트인지 데이터 비트인지를 명시하는 3비트의 justification control 정보(justification service digit)를 함께 전송한다.
  - justification control bits = 000 : 데이터 비트
  - justification control bits = 111 : justification 비트
- 수신측은 3비트의 justification control 정보를 참조하여 1이 2개 이상이면 해당 Justification 비트 값은 스터핑된 것이고 0이면 데이터로 판정한다.

(4) E2 프레임의 구조(G.742)

하나의 E2 프레임은 <그림 8.41>과 같이 4개의 set의 조합으로 된 총 848비트 길이를 가지며 초당 9962.26 번씩 송신된다.

이것은 {Frame Alignment Signal(FAS) 비트열=10, Alarm bit=1, National Use bit=1, justification control bits=12, Justification Bits=3}의 오버헤더와 205*4=820비트의 E1 데이터 비트로 구성된다.

프레임 동기를 위하여 각 set의 선두는 Frame Alignment Signal(FAS)이며, Remote Alarm Indication (RAI) 비트와 National(NA) 비트가 이어 있다. 이후 첫번째 set의 나머지는 4개의 E1 비트열이 수납된다.

2~4 번째 set의 첫번째 4비트는 justification control bits(C_{JN})이고 justification payload(stuffing bits(J_J))는 4번째 set의 5~8번째 비트에 위치한다.

---

[23] 각 E1링크 속도 변화에 대응할 수 있는 Justification비트 수는 E1 링크별 클럭 변화율에 따라 결정될 수 있다. 즉 E1의 클럭변위는 +/- 50ppm(parts per million)이다. 따라서 2.048Mbps +/- 50ppm(parts per million)이므로, 2048000 x (+/-) (50 * 10-6) = +/- 102 bits/s이다. 그러므로 이를 대응할 수 있는 출력측 속도는 2.048Mbps + 102 bits/s = 2.048102 bps이면 된다. 즉 102비트 만큼의 고속 전송을 더 할 수 있다면 이 보다 낮은 율의 입력에 대해서는 적절한 justification비트를 추가하면 해결할 수 있다. 추가적으로 Justification 비트들이 용이하게 식별되어야 하고, 별도의 프레이밍 비트들이 추가되어야 하므로 E2의 전송속도는 2.048102x4 =8.191408 Mbps보다 큰 8.448Mbps이다.

[24] 북미에서는 stuffing비트 라고하고 유럽에서는 Justification 비트라고 함. Positive의 의미는 프레임 포인터를 +방향으로 이동시킨다는 의미이다.

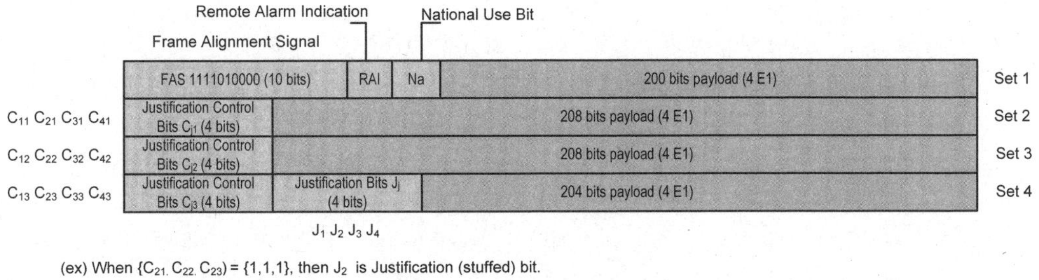

<그림 8.41> E2 프레임 형식

8.18 SONET / SDH 광 전달망

미국 표준의 Synchronous optical network(SONET) 및 유럽 표준의 synchronous digital hierarchy(SDH)는 T1 및 E1 등의 구리선 또는 마이크로 웨이브 전송선로를 사용한 전화국간 PDH 기반의 다중화방식을 광 통신기술을 사용한 동기식 다중화 전송방식의 물리 계층 기술이다.
이것은 PDH에서 사용하던 비트별 다중화 대신에 바이트별 다중화를 한다. 신호 계위는 51.840 Mbps 또는 155Mbps부터 40G까지 표준화가 되어 있다.
이러한 SONET/SDH는 기존의 E1/T1 스트림을 수납하여 전송할 수 있을 뿐만 아니라 ATM셀을 수납하거나 직접 IP 패킷을 수납하는 Packet over SONET 기능도 지원한다. 따라서 이것은 디지털 음성이나 데이터를 수납하여 전달하는 일종의 범용 컨테이너라고 할 수 있다.
SONET의 기본전송속도는 51.840 Mbit/s로서, STS-1 (Synchronous Transport Signal)이라고 부른다. 반면에 SDH의 기본전송속도는 STM-1 (Synchronous Transport Module-level 1)이라고 부르며, 155.52 Mbit/s이다[25].
하나의 STS-1 프레임은 다음과 같이 구성된다.

- Transport overhead
- Synchronous payload envelope (SPE)

27바이트 길이의 Transport overhead 영역은 일종의 헤더로써 장치간 전송오류정보나 운용제어정보가 수납된다[26]. 그리고 783 바이트 길이의 SPE에는 종단 단말간 오류정보나 제어정보가 수납되는 9바이트의 payload overhead 와 774 바이트의 실제 데이터가 수납되는 페이로드가 있다.
따라서 하나의 STS-1 프레임은 총 810 바이트로 구성되며, 이것은 125μsec의 주기로 광변환되어 전송되므로 51.840Mbps의 전송속도를 가진다.
이러한 STS-1 프레임 3개를 다중화시키면, STM-1과 동일한 155.52Mbps의 STS-3가 되고, 이러한 방법으로 계속 다중화시킬 수 있다.
뿐만 아니라, 여러 개의 STS-12 스트림에 대하여 서로 다른 파장으로 다중화하여 하나의 광케이블에 전송하는 Dense Wave Division Multiplexing(DWDM)에 의해 하나의 광 선로상에서 보다 높은 속도의 전송을 지원할 수도 있다.

---

[25] STM-0는 STS-1에 대응된다.
[26] Transport Overhead는 Section Overhead, Line Overhead, AU Pointer 영역으로 구성된다.

그리고 SONET/SDH 망은 점대점, 성형, 링 형상 등으로 다양하게 구성될 수 있다. 특히 내고장성을 제공할 수 있는 이중 링 형태가 주로 사용된다. 이것은 각각 active 링과 standby 링으로 구성되어 장애 발생시에는 50msec 이내에 standby 링으로 트래픽을 우회시킴으로써 해당 장애를 복구하도록 한다. 이러한 기능을 "self-healing"기능이라고 한다. 또는 1+1 보호기능의 경우 2개의 링 모두 active상태를 유지한다. 정상상태에서는 송신측은 2개의 링으로 동일한 내용을 전송하고, 수신측은 그 중 하나를 선택한다. 장애가 발생한 경우 수신측은 새로운 링을 선택한다.
참고로 STS-1는 광 변환하기 전의 전기적인 전송규격이며, 이것이 광 변환되어 전송될 경우 Optical Carrier-1(OC-1)이라고 부른다 <표 8.1>는 많이 사용되는 SONET/SDH의 전송속도이다.

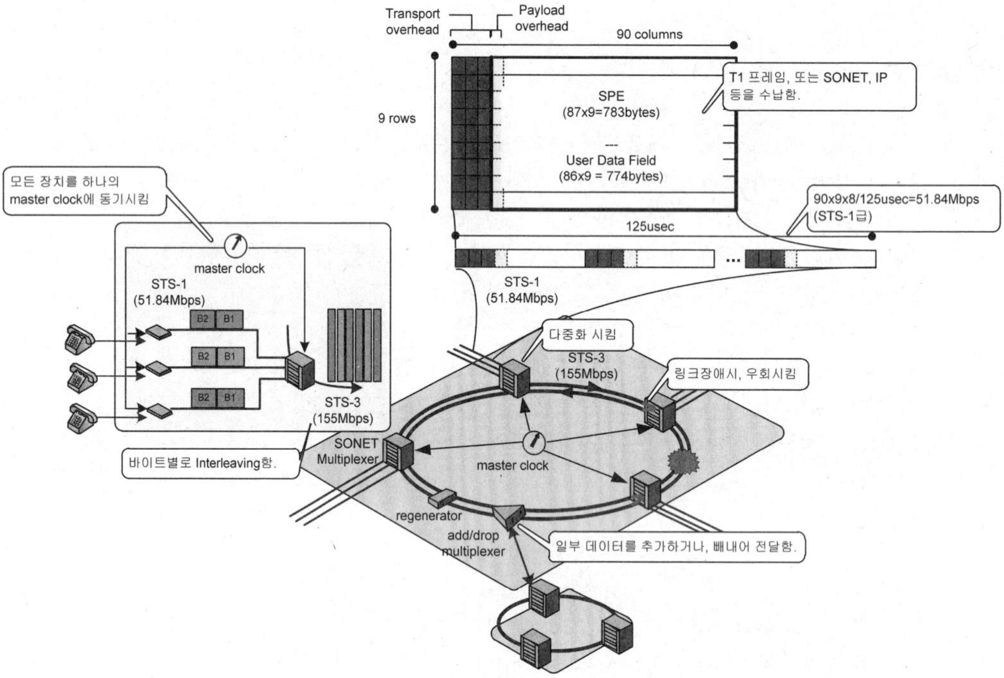

<그림 8.42> SONET망의 구성요소와 동작

<표 8.1> SONET/SDH

Optical Level	Electrical Level	Line Rate (Mbps)	Payload Rate (Mbps)	Overhead Rate (Mbps)	SDH Equivalent
OC-1	STS-1	51.840	50.112	1.728	-
OC-3	STS-3	155.520	150.336	5.184	STM-1
OC-12	STS-12	622.080	601.344	20.736	STM-4
OC-48	STS-48	2488.320	2405.376	82.944	STM-16
OC-192	STS-192	9953.280	9621.504	331.776	STM-64
OC-768	STS-768	39813.120	38486.016	1327.104	STM-256

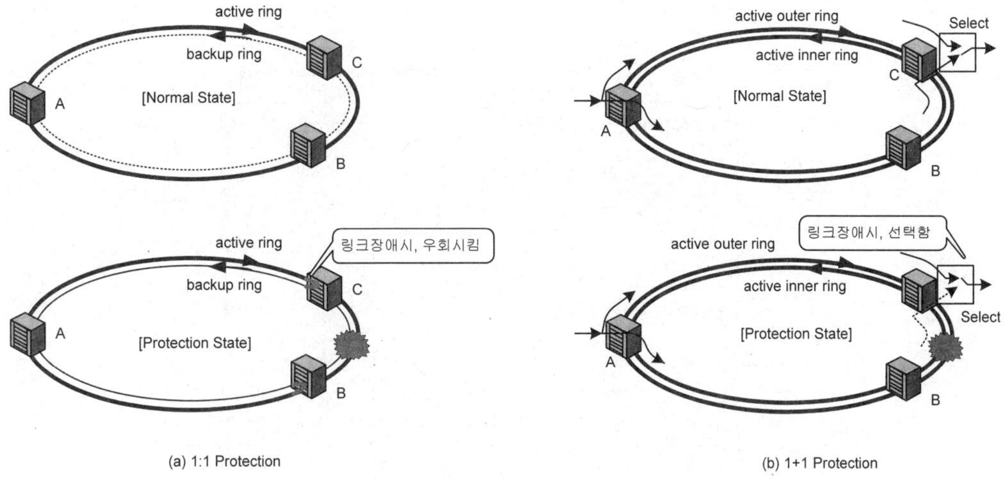

<그림 8.43> SONET/SDH의 내고장성 지원기능

8.19 E1 TDM 다중화기

(1) 개요

최대 30개의 음성 코덱 데이터를 다중화하거나, 필요시 일부 또는 32개의 모든 슬롯을 통합하여 HDLC 데이터 프레임도 송수신할 수 있는 양방향 전이중 E1급 다중화기의 구성을 알아본다.
이러한 E1 시스템의 물리 계층은 HDB3/AMI로 라인코딩하여 송신하고 수신측은 수신 비트열로부터 수신클럭을 복원한다.

(2) E1 Framer와 Line Interface Unit(LIU)

일반적인 E1 프레이머는 32개의 타임슬롯의 E1프레임을 조립하며 TS0와 TS16에 대한 프레임 정렬 및 시그널링 정보도 함께 생성한다. 또한 수신시에는 CRC계산도 수행한다.
또한 LIU(Line Interface Unit)는 일종의 계층 1 기능부로써 프레이머로 부터의 TTL레벨을 갖는 NRZ비트열에 대한 HDB3/AMI라인코딩을 수행하는 일종의 트랜시버이다. 수신시에는 Adaptive Equalizer기능과 수신클럭 복원기능을 수행하며, 라인코딩된 HDB3/AMI 비트열을 원래의 방식의 TTL레벨의 NRZ비트열로 디코딩한다. 또한 Alarm처리도 한다.
일반적으로 이러한 프레이머와 LIU기능은 각각 분리되어 있지만 이들이 하나의 칩에 집적화된 경우 이것을 E1 Transceiver 또는 E1 Combo 등으로 불린다.
특히 최대 5개의 Sa 비트 또는 한개 이상의 타임슬롯에 HDLC프레임을 송신할 수 있는 HDLC 제어기능도 내장한 것도 있다.

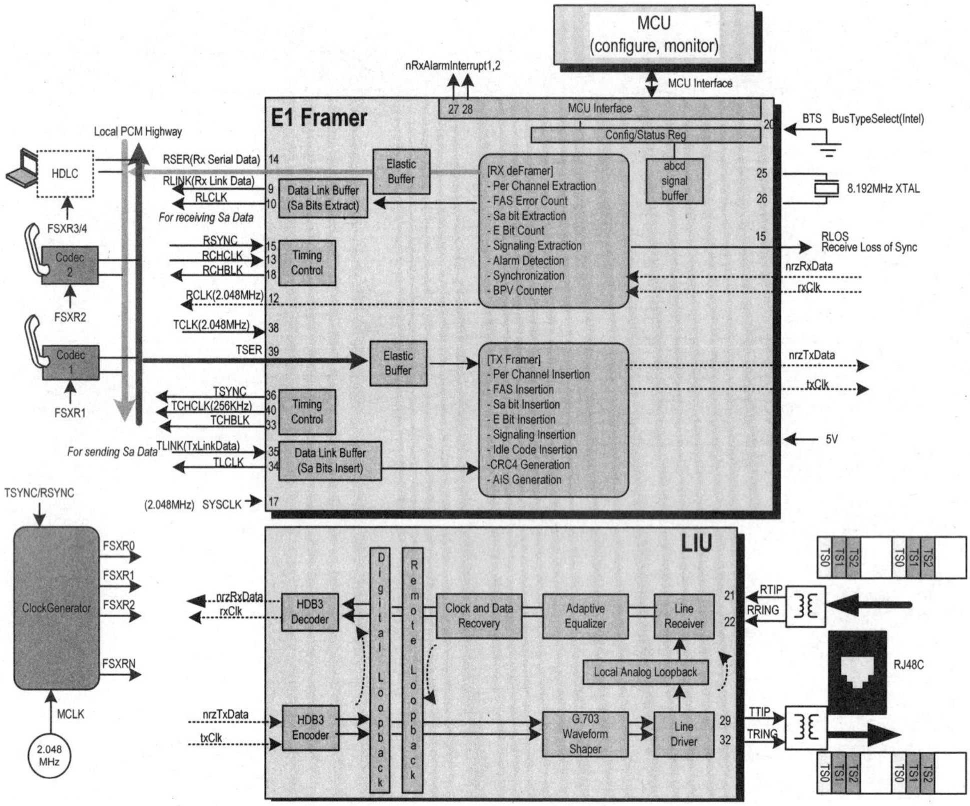

<그림 8.44> E1 Framer와 LIU로 조합된 E1 다중화기의 구성

(3) E1 프레이머의 기능

일반적인 E1 프레이머는 다음과 같은 기능을 하드웨어적으로 수행한다.

- Sync슬롯(TimeSlot 0) 생성 및 디코딩
- CRC4 계산 및 삽입
- Time Slot의 삽입 및 꺼냄
- 호스트와의 클럭 정합(elsatic buffer사용)
- OOF, AIS, FAS, CRC, E-Bit, RAI, SEF 등의 신호처리
- Performance Monitoring counters (FAS, CRC, E-BIT).
- PCM Highway 인터페이스

(4) Line Interface Unit(LIU)의 기능

이것은 E1 프레이머로부터의 E1 프레임 데이터를 라인으로 송신하기 위한 송신파형 생성기능과 수신신호로부터 클럭복원 및 등화 등을 수행하여 E1 프레이머로 전달하는 물리적인 기능을 제공한다.

기능은 다음과 같다.

- Clock/data recover(CDR)
- Waveform Shaper
- B8ZS/HDB3/AMI 라인인코딩/디코딩
- 적응형 등화기능
- LOS(Loss of Signal) 및 AIS (Alarm Indication Signal) 상태감지 및 보고
- PRBS generation/detection circuit (선택사양)
- 루프백 기능 제공(Framer Loop, Local Loop, Remote Loop)

(5) 통합 프레이머 칩

E1 프레이머와 LIU 기능을 하나로 집적시킨 것으로써 E1 트랜시버라고도 부른다.

여기에는 CP5021, IDT82V2041, IDT82V2081PP, DS2153Q, XRT86VL30, PMC PM6341-RI, MT9075BL 등이 있다.

또한 HDLC 기능부도 함께 내장한 DS2154L, DS2155, MT9076AB도 있는데 이것은 E1 프레임내의 Sa비트열, 또는 일부 데이터 슬롯에 HDLC 프레임을 수납하여 송수신할 수 있다

(6) Backplane Bus 방식

하나의 E1 프레이머에 30~32개의 PCM 코덱 또는 HDLC 제어기를 연결하려면 이들간에 규격화된 공통버스, 즉 백플레인버스가 있어야 한다. 이러한 버스는 제조회사별로 고유한 방식으로 설계되어 있는데 분류하면 다음과 같은 4가지가 있다. <그림 8.45>는 일반적인 PCM Highway방식의 동작이다.

- PCM Highway 또는 Timeslot Assigner방식
- ST-BUS방식
- IDL방식
- GCI(General Control Interface)방식

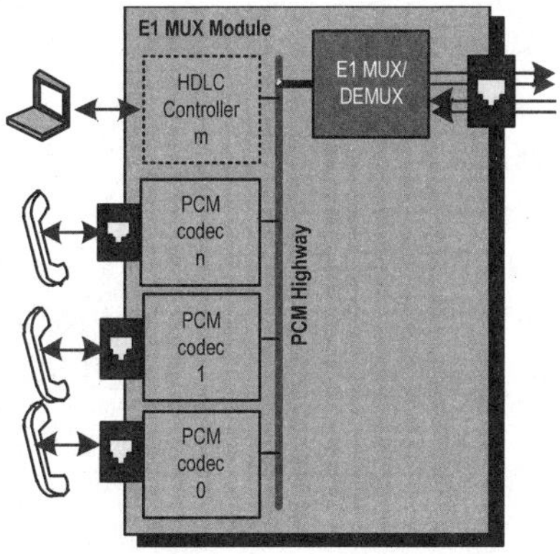

<그림 8.45> PCM Highway 방식

8.20 설계과제

(1) 설계 목표

E1 프레이머와 LIU기능이 통합된 DS2153Q를 사용하여 E-1다중화기를 설계하고 2개의 다중화기를 통해 여러 개의 PCM코덱이 다중화될 수 있도록 한다.

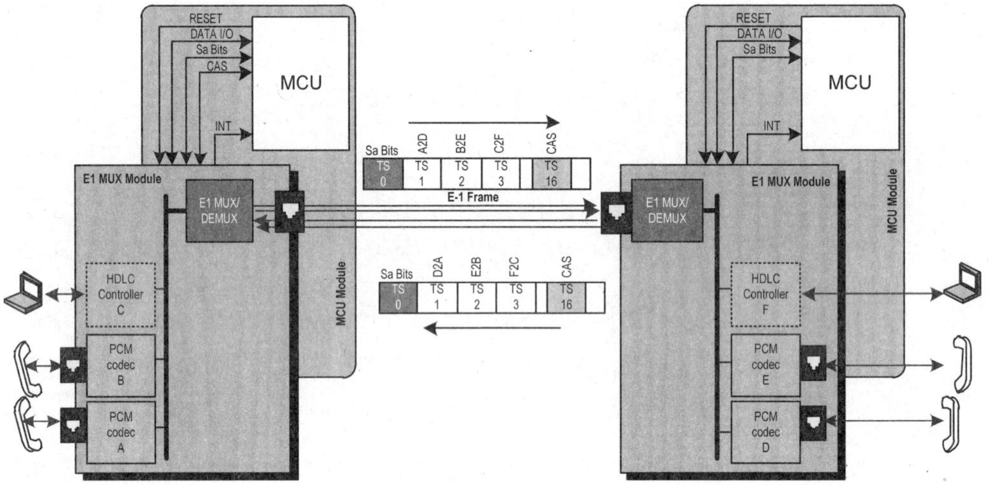

<그림 8.46> E-1 다중화기의 설계 개념도

(2) 요구 사항

- E1 Framer+LIU : DS2153Q를 사용한다.
- 5개의 타임슬롯만 사용한다. (1개의 가상 코덱, 2개의 PCM 코덱, 2개의 HDLC)
- Backplane 버스 구조 : PCM Highway의 Long Frame Sync방식을 사용한다.
- 채널별 송신 및 수신 enable 신호(FSX과 FSR)는 공통으로 사용한다.
- 시스템 클럭과 라인클럭간의 차이를 보완하기 위한 Elastic Buffer 기능을 설정한다.
- MCU 인터페이스: GPIO를 사용하여 인텔 버스 모드를 지원하도록 한다.
- 코덱 : MC145484을 사용한다. 각 코덱용 2.048MHz의 MCLK은 공통으로 사용한다.
- 각 코덱의 송신 프레임 동기신호인 FST와 수신 프레임 동기신호인 FSR 신호는 모두 8KHz의 FSYNC 신호에 연결하여 공통 사용한다.
- FSX와 FSR 신호는 모두 long frame 신호방식을 사용한다.
- 선택사양 : NFAS 슬롯에 수납되는 5비트의 Sa 비트 영역을 사용하여 20Kbps급의 저속 데이터 전송로 지원하기 위한 외부 인터페이스를 추가한다. 또한 인터럽트 처리부를 구현하여 슬롯 0과 슬롯 16에 대한 고급 기능을 처리한다.
- 선택사양 : HDLC 제어기 : PT7A6525(LJ=3.3V)를 기반으로 설계한다. 이것은 독립적인 2개의 HDLC제어기를 제공한다. HDLC는 인터럽트 방식을 사용한다.

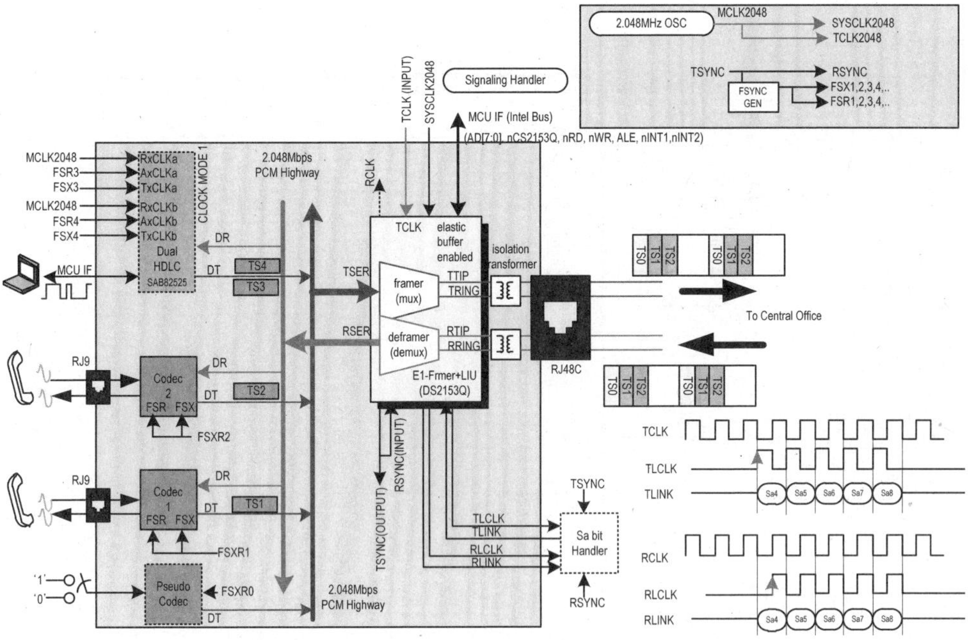

<그림 8.47> 설계할 E1 다중화기의 구성과 동작

(3) DS2153Q의 구조와 기능

E1 Framer와 LIU기능이 통합된 DS2153Q의 구조는 <그림 8.48>과 같으며 기능은 다음과 같다.

- 5V 단일 동작전압 공급
- LIU 기능 내장 : 라인코딩 및 Clock/Data 복원 기능 제공
- E1 (CEPT) PCM-30 프레이밍 기능
- Backplane 클럭과의 정합용 송수신용 완충 버퍼 기능
- MCU와의 8 비트 인터페이스 제공(본 교재에서는 인텔모드를 사용함)
- CAS 신호정보 삽입 및 추출
- Remote 및 AIS Alarm 생성 및 감지
- Si 및 Sa 비트 삽입 및 추출
- 루프백기능 제공(Framer Loop, Remote Loop, Local Loop)

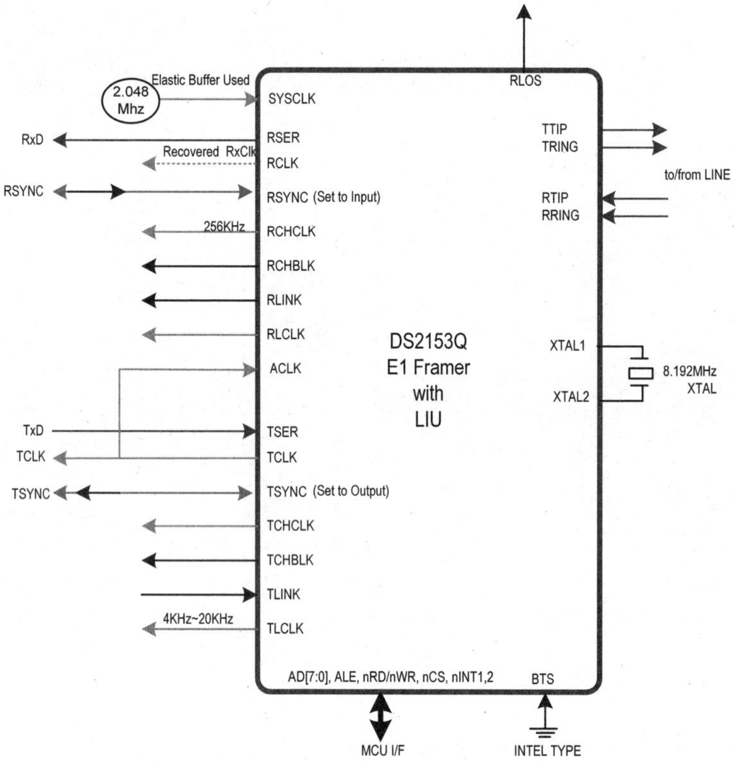

<그림 8.48> DS2153Q E-1 다중화 칩의 구성

(4) DS2153Q 초기화

DS2155Q에 대한 필수 초기화 과정은 다음과 같다.

① CCR2.2=1 : 칩의 초기화가 진행되려면 정상적인 TCLK 입력이 있어야 한다. 만약 리셋에 의해 TCLK이 초기에 제공되지 않는다면 내부에서 생성되는 RCLK 신호를 TCLK으로 공급받을 수 있도록 CCR2.2 비트를 1로 설정하여야 한다[27].
② 10ms 이상 대기한다.
③ 나머지 모든 레지스터의 내용을 0x00값으로 쓴다.
④ 필요한 설정값을 해당 Configuration 레지스터에 쓴다.
⑤ 칩 내부의 LIU 기능부에 대한 리셋을 위해 CCR3.3(LIRST)=1값을 쓴다.
⑥ SYSCLK이 안정화 되도록 100msec 대기한다.
⑦ CCR3.4(ESR)=1을 쓰기하여 Elastic Store 버퍼를 초기화한다.
⑧ CCR3.3(LIRST)과 CCR3.4(ESR) 비트값을 0으로 복귀시킨다.
⑨ 초기화가 완료되면 E1다중화기는 HDB3인코딩된 E1프레임을 125μsec마다 송신한다.

[27] 이것을 loop timing방식이라고 한다.

관련 레지스터의 구성은 다음과 같다.

주소	R/W	이름	설정값	용도
00~05	R	Error Counters		Code Violations, CRC4 Errors, FAS Errors
06	R	Status1 (SR1)		Rx Status(Rcv Remote Alarm, LOS,..)
07	R	Status2 (SR2)		Rx/Tx Status(Rcv CAS MF, Loss of TxC)
08	R/W	Rx Information (RIR)		Elastic FIFO Full/Empty
10	R/W	Rx Control 1 (RCR1)	0x20	RCR1.6=0 (FrameMode) RCR1.5=1 (RSYNC=InputMode) RCR1.1=0 (Auto Resync)
11	R/W	Rx Control 2 (RCR2)	0x06	RCR2.2=1(SYSCLK=2.048) RCR2.1= 1 (RxSideElasticStoreEn)
12	R/W	Tx Control 1 (TCR1)	0x01	TCR1.0= 1(TSYNC = OutputMode)
13	R/W	Tx Control 2 (TCR2)	0x00	TCR2.7~3: 해당비트를 1로 설정시 Sa bit를 TLINK pin으로 부터 입력받음. TCR2.0= 0 (Pin16용도=RLOS)
14	R/W	Common Controll (CCR1)	0x55	CCR1.7=0/1 (Framer Loopback) CCR1.6=1/0 (TxHDB3 Enable) CCR1.5=0/1 (TxG.802 Disable) CCR1.4=1/0 (TxCRC4 Enabled) CCR1.3=0/1 (RxMode=CAS Signaling mode) CCR1.2=1/0 (RxHDB3 Enabled) CCR1.1=0/1 (RxG.802 Disabled) CCR1.0=1/0 (RxCRC4 Enabled)
16-17	R/W	Interrupt Mask 1/2	0x00	Rx Alarm, RLOS 등에 대한 인터럽트 마스크
18	R/W	Line Interface Control (LICR)		LICR.4=0 (Rx Equalizer Gain Limit=-12dB) LICR.0=0 (Tx Power Down =Disabled)
1A	R/W	Common Control Register2 (CCR2)		CCR2.5=0 (Automatic AIS Generation=Disabled) CCR2.2=1 (Loss of TxClock Mux Control=Switch to RCLK if no TCLK) CRC2.1=0/1(Remote Loopback=Disabled) CCR2.0=0/1(Local Loopback=Disabled)
1B	R/W	Common Control Register3 (CCR3)	0x82	CCR3.7=1(TxElasticStore = Enabled) CCR3.4=1/0 (ElasticStoreReset 1-->0) CCR3.3=1/0 (Line Interface Reset 0->1) CCR3.1=1(TxBackplaneClock=2.048MHz)
1E	R	Sync Status (SSR)		SSR.7~3=CRC4 Sync Counter SSR.2= FAS Sync Active SSR.1=CAS MF Sync Active SSR.0=CRC4 MF Sync Active

[참고] 칩 식별코드가 저장된 레지스터를 읽어 봄으로써 초기화 과정이 완료되었음을 다음과 같이 확인할 수 있다.

① {0x7D, 0x36, 0x15, 0x19}와 같은 4곳의 레지스터에 0x00를 쓴다.
② 0x23레지스터에 0x55를 쓴다.
③ 0x23레지스터의 내용을 읽은 값이 0x55값이면 DS2153 이다.

(5) 하드웨어 설계

a) 클럭 및 FSYNC신호생성부 설계

PCM 코덱 및 HDLC 컨트롤러로부터의 총 4개의 채널을 지원하기 위한 MCLK과 FSYNC신호의 생성부를 설계한다.

먼저 이러한 장치에 대한 송신 및 수신은 송신용 FSYNC와 수신용 FSYNC 핀인 FST와 FSR 입력신호에 의해 <그림 8.49>와 같이 동작한다.

이를 지원하기 위하여 FSYNC 신호를 초당 8000번씩 생성시켜야 한다. 따라서 2.048MHz MCLK의 1/256분주해야 하고 이것의 지속시간은 8BCLK이 되도록 설계한다. 시스템 내부의 모든 기능부는 MCLK에 동기되어 동작한다.

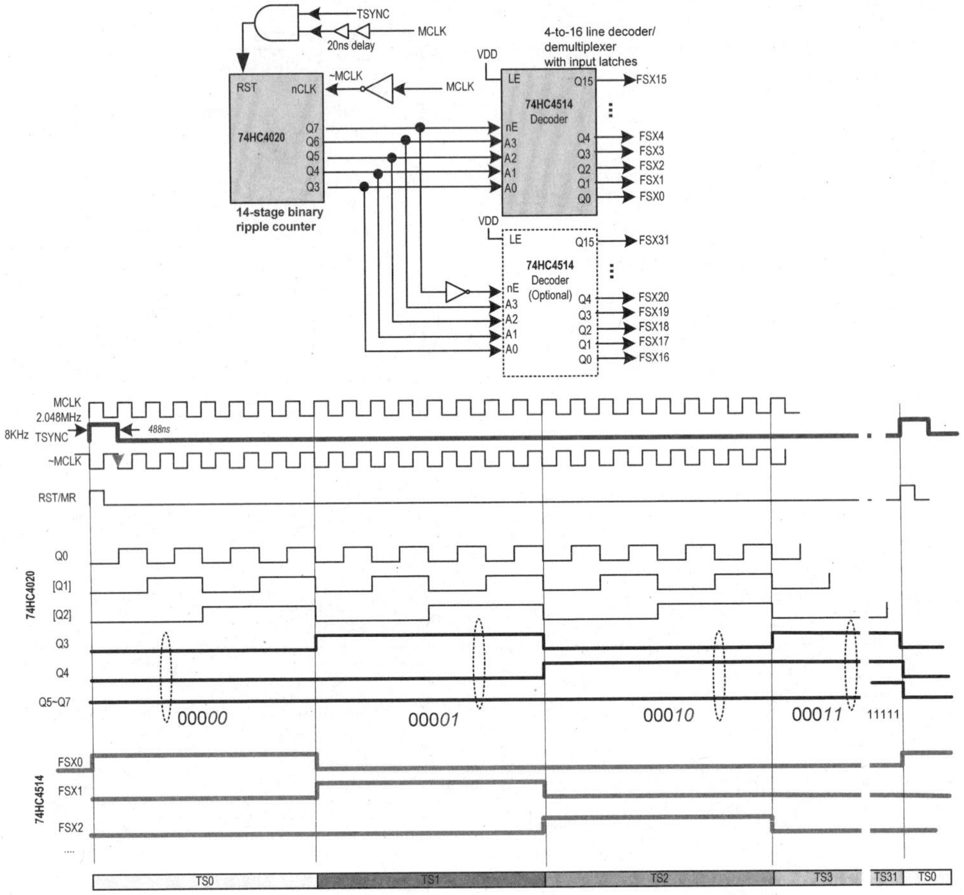

<그림 8.49> E1 다중화기용 클럭 및 동기 신호 생성부의 구조와 동작

b) 전체 시스템 설계

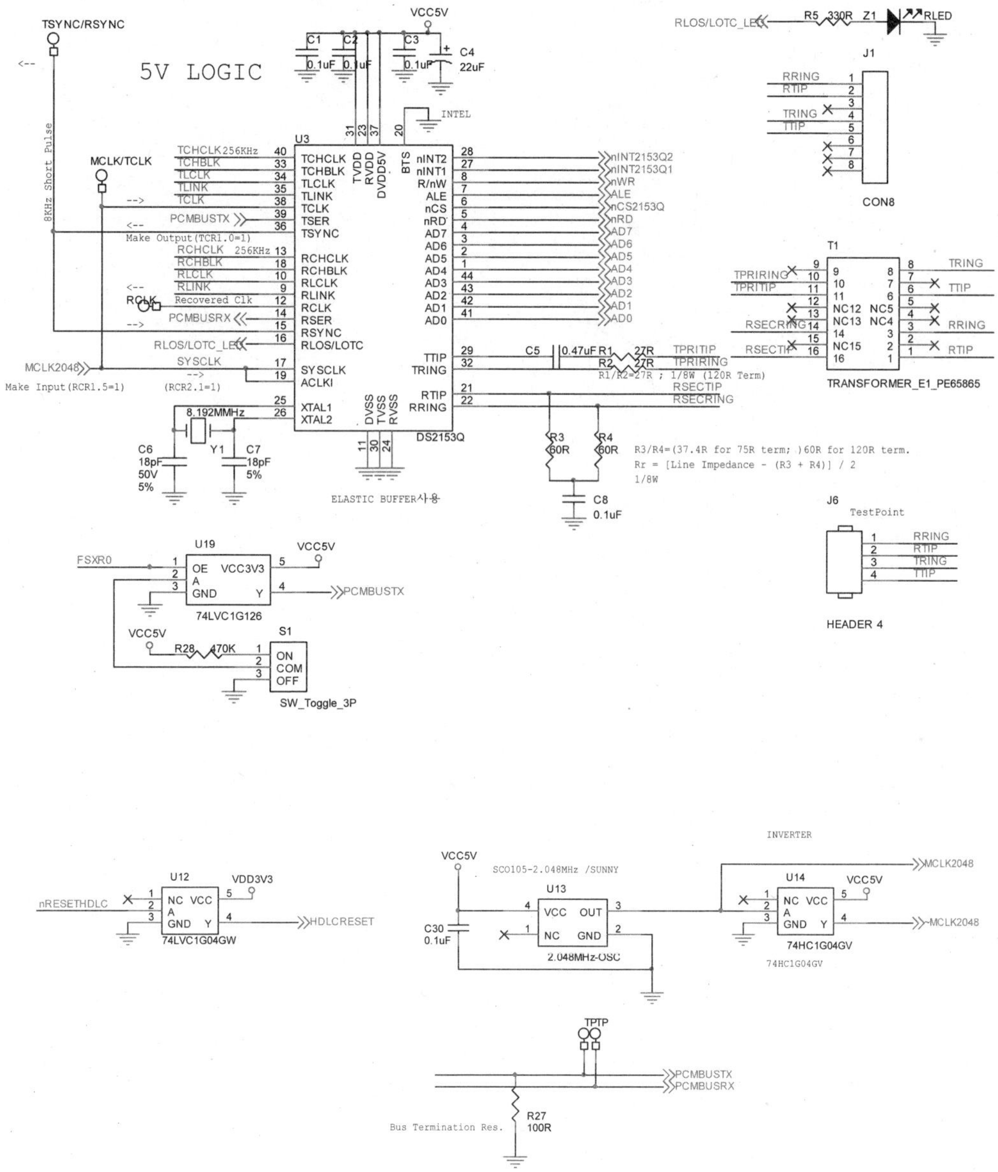

TSYNC/RSYNC
5V LOGIC
VCC5V
C1 C2 C3 C4
0.1uF 0.1uF 0.1uF 22uF
INTEL
8KHz Short Pulse
MCLK/TCLK
U3
TCHCLK TCHBLK TLCLK TLINK TCLK TSER TSYNC
RCHCLK RCHBLK RLCLK RLINK RCLK RSER RSYNC RLOS/LOTC
SYSCLK ACLKI XTAL1 XTAL2
TVDD RVDD DVDD5V BTS
nINT2 nINT1 R/nW ALE nCS nRD AD7 AD6 AD5 AD4 AD3 AD2 AD1 AD0
TTIP TRING RTIP RRING
DVSS TVSS RVSS
DS2153Q
PCMBUSTX
PCMBUSRX
Make Output(TCR1.0=1)
Recovered Clk
RLOS/LOTC_LED
MCLK2048
Make Input(RCR1.5=1)
(RCR2.1=1)
8.192MMHz
C6 18pF 50V 5%
Y1
C7 18pF 5%
ELASTIC BUFFER사용
nINT2153Q2
nINT2153Q1
nWR
nCS2153Q
C5 0.47uF
R1 27R
R2 27R
R1/R2=27R ; 1/8W (120R Term)
TPRITIP
TPRIRING
RSECTIP
RSECRING
R3 60R
R4 60R
R3/R4=(37.4R for 75R term;)60R for 120R term.
Rr = [Line Impedance - (R3 + R4)] / 2
1/8W
C8 0.1uF
R5 330R Z1
RLED
J1
RRING RTIP TRING TTIP
CON8
T1
TRANSFORMER_E1_PE65865
J6
TestPoint
HEADER 4
U19
FSXR0
OE VCC3V3
A
GND Y
74LVC1G126
VCC5V
R28 470K
S1
ON COM OFF
SW_Toggle_3P
U12
VDD3V3
nRESETHDLC
NC VCC
74LVC1G04GW
HDLCRESET
SC0105-2.048MHz /SUNNY
U13
VCC OUT
NC GND
2.048MHz-OSC
C30 0.1uF
INVERTER
U14
74HC1G04GV
TPTP
Bus Termination Res.
R27 100R

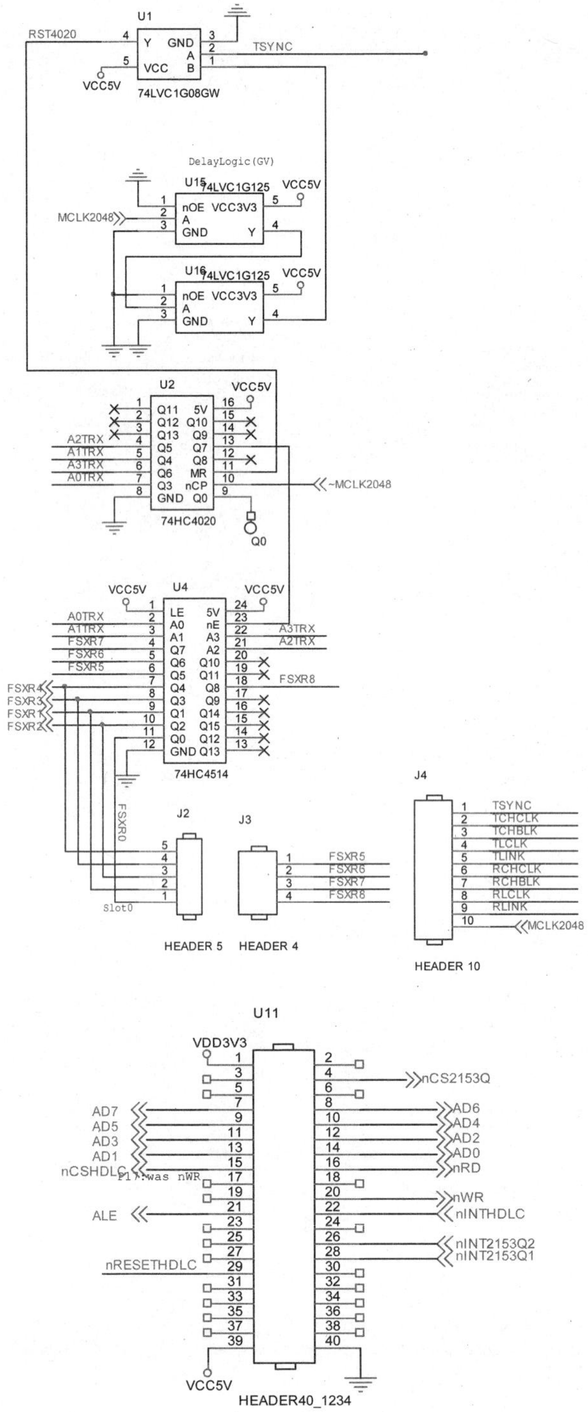

<그림 8.50> E1 다중화기 회로의 예

(6) 소프트웨어 설계

<그림 8.51>은 소프트웨어의 구성도이다. DS2153Q는 MCU와 8비트 인텔버스 방식으로 연결되므로 다음 신호에 대한 GPIO핀을 설정하고 이를 통한 쓰기 및 읽기용 함수를 설계한다.

- AD[7:0] : 양방향
- ALE, nCS2153Q, nRD, nWR : 출력
- nINT1, nINT2 : 입력

이 칩은 초기화과정을 통한 동작설정만 수행하면 기본적인 다중화기능이 동작 개시된다. 필요시 E-1 프레임의 고급기능인 Slot 0와 Slot 16에 대한 시그널링 등의 처리기능은 인터럽트를 활용한 추가적인 코드가 요구된다.

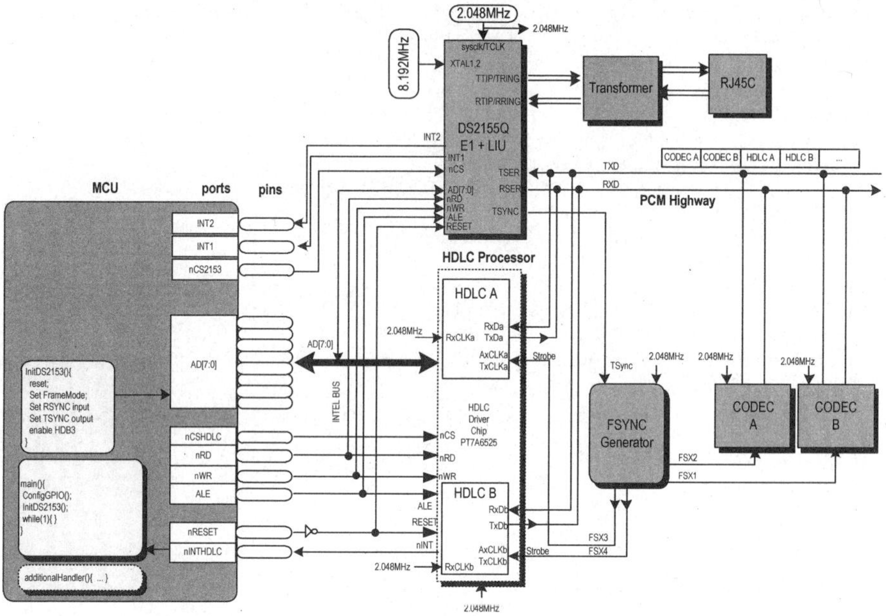

<그림 8.51> 소프트웨어 설계

(7) 프로그램의 예

하드웨어에 비하여 프로그래밍은 비교적 간단하다. 대부분의 설정은 Common Configuration Register에 대한 것이다. 다음 예를 참조하라.

```
//GPIO를 사용하여 DS2155Q 내부 레지스터에 대한 접근용 코드를 나름대로 설계한다.
void WriteReg(u8 addr, u8 val);
u8 ReadReg(u8 addr);

#define CCR2 0x1A //Common Control Register 2 at 0x1A
#define CCR3 0x1B//Common Control Register 3 at 0x1B

void Ds2153QInit(){
  //+ Add GPIO setup
```

```
    printf("Init...It takes several seconds.\r\n");
    //Write 0x04 to CCR2 (CCR2.2(LOTCMC)=1 for switching to RCLK when no TCLK)
    WriteReg(CCR2, 0x04);
    delayms(10);//Wait min 10msec

    //Write 0x00 on other regs
    for(i=0;i<0x19;i++)  WriteReg(i, 0x00);
    for(i=0x1B;i<0x3F;i++)     WriteReg(i, 0x00);

    //Set ReceiveConfiguration Registers
    //(1) RCR1 - Frame Mode(1.6=0), RSYNC_IO(set as Input, 1.5=1),
    WriteReg(0x10,0x20);
    //(2) RCR2(0x11) - SYSCLK(2.2)=1 (Use 2.048MHz), RxSideESE(2.1=1: Enable)
    WriteReg(0x11,0x06);//2.048MHz(1); Rx ESB Enable(1)
    //Set Transmit Configuration Registers
    //(3) TCR1(0x12) - TSYNC 1.0=1=Output Mode/0=Input Mode)
    WriteReg(0x12,0x01)
    //(4) CCR1(0x14)
  // FramerLoopback(1.7=1(en);0(dis)); HDB3EN(1.6=1); CRC4(1.4)=0(dis)1(en); CAS/CCS(1.3)=0(CAS);
    //   RxHDB(1.2)(1=EN); RxCRCen(1.0)=1
    // = 1101-0101 = D5
    // = 0101-0101 = 55
    WriteReg(0x14,0x55);//d5 - for Framer Loopback; 0x55=no Framer Loopback
    //(5) CCR2(0x1A) -RemoteLoopback(2.1)=1(en); Local Loopback(2.0)=1(en)
    WriteReg(0x1A,0x00); //0x00 - No Local Loopback
    //(6) CCR3(0x1B) - TxESE(3.7)=1, 3.4(ESR)=0(toggle); TxBackplaneClock(3.1=1)=2.048MHz)
    WriteReg(0x1B,0x82);
    //(7) Set LIRST bit =1 in CCR3.3 (Line Interface Unit Reset)
    WriteReg(CCR3, 0x82 | 0x08 ); //LIU Reset
    delayms(1000);//Wait for stablize clock
    //(8) Set ESR bit=1 in CCR3.4 (Elastic Store Reset)
    WriteReg(CCR3, 0x82 | 0x08 | 0x10);
    //(9) Come back LIRST(CCR3.3) and EST(CCR3.4) in CCR3
    WriteReg(CCR3, 0x82);
    delayms(10);

    //Get ID again for test == Optional
    WriteReg(0x7D, 0x00);
    WriteReg(0x36, 0x00);
    WriteReg(0x15, 0x00);
    WriteReg(0x19, 0x00);
    WriteReg(0x23, 0x55);
    id = ReadReg(0x23);
    printf("DS2153Q> Chip ID:Reg[0x23]=0x%02x : Correct if 0x55\r\n",id);

    //Get All Registers for check
    for(i=0;i<0x3f;i++){
            id = ReadReg(i);
            printf("DS2153Q> Reg[0x%02x]=0x%02x\r\n",i,id);
            delayms(100);
    }
  }

  //main loop==============================
  void Ds2153QLoop(){
   Ds2153QInit();
   while(1){
      //Do Nothing.
      //One may add some additional status monitoring and interrupt handler.
   }
  }
```

(8) E1 TDM 다중화 기능부의 동작 시험

a) HDB3 부호화 기능 시험

Idle 구간에서의 HDB3 부호화에 의한 신호를 분석하고 E1 프레임의 NRZ 데이터에 대한 HDB3 부호화된 결과를 비교 분석한다.

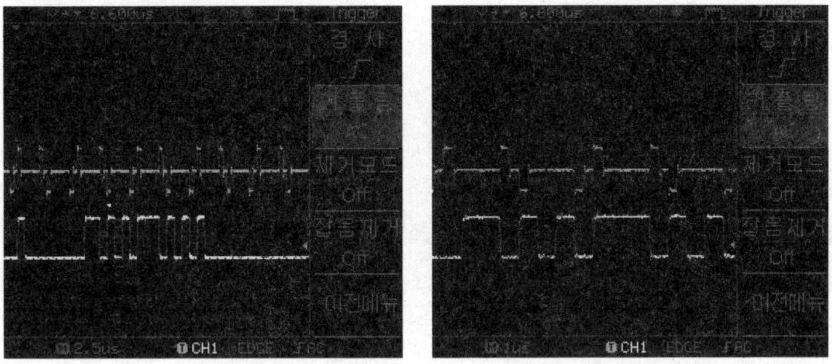

<그림 8.52> HDB3 부호화된 신호의 예

b) 클럭과 제어신호 분석

2.048MHz의 MCLK을 기준으로 FSX0과 FSX1 신호가 8클럭기간 만큼 이격됨을 확인한다.

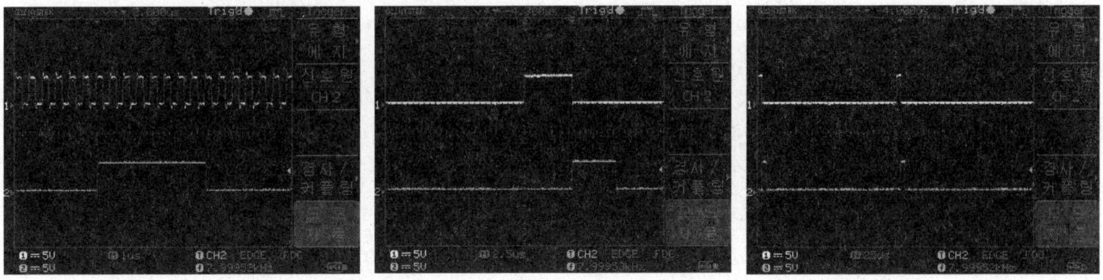

<그림 8.53> MCLK와 FSX0 및 FSX1

8KHz의 TSYNC 펄스에 대하여 FSX1 신호가 8클럭 이후에 생성됨을 확인한다.

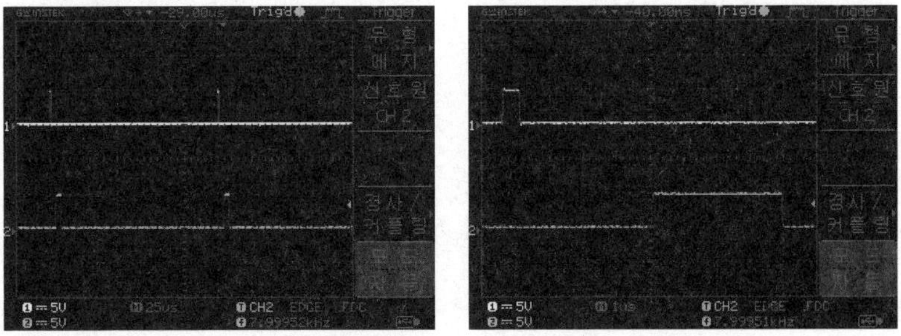

<그림 8.54> TSYNC/FSX1 신호

c) 루프백 시험

- Framer Loopback으로 설정하고 TSER와 RSER값을 비교한다.
- Local Loopback으로 설정하고 TSER와 RSER값을 비교한다.
- Elastic Store Buffer기능이 활성화되어 있으므로, RCLK, TCLK, RSYNC, TSYNC신호를 모두 비교한다.

(10) 추가 고려 사항

- TS0의 Si 비트 설정은 해당 Register에 write하는 방법과 TSER로 보내는 방법이 있다.
- TS0의 FAS bits/Sa bits/Remote Alarm 설정은 해당 Register에 write하도록 한다.
- TS0의 수신된 Additional (Sa) 는 해당 레지스터를 읽거나 RLINK로 읽는다.
- TS0의 수신된 Si는 해당 레지스터를 읽거나 RSER로 읽는다.
- TS16 시그널링 정보는 해당 레지스터에 쓰는 방법과 TSER로 보내는 방법이 있다.

8.21 연습문제

[1] 다음 중 TDM 기반 다중화 방식이 아닌 것은?
a) T1 b) E1 c) DMX512 d) I2C e) I2S

[2] 다음 중 링크 계층 다중화 방식은?
a) TDM b) FDM c) SONET/SDH d) Frame Relay

[3] 여러 장치의 송신부가 하나의 전송선로를 공유하여 하나의 물리적인 링크상으로 송신할 때 이들간의 충돌이 가급적 발생하지 않도록 효율적으로 이들을 배열시키는 기술은 __이다.

[4] 랜덤접근방식을 사용하는 시스템은 _이다.

[5] 무선 LAN 시스템에서는 ___ 다중접근방식이 사용된다.

[6] E1은 30개의 8비트 오디오 데이터를 125sec마다 송신하기 위하여 총 _개의 슬롯을 사용한다. 따라서 E1의 총 전송률은 32*8*8000=2.048Mbps이지만 유효전달능력은 ___Kbps이다.

[7] AMI 인코딩시 연속된 '0' 값에 대한 신호변화를 강제로 주기 위해 T1 및 E1 시스템은 _와 _를 각각 사용한다.

[8] 하나의 고속스트림을 여러 개의 저속링크로 분산하여 전송하고 수신측에서 원래의 스트림으로 복원하는 기술은?

[9] 패킷모드 다중접근방식이 아닌 것은?
a) CDMA b) CSMA/CD c) I2C d) USB

[10] 충돌이 발생하더라도 높은 우선순위의 통신국은 송신을 지속할 수 있는 다중접근 방식은 _이다.

[11] 서로 상이한 칩 코드를 사용하여 대역확산 변조방식으로 다중접근하는 방식은 _이다.

[12] 기본적인 E1 다중화 방식의 한 싸이클 주기는 __이다.

[13] E1 시스템에서 32개의 슬롯을 모두 전송용으로 사용하는 방식은 _이다.

[14] CDMA 방식과 DSSS 방식은 모두 대역확산 방식이다. 차이점은 무엇인가?

제 **9** 장

유선 데이터 통신망 기술

지금까지 학습한 기본적인 데이터 통신관련 지식 중 다중화기능과 교환기능을 활용하여 본 장에서는 공중망과 사설망을 구분한 후, 인터넷과 같이 메시지를 여러 개의 패킷으로 단편화하여 중계 및 교환하는 패킷교환망과 케이블TV시스템, 광통신 시스템과 같은 다양한 유선 정보통신 시스템의 구성을 살펴본다.

9.1 공중망과 사설망

<그림 9.1>은 공중전화교환망(PSTN, Public Switched Telephone Network)과 공중데이터교환망(PSDN, Public Switched Data Network) 그리고 가상사설망(VPN, Virtual Private Network)의 구성을 보여주고 있다.

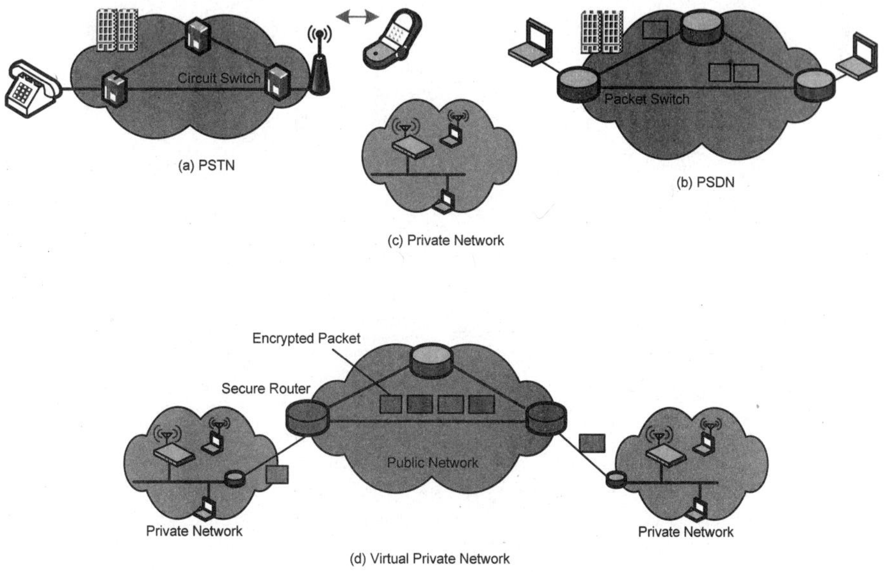

<그림 9.1> PSTN과 PSDN

음성과 데이터 트래픽의 상이한 특성을 효율적으로 지원하기 위하여 음성의 경우에는 회선교환 방식을 사용하는 전화교환망, 데이터의 경우에는 패킷교환 방식의 데이터교환망이 사용된다.
이러한 망의 구축시 모든 사람이 활용할 수 있도록 국가로부터 사업면허를 얻는 경우 각각 공중전화교환망(PSTN, Public Switched Telephone Network)과 공중 데이터교환망(PSDN, Public Switched Data Network)이라고 한다.
반면에 건물내 또는 캠퍼스 내에서 사설교환기에 의한 전화망과 LAN을 이용한 데이터통신망 등은 국가의 허가 없이도 설치하여 운용할 수 있는데 이러한 망을 사설망(Private Network)이라고 한다. 참고로 멀리 떨어져 있는 본사 및 지사망을 공중망을 경유하여 연결하고 이 연결은 다른 연결과는 독립적으로 운영하는 경우 이들은 가상사설망(VPN, Virtual Private Network)으로 연결된다고 한다[1].

9.2 연결형과 비연결형 전달 서비스

(1) 전화망의 경우

우리가 전화를 사용할 때 상대방 전화번호를 입력하여 상대방에게 벨을 울리도록 한다. 이에 상대방이 반응하면 대화을 개시할 수 있다.
이 과정에서 전화망내부에 있는 여러 개의 교환기간에 해당 전화연결이 설정된다. 이러한 절차를 전화망에서 제공해 주는 연결형 서비스(connection oriented service)라고 한다[2].
또 교환기를 경유하지만 항상 상대방과 연결이 설정되어 있는 경우를 전용선 연결이라고 한다.

(2) 패킷망의 경우

<그림 9.2>는 연결형 서비스와 비연결형 서비스의 예를 보여주고 있다.

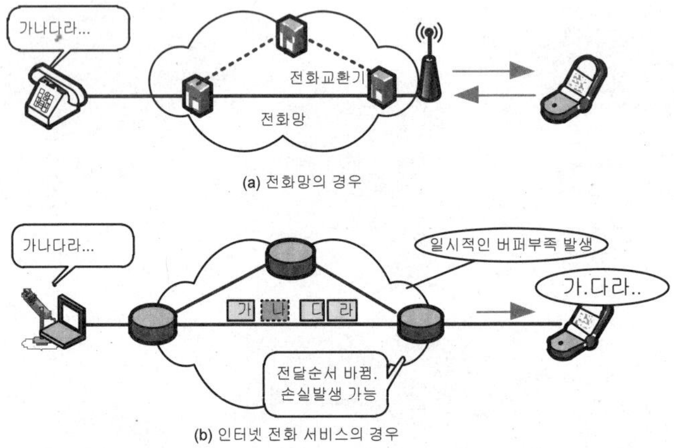

<그림 9.2> 연결형과 비연결형 서비스의 예

[1] 필요시 쌍방은 암호화를 사용하여 노출되지 않도록 한다.
[2] 핫 라인을 사용하는 경우, 즉 사전에 고정 연결되어 있어 별도의 연결절차 없이 즉시 통화할 수 있는 경우도 있는데 이것도 역시 연결형 서비스로써 전용선 서비스라고 한다.

패킷망을 활용하는 일부 서비스 중에는 연결설정과정 없이 매 패킷마다 직접 목적지를 지정하여 전송하는 경우가 있는데, 전송과정에서 손실이 발생할 수 있다[3]. 이를 비연결형 서비스(connectionless service)라고 부른다. 이러한 서비스는 굳이 연결을 지속할 필요가 없는 일과성 질의 또는 전송 오류에 대한 재전송절차가 더 번거로운 인터넷 폰 서비스 등에서 사용된다[4].
또한 패킷망은 연결 설정후 데이터를 신뢰성 있게 전달하는 연결형 서비스도 지원한다. 대표적으로 웹 서비스 또는 파일전송 절차 등이 있다[5].

9.3 데이터 평면과 제어 평면

패킷망의 경우, 패킷교환을 담당하는 핵심 장비인 라우터는 수신된 패킷의 목적지를 검사한 후 이것을 최단거리(또는 최소비용)의 경로를 따라 중계하려면 어떤 다음 라우터가 최적인지를 미리 알고 있어야 한다. 이러한 최적의 경로설정을 위하여 라우터는 평소에 이웃 라우터와의 링크 상태 정보 등을 주기적 또는 필요시 교환한다. 따라서 라우터는 IP와 같은 데이터 패킷 중계(또는 교환)을 수행하는 기능부뿐만 아니라 최적 경로를 설정하기 위하여 이웃 라우터와의 라우팅를 정보를 교환하는 기능부를 함께 가지고 있다. 이러한 기능을 각각 라우터의 데이터 평면(data plane)기능과 제어평면(control plane) 기능이라고 한다.
이러한 2가지 기능은 라우터뿐만 아니라 전화교환기 등의 대부분의 데이터 통신시스템이 가지고 있다. 예를 들어 전화망 시스템의 경우, 전화기 및 전화교환기는 음성을 전달하는 데이터 평면뿐만 아니라 수신측 전화번호 처리, 이웃 교환기로의 발신신호 전달, 수신측 전화기 벨 울림 등의 제어 신호를 처리하는 제어평면(control plane) 기능을 갖는다.
이러한 제어기능을 지원하기 위한 프로토콜로 다음과 같은 종류가 있다.

- OSPF, RIP, BGP 등 : 라우팅 프로토콜로써 패킷교환망용으로 사용된다.
- Signaling System No.7 (SS7) : 공통선 신호방식(common-channel signaling) 이라고 하며 전화망에서 사용된다.
- Q.931 : ISDN, Frame Relay, VoIP 등에서 연결 설정용으로 사용된다.

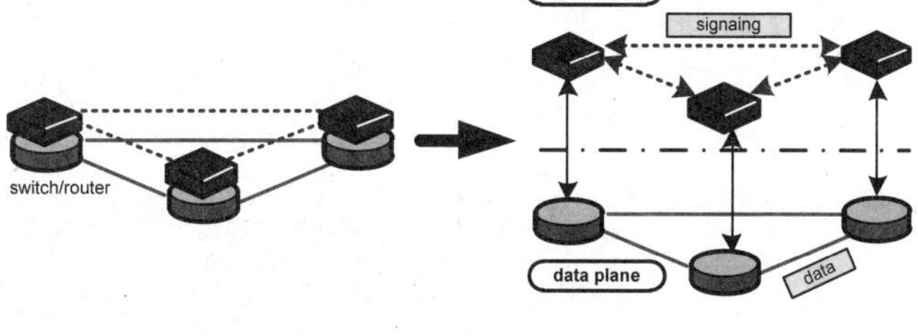

<그림 9.3> 데이터 평면과 제어 평면의 개념

---

3 필요시 해당 손실은 사람 또는 응용 프로그램이 해결해야 한다. 인터넷 폰의 경우 음성 패킷이 손실되어 잘 들리지 않으면 사람이 "뭐라고?"해야 한다.
4 인터넷용 일과성 절차의 예에는 DNS 및 DHCP 절차 등이 있다.
5 사실 연결위주 및 비연결 절차는 각 계층별로 상세하게 다시 분류되어야 한다. 예를 들어 이더넷 링크 계층은 비연결형 전달을 지원하는 반면에 X.25 링크 계층은 연결형 전달절차를 지원한다. 또한 네트워크 계층의 IP는 비연결형 전달기능을 제공하지만 이를 이용하는 TCP는 연결형 절차이다.

9.4 유선 데이터 통신 기술

유선 전송매체를 사용하는 데이터 통신 시스템이 사용하는 통신 기술은 전송거리에 따라 다음과 같이 분류할 수 있다.

- 초단거리 통신 : 스마트 폰 또는 컴퓨터 내부 칩간의 1m 이하의 고속 직렬/병렬 통신 (I2C, I2S, SPI 등)
- 단거리 통신 : PC와 주변기기간, 또는 차량내 장치간의 1Km 이하의 직렬/병렬 통신 (USB, HDMI, IEEE1394, 이더넷, RS232, RS485, Current Loop, CAN, LIN 등)
- 장거리 통신 : 유선 전화 시스템 또는 인터넷 등에서 사용하는 1Km 이상의 직렬통신 (X.25, FrameRelay, ISDN, PDH, SONET/SDH, 광통신)

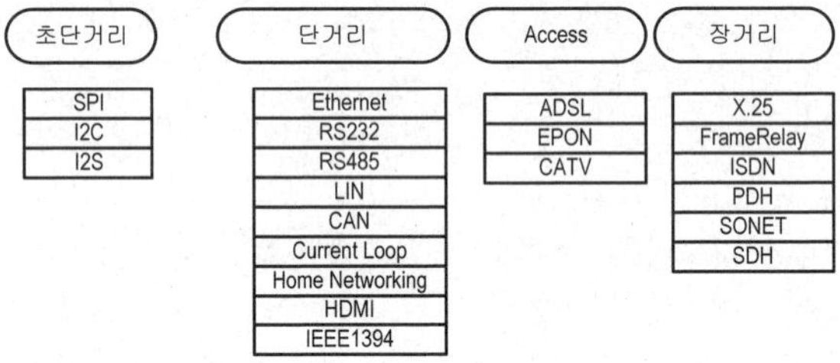

<그림 9.4> 유선 데이터 통신 기술의 종류

(1) 시스템 내부 데이터 통신 기술

스마트폰 또는 컴퓨터 등의 시스템 내부의 칩간의 1m 이하의 고속 직렬/병렬 통신 기술이다. 이것은 I2C, SPI, I2S, PCI Express 등으로 다양하다. 이것의 특징은 다음과 같다.

- 하나의 마스터와 여러 개의 슬레이브 장치가 {데이터 선로, 클럭 선로, 제어 선로}의 조합인 직렬버스를 공유한다.
- 슬레이브에 대한 선택시 슬레이브 별 주소를 사용하거나 개별적인 Chip Select 신호를 사용하며, 100 Kbps 이상의 고속 전송을 지원한다.

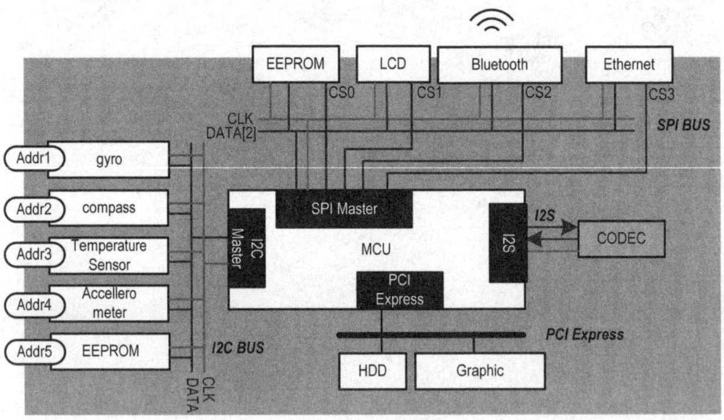

<그림 9.5> 시스템 내부 데이터 통신 기술

(2) 단거리 유선 데이터 통신 기술

PC와 주변기기간, 또는 차량내 장치간의 1 Km 이하의 직렬/병렬 통신을 수행한다. 여기에는 USB, HDMI, IEEE1394, 이더넷, RS232, RS485, 4-20mA Current Loop, CAN, LIN 등이 있다.
이것의 특징은 다음과 같다.

- 클럭신호는 데이터를 라인코딩하여 전송하는 임베디드 클럭 방식의 동기식 전송을 사용하거나 비동기 방식을 사용한다.
- 5m~1Km의 전송거리를 지원한다.
- 점대점 또는 멀티드롭 형태로 구성된다.
- 멀티드롭 형태의 경우 하나의 마스터와 여러 개의 슬레이브 장치로 조합된다.
- 슬레이브 별 주소를 사용하거나 멀티캐스팅한다.

(3) 장거리 유선 데이터 통신 기술

1Km이상의 장거리 통신을 지원하는 큰 규모의 유선 통신망은 크게 장거리로 연결하는 기간망, 각 가정이나 회사내의 네트워크인 홈 네트워크, 이것을 기간망에 연결하기 위한 액세스망으로 구성된다.
특히 기간망은 SONET/SDH기반의 회선교환망 또는 IP라우터 기반의 패킷교환망으로 구분되는데, 패킷교환망을 구성하는 라우터들은 회선교환망이 제공하는 장거리 전용선으로 연결된다.
이러한 장거리 유선 통신 시스템은 신호의 감쇄와 왜곡이 크므로 이를 보상하기 위해 경로상에 리피터 또는 증폭기가 사용된다.

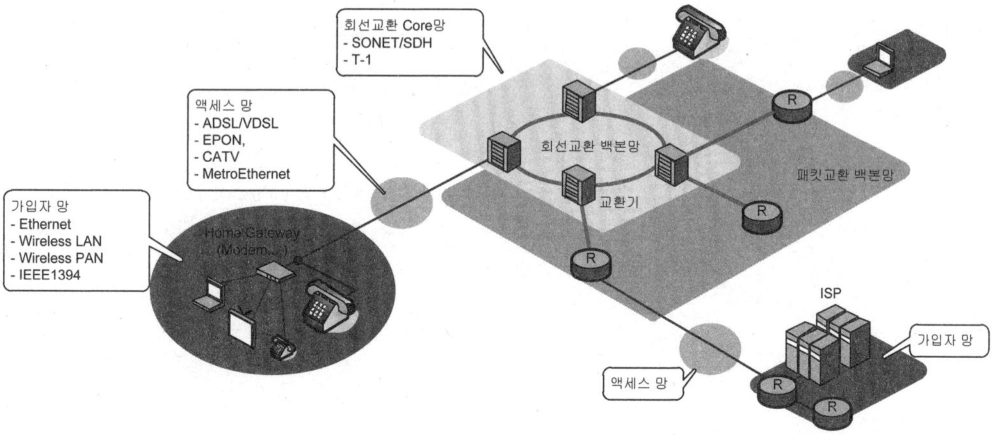

<그림 9.6> 장거리 유선 통신 기술

9.5 홈 네트워킹 기술

이것은 집 내부의 각종 정보통신기기를 상호 연결하는 통신망 기술이다. 주로 이더넷, 무선 공유기 기반의 무선 LAN, 그리고 다음과 같은 기술 등이 사용된다.

- HomePNA : 이것은 댁내의 전화들을 연결하는 내부 전화연결선로를 사용하여 집안의 컴퓨터 또는 가전 기기를 최고 320Mbps까지의 전송과 최대 300m를 연결하는 홈 네트워킹 기술로서, Phoneline Networking Alliance(PNA)에서 표준화 했다. 이것은 이더넷과 유사한 프레임을 사용하며, 사용주파수 대역은 5.5~9.5MHz이다.
- Home Plug 기술 : 건물 내부의 전력선을 홈 네트워킹용 선로로 활용하는 기술로써 14~100Mbps의 전송을 제공한다. Power Line Communication(PLC)방식이라고도 한다. 실제 전송은 이더넷 프레임 형태의 CSMA-CA방식으로 전송되며 변조방식은 OFDM/DBPSK 또는 DQPSK방식이다. 이러한 전력선 통신방식은 전력회사에서 많은 관심을 가지고 있는 기술이다.

9.6 액세스 망 기술

(1) xDSL

전화 가입자선로를 사용하는 아날로그 모뎀은 최대 56Kbps까지의 전송속도만 제공한다. 특히, 데이터 전송시에는 음성전화를 할 수 없는 단점도 있다. 이것은 아날로그 변조시 기존 음성대역인 300~3300Hz를 데이터 전송용으로 독점하기 때문이다.

이러한 문제점을 해결하기 위하여 여러 가지의 Digital Subscriber Line(DSL)전송 기술인 ADSL, SDSL, HDSL, VDSL 등이 우리 주변에서 사용되고 있다. 이러한 디지털 모뎀전송 기술을 총칭해서 xDSL 기술이라고 부른다.

이 기술은 음성전화용으로 사용되고 있는 전화선의 300~3400Hz대역 외의 높은 주파수 대역을 최대한 활용하는 고속 디지털 모뎀 기술이다. 하지만 사용되는 주파수 대역은 전송속도를 높일수록 신호의 감쇄나 왜곡이 심하기 때문에 고도의 디지털 신호처리 기능이 사용된다.

물론 음성주파수대역과 별도의 대역을 사용하기 때문에 xDSL에 의한 데이터 전송시에도 음성전화 서비스는 계속된다.

단 SDSL, HDSL, HDSL2는 데이터 전송 전용이다. <표 9.1>에서 알 수 있듯이, xDSL은 적용 기술, 제공속도 및 응용목적에 따라 A(Asymmetric), H(High Bit-Rate), S(Symmetric), V(Very High Bit-Rate) DSL 등으로 불린다.

<표 9.1> xDSL의 종류

종류	대칭/비대칭	전송거리(kft)	하향전송속도(Mbps)	상향전송속도(Mbps)
SDSL	대칭	10	1.544	1.544
HDSL(2pairs)	대칭	12	1.544	1.544
HDSL2(1pair)	대칭	12	1.544	1.544
ADSL G.lite (Splitterless)	비대칭	18	1.5	0.256
ADSL	비대칭	12	6	0.640
VDSL	비대칭	3	26	3
	비대칭	1	52	6
	대칭	3	13	13
	대칭	1	26	26

(2) ADSL(Asymmetric Digital Subscriber Line)

이것은 상향 및 하향의 속도의 차이가 다르기 때문에 비대칭형이란 수식어가 붙었다. <그림 9.7>은 ADSL 망의 구성이다.

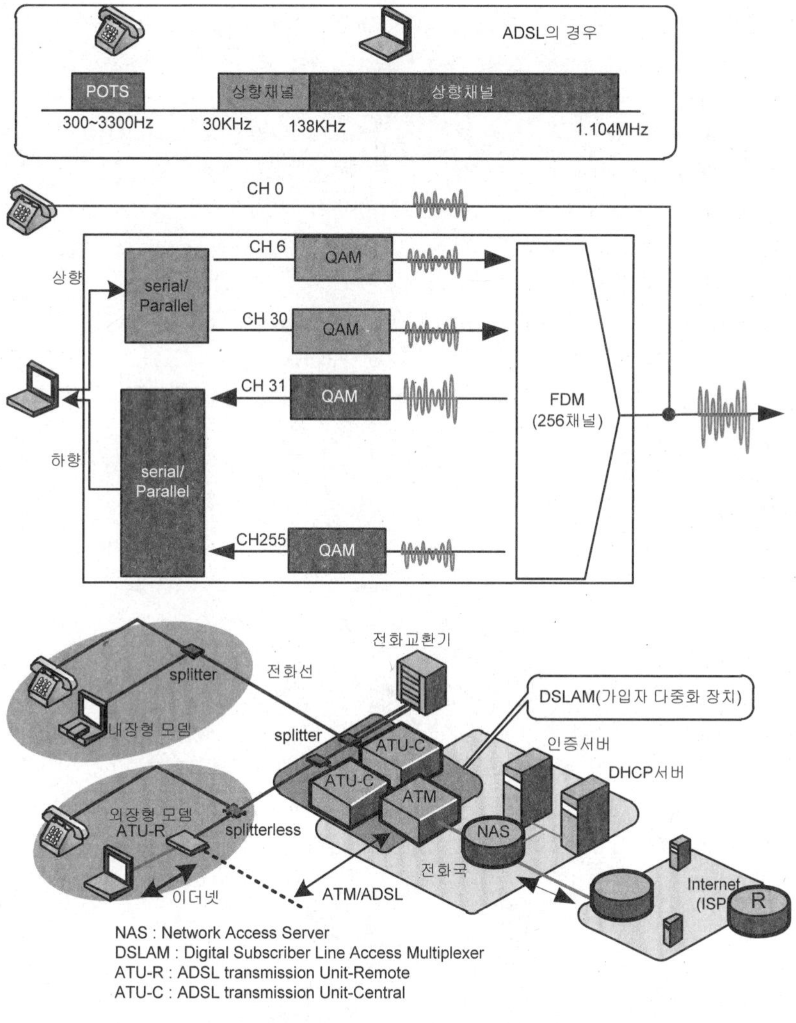

<그림 9.7> ADSL망의 시스템의 구성

각 가정에 설치되는 내장형 또는 외장형 ADSL모뎀을 ATU-R이라고 부른다. 이 모뎀은 사용자 데이터를 ADSL 방식로 변조하여 전화선을 통하여 전화국에 설치된 상대모뎀인 ATU-C로 전송한다.

전화음성과 데이터를 구분하기 위해 사용되는 스플리터는 음성과 ADSL트패픽을 주파수별로 분리하는 일종의 필터이다. 단, ADSL G.lite의 경우에는 이러한 스플리터 없이 가능한다. 이러한 스플리터는 전화국의 DSL Access Multiplexer(DSLAM) 장치의 전단부에도 설치되어, 일반 전화연결 트래픽과 데이터 트래픽을 분리한다.

DSLAM은 여러 대의 모뎀과 각 모뎀으로부터 복조된 각 단말로부터의 디지털 데이터를 집합시킨 후 이들을 ATM 방식에 의해 Network Access Server(NAS)에게 전달하는 장치이다.

NAS는 각 단말이 ADSL망에 접속을 시도할 때 인증서버를 활용하여 사용자가 월 사용료를 내었는지 확인한 후, 해당 단말에 대한 임시 IP 주소를 제공한다. 이후, 단말로부터 전달되는 IP패킷을 ISP의 라우터로 중계한다. 따라서, NAS는 기본적인 라우터 기능에 인증기능과 주소할당 기능이 추가된 장치라고 할 수 있다. 이러한 사용자 인증과 IP 주소 할당기능은 단말 컴퓨터와 NAS간의 Point-to-Point Protocol(PPP)에 의해 수행된다.

참고로, 6Mbps/640Kbps의 하향/상향 전송속도를 제공하는 것을 Full Rate ADSL이고 부르며 스플리터가 필요한다. 반면에, 1.5Mbps/512Kbps의 하향/상향 전송속도를 제공하는 것을 UADSL (Universal ADSL) 또는 G.Lite라고 부르며 가입자측의 스플리터가 없어도 된다. 또한, Full Rate ADSL이 사용하는 주파수 대역의 절반인 552kHz의 주파수 대역을 사용한다. 물론, 이러한 전송속도는 전화국까지의 거리에 따라 차이가 많다.

이러한 ADSL 기술에서 사용하는 디지털 모뎀 기술은 200 여 개로 분할된 여러 개의 반송파를 사용하는 DMT(Discrete Multi-Tone)이다. 각 채널은 3KHz로 구분되어 있으며, 상향으로는 6~30번까지의 채널을 사용하여 각각 QAM방식으로 변조하여 송신한다. 반면에, 하향은 31~255번 채널상에서 각각 변조된 QAM신호를 복조하여 컴퓨터에 전달한다.

이러한 ADSL도 전화가입자 선로상에서 아날로그로 변조하여 전송하기 때문에 가입자와 전화국간에는 ADSL모뎀이 설치되어 있다. 그리고 ADSL이 기존 모뎀보다 고속인 이유는 전화선이 제공하는 주파수대역 중 일반 음성이 전송되는 주파수 대역을 제외한 나머지의 넓은 대역을 활용하기 때문이다.

(3) CATV(cable television) 시스템

원래 지상파 텔레비전의 난시청 문제를 해결하기 위하여 동축 케이블로 TV신호를 재분배하기 위해 개발된 CATV시스템은 현재, 방송뿐만 아니라, 케이블 모뎀을 통한 인터넷 접속 및 전기, 가스, 수도 등의 자동 검침기능도 제공하는 등 서비스 영역을 확장하고 있다.

현재 사용되고 있는 케이블 방송망은 <그림 9.8>과 같이 헤드엔드에서 여러 개의 증폭기를 거쳐 각 가정까지 100여 개의 비디오 채널을 단방향 방송하는 구조를 가진다.

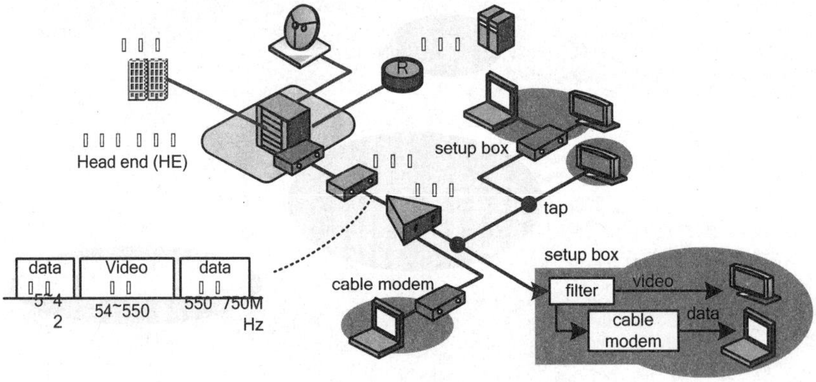

<그림 9.8> CATV시스템의 구성

사용되는 동축케이블은 750MHz의 광대역을 제공하는데, 5~42MHz대역은 단말이 헤드엔드쪽으로 데이터를 최대 30Mbps로 상향 전송하는데 사용된다. 그리고, 54~450MHz대역은 아날로그 케이블 방송용으로 100여개의 비디오 채널을 주파수별로 분할하여 하향 송신하는데 사용된다. 또한, 450 ~550MHz Digital 방송이고, 550~750MHz대역은 하향 데이터 전송용으로 활용된다.
여러분이 사용하는 케이블 모뎀은 CMTS(Cable Modem Termination System)라고 부른다. 여러 개의 CMTS와 헤드엔드간의 전송절차는 DOCSIS라는 표준에 따라 수행된다.
이 케이블 모뎀은 셋탑 박스내에 설치되거나, 별도의 외장형 모뎀형태를 가진다. 이 케이블 모뎀은 오직 케이블 사업자의 CMTS와 데이터를 주고받을 수 있으며, 집 안의 다른 케이블 모뎀과는 연결하지 못하도록 구성되어 있다.

9.7 광 액세스 통신망

(1) 개요

광 액세스 망에는 <그림 9.9>와 같이 기가급 이더넷 장치간을 광케이블로 연결하거나 Passive Optical Network (PON) 방식, 케이블망에서 사용되는 Hybrid Fiber Coaxial (HFC) 등이 있다.

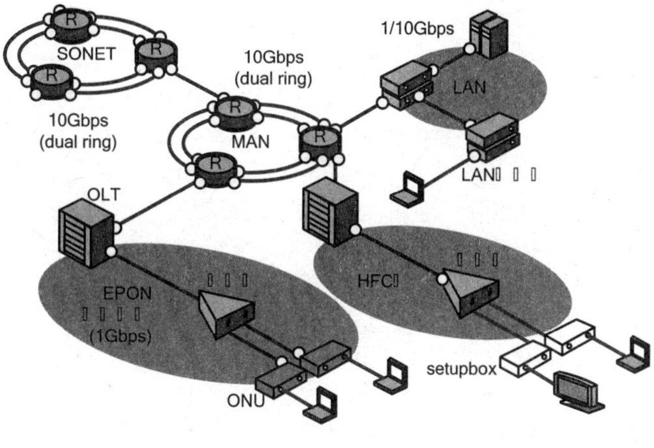

<그림 9.9> 광 전송 기술의 활용

(2) FTTx

FTTx 기술은 광선로를 이용하여 수십 Mbps 이상의 고속/광대역/고품질 서비스를 경제적으로 제공하는 초고속 광 가입자망 기술이다.
여기에는 다음과 같은 종류가 있다.

- FTTC(Fiber To The Curb) : 교환국에서 가입자 밀집 지역의 일정지점(Curb)까지 광섬유로 연결하는 광 분배 방식이다. 아파트 단지와 같이 UTP 케이블이 이미 포설된 집단 주거지역에 공급된다[6].

---

[6] 광 LAN 이란 아파트 지하실의 단자함까지만 광케이블이 연결되고 각 가정까지는 이더넷 케이블을 사용하는 것이다.

- FTTH(Fiber To The Home) : 광케이블이 각 가정까지 설치된 망이다. 이렇게 광전송을 각 가정에서부터 가능하다면, 100Mbps~1Gbps까지의 고속전송이 가능하다. 현재 이러한 FTTH의 구체적인 기술로는 전화국에서 각 가정별로 별도의 광케이블을 연결하는 방법과 점대다점 방식의 Passive Optical Network (PON)방식이 있다.

(3) Passive Optical Network (PON)

PON은 <그림 9.10>과 같이 하나의 Optical Line Termination(OLT)와 각 가정에 설치된 Optical Network Unit (ONU)(또는 ONT(optical network terminal))를 수동형 광분배기를 경유하여 10~20km 연결하는 광 통신망 기술이다.

여기서 '수동(passive) '라는 의미는 광을 분배할 때 외부의 전원공급없이 1:N으로 빛을 분배하는 일종의 유리로 구성된 분배기가 사용되기 때문이다.

따라서 이러한 수동형 분배기는 옥외에 설치될 때 유지관리비용이 없는 장점이 있고 고속 전송이 가능하여 국내 가입자망용으로 널리 활용되고 있다. 특히 동일한 스트림을 다수가 하향 전송받는 방송형 서비스에 적합하다.

이러한 PON시스템은 상향 및 하향 전송시 전송단위 및 운용방법에 따라 크게 GPON(Gigabit PON), EPON(Ethernet PON), 파장분할 방식의 WDM PON 등으로 구분된다.

a) EPON(Ethernet PON)

이것은 전송단위로 이더넷 프레임을 사용하는 방식이다. 기본적인 EPON은 1.25Gbps의 데이터 전송속도를 지원한다. OLT당 32개 ONT를 지원하며, 최대 20Km의 링크길이가 가능하다. 하향 및 상향전송시에는 서로 다른 파장의 광 신호를 사용하여 상호간의 간섭을 예방한다. 추가적으로 1550nm의 신호를 사용하여 RF 비디오 전송도 가능하다. 하향과 상향전송 절차는 각각 다음과 같다.

- OLT에서 ONU로의 하향전송 : <그림 9.10a>와 같이 단순히 해당 ONU로의 목적지 주소가 수납된 이더넷프레임을 방송한다. 이 프레임은 중간에 있는 광 분배기에 의해 모든 ONU로 전달된다. 하지만 각 ONU는 수신된 프레임이 자신의 것이 아닌 경우에는 해당 프레임을 폐기한다.
- OLT로의 상향전송 : 각 ONU가 송신한 모든 프레임들이 광분배기에 모이므로 이들 프레임간 충돌이 없도록 사전에 자신의 프레임 전송시점을 예약하여 사용한다[7]. 이 절차를 동적 대역 할당 방식(Dynamic Bandwidth Allocation, DBA)이라고 한다. 이것의 절차는 다음과 같다.
    - OLT는 주기적으로 필요한 대역을 보고하도록 지시한다.
    - ONU는 상향전송시 필요한 자신의 대역을 OLT에 요청한다.
    - OLT는 다른 채널(LLID)과의 충돌을 예방할 수 있도록 {송신개시 시점, 점유시간, LLID정보}을 결정하여 Grant 메시지로 응답한다.
    - ONU는 해당 시점에서 지정된 시간동안 자신의 트래픽을 상향 전송한다.

[7] 이것은 일종의 TDMA방식으로써 동작한다.

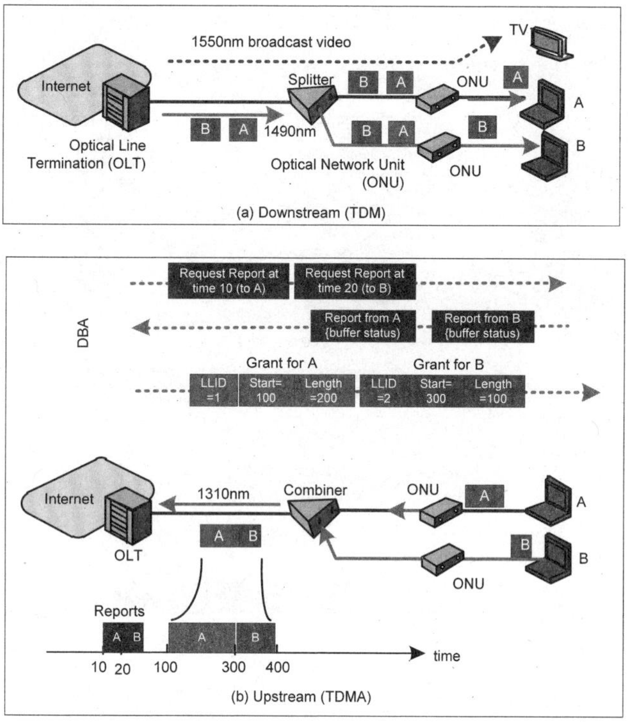

<그림 9.10> EPON에서의 하향 및 상향전송 방법

b) GPON(Gigabit PON)

ITU-T G.984규격에 따르는 GPON은 125μsec의 주기를 갖는 일종의 동기식 전달망(synchronous transport network) 구조를 가지며 하향 2.488Gbps와 상향 1.244Gbps급으로 운용된다.

- 하향의 경우 125μsec 주기를 갖는 GPON Transmission Convergence(GTC) 하향 프레임을 사용하여 ATM 셀, TDM 또는 이더넷 프레임을 수납한 GPON Encapsulation Method(GEM) 프레임, 그리고 대역할당승인 정보인 일종의 승인(grant)의미를 갖는 Upstream Bandwidth Mapping 정보를 ONU에게 보낸다. 이것은 TDM 방식으로 운용된다고 할 수 있다.
- 상향의 경우에는 대역요청 메시지인 DBA(Dynamic Bandwidth Allocation) Report, TDM 또는 이더넷 프레임을 수납한 GPON Encapsulation Method(GEM) 프레임[8], 그리고 ATM 셀을 수납하는 GTC Upstream 프레임을 할당된 시간에 전송하는 일종의 TDMA 스케듈링에 의해 송신된다.

GPON은 이더넷만 지원하는 EPON에 비하여, 이더넷뿐만 아니라 TDM, ATM 등을 모두지원 할 수 있어 디지털 음성 및 비디오 전송을 모두 지원할 수 있다.

---

[8] GEM은 SDH상에서 IP패킷을 수납하는 절차인 ITU G.7401규격의 Generic Frame Procedure(GFP) 프레임 형식을 변형한 것이다.

또한 최대 2.5Gbps의 고속 전송도 지원한다. 필요시 별도의 파장을 사용하여 CATV방송도 가능한 Video Overlay 기술도 지원할 수 있다.

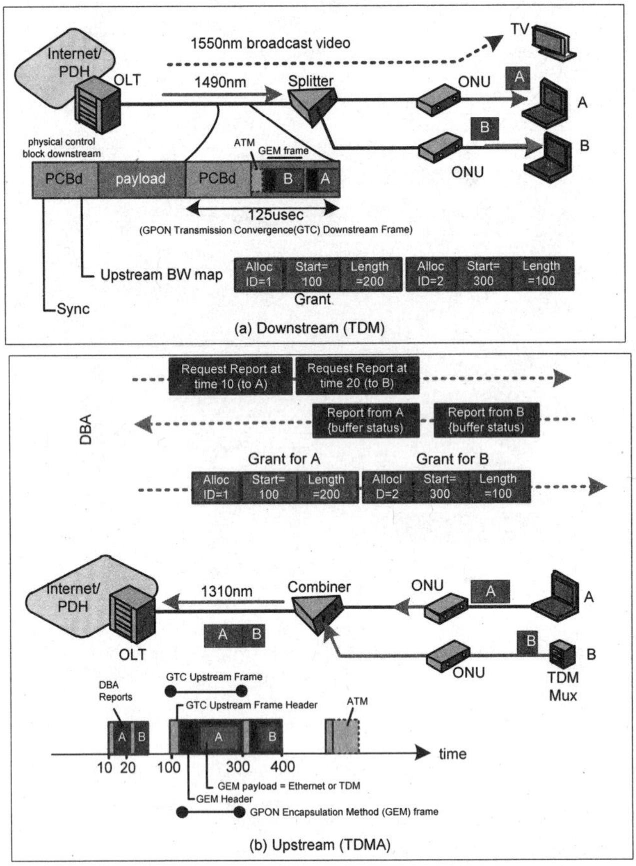

<그림 9.11> GPON

C) WDM-PON

가입자별로 별도의 파장을 사용하는 PON 방식이다. 이것은 각 가입자별로 100Mbps의 보장형 대역폭을 제공할 수 있다.

(4) Hybrid Fiber Coaxial(HFC)망

기존 단방향 전송만 가능했던 CATV 시스템과 달리, HFC 망은 <그림 9.12>와 같이 헤드엔드에서 일정 구간까지는 광케이블로 연결하고 이후에는 기존의 동축케이블을 사용하는 새로운 CATV망 기술이다. 구조적으로는 큰 차잇점이 없지만, 기존 CATV망에서는 헤드엔드에서 단방향 전송망 가능했던 것에 비하여, HFC망에서는 쌍방향 전송이 가능한다.

관련된 표준은 미국의 주요 케이블 사업자들을 중심으로 한 MCNS(Multimedia Cable Network System Partners)에서 정한 DOCSIS규격이다.

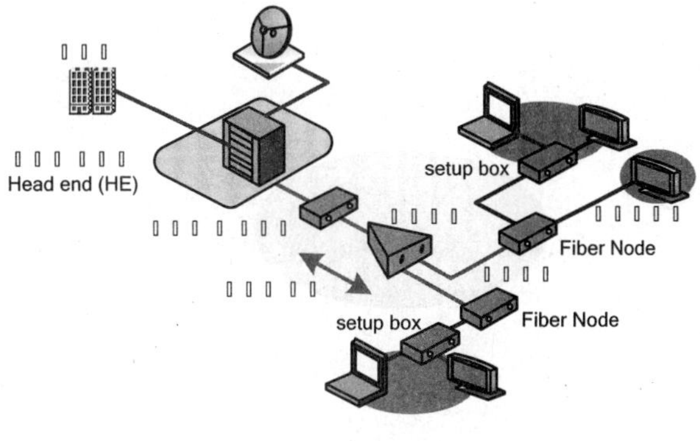

<그림 9.12> HFC 시스템의 구성

9.8 ISDN(참고)

(1) 개요

앞에서 다루었듯이 데이터통신망은 전화망과 패킷망으로 구분되어 있음을 알 수 있다. 이에 정보통신공학자들은 이렇게 물리적으로 구분된 통신망을 하나의 통합된 기술로 구현하고자 한 것이 <그림 9.13>에서 보여주는 Integrated Services Digital Network (ISDN)이다.

ISDN은 그 이름에서 알 수 있듯이 전화망기반의 아날로그 음성과 PSDN기반의 패킷데이터를 하나의 선로상에서 TDM기반의 디지털로 통합전송하는 인터페이스를 각 가입자에게 제공하는 것이다. 그리고 경제적인 이유로 ISDN의 실제 내부 백본전송망은 TDM 디지털 다중화 전송기능과 디지털 교환기능을 제공하는 전화교환망 기술을 재활용한다. 결과적으로 ISDN은 전화기나 컴퓨터 등의 가입자측 장치가 모두 표준화된 디지털 방식으로 다중화하여 전송만 하면 되는 것이다. 이렇게 가입자측의 통합 전송 선로의 기본 인터페이스를 Basic Rate Interface(BRI)라고 한다. 보다 많은 채널을 제공하는 인터페이스로 Primary Rate Interface(PRI)가 있다.

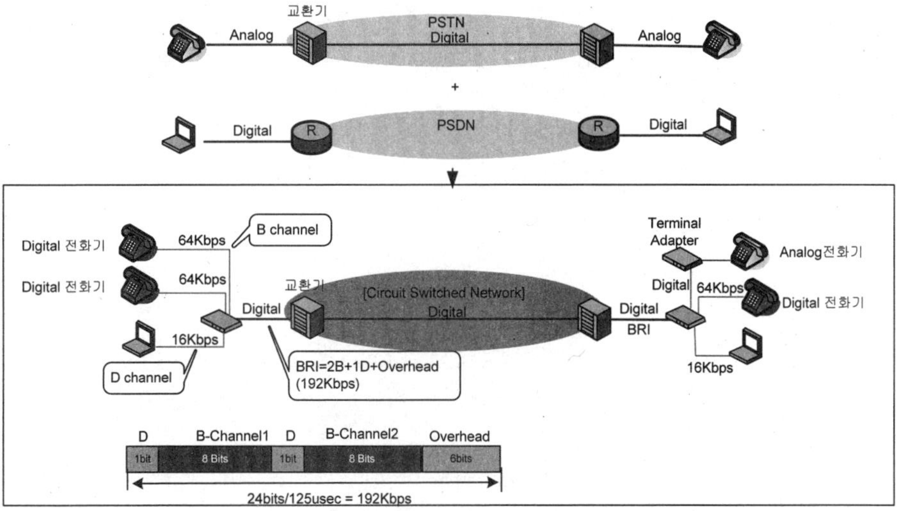

<그림 9.13> ISDN

(2) BRI(Basic Rate Interface)

기존의 전화 서비스를 위하여 아날로그 음성을 64Kbps로 PCM샘플링 한다. 디지털스트림을 지원하는 B채널을 기본적으로 2채널을 제공한다. 또한 데이터 패킷전송을 위한 16Kbps의 채널인 D채널을 1개 제공한다.

우리나라에서는 이러한 서비스를 현재 제공하지 않는다. 하지만 일본에서는 2025년까지 계속 서비스할 예정이다. 영국의 British Telecom(BT)은 ISDN2e(BRI)서비스를 ADSL로 불가능한 중장거리연결용으로 제공한다. 프랑스에서도 여전히 POS(Point of Sales)용으로 제공되고 있다

(3) PRI (Primary Rate Interface)

이것은 125usec기간마다 반복되는 E1 프레임 구조를 가지는데 한 프레임당 슬롯수는 32개이다. 그리고 첫번째 슬롯은 프레임의 시작을 표시하는 용도로 사용된다. 마치 T1의 동기비트와 유사한 기능을 수행한다고 할 수 있다. 그리고 6번째 및 12번째 프레임마다 덧씌우는 방법으로 제어정보를 전송하는 T1 방식과 달리, 16번째 슬롯을 제어정보 전송 전용으로 사용한다. 따라서, 총 32개의 슬롯중 30개의 슬롯은 각각 음성이나 데이터를 완전한 64Kbps로 전달한다.

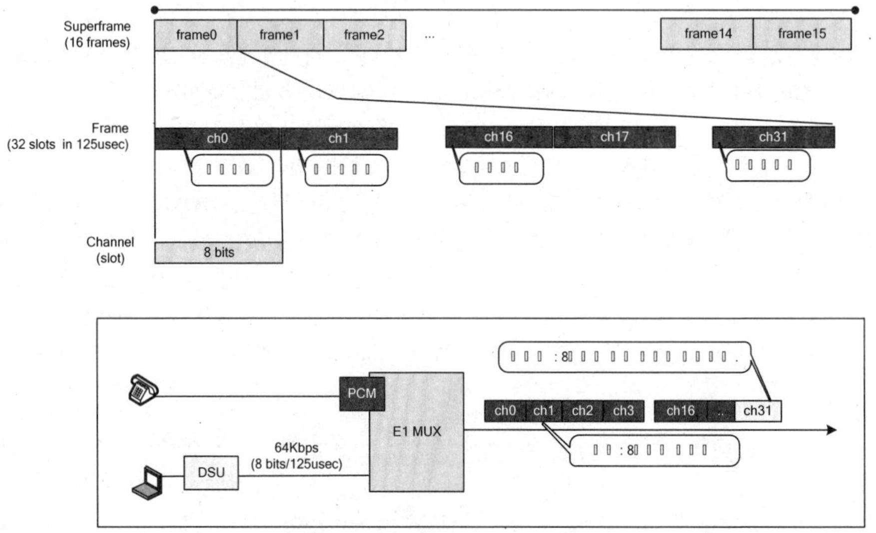

<그림 9.14> ISDN PRI 구조

9.9 B-ISDN(참고)

(1) 개요

ISDN의 경우 가입자별로 음성급 2채널과 16Kbps급 데이터 채널을 통합 제공하는 것이다. 인터넷 수요가 증가하면서 음성에 비하여 데이터 및 비디오 트랙픽이 폭발적으로 증가하면서 더 큰 대역폭의 데이터 채널이 요구되었다.

이를 수용하기 위하여 보다 고속, 즉 155Mbps급의 통합전송방식인 Broadband ISDN 기술이 개발되었다. 상대적으로 낮은 대역폭을 제공하는 기존의 ISDN 기술은 Narrowband ISDN(N-ISDN)이라고 불리게 되었다.

B-ISDN의 핵심적인 요소는 데이터, 음성, 비디오 등을 통합전송하기 위하여 모든 트래픽에 대한 전송단위로 53바이트 길이로 고정된 패킷을 사용하고 이들을 비동기적으로 패킷을 전달하는 ATM(Asynchronous Transfer Mode) 기술이다.

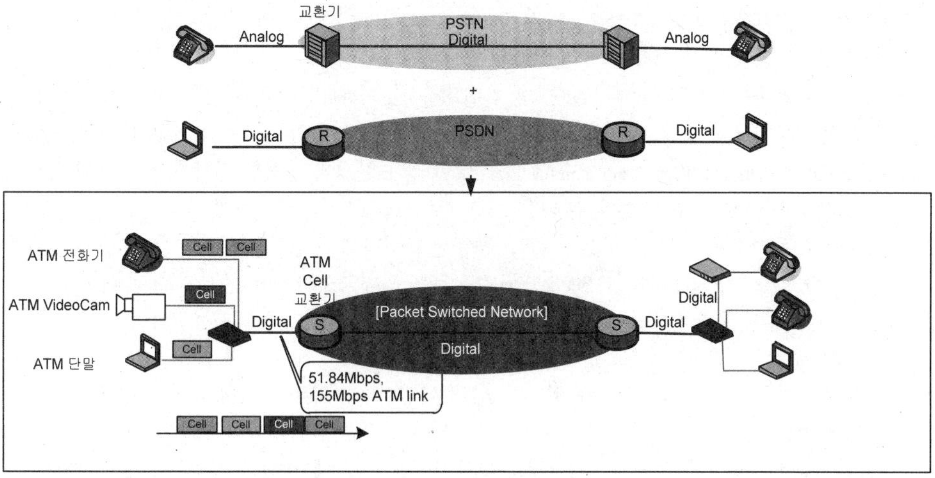

<그림 9.15> B-ISDN

(2) ATM(Asynchronous Transfer Mode)

가변길이의 패킷을 중계하는 일반적인 패킷교환 기술은 <그림 9.16a>처럼 긴 패킷의 전송에 의해 조금 늦게 도착한 짧은 패킷들의 전송이 상당히 지연될 수 있다. 이러한 지연으로 인해 가급적 신속히 전송되어야 할 음성이나 화상 데이터가 수납된 패킷들은 도착지에서 서로간의 도착 간격이 아주 큰 단점이 있다.

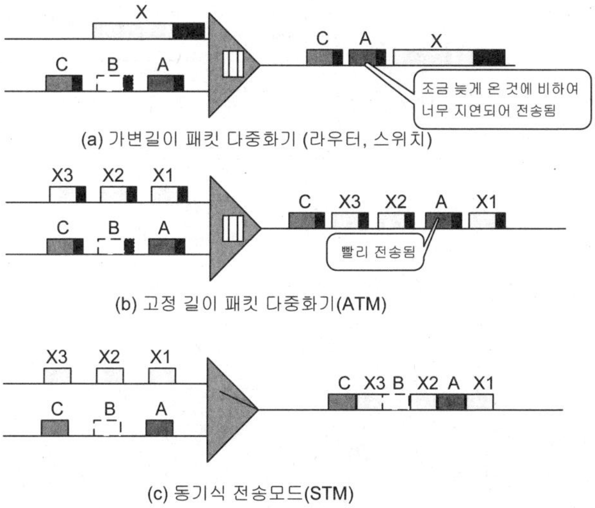

<그림 9.16> 일반적인 패킷 다중화 방식과 ATM 다중화 방식의 비교

이러한 단점을 해결하기 위하여, <그림 9.16b>와 같이 각 패킷을 48바이트 길이로 분할하고 여기에 주소가 수납된 5바이트의 헤더를 붙힌 53바이트의 고정된 길이를 가지는 일종의 패킷인 셀(cell)을 패킷교환방식으로 다중화하여 전송하는 방식을 Asynchronous Transfer Mode(ATM)전송 방식이라고 한다. 여기서 비동기라는 의미는 <그림 9.16c>와 같은 동기식 전달모드(STM)에 비하여 각 스트림에서 생성된 셀들의 전송간격이 일정하지 않다는 의미이다. 즉, 셀 X1과 X2 간의 간격과 X2와 X3 간의 간격이 서로 다름을 알 수 있다.

ATM에서 사용되는 셀은 <그림 9.17>과 같이 5바이트의 헤더 속에는 이웃 ATM 교환기와의 다중화 링크상에서 해당 스트림을 구분할 수 있도록 하는 일종의 주소인 VPI/VCI영역이 있다. 이것은 Virtual Path Identifier/Virtual Circuit Identifier인데, 교환기에 미리 설정되어 있는 교환 테이블에 의해 새로운 VPI/VCI로 변경된 후 다음 교환기로 전달된다.

이러한 ATM 기술은 데이터뿐만 아니라 음성이나 비디오 스트림을 각각의 ATM셀에 수납하여 통합전송하면서 QoS(Quality of Service)를 보장하는 광대역 ISDN을 위한 기본 전송 기술로 간주되어 그동안 수많은 장비들이 개발되었지만, 현재는 ADSL이나 3G 이동전화망의 백본망 등의 일부 망에서만 사용되고 있다.

이렇게 된 이유로는 여러 가지가 있지만 ATM 단말간에는 반드시 연결과정이 수행되어야 하기 때문에 IPTV 등의 방송형 및 멀티캐스트 응용에 대단히 취약하다는 문제점과 경쟁 기술인 이더넷의 저렴한 고속전송 기술 및 비연결형 IP의 절묘한 결합에 의해 상업적으로 성공하지는 못했기 때문이다. 하지만 여기서 개발되었던 수 많은 아이디어들은 IP 망에서의 QoS를 지원하기 위한 새로운 기술에 접목되고 있다.

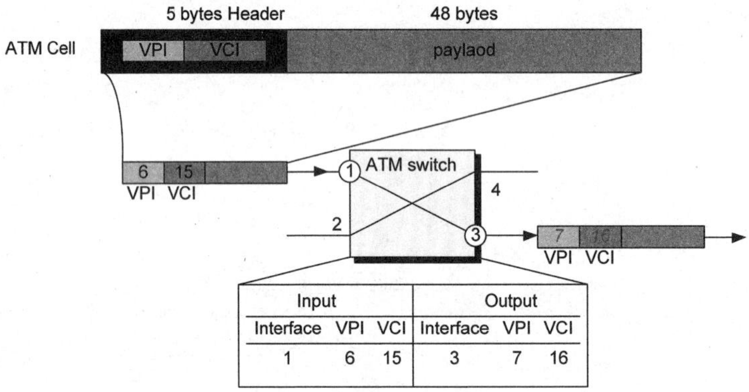

<그림 9.17> ATM 셀의 구조와 ATM교환원리

9.10 공중패킷교환망과 X.25

(1) 개요

컴퓨터간 연결용으로 패킷교환방식을 사용하는 종래에는 X.25, 프레임 릴레이 등과 같은 PSDN(Public Switched Data Network)이 사용되었다. 또한 데이터뿐만 아니라 전화망 서비스도 통합 지원하는 ISDN과 B-ISDN 등이 개발된 적이 있다. 하지만 현재 항공통신망 등의 극히 일부를 제외한 대부분의 패킷교환망은 IP 기반의 라우터로 연결된 인터넷으로 대체되었다. 이러한 패킷단말은 다음과 같은 기능을 수행한다.

- 패킷교환기가 처리할 수 있는 최대 길이의 패킷으로 파일을 분할한다.
- 패킷에는 목적지 단말의 주소를 명시한다.
- 전송중 오류가 발생하거나, 패킷교환기의 버퍼가 넘쳐 제대로 전달되지 못할 수도 있으므로, 적절한 오류제어 및 흐름제어를 수행한다.

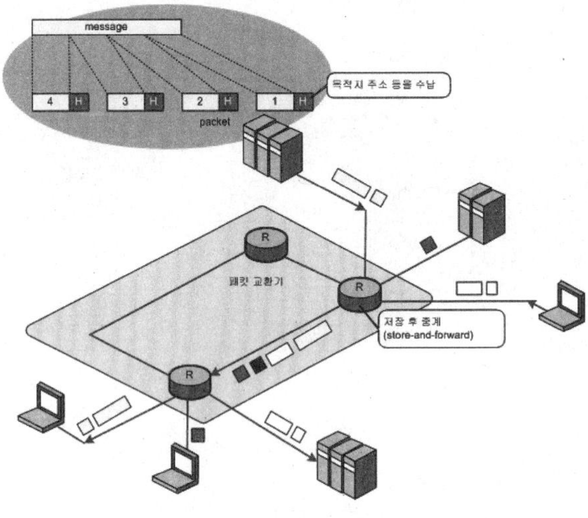

<그림 9.18> 패킷교환망

(2) X.25망

제7장에서 다루었던 HDLC를 링크계층 프로토콜로 사용하는 광역공중패킷교환망(Public Switched Data Network- PSDN) 기술 중 하나인 X.25 패킷교환망은 물리 계층, HDLC(LAPB) 기반의 링크 계층, X.25 Packet Layer Protocol(PLP)을 사용하는 네트워크 계층 등 3 계층으로 구성된다. 이것은 ITU-T에서 표준화한 것으로써 1980년대에 데이콤이나 한국통신에서 공중패킷교환망서비스용으로 제공되어 전국을 연결하는 행정전산망을 구축하는데 기여하였다.
현재 X.25기반의 대규모 공중패킷교환망은 인터넷기반의 IP망으로 대체되었지만 여전히 아마추어무선국이 사용하는 아마츄어 무선 패킷망, 항공관제용 통신망 등에서 운용중이다[9].
이러한 X.25 프로토콜은 DCE와 DTE간의 상호접속에 대해서만 규정하며, DCE 간의 네트워크 내부접속에 대한 사항은 규정하지 않는다.
이것의 구성요소는 다음과 같다.

- X.25교환기 : X.25 단말과의 HDLC 기반의 프레임에 수납된 Packet Layer Protocol (PLP) 패킷에 명시된 가상회선식별자를 기반으로 다음 교환기로의 패킷 중계를 수행하는 일종의 패킷 교환기이다.
- X.25단말 : X.25 교환기와의 링크설정, 사용자 데이터의 패킷 수납 및 송수신 절차를 수행하는 X.25 전용 단말기이다. 이것은 HDLC 프레임의 동기식 전송기능을 지원한다.

[9] 필요시 인터넷망을 활용하여 IP패킷에 X.25 프레임을 수납하여 가상적인 X.25망을 제공할 수도 있다.

- PAD(Packet Assembler/Disassembler)와 비동기 단말 : X.25 프로토콜을 인식하지 못하는 비동기 단말(예: RS232 인터페이스만 갖는 터미널)은 별도의 PAD 장치를 경유해야 한다. PAD 장치는 X.25망에 접속될 수 있도록 사용자 데이터를 HDLC 프레임에 수납하는 Packet Assembler 기능과 수신된 HDLC 프레임에 수납된 데이터를 추출하여 비동기 단말에 전달하는 Disassembler 기능을 함께 가지며, 관련 규격은 X.3, X.28, X.29이다.

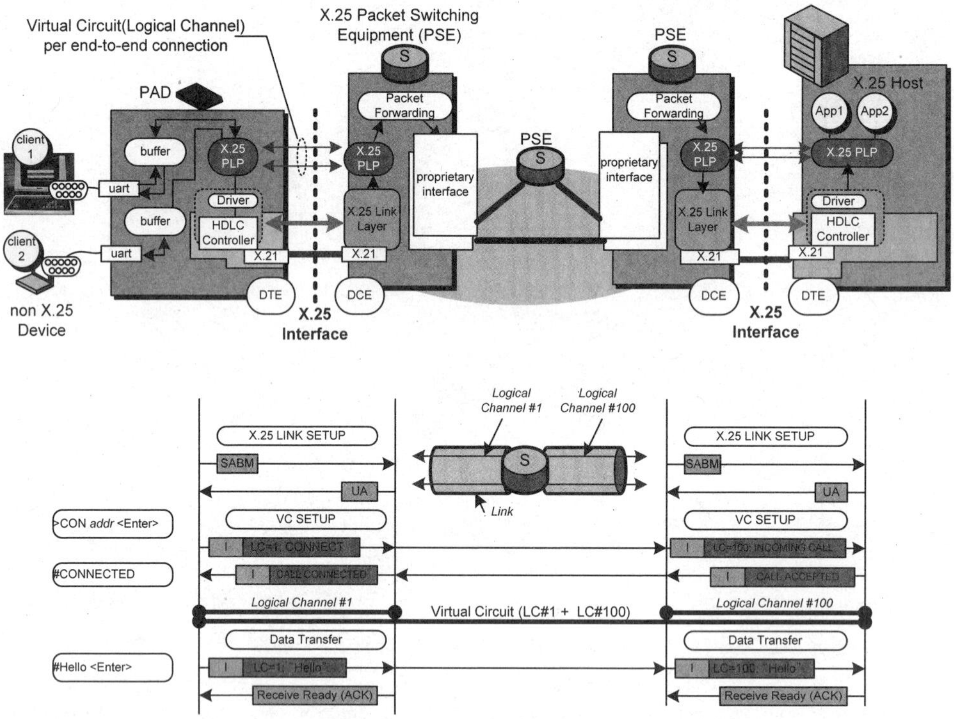

<그림 9.19> X.25 시스템의 구성

(3) X.25망의 계층 구조

이러한 장비들에 내장된 X.25 프로토콜은 3개의 계층, 즉 {물리 계층, 링크 계층, 망 계층}만 규정되며, 망 계층 위에는 바로 응용 계층이 접속될 수 있다.

- 물리 계층 : 단말(DTE)과 패킷 교환기(DCE)간을 물리적으로 연결하는 EIA-232, EIA-449등의 직렬인터페이스를 제공한다.
  상세한 내용은 제 7 장에서 다루었다.
- 데이터 링크 계층 : DTE와 DCE간에 HDLC 기반의 LAP-B 프로토콜을 사용하여 링크 계층에서의 신뢰성 있는 연결을 제공한다(상세한 내용은 제7장을 참조).
- 패킷 계층 : 하나의 데이터링크상에 여러 개의 가상적인 회선(virtual circuit)을 설정하고 각각에 대한 신뢰성 있는 전달기능을 제공한다[10].

[10] 이것은 일종의 TCP와 같은 종단간 신뢰성 있는 연결로를 제공한다.

(4) X.25 패킷 계층

X.25망을 활용하여 원거리에 위치한 서버를 액세스한다고 하자[11]. 단말은 이 서버와의 가상적인 종단간 연결로를 설정해야 한다. X.25의 패킷 계층은 필요시 연결하는 switched virtual calls (SVC)와 계약에 의해 미리 설정된 permanent virtual circuits(PVC) 등 2 종류의 가상회선을 제공한다. 각 단말의 식별은 {국가코드, 네트워크 코드, 단말 식별자}로 구성되는 X.121 주소법에 따른다.
이하 더미 터미널을 X.25 망에 접속할 수 있도록 하는 PAD 장치와 X.25 교환기간의 동작을 예로 들어 X.25 PLP의 절차를 설명한다.

① PAD 장치는 LAP-B 절차를 사용하여 패킷교환기와의 DTE-DCE 링크를 설정한다.
② PAD 사용자는 "CON address" 명령어를 키보드로 입력한다. 여기서의 주소는 X.121 형식의 목적지 주소이다. 이 명령어는 PAD의 패킷 계층에 의해 Connection Request 메시지로 변환되어 전송된다. 이후 절차가 모두 성공적이면 화면에 표출되는 "CONNECTED" 메시지로부터 사용자는 원격 장치와의 가상회선 설정이 성공했음을 알 수 있다.
③ 이러한 SVC 연결과정에서 PAD와 패킷교환기간의 Logical Channel(LC) 값과 종단서버 DTE와 여기에 연결된 패킷교환기간에도 별도의 LC(LCI=#b)가 설정된다. 즉 LCI는 직접 연결된 DTE-DCE 간에서만 다른 LC와 구분하기 위한 국부적인 의미의 값이다. 결과적으로 설정되는 하나의 종단간 가상회선(Virtual Circuit)은 {LCI=#a + LCI=#b}의 조합으로 구성된다.
④ 송신측 사용자 데이터가 키보드로 입력한 데이터가 X.25 PLP 계층에 전달되면 LCI가 부착된 패킷을 조립한 후 X.25 링크계층으로 전달한다.
⑤ X.25 링크 계층은 LAPB절차에 따라 HDLC I-프레임의 정보영역에 패킷을 수납하여 물리 계층으로 전달하여 DCE로 송신되도록 한다.
⑥ 이를 수신한 패킷교환기는 미리 설된 경로상의 다음 교환기로 이 패킷을 중계한다.

9.11 프레임 릴레이망

HDLC 프레임을 활용하는 고속 광역 공중 패킷교환방식인 프레임 릴레이(Frame relay)는 멀리 이격된 LAN 간을 고속(2Mbps)으로 연결하는 용도로 개발되었다. 이를 위하여 X.25의 HDLC 절차에서 기본적으로 사용되던 오류제어기능을 제거하였다[12].
또한 여러 개의 논리적인 연결로를 사용한 다중화 기능을 제공하기 위하여 네트워크계층에서 Virtual Circuit으로 제공하던 X.25와 달리 데이터 링크 계층에서 논리적인 연결식별자인 DLCI(Data Link Connection Identifier)를 사용함으로써 패킷 계층 기능을 아예 제거하였다. 이러한 결과로 프레임 릴레이 기술은 망내부의 교환기는 오류제어 기능 없는 데이터 링크 계층 기능만 수행하는 최소한의 처리만 제공함으로써 종단간 전달속도를 향상시켰다. 또한 프레임 릴레이 시스템의 구현은 X.25에 비하여 아주 간단하다.

---

[11] 인터넷을 사용하여 텔넷으로 원격 서버에 접속하는 경우를 함께 생각해 보자.
[12] 기존의 X.25는 전송품질이 낮은 링크를 전제로 개발되어 링크 계층에서의 오류 없는 전송기능을 제공하였다. 하지만 근래의 장거리전송망의 전송품질이 향상되었기 때문에 오류제어기능은 종단단말간에서 수행하도록 하였다.

이것은 기본적으로 LAN을 고속으로 장거리 연결하는 기능을 수행하므로 LAN과 Frame Relay를 연동할 수 있는 FRAD(FrameRelay Assembler/Disassembler) 장치를 DTE 장치로 사용한다. 이 FRAD는 X.25망의 PAD와 기능이 유사한데, 이것은 이더넷 프레임을 Frame Relay 프레임내에 수납하여 전송하는 frame assembler기능과 수신시 원래의 이더넷 프레임을 추출하는 frame disassembler 기능을 수행한다. 이러한 FRAD기능은 대부분 기존 라우터 또는 이더넷 스위치의 WAN 인터페이스 형태로 구현된다.

그리고 종단간 프레임 릴레이 연결로를 동적으로 설정할 경우 이를 위한 제어신호방식으로 ISDN용으로 개발된 신호절차인 Q.931기반의 Link Management Interface(LMI)절차를 사용한다. 이 결과로 각 프레임 릴레이 스위치는 하나의 종단간 링크에 대하여 수신된 프레임의 Logical Link ID(LLID)에 대하여 미리 설정된 교환 테이블을 참조하여 출력용 LLID로 교체하여 중계한다. 따라서 X.25의 PLP에서 사용하던 Logical Channel 식별자와 마찬가지로 국부적인 의미를 가진다.

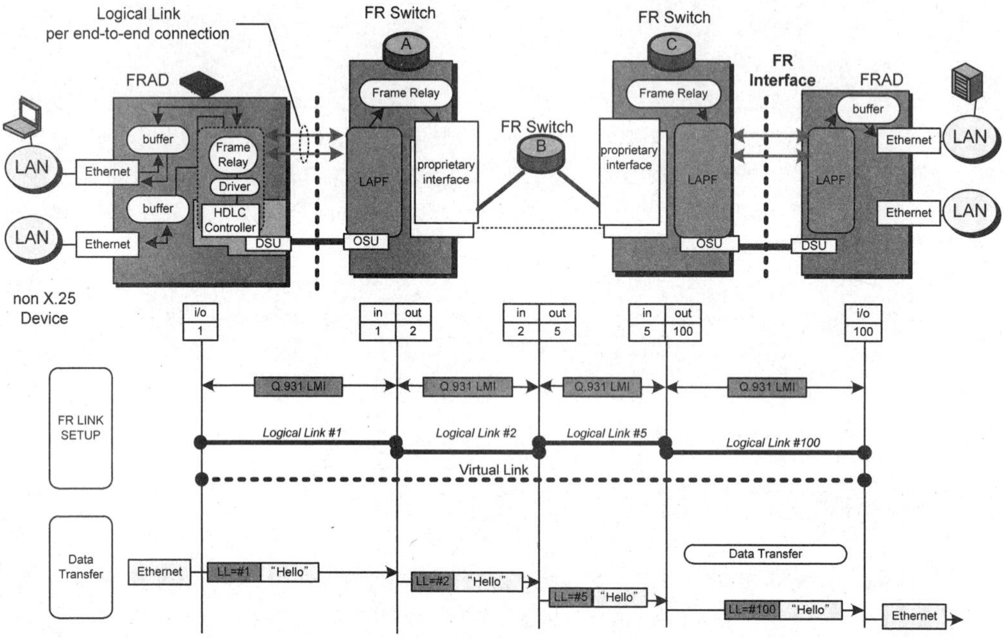

<그림 9.20> 프레임 릴레이 시스템의 구성

9.12 인터넷

(1) 개요

인터넷은 IP 전용 패킷교환기인 라우터가 상호 연결된 패킷교환망이다. 이 교환망을 구성하는 장치인 라우터는 수신된 IP 패킷을 목적지 단말까지 전달하기 위하여 IP 패킷헤더에 부착된 목적지 IP 주소에 대하여 미리 설정되어 있는 라우팅 테이블을 참조하여 목적지에 가까운 이웃 라우터 또는 최종 단말로 해당 IP 패킷을 중계한다.

또한 라우터를 경유하거나 링크를 따라 전달될 때 라우터의 버퍼부족이나 외부 잡음에 의해 IP 패킷이 목적지 단말까지 전달되지 않을 수도 있다. 이러한 일이 발생하더라도 라우터는 큰 책임이 없으며, 이에 대한 복구는 송신 및 수신측 단말에 설치된 TCP 기능에 의해 수행된다. 이러한 인터넷망은 인터넷 서비스제공업체(ISP, Internet Service Provider)라고 불리우는 한국통신 또는 하나로 등의 기간망 사업자 회사가 정부의 허가를 받아 제공한다. 또는 소규모의 회사가 이러한 큰 회사의 선로를 임대하여 제공하기도 한다. 우리나라에는 현재 전국 또는 지역규모로 약 50여개의 ISP가 있다. 이러한 ISP는 케이블모뎀, ADSL 및 전용선 등 다양한 형태의 가입자 회선을 통해 이용자에 대한 인터넷망 접속 서비스를 제공한다.

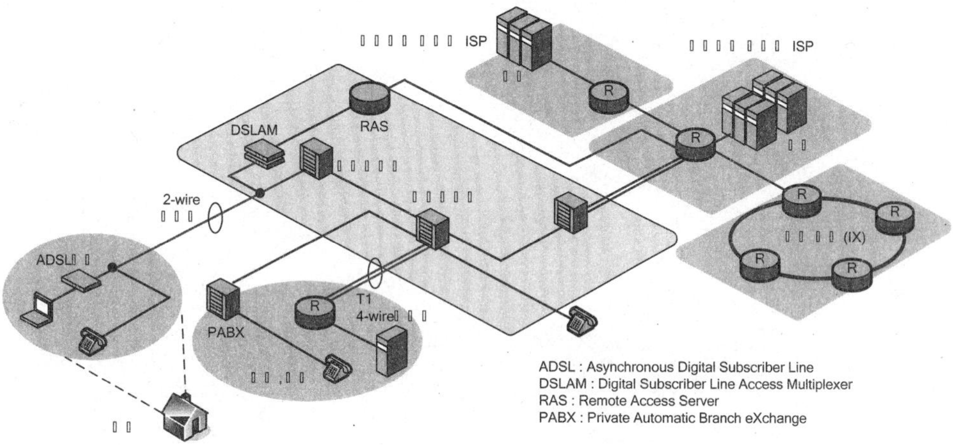

<그림 9.21> 인터넷 접속도

다양한 데이터 통신 기술을 이용하여 컴퓨터간 파일전송이나 메시지전달기능을 제공하는 인터넷은 군사적인 필요성에 의해 시작되었다. 최초의 인터넷은 1969년 미국 국방성(DoD : Department of Defense)에서 ARPA(Advanced Research Projects Agency) 프로젝트의 수행을 위해 구축한 ARPAnet에 기원을 두고 있다.

이 ARPA 프로젝트는 일정지역에 폭탄투하와 같은 긴급사태가 발생하여도 장애를 받지 않고 정상적으로 제 기능을 발휘할 수 있는 통신망을 구축하는 것이 목적이었다.

초기의 ARPAnet은 이 프로젝트에 참여한 연구소나 대학 등의 과학 기술자들을 연결하여, ARPA 프로젝트 수행을 위해 필요한 정보를 상호 교환하거나 기술 교류의 목적으로 사용되었다. ARPA 프로젝트가 수행되는 동안 현재 인터넷 기술의 근간이 되는 TCP/IP 프로토콜이 만들어졌으며, ftp, telnet, e-mail과 같은 초기의 인터넷 응용프로그램들이 개발되었다.

1970년대부터 1980년 초반까지 ARPAnet은 주로 군사목적에 사용되었지만, 1980년대 후반부터 학술 연구를 위한 수단으로 사용되기 시작하면서 점진적인 확산이 이루어졌다.

그리고 1980년 초 TCP/IP 프로토콜을 최초로 채택한 진정한 의미의 인터넷인 CSnet(Computer Science network)이 구축되었다. 이후 1986년에는 미국과학재단(NSF, National Science Foundation)에서 컴퓨터를 연구하는 연구자들뿐만 아니라 미국내 모든 과학자들 간을 연결할 수 있는 대규모 인터넷인 NSFnet을 구축하게 되었다.

이러한 인터넷은 1980년 말부터 전세계로 퍼지게 되었다. 또한 1990년대 들어오면서 인터넷은 학술연구 목적에 국한되지 않고 상업적인 목적에 활용되기 시작하였으며, 일반인에게도 인터넷 서비스가 제공되기 시작하였다.

무엇보다도 웹을 기반으로 하는 인터넷 응용서비스가 개시되면서 폭발적으로 대중화 되었다. 국내의 상용 인터넷 접속서비스는 1994년 ㈜데이콤에서 천리안을 이용하여 처음으로 제공하기 시작하였으며, 1995년에는 본격적인 인터넷 서비스 회사(ISP; Internet Service Provider)인 아이네트(iNET)가 생겨났다. 이후, 다음 등 많은 ISP들이 인터넷 서비스를 제공 중에 있다.

최근의 인터넷 개발자들은 기존 전화망 서비스를 인터넷으로 지원하는 Voice over IP(VoIP) 기술뿐만 아니라, 인터넷을 통한 실시간 TV방송을 시청할 수 있도록 하는 IPTV 기술 그리고 스마트폰 등의 무선 단말에 대한 이동성을 지원하는데 많은 노력을 하고 있다.

(2) 인터넷의 구성

<그림 9.22>는 인터넷의 구성을 보여주고 있다.

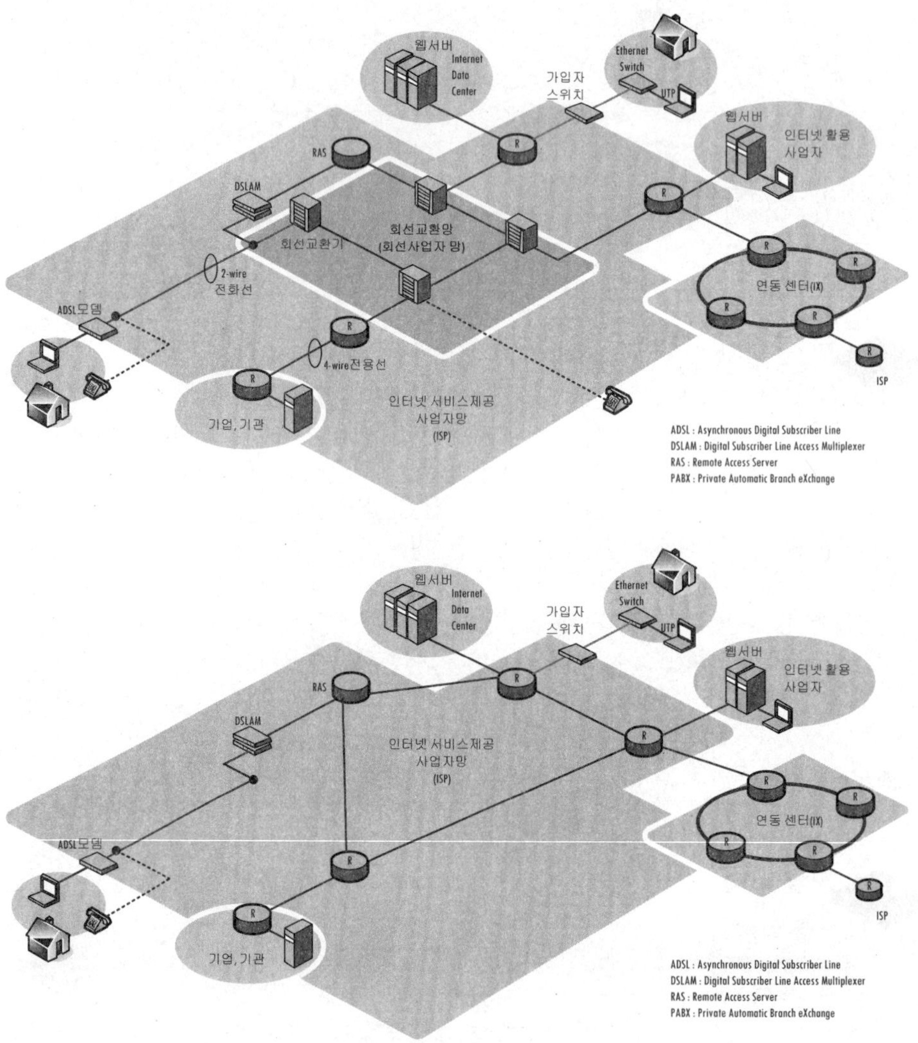

<그림 9.22> 인터넷의 구성

인터넷은 TCP/IP 프로토콜을 사용하는 전세계의 네트워크와 컴퓨터를 서로 연결할 수 있도록 IP 패킷을 교환하는 수많은 라우터가 연결된 패킷교환망이다. 물론 컴퓨터뿐만 아니라 인터넷TV, 인터넷 전화기 등의 단말도 함께 연결한다. 이러한 단말을 호스트 또는 end system(종단 시스템)이라고 부른다. 이들은 보통 패킷교환기(라우터 또는 링크 계층 스위치)를 경유하여 연결된다. 연결시 사용되는 통신링크는 유선 또는 무선방식의 다양한 전송률을 가진다.
이러한 패킷 교환망의 핵심장치는 라우터이다. 이것은 수신된 IP패킷을 목적지 단말까지 전달하기 위하여 IP 패킷헤더에 부착된 목적지 IP 주소를 라우팅 테이블에서 찾아 목적지에 가까운 이웃 라우터 또는 최종 단말로 해당 IP 패킷을 중계한다.
물론 라우터를 경유하거나 링크를 따라 전달될 때 라우터의 버퍼부족이나 외부 잡음에 의해 IP 패킷이 목적지 단말까지 전달되지 않을 수도 있다. 이러한 일이 발생하더라도 라우터는 큰 책임이 없다. 이에 대한 복구는 송신 및 수신측 단말에 설치된 TCP 기능에 의해 수행된다.
인터넷의 구성요소는 다음과 같다.

- 단말 : 단말에 내장된 TCP/IP 프로토콜과 이더넷 또는 무선 LAN카드를 이용하여 메시지를 송신하거나 수신한다. 물론 웹 서버도 단말에 해당된다.
- 인터넷 서비스 제공사업자 망 : 가입자에게 인터넷 연결 서비스를 제공하는 사업자가 제공하는 망이다. 사업자는 라우터로 이루어진 패킷교환 백본망뿐만 아니라 ADSL 모뎀 또는 가입자 이더넷 스위치로 구성되는 액세스망까지 설치한다.
- 회선교환 백본망 : 라우터를 물리적으로 연결하는 전용 장거리 회선망이다. ISP망 입장에서는 라우터간 연결 선로를 제공받는 망이다.

(3) 계층 구조

TCP/IP 프로토콜은 일반적으로 인터넷 프로토콜이라 불리우며 인터넷 접속시 사용되는 일종의 통신 규약이다. 하지만 실제 TCP/IP프로토콜 그 자체는 <그림 9.23>과 같이 모두 5 계층으로 이루어진 TCP/IP 프로토콜 모음 중 일부이다.

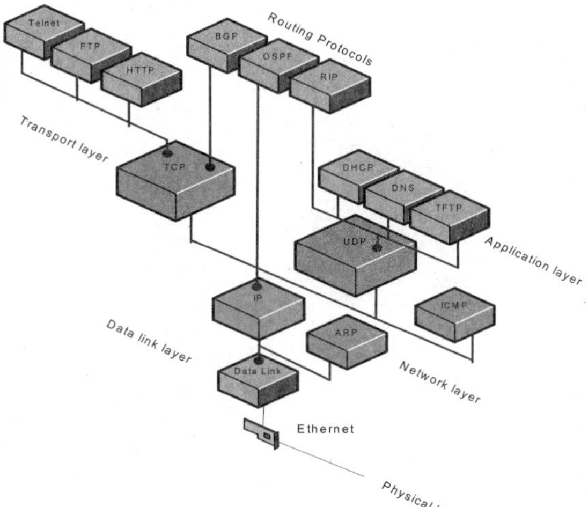

<그림 9.23> 인터넷 시스템의 계층 구조

각 계층은 다음과 같은 기능을 수행한다.

- 응용 계층 : Telnet, FTP, HTTP, DHCP, DNS, Ping 등의 응용 프로그램이다.
- 트랜스포트 계층 : 클라이언트와 서버간의 데이터 전달 기능을 수행한다. 응용 계층의 용도에 따라 TCP(Transmission Control Protocol)와 UDP(User Datagram Protocol)가 사용된다. TCP는 홈뱅킹과 같은 중요한 데이터를 오류 없이 전달하는 기능을 수행한다. 반면에 UDP는 인터넷전화와 같이 전송도중에 일부가 버려져도 큰 문제가 없는 통신에 주로 사용된다.
- 네트워크 계층 : IP 패킷을 처리하는 계층이다. IP(Internet protocol) 패킷은 TCP, UDP, ICMP, IGMP 등의 메시지들을 자신의 데이터 영역에 실어 목적지 호스트까지 전달하는데 사용된다. IP 패킷들이 단말과 서버간에 여러 개의 라우터와 같은 중계장치를 거칠 때, 이 중계장치들은 해당 IP 패킷의 목적지주소를 참조하여 최단거리의 경로상에 있는 다음 라우터로 전달한다. 이 계층에서 전달되는 IP 패킷들은 경로상에 있는 라우터의 버퍼부족에 의해 폐기될 수도 있기 때문에 목적지까지 전달되지 않을 수 있지만, TCP 등이 오류를 복구해 줄 수 있다.
- 데이터 링크 계층 : 네트워크 인터페이스 계층은 디바이스 드라이버와 네트워크 인터페이스 카드로 구성된다.
- 물리 계층 : 전송선로 또는 무선으로 비트 열(bit stream)을 전송하는 기능을 일종의 모뎀 또는 무전기 역할을 수행한다.

(3) 전달과정

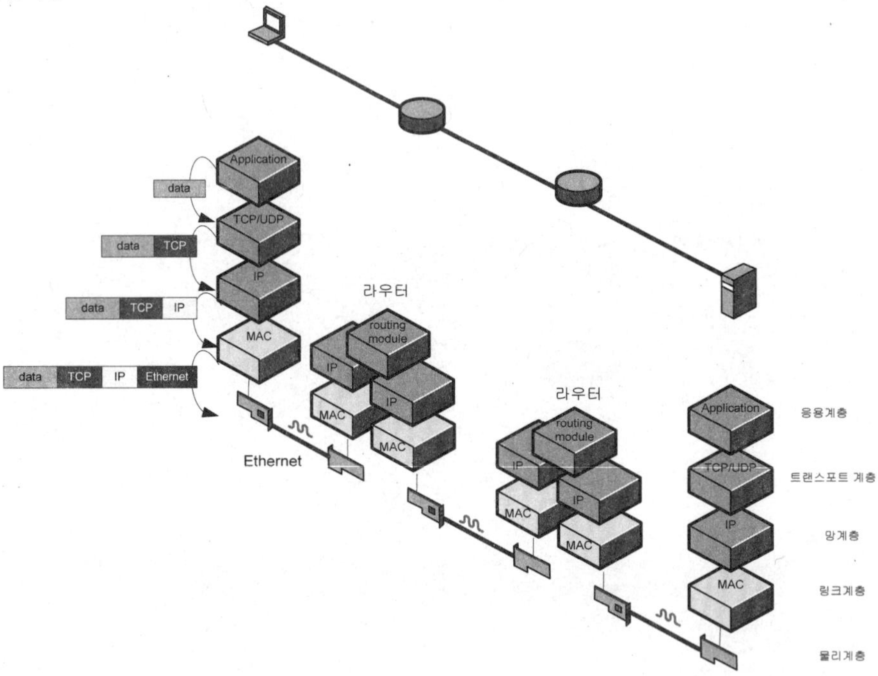

<그림 9.24> 데이터 전달과정

<그림 9.24>는 TCP/IP 프로토콜에 의해, 웹 사용자가 입력한 데이터가 서버에게 전달되는 과정을 도시한 것이다.

- 사용자가 입력한 데이터는 TCP 계층에 전달되어 TCP용 헤더가 부착된 다음, 이것을 다시 하부계층인 IP 계층으로 전달된다.
- IP 계층은 서버의 IP 주소가 명시된 IP 헤더를 부착하여 LAN 카드에 송신을 요구함으로써 이 패킷이 일단 라우터에게 전달되도록 한다.
- 이것을 수신한 라우터는 IP 패킷의 헤더에 있는 목적지 주소를 판독하여 해당 서버가 있는 곳으로 이 패킷을 중계한다.
- 서버는 이 패킷을 수신하여 송신시와는 반대의 과정에 의해 자신의 텔넷 서버 프로세스에 이 데이터가 전달되도록 한다.

(4) IP 주소

인터넷에 있는 수 많은 호스트들을 각각 구분할 수 있도록 각 호스트마다 유일한 4바이트의 정수 값을 할당하는데, 이것을 인터넷 주소 또는 IP 주소라고 한다.

IP주소는 각 호스트마다 하나씩 할당되지만, 라우터와 같이 한 시스템에 여러 개의 인터페이스를 가지는 경우에는 각 인터페이스마다 고유한 IP 주소가 할당된다. <그림 9.25>에서, 각 단말들은 하나의 IP 주소만 사용한다. 반면에 라우터는 각 인터페이스마다 IP 주소가 할당되어 200.0.1.0망과 200.0.251.0망을 연결하고 있음을 알 수 있다.

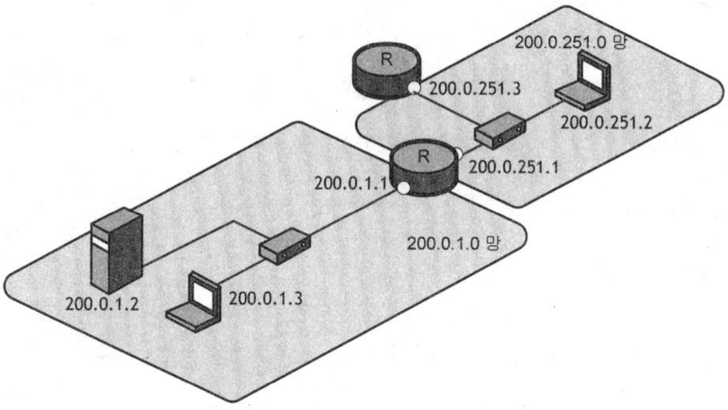

<그림 9.25> IP 주소의 예

(5) 라우팅

인터넷은 여러 개의 라우터들이 상호 연결된 것이다. 각 라우터는 자신이 중계할 패킷의 목적지을 읽은 후 어떤 다음 라우터에 이것을 전달해야 가장 빨리 도착시킬 수 있을까를 결정해야 한다.

6개의 라우터로 구성된 <그림 9.26>의 예를 보자. 각 라우터를 연결한 링크에는 각각의 경로비용이 할당되어 있다[13]. 라우터 A에 접속된 호스트 S가 망G에 연결된 호스트에게 최소비용으로 IP 패킷을 전달하는 경우 A-B-E-C-F를 거치는 경로가 가장 최소비용의 경로일 것이다.

---

13 경로비용은 메트릭이라고도 한다.

즉 라우터는 수신된 패킷의 목적지을 읽은 후 여러 경로 중에서 최적의 경로를 선택하여 이 패킷을 자신의 다음 라우터에게 전달하는데, 이 과정을 라우팅이라고 한다. 이러한 최적의 라우팅을 위하여, 각 라우터들은 나름대로의 라우팅 테이블을 유지해야 한다.
라우팅테이블은 관리자가 수동으로 설정하거나 라우터간의 라우팅 프로토콜(RIP 또는 OSPF 등)에 의해 라우터간에 링크의 단절 또는 추가시 해당 정보를 교환함으로써 스스로 작성한다.

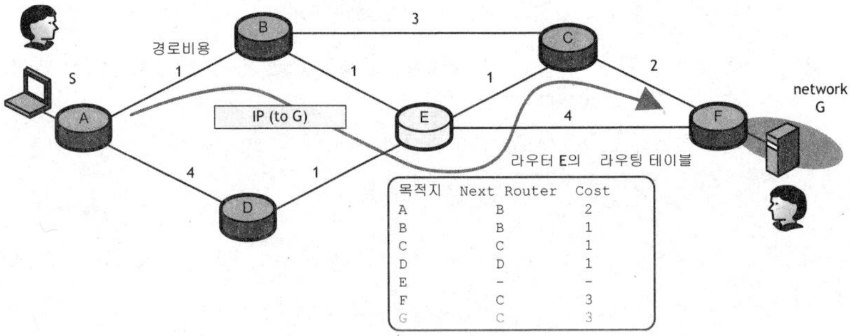

목적지	Next Router	Cost
A	B	2
B	B	1
C	C	1
D	D	1
E	-	-
F	C	3
G	C	3

<그림 9.26> 라우팅의 예

(6) TCP

IP는 경유하는 라우터에서 일부 손실될 수 있다. 송수신측의 TCP는 이러한 IP 패킷의 손실이 감지되면 ACK메시지와 재전송버퍼와 재전송타이머를 사용한 재전송절차를 이용하여 복구한다.

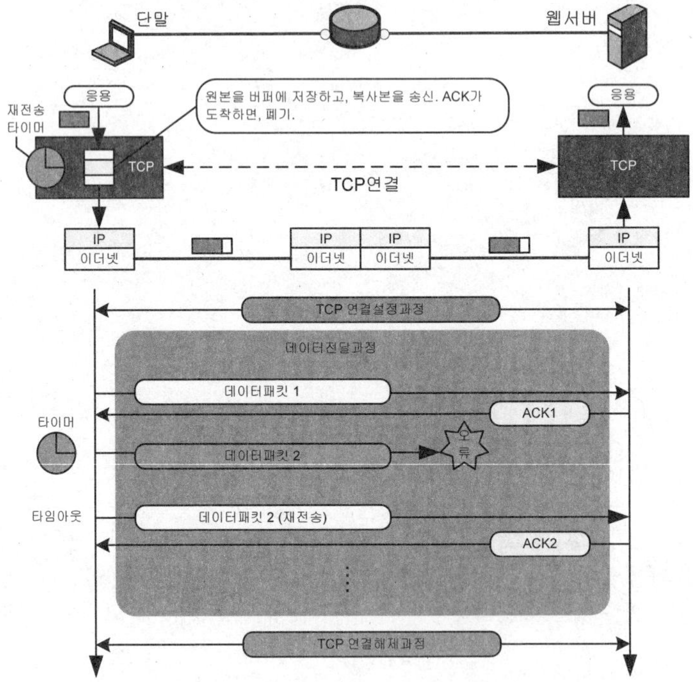

<그림 9.27> TCP 의 동작

(7) 사용자 데이터그램 프로토콜(UDP)

UDP는 TCP와 달리 전송중 오류에 의한 패킷의 손실에 대해 UDP는 이것을 재전송하거나 응용 계층에게 알리지 않는다. 이러한 UDP의 특성은 인터넷 폰(Voice over IP) 서비스 등에 활용된다.

(8) 응용 계층

웹과 이메일 등의 다양한 응용 서비스들이 바로 응용 계층에 해당된다. OSI 7 계층 모델과 비교하면 인터넷의 응용 계층은 Session, Presentation, Application 계층이 하나로 구성된 것이다.
예를 들어 FTP 등으로 파일을 전송할 때 이진파일로 보낼 것인가 문자파일 형식으로 보낼 것인가를 협상하는 절차는 표현계층에 해당된다. 또한 파일 이어 받기 등의 기능은 세션계층의 기능이라고 할 수 있다.

9.13 MPLS / MPLS-TP

(1) 개요

기존 이동전화망의 백본망은 음성트래픽 전달용 SONET/SDH망을 기반으로 하고 있었다. 하지만 3G 이후 이동전화망의 트래픽은 음성보다는 IP 기반의 데이터 트래픽과 VoIP와 같이 패킷기반의 음성통화 트래픽이 급속하게 증가하고 있다. 이와 같은 All IP 트래픽을 수용하기 위하여 기존 회선교환방식의 SDH 대신에 이더넷 기반의 패킷교환전송 기술에 내고장성 기능을 지원할 수 있는 기술을 패킷전달망 기술이라고 한다.

(2) MPLS(Multi-Protocol Label Switching)

MPLS 기술은 기존 IP 패킷 라우팅 부하를 줄이기 위하여 이더넷 프레임에 레이블을 추가하여 전송하고 경로상의 교환기는 레이블을 기반으로 중계하는 계층 2 교환방식이다. 목적지로의 레이블 부착시 별도의 라우팅 프로토콜과 전용 Label Distribution Protocol(LDP)을 활용하며, 종단간 연결과정이 없는 비연결지향성 서비스이다.

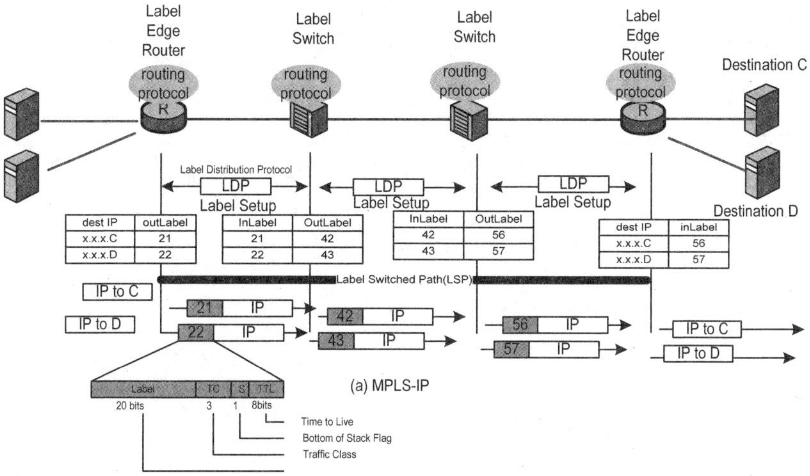

<그림 9.28> MPLS 시스템의 동작

이러한 MPLS는 기본적으로 IP 중계용이었으므로 MPLS-IP라고도 부른다. 비록 중계과정이 효율적이지만 비연결성에 의해 대역보장을 할 수 없는 단점이 있다.

(3) MPLS-TP(MPLS-Transport Profile)

MPLS-TP는 MPLS의 레이블 교환기능에 대역폭 보장을 위한 연결 설정과정을 선행하는 연결지향형 패킷전달망 기술 중 하나이다[14]. 또한 엄격한 기존 SDH의 장점인 신속한 망복구절차 및 다양한 망관리기능 등을 동등한 등급 이상으로 제공한다. 이를 위해 Generalized Multi-Protocol Label Switching(GMPLS)와 같은 제어 프로토콜을 사용한다.

MPLS-TP의 구성요소 중 하나인 Path Computation Element(PCE)는 망 내부의 모든 자원에 대한 정보를 수집하여 종단간 최적경로설정과 연결요청수락 등을 처리하는 장치이다. 또한 이것은 복수의 경로를 준비하여 네트워크 장애를 신속히 복구하도록 대비한다.

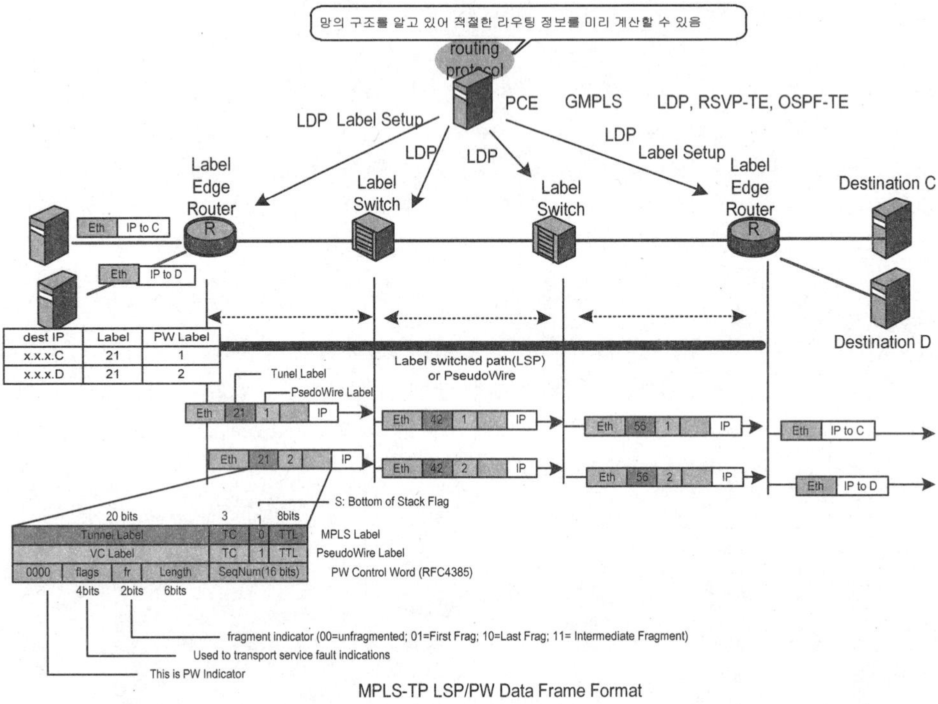

<그림 9.29> MPLS-TP 시스템의 동작

9.14 회선교환망을 이용한 데이터 전송

(1) 개요

회선교환망은 기본적으로 음성을 PCM으로 디지털화 하여 TDM 방식으로 다중화하여 교환기간에 중계하는 망이다. 즉 교환망 내부는 모두 디지털로 전송된다.

[14] PBB-TE : IEEE802.1에서 이더넷 기반의 기술을 연결지향형 패킷전달망기술이다.

이 기능을 이용하여 음성이 아닌 디지털 데이터를 장거리 중계하는 기술을 DDS (Digital Data Service)라고 하며 모뎀, DSU, CSU, OCU, Digital Access Cross Connect System (DACS), IAD (Integrated Audio/Data) 등의 장비가 사용된다.

<그림 9.30> 회선교환망을 이용한 데이터 전송

(2) T1 전송 시스템을 이용한 데이터 전송

T1은 전화교환기간에 24개의 음성전화를 다중화하는 전송방식이라고 알고 있다. 아날로그 음성은 전화국에서 일단 PCM 인코딩 절차에 의해 디지털 비트열로 변환된다고 앞에서 소개하였다. 전화교환기는 디지털화된 음성과 컴퓨터로부터 생성된 디지털 데이터를 동일한 디지털 스트림으로 간주하여 T1 프레임에 수납하여 전송한다. 사실, T1입장에서는 T1프레임에 수납된 내용이 음성인지 데이터인지 구분할 필요는 없다. 따라서 음성 대신에 디지털 데이터를 T1에 수납하여 전송해도 된다.

<그림 9.31>을 보자. 여기서 T1 프레임의 한 슬롯의 기본 전송속도는 64Kbps인데 데이터 송신시에는 56Kbps 밖에 사용할 수 없다. 왜? 그것은 T1프레임의 숨겨진 다음과 같은 비밀 때문이다. 교환기간에는 가입자 전화기에 대한 제어정보(다이얼 번호, 벨 울림 등)를 전달해야 한다. 이를 위하여 12개의 프레임으로 구성된 수퍼프레임의 6번째와 12번째의 프레임에 있는 각 슬롯의 최하위비트인 8번째 비트에 이러한 제어정보가 덧씌워지기 때문이다.

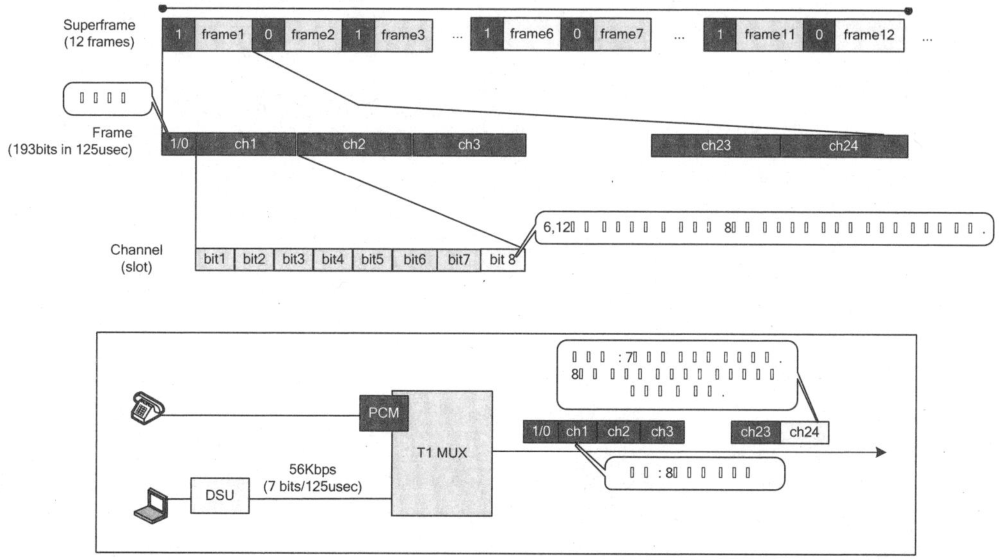

<그림 9.31> T1 프레임의 구조

물론 음성의 경우에는 이러한 덧씌워지는 동작에 의해 음질의 변화는 거의 인지되지 않을 정도이지만, 각 슬롯에 8비트의 데이터가 수납된 경우라면 6번째 및 12번째 프레임내의 24개의 슬롯들에 수납된 해당 데이터는 항상 깨지게 될 것이다.

이러한 문제점을 사전에 방지하기 위하여, 모든 프레임의 각 슬롯마다 7비트 길이의 데이터만 수납하기 때문에, 각 슬롯당 7비트 X 8000번/초 = 56Kbps의 전송속도를 제공하게 되는 것이다.

(3) E1 전송 시스템을 이용한 데이터 전송

국내 전화망은 모두 유럽의 E1기반의 전송시스템을 사용한다. 이 E1시스템은 T1과 마찬가지로 125usec기간마다 반복되는 프레임구조를 가지는데 한 프레임당 슬롯수는 32개로 확장되어 있다. 그리고 첫번째 슬롯은 프레임의 시작을 표시하는 용도로 사용된다. 마치 T1의 동기비트와 유사한 기능을 수행한다고 할 수 있다. 그리고 6번째 및 12번째 프레임마다 덧씌우는 방법으로 제어정보를 전송하는 T1방식과 달리, 16번째 슬롯을 제어정보 전송 전용으로 사용한다. 따라서 총 32개의 슬롯중 30개의 슬롯은 각각 음성이나 데이터를 완전한 64Kbps로 전달한다.

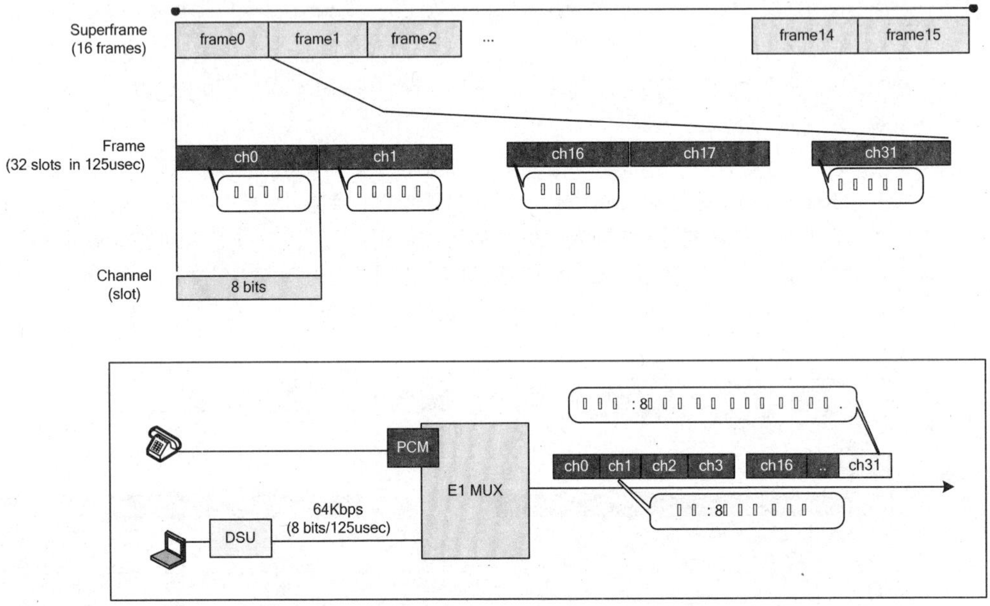

<그림 9.32> E1 프레임의 구조

(4) Digital Data Service(DDS) 시스템

DDS는 디지털 데이터 전송 시스템(Digital Data System) 또는 AT&T사의 Dataphone Digital Service를 일컷는다. 이것은 가입자 컴퓨터 시스템과 T1 전송 시스템 간을 최대 56 Kbps로 연결하는 일종의 디지털 모뎀 시스템으로써 2.4, 4.8, 9.6 Kbps의 subrate 전송도 지원한다[15].

DDS는 크게 가입자 장치인 Data service unit(DSU)과 CSU(Channel Service Unit) 그리고 사업자장치인 Office Channel Unit(OCU)로 구성되며 이들은 4가닥의 전이중 전용 local loop선으로 연결된다.

15 64Kbps급 DSU도 있다.

DSU와 CSU의 중복되는 기능을 고려하여 하나로 통합한 CSU/DSU 장치가 일반적이며, 이것을 DSU라고도 부른다.

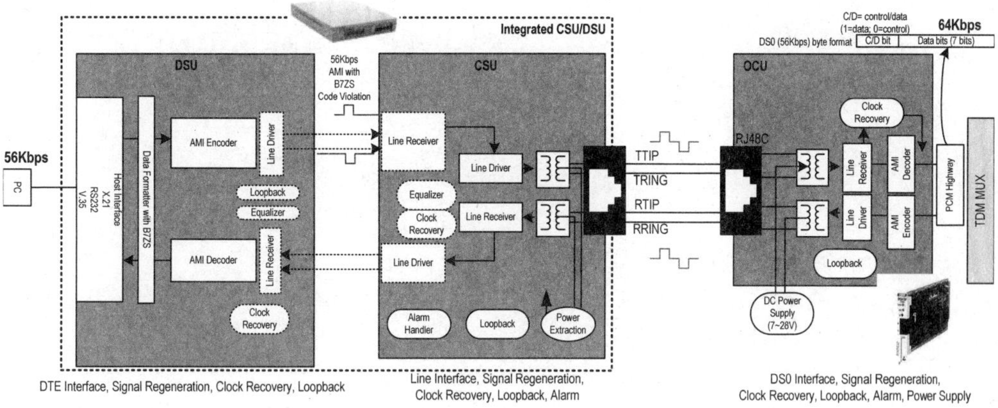

<그림 9.33> DSU/CSU/OCU의 구성

a) DSU(Data service unit)

56Kbps급 DSU는 V.35 또는 RS232 등으로 컴퓨터 또는 라우터를 연결하고 이들로 부터 최대 56Kbps의 디지털 비트열을 받아 AMI 인코딩하여 1/8000초마다 7비트씩 전송한다.

0을 계속 전송해야 하는 Idle시에는 클럭 동기를 위해 B7ZS 인코딩한다. 수신시에는 AMI 인코딩된 수신신호로부터 TTL/CMOS 레벨의 데이터를 추출하여 호스트 컴퓨터로 전달한다.

즉 DSU는 일종의 디지털 모뎀이다[16].

b) CSU(Channel Service Unit)

CSU는 DSU로부터의 AMI 신호를 망 사업자의 OCU에 전송한다. 또한 OCU로부터의 수신신호에서 수신클럭을 추출하고 적응형 등화기를 사용하여 깨끗한 AMI 신호로 재생하여 DSU에 전달한다. 또한 교환기로부터의 제어 신호를 해독하여 루프백 신호인 경우 해당 신호를 망 사업자의 OCU측으로 되돌린다.

필요에 따라서 오류발생을 감지하여 OCU에 보고한다. 이러한 과정에서 필요한 전원은 OCU가 제공하는 7~28V의 직류전원에서 추출한다. 즉 CSU는 망 사업자가 원하는 기능을 제공하는 가입자측 장치이다.

c) 통합 CSU/DSU

DSU의 기능과 CSU의 기능을 하나로 통합한 가입자 디지털 모뎀을 CSU/DSU라고 한다[17].

---

[16] 디지털 모뎀이라고 부르는 이유는 아날로그모뎀과 달리 디지털 데이터를 다른 형태의 디지털 신호, 즉, AMI/B7ZS 코드로 변환하여 전송하기 때문이다.

[17] 이를 지원하는 LXT441 등의 칩을 사용하면 컴퓨터로부터의 디지털 데이터를 아날로그로 변환하여 전송하는 모뎀과 달리 디지털로 직접 전송하는 장치로 구현할 수 있다.

이러한 CSU/DSU는 컴퓨터 측 커넥터로 V.35 또는 RS232 등을 사용하고, local loop측에는 4wire의 RJ48S 인터페이스를 사용한다.

<그림 9.34> 56/64Kbps DSU와 V.35커넥터 그리고 RJ48S 커넥터의 예

d) OCU(Office Channel Unit)

OCU는 DSU/CSU 기능에 7~28V의 전원공급 기능이 추가된 사업자측 디지털 모뎀 장치로써 T1 또는 E1 교환기의 슬롯카드 형태로 설치된다.

수신되는 56Kbps 비트열(7bits/125usec)을 {Control/Data 비트, 데이터 7 비트} 형태의 8bits/125μsec로 만들어 T1 또는 E1 PCM Highway의 64Kbps의 DS0 슬롯에 수납한다.

d) LXT441

LXT441은 56Kbps급 DDS를 위한 44핀의 CSU/DSU 통합기능 칩으로써 OCU기능도 지원한다. 이것의 CSU 라인 인터페이스부는 펄스 shaping과 등화기능 및 클럭추출을 지원한다.

DSU 기능부는 호스트 인터페이스와 DDS 프레이밍, 제어코드 처리, 루프백 기능, B7ZS 스터핑 기능을 수행한다.

해당 칩에 대한 설정 및 제어를 위해 인텔버스 형태의 MCU 인터페이스도 제공한다.

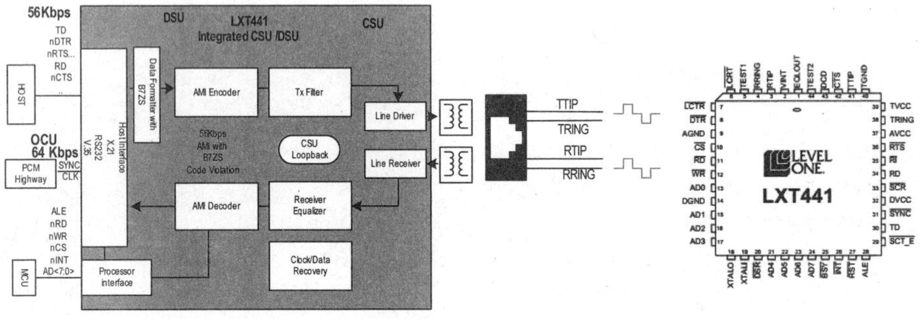

<그림 9.35> XLT441 CSU/DSU/OCU 칩

(5) 전화 및 데이터 겸용 다중화기(IAD, Integrated Access Device)

E1 라인을 구성하는 32개의 채널 중 일부를 음성전화용으로 할당하고, 나머지 부분은 데이터 전송으로 사용하여 통합 전송하는 다중화 장치를 전화 및 데이터 겸용 다중화기(IAD)라고 한다.

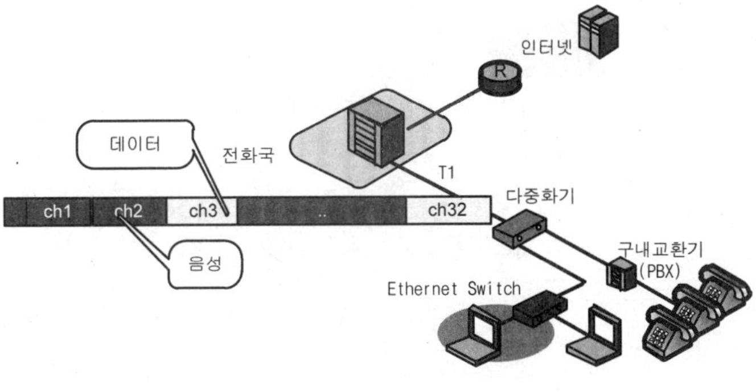

<그림 9.36> 전화 및 데이터 겸용 다중화기

(6) Digital Access Cross-Connect (DACS)

이것은 E1 스트림의 일부 채널을 다른 E1 스트림에 실어 보내거나 그 반대 기능을 수행하여 해당 채널을 절환하는 장치로써 Digital Cross-Connects (DCS)라고도 한다. 이러한 DACS는 데이터 전용 Time Slot Interchange 교환기라고 할 수 있다. DDS 시스템의 경우 OCU의 후방에 접속된다.

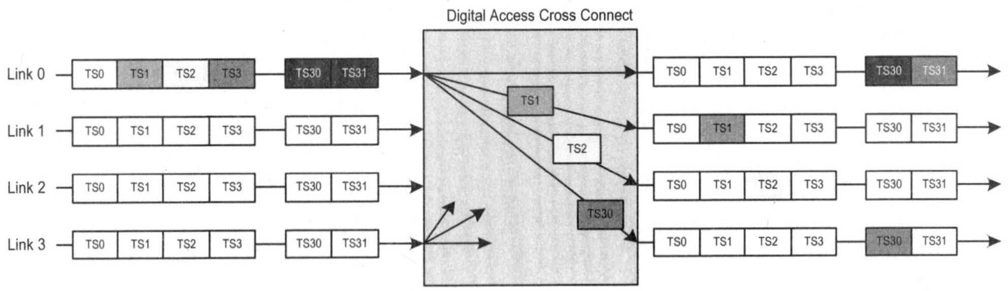

<그림 9.37> Digital Access Cross-Connect (DACS)의 동작

(7) Add-Drop Multiplexer (ADM)

이것은 DACS 기능과 마찬가지로 E1 스트림의 일부 채널을 다른 E1 스트림에 수납하기 위해 Drop시키거나 다른 스트림의 슬롯을 Add하는 수행하여 해당 채널을 절환하는 장치이다.

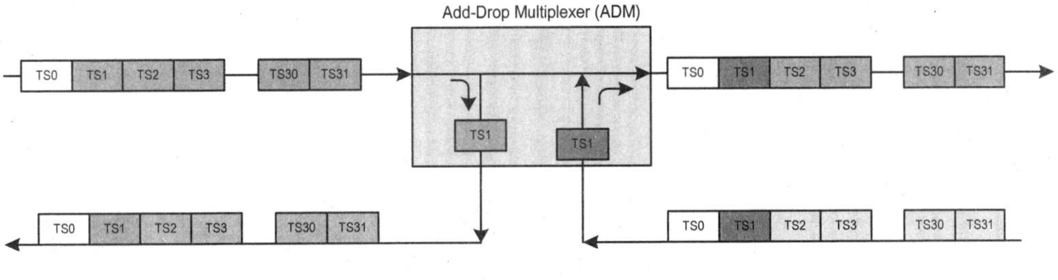

<그림 9.38> Add-Drop Multiplexer(ADM)의 동작

(8) RODAM(Reconfigurable Optical ADM)

광 전달망에서의 RODAM은 원격지에서 WDM시스템의 파장으로 구분되는 연결을 추가하거나 제거할 수 있는 장치로써 ADM과 기능이 유사하다.

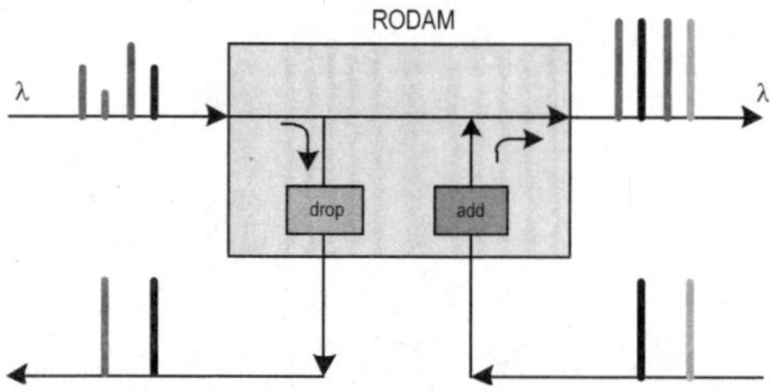

<그림 9.39> Reconfigurable Optical ADM(RODAM)의 동작

(9) Ethernet over PDH

EoPDH라고 하며, 이더넷 프레임을 GFP(G.7041) 또는 HDLC에 수납하여 제어 메시지와 함께 E1 프레임의 타임 슬롯에 수납하여 송신하는 기술이다.

9.15 패킷교환망을 통한 회선교환 서비스 기술

TDM Over Packet(TDMoP) 기술은 패킷교환방식의 인터넷을 활용하여 기존 회선교환방식의 TDM 트래픽을 전달하는 방법이다. TDM over IP, PseudoWireEmulation(PWE) 기술이라고도 한다. 전송지연이 보장되지 않는 패킷망을 경유하므로 TDM 트래픽 처리시 이러한 가변지연 문제를 해결해야 한다. VoIP 시스템도 패킷교환방식의 인터넷을 활용한 회선교환 서비스의 일종이다.

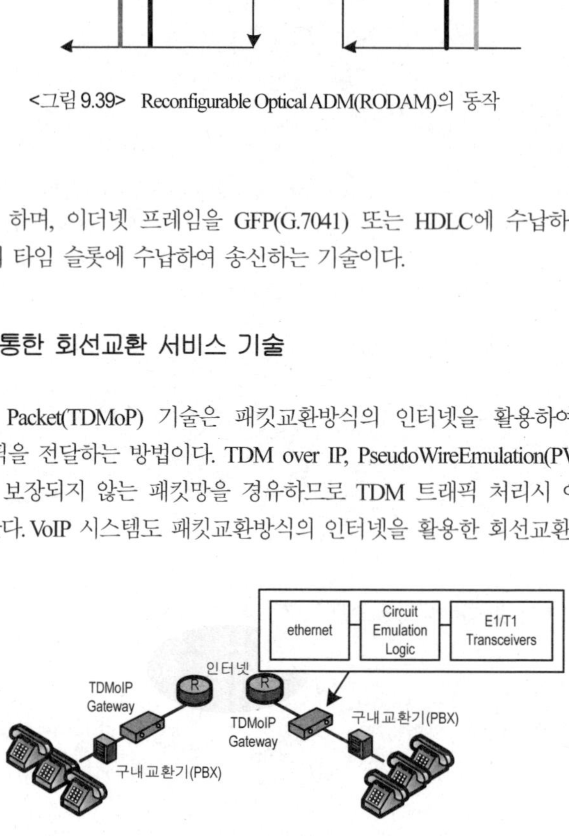

<그림 9.40> TDM over Packet 방식의 동작

9.16 OTN (Optical (Packet) Transport Network)

SDH 또는 SONET과 같은 회선교환 기반의 광 전달망을 사용하여 패킷 또는 프레임을 전달할 때, 다음과 같이 크게 2가지 기술이 사용된다.

- Packet over SONET(PoS) : IP 패킷을 PPP에 수납한 후 HDLC 형태로 프레이밍을 하여 SDH 프레임에 수납하여 전송하는 기술이다. 일종의 네트워크 계층 전달 기술이다.

- Ethernet over SDH(EoS) : MSPP(MultiService Provisioning Platform)에서 사용하는 이 기술은 이더넷 패킷을 GFP(Generic Framing Procedure)를 사용하여 SDH 프레임에 수납하는 기술이다[18]. 일종의 링크 계층 전달 기술이다.

이러한 2가지 기술은 모두 SDH/SONET이 제공하는 다양한 복구기능 및 망 관리 기능을 사용하여 신속한 복구 및 효율적인 망 관리 기능을 지원받을 수 있다.
반면에 Packet Transport Network(PTN)은 SDH/SONET과 같은 회선교환방식을 사용하는 대신에 링크계층에서 IP가 수납된 이더넷 프레임을 직접 패킷 교환 방식으로 중계하면서도 SDH/SONET과 동급의 품질을 제공할 수 있는 순수 패킷기반의 전달망 기술이다.
특히 물리계층에서 광전송 기술을 사용하는 PTN 기술인 Optical Transport Network (OTN)은 ITU-T G.709 규격으로써 SDH와 이더넷 등의 기존 트래픽을 투명하게 전달하기 위한 수납기능과 광 트랜시버와 WDM(파장분할다중화)에 의한 다중화 및 교환기능을 제공하는 2.66Gbps 이상의 광 패킷 전달망이다.
즉 OTN은 패킷 전달 계층과 광 전달 계층을 하나로 통합하여 패킷 및 회선 트래픽을 모두 패킷 방식으로 처리한다[19]. 또한 이러한 백본망에서 요구되는 신속한 장애복구기능을 위해 GMPLS(Generalized MPLS) 기반의 통합제어 및 관리기능을 수행하여 기존 SONET/SDH 기반의 전달망과 동급의 복구절차를 제공하는 전달망이다.

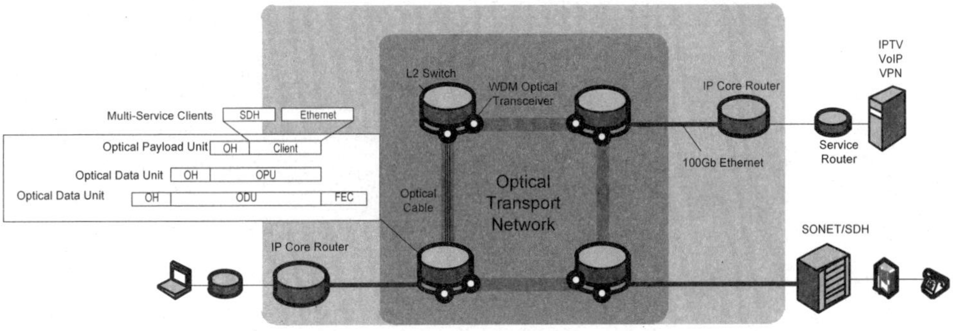

<그림 9.41> OTN

9.17 VoIP

기존 전화 시스템은 일단 연결된 이후에는 사용자가 말하지 않더라도 요금이 누적된다. 그 이유는 해당 선로가 사용자간에 독점적으로 사용되기 때문에 전화망 사업자는 당연히 요금을 많이 받아야 될 것이다. 반면에 패킷망은 전송선로를 여러 단말들이 공유하기 때문에 사용료가 낮다. 이러한 요금체계에 부응하여 음성을 IP 패킷에 실어 인터넷으로 전달하는 시스템을 인터넷 전화 또는 VoIP(Voice Over IP) 전화라고 한다.

---

18 GFP는 IP, 이더넷 등의 다양한 데이터 프레임을 SDH 망으로 송신될 수 있도록 하는 ITU-T G.7041 규격의 포괄적인 프레이밍 절차이다. 전송할 프레임이 없는 경우 idle 신호가 삽입된다.
19 따라서 OTN의 교환기는 패킷교환기 구조를 갖는다.

굳이 VoIP를 사용하지 않더라도 사운드카드와 마이크가 장착된 컴퓨터간에 메신저 프로그램을 사용하면 음성통화가 가능하다. 그렇다면 이러한 메신저 프로그램과 VoIP의 차이점은 무엇일까? 무엇보다도 VoIP는 컴퓨터 대 컴퓨터간 음성전달을 목표로 한 것이라기 보다는 일반전화/휴대전화 등 기존 전화시스템과 VoIP기능이 장착된 컴퓨터간에 음성전화급의 서비스를 제공하는 시스템이다. 물론, 컴퓨터 대 컴퓨터간 음성전달은 당연히 기본적으로 제공한다.
동작절차는 다음과 같다.

① VoIP 단말 사용자가 입력한 상대방의 전화번호에 대하여 VoIP 소프트웨어는 이 정보를 특별한 VoIP 제어용 패킷(예: SIP, session Initiation Protocol) 또는 H.323)에 수납하여 미리 계약된 VoIP 사업자가 설치한 게이트웨이에게 송신한다. 물론 이 과정에서 다음에 설명할 Proxy 서버 등의 도움이 필요할 수도 있으며, 이 VoIP 소프트웨어를 User Agent라고 부른다. 예를 들어 SIP Phone 등의 소프트웨어가 있다.

② VoIP 게이트웨이는 VoIP 망과 기존 전화망을 연결하는 장치이다. 게이트웨이는 해당 전화번호 정보를 사용하여 수신측 전화기를 호출한다.

③ 전화망의 연결이 성공하면 이 사실을 특별한 VoIP 제어패킷에 수납하여 발신측 VoIP 단말로 보내어 단말의 화면이나 스피커로 연결되었음을 알린다. 물론 VoIP 사업자는 기존 전화망 사업자와 아주 밀접하게 계약되어 있다

④ VoIP 단말의 코덱에 의해 디지털화 된 음성은 실시간 전송 전용 패킷인 RTP(Real-time Transport Protocol) 메시지에 수납되어 게이트웨이까지 전달된다.

⑤ 게이트웨이는 이것을 아날로그로 복원하여 최종 수신측 전화기로 전달한다. 이 과정에서 게이트웨이는 SIP신호방식과 전화망에서 사용하는 신호방식간의 매핑을 수행하는 시그널링 게이트웨이 기능과 VoIP망용 고압축 음성코덱 방식과 전화망에서 사용하는 PCM코딩방식간의 음성 미디어의 변환을 수행하는 미디어 게이트웨이 기능을 함께 수행한다.

VoIP 시스템은 64Kbps를 사용하는 기존의 전화 시스템과 달리, 음성압축 기술을 통하여 12Kbps 정도의 낮은 전송률로도 음성을 전달할 수 있어 사업자 입장에서는 더 많은 연결을 제공할 수 있어 저렴한 서비스가 가능하다. 물론 음성이 수납된 RTP 패킷이 인터넷을 경유시 많은 사용자로 인해 지연되거나 일부 패킷이 손실되는 경우에는 음질이 나빠질 수는 있다.

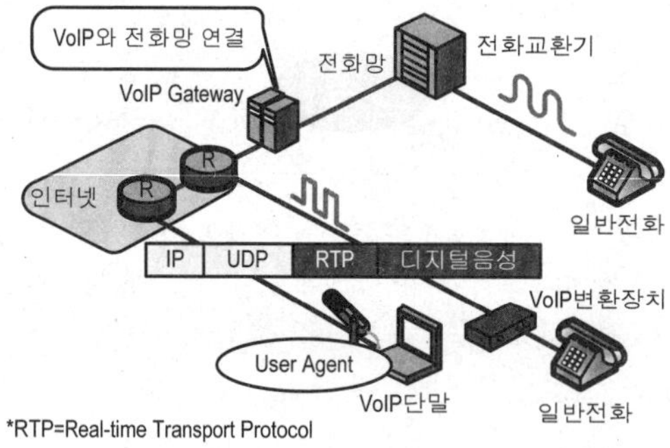

<그림 9.42> VoIP 시스템의 구성

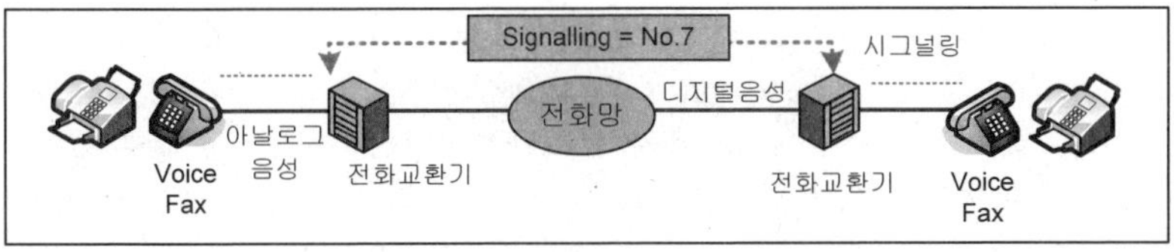

(a) 기존 전화 시스템

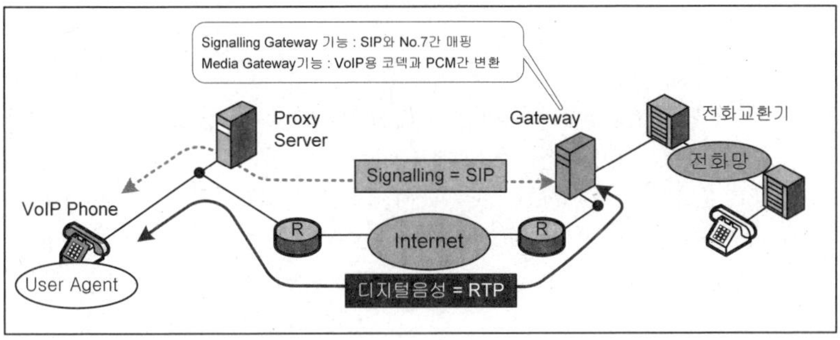

(b) VoIP와 기존 전화망과의 연동

<그림 9.43> 기존 전화 시스템과 VoIP 시스템의 동작 비교

(1) SIP(Session Initiation Protocol)

SIP는 VoIP 장치간의 신호(signaling) 메시지를 전달하기 위해 사용되는 UDP 기반의 응용 프로토콜이다. 여기서의 신호메시지란 일반 전화망에서 사용하는 신호, 즉 전화번호 정보, off hook 신호, ringing 신호 등의 의미를 갖는 메시지이다.

이를 위한 프로토콜인 SIP는 <그림 9.44>와 같은 메시지 형식을 갖는다. 하나의 SIP 메시지는 METHOD, HEADER, 메시지 바디 등으로 구성된다.

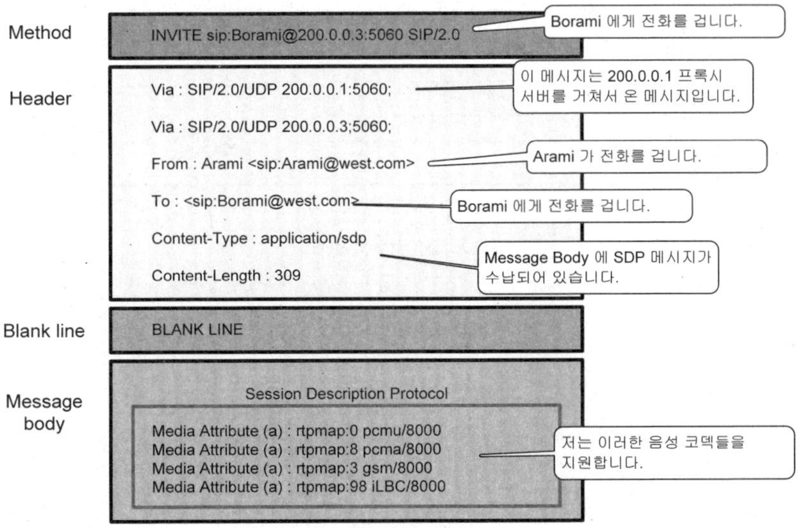

<그림 9.44> SIP 메시지의 예

이 형식은 웹 응용에서 사용하는 HTTP 메시지 형식과 유사함을 알 수 있다. 앞의 예는 Arami 단말이 Borami 단말에게 전화를 걸 때 최초로 송신되는 INVITE 메시지이다. 이 메시지의 METHOD 부분은 "INVITE"로 시작하며 HTTP처럼 버전정보로 구성됨을 할 수 있다.
그리고 헤더에는 From 및 To로 발신자와 수신자 정보를 표시한다. 메시지 바디 부분은 이 INVITE 메시지의 경우 비어 있다. 참고로 SIP의 메소드에는 INVITE 외에도 REGISTER, BYE, ACK 등이 있다.

(2) SIP 기반의 간단한 연결 절차

기존의 회선 교환망에서의 호설정은 발신 신호, 발신음과 같은 특별한 신호 데이터와 전화번호에 해당하는 선택신호를 주고 받은 후, 전화를 거는 쪽과 받는 쪽을 하나의 회선으로 연결시켜 줍니다. 그리고 통화가 끝날 때까지 해당 회선은 두 사용자에게 할당된다. 인터넷 망을 이용한 VoIP에서도 전화를 걸고 받기 위해서는 위와 같은 호설정 과정이 필요한다.
VoIP에서는 호설정을 위해 ITU-T 권고 H.323과 IETF 표준 SIP와 같은 호설정 프로토콜을 사용한다. 이 중에서 SIP는 HTTP처럼 텍스트 기반의 프로토콜로서 구현이 간단하고 호설정 절차가 비교적 간단하여 대부분의 제품은 SIP를 사용하고 있다. 기존 전화망에서 사용되는 호설정 절차와 유사한 과정이 VoIP에서도 <그림 9.45>와 같이 수행된다.

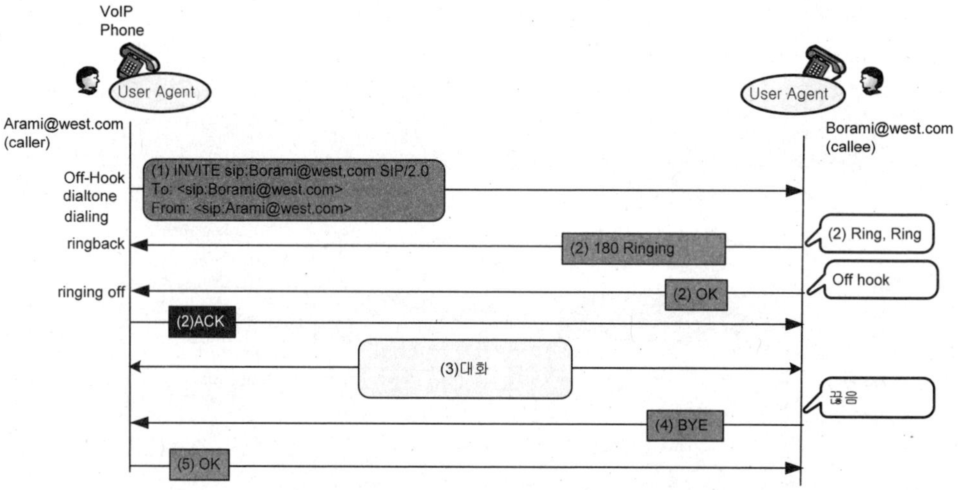

<그림 9.45> SIP 절차의 예

이것은 Arami@west.com가 Borami@east.com에 대하여 SIP에 의한 호설정 과정이다. 여기서 사용된 INVITE, RINGING, BYE 그리고 OK 메시지는 모두 텍스트 기반의 SIP 제어문자열이다.

① Arami@west.com이 같은 회사에 있는 Borami@west.com과 연결을 위하여, INVITE 메시지를 보낸다.
② Borami 단말에 벨이 울리고, Borami의 LCD 화면에는 Arami로 부터의 연결요청 메시지를 볼 수 있다. 이 과정에서 Ringing신호를 Arami도 들을 수 있다. 이 Borami가 수화기를 들면, OK 메시지가 전달되고, 이에 Arami는 ACK 메시지로 응답한다.

③ 통화를 한다.
④ 대화 후 Borami가 수화기를 내려 놓으면, Borami로부터 BYE 메시지가 Borami에게 송신된다.
⑤ Arami도 OK 메시지로 응답함으로써 세션이 종료된다.

(3) VoIP용 음성 코덱

VoIP에서 사용하는 음성 코덱의 종류는 <표 9-1>과 같다. 특히 G.729가 비교적 적은 대역폭에 비해 좋은 음질 특성을 갖기 때문에 VoIP 용으로 가장 많이 적용되고 있다.

<표 9.1> VoIP용 음성 코덱

코덱 종류	알고리즘	Bit rate	인코딩 시간	MOS[20]	
G.711	PCM	64K	10 ms	4.1	PSTN 통화 품질
G.726	ADPCM	16K, 24K, 32K	10 ms		
G.729	CS-ACELP	8K	10 ms	3.9	VoIP 보편적 코덱
G.728	LDCELP	16K	15 ms		
G.723	MLQ	6.3K, 5.3K	30 ms	3.9	MS 넷미팅의 기본 코덱

9.18 IPTV

IPTV 시스템의 구성은 <그림 9.46>과 같다.

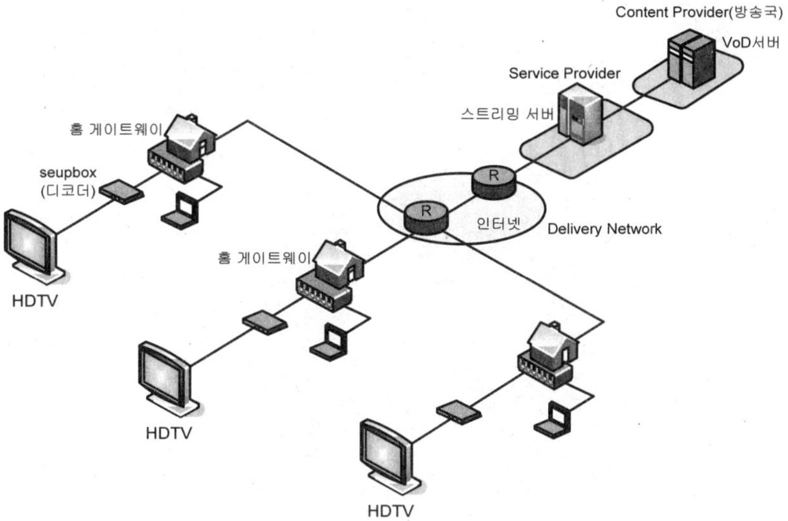

<그림 9.46> IPTV 시스템의 구성

[20] MOS(Mean Opinion Score)는 음성품질을 점수화 한 것으로 5: Excellent, 4: Good, 3: Fair, 2: Poor, 1: Unsatisfactory

IPTV는 MPEG 스트림을 무선으로 수신하여 복원하는 지상파 HDTV 방식 대신에 MPEG 스트림을 IP 패킷에 수납하여 인터넷 상으로 전송하고, 수신측에서는 이 패킷으로부터 MEPG 스트림을 복원하여 TV화면에 보여주는 시스템이다[21].
IPTV 사업자는 Program Provider(PP)로부터 방송 프로그램을 받아 인터넷을 통해 공급한다. 동일 채널에 대한 여러 가입자의 요구는 합해져 멀티캐스트 전송 방식으로 응답된다.

9.19 All IP 서비스

인터넷과 같은 패킷교환 기술을 활용하여 컴퓨터 데이터뿐만 아니라 전화음성도 IP 패킷에 수납하여 LTE 및 WiFi 등의 전송수단을 이용하여 전달하는 기술을 All IP 기술이라고 한다.
또한 IPTV와 같이 영상까지 IP망을 이용함으로써 전화, 영상 및 데이터를 통합 서비스하는 것을 Triple Play Service(TPS)라고 한다.

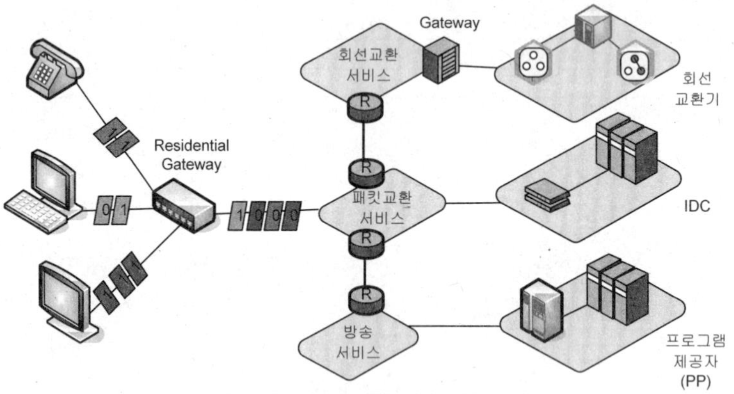

Triple Play Service (TPS) 서비스 모델

<그림 9.47> 망 통합에 따른 네트워크 구성 변경.

---

21 그렇다면 기존 지상파 TV와 다른 점이 무엇일까? 무엇보다도 하나의 인터넷 연결을 이용하여 쌍방향 전송이 가능하다. 예를 들어, TV를 보다가 "맛집"이 소개되면, 해당 맛집의 상세한 약도 또는 전화번호를 즉시 확인해 볼 수 있다.

9.20 설계과제

(1) 설계 목표

간단한 raw 소켓 프로그래밍을 한다.

(2) 요구 사항

ICMP 기반 ping 서비스를 설계한다.

(3) 프로그램의 예

```
#include <stdio.h>
#include <stdlib.h>
#include <winsock.h>

#pragma pack(1) //bytewise alignment
#define ICMP_ECHOREPLAY          0
#define ICMP_ECHOREQ             8

typedef struct tagIPHDR {//IP header
  u_char      VIHL, TOS;
  u_short     TotLen, ID, FlagOff;
  u_char      TTL,Protocol;
  u_short     Checksum;
  struct      in_addr iaSrc, iaDsc;
}IPHDR, *PIPHDR;

typedef struct tagICMPHDR{
  u_char      Type, Code;
  u_short     Checksum, ID, Seq;
  u_char      Data;
}ICMPHDR, *PICMPHDR;

#define ECHOLEN 32
typedef struct tagECHOREQUEST{// ICMP Echo Request Packet
  ICMPHDR  icmpHdr;
  DWORD    dwTime;
  char     cData[ECHOLEN];
}ECHOREQUEST, *PECHOREQUEST;

// ICMP Echo Reply
typedef struct tagECHOREPLY
{
  IPHDR                ipHdr;
  ECHOREQUEST          echoRequest;
  char                 cFiller[256];
}ECHOREPLY, *PECHOREPLY;

#pragma pack()
//

#pragma comment(lib,"wsock32.lib") //Use wsock32 library

u_short in_cksum(u_short *addr, int len){
  register int nleft = len;
  register u_short *w = addr;
  register u_short cksum; //16 bit cksum
  register int sum = 0; //32 bit

```

```
  while(nleft > 1){ sum += *w++;      nleft -= 2;   }
  if(nleft == 1) { u_short u = 0; *(u_char*)(&u) = *(u_char*)w; sum += u;    }

  sum = (sum >> 16) + (sum & 0xffff);
  sum += (sum >> 16);
  cksum = ~sum;
  return (cksum);
}

int SendEchoRequest(SOCKET s, LPSOCKADDR_IN lpstToAddr){
  static ECHOREQUEST echoReq;
  static int nId = 1;
  static int nSeq = 1;
  int nRet;

  //build icmp header
  echoReq.icmpHdr.Type  = ICMP_ECHOREQ; echoReq.icmpHdr.Code       = 0;
  echoReq.icmpHdr.Checksum= 0;
  echoReq.icmpHdr.ID      = nId++;
  echoReq.icmpHdr.Seq     = nSeq++;
  for(nRet = 0; nRet < ECHOLEN; nRet++) echoReq.cData[nRet] = 0x30+nRet;
  echoReq.dwTime = GetTickCount(); //시간 설정
  echoReq.icmpHdr.Checksum = in_cksum( (u_short*)&echoReq, sizeof(ECHOREQUEST) );
  nRet = sendto(s,(LPSTR)&echoReq, sizeof(ECHOREQUEST),0,(LPSOCKADDR)lpstToAddr,
                                        sizeof(SOCKADDR_IN));
  return (nRet);
}

DWORD RecvEchoReply(SOCKET s, LPSOCKADDR_IN lpsaFrom, u_char* pTTL){
  ECHOREPLY echoReply;
  int nRet;
  int nAddrLen = sizeof(struct sockaddr_in);

  nRet = recvfrom(s,(LPSTR)&echoReply,sizeof(ECHOREPLY),0,(LPSOCKADDR)lpsaFrom,&nAddrLen);
  *pTTL = echoReply.ipHdr.TTL;
  return(echoReply.echoRequest.dwTime);
}

int WaitForEchoReply(SOCKET s){ //wait for receive event using select()
  struct timeval Timeout;
  fd_set readfds;

  readfds.fd_count = 1;    readfds.fd_array[0] = s;  Timeout.tv_sec = 5;       Timeout.tv_usec = 0;
  return( select(1, &readfds, NULL, NULL, &Timeout) );
}

void Ping(LPCSTR pstrHost){
  SOCKET                  rawSocket;
  LPHOSTENT               lpHostEnt;
  struct                  sockaddr_in    saDest, saSrc;
  DWORD                   dwTimeSent, dwElapsed;
  u_char                  cTTL;
  int                     nLoop, nRet;

  rawSocket = socket(AF_INET, SOCK_RAW, IPPROTO_ICMP); //create a raw socket
  if(rawSocket == SOCKET_ERROR) {return;}

  lpHostEnt = gethostbyname(pstrHost); //DNS query for the host to get its IP address.
  if(lpHostEnt == NULL) { printf( "No such host\n");             return; }
  saDest.sin_addr.s_addr = *((u_long FAR *)(lpHostEnt->h_addr));
  saDest.sin_family = AF_INET;    saDest.sin_port = 0;
```

```
    SendEchoRequest(rawSocket, &saDest); //Send ICMP Echo Packets
    nRet = WaitForEchoReply(rawSocket);
    if(nRet == SOCKET_ERROR) break;
    if(!nRet){    printf("No Reply\n");    break; }
    RecvEchoReply(rawSocket, &saSrc, &cTTL);
    printf("From %s , %dBytes, TTL=%d", inet_ntoa(saSrc.sin_addr), ECHOLEN, cTTL);
    nRet = closesocket(rawSocket);
}
int main(int argc, char* *argv){
    WSADATA wsaData; //Winsock Specific
    WORD wVersionRequested = MAKEWORD(1,1); //Winsock Specific
    int nRet;
    printf("\n Usage : ping [Host name]\n");
    nRet = WSAStartup(wVersionRequested, &wsaData);
    if(nRet){    printf("Error"); return 1; }
    Ping(argv[1]);
    WSACleanup();
    return 0;
}
```

9.21 연습문제

[1] 패킷교환방식에 대한 설명 중 틀린 것은?
a) 데이터뿐만 아니라 음성도 전송할 수 있다.
b) 회선교환방식에 비하여 전송효율이 낮다.
c) ATM도 패킷교환방식의 일종이다.
d) 라우터는 패킷교환기의 일종이다.

[2] 다음 중 제어평면 프로토콜이 아닌 것은?
a) IP b) OSPF c) Q.931 d) BGP

[3] PCB 보드 내부에서의 초단거리 고속 직/병렬 통신방식은 ___이다.
a) USB b) I2C c) RS232 d) SONET/SDH

[4] 전력선을 사용하는 홈 네트워킹 기술은 _이다.
a) HomePNA b) HomePlug c) WiFi d) BlueTooth

[5] Access 통신망 기술이 아닌 것은?
a) FTTH b) HFC c) EPON d) ADSL e) ISDN

[6] X.25 시스템의 패킷교환기의 최 상층 계층은 _인 반면, 프레임 릴레이교환기의 최 상층 계층은 _이다.
a) 물리 계층, 링크 계층
b) 링크 계층, 네트워크 계층
c) 네트워크 계층, 링크 계층

[7] X.25 DTE와 DCE간의 다중화는 _계층에서 수행되는 반면, 프레임 릴레이 시스템에서의 다중화는 _계층에서 수행된다.
a) 물리 계층, 링크 계층
b) 링크 계층, 네트워크 계층
c) 네트워크 계층, 링크 계층

[8] 인터넷용 IP 프로토콜은 ___방식이다.
a) 비연결 위주 b) 연결 위주

[9] IP에 수납되는 TCP와 UDP는 각각 ___, ___방식이다.
a) 비연결 위주, 연결 위주
b) 연결 위주, 비연결 위주

[10] 인터넷용 프로토콜 중 재전송기능을 수행하는 것은?
a) IP b) UDP c) TCP

[11] 56Kbps급 DSU가 사용하는 라인 코딩방식이 아닌 것은?
a) B8ZS b) B7ZS c) HDB3

[12] Optical Packet Transport Network 기술은 ___기반 전달망 기술이다.
a) 회선 b) 패킷

[13] CATV 시스템에 대한 설명 중 틀린 것은?
a) 하향 TV채널뿐만 아니라, 데이터 전송도 가능하다.
b) HFC 시스템은 일부는 광케이블을 사용하고, 나머지는 기존 동축케이블을 사용한다.
c) UTP 케이블을 사용한다.
d) DOCSIS 표준이 사용된다.

[14] 광전송 시스템에 대한 설명 중 틀린 것은?
a) 광케이블은 외부의 클래딩과 내부의 코어로 구성되어 있으며, 이들의 굴절률이 다르다.
b) 코어는 속이 비어 있는 유리 봉이다.
c) WDM은 파장이 서로 다른 채널을 하나의 광케이블로 전송하는 다중화 방식이다.
d) 싱글모드 케이블이 멀티모드 케이블에 비하여 전송거리가 길다.

[15] 인터넷과 같은 패킷망 시스템에서 회선교환 트래픽을 전송할 수 있는가?

제 **10** 장

무선 데이터 통신 시스템

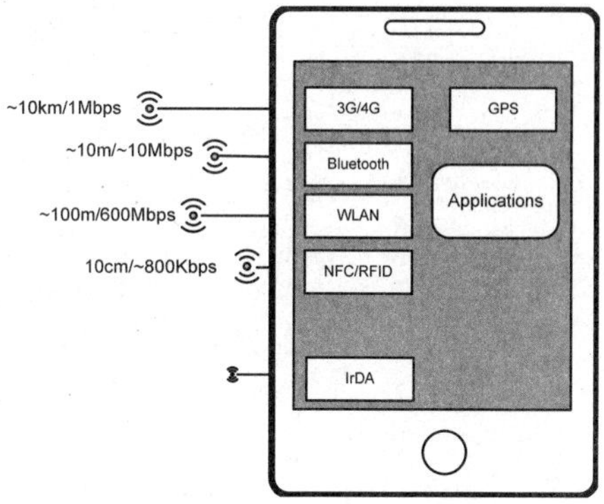

이제 구리선과 같은 통신선을 연결하지 않고도 전화 또는 웹 서핑을 할 수 있게 되었다. 물론 일반 사용자는 편리하겠지만 이를 개발하는 개발자 입장에서는 무선구간에서의 잡음, 주파수자원의 제한, 이동중의 끊김 없는 연결제공 등 하나 같이 쉽지 않은 기술적인 난제를 해결하기 위하여 잠을 설쳐야 한다.
본 장에서는 무선 정보 통신 시스템의 구성요소를 소개한 후 무선 LAN, 블루투스, WPAN, 센서 네트워크, 적외선 통신 등의 무선통신기술을 다룬다. 이러한 기술들은 전송거리나 전송방식에 따라 각자의 특징과 용도를 가지고 있다.

10.1 무선 데이터 통신 시스템의 구성

(1) 개요

무선으로 데이터를 전송하려면 안테나를 통하여 전자파 형태로 방사되어야 한다. 안테나는 신호가 가진 파장과 같은 길이(물론, 배수, 1/2, 1/4 등도 가능)를 가져야 한다. 예를 들어, 사람의 f=3KHz 음성을 전송하기 위해서는 전파의 속도 C=3x10^{8}m/sec이므로, 안테나는 λ = C/f = 10^{5}m 길이를 가져야 할 것이다[1]. 사용하기에 편한 정도의 짧은 길이를 가진 안테나를 사용하여 신호를 송신하려면 이 신호는 높은 주파수를 가져야만 한다.

[1] 이렇게 긴 안테나가 필요하다면 차라리 유선통신 방식이 더 좋을 것이다.

실제 전달하고자 하는 사람의 음성주파수는 300~3400Hz정도이다. 이 음성신호를 보다 높은 신호로 변환하여 안테나를 통하여 잘 방사되도록 하는 것을 고주파 변조라고 부른다.
그리고 이렇게 음성을 실어가는 고주파신호를 반송파(carrier)라고 부른다. 711KHz 중파방송 및 89.7MHz FM방송이라는 것은 모두 반송파의 주파수를 의미한다. 거실에 설치된 900MHz의 무선 전화기, 800MHz, 2GHz 등을 사용하는 휴대폰, 2.4GHz, 5.7GHz 등을 사용하는 무선 LAN, 125KHz 또는 13MHz대역의 RFID 등과 같이, 모든 무선기기들은 모두 고주파수의 반송파에 의해 변조되어 안테나를 통하여 전달된다.

(2) 무선 데이터 통신 시스템의 구조

단말내부에서 생성된 디지털 비트열을 안테나를 통하여 무선으로 전송하기 위해서는 이 비트열을 보다 높은 주파수로 변화시키는 고주파 변조방법이 사용되어야 한다. 이때 데이터를 싣고 가는 아날로그 고주파 신호를 반송파 또는 캐리어라고 한다. 수신측에서는 그 역 과정인 복조과정을 수행한다.
<그림 10.1>은 이러한 무선 데이터 통신 시스템의 구조를 간략하게 도시한 것이다. 특히 무선망의 특징인 노드들의 이동성이 부여될 경우에는 기존 연결로가 끊어지거나 새로운 이웃이 생기면서 망의 구성이 동적으로 변화된다. 따라서 고려해야 할 사항이 유선망에 비하여 더 많다.
참고로 디지털 TV 방송이나 디지털 CATV, 디지털 셀룰러폰 등에서 사용되는 '디지털'이란 용어는 음성이나 화상정보가 디지털이라는 의미이다. 실제 무선으로 전송될 경우에는 모두 2.4GHz 등의 높은 아날로그 반송파에 실려 변조되어 전송된다. 물론 이 무선신호를 오실로스코프로 볼 수 있다면 모두 아날로그 파형을 가질 것이다. 즉 디지털 TV방송국에서는 디지털 비트열을 아날로그로 변조하여 전송하는 모뎀을 가지고 있으며, 가정의 디지털 TV에는 이를 복조하는 모뎀이 내장되어 있다고 할 수 있다.

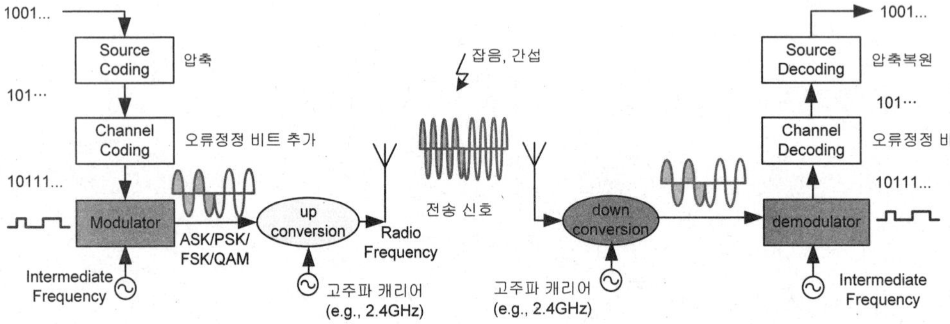

<그림 10.1> 무선 데이터 통신 시스템의 구조

(3) 안테나

안테나는 $\lambda/2$파장 길이가 보통 사용된다. 예를 들어 800MHz의 디지털 휴대폰의 안테나는 $\lambda/2$ 파장 길이의 18.2cm의 길이를 가진다.
전파의 세기는 거리의 제곱에 반비례하면서 약해진다. 따라서 고주파 전파를 장거리로 전송할 경우에는 파라볼라 안테나에 의한 지향성을 높여 전송한다. 만약 거리가 짧아도 된다면 무선 LAN처럼 무지향성 안테나를 사용한다.

휴대폰 시스템의 기지국에는 360도 전방향 안테나뿐만 아니라 자신이 담당하고 있는 셀 영역을 3개로 분할하여 각각 120도의 영역만 담당하는 방향성이 있는 섹터 안테나를 사용하기도 한다. 이 섹터 안터나는 전송거리가 크기 때문에 각 기지국의 서비스 면적을 넓히고 보다 많은 단말의 접속을 지원하는 장점이 있다.

안테나의 종류는 <그림 10.2>와 같다.

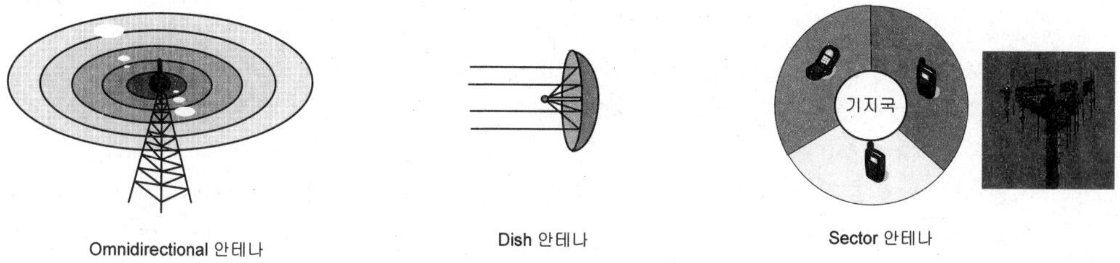

<그림 10.2> 안테나의 종류

10.2 무선 통신망의 구조

무선망은 크게 <그림 10.3>과 같이 다음과 같이 구성된다.

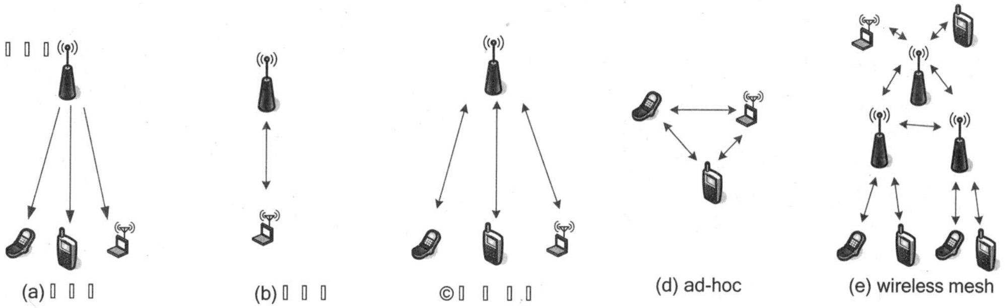

<그림 10.3> 무선망의 구조

- 방송 : 디지털 TV방송에서 사용된다.
- 점대점 : 마이크로웨이브 통신이나 Wireless Optical 링크에서 사용된다.
- 점대다점 : 하나의 Access Point(AP)에 여러 개의 단말이 접속되는 무선 LAN이나 셀룰라 전화 시스템의 구조이다.
- 애드 혹(ad hoc) 구조 : Wireless Personal Area Network(WPAN)과 같은 무선센서망에서 각 노드들이 서로 연결될 때 사용된다.
- 메시 구조 : 무선 AP시스템간에 무선으로 연결되어 마치 그물형태로 구성된다. 물론 애드혹 구조에서도 여러 단말이 연결되면 메시 구조를 가질 수도 있다.

10.3 무선 LAN

(1) 개요

무선LAN은 액세스포인트(AP)라고 하는 유선 LAN과 무선 LAN단말을 상호 연결하는 일종의 브리지장치와 무선단말(STAtion)로 구성된다. 한국통신의 Nespot서비스가 바로 무선 LAN서비스를 사업화한 것이다.

사실, 무선 LAN 시스템이 사용하는 주파수대역은 ISM(Industrial, Science, Medical)밴드라고 불리는 2.4GHz 또는 U-NII (Unlicensed National Information Intra-structure)밴드라고 부르는 5.7GHz대역이다. 이 대역은 정부로부터 허가 받지 않고도 전송거리 100m정도의 저 출력 장치들이 사용할 수 있도록 허용된 것이다.

이 주파수 대역에는 총 14개의 채널이 있는데, 특정 AP는 주변의 AP가 사용하는 채널과 겹치지 않는 채널로 설정되어 동작한다. 그리고 이 AP에 접속된 여러 대의 단말은 해당 AP가 사용하는 하나의 채널을 공유한다. 여기서 공유라는 말은 하나의 무선링크를 여러 대의 단말(AP포함)이 서로 눈치를 봐 가면서, 즉 남이 사용하고 있는지 검사하여 그렇지 않다면 송신을 시도하는 것이다. 이러한 매체공유방식을 CSMA/CA(Carrier Sense Multiple Access with Collision Avoidanc)라고 부른다.

이러한 무선 LAN 시스템은 무선 LAN단말이 AP를 경유하여 접속되는 경우와 무선 LAN단말이 직접 다른 무선 LAN단말과 접속할 경우가 있다. 이것을 각각 Infrastructure구조와 ad hoc(애드혹) 구조라고 부른다.

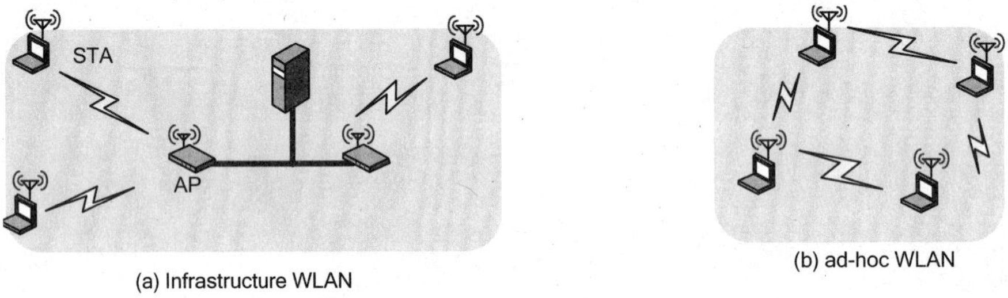

<그림 10.4> IEEE802.11 망의 기본 분류

(2) 구성요소

구성요소는 다음과 같다.

- 무선 링크 : 단말과 단말 또는 단말과 액세스포인트(AP)간의 무선링크는 ISM (Industrial, Scientific, Medical) 밴드라고 불리는 허가 없이 사용 가능한 저 전력 주파수 대역(902~928MHz, 2.4~2.4835GHz, 5.725~5.825GHz) 중 2.4GHz 또는 5.7GHz의 주파수 대역을 사용하여 설정된다.
- 액세스 포인트(AP) : 무선단말로부터 전달된 프레임을 다른 단말에게 중계하는 브리지 기능을 수행한다. 일부 가정용 AP에는 이러한 브리징 기능 외에, 사설 IP를 할당해 주는 DHCP서버 기능이나 IP 방화벽 기능도 추가된 라우터로도 동작하는데 이러한 AP를 무선 LAN라우터 또는 유무선 공유기라고도 부른다.

- 단말(스테이션, STA) : 무선 LAN용 Network Interface Card(NIC)를 장착하여, IEEE802.11 표준에 기반한 물리 계층 및 MAC 계층의 동작을 수행한다. 다른 단말과 직접 연결될 수도 있지만 대부분의 경우, 액세스 포인트에 결합되어 데이터 프레임을 전송한다.
- 분배 시스템(DS, Distribution system) : 여러 개의 AP를 연결하는 백본망으로써 일반적으로 이더넷이 사용된다. AP간을 무선으로 연결할 수도 있는데, 이 경우 Wireless Distribution System(WDS)라고 한다.
- 기본 서비스 집합(BSS, Basic Service Set) : 하나의 AP와 이것에 접속된 단말로 구성된 그룹이다. BSS_ID는 해당 AP의 링크 계층 주소이다.
- 확장 서비스 집합(ESS, Extended service set) : 여러 개의 BSS들, 즉 여러 개의 AP들이 이더넷을 사용한 분배망에 연결되어 각 단말들간에 상호접속이 가능한 확장된 논리적인 그룹이다. ESS_ID는 논리적으로 ESS를 구분하는 문자열 형식의 식별자로, 동일한 ESS에 속한 단말들은 서로 다른 AP에 결합되어 있어도 상호간에 통신할 수 있다.

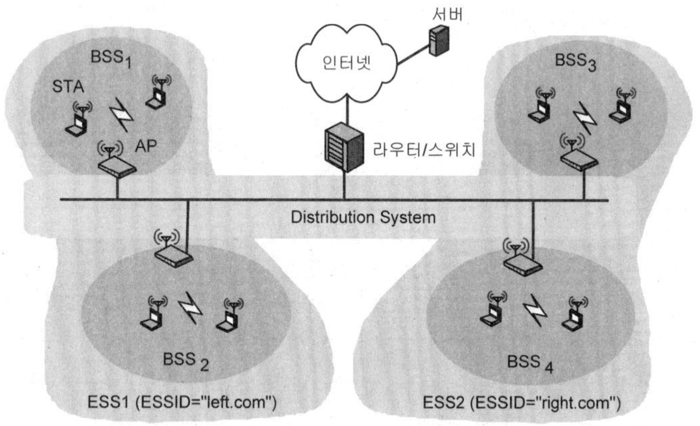

<그림 10.5> IEEE802.11 무선 LAN 시스템의 구성.

10.4 무선 LAN 기술

무선 LAN에 관련된 표준은 IEEE802.11으로서, 이것은 MAC과 PHY 계층에 대한 표준으로 구성되어 있다.

(1) 물리 계층 기술

프레임을 구성하는 비트 열을 안테나를 통하여 최대 100미터의 전송거리를 제공할 수 있도록 변복조 하는 기술이다. 전송방식, 사용주파수, 속도에 따라 다음과 같은 다양한 종류가 있다.

- 초기 802.11 : 1997년에 발표된 방식으로써, 2.4GHz대역에서 Frequency Hopping Spread Spectrum(FHSS)와 Direct Sequence Spread Spectrum(DSSS), 적외선 방식 등의 변조기법을 사용하여 1~2Mbps의 전송속도를 제공한다.
- 802.11b : 초기의 802.11 DSSS방식의 속도를 11Mbps로 향상시킨 것으로써 현재 대부분의 무선 LAN 시스템에서 사용된다.

총 12~14개의 무선채널이 제공되지만 이들은 <그림 10.6>처럼 서로 겹치는 대역을 점유하고 있기 때문에 서로 겹치지 않는 실질적인 채널은 최대 3개에 불과하다[2]. 따라서 대부분의 제품들은 1, 6, 11번 채널 중에 하나를 선택하여 사용한다. 또한 기존의 802.11 무선 LAN과의 호환을 위하여 1,2,5.5,11Mbps의 4가지 전송속도가 자동으로 선택된다.

- 802.11a : 5GHz대역에서 54Mbps의 전송속도를 제공할 수 있는 기술로서 최대 전송거리는 33미터이다. 이것의 장점은 속도뿐만 아니라 12개의 중복되지 않는 채널을 제공할 수 있기 때문에 많은 AP들을 서로 간섭 없이 설치할 수 있다. 단 802.11a는 OFDM 변조방식을 사용하고 주파수 대역도 다르기 때문에 기존 802.11b기기와 호환되지는 않는다.
- 802.11g : 2.4GHz에서 54Mbps를 지원하면서 802.11b와 호환된다.
- 802.11n : 4개의 다중 안테나를 사용하는 MIMO(Multiple Input/Multiple Output)기술, 40MHz의 넓은 대역폭 사용, 긴 프레임 전송 등의 기법을 사용하여 130~600Mbps를 지원한다.

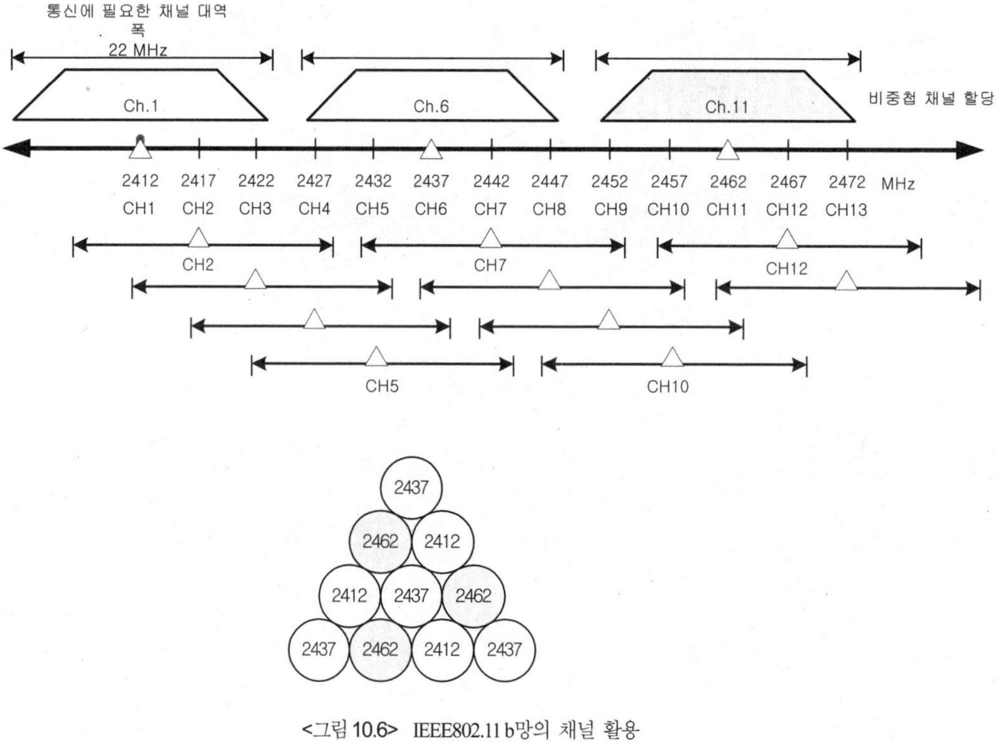

<그림 10.6> IEEE802.11 b망의 채널 활용

---

[2] 미국이나 일본에서는 각각 11개 및 14개의 채널을 할당한 반면, 한국에서는 2412~2462MHz 대역내에 13개의 채널을 할당하고 있다. 각 채널의 중심주파수는 2412 + 5(n-1)MHz이며, 각 채널의 유효 대역폭은 22MHz이다.

(2) MAC 계층 기술

무선 MAC기술은 여러 대의 단말과 AP간에 공유하는 하나의 무선 전송매체의 사용권을 제어하면서 이들이 균등하게 대역을 공유하면서 상위계층 패킷들을 전송하는 기술이다. 이상적인 MAC의 경우, 유효 전송대역이 5Mbps라면 10대의 단말들은 500Kbps의 전송률을 가질 수 있도록 하나의 무선채널상에서 각 단말들이 협동한다.

(3) 기본적인 무선 LAN 시스템의 동작절차

<그림 10.7>과 같이, 탐색, 인증, 결합과정 후, AP를 경유한 데이터 전송과정이 수행된다.

탐색이란 비컨이나 프로브 메시지를 사용하여 주변의 AP를 찾는 과정이다. AP가 주기적으로 송신하는 비컨 프레임으로부터 해당 AP를 찾는 과정을 수동탐색과정이라고 한다. 반면에 단말이 각 채널 별로 프로브 요청 프레임을 사용하여 AP를 탐색하는 것을 능동탐색과정이라고 한다.

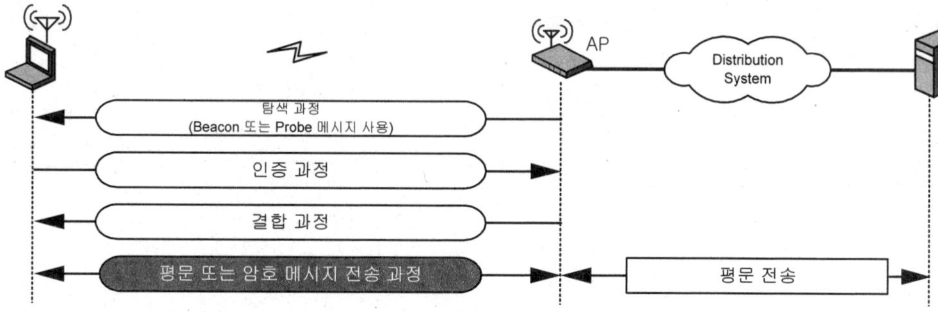

<그림 10.7> 기본적인 무선 LAN의 동작 절차

a) AP

자신에 접속하려는 단말들을 위하여 자신이 지원할 수 있는 여러 가지의 능력(속도, 암호화 지원여부 등)과 이 AP가 속한 서비스 그룹명인 Service Set ID(SSID) 등이 수납된 비컨 메시지를 0.1초 간격으로 방송한다.

b) 단말

각 단말은 먼저 자신의 주변에 어떤 AP가 있는지 탐색하는 과정을 수행한다. 이를 위하여 AP가 전송하는 비컨메시지를 수동적으로 수신하여 해당 AP의 지원능력이나 SSID를 알게 된다. 또는 능동적으로 단말이 프로브요청 메시지를 AP에 방송하여, AP의 SSID와 동작속도 등이 수납된 프로브응답 메시지를 수신하여 해당 AP를 선택할 수도 있다.

- Join : 탐색된 AP 중에서 적당한 것을 선택하는 과정이다. 선택한 AP로부터의 비컨메시지를 수신하여 이 AP가 지원하고 있는 동작 값(속도, 변조방법, 암호방법 등)들을 추출하는 과정이다. 단말은 이 과정에서 실제 프레임을 송신하지는 않는다.
- 인증(Authentication) : AP와의 인증절차와 암호방식을 협상하는 과정이다. 이러한 인증과정은 전송매체에 대한 보안이 취약한 무선망에서 인증을 거치지 않은 단말은 무선채널을 사용할 수 없도록 하기 위한 것이다.

단 Open System 인증방식을 사용할 경우 AP는 단말로부터의 이러한 인증요구에 대하여 무조건 인증한다. 보다 강화된 인증방법으로 802.1x기반의 EAP-TLS, EAP-TTLS, EAP-FAST, PEAP 등이 사용된다.

- 결합(Association) : AP는 결합을 요청한 단말에 대하여 다른 단말과 구분될 수 있는 Association ID(AID)값을 수납한 결합응답 메시지로 응답한다. 이것은 유선단말이 유선브리지의 특정 포트에 결합하는 것과 유사하다. 따라서 유무선 브리지 기능을 수행하는 AP는 내부적으로 운영하는 포트할당 테이블에 이 무선단말에 대한 포트 식별자를 추가하여 이후 브리징 기능에 활용한다.
- 데이터 전송과정 : 이후 데이터 메시지는 AP를 경유하여 다른 장치에 전달된다.

이 외에도 다음과 같은 기능이 추가로 사용된다.

- 재결합 : 단말이 이동 중에 결합된 AP의 신호가 약해지면 다른 AP와의 새로운 결합을 설정하는 과정이다. 그리고 결합해제는 현 AP와의 결합을 해제하는 과정이다.
- 전원관리 : 단말이 Sleep모드에 있을 경우, 해당 단말로의 프레임을 AP가 일시 저장한다. 이후, 단말이 동기화된 시간정보를 이용하여 주기적으로 깨어날 때 저장된 프레임을 전달하는 과정을 수행한다.

10.5 무선 LAN에서 고려되어야 하는 사항

무선 LAN의 MAC 계층은 하나의 무선 전송 매체를 여러 단말(AP 포함)들이 공유하도록 제어한다. 이러한 매체공유방식은 초기 이더넷과 유사하지만 전송매체가 무선인 802.11 MAC에서 추가로 고려해야 할 사항은 다음과 같다.

(1) 무선 링크 품질을 고려한 MAC 계층에서의 ACK 프레임 사용과 프레임 분할 기능

유선과 달리 무선 LAN 장비들이 사용하고 있는 ISM 밴드는 허가 받지 않는 기기들로부터의 간섭에 의해 전송한 프레임이 제대로 전달되었는지 보장받을 수 없다. 따라서 수신 측 MAC은 반드시 이에 대한 명시적인 확인을 해 주기 위하여 ACK 프레임으로 응답한다[3].

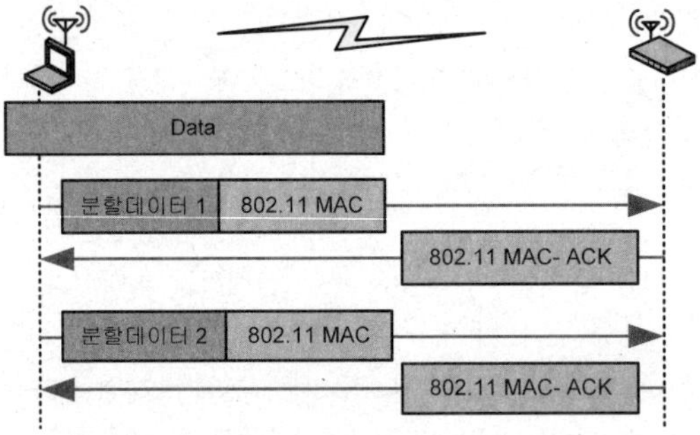

<그림 10.8> MAC 계층에서의 ACK와 프레임 분할 전송 동작

[3] 이러한 MAC 계층에서의 ACK는 유선 이더넷에서는 사용되지 않는 것이다.

또한 무선구간의 품질이 나빠지면 긴 프레임의 전송시 프레임 오류가 많이 발생하므로 여러 개의 짧은 프레임으로 조각 내어 전송하는 프레임 분할기능이 사용된다[4].

(2) 낮은 대역 활용률

IEEE 802.11 MAC에서는 항상 MAC 프레임의 전송 후 이에 대한 MAC 계층의 ACK를 수신하는데 이 ACK 프레임도 동일한 채널에 송신된다. 즉 송수신 채널이 동일하기 때문에 쌍방은 동일한 무선 채널을 교대해서 사용하는 half-duplex 방식으로 동작한다. 따라서 송수신 선로를 분리해서 언제라도 송수신이 가능한 full-duplex 이더넷에 비하여 효율이 낮다.

특히 <그림 10.9>처럼 외부의 웹 서버와의 TCP 통신시, 단말이 AP에 송신한 패킷에 대한 MAC 계층의 ACK뿐만 아니라, 서버로부터 송신된 TCP 계층의 ACK 패킷이 수납된 MAC 데이터 프레임에 대한 MAC 계층의 ACK가 또 전송되어야 한다.

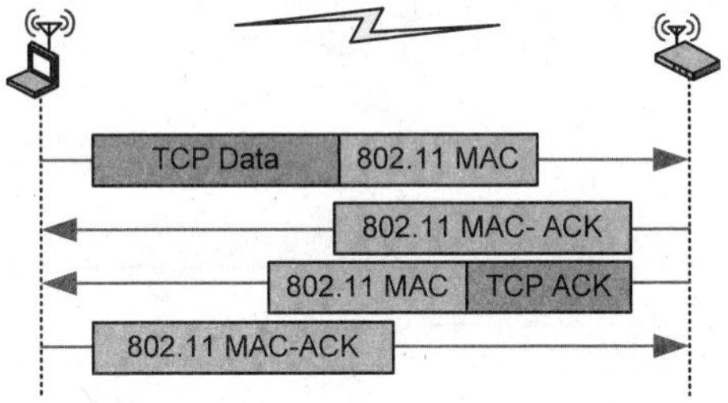

<그림 10.9> TCP 전송시의 MAC 계층에서의 ACK 동작

(3) 가상 캐리어 감지 기능에 의한 충돌 회피 기능

무선 LAN도 하나의 무선채널을 여러 단말과 AP가 공유한다. 따라서 어떤 단말이 전송하고자 할 때 이더넷의 CSMA/CD 방식과 유사하게 먼저 전송매체를 검사하는 캐리어 감지동작을 수행한 후 프레임을 전송한다. 하지만 무선환경에서는 송 수신 선로가 분리된 이더넷과 달리 하나의 채널만 사용하므로 전송 중에 발생하는 충돌을 감지할 방법이 없다.

예를 들어, <그림 10.10>과 같이 AP를 중심으로 Arami와 Ceromi 단말이 있고 이들이 동시에 송신을 준비 중이라고 하자. 이때 Arami나 Ceromi는 상대방이 송신 중인지 감지할 수 없으므로 채널이 비어있다고 판단하고 AP에게 자신의 프레임을 송신한다. 하지만 AP는 이들로부터 동시에 수신되는 프레임간의 충돌에 의해 유효 프레임을 수신할 수 없게 된다. 즉 Arami나 Ceromi 입장에서 상대방은 숨겨진 노드(hidden node)이다.

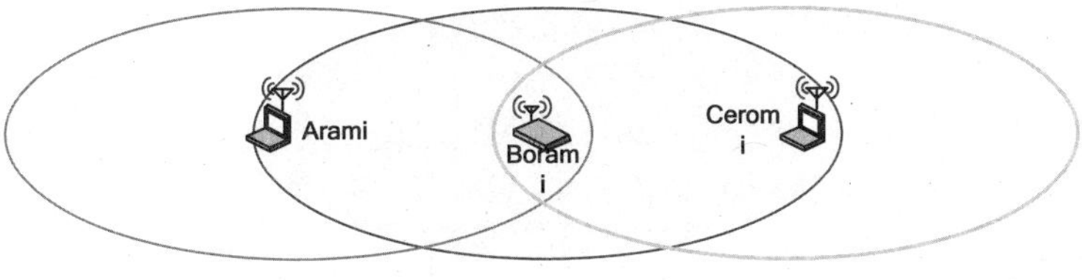

<그림 10.10> Hidden-node 문제

[4] IP 계층에서도 이러한 분할기능이 있음을 알고 있을 것이다.

이러한 숨겨진 노드문제에 의한 충돌현상을 예방하기 위하여 <그림 10.11>에서 보이는 것과 같은 Request_To_Send(RTS)/Clear_To_Send(CTS) 프레임을 사용하여 미리 무선사용시간을 예약한다.

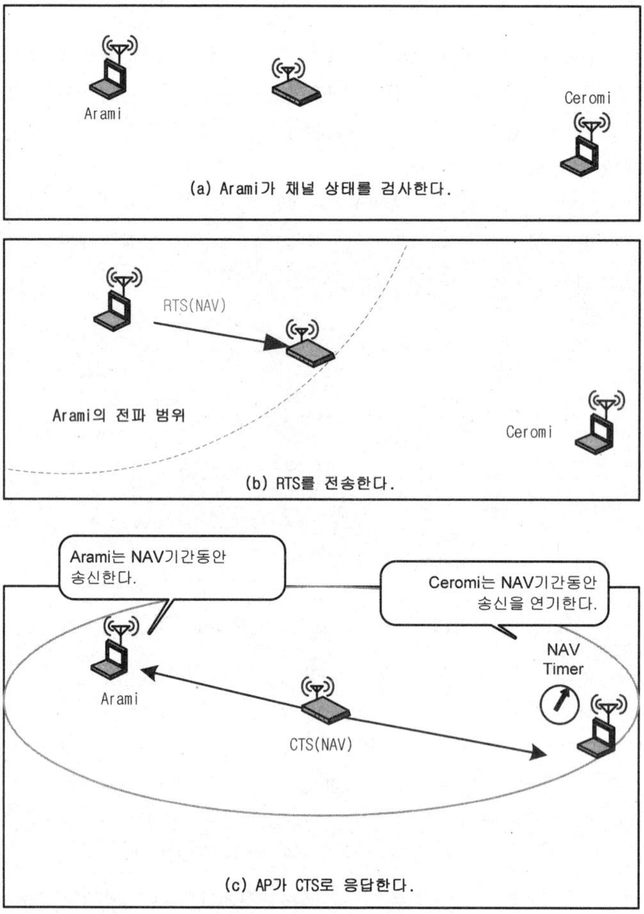

<그림 10.11> RTS/CTS에 의한 Hidden-node 문제 해결

- 단말 : 자신이 데이터 프레임의 송신이 완료될 때까지의 채널점유 기간인 NAV(Net Allocation Vector)라고 하는 시간 값이 명시된 RTS 프레임을 AP에 송신한다[5].
- AP : 이 RTS 프레임에 대한 응답으로 CTS 메시지를 송신한다.

이러한 RTS/CTS 동작에 개입하지 않은 주변의 단말들은 이 RTS와 CTS 메시지에 수납된 채널 점유 기간 동안 침묵하게 된다. 분명히 CTS 메시지는 AP 주변의 Arami뿐만 아니라 Ceromi에게도 전달된다.

[5] 물론, 여러 단말들이 거의 동시에 RTS를 송신할 경우 이 과정은 실패할 수도 있지만, 이후 각 단말들은 랜덤한 시간 동안 지연한 후 이러한 과정을 재시도 한다.

따라서 Ceromi는 직접 연결되지 않은 Arami의 전송 동작을 CTS로부터 간접적으로 알 수 있어 자신의 송신동작을 지연할 수 있다[6]. 이러한 RTS/CTS 과정에 의해 실제 캐리어를 감지하지 않고도 지정된 기간 동안 채널이 사용될 것을 알 수 있는 가상적인 채널 감지(virtual carrier sense)절차가 수행된다. 여기서 사용되는 NAV값은 이 시간 동안 다른 단말들의 송신동작을 중지시켜 무선링크를 예약하는 용도이다. 이렇게 함으로써 많은 경우의 충돌을 사전에 회피(collision avoidance)할 수 있어 CSMA/CA 프로토콜이라고 한다.

(4) 전원 절약

무선 LAN 장비들은 송수신시 많은 전력을 소모한다. 이러한 무선 단말들의 전원을 절약하기 위하여 자신이 송신할 때와 자신에게 수신될 프레임이 있을 때에만 전력을 소모하는 것이 전원 절약 면에서 유리하다.

이를 위하여, 전원절약모드로 설정된 단말은 주기적으로 깨어나서 자신에게 전달되어야 할 프레임을 AP가 보관하고 있는지를 AP로부터의 비컨 메시지를 검사한다.

이 비컨 메시지에는 전달되어야 할 프레임이 있는 해당 단말에 대한 정보가 수납되어 있다. 만약 있다면, Power-Saving Poll 메시지를 AP에 보내어 자신에게로 프레임을 전달하도록 요청한다. 그렇지 않다면 단말은 다시 전원절약모드(Sleep모드)로 전환함으로써 전원을 절약한다.

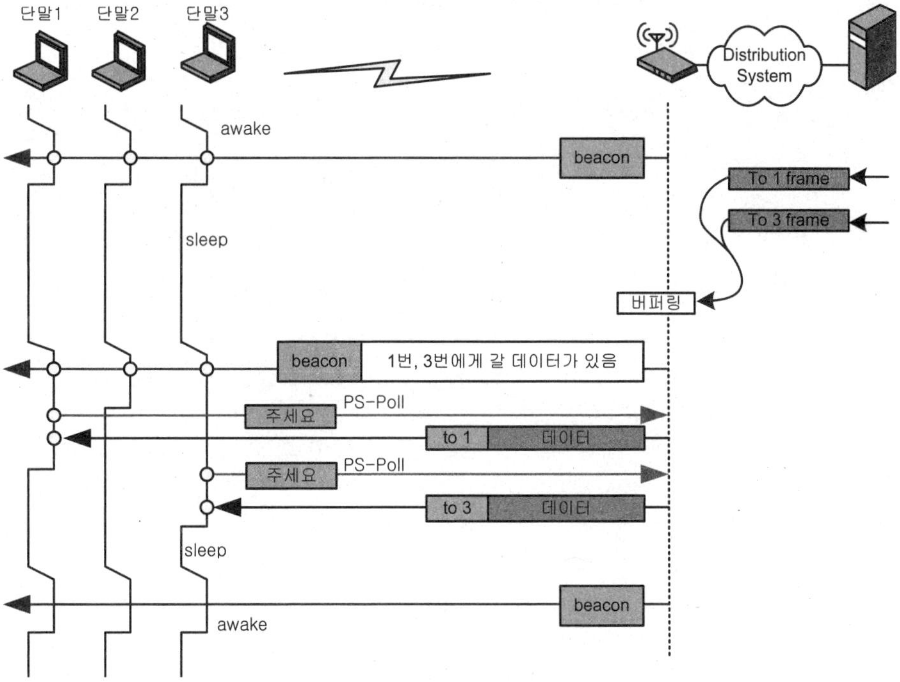

<그림 10.12> 802.11의 전원절약모드의 동작 절차

---

[6] 이러한 RTS/CTS절차는 이 절차 없이 송신하는 경우에 비하여 오버헤드가 많으므로 짧은 패킷의 전송 시에는 사용되지 않고, 일정 길이 이상의 프레임에 대해서만 수행된다. 이때 RTS 스레쉬홀드값이 기준값으로 사용되는데 이 값보다 긴 프레임만 이러한 RTS/CTS절차에 의해 전송된다.

(5) 시간동기

전원절약모드에 있는 단말은 주기적으로 깨어나 혹시 자신에게 전달되어야 할 프레임을 AP가 보관하고 있는지 알아보기 위하여 비컨메시지를 검사한다. 이러한 동작은 AP와의 비컨메시지 전송주기를 알고 있어야 가능하기 때문에 AP와의 시간동기를 반드시 맞추어야 한다.

(6) 주파수 간섭

802.11b 또는 802.11g가 사용하는 2.4GHz 대역은 전자레인지, 플라즈마 전구, 블루투스, 무선 감시 카메라들이 이미 사용 중이다. 또한 802.11g의 5.7GHz 대역도 ITS(지능형 교통 시스템)용 DSRC 단말이 사용하는 5.8GHz에 가까이 있다. 따라서 다음과 같이 가급적 주파수 간섭을 해결해야 한다.

- 전자레인지 : 5m 이상 이격시켜야 한다. 그리고, AP의 무선채널을 1,2,12,13번으로 조정한다.
- 블루투스 : 5m 이상 이격시켜야 한다.

특히 802.11b AP가 밀집한 장소에서는 인접한 AP의 두 채널간에 3~4개의 채널간격을 유지하도록 설정해야 한다. 예를 들어, 3개의 AP에 대하여 1,6,11번 채널을 할당하거나, 4개의 AP의 경우, 1,5,9, 13번 채널로 할당해야 한다.

(7) 이동성

많은 사람들은 무선 LAN이 유선 LAN과 달리 단말의 이동성을 잘 지원한다고 믿고 있다. 하지만 기술적인 제약이나 호환성 때문에 반드시 그렇지는 못하다.

10.6 WLAN 프레임

(1) 물리 계층의 프레임 형식

IEEE802.11b의 물리 계층은 비트동기 및 프레임 동기를 설정하고 현재의 무선채널에 대한 idle상태와 busy상태를 MAC에 보고하는 clear channel assessment(CCA)기능을 수행함으로써 하나의 무선 채널을 여러 단말이 공유하는 CSMA/CA MAC이 동작할 수 있도록 한다.

이를 위하여 128비트의 비트동기용 프리앰블 영역과 48비트의 PLCP(Physical Layer Convergence Protocol)헤더로 구성된 물리 계층용 헤더가 별도로 사용된다. 주의할 사항은 PLCP영역은 기존 저속 무선 LAN과의 호환을 위하여 1 Mbps로 전송되고, 이후 페이로드 영역은 최대 11 Mbps로 전송된다는 점이다.

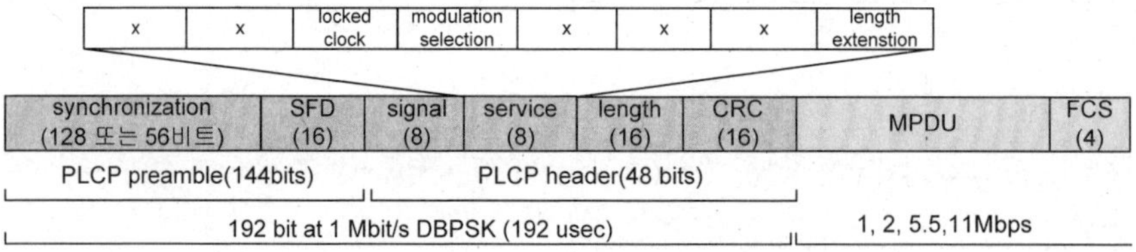

<그림 10.13> 802.11 PHY 프레임의 구성

(2) MAC 프레임의 기본 형식

IEEE802.11 MAC 프레임의 기본 형식은 <그림 10.14>와 같다. MAC 헤더의 길이는 Address-4 영역의 유무에 따라 30 또는 24바이트이며, 프레임 바디의 최대 길이는 2312바이트이다.
또한 WEP(Wired Equivalent Privacy) 암호화가 사용될 경우, 8바이트가 추가된다. 참고로 이더넷과 마찬가지로 각 바이트의 최하위 비트부터 전송된다.

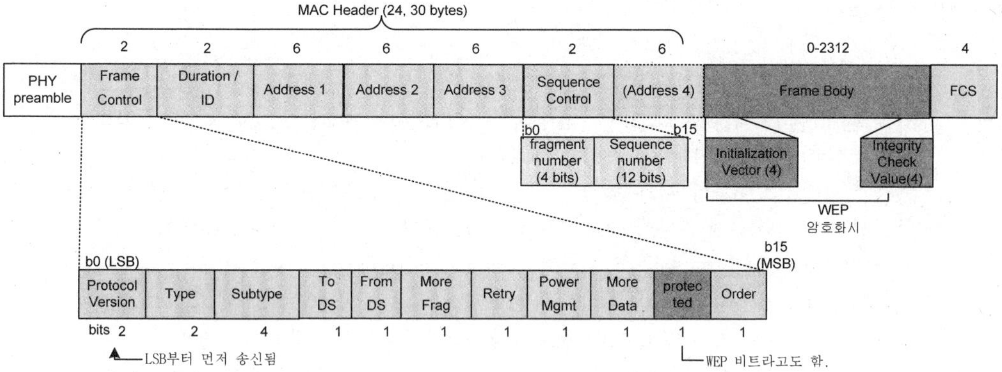

<그림 10.14> 무선 MAC 프레임의 구성

각 프레임은 2바이트 길이의 프레임제어 영역으로부터 시작된다. 이 제어영역에는 프레임의 종류 등이 수납된다. 다양한 종류의 프레임은 control, management, data 프레임으로 분류된다. 매니지먼트 프레임은 비컨이나 연결설정, 인증 등의 단말 관리용으로 사용되는 것이고, 제어프레임은 ACK, RTS 등 무선채널의 MAC 제어용으로 사용되는 것이다.
그리고 Duration영역은 이 시간 동안 다른 단말들의 채널 사용이 중지되도록 무선링크의 사용을 예약하는 시간값인 Net Allocation Vector(NAV)값이 수납된다. 이때 최상위 비트의 값은 0이다. 나머지 15비트의 값은 μsec단위의 NAV값이다.

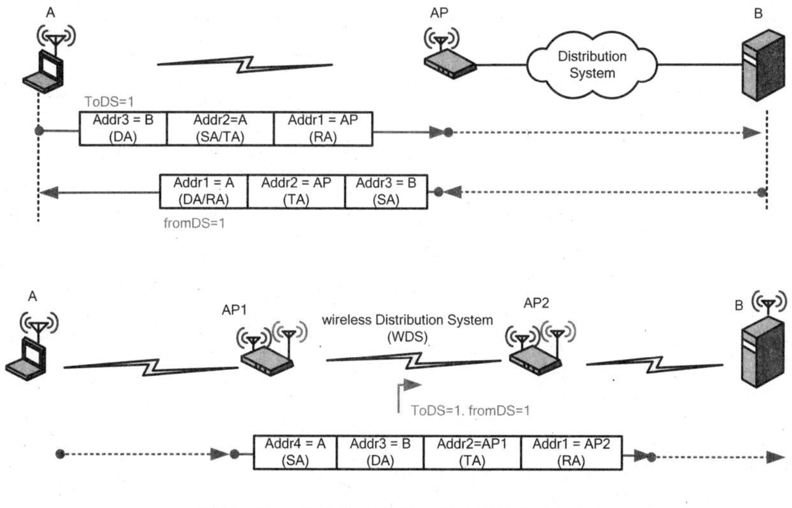

<그림 10.15> 데이터 프레임의 주소영역 사용 예

주소영역은 DA(Destination Address)와 SA(Source Address) 등 2개의 주소만 사용하는 이더넷과 달리, 무선 LAN에서는 4개의 6바이트 길이의 주소가 사용된다. 하지만 한 프레임에 Address-4가 없을 수도 있다. 이 외에도 매 프레임을 전송할 때 마다 증가되는 순서번호는 ACK의 손실에 의한 중복된 재전송 검사와 재조립할 때 사용된다.

10.7 WiFi Direct

Ad-hoc 기술은 AP를 경유하지 않고 무선 LAN장치간에 직접 통신하는 기술이다. 각 장치는 AP 기능을 가지고 있어 쌍방 중에 누가 AP 역할을 할 것인지 결정한다. 물론 UpnP 및 Bonjour도 유사한 기능을 제공하지만 규격이 서로 상이하다.
이러한 기능을 표준화한 WiFi-Direct기술은 무선 단말(스마트폰과 스마트폰, 노트북과 마우스, 태블릿PC와 프린터)간에 기본적으로 1:1 무선연결 기능을 제공한다. 물론 Wi-Fi Direct는 1:n 접속 기능도 제공한다. 이러한 Wi-Fi Direct 기술은 software access point ("Soft AP")기능을 각 장치에 설치하여 Ad-hoc구성을 하는 것이다. Wi-Fi Direct를 지원하는 단말이 근처에 있다면 화면에 그 장치를 표시하고 사용자는 Wireless Protected Setup(WPS)기능으로 신속하게 연결한다[7].
참고로 스마트폰의 데이터 tethering 기술도 역시 soft AP를 이용하여 인터넷에 브리징하는 기술이다. 당연히 와이파이 다이렉트는 블루투스에 비하여 장거리 고속 전송이 가능하다.

10.8 단거리 무선 통신 기술

(1) 블루투스

IEEE802.15.1 블루투스 기술은 2.4GHz 대역에서 723Kbps~24Mbps의 10m 무선 데이터 통신 기술로써 Wireless Personal Area Network(WPAN) 기술 중 하나이다[8].
블루투스 4.0버전은 100m의 거리에 최대 24Mbps로 향상되었다. 이것은 단말 중 하나가 마스터 역할을 하고, 여기에 최대 7개의 단말이 슬레이브로 접속될 수 있다. 마스터는 하나의 무선 채널을 여러 슬레이브 단말들이 공유할 수 있도록 폴링한다. 필요에 따라서 슬레이브와 마스터 역할을 동시에 수행하는 장치에 의해 망이 확장될 수 있다.

계층 구조는 다음과 같다.

- 물리 계층 : 블루투스는 대역확산 전송방식의 일종인 주파수 도약방식(FHSS)을 사용한다. 이것은 일정 주파수대역내에 79개로 분할된 주파수를 일정한 순서에 의해 변경하면서 각 주파수별로 625μsec의 타임슬롯 기간동안 머물면서 프레임을 송신하는 방법이다. 결과적으로 초당 1600번씩 주파수를 바꾸게 된다. 이렇게 함으로써 특정 주파수를 가지는 외부 잡음에 강한 특성을 가지게 될 뿐만 아니라 도약순서를 모르는 외부 장치로부터의 보안성도 가지게 된다. 또한 동일한 주파수대역을 사용하는 무선 LAN과의 간섭을 줄일 수 있다.

---

[7] 간편한 연결을 위하여 기존 AP에는 WPS(Wi-Fi Protected Setup)기능이 탑재되어 관리자가 PIN정보를 입력하거나 간단히 WPS기능 버턴만 누르면 이 정보를 컴퓨터에 보내어 인터넷에 접속할 수 있도록 한다.
[8] 블루투스라는 이름은 덴마크의 유명한 왕의 이름을 딴 것이다.

<그림 10.17>은 2개의 슬레이브 장치가 마스터 장치에 접속되어 하나의 무선채널상에서 교대하면서 프레임을 송신하는 과정을 도시한 것이다.

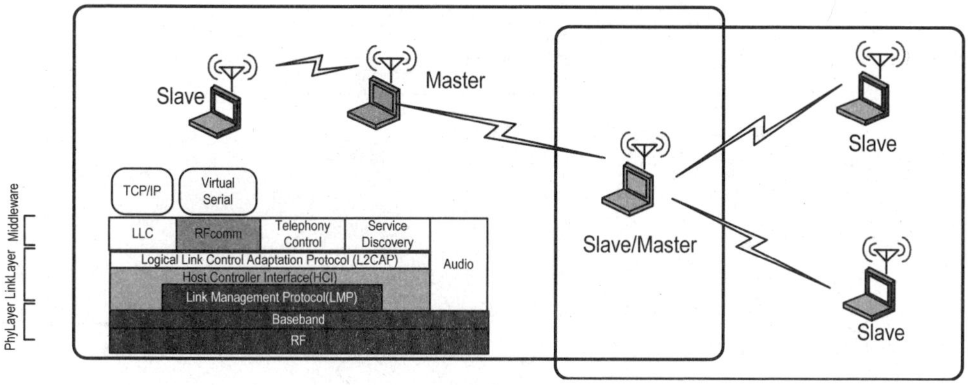

<그림 10.16> 블루투스 망의 구성

- LMP(Link Management Protocol) : 베이스밴드 하드웨어를 제어하는 펌웨어 소프트웨어로 구현되며 상대방과의 무선링크 설정 작업을 수행한다. 이를 위하여 상대방 LMP 기능부간에 전용 LMP 메시지를 사용하여 역할설정(마스터, 슬레이브), 연결상태설정, 전력제어, 암호화 등의 페어링 절차를 수행한다.
- L2CAP(Logical Link Control and Adaptation Protocol) : 여러 개의 상위 계층간에 설정되는 개별적인 논리 링크설정, 메시지 분할 및 재조립, 다중화, 재전송기능과 오류제어기능을 제공한다. 기본 전송단위(MTU)는 672바이트이다. 필요시 Enhanced Retransmission Mode와 Streaming Mode를 선택하여 신뢰성 있는 전송과 비신뢰 실시간 전송기능을 선택할 수 있다.
- 상위 계층 : 용도에 따라 다음과 같은 다양한 프로토콜 모음(profile)이 있다.
  - Service Discovery Protocol(SDP) : 주변장치의 서비스(헤드셋, 핸드프리 등) 탐색용 절차이다.
  - RFcomm : Bluetooth 기반의 무선 UART 에뮬레이션을 제공한다. 범용 모뎀 제어 명령어인 AT 명령어를 지원한다.
  - BNEP(Bluetootch Network Encapsulation Protocol) : IP패킷을 수납하여 L2CAP링크를 통하여 송신한다.
  - AVTCTP(AV Control Transport Protocol) : 사용자 제어 버튼 정보를 수납하여 L2CAP링크를 통하여 송신한다.
  - AVRCP(AV Remote Control Profile) : 오디오 스트리밍을 제어한다.
  - AVDTP(AV Distribution Transport Protocol) : 오디오/비디오 스트림을 수납하여 L2CAP 링크를 통하여 송신한다.

각 불루투스 장치는 {장치명, 장치 클래스, 서비스 리스트, 기술 정보(장치의 기능, 제조회사, 클럭 옵셋 등)}를 주기적으로 방송하며, 주변의 장치로부터의 질의(inquiry)에 대해서도 이와 같은 내용을 응답한다. 반면에 해당 장치의 주소를 알고 있다면, 연결요청 메시지를 바로 송신한다.

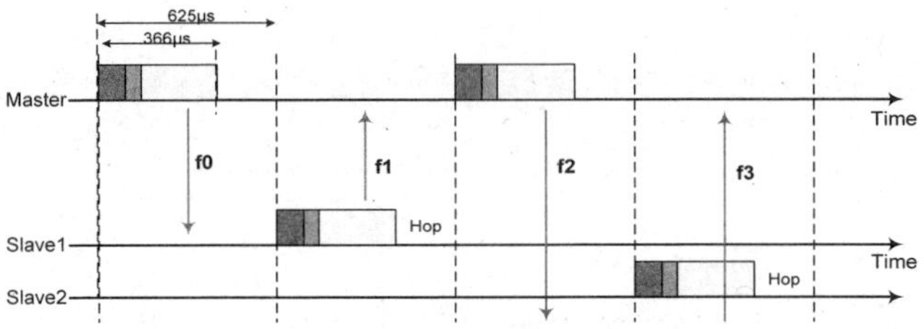

<그림 10.17> 블루투스에서 사용하는 주파수도약 절차의 예

(2) 고속 WPAN 기술

WPAN은 802.15.1 블루투스 기술이 1Mbps라는 비교적 저속인 단점을 보완하기 위하여 전송거리를 70m로 확장하고 55Mbps로 고속화한 것이다. IEEE802.15.3 High-rate 전송표준이다. 다른 기술과 마찬가지로 2.4GHz대역에서 동작한다.

(3) 저속 WPAN 기술(Zigbee 기술)

센서가 취득한 정보를 무선으로 전송하는 센서노드들이 <그림 10.18>처럼 ad_hoc 방식으로 상호 연결된 무선 통신망을 센서망이라고 한다. 이러한 센서망의 응용분야로는 송수신 빈도가 낮은 가정내 냉난방, 경보 및 환기 시스템뿐만 아니라 군수용으로도 활용된다.

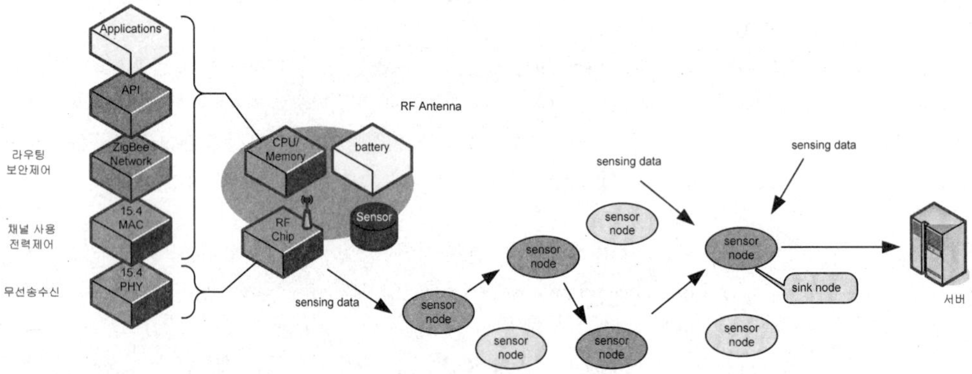

<그림 10.18> 센서망의 구성

센서망은 다른 기술에 비하여 망을 구성하는 노드의 개수가 아주 많으며, 전송속도는 최고 250Kbps로써 다른 기술에 비하여 상당히 낮다. 반면에 배터리의 수명이 아주 긴 특징이 있다. 이렇게 배터리의 수명이 긴 이유는 대부분의 시간을 거의 전력소모가 없는 sleep상태에 머물기 때문이다. 예를 들어 전력검침용 센서노드는 한달에 한번만 잠깐 깨어나 보고하도록 설계하고 화재 감시용 센서노드는 너무 오래 잠들지 않도록 설계된다. 이러한 센서노드들은 설치 및 이동이 용이하기 때문에 우리나라에서는 Ubiquitous Sensor Network(USN) 기술이라고 부르며[9] 미국 등 다른 국가에서는 WSN(Wireless Sensor Network이라고 부른다.

---

[9] USN은 RFID및 센서노드를 BcN에 접속하여 유비쿼터스 환경에서 센싱된 데이터를 처리할 수 있도록 하는 망이다.

이 기술의 상용화를 위해 조직된 ZigBee 협회가 제시한 물리 계층 및 MAC 계층의 규격은 최근 IEEE802.15.4 LowRate WPAN 표준이 되었다. 이 LR-WPAN은 868MHz, 902~928MHz, 2.4GHz 등에서 동작하며, 최대 250Kbps의 속도로 CSMA/CA 방식에 의해 전송한다.
무선 시스템은 수신과정에서도 전력을 소모한다. 이러한 전력소모는 배터리를 전원으로 장시간 동작해야 하는 센서 망에서는 치명적이다. 무선 시스템입장에서 에너지 소모를 야기하는 요소를 살펴보면 다음과 같다.

- 충돌(Collision) : 2개 이상이 패킷이 한 채널에 동시에 전송되어 발생하여 전송 패킷에 오류가 발생하여 재 전송으로 인한 쓸데없는 에너지 낭비 초래
- Overhearing : 다른 노드로 가는 패킷을 쓸데없이 수신하여 에너지 낭비 초래
- Idle listening : 아무도 송신중이 아닌데도 쓸데없이 수신 대기하면서 에너지 낭비 초래
- Protocol overhead : RTS/CTS/SYNC 등의 제어메시지 송수신에 의한 에너지 낭비 초래

이러한 에너지소모 요소를 고려하여, 센서노드용 MAC은 자신이 송신하거나 수신할 때만 깨어나고, 나머지시간에는 sleep하여 전원을 절약하는 기능을 기본적으로 지원한다.

10.9 RFID와 NFC

(1) 개요

버스카드 및 스마트폰에 내장된 무접촉 무선 기술인 RFID(Radio Frequency Identification)와 NFC 기술은 다음과 같이 구분된다[10].

- 접촉형 스마트카드 : 카드 전면에 접촉점을 가지며 카드내부의 3x5mm크기의 칩에 연결되어 있다. 카드를 리더기에 삽입했을 때 이 접촉점이 연결되어 전원을 공급받아 해당 정보를 읽고 쓴다. 관련된 표준은 ISO/IEC 7816 및 ISO/IEC 7810이다. 주로 신용카드 및 출입 및 시스템 접근 통제용으로 사용하는 Secure ID카드용으로 많이 사용된다. 마그네틱 스트립을 가진 신용카드도 포함된다. 카드 내부에 일련번호 등의 정보를 기록하고 리더기와의 데이터를 전달하는 Sequential Logic 또는 CPU기능이 내장되어 있어 스마트 카드라고 한다.
- 비접촉형 스마트카드 : 125Khz, 13.56MHz, 433/868MHz 등의 무선주파수를 사용하는 RFID 기술을 사용하여 106~848Kbps의 무선 데이터 통신을 무접촉방식으로 수행하며, 관련표준은 ISO/IEC 14443 및 15693 등이다. 버스카드와 같은 수동형 RFID 태그는 리더기로부터의 전자파 유도에 의해 전력을 공급받는 특징을 가진다. 사용주파수 및 연결거리에 따라 다양한 방식이 있다. T-money와 같은 교통카드에서 주로 사용된다.
- Near Field Communication(NFC) : 13.56MHz의 대역에서 단말간의 10cm 이내의 근접 통신방식으로 106,212,424Kbps를 지원한다.

---

[10] 보다 상세한 내용은 제16장에서 다룬다.

동작모드는 다음과 같은 3가지이다.

① Card Emulation 모드 : 기존 RFID카드 역할을 수행한다. Reader로부터 전원을 공급받는다.
② Read/Write 모드 : 사용자 단말이 리더기 역할을 한다.
③ Peer To Peer(P2P) 모드 : 블루투스 또는 WiFi처럼 점대점 통신하는 무선통신기능을 지원한다. 두 장치간에 "Initiator"와 "Target" 관계를 설정하여 데이터를 송수신한다.

이러한 NFC 기술은 단말이 RFID 태그 역할을 하기도 하고, 다른 카드를 읽고 쓸 수도 있으며, 다른 단말과의 P2P 무선통신기능도 제공하므로 다양한 응용분야에 활용될 수 있다.

관련 표준은 ISO/IEC에서 제정되며, NFC의 경우 NFC Forum에서 상용표준 제정 및 인증도 수행한다. 대부분의 스마트폰용 운영체제는 NFC 기능을 지원한다.
보다 상세한 내용은 제16장에서 다룬다.

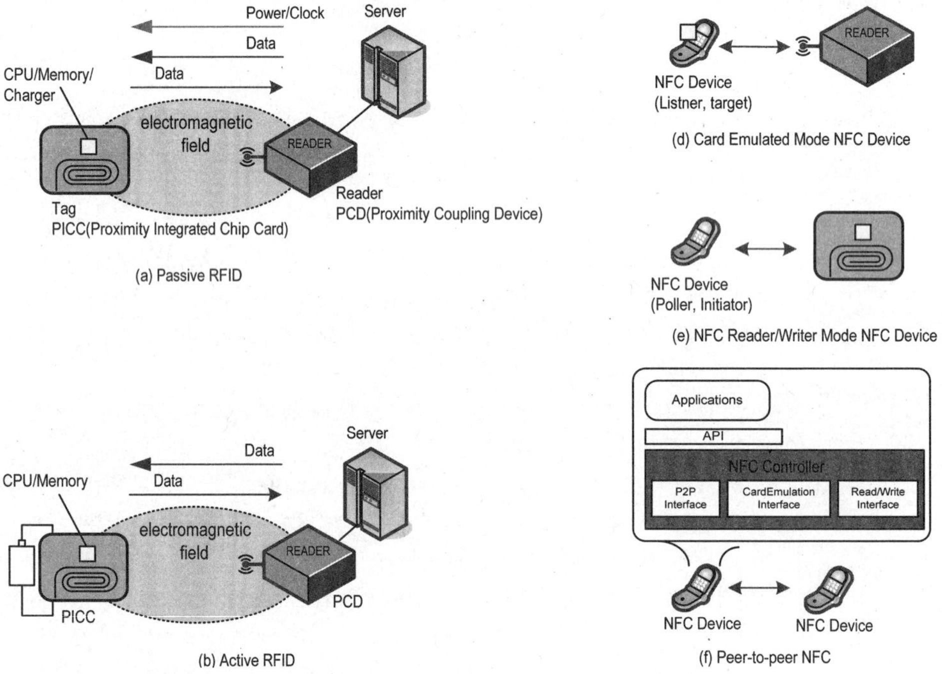

<그림 10.19> RFID와 NFC의 구성요소

(2) 종류

주파수 대역과 전송방식에 따라 다양한 종류의 RFID 방식이 있다.

- 125KHz의 주파수 태그 : 단거리의 인식거리와 anti-collision 기능이 제공되지 않아 간단한 출입통제, 자동차 키, 동물 인식 등에 사용된다. 여기서 anti-collision기능이란, 리더기 주변에 여러 개의 태그가 있을 때, 이들이 송수신하는 메시지간의 충돌을 회피하는 기능이다.
- 13.56MHz의 주파수 태그 : 초당 20여 개의 태그를 동시에 인식할 수 있다. 교통카드용이다.
- 433MHz방식 : 군용으로 사용되는 능동형 전용이다.
- 800MHz~1GHz대역(한국은 908.5~914MHz) UHF 태그 : 중장거리 판독과 고속 데이터 전송이 가능하다. 이것은 기존과 달리 안테나의 크기를 작게 할 수 있지만 태그의 가격이 높다. 또한 2.45GHz방식도 있다.

10.10 Z-Wave

Z-Wave는 Zensys 사와 160여 개의 회사 연합체인 Z-Wave 얼라이언스가 개발한 900MHz 대역의 30m의 가정 자동화용 무선 전송 방식이다. 이것은 9.6~ 40 Kbps 전송률을 제공하며 최대 232개의 노드가 상호 연결될 수 있다. 주로 가정내 화재 경보기, 온도 조절기 등을 무선으로 연결한다.
이것은 메시망 구조를 가지며 마스터 노드는 없다. 멀리 이격된 노드가 통신은 애드 혹 방식의 라우팅에 의해 수행된다. 유사한 ZigBee와 달리 상호 운용성이 높은 장점이 있다.

10.11 IrDA 적외선 통신

(1) 개요

가시 광선 중 가장 주파수가 낮은 빨간색의 아래쪽 대역에 있는 적외선은 적외선은 850~900nm 파장을 가지며 외부의 전자기적 간섭에 영향을 받지 않는다.
이것을 이용한 무선 통신방식의 일종인 적외선 통신방식은 1m 이내에서 115.2Kbps~4Mbps의 점대점 반이중 직렬 비동기 통신기능을 제공한다[11].
이것은 무선 LAN 등에 비하여 무선 주파수 대역 사용 제약조건이 없으며 전자파 간섭이 없어 비트오류가 현저히 낮아 초기 무선LAN 뿐만 아니라 현재에도 휴대용 단말기용 단거리 무선통신방식으로 널리 사용되고 있다. 물론 점대점 연결과 직진성에 의해 송신기와 수신기간에 각도를 잘 조정해야 하는 단점도 있다.
이것은 적외선 전송방식에 대한 물리 계층 규격뿐만 아니라 IrLAP(Ir Link Access Protocol), IrLMP(Link Management Protocol), TinyTP(Tiny Transport Protocol), IrComm, IrLAN 등의 상위 계층 프로토콜을 조합하여 데이터의 전송을 수행한다. IrDA(Infrared Data Association)이 기술의 표준화 및 산업화를 추진하고 있다.

---

[11] 동기식 적외선 통신방식은 최대 1.152Mbps를 지원한다. 그리고 IrDA1.4규격의 경우 16Mbps를 지원한다.

(2) 구성요소와 동작

IrDA 모듈은 <그림 10.20>과 같이 송신용 IR LED 및 수신용 IR검출기로 구성되는 적외선 트랜시버와 Serial IR(SIR) 인코더/디코더로 구성된다.

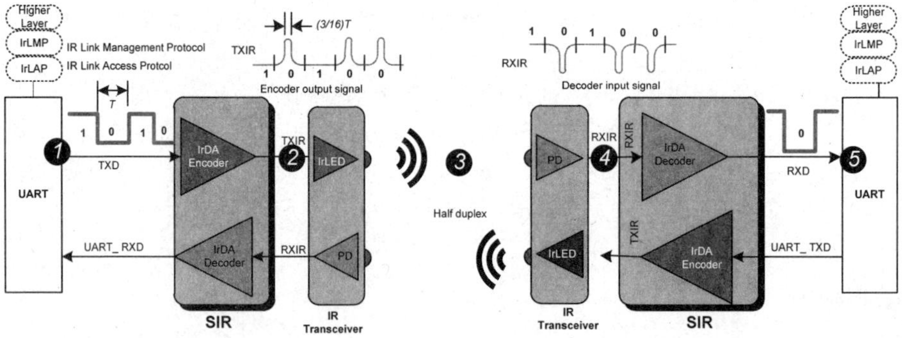

<그림 10.20> IrDA 적외선 통신 시스템의 구성

SIR은 UART 등에서 출력되는 NRZ비트열을 IR 전용 비트열로 인코딩하거나 디코딩하며, IR트랜시버는 전기적인 신호와 적외선간을 변환시킨다. 관련 SIR 인코더/디코더로는 MCP2010이 있으며, IR 트랜시버로는 TFDS4500 등이 있다.

- SIR 인코더의 TXIR 신호
  - TxD=0 : 7CLK 기간 동안 low로 출력한 뒤 3CLK 기간 동안만 High로 출력하고 나머지 6CLK 기간은 다시 Low로 천이한다[12].
    즉 SIR 출력펄스 폭은 3/16 BT인 19.5μsec이다.
  - TxD=1 : 16CLK 전체기간 동안 Low를 출력한다.

- SIR 디코더의 RXIR 신호
  수신부 내부에 있는 photo 트랜지스터의 base핀에 IR 펄스가 수신되면 pull-up되어 있던 RXIR 핀의 출력을 low로 천이시킨다. SIR의 수신부는 이 신호를 기반으로 다음과 같은 RXD로 복원한다.

---

[12] 참고로 전송률과 상관없이 '0'을 송신시 TXIR의 펄스폭을 1.63μsec로 고정시켜 전송전력을 감소시키는 low-power IrDA모드도 있다.

- RxIR = Low로 천이되면 RxD = 0을 출력한다.
- RxD = 0인 상태에서 RxIR = High 상태가 13CLK 이상이면 RxD = 1을 출력한다.

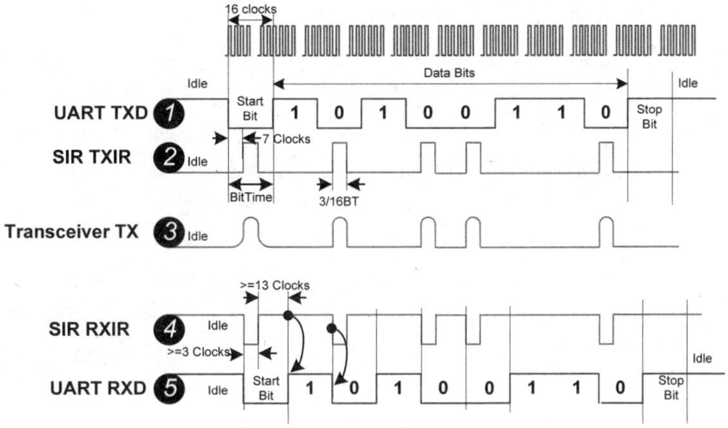

<그림 10.21> IrDA 적외선 신호방식

(3) 저전력 모드

정상모드에서는 '0'값에 대하여 3/16기간 동안 1을 출력한다. 필요시 송신펄스폭을 1.63μsec까지 단축시켜 전력 소모를 감소시킬 수 있다.

(4) 반이중 통신기능

IrDA SIR은 송수신을 동시에 수행하지 않는 half-duplex 링크이므로 송수신 전환시 최소한 10ms 지연이 있어야 한다.

10.12 가시광 통신(Visible Light Communication)

가시광은 780nm에서 380nm의 파장을 갖는다. 이러한 가시광의 밝기를 고속으로 조절함으로써 조명과 함께 무선 통신기능을 제공할 수 있다[13]. 이것은 870~900nm를 사용하는 IrDA와 가장 유사한 파장을 사용하지만, 조명과 동시에 통신을 할 수 있다는 것이 특징이며 장점이다.

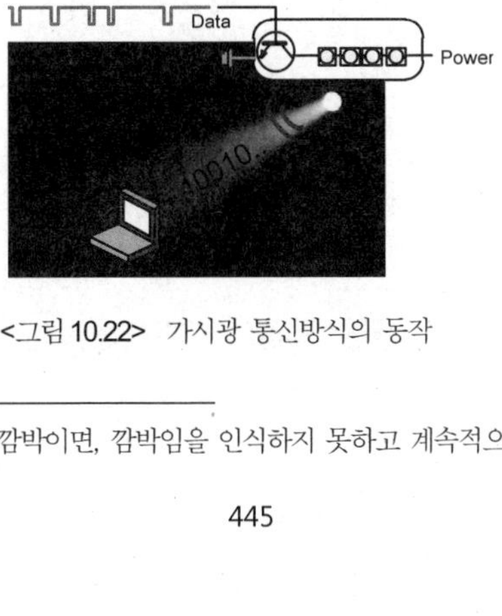

<그림 10.22> 가시광 통신방식의 동작

[13] 사람은 초당 100이상 깜박이면, 깜박임을 인식하지 못하고 계속적으로 켜진 것으로 인식한다.

10.13 Global Positioning System(GPS)

(1) 개요

GPS는 전역위치 시스템 또는 위성항법장치라고도 부른다. 이것은 24개의 GPS위성 중 4개 이상의 위성으로부터 정밀한 시간정보가 수납된 메시지를 받아 각 위성으로부터의 전파지연시간을 3각측량방식으로 계산하여 단말기 자신의 현재 위치와 고도정보를 알 수 있도록 한다.
또한 시간에 따른 위치정보의 차이로부터 이동속도 및 가속도도 알 수 있다. 특히 정밀한 Coordinated Universal Time(UTC) 시간정보가 필요한 정밀계측기, 오디오비디오 중계장치, CDMA 기지국에 사용되며, 이러한 정확한 시간정보는 휴대폰 등의 단말에도 전달된다.
2005년부터는 L2C라고 부르는 보다 정밀한 신호를 일반 GPS단말도 받을 수 있게 되었으며, 1cm 단위의 정밀도를 제공하는 Differential GPS(DGPS) 기술도 개발되어 있다.
이러한 GPS시스템은 원래는 군용으로 개발된 후 정밀도가 낮은 민간용 GPS 기능이 공개되어 항공기와 자동차 등의 항법장치로 사용되고 있다. 이러한 전역위치 시스템에는 미국의 GPS 시스템 외에도 12개의 위성을 사용하는 러시아의 GLONASS(GLObal NAvigation Satellite System)과 유럽연합의 Galileo 가 있다. 중국 및 프랑스도 독자적인 GPS 시스템을 개발 중이다.

(2) GPS의 원리

예를 들어 <그림 10.23>과 같이 1차원 선상에 있는 단말의 위치 x를 알아보자.

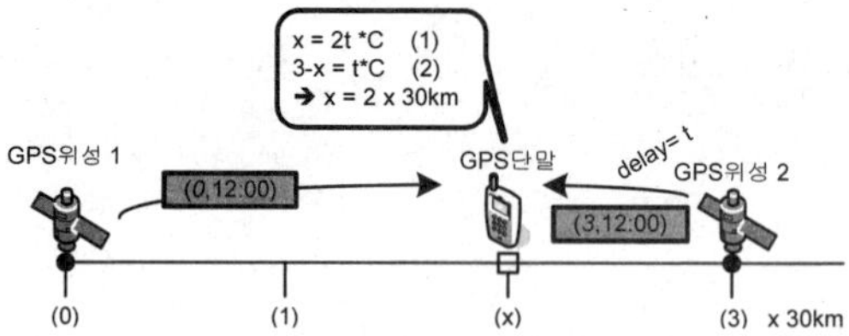

<그림 10.23> GPS 위치 계산의 예

2개의 GPS 위성으로부터 해당 위성의 {현재 위치정보, 시간정보}를 수신한다. 각 위성은 서로 동일한 시계로 맞추어져 있다. 여기서 한 눈금이 30Km라고 했을 때 거리는 (전파의 속도(C= $3x10^8$ m/sec) X 전파지연시간)이므로 한 눈금의 거리를 전파하는데 걸리는 시간은 1msec이다.
그리고 위성 1의 위치는 0이며, 위성 2의 위치는 3(즉 90Km)에 있으며, 이 위성 사이에 위치한 단말은 12:00시에 다음과 같이 각 위성이 보낸 {위치, 시간}정보를 수신했다고 하자.

- 위성 2로부터의 정보 {위치정보=3, 시간정보 = 12:00} : 단말은 위성 2의 송신시점 보다 t msec 이후 이 정보를 수신한다. 여기서 t는 미지의 값이다.
- 위성 1로부터의 정보 {위치정보=0, 위성 1의 시간정보 = 12:00} : 단말은 위성 1의 송신시점 보다 $2t$ msec 뒤에 이 정보를 수신한다.

따라서 단말은 다음과 같이 거리차 = 시간차 * 전파속도에 대한 2원 1차 연립방정식의 해를 구한다.

$$x = 2t * C \qquad (1)$$

$$3 - x = t * C \qquad (2)$$

이 식으로부터 $x = 2 * 30\text{Km}$, $t = 1\text{msec}$를 얻을 수 있으므로 단말 자신이 원점에서 2 * 30Km 떨어져 있고 위성의 시계와 자신과는 1msec 지연됨을 알 수 있다.

이러한 원리를 사용하여 실제 항법용 GPS단말은 4개의 GPS위성으로부터 신호를 수신하여 고도를 포함한 3차원 위치정보를 알게 된다. 물론 GPS위성과 동일한 시간정보도 계산할 수 있다.

(3) GPS 시스템의 구성

GPS 시스템의 구성은 <그림 10.24>와 같다.

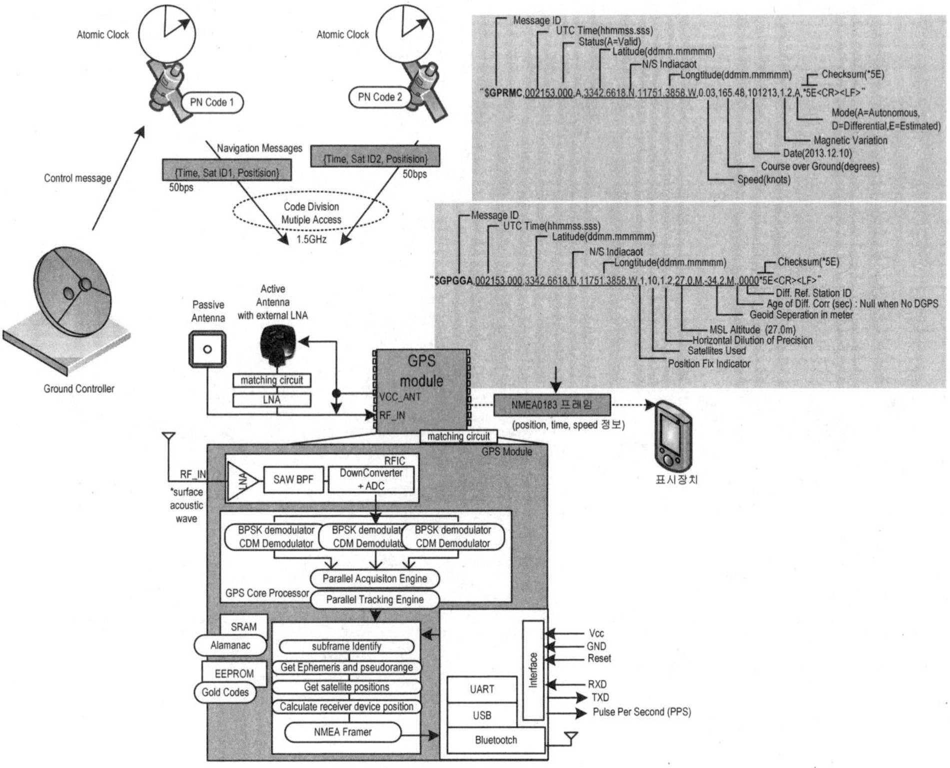

<그림 10.24> GPS 시스템의 구성

(4) GPS 위성과 지상제어국

GPS 시스템은 24개의 GPS 위성으로 구성되며 이들은 6개로 분할된 각 궤도별로 4개씩 배치되어 공전한다. 이들은 26,560 km 상공에 있으며 공전주기는 11시간 57분 57.26초이다.

지구의 반경은 적도상에서 6,378km이고 극지방에서의 반경은 6,357이므로 평균 반경은 6,368km 이다. 위성궤도의 반경은 26,560km이므로 지표면상에서 약 20,192 km 상공에 있거나 25,785km상공에 있다.

따라서 위성에서 지상까지의 전파지연시간은 67msec(20,192 km/ c) ~ 86msec(25,785 km/ c)이다. 각 GPS위성은 자신의 원자시계로부터의 시간 정보와 궤도위치 정보를 수납한 Navigation 메시지를 50bps로 생성한다. 이것을 1.023MHz의 chip rate로 대역 확산한 후 L1 무선대역인 1575.42MHz의 BPSK 변조하여 송신한다. 지상제어국은 위성에 대하여 새로운 궤도정보(ephemerides)와 almanac 정보를 24시간 또는 6일 마다 갱신한다.

(5) 대역확산 코드

대역확산시 사용하는 칩 코드는 민간용 Coarse/Acquisition(C/A)코드와 군용 Precision(P) 코드로 구분된다[14].

이렇게 칩 코드를 사용하여 대역확산하는 것은 위성별로 할당된 고유한 칩 코드열을 사용한 대역확산 송신을 함으로써 모든 위성이 동일한 L1 대역에서 송신하더라도 수신기는 Code Division Multiplexing된 신호를 구분할 수 있기 때문이다.

민수용 확산코드인 C/A코드는 일종의 가상 랜덤 2진비트열인 1023비트의 PRN(pseudorandom noise), 또는 PN값으로써 심볼률은 1.023 Mcps이다.

특히 <그림 10.25>의 G2 열은 시프트 레지스터의 2비트 출력 위치가 위성별로 서로 상이하기 때문에 24개의 위성별로 서로 상이한 생성열을 갖는다.

G2 코드열은 G1 코드열과 xor되어 C/A코드가 되므로 이 코드에는 각 위성의 식별자가 함축되어 있다고 볼 수 있다. 이 코드열은 1023비트 길이를 가지며 주기는 1msec이다.

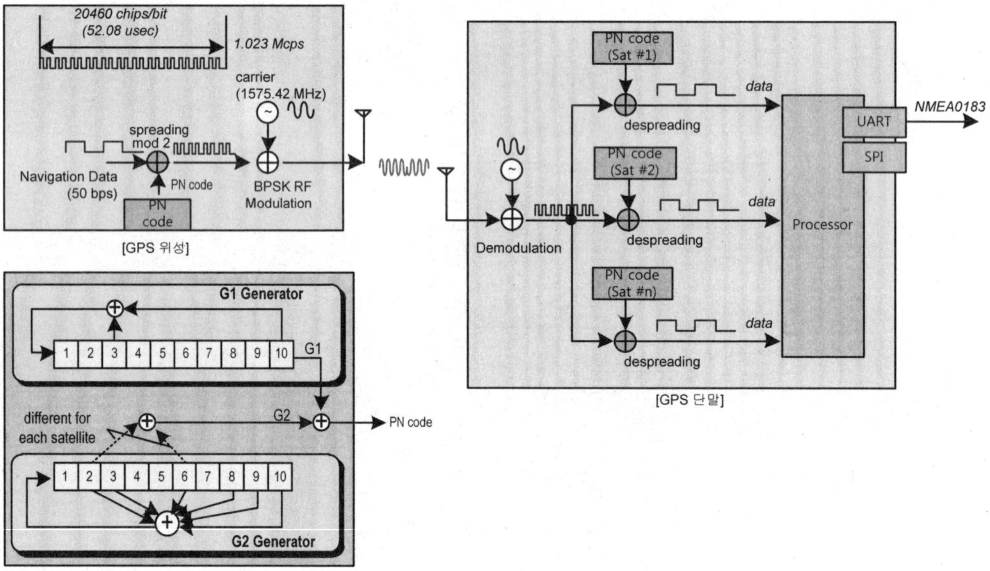

<그림 10.25> GPS용 대역확산 방식

[14] 군용 GPS는 1227.6MHz의 L2대역을 함께 사용한다. 참고로 L2C는 군용으로 운용되던 L2 밴드에 민수용으로 활용할 수 있는 새로운 2종류의 PRN 코드(Civilian Moderate length code와 Civilian Long length code)를 공개하여 보다 약한 신호에서도 동작하도록 한다.

(6) Navigation 메시지

a) 구성

위성에서 연속 송출하는 Navigation 메시지의 구성은 <그림 10.26>과 같다. 총 1500 비트 길이를 가지는 Navigation 메시지는 5개의 300비트 길이 subframe으로 분할된다. 이 메시지는 50bps로 송신되므로 한 메시지의 송신시 30초가 소요된다. 각 subframe은 다시 10워드로 구분된다.

일종의 프리앰블인 TLM(Telemetry)워드와 HOW(Hand Over Word) 워드를 선두에 위치시키는 각 subframe의 역할은 다음과 같다.

- Subframe 1 = GPS 날짜 (week number) 및 시간 환산 정보 그리고 위성의 상태를 수납한다.
- Subframes 2, 3 = 위성의 정확한 궤도정보(ephemeris)
- Subframes 4 , 5 = 모든 위성의 현재 위치와 PN식별자 정보가 수납되는 Almanac 데이터의 1/25 분량이 수납된다.

참고로 총 25개의 Navigation 메시지로 구성되는 단위를 Master frame이라고 한다. 이 Master frame은 총 37500비트로 구성되며 75,000초, 즉 12.5분에 걸쳐 전송된다.

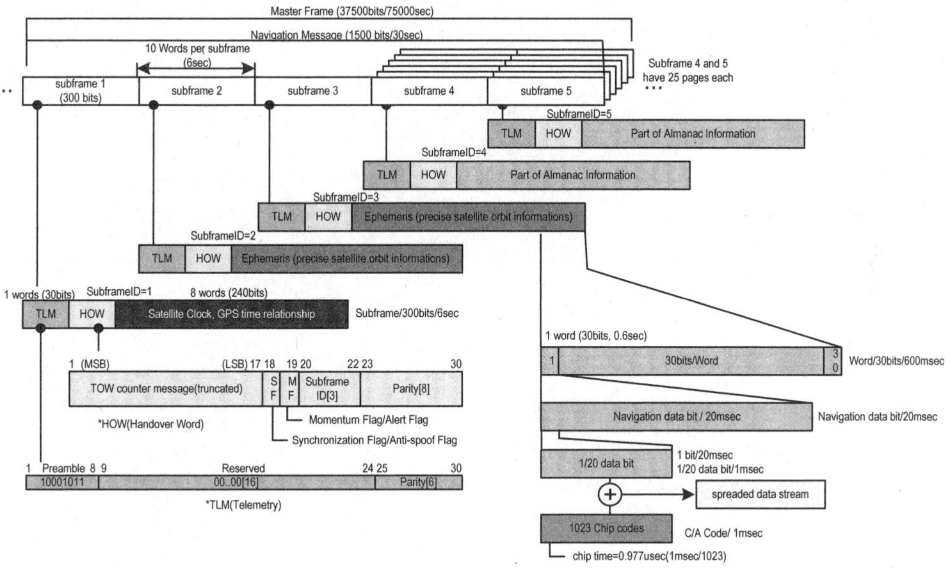

<그림 10.26> GPS Navigation 메시지의 구성

b) Subframe의 구성

- TLM (Telemetry Word) : Subframe별 시작 구분자이다.
- HOW(handover word) : 다음 subframe의 첫번째 비트의 송신 예상 시간값을 TOW(Time Of Week) 카운터 값으로 수납한다. 또한 각 메시지에서의 몇 번째 subframe인지를 표시하는 subframe ID 정보도 수납한다.

- 나머지 8 워드 : 데이터가 수납된다.

여기서 TOW는 일요일 자정부터 1.5초 간격으로 1씩 증가하는 카운터 값이다. 수신부는 위성과 자신간의 전파지연을 각 subframe의 HOW 영역으로부터 알 수 있다. 예를 들어 첫번째 subframe에 수납된 HOW의 TOW값이 T2라고 하고, 이후 실제 2번째 subframe이 t2에 수신되었다면, 전파지연시간은 t2-T2로 계산할 수 있다. 이러한 전파지연시간으로부터 위성과의 거리를 계산할 수 있어 자신의 위치를 계산하는 pseudo range 계산을 할 수 있다[15]. Subframe은 매 6초마다 송신되므로 지속적으로 pseudorange를 측정할 수 있다.

c) Ephemeris(천체 위치) 관련 subframe

위성의 궤도위치 정보인 이것은 해당 위성의 위치를 정밀하게 계산할 수 있도록 한다. GPS 위성은 2시간마다 새로운 ephemeris 내용으로 갱신하며 각 정보는 4시간 유효하다. 이 ephemeris정보를 수납한 메시지는 30초 간격으로 수신되므로 GPS수신기는 부팅되어 최초의 위치정보를 수집하는데 30 초 이상이 소요된다.

d) Almanac 관련 subframe

Almanac 데이터는 모든 위성에 대한 근사(approximate)궤도정보 및 상태정보, 위치정보(constellation), 전리층 모델, 그리고 Coordinated Universal Time(UTC)을 얻을 수 있는 시간정보가 수납된다. 이러한 almanac은 다음과 목적으로 사용된다. 첫번째는 단말로 하여금 자신이 저장하고 있는 위치와 시간정보를 기반으로 현재 수신 가능한 위성을 선정할 수 있도록 한다. 또한 GPS시간을 UTC시간으로 쉽게 변환할 수 있도록 한다. 마지막으로 almanac의 전리층 모델 정보를 사용하여 전리층 에 관련된 오류를 보정할 수 있도록 한다. 이러한 Almanac 데이터는 총 15,000비트이다. 이 데이터는 총 25개의 프레임에 걸쳐 각 프레임의 subframe 4 및 5에 분할 수납된다. 따라서 완전한 Almanac 데이터의 수신은 총 12.5분이 소요된다.

(7) GPS 단말

GPS 단말은 20개 이상의 위성으로부터의 미약한 신호를 수신하여 LNA(Low Noise Amplifier)로 증폭한 후 Navigation 메시지를 복조하여 자신의 위치정보와 시간정보를 신속하게 계산한다. 보통 5~10m의 정밀도와 1usec 이하의 시간정밀도를 제공한다[16].

이것의 수신안테나는 active 또는 passive 안테나가 사용된다. Passive안테나는 세라믹 패치 또는 코일 형태의 수동소자로 구성된 것이다. 반면에 능동안테나는 3~20mA의 전원을 공급받아 안테나 모듈 내부의 Low-Noise Amplifier (LNA)로 증폭하여 수신부에 전달한다.

수신된 신호로 부터 BPSK 복조후 PRN 코드와 동기시켜 Navigation 메시지를 디코딩한다.

디코딩시 총 32개의 PRN 코드열을 병렬적으로 적용하여 1번부터 k개의 위성에 대한 CDM 디코딩을 수행한다. 해당 코드열과 동기되면 각 subframe의 시작인 TLM 워드를 찾아 프레임 동기가 가능하게 되며 이것을 트래킹 과정이라고 한다.

---

15 모든 GPS위성이 t_{si} 시간에 신호를 송신하고 이것을 t_u 시간에 단말이 수신한다고 하자. 이때 위성 *i*와 단말간의 거리는 pseudorange $\rho_{IT} = C\ (t_u - t_{si})$이다. 여기서 C는 빛의 전파속도이다.

16 다양한 GPS수신 칩 중에서 SiRFIII, SiRFIV 등의 경우 ARM프로세서와 LNA를 내장하여 −160dBm 정도의 미약한 신호로부터 GPS신호를 추출한다.

일단 subframe들을 정상 수신하게 되면 HOW 영역을 사용하여 전파지연시간을 얻어 위성과의 대략적인 거리(pseudorange)를 계산한다. 물론 HOW는 6초 간격의 각 subframe에 수납되어 있으므로 6초마다 pseudorange를 재계산할 수 있다.
보다 정밀한 위치 정보는 2번째와 3번째의 subframe에 수납된 orbital position data(ephemeris)를 사용하여 알아낸다.

(8) NMEA0183 프로토콜

GPS 수신기는 여러 개의 위성에서 수신한 Navigation 메시지를 병렬로 처리하여 자신의 위치와 현재 시간 정보를 생성한다. 이것을 NMEA 0183 메시지에 수납하여 직렬포트 또는 불루투스 등의 무선으로 송출한다.
하나의 NMEA0183 메시지는 $로 시작하는 메시지ID로 부터 <CR><LF>로 마감되는 문자열로 구성되며 상세 형식은 다음과 같다.

- 모든 메시지는 '$'로 시작하고 페이로드의 마지막은 '*'이며, 이후 첵섬값이 추가되고 <CR><LF>로 마감한다.
- 첫 두 자리는 용도를 표시한다. GPS용은 "GP", 수심 측정용은 "SD"이다. 다음 세 자리는 메시지의 종류를 구분한다.
- 메시지 내부의 각 데이터 항목은 ','로 구분한다.
- 첵섬은 '$'와 '*'사이의 모든 데이터에 대한 exor 연산결과값이다.

주로 사용되는 NMEA메시지 중 하나인 GPMC 메시지의 예는 다음과 같다.

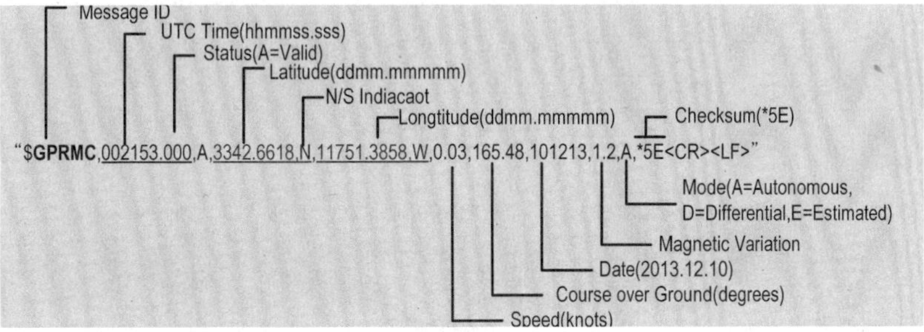

- GPRMC Recommended Minimmum data는 추천되는 최소한의 데이터들이다.
- UTC time. 10번의 날짜항목과 같이 연산하면 완전한 날짜와 시간을 얻을 수 있다. 서울의 경우 9시간을 더해야 한다.
  - Status : A와 V로 표시한다. V일 경우는 위치정보를 신뢰할 수 없는 경우이다. (A = 신뢰할 수 있음, V = 신뢰할 수 없음)
  - Latitue, Longitude : 위치 정보
  - Speed over Ground : 속도이다. Knots단위로 되 있다. GPVTG에서는 Km/h도 지원하다. Km/h로 바꾸려면 1.852를 곱하면 된다.
  - Course over Ground : 진행 방향이다. 진북을 중심으로 시계방향으로 0~359까지의 각도가 주어진다. 여기서 말하는 진북은 WGS-84 타원체를 중심으로 한 것이다.

- Date : UTC time으로 표현되는 날짜이다[17].
- Magnetic Variation : 11번은 자북과 9번에서 말한 진북과의 차이를 각도로 표시한 것이다. 가령 나침반으로 정밀하게 측정할 때 유용할 것이다.
- 모드 : 자동, 차동, 추정 등을 표시한다.
- 첵섬
- CR-LF : 메시지 마지막 플래그이다.

10.14 이동 무선 데이터 통신 시스템

(1) 개요

이동전화 사용자들은 음성전화뿐만 아니라, 무선 인터넷을 통한 멀티미디어 데이터 통신을 저렴하게 이용하기를 원한다. 반면에 무선 LAN 사용자들은 고속으로 이동하면서도 데이터 통신이 계속되기를 원하고, 더욱이 VoIP 기반의 무선 전화 서비스도 원하고 있다.
이러한 수요에 대응하기 위하여, 이동단말을 이용한 고속 인터넷 접속기능을 제공하는 기술은 다음과 같이 2가지로 구분된다[18].

- 고속의 이동성을 지원하지만 저속의 데이터 전송기능만 제공하던 이동전화시스템에서 발전한 기술
- 고정 내지는 AP주변에서의 저속 이동성만 지원하지만 고속의 데이터 전송을 지원하는 무선 데이터 통신 시스템에서 발전한 기술

이들은 모두 자신들의 이동성 및 고속전송 기능에 대한 장점을 살리고 단점을 보완하면서, 다양한 기술이 개발되어 현재 음성뿐만 아니라 대용량의 멀티미디어 전송을 고속으로 이동하면서 제공받을 수 있는 4G 차세대 모바일 통신 기술로 통합되었다.
<그림 10.27>은 차세대 모바일 통신 기술의 진화방향을 준다.

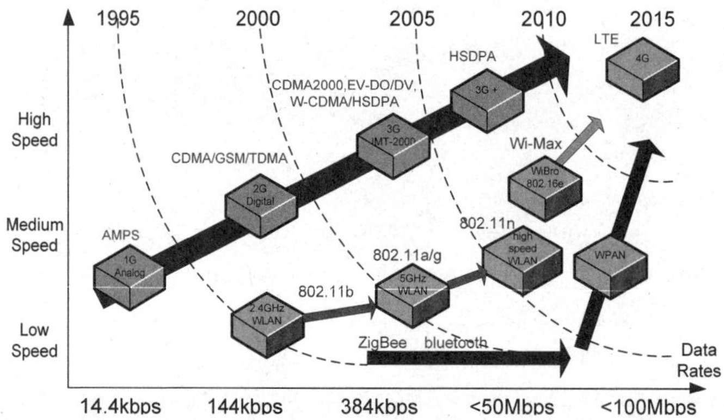

<그림 10.27> 모바일 통신 기술 추세

[17] UTC time은 1970년 1월 1일을 기준으로 몇 초가 흘렀는지를 표현하는 EPOCH time이다.
[18] 이들의 출발점이 각각 전화망과 패킷망이라는 것에서도 차이점이 있다.

(1) HSDPA와 HSUPA

유럽의 3세대 이동 통신 기술인 UMTS/W-CDMA 기술이 384Kbps의 낮은 전송속도로 인해 시장에서 환영 받지 못해, 최대 14.4Mbps의 고속 데이터 전송을 기존과 동일한 주파수 대역에서 제공하는 기술이 바로 3GPP의 3.5세대 기술인 High-speed Downlink Packet Access(HSDPA)이다[19].

HSDPA가 하향 전송속도를 증가시킬 수 있었던 가장 큰 이유는 하향 전용의 WCDMA 채널인 High-speed downlink shared channel(HS-DSCH)를 추가로 사용하고, 여기에 효율이 높은 변조방식 및 오류가 있는 패킷들을 재조합하여 오류를 제거하는 FEC와 ARQ를 접목시킨 HARQ(Hybrid Automatic Repeat Request) 기술 등의 고속 재전송기법 등을 사용하였기 때문이다.

또한 기존의 WCDMA의 프레임 싸이클을 10ms에서 2ms로 축소시켜 고속의 스케쥴링이 가능하도록 하였으며 기존 RNC에서 수행하던 채널 할당과 재전송기법을 보다 단말과 가까운 기지국(Node-B)에서 수행하여 더욱 속도를 높였다. 상향링크도 기존의 128Kbps에서 384Kbps로 조금 향상되었다. 특히 WCDMA의 채널 구조는 사용자 별 전용채널을 할당하였으나 HSDPA는 모든 사용자가 동시에 공유할 수 있는 대용량의 채널을 사용한다.

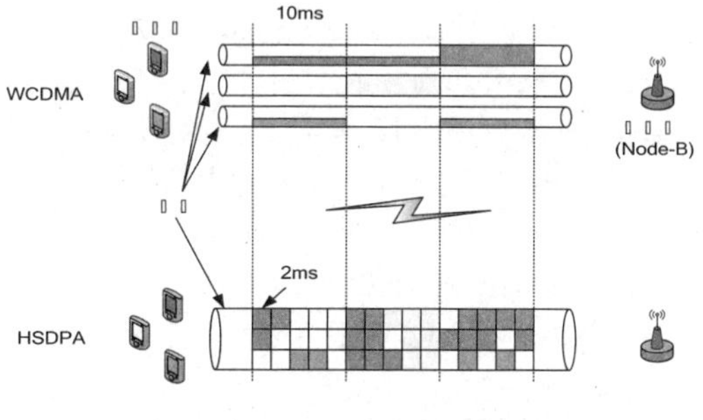

<그림 10.28> WCDMA와 HSDPA의 채널사용방법 비교

(2) 4G 기술

제4세대 이동통신은 정지시 1Gbps, 이동시 100Mbps를 지원하는 고속전송 기술이다. 이를 위하여 기존 3G 무선대역과 2.6GHz 대역을 추가 사용하여 전송률을 향상시키기 위한 3G기반의 기술을 점진적으로 향상시키는 Evolution을 추진하였다. 이 결과로 중간 단계인 3.5세대의 HSDAP/HDUPA를 개발하였다.

이후 OFDMA와 MIMO(Multiple-Input/Multiple-Output)안테나 등의 새로운 기술을 채용한 Long-Term(LE) Evolution 연구에 의해 4G로의 원만한 발전이 가능하였다.

이러한 4G 기술의 핵심은 다음과 같다.

- All IP : 음성을 포함하여 모든 트래픽을 패킷화하여 전송하고 백본망에서 교환하는 기술
- OFDMA : 상호간섭이 없도록 수백개로 분할된 주파수채널상에서 효율적으로 고속 전송하는 기술

---

19 참고로 이것과 유사한 회선기반의 무선패킷망 기술은 미국이 주도하고 있는 3GPP2의 CDMA2000 EVDO이다. 또한, 이것은 데이터 패킷 전송속도를 이동환경에서 무선 LAN수준으로 향상시킨 것이므로 유사한 WiBro와 같은 이동무선인터넷 서비스와도 경쟁하는 기술이다.

- Software Defined Radio(SDR) : 주변 상황에 따라 주파수 대역, 출력, 변조방식을 소프트웨어로 가변시킬 수 있는 모뎀 기술
- Multiple-Input Multiple-Output(MIMO) : 여러 개(8x8)의 송수신 안테나를 사용하여 동시에 데이터를 송수신하는 기술
- Low Density Parity Check(LDPC) : 고속 오류 정정 기술
- Smart Antenna : 위치가 파악된 단말에게 전파신호를 집중시켜 전송하여 사용자간 간섭을 감소시키고 단말의 전원을 절약하도록 하는 기지국의 안테나 기술

이러한 LTE 시스템도 크게 무선 인터페이스와 데이터 전달 및 제어정보를 전달하는 코어망으로 구성된다. 음성과 데이터를 모두 처리하던 기존 시스템과 달리 LTE 시스템은 IP패킷 전용 시스템이다. 따라서 전화음성 전달은 기존 3G를 이용하거나 IP Multimedia Subsystem(IMS)를 이용한 VoLTE기법이 추가로 사용되어야 한다. 시스템 구성은 다음과 같다[20].

- Evolved Node B(NodeB/eNB) : 기존 Node B와 RNC(Radio Network Controller) 기능을 통합한 기능을 수행한다. 무선구간은 WCDMA 대신에 하향 OFDMA, 상향 SC-FDMA 방식을 사용한다. 이것은 Mobility Management Entity(MME)와의 제어정보를 전달하며, Serving Gateway(SGW)와는 데이터를 전달한다. 필요시 다른 eNB와 직접 연결도 한다.
- Serving Gateway (SGW) : 데이터를 중계하는 교환기이다.
- Mobility Management Entity(MME) : 단말 등록, 연결절차 수행, 3G MSC와의 제어정보 교환 등의 제어용 장치이다.
- Home Subscriber Server (HSS) : HLR 기능과 사용자 인증기능을 수행한다.
- Packet Gateway(PGW) : 인터넷과의 연동기능을 수행한다.

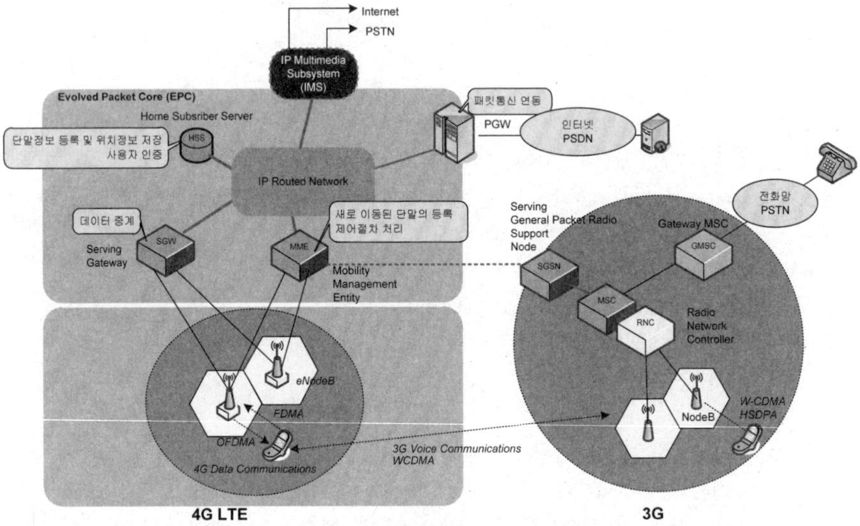

<그림 10.29> 4G LTE 시스템의 구성

[20] 비디오, 오디오 등의 멀티미디어 및 전화 서비스를 통합 연동하는 IP Multimedia Subsystem(IMS)가 외부에 설치될 수 있다.

10.15 무선 데이터 통신 응용분야

(1) 위치기반 측위 기술(Location Based Service)

Location-based services(LBS)는 휴대폰 사업자가 제공하는 가입자 위치정보제공 기능과 같은 서비스이다. 이것은 GPS가 없는 단말인 경우 자신의 주변 기지국간 삼각측량에 의한 보다 정밀한 위치정보를 제공한다.

보다 세밀화된 위치정보를 제공하기 위한 micro-LBS 기술이 등장하고 있는데, 적외선, 초음파, UWB(Ultra Wide Band) 등의 다양한 무선 기술을 사용한다. 예를 들어 무선전파의 세기는 거리의 제곱에 반비례하는 특성을 이용하거나 3개 이상의 실내의 UWB 노드가 송신하는 신호의 시간 차이로부터 삼각측량법에 의해 자신의 위치를 인식하는 기술이 개발되고 있다.

(2) ITS 지능형 교통 시스템

Intelligent transport system(ITS)은 최신의 정보 통신 기술을 활용하여 교통흐름을 능동적으로 개선하는 시스템이다. 이것은 GPS에 의해 차량 자신의 위치를 습득하고, 해당 위치정보와 자동차 식별번호를 Dedicate Short Range Communication(DSRC) 무선 링크를 사용하여 센터에 송출한다. 센터에서는 수집된 각종 차량 정보를 처리하여, 관련된 교통정보를 해당 차량에 제공한다. 뿐만 아니라 차량 주변의 식당이나 관광정보도 제공할 수 있다. 현재 IEEE802.11p와 IEEE1609로 표준화되어 있다.

Dedicate Short Range Communication(DSRC) 기술은 수백m 간격으로 설치된 도로변의 기지국(Road Side Unit)과 최고 160Km로 이동하는 차량의 On-board Unit간에 900Mhz 또는 5.8GHz의 대역에서 고속으로 데이터를 전송하는 쌍방향 무선통신 기술로, 수동형 및 능동형으로 구분된다. 수동형 DSRC는 차량과 길가의 기지국간 10m 셀의 5.8GHz대역, 하향 500Kbps, 상향 250Kbps의 전송속도를 제공하며 능동형 DSRC는 수백m의 셀을 지원하고, 쌍방향 1Mbps 전송속도를 제공한다.

(3) 공지 무선전화 시스템

항공기 객실에서의 공지 무선전화연결은 북미 항공노선의 경우, AT&T의 Claircom, 1984년의 GTE의 Airfone(849-851상향/894-896하향 MHz); AirCell(824-849/869-894 MHz)등의 회사가 제공하는 800MHz대역의 UHF채널을 사용하는 아날로그 휴대폰과 유사한 NATS(North American Terrestrial System)에 의해 수행된다.

이것은 상향 2MHz와 하향 2MHz대역에서 각각 32KHz로 분할된 832개의 채널을 제공한다. 이 채널을 통하여 2.4~9.6Kbps데이터 통신도 가능한다.

유럽에서는 1994년에 최초로 1670-1675MHz(상향)와 1800-1805MHz(하향)밴드에서 9.6Kbps급 TDMA디지털 전송방식을 사용하는 TFTS(terrestrial flight telephone system)이 개발되어 있다.

하지만 유럽내 비행의 경우 비행시간이 2~3시간에 불과하여 굳이 통화할 필요를 못 느끼고, 분당 4~5유로의 통화료 부담 및 착신이 불가능한 단점에 의해 이러한 공지무선전화 시스템은 상업적으로는 실패하여 현재 장착된 시스템이 제거되고 있는 상태이다.

(4) 무선 메쉬 통신망(Wireless Mesh Network)

무선 LAN시스템은 기본적으로 AP는 다른 AP와 이더넷과 같은 유선망으로 연결된다. 이러한 유선망은 AP의 설치환경을 제약한다.

이를 해결하기 위한 무선 메쉬 통신망은 <그림 10.30>과 같이 유선 연결 부분을 무선으로 변경한 것이다. 이렇게 모든 노드들이 무선으로 상호연결된 망을 무선 메쉬 통신망이라고 부르며 IEEE 802.11s, 802.16j, 802.15.5에서 각각 무선 LAN, 무선 MAN, WPAN용 무선 메쉬 기술에 대한 관련 표준을 제정하고 있다.
이것은 유선링크로 백본망(분배 시스템(Distribution System)이라고 함)에 연결되는 기존의 AP와 달리 무선 링크로 Distribution System을 형성하는 최대 32개의 Mesh AP(MAP), 라우터와 유사한 중계기능을 수행하는 Mesh Point(MP) 그리고 메쉬망을 유선 백본망에 연결하는 Mesh Portal(MPP)로 구성된다.

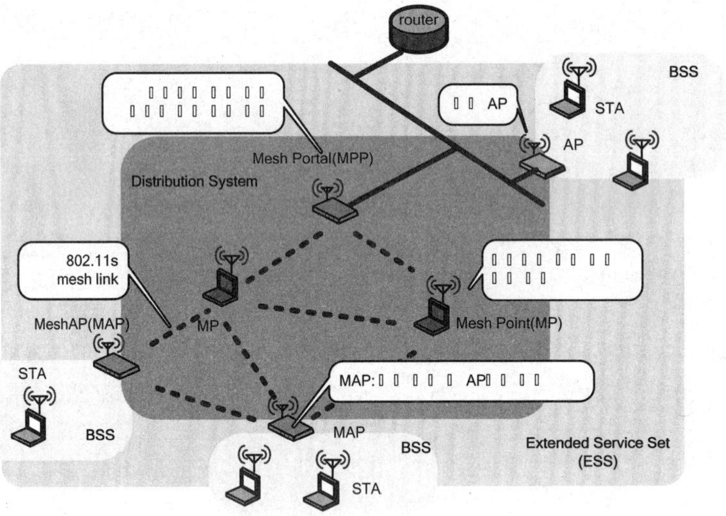

<그림 10.30> 무선 메시 통신망의 구성

10.16 설계과제

본 장에서는 무선 데이터 통신 시스템을 다루었다. 본 절에서는 다음과 같은 시스템을 설계한다.

- 블루투스 무선 통신시스템(3.3V)
- GPS시스템(3.3V)
- 적외선 통신 시스템(5V)
- IrDA SIR

10.17 블루투스 모듈 활용

(1) 설계 목표

불루투스 통신 방식에 의한 무선 UART 기능을 제공하는 상용모듈인 HC05모듈을 MCU의 UART1과 연결하여 스마트 폰의 불루투스 앱과 통신할 수 있는 소프트웨어를 설계한다.

(2) 요구 사항

- 블루투스/UART 상용모듈인 HC05 모듈 사용
- 블루투스 App 중 하나인 Bluetooth SPP를 스마트 폰에 설치한다. 이것은 슬레이브 모드 전용의 Serial Port Profile을 지원하는 App이다. 일종의 무선 UART 기능을 수행한다.
- 의 이 모듈을 MCU의 UART1과 연결하여 과 통신할 수 있는 소프트웨어를 설계한다.
- AT명령어에 대하여 이해한다.
- KEY 핀에 대하여 소프트웨어 및 하드웨어 방식으로 동작모드를 설정하도록 한다.
- 2개의 LED를 연결하여 현재 동작모드와 페어링 상태를 표시한다.
-

(3) HC05 블루투스 모듈

블루투스 장치는 고유한 48비트길이의 주소를 갖는다. 또한 문자열 형태로도 식별된다. 주변 노드에 대한 탐색 과정인 inquiry에 의해 블루투스 장치를 찾아낸다. 식별된 상대방과의 연결과정인 페어링 동작시 쌍방은 최대 16바이트 길이의 스트링인 PIN번호를 입력하는 인증절차가 수행된다. 쌍방이 동일한 PIN 번호로 인증이 완료되면 무선 링크용 암호용 키인 비밀값을 공유하게 되면 페어링이 완료된다. 물론 PIN을 입력할 수 없는 장치(블루투스 헤드셋 등)는 고정 PIN값인 ("0000" 또는 "1234")을 사용한다.

HC05 블루투스 모듈은 블루투스 물리 계층 및 링크 계층 기능부와 UART기능을 지원하는 RFCOMM 프로파일 기반의 Serial Port Profile(SPP)을 내장한 모듈이다. MCU는 이 모듈의 UART 핀을 통하여 ROLE, NAME 등의 AT명령어를 사용하여 초기화 및 페어링 동작, 동작 상태보고 등을 수행한다.

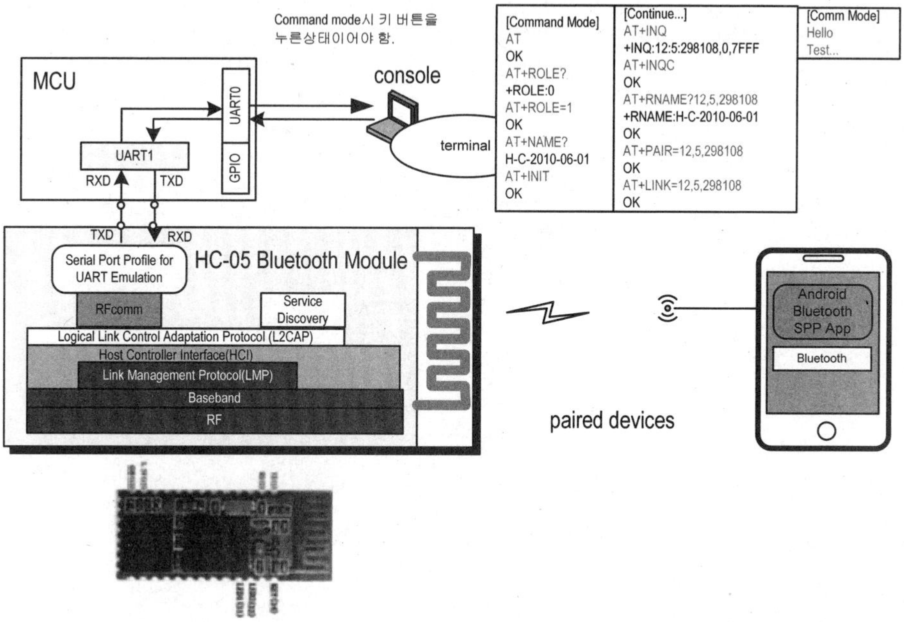

<그림 10.31> HC05 모듈 기반의 블루투스 UART 시스템의 구성

이 모듈의 하드웨어 구성은 다음과 같다.

- Pin 1 : 무선으로 수신된 데이터를 MCU측으로 송신하는 UART_TXD로써 MCU의 RXD핀에 연결된다.
- Pin 2 : UART_RXD로써 MCU의 TXD핀에 연결되어 무선으로 데이터를 송신한다.
- Pin 11 : nRESET. 사용하지 않는다.
- Pin 12 : 3.3V
- Pin 13 : GND
- Pin 32 : 페어링 상태 표시 LED 연결 핀
- Pin 34 : Key(Mode) Switch Input. '0'인 경우 무선 통신모드이고, '1'=일 경우 AT 명령어 수행 모드이다.
- Pin 31 : Key='1'일 때 1Hz의 구형파 출력하면서 현재 이 모듈의 모드가 AT 모드이고 38400bps임을 지시한다. Key='0'일 경우, 2Hz의 구형파를 출력하여, 현재 모듈의 모드가 통신모드임을 표시한다. 여기에 LED를 연결하여 현재 동작모드를 표시할 수 있다.

Bluetooth SPP(Serial Port Profile)는 RFCOM 프로파일 기반에서 AT 커맨드로 동작하는 가상 UART 기능을 제공한다. 이것은 주변의 블루투스 장치를 탐색하여 RSSI와 함께 해당 클래스 정보를 표시한다. 또한 입출력모드를 ASCII 또는 16진수로 선택할 수 있다.

(4) 하드웨어 설계

설계시 동작전압에 유의해야 한다. MCU보드와의 인터페이스는 다음과 같다.

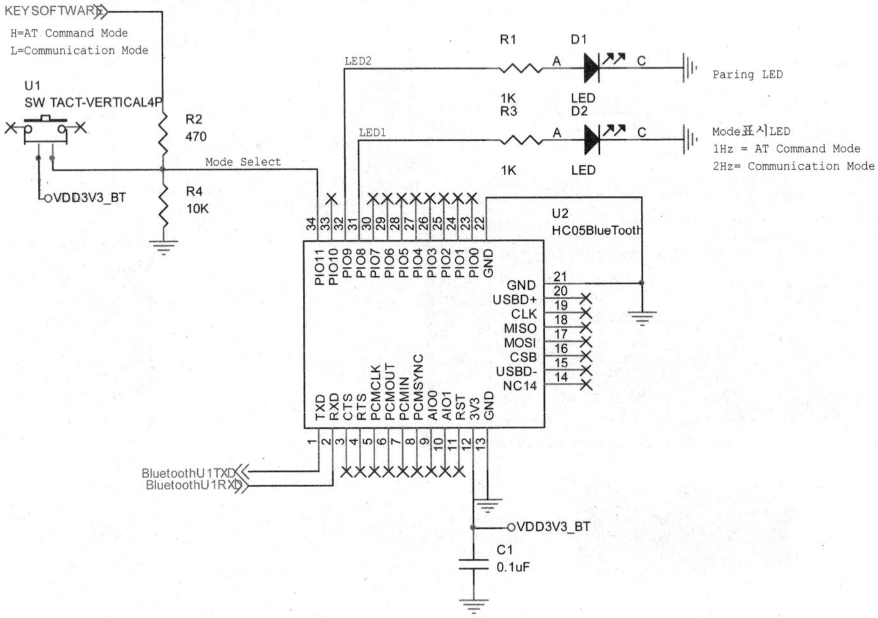

<그림 10.32> HC05 모듈 기반의 블루투스 UART 시스템 회로의 예

(5) 시험

다음과 같이 시험한다.

- UART(PC 또는 MCU)와 HC05간을 연결한다. Baudrate는 {38400bps,N,1,N}이다.
- 모든 제어 명령은 AT명령어 방식이고 모든 명령어 스트링의 마지막은 \r\n이어야 한다.
- 버튼을 누른 상태(KEY=H)에서 MCU UART 0 키보드에 AT 명령어를 사용하여 다음과 같이 시험한다.
  - "T"를 입력하면 "OK"로 응답하는지 시험한다.
  - AT+ROLE=1 명령어를 입력하여 이 모듈을 마스터로 설정한다.
  - AT+INIT 명령어를 입력하여 페어링 한다.
  - 연결되면 임의의 데이터를 입력한다.
  - Configuring시 KEY핀을 High로 설정해야 한다.

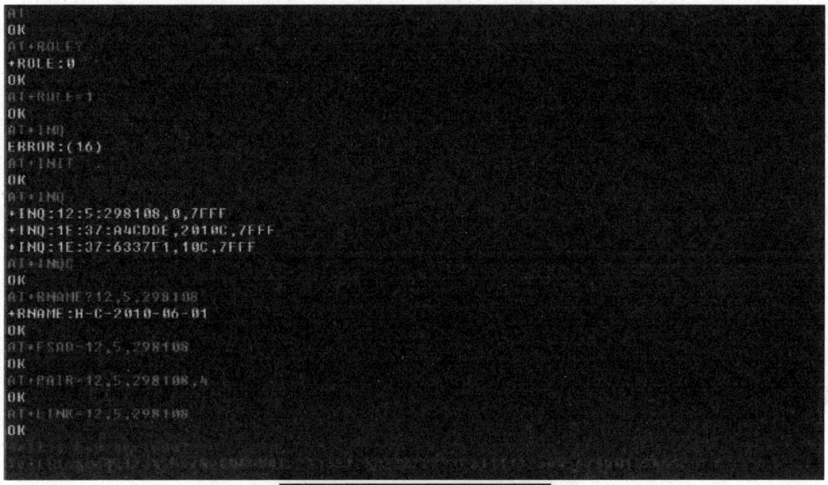

10.18 IrDA 적외선 통신 모듈 설계

(1) 설계 목표

2가지 방법으로 IrDA 통신모듈을 설계한다.

① MCU UART가 SIR기능을 지원할 경우 : MCU 내부의 UART 모듈을 SIR 기능을 지원할 수 있도록 설정하여 IrDA 형식의 비트열로 인코딩하고 디코딩할 수 있도록 한다.

② MCU UART에 SIR기능이 없는 경우 : MCP2120을 사용하여 MCU의 UART의 NRZ신호에 대한 SIR 인코더/디코딩 기능을 수행하는 방법을 설계한다.

(2) 요구 사항

- IR Transceiver는 TFDU4101를 사용하여 설계한다[21].
- MCU UART가 SIR기능을 지원하는 경우 해당 UART에 SIR기능을 추가한다.
- MCU UART가 SIR기능을 지원하지 못하는 경우에 대하여 UART to IR Encoder/Decoder 기능을 수행하는 외장형 MCP2120을 사용한다.

(3) Serial IR(SIR)

SIR은 UART에 의해 생성된 NRZ 비트열을 SIR 형식으로 변환하고, 이 비트열을 외부의 적외선 트랜시버에 전달한다. 이러한 SIR은 정상모드의 경우 '0'값에 대하여 정해진 보율의 3/16기간동안 High를 출력한다. 반면에 '1'값은 LOW 신호를 출력한다. 즉 '000..00'과 같이 '0'이 유지되는 경우에도 연속적인 3/16 BT의 펄스가 송출되어 '0'의 개수를 구분할 수 있다.

유의해야 할 사항은 IrDA의 경우 단일 파장을 사용하므로 범용 UART와 달리 송수신동작이 교대하는 반이중 통신만 가능하다. 따라서 송신과 수신동작이 교대할 때 10msec 이상의 turn around 지연시간이 필요하므로 소프트웨어적으로 지연시켜야 한다.

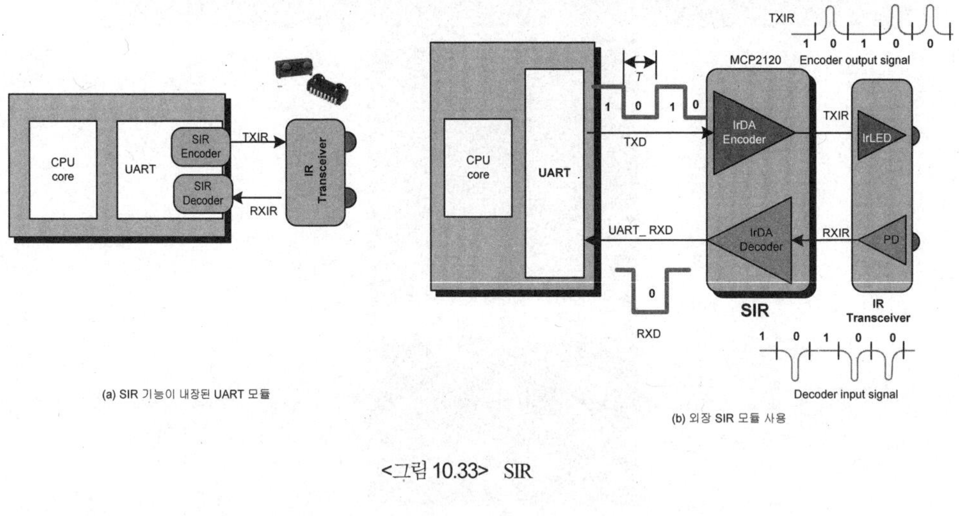

<그림 10.33> SIR

[21] Sharp사의 GP2W0110YPSF IrDA트랜시버도 있다. 하지만 외양은 상이하다.

이렇게 적외선을 사용하여 UART 형식의 직렬 데이터 송수신기능을 수행하려면 IrDA serial-IR (SIR) 인코더를 사용한 송신부와 SIR 디코더를 갖는 수신부가 있어야 한다.
<그림 10.33>과 같이 일부 MCU에 내장된 UART는 초기화를 통하여 SIR 기능을 수행할 수 있도록 변경할 수 있지만 그렇지 못한 것도 있다.

(4) MCP2120

MCP2120은 MCU의 UART가 SIR기능을 지원하지 못하는 경우 SIR기능을 대신 수행하는 Infrared Encoder/Decoder 칩이다. 최대(312.5Kbps) 115200bps까지 전송할 수 있으며 필요한 baud rate는 소프트웨어 또는 하드웨어방식으로 설정 가능하다.
외부 클럭은 기본적으로 7.3628MHz이다. MODE 핀은 '0'으로 설정시 보율을 소프트웨어로 설정할 수 있다. 우리는 '1'로 설정하여 BAUD2,1,0핀에 대하여 보율을 하드웨어적으로 설정한다. 이것의 SIR 출력펄스 폭은 12 * T_{OSC}인 1.6μsec로 고정되어 있다.

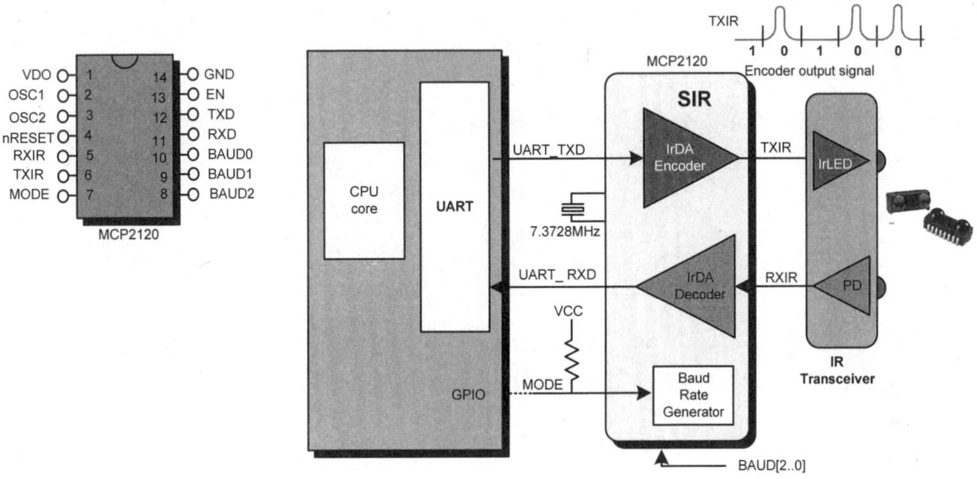

<그림 10.34> SIR 기능을 대신 수행하는 MPC2120

(5) 하드웨어 설계

Baudrate는 하드웨어로 설정하며, Mode 핀은 사용하지 않아도 된다. 대신 풀업시킨다.
관련 회로의 예는 <그림 10.35>와 같다.

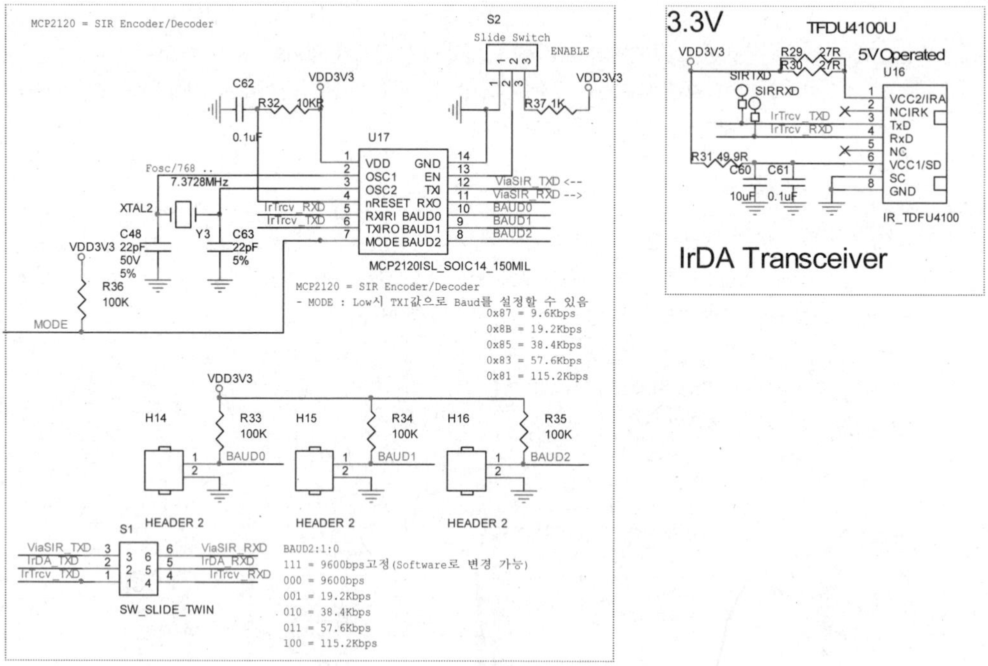

<그림 10.35> IrDA 모듈 하드웨어 회로의 예

(6) 소프트웨어 설계

다음 코드는 MCU 내부에 SIR기능이 있는 LM3S8962에 대한 것이다.

```
//MCU Specific
//IRDA
//Using LM3S8962 which has the SIR module in UART1.

void InitUart1withSIR(u32 bps){
        SysCtlPeripheralEnable(SYSCTL_PERIPH_GPIOD);
        GPIOPinConfigure(GPIO_PD2_U1RX);
        GPIOPinConfigure(GPIO_PD3_U1TX);
        GPIOPinTypeUART(GPIO_PORTD_BASE, GPIO_PIN_2 | GPIO_PIN_3);
        SysCtlPeripheralEnable(SYSCTL_PERIPH_UART1);
        UARTEnableSIR(UART1_BASE, 0);//1=LowPower;
        // Configure the UART1 for (bps), n, 8, 1
        UARTConfigSetExpClk(UART1_BASE, SysCtlClockGet(), bps,
                                  (UART_CONFIG_PAR_NONE | UART_CONFIG_STOP_TWO |
                                   UART_CONFIG_WLEN_8));
        UARTEnable(UART1_BASE);
}

void dtIrdaLoop(void){
  unsigned char retc;

  InitUart0();//UART0 for console
  IntMasterEnable();

  InitUart1withSIR(9600); //max 115200bps
  while(1) //main loop
```

```
    {
            UART1Send("A",1); //send 'A' via Uart 1
            UARTprintf("IrDA>Send 'A'\r\n");
            delayms(10); //Required minimum turnaround delay.
            retc = UART1RcvToUART0(); //receive data and transfer to uart 0
            UARTprintf("IrDA>Rcv..0x%02x\r\n",retc);
            delayms(100);
    }
    UARTDisableSIR(UART1_BASE);
}
```

(7) 시험

<그림 10.36>은 송신측 SIR의 TXIR과 수신측 RXID 신호 파형을 비교한 것이다. UART의 파형과 비교한다.

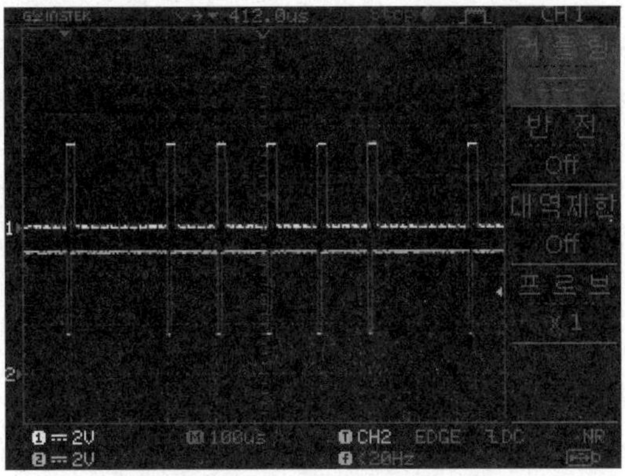

<그림 10.36> IrDA 신호의 예

10.19 GPS 시스템 설계

(1) 설계 목표

GPS 모듈 주변회로를 설계하고 UART 로 출력되는 NMEA0813 메시지를 디코딩한다. 초당 한번씩 출력되는 펄스인 PPS(pulse per seconde) 신호도 출력한다.

(2) 요구 사항

- UBLOX사의 NEO6M GPS 모듈을 기반으로 설계한다.
- 9600bps의 UART 출력 인터페이스를 사용한다.
- NMEA0183 메시지를 디코딩한다.
- 백업용 배터리를 장착한다.
- 초당 한번씩 출력되는 펄스인 PPS(pulse per seconde) 기능을 출력한다.
- UART를 통해 GPS모듈에 대한 설정절차를 실행한다.

(3) 하드웨어 설계

<그림 10.37>을 참조하여 설계한다.

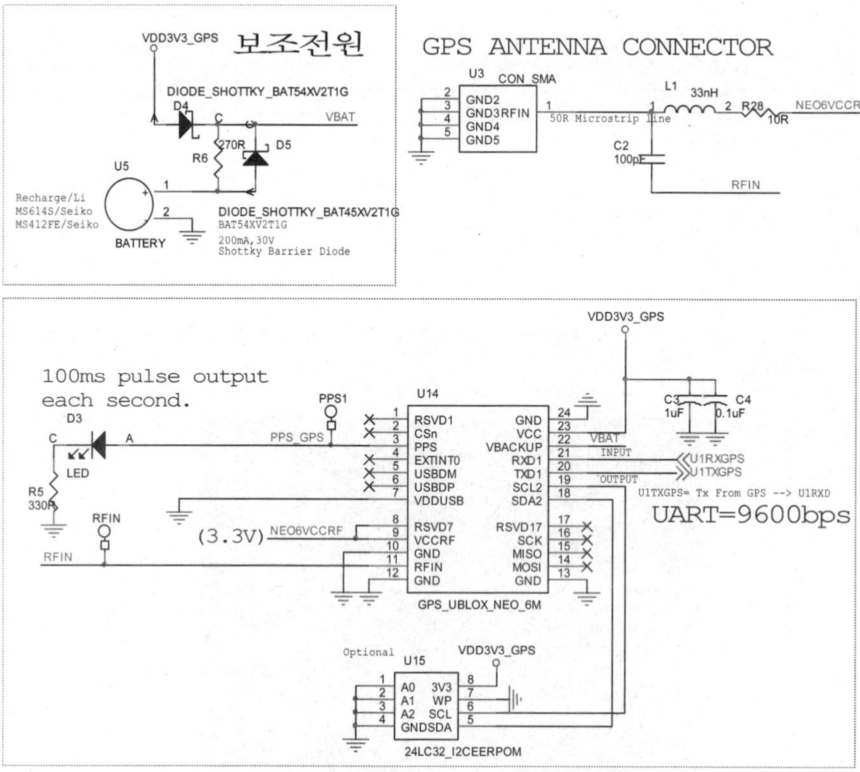

<그림 10.37> GPS 모듈 하드웨어 회로의 예

(4) 소프트웨어 설계

UART1 구동부를 재활용하여 NMEA0183 메시지를 분석하여 위치정보와 시간정보를 표출한다.

(4) 시험

UART 콘솔을 통한 NMEA0183 메시지를 출력하고 PPS 신호를 오실로스코프로 확인한다. PPS신호가 1초마다 출력됨을 확인한다.

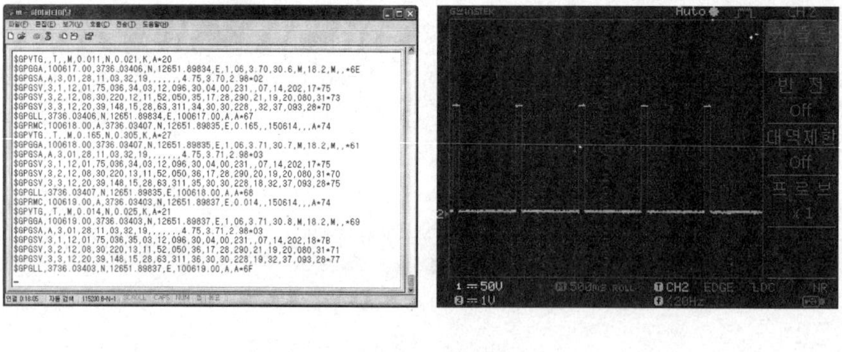

<그림 10.38> GPS 모듈 출력의 예

10.20 연습문제

[1] 정부로부터 허가 받지 않고도 전송거리 100m 정도의 저출력장치를 사용할 수 있는 주파수를 ISM(Industrial, Scientific, Medical) 밴드라고 한다. 다음 중 ISM 밴드는?
a) 400MHz b) 600MHz
c) 2.4GHz d) 3GHz

[2] 802.11 무선 LAN 시스템에서 다른 시스템이 사용하고 있는지를 검사하여, 사용하지 않는 경우 전송을 시도하는 매체 접근 방식은?
a) CSMA/CD b) CSMA/CA
c) TDM d) Polling

[3] 다음 중 무선랜을 구성하는 요소가 아닌 것은?
a) 액세스 포인트(AP) b) 단말(Station)
c) 분배 시스템(DS: Distribution System) d) Coordinator

[4] 블루투스 시스템은 Master와 Slave로 구성된다. 지원 가능한 최대 Slave개수는?
a) 6 b) 7
c) 8 d) 9

[5] 다음 중 RFID를 활용한 시스템이 아닌 것은?
a) 교통 카드 시스템
b) 대형 마트의 물품 관리 시스템
c) 혈액 관리 시스템
d) 노트북의 무선 데이터 전송 시스템

[6] 다음 중 센서 네트워크의 특징이 아닌 것은?
a) 센서 네트워크를 대량/저가/다양한 센서를 지원해야 한다.
b) 배터리를 주로 사용하며 긴 운용시간을 위한 저전력 기술을 지원해야 한다.
c) Ad-hoc 네트워크의 특징을 갖는다.
d) 고속의 데이터 통신량을 갖는다.

[7] 다음 중 UWB의 특징이 아닌 것은?
a) 전송거리가 10m 반경으로 제한되고 벽을 잘 통과하지 못한다.
b) 1Gbps의 고속 전송으로 디지털 오디오/비디오 장치를 무선으로 연결하는 방식
c) 극히 짧은 펄스로 전송하기 때문에 다른 인접 신호에 간섭이 심하다.
d) 초기에는 Impulse Radio 방식이 사용되었다.
e) MBOA와 DS-UWB방식으로 구분된다.

[8] 다음 중 무선 LAN에 가장 간섭을 많이 주는 제품으로 알려진 것은?
a) 일반 개인용 휴대전화기
b) 산업용 VHF 송수신기
c) 가정용 전자레인지
d) 900 Mhz대 가정용 무선전화기

[9] 다음 중 블루투스(Bluetooth)와 관계가 먼 것은?
a) IEEE488의 표준으로 채택되었다
b) 2.4GHz 대역에서 주파수 호핑 방식의 10m 내외의 무선 데이터 통신 기술이다
c) 단말 중 하나가 마스터 역할을 하고 최대 7개의 단말이 접속된다
d) 특정주파수를 가지는 내부잡음에 강한 특성을 가진다.
e) IEEE802.15.1 표준이다

[11] 다음 중 사용주파수 대역이 다른 하나는?
a) Bluetooth b) WPAN
c) UWB d) 무선 LAN

[12] 다음 중 RFID 시스템의 3가지 구성요소가 아닌 것은 ?
a) 태그 b) 터치 센서
c) 데이터처리 서버 d) 리더

[13] 무선 시스템에서 배터리 에너지 소모를 야기하는 요소가 아닌 것은 ?
a) Collision b) Overhearing
c) Idle Listening d) Sleep

[14] 적외선 통신 특징으로의 올바르지 않은 것은?
a) 1m 이내의 송신거리에서 115.2Kbps~4Mbps의 전송속도를 가진다.
b) 가시광선보다 파장이 짧다.
c) 단말기간에 차폐물이 없어야 한다.
d) LED 송신부와 Photo diode 수신부로 구성된다.

[15] 다음 중 무선통신 기술과 거리가 먼것은?
a) VDSL b) Bluetooth
c) Wi-Fi d) GSM

[16] 다음의 통신방식에서 적외선을 이용한 통신방식은?
a) IrDA b) Bluetooth
c) Wi-Fi d) RFID

[17] 무선 주파수 중 ISM밴드와 U-NII밴드에 대한 설명 중 틀린 것은?
a) 허가없이 사용 가능하다.
b) 무선 LAN 시스템에서 많이 사용된다.
c) DSRC 시스템도 사용한다.
d) 적외선 밴드도 포함한다.

[18] SNR이 -30dB이고, 20MHz의 대역폭을 갖는 무선채널에서의 최대 전송 가능한 속도는 얼마인가?

[19] 정밀도를 향상시키는 GPS 시스템인 Wide Area Augmentation System의 기능을 분석하라.

제 11 장 SPI와 I2C

Serial Peripheral Interface(SPI) 버스는 별도의 클럭 신호선을 제공하면서 송수신로가 물리적으로 분리된 단거리 동기식 전이중 전송방식이다. 이것은 스마트폰 등의 임베디드 시스템 내부의 모듈간 연결 시 많이 사용된다. 예를 들어 온도 센서의 데이터를 MCU가 읽거나 EEPROM에 데이터를 기록하고 읽을 때 그리고 10Mbps급 이더넷을 연결 시에도 사용된다.
이러한 SPI는 Motorola/Freescale사에서 처음 개발하였다. 일부 회사에서는 Synchronous Serial Interface(SSI)라고도 부른다. 참고로 MicroWire는 SPI와 유사한 기술로써 National Semicodcutor사에서 개발한 것이다[1]. 특히 많이 사용되는 분야는 부팅용 EEPROM 이나 SD카드 접속분야이다.
본 장에서는 SPI 모듈을 설계하고 온도 센서와 EEPROM의 접속을 위한 회로 설계 및 프로그램 설계를 수행한다.
그리고 클럭 선로와 데이터 선로, 즉 2개의 신호선을 사용하는 단거리 동기식 직렬 전송방식인 Inter-IC Communication(I2C) 전송방식은 스마트폰 등의 임베디드 시스템 내부의 모듈간 연결 시 많이 사용된다. 예를 들어 볼륨 up/down 버튼을 눌렀을 때 이를 감지한 프로세서가 I2C로 연결된 오디오 코덱에게 해당 볼륨제어 신호를 전달할 때 사용된다. 또한 EEPROM에 데이터를 기록하거나 읽을 때에도 사용된다.
본 장에서는 마스터 기능을 I2C 마스터 모듈을 설계하고 I2C 인터페이스를 가진 슬레이브인 다양한 센서 및 LED 드라이버를 연결하는 회로 설계 및 프로그램 설계를 수행한다.

11.1 SPI 버스

4가닥의 선로를 사용하는 Serial Peripheral Interfaces(SPI) 버스는 I2C와 마찬가지로 클럭 라인을 별도로 사용하는 동기식(synchronous) 직렬 데이터버스방식이다.
이것은 데이터 선로가 하나뿐인 I2C와 달리 물리적으로 분리된 송신 및 수신 데이터 선로를 사용하므로 전이중 통신이 가능한 장점이 있다. 하지만 주소 영역을 사용하지 않으므로 여러 개의 슬레이브 장치에 대한 어드레싱을 위해 각 장치별 Slave Select(SS) 신호선이 추가되어야 하는 문제점이 있다. 또한 여러 개의 마스터가 허용되는 I2C와 달리 하나의 마스터에 여러 개의 슬레이브 노드를 연결하는 경우에만 사용 가능하다.
SPI 버스상의 마스터 노드는 클럭을 제공하고 슬레이브 장치를 선택하는 기능을 가진다. 나머지 노드는 슬레이브 노드로써 개별적인 slave select(chip select) 선로에 의해 선택된다.

[1] NS사는 Texas Instrument사에 합병되었음.

SPI 버스는 <그림 11.1>과 같은 구성을 가지며 다음과 같은 4개의 선로를 사용한다[2].

- SCLK(Serial Clock) : 마스터가 생성하는 클럭 신호이다. 제조회사별로 SSIClk, SCK, CLK 등의 이름을 갖는다. 최대 40 Mbps를 지원한다.
- MOSI(Master Output, Slave Input) : 마스터가 출력하는 직렬 데이터 신호이다. MSB부터 송신된다. SIMO, SSITX, SDI, DIN 등의 이름도 사용된다.
- MISO(Master Input, Slave Output) : 마스터가 수신하는 직렬 데이터 신호로써 SOMI, SSIRX, SDO, DO 이름도 사용된다.
- NCS(Chip Select-acvitve low) : 마스터에 의한 슬레이브 선택용 제어 신호로써 SSIFss, SS(Slave Select), CS 등의 이름도 사용된다. NCS은 보통 active low방식이지만 그 반대의 경우도 있다. 선택되지 않은 장치의 MISO 신호값은 하이임피던스값을 유지한다.

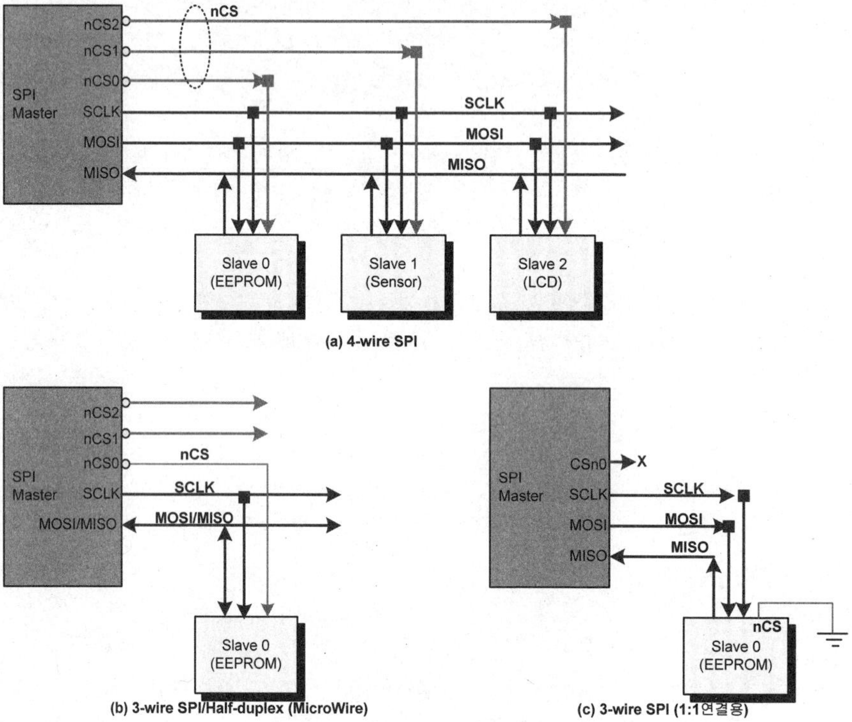

<그림 11.1> SPI 버스의 종류

이러한 SPI는 표준화기구를 통한 표준이 없는 사실표준(de facto standard)이므로 제조회사별로 다양한 변형이 존재한다.
즉 전송단위(워드)의 길이도 상이하고 LSB부터 먼저 송신하거나 MSB부터 먼저 송신하는 등 통신절차도 상이하며 핀 이름도 다르다.

---

[2] 참고로 제조회사별로 상이한 이름을 가지기도 한다. 참고로 입력 또는 출력 데이터 핀만 가지는 경우에는 3wire로 동작한다.

어떤 장치는 송신전용기능 또는 수신 전용 기능만 갖추기도 한다. 심지어 Chip select 신호선도 active-high 또는 active-low이다.
더욱이 일부 SPI 칩은 slave와 master간 흐름 제어를 위한 신호선을 추가하여 5wire를 사용하는 변형도 있다. 이것은 마스터가 저속 처리하는 슬레이브에게 연속된 여러 바이트로 구성된 메시지를 전송할 때 슬레이브가 "잠깐 쉬었다 보내"라고 지시하는 경우에 사용된다.
물론 이런 신호가 필요할 때도 있지만 대부분의 경우 송신측이 미리 알아서 소프트웨어적으로 지연시켜 전송하는 것으로 해결한다. 또한 일부 변형된 칩은 MOSI 및 MISO 핀을 하나로 통합한 3Wire방식을 지원하기도 한다.
일부는 두 장치간 연결에만 사용할 경우 Slave Select(SS) 신호선을 제거하여 이것을 3Wire방식이라고도 부른다.

11.2 SPI 버스의 구성

여러 개의 SPI 장치를 연결시 다음과 같은 2가지 구성 방법이 있다.

- 개별적인 슬레이브 연결 구성
- 데이지 체인 연결 구성

(1) 개별적인 슬레이브 연결 구성

각 슬레이브별로 독립적인 NCS 선로를 사용하는 방법이다. 슬레이브의 MISO 핀은 다른 슬레이브와 함께 결선되므로 해당 핀은 tri-state 기능을 가져야 한다.

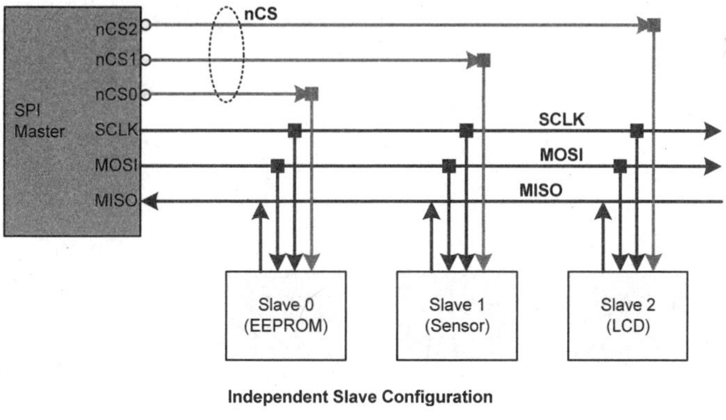

<그림 11.2> Independent slave SPI 구성

(2) 데이지 체인 연결 구성

이것은 슬레이브의 MISO 출력을 다음 슬레이브의 MOSI 입력에 연결되도록 하는 방식이다. 예를 들어 3개의 슬레이브가 연결되어 있다면 마스터는 마지막 슬레이브에 대한 데이터부터 송신한다. 경로상의 슬레이브는 입력되는 데이터를 다음 슬레이브로 시프트한다. 결과적으로 마지막 싸이클에서 3개의 슬레이브 모두에게 해당 데이터가 전달될 수 있다.

이렇게 함으로써 한 개의 Chip Select 선로만 사용하여도 여러 개의 슬레이브에 대한 데이터를 전달할 수 있다.

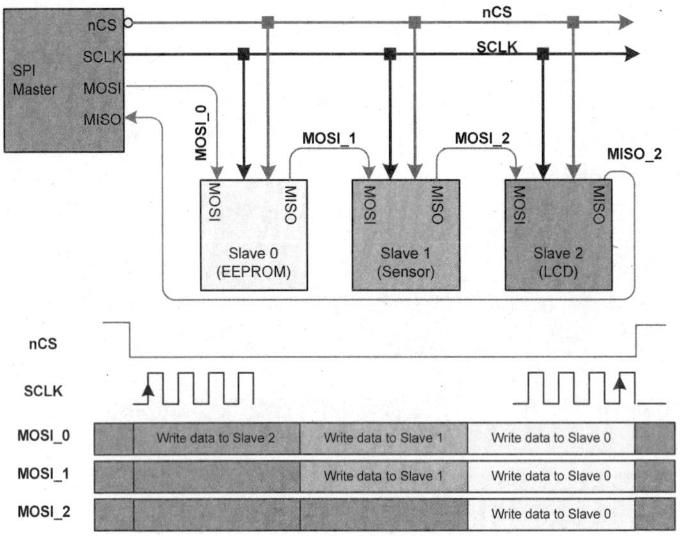

(b) Daisy-chained Configuration

<그림 11.3> Daisy-chained SPI 버스 구성과 동작

11.3 SPI 동작절차

(1) 기본절차

SPI버스는 하나의 마스터 노드와 여러 개의 슬레이브 노드가 접속된다. 만약 슬레이브 노드가 하나만 사용될 경우 이 슬레이브 노드의 nCS 신호선 입력값을 low로 고정시켜도 된다[3].

2개 이상의 슬레이브가 버스상에 접속될 경우 각 슬레이브 마다 독립적인 nCS 신호선이 마스터와 연결되어야 한다[4].

대부분의 슬레이브는 자신이 선택되지 않았을 경우 MISO 데이터 선로 상태를 high impedance ("disconnected")로 설정한다. Tri-state 출력을 지원하지 않는 장치는 SPI 버스를 다른 장치와 공유할 수 없으므로 마스터와는 1:1로 연결되어야 한다.

SPI는 데이터 전송단위로 1바이트 또는 2바이트의 길이를 가지는데 이것을 SPI 프레임이라고도 부른다.

SPI의 데이터 전송과정은 <그림 11.4>와 같다.

---

[3] 물론 CSn의 하강 엣지를 감지해야 하는 Maxim MAX1242 ADC과 같은 칩도 있다.

[4] CS 신호선이 한 개 밖에 없는 MCU의 경우 여러 개의 슬레이브를 별도의 GPIO 신호선을 제어할 수 있다. 사실 CS 핀의 역할은 프레임의 시작과 끝을 알려주는 것이므로 빠른 동작이 필요 없다. 따라서 별도의 GPIO 핀을 출력기능으로 설정하고, 이를 각 슬레이브의 CSn 입력 핀에 연결한다. 이후 프레임을 시작하기 전에 CS 신호선으로 할당한 GPIO출력을 0으로 설정하고, 프레임 전송이 완료되면 1로 복귀시킨다. 물론 SCLK, MOSI, MISO 핀은 모든 슬레이브에 병렬로 연결해야 한다.

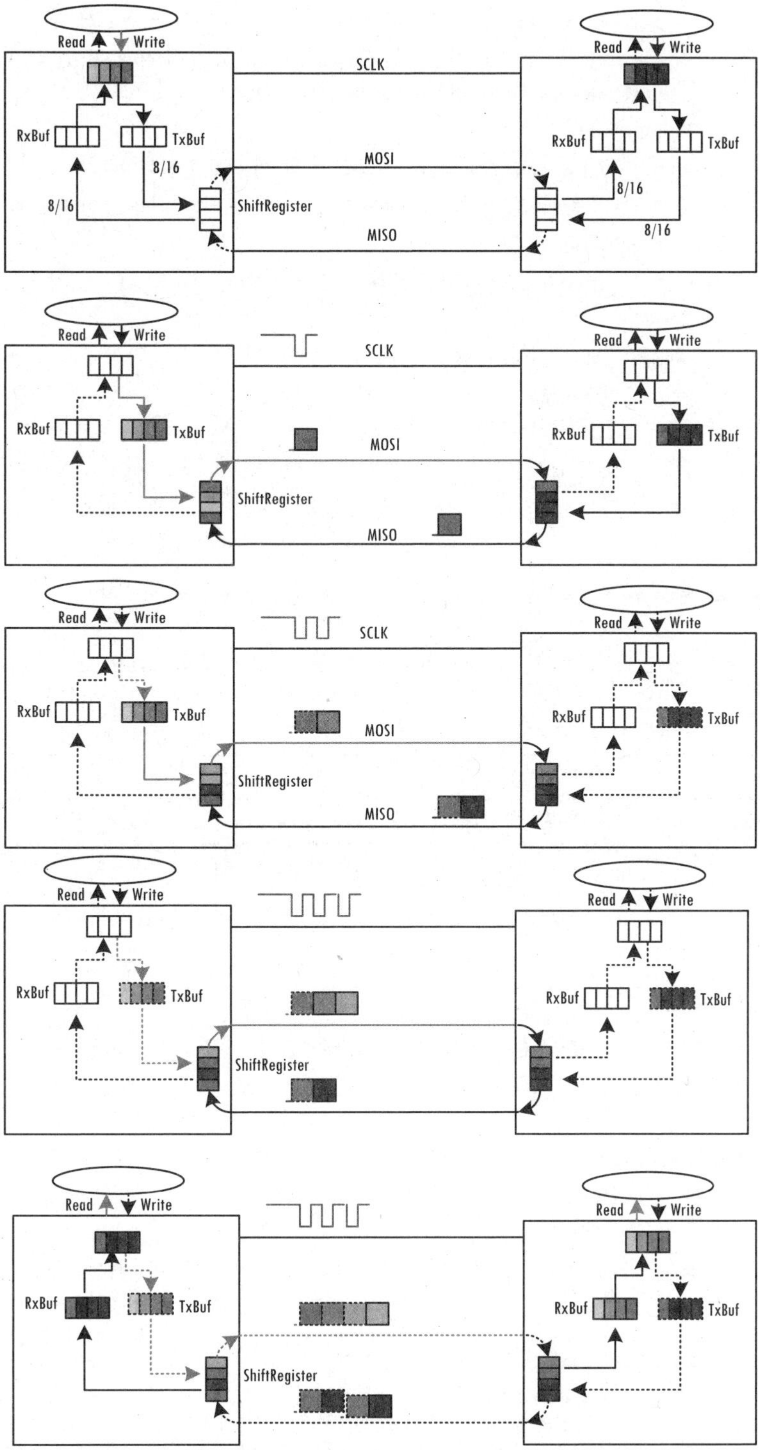

<그림 11.4> SPI 데이터 전송과정

① 마스터 : 송신할 바이트를 TxBuffer에 Write하면 이것은 시프트 레지스터에 적재된다.
② 마스터 : 선택할 슬레이브에 대한 ChipSelect(nCS) 신호를 Low로 인가한다[5].
③ 슬레이브: NCS 신호에 의해 자신의 송신 버퍼에 있던 바이트를 시프트 레지스터에 적재한다[6].
④ 마스터 : SCLK 클럭마다 MOSI를 통하여 한 비트씩 송신한다.
⑤ 슬레이브 : SCLK 클럭마다 자신의 시프트 레지스터의 내용을 한 비트씩 MISO를 통하여 송신한다.
⑥ 마스터 : 송신이 완료되면 SCLK의 송신을 중지하고 NCS=H로 설정한다.

결과적으로 SCLK의 매 클럭마다 MOSI와 MISO 선로를 통하여 쌍방의 내용이 전송되는 전이중 데이터 송수신을 수행한다7.
이러한 절차를 SPI의 "이중 버퍼링" 기능이라고 한다.
또한 일반적으로 전송단위는 8비트이지만 12 또는 16비트 데이터도 사용되며 MSB부터 송신한다. 필요시 마스터는 전송단위마다 지연이 필요한 경우 SCLK를 보내지 않으면 된다.

11.4 SPI의 4가지 동작모드

SPI의 동작 시 SCK 클럭 파형의 {극성 CPOL(Clock Polarity), 위상(CPHA(Clock Phase)}의 조합에 따른 데이터 비트 의 송신 및 수신 샘플링 시점에 따라 다음과 같이 정의된다.

CPOL=0	SCK 클럭신호의 기준전위가 'L'이다.	
CPOL=1	SCK 클럭신호의 기준전위가 'H'이다.	
CPHA=0	data are sampled on the leading(first) clock edge	regardless of whether that clock edge is rising or falling.
CPHA=1	data are sampled on the trailing(second) clock edge	

이를 조합하여 다음과 같은 총 4가지의 동작 모드가 있다. 이것을 Freescale SPI모드라고 하며 쌍방간에 동작모드가 일치해야 한다.

- CPOL=0 : SCK 클럭 신호의 기준 전위가 'L'이다.
  - CPHA=0 : 수신시에는 SCK의 상승엣지에서 데이터 비트를 샘플링하고, 송신은 하강엣지에서 개시된다(모드 0).
  - CPHA=1 : 수신 시에는 SCK의 하강엣지에서 데이터 비트를 샘플링하고, 송신 시에는 상승엣지에서 개시한다(모드 1).

---

[5] 제조회사별로 CS 신호가 active low 또는 active high일 수 있다.
[6] 전송단위는 한 바이트 또는 2 바이트로써 초기에 설정하거나 고정되어 있다.
[7] SPI가 기본적으로는 전이중 전송방식을 지원하지만 대부분의 경우 반이중 통신방식으로 운영된다. 즉 마스터가 슬레이브에게 제어명령을 전송하면 이에 슬레이브가 응답하는 형태이다. 예를 들어 EEPROM의 경우 Read명령에 대하여 결과 데이터를 응답한다.

- CPOL=1 : SCK 클럭 신호의 기준전위가 'H'이다.
  - CPHA=0 : 수신시에는 SCK의 하강엣지에서 데이터 비트를 샘플링하고, 송신 시에는 상승엣지에서 개시한다(모드 2).
  - CPHA=1 : 수신 시에는 SCK의 상승엣지에서 데이터 비트를 샘플링하고, 송신은 하강엣지에서 개시된다(모드 3).

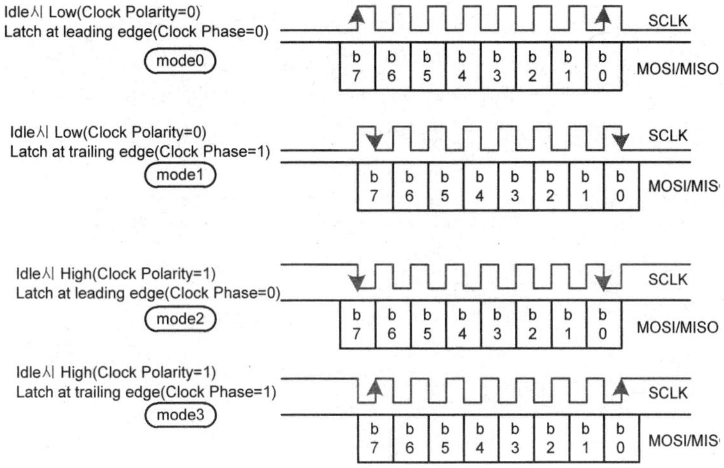

<그림 11.5> SPI 동작 모드의 종류

(3) SPI 전송지연방법

마스터에 비해 슬레이브의 처리속도가 느리다는 것을 알고 있다면 마스터는 자신의 송신량을 조절하기 위하여 단위 전송간에 SCLK를 송출하지 않으면 된다. 일부 SPI 슬레이브 장치는 별도의 Busy 신호선을 사용하기도 한다.

<그림 11.6>은 모드 3인 경우의 전송지연동작의 예이다.

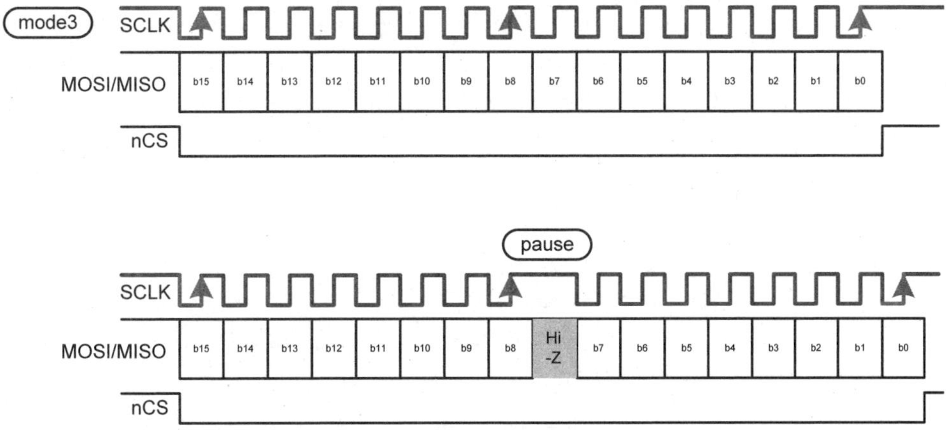

<그림 11.6> 전송지연동작

11.5 Microwire SPI 방식

Microwire SPI는 SPI를 반이중 전용으로만 사용하는 변형된 3wire SPI 방식으로써 National Semiconductor용 SPI 규격이다[8].
이것은 2개의 분리된 데이터 전송로(MOSI 및 MISO)를 사용하는 대신에 하나의 양방향 데이터 라인을 사용하여 반이중방식으로 송수신하는 일종의 변형된 SPI이다[9].
송신시 8비트의 제어용 워드가 SSI 라인을 통해 슬레이브에게 송신된다. 송신이 완료되면 슬레이브는 요청된 데이터를 한 클럭 뒤에 응답한다. 응답 데이터는 4~16비트 길이를 가진다.
마스터는 하강 엣지에서 MSB부터 송신하며 슬레이브는 SCLK의 상승 엣지에서 데이터를 샘플링한다. Idle 상태에서는 SCLK = L; NCS = H; SSITX = L로 설정된다.

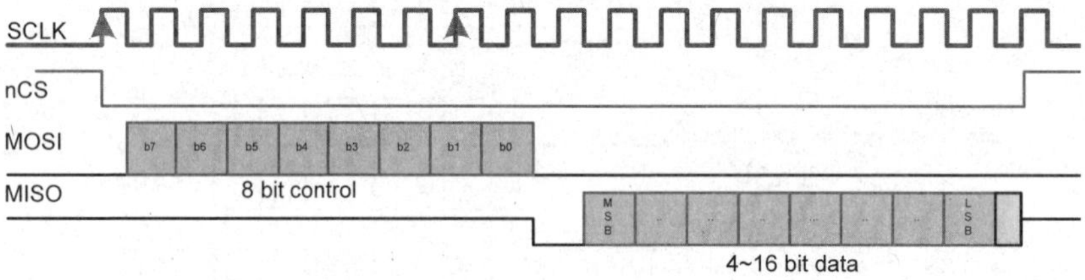

<그림 11.7> Microwire 통신절차(single frame전송시)

11.6 SPI 슬레이브 칩

SPI는 EEPROM, 오디오 코덱, 온도센서, LCD 디스플레이, 압력 센서, ADC, 특히 MicroSD 메모리 카드, 10Mbps급 이더넷, 디지털 카메라 렌즈 등의 주변장치 연결용으로 많이 사용된다. 일부 MCU의 경우 In-system programmable(ISP)용으로도 사용된다. 특히 전이중 통신 기능을 지원하므로 고속 전송이 필요한 디지털 카메라용 메모리인 MicroSD 메모리 카드 접속용으로 많이 사용된다. 또한 NXP사의 SC18IS600는 SPI-to-I2C 브리징을 제공한다.

[참고] SPI가 기본적으로는 전이중 전송방식을 지원하지만 대부분의 경우 반이중 통신방식으로 운영된다. 즉 마스터가 슬레이브에게 제어 명령을 전송하면 이에 슬레이브가 응답하는 형태이다. 예를 들어 EEPROM의 경우 Read 명령에 대하여 결과 데이터를 응답한다.

11.7 MicroSD 메모리 카드

(1) 개요

SPI의 직렬전송기능이 지원되는 주변장치 중 가장 많이 사용되는 것은 디지털 카메라 등에서 사용되는 MicroSD 카드이다. 여기서 SD는 Secure Digital(SD)의 의미이다.
참고로 유사한 MultiMediaCard(MMC)는 SPI를 지원하지 않는다.

---

[8] 참고로 Microwire-Plus는 다른 SPI모드도 지원한다. NS사는 현재 TI사에 합병되었다.
[9] Slave Out/Slave IN(SISO)라인이라고도 함.

SD 카드는 Standard-Capacity(SDSC) card, High-Capacity(SDHC) card, eXtended-Capacity(SDXC) card 등의 다양한 변형이 있다. 또한 크기면에서도 표준형, 미니형, 마이크로형 등 다양한 종류가 있다. 따라서 이들간의 호환이 불가능한 경우도 있다.
아래 그림을 참조하면 핀배치 및 역할도 상이함을 알 수 있다.

SD card Pinout

-	SD	SPI
1	CD/DAT3	CS
2	CMD	DI
3	VSS1	VSS1
4	VDD	VDD
5	CLK	SCLK
6	VSS2	VSS2
7	DAT0	DO
8	DAT1	-
9	DAT2	-

micro SD card Pinout

-	SD	SPI
1	DAT2	-
2	CD/DAT3	CS
3	CMD	DI
4	VDD	VDD
5	CLK	SCLK
6	VSS2	VSS
7	DAT0	DO
8	DAT1	-

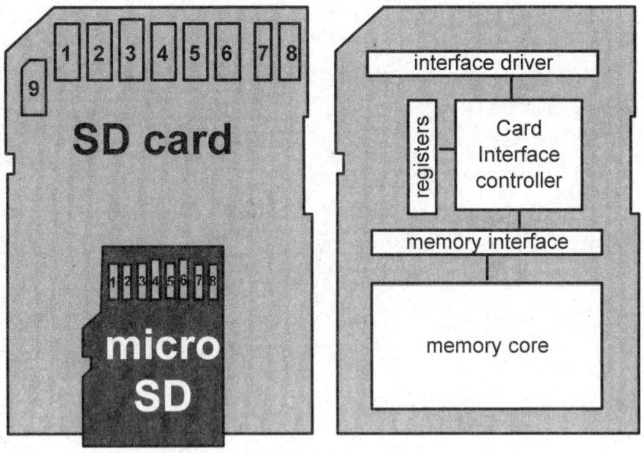

<그림 11.8> SD 카드의 종류

(2) microSD 카드 핀의 구성

<표 11.1>은 MicroSD카드의 동작모드에 따른 MicroSD의 핀 역할이다.

<표 11.1> MicroSD 카드의 핀 역할

SPI Bus					1 Bit SD Bus					4 Bit SD Bus				
Pin	Name	I/O	Logic	Description	Pin	Name	I/O	Logic	Description	Pin	Name	I/O	Logic	Description
1	nCS	I	PP	Card Select (Neg True)	1	NC	.	.	NC	1	DAT3	I/O	PP	Data 3
2	DI	I	PP	Data In [MOSI]	2	CMD	I/O	PP,OD	Command, Response	2	CMD	I/O	PP,OD	Command, Response
3	VSS	S	S	Ground	3	VSS	S	S	Ground	3	VSS	S	S	Ground
4	VDD	S	S	Power	4	VDD	S	S	Power	4	VDD	S	S	Power
5	CLK	I	PP	Clock [SCLK]	5	CLK	I	PP	Clock	5	CLK	I	PP	Clock
6	VSS	S	S	Ground	6	VSS	S	S	Ground	6	VSS	S	S	Ground
7	DO	O	PP	Data Out [MISO]	7	DAT0	I/O	PP	Data 0	7	DAT0	I/O	PP	Data 0
8	NC nIRQ	. O	. OD	NC (Memory Cards) Interrupt (SDIO Cards)	8	NC nIRQ	. O	. OD	NC (Memory Cards) Interrupt (SDIO Cards)	8	DAT1 nIRQ	I/O O	PP OD	Data 1. SDIO Cards share with Interrupt Period
9	NC	.	.	NC	9	NC	.	.	NC	9	DAT2	I/O	PP	Data 2

MicroSD 카드는 NAND 계열의 플래시 메모리로써 2가지의 동작모드인 SD 카드 모드 및 SPI 모드를 모두 지원한다.

- SD 카드 모드 : 4비트 병렬전송모드와 1비트 직렬전송모드로 다시 세분된다.
  - 4bit 모드 : 고유의 SD버스(6 wire : (clock, command, 4비트 데이터선로)를 사용함. 고속 병렬전송방식
  - Bit 모드 : 1비트 직렬전송모드
- SPI 모드 : 저속 직렬전송방식으로써 4wire/SPI방식이다. 본 교재에서는 이 모드를 다룬다.

SPI 모드는 Reset Command(CMD0)가 수신될 때 NCS신호값이 active Low로 설정되어 있을 때 설정된다.

11.8 I2C 버스

I2C 버스는 데이터와 클럭용을 분리된 2가닥 선로를 통해 반이중 통신을 제공하는 단거리 동기식 직렬전송방식이다[10]. 이것은 직렬방식의 메모리(serial EEPROM), LCD 장치, 오디오 코덱 , 온도 센서, 기압 센서, 자이로 센서, 나침반 센서 등과 같은 다양한 외부 디바이스 연결용으로 사용된다. 일반 속도(100 Kbps)와 고속(400 Kbps) 등 2종류의 전송속도를 지원한다.
I2C 버스는 다음과 특징을 가지고 있다.

- 클럭용(SCL)과 데이터용(SDA) 선로를 각각 사용한다. 즉, I2C는 클럭 라인을 별도로 사용하는 동기식(synchronous) 직렬 데이터 버스방식이다. 이 버스는 여러 개의 장치가 공유한다.
- I2C 버스상의 장치는 마스터와 슬레이브 장치로 구분된다. 여러 개의 마스터가 존재할 수 있다.
- 마스터는 버스 사용권을 관리하고 SCL 클럭을 버스상에 공급한다. 버스는 1K~10K옴 저항을 경유하여 공급 전원에 pull-up되어 있다.
- 7비트의 슬레이브 주소를 사용한다.
- 각 바이트별 ACK 비트가 사용된다.

11.9 I2C 시스템의 구성

I2C 시스템에서 사용되는 2가닥의 선로의 용도는 다음과 같다.

- SDA(Serial Data) : 양방향 직렬 데이터라인
- SCL(Serial Clock) : 양방향 데이터와 동기된 클럭 라인

각 장치의 SDA와 SCL 핀은 모두 open-drain(또는 open-collector)방식으로 구현된다. 따라서 이들을 연결하는 I2C 버스는 모두 1K~10K옴의 저항을 3.3V~5V에 연결하여 풀업시켜 idle상태에서는 SCL과 SDA 모두 High 값을 가지도록 한다.

---

[10] 그라운드(GND) 선로를 공유하지 않는 경우 별도의 GND 선로가 쌍방간에 연결되어야 하므로 실제로는 3Wire 버스이다.

하나의 I2C모듈은 독립적으로 동작하는 마스터와 슬레이브 기능부의 조합으로 구성된다.
일반적인 마스터 슬레이브 장치 외에 부가적인 장치도 있다. I2C 허브 장치는 거리 연장 및 동작 전압 정합용으로 사용된다. 그리고 I2C 멀티플렉서는 동일한 주소를 가진 슬레이브를 추가 설치 해야 할 경우에 사용된다. 전형적인 I2C 시스템 구성은 <그림 11.9>와 같다.

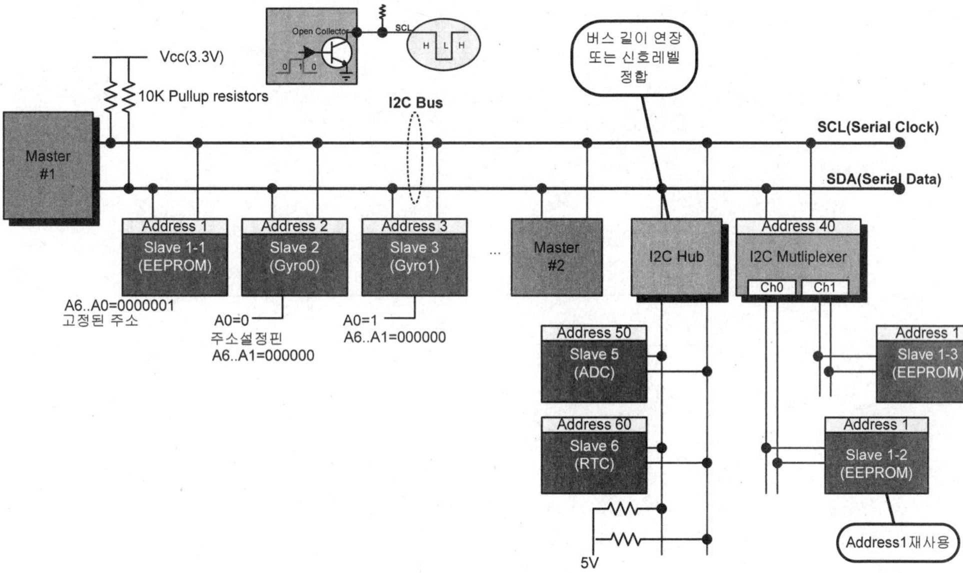

<그림 11.9> I2C 시스템의 구성

11.10 I2C 신호방식

기본적으로 Idle시 I2C 버스는 High 신호 상태로 유지된다. 이후 데이터 '1을 송신할 경우 High 신호 상태를 표출하고 '0'을 송신할 경우 Low 신호 상태로 천이한다.
Open Collector 로직을 사용하는 I2C 버스 특성상 만약 버스상에 노드A가 비트 '1'을 송신하고 노드 B가 비트 '0'를 동시에 송신하였다면, 실제 버스상에는 비트 '0'이 표출된다. 따라서 비트 '1'(High)을 열성비트라고 하는 반면 Logic '0' (Low)를 우성비트라고 한다.

버스상 신호상태	논리값	의미
High	Logic 1	열성. Idle 상태
Low	Logic 0	우성.

11.11 I2C 메시지의 구성

I2C 메시지는 크게 한 바이트의 {주소 영역 | R/nW}과 한 바이트 이상의 데이터 영역으로 구성된다.

- 주소 영역과 R/W 비트 : 각 노드는 중복되지 않는 7비트 길이의 주소가 할당된다. 슬레이브의 경우 하드웨어적으로 고정된 주소값을 가지는데 일부 칩은 주소의 끝자리 비트들을 외부에서 설정할 수 있다[11]. 7비트의 주소영역에 이어 슬레이브에 대한 Read 또는 Write 동작을 지시하는 R/nW 비트가 이어진다.
- 데이터 영역 : 주소 영역에 이어지는 데이터 영역은 1바이트 이상의 길이를 가지며, 슬레이브 장치별로 다양한 내용으로 구성된다. 예를 들어 EEPROM에 대하여 특정 번지에 한 바이트의 내용을 쓰기 동작을 한다면 데이터 영역은 {Write Command, 주소값, EEPROM 데이터}로 구성된 총 3바이트의 데이터가 송신되어야 할 것이다.

특히, I2C 주소는 7비트로 구성되지만 실제 전송될 경우 가장 먼저 전송되고 마지막 비트에 R/nW 비트가 추가된다.

- R/Wn = 0 : 마스터가 특정 슬레이브에게 데이터를 write(send)할 때이다. 즉, 전송동작(send, Write)임을 표시한다.
- R/Wn = 1 : 마스터가 슬레이브로부터 데이터를 수신(Read)할 때 사용된다. 즉, 슬레이브로부터 마스터가 데이터를 수신하겠다는 것을 지시한다.

예를 들어 '1110000(0x70)'인 7비트의 슬레이브 주소에 대하여 R/nW 비트값에 따라 버스상에 표출되는 8비트의 영역은 다음과 같이 표출된다. 따라서 일부에서는 I2C 주소를 2종류의 8비트값으로 표현하기도 한다.

- Read : '11100001'. 0xE1으로 표출된다.
- Write : '11100000'. 0xE0으로 표출된다.

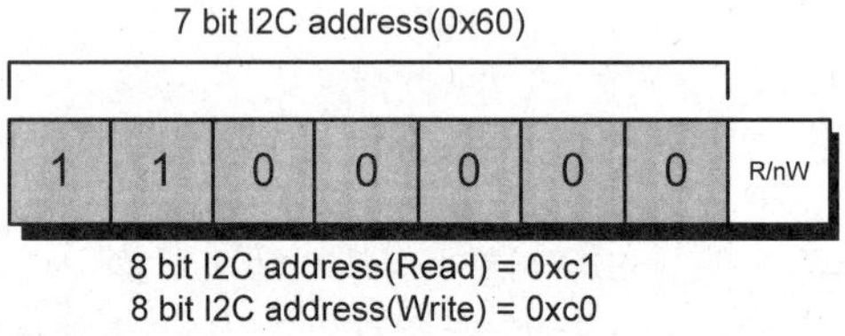

<그림 11.10> I2C주소의 예

11.12 I2C의 기본동작절차

I2C 메시지는 항상 Start비트로 시작하고 마지막의 Stop비트로 마감된다. 각 8비트의 데이터는 MSB부터 전송된다. 그리고 I2C에서 여러 바이트가 연속된 메시지를 전송할 때 각 바이트별로 수신측으로부터의 응답 비트가 수신되어야만 그 다음 바이트의 전송이 가능하다. 이것은 가장 먼저 송신되는 주소 영역에 대해서도 적용된다.

---

[11] 만약 동일한 주소를 가진 슬레이브를 추가 설치해야 할 경우에는 I2C Multiplexer를 사용해야 한다.

- Start(S) 비트를 송신한다. Start Condition이라고도 한다.
- 슬레이브 주소를 송신한다.
- 한 바이트의 주소영역을 송신한 바이트를 송신한 마스터는 9번째비트 기간동안 버스를 release하여 버스상에 열성인 '1'이 표출되도록 한다.
- 이 과정에서 8번째 비트까지 정상적으로 수신한 수신측은 9번째 비트영역의 SDA신호선 값을 우성인 '0'으로 설정함으로써 송신측에 대한 ACK를 표시한다. 이에 실제 SDA 신호선에는 '0'이 표출된다.
- 이를 감지한 송신측은 다음 바이트의 데이터 전송을 계속한다[12].
- 만약 데이터 바이트 수신을 실패한 수신측의 경우, ACK비트 응답시점에서 SDA 대신에 SCL 클럭 신호선의 상태를 Low상태로 hold한다. 이것은 우성 비트열이므로 송신측은 이것을 NAK로 판단하고 자신의 전송을 대기하는 대기상태로 천이한다[13]. 이후 수신측이 SCL 신호선 값을 release하면 이를 감지한 송신측은 자신의 데이터 전송을 재개한다.
- 마지막으로 STOP(P) 비트를 송신한다. Stop Condition이라고도 한다.

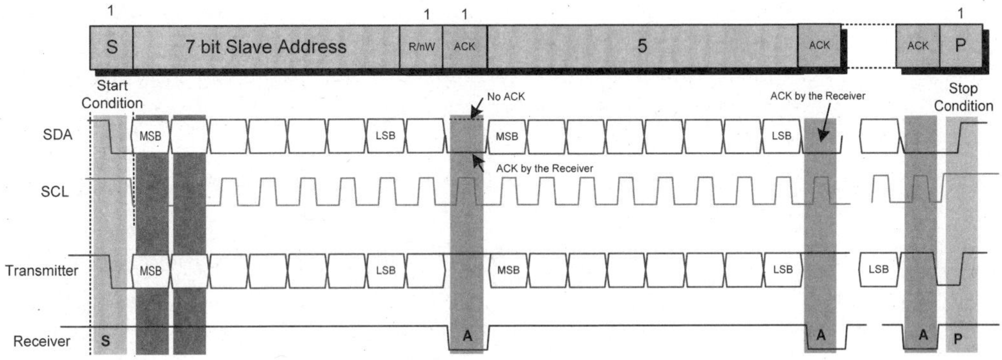

<그림 11.11> I2C 프레임 형식과 타이밍 도.

상세한 신호 상태는 다음과 같다.

a) Idle 상태 : SDA와 SCL은 모두 풀업 저항을 통하여 VCC에 연결되어 있으므로 모두 High 상태를 유지한다.

b) START 및 STOP 신호 : I2C에서는 메시지의 송신을 개시(start)하고 종료(Stop)됨을 SDA와 SCL 신호선을 함께 조합하여 다음과 같이 사용한다.

- START 신호 : SCL=H인 동안, SDA 라인이 H서 L로 천이하는 경우
- STOP 신호 : SCL=H인 동안, SDA 라인이 L에서 H로 천이하는 경우

---

[12] 8비트의 데이터는 이후 수신측으로부터의 응답비트를 기대하므로, 각 바이트는 9비트 단위로 전송된다고 할 수 있다.

[13] 즉 SCL을 마스터가 계속 송신하지만 Slave가 해당 SCL 선로값을 hold하게 되면 마스터 입장에서는 자신은 SCL을 계속 보내고 있는데 실제 버스상에는 0이 감지되므로 NAK임을 알 수 있다.)

따라서 이들과 {주소, 데이터}를 구분하기 위하여 {주소, 데이터} 영역의 각 비트는 SCL=H인 기간 동안 SDA 값을 변화시키지 않는다. 즉, 주소 및 데이터 비트들은 오직 SCL=L일 때만 천이한다.

c) 슬레이브 주소 및 R/W 신호 전송 절차 : 송신측은 START 신호를 생성한 후 7비트의 수신측 주소 비트 열을 송신한다[14]. 이어 상대방에게 데이터를 송신(Write)할 것인지 또는 상대방으로부터의 데이터 수신(Read)을 기대한다는 것인지를 지시하는 8번째 비트인 R/Wn 비트를 송신한다.

d) ACK 영역 : 한번에 전송할 수 있는 바이트 수는 제한이 없다. 각 바이트 전송이 완료되면 수신측으로부터의 ACK비트를 기대한다. ACK비트는 수신측에서 발행하므로 마스터에 의한 Write와 Read 동작시 다음과 같이 슬레이브 또는 마스터가 발행한다.

- 마스터에 의한 Write 데이터 구간 : 슬레이브가 발행한다.
- 마스터에 의한 Read 데이터 구간 : 마스터가 발행한다. 단, 마지막 데이터 바이트에 대해서는 NoACK한 후 Stop 조건을 발행하여 해당 트랜잭션이 완료되었음을 슬레이브에게 알린다.

이러한 ACK 과정 중에 마스터는 SCL를 연속 공급하고 있어야 한다. 다음은 ACK 과정에서 수행하는 송신측과 수신측의 동작이다.

- 송신측 : ACK 비트 구간에서 SDA=H(열성 비트)를 송신함으로써 해당 SDA 선로 상태를 Release한다.
- 수신측 : 각 바이트 수신완료시 SDA=0(우성 비트)를 버스상에 표출하여 ACK를 표시한다[15].
- 송신측 : SCL의 상승 엣지에서 감지된 SDA값이 L이면 ACK로 인식한다. 만약 SDA=H이면 STOP 신호를 발생하여 추가 전송을 중지한다.

e) 데이터 영역 : 주소 영역의 전송 시와 마찬가지로 데이터 영역의 각 바이트의 전송 시(주소 영역 포함) 수신측으로부터의 ACK 비트가 항상 사용된다. 데이터 바이트 열의 전송이 수행된 후 마스터가 생성하는 STOP 신호에 의해 마감된다[16].
대부분의 경우 데이터 영역은 슬레이브에 대한 command, command에 대한 설정값 등으로 구성된다. 예를 들어 {볼륨 증가 명령어, 볼륨 값}으로 데이터 영역이 구성된다.

f) 마스터 No ACK(MNAK) : 마스터에 의한 슬레이로부터의 Read 절차 시 마지막 바이트 읽기 동작까지는 Master가 슬레이브에게 ACK를 한다. 하지만 마스터가 마지막 바이트를 읽은 후에는 ACK 비트를 응답하지 않음으로써 더 이상 슬레이브가 송신하지 않도록 한다. 이어 마스터는 STOP(또는 START) 신호를 생성한다.

---

[14] 주소 0은 방송형 주소이다.
[15] 응답이 불가한 수신측은 현재의 SDA 선로 상태 = H에 대하여 반응하지 않는다. 이것을 감지한 마스터는 STOP 조건을 발생하여 전송을 취소한다.
[16] 하지만 master가 연속된 START 신호를 발생시켜 다른 slave에 대한 통신을 개시할 수 있다. 즉, STOP 신호를 생성하지 않고도 다른 slave를 어드레싱 할 수도 있다.

11.13 Repeat-Start(또는 Restart Condition) 동작

이것은 I2C방식의 EEPROM이나 BMP180 대기압 센서와 같이 Write 동작에 이어 Read 동작을 연속 수행할 때 사용된다. 즉 Write 동작 시 정상적인 Start condition 파형을 생성한 후 Write를 수행한다.

이어 Write 동작의 마지막에 Stop condition 신호를 생성하지 않고, 이어지는 Read 동작을 위하여 새로운 Start condition 신호를 생성한다. 이것을 Repeat Start 또는 Restart condition 신호라고 한다.

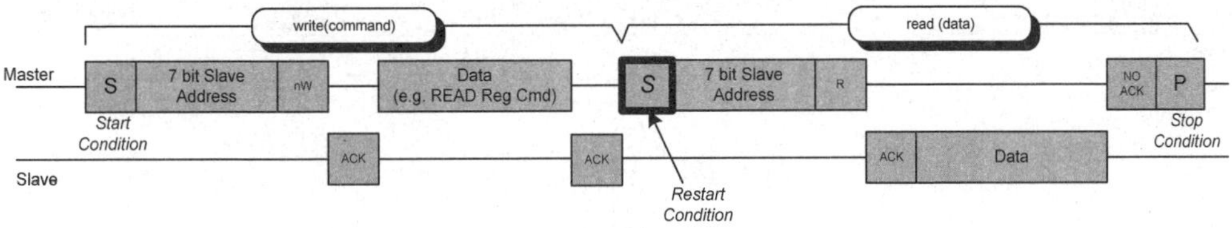

<그림 11.12> I2C Restart 신호

11.14 I2C의 동작

(1) 개요

대부분의 I2C 슬레이브 장치는 <그림 11.13>과 같이 내부에 여러 개의 레지스터를 가지고 있다. 이 레지스터는 마스터가 설정하거나 온도값을 저장하는 등의 용도이다. 마스터는 해당 레지스터에 대하여 쓰기동작과 읽기동작을 모두 수행한다.

이를 위하여 다음과 같은 Write 및 Read 동작이 필요하다.

- Single Byte Write 동작
- Multi Byte 데이터 Write 동작
- Single Byte Read 동작
- Multi Byte Read 동작

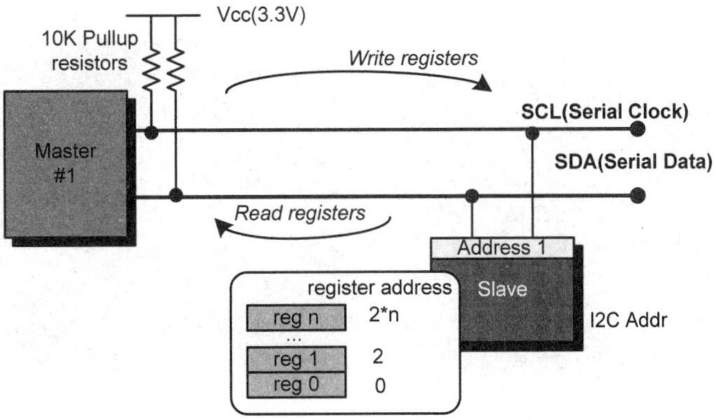

<그림 11.13> I2C의 동작 예

이러한 각각의 작업 과정에서 슬레이브 또는 마스터는 상대방으로부터 수신된 바이트별로 ACK 비트로 응답한다.

<그림 11.14>는 여러 바이트에 대한 쓰기 및 읽기 동작에 대한 것이다.

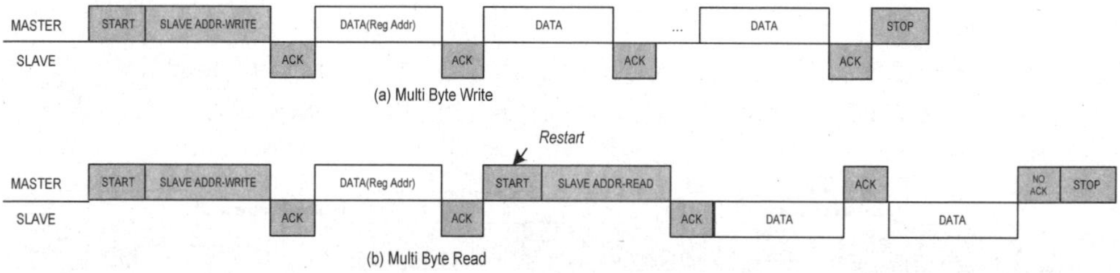

<그림 11.14> I2C의 쓰기 및 읽기 동작 과정

I2C 버스로 송수신되는 신호의 예는 <그림 11.15>과 같다.

① 쓰기 동작에서 송신되는 하나의 완전한 i2c 메시지 파형이다.
② 이 메시지의 선두 부분에서 start condition 파형을 확인할 수 있다.
③ 각 바이트에 대한 슬레이브 측의 ACK 비트 파형을 확인할 수 있다.
④ 메시지의 마지막 부분에서 stop condition 파형을 확인할 수 있다.

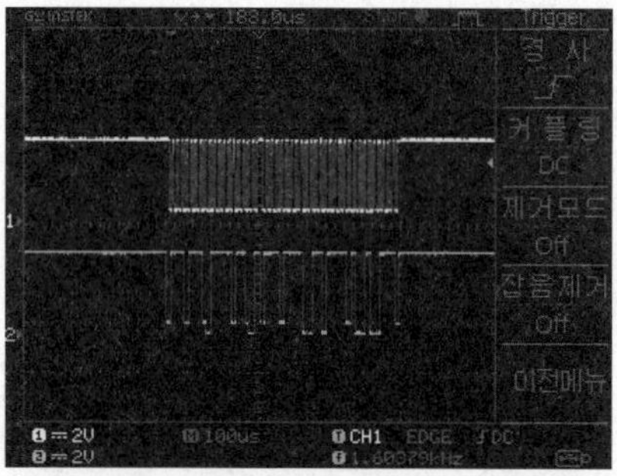

(a) i2c write 프레임

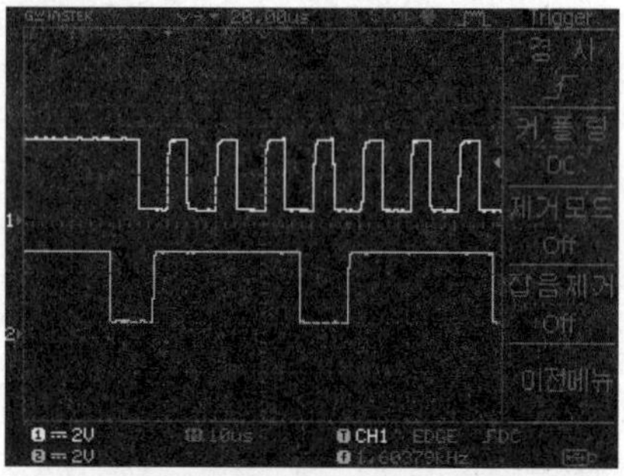

(b) Start Condition 신호

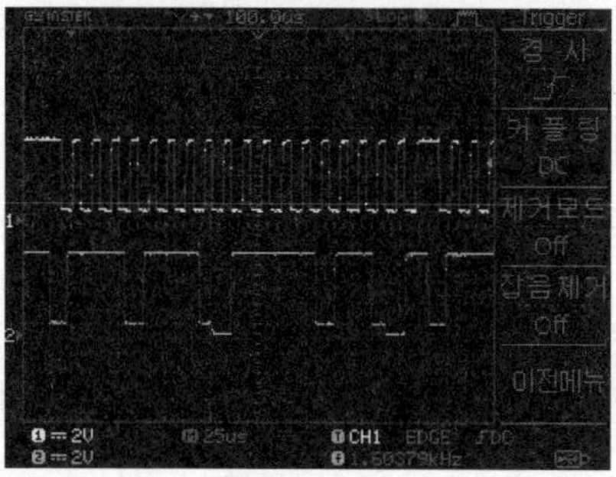

(c) Ack비트

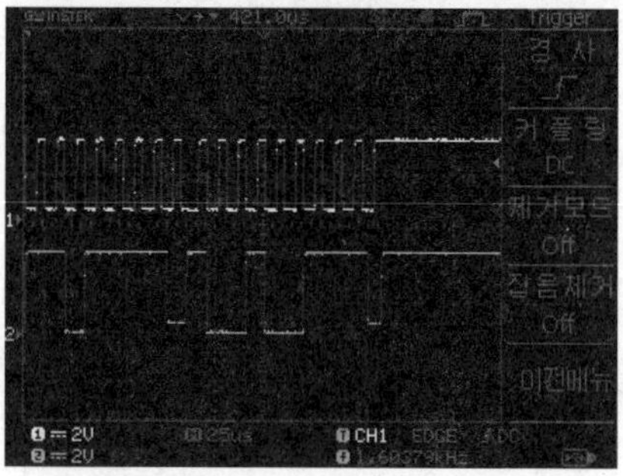

(d) Stop Condition 신호

<그림 11.15> 쓰기 동작 신호의 예

11.15 I2C 버스지원장치 및 회로

기본적인 I2C 기반의 마스터 및 슬레이브 외에 전송 거리를 연장시키거나 동일한 주소를 갖는 여러 개의 슬레이브 장치의 연결을 지원하는 칩은 다음과 같다.

(1) I2C 허브

I2C 버스의 길이를 연장용으로 사용되며 연장되는 버스에 접속되는 노드들의 주소는 다른 노드의 주소와 중복되지 않아야 한다.

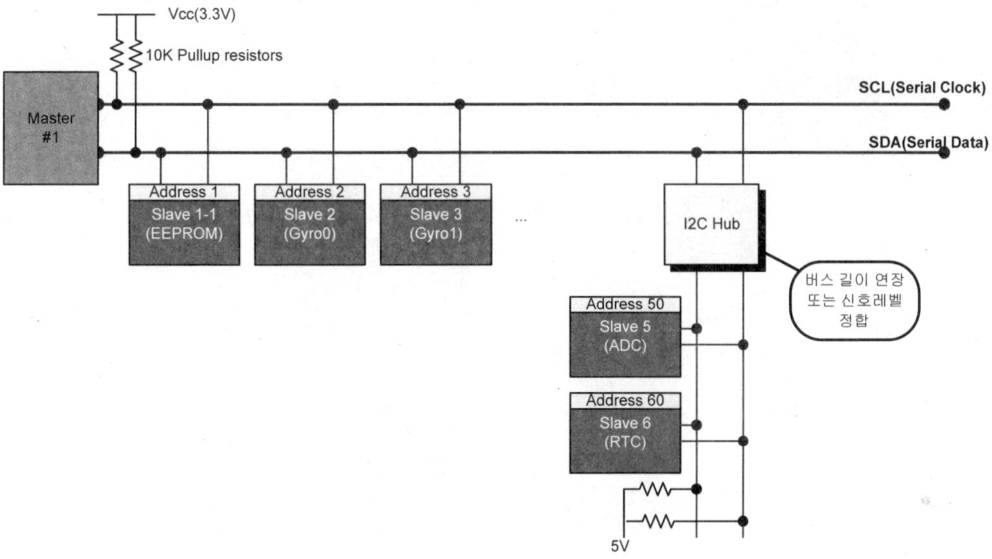

<그림 11.16> I2C 허브의 활용

(2) I2C 멀티플렉서

동일한 I2C 주소를 사용하는 2개 이상의 I2C 슬레이브 장치를 동일한 버스상에 연결할 수는 없다. I2C 멀티플렉서는 이를 해결한다.

<그림 11.17>의 예를 보자. 동일한 I2C 주소를 사용하는 3개의 I2C EEPROM를 멀티플렉서를 사용하여 설치한 것이다. 분명히 이들은 각각 독립된 I2C 버스상에 설치되어 있다.

여기서 I2C 멀티플렉서는 주 마스터 노드에 대한 슬레이브로 동작한다. 동시에 자신이 거느리고 있는 노드들에 대한 마스터노드 역할을 수행하면서 자신에게 전달된 메시지를 해당 슬레이브 노드에 재 중계한다. 마치 proxy처럼 동작한다. 따라서 해당 슬레이브 노드의 주소는 주 버스에 접속된 노드의 주소를 재 사용할 수 있다.

예를 다시 보자. 마스터가 멀티플렉서의 Ch0에 연결된 슬레이브 EEPROM(1-2)에 데이터 쓰기 동작을 한다고 하자. 이에 다음과 같이 동작한다.

① 마스터는 I2C 멀티플렉서에게 "앞으로 내가 보내는 데이터는 모두 Ch0로 중계하라"는 제어 명령을 송신한다.

② 이에 멀티플렉서는 입력 신호를 Ch0로 출력시키도록 설정한다.
③ 이어 마스터가 해당 EEPROM 1-2에게 데이터 형태로 "Slave Address | Write" 및 관련 데이터를 송신한다.
④ 멀티플렉서는 이를 중계한다.

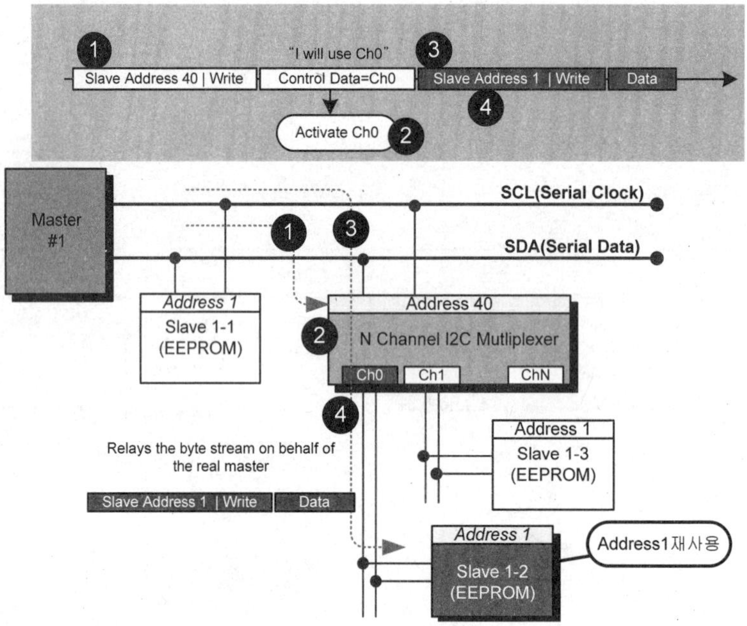

<그림 11.17> I2C 멀티플렉서의 활용

(3) 신호 레벨 변환 회로

일부 슬레이브 장치는 5V의 I2C 인터페이스만 제공하므로 기본적인 3.3V I2C 버스와의 접속을 위한 양방향 신호 레벨 변환 회로를 구성해야 한다. 이것은 전용 레벨 변환 칩이나 BSS138 N-MOSFET를 사용하여 구성할 수 있다.

<그림 11.18>은 BSS138을 이용한 I2C 버스를 위한 양방향 신호 레벨 변환 회로이다.

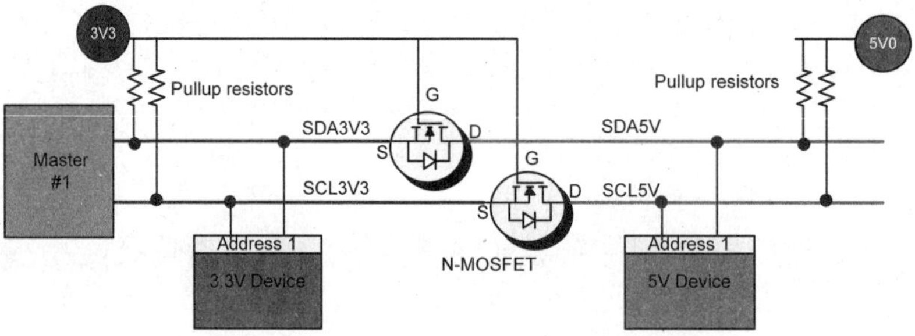

<그림 11.18> I2C용 양방향 신호 레벨 변환 회로

11.16 I2C의 활용

(1) Serial I2C EEPROM

64K비트 EEPROM인 24LC64, 1Mbit의 M24M01, 1K비트의 AT24WC16/1024 EEPROM 등은 모두 I2C방식의 직렬 EEPROM이다. <그림 11.19>는 24LC64 메모리로써 64Kbit EEPROM이다. 이것은 1 또는 2바이트의 쓰기 및 읽기 동작을 최대 400Kbps로 지원한다.

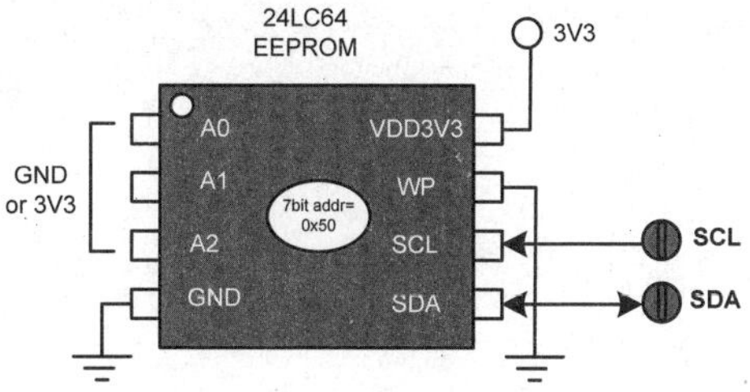

<그림 11.19> 24LC64 EEPROM

(2) 센서 구동 모듈

LM75 등의 온도 센서, 조도 센서 TSL2561, IR 센서 PNA4602, Color 센서 TCS34725, Gyro 센서 L3G4200D, 대기압 센서 BMP180, 가속도 센서 ADXL345 등 다양한 센서들이 I2C 인터페이스를 통해 데이터를 전달한다.

(3) LED 및 LCD 구동 모듈

NXP사의 SAA1064는 I2C로 제어하는 4자리 7Segment LED 드라이버 칩이다[17]. 또한 NXP사의 PCA9551과 PCA9531은 각각 8개의 LED의 blinking 주기 또는 밝기를 I2C인터페이스로 제어하는 칩이며, PCF8534는 문자 또는 도트 매트리그 LCD 구동 칩이다. 그리고 Holtek사의 HT16K33는 8x8 도트 매트릭스 LED를 I2C 버스로 구동하는 칩이다.

(4) 기타

Wolfson사의 WM8731 스테레오 오디오 코덱의 경우 초기설정 및 제어과정은 모두 I2C로 수행된다. 그리고 NXP의 SC161S75X 및 SC161S76X는 I2C를 이용하여 UART 기능 또는 GPIO 기능을 수행할 수 있는 연동 기능을 제공한다. 또한 NXP사의 SC18IS602는 I2C- SPI 브리징을 제공한다.

11.17 Single-Wire 방식(참고)

1Wire 기술은 Dallas Semiconductor사에서 개발한 1가닥의 선로를 사용하여 데이터와 전원을 공급하는 저속 직렬버스방식이다. 이것은 I2C와 유사하지만 보다 저속이면서 장거리 전송할 수 있다. 이것을 MicroLan 이라고도 부른다. 주로 온도 탐침봉 등에 사용한다.

---

[17] 7segment LED를 병렬로 지원하려면 최대 8개의 선로가 필요한데 I2C를 사용하면 선로를 많이 줄일 수 있다.

이것의 실제는 2가닥을 사용하는데 하나는 데이터용이고 나머지는 그라운드이다.
DS18B20칩은 1wire기능을 가진 디지털 온도센서로써 -55 ~128℃ 온도를 ±0.5℃ 단위의 9비트값으로 표출한다[18].

11.18 설계과제

I2C와 SPI를 지원하는 다음과 같은 소자에 대한 주변회로와 관련 소프트웨어 드라이버를 설계하고 오실로스코프 또는 로직 분석기로 그 동작을 확인한다[19].

a) SPI

- TC77 온도 센서
- M25P80 8Mbit EEPROM
- MicroSD 메모리 카드
- ENC28J60 10Mbps 이더넷
- HY-18 1.8" LCD

b) I2C

- LM75 온도 센서
- 24LC64 EEPROM
- SAA1064 7seg LED 구동칩
- HT16K33 8x8 도트매트릭스 LED 구동칩
- BMP180 기압센서
- L3G4200D 자이로 센서
- ADXL345 가속도 센서
- HMC5883L 자자계(나침반) 센서
- MPU6050 IMU 센서

11.19 SPI 보드 설계

(1) 설계 목표

다양한 SPI 지원 슬레이브 소자를 하나의 보드에 통합한 보드를 설계한다.

(2) 요구사항

- SPI를 지원하는 다음과 같은 소자 중에서 최대 3개를 동시 구동할 수 있는 주변회로를 설계한다.

---

[18] 특히 하나의 라인에 여러 개의 센서 칩을 연결할 수 있는데 개별적인 칩이 나름대로의 고유한 ID code가 내장되어 있기 때문이다.

[19] [참고] 일부 칩은 I2C와 SPI 인터페이스를 모두 제공한다. 예를 들어 MPU-6050의 경우 기본적으로 SPI접속부를 제공하지만 I2C방식을 사용할 경우 2개의 신호선만 사용한다.

- nCS0 : HY18 1.8인치 LCD
- nCS1: M25P80 8Mb EEPROM, TC77 온도센서, microSD. 이들의 선택은 jumper로 결정한다.
- nCS2: ENC28J60 10Mbps 이더넷

- 하나의 SPI 버스에 멀티드롭 되도록 한다.
- 최대 3개의 구분되는 Chip Select 신호선을 사용한다.
- nCS1의 경우 TC77, EEPROM, SD 카드 등이 사용하며 이들의 선택은 점퍼로 결정한다.
- 관련 소프트웨어 드라이버를 작성한다.
- 오실로스코프 또는 로직 분석기로 동작을 분석한다.

(3) 하드웨어 설계

SPI 모듈의 회로 예는 <그림 11.20>과 같다.

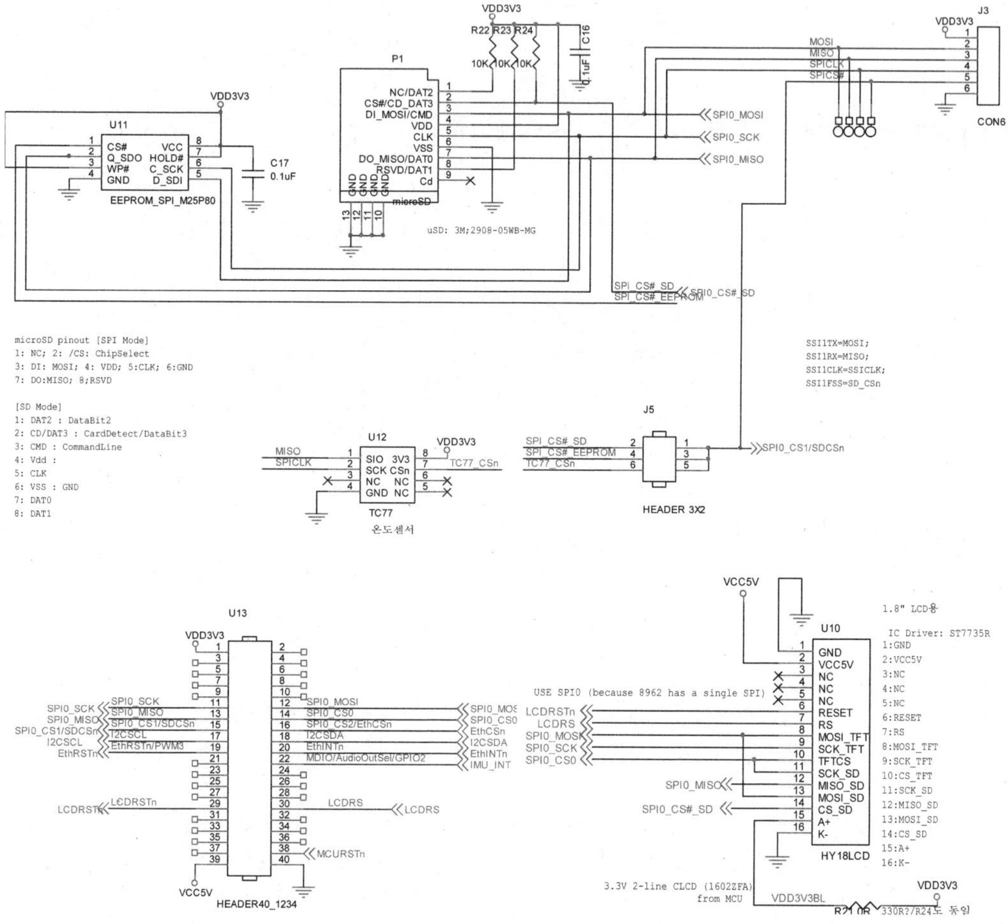

<그림 11.20> SPI 지원 보드의 회로도

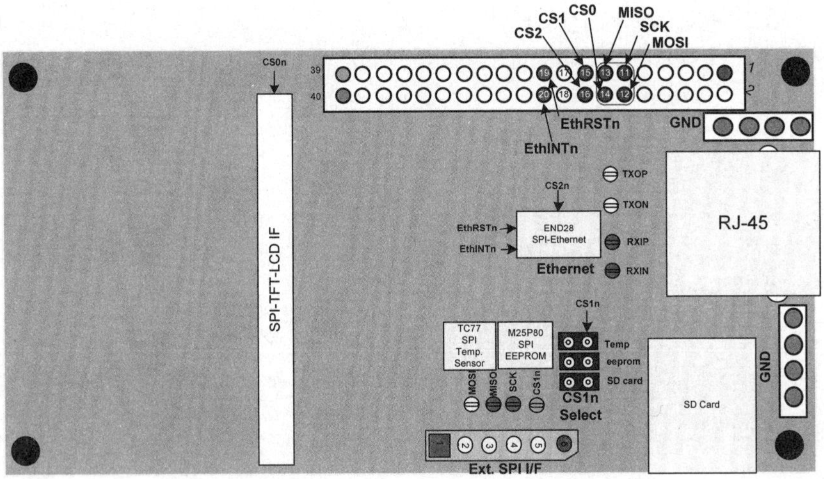

<그림 11.21> SPI 지원 보드의 구조

11.20 SPI 온도 센서 설계 및 SPI 기본 프로그래밍

(1) 설계 목표

SPI 인터페이스를 제공하는 TC77 온도 센서에서 온도값을 읽어 오는 소프트웨어를 설계한다.

(2) 요구 사항

- 기본적인 SPI용 read 및 write 함수를 설계한다.
- MCU가 제공하는 SPI모듈기능을 활용하여 MISO핀으로 온도 정보를 읽는다.
- nCS신호를 SPI모듈이 자동생성하는 대신 GPIO를 통해 소프트웨어적으로 공급한다.
- 읽혀진 온도정보를 가공하여 UART0를 통해 화면에 출력한다.

(3) SPI 관련 소프트웨어 기본설계

a) SPI의 이중 버퍼링기법

예를 들어 다음과 같은 EEPROM에 대한 읽기 동작을 보자.

① {Read 명령어, 주소} 블럭을 EEPROM에 MOSI를 통해 전송한다.

② 슬레이브 EEPROM은 그것을 해독한 후 해당 {데이터}를 MISO를 통해 응답한다.

분명히 이 절차는 반이중 통신방식이라고 볼 수 있다. 즉 마스터가 슬레이브에게 제어명령을 전송하면 이에 슬레이브가 응답하는 형태이다. 하지만 이 과정을 보다 상세하게 보도록 하자.
1번의 마스터에 의한 명령 송신과정에서 슬레이브도 마스터가 제공하는 클럭에 의해 자신의 데이터를 마스터에게 송신한다. 분명히 MOSI를 통한 전송과정에서 MISO를 통해 상대방으로부터의 수신작업도 동시에 진행된다. 즉 송신이 완료되면 수신도 완료되는 전이중 전송방식이 기본적으로 동작한다. 하지만 슬레이브로부터의 데이터는 무효한 데이터에 불과하다.

마찬가지로 슬레이브 EEPROM이 마스터에게 데이터를 MISO로 응답하는 2번째 과정을 보자. 마스터가 공급하는 SCK 클럭에 의해 슬레이브는 해당 데이터를 MOSI를 통해 전송한다. 이 과정에서 마스터는 자신의 출력 버퍼에 있는 무의미한 데이터를 송신한다[20].
따라서 슬레이브 EEPROM은 이 데이터를 역시 무시해야 한다. 이러한 과정을 고려하여 SPI기반의 직렬 EEPROM에 대한 읽기 동작을 한다면 프로그래머는 다음과 같이 코딩해야 한다.

Master :
- 유효 데이터 송신 : <Read Command> <Address>.
- 무효 데이터 수신 : 자신의 송신중 수신되는 데이터를 버림.
- 무효 데이터 송신 : <dummy data>를 송신함으로써 SCK가 생성되도록 함.
- 유효 데이터 수신 : 슬레이브로 부터의 해당 데이터를 수신함.

Slave :
- 유효 데이터 수신 : <Read Command> <Address> 수신시 해당 데이터를 준비함.
- 무효 데이터 송신 : 마스터로부터 <Read Command> <Address>가 수신되는 동안 무효한 데이터를 송신함.
- 무효 데이터 수신 : 마스터로부터의 수신되는 무효 데이터 버림.
- 유효 데이터 송신 : 해당 데이터를 송신함.

즉 마스터인 MCU가 유효한 바이트열의 송신시에는 슬레이브인 EEPROM으로 부터 무효한 바이트열이 수신된다. 이어 MCU가 유효한 데이터를 수신하려면 무효한 데이터를 슬레이브에게 송신해야 한다. 결과적으로 이러한 SPI의 동작과정은 물리적으로는 전이중 통신방식이지만 유효한 데이터 전송관점에서 보면 반이중 통신방식이라고 할 수 있다.

b) SPI 기본설정절차

① MCU내부 SPI모듈의 사용을 활성화한다.
② 해당 GPIO핀을 SPI용으로 설정한다.
③ SPI의 동작모드{0,1,2,3}을 설정한다. (예: 0)
④ 마스터 또는 슬레이브 역할을 설정한다. (예: 마스터)
⑤ SCK 클럭 주파수로 설정한다. (예: 1MHz)
⑥ 프레임 비트={8,16}비트를 선택한다. (예: 16비트)

c) 송신 및 수신 절차
다음과 같은 송신 및 수신용 함수를 설계한다[21].

---

[20] SCK는 마스터가 생성해야 하는데 대부분의 경우 이것은 MOSI를 통한 마스터의 데이터 송신동작에 의해 가능하다. 따라서 마스터가 <Read> 명령어 발행시에는 당연히 송신 동작이므로 SCK가 발생한다. 하지만 이후 슬레이브의 응답 데이터를 무작정 기다린다면 SCK가 슬레이브에 공급되지 않는다. 따라서 마스터는 무효한 데이터를 슬레이브에게 송신하는 동작을 수행함으로써 이 과정에서 발생되는 SCK에 의해 슬레이브가 마스터로의 데이터를 응답할 수 있도록 한다. 일부 gyroscope 센서는 이러한 double buffering 기법을 활용하여 유효한 송 수신과정을 동시에 수행할 수도 있다.
[21] 특정 개발환경의 경우 해당 API함수가 제공된다.

- SpiDataPut(u16 data) : MOSI 핀을 통해 슬레이브에게 2바이트 길이의 데이터를 송신하는 함수이다. 이 과정에서 SCK와 nCS 값은 자동 또는 수동으로 생성한다.
- SpiDataGet(u16 *data) : MISO핀을 통해 슬레이브로 부터 데이터를 읽어오는 함수이다. 이 과정에서 SCK와 nCS 값은 자동 또는 수동으로 생성한다.

유의해야 할 사항은 다음과 같다. SPI는 기본적으로 전이중방식이므로 양방향 통신이 동시에 수행된다. 따라서 SpiDataPut() 함수가 호출된 후SpiDataGet() 함수가 호출되지만 실제로 데이터 통신이 일어나는 시점은 같은 순간이다. 즉 SpiDataPut() 함수가 호출된 상황에서 바로 SPI 프레임이 시작되지 않고 이어지는 SpiDataGet() 함수가 호출되어 한쌍이 만들어지면 드디어 SPI 프레임의 송수신이 개시된다. 따라서 데이터를 수신시에도 무효한 데이터를 송신해야만 한다.

(4) TC77

TC77은 외부 온도를 SPI방식으로 MCU에 전달하는 센서 칩이다. 이것은 온도값을 2의 보수값을 가지는 13비트 직렬 데이터로 변환하여 SPI를 통하여 마스터에 보고한다. 슬레이브 입장에서 읽혀지는 동작만 하므로 MOSI 핀은 없다.

- SPI모드는 0이다.
- 전송 속도는 1Mbps이다.
- 16비트 모드로 동작한다.

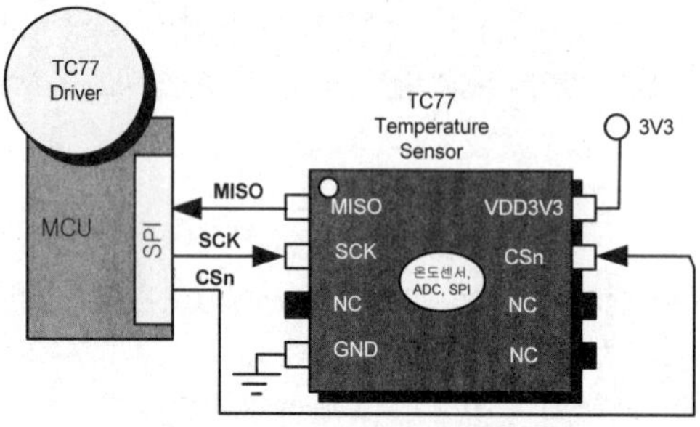

<그림 11.22> TC77 온도 센서

16비트의 온도값은 2의 보수 형태로 표현 된다. MSB는 부호이고, 8비트(2~9bit)는 정수 부분, 4비트 부분(10~13bit)은 소수 부분, 비트 14~16은 온도와는 상관없이 111이다.

온도	(MSB)	binary		(LSB)	hex
+125	0	011 1110 1	000 0	111	0x3e87
+25	0	000 1100 1	000 0	111	0x0b87
+0.0625	0	000 0000 0	000 1	111	0x000f
0	0	000 0000 0	000 0	111	0x0007
-0.0625	1	111 1111 1	111 1	111	0xffff
-25	1	111 0011 1	000 0	111	0xf387
-55	1	110 0100 1	000 0	111	0xe487

TC77의 SPI 신호는 <그림 11.23>과 같다. 이것은 SPI MODE 0이며 nCS=0 시점부터 총 13비트의 유효온도 데이터와 3비트의 무효 데이터를 MISO를 통해 출력한다. 16비트 모드로 동작한다[22].

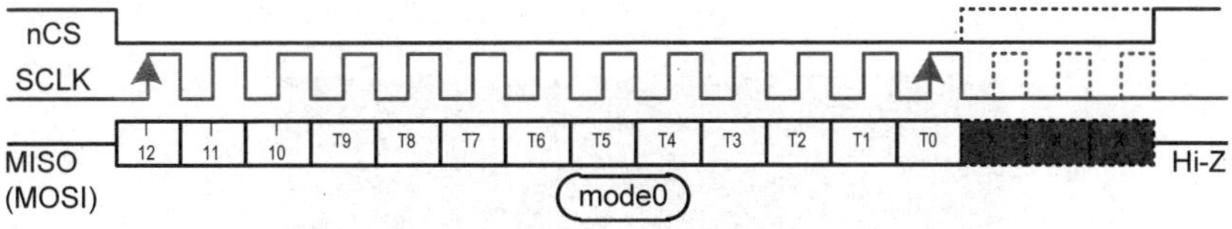

<그림 11.23> TC77 동작 신호

(5) 소프트웨어 설계

마스터 입장에서 읽는 동작만 하므로 MISO 핀을 통한 SpiDataGet() 함수만 사용하여 설계한다.

```
// SPI master demo for accessing an external TC77 Temperature sensor.
void dtSpiMasterInit(u32 mode, u32 ulBitRate, u32 ulDataWidth816, u32 Peripheral, u32 nCsPort, u32
                                                                                    nCsPins);
//Read Two Bytes
unsigned short dtSpiRdTwoBytes();
#define POS 0
#define NEG 0xFF

unsigned char TC77_ReadTemperatureLoop(){
        unsigned short temps;
          unsigned tempInt;
          unsigned tempFrac;
        unsigned char sign = POS;
        u32 nCsPins = MY_CHOICE;
      printf("TC77 Temperature Test with SPI Mode 3, 1Mbps, 16bit data.");
      dtSpiMasterInit(
            0, //Mode 0
            1000000, //1Mbps
            16, //16비트 모드
            nCsPins
        );
      while(1){
          //+ nCS1=0
          //Read Two Bytes
          SpiDataPut(0xffff); //dummy
          SpiDataGet(&temps); //read
        //+ nCS1=1
        temps >> 3; //remove the last 3 bits.
          if(temps   & 0x1000) { //below 0 degree
                  temps = 8192- temps;
                sign = NEG;
          }
      //tempf = temps * 0.0625; //if the floating point operation is allowed...
      tempInt = temps >> 4;
      tempFrac = (temps & 0xf) * 625;
      if(sign == NEG)     printf("Temperature    =    (-)%d.%04d degree\n", tempInt, tempFrac);
      else           printf("Temperature    = (+)%d.%04d degree\n", tempInt, tempFrac);
      delayms(1000);
}
```

[22] 필요시 13클럭만 공급할 수 있다.

(6) 실험 결과

nCS가 high에서 low로 변한 후 SCK가 동작한다. 16 CLK 기간동안 MISO 데이터가 전송된다. 이후 nCS는 high로 복귀한다.

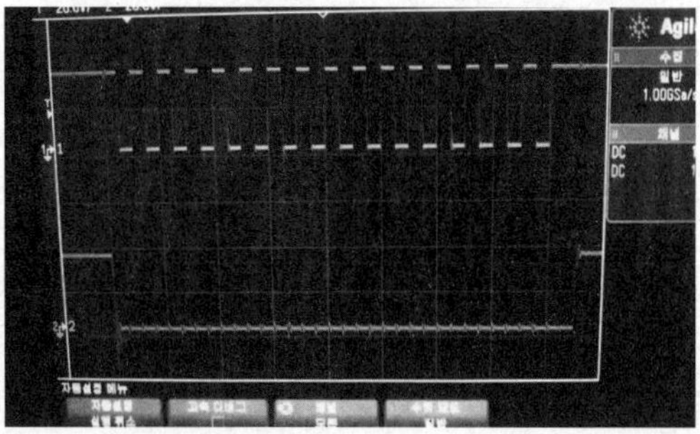

11.21 SPI 직렬 EEPROM 설계(참고)

(1) 설계 목표

SPI 인터페이스를 제공하는 EEPROM에 대한 데이터 쓰기 동작과 읽기 동작을 수행하는 프로그램을 작성하고 SPI파형을 분석한다.

(2) 요구 사항

- M25P80 EEPROM에 대한 주변회로를 설계한다.
- Read/Write 동작을 위한 소프트웨어를 설계한다.

(3) M25P80 EEPROM

M25P80은 8Mbit의 SPI EEPROM이다. M25P80에서는 256바이트 단위를 page라고 부른다. 또한 256개의 page로 구성되는 영역, 즉 512Kbit단위를 sector라고 하는데 이 칩에는 총 16개의 sector, 즉 4096page 또는 1,048,576 byte의 비교적 큰 메모리이다.

읽기 작업시 SCK는 최대 40MHz가 가능하다. W#와 HOLD#를 disable하여 설계한다.

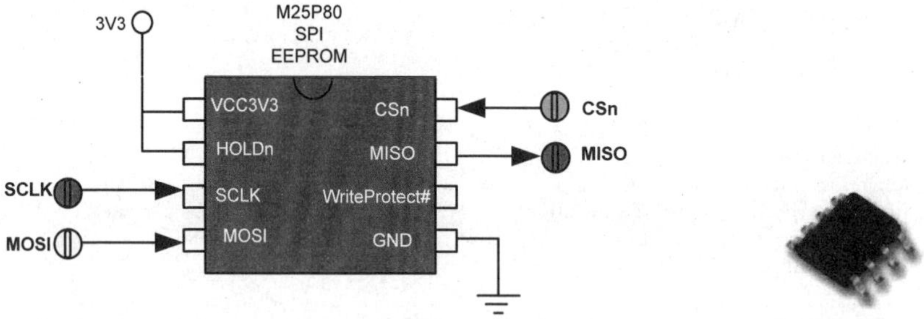

<그림 11.24> M25P80 SPI EEPROM

(4) 소프트웨어 설계

```
//M25P80 EEPROM.
//Sector = 512Kbit
//nCS1 using a GPIO pin
#define nCsGPIO            //+ needs a GPIO pin.
#define NSS2580_1          //+1
#define NSS2580_0          //+0
#define _DATA_ARRAY_SIZE 16
unsigned char write_array[_DATA_ARRAY_SIZE] = {00, 01, 02, 3, 4, 5, 6, 7, 8, 9, 0x0A, 0x0B, 0x0C, 0x0D, 0x0E, 0x0F};
unsigned char read_array[_DATA_ARRAY_SIZE+1] = {0x00};
static const unsigned short _SERIAL_FLASH_CMD_READ   = 0x03;        //Read Data bytes < Address=3bytes>
static const unsigned short _SERIAL_FLASH_CMD_FAST_READ = 0x0b;   //Read Data bytes < Address=3bytes>
static const unsigned short _SERIAL_FLASH_CMD_WRITE = 0x02;        //Page Program (Upto 256bytes):
static const unsigned short _SERIAL_FLASH_CMD_WREN   = 0x06;       // Write Enable <No Address> <No data>
//static const unsigned short _SERIAL_FLASH_CMD_EWSR   = 0x50;     // Enable Write Status Register. No in M25P80
static const unsigned short _SERIAL_FLASH_CMD_RDSR   = 0x05;       //Read Status Register
static const unsigned short _SERIAL_FLASH_CMD_ERASE_ALL = 0xC7;   // Bulk Erase <No Addr><No data>:25P80
static const unsigned short _SERIAL_FLASH_CMD_ERASE_4K = 0x20;    // Erase <No Addr><No data>:4K
static const unsigned short _SERIAL_FLASH_CMD_ERASE_32K = 0x52;   // Erase <No Addr><No data>:32K
static const unsigned short _SERIAL_FLASH_CMD_WRSR   = 0x01;       //Write Status Register <No Addr><1 data>
static const unsigned short _SERIAL_FLASH_CMD_SER    = 0xD8;       //Sector Erase <3 Addr><No data>

// Initializes SerialFlash
void SpiModuleInit_M25P80eeprom(void){
      dtSpiMasterInit(SSI_FRF_MOTO_MODE_0,2000000,8, SYSCTL_PERIPH_GPIOD, GPIO_PORTD_BASE,
                                                          nCsGPIO); //use a GPIO for nCS1
      NSS2580_1;//nCs=1
      printf("M25P80> SERIAL EEPROM TEST INIT\r\n");
}
void SerialFlash_WriteEnable(){// sends write enable (WREN) command
          NSS2580_0;//nCs = 0;
          dtSpiWrByte(_SERIAL_FLASH_CMD_WREN);
          NSS2580_1;//nCs = 1;
}
//Output: 1 - if still busy, 0 - if write completed
unsigned char SerialFlash_IsWriteBusy()
{
   unsigned char temp;
   NSS2580_0;
   dtSpiWrByte(_SERIAL_FLASH_CMD_RDSR);
   temp = dtSpiRdByte();
   NSS2580_1;
   return (temp&0x01); //if 1, write in progress
}
void SerialFlash_WriteByte(unsigned char _data, unsigned long address){
      unsigned char cAddr;
      SerialFlash_WriteEnable();
      NSS2580_0;
      dtSpiWrByte(_SERIAL_FLASH_CMD_WRITE);
      cAddr = address >> 16;    dtSpiWrByte(cAddr); //MSB
      cAddr = address >> 8;     dtSpiWrByte(cAddr); //2nd
      dtSpiWrByte(address);     //3rd
      dtSpiWrByte(_data);
      NSS2580_1;
      while(SerialFlash_IsWriteBusy());
}
void SerialFlash_WriteWord(unsigned int _data, unsigned long address){
   SerialFlash_WriteByte(_data >> 8,address); //High
   SerialFlash_WriteByte(_data,address+1); //Low
}

unsigned char SerialFlash_ReadByte(unsigned long address){
   unsigned char retVal, cAddr;
   NSS2580_0;
   dtSpiWrByte(_SERIAL_FLASH_CMD_READ);
   cAddr = address >> 16;    dtSpiWrByte(cAddr);
   cAddr = address >> 8;     dtSpiWrByte(cAddr);
   dtSpiWrByte(address);
```

```
    retVal = dtSpiRdByte();
    NSS2580_1;
    return retVal;
}
unsigned int SerialFlash_ReadWord(unsigned long address){
    unsigned int temp;
    temp = SerialFlash_ReadByte(address);
    temp = temp << 8; //High
    temp |= SerialFlash_ReadByte(address+1); //High | Low
    return temp;
}
//Writes data to successive addresses:
unsigned char SerialFlash_WriteArray(unsigned long address, // address of the begining
                unsigned char* pData, // pointer to buffer containing data
                unsigned int nCount) // number of bytes to be written
{
    unsigned long addr;
    unsigned char* pD;
    unsigned int counter;
    addr = address;
    pD    = pData;

    // WRITE
    for(counter = 0; counter < nCount; counter++) SerialFlash_WriteByte(*pD++, addr++);
    // VERIFY
    for (counter=0; counter < nCount; counter++){
      if (*pData != SerialFlash_ReadByte(address))
          return 0; //error found
      pData++;
      address++;
    }
    printf("\r\n");
    return 1;
}

// Function that reads data from successive addresses
void SerialFlash_ReadArray(unsigned long address, // address of the begining
                unsigned char* pData,    // pointer to buffer where to store read data
                unsigned int nCount) // number of bytes to be read
{
        unsigned char cAddr;
        NSS2580_0;
        dtSpiWrByte(_SERIAL_FLASH_CMD_READ);
        cAddr = address >> 16; dtSpiWrByte(cAddr);
        cAddr = address >> 8;  dtSpiWrByte(cAddr);
        dtSpiWrByte(address);
        printf("RdByte from 0x%08x = ",address);
        while(nCount--)  {
                *pData = dtSpiRdByte();
                printf("0x%02x ",*pData);
                pData++;
        }
        NSS2580_1;
}

//Function that sends Chip Erase command
void SerialFlash_ChipErase(void){
    SerialFlash_WriteEnable(); //Send _SERIAL_FLASH_CMD_WREN(0x06)
    NSS2580_0;//nCsSpiEeprom = 0;
    dtSpiWrByte(_SERIAL_FLASH_CMD_ERASE_ALL);
    NSS2580_1;//nCsSpiEeprom = 1;
    // Wait for write end
    while(SerialFlash_IsWriteBusy());
}
//Input: address of the sector to be erased
void SerialFlash_SectorErase(unsigned long address){
        unsigned char cAddr;
        SerialFlash_WriteEnable();
        NSS2580_0;
        dtSpiWrByte(_SERIAL_FLASH_CMD_SER);
        cAddr = address >> 16; dtSpiWrByte(cAddr);
```

```
            cAddr = address >> 8;   dtSpiWrByte(cAddr);
            dtSpiWrByte(address);
            NSS2580_1;
          while(SerialFlash_IsWriteBusy());
}

// Function run the serial flash test
void SF_Test()
{
            unsigned char temp, i, success;
            unsigned long ulAddr=0x000000;
            // Erase entire flash
            printf("M25P80> 1. Erasing chip... (It will take several seconds.)\r\n");
            SerialFlash_ChipErase();
            printf("M25P80> 2. Erase All Data Done! \r\n");
            delayms(100);
            // Write and read back a single byte test
            temp = 0x55;
            printf("M25P80> 3. Writting 0x55 at 0x%x\r\n",ulAddr);
            SerialFlash_WriteByte(temp, ulAddr);
            somedelay(10000);
            printf("M25P80> 4. Reading byte at 0x%x...\r\n",ulAddr);
            temp = SerialFlash_ReadByte(ulAddr);
            printf("M25P80> Read byte at 0x%08x = 0x%x\r\n",ulAddr,temp);
            somedelay(10000);
            // Write the repetitive pattern of data to fill the first 4K of memory
            // and then read the entire flash again and check the data correctness
            printf("M25P80> 5. Writing array from Addr of 0x%08x... \r\n", 0x00000001);
            SerialFlash_WriteArray(0x00000001, &write_array[0], _DATA_ARRAY_SIZE);
            somedelay(10000);

            printf("M25P80> 6. Reading array...\r\n");
            SerialFlash_ReadArray(0x0001, &read_array[0], _DATA_ARRAY_SIZE);
            somedelay(10000);
            success = 1;
          for (i = 0; i<_DATA_ARRAY_SIZE; i++)    {
            if (read_array[i] != write_array[i])       {
              success = 0;
              break;
            }
          }
          if (success) printf("M25P80> 7. Success - Full match!");
          else         printf("M25P80> 7. Failed");
            somedelay(10000);
}

//main loop
void SpiM25p80EepromLoop(){
      pintf("M25P80 EEPROM TEST with SPI MODE_0,2Mbps, 8bit.");
      SpiModuleInit_M25P80eeprom();
      SF_Test();
      while(1);
}
```

11.22 Bitbang 프로그래밍 기반의 SPI(참고)

(1) 개요

Bitbang 프로그래밍 기법은 전용 하드웨어 모듈 대신에 MCU의 범용 IO(GPIO)를 활용하여 직렬 통신기능을 소프트웨어로 구현하는 기법이다. 즉 소프트웨어로 해당 비트와 클럭을 (거의) 동시에 송신하고, 필요시 GPIO의 입력상태를 샘플링하여 수신한다. 즉 각 신호핀에 대한 타이밍, 전압레벨, 동기 기능을 모두 소프트웨어로 구현하는 기법이다.

bitbanging의 단점으로는 CPU로 모든 신호를 만들어야 하므로 CPU 점유시간이 크다는 것과 생성한 신호들은 엄격한 타이밍을 만들지 못하므로 지터가 크다는 것을 들 수 있다.

(2) 프로그래밍 예

SPI기능을 bitbang방식으로 프로그래밍하려면 8비트 데이터를 직렬전송하면서 클럭도 함께 생성해야 하고 ChipSelect(CS) 신호선도 만들어야 한다.

이러한 birbang 프로그래밍의 예는 다음과 같다.

```
// transmit byte serially, MSB first
void send_8bit_serial_data(unsigned char data)
{
    int i;
    // select device
    output_high(SD_CS);

    // send bits 7..0
    for (i = 0; i < 8; i++)
    {
        // consider leftmost bit
        // set line high if bit is 1, low if bit is 0
        if (data & 0x80)
            output_high(SD_DI);
        else
            output_low(SD_DI);
        // pulse clock to indicate that bit value should be read
        output_low(SD_CLK);
        output_high(SD_CLK);
        // shift byte left so next bit will be leftmost
        data <<= 1;
    }

// deselect device
    output_low(SD_CS);
}
```

11.23 I2C 지원 모듈 설계 및 기본 드라이버 소프트웨어 설계

(1) 설계 목표

I2C를 지원하는 다양한 소자에 대한 주변 회로를 설계한다.

(2) 요구 사항

- I2C를 지원하는 다음과 같은 소자에 대한 주변 회로를 설계한다.
  - LM75 온도 센서
  - 24LC64 EEPROM
  - SAA1064 7-seg LED 구동칩
  - HT16K33 8x8 도트매트릭스 LED 구동칩
  - BMP180 기압센서
  - L3G4200D 자이로 센서
  - ADXL345 가속도 센서
  - HMC5883L 자자계(나침반) 센서
  - MPU6050 IMU 센서

- 모두 I2C 버스의 마스터인 MCU에 대하여 슬레이브로 동작하며 모두 하나의 I2C 버스에 멀티드롭 되어 있으며 이 버스는 10KΩ로 3.3V에 풀업 되도록 한다.
- [주의] 일부 칩은 5V의 I2C버스로 동작하므로 BSS138 FET를 사용하여 3V3과 5V간을 정합해야 한다.
- 대부분의 경우 멀티바이트 쓰기와 읽기 동작이 요구된다. 따라서 Burst Mode 전송 기능을 지원해야 한다.
- 각 I2C 소자의 7비트 주소값 중 하위 일부 비트는 외부 핀(A0, A1 등)으로 설정할 수 있지만 보드에서는 모두 고정하도록 한다.
- 일부 슬레이브는 기본적인 I2C 인터페이스 외에 인터럽트 출력 신호를 제공하므로 MCU가 이를 GPIO로 수신할 수 있도록 설계한다.
- I2C용 기본 소프트웨어 드라이버를 설계한다.

(3) 하드웨어 설계

본 절에서 다루는 각종 I2C 슬레이브 장치에 대하여 다음과 같이 배치한다. 일부 슬레이브 장치는 기본적인 I2C인터페이스 외에 이벤트 보고용 인터럽트 핀 출력이 있으므로 이것을 MCU의 GPIO에 연결하도록 한다.

또한 일부 슬레이브(HT16K33 및 SAA1064)는 5V의 I2C 인터페이스를 제공하므로 기본적인 3.3V I2C 버스와의 접속을 위하여 BSS138 N-MOSFET를 사용한 양방향 신호레벨 변환 회로를 추가하도록 한다.

각 소자의 I2C 슬레이브 주소는 다음과 같다.

센서 명	I2C 주소(7bit)	I2C 주소(7bit)	기능	MCU의 역할	기본 동작
HT16K33	111-0000-R/W	0x70	8x8 도트 매트릭스 LED 구동 칩	메인보드의 SW1과 SW2의 입력값에 따라 지정된 시나리오에 따라 LED에 출력.	Write 동작
MPU6050	110-1000-R/W	0x69	자이로 센서 칩	I2C보드의 움직임에 따른 가속계값을 Read하여 UART0로 표시함	Read 동작
HMC5883L	001-1110-R/W	0x1E	자자계(나침반) 칩	I2C보드의 움직임에 따른 방위값을 Read하여 UART0로 표시함	Read 동작
LM75	100-1000-R/W	0x48	온도 센서	I2C보드에서 감지된 온도값을 Read하여 UART0로 표시함	Read 동작
BMP180	111-0111-R/W	0x77	기압 센서	I2C보드에서 감지된 기압값을 Read하여 UART0로 표시함	Read 동작
24LC64	101-0000-R/W	0x50	EEPROM	64바이트 단위의 데이터를 Write하고 Read하여 확인함.	Read/Write 동작
SAA1064	011-1000-R/W	0x38	7seg LED 구동 칩	4자리 숫자를 I2C방식으로 Write하여 LED에 표시함.	Write 동작
L3G4200D	110-1000-R/W	0x68	자이로 센서 칩		Read 동작
ADXL345	101-0011-R/W	0x53	가속도 센서	I2C보드의 움직임에 따른 가속계값을 Read하여 UART0로 표시함	Read 동작

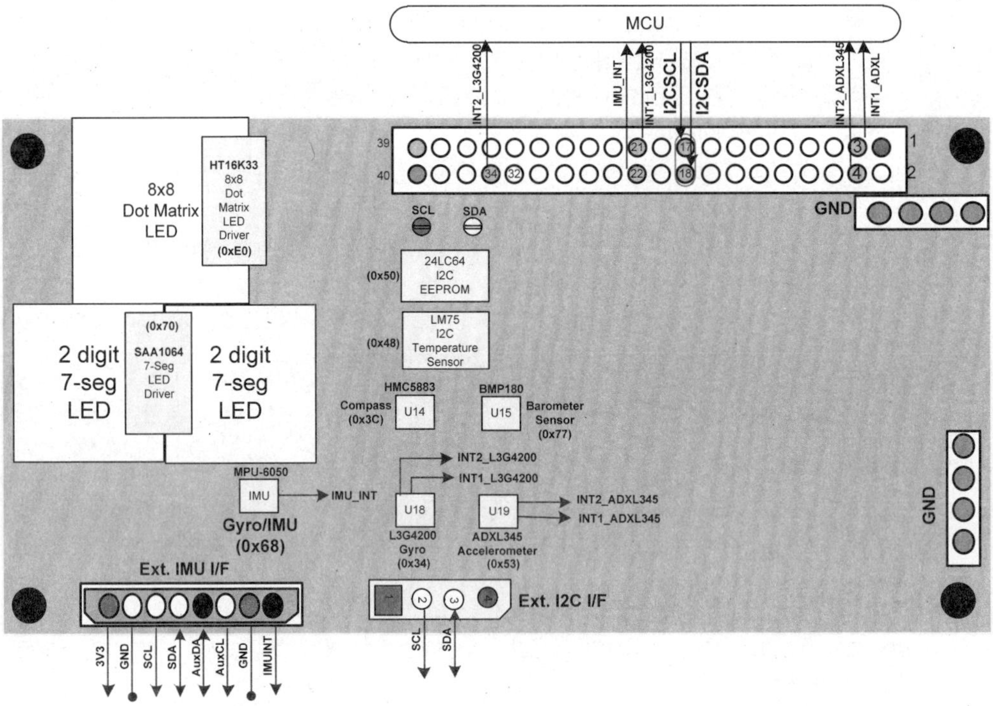

<그림 11.25> I2C 시험 보드의 구성 예

(4) I2C 기본 드라이버 설계

a) 개요

각 소자들의 초기화 및 R/W동작은 모두 칩 내부의 레지스터를 설정하거나 읽음으로써 가능하다. 마스터는 이 레지스터의 해당비트값을 I2C의 데이터값으로 전송하여 제어한다.

각종 I2C 칩을 구동하기 위한 기본적인 I2C 드라이버는 다음과 같은 기능을 제공해야 한다.

- MCU내부 I2C 모듈 초기화 : I2C용 SDA 및 SCL 핀 할당 포함
- 쓰기 기능 : {슬레이브 주소, Write 비트}로 구성되는 첫번째 주소영역과 이에 이어지는 1바이트 및 멀티바이트의 쓰기 동작을 지원해야 한다.
- 일기 기능 : 다음과 같은 2가지 기능을 모두 제공해야 한다.
- 단순 Read기능 : {슬레이브 주소, Write 비트}로 구성되는 첫번째 주소영역과 이에 이어지는 1바이트 및 멀티바이트의 쓰기 동작을 지원해야 한다.
- 복합 Read 기능 : 슬레이브의 command 레지스터를 선택하는 쓰기 동작에 이어, 읽기 동작을 수행하는 기능을 제공해야 한다. 이 경우 repeat start 기능이 필요하다.

b) 구현 함수

I2C의 동작을 지원하기 위한 기본 함수의 구조는 다음과 같다.

```
void  I2cConfigModule (u8 speed);
void  I2cDelay (void); //MCU가 한 바이트의 송신 또는 수신을 지시했을 때 그 작업이 완료될 때 까지 대기함.
// 해당 슬레이브에 대한 Write동작시 주어진 바이트 수만큼 연속 송신한다.
// 이 과정에서 각 바이트별 ACK를 기대한다.
u8  I2cWriteBurst(
u8 slaveAddr,
u8 *burst, //송신할 바이트 열(주소영역 제외)
u8  len); //송신할 바이트 수 (주소영역 제외)
// 슬레이브의 특정 레지스터에 대한 Write동작을 선행한 후 Read동작으로 변경하여 주어진 바이트 수만큼
// 연속 수신한다.
// 이러한 Write/Read 천이과정시 Repeated Start신호를 생성해야 한다.
// 각 바이트별 ACK를 기대한다. 단 마지막 수신바이트에 대해서는 NACK를 한다.
// 이 과정에서 송수신되는 내용은 다음과 같다.
// START| SlaveAddr(W) |ACK| Reg Addr |ACK| Repeated Start | SlaveAddr(R) |ACK| GetData |ACK|...|GetData|NAK|STOP
u8 I2cReceiveBurstWithRestartCondition (
u8  slaveAddr,
u8 reg, //슬레이브 장치의 내부 레지스터 주소
unsigned char *burst, //수신되는 바이트 열
unsigned char len)  //수신할 바이트 수

void  I2CConfigModule  ();
void  I2CDelay () { //+ MCU Specific
//바이트 스트림을 송신하거나 수신을 지시했을 때 그 작업이 완료될 때 까지 대기
}

void I2CBusDelay(){}
//I2C0SCL = PB2, I2C0SDA = PB3
//+MCU Specific
void  I2CConfigModule () {
  SysCtlPeripheralEnable(SYSCTL_PERIPH_GPIOB);
  SysCtlPeripheralEnable(SYSCTL_PERIPH_I2C0);
  GPIOPinConfigure(GPIO_PB2_I2C0SCL); //GPIO_PB2 핀을 I2C0_SCL용으로 할당
  GPIOPinConfigure(GPIO_PB3_I2C0SDA); //GPIO_PB2 핀을 I2C0_SDA용으로 할당
  GPIOPinTypeI2C(GPIO_PORTB_BASE, GPIO_PIN_2 | GPIO_PIN_3);
  //(true=Fast Mode(400Kbps); false=100Kbps)
  I2CMasterInitExpClk( I2C0_MASTER_BASE, SysCtlClockGet(), false); //100Kbps
  I2CMasterIntDisable ( I2C0_MASTER_BASE ) ; //Not use I2C Interrupt
}

u8 I2CSendBurst  ( //Write
  unsigned  char  slaveAddr, //7 bit I2C slave Address
  unsigned  char  *burst,
  unsigned  char  len)
{
  unsigned  char  ucLoop;
  I2CMasterSlaveAddrSet(I2C0_MASTER_BASE , slaveAddr, false);// false = Write
  if (len==1)  {//Single Byte Write
   I2CMasterDataPut( I2C0_MASTER_BASE , *burst );
   I2CMasterControl( I2C0_MASTER_BASE , I2C_MASTER_CMD_SINGLE_SEND);
   I2CDelay();
   return  1;
  }
  //Write Muti Bytes
  I2CMasterDataPut(I2C0_MASTER_BASE, burst[0]);
  I2CMasterControl(I2C0_MASTER_BASE, I2C_MASTER_CMD_BURST_SEND_START);
  I2CDelay();
  if (len >2)  {
   for (ucLoop=1; ucLoop < (len-1); ucLoop++)  {
      I2CMasterDataPut(I2C0_MASTER_BASE , burst[ucLoop]);
      I2CMasterControl(I2C0_MASTER_BASE , I2C_MASTER_CMD_BURST_SEND_CONT);
```

```
            I2CDelay();
        }
    }
    I2CMasterDataPut(I2C0_MASTER_BASE, burst[len-1]);
    I2CMasterControl(I2C0_MASTER_BASE, I2C_MASTER_CMD_BURST_SEND_FINISH);
    I2CDelay();
    return  1;
}

unsigned  char  I2CRecvBurst ( //Read
            unsigned  char  slaveAddr,  //7 bit Slave Address
            unsigned  char  *burst,     //Received Burst Data from the Slave
            unsigned  char  len)
{
  unsigned  char  ucLoop;
  I2CMasterSlaveAddrSet(I2C0_MASTER_BASE, slaveAddr, true); //Send Address with Read Bit
  if (len==1)  { //Single Byte Read
    I2CMasterControl( I2C0_MASTER_BASE , I2C_MASTER_CMD_SINGLE_RECEIVE);
    I2CDelay();
    *burst = I2CMasterDataGet( I2C0_MASTER_BASE );
    return  len;
  }

  I2CMasterControl(I2C0_MASTER_BASE, I2C_MASTER_CMD_BURST_RECEIVE_START);
  I2CDelay();
  burst[0] = I2CMasterDataGet(I2C0_MASTER_BASE);
  if (len >2) {
      for (ucLoop=1; ucLoop < (len-1); ucLoop++) {
        I2CMasterControl( I2C0_MASTER_BASE ,
                          I2C_MASTER_CMD_BURST_RECEIVE_CONT);
        I2CDelay();
        burst[ucLoop] = I2CMasterDataGet( I2C0_MASTER_BASE);
      }
    }
    //Read the last byte and issue STOP
    I2CMasterControl( I2C0_MASTER_BASE , I2C_MASTER_CMD_BURST_RECEIVE_FINISH);
    I2CDelay();
    burst[len-1] = I2CMasterDataGet(I2C0_MASTER_BASE); //last byte
    return  len;
}

//Special I2C Receive with Restart Condition
//SlaveAddr(W)| Reg || SlaveAddr(R) | Repeated Start | GetData ...| STOP
unsigned  char  I2CReceiveBurstWithRestartCondition (
    unsigned  char  slaveAddr,
    unsigned  char  reg, //register id
    unsigned  char  *burst, //read data pointer
    unsigned  char  len)
{
    unsigned  char  ucLoop;

    //Set Slave Address with Write
     I2CMasterSlaveAddrSet(I2C0_MASTER_BASE, slaveAddr, false);//Write
    //Write Command Register
     I2CMasterDataPut(I2C0_MASTER_BASE, reg);
     I2CMasterControl(I2C0_MASTER_BASE, I2C_MASTER_CMD_BURST_SEND_START);
     I2CDelay();
    //Change Slave Address with Read Bit
    I2CMasterSlaveAddrSet(I2C0_MASTER_BASE, slaveAddr, true);
    //Repeated Start followed by RECEIVE without STOP
    I2CMasterControl(I2C0_MASTER_BASE, I2C_MASTER_CMD_BURST_RECEIVE_START);
    I2CDelay();
```

```
burst[0] = I2CMasterDataGet(I2C0_MASTER_BASE); //Read the First byte from Slave.
if (len==2){ //STOP  and  Read
 I2CMasterControl(I2C0_MASTER_BASE, I2C_MASTER_CMD_BURST_RECEIVE_FINISH);
 //Receive operation with NACK
 I2CDelay();
 burst[1] = I2CMasterDataGet(I2C0_MASTER_BASE);
}else if (len == 3){
 //Read the next byte
 I2CMasterControl(I2C0_MASTER_BASE, I2C_MASTER_CMD_BURST_RECEIVE_CONT);
 I2CDelay();
 burst[1] = I2CMasterDataGet(I2C0_MASTER_BASE);
 //Read the Last byte and issue STOP with NACK
 I2CMasterControl(I2C0_MASTER_BASE, I2C_MASTER_CMD_BURST_RECEIVE_FINISH);
 //Receive operation with NACK
 I2CDelay();
 burst[2] = I2CMasterDataGet(   I2C0_MASTER_BASE   );
}
return  len;
}
```

11.24 LM75 I2C 온도 센서

(1) 설계 목표

I2C 인터페이스를 제공하는 온도 센서인 LM75의 온도값을 읽어오는 마스터 응용 기능을 설계하고 동작을 분석한다.

(2) 요구 사항

- 온도센서로 LM75를 사용한다.
- UART를 통해 현재 온도 값을 섭씨로 표출한다.

(3) LM75 온도 센서

이것은 외부 온도를 I2C방식으로 MCU에 전달하는 센서 칩이다. I2C 슬레이브 주소는 1001-A2-A1-A0값을 갖는다. A2~A0를 모두 0으로 설정한 경우 7비트 주소는 0x48이다. -55°에서 125°까지 측정하며 정밀도는 0.125°이다.

외부 핀과 내부 레지스터의 구성은 <그림 11.26>과 같다.

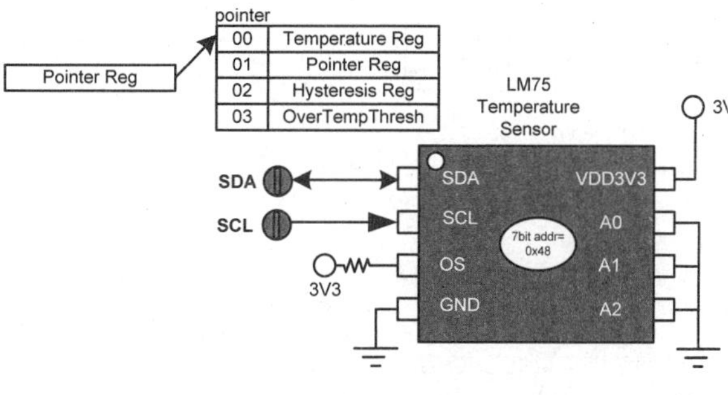

<그림 11.26> LM75 I2C 온도 센서의 구조

온도는 2바이트의 temperature 레지스터에 저장된다. I2C 마스터는 이 레지스터의 값을 read동작으로 읽는다. Temperature 레지스터의 구성은 다음과 같다. 즉 MSB 11비트만 유효하며 나머지 5비트는 무효한 값이다. 이러한 11비트의 값은 2의 보수 형태를 가진다.

MSByte								LSByte							
7	6	5	4	3	2	1	0	7	6	5	4	3	2	1	0
D10	D9	D8	D7	D6	D5	D4	D3	D2	D1	D0	x	x	x	x	x

이 값의 처리 방법은 다음과 같다.

- MSB비트(D10)이 0이면 상온이며 이때의 온도값은 (Temp data) × 0.125°C이다.
- D10값이 1이면 영하이며 이때의 온도는 –(2's complement of Temp data) × 0.125°C이다.

예는 다음과 같다.

11 bit binary	hex	value
011 1111 1000	3F8	+127.000
000 0000 0001	001	+0.125
000 0000 0000	000	0
111 1111 1111	7FF	-0.125
110 0100 1000	648	-55.000

이것의 읽기 동작을 위해 마스터는 온도 레지스터 주소값 0을 쓰기 한 후 온도 레지스터의 값을 읽는 작업을 반복한다[23].

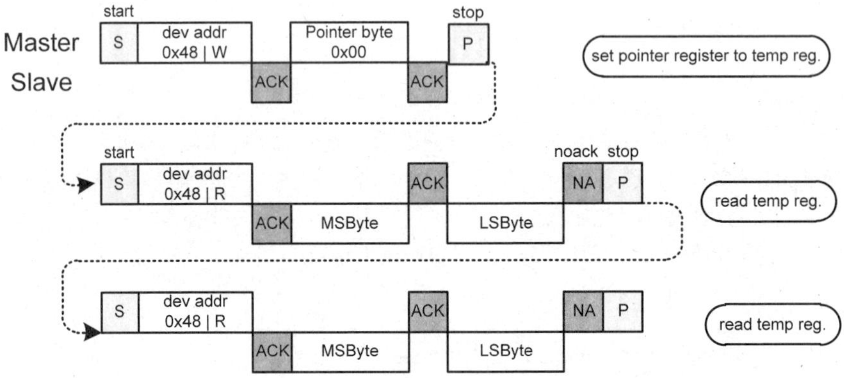

<그림 11.27> LM75 I2C 동작 신호

[23] 또는 마스터는 포인터 레지스터가 온도레지스터를 가리키도록 포인터 바이트값이 0인 내용을 write한 후 stop condition없이 restart condition을 발행하면서 온도 레지스터의 값을 읽는다. 이후 read 작업만 반복하면 된다.

(4) 소프트웨어 설계

LM75에 대한 온도 읽기 작업을 위해 다음 절차를 수행한다.

```
#define LM75ADDR 0x48
#define LM75TEMPREG 0x00

void lm75Loop (void)
{
      int byte1;
      int byte2;
      int var;
      float output;
         u8 i;
         u8 rxbuf[20];
         u8 txbuf[2];

      printf("LM75 Temperature Driver Test with I2C");
      I2CConfigModule();

      while(1) {
            txbuf[0] = LM75TEMPREG;    //Select temperature pointer register in sensor for Read Only
            I2CSendBurst(LM75ADDR, txbuf, 1);
              I2CRecvBurst(LM75ADDR, rxbuf, 2); //Read two bytes of temperature from LM75
            byte1 = rxbuf[0];
            byte2 = rxbuf[1];
            var = (byte2 |= (byte1 << 8));
            var >> 5;
            if(var & 0x400){ //negative
         var = 2048-var;
                       printf("Temp = -%d degree", var >>3); //temp * 0.125
            }else
                       printf("Temp = +%d degree", temp >>3); //temp * 0.125

            delayms(1000); //Delay 1s
      }
}
```

11.25 24LC64 I2C Serial EEPROM 주변회로^및 소프트웨어 설계

(1) 설계 목표

24LC64 I2C Serial EEPROM 주변회로 및 Read/Write 기능을 지원하는 소프트웨어를 설계한다.

(2) 요구 사항

- I2C버스에 접속한다.
- MCU의 I2C 마스터 모듈에서 읽기 및 쓰기 기능을 지원한다.

(3) 24LC64

이것은 8K 비트의 메모리 블록을 8개 가진 64Kbit(8Kbyte) 직렬 EEPROM으로써 I2C 접속부를 가진다. I2C 주소는 0x50~0x57로 설정된다. 이것은 임베디드 시스템의 초기화 과정 및 설정값을 저장하는데 널리 사용된다.

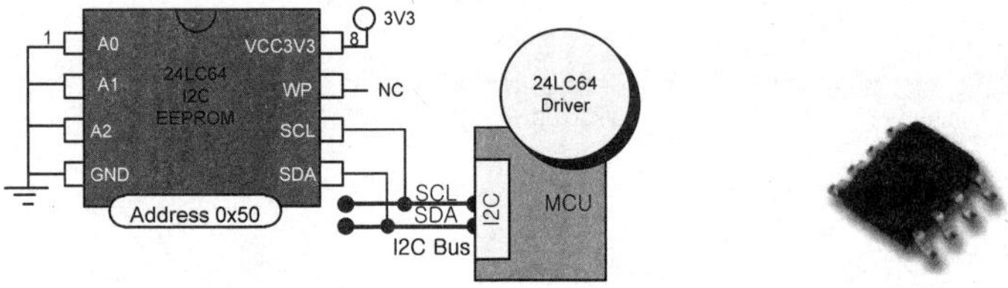

<그림 11.28> 24LC64 I2C Seiral EEPROM

다양한 쓰기 및 읽기 동작은 다음과 같다.

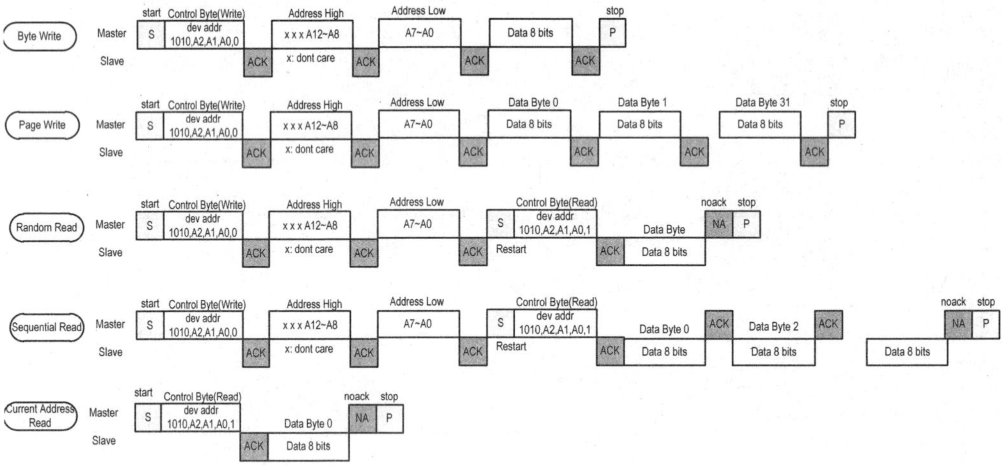

<그림 11.29> 24LC64 EEPROM의 I2C 동작

a) Byte Write 동작 : 한 바이트 쓰기 절차는 다음과 같다.

① I2C 주소와 R/W= 0(Write)인 control 바이트를 송신한다.

② 이어 2바이트의 메모리 주소를 보낸다.

③ Write할 데이터를 송신한다. EEPROM의 내부 주소카운터는 자동으로 다음 주소로 증가된다.

④ 마스터는 STOP을 발행하여 종료한다.

b) Page Write 동작 : 최대 32바이트의 데이터를 연속 쓰기 절차는 다음과 같다.

① I2C 주소와 R/W= 0(Write)인 control 바이트를 송신한다.

② 이어 2바이트의 메모리 주소를 보낸다. EEPROM의 내부 주소카운터가 설정된다.

③ Write할 데이터를 송신한다. EEPROM의 내부 주소카운터는 자동으로 다음 주소로 증가된다. 각 페이지의 주소의 하위 5비트만 증가되므로 최대 32바이트의 연속된 쓰기 동작이 가능하다.

④ 마스터는 최대 31개의 추가 바이트를 연속 전송한다.

⑤ 마스터는 STOP을 발행하여 종료한다.

c) Random Read 동작 : 특정 메모리 주소에 한 바이트의 읽기 절차는 다음과 같다.

① I2C 주소와 R/W= 0(Write)인 control 바이트를 송신한다.
② 이어 2바이트의 메모리 주소를 보낸다.
③ Restart방식으로 I2C 주소와 R/W= 1(Read)인 control 바이트를 송신한다.
④ 슬레이브 메모리는 해당 주소값에 대한 메모리 내용을 응답한다.
⑤ 마스터는 Ack하지 않고 STOP을 발행하여 종료한다.

d) Sequential Read 동작 : Random 읽기 동작과 유사하지만 두 바이트 이상, 최대 32바이트의 연속된 데이터 읽기시 사용된다. 개별적인 읽기 동작이 완료되면 내부 주소카운터는 자동으로 1 증가되는 기능이 있으므로 메모리 주소영역을 재 송신하지 않는다. 특히 주소 0x1FFF 이후에는 자동으로 주소 0000으로 설정된다.

e) Current Address Read 동작 : 개별적인 읽기 동작이 완료되면 내부 주소카운터는 자동으로 1 증가된다. 따라서 이전의 주소 n에 대한 읽기 동작이 수행되었다면 n+1 주소에 대한 읽기 동작은 주소영역 송신 없이 단순 읽기 절차만 수행하면 된다.

11.26 SAA1064 4자리 7세그먼트 LED 구동기능부 설계

(1) 설계 목표

4자리의 7세그먼트 LED 모듈인 SAA1064 주변회로와 소프트웨어를 설계한다.

(2) 요구 사항

- 4개의 7세그먼트 LED를 MCU가 GPIO로 구동시 필요한 GPIO 개수를 구한다.
- SAA1064를 사용할 경우 MCU의 필요한 제어 핀의 수를 구하고 비교한다.
- MCU가 4자리 LED에 대해 1초에 1씩 증가시키는 주변회로와 소프트웨어를 설계한다.
- 5V I2C 신호선과 3.3V I2C 신호선과의 신호레벨 변환기능을 설계한다.
- LED 출력전류를 증가시키는 전류증폭회로를 추가한다.

(3) SAA1064

이것은 I2C인터페이스를 가진 4개의 7세그머트 LED를 구동할 수 있는 것으로써 5V의 I2C버스로 접속된다. 마스터로부터 I2C를 통해 전달되는 4 자리의 숫자를 내부의 래치에 각각 저장한 후 각 LED에 순차적으로 연속 출력하여 마치 4자리의 숫자가 연속 켜져 있는 것처럼 표출한다[24]. 4 개의 7-세그먼트 LED 구동신호는 MX1와 MX2 핀으로 common anode 형식의 LED를 구동할 수 있다. 이때 출력 전류가 충분하지 않으므로 외부에 PN2222 등의 범용 트랜지스터를 사용한 전류증폭회로를 추가하는 것이 좋다.

---

24 이러한 방법을 dynamic구동방법이라고 하며, SAA1064는 4개의 7seg LED를 이 방법으로 구동할 수 있다. LED를 정전류로 계속 켜는 방법은 static구동방법이라고 하며 SAA1064는 이 방식도 지원하는데 이 때는 2개의 7seg LED만 구동할 수 있다.

동작 절차는 다음과 같다.

① {I2C 주소 | W}를 전송한다.
② Instruction byte값으로 Control register의 주소 0을 송신한다.
③ 이어 command byte 값으로 Dynamic 모드 및 전류량을 설정하는 값을 송신한다. 4digit 동작을 지시하기 위하여 {B0100 0111}를 송신한다. 여기서 비트 4~6은 LED 구동용 전류량을 설정한다.
④ {I2C 주소 | W}를 전송한다.
⑤ Instruction byte값으로 Digit 1 레지스터의 주소 1을 송신한다.
⑥ 이어 첫번째로 표출할 숫자값을 표출할 수 있는 7세그먼트 LED 핀 값을 송신한다[25].
⑦ 연속하여 차례로 Digit 2,3,4 숫자값에 해당되는 7세그먼트 LED 핀 값을 차례로 송신한다. 결과적으로 4개의 숫자를 순서대로 전송한다.

(4) 하드웨어 설계

다음 회로를 참조하여 설계한다.

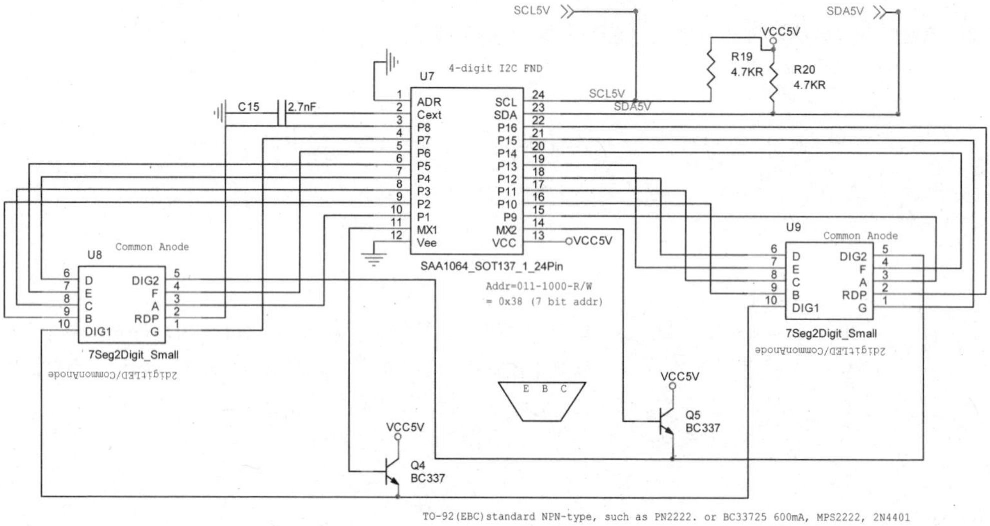

<그림 11.30> SAA1064 LED 드라이버 주변회로의 예

(5) 소프트웨어 설계

이것의 I2C 신호방식은 다음의 <그림 11.31>과 같다.

---

[25] 7세그먼트 LED의 각 세그먼트에 해당되는 값은 "pgfedcba", (p = decimal point)로 표현된다. 예를 들어 숫자 7을 표시하려면 '00000111'이다. 점을 추가하면 '10000111'이다.

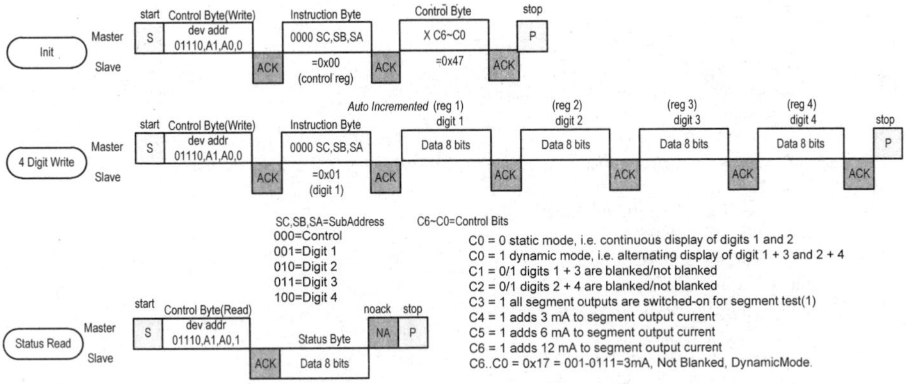

<그림 11.31> SAA1064 LED 드라이버의 I2C 동작

- 7비트의 I2C주소 : {0x38..0x3B} 중에서 하나를 설정할 수 있다. 이것은 한 개의 ADR 핀에 가하는 전압 값에 따라 설정된다. 즉 0V, 3/8 VCC, 5/8 VCC, VCC 중에서 하나로 결정된다. 우리는 0V를 인가하여 0x38을 사용하도록 한다.
- {SC,SB,SA} : subaddress비트로써 000=control 레지스터, 001=digit1, 010=digit2; 011=digit3; 100=digit4를 지시한다. 시작 subaddress만 지정하면 이어지는 데이터에 대한 subaddress는 묵시적으로 자동 증가된다. 예를 들어, <그림 11.19>에서 subaddress = 0에 이어 데이터(control byte)를 write하면 이후 데이터에 대한 subaddress는 자동으로 증가 되므로 이후 LED에 대한 4개의 데이터 바이트만 연속 전송하면 된다.

이 신호방식을 참조하여 소프트웨어를 설계한다. 그 예는 다음과 같다.

```
//4x7seg LED Driver
//Dynamic Mode + 3mA
#define SAA1064_ADDR 0x38
#define SAA1064_CH 6

extern void I2CConfigModule();
extern unsigned char I2CSendBurst(unsigned char slaveAddr, unsigned char *burst, unsigned char len);
unsigned char segarr[17]={ 0x3f, 0x06, 0x5b, 0x4f, 0x66, 0x6d, 0x7d, 0x07, 0x7f, 0x6f, //0,1,..9
                           0x77, 0x7c, 0x39, 0x5e, 0x79, 0x71, 0x00}; //A,b,C,d,E,F,blank
unsigned char saaBurst[10];
unsigned char initSaa1064SeqData[]={
        0x00,0x47 //Instruction for control, ControlByte(Dynamic Mode | 12mA)
};

//Start-SlaveAddr-Instruction(subaddress)-ControlByte-Stop
void Saa1064SendActivateSeq()
{
        unsigned char *ptr;
        ptr = &initSaa1064SeqData[0];
        // 초기화 값인 0x47을 Saa1064의 레지스터 0에 송신한다.
        // (12mA, Not Blank, Dynamic Mode)
        I2CSendBurst(SAA1064_ADDR, ptr, 2); //0x00,0x47=Control Reg SubAddress(00),ControlByte(0100-0111)
        somedelay(10);
}

```

```
void Saa1064Init(){
        I2CConfigModule();
        delayms(1);
        Saa1064SendActivateSeq();
        delayms(7);
}
u8 Saa1064_Write4Digit(u8 digitL,u8 digitR) //ex) 0x12,0x34 ==> 1,2,3,4 (nibbles)
{
        unsigned char nib1,nib2,nib3,nib4;
        nib1 = digitR & 0x0f;
        nib2 = (digitR & 0xf0) >>4 ;
        nib3 = digitL & 0x0f;
        nib4 = (digitL & 0xf0) >>4 ;

        saaBurst[0] = 0x01;//instruction byte(=subaddress for digit 1.)
        saaBurst[1] = segarr[nib4]; //LHS -- MSB
        saaBurst[2] = segarr[nib3];
       saaBurst[3] = segarr[nib2];
        saaBurst[4] = segarr[nib1]; //RHS -- LSB

        I2CSendBurst(SAA1064_ADDR, saaBurst, 5);
        delayms(1);

        return 1;
}
void I2cSaa1064Loop(){
        int i=0;
        int j=0;

        Saa1064Init();
       printf("SAA1064 LED Driver Test with I2C");
        while(1){
                i = (i+1)%256; j=(i+1)%256;
                Saa1064_Write4Digit(i,j);
                delayms(1000);
        }
}
```

11.27 HT16K33 8x8 Dot Matrix LED 모듈 설계

(1) 설계 목표

8x8 도트 매트릭스 LED를 구동할 수 있는 HT16K33 모듈의 주변회로와 소프트웨어를 설계한다.

(2) 요구 사항

- HT16K33 모듈과 common anode방식의 8x8 도트 매트릭스 LED 주변회로를 설계한다.
- 8X8에 맞는 그림 또는 문자를 LED에 표출하는 소프트웨어를 설계한다.
- I2C신호레벨은 5V이다.

(3) 하드웨어 설계

<그림 11.32>는 I2C로 제어되는 8x8 도트 매트릭스 LED 모듈의 구성 예이다. 7비트 I2C 주소는 0x70이다.

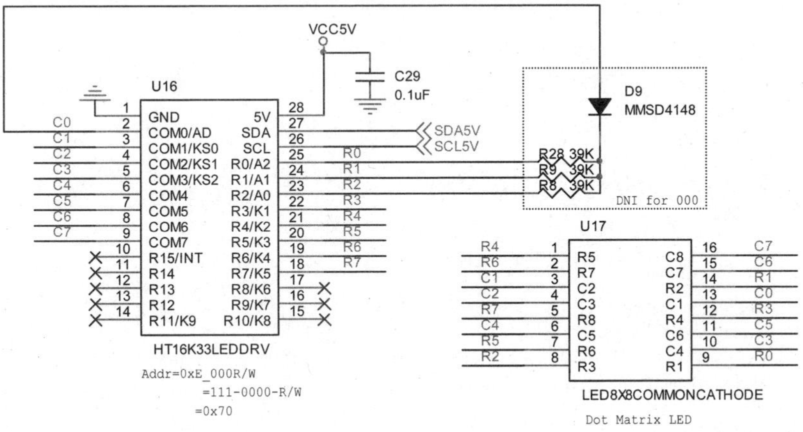

<그림 11.32> HT16K33 LED 드라이버 주변회로의 예

(4) 소프트웨어 설계

```
#define HT16K33ADDR 0x70
#define LED_ON 1
#define LED_OFF 0
#define LED_RED 1
#define LED_YELLOW 2
#define LED_GREEN 3

#define HT16K33_DISPSETUP_CMD     0x80 //Display Setup Register
#define HT16K33_BLINK_DISPLAYON 0x01
#define HT16K33_BLINK_OFF   0
#define HT16K33_BLINK_2HZ   1
#define HT16K33_BLINK_1HZ   2
#define HT16K33_BLINK_HALFHZ   3
#define HT16K33_CMD_BRIGHTNESS 0x0E

#define SEVENSEG_DIGITS 5
#define _BV(bit) (1 << (bit)) //Converts a bit number into a byte value
#define DEC 10
#define HEX 16
#define OCT 8
#define BIN 2
#define BYTE 0
uint16_t ht16K33displaybuffer[8];

static const uint8_t ht16K33numbertable[] = {
        0x3F, /* 0 */
        0x06, /* 1 */
        0x5B, /* 2 */
        0x4F, /* 3 */
        0x66, /* 4 */
        0x6D, /* 5 */
        0x7D, /* 6 */
        0x07, /* 7 */
        0x7F, /* 8 */
        0x6F, /* 9 */
        0x77, /* a */
        0x7C, /* b */
```

```
            0x39, /* C */
            0x5E, /* d */
            0x79, /* E */
            0x71 /* F */
};
u8 ht16Ksendbuf[32];

void ht16K33setBrightness(uint8_t b) { //Dimming Data
        if (b > 15) b = 15;
        ht16Ksendbuf[0]= 0xE0 | b;
        I2CSendBurst(HT16K33ADDR, ht16Ksendbuf, 1);
}
void ht16K33blinkRate(uint8_t b) {
        if (b > 3) b = 0; // turn off
        ht16Ksendbuf[0]= (HT16K33_DISPSETUP_CMD | HT16K33_BLINK_DISPLAYON | (b << 1));
        I2CSendBurst(HT16K33ADDR, ht16Ksendbuf, 1);
}
void ht16K33init() {
        u8 i;
        delayms(30);
        ht16Ksendbuf[0]= 0x21; //Set On for System Setup Register.
    i=0;
        I2CSendBurst(HT16K33ADDR, ht16Ksendbuf, 1); // turn on oscillator
    delayms(20);
        ht16K33blinkRate(HT16K33_BLINK_OFF);
        ht16K33setBrightness(5); // (0..15). 15=max brightness
    delayms(10);
}
void ht16K33writeDisplay(void) {
        u8 i=0; u8 j;
        ht16Ksendbuf[i]= 0x00; // start at address $00
        i++;
        for (j=0; j<8; j++) {
                ht16Ksendbuf[i++]= (ht16K33displaybuffer[j] & 0xFF);
                ht16Ksendbuf[i++]= (ht16K33displaybuffer[j] >> 8);
        }
        I2CSendBurst(HT16K33ADDR, ht16Ksendbuf, 17);
}
void ht16K33clear(void) {
  u8 i;
  for (i=0; i<8; i++) ht16K33displaybuffer[i] = 0;
}

//+ void ht16K33drawPixel(short x, short y, u16 color) { }

void ht16K33Loop(){
    uint8_t counter = 0;
    u8 i;
    Init("HT16K33 LED Driver Test with I2C");
    ht16K33init(); //ON

// paint one LED per row. The HT16K33 internal memory looks like a 8x16 bit matrix (8 rows, 16 columns)
// paint one LED per column. The HT16K33 internal memory looks like a 16x8 bit matrix (16 rows, 8 columns)
    while(1){
        for (i=0; i<8; i++)     // draw a diagonal row of pixels
            ht16K33displaybuffer[i] = _BV((counter+i) % 16) | _BV((counter+i+8) % 16)  ;
        ht16K33writeDisplay();
        delayms(100);
        counter++;
        if (counter >= 16) counter = 0;
    }
 }
```

11.28 BMP180 대기압 센서

(1) 설계 목표

디지털 대기압 센서 주변회로 및 현재 기압 정보를 UART로 표출하는 소프트웨어를 설계한다.

(2) 요구 사항

- 디지털 대기압 센서로 BMP180을 사용한다.

(3) BMP180과 하드웨어 설계

BMP180은 300~1100hPa의 대기압을 0.12hPa 정밀도로 감지하여 최대 3.4Mbps의 I2C로 제공하는 디지털 압력센서 칩이다. 이것은 3.3V로 동작하며 온도정보도 함께 제공하여 차량이나 스마트폰에 내장된다. MCU는 이러한 대기압 정보를 수집하여 고도 정보와 해수면 대기압 등으로 변환할 수 있다. 이것의 7비트 I2C 주소는 0x77이다. MS5611-01BA03도 유사한 칩이다.

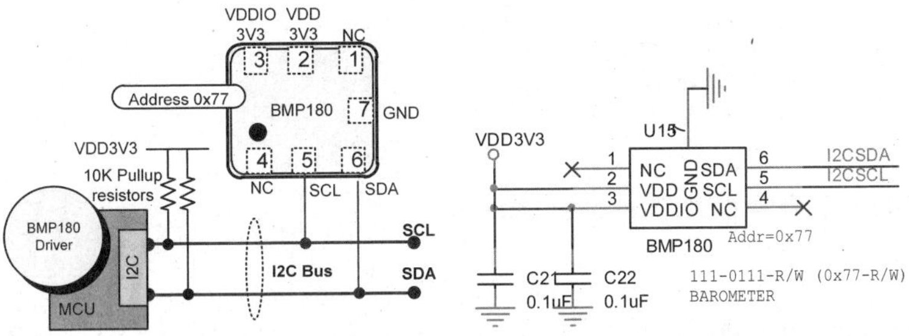

<그림 11.33> BMP 180 대기압 센서 주변회로의 예

(4) 소프트웨어 설계 및 결과

<그림 11.34>는 읽기 동작시 수행되는 I2C 절차이다.

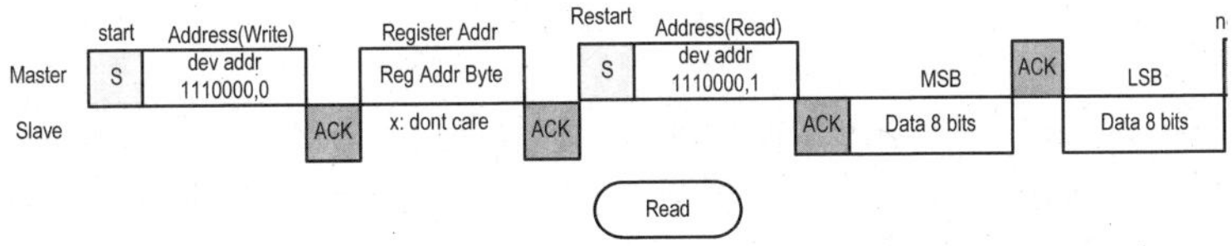

<그림 11.34> BMP 180 대기압 센서의 I2C 신호방식

이를 참조하여 다음과 같은 순서로 대기압을 읽는 코드를 설계한다.

① 먼저 2바이트로 구성된 총 11개, 즉 22바이트의 값이 저장된 센서내부의 EEPROM의 값을 읽는다. 이 값은 온도에 따른 대기압 보정(calibration)을 위한 파라미터이다.

② 온도값을 읽는다.

③ 원시(raw) 대기압값을 읽는다.
④ {보정 파라미터, 온도, 원시 대기압}으로부터 밀리바(HectoPascal)단위의 대기압을 계산한다.
⑤ 온도값과 대기압값을 UART로 출력한다.

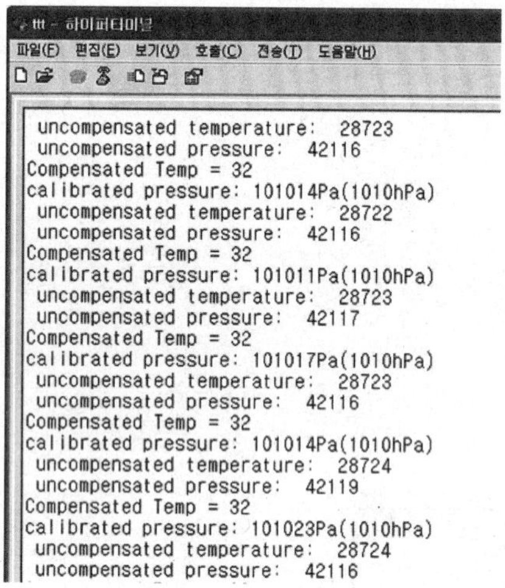
ttt - 하이퍼터미널
파일(F) 편집(E) 보기(V) 호출(C) 전송(T) 도움말(H)

```
 uncompensated temperature:  28723
 uncompensated pressure:  42116
Compensated Temp = 32
calibrated pressure: 101014Pa(1010hPa)
 uncompensated temperature:  28722
 uncompensated pressure:  42116
Compensated Temp = 32
calibrated pressure: 101011Pa(1010hPa)
 uncompensated temperature:  28723
 uncompensated pressure:  42117
Compensated Temp = 32
calibrated pressure: 101017Pa(1010hPa)
 uncompensated temperature:  28723
 uncompensated pressure:  42116
Compensated Temp = 32
calibrated pressure: 101014Pa(1010hPa)
 uncompensated temperature:  28724
 uncompensated pressure:  42119
Compensated Temp = 32
calibrated pressure: 101023Pa(1010hPa)
 uncompensated temperature:  28724
 uncompensated pressure:  42116
```

11.29 ADXL345 3축 가속도 센서(accelerometer)

(1) 설계 목표

3축 가속도 센서 주변회로 및 가속도 정보를 UART로 출력하는 소프트웨어를 설계한다.

(2) 요구 사항

- ADXL345을 사용한다.
- 3축에 대한 가속도 값을 UART로 출력한다.

(3) 가속도 센서 기능

가속도는 m/s^2 또는 중력가속도 g(= $9.8m/s^2$)로 표현된다. 기본적으로 가속도 센서는 <그림 11.35>와 같은 x,y,z 축방향으로 가속하거나 감속하는 것을 감지한다. 이것을 활용하여 자유낙하 센서, 자세제어 등에 사용할 수 있다.

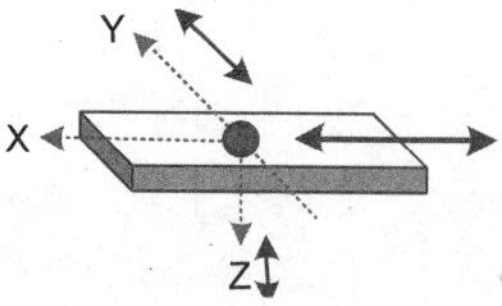

<그림 11.35> 3축 가속도 센서

(4) 기울기 센서 기능

항공기 및 로봇의 3D 자세 정보인 롤, 피치, 요(Roll, Pitch, Yaw)는 물체의 무게중심을 가로지르는 X, Y, Z축 기준의 회전운동으로써 각각 고유한 기울기 각으로 표현된다.
롤 각은 자동차가 좌/우회전시 차체가 쏠리는 각(φ)이며, 피치각은 항공기의 상승/하강각(ρ)이고, Yaw각은 z축을 기준으로 한 방향회전각을 의미한다.
이것을 오일러각이라고 한다.

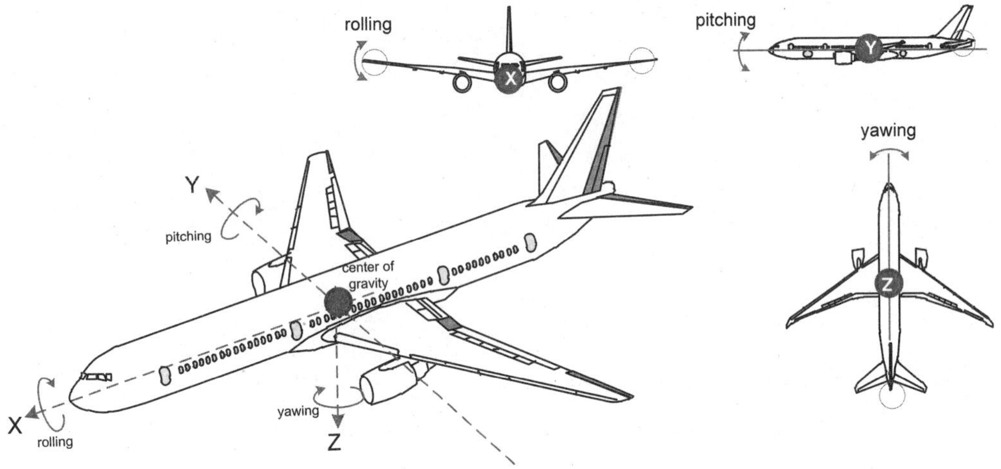

<그림 11.36> 3축 자세 정보(롤, 피치, 요)

가속계는 축방향으로의 가속/감속도를 측정할 수도 있을 뿐만 아니라, 물체가 기울어진 상태로 정지해 있을 때 이것의 기울기 정보를 구할 수 있도록 한다. 즉 고정값인 중력가속도를 참조하여 각 축에 영향을 주는 중력 가속도 성분을 감지하여 3축에 대한 회전각을 구할 수 있다.
<그림 11.37>을 참조하여 피치각과 롤각을 다시 정의하면 다음과 같다.

- Pitch (α) : Y축을 중심으로 X축을 움직일 때, 평면과 X축과의 각도이다. X축을 평면에서아랫쪽으로 움직일 때 피치각은 0°에서 -180°변화한다.
- Roll (β) : X축을 중심으로 Y축을 움직일 때, 평면과 Y축간의 각도이다.

예를 들어 정지 상태에서 y축을 중심으로 회전하면 <그림 11.37b>과 같이 z축 방향과 x축 방향으로 중력 가속도와의 비율인 A_z와 A_x가 측정된다. 이 값으로부터 피치각은 atan(A_x/A_z) 또는 asin(A_x/g)에 의해 얻을 수 있다[26].
하지만 z축을 중심으로 회전한 경우에는 X축과 Y축에 대한 중력벡터 성분의 변화가 없으므로 yaw각의 측정은 불가능하다.

[26] Degree로 변화시에는 180/π를 곱해야 한다.

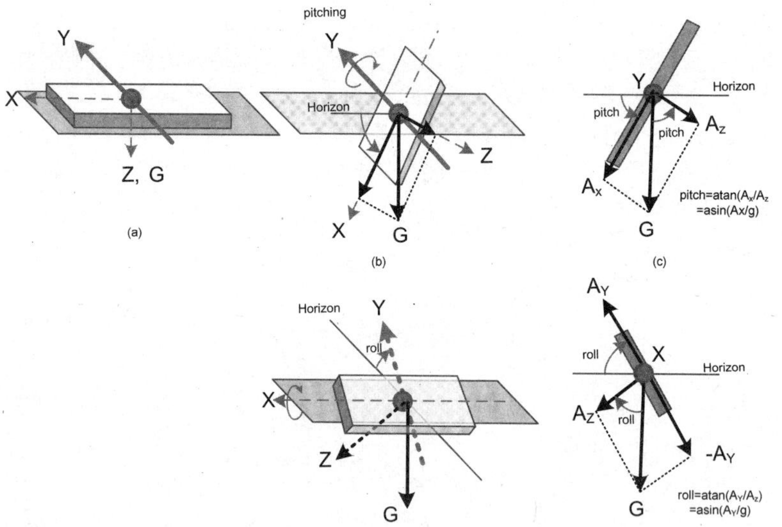

<그림 11.37> 3축 자세 정보(롤, 피치, 요)

그리고 평면에서의 회전을 제외한 임의의 각으로 기울어진 경우에는 모든 축은 중력벡터에 영향을 받으므로 다음과 같이 피치각(ρ), 롤각(φ) 그리고 중력축 기준으로 Z축의 기울어진 각(θ)은 각각 다음과 같이 구해진다[27].

$$\rho = \arctan\left(\frac{A_X}{\sqrt{A_Y^2+A_Z^2}}\right), \emptyset = \arctan\left(\frac{A_Y}{\sqrt{A_X^2+A_Z^2}}\right), \theta = \arctan\left(\frac{\sqrt{A_X^2+A_Y^2}}{A_Z}\right)$$

하지만 그림 b와 같이 기울어진 상태에서 x축 방향으로 가속하면 중력가속도 외에 x축과 z축에서 가해지는 가속도가 추가되므로 기울기 각도가 변동된다. 따라서 움직이는 상태에서는 가속도센서만으로 기울기를 측정할 수 없음을 알 수 있다.

결과적으로 가속계는 축 방향의 가속 또는 감속값을 출력하는 기본 기능뿐만 아니라 축을 중심으로 회전된 물체의 기울기를 중력가속도값을 참조하여 출력한다. 이러한 기능을 이용하여 WiiMote와 같은 게임 단말기, 스마트 폰의 화면 출력방향을 portrait 또는 landscape 모드로 표현하거나 기울기 센서 등에 사용된다.

(3) ADXL345

ADXL345는 3-축 가속도계로써 16 G까지의 가속도를 13비트 분해능으로 출력한다[28].
출력데이터 형식은 16비트의 2의 보수값으로써 I2C 또는 SPI로 접속된다. ALT ADDRESS=0; nCS=1로 설정하면 이것의 7비트 I2C주소는 0x53이다.

27 여기서 θ는 Yaw는 아니다. Yaw는 가속도계로부터 계산할 수 없다.
28 MMA8452Q도 유사한 가속도계이다.

이것은 I2C 인터페이스와 별개로 2개의 인터럽트 출력핀(INT1 and INT2)을 가지는데, 그 이유는 자유낙하나 미리 설정한 문턱치를 초과하거나 내부 FIFO에 데이터가 저장되는 등의 새로운 이벤트가 발생한 경우 MCU에 이 사실을 알리는데 사용된다.
이러한 칩을 이용하여 1도 이상의 기울기 센싱 기능을 이용하면 미리 설정된 threshold 이상의 경우 해당 이벤트를 출력하도록 할 수도 있다.

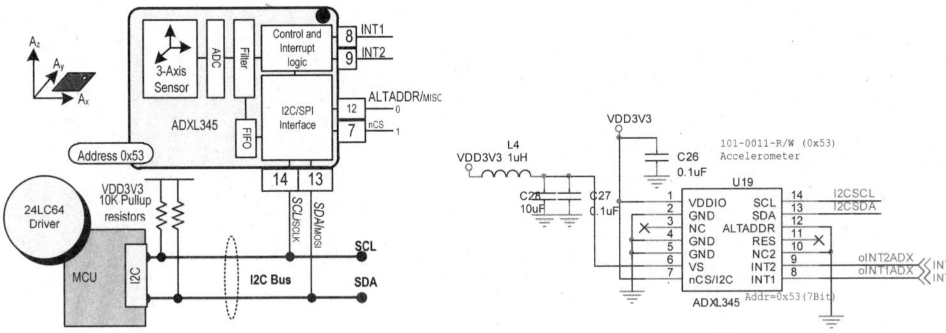

<그림 11.38> ADXL345 3축 가속도계의 구성과 주변회로의 예

(4) ADXL345 3축 가속도계 소프트웨어 설계

```
//ADXL345 i2c
#define ADXL345ADDR 0x53
u8 _buff[6];
extern u8 i2ctxbuf[256];
extern u8 i2crxbuf[256];

char POWER_CTL = 0x2D;          //Power Control Register Addr
char DATA_FORMAT = 0x31;        //Data Format Register Addr
char DATAX0 = 0x32;          //X-Axis Data 0
char DATAX1 = 0x33;          //X-Axis Data 1
char DATAY0 = 0x34;          //Y-Axis Data 0
char DATAY1 = 0x35;          //Y-Axis Data 1
char DATAZ0 = 0x36;          //Z-Axis Data 0
char DATAZ1 = 0x37;          //Z-Axis Data 1

void writeADXL345(u8 reg, u8 val) {
   i2ctxbuf[0] = reg;                  // send register address
   i2ctxbuf[1] = val;                      // send value to write
   I2CSendBurst(ADXL345ADDR, i2ctxbuf, 2);
}
void readADXL345(u8 reg, int num, u8 _buff[]) {
         i2ctxbuf[0] = reg;                  // send register address to read from
         I2CSendBurst(ADXL345ADDR, i2ctxbuf, 1);
         I2CRecvBurst(ADXL345ADDR, i2crxbuf, num);
         memcpy(_buff, i2crxbuf, num);
}
void initADXL345()
{
   //Set ADXL345 with +/- 4G range by writing the value 0x01 to the DATA_FORMAT register.
   writeADXL345(DATA_FORMAT, 0x01); //right justified with sign extension(0), 10 bit mode(0),
   delayms(1);
```

```
    writeADXL345(POWER_CTL, 0x08); //Set Measurement Mode
}
void ADXL345readAccel() {
  int x,y,z;
  readADXL345( DATAX0, 6, _buff); //read 6 bytes of the accel data from the ADXL345
    //Two's complement values.
    // each axis reading comes in 10 bit resolution, Least Significant u8 first!!
    x = ((_buff[1] & 0x03) << 8) | _buff[0];
    y = ((_buff[3] & 0x03) << 8) | _buff[2];
    z = ((_buff[5] & 0x03) << 8) | _buff[4];
    printf("x,y,z= (%d,%d,%d)\r\n",x,y,z);
}

void ADXL345Loop()
{
        //+I2CConfigModule();
           printf("ADXL345 Driver Test with I2C");
             initADXL345();
             while(1){
                     ADXL345readAccel(); // read the x/y/z tilt
                     delayms(100); // read every 0.1 seconds (10Hz)
             }
}
```

11.30 L3G4200D 3축 각속도(angular rate) 센서

(1) 설계 목표

3축 각속도 센서 주변회로 및 가속도 정보를 UART로 표출하는 소프트웨어를 설계한다.

(2) 요구 사항

- L3G4200D 3축 각속도 센서를 사용한다.
- 3축에 대한 각속도 값과 온도정보를 UART로 출력한다.
- 필요시 각속도로부터 각도를 출력한다.

(3) 각속도 센서와 L3G4200D

a) 각속도 센서 : 각속도 센서는 기준축 중심으로 회전하는 각속도(angular velocity)를 출력한다[29]. 각속도 값은 rotations per minute (RPM), 또는 degrees per second (°/s)의 단위를 갖는다. 이것은 가속계와 달리 중력에 영향을 받지 않는다. 이것을 x,y,z 축에 각각 장착한 것을 gyroscope라고 하며 항행, 미사일 제어 등에 사용된다. 물체의 방향각 변동값은 등속 운동하는 각속도를 Δt동안 적분하면 얻을 수 있다. 따라서 물체의 현재 방향각을 계산하려면 다음과 같다.

① 시작 시점에서의 위치를 가속계로부터 얻어 초기화한다.

② 시간 Δt동안 X, Y, Z 축 주위를 회전하는 각속도(ω)를 측정하여, $\omega \times \Delta t$ = 각도 변화량을 계산한다.

---

[29] 각속도는 회전의 속력이고, 각속도 벡터의 방향은 오른손 법칙에 따르고 언제나 회전축에 평행하다. 각속도는 RPM = 360 deg/60 sec = 6 deg/s, 1 rad/s = (180 deg/πrad) * 1 rad/s = 57.3 deg/s 등으로 표현된다.

③ 최초의 각도 값에 이 변화량을 더하고, 이 값을 현재 각도값으로 갱신한다.
④ 이후 다음 시간 구간에서 얻어진 $\omega \times \Delta t$ 값을 현재 각도값에 더하는 작업을 반복함으로써 현재의 각도를 알 수 있다[30].

(예) 초기에는 수평을 유지하다가 10초 동안 50도만큼 기울어졌다면 평균 각속도는 5도/sec이다. 이후 50도를 유지한다면 각속도는 0도/sec이된다. 이 과정에서 각도는 0도에서 점차 증가해서 50도가 된다. 즉 각속도 값으로부터 얻는 각도는 시간에 따른 적분을 한다. 하지만 센서에서 측정되는 각속도는 고유한 측정오차, 노이즈가 있어 측정값에 에러가 계속 생기는데, 이 오차가 적분시에는 누적되면서 시간이 지날수록 각도는 오차가 생겨 기울기 값이 변한다.

[참고: 가속도계와 자이로의 차이점]
정지상태에서 기울어진 물체에 대하여 가속도 센서는 기울기를 정확하게 출력한다. 하지만 자이로는 시간이 경과할수록 틀린 값을 나타냅니다.
하지만 물체가 움직일 경우 가속도 센서는 해당 물체의 기울기에 오차를 발생하는 반면, 자이로 센서는 Δt시간에서의 각속도를 측정하므로 정확한 기울기값을 표출한다. 따라서 가속도센서와 자이로센서를 모두 사용해서 각각의 단점을 보상할 수 있는 알고리즘(칼만필터 등)을 적용해서 롤 또는 피치 값을 계산해야 한다.
또한 가속도센서로는 측정 불가능하는Yaw값은 자이로 센서의 z축값을 측정해서 이 값을 이용해 yaw값을 계산할 수 있다. 하지만 자이로의 드리프트 오차를 보상하기 위하여 지자기센서를 추가하여 yaw방향을 측정한다.
이러한 자이로 등의 센서는 온도에 따라 특성이 변동되므로 온도센서도 함께 사용해서 오차를 보상한다. {가속도 센서, 자이로 센서, 지자기 센서, 온도 센서}를 모두 내장한 센서를 9축 자세 측정 센서라고 한다.

b) L3G4200D : L3G4200D는 3축 각속도 센서로써 디지털 온도 정보도 함께 제공한다. I2C와 SPI 인터페이스를 함께 제공한다. 역시 2개의 인터럽트 출력을 가지는데 INT2는 내부 FIFO에 대한 것이고, INT1은 {x,y,z}에 대한 threshold초과시 인터럽트를 생성한다. {SA0=0}로 설정한 경우, 7비트 I2C주소는 0x68이다. 하드웨어 주변 설계의 예는 <그림>과 같다.

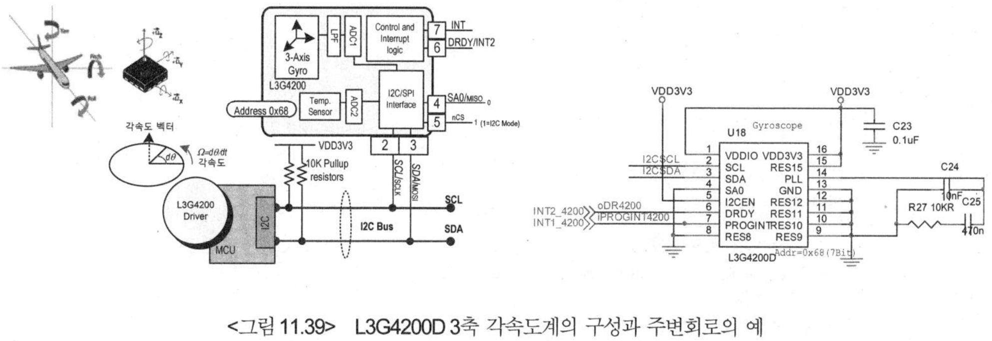

<그림 11.39> L3G4200D 3축 각속도계의 구성과 주변회로의 예

[30] 정확도 오차는 시간이 경과할 수록 누적되며 이것을 자이로스코프 드리프트라고 한다.

(4) 프로그래밍

```
#define L3G4200ADDR 0x68 // 7-bit address
extern u8 i2ctxbuf[256];
extern u8 i2crxbuf[256];
//Registers
#define CTRL_REG1 0x20
#define CTRL_REG2 0x21
#define CTRL_REG3 0x22
#define CTRL_REG4 0x23
#define CTRL_REG5 0x24
#define L3G4200_WHO_AM_I      0x0F
#define L3G4200_TEMP                0x26

short x,y,z;
static float adc_data_float_value = 0.0f;

void writeL3G4200(u8 reg, u8 val) {
   i2ctxbuf[0] = reg;                          // send register address
   i2ctxbuf[1] = val;                                   // send value to write
   I2CSendBurst(L3G4200ADDR, i2ctxbuf, 2);
}

// Reads num u8s starting from address register on device in to _buff array
unsigned char readL3G4200(u8 reg) {
            i2ctxbuf[0] = reg;                         // send register address to read from
            I2CSendBurst(L3G4200ADDR, i2ctxbuf, 1);
            I2CRecvBurst(L3G4200ADDR, i2crxbuf, 1);         //Read a byte
            return i2crxbuf[0];
}

void L3G4200GetGyroValues(){ //x,y,z. 2's complement values

      u8 xMSB = readL3G4200(0x29); //OUT_X_H
      u8 xLSB = readL3G4200(0x28); //OUT_X_L
      x = ((xMSB << 8) | xLSB);

      u8 yMSB = readL3G4200(0x2B);
      u8 yLSB = readL3G4200(0x2A);
      y = ((yMSB << 8) | yLSB);

      u8 zMSB = readL3G4200(0x2D);
      u8 zLSB = readL3G4200(0x2C);
      z = ((zMSB << 8) | zLSB);
   }

  int L3G4200Setup(int scale){

         writeL3G4200(CTRL_REG1, 0b00001111); // Enable x, y, z and turn off power down.

      // For adjusting the HPF,..
      //+writeL3G4200(CTRL_REG2, 0b00000000);

      // Configure CTRL_REG3 to generate data ready interrupt on INT2. // No INT1 used.
         writeL3G4200(CTRL_REG3, 0b00001000);

      // CTRL_REG4 controls the full-scale range.
      if(scale == 250)               writeL3G4200(CTRL_REG4, 0b00000000);
      else if(scale == 500)                writeL3G4200(CTRL_REG4, 0b00010000);
      else                          writeL3G4200(CTRL_REG4, 0b00110000);

```

```
        // CTRL_REG5 controls high-pass filtering of outputs, use it
        //+writeL3G4200(CTRL_REG5, 0b00000000);
    }

void L3G4200Init() {
        unsigned char ret;
        ret = readL3G4200(L3G4200_WHO_AM_I);
        printf("WHO_AM_I (reg 0x0f) = 0x%02x (Should be 0xd3)\r\n",ret);
        L3G4200Setup(2000);   // Configure L3G4200    - 250, 500 or 2000 deg/sec
      delayms(1500); //wait for the sensor to be ready
}

void L3G4200Loop() {
        unsigned char Temp;
        //+I2CConfigModule();
      printf("L3G4200 Driver Test with I2C");
        L3G4200Init();
        while(1){
                Temp = readL3G4200(L3G4200_TEMP);
                printf("[Temperature] = %d Degree ",Temp);
                L3G4200GetGyroValues();   // This will update x, y, and z with new values
                printf("[x,y,z] = (%d,%d,%d)\r\n",x,y,z);
                delayms(500); //Just here to slow down the serial to make it more readable
        }
}
```

11.31 HMC5883L 디지털 나침반 센서(Digital Compass)

(1) 설계 목표

나침반 센서 주변회로 및 방위각 정보를 UART로 표출하는 소프트웨어를 설계한다.

(2) 요구 사항

- HMC5883L 나침반 센서를 사용한다.
- 현재 위치에서의 declination을 고려한 방위각을 UART로 출력한다.

(3) 진북과 자북

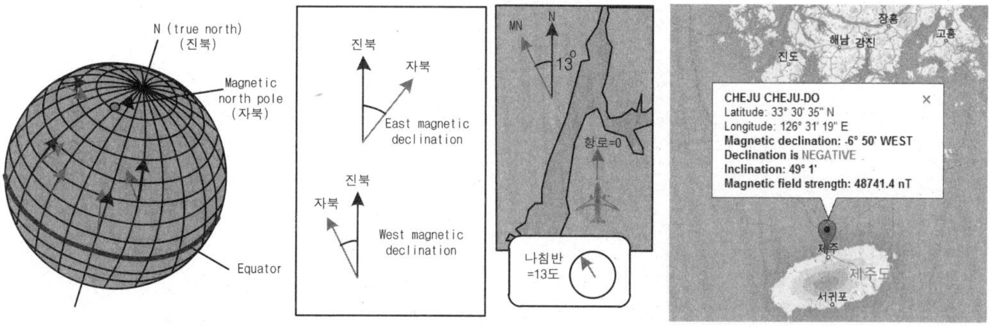

<그림 11.40> 진북과 자북

일반적인 항공지도는 우리가 흔히 보는 지도에 표기된 북극을 의미하는 진북(true north)을 기준으로 작성된다. 즉 진북은 지구의 자전축상에 있으며 이 축의 연장선상에는 북극성(polaris)이 있는 지리적인 기준점이다.

하지만 지구 자기장에 의해 실제 나침반이 가리키는 북극을 자북(magnetic north)이라고 하며, 실제로는 진북으로 기준으로 작성된 지도의 {81.5°N, 111.4°W}에 있는 캐나다의 북해상에 있으며, 진북과는 950km떨어져 있다[31].

이러한 실제 나침반의 방향과 지도상의 진북방향의 각도차를 magnetic variation 또는 magnetic declination이라고 한다. 예를 들어 제주에서의 declination값은 -6.5°, 0.0456752665rad이다[32].

따라서 지도상에 표시된 진북방향으로 이동하기 위하여 나침반이 가리키는 자북방향으로 걸으면 실제 목적지와 다른 곳에 도착하는 거리오차가 발행할 수 있다.

이러한 것을 보정하기 위하여 자신의 나침반을 magnetic declination(자기편각)만큼 보정해야 한다.

진북에서 자북을 구하려면, 즉 지도상의 코스에서 나침반의 방위각을 구하려면, 편각서 (west variation)의 경우 진북 방위각에 편각을 더해주고, 편각동(east variation)의 경우는 진북 방위각에서 편각을 감해주면 된다[33].

예를 들어 비행하고자 하는 코스가 0°이고 편각이 "13°W"일 때 실제 조종사가 비행하여야 할 나침반의 방위각(자북 방위각)은 13° (0+13=13)이다.

(4) HMC5883L 지자계 센서 하드웨어 설계

3축 디지털 나침반 기능을 수행하는 HMC5883L은 지자계 센서로써 12비트 ADC를 내장하고 1°~ 2° 오차범위내의 방위각 정보를 I2C 인터페이스를 통해 제공한다[34]. 이것은 모바일 폰 및 내비게이터 등에 활용된다.

7비트 I2C 주소는 0x1E이다.

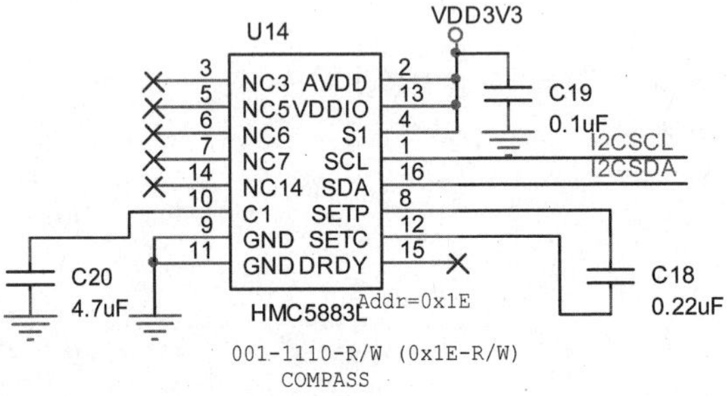

<그림 11.41> HMC5883L 지자계 주변회로의 예

---

[31] 이 자북은 고정된 것이 아니라 위치가 변경된다. 그리고 가속도+자이로 센서 조합에 이 지자기센서를 추가 사용하면 yaw값을 얻을 수 있다.

[32] 현재 위치의 오차는http://www.magnetic-declination.com/에서 확인할 수 있다.

[33] 조종사들이 "East is least, West is best."라고 복창한다.

34 HMC5883과는 상이하다.

(5) 소프트웨어 설계

```
// Compass Module 3-Axis HMC5883L
#define HMC5883LADDR 0x1E // 7-bit address of HMC5883 compass
//Registers
#define  HMC5883L_CONFIG_A        0
#define  HMC5883L_CONFIG_B        1
#define  HMC5883L_MODE            2
#define  HMC5883L_DATA            3
#define  HMC5883L_DEVID        0x0A

// measurement modes
#define HMC5883L_MEAS_CONTINUOUS        0
#define HMC5883L_MEAS_SINGLE_SHOT       1
#define HMC5883L_MEAS_IDLE              3

//setup scale
#define HMC5883L_SCALE088 1 //0.88
#define HMC5883L_SCALE13 2 //1.3
#define HMC5883L_SCALE19 3 //1.9
#define HMC5883L_SCALE25 4 //2.5
#define HMC5883L_SCALE40 5 //4.0
#define HMC5883L_SCALE47 6 //4.7
#define HMC5883L_SCALE56 7 //5.6
#define HMC5883L_SCALE81 8 //8.1
#define HMC5883L_SCALE HMC5883L_SCALE13

// At 75Hz continuous measurement rate, the delay between samples = 1/75 = 13ms
#define  HMC5883L_MEAS_DELAY_MS       15
#define  HMC5883L_MEAS_NORMAL         0

#define LOCAL_DECLINATION   ((double)- 0.0457) //at Jeju Airport.
#define MAX_MAG_SAMPLES 10
#define HMC5883L_CALIBRATED 1
//calibration values
#if HMC5883L_CALIBRATED == 1
#define HMC5883L_OFFSETX -99.7
#define HMC5883L_OFFSETY -154.0
#define HMC5883L_OFFSETZ -22.7
#define HMC5883L_GAINX1 0.952017
#define HMC5883L_GAINX2 0.00195895
#define HMC5883L_GAINX3 0.0139661
#define HMC5883L_GAINY1 0.00195895
#define HMC5883L_GAINY2 0.882824
#define HMC5883L_GAINY3 0.00760243
#define HMC5883L_GAINZ1 0.0139661
#define HMC5883L_GAINZ2 0.00760243
#define HMC5883L_GAINZ3 0.995365
#endif

#define TWO_PI (2.0 * M_PI)
#define _180_DIV_PI           57.295779

struct MagnetometerScaled{
        float XAxis;
        float YAxis;
        float ZAxis;
};

struct MagnetometerRaw{
        short XAxis;
```

```
        short YAxis;
        short ZAxis;
};
int gGaussScale[8] = {
    1370,   //  0.9
    1090,   //  1.3
    820,    //  1.9
    660,    //  2.5
    440,    //  4.0
    390,    //  4.7
    330,    //  5.6
    230     //  8.1
    };

int SetMeasurementMode(uint8_t mode);
int SetScale(u8 val);
float m_Scale;

typedef struct HMC5883L_CALIB_DATA_ {
        short xMax;
        short xMin;
        short yMax;
        short yMin;
        short zMax;
        short zMin;
        short xRange;
        short yRange;
        short zRange;
} HMC5883L_CALIB_DATA;

HMC5883L_CALIB_DATA HMC5883LCalib;

void ReadRawAxis(struct MagnetometerRaw *raw);
void ReadScaledAxis(struct MagnetometerRaw *raw, struct MagnetometerScaled *scaled);
extern u8 i2ctxbuf[256];
extern u8 i2crxbuf[256];

void ReadRawAxis(struct MagnetometerRaw *raw){
  static uint8_t buffer[6];
  I2CReceiveBurstWithRestartCondition(HMC5883LADDR, HMC5883L_DATA, buffer, 6);
  //0xF000 (=-4096) may be set when the ADC reads overflow or underflow.
  raw->XAxis = (short)((buffer[0] << 8) | buffer[1]); // NOTE : data is MSB first !!   order is x,z,y!!
  raw->ZAxis = (short)((buffer[2] << 8) | buffer[3]);
  raw->YAxis = (short)((buffer[4] << 8) | buffer[5]);
}

void ReadScaledAxis(struct MagnetometerRaw *raw, struct MagnetometerScaled *scaled)
{
        scaled->XAxis = (float)(raw->XAxis) * m_Scale;
        scaled->ZAxis = (float)(raw->ZAxis) * m_Scale;
        scaled->YAxis = (float)(raw->YAxis) * m_Scale;
}
int SetScale(u8 val)
{
        uint8_t regValue = 0x00;
        static uint8_t buffer[2];

        switch(val){
        case HMC5883L_SCALE088:   //0.88
            regValue = 0x00;
            m_Scale = 0.73;
            break;
```

```
        case HMC5883L_SCALE13: //1.3
                regValue = 0x01;
                m_Scale = 0.92;
                printf("SetScale to 1.3\r\n");
                break;
        case HMC5883L_SCALE19: //1.9
                regValue = 0x02;
                m_Scale = 1.22;
                break;
        case HMC5883L_SCALE25: // 4 //2.5
                regValue = 0x03;
                m_Scale = 1.52;
                break;
        default:
                return ErrorCode_1_Num;
        }
    regValue = regValue << 5; // Setting is in the top 3 bits of the register.
    i2ctxbuf[0] = HMC5883L_CONFIG_B;
    i2ctxbuf[1] = regValue;
    I2CSendBurst(HMC5883LADDR, i2ctxbuf, 2);
    delayms(100);

        return 0;
}

int hmc5883l_SetOperatingMode(uint8_t mode)
{
    i2ctxbuf[0] = HMC5883L_MODE;
    i2ctxbuf[1] = mode;
    I2CSendBurst(HMC5883LADDR, i2ctxbuf, 2);
    delayms(100);
    return 0;
}

void hmc5883l_SetMeasurementMode(int mode) {
    static unsigned char b;
    I2CReceiveBurstWithRestartCondition(HMC5883LADDR, HMC5883L_CONFIG_A, &b, 1);
    b &= 0x7c; //"01111100" clear CRA7, keep existing settings, and clear measuremode bits
    b |= ((u8)mode); //b = (u08)mode;
    i2ctxbuf[0] = HMC5883L_CONFIG_A;
    i2ctxbuf[1] = mode;
    I2CSendBurst(HMC5883LADDR, i2ctxbuf, 2);
}

void hmc5883l_getID()
{
        uint8_t id[3];
        I2CReceiveBurstWithRestartCondition(HMC5883LADDR, HMC5883L_DEVID, id, 3);
      //Should be 0x48:34:33
      printf("GetID=0x%02x:%02x:%02x(=%c%c%c)\r\n",id[0],id[1],id[2],id[0],id[1],id[2]);
        delayms(1000);
}

void HMC5883LSetup() {

        int error;
        printf("Setting scale to +/- 1.3 Ga\r\n");
        error = SetScale(HMC5883L_SCALE13);
        if(error != 0) // If there is an error, print it out.
              printf("Error\r\n");
      i2ctxbuf[0] = HMC5883L_CONFIG_A;
        i2ctxbuf[1] = 0x78; //"01111000"clear CRA7, 8 sample average,75Hz data rate
```

```
        I2CSendBurst(HMC5883LADDR, i2ctxbuf, 2);
          //reg2
          printf("Setting Operating mode to continuous.\r\n");
          error = hmc5883l_SetOperatingMode(HMC5883L_MEAS_CONTINUOUS);
          if(error != 0) printf("Error in SetOperatingMode\r\n");

          hmc5883l_getID();

          HMC5883LCalib.xMax = 806;
          HMC5883LCalib.xMin = -460;
          HMC5883LCalib.yMax = 402;
          HMC5883LCalib.yMin = -937;
          HMC5883LCalib.zMax = 669;
          HMC5883LCalib.zMin = -624;
          HMC5883LCalib.xRange = HMC5883LCalib.xMax - HMC5883LCalib.xMin;
          HMC5883LCalib.yRange = HMC5883LCalib.yMax - HMC5883LCalib.yMin;
          HMC5883LCalib.zRange = HMC5883LCalib.zMax - HMC5883LCalib.zMin;
}

//For using atan2(), you should include <math.h> and library with m.
void HMC5883LLoop() {

    struct MagnetometerRaw raw;
    struct MagnetometerScaled scaled;
    float heading;
    float headingDegrees;
    float declinationAngle;
    char strbuf[100];
    float x,y;

    //+ I2CConfigModule();
    printf("HMC5883L Driver Test with I2C");
    HMC5883LSetup();

    while(1){
            // Retrive the raw values from the compass (not scaled).
            ReadRawAxis(&raw);
            ReadScaledAxis(&raw,&scaled); // Get the scaled values
            x = scaled.XAxis;
            y = scaled.YAxis;
            printf("(x,y)=("); printf(x);    printf(","); printf(y);printf(")\r\n");
            // Calculate heading, then correct for signs of axis.
            heading = (float)atan2((double)y,(double)x);
            printf("Heading="); printf(heading);printf("(radian)\r\n");
            //For this heading, you must then add 'Declination Angle'.
            heading += LOCAL_DECLINE; //Modified to localize
            // Correct for when signs are reversed.
            if(heading < 0.0)    heading += TWO_PI;
            // Check for wrap due to addition of declination.
            if(heading > TWO_PI)    heading -= TWO_PI;
            headingDegrees = heading * 180.0/M_PI;   // Convert radians to degrees.
            // Output the data via the serial port.
            printf("Raw       [x,y,z]= %d,%d,%d\r\n", raw.XAxis, raw.YAxis, raw.ZAxis);
            printf("SCALED [x,y,z]= %d,%d,%d\r\n", (int)(scaled.XAxis),
                                    (int)(scaled.YAxis),(int)(scaled.ZAxis));
            printf("Heading(Radian):"); fUARTprintf(heading);UARTprintf("Radian\r\n");
            printf("Heading(Degree):"); fUARTprintf(headingDegrees);UARTprintf("Degree\r\n");
            // Normally we would delay the application by 66ms to allow the loop to run at 15Hz
            delayms(100);
    }
}

```

11.32 MPU-6050 3축 자이로 및 3축 가속도계 복합 센서(참고)

(1) 설계 목표

IMU(Inertial Measurement Unit) 기능부와 출력값을 UART로 표출하는 소프트웨어를 설계한다.

(2) 요구 사항

- MPU-6050 IMU 센서를 사용한다.
- ARSH 기능을 구현한다.
- 외부에 지자계 센서를 추가할 수 있도록 한다.

(3) IMU와 ARS 및 AHRS

가속도계는 긴 시간 동안의 정확한 데이터는 제공하지만, 짧은 시간 동안에는 오차가 크다. 반면에 각속도계를 사용하는 자이로스코프는 짧은 시간 동안의 방향각 변화량을 감지하는데 이를 긴 시간 동안의 적분으로 방향각을 얻을 수 있지만 오차가 크다.

이러한 장단점을 갖는 가속도 센서와 자이로 센서를 하나의 칩 또는 보드에 통합하여 각 센서의 raw 데이터를 개별적으로 출력하는 장치를 inertial measurement unit (IMU)라고 한다[35].

이 IMU의 raw 데이터로부터 종합적인 자세정보는 별도의 처리장치에서 계산해야 한다. 이러한 IMU는 로봇 팔의 정확한 위치, 유도탄, 모션 캡쳐 및 자동차 내비게이션에 활용된다.

참고로 AHRS(Attitude and Heading Reference System)는 3축 가속도계, 3축 각속도계, 3축 지자계가 함께 결합된 장치로써 이들 센서로부터 취득된 자료를 자체적으로 계산하고 그 결과인 자세 및 방향 정보를 출력한다.

반면에 z축 중심의 회전인 yaw를 제외하고, pitch와 roll을 측정하는 장비를 ARS라고 한다.

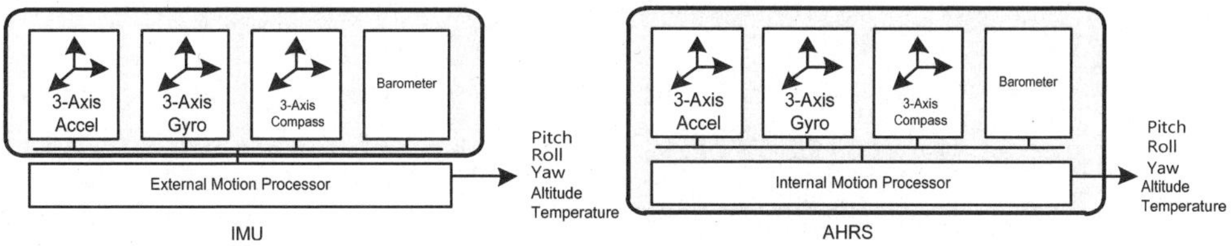

<그림 11.42> IMU와 AHRS의 기능 비교

(4) MPU-6050

MPU6050는 하나의 칩에 3축 각속도 센서(Gyroscope)와 3축 가속계 기능, 그리고 온도센서까지 내장한 IMU이다[36]. 이것의 외부 인터페이스는 주소 0x69를 갖는 I2C이다[37].

---

[35] 개별적인 정보를 degrees of freedom(DOF)이라고 한다. 3축 가속도계, 3축 각속도계, 3축 지자계가 모두 통합되면 9DOF 센서라고 한다. 심지어 기압센서인 BMP180를 추가하면 10-DOF 센서가 된다.

[36] 나름대로의 자료 처리 프로세서인 Digital Motion Processor(DMP)도 내장하고 있고 외부에 지자계센서를 추가할 수 있어 AHRS 기능을 설계할 수 있다. 하지만 상세 자료는 비공개되어 있어 기본적으로 gyroscope 및 accelerometer의 raw값만 출력하는 IMU 기능을 수행한다.

[37] SPI 인터페이스도 제공한다.

MPU6050에 내장된 고유한 DMP (Digital Motion Processor)는 가속도와 각속도 데이터를 통합 처리하는 고유의 프로세서이다.
DMP 는 쿼터니온으로 결과를 계산하여 오일러각으로 변환한다.

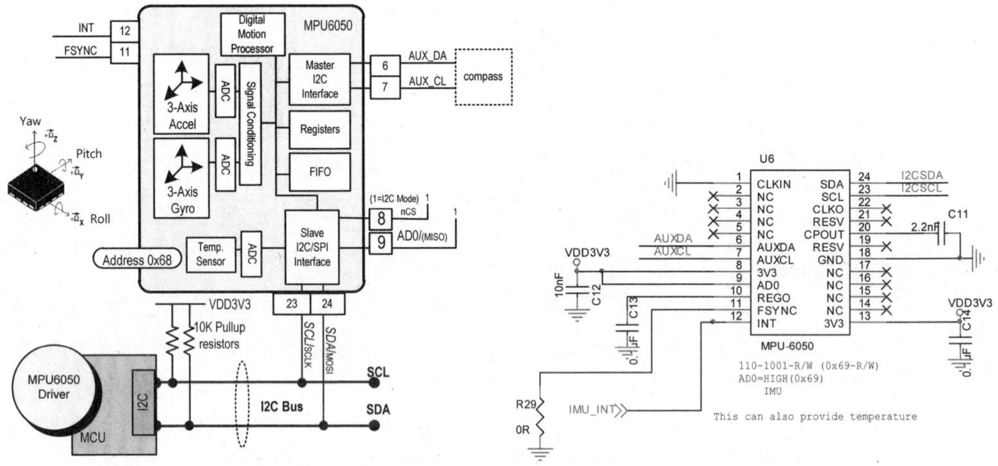

<그림 11.43> MPU-6050 IMU의 구성과 주변회로 구성의 예

11.33 연습문제

[1] SoftUART와 같은 방법으로 GPIO 기반의 I2C 기능을 Bitbang 기법으로 설계하라. UART의 경우와 달리 I2C 에서는 클럭 신호와 데이터 신호를 함께 생성해야 함에 유의하라.

[2] 74HC595와 74HC165와 같은 게이트 칩도 SPI 기능용으로 사용할 수 있다. 그 기능을 분석하라.

[3] PCA953x LED Dimmer 칩은 256단계의 밝기 조정이 가능하다. {R,G,B} LED를 하나로 조합한 경우 총 256 X 256 X 256 = 16,777,216개의 상이한 색상을 표출할 수 있다. 주변회로를 설계하라.

[4] MCU가 제공하는 SPI 모듈이 1개뿐인 경우, GPIO를 사용하여 bitbang 방식의 SPI 모듈을 소프트웨어로 설계하라.

[5] I2C 모듈만 제공하는 MCU를 사용하여 SPI 기능만 제공하는 센서를 접속하고자 한다. I2C-to-SPI 변환기를 찾아 주변회로를 설계하고 동작을 설명하라.

[6] SPI 모듈만 제공하는 MCU를 사용하여 I2C 기능만 제공하는 센서를 접속하고자 한다. SPI-to-I2C 변환기를 찾아 주변회로를 설계하고 동작을 설명하라.

제 **12** 장

I2S, AES/EBU, S/PDIF

오디오는 비디오와 함께 사람을 감동시키고 정보를 전달하는 가장 효과적인 매체 중 하나이다. 오디오의 전송과 처리 방법이 아날로그에서 디지털로 변화한 현 시점에서 다양한 전송방식과 커넥터 등이 존재한다. 본 장에서는 대표적인 오디오 전달용 디지털 오디오 버스 규격 중 하나인 I2S에 대하여 다룬다. 이어 간단한 회로 설계 및 프로그램 설계를 수행한다.

12.1 오디오 인코딩과 디코딩

(1) 개요

오디오와 같은 아날로그입력을 컴퓨터 시스템에 저장하거나 가공하기 위하여 디지털데이터로 변환하는 기능을 인코딩 또는 아날로그 디지털 변환기능(ADC)이라고 하며 이 기능을 수행하는 기능부를 인코더라고 한다. 반대로 디지털오디오데이터를 원래의 아날로그 오디오로 복원하는 기능을 디코딩(또는 DAC) 이라고 하며 이것을 지원하는 기능부를 디코더라고 한다. 그리고 이러한 기능이 하나의 칩이나 모듈에 함께 내장된 것을 코덱(codec)이라고 한다.

오디오를 인코딩하는 방법에는 여러 종류가 있지만 전화망 시스템에서 사용되는 PCM(Pulse Code Modulation)방식은 125μsec마다, 즉 초당 8000번씩 입력되는 아날로그 오디오를 샘플링하고, 이를 양자화하여 이진 비트열로 인코딩하는 방법이다.

초당 8000번, 즉 8KHz로 샘플링하는 이유는 전화선을 통한 음성의 대역폭이 4KHz 이하이므로 Nyquist이론에 따라 8KHz 이상으로 샘플링하여 전송하면 수신측에서는 디코딩 후 저역통과 필터링하면 원음을 복원할 수 있기 때문이다. 하지만 클래식 음악의 경우 보다 넓은 대역을 가지며 사람의 귀는 20~20000Hz 대역을 들을 수 있기 때문에 8KHz 샘플링으로는 부족하여 전문용 코덱의 경우 384KHz 샘플링 및 샘플당 32비트를 수행하는 경우도 있다.

(2) 샘플링률

코덱의 경우 오디오의 최대 주파수를 고려하여 샘플링(Sampling Frequency)률을 결정해야 한다. 여기서 샘플링 주파수 또는 샘플링률(sampling rate) f_s는 원래 신호의 최대 주파수의 2배 이상이어야 한다는 Nyquist 샘플링 이론을 적용해야 한다.

예를 들어 PCM 샘플링시 20KHz의 음원 대역폭을 가정한다면 40KHz 이상의 샘플링이 필요할 것이다. 따라서 오디오 CD 제작시에는 44.1KHz로 인코딩하고, 컴퓨터용 오디오 파일 생성시에는 48KHz로 샘플링하는 것이 일반적이다.

(2) 샘플링 주기 및 샘플 비트수

매 샘플링시 이것을 몇 비트의 길이로 표현하는가에 따라 얼마나 원음에 가까운 변환이 이루어지는지, 즉 명료도를 결정한다. 이때 샘플링 비트수는 8~32비트가 사용된다. 많이 사용되는 16비트 의 경우 2^{16}=65536개의 구분되는 진폭을 표현할 수 있다. 물론 그 비트 수가 많아지면 양자화오류가 감소하지만 이를 저장할 메모리나 전송속도를 증가시킨다.

	샘플당 비트수	샘플링 주파수	Mono	Stereo
CD	8	8KHz	64Kbps	
디지털오디오	16	44.1KHz	705.6Kbps	
	16	48KHz	768Kbps	1.536Mbps
	16	96KHz	1.536Mbps	3.072Mbps
	24	192KHz	4.608Mbps	9.216Mbps
	32	192KHz	6.144Mbps	12.288Mbps

(3) Dynamic Range와 오디오 신호레벨

<그림 12.1>과 같이 최대진폭 4V의 입력 신호값에 대하여 3비트로 샘플링할 경우 각 양자화 레벨에서의 양자화 잡음의 최대값은 0.5V이다. 일반적으로 아날로그 신호레벨 S를 1로 일반화시킬 때 양자화 잡음은 $N=1/2^n$ 이다. 따라서 $S/N = 1/(1/2^n)$이다.

이것을 dB로 표시한 것을 Dynamic Range라고 하며 다음과 같이 표현된다.

$$DR_{dB} = SNR_{dB} = 20 \log_{10} 2^n \sim 6.02*n$$

예를 들어 8비트 샘플링된 오디오는 48dB의 dynamic range를 가진다. 반면에 16비트로 샘플링된 오디오는 96dB의 dynamic range를 가진다. 즉 DR이 클수록 양자화 잡음은 감소하므로 음질이 우수하다고 할 수 있다. 그리고 신호레벨은 보통 dB를 사용하지만 오디오 분야에서는 0.775V를 기준 신호레벨로 하여 오디오 신호레벨을 데시벨로 표시하는 dBu가 사용된다.

예를 들어 0dBu=0.775V이고, -40dBu는 0.00775V이다.

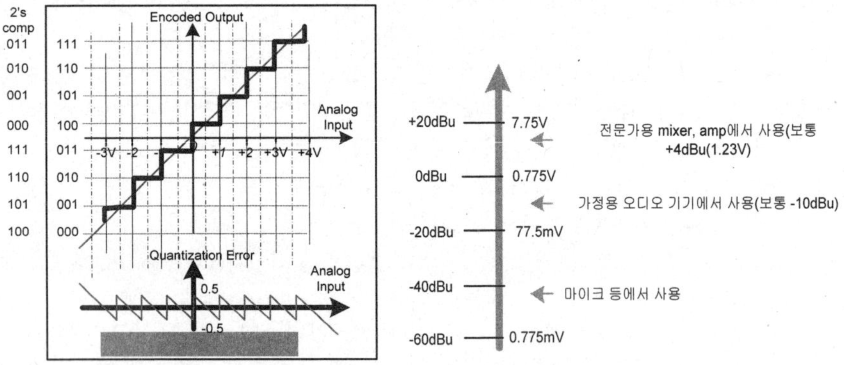

<그림 12.1> 양자화 잡음과 다이나믹 레인지

(3) 오디오 채널

오디오 분야에서는 Left 와 Right 오디오를 각각 채널이라고 한다. 따라서 스테레오 오디오는 2개의 채널을 가진다고 할 수 있다. 최근에 많이 사용되는 5.1채널의 경우 총 6개의 채널이 사용되며, 최고급 30.2채널도 있다.

(4) 오디오 코딩 표준

다양한 종류의 오디오 코딩 방식 중 일부는 다음과 같다.

- G.711 : 디지털 전화기를 위해 ITU가 1972년에 표준화한 방식이다. companding방식으로 A-Law와 u-Law방식이 모두 사용된다. 8KHz로 샘플링하여 샘플당 8비트를 즉시 전송하므로 64 Kbps로 전송된다. 이 방식은 무료로 사용이 가능하다. MOS는 4.2로써 우수하다.
- G.729 : 8Kbps로 전송하면서도 MOS=4.0음질을 제공하는 방식으로써 인터넷 전화용으로 사용된다. 아날로그 오디오는 G.711과 마찬가지로 8KHz 샘플링되며, 10msec마다, 즉 80개의 샘플을 총 80비트로 압축 인코딩하여 전송한다. 결과적으로 8 Kbps의 전송 속도를 가진다. 이것은 특허권이 있는 방식이다.
- G.723.1: 8KHz로 샘플링하면서 30msec마다, 즉 240개의 샘플을 압축하는데 2종류의 변형이 있다. 압축시 24바이트의 프레임을 구성하여 6.4 Kbps(즉 24x8/0.03)로 전송하면서 MOS =3.9를 제공하는 방법과 MOS=3.7이면서 20바이트의 프레임을 구성하여 5.33Kbps(즉 20x8/0.03)로 전송하는 2가지 방법이 있다. 2014년 이후부터는 무료로 사용이 가능하다.

12.2 Balanced와 Unbalanced 아날로그 오디오 전송

아날로그 오디오 신호를 전송하는 방법은 <그림 12.2>와 같이 불평형(Unbalanced) 전송방식과 평형(Balanced) 전송방식이 있다.

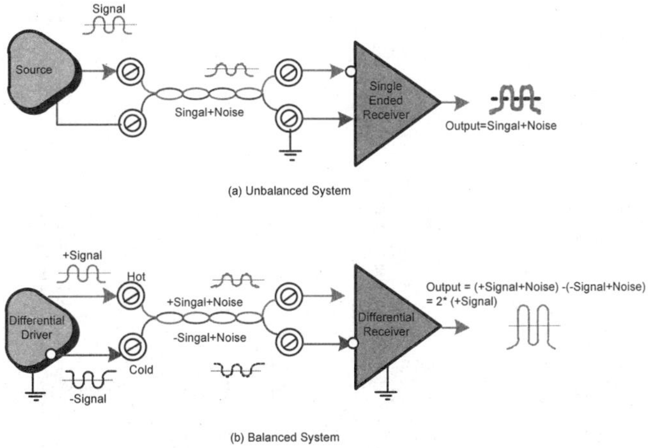

<그림 12.2> 아날로그 오디오의 평형 및 불평형 전송방식

가정용 기기는 대부분 single-ended 방식인 불평형 장비가 대부분이지만 공연장이나 스튜디오에서 사용되는 프로용 장비에서는 평형 전송방식이 사용된다.
평형 전송방식은 서로 반전된 위상을 가지는 2개의 신호를 +(Hot)선로와 –(Cold)선로를 통하여 전송을 하여 종단(End Point)에서 양쪽 신호의 차이를 사용하는 방법이다. <그림 12.2b>는 외부 실드선을 그라운드로 사용하는 평형 전송용 케이블이다. 평형 전송방식의 경우 + 신호와 – 신호가 별도의 전선으로 흐르게 되면서 외부로부터 유입되는 잡음이 제거될 수 있다.

12.3 직렬 디지털 오디오 전송방식

(1)개요

아날로그 스테레오 오디오를 32bit/192KHz 샘플링한다면 12.288Mbps로 비트열이 생성된다. 이것을 다른 장치에 전달하려면 직렬 또는 병렬 전송방식이 고려될 수 있다.
이 경우 최대 32비트씩 병렬로 전송하면 초당 192000번 전송하면 된다. 하지만 32개의 선로가 필요하며 장거리 전송도 불가능하다. 이러한 이유로 인해 대부분의 디지털 오디오의 전송규격은 다음과 같은 직렬 전송방식을 사용한다.

- I^2S
- AES/EBU
- S/PDIF
- Audio over Ethernet 기술
  - Cobranet
  - EtherSound
  - Dante
  - Audio/Video Bridging(AVB)

이들은 L과 R 채널을 물리적으로 분리된 선로를 사용하거나 L+R 채널을 하나의 선로상에 교대하면서 직렬 전송한다. 이때 오디오 스트림의 특성을 고려하여 오디오 데이터 선로 외에 추가적인 클럭 신호와 L과 R 채널을 구분할 수 있는 신호도 추가 전송해야 한다.
특히 최근에는 EtherSound나 CobraNet 등의 비표준 전송방식에 대응하여 100Mbps급 이더넷을 활용하는 표준 오디오 전송방식인 Audio/Video Bridging(AVB)방식을 채용한 장비들이 소개되고 있다.

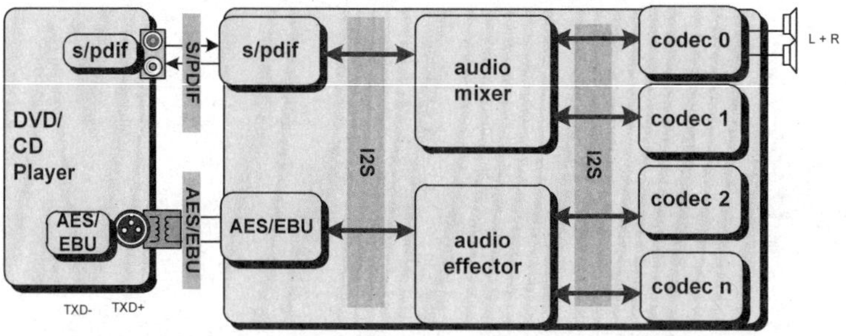

<그림 12.3> I2S 및 AES/EBU 버스의 활용

(2) Audio over Ethernet 기술

AoE는 손실과 지터 없이 장거리 전송할 수 있도록 100 Mbps 이상의 이더넷에 대량의 무압축 디지털 오디오 스트림을 수납하여 전송 및 중계하는 기술로써 Cobranet, EtherSound, Dante, Audio/Video Bridging(AVB) 등이 있다. 이들은 전송과정에서의 지연, 손실 등을 보장하기 위해 다음과 같은 방법을 사용한다.

- 대역예약 : 오디오/비디오 스트림을 대역예약 후 전송하며, 남는 대역은 제어 메시지 전송 또는 일반 TCP/IP 패킷 전송용으로 사용된다. 각 방식별로 고유한 절차를 사용하지만 표준 방식인 AVB에서는 IEEE802.1at의 대역예약 절차를 수행한다.
- 시간동기 : <그림 12.4>와 같이 네트워크를 경유하는 오디오 스트림은 가변적인 지연을 겪게 된다. 오디오 채널간의 상이한 지연시간을 보상하여 동일한 시각에 모든 오디오 채널이 출력되도록 할 필요가 있다. 이를 위하여 모든 시스템이 동일한 시각을 갖도록 하는 time synchronization과정을 수행한다. 이러한 시간동기를 위해 특별한 beat 패킷을 사용하거나 IEEE1588 Precision Timing Protocol(PTP)을 사용한다. 표준 방식인 AVB에서는 IEEE802.1as 시간동기 절차를 수행한다.
- 내고장성 : 전송선로 장애시 대체 선로를 제공하기 위하여 링 형태로 망을 구성하거나 연결 선로를 추가하는 방법을 사용한다.

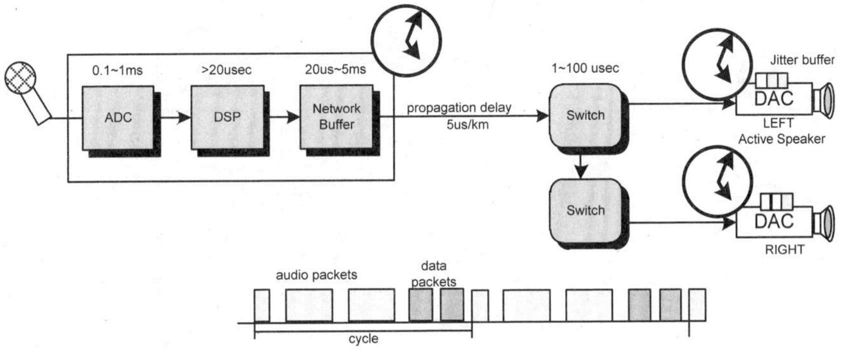

<그림 12.4> Networked Audio 시스템에서의 지연시간과 시간동기의 필요성

산업계에서 사용되는 AoE 시스템은 EtherSound, CobranNet, Dante, AVB방식 등이 있으며 이들의 특징은 <그림 12.5>와 같다.

- EtherSound : 물리 계층에서 이웃 노드와 연결되므로 daisy-chain형식으로 결선이 가능하다. 노드간의 지연이 작다.
- Cobrannet : 범용 이더넷 스위치를 중심으로 스타 형태로 결선된다. 링크계층에서 중계된다. 시간동기를 위해 매 싸이클 마다 conductor로 선출된 노드가 beat 패킷을 송신한다.
- Dante : 범용 이더넷 스위치를 중심으로 스타 형태로 결선된다. 오디오 스트림을 UDP에 수납하고, 각 노드간 시간동기는 IEEE1588규격을 사용한다. 마치 VoIP와 유사한 Audio over IP(AoIP) 기술이다.

- IEEE802 AVB : IEEE1588규격을 준용하는 802.1as 시간동기 기술과 802.1at 대역예약절차 등을 사용하는 이더넷 브리지 기반의 Audio/Video 브리징 기술이다. 일반 스위치는 사용할 수 없다. 48KHz/16비트 샘플링의 경우 100Mbps급 이더넷에서 최대 64채널의 무압축 오디오를 전달할 수 있다.

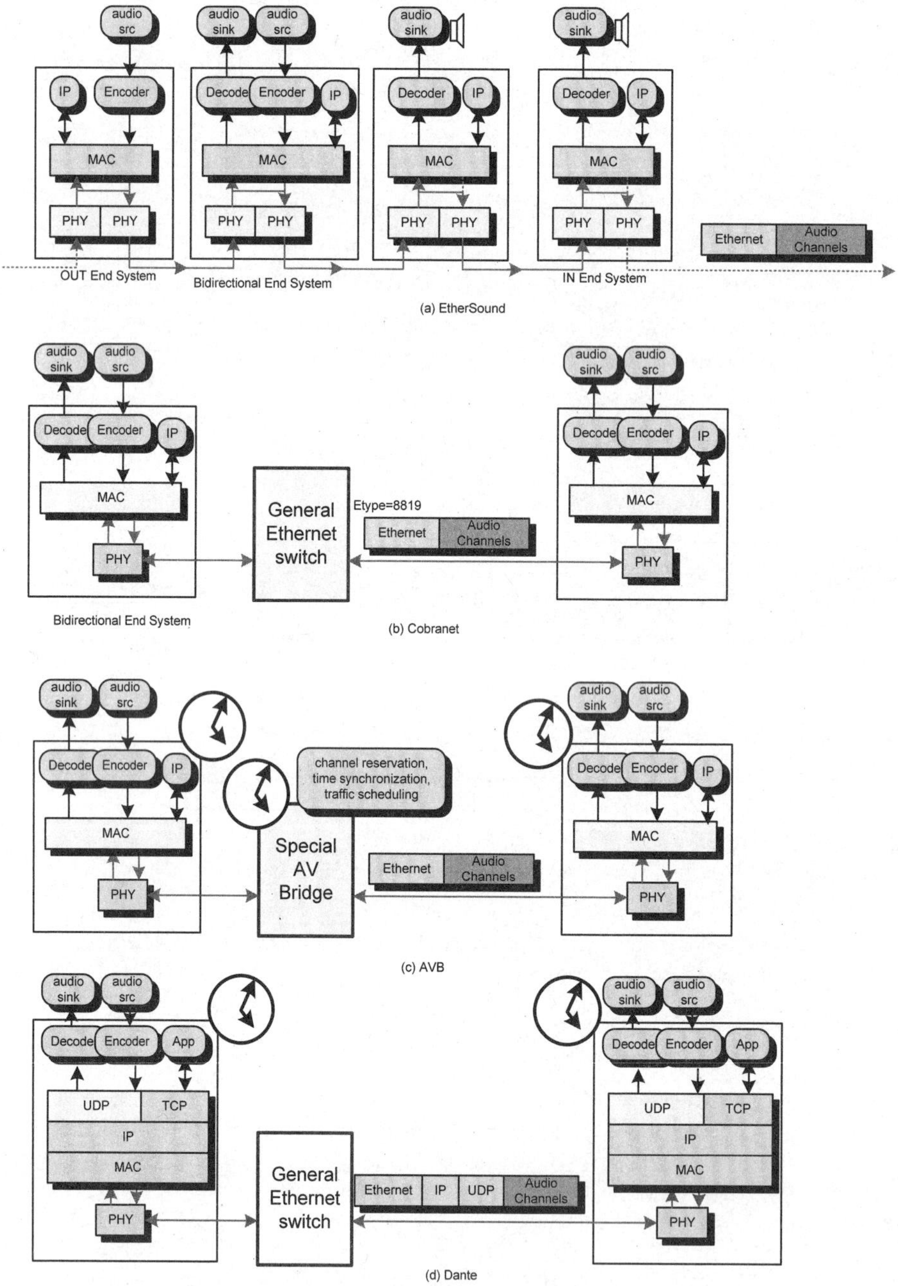

<그림 12.5> Networked Audio 시스템의 비교

12.4 AVB 기술(참고)

최근 이더넷은 DVD, 디지털 TV, 디지털 오디오 장치 등과 같은 실시간 트래픽을 생성하고 재생하는 디지털 미디어 장치들간의 전송 기술에도 적용되고 있다[1].

이를 표준화 한 Audio/Video Bridging(AVB) 기술은 IEEE802.1AS 시간동기 기술, IEEE802.1at 스트림 예약절차, IEEE802.1av 브리징 기술 등으로 구성된다. 현재 100Mbps급 이더넷 기반의 디지털 음향기기 연결을 지원한다. 최근 이 기술을 자동차내 제어통신방식으로 활용하려는 시도도 있다. 또한 이 기술을 발전시켜 1Gbps 이더넷에서 4μsec 이하의 브리지 지연을 제공하거나 100Mbps 이더넷에서 100usec 이하의 낮은 지연시간을 제공하면서 내고장성도 함께 제공하여 자동차 내부 제어 통신망 기술로 채택되고자 하는 time-sensitive 통신망 기술에 대한 표준화도 IEEE802.1에서 진행되고 있다.

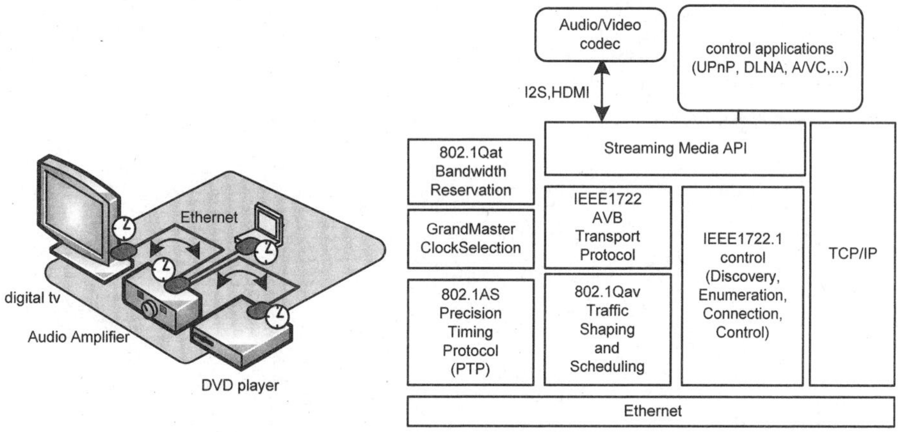

<그림 12.6>AVB 시스템의 구성

12.5 I2S(Inter-IC Sound) 직렬 쌍방향 스테레오 오디오 버스

(1) 개요

I2S(Inter-IC Sound, IIS)는 디지털 스테레오 오디오 스트림을 가까운 거리에 최대 12.288Mbps로 송신 및 수신을 동시에 수행할 수 있는 양방향 직렬 전송 인터페이스규격이다.

이것은 오디오 스트림 전송선로뿐만 아니라 비트 클럭(BCLK) 및 채널 구분 선로(LRCK, WordSelect)도 함께 갖는 동기식 직렬 전송방식이다. 1986년에 필립스사에서 규격화하였다[2].

주로 보드상의 코덱과 오디오 프로세서를 연결하거나 S/PDIF 및 AES/EBU 전송장치를 통한 CD 플레이어 및 오디오 방송 장비 연결시 사용된다. Atmel사에서는 이것을 SSC(Synchronous Serial Controller) 방식이라고도 부른다.

[1] 이것과 유사한 용도의 IEEE1394는 인접한 기기들의 연결 시에만 사용될 뿐 댁 내의 각 방에 위치한 장치들간에 연결하기에는 문제가 있었다. 또한, 모든 시스템이 하나의 공유 매체상에서 동작하기 때문에 어떤 장치가 망에서 분리되거나 새로 접속되는 경우, 전송 매체가 일시적으로 리셋되는 문제도 있다. 특히, 많은 사람들이 이더넷은 알지만 IEEE1394에 대해서는 잘 모르는 결정적인 시장 관점에서의 취약점이 있다.

[2] 참고로 I^2S용 커넥터 규격은 없기 때문에 여러 개의 BNC 커넥터를 조합하거나, 5핀 DIN 커넥터, RJ45, DE-9 커넥터 등을 사용한다.

(2) I2S 시스템의 구성

I2S 버스 시스템은 <그림 12.7>과 같이 총 5개의 선로로 연결된 마스터와 슬레이브로 구성된다. 여기서 I2S 마스터는 24.576MHz의 마스터 클럭(MCLK) 및 BitClock과 LRCK를 모두 공급하는 장치이다.

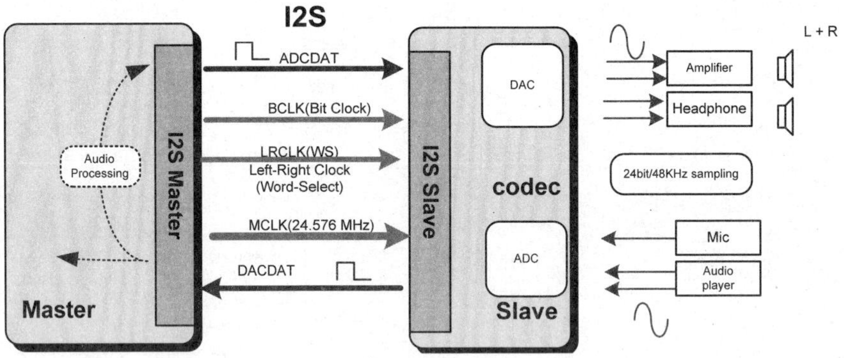

(a) Codec이 슬레이브인 경우

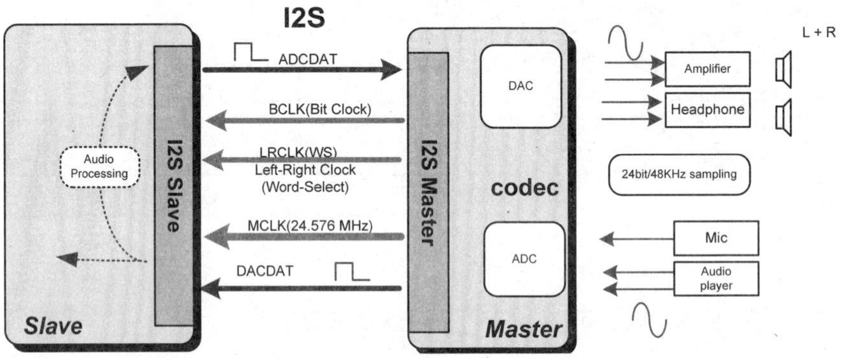

(b) Codec이 마스터인 경우

<그림 12.7> I2S 버스 시스템의 구조

(3) I2S 신호

I2S에서는 다음과 같은 5 종류의 신호가 사용된다.

- BCLK(Bit Clock) : 오디오 데이터의 비트별 송신 간격을 제공하며 SCLK라고도 한다. 이 BCLK은 (오디오 샘플링률 X 샘플당 비트수 X 총채널 수)으로 설정된다. 예를 들어 48KHz의 샘플링 주파수로 채널당 16 비트 샘플링 한 경우 BCLK = 48KHz X (16+16) X 2(channel) = 3.072 MHz이다. 여기서 16을 추가한 것은 I2S의 각 채널당 비트수는 32비트이기 때문이다[3]. 최고급 오디오에서 사용하는 384KHz/32비트 샘플링의 경우 BCLK는 384KHz X 32 X 2(channels) =24.576Mbps이다.

[3] 44.1KHz의 샘플링 주파수로 채널당 16비트 샘플링한 CD오디오의 경우 BCLK = 44.1KHz X (16+16) X 2(channel) = 2.8224 MHz 이다.

- LRCK(left right clock) : Left와 Right 채널을 구분하는 Word Select 신호라고 할 수 있다. LRCK = Low일 경우 Left 채널이 송신되는 중이며 LRCK = High일 때에는 Right 채널이 송신됨을 표시한다. 당연히 LRCK의 주파수는 샘플링 주파수(fs)와 동일하다.
- Master clock(MCLK) : BCLK 및 LRCK을 위한 기준 클럭이다. 24.576MHz 또는 12.288MHz가 사용된다.
- ADCDAT 오디오 데이터 : 코덱의 ADC로부터의 아날로그 오디오의 샘플링된 디지털 오디오 스트림이다. 채널 당 32 비트까지 전송할 수 있다. 만약 24비트 샘플링의 경우에는 나머지 8비트는 0으로 채워진다. 각 채널의 MSB부터 송신된다. 각 채널의 MSB는 LRCK가 천이된 시점에서 2번째 BCLK의 하강 엣지에서 송신 개시된다[4].
  수신측은 BCLK의 상승 엣지에서 오디오 데이터를 래치한다.
- DACDAT 오디오 데이터 : 코덱의 DAC로 전달되는 디지털 오디오 스트림이다. 채널 당 32비트까지 전송할 수 있다. 만약 24비트 샘플링의 경우에는 나머지 8비트는 0으로 채워진다.
  각 채널의 MSB부터 송신된다.

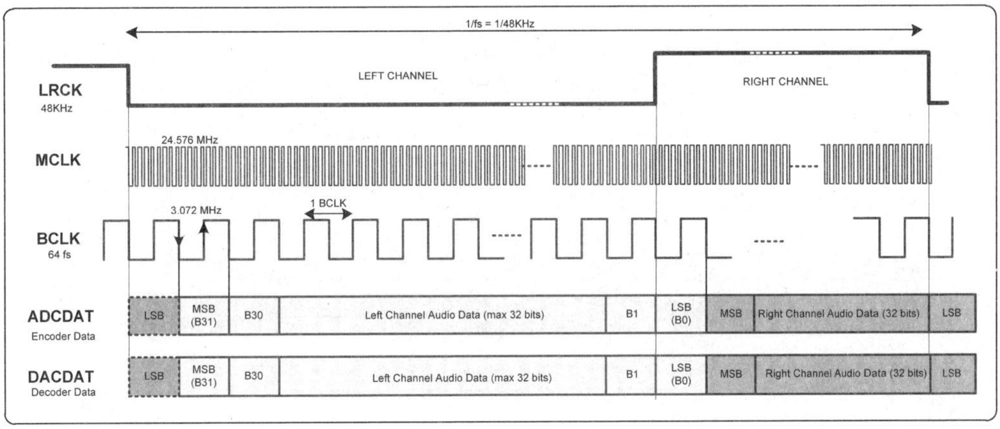

<그림 12.8> I2S신호방식

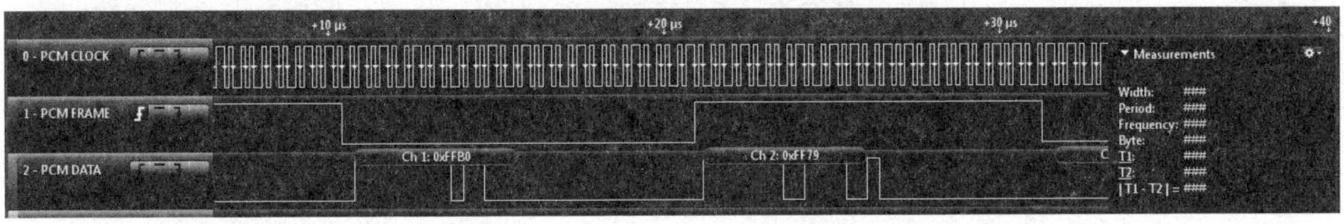

<그림 12.9> I2S프레임 구성의 예

[4] I2S 규격을 따르지 않는다면 LRCK의 시작 시점에서 오디오 데이터를 전송할 수도 있다.

12.6 AES3 직렬 스테레오 오디오 버스

(1) 개요

1985년 AES(Audio Engineering Society)와 EBU(European Broadcasting Union)의 공동표준인 AES3 직렬 디지털 오디오 전송 버스는 전문가용 디지털 오디오 방송장치간에 최대 300m를 스테레오 디지털 오디오, 즉 PCM으로 디지털화된 2개의 오디오 채널을 "L,R,L,R"식으로 전송할 수 있는 동기식 직렬버스규격이다[5].

초기 버전을 AES3라고도 부른다. 또한 제어 메시지도 함께 전송할 수 있다. 비트동기를 위하여 biphase mark code(BMC)라고 하는 라인코딩방식을 사용하며 추가적인 클럭 신호선 없이 바이트 및 프레임 동기를 자체적으로 설정할 수 있도록 BMC 코딩 규칙을 위반하는 형식의 프리앰블 영역을 사용한다.

이것은 미국의 AES(Audio Engineering Society)와 유럽의 EBU(European Broadcasting Union)가 1985년에 함께 표준화한 규격으로써 PCM 디지털 오디오 스트림을 XLR, RCA, 광케이블용 커넥터 등을 통하여 전달한다. 이것은 IEC60958-4의 표준이기도 하다. 또한 75옴의 unbalanced 동축케이블과 BNC 커넥터를 사용할 수도 있는데 이것은 AES-3id-1995 표준은 규격이다.

참고로 S/PDIF 오디오 버스 규격은 가정용으로 변형된 AES/EBU 규격으로서 국제 IEC60958-3 및 일본 CP-1201 표준이다. 이 외에 Fiber channel 전송 기술을 사용하여 최대 64채널을 전송할 수 있는 AES10 표준의 Multi channel Audio Digital Interface (MADI)도 있다.

(2) 시스템 구성

AES/EBU 오디오 전송 시스템의 구성은 <그림 12.10>과 같다.

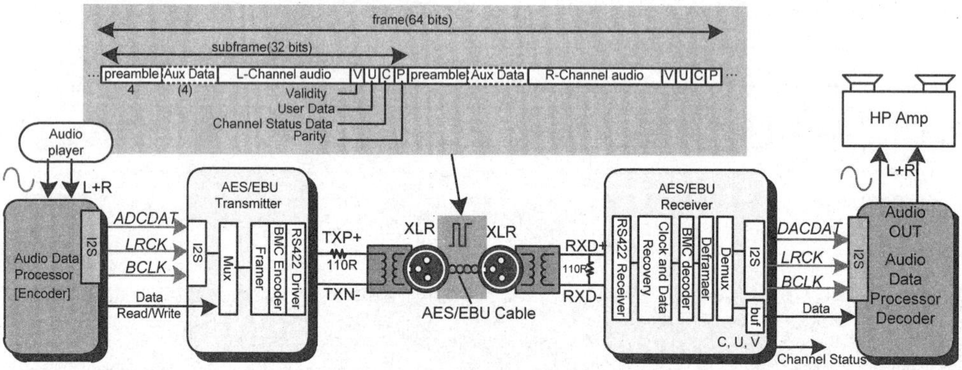

<그림 12.10> AES/EBU 오디오 전송 시스템의 구성

AES/EBU 송신부는 오디오 프로세서에서 공급되는 디지털 오디오 스트림을 AES/EBU 프레임에 수납하여 BMC 라인코딩 후 RS422 차동 송신방식으로 XLR 커넥터를 경유하여 송신한다. 이때 Aux Data, Channel Status 또는 User Data 등을 추가 수납할 수 있다.

수신부는 수신신호에서 클럭을 추출하여 비트열을 복원한 후 BMC 디코딩 후 프레임내의 유효한 오디오 및 데이터 영역을 추출하여 오디오 프로세서로 전달한다.

---

[5] 2채널 전송영역에 돌비 디지털이나 DTS 등의 압축된 5.1 멀티채널 오디오를 전달할 수 있다.

이때 채널 상태 정보 등을 별도로 표시할 수 있다[6].

AES/EBU는 클럭 및 오디오 데이터 그리고 L/R 구분 신호 등과 같은 여러 개의 신호선이 요구되는 I2S와 달리 이러한 모든 정보를 RS422 기반의 평형 전송방식 기반에서 직렬로 오디오 스트림을 전송하는 방식이다. 따라서 I2S에 비하여 장거리로 고속 전송할 수 있다. 또한 부가 데이터도 함께 프레임에 수납할 수 있으므로 일종의 다중화 기술이라고도 볼 수 있다.

(3) 라인코딩

원래 AES/EBU규격은 스테레오 PCM 오디오 데이터를 44.1KHz의 CD형식뿐만 아니라 48KHz의 DAT(digital audio tape) 형식도 지원할 수 있도록 설계되었다. 이를 위하여 어떠한 속도로 전달되더라도 수신측에서 송신측의 클럭에 동기될 수 있도록 라인코딩시 다음과 같은 biphase mark code(BMC)방법을 사용한다.

또한 이것은 DC성분이 없으므로 커넥터 핀의 극성이 바뀌어도 동작할 수 있다.

- 비트 시작시점에 반드시 천이한다.
- 1: 비트 중간에 반드시 천이한다.
- 0: 비트 중간에 천이하지 않는다.

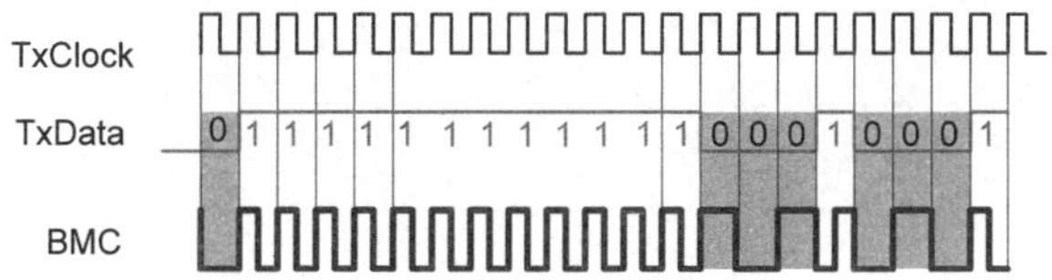

<그림 12.11> BMC 라인코딩의 예

(3) 전기적 규격과 케이블

RS-422기반의 평형 디지털 회로(balanced voltage digital circuit) 방식을 사용하여 300m 전송이 가능하다. Shilded Twisted Pair 케이블의 대역폭에 따라 최대 전송속도가 결정되는데 최대 주파수 = 128 X 최대 프레임률이다. STP 케이블의 임피던스는 110Ω이고 전위차는 2~7V로 운용된다. 또는 75Ω 임피던스의 불평형 동축케이블을 사용할 수도 있는데 이것은 AES-3ID규격이라고 한다.

(3) 프레임 형식

L+R채널에 대하여 샘플당 64비트 길이의 프레임(또는 word) 이 송신된다. 각 프레임은 각각 32비트 길이를 갖는 subframe A와 subframe B로 분할되며, 각 subframe에는 최대 20비트 길이의 L 또는 R채널의 오디오 데이터와 채널상태 등의 정보가 함께 전송된다.

그리고 192 프페임의 조합을 audio block이라고 부른다. 따라서 48kHz 샘플링시 초당 48000/192 =250개의 오디오 블록이 송신되며, 이것은 64bit X 48000Hz = 3.072Mbps의 전송속도를 가진다[7].

32비트 길이로 구분되는 subframe은 각각 4비트 길이를 가지는 X,Y,Z 등 3종류의 프리앰블 영역이 사용된다. 이 프리앰블 영역은 다른 영역과 달리 BMC 코딩규칙을 위반하는 형식으로 인코딩됨으로써 바이트 및 프레임동기 그리고 프레임내의 채널을 구분할 수 있도록 한다.

---

[6] Cirrus사의 CS8402 등의 송신용 칩과 CS8403과 같은 수신용 칩이 있다.

[7] 이것은 BMC 인코딩 때문에 실제 라인상에서의 최대 심볼 변화율은 6.144MHz이다.

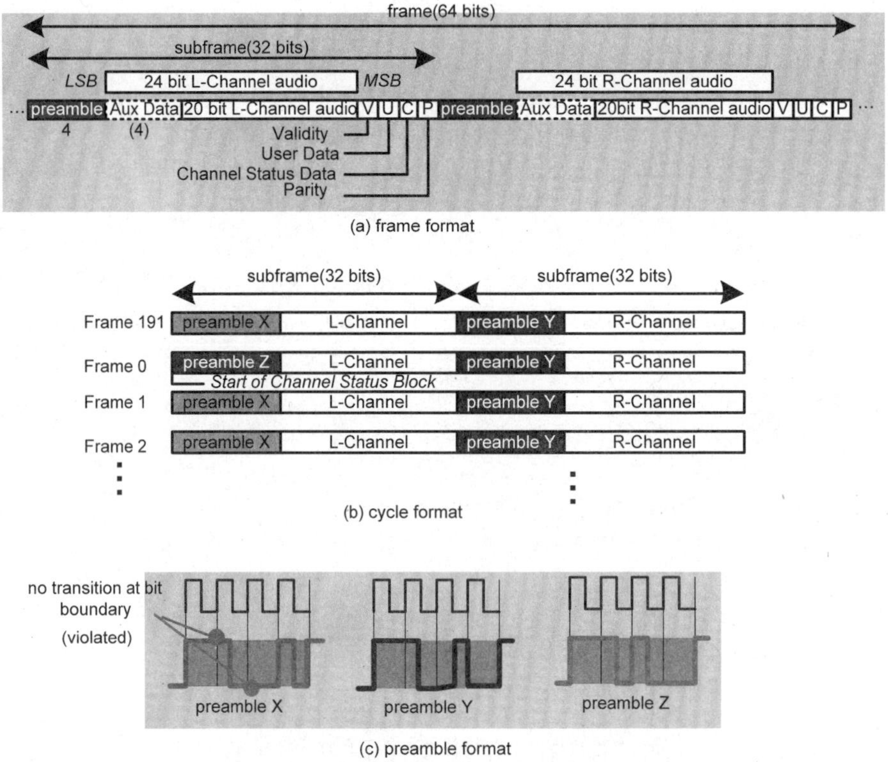

<그림 12.12>AES/EBU 오디오 전송 프레임의 구성

(4) Subframe의 형식

각 subframe은 4비트의 프리앰블, 4비트의 aux 데이터, 20비트의 오디오 데이터 그리고 {validity, user, channel status} 등 3비트의 정보 비트열, 마지막으로 오류검사용 패리티비트 등 총 32비트로 구성된다. 오디오 샘플데이터는 LSB부터 송신된다.

a) Preamble(Sync)

동기설정 및 sub-frame/block 경계 추출용으로써 총 4심볼(8라인비트)이 사용된다. 이 영역은 BMC 인코딩 규칙을 위반하여 전송된다[8].

3종류의 프리앰블이 사용된다.

		Channel
프리앰블 Z	블록의 시작(즉 Frame 0의 시작)과 Sub-frame A의 시작을 함께 표시한다.	Channel A and Block Start
프리앰블 X	각 프레임의 시작과 Sub-frame A의 시작을 함께 표시한다. Frame 0의 경우 Z로 대체된다.	Channel A
프리앰블 Y	Sub-frame B의 시작을 표시한다.	Channel B

[8] DC free와 클럭 복원 특성은 여전히 제공한다

b) Auxiliary sample bits(Aux data)

오디오 샘플 데이터를 24비트 길이로 확장하여 송신할 때 사용된다. 이 경우 오디오 샘플의 LSB 부분이 수납된다. 또는 프로듀서의 음성을 낮은 음질로 전송하는 등의 부가적인 용도로 사용될 수도 있다.

c) 오디오 데이터

LSB로 시작하는 20비트 오디오 데이터. 오디오 데이터가 적거나 혹은 없어서 20비트를 채우지 못할 경우에는 비트의 값은 0이 채워진다. LSB부터 송신된다. 필요시 Aux 데이터 영역을 활용하여 24비트로 확장될 수 있다.

d) 플래그 비트

- validity flag 비트(비트28) : 0인 경우 수납된 오디오 샘플이 유효하여 디코딩 문제가 없음을 표시한다. 무효한 오디오 샘플의 경우 V=1로 설정되며 수신측은 해당 샘플에 대하여 출력부를 묵음처리 한다.
- user data 비트(비트29) : subframe당 1비트씩 할당된 영역이므로 매 오디오 블록 전송기간동안 총 192 X 2비트의 데이터를 전송할 수 있다. 초당 오디오 블록이 250회 송신되므로 192 X 2 X 250 = 96Kbps의 디지털 데이터 송신로가 제공된다. 이 영역을 이용하여 running time, track number, Skip ID 등을 전달할 때 사용할 수 있다. 단 S/PDIF의 경우 첫 40프레임에서만 사용된다.
- channel status 비트(비트30) : 각 채널별로 1비트씩 할당되어 매 audio block 전송기간동안 총 192 X 2비트(48바이트)의 데이터를 전송할 수 있으므로 각 블럭에 수납된 오디오에 대한 샘플워드의 길이, 채널의 갯수, 샘플링 주파수, 시간정보, pre-emphasis 등의 채널 상태정보를 96Kbps로 전달할 수 있다. 단, S/PDIF의 경우 첫 40프레임에만 사용된다.
- parity 비트(비트31) : 비트4~31까지의 짝수 패리티값을 수납한다.

(5) Channel Status Block(CSB)

하나의 오디오 블록, 즉 192개의 subframe에 수납된 총 192개의 channel status 비트로 조합된 총 24바이트 블록을 Channel Status Block이라고 한다[9].

이러한 Channel Status Block의 구성은 용도에 따라 Professional(전문 방송용, AES3)과 Consumer(가정용, S/PDIF) 등 2 종류가 규정되어 있으며 CSB의 0번째 비트의 값으로부터 구분된다.

즉 이 값이 0이면 가정용이고, 1이면 전문가용이다.

---

[9] 물론 각 Channel Status Block의 시작은 audio 블록의 시작, 즉 preamble "Z"로 시작하는 첫번째 프레임 0으로부터 알 수 있다.

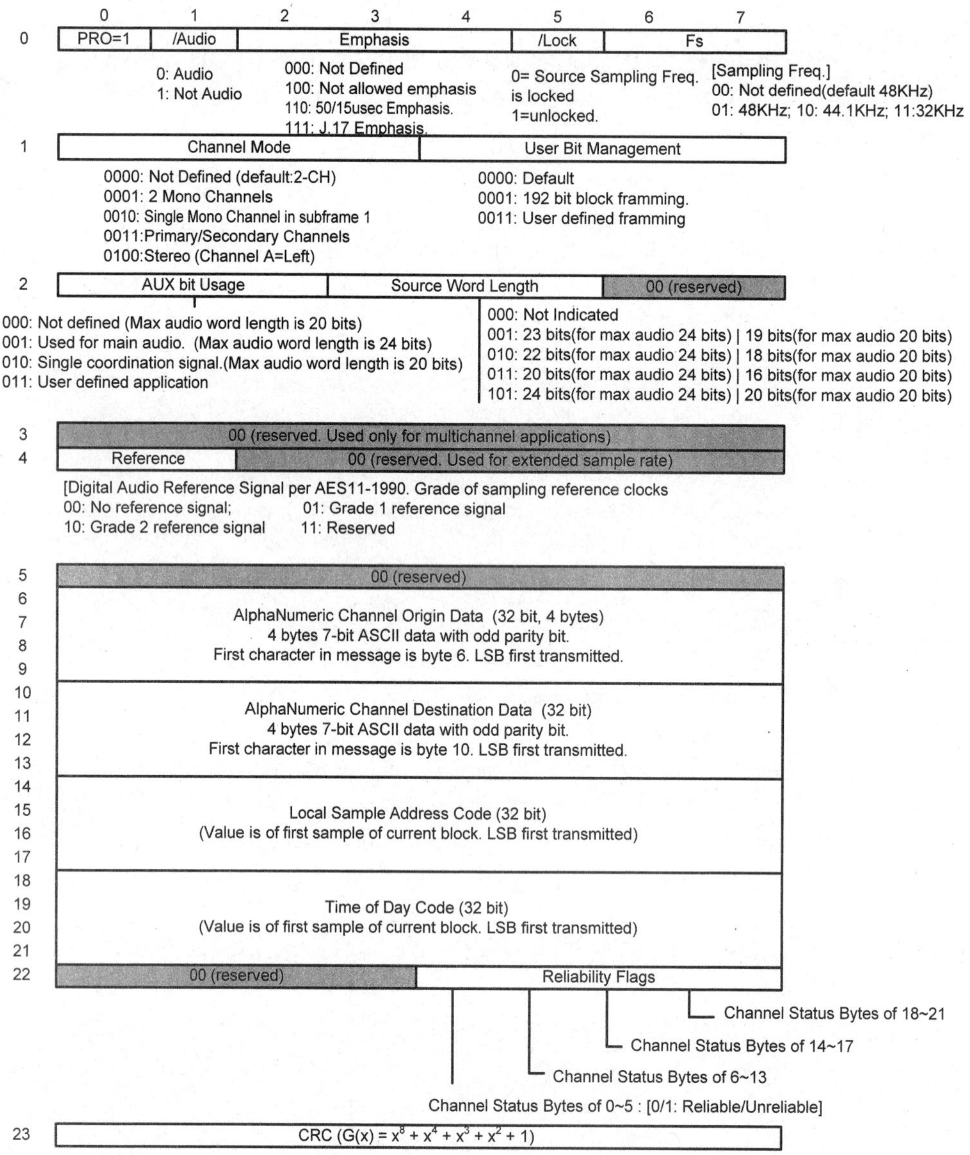

<그림 12.13> AES/EBU Channel Status Block의 구성

12.7 S/PDIF 직렬 스테레오 오디오 버스

(1) 개요

1989년 표준인 S/PDIF(Sony/Philips Digital Interconnect Format) 규격은 그 규격명에서 알 수 있듯이 Sony와 Philips사에서 규격화한 가정용 오디오 장치 연결용 10m 정도의 단거리 디지털 오디오 인터페이스로써 IEC 60958 type II로 표준이다. 커넥터는 Unbalanced 방식의 75Ω 동축케이블용 RCA 커넥터 또는 광케이블용 TOSLINK 커넥터이다. 광케이블용 커넥터는 다시 사각형과 원형으로 구분된다.

이러한 S/PDIF는 전문용 AES3 규격의 무압축 스테레오 디지털 오디오(48 kHz 및 CD급 44.1 kHz) 전송기능뿐만 아니라 Dolby Digital 또는 DTS 등의 압축된 다채널 형식(IEC 61937)도 지원한다[10].
S/PDIF는 전문가용 AES3 규격이 개발될 때 동시에 개발되었기 때문에 이들은 유사한 면이 많다. 즉 biphase mark code(BMC)가 사용되지만 가정용 Channel Status Block 형식을 사용한다.
가정용 Channel Status Block 형식은 Sony와 Philips사 방식(Sony/Philips Digital Interconnect Format) 이라고 부르며 전문가용 규격에 비해 정보량이 간소화되어 있다.

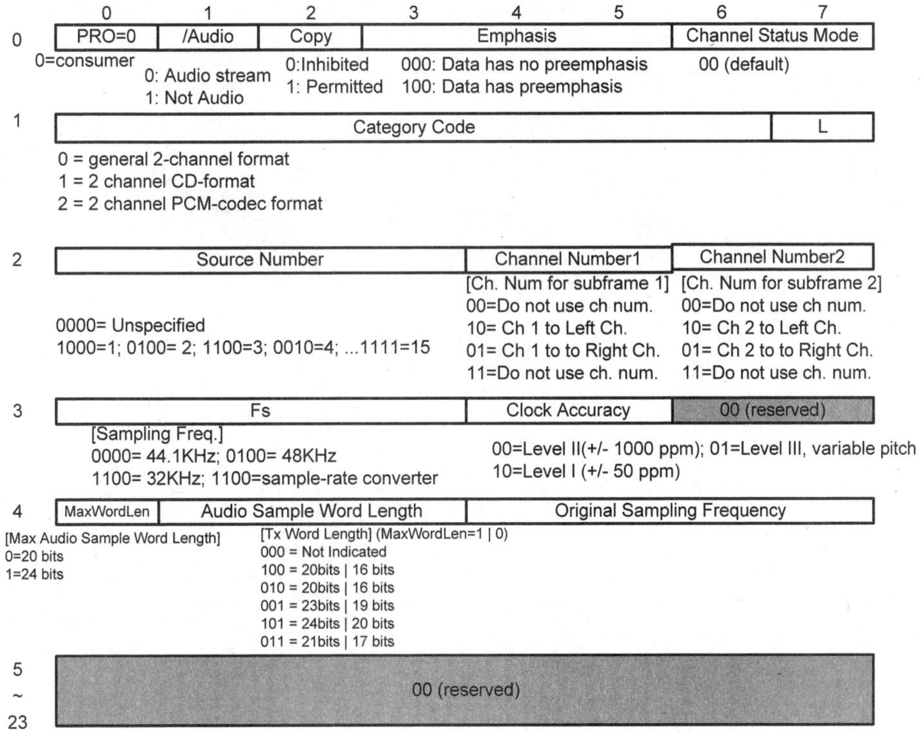

<그림 12.14>S/PDIF Channel Status Block의 구성

(3) TOSLINK

TOSLINK는 가정용 규격인 S/PDIF의 광케이블 버전으로서 Toshiba사 상품명이다. 이것은 IEC 60958 Type II 케이블과 F05커넥터로 구성되어 있다.
이것은 photoc oupler의 내부 기능을 송신부와 수신부로 구분하고 이들을 광케이블로 연결한 일종의 장거리 photo coupler라고도 할 수 있다.
TORX173 FIBER OPTIC RECEIVING MODULE은 Toshiba사의 TTL레벨로 동작하는 S/PDIF 수신 모듈이다. 이것은 송신기능과 드라이버회로가 통합된 것이다. 유사한 것으로는 Solteam사의 JSR1164 등이 있다.

[10] 참고로 블루레이(Blu-ray) 디스크의 경우 7.1채널의 무압축 PCM이나 돌비 트루HD, DTS-HD 등은 S/PDIF보다 요구되는 대역폭이 크므로 보다 고속의 HDMI(High-Definition Multimedia Interface)나 DP(Display Port)와 같은 새로운 인터페이스를 사용해야 한다.

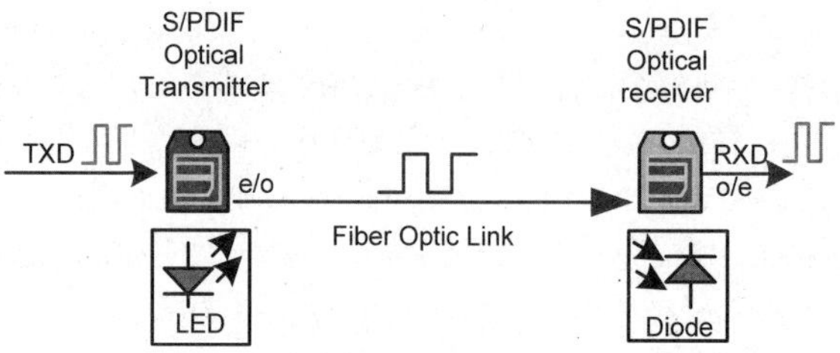

<그림 12.15> TOSLINK 시스템의 구성

(4) S/PDIF용 커넥터

커넥터는 <그림 12.16>과 같은 3 종류가 있다.

<그림 12.16> S/PDIF용 커넥터

(4) AES/EBU와 S/PDIF의 비교

	AES3		S/PDIF
	Balanced	Unbalanced (AES3id)	
케이블	110옴 STP	75옴 동축케이블	75옴 동축케이블 또는 광케이블(Unbalanced)
최대전송거리	100m/400m	1Km	10m
커넥터	3핀 XLR/CAT5 STP 케이블	BNC	RCA 또는 TOSLINK
출력신호레벨(Peak-to-Peak)	2~7V	1~1.2V	0.5~0.6V
최소 입력신호레벨	0.2V	0.32V	0.2V
최대 샘플비트	24bit	24Bit	20Bit
라인코딩	Biphase Mark Code		
최대전류	64mA	1.6mA	8mA

12.8 오디오용 커넥터 및 케이블

(1) 종류

오디오용 커넥터는 원래 아날로그 신호 전달용이지만 디지털 신호 전송용으로도 사용된다. 이것은 audio jack, phone jack, phone plug, jack plug 등 다양하게 불리어 진다. 이러한 암/수 커넥터를 각각 Jack(또는 socket)과 Plug라고 이라고 부른다.

<그림 12.17>은 오디오 시스템용 커넥터의 예를 보여주고 있다.

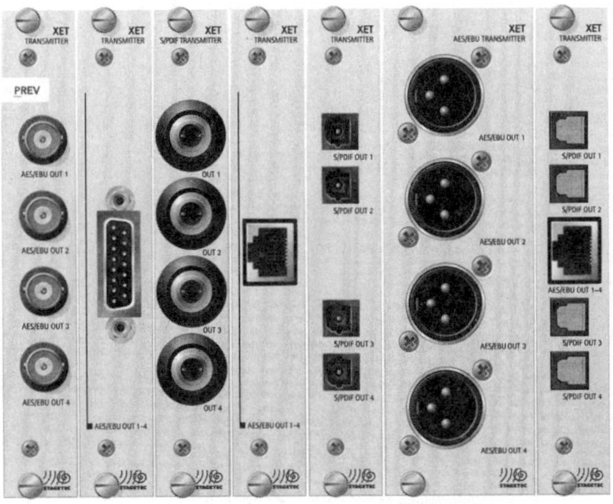

<그림 12.17> 오디오 시스템용 커넥터의 예

(2) I2S커넥터 및 케이블

I2S용 커넥터 및 케이블은 표준화되지 않아 RJ45/UTP, HDMI커넥터 등을 활용한다.

(3) XLR커넥터

IEC268 표준인 XLR케넉터는 개발자인 Cannon의 이름을 따라 캐논 커넥터라고도 한다. 원래 이것은ITT Cannon사의 Cannon X 계열제품에 래치를 추가한 Cannon XL에 이어 female contact에 내성(resilient)이 있는 polychloroprene으로 감싼 모델인 XLR계열 커넥터를 생산하였다. 즉 XLR이란 Cannon이 개발한 커넥터의 개량번호이다.

이러한 XLR커넥터는 용도에 따라 3~6개의 핀을 가진다. 원래의 용도는 balanced 아날로그 오디오 신호 전달용이지만 필요시 unbalanced 신호방식도 가능하다. 이것은 3핀 및 5핀 규격이 있다. <그림 12.18>은 single 채널 (모노) balanced audio 연결용 3핀의 XLR커넥터로써 신호의 출력은 male핀에서, 입력은 female핀을 사용한다[11]. 만약 unbalanced방식으로 연결시에는 1과 3을 함께 결선하여 GND로 사용하고 2번은 HOT으로 사용한다.

그리고 XLR 5핀 커넥터는 balanced stereo audio용으로 사용된다.

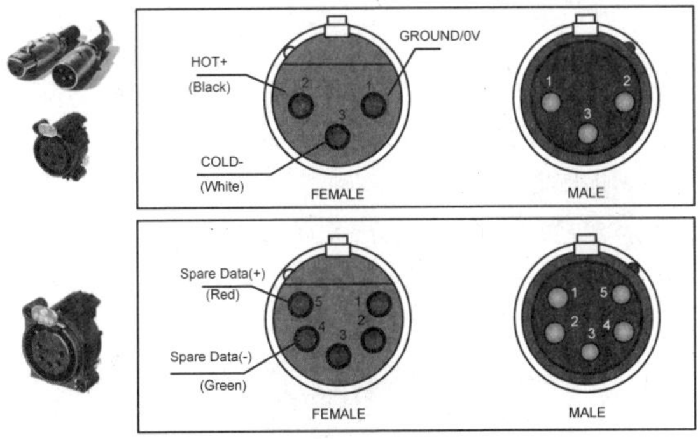

<그림 12.18> XLR커넥터의 예

[11] 이것은 조명제어용 DMX512와 핀 배치가 상이함에 주의해야 한다.

참고로 <그림 12.19>와 같은 Speakon커넥터는 Neutrik사에서 개발한 최대 30A의 대용량 전류를 수용할 수 있는 옥외 콘서트 등에서 사용하는 대용량 스피커와 앰프간을 연결하는 커넥터이다. 이것은 오른쪽으로 회전시 lock시킬 수 있다. 기본적으로 Male은 본체용이고 Female은 Line connector의 양쪽에 사용된다. 이 커넥터는 접점의 개수가 2개, 4개, 8개짜리 등 3종류가 있는데 4pole이 가장 많이 사용된다. 이것은 2개씩 조합할 경우 별도의 케이블을 사용하지 않고도 하나의 케이블로 저주파 스피커와 고주파 스피커 등을 연결할 수 있다.
각 핀은 2개의 링 형태로 배치되는데 내부 핀을 +1, +2라고 하며 외부 핀을{−1, -2}로 부른다. 여기서 +는 스피커의 콘이 밖으로 나가도록 하는 양전압 신호를 의미한다.

<그림 12.19> Speakon 커넥터의 예

(4) AES/EBU커넥터

방송장비용 AES/EBU 디지털 오디오용 커넥터는 3핀 XLR(IEC 60958 Type I)이며 장치측은 male 커넥터이고 케이블측은 female커넥터를 사용한다. 케이블은 110옴 임피던스의 twisted pair이 주로 사용된다. 최근에는 CAT5 UTP케이블을 사용하여 400~800m 전송할 수 있는데 이 경우 사용되는 RJ45커넥터의 핀 4와 5는 각각 HOT과 COLD신호선에 연결된다.
또한 AES/EBU의 Unbalanced 방식에서는 75Ω의 BNC커넥터 75옴 임피던스 케이블 접속용 커넥터를 사용하기도 한다.

<그림 12.20> AES/EBU 커텍터의 예

(5) RCA커넥터

가정용 커넥터로 알려진 RCA커넥터(또는 Phono Plug, PIN커넥터)는 IEC 60958 Type II Unbalanced 커넥터로써 75Ω의 동축케이블이 사용된다. 이것은 phono잭이라고도 부르며 unbalaced방식으로만 사용된다. 신호세기는 -10dB이다. White와 Red잭이 사용된다.
이것은 가정용 규격인 S/PDIF용으로 사용된다. 외양은 composite 비디오 전송용 RCA커넥터와 유사하다. 디지털 S/PDIF 신호가 전송됨에 유의하라.

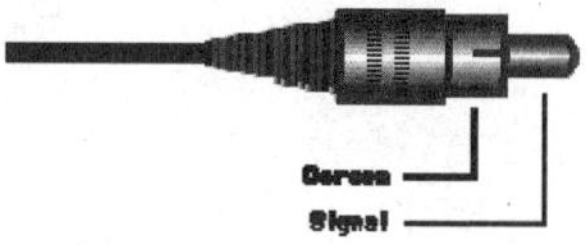

<그림 12.21> RCA 커넥터의 예

(6) TRS커넥터 및 3.5mm커넥터

Phone잭이라고도 하며 아날로그 오디오용 커넥터용으로도 사용된다. T= "tip", R ="ring", S ="sleeve"의 의미를 가진다. TIP은 L, RING은 Right 채널용이며 Sleeve는 공통 signal ground이다. 이것은 19세기에 개발된 수동 전화교환기(스위치보드) 에서 사용되던 것으로써 고전적인 ¼인치(6.35mm) 외에 3.5mm(approx. ⅛인치), 2.5 mm 등의 변형이 있는데 이것은 unbalanced mono/stereo, balanced mono용으로 역시 널리 사용된다.

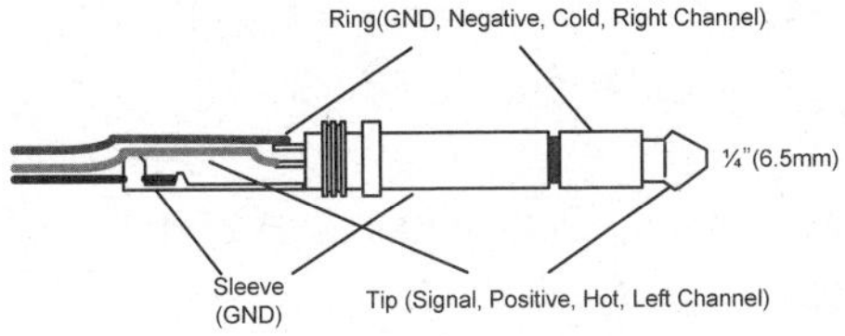

<그림 12.22> 1/4" TRS커넥터

그리고 본체에 설치되는 3.5mm소켓(잭)은 다음과 같이 색깔로 구분된다.

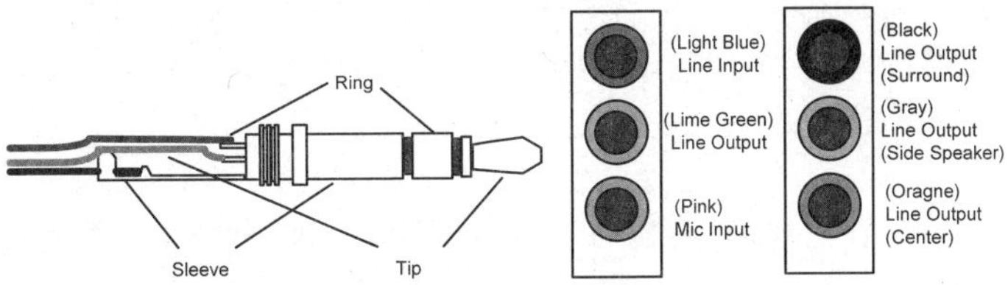

<그림 12.23> 3.5mm 스테레오 커넥터

(7) 상호연결 방법(참고)

XLR과 1/4잭과의 연결시 <그림 12.24>와 같이 tip을 XLR HOT핀에 연결하고 Sleeve는 나머지 2개의 핀에 연결한다.

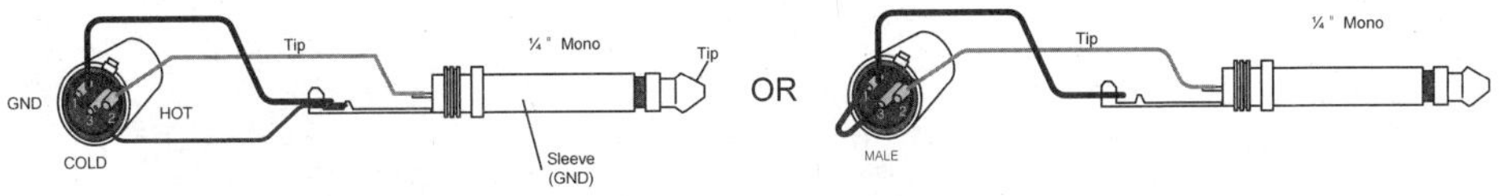

(a) XLR with ¼" Mono Jack

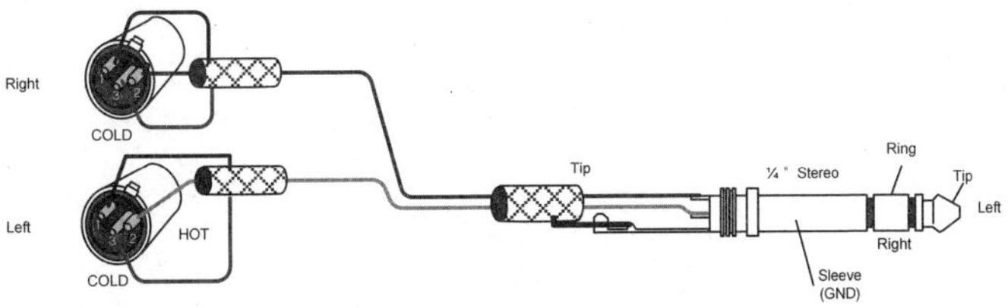

(b) Stereo XLR with ¼" Stereo Jack

<그림 12.24> 이종 커넥터간 연결의 예

12.9 마이크와 팬톰 파워

(1) 마이크

일반적인 마이크는 다음과 같은 5 종류가 있다.

- 탄소 마이크(carbon microphone) : 이것은 탄소입자를 2개의 전극 사이에 충진하고 두 전극간에 직류전압을 가하여 정상상태에서는 일정한 전류가 두 전극 사이를 흐르도록 한다. 이후 한쪽의 전극에 연결된 음향판에 음압이 가하질 때 변동되는 전극간의 저항치에 의해 전류량이 변화되는 원리를 이용한다.
- 다이나믹 마이크(또는 마그네틱 마이크) : 이것은 음압 변동에 의해 움직이는 코일(moving coil)의 전자기 유도에 의한 전류 변동 원리를 이용한다[12].
  출력은 대부분 평형 신호방식이다.
- 컨덴서 마이크: 이것은 음압에 의해 두 금속판간의 거리 변동시 변화하는 capacitance(C)가 변하는 원리를 이용한다. 사실 이 마이크는 두 장의 금속판 사이에 고정된 전하량 *Q*값을 갖는 유전체를 둔 일종의 커패시터로 구성된다. $Q=CV$에 의해 고정된 *Q*값에 대하여 *C*값이 변동되면 외부 출력전압 *V*가 변동되기 때문이다. 따라서 전하가 기본적으로 충전되어야 하므로 <그림 12.25>의 가운데 그림과 같이 커패시터에 풀업 저항을 통해 외부 DC전원을 공급해야 한다. 이러한 종류의 마이크는 극성이 있다.
- Electret 컨덴서 마이크(ECM): 이것은 외부의 전원을 공급받아야 커패시터에 전하 Q가 충전되는 컨덴서 마이크와 달리, 외부의 전원이 없더라고 고정된 전하를 갖는 자석과 같은 ferroelectric소자(또는 electrostatic소자)를 사용한다. 하지만 이 소자의 출력 전압이 미약하므로 증폭용 FET도 내장한다. FET는 외부 전원이 공급되어야 하므로 역시 이 마이크도 외부적으로는 극성을 가진다[13].
  *R*의 크기는 2K~10K이고, 외부 전원은 V=3~12V이다.
- Piezo 마이크 : 압전원리를 이용한 것으로써 외부 압력에 의해 전압을 발생시키는 물질을 이용한다. 전기기타용 픽업 등에서 사용된다.

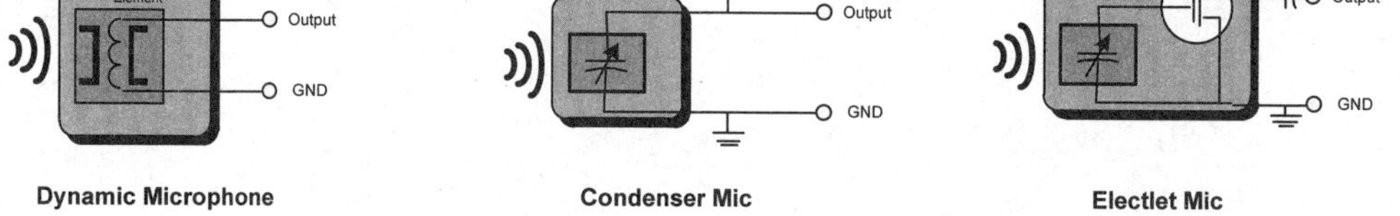

<그림 12.25> 마이크의 종류

---

[12] 이것은 스피커의 동작과 반대 원리로 이해하면 된다.
[13] Ferroelectric 소자 자체는 극성과 무관하다.

(2) 팬톰 파워

앞에서 알 수 있듯이 컨덴서 마이크 및 ECM은 외부전원이 공급되어야 동작한다. 전원공급을 위하여 별도의 전력선을 사용하는 방법과 오디오 신호선에 12V, 24V, 또는 48V의 직류전압을 함께 공급하는 팬텀전원 방식이 있다.

팬텀전원 방식의 회로 구성은 <그림 12.26>과 같다. 핀 2와 3은 평형 오디오 선로이고 핀 1은 GND이다. 메인앰프 또는 믹서는 직류전압 48V를 2가닥의 오디오 선로를 통하여 동시에 마이크에 공급한다. 마이크의 트랜스포머는 중간탭에서 직류전원을 공급받는다[14].

결국 평형 오디오 선로 2가닥에 동일한 DC전압을 공급되지만 교류 신호성분의 오디오 신호에는 영향을 주지 않는다.

또한 전원이 불필요한 다이나믹 마이크의 경우, 팬톰 전원공급장치에 연결되어도 문제가 없다. 왜냐하면 다이나믹 마이크는 코일로 구성되어 있어 2개의 오디오 신호선에 동일한 전압이 가해지더라도 문제가 없기 때문이다.

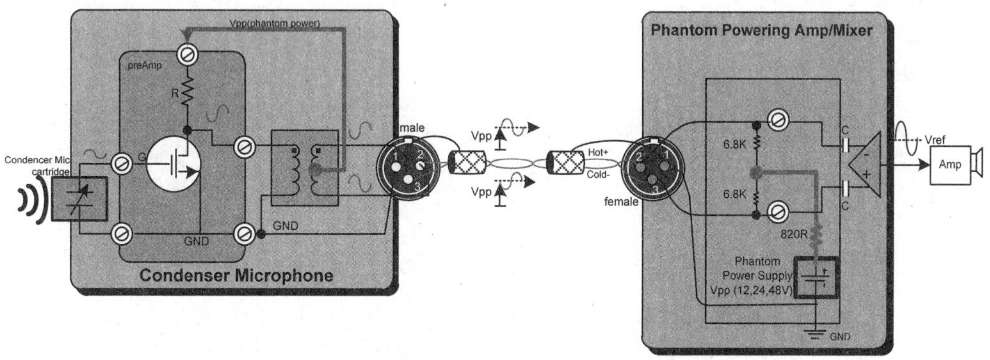

<그림 12.26> 팬텀 전원공급방법

12.10 설계과제

다음과 같은 오디오 관련 주제를 설계한다.

- ADC 기능 설계 : 아날로그 데이터를 디지털 신호로 변환하는 A/D converter(ADC) 기능을 시험한다. 대부분의 MCU에는 하나 이상의 ADC가 내장되어 있다. 가변저항 출력전압 또는 외부의 함수발생기로부터의 아날로그 입력신호를 ADC출력으로 변환하는 과정을 설계한다.
- I2S 기능 설계 : 오디오 인코더의 I2S 인터페이스 출력을 S/PDIF로 변환하여 송신하고 이를 수신하여 다시 I2S방식으로 오디오 디코더에 전달하여 아날로그 오디오를 재생하는 과정을 설계하고 실험한다.

[14] 병렬로 연결된 2개의 6.8K저항은 48V/(6.8||6.8) = 14mA의 최대허용전류로 제한하며 2개의 커패시터는 오디오 신호만 통과시키는 DC블록킹용으로 사용된다. Electret 마이크의 경우에도 전압강하용 저항을 마이크에 직렬로 추가 연결하면 전원공급 기능을 갖는 믹서장치에 연결할 수 있다.

<그림 12.27>은 I2S 및 S/PDIF 기반의 디지털 오디오 시스템의 구성이다.

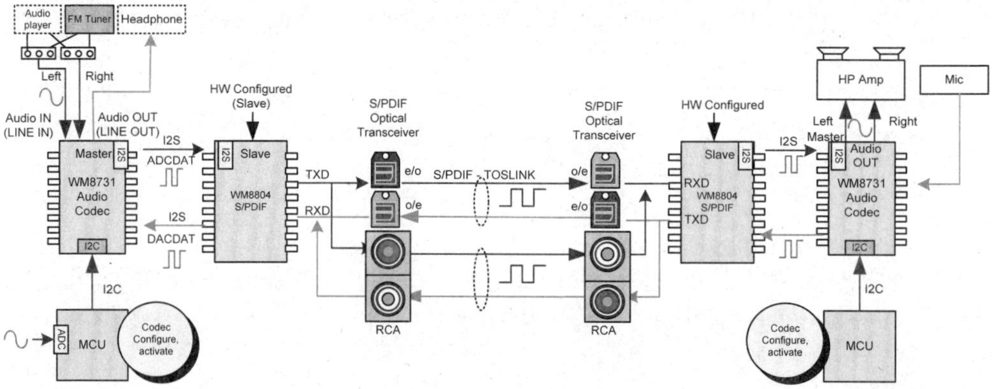

<그림 12.27> 오디오 관련 설계 시스템의 구성

12.11 ADC 기능 설계

(1) 설계 목표

아날로그 데이터를 디지털 신호로 변환하는 A/D 변환기능을 설계한다.

(2) 요구사항

- 3.3V에 연결된 50K옴의 가변저항기의 출력전압의 변화를 AD 변환하여 디지털 값으로 출력하는 ADC 변환과정을 설계한다.(또는 함수발생기로부터의 아날로그 입력신호를 활용해도 좋다.)
- MCU에 내장된 ADC 모듈을 활용한다.

(3)ADC 모듈

대부분의 MCU에는 하나 이상의 ADC가 내장되어 있다. 이러한 ADC의 성능지표는 분해능(resolution 또는 step size)와 초당 샘플링 수, 즉 샘플링률이다. 일반적인 MCU에 내장된 ADC는 10-비트의 해상도를 갖는다. 이 경우 2^{10}=1024개의 레벨로 구분되는 디지털 데이터를 출력한다. 예를 들어 아날로그 입력신호가 0~3.3V이라면 step size = 3.222mV의 단위로 A/D 변환된다.
이러한 ADC는 +/-로 변동하는 아날로그 입력신호에 대한 샘플링을 위해 기준전압(예 2.25V)를 제공한다. 그리고 샘플링 시점은 다음 중 하나를 선택할 수 있다.

- Processor trigger : CPU가 샘플링을 지시할 때에만 샘플링한다. 소프트웨어 방식이다.
- Timer trigger : Analog comparator, PWM, GPIO 핀, 타이머 등의 주변 모듈에서의 문턱치 초과, 펄스폭, 외부 트리거신호, 타이머 만기 등 이벤트 발생시 자동으로 샘플링한다.

또한 아날로그 입력신호에 대하여 1개의 ADC 채널을 사용하는 싱글엔드방식과 2개의 ADC 채널을 조합한 차동신호방식을 사용할 수 있다. 샘플링된 데이터는 내부 FIFO에 저장되며, 최대 64개의 샘플에 대한 하드웨어 기반의 평균값도 제공한다.

(4) ADC 주변 하드웨어 설계

가변저항기(Potentiometer)의 가변 출력전압을 ADC 채널 2에 연결한 예는 다음과 같다.

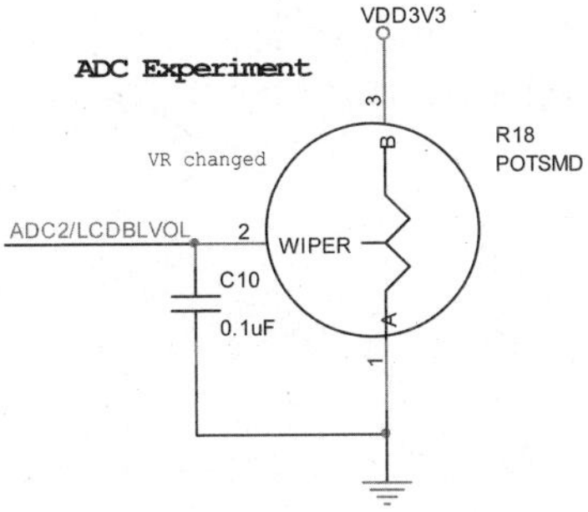

<그림 12.28> ADC 입력용 가변저항기 주변 회로의 예

(4) ADC 소프트웨어 설계

MCU에 내장된 ADC 모듈을 활용하여 다음과 같은 항목을 소프트웨어로 설계한다.

- Single ended 방식
  - Processor Triggered 방식 : 250msec마다 한번씩 ADC 채널 2 입력신호를 샘플링하여 디지털값으로 표출한다.
  - Timer Triggered방식 : 500K samples/s로 ADC 채널 2 입력신호를 샘플링하여 디지털값으로 표출한다.
- Differential 방식 : 여러 개의 ADC중 2개씩 조합하여 차동 샘플링하도록 한다.
  - Processor Triggered 방식 : 250msec마다 한번씩 ADC0와 ADC1입력신호를 샘플링하여 디지털값으로 표출한다.
  - Timer Triggered 방식 : 500K samples/s로 ADC0 입력신호를 샘플링하여 디지털값으로 표출한다.

```
//! This skeleton example shows how to setup ADC. The value of the ADC is read and printed to the
// serial port.
//! No interrupt handlers.
// Configure ADC for a single ended input and a single sample.
// Once the sample is ready, an interrupt flag will be set. Using a polling method,
// the data will be read then displayed on the console via UART0.
int AdcSingleLoop(void){
   u32 ulADC0_Value[1];
   // Display the setup on the console.
  printf("Update Rate: 250ms\n");
  //+ Enable ADC module
   //+ Enable sample sequence with a processor signal trigger.
    ADCSequenceConfigure(ADC0_BASE, 3, ADC_TRIGGER_PROCESSOR, 0);
   //+ Configure step, channel, and enable sequencer
   while(1) {
      //+Trigger the ADC conversion.
       //+ Read ADC Value.
      delayms(250);
   }
}
```

12.12 I2S 시스템 설계

(1) 설계 목표

오디오 인코더의 I2S인터페이스 출력을 S/PDIF로 변환하여 송신하고 이를 수신하여 다시 I2S방식으로 오디오 디코더에 전달하여 아날로그 오디오를 재생하는 과정을 설계한다.

(2) 요구 사항

- 오디오코덱은 Wolfson사의 WM8731를 사용한다. 이 오디오코덱은 I2S인터페이스상에서 마스터로 설정한다.
- S/PDIF 변환기는 Wolfson사의 WM8804를 사용하고 I2S에서 슬레이브로 동작한다.
- **(선택)** FM 튜너는 NXP사의 TEA1062를 (오디오 소스 중 하나로) 사용한다.
- 코덱 및 튜너의 초기화 및 기본 설정 그리고 볼륨조절 및 입력/출력 선택, 튜닝 등의 기능은 모두 MCU가 I2C를 통해 제어한다.

(3) 기본 구조 설계

I2S 구성의 예는 <그림 12.29>와 같다.

- 오디오 소스는 마이크, Line IN 또는 FM 튜너이다.
- 오디오 출력은 Headphone 또는 Line OUT이다.
- 코덱은 오디오 소스 신호를 16비트 48KHz 샘플링하여 I2S를 통해 WM8804 S/PDIF로 보낸다.
- WM8804 S/PDIF는 TOSLINK 광 케이블을 통하여 외부로 보내거나 루프백시켜 I2S의 DACDAT 선로를 통해 코덱에 다시 보낸다.
- 코덱은 수신되는 DACDAT를 DAC하여 헤드폰이나 Line OUT을 출력한다.

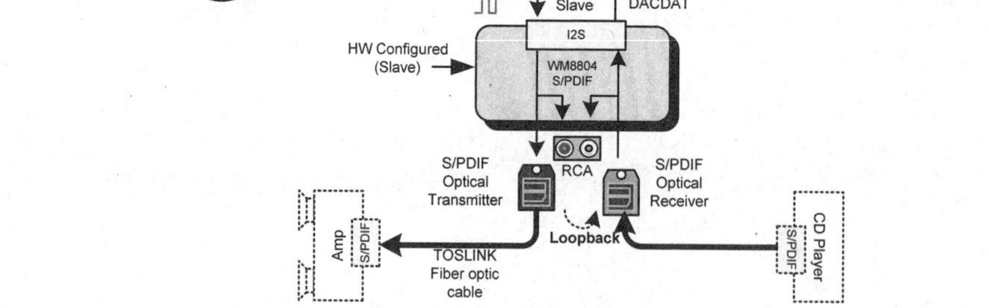

<그림 12.29> 설계할 I2S 시스템의 구성

(3) WM8731 오디오 코덱과 주변회로 설계

I2S 인터페이스를 제공하는 오디오 코덱에는 다음과 같은 종류가 있다.

- Cirrus Logic, CS4271 : 24-비트, 192 kHz Stereo, I2S
- BurrBrown(TI) PCM2706 : USB, I2S, 48KHz, 16 비트
- 필립스 : TDA1543 : Stereo 16 bit/ I2S
- Wolfson WM8731 : 96KHz, 20 bit 샘플링

우리는 I2S인터페이스를 제공하는 28핀 구조의 WM8731 스테레오 오디오 코덱을 사용한다. 이것은 8KHz에서 최대 96KHz 샘플링을 지원하며, 샘플당 16 또는 20비트를 생성한다. 이 코덱의 초기설정 및 동작활성화, 볼륨제어, 입력선택, 출력선택 등의 제어는 I2C로 수행하도록 한다[15]. 이것의 7비트 I2C 주소는 0x1A이다.

<그림 12.30>은 WM8731코덱의 내부구조이다.

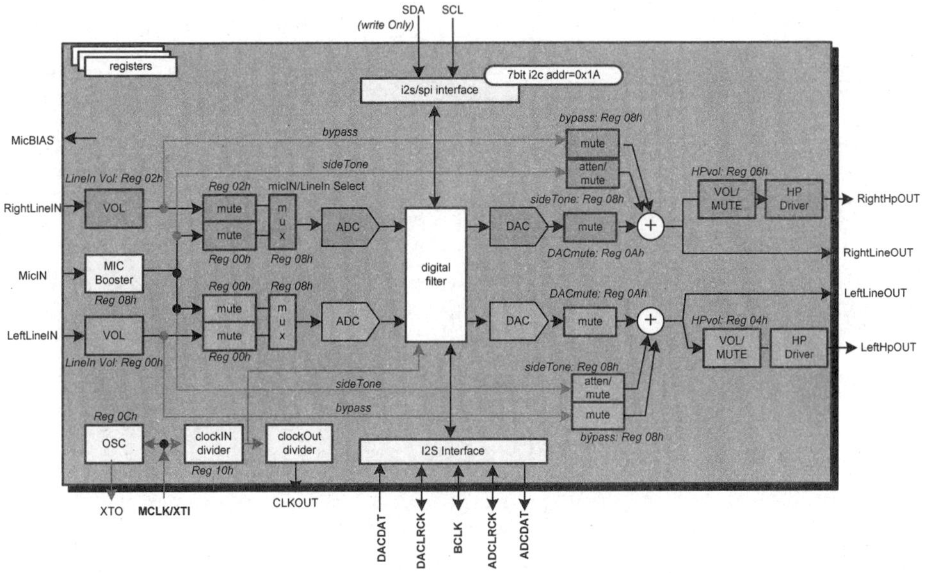

<그림 12.30> WM8731의 내부구조

16bit/48KHz 샘플링을 지원하도록 설정할 경우 각 신호의 주파수는 다음과 같이 결정된다.

- f_s = 48KHz, Sample bits = 16bits/sample
- MCLK = 12.288 MHz. 모두 I2S 마스터 역할을 수행하는 코덱에서 생성한다.
- BCLK = 3.072MHz (= 48KHz x 32 bit per channel x 2 channels)
- LRCK = MCLK/256 = 48KHz
- MCLK/BCLK Ratio = 12.288/3.072 = 4.

[15] SPI도 가능함

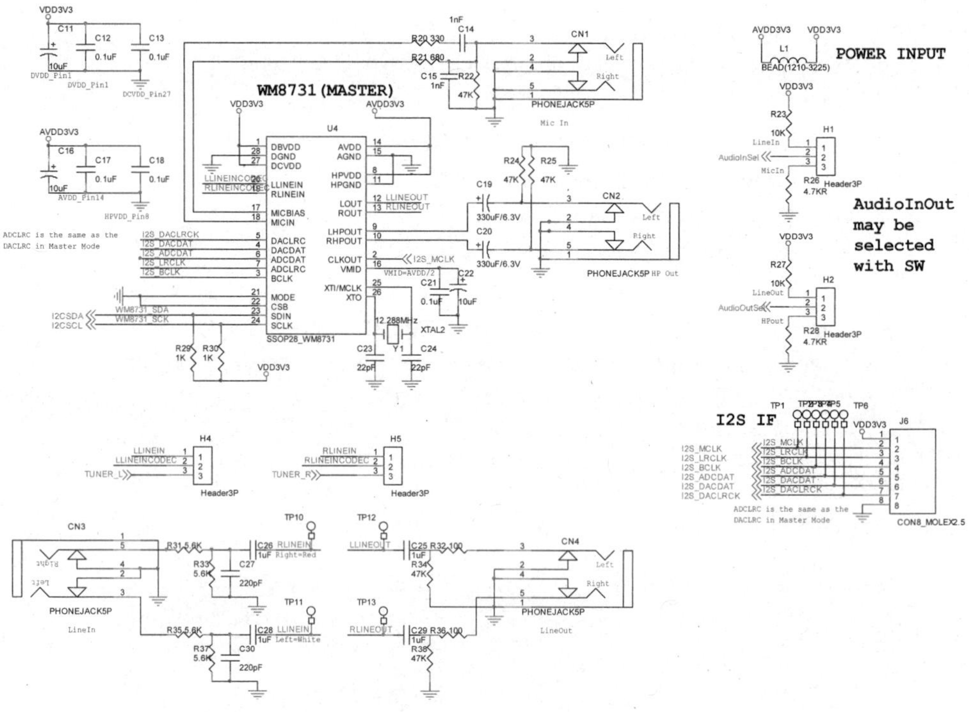

<그림 12.31> WM8731 주변회로의 예

(4) WM8804 S/PDIF 인터페이스 설계

WM8804는 가정용 AES3 규격인 S/PDIF 트랜시버 칩으로써 I2S 인터페이스를 통한 송신 및 수신기능을 함께 제공한다. 이것의 내부 구성은 <그림 12.32>와 같다.

내부 동작설정은 I2C에 의한 소프트웨어 방식 또는 외부 핀의 설정에 의한 하드웨어 방식으로 각각 가능하지만 우리는 SDIN/HWMODE 핀을 1로 설정함으로써 별도의 프로그래밍이 필요 없는 하드웨어 방식으로 설정한다. 그리고 WM8731 코덱에 대한 slave 모드로 동작하도록 한다. 특히 HWMODE로 설정된 경우, AIF_CONF[1:0]핀은 초기 설정값이 00으로 읽혀져 16비트 샘플링 되는 I2S 오디오 스트림을 처리할 수 있도록 모두 GND에 연결한다.

하드웨어 기반의 핀 설정은 다음과 같다. 이 핀들에 대하여 정상상태로 비정상상태를 서로 다른 색깔의 LED로 표출하도록 한다.

	RESET상태	정상상태
GPO0/SWIFMODE	AIF_CONF[1]	GEN_FLAG Output
SDIN/HWMODE	0 (HWMODE로 설정)	사용되지 않음
SDOUT/GPO2	AIF_CONF[0]	0= Valid Audio PCM sample 1= Invalid Audio samples
CSB/GPO1	S/PDIF 송신부의 Data Source 선택 0: TXSRC=S/PDIF Rx Data 1:TXSRC=I2S Rx Data	[UNLOCK Status Output] 0= Locked 1= Unlocked. (Rx Clock Recovery에 실패)
SCLK	0 (Slave Mode)	TRANSMISSION_ERR 출력 (수신되는 Preamble부분 오류, bi-phase encoding 오류 감지)

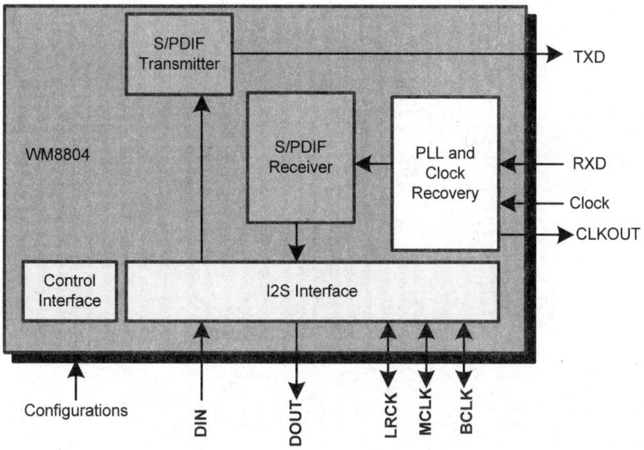

<그림 12.32> WM8804 S/PDIF 모듈의 구성

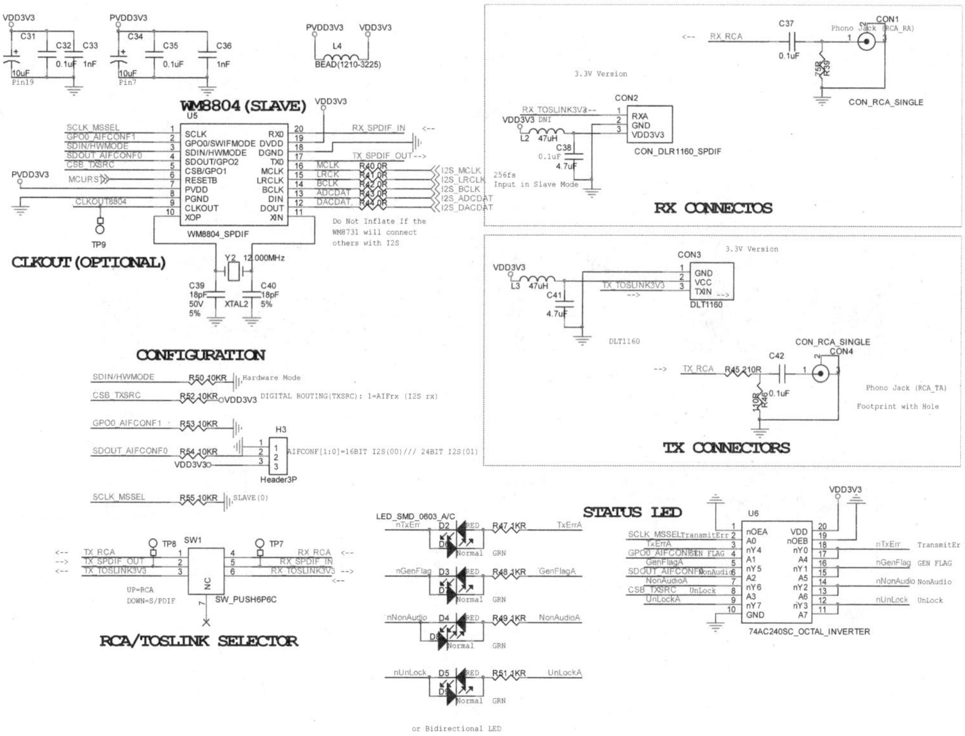

<그림 12.33> WM8804 S/PDIF 주변회로의 예

(5) TEA5767 FM 튜너 주변회로 설계

NXP사의 TEA5767 칩은 I2C 방식으로 튜닝을 수행한다. I2S와 직접 관련은 없지만 FM 출력을 음원으로 하여 이것을 Line In으로 입력시켜 실험시 활용할 수 있다.

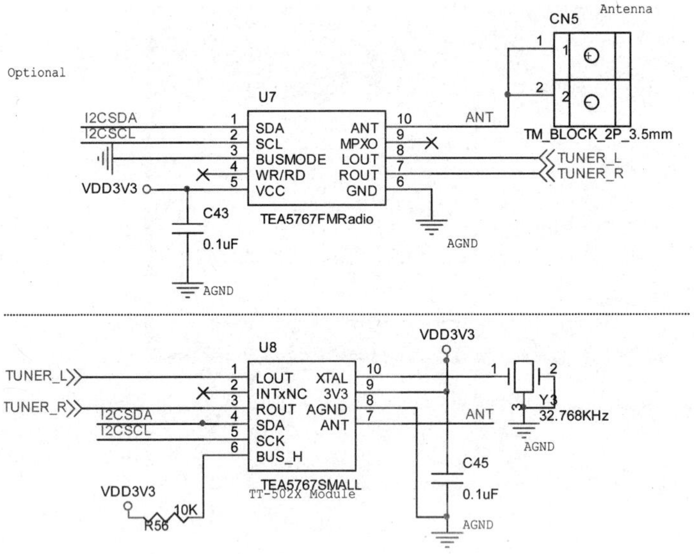

<그림 12.34> FM 튜너 주변회로의 예

(8) 통합 참조 보드의 예

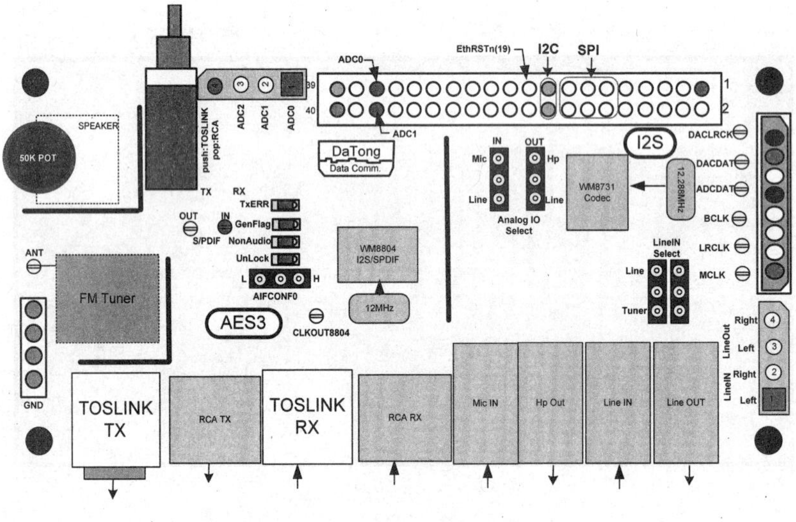

<그림 12.35> I2S/S-PDIF/튜너 모듈의 예

(9) 소프트웨어 설계

WM8731 코덱 내부에는 16비트 길이를 갖는 동작설정용 레지스터가 16개 있다. 이들은 대부분 입/출력 볼륨 제어, 입출력 선택, 마이크 입력 신호를 라인 입력과 혼합하는 사이드 톤 설정 여부, I2S 동작 방식 설정 등에 대한 것이다. 이에 대한 설정은 모두 외부의 MCU가 I2C 버스를 통해 수행해야 한다. 참고로 해당 레지스터에 대한 쓰기 동작만 제공된다.

설정이 완료되면 반드시 마지막에 9번 레지스터의 LSB에 정의된 Activate 비트를 1로 설정해야 동작을 개시할 수 있다.

REGISTER	B 15	B 14	B 13	B 12	B 11	B 10	B 9	B8	B7	B6	B5	B4	B3	B2	B1	B0
R0 (00h)	0	0	0	0	0	0	0	LRIN BOTH	LIN MUTE	0	0	LINVOL				
R1 (02h)	0	0	0	0	0	0	1	RLIN BOTH	RIN MUTE	0	0	RINVOL				
R2 (04h)	0	0	0	0	0	1	0	LRHP BOTH	LZCEN	LHPVOL						
R3 (06h)	0	0	0	0	0	1	1	RLHP BOTH	RZCEN	RHPVOL						
R4 (08h)	0	0	0	0	1	0	0	0	SIDEATT		SIDETONE	DAC SEL	BY PASS	INSEL	MUTE MIC	MIC BOOST
R5 (0Ah)	0	0	0	0	1	0	1	0	0	0	0	HPOR	DAC MU	DEEMPH		ADC HPD
R6 (0Ch)	0	0	0	0	1	1	0	0	PWR OFF	CLK OUTPD	OSCPD	OUTPD	DACPD	ADCPD	MICPD	LINEINPD
R7 (0Eh)	0	0	0	0	1	1	1	0	BCLK INV	MS	LR SWAP	LRP	IWL		FORMAT	
R8 (10h)	0	0	0	1	0	0	0	0	CLKO DIV2	CLKI DIV2	SR				BOSR	USB/NORM
R9 (12h)	0	0	0	1	0	0	1	0	0	0	0	0	0	0	0	ACTIVE
R15(1Eh)	0	0	0	1	1	1	1	RESET								
	ADDRESS							DATA								

```
//Use two Buttons for VolUP and VolDown
//CODEC's ROLE = MASTER for I2S; SLAVE for I2C
extern unsigned char I2CSendBurst(unsigned char slaveAddr, unsigned char *burst, unsigned char len);
extern void I2CConfigModule();
/// I2C Address – Write Only
#define WM8731ADDR 0x1A // 001 1010 (7Bit address) + W# ;//Write 시 = 0x34
unsigned char g_vol_val;
unsigned char b_mute = 0;

unsigned char initWM8731SeqData[]={
  //{Register, Value}
  0x1e, 0x00, //reset
  0x01, 0x17, //Left LineMute=Disable
  0x03,0x17, //Rightn LineMute=Disable
  0x05, 0x79, //LHPhone(LRHBOTH+!LZCEN+6dB)
  0x07, 0x79, //RHPhone(LRHBOTH+!LZCEN+6dB)
  0x08, 0x14, // ANALOG AUDIO PATH : SideAtt(-6dB=00) + SideTone(0) + DACSEL(1) + BYPASS(0)
                + INSEL(1=Mic)+ MUTEMIC(0) + MICBOOST(0)
  0x0a, 0x07, // DIGITAL AUDIO PATH : HPOR(0)+DACMU(0)+DEEMP(11=48KHz)
                +ADCHPD(1) (enable ADC HPF)
  0x0c, 0x00, //PowerDownControl : All disable power down
  0x0e, 0x52, // I2S DigitalAudioIFformat: (!BCLKINV+MS(1 Master)+LRSWAP(=0)
                      +LRP(1)+InputWordLen(00=16bits)+Format(10=I2S)
  0x10, 0x00, // Sampling Control :
                (CLKODIV2(0)+CLKDIV2(0)+SR(0000=48KHz)+BOSR(0=256fs)+ModeSel(USB/NormalMode=0)
  0x12, 0x01 //Active(=1) : Finally we must activate it.
};
void WM8731GpioConf(void)
{
        printf("wm8731> GPIO Conf. Two GPIO Input for handling Vol UP and DOWN\r\n");
        //+Configure GPIOs for buttons and LED
        delayms(10);
}
unsigned char Wm8731SendActivateSeq(){
        volatile unsigned char ucLoop;
        unsigned char *ptr;
        ptr = &initWM8731SeqData[0];
        for(ucLoop = 0; ucLoop < 11; ucLoop++){
           I2CSendBurst(WM8731ADDR, ptr, 2);
           ptr+=2;
```

```
            somedelay(10);
        }
        return 1;
}

void Wm8731Init(u8 uselineormic, u8 bypassEn){
        int i;
        //+I2CConfigModule();
        delayms(1);
        //SET ANALOG AUDIO PATH CONTROL
        if(uselineormic == WM8731USELINEINPUT){// controls the Line Input Volume.
          if(bypassEn) initWM8731SeqData[0xb] = 0x39;
           else            initWM8731SeqData[0xb] = 0x31;
        }else{// controls the HP Output Volume.
          if(bypassEn)     initWM8731SeqData[0xb] = 0x3d;
          else initWM8731SeqData[0xb] = 0x14;
        }
        Wm8731SendActivateSeq(); //set codecs as Master and activate
        delayms(10);
 }

void Wm8731SendVolControlSeq(unsigned char volCtrl,u8 uselineormic)
{
        unsigned char data[2];
        switch(volCtrl){
        case VOLUP:
          if(uselineormic == WM8731USEMICINPUT){
            if(g_vol_val != MAX_HPOUT_VOL) g_vol_val += 1;
            else g_vol_val = MAX_HPOUT_VOL;
            data[0]= 0x04 | 0x01; //LEFTHPOUT | BOTH
          }else{ //LINE
            if(g_vol_val != MAX_LINEIN_VOL) g_vol_val += 1;
            else g_vol_val = MAX_LINEIN_VOL;
            data[0]= 0x00 | 0x01; //LINEIN_VOL | BOTH
          }
          data[1] = g_vol_val;
          I2CSendBurst(WM8731ADDR,&data[0], 2);
          delayms(50);
          break;
        case VOLDN:
          if(g_vol_val != 0x00)    g_vol_val -= 1;
          else g_vol_val = 0x00;
          if(uselineormic == WM8731USEMICINPUT) data[0]= 0x04 | 0x01; //LEFTHPOUT | BOTH
          else                      data[0]= 0x00 | 0x01; //LINEIN_VOL | BOTH
          data[1] = g_vol_val;
          I2CSendBurst(WM8731ADDR, &data[0], 2);
          delayms(50);
          break;
        default:
          break;
        }
}

void WM8731Handler(u8 uselineormic){
        long readVal;
        int i;
        //+ add appropriate volume button input events
        //+ if it is VolUp
            Wm8731SendVolControlSeq(VOLUP,uselineormic);
        //+ else if it is VolDown
            Wm8731SendVolControlSeq(VOLDN,uselineormic);
}
```

```
void wm8731CodecLoop(u8 uselineormic, u8 bypassEn){
        printf("\r\nWm8731 Audio Codec Test with I2C\r\n");
        WM8731GpioConf();
        Wm8731Init(uselineormic, bypassEn);
        while(1) WM8731Handler(uselineormic);
}
```

(8) 실험 결과

<그림 12.36>은 I2S 신호의 예이다. LRCK=0 구간에서는 오디오의 Left 채널 값이 전송되고 LRCK=1인 구간에서는 Right채널 값이 전송된다.

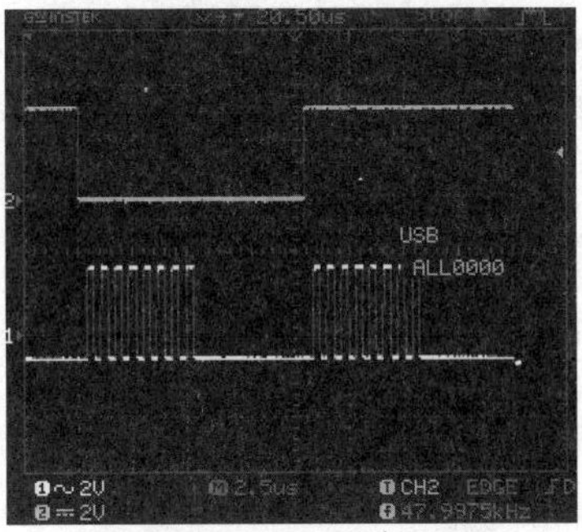

<그림 12.36> I2S 신호의 예

12.13 FM 튜너 제어(참고)

(1) 개요

NXP사의 TEA5767 칩은 I2C 방식으로 튜닝을 수행한다. I2S와 직접 관련은 없지만 FM 출력을 음원으로 하여 이것을 Line In으로 입력시켜 실험시 활용할 수 있다.

<그림 12.37>은 FM 튜너 활용의 예이다.

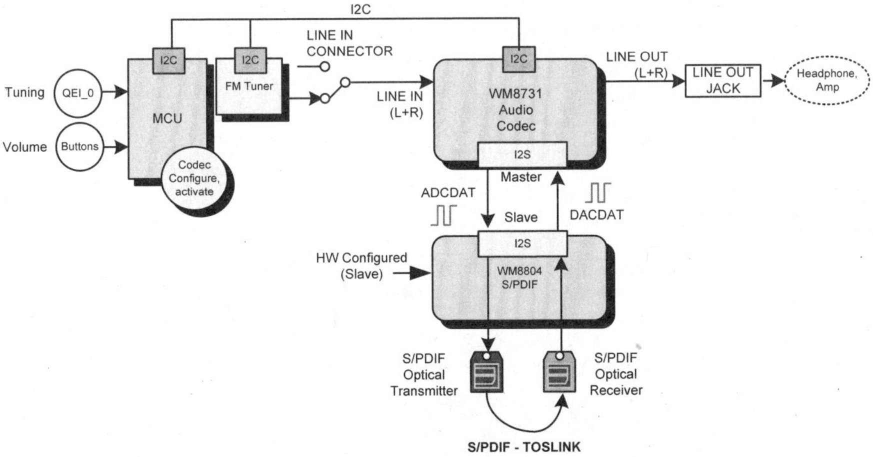

<그림 12.37> FM 튜너 활용의 예

(2) 프로그래밍 예

```
#define TEA_ADDR 0x60 //7-bit I2C address
#define maxFreq 108000 //108MHz
#define minFreq 87500   //87.5MHz
unsigned char g_recvBurst[5];
unsigned char g_pwr;
char iastr[32];

unsigned char g_Tea_Read_Data[5];
// D[0] = ReadyFoundFlag[bit 7]-BandLimitFlag[bit 6]-PLL[5:0] after search or preset
//D[1] = PLL[7:0]; D[2] = Stereo[7]-IF[6:0]; D[3] = LEV[7:4]-ChipId[3:1]-0; D[4] = 0000-0000 : Rsvd
unsigned char g_Tea_Write_Data[5];// = {0x29,0xc2,0x20,0x11,0x00};
// D[0] = MUTE-SearchMode-PLL[bit 13:8];   D[1] = PLL[bit7:0];
// D[2] = SearchUp/Dn[bit 7]-SearchStopLevel[6:5]-HighLowSideInjection[bit4=0]-MonoStereo[bit3=0)
                                                    -MuteRight[bit2=0]-MuteLeft[bit1=0]-SoftwarePort1
// D[3]= SWP2[bit7]-STBY[bit6]-BandLimit[bit5=0]-XTAL[4]-SoftMute[3]-HighCutControl[2]-StereoNoiseCancel[1]
                                                    -SearchIndicator[0]
// D[4] = PLLRef[bit7] - DeEmphasis[bit6]- xxxxxx

unsigned int g_Tea_Pll,g_Tea_Frequency;
unsigned char Tea_WriteByteBurst(unsigned char sendBurst[],unsigned char len)
{
I2CSendBurst(TEA_ADDR, sendBurst, len); //{START | ADDR | Instruction(0x01) |D1,D2,D3,D4 | STOP}
        somedelay(10);   return len;
}
unsigned char Tea_ReadByteBurst(unsigned char recvBurst[],unsigned char len)
{
I2CRecvBurst(TEA_ADDR, recvBurst, len); //{START | ADDR | Instruction(0x01) |D1,D2,D3,D4 | STOP}
       somedelay(10);       return len;
}
unsigned char Tea_RadioWrite(void){
        Tea_WriteByteBurst(g_Tea_Write_Data,5); return 1;
}
unsigned char Tea_RadioRead(void){
        unsigned char tempH, tempL;
        g_Tea_Pll = 0;
        Tea_ReadByteBurst(g_Tea_Read_Data,5);
        printf("Tea_RadioRead=%x:%x:%x:%x:%x",g_Tea_Read_Data[0],
            g_Tea_Read_Data[1],g_Tea_Read_Data[2],g_Tea_Read_Data[3],g_Tea_Read_Data[4]);
        tempL=g_Tea_Read_Data[1];
        tempH=g_Tea_Read_Data[0];
        tempH &=0x3f;
        g_Tea_Pll = tempH*256 + tempL;
        Tea_GetFreq();   return 1;
}
unsigned int Tea_GetFreq2Pll(unsigned long freq)
{
        unsigned char hlsi;
        unsigned int pll = 0;
        hlsi = 0;
        if (hlsi) pll = (unsigned int)((float)(g_Tea_Frequency+225)*4)/(float)32.768; //K
        else    pll = (unsigned int)((float)(g_Tea_Frequency-225)*4)/(float)32.768;
        return pll;
}
unsigned long Tea_GetPll2Freq(unsigned int pll)
{
        unsigned long freq;
        unsigned char hlsi;
        unsigned int npll = pll;
        hlsi = 0;//g_Tea_Write_Data[2] & 0x10;
```

```
        if (hlsi) freq = (unsigned long)((float)(npll)*(float)8.192 - 225); //KHz
        else    freq = (unsigned int)((float)(npll)*(float)8.192 + 225);
        return (freq+50);
}

unsigned char Tea_GetLevel(void) //Get the signal strength level{
        return (g_Tea_Read_Data[3]>>4);
}
unsigned char Tea_GetStereoMono(void){
        return (g_Tea_Read_Data[2]&0x80);
}
void Tea_Setup(void){
        I2CConfigModule();
        //+QEI encoder -- automatically added by CoIDE
        //+ dtQEIConfigExp0(); // Tune Up/Down
        tea5767GpioConf(); //Two GPIOs for Volume control
        somedelay(10000);
        g_Tea_Frequency = 93100; //93.1MHz KBS Classic of starting freq
        printf("The default frequency is our famous classic channel of 93.1MHz\r\n");
        Tea_SetFreq(g_Tea_Frequency);
}
void Tea_SearchUp(unsigned long freq){
        unsigned int pll = 0;
        pll= Tea_GetFreq2Pll(freq);
        g_Tea_Write_Data[0] = ((pll >> 8)&0x003f) | 0x40;
        g_Tea_Write_Data[1] = pll & 0x00ff;
        g_Tea_Write_Data[2] = 0xc0;//Up
        g_Tea_Write_Data[3] = 0x90;
        g_Tea_Write_Data[4] = 0x00;
        Tea_RadioWrite();
        printf("Tea_RadioUp=%x:%x:%x:%x:%x\r\n",g_Tea_Write_Data[0],
            g_Tea_Write_Data[1],g_Tea_Write_Data[2],g_Tea_Write_Data[3],g_Tea_Write_Data[4]);
        somedelay(1000000);
}
void Tea_SearchDown(unsigned long freq){
        unsigned int pll = 0;
        pll= Tea_GetFreq2Pll(freq);
        g_Tea_Write_Data[0] = ((pll >> 8)&0x003f) | 0x40;
        g_Tea_Write_Data[1] = pll & 0x00ff;
        g_Tea_Write_Data[2] = 0x40;//Down
        g_Tea_Write_Data[3] = 0x90;
        g_Tea_Write_Data[4] = 0x00;
        Tea_RadioWrite();
        printf("Tea_RadioWriteDown=%x:%x:%x:%x:%x\r\n",g_Tea_Write_Data[0],
                g_Tea_Write_Data[1],g_Tea_Write_Data[2],g_Tea_Write_Data[3],g_Tea_Write_Data[4]);
        somedelay(1000000);
}
void Tea_SetFreq(unsigned long freq)
{
        unsigned int pll = 0;
        pll= Tea_GetFreq2Pll(freq);
        g_Tea_Write_Data[0] = ((pll >> 8)&0x003f);
        g_Tea_Write_Data[1] = pll & 0x00ff;
        g_Tea_Write_Data[2] = 0x40;
        g_Tea_Write_Data[3] = 0x90;
        g_Tea_Write_Data[4] = 0x00;
        Tea_RadioWrite();
        printf("SetFreq(%u): Tea_RadioWrite=%x:%x:%x:%x:%x\r\n",freq, g_Tea_Write_Data[0],
                g_Tea_Write_Data[1],g_Tea_Write_Data[2],g_Tea_Write_Data[3],g_Tea_Write_Data[4]);
        somedelay(100000);
}
```

```
//FM Tuner
void Tea_Search(unsigned char mode) //UP/Down
{
        if(mode){
                g_Tea_Frequency += 100;
                if(g_Tea_Frequency > maxFreq)      g_Tea_Frequency = maxFreq;
        }else{
                g_Tea_Frequency -= 100;
                if(g_Tea_Frequency < minFreq)      g_Tea_Frequency = maxFreq;
        }
        Tea_SetFreq(g_Tea_Frequency);
        somedelay(100000);
        Tea_ReadByteBurst(g_Tea_Read_Data,5);
        printf("Tea_RadioRead=%x:%x:%x:%x:%x\r\n",g_Tea_Read_Data[0],
                g_Tea_Read_Data[1],g_Tea_Read_Data[2],g_Tea_Read_Data[3],g_Tea_Read_Data[4]);
}
void Tea_AutoSearch(unsigned char mode)
{
        Tea_RadioRead();
        Tea_GetPll();
        if(mode)          g_Tea_Write_Data[2] = 0xa0;
        else   g_Tea_Write_Data[2] = 0x20;
        g_Tea_Write_Data[0] = g_Tea_Pll/256;
        g_Tea_Write_Data[1] = g_Tea_Pll % 256;
        g_Tea_Write_Data[3] = 0x11;
        g_Tea_Write_Data[4] = 0x00;
        Tea_RadioWrite();
        Tea_RadioRead();
        while(!(g_Tea_Read_Data[0] & 0x80)){
                Tea_RadioRead();
                //+Output the freq on LCD
        }
}
void Tea_Handler(unsigned char nextb, unsigned char prevb){
        unsigned char level, stereo;
        unsigned int FreqH,FreqL;

        if(nextb) Tea_Search(1);
        else if(prevb)       Tea_Search(0);
        level = Tea_GetLevel();
        stereo = Tea_GetStereoMono();
        FreqH = g_Tea_Frequency/1000;
        FreqL = g_Tea_Frequency%1000;
        FreqL = FreqL/100;
        if(stereo) sprintf(iastr,"%d.%dMHz: Level=%d: Stereo",FreqH,FreqL,level);
        else      sprintf(iastr,"%d.%dMHz: Level=%d: Mono      ",FreqH,FreqL,level);
        printf("%s\r\n",iastr);
}
void tea5767GpioConf(){
        //UI Config
        //+GPIO for LED
        //+Configure the GPIO for Tuning (you may use the QEI) //+dtQEIConfigExp0();
        //+GPIO for Vol Up/Down
}
void tea5767FmLoop(u8 uselineormic, u8 bypassEn){
        unsigned char pos0,pos1;
        unsigned short saved_Chs, Chs;
        saved_Chs = 0;
        if(uselineormic == WM8731USELINEINPUT){
          printf("Tea5767 FM Tuner with WM8731 Audio Codec (LINEINPUT/OUTPUT) Test");
        }else{
          printf("Tea5767 FM Tuner with WM8731 Audio Codec (MICINPUT/HPOUTPUT) Test");
```

```
        }
        printf("\r\n The FM tuner output is fed into the LineInput of WM8731 Codec, and\r\n");

        if(bypassEn) printf("the Codec's output will be out of the LineOutput because of Bypass
                                                        Enabled.\r\n");
        else printf("the Codec's output will be on the I2S output. You need another slave I2C DAC.\r\n");
        printf("Use QEI for tuning, and Use Buttons for Volume Up/Down.\r\n");

        Tea_Setup();        //Setup FM Tuner.
        Wm8731Init(uselineormic, bypassEn); //WM8731USEMICINPUT. codec Init
        while(1){
          WM8731Handler(uselineormic);
          //+pos0 = QEIGet0();
          Tea_Handler(0, 0);
          Chs = pos0;
          if(Chs != saved_Chs){
            printf("CHs=%x\r\n",Chs);
            if(Chs > saved_Chs)     Tea_Handler(1, 0);
            else Tea_Handler(0, 1);
            printf("C=%d\r\n",g_Tea_Frequency);
          }
          saved_Chs = Chs;
        }
}
```

12.14 연습문제

[1] 음의 파장 λ, 주파수 f, 음속 v 간에는 λ = v/f관계를 갖는다. 상온 15도에서 음속이 340m/s일 때 20Hz와 20KHz의 음의 파장을 각각 구하라.

[2] 스튜디오급 디지털 오디오 전송방식인 AES-3/EBU는 Biphase Mark Code(BMC) 라인코딩을 사용한다. 그림은 그 예이다. 다음 설명 중 틀린 것은?

a) 수신신호로부터 송신클럭을 얻을 수 있어 44.1KHz의 CD 오디오 및 48KHz DAT 디지털 오디오와 같이 상이한 전송속도를 갖는 음원을 전송할 수 있다. 또한 DC 성분이 없으므로 커넥터 핀의 극성이 바뀌어도 작동한다.

b) 비트 시작시점에 반드시 천이한다. 그리고 '1'의 경우 비트 중간에 반드시 천이하지만 '0'의 경우 비트 중간에 천이하지 않는다.

c) XLR 커넥터와 RS-422 기반의 차동 전송방식을 사용하므로 300m 전송이 가능하다. BNC 커넥터도 사용할 수 있다.

d) 정확한 디지털 오디오 데이터 전달을 위해 송신측은 수신측에게 별도의 클럭 신호선을 사용하여 클럭을 공급한다. 이것은 I2S 방식과 유사하다.

[3] AES-EBU 방식에서는 Left와 Right 채널의 오디오를 샘플당 64비트 길이의 frame(또는 word)에 수납하여 연속 송신한다. 각 프레임은 32비트 길이를 갖는 subframe A와 subframe B로 분할되며, 각 subframe에는 20비트 길이의 L 또는 R채널의 오디오 데이터와 채널상태 등의 정보가 함께 전송된다. 필요시 채널당 최대 24비트의 오디오 전송도 가능하다. 그리고 192프레임의 조합을 audio block이라고 부른다. Preamble은 디지털 스트림에서 각 프레임의 경계 및 audio block의 시작점을 추출하기 위하여 사용된다. 다음 빈 칸을 채우시오.

"아날로그 음원에 대하여 48kHz로 샘플링하여 전송하는 경우 초당 ___개의 오디오 블록이 송신므로 초당 _____ bit가 송신된다."

a) 250, 3.072Mbits　　　　b) 125, 6.144 Mbits

[4] 다음 중 오디오를 이더넷에 수납하여 전송하는 기술이 아닌 것은?

a) Cobranet　　b) EtherSound　　c) Dante　　d) AVB　　e) CAN

[5] 아날로그 오디오를 채널당 32비트씩 초당 192KHz로 샘플링할 경우 스테레오 채널에 대하여 초당 몇 비트의 디지털 데이터가 생성되는가?

[6] 디지털 오디오 스트림을 이더넷 프레임에 수납하여 전송하는 것을 Audio over Ethernet 기술이라고 한다. 이것은 IP 패킷에 음성을 수납하는 Voice over IP 기술과 달리 지연을 감소시키기 위하여 최대 25.576Mbps의 스테레오 오디오를 무압축 전송함으로써 보다 높은 음질 전송을 지원한다. 만약 오디오의 각 채널을 48KHz/16비트 샘플링의 경우 모든 오버헤더를 무시한다면 100Mbps급 이더넷에서 최대 ___채널의 무압축 오디오를 전송할 수 있다.

[7] I2S와 AES/EBU의 전송 관점에서의 차이점은 무엇인가?

제 **13** 장

자동차 내부 직렬통신버스: LIN

13.1 개요

본 장에서는 비동기 직렬전송을 수행하는 UART의 기능을 활용할 수 있는 20Kbps급 자동차 내부 직렬통신버스인 Local Interconnect Network(LIN)과 보다 고속의 직렬통신버스인 Control Area Network(CAN)에 대하여 다룬다. 이어 관련된 하드웨어 설계 및 프로그램 설계를 수행한다.

13.2 자동차 내부 통신망의 특성과 종류

<그림 13.1>은 다양한 전자제어장치로 결합된 최근의 승용차 내부의 구성도이다. 이들 중에서 electronic control unit(ECU), 변속기, 에어백, ABS(antilock braking) 등의 안전과 직결된 장치와 크루즈 콘트롤, 파워 스티어링, 오디오 시스템, 파워 윈도우, 파워 백도어, 후시경 조절기, 좌석경사 조절기 등의 저속 제어 장치가 있다. 또한 CD플레이어 등의 엔터테인먼트 장치들을 연결하는 망도 있다.

이러한 장치들은 개별적으로 센서로부터의 입력값을 수신하여 액츄에이터를 구동하는 일종의 임베디드 마이크로프로세서 모듈로 구현되며 필요한 메시지를 생성하고 처리하는 통신기능을 내장하고 있다. 승용차에 적용된 차량 내부 제어용 통신망기술은 다음과 같이 다양하다.

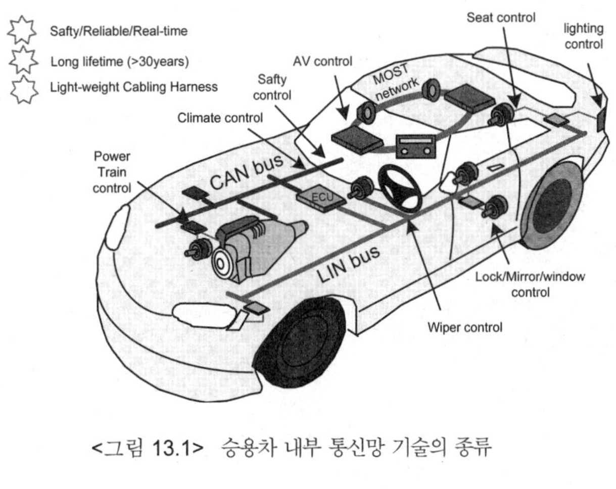

<그림 13.1> 승용차 내부 통신망 기술의 종류

- LIN(Local Interconnect Network) : 파워윈도우 제어 등 안전과 무관한 장치들을 제어하는 통신망이다. 이것은 single master, multiple slave 구조이며 12V의 single wire를 사용하며 저렴한 UART 방식으로 통신한다. 최대 20Kbps를 40m전달한다.
- CAN(Control Area Network) : 125Kbps 및 1Mbps 등 2가지의 규격이 있으며, 안전과 직결된 장치를 연결하는 통신망이다.
- FlexRay : FlexRay는 10Mbps의 이중링크를 사용하면서 실시간 전송기능을 제공하는 차량용 제어버스 방식으로써 Freescale 및 Philips 등의 FlexRay 컨소시움에서 2005년에 개발한 것이다.
- MOST : 최대 100Mbps급의 실시간 전송기능을 제공하는 링 형태의 통신망 기술로써 차량 내부의 AV 장치를 연결한다.
- AVB(Audio/Video Bridge) Automotive : AV데이터 및 일반 인터넷 패킷을 이더넷상에서 통합 전송할 수 있는 AV 전용 기술을 한 쌍의 케이블로 100Mbps를 송신하는 One-pair전송 기술과 엄격한 실시간 전송보장 기능을 제공하여 차량용으로 사용할 수 있는 기술이다.

13.3 LIN 시스템의 구성과 계층 구조

(1) 개요

LIN 버스는 자동차내부의 파워윈도우 조작, 전동좌석 조절기능, 썬루프 제어, 내부조명 제어 등의 제어 명령 등을 하나의 케이블로 전달하는 최대 20Kbps(보통 2.4,9.6, 19.2Kbps)의 제어용 멀티캐스트 버스이다. 관련된 LIN규격은 Audi, BMW, Volvo 등의 자동차 제조회사와 모토롤라, 필립스 등과 같은 반도체 회사에서 연합하여 만든 것이다. LIN은 하나의 버스상에 하나의 마스터노드와 최대 16개의 슬레이브 장치를 접속한다. 슬레이브 노드는 마스터 노드로부터의 송신허가를 얻어야 전송할 수 있는 반이중 통신방식으로 운용된다.

특히 저렴한 가격을 보장하기 위하여 고가의 오실레이터 대신에 간단한 RC 회로 기반의 클럭을 사용한다. 전송선로상의 신호형식은 자동차 배터리 전원 전압 크기의 NRZ 신호이다.

LIN 프레임을 구성하는 각 바이트는 Start/Stop 비트를 사용하는 비동기 전송방식으로 송신되므로 기존의 UART 기능을 활용하면 LIN 방식을 구현할 수 있다.

<그림 13.2>는 자동차의 문에 설치된 각종 장치에 대하여 스타 구조로 결선된 기존 방식과 LIN 버스로 연결된 구조를 비교한 것이다. 효율적인 전송이나 보관을 위하여 데이터를 변환한 결과값을 신호라고 하며, 다음과 같은 두 종류가 있다.

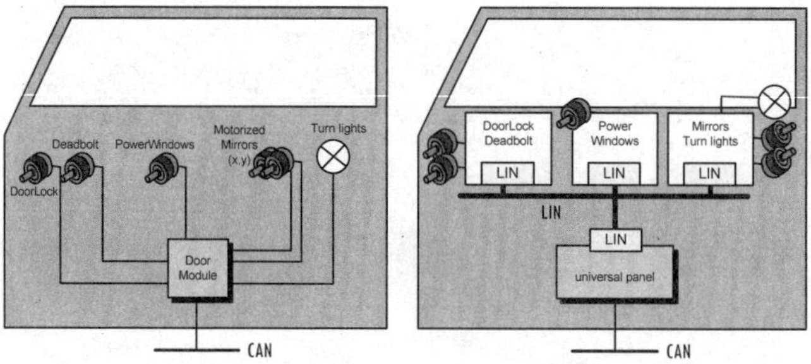

<그림 13.2> 기존의 연결방법과 LI기반의 연결방법

(2) 시스템 구성

<그림 13.3>과 같이 LIN 시스템은 1개의 마스터 노드와 최대 16개의 슬레이브 노드를 최대 40m의 공유버스로 연결되어 구성된다. 즉 LIN은 하나의 마스터 노드가 여러 개의 슬레이브 노드를 관리하는 중앙집중형 통신망이다. 실제 전송선로는 1가닥이며 이 신호에 대한 그라운드는 강철 또는 알루미늄으로 제작된 차체이다.

각 노드는 크게 LIN 트랜시버 및 LIN 컨트롤러로 구성된 전송부와 제어 메시지를 생성하고 처리하는 마스터 및 슬레이브 태스크로 조합된다.

- 마스터 노드: 마스터 태스크뿐만 아니라 슬레이브 태스크 기능을 가진다.
- 슬레이브 노드 : 슬레이브 태스크 기능만 가지며 외부의 스텝모터 또는 센서와의 인터페이스를 갖는다.

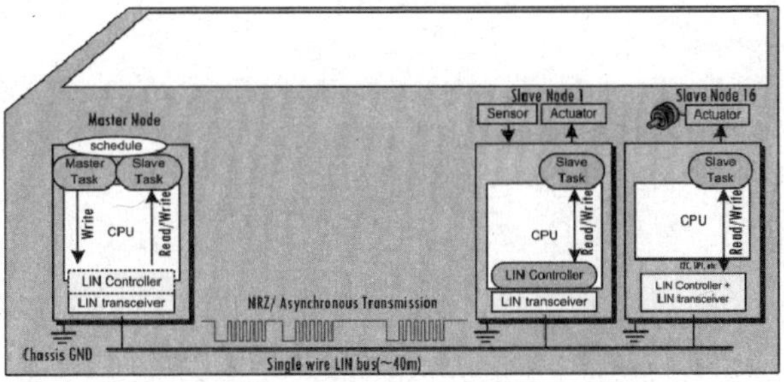

<그림 13.3> LIN 버스 시스템의 구성

(3) 계층 구조

LIN 시스템의 계층 구조는 다음과 같다.

- 물리 계층
  - 저가격의 단일 선로 사용
  - 자동차 12V 배터리 전원 사용
  - 최대 20Kbps 전송
  - NRZ 신호방식
  - 슬레이브 입장에서는 마스터가 전송하는 메시지에 포함된 SYNC 비트열로부터 마스터의 클럭에 동기됨
- 데이터 링크 계층
  - 단일 마스터/다중 슬레이브 구성에서 마스터장치가 버스 사용권을 관리함.
  - LIN 프레이밍 수행
- 상위 계층
  - 마스터 노드는 버스상의 슬레이브의 개수와 전송량을 고려하여 사전에 지정된 시간마다 각 슬레이브에 대한 스케듈링을 수행할 수 있도록 MCU의 카운터 등을 이용하여 설계한다. 슬레이브 기능부는 응답메시지를 처리한다.
  - 센서 또는 액츄에이터 인터페이스를 제공한다.

(4) 마스터 태스크의 역할

마스터 태스크는 슬레이브 노드에 대한 Write 및 Read 명령 전송하는 기능을 수행하며 마스트 노드에만 탑재된다. 마스터 태스크는 여러 슬레이브 노드에 대하여 순차적으로 제어한다. 또한 망 전체에 대한 진단기능과 전원 절약모드를 관리한다.

(5) 슬레이브 태스크의 역할

슬레이브 태스크는 idle 상태에서 대기하다가 마스터 노드로부터의 LIN 프레임을 수신하면 응답, 수신, 무시 등 3가지 중 하나를 수행한다.

그리고 소비전력 감소를 위하여 버스가 4초 이상 idle하거나 마스터로부터의 명시적인 Sleep 메시지를 수신하면 sleep 상태로 진입한다. 이후 마스터 또는 다른 슬레이브가 생성한 awake 신호에 의해 깨어난다.

(6) 실시간 전송절차

단일 마스터 노드는 LIN 시스템의 실시간성을 제공하기 위하여 제어 대상인 슬레이브 노드에 대한 메시지 전송주기와 전송순서를 미리 고려한 스케듈링을 설계해야 한다. 이렇게 함으로써 메시지 전송간의 충돌이나 지연을 사전에 예방한다.

(7) 주소법

- Message Identifier(MsgId) : 특정 메시지의 종류(즉 0~31까지의)를 표시한다. 특정 목적지 슬레이브 노드 주소를 의미하는 것이 아니다.
- NAD (Node Address) : 메시지 페이로드의 특정영역에 슬레이브의 물리적인 주소값을 수납할 수도 있다. 이것은 주로 진단용 메시지에 수납된다.

(8) LIN의 용도

LIN은 신속한 응답이 요구되지 않는 파워윈도우 조작, 램프 점등 등의 비교적 저속의 제어기능을 수행하는데 사용된다. 많은 경우 고속의 CAN 버스에서 분기되어 사용된다.

(9) LIN 버전

2000년에 1.1버전이 표준화 된 이후 2003년에는 2.0버전이 발표되었다. 버전 1과 2간의 호환성은 있으나 제한적이다.

널리 사용되는 것은 버전 1.3이다.

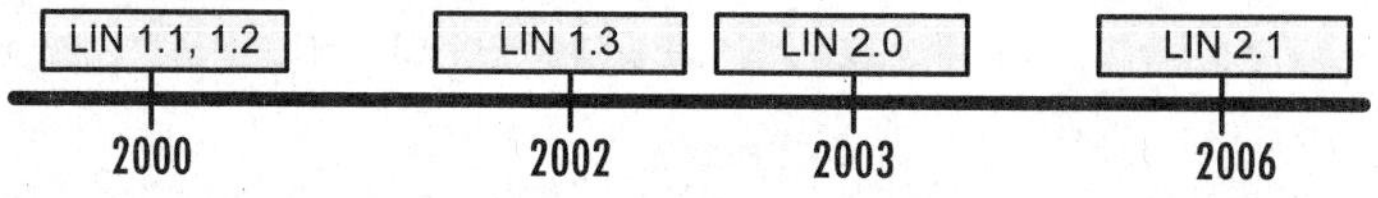

<그림 13.4> LIN 규격의 발전

13.4 LIN의 물리 계층

(1) 신호레벨

LIN버스의 신호상태는 다음과 같다.

- 휴지상태(idle state) : RS232와 같이 로직레벨 '1' 혹은 열세(recessive), 전위는 V_{BAT}이다[1].
- 활성상태(Activity state) : 로직레벨 '0' 혹은 우세(dominant). 전위는 GND=0V이다.

여기서 Dominant의 의미는 다음과 같다. 여러 개의 장치가 하나의 LIN버스를 공유할 때 하나라도 자신의 출력레벨을 GND 레벨로 설정하면, 버스의 신호상태는 GND 레벨이 표출된다. 따라서 1보다 0이 dominant하다.

(2) LIN 트랜시버의 구성

LIN 메시지의 각 바이트는 Start 비트로 시작되면서 비동기적으로 송신된다.

LIN 트랜시버는 <그림 13.5>과 같이 LIN Controller의 TTL 신호레벨을 +12V 이상의 LIN 버스 신호레벨로 변환하여 송신하거나 수신하여 LIN Controller로 전달한다.

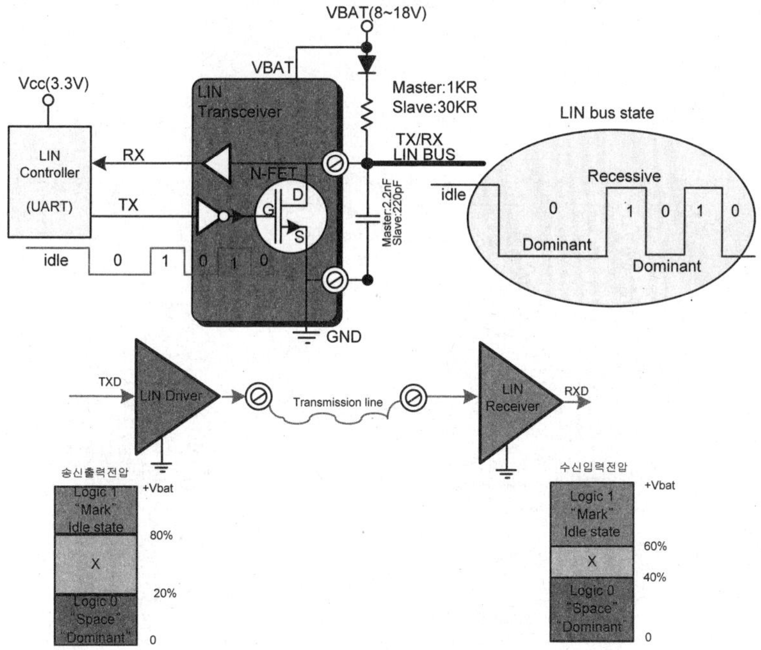

<그림 13.5> LIN트랜시버의 기능과 신호레벨

- Idle 상태 : (TxD=1)상태를 유지하므로 High(Recessive)값인 V_{BAT} (배터리 전압)가 버스상에 표출된다.

[1] MC33663 LIN 트랜시버 칩의 경우, 휴지상태에서 LIN 버스 신호레벨은 5.8~6.7V이다.

- 송신 : Open-Drain 방식의 외부저항으로 Pull-up되어 있으므로 LIN Controller가 '1'을 송신할 경우(TxD=1) 에는 High(Recessive)인 V_{BAT} (+12V이상) 값을 표출하고, 0을 송신할 경우(TxD=0)에는 버스상에 Low(Dominant)값인 0V를 표출되도록 한다.
- 수신 : 버스상에 표출되는 전압레벨의 변화를 감지하여 LIN Controller측에 전달한다.

참고로 <그림 13.6>은 LIN컨트롤러에서 TTL레벨로 송신한 파형과 트랜시버를 거쳐 버스상에 표출된 신호상태를 함께 비교한 것이다.

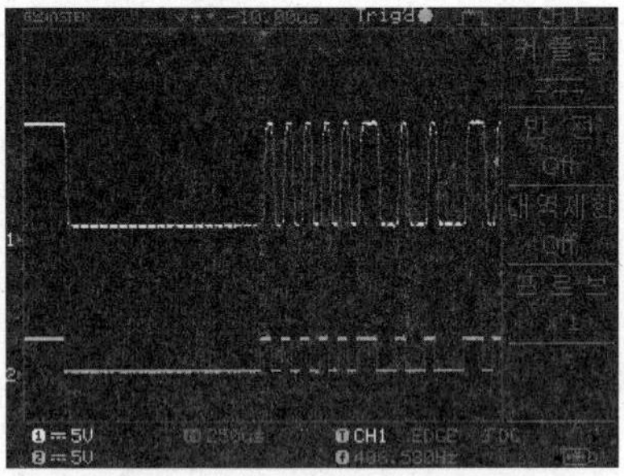

<그림 13.6> LIN신호의 실제

13.5 LIN 시스템의 동작절차

(1) 동작절차

하나의 LIN 버스 시스템은 한 개의 마스터 노드와 여러 개의 슬레이브 노드로 구성되며 다음과 같이 동작한다.

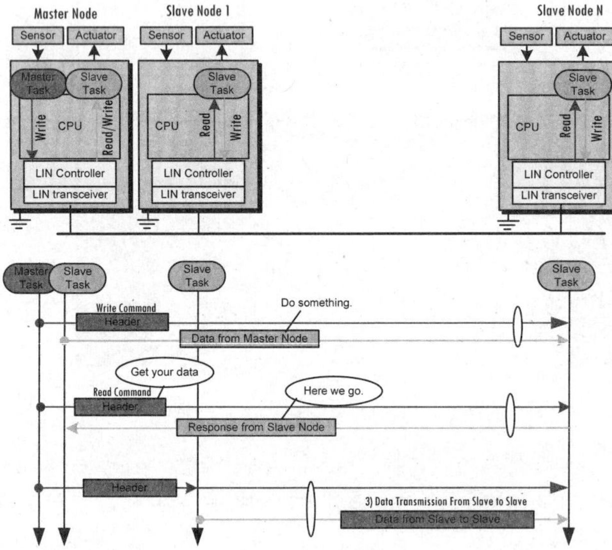

<그림 13.7> LIN의 쓰기 및 읽기 동작절차

- Write 동작 : 마스터 노드가 MsgID를 수납한 헤더영역과 데이터를 함께 송신함으로써 해당 슬레이브 노드에 대한 쓰기 동작을 수행한다.
- Read 동작 : 마스터 노드가 MsgID를 수납한 헤더영역을 송신하여 해당 슬레이브 노드로 부터의 응답 데이터를 읽는다.
- 마스터가 지시할 경우, 슬레이브 노드간에 직접 메시지를 송신할 수도 있다.

(2) LIN 프레임의 형식

LIN 프레임은 <그림 13.8>과 같이 Header 영역과 데이터 영역으로 구성된다. 데이터 영역은 슬레이브의 응답 데이터일 수도 있고 마스터가 송신하는 데이터일 수도 있다. 각 프레임은 선행하는 Sync Break 신호에 의해 개시된다. 각 영역 중 SyncBreak 영역을 제외한 모든 영역은 바이트별로 {start 비트, 8data 비트, 1stop 비트}의 표준 UART방식에 따른 비동기 전송절차에 의해 송신된다. 수신측은 헤더의 SYNC 영역을 활용하여 송신측과의 비트동기를 설정한다.

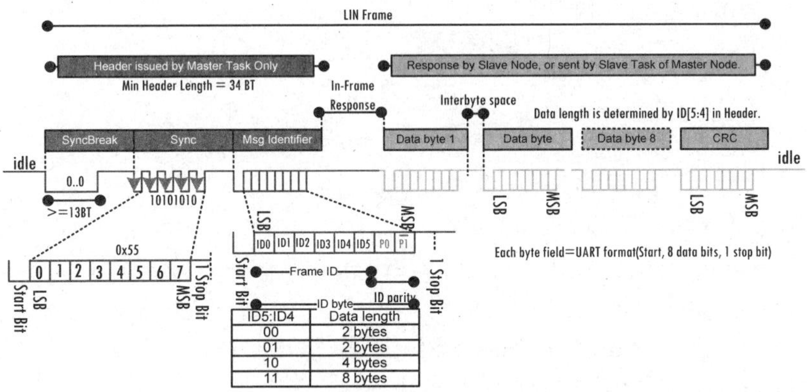

<그림 13.8> LIN프레임의 구성

각 영역은 다음과 같이 구성된다.

a) 메시지 헤더 : 마스터만이 송신할 수 있다.

- Sync Break : 프레임의 시작을 표시용이며 13 BT(650μsec) 이상의 low값을 유지한다.
- 동기 : 0과 1이 반복되는 마스터와 슬레이브간 클럭 동기용 비트열이다. 이것은 UART형 데이터로 0x55(01010101)를 송신하면 이 패턴을 얻을 수 있다. 왜냐하면 0x55값은 LSB부터 송신되므로 0으로 천이하는 Start 비트에 이어 1과 0을 교대하면서 송신되기 때문이다.
- 메시지 식별자(MsgID) : 8비트로써 {메시지 ID, Length, 패리티 영역}으로 구성된다. 이 영역은 패리티로 보호되므로 Protected ID (PID)라고도 부른다.
    - 메시지ID(4비트) : 특정 메시지의 종류(즉 0~31까지의)를 표시한다. 특정 목적지 슬레이브 노드 주소를 의미하는 것이 아니다.
    - Length Control (2비트) : 데이터 영역의 길이를 2바이트 단위로 표시한다.
    - 패리티(2비트) : 식별자 영역에 대한 2비트 XOR값이다.

b) 데이터 : 헤더 영역에 이어 슬레이브가 응답하거나 마스터가 송신하는 데이터 영역이다.

- 데이터 영역 : 0~8바이트 길이를 가진다. 이것의 길이는 헤더의 length control 영역에 의해 사전에 지시된다.
- 첵섬(8비트) : 데이터영역에 대한 Modulo 256 합의 결과이다[2].

Sync Break 영역 외의 모든 영역은 표준 UART 형식, 즉 {Start bit, 8 data bits, 1 stop bit}로 구성되며 LSB부터 송신된다. 각 비트의 전송시간 BT는 20Kbps 전송시 50μsec이다.

(3) 메시지 헤더 영역 상세

a) Sync Break : 마스터가 자신에게 접속된 모든 슬레이브들에게 "새로운 메시지 전송절차가 개시됨"을 알린다. 즉 프레임의 시작을 지시하는 이것의 '0' 구간은 최소 11 BT(보통 13BT)이고 '1' 구간은 1~4 BT의 길이를 가진다[3].

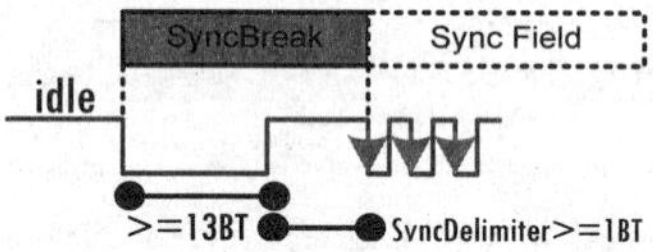

<그림 13.9> Sync Break 영역

b) SYNC : 슬레이브로 하여금 마스터의 송신 비트 간격을 용이하게 알 수 있도록 1과 0이 교대하는 비트열로 구성된 것이다[4]. 슬레이브는 수신되는 SYNC비트열의 하강 엣지를 참조하여 송신측의 Bit Time을 알아낼 수 있다. 즉 슬레이브는 고속의 내부 시스템 클럭을 사용하여 Start 비트 이후에 감지되는 4번째의 하강 엣지까지의 시간을 8로 나누고 반올림함으로써 송신측의 BitTime을 얻는 비트동기과정을 수행할 수 있다.

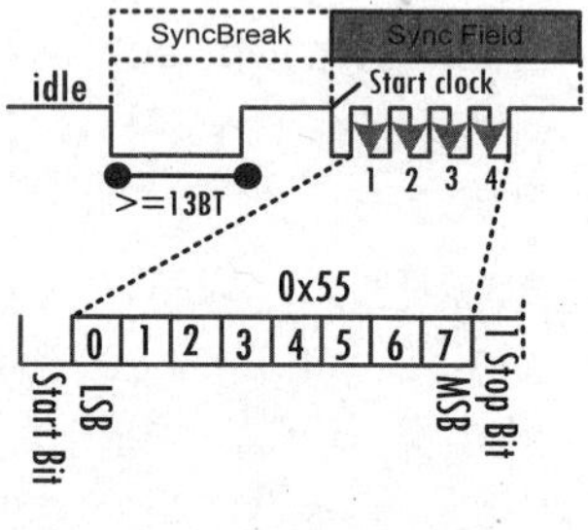

<그림 13.10> Sync 영역

c) Msg Identifier : 메시지의 내용과 길이에 대한 정보 제공한다. 해당 Slave노드에 대한 메시지 응답을 기대하거나 마스터의 슬레이브 태스크가 데이터를 전송할 경우에 모두 사용된다. 시스템 설계자는 하나의 슬레이브 노드만이 이 프레임 구간에 응답을 할 수 있도록 이 식별자값을 할당해야 한다.

---

2 모듈로 256합은 모든 데이터에 대하여 전가산(add with carry)을 수행한 결과값에 대하여 역(inverting)을 취한 값임

3 사실 이것은 1비트의 start비트에 이어지는 최소 13비트 이상의 '0'(즉 dominant비트)값을 가지는 데이터와 마지막 stop비트로 구성된 것이라고 할 수 있다.

4 이러한 나누기 및 반올림 작업은 3번의 shift right한 후, carry를 더한다.

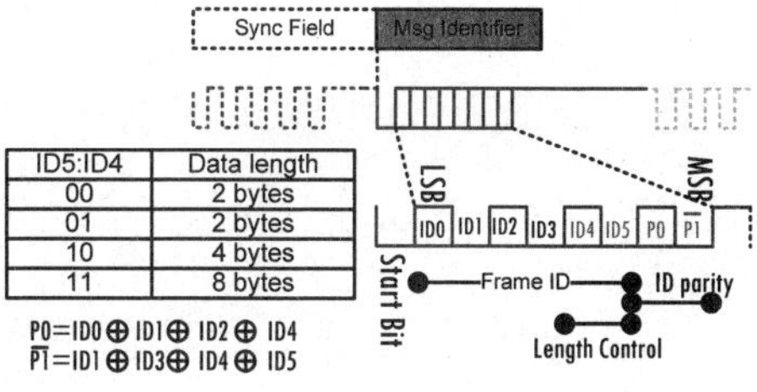

<그림 13.11> Message ID 영역

- 식별자 비트(identifier bit, 4비트) : 특정 메시지의 종류(즉 0~31까지)를 표시한다. 특정 목적지 슬레이브 노드 주소를 의미하는 것이 아니다.
- 길이 제어 비트(length control bit, 2비트) : 헤더영역에 이어 송신하거나 응답할 데이터 영역의 길이를 지시한다.
  - 00/01 : 2 바이트
  - 10 : 4 바이트
  - 11 : 8 바이트
- 메시지 ID 패리티 : ID 영역 보호용 2비트의 패리티이다. P0는 Odd, /P1는 even 패리티이다. 이렇게 함으로써 모든 비트가 0 또는 1이 되지 않도록 한다.

d) Interframe Response Space: Msg Identifier 영역과 LIN Response (데이터) 영역간에 위치한다. 마스터 노드가 헤더에 이어 데이터를 연속 전송할 경우에는 정해진 Response Space 기간을 모두 사용한다. 반면에 슬레이브 노드가 응답할 경우에는 재전송만기시간의 50%까지 허용된다.

e) Inter Byte Space : 1 STOP비트 구간이다.

[참고] 4비트의 식별자 비트는 16종류의 메시지를 구분할 수 있다. 또한 2비트의 길이제어 비트 값에 따라 2,4,8 바이트 길이의 데이터를 사용할 수 있다. 따라서 4비트의 식별자 비트와 2비트의 길이제어 비트영역을 조합한 총 6비트 영역을 Frame ID라고 부른다. 이를 활용하면 최대 64종류의 상이한 메시지를 정의할 수 있다. 다음은 일반적인 메시지뿐만 아니라 60~63까지의 특수한 메시지 식별자를 정리한 것이다.

MsgID	데이터 길이	첫번째 데이터값	용도	
0 ~ 0x3b	0,2,4,8	Any	자유롭게 사용할 수 있음 (unconditional message)	범용
0x3c(0x3c)	2	0x00	Sleep Mode Frame	Download
	8	0x01~0x7F	LIN 1.3버전까지 : 예약됨 LIN 2.0이후 버전 : Diagnostic용 메시지로써 Master Request Diagnostic Command Frame이라고 함.	
0x3d(0x7d)	8		LIN 2.0 이후 버전 : 마스터가 해당 슬레이브에게 응답 하도록 지시하는 Slave Response Diagnostic Frame	Upload
0x3e	Any		User Defined Extended Frame	
0x3f	Any		Future Extended Frame	
*()의 값은 parity를 포함한 메시지 id값임.				

(4) Response(데이터) 영역 상세

응답 영역은 슬레이브 태스크(마스터장치 포함)가 송신하는 영역으로써 {데이터 바이트열, 책섬}으로 구성된다. LIN은 버스중재기능이 없으므로 오직 하나의 슬레이브 태스크만이 해당 식별자에 대해 응답해야 한다.

- 데이터 영역 : 해당 슬레이브 장치가 송신하는 {0..8}바이트의 데이터영역이다. 데이터의 길이는 앞 선 헤더영역에서 지시된다. 하위 바이트부터 송신된다.
- 책섬 : 책섬계산에 포함되는 영역은 LIN버전에 따라 다르다. 버전 2.0 이전 시스템은 데이터영역에 대해서만 계산한다. 버전 2.0 이후 시스템의 경우에는 헤더의 Identifier 영역을 포함하여 계산된다[5]. 책섬은 모든 바이트값을 더한 값(캐리 포함), 즉 Modulo 256 합 방식의 결과값에 보수를 취한 것이다[6].

[참고] <그림 13.12>는 각각 마스터가 송신한 Command 프레임(헤더와 데이터 영역 포함)과 헤더만 송신된 경우의 예이다. Sync Break 신호에 이어 Sync 패턴이 송신되는 것과 신호전압이 10V이상임을 알 수 있다.

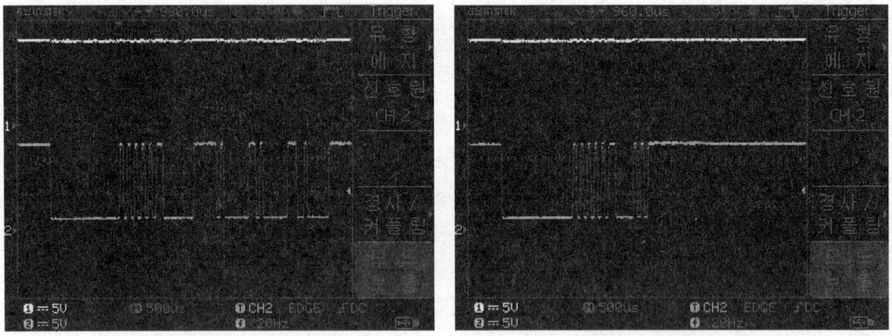

(a) Command From Master (b) Header with No Response From Slave

<그림 13.12> LIN 프레임의 실제

13.6 Diagnostic 프레임

이것은 슬레이브 장치에 대한 기기설정과 진단용으로 사용된다. 특히 Sleep 모드 진입이나 Wakeup시 사용된다. 이것은 다음과 같은 2종류가 있으며 모두 8바이트의 고정된 데이터 영역을 가진다[7]. <그림 13.13>은 Diagnostic 프레임의 구성을 보여주고 있다.

---

[5] 0x3c,0x3d를 갖는 메시지의 경우 호환성을 위해 1.3버전에서 사용한 책섬방식을 계속 적용한다.

[6] **[참고]** LIN 책섬 계산 예: {0x4A, 0x55, 0x93, 0xE5}로 구성된 4바이트의 데이터에 대한 합은 0x19이고 이것을 inversion한 최종 책섬 결과는 0xE6이다. 수신측은 {0x4A, 0x55, 0x93, 0xE5}와 책섬 0xE6을 모두 더한 값이 0xFF이면 오류가 없다.

[7] 이것의 frame ID 영역이11−1100 또는 11−1101이고 선두 2비트가 8바이트 길이의 데이터를 가진다고 정의되어 있으므로 다음과 같이 8바이트 길이의 데이터 영역을 가진다. 실제 전송되는 값은 2비트의 패리티 비트가 추가되므로 0x3c와 0x3d값은 각각 0x3c와 0x7d로 전송된다. 또한 LIN1.0의 경우 이들을 각각 comman프레임과 response프레임이라고 불렀다.

- Master Request Diagnostic 프레임(MsgID=0x3c) : 마스터가 헤더와 함께 데이터를 연속 송신한다. 이것은 진단을 수행하라는 지시 또는 기기설정 데이터 전송시 사용된다. Download 프레임이라고도 한다.
- Slave Response Diagnostic 프레임(MsgID=0x3d)[8] : 슬레이브에게 데이터를 응답하도록 지시한다. 이것은 진단결과나 기기설정결과를 보고할 때 사용된다. Upload 프레임이라고도 한다.

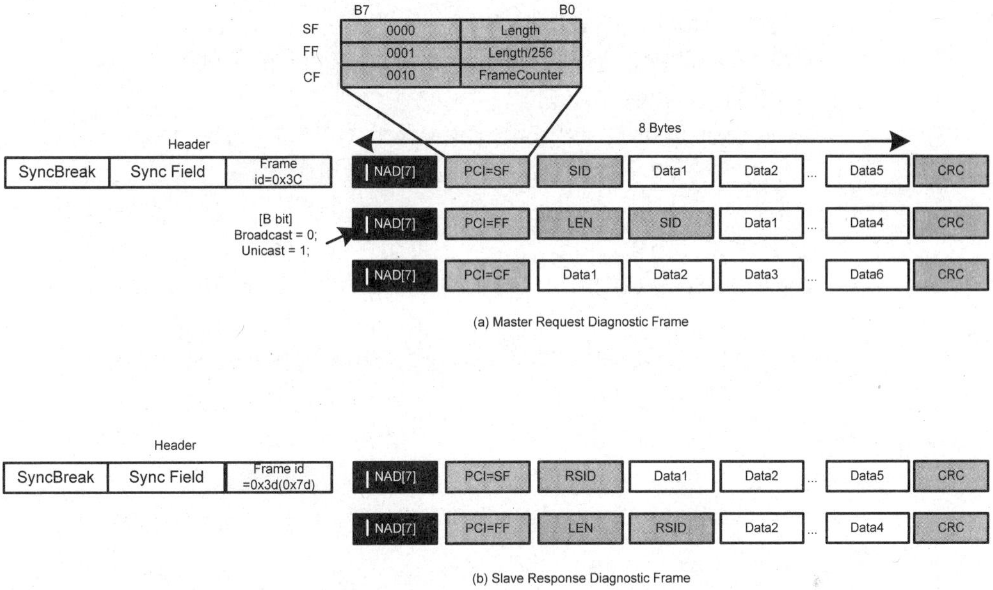

<그림 13.13> Diagnostic 프레임의 구성

이러한 diagnostic 프레임의 데이터 영역 8바이트는 다음과 같이 구성된다. 이 규격은 LIN 버전 2.0 이상에서 적용된다.

- NAD : 노드 주소(또는 Physical Address라고 함)이다.
  - MSB : 브로드캐스트 (B)표시비트. 모든 슬레이브에 대한 전송시에는 B=0이고, 특정 노드에 대한 주소라면 B=1이다[9].
  - 하위 7비트 : 실제 노드 주소
- PCI (Protocol Control Information) : 3가지의 다음과 같은 정보를 수납한다.
  - Single Frame(SF) : 8바이트로 구성되는 단일 메시지임. 최대 5바이트의 데이터를 수납할 수 있음. 수납된 데이터의 길이 정보는 4비트의 Length영역에 SID영역을 합하여 표시함(즉 5바이트 데이터인 경우, 6)

---

[8] Parity를 포함하면 MsgId값은 0x7d이다.
[9] 사실 그 의미를 반대로 생각해야 한다.

- First Frame(FF) : 8바이트 이상의 데이터를 송신할 때 이들이 분할되어 송신되어야 하므로 이것이 첫번째의 분할된 프레임임을 명시함. PCI부분의 하위 4비트 영역과 다음의 8비트 LEN영역과 조합되어 데이터의 총 길이를 표시함. 따라서 1바이트의 SID를 포함하여 최대 0xFFF(4095)바이트의 데이터 길이 정보를 표시할 수 있음.
- Continuation Frames(CF) : 분할된 프레임의 중간 또는 마지막임을 표시함. 4비트의 FrameCounter는 메시지 순서번호임. 이것은 4비트 이므로 15개 이상의 프레임이 송신되면 0부터 다시 시작함.

- LEN영역 : 첫번째의 분할된 프레임인 경우 앞으로 전송될 데이터의 총 길이 정보를 명시함. FF프레임에만 사용됨.
- Service Identifier(SID) : 슬레이브가 수행해야 할 서비스의 종류를 명시함. 0xB0~B8은 노드 설정용 식별자이고, 그 외는 모두 diagnostic용이다.
- Response Service Identifier(RSID): 슬레이브가 응답하는 메시지에 수납되는 서비스 응답의 종류를 표시함.
- Data 영역 : SF 및 CF 프레임의 경우, 채워지지 못하는 영역은 0xFF로 채운다.

[참고] 첫번째 데이터 바이트값(즉 그림에서 NAD 영역)이 0x00인 경우에는 Sleep 메시지이다.

13.7 기타 프레임

사용자가 임의로 사용할 메시지 또는 미래를 위해 2개의 추가 식별자가 규정되어 있다.

(1) User-defined Extended Frame Identifier

이것은 message ID=0x3E로써 8바이트 보다 긴 데이터도 송신할 수 있다. 따라서 ID영역의 데이터 길이를 표시하는 2비트 영역은 이 경우 적용되지 않는다. LIN을 지원하는 스텝모터 드라이버와 같은 경우 이러한 프레임을 사용하여 고유한 메시지를 정의하여 사용한다.

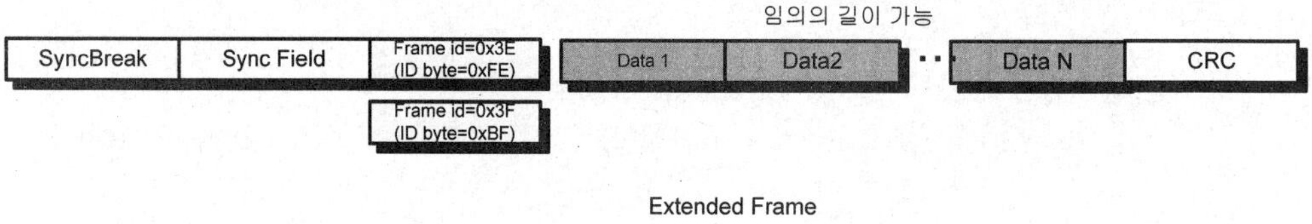

<그림 13.14> User-defined 확장형 프레임 형식

(2) Future Extensions(id=63, 0x3f)

미래의 확장용 식별자로써 표준화 기구 외에는 사용하지 못한다.

13.8 동작절차의 종류

LIN시스템은 다음과 같은 3가지의 동작상황에서 프레임을 송수신한다.

- 주기적으로 송수신하는 경우
- 이벤트가 발생한 경우
- 간헐적으로 송신하는 경우

(1) 주기적인 송수신 절차

이것은 일반적인 메시지 전송절차로써 무조건(unconditional) 전송이라고도 한다.

마스터는 지정된 시간(slot)에 헤더를 송신하면 해당 슬레이브가 응답한다. 또는 마스터가 헤더에 이어 자신의 데이터를 전송할 때도 해당된다.

<그림 13.15>의 예는 3개의 프레임이 스케듈에 따라 연속 송신되는 것이다. 전체 과정이 완료되면 이것을 반복한다.

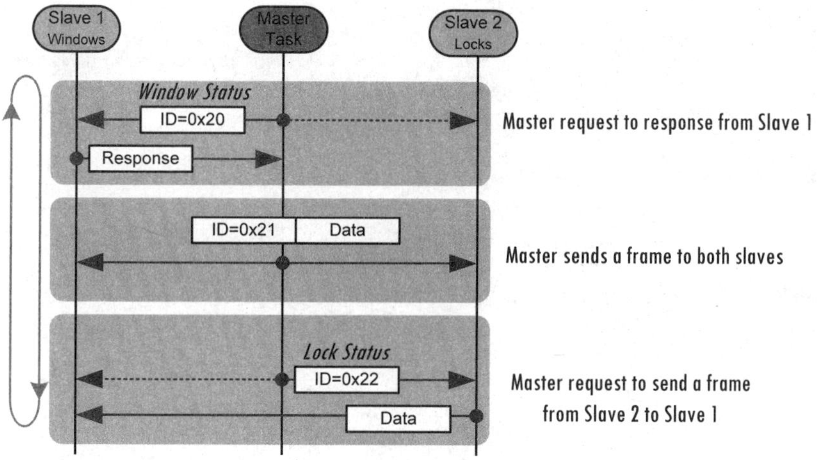

<그림 13.15> 주기적인 송수신 절차

(2) 이벤트가 발생한 경우의 송수신 절차

기본적으로 마스터는 주기적인 제어 정보를 송수신한다. 추가하여 이 기간 동안에 비 주기적인 이벤트를 보고하고자 하는 슬레이브 노드에 대한 처리도 수행해야 한다. 이를 위하여 마스터는 이벤트를 보고해야 할 슬레이브 노드가 있다면 보고하도록 한다.

예를 들어, 이벤트 보고를 지시하는 메시지 0x10을 방송한다. 이에 이벤트를 보고하는 2개 이상의 슬레이브에 의해 해당 데이터가 버스상에서 충돌할 수도 있다.

이 경우 마스터는 별도의 0x12프레임과 0x11 프레임을 사용하여 우선순위에 따라 개별 질의하여 응답받는다. 이렇게 함으로써 처음부터 개별적으로 슬레이브들을 폴링하는 것에 비해 대역폭을 절약할 수 있다.

<그림 13.16>은 이벤트 기반의 송수신 절차를 보여주고 있다.

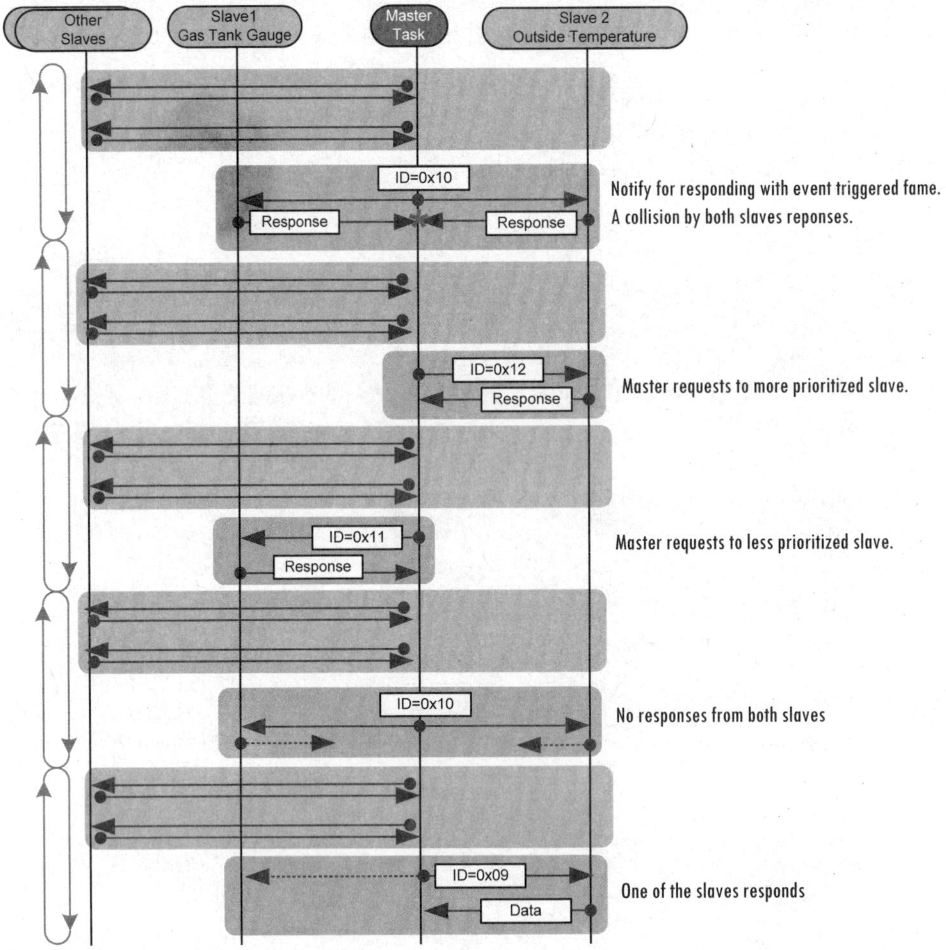

<그림 13.16> 이벤트기반의 송수신절차

(3) 간헐적으로 송신만 하는 절차

미리 정해진 주기마다 송수신하는 것과 달리 마스터가 간헐적으로 메시지를 전송할 때 사용된다. 마스터는 헤더와 데이터를 슬레이브에 일방향 전송한다.

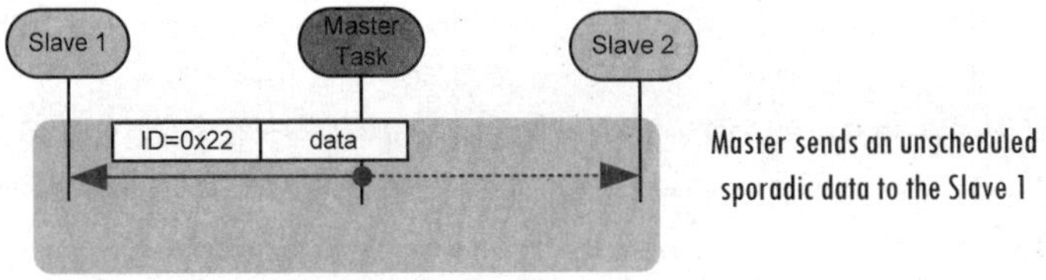

<그림 13.17> 간헐적인 송신절차

13.9 LIN의 추가기능

(1) Sleep 절차

각 노드는 에너지 절감을 위하여 sleep 모드로 천이할 수 있다. 즉 4~10초 이상 버스에 송수신동작이 없으면 슬레이브 노드는 sleep 상태로 천이한다. 이러한 Sleep 모드에서 버스는 recessive상태(H)를 유지한다.

또한 마스터가 모든 노드에 대하여 Sleep 모드에 진입하도록 지시할 수 있다. 이 경우 MsgID = 0x3c인 헤더로 구성된 Master Request Diagnostic메시지 중 하나인 Sleep Command 메시지를 방송한다. 이것의 첫번째 바이트(Data1)값은 반드시 0x00이어야 하며 이후 7바이트의 내용은 일종의 padding값인(0xFF)로 채워져야 한다. 이것을 Go-to-Sleep Command 메시지라고도 부른다.

이것을 수신한 슬레이브들은 25000BT(100msec) 이내에 sleep 모드로 천이해야 하며, 이후 버스는 recessive 상태(H)로 설정된다. 이후 wakup 신호가 발생될 때까지 버스상에는 아무런 신호가 발생하지 않는다.(물론 응용에 따라 슬레이브는 sleep 모드로 진입하지 않아도 된다.)

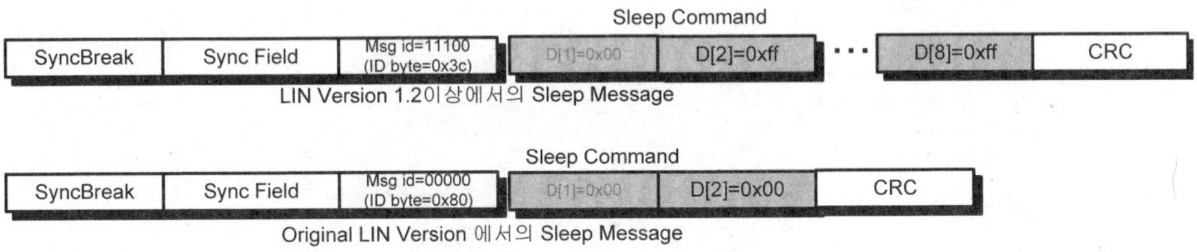

<그림 13.18> Sleep Mode 프레임

[참고] 초기 LIN 1.0 규격에는 Sleep Mode Frame으로 MsgID = 0(Parity 등을 포함한 ID byte값은 (10-00-0000 = 0x80)을 사용한다.

(2) Wake-up 절차

Sleep 상태에서 버스의 상태가 변하거나 노드의 상태가 변동시 wakeup 상태로 천이된다.

a) 마스터가 슬레이브를 깨우는 경우

<그림 13.19>와 같은 형식의 Wakeup 신호를 송신한 후 필요한 메시지를 송신한다.

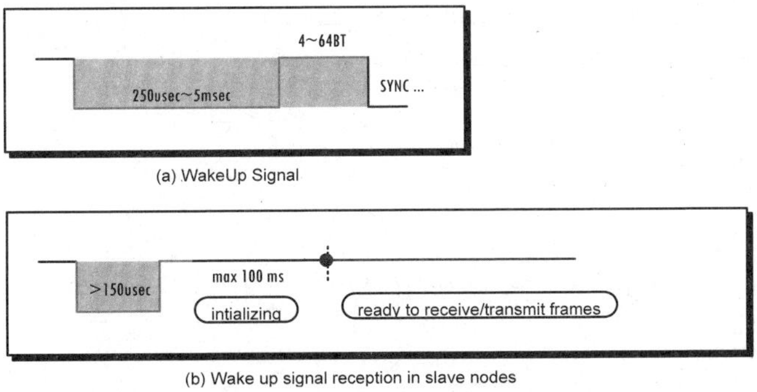

<그림 13.19> Wakeup 신호

b) 슬레이브 노드에 wakeup 이벤트가 발생된 경우[10]
사용자 또는 외부 센서에 의해 Sleep 상태에 있던 슬레이브 장치가 깨어나면 동일할 형식의 Wakeup 신호를 버스상에 송신하여 마스터에게 이 사실을 통지한다.
마스터는 이 wakeup 신호를 감지하면 100msec 이후 정상적인 메시지를 송신 재개한다. 즉 Sync Break 신호에 이어지는 메시지를 송신한다. 이 과정에서 주변의 모든 슬레이브 노드도 이를 감지하여 wakeup하여 100msec 동안의 초기화 지연후 정상동작을 개시한다.

[참고] Wake up 신호를 송신한 슬레이브 노드 입장에서 마스터가 깨어나지 않아 여전히 버스가 idle하다면 해당 노드는 이러한 wake up 절차를 3번 반복 수행한 후 1.5초를 대기한다. 이후 한번 더 재시도한다. 그래도 반응이 없다면 sleep 모드로 재진입하거나 앞의 과정을 반복한다(구현하기 나름이다).

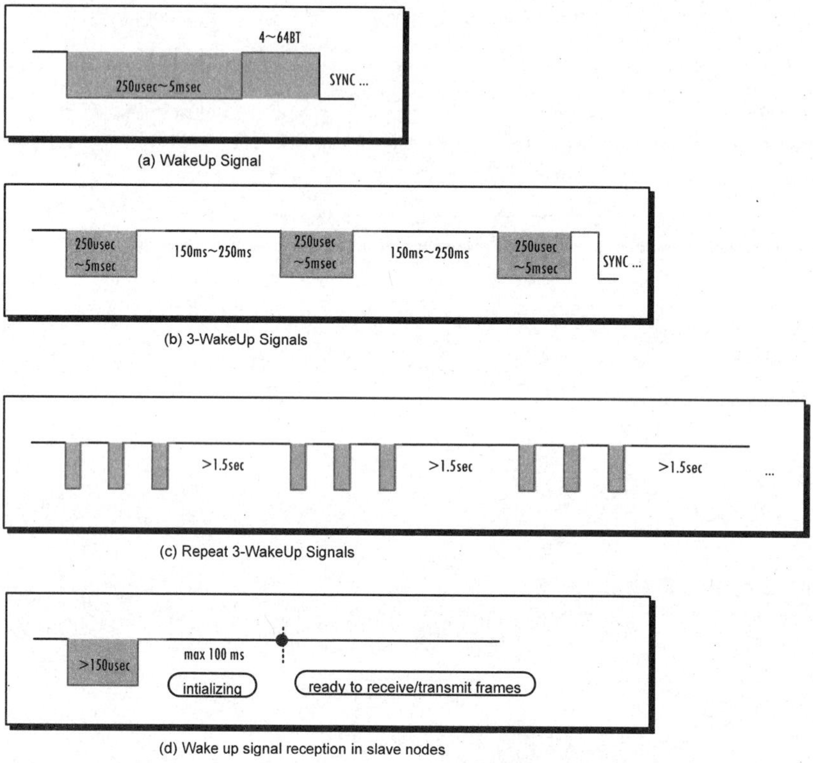

(a) WakeUp Signal

(b) 3-WakeUp Signals

(c) Repeat 3-WakeUp Signals

(d) Wake up signal reception in slave nodes

<그림 13.20> Wakeup 신호의 활용

(3) Sleep 및 Wakeup 절차의 예
<그림 13.21>은 마스터와 슬레이브가 연결된 LIN 버스 시스템에서의 Sleep 및 Wakeup 절차의 동작 예이다.

---

[10] LIN 초기 버전에서는 wakeup 프레임으로 ID=0x80.(웨이크업 신호문자 = 0x80 = 0000 0001) 메시지를 연속 송신하였다.

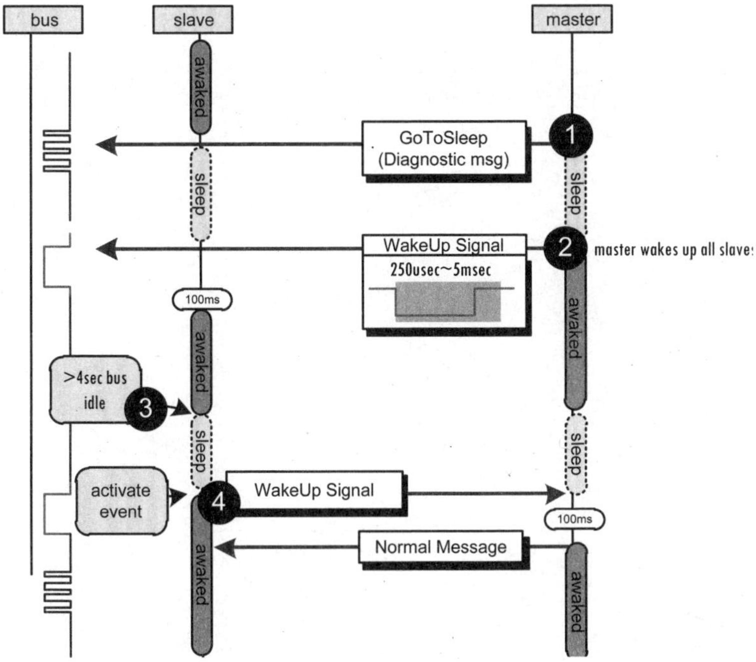

<그림 13.21> Sleep 및 Wakeup 절차의 동작 예

① 마스터가 LIN시스템 전체를 sleep 모드로 진입시킬 때이다. 0x3c의 메시지 id를 갖는 diagnostic 프레임 형식의 Go-to-Sleep Command 메시지를 방송한다. 이에 모든 슬레이브 장치들은 sleep 모드로 진입한다.

② 마스터 장치가 wakeup 신호를 송신하여 슬레이브 장치들을 깨운다. 이 신호를 수신한 슬레이브 장치들은 100msec의 자체 초기화 과정 이후 정상동작을 개시한다.

③ 정상 동작중에 버스가 4초 이상 idle하면 슬레이브 장치는 sleep한다.

④ Sleep 중에 있던 슬레이브 장치가 외부의 이벤트에 의해 깨어나야 할 경우, wakeup 신호를 마스터에게 송신한다. 이에 SyncBreak 신호로 시작하는 정상적인 프레임을 마스터가 응답함으로써 LIN버스가 정상 동작 개시한다.

13.10 LIN의 오류 감지 및 보고절차

(1) 오류 감지 절차

각 노드는 다음과 같은 오류를 감지할 수 있어야 하며 그 횟수도 기록해야 한다. 오류 발견시 해당 메시지는 폐기된다.

- 비트 오류 : 송신노드는 송신중인 비트값과 버스상에서 표출되는 신호가 상이하면 비트오류로 감지한다.
- 책섬 오류 : 수신된 메시지의 책섬값으로 부터 오류를 발견한 경우이다.
- 패리티 오류 : 헤더부분의 패리티부분에서 오류를 발견한 경우이다.

(2) 오류 보고절차

LIN에서는 슬레이브가 능동적으로 오류를 보고하는 절차가 없다. 하지만 각 슬레이브 노드는 자신의 오류를 추적하는 기능은 가진다. 이를 이용하여 마스터노드는 주기적으로 일반적인 메시지 전송절차를 사용하여 오류상태를 보고하도록 요청할 수 있다.

13.11 실시간 전송 기능

LIN 시스템 설계시 실시간을 보장하기 위하여 다음과 같은 프레임 슬롯기반의 메시지 송신 스케듈을 설정한다[11].

LIN 시스템과 같이 폐쇄된 망에서 송수신될 메시지의 최대길이가 이미 설계에 반영되어 있고 최대 전달지연시간 및 응답지연시간도 역시 알고 있다면 그림과 같이 관련된 오버헤더(Break, Sync 등)를 고려하여 각 메시지의 전송주기를 사전에 설정할 수 있다.

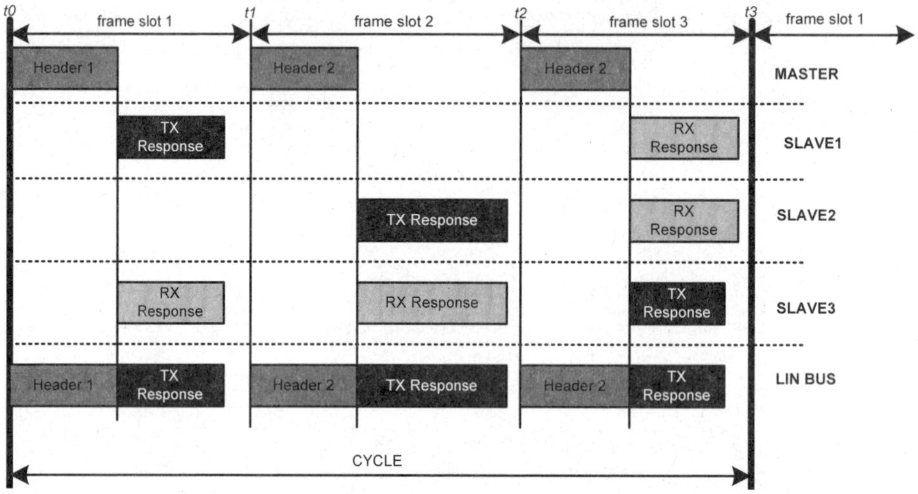

<그림 13.22> Time-triggered 스케듈링 예

(2) LIN 프레임의 송신 소요시간

하나의 LIN 프레임은 메시지헤더와 응답영역으로 구성된다. 헤더는 {SYNC Break, SYNC 영역, MsgID}로 구성되고, 응답영역은 최대 8바이트 데이터와 1바이트의 첵섬으로 구성된다.

1비트가 송신되는 BitTime을 BT라고 하면 각 소요시간은 다음과 같다.

- 헤더 전송소요시간 : $T_{header} = 34\ BT$
- 응답소요시간 : $T_{RESP} = (Ndata + N_{CRC}) * 10\ BT = (N_{data} + 1) * 10\ BT$
- 프레임 송신 시간 : $T_{frame} = T_{header} + T_{RESP}$

실제로는 여기에 바이트간 여유시간과 응답지연시간을 고려하여 $T_{frame} * 1.4$ 시간을 반영한다.

---

[11] Time Triggered 기반의 스케듈링이라고 한다.

(3) 스케듈러 설계

마스터는 이러한 소요시간과 슬레이브 장치의 갯수 등을 고려한 싸이클을 설계해야 한다. 이것을 LIN 스케듈러를 설계한다고 하며 id와 해당 메시지의 송수신에 소요되는 시간과 주기를 미리 설정하는 것이다. 이를 위하여 한 주기를 고정된 길이의 mini slot(예: 5msec)으로 세분하고 해당 프레임에 대한 할당 슬롯을 minislot의 개수와 순서를 지정한다. 이때 한 프레임 송신에 소요되는 여러 개의 minislot 꾸러미를 해당 프레임에 대한 프레임 슬롯이라고 한다. 프레임 슬롯이 산정되면 전체 프레임에 대한 주기를 구하고 스케듈에 반영한다.

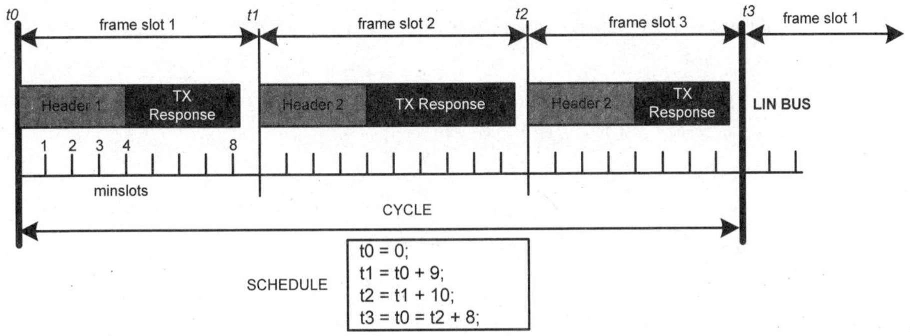

<그림 13.23> 미니슬롯 기반의 Time-triggered 스케듈러 설계

13.12 LIN 관련제품

(1) LIN 트랜시버

3.3V 또는 5V의 UART의 입출력 TTL 신호값을 자동차 배터리의 V_{BAT} 레벨의 LIN 신호로 변환하기 위한 트랜시버에는 Freescale사의 MC33662, NXP사의 TJA1020, OnSemiconductor사의 NCV7361A, Microchip사의 MCP201, Atmel ATA6621 등이 있다. 유의할 것은 NXP 칩의 경우 SLEEP, WAKE핀은 모두 Active Low이다.

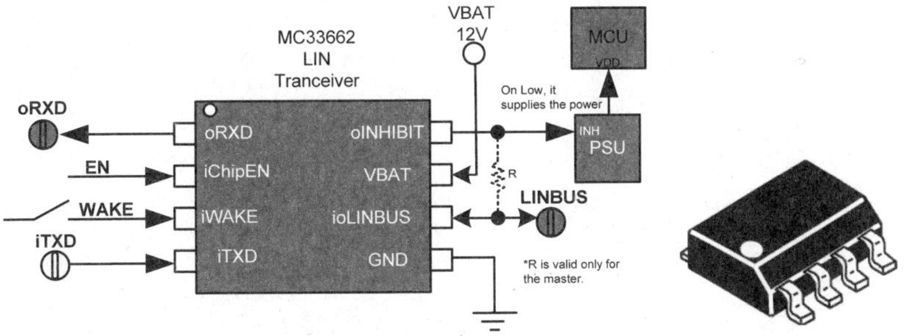

<그림 13.24> MC33662 LIN 트랜시버

(2) LIN Controller

LIN의 메시지 형식은 일반적인 UART를 이용한 비동기 전송방식과 유사하다. 하지만 LIN 메시지 선두에 사용되는 synch-break 신호는 일반적인 Start 비트 구간에 비하여 길다.

이 신호를 생성하려면 다음과 같은 3가지 방법이 있다.

- 전용 LIN Controller 사용 방법 : 모토롤라의 MC68HC908GZ60와 NEC사의 uPD78F9852 등과 같은 LIN 전용 controller는 LIN인터페이스와 함께 외부 CPU와의 8비트 데이터버스를 제공한다. 이것은 INTEL8250과 같은 UART 전용 칩과 구조가 유사하다. 이것은 기존 UART 칩과 달리 LIN에 특화된 break 신호 등을 감지하거나 생성할 수 있다.
- LIN/MCU 통합 칩 사용 방법 : Infineon사의 TLE983x(8Bit MCU+LIN Trx), MC33689, UJA1018(NXP, ATA6603(Atmel) 칩은 LIN과 CPU 기능을 함께 제공하는 전용 LIN 컨트롤러이다.
- UART에 LIN 기능을 지원하도록 하는 방법 : 13-16비트의 길이를 가져야 하는 Sync Break영역의 길이는 UART내부 레지스터를 설정하면 가능하다.
- LIN/Actuator 통합 칩 : LIN 트랜시버와 LIN 프로토콜을 처리할 수 있는 기능이 내장되어 있으며 모터 또는 조명을 제어하는 기능부가 추가된 LIN 슬레이브 전용 칩이다. AMIS30621은 Stepper 모터를 구동하는 드라이버가 내장된 것이다. 또한 MM908E624은 Window Lift/Sun Roof LIN Slave용 칩이다. 또한 차량내 조명을 위한 Automotive LIN LED Driver Chip인 UJA1018, NCV7430, TLD7305 등도 있다.

13.13 설계과제

(1) 개요

LIN을 지원하는 소자는 다음과 같다.

	용도		기능	추가 신호	특기사항
MC33662	LIN 트랜시버	3.3V	LIN 버스 트랜시버	Wakeup 스위치 신호	외부 12V전원 필요
A3967LSBT	MicroStepper Motor Driver	3.3V	Micro stepping 기능을 지원하는 모터 구동 칩	Direction, Step Pulse, Enable	LIN 및 CAN용 Actuator로 활용
AMIS30621	LIN Stepper Motor Driver	5V	LIN 트랜시버와 모터 드라이버를 내장한 스텝 모터 구동 칩	-	
ULN2003	Darlington Current Driver	5V/12V	GPIO 출력전류를 증폭하는 Darlington 트랜지스터 회로 칩	-	LIN 및 CAN용 모터 드라이버로 활용

이들을 활용하여 다음과 같은 항목에 대한 주변회로 설계 및 관련 소프트웨어 드라이버를 작성하고 동작을 오실로스코프 또는 로직 분석기로 확인한다.

- DC Stepper 모터 구동을 위한 전류증폭 회로 및 소프트웨어 설계
- 고정밀 Microstepper 모터 드라이버 구동 드라이버 소프트웨어 설계
- LIN 트랜시버 주변회로 설계 및 구동 소프트웨어 설계
- DC Stepper 모터 드라이버가 내장된 LIN 전용 슬레이브 회로 설계

(2) 공통 요구사항

- 마스터 노드와 슬레이브 노드가 각각 설계되어야 한다.
- MCU의 UART1기능을 활용하여 LIN 프레임을 생성하도록 한다.
- LIN 마스터 노드는 전용 MC33662 LIN트랜시버를 사용한다.
- 특히 readback 데이터에 대한 처리에 유의해야 한다.
- Time Triggered 스케듈러에 따라 각 슬레이브에 대한 메시지를 주기적으로 생성한다.
- 각 노드의 동작상황을 가급적 LED로 표시한다.
- UART Pin(U1TX, U1RX)에서의 TTL 파형과 LIN 트랜시버를 통한 버스상태 파형을 비교 분석한다.

13.14 전류증폭회로와 스텝모터 구동 모듈 설계

(1) 설계 목표

DC 스텝모터 구동을 위한 전류증폭회로 및 소프트웨어를 설계한다.

(2) 요구 사항

- ULN2003A를 이용한 전류증폭회로를 설계한다.
- 유니폴라 스텝모터 구동용 펄스 신호를 4개의 GPIO를 사용하여 설계한다.
- 바이폴라 스텝모터 구동 전용 A3967 Microstepper Motor Driver 주변회로와 구동 소프트웨어를 설계한다.

(3) 모터

직류 모터는 크게 DC 모터, 서보모터, 스텝모터로 구분된다. 이들은 3.3V, 5V 또는 12V 등 다양한 동작전압을 가지며 소모 전류량도 크다. 따라서 Current Driver 회로를 반드시 사용해야 한다.

a) DC 모터 : 이것은 극성이 고정된 경우 가해지는 전압의 크기에 따라 회전속도가 결정된다. 회전 속도를 가변시키는 여러 방법 중에서 PWM을 사용할 경우 duty에 의한 평균전압에 의해 회전속도를 결정할 수 있다.

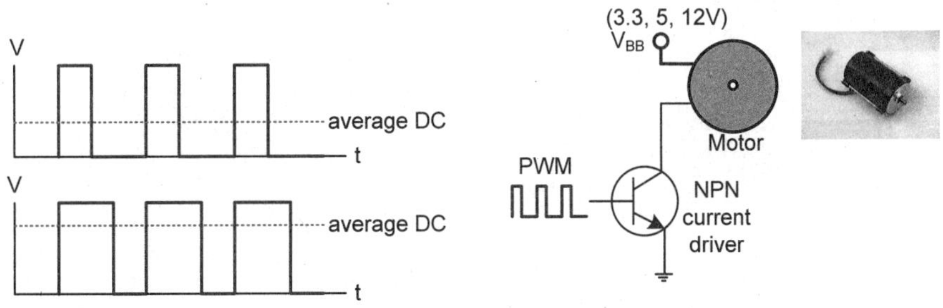

(a) PWM　　　　(b) current driver

<그림 13.25> DC 모터와 전류구동기

b) 스텝모터 : 스텝모터는 1회전에 필요한 펄스 수가 k=steps/revolution일 때, 주어진 k개의 스텝 펄스만큼 모터가 스스로 회전한다. 1회전에 필요한 스텝 수가 클수록 정밀한 회전이 가능하다. 회전 후 해당 위치에 머무르기 위해 전력을 소모한다. 스텝 모터의 경우 현재 위치에서의 상대 각도 회전시에는 필요한 스텝펄스만 공급받으면 되지만 절대 각도로 회전각을 지정하려면 초기 위치 정보를 알아야 한다[12].
스텝 모터는 크게 5핀 규격의 단극(unipolar) 방식과 4핀 규격의 양극(bipolar)방식으로 구분된다.

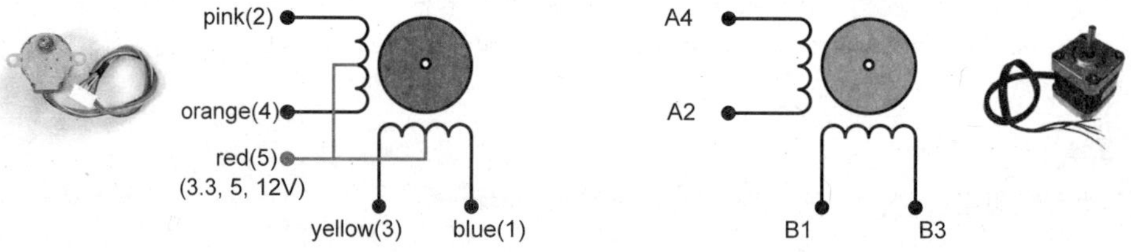

(a) unipolar stepper motor (b) bipolar stepper motor

<그림 13.26> 스텝모터

c) 서보(servo)모터 : 서보 모터는 축과 연동된 위치 센서(광학 인코더 또는 가변저항기)를 사용하여 지시된 각으로 축을 회전시킨다. 회전 중 회전각 정보는 외부 또는 내부의 제어기에 피드백된다. 따라서 스텝 모터보다 정밀한 제어가 가능하다. 회전 후에는 전력을 소모하지 않는다. 회전각은 90도를 중심으로 좌우 90도 회전한다. 즉 총 회전각은 180도로 제한된다.

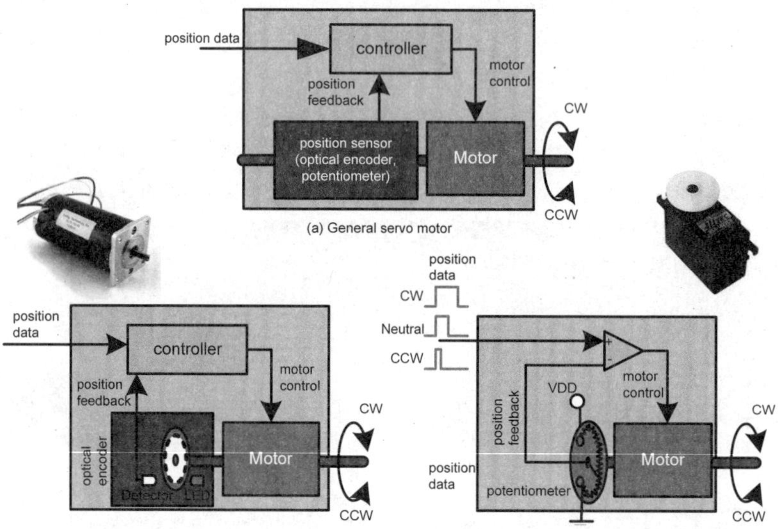

<그림 13.27> 서보모터

[12] 이를 위해 초기 전원 공급시 기계적으로 지정된 휴식 위치(rest position)까지 이동한 후 이후 스텝 수에 따른 회전을 수행한다. 예를 들어 잉크젯 프린터의 경우 전원이 들어오면 왼쪽 끝으로 이동한 후 다시 오른쪽 끝까지 이동하면서 소요되는 스텝 수를 계산하는 것도 바로 이러한 이유이다.

RC 무선모형 항공기 등에서 사용하는 저가 서보모터는 <그림 13.27>과 같이 PWM 형태의 신호폭 형태의 제어신호에 대하여 축과 연결된 내부의 가변저항에 의해 얻어지는 전압을 비교하여 의해 결정되는 전압이 사용된다[13].

이 PWM 신호는 DC모터 경우와 달리 펄스의 duty와 무관하게 하나의 펄스 폭에 의해 회전각이 결정된다. 중간 위치, 즉 90도 지점에 대한 PWM 펄스폭은 보통 1.5ms이다. 펄스폭을 증가시키면 시계방향으로 회전하고 감소시키면 반시계방향으로 회전한다[14].

이러한 servo control 펄스는 6~25ms마다 송신하여 제 자리에 고정하거나 회전시킨다.

(4) ULN2003A 기반의 전류증폭 회로 및 소프트웨어 설계

직류모터가 요구하는 큰 용량의 전류를 제공하기 위해 7개의 Darlington 회로를 내장한 ULN2003A 주변회로를 설계한다. 모터구동용 전압은 안전을 위해 5V로 제한한다.

구동용 소프트웨어는 4개의 GPIO를 통한 유니폴러 모터 구동용 펄스를 생성하도록 설계한다.

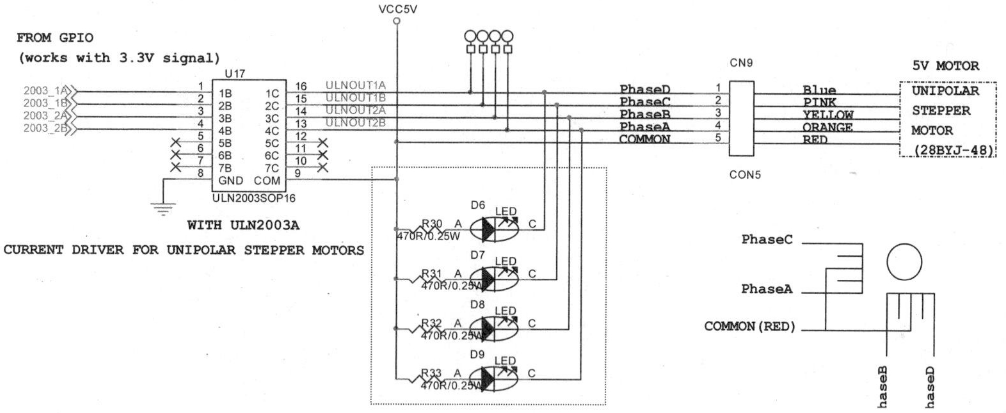

<그림 13.28> ULN2003A 기반의 전류 증폭회로의 예

(5) A3967 Microstepper Motor Driver 기반의 바이폴러 스텝 모터 구동 회로 및 소프트웨어 설계

보다 정밀한 micro stepping 기능을 지원하는 모터 구동 칩인 A3967의 주변회로를 <그림 13.29> 예를 참조하여 설계한다. 안전을 위하여 5V 모터를 사용하도록 한다.

이것은 Direction핀을 통해 방향을 1과 0으로 설정할 수 있고, Step 입력핀으로는 회전에 필요한 펄스만 공급하면 각 펄스당 한 스텝씩 회전한다. 또한 이것은 최대 550mA의 전류를 구동할 수 있는 전류 구동회로가 내장되어 있어 별도의 전류 증폭회로가 불필요하다.

구동용 소프트웨어는 Direction 핀과 Step핀에 연결된 GPIO핀에 대하여 방향 및 스텝 펄스를 공급하는 간단한 프로그램을 작성한다.

---

[13] 가변저항기는 일종의 position encoder이다. PWM 신호는 회전속도를 결정하는 DC모터의 경우와 달리 회전각을 지정한다.

[14] 최대 펄스폭은 2msec이고 최소 펄스폭은 1msec이다.

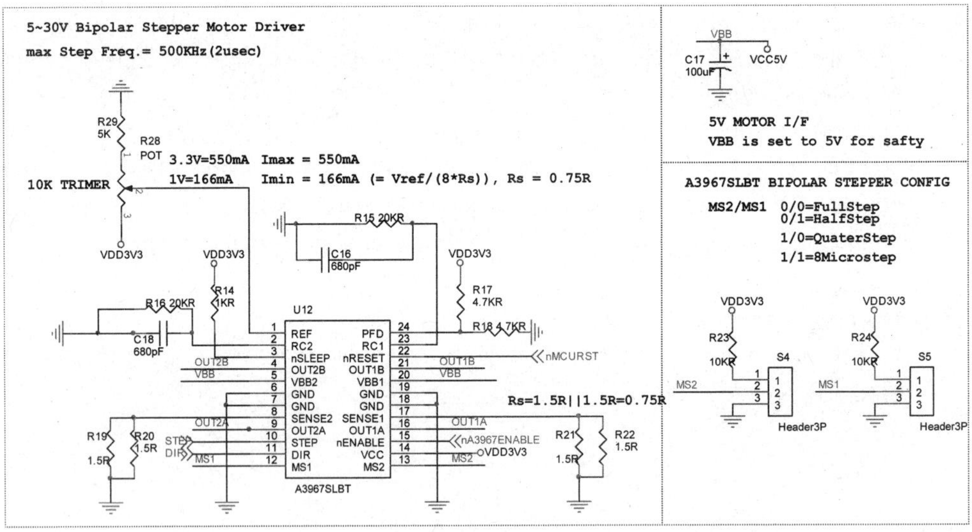

<그림 13.29> A3967기반의 바이폴러 스텝모터 구동회로의 예

13.15 LIN 모듈 설계

(1) 설계 목표

LIN 마스터/슬레이브 기능을 선택할 수 있는 LIN 모듈의 하드웨어 및 소프트웨어를 설계한다.

(2) 요구 사항

- LIN 메시지는 20Kbps로 설정한 UART의 기능을 활용하여 생성한다.
- 트랜시버는 MC33662를 사용한다.
- 마스터와 슬레이브 역할을 선택할 수 있도록 한다.
- LIN1.3규격을 지원하도록 한다.
- 슬레이브 노드는 스텝모터를 장착하여 마스터 노드로부터 제어 메시지에 반응하도록 한다.
- LIN 트랜시버에 대한 외부 전원은 12V이므로 주의하도록 한다.

(3) 하드웨어 설계

LIN 트랜시버는 LIN Controller의 TTL 신호레벨을 +12V 이상의 LIN 버스 신호레벨로 변환하여 송신 또는 수신하여 LIN Controller로 전달한다. MC33662 트랜시버는 다음 신호상태를 사용한다.

- Idle 상태 : (TxD=1)상태를 유지하므로 High(Recessive)값인 V_{BAT}(배터리 전압)가 버스 상에 표출된다.
- 송신 : Open-Drain 방식의 외부 저항으로 Pull-up되어 있으므로 LIN Controller가 '1'을 송신할 경우(TxD=1) 에는 High(Recessive)인 V_{BAT} (+12V 이상) 값을 표출하고, 0을 송신할 경우(TxD=0)에는 버스상에 Low(Dominant)값인 0V를 표출되도록 한다.

- 수신 : 버스상에 표출되는 전압레벨의 변화를 감지하여 LIN Controller측에 전달한다.

<그림 13.30>은 UART1 포트를 LIN용으로 재활용하여 LIN 트랜시버 주변을 구성한 것이다. 특히 Inhibit핀은 마스터의 역할시 외부 버스 저항을 구동하는 용도로 사용된다. 반면에 슬레이브 역할시에는 외부 전원의 Inhibit 입력신호 인가용으로 사용된다[15].
본 교재에서는 LED로 이 기능을 에뮬레이션 하였다.
참고로 12V의 V_{BAT} 전원의 사용시 주의가 필요하다.

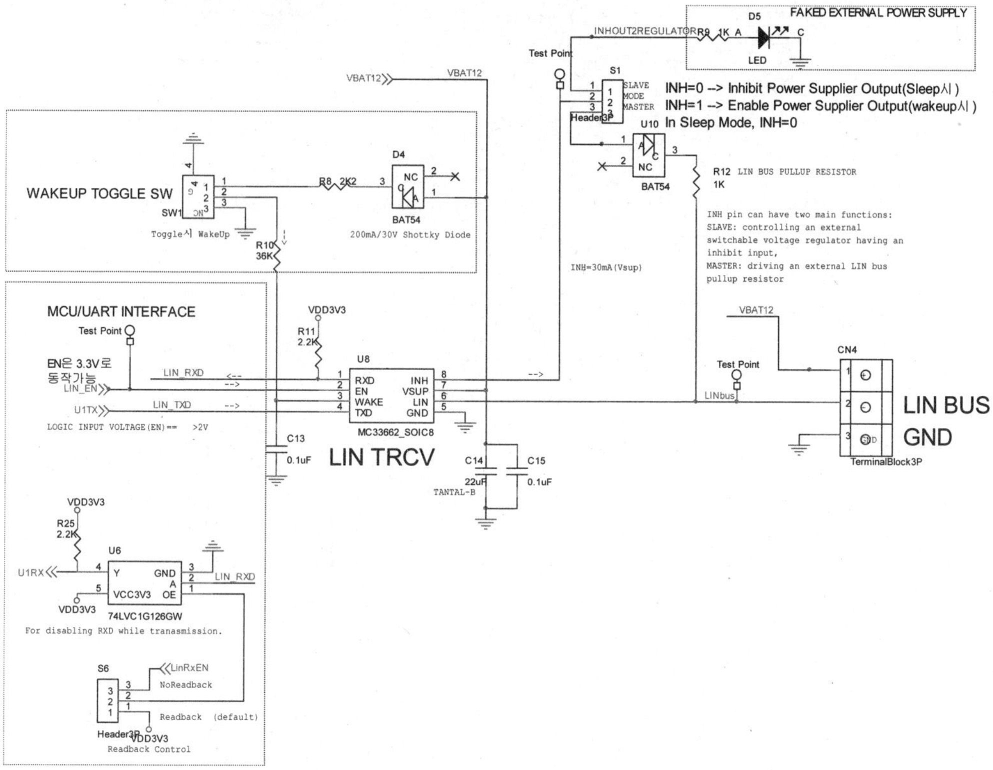

<그림 13.30> LIN 트랜시버 주변회로 설계

(4) 소프트웨어 설계

<그림 13.31>은 다음 사항을 고려하여 개괄적으로 설계한 LIN 시스템의 구성이다.

- LIN 메시지는 20Kbps로 설정한 UART의 기능을 활용하여 생성한다.
- Read-back 기능에 의해 자신이 송신한 신호값이 수신된다. 이것은 송수신로가 분리된 UART와 달리 LIN은 하나의 선로에서 송수신이 수행되는 반이중 통신방식이므로 자신이 송신한 신호는 즉시 자신에게도 수신되므로 이를 처리할 수 있어야 한다.

---

15 LIN 트랜시버의 INH 출력값 0은 외부 전원을 sleep시키고, 1은 wakeup시킨다. PC 전원장치 제어와 유사하다.

- 마스터는 헤더만 송신하고 슬레이브가 나머지 부분을 응답하거나 마스터가 헤더와 데이터 부분을 연속 송신할 때도 있다. 따라서 자신의 송수신상태를 관리해야 한다.

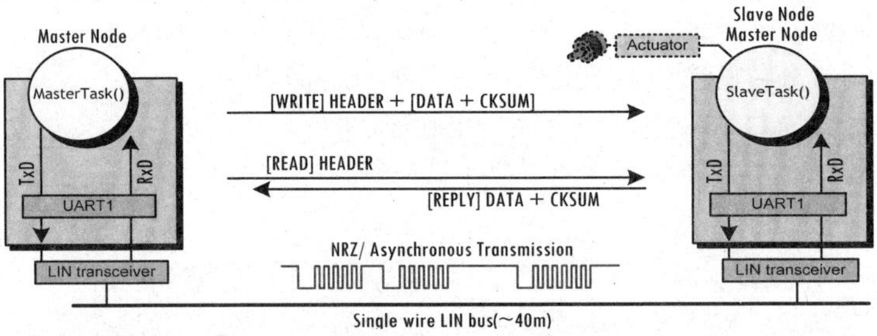

<그림 13.31> LIN시스템의 기본 동작

a) 동작 흐름도 : <그림 13.32>는 마스터와 슬레이브의 역할에 따라 구분된 동작절차이다. 특히 LIN 버스를 통한 송신시 즉시 readback되는 신호에 유의하여 처리해야 한다.

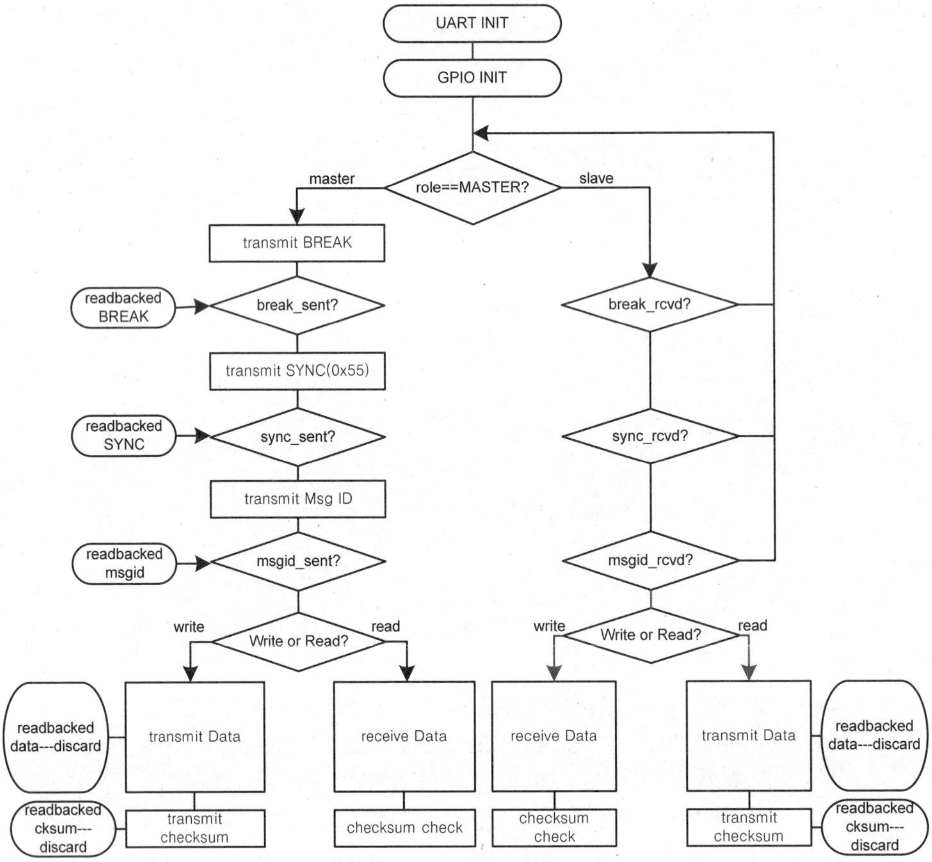

<그림 13.32> LIN 소프트웨어 흐름도

b) LIN 트랜시버 신호선에 대한 GPIO의 역할 : <그림 13.33>은 MCU와 LIN 트랜시버간의 UART 및 GPIO의 활용 예이다. LIN 메시지는 MCU 내부의 UART 1의 송수신 기능을 사용하여 TXD와 RXD핀 통해 처리한다. 또한 LIN트랜시버를 물리적으로 활성화시키기 위한 LIN_EN 핀은 GPIO로 제어한다. Wakeup 신호선은 하드웨어적으로 선택되도록 한다.

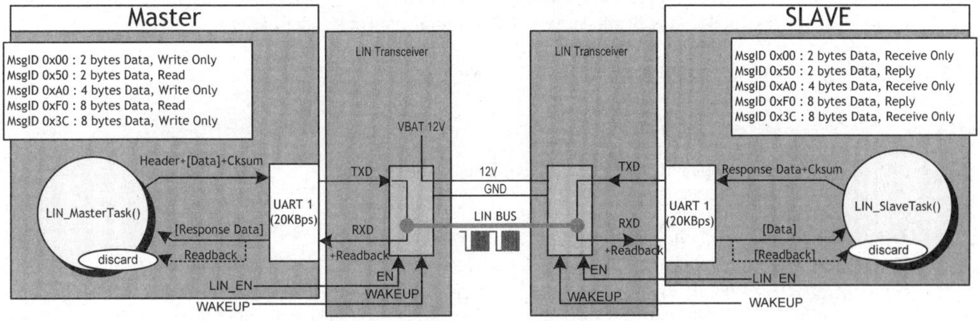

<그림 13.33> LIN 소프트웨어 모듈의 구성

c) LIN 메시지의 정의 : 다음과 같은 5 종류의 메시지를 정의한다.

msg index	Protected Msg ID	data length	R/W	Reply 여부
0	0x00	2	WO	No
1	0x50	2	R	Yes
2	0xA0	4	WO	No
3	0xF0	8	R	Yes
4	0x3C	8	WO	No

d) LIN 스케듈링 설계 : 마스터 노드는 다음과 같은 스케듈에 의해 동작하도록 한다. 각 time slot의 길이는 1초로 한다.

time slot	Use Protected Msg ID	data length	
0	0x00	2	MotorDirectionCW(1) + SeqNo(1)
1	0x00	2	MotorDirectionCCW(2) + SeqNo(2)
2	0x00	2	MotorSpeedUP(3) + SeqNo(3)
3	0x00	2	MotorSpeedDOWN(4) + SeqNo(4)
4	0x50	2	Get Position Data
5	0xF0	8	Get Position + Status Data

e) 슬레이브 노드 : 수신되는 헤더의 메시지 ID를 식별하여 모터 회전방향, 회전속도 등의 지시에 대한 적절한 동작을 수행한다.

(4) 소프트웨어의 예

```
/*[NOTE] MCU may not have LIN UART Capability. In this case, we can use the basic
UART function as LIN,
because the LIN is much slow to handle the frame with UART1(19.2Kbps)
(1) Pin Configuations
      U1TX, U1RX, GPIO : LIN EN //MC33662 LIN Transceiver EN
       (*) For the slave node, we will add serveral GPIOs for driving a stepper motor.
(2) We use an Interrupt Service Routine.
     extern void UART1_IntHandlerForLIN(void);//for LIN

*/
//============Msg IDs ================
//(MSB)/P1-P0-ID5-ID4-ID3-ID2-ID1-ID0(LSB); LSB first transmitted.
//P0 = ID4^ID2^ID1^ID0
// ~P1=ID5^ID4^ID3^ID1
#define MsgID_0_2A 0b00000000 //Header(msgLen=2)
#define MsgID_0_2B 0b01010000 //for sending Header + Msg [2] //Master=Header; Slave=Data[2]
#define MsgID_0_4    0b10100000 //for sending Hedaer + Msg [4] //Master=Header+Data[4]
#define MsgID_0_8    0b11110000 //for sending Hedaer + Msg [8] //Master=Header; Slave=Data[8]
#define MsgID_3c_8 0x3c              //Broadcast

typedef enum {LinMsg0=0, LinMsg1=1, LinMsg2=2,LinMsg3=3, LinMsg4=4} LinMsgIndex;
#define MAX_MSG_NUM 5
volatile struct LinMsgInfo g_LinMsgInfoPool[MAX_MSG_NUM]={
      {0, MsgID_0_2A, 0, 2}, //excluding crc
      {1, MsgID_0_2B, 1, 2},
      {2, MsgID_0_4,    0, 4},
      {3, MsgID_0_8,    1, 8},
      {4, MsgID_3c_8, 0, 8}
};

struct LinTxBuf g_LinTxBuf;
struct LinRxBuf g_LinRxBuf;
unsigned char g_role;

#define MotorDirectionCW 0x01
#define MotorDirectionCCW 0x02
#define MotorSpeedUP 0x03
#define MotorSpeedDOWN 0x04

void doMotorControl(unsigned char controldata){
  if(controldata == MotorDirectionCW) printf("Do Motor Control : Forward\r\n");//+ actual motor drive.
  else                                                     printf("Do Motor Control : Backward\r\n");//+ actual motor drive.
}

char findMsgIndexFromMsgId(u8 msgid,struct LinMsgInfo *linMsgInfoPool){
  char i;
  struct LinMsgInfo *linMsgInfo;
  linMsgInfo = linMsgInfoPool;
  for(i=0;i<MAX_MSG_NUM;i++){
    if(linMsgInfo->msgid == msgid){
      return i;
    }else
      linMsgInfo++;
  }
  return -1;
}

unsigned char LinCksum(unsigned char lindatabyte, unsigned char lincksum){
  unsigned short sum;
```

```
  sum = lincksum + lindatabyte;
  sum = (sum & 0xff) + ((sum & 0xff00)>>8);
  sum = (sum & 0xff) + ((sum & 0xff00)>>8);
  return (unsigned char)(sum & 0xff);
}

void LinGotoSleep(){ //Make EN Off. You will see the transition of INH Output.
  UARTprintf("Goto Sleep:You can see the transition of INH Output\r\n");
  GPIOPinWrite(GPIO_PORTD_BASE, GPIO_PIN_5, ~GPIO_PIN_5); //EN=0:
}

void LinGotoWakeup(){ //Make EN On. You will see the transition of INH Output.
  printf("Resumed: You can also see the transition of INH Output\r\n");
  GPIOPinWrite(GPIO_PORTD_BASE, GPIO_PIN_5, GPIO_PIN_5); //EN=1:
}

void LinWithUart1PortInit(){
  //+ Enable UART1    20Kbps. No Parity, One-StopBit, DataLen=8bit
  //+ Enable UART Interrupt
}

void LinNodeInit(unsigned char Role){
  g_role = Role;
  LinWithUart1PortInit(); //19.2KKbps UART1
  //+EN=1. via GPIO
  printf("LinNodeInit Done\r\n");
  delayms(100);
}

void LinSendHeaderByMaster (unsigned char linMsgId){
  //+Send BREAK signal of 650 usec.
  //Send SYNC
  g_LinRxBuf.sync_rcvd = 0;
  //+UARTCharPut(0x55); //Send Sync Byte (0x55)

  //Send Msg ID
  //+UARTCharPut(linMsgId);
}

void LinSendData(u8 *txD, u8 dleng){ //By Master/Slave
  int i=0;
  unsigned char cksum = 0;

  //Send each byte in the data.
  for(i=0;i<dleng;i++){
    cksum = LinCksum(txD[i], cksum); //calculates during data transmission.
    //+UARTCharPut(txD[i]);
  }

  //After sending the whole data, finally append Checksum
  //+UARTCharPut(~cksum);
  printf("LinSendData.(cksum=0x%02x:len=%d)\r\n",(u8)(~cksum), dleng);
}

void LinSendMsgByMaster(struct LinMsgInfo *plinMsgInfo, unsigned char msgindex,     u8 *txD){
  plinMsgInfo->msgIndex = msgindex;
  LinSendHeaderByMaster(plinMsgInfo->msgid); //send header and control data by this master
  if(txD == 0) return;
  if(!plinMsgInfo->needResp) LinSendData(txD, plinMsgInfo->dleng);
}

char getDataLengFromMsgId(u8 msgid, u8 msgIndex){
```

```
  char retv;
  retv = (msgid & 0x30) >> 4;
  if(retv <= 1) retv = 2;
  else if(retv == 2) retv = 4;
  else    retv = 8;

  if(g_LinMsgInfoPool[msgIndex].dleng == retv )  return retv;
  else        return -1;
}

void LinSlaveResponse(struct LinMsgInfo *plinMsgInfo){
  unsigned char linRespData[8]={0x1,0x2,0x3,0x4,0x5,0x6,0x7,0x8}; //Sample Data
  if(plinMsgInfo->needResp){
    switch(plinMsgInfo->msgid){
    case MsgID_0_2B:
        LinSendData(linRespData, plinMsgInfo->dleng);
        break;
    case MsgID_0_8:
        LinSendData(linRespData, plinMsgInfo->dleng);
        break;
    }//switch
    printf("Slave>Respond(for MsgID=%x):",plinMsgInfo->msgid);
  }
}

//Parsing Data Field. (If this field is readbacked data, it will disregard it.)
void LinParser(struct LinMsgInfo *plinMsgInfo){
  u8 i;

  if(g_role == LIN_ROLE_MASTER){
    if(plinMsgInfo->needResp){
        printf("MASTER>Got a response from the Slave = ");
        if(plinMsgInfo->dleng != g_LinRxBuf.msgInfo.dleng) g_LinRxBuf.rcvd = 0; //discard
        else  g_LinRxBuf.rcvd = 1;
      }else{//Readbacked data-- Discard
        g_LinRxBuf.rcvd = 0;
      }
  }//master

  else{ //as a slave -- need to response by sending data.
      if(plinMsgInfo->needResp)  g_LinRxBuf.rcvd = 0; //Readbacked data -- discard
      else{
          if(plinMsgInfo->dleng != g_LinRxBuf.msgInfo.dleng){ //discard
      g_LinRxBuf.rcvd = 0;
      printf("SLAVE>Wrong Length Discard\r\n");
          }else{
      g_LinRxBuf.rcvd = 1;
          }
  }//slave
}

//UART interrupt service routine. (MCU dependent)
void UART1_IntHandlerForLIN(void)
{
        unsigned long ulIntStatus;
        unsigned char val, dlen;

        //+IntDisable(INT_UART1);
        ulIntStatus = //+UARTIntStatus(UART1_BASE, true);
        //+UARTIntClear(UART1_BASE, ulIntStatus);
        //+UARTRxErrorClear(UART1_BASE);

```

```
    if((ulIntStatus & UART_INT_BE) == UART_INT_BE){ //Break (Error) Interrupt
    if(UARTCharsAvail(UART1_BASE)) val = UARTCharGetNonBlocking(UART1_BASE);
                                                              //disregarded
    g_LinRxBuf.break_rcvd =1;
        g_LinRxBuf.sync_rcvd = 0;
    }else if((ulIntStatus & UART_INT_FE) == UART_INT_FE){//FramingError INT
            if(UARTCharsAvail(UART1_BASE)) val = UARTCharGetNonBlocking(UART1_BASE);
                                                              //disregarded
        g_LinRxBuf.fe_rcvd = 1;
    }else if(ulIntStatus & (UART_INT_RX | UART_INT_RT)){ //rx data or rx timeout interrupts
            while(UARTCharsAvail(UART1_BASE)) {
                val = UARTCharGetNonBlocking(UART1_BASE); // Read the character from the UART.
                if(val == -1) break;

                if(g_LinRxBuf.break_rcvd){ //The previous event was BREAK received.
                                                              If we now got Sync...
                    g_LinRxBuf.break_rcvd=0;
                    if(val == 0x55 ){ //Sync OK
                        g_LinRxBuf.sync_rcvd=1;
                }else{
                        printf("Get Char but no Sync Code\n");
                        g_LinRxBuf.sync_rcvd=0;
                    }
                }else if(g_LinRxBuf.sync_rcvd){//already got sync code. Expect Msg ID...
                    g_LinRxBuf.sync_rcvd=0;
                    g_LinRxBuf.msgid_rcvd=1;
                g_LinRxBuf.msgInfo.msgIndex = findMsgIndexFromMsgId(val,&g_LinMsgInfoPool[0]);
                g_LinRxBuf.msgInfo.dleng = 0;
                g_LinRxBuf.msgInfo.msgid = val;
                    if(g_role == LIN_ROLE_MASTER){ //Readbacked --> will be Discarded
                }else{
                        if(g_LinMsgInfoPool[g_LinRxBuf.msgInfo.msgIndex].needResp)
                                            g_LinRxBuf.needRespBySlave = 1;
                        else    g_LinRxBuf.needRespBySlave = 0;
                    }
                }else if (g_LinRxBuf.msgid_rcvd) { //Previous Event was MsgID received.

                    if(g_LinRxBuf.msgInfo.dleng <
                                            g_LinMsgInfoPool[g_LinRxBuf.msgInfo.msgIndex].dleng){
                        g_LinRxBuf.data[g_LinRxBuf.msgInfo.dleng]=val;
                        g_LinRxBuf.msgInfo.dleng++;
                        if(g_LinRxBuf.msgInfo.dleng ==
                                        g_LinMsgInfoPool[g_LinRxBuf.msgInfo.msgIndex].dleng){ //full
                        LinParser(&g_LinMsgInfoPool[g_LinRxBuf.msgInfo.msgIndex]);
                            g_LinRxBuf.sync_rcvd=0; g_LinRxBuf.msgid_rcvd=0;
                                g_LinRxBuf.break_rcvd = 0;
                        }
                    }else{
                        printf("Error : Too long data...Reset\r\n");
                        g_LinRxBuf.msgInfo.dleng = 0;   g_LinRxBuf.sync_rcvd=0;
                                g_LinRxBuf.msgid_rcvd=0; g_LinRxBuf.break_rcvd = 0;
                    }
                }
            }//while
    }else
            printf("Unknown Int 0x%08x\n", ulIntStatus);
        IntEnable(INT_UART1);
}

u8 LinWaitForReponse(){
  static u32 timeout;
  timeout = 0;
```

```
    while((!g_LinRxBuf.rcvd) && (timeout < LINMAXTIMEOUT))
        timeout++;

    if  (timeout < LINMAXTIMEOUT){
        printf("MASTER>Got a response\r\n");
        timeout = 0;
        return 1;
    }else{
        printf("\r\n===============No response\r\n");
        timeout = 0;
        return 0;
    }
}

void LinMsgAppHandler(){
  u8 i;
  printf("MASTER>RxDone. Need more detailed parsing...\r\n");
  for(i=0;i<g_LinRxBuf.msgInfo.dleng;i++) printf("[%d]=0x%02x ", i, g_LinRxBuf.data[i]);
  printf("\r\n");
  g_LinRxBuf.rcvd = 0;
}

//==== MASTER TASK
int LIN_MasterTask (void){
  unsigned char msgid, controldata, txD[8], i;
  u32 cnt;
  struct LinMsgInfo *plinMsgInfo;

  while(1){
      //Schedule timeslot 0
      txD[0]=MotorDirectionCW;
      txD[1]=0x01;
      plinMsgInfo = &g_LinMsgInfoPool[LinMsg0];
      LinSendMsgByMaster(plinMsgInfo, LinMsg0,txD);
      delayms(1000);

      //Schedule timeslot 1
      txD[0]=MotorDirectionCCW;
      txD[1]=0x02;
      plinMsgInfo = &g_LinMsgInfoPool[LinMsg0];
      LinSendMsgByMaster (plinMsgInfo,LinMsg0, txD); //send header and control data by this master
              delayms(1000);

      //Schedule timeslot 2
      txD[0]=MotorSpeedUP;
      txD[1]=0x03;
      plinMsgInfo = &g_LinMsgInfoPool[LinMsg0];
      LinSendMsgByMaster (plinMsgInfo,LinMsg0, txD); //send header and control data by this master
              delayms(1000);

      //Schedule timeslot 3
      txD[0]=MotorSpeedDOWN;
      txD[1]=0x04;
      plinMsgInfo = &g_LinMsgInfoPool[LinMsg0];
      LinSendMsgByMaster(plinMsgInfo,LinMsg0,txD); //send header and control data by this master
              delayms(1000);

      //Schedule timeslot 4 -- Need Response
      plinMsgInfo = &g_LinMsgInfoPool[LinMsg1];
      LinSendMsgByMaster (plinMsgInfo,LinMsg1, 0); //
      if(!LinWaitForReponse())   printf("No Response\r\n");
      else        LinMsgAppHandler();
```

```
        delayms(1000);

        //Schedule timeslot 5 -- Need Response
        plinMsgInfo = &g_LinMsgInfoPool[LinMsg3];
        LinSendMsgByMaster(plinMsgInfo,LinMsg3,0); //
        if(!LinWaitForReponse())        printf("No Response\r\n");
        else            LinMsgAppHandler();
        delayms(1000);

        //goto sleep
        LinGotoSleep();
        delayms(2000);
        //goto Wakeup
        LinGotoWakeup();
        delayms(1000);
    }
}

//===========SLAVE TASK
int LIN_SlaveTask(void){

  unsigned char msgid, i;

  g_LinRxBuf.rcvd = 0;

  while(1){
        if(g_LinRxBuf.needRespBySlave){
            LinSlaveResponse(&g_LinMsgInfoPool[g_LinRxBuf.msgInfo.msgIndex]);
            g_LinRxBuf.needRespBySlave = 0;
        }else if(g_LinRxBuf.rcvd){
            printf("Slave>Rx(%x):", g_LinRxBuf.msgInfo.msgid);
            for(i=0; i<g_LinRxBuf.msgInfo.dleng;i++) printf("%02x ", g_LinRxBuf.data[i]);
            printf("\r\n");
            g_LinRxBuf.rcvd = 0;
        }
  }
}

//========= MAIN LOOP ===================
int dtLinLoop(u8 role){
  g_LinRxBuf.rcvd = 0;
  if(role== LIN_ROLE_MASTER){
      g_role = LIN_ROLE_MASTER;
      printf("LIN Master Test.\r\n");
      LinNodeInit(LIN_ROLE_MASTER); //Master mode Init
      LIN_MasterTask ();
  }else{
      g_role = LIN_ROLE_SLAVE;
      printf("LIN Slave Test.\r\n");
      LinNodeInit(LIN_ROLE_SLAVE); //Slave mode Init
      LIN_SlaveTask();
  }
}
```

(5) 결과 분석

<그림 13.34>는 {Break, Sync, Message ID=0x00}로 구성된 헤더에 이어 {0x01, 0x01} 데이터와 CRC=0xFD로 구성된 메시지를 로직 분석기로 수집한 것이다. 각 바이트는 start 비트와 stop 비트로 구성되는 전형적인 UART 형식으로 전송되는 것을 확인할 수 있다.

<그림 13.34> LIN 메시지의 예 (마스터가 message id=0x00을 송신하는 경우)

13.16 모터 구동부가 내장된 LIN 슬레이브 모듈 설계(참고)

(1) LIN Controller

LIN의 메시지 형식은 일반적인 UART를 이용한 비동기 전송 방식과 유사하다. 하지만 LIN 메시지 선두에 사용되는 synch-break 신호는 일반적인 Start 비트 구간에 비하여 길다. 이 신호를 생성하려면 다음과 같은 3가지 방법이 있다.

- 전용 Lin Controller 사용 방법 : 모토롤라의 MC68HC908GZ60와 NEC사의 uPD78F9852 등과 같은 LIN 전용 controller는 LIN 인터페이스와 함께 외부 CPU와의 8비트 데이터버스를 제공한다.
  이것은 INTEL8250과 같은 UART 전용 칩과 구조가 유사하다. 이것은 기존 UART 칩과 달리 LIN에 특화된 Break 신호 등을 감지하거나 생성할 수 있다.
- LIN/MCU 통합 칩 사용 방법 : Infineon사의 TLE983x(8Bit MCU+LIN Trx), MC33689, UJA1018(NXP, ATA6603(Atmel) 칩은 LIN과 CPU 기능을 함께 제공하는 전용 LIN 컨트롤러이다.
- UART에 LIN 기능을 지원하도록 하는 방법 : 13~16비트의 길이를 가져야 하는 Sync Break 영역의 길이는 UART 내부 레지스터를 설정하면 가능하다.

(3) AMIS30621(또는 TMC211)

이것은 LIN Slave Controller와 트랜시버를 한 칩에 내장한 LIN 전용 스텝모터 구동 칩이다. LIN 버전 1.3(19.2 kbps)를 지원하여 128노드 주소(7비트 주소)가 가능하다[16].

[16] 이 주소는 프로그래밍 가능한 4비트의 내부 주소값과 3개의 외부 핀(HW0 ~ HW2)으로 설정할 수 있다.

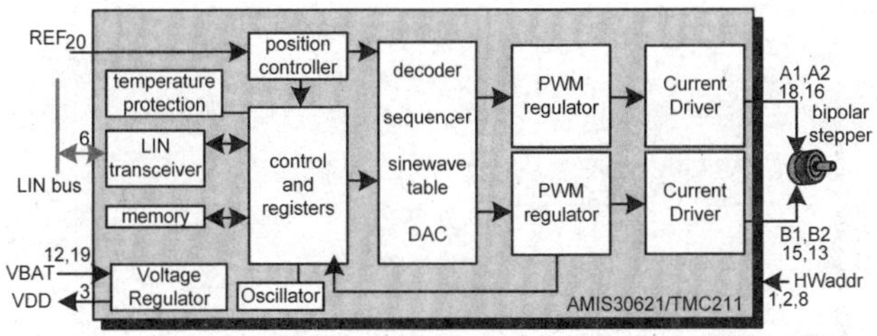

<그림 13.35> AMIS30621 스텝 모터 드라이버의 구조

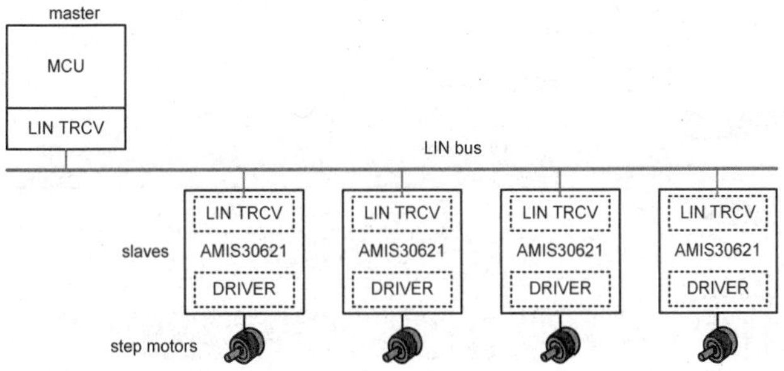

<그림 13.36> AMIS30621 스텝 모터 드라이버의 활용

이 칩에 대한 여러 종류의 제어 항목 중에서 SetPosition과 GetActualPosition과 같은 명령어에 대한 LIN 동작절차는 다음과 같다.

- GetFullStatus : 마스터가 해당 Slave의 설정상태 정보를 읽는다. 이것은 초기화 과정에서 반드시 전송되어야 한다.
- SetPosition : 마스터가 해당 Slave에게 Position값을 전달하면 해당 슬레이브는 스텝 모터를 지정된 위치로 회전시킨다.

<그림 13.37>은 이러한 과정에서 송수신되는 LIN 메시지를 요약한 것이다. 각 메시지의 내용은 다음과 같다.

- GetFullStatus 메시지: Msg ID = 0x3C의 Diagnostic Request 프레임을 사용하여 Slave로부터의 응답을 준비시킨다. 첫번째 데이터 바이트 값인 0x80은 LIN 1.3버전의 경우 임의로 사용할 수 있는 NAD값을 사용한 것이다. AMIS30621에서는 Application Command의 의미로 사용된다. 실제 GetFullStatus 메시지의 구분은 2번째 바이트 값에 명시된다. 해당 슬레이브 주소는 세번째 바이트 값에 명시된다.
- GetFullStatus에 대한 응답 메시지 : Msg ID = 0x7D, 즉 0x3D(패리티를 제거한 값)인 Slave Response 프레임으로써 요청된 것에 대한 응답 메시지이다. 이것은 2개의 프레임으로 연속 응답된다.
- SetPosition 메시지 : Msg ID = 0x3C의 Diagnostic Request 프레임 내부에 2번째 바이트 영역에서 해당 메시지가 SetPosition 요청임을 명시한다.

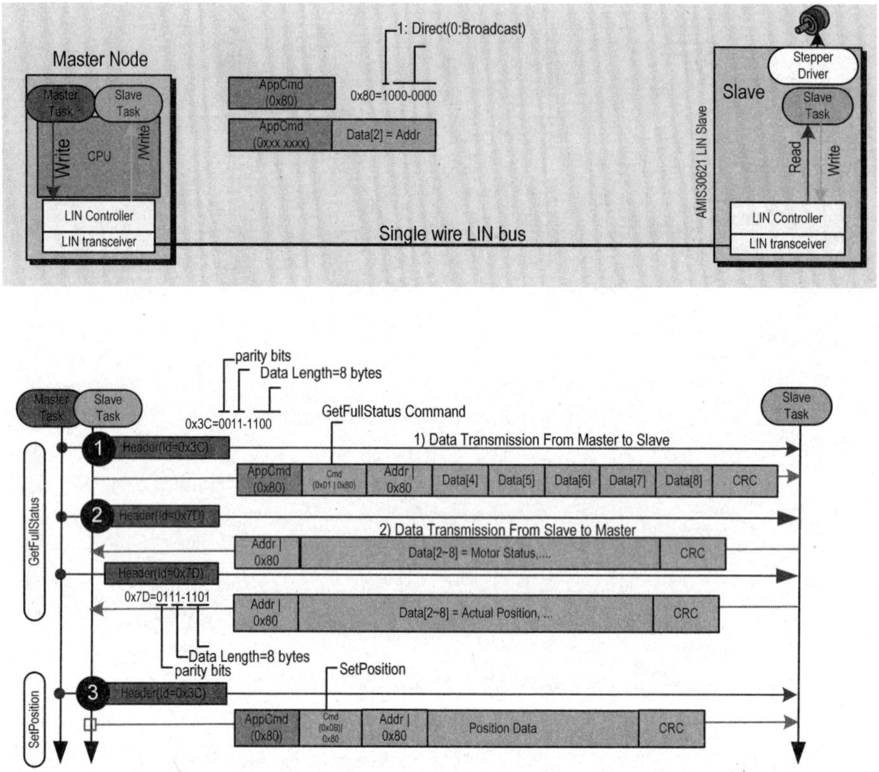

<그림 13.37> AMIS30621의 동작절차

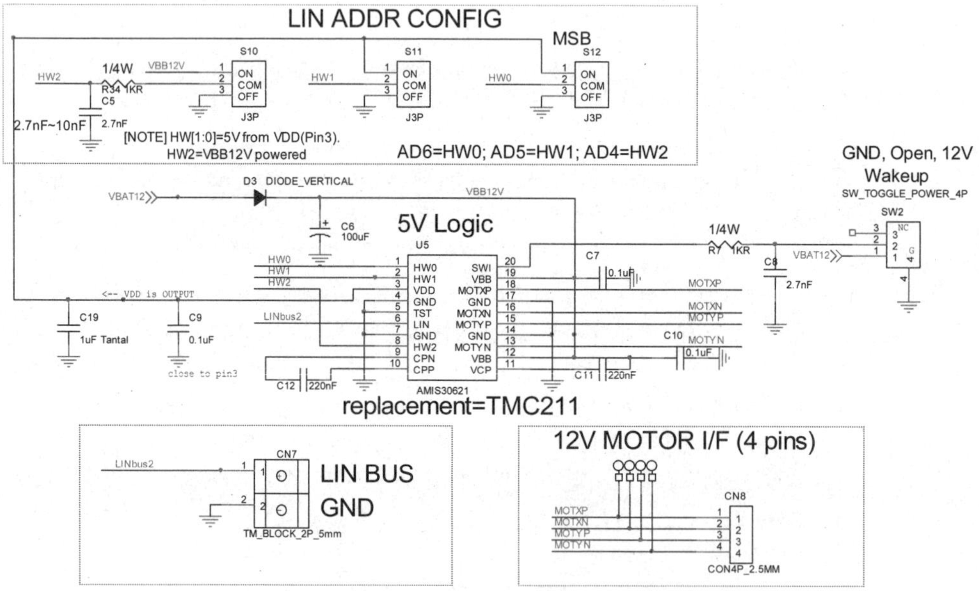

<그림 13.38> AMIS30621 주변회로의 예

13.17 연습문제

[1] 자동차용 통신망 기술이 아닌 것은?
a) LIN b) CAN c) Flex-Ray d) AFDX

[2] CAN에서는 ___ 신호방식을 사용한다.
a) single ended b) differential

[3] MsgID=0x34인 LIN 헤더의 2비트 패리티 값은?

[4] LIN과 CAN의 최대 전송속도는 __와 __이다.
a) 20Kbps, 1Mbps b) 1Mbps, 1Mbps c) 1Mbps, 20Kbps

[5] LIN 버스의 신호레벨은 __V이다.
a) 3.3 b) 5 c) 9 d) 12

[6] LIN 시스템의 특징이 아닌 것은?
a) 단일 선로 사용
b) 자동차 배터리 전원 사용
c) 최대 20Kbps 전송
d) NRZI 신호방식 사용
e) LIN 마스터 노드도 slave 태스크를 갖는다.

[7] 다음의 LIN 설명 중 틀린 것은?
a) LIN 메시지의 Message ID는 특정 슬레이브 노드의 주소를 의미한다.
b) 전원절약 모드를 지원한다.
c) LIN 버스의 idle 상태는 '1'이다.
d) Sync Break 신호는 마스터 태스크에 의해 생성된다.
e) Sync 영역은 슬레이브와의 클럭 동기 설정을 지원한다.
f) 메시지 헤더는 패리티로 보호된다.
g) 데이터 영역은 첵섬으로 보호된다.

[8] PWM 방식으로 동작하는 서보모터의 경우 회전방향은 __로 결정된다.
a) 펄스폭 b) duty cycle c) rising edge d) falling edge

[9] 자동차 내부용 통신기술을 분류하라.

[10] CAN과 LIN 시스템간의 연동이 가능한 게이트웨이를 설계하라.

제 **14** 장

자동차 내부 직렬통신버스: CAN

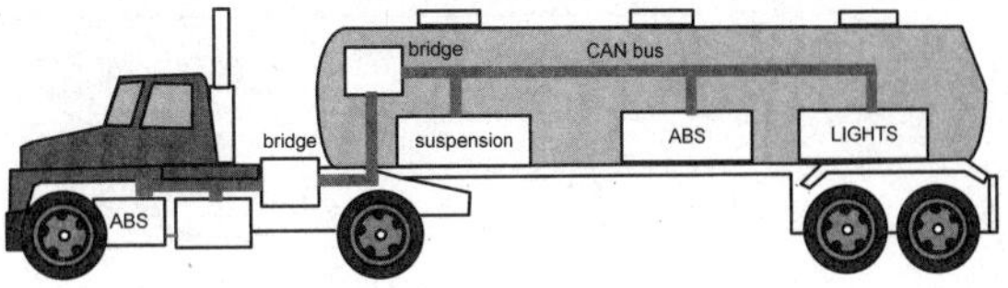

14.1 개요

본 장에서는 앞서 다루었던 20Kbps급 자동차 내부 직렬통신버스인 Local Interconnect Network (LIN)에 비하여 보다 고속의 직렬통신버스인 Control Area Network(CAN)에 대하여 다룬다. 이어 관련된 하드웨어 설계 및 프로그램 설계를 수행한다.

14.2 Control Area Network(CAN)

Controller Area Network(CAN)은 twisted pair 케이블상에 멀티드롭된 다중 노드간에 반이중/차동전송방식을 사용하는 차량 내부 제어 통신 기술 중 하나이다.
이것은 벤츠 자동차사의 요구로 부품업체인 Bosch사에 의해 1986년에 최초로 개발되었다. 최고속도 125Kbps 용 규격인 ISO11519표준과 1Mbps용 ISO11898 표준이 있다. 최대 1000m까지도 50Kbps로 통신할 수 있다.
1986년의 초기 버전인 V1.0이후에 1991년에 기존 방식과 호환되면서 속도를 1Mbps로 향상시킨 소위 표준 CAN 규격(standard format)이라고 불리우는 CAN2.0A 및 헤더 부분의 메시지 식별자 영역을 11비트에서 29비트로 확장한 소위 확장 CAN 규격(extended format)으로 불리는 CAN2.0B 버전도 발표되었다.
1993년 벤츠의 S클래스 승용차에 최초로 CAN 기술이 장착된 이후 2000년부터는 많은 자동차 및 생산자동화 시설에 설치되기 시작했다. 이러한 CAN은 차량 내부에는 다양한 충돌감지센서와 충돌감지를 판단하는 제어장치 및 ABS 브레이크 및 에어백을 터뜨리는 액츄에이터 등으로 구성되는 안전에 민감한 장치들을 연결하는 기능을 제공한다.

14.3 CAN 시스템의 구성

(1) 구성

<그림 14.1>은 차량내 CAN 통신망의 예이다. 예를 들어 ECU 모듈, 운전석 도어제어모듈, 조수석 도어 제어모듈 등이 2가닥의 차동전송 직렬버스에 멀티드롭 방식으로 연결된다. 케이블 종단에는 임피던스 매칭용 120Ω의 종단저항이 설치된다[1].

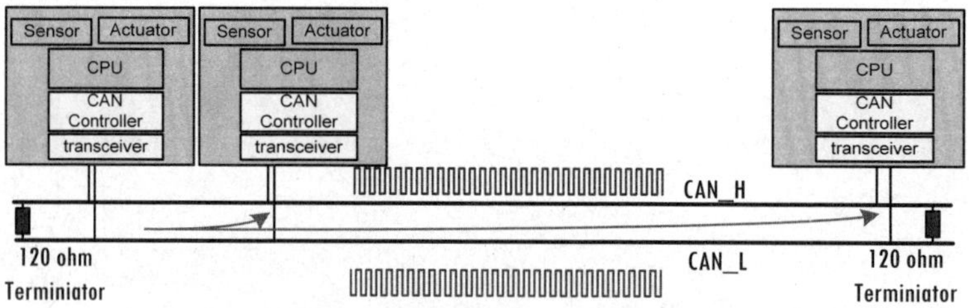

<그림 14.1> CAN 시스템의 구성

하나의 직렬버스를 다수의 장치들이 공유하는 CSMA/CD 기반의 이더넷에서는 각 노드가 전송하는 메시지간 충돌에 의해 긴급한 메시지가 제 때 전송되지 않을 수 있다.

CAN에서는 이러한 직렬·공유버스 망의 문제점을 CSMA/CR(CSMA with Collision Resolution) 기법의 일종인 CSMA/NDBA(CSMA with Non Destructive Bitwise Arbirtration)방식으로 해결한다. 이것은 2개 이상의 마스터 노드가 동시에 송신하더라도 비트 별 우선순위에 따라 우선순위가 높은 프레임의 전송은 성공할 수 있도록 한다[2].

CAN은 이러한 기법을 사용하여 차량내부의 다양한 제어장치를 연결한다. 뿐만 아니라 공장자동화용 통신망 기술인 필드버스(fieldbus)에서도 사용되는데 이것은 CAN 관련 칩의 저렴한 가격과 실시간 전송기능을 지원하기 때문이다.

(2) CAN 시스템의 구성요소

CAN 시스템은 <그림 14.2>과 같이 구성된다.

- 프로세서 : 센서 및 액츄에이터 등을 연결하는 프로세서는 센서로부터의 이벤트를 하부의 CAN을 통하여 전송하거나 CAN으로부터 수신된 데이터를 처리하여 액츄에이터를 구동한다.
- CAN controller : 수신시 CAN 트랜시버로부터의 비트열을 내부의 FIFO에 저장한 후 프로세서로 전달한다. 송신시에는 프로세서로부터의 비트열을 FIFO에 저장한 후 채널이 idle할 때 트랜시버를 경유하여 송신한다. 일종의 데이터 링크 계층(MAC) 기능을 수행한다.
- 트랜시버 : 버스로부터 수신되는 2.5V 기준의 차동신호열로부터 TTL 레벨의 비트열로 복원하여 CAN Controller에 전달하거나 그 반대 기능을 수행하는 물리 계층 기능을 수행한다.

---

[1] 2개의 120옴 저항이 병렬로 접속되므로 버스상에서 저항값을 측정하면 60옴이다.

[2] CAN 시스템은 다중 마스터 시스템이다. 실제 많은 구현에서는 단일 마스터 구조를 선호한다.

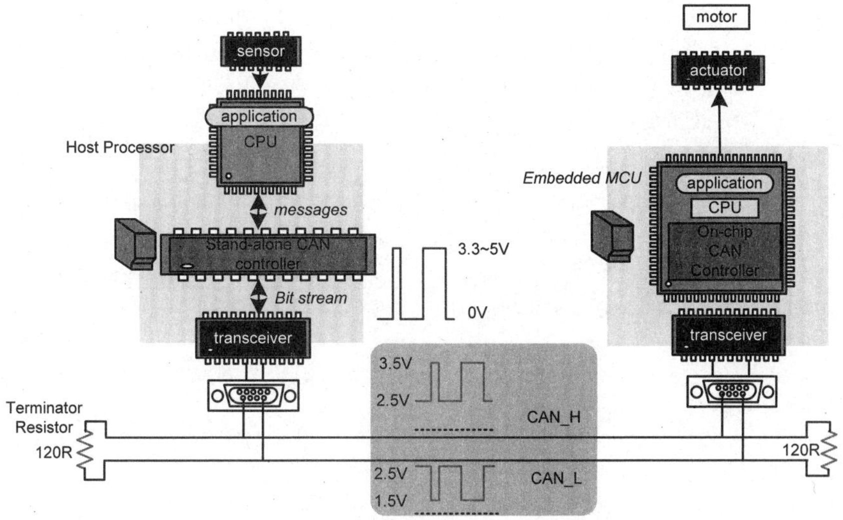

<그림 14.2> 일반적인 CAN 장치의 구성

(3) CAN의 계층 구조

CAN의 계층 구조는 <그림 14.3>과 같다.

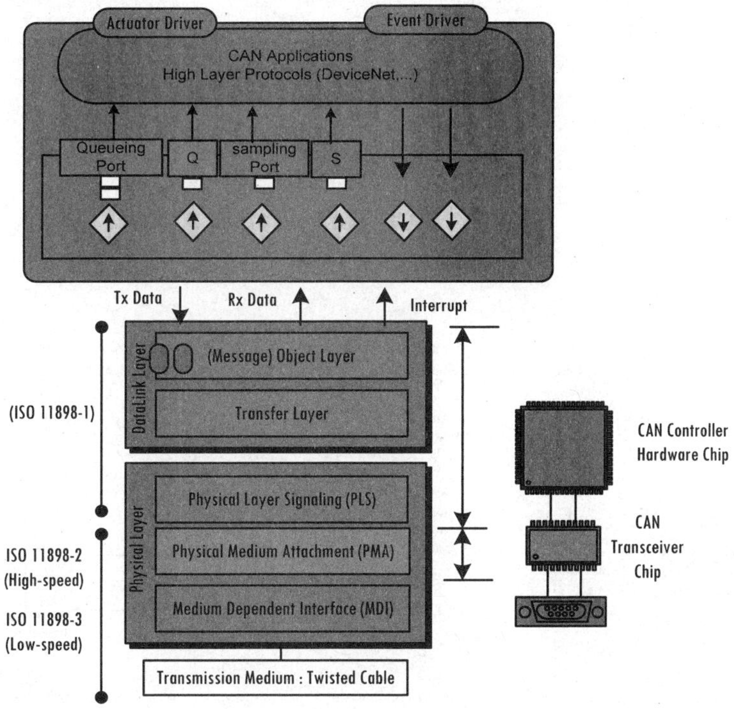

<그림 14.3> CAN 계층 구조

- 응용 계층 : 센서 및 액츄에이터 관련 메시지 생성 및 처리를 하며 하부의 링크 계층의 추가 기능인 흐름제어 및 데이터 블록의 분할전송 등을 수행한다. 송신기능부를 Publisher라고 하며 수신기능부를 Subscriber라고 한다..
- 데이터 링크 계층 : CAN 프레임을 구성하여 전송하고 필요한 프레임만 필터링하여 수신하는 기능을 수행하며, 비트 스터핑 기능을 이용한 비트동기 및 버스사용권 확보, 수신 프레임에 대한 ACK 기능, 재전송 및 오류감지 등의 오류제어기능을 수행한다.
- 물리 계층 : CAN 버스 규격에 따른 신호 변환기능을 수행한다. 기본적으로 1Mbps까지 지원한다. 이 외에 125Kbps 및 33.33Kbps용도 있다. 커넥터의 종류는 규정되지 않아 각 제조회사별로 상이하다.

14.4 CAN 물리 계층

(1) 케이블

CAN 버스용 케이블은 120옴의임피던스의 차폐꼬임쌍선이다. 한쪽 선은 "CAN_H"(또는 "+", "H") 라고 부르며, 다른 쪽 선은 "CAN_L"(또는 "-", "LO") 라고 한다. 케이블 종단에는 임피던스 매칭용 120옴 저항이 필요하다.

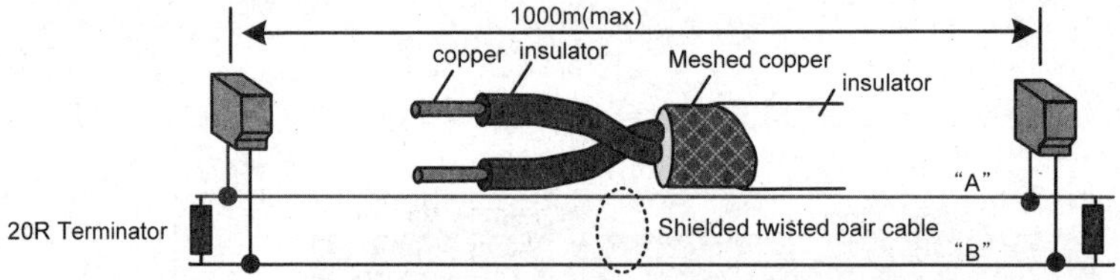

<그림 14.4> 케이블

(2) 전기적 특성

각 선로에서의 신호는 <그림 14.5>와 같이 non-return-to-zero(NRZ) 신호방식에 의해 송신되지만 각 선로별 극성은 반대이다.

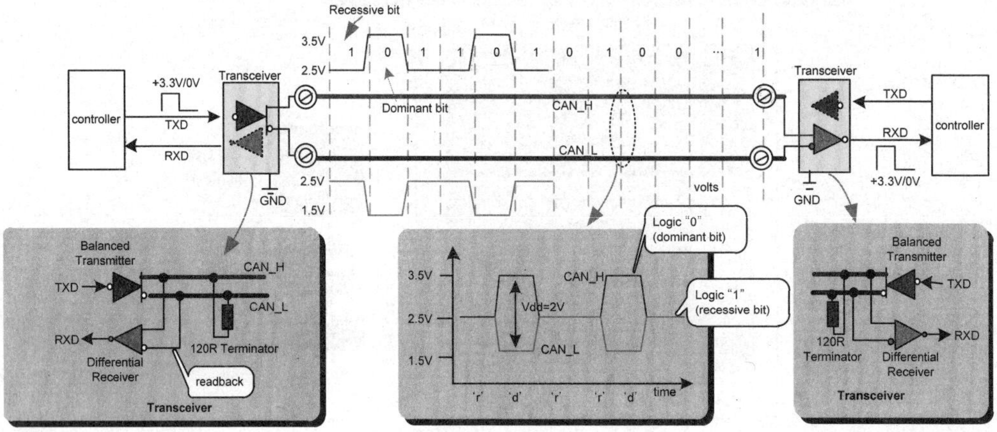

<그림 14.5> CAN의 신호방식

TXD를 통한 송신신호는 RXD로 readback되므로 자신의 송신 비트값이 정상적으로 송신되고 있는지 즉시 알 수 있다.
CAN 버스상에서 CAN_H 신호는 2.5~3.5V를 천이하며 CAN_L 신호는 2.5V~1.5V를 천이한다. 즉 버스는 2.5V 바이어스 되어 있다.
로직 레벨에 따른 신호 레벨은 다음과 같다.

- '0' : Dominant비트이다. {CAN_H= +3.5V, CAN_L= 1.5V}로써 차동전압 Vdd=+2V값을 가진다.
- '1' : Recessive비트이다. {CAN_H=-2.5V, CAN_L=2.5V}로써 차동전압 Vdd=0V값을 가진다. Idle상태에서도 이 값을 유지한다[3].

Logic	Bit Value	Bus Voltage
Dominant	0	CAN_H = 3.5V ;CAN_L = 1.5V; Vdd= 2V
Reccesive	1	CAN_H = 2.5V ;CAN_L = 2.5V; Vdd= 0V

CAN에서는 이러한 차동 신호를 이용하므로 외부잡음에 대한 신호 왜곡이 거의 없어 안정적인 데이터 송수신을 보장 할 수 있다. 물론 수신되는 신호의 전압은 전송선로의 길이와 접속된 수신장치의 개수에 따라 강하될 수 있으므로 최대 100m(보통 60m 이내)의 케이블에 하나의 송신부와 최대 20개의 수신장치만 연결 가능하다.
참고로 <그림 14.6>은 CAN선로에서의 전송신호를 오실로스코프로 관측한 것이다. 중간의 빨간색 신호는 CAN_H와 CAN_L신호에 대한 차동 신호이다.

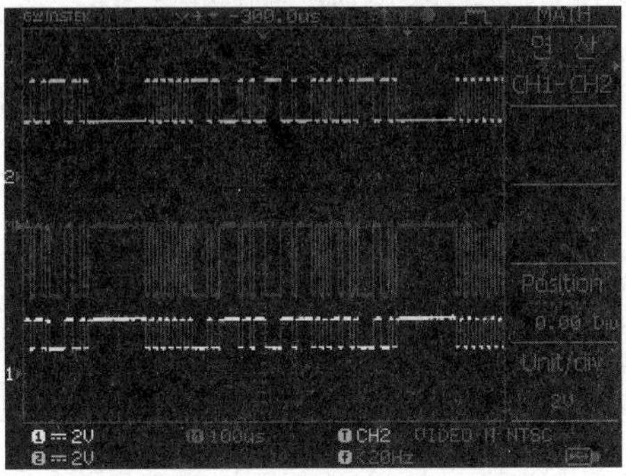

<그림 14.6> CAN의 신호의 실제

(3) 커넥터

CAN의 물리 계층 규격에는 커넥터에 대한 규정이 없다. 이것은 각 자동차 회사별로 고유한 커넥터가 기존부터 사용되어 왔으므로 굳이 규정할 필요가 없었기 때문이다. 범용으로 사용하는 커넥터는 DE-9, 10pin헤더, RJ45커넥터 등이다.

[3] 이러한 방법은 다른 balanced line 방식(RS-422/3, RS-485)과 다르다. 이들의 경우 dominant의 경우 차동전압은 0V값을 가진다.

a) D-sub커넥터 : <그림 14.7>은 9핀의 D sub커넥터를 사용하는 경우이다. 커넥터 핀을 통해 전원도 공급할 수 있다[4].

- pin 2: CAN-Low (CAN-): 흰색 케이블 사용
- pin 3: GND (Ground)
- pin 7: CAN-High (CAN+): 파란색 케이블 사용
- pin 9: CAN V+ (Power)

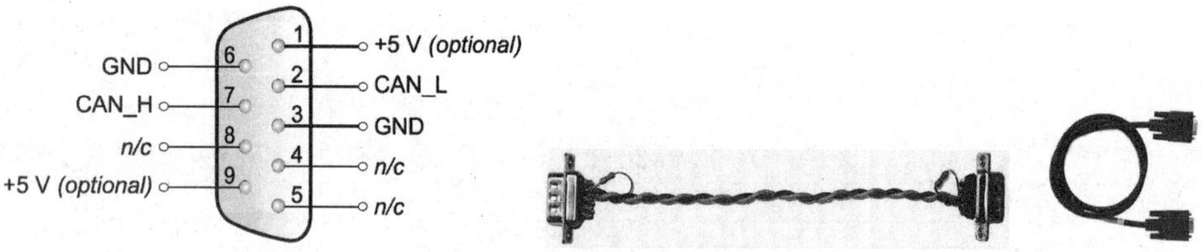

<그림 14.7> CAN용 D-sub 커넥터

b) 10핀 헤더 커넥터 : 범용 10 핀 헤더를 사용할 수 있다.

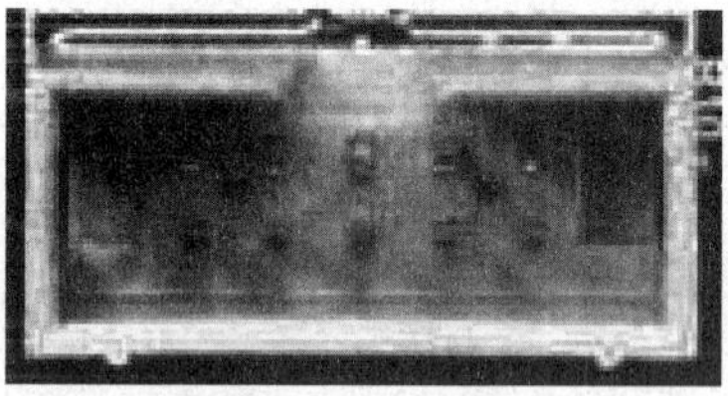

<그림 14.8> CAN용 10핀 헤더 커넥터

Pin No.	Signal 이름	Pin No.	Signal 이름
2	GND	5	CAN_GND
3	CAN_L	8	CAN_POWER
4	CAN_H	기타	N/A

c) RJ45 커넥터 : 저렴한 RJ45 커넥터를 사용할 수도 있다.

Pin No.	Signal 이름	Pin No.	Signal 이름
2	CAN_H	7	CAN_GND
3	CAN_L	8	CAN_POWER
4	CAN_GND	기타	N/A
6	CAN_SHIELD		

[4] 전원은 male connector에서 공급하고 female connector로부터 전원을 공급받는다. 이것은 power는 female connector에서 받아들이는 일반적인 관습에 따른 것이다

14.5 CAN 2.0A 프레임 형식

(1) 종류

버전에 따라 다음과 같은 2가지 형식의 CAN 프레임이 사용된다.

- 2.0A 형식 : 11비트 길이의 message id 영역을 갖는다.
- 2.0B 형식 : 29비트의 message id 영역을 갖는다.

먼저 CAN 2.0A 프레임에는 다음과 같은 {Data , Remote, Error, Overload , Interframe} 등 5 종류의 프레임 형식이 사용된다.

(2) 데이터 프레임 (data frame)

최대 8바이트의 주기적(온도 등)이거나 이벤트에 해당되는 데이터를 수납한다. RTR = 0인 경우 데이터 프레임이다.

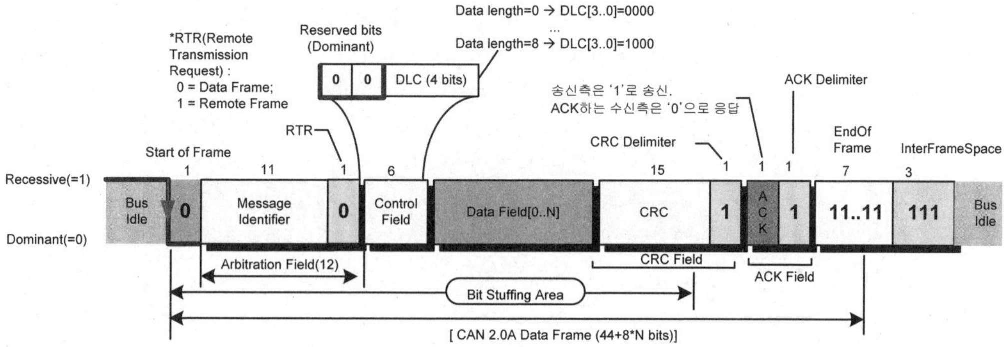

<그림 14.9> CAN2.0A 프레임 형식

각 영역의 상세는 다음과 같다.

- SOF : 기본값 '0'인 비트이다. Idle 상태에서 천이되어 프레임의 시작을 알린다.
- Message ID(MsgId) : 기본 형식의 경우 11비트 또는 확장형의 경우 29비트의 메시지 식별자 또는 노드식별자이다[5].
  MSB부터 송신된다. 이 메시지 ID는 최대 2032개의 메시지 식별자 기능뿐만 아니라 메시지별 우선순위를 제공한다[6].

---

[5] ID의 2진 bits 패턴이 1111111**** 인 경우, 즉 7개의 MSB(Most Significant Bit) (ID10 ~ ID4)가 모두 '1'인 경우는 사용이 유보되어 있다. 따라서 실제 할당 가능한 메시지 ID의 개수는 2032개이다. 그러므로 CAN 프로토콜을 2032개까지의 우선 순위와 다양한 메시지 정보를 전송할 수 있다. 이보다 더 많은 종류의 정보를 다루는 경우를 위하여 extended version에서는 29비트를 ID에 사용할 수 있도록 확장해 두었다. 11비트의 식별자는 항상 29비트 식별자에 비해 우선순위가 높다.

[6] 특히 2개의 노드가 동시에 동일한 ID를 가진 메시지를 송신하지 않도록 해야 한다. 분명히 이것은 불법이

일부 Messge ID는 그 사용이 정해져 있다. 예를 들면 OBD-II용 Functional Request 프레임은 0x7DF(표준형) 또는 0x18DAF110이다.

- RTR(Remote Transmission Request) : 일반 프레임 및 Remote Request 프레임 구분용 비트이다.
  - '0' : 일반 데이터 프레임이다.
  - '1' : Remote Transmission Request 프레임을 표시한다. 이 경우 데이터영역은 없다. 이것은 Remote 수신측에게 메시지 식별자영역에 명시된 내용을 응답하도록 요구한다. 해당 수신 노드는 동일한 MsgId로 시작되는 데이터 프레임으로 응답해야 한다.
- 중재 필드(Arbitration Field) : {11비트의 식별자 + 원격전송요구(RTR) 비트} 영역을 말한다.
- 제어 영역: 6비트로 구성되며 데이터 영역의 길이정보를 표시한다. {0..8}바이트의 데이터 영역의 길이정보는 4비트의 데이터 길이 코드(DLC : Data Length Code)에 표시된다.
- 데이터 영역(0~8 바이트) : 최대 8바이트의 데이터를 수납한다. 이것의 길이는 제어영역의 DLC값으로 결정된다. Remote 프레임의 경우에는 데이터 영역이 없다.
- CRC(Cyclic Redundancy Check) : SOF에서부터 데이터 영역까지의 오류검사용 코드이다. 이것은 15비트의 CRC와 CRC영역의 끝을 표시하는 1비트의 CRC딜리미터('1')로 구성되어 총 16비트로 구성된다. CRC다항식은 $X^{15}+X^{14}+X^{10}+X^{8}+X^{7}+X^{4}+X^{3}+1$이다.
- ACK 영역 : 2 비트로 구성된다. 첫 번째 비트는 송신측에 의해 '1'로 설정되어 전송된다. 이 값은 해당 메시지를 성공적으로 수신한 노드가 ACK를 응답시 이 영역을 우성비트값인 '0'으로 덧씌운다. 따라서 송신측은 자신이 전송한 '1'값이 버스상에서 '0'으로 감지되면 ACK로 인지한다. 두번째 비트는 Ack Delimiter로써 "1"의 값을 갖는다[7].
- EOF(End Of Frame Field) : 7 비트로 구성되며 모두 '1의 값을 가진다.
- Interframe space(IFS, 3비트) : 프레임간 구분을 위한 비트열이다. 모든 데이터 프레임과 리모트 프레임은 3비트의 '1'비트열로 구성된 IFS 비트열에 의해 각 프레임이 분리된다. 일종의 STOP비트열이다. 이후 CAN 버스의 Idle 상태도 '1'값을 가진 임의의 길이이다.

하지만 오버로드 프레임과 오류 프레임의 전송시에는 앞선 프레임과의 구분이 불필요하므로 이 IFS 영역이 사용되지 않는다. 또한 여러 개의 오버로드 프레임이 연속 송신될 경우에도 이들은 IFS 영역에 의해 분리되지 않는다.

(3) Remote Request 프레임

데이터 버스상의 상대방 노드에게 신속한 데이터의 응답을 요구할 때 사용된다. 이것의 RTR값은 1로써 데이터 프레임과 구별된다. 송신측은 특정 ID값과 수신희망 데이터 길이 정보(DLC)를 수납한 Remote Request 프레임을 송신한다. 이 경우 데이터 영역은 없다.
수신측은 이에 데이터 프레임으로 응답하거나 Error 프레임을 응답할 수 있다.

지만 송신될 수도 있다. 따라서 동일한 ID를 가진 메시지가 동시에 송신될 경우 하나로 간주된다. 만약 data byte 영역이 상이할 경우 bus error로 간주되고 해당 프레임은 계속 재 전송을 시도하다가 bus-off 된다.

[7] 사실 ACK비트는 이전의 CRC Delimiter값과 ACK Delimiter값(모두 "0")으로 둘러싸인다고 할 수 있다.

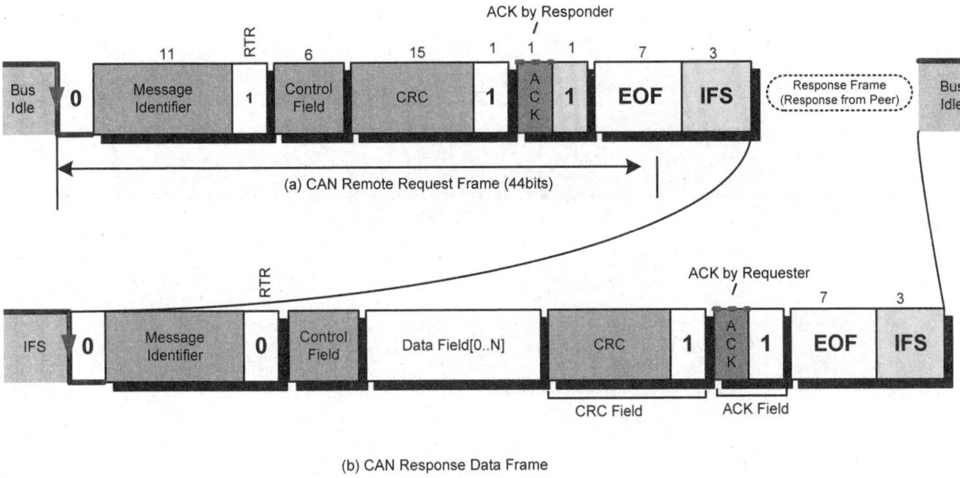

<그림 14.10> Remote Request와 응답 프레임 형식

(4) 오류 프레임

오류를 감지한 노드(들)이 송신하는 오류 프레임 또는 오류감지 통보 신호이다.
예를 들어 수신중에 있는 프레임에서 비트 스터핑 오류를 감지한 노드는 즉시 이 오류 프레임을 생성한다.

이것은 다음과 같은 2 개의 영역으로 이루어져 있다.

- 오류 플래그 : 2종류이다.
  - 능동 오류 플래그(active error flag) : 6개의 우성비트('0')로 구성된다.
  - 수동 오류 플래그 : 6개의 열성비트('1')로 구성되며 오류 카운터값이 127 이상이 기록된 장치(즉 passive error 상태에 있는 장치)들이 생성한다.
- 오류 영역 구분자 : 8개의 '1'비트열이다.

이 과정에서 동일한 오류를 감지한 다른 노드 역시 오류 프레임을 송신할 수 있다.
이들에 의한 오류 플래그 영역이 다수 중첩될 수 있으므로 이 영역은 6~12비트타임의 길이를 갖는다.[8]

---

[8] 오류 프레임은 오류를 발견한 수신노드가 다수 있으므로 동시에 송신될 수 있다. 첫번째 필드에 있는 6비트의 Dominant비트열로 구성된 active error flag영역은 마치 "야! 송신 중지해!"라고 소리치는 것과 동일하다.

참고로 <그림 15.11>은 오류 프레임의 형식이다.

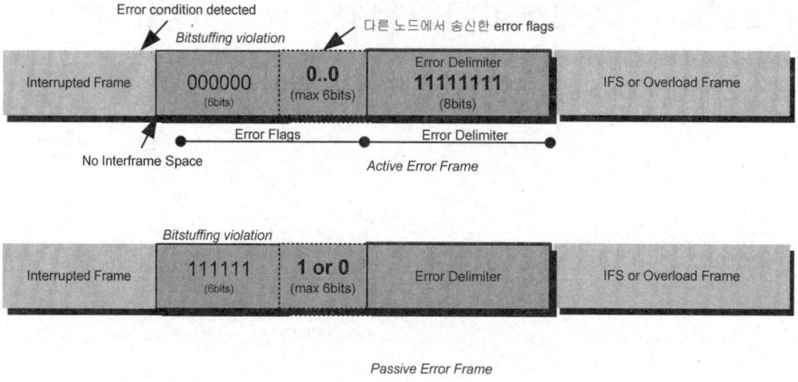

<그림 14.11> 오류 프레임 형식

<그림 15.12>는 active 오류 프레임의 예이다.

<그림 14.12> Active 오류 프레임의 예

(5) Overload 프레임

데이터 프레임 또는 Remote Request 프레임을 수신했을 때 송신측에게 다음 프레임의 송신을 잠시 지연하도록 통보할 때 사용된다. 이것은 <그림 14.13>과 같이 6개의 dominant 비트로 구성된 오버로드 플래그영역과 8개의 recessive 비트로 구성된 오버로드 영역 구분자(오류프레임의 오류 영역구분자와 동일한 형식)으로 구성된다.

여기서 오버로드 플래그 영역은 오류프레임의 경우와 마찬가지로 비트스터핑 규칙을 위반하는 비트열이므로 버스상의 모든 노드는 overload 상태임을 인지할 수 있다.

이 형식은 분명히 active 오류프레임과 동일한 형식을 갖지만 이 프레임은 정상적인 프레임의 수신완료시점, 즉 IFS구간이 시작되는 시점에서 송신된다[9].

[9] 반면에 오류 프레임은 프레임 중간에 송신된다.

이러한 overload 프레임은 최대 2번 연속 전송할 수 있다. 또한 데이터 프레임 또는 Remote Request 프레임의 마지막 영역인 IFS 기간내에 dominant 비트(0)가 감지된다면 다음 프레임의 송신이 성급하게 발생한 것이므로 즉시 오버로드 프레임의 송신을 개시한다.

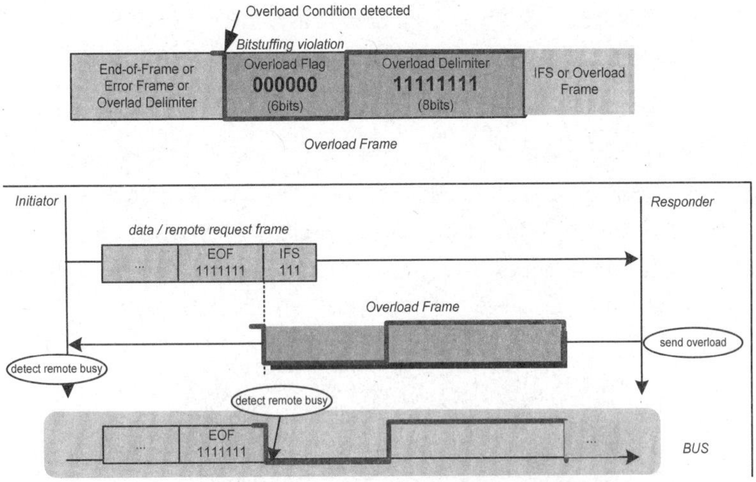

<그림 14.13> Overload 프레임 형식과 동작

14.6 CAN 메시지의 예

다음 그림은 CAN트랜시버를 거치기 전에 CAN컨트롤러의 TXD와 RXD의 신호를 오실포스코프로 관측한 것이다.

(1) 데이터 프레임 송신과 ACK

<그림 14.14>는 일반 데이터 프레임의 송신과정에 대한 것이다.

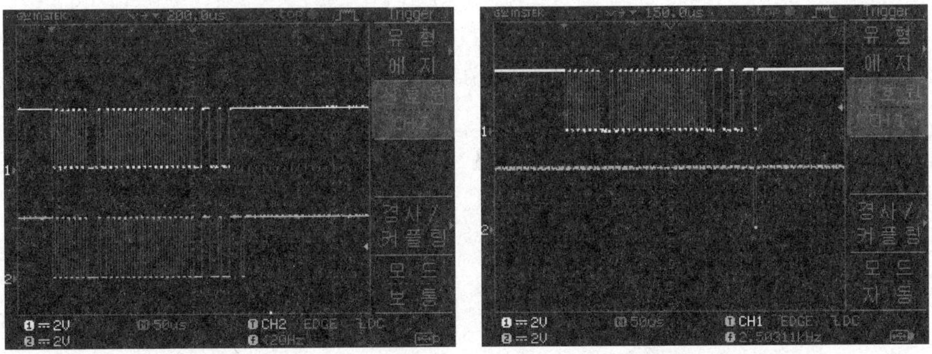

(a) Initiator측 파형 (b) Responder측 파형

<그림 14.14> 데이터 프레임과 ACK의 예

<14.14a>는 이 프레임의 송신측에서 측정한 것으로써 윗 파형은 TXD 신호이고 아랫 파형은 RXD 신호이다. RXD 신호는 CAN 트랜시버의 readback 특성에 의해 TXD 신호가 되돌아 옴을 알 수 있다. 특히 RXD 신호의 마지막 비트 부분은 상대방에 의한 ACK 비트가 수신됨을 알 수 있다.

반면에 그림 <14.14b>는 수신측의 RXD 신호(윗 파형)와 TXD 신호(아랫 파형)를 측정한 것이다. 수신측의 TXD 핀에서 관측된 하나의 우성비트는 바로 ACK를 송신한 것이다.

(2) Remote Request 프레임의 송수신 절차

<그림 14.15>는 Remote Request 프레임의 송신과 데이터 프레임의 응답과정에 대한 것이다. 윗 파형은 Initiator의 TXD 신호이고 아랫 파형은 Responder측의 TXD 신호이다.

Initiator가 송신한 Remote Request 프레임에 대하여 Responder가 ACK한 후 데이터 프레임으로 응답함을 알 수 있다. 이에 Initiator는 마지막에 Reponder측으로 ACK한다.

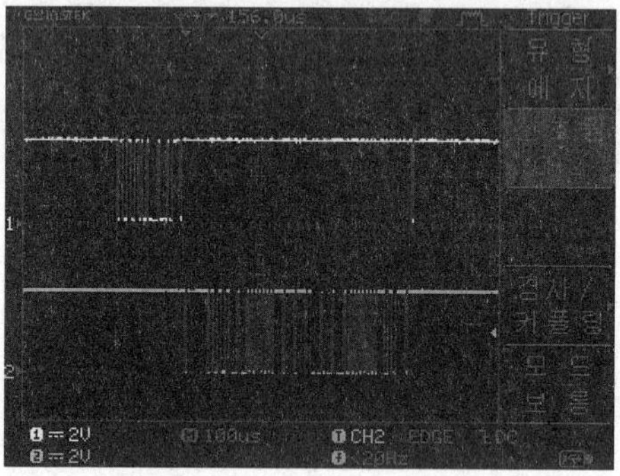

<그림 14.15> Remote Request절차(Initiator측 TXD와 Responder측 TXD파형)

14.7 CAN 2.0B 프레임 형식

이것은 29 비트의 메시지id를 갖는 확장된 프레임 규격이다. 기존의 11비트의 메시지id를 갖는 2.0A 규격과의 호환성을 제공하기 위하여 기존 RTR비트 영역과 CAN2.0A에서 사용이 유보되어 domminant값(0)을 갖는 제어영역의 선두 1비트(r1)를 다음과 같이 재정의하여 활용한다.

- RTR 비트 : SRR(Substitute Remote Request) 비트
- 첫번째 비트(r1) : IDe (IDentifier extension)비트

SRR(RTR)	IDe(r1)	
0	0	CAN2.0B base frame이면서 2.0A frame과 동일 : data frame
1	0	CAN2.0B base frame이면서 2.0A frame과 동일 : Remote Request frame
0	1	CAN2.0B ext. frame : data frame
1	1	CAN2.0B ext. frame : Remote Request frame

이렇게 재정의된 확장형 프레임의 경우 6비트의 제어 영역은 추가된 18비트의 message id 영역 뒤로 이동되어 수납된다. 물론 11비트 길이의 메시지 식별자만 사용하는 표준 데이터 프레임이 높은 우선 순위를 가지게 된다.

대부분의 CAN 2.0A 노드는 11비트 길이의 메시지식별자를 사용하는 CAN2.0B 기본 CAN 형식의 메시지의 전송 및 수신이 당연히 가능하다. 하지만 29비트 길이의 메시지 식별자를 사용하는 확장 CAN 형식(CAN 2.0B)의 메시지는 지원하지 못한다.

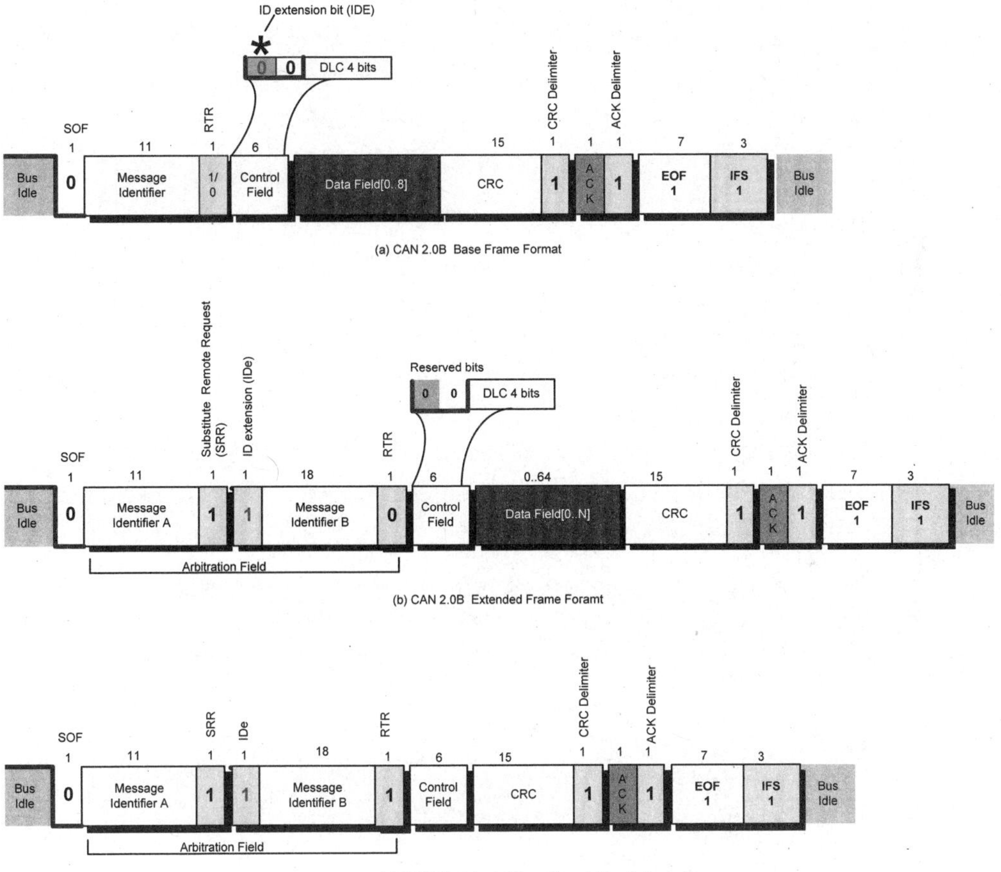

(a) CAN 2.0B Base Frame Format

(b) CAN 2.0B Extended Frame Foramt

(c) CAN 2.0B Extended Frame Foramt (Remote Request)

<그림 14.16> CAN 2.0B 프레임 형식

14.8 CAN 데이터 링크 계층

(1) 기능

CAN의 데이터 링크 계층은 프레임의 구성, 전송, 필터링을 사용한 수신 기능 등을 수행한다. 또한 비트 스터핑을 적용한 비트동기 및 버스 사용권 확보, 수신 프레임에 대한 ACK기능, 재전송 및 오류감지 등의 오류제어 기능을 수행한다.

이것은 다음과 같은 2개의 계층으로 구성된다.

- Object 계층 : 각 CAN 메시지별 {메시지 id, 길이정보, 응답여부, 필터값 등}을 설정한 메시지정보 꾸러미인 메시지 오브젝트(MsgObj)를 설정하여 내부의 메모리 또는 레지스터에 저장한다. 이후 상위 계층의 전송요구시 해당 메시지 오브젝트의 정보를 참조하여 하부의 Transfer 계층에 송신을 요구한다. 수신시에는 메시지에 대한 선택적인 필터링을 수행한다. 일반적인 CAN 컨트롤러는 이러한 메시지 오브젝트를 최대 32개 설정할 수 있다.
- Transfer 계층 : CAN 프레임에 대한 비트 레벨의 송수신을 수행한다. 이를 위하여 비트동기 및 Start of Frame 신호생성 등의 프레이밍, 버스사용권확보, 수신 프레임에 대한 물리적인 ACK기능, 재전송 및 오류감지 등의 오류제어 기능을 수행한다.

(2) 비트 스터핑

물론 CAN 버스상의 모든 노드는 동일한 클럭 주파수로 설정하여 사용하지만 CAN 버스에는 비트동기를 제공하는 별도의 타이밍 소스 및 클럭 전용 선로가 없다. 따라서 송신노드를 제외한 나머지 노드는 송신측으로부터 수신되는 메시지 비트열로부터 스스로 송신측과의 비트동기를 맞추어야 한다[10].

하지만 CAN의 물리 계층에서 다루었듯이 CAN 신호방식은 NRZ이므로 1 또는 0이 연속될 경우 수신측 입장에서 송신측과의 비트동기를 맞추는데 어려움이 있다.

이러한 어려움을 해결하기 위하여 CAN에서는 <그림 14.17>과 같이 1 또는 0이 연속적으로 5비트가 송신될 경우 강제로 선행 비트값에 대하여 반전된 비트를 추가 삽입하고 수신측에서는 이것을 제거하는 비트 스터핑 절차를 사용한다[11].

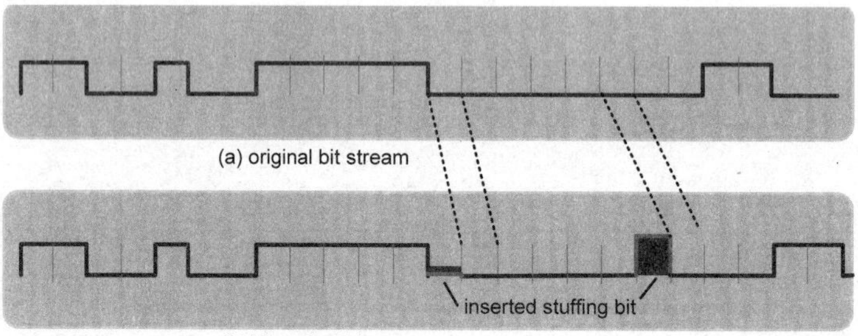

<그림 14.17> CAN에서의 비트 스터핑 예

비트 스터핑은 SOF영역부터 CRC영역까지 수행되고, 나머지 영역인 CRC 딜리미터에서 EOF까지의 구간에서는 고정된 형식이므로 수행하지 않는다. 비트 스터핑에 의한 실제 전송완료시간은 원래의 메시지 전송시간보다 길어진다. 예를 들어 8바이트의 데이터 메시지라면 최악의 경우 111비트 길이의 전송 메시지에 대하여 실제로 135비트를 전송하는 시간이 소요될 수 있다.

---

[10] 이러한 송수신 신호방식을 self-clocking 신호방식이라고 한다

[11] 이것은 HDLC에서도 유사한 방법이 사용되었다.

(예) <그림 14.18>은 8바이트의 데이터 영역에 {0x55,0x55,**0xff,0xff,0x00,0x00**, 0x55,0x55}가 수납된 프레임을 송신할 때 비트 스터핑에 의해 실제 전송되는 파형을 도시한 것이다. 이 데이터 중에서 0xff 또는 0x00과 같이 1 또는 0이 5개 이상 반복되는 경우 스터핑됨을 알 수 있다.

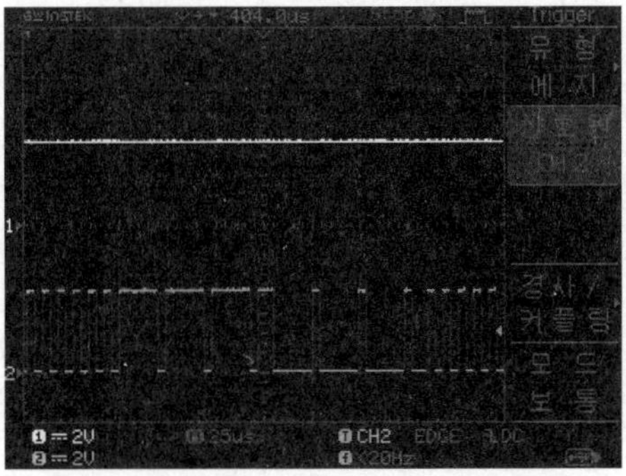

<그림 14.18> 비트 스터핑 신호의 예

(3) 메시지 식별자 기반의 주소법

CAN 노드간 메시지 전송은 이른바 "producer-consumer" 형태로 수행된다. 즉 CAN은 모든 장치가 하나의 버스를 공유하는 방송형 통신방식이므로 한 노드가 송신한 메시지는 복수 개의 다른 노드에 동시 전달되는 특성을 갖는다.

이를 고려하여 CAN 메시지는 목적지 주소 대신 "메시지 식별자"를 헤더에 사용한다. 헤더에는 11비트의 메시지 식별자 영역이 있어 2048개의 상이한 메시지를 정의할 수 있다. 필요시 29비트 길이 식별자를 사용하는 확장 형식의 프레임도 사용된다. 각 노드는 수신되는 메시지 중에서 메시지 필터링 기능을 사용하여 자신과 관련된 메시지만 수용한다.

(4) 버스 중재 절차

CAN의 데이털 링크 계층은 각 프레임의 선두에 위치한 메시지 식별자 값에 물리적인 우선순위를 내포시켜 버스상에서 동시에 송신 개시된 프레임 중에서 우선순위가 높은 프레임의 송신이 성공되도록 한다[12]. 이러한 기법을 메시지 식별자 기반의 "Non-Destructive Bit-wise Arbitration" 버스 중재 방법이라고 부른다.

[12] CSMA/CD를 사용하는 이더넷의 경우 이러한 충돌이 발생하면 해당 프레임 모두가 버려진다.

14.9 CAN 버스 중재 절차

(1)Non-Destructive Bitwise Arbitration 버스 중재 방법

CAN시스템의 각 노드는 마스터 역할을 할 수 있다. 따라서 버스가 idle한 경우 2개 이상의 노드가 동시에 송신을 개시하면 충돌이 발생한다.

CAN에서는 이러한 버스상에서 충돌을 최소화하고 충돌이 발생하더라도 우선순위가 높은 노드는 자신의 메시지 전송을 계속할 수 있는 Non-Destructive Bit-wise Arbitration 절차를 사용한다[13].

CAN 버스상에 송신되는 신호는 dominant('0') 비트만이 케이블상에 Vdiff = 2V의 전압차를 보일 뿐 recessive(1) 비트는 버스상에 표출되지 않는다. 즉 버스상에 '0(dominant)' 비트를 전송하는 노드와 '1(recessive)' 비트값을 전송하는 노드가 있다면 실제 버스상에는 '0'비트 값이 표출된다. 따라서 0을 송신하고 있는 노드가 우선순위를 가진다고 할 수 있다. 즉 CAN 버스상에서는 열성비트는 우성비트에 의해 무시된다. 이것은 open collector 또는 *wired or*기법이라고 한다[14].

<그림 14.19>를 보자. 노드 A, B, C가 동시에 SOF 비트를 시작으로 자신의 ID영역을 송신 개시한다. 각 노드는 송신 중에도 버스상태를 읽으므로 각 비트별로 자신의 전송값이 버스상에 표출되는지 알 수 있다.

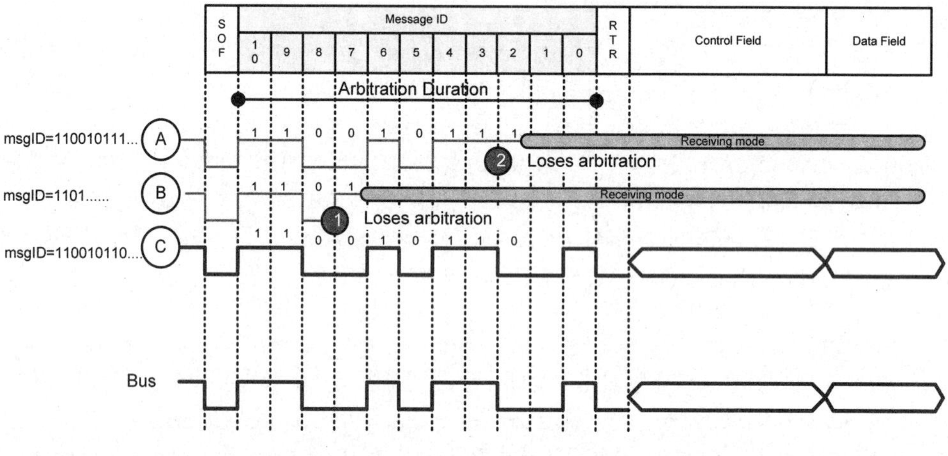

<그림 14.19> 메시지 식별자 기반의 어드레싱 및 중재 방법

- 노드 C : 버스상에는 자신이 송신하는 id값과 동일한 값으로 표출되므로 경쟁에서 이겨 프레임의 송신을 완료할 수 있다.
- 노드 B : 자신의 메시지 식별자가 상대적으로 큰 값을 가지므로 열등하다. 즉 송신과정 중에 recessive 비트('1')값은 노드 C의 '0'값에 의해 버스상에서 '0'으로 표출된다. 이에 자신은 송신을 중지하고 수신상태로 천이한다.
- 노드 A: 마찬가지로 결국 수신상태로 천이한다.

---

[13] CSMA/CD+AMP(Carrier Sense Multiple Access/Collision Detection with Arbitration on Message Priority) 또는 carrier sense multiple access/bitwise arbitration(CSMA/BA)라고도 한다

[14] 하지만 실제로는 dominant 비트값이 0이므로 '1'과 '0'이 경쟁했을 때 '0'이 표출되므로 사실 *wired and*라고도 부른다.

이러한 과정에서 각 프레임의 선두에 위치한 메시지 식별자 영역은 우선순위를 내포하고 있음을 알 수 있다. 이 방법의 장점은 버스상에서 여러 개의 프레임이 충돌하더라도 우선순위가 높은 프레임은 송신을 성공하는 것이다[15].
이러한 기법을 메시지 식별자 기반의 "Non-Destructive Bit-wise Arbitration" 버스 중재 방법이라고 한다.

(2) 전송 절차 상세

CAN용 NDBA 중재 방법에 따른 전송 절차는 다음과 같다.

① 송신될 메시지를 준비한 후 전송매체상태(즉, 캐리어 상태)를 점검한다. 이것을 carrier sense[16]한다고 한다. 만약 캐리어신호가 감지되면(즉, 다른 통신국에 의한 전송이 진행중이거나 충돌이 지속되는 경우), idle할 때까지 계속 케이블의 상태를 감시한다[17].
② 버스가 idle하면 최소한 6BT의 Inter-Frame Gap(IFG) 시간동안 대기한다. 이후 여전히 idle하면 송신개시한다.
③ 송신중에 충돌이 발생하는지를 지속적으로 점검한다.
충돌발생이 감지되면, 즉 자신이 송신하고 있는 비트값과 버스상에 표출되는 비트값이 상이한 경우 즉시 전송을 중단한다. 그리고 랜덤하게 결정되는 backoff 지연시간 이후 전송을 재시도한다.
⑤ 수신 노드들은 헤더 영역의 메시지 식별자에 대하여 수신 필터값을 적용하여 이 프레임의 수신을 계속하거나 무시한다.
⑥ 버스상의 수신노드는 수신되는 메시지의 메시지 id가 자신에 해당되고 CRC값이 유효하면 ACK 펄스로 응답한다[18].

14.10 CAN 주소지정방식과 메시지 우선순위

(1) producer-consumer 주소법

CAN에 접속되는 노드들의 종류는 크게 센서, ECU, 액츄에이터 등으로 구분할 수 있다. 예를 들어 엔진 룸내의 수온 센서 노드는 CAN 버스를 통해 주기적으로 현재의 냉각수 온도값을 수납한 메시지를 송신한다고 하자. 이 수온 메시지는 엔진의 회전수를 제어하는 ECU에 전달될 뿐만 아니라 계기판의 수온 게이지를 구동하는 액츄에이터에도 전달되어야 한다.
만약 각 노드에 명시적인 노드 주소가 사용된다면 수온 센서 노드가 이러한 2개의 목적지 노드에 대하여 목적지를 달리하는 동일한 메시지를 유니캐스트로 전송한다면 총 2회 반복 전송해야 할 것이다.

---

[15] CSMA/CD를 사용하는 이더넷의 경우 이러한 충돌이 발생하면 해당 프레임 모두가 버려진다.
[16] Carrier라는 용어는 Metcalf가 Communications of ACM 저널에 개제한 그의 논문에서 사용되었는데, 그는 이더넷이 캐리어(반송파)에 변조된 신호를 실어 송신하는 무선방식의 ALOHA 프로토콜을 개량한 것이기 때문에, 일관성을 유지하기 위하여 사용한 것이다. 대부분의 이더넷은 변조되지 않은 디지털신호를 전송하는 baseband 방식이므로, 엄밀한 의미의 아날로그 반송파(carrier)는 없다. 여기서 캐리어란 케이블상에 전송되는 프레임이나 충돌신호들을 의미한다.
[17] 1-persistent방식이라고 한다.
[18] 물론 이 메시지를 수신하고자 하는 노드가 한 개 이상일 수 있으며, 해당 노드들이 ACK를 각각 하더라도 실제 버스상에는 하나의 ACK펄스만 표출된다.)

CAN에서는 이러한 명시적인 노드 주소법 대신에 메시지 식별자(또는 레이블)에 의한 주소법, 즉 content-based 주소법을 사용한다.

예를 들어 수온 센서 노드는 {메시지 식별자 : 엔진 제어관련 메시지 식별값; 메시지 데이터 영역 : 수온=56도}로 구성된 CAN 메시지를 생성하여 버스상으로 송신하면 이를 필요로 하는 ECU 및 수온게이지 액츄에이터에 동시 전달된다. 이러한 메시지 식별자 기반(또는 Content-based)의 프로토콜의 또 다른 장점은 버스상에 새로운 노드를 임의로 추가할 수 있는 것이다[19].

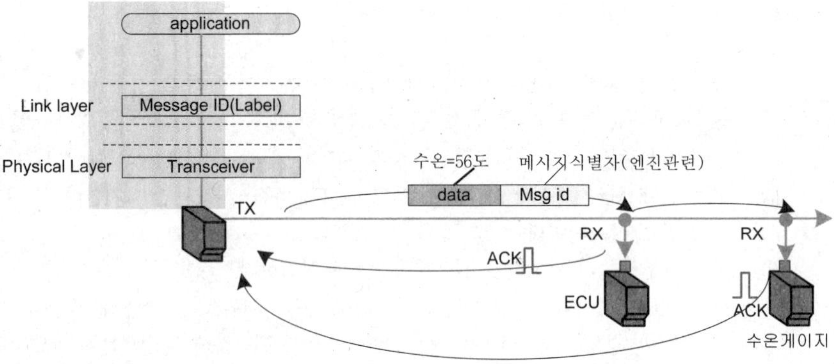

<그림 14.20> producer-consumer 주소법에 따른 전송 예

(2) 메시지 식별자

CAN에서 메시지 식별자는 특별한 의미를 가진다. 즉 메시지 식별자는 그 값에 따라 묵시적인 우선순위를 가진다. 따라서 긴급 메시지의 경우 낮은 값의 식별자가 할당되어야 한다.

물론 낮은 우선순위 메시지도 전송 마감시간까지 반드시 전송될 수 있도록 생성 주기 및 메시지 길이 등이 신중하게 결정되어야 한다.

Item Name	Message ID[11bit]	Data Bits	Data Value
Alarm	1		
...			
ParkTailLampControl	0x300	[63:61]	0=Invalid; 1=OFF; 2=ON;3=...
IgnitionSwitchStatus	0x300	[60:58]	0=Invalid; 1=OFF; 2=ACC; 3=RUN;4=START
DoorLockControl	0x300	[57:50]	0=Invalid; 1=LOCK;2=...
...			
MainRoomLampSwitchStatus	0x300	[1:0]	0=Invalid; 1=ON; 2= OFF;
FuelDoorOpenSwitchControl	0x310	[63:62]	0=Invalid; 1=Open
FuelDoorStatus	0x310	[61:60]	0=Invalid; 1=Opened; 2=Closed
...			
SeatReclineControl	0x310	[1:0]	0=Invalid; 1=Forward; 2=Backward
...			

19 이러한 content-based 주소법을 "producer-consumer"방식이라고도 부른다. 공장자동화 통신망 및 항공기 제어버스인 ARINC429 등에서도 이러한 방법이 사용된다.

이러한 메시지 식별자를 할당시 다음 사항을 염두에 두어야 한다.

- 메시지 식별자 =0 인 메시지는 최우선순위를 가지므로 긴급 상황시 사용한다.
- 11비트 식별자는 29비트 식별자보다 항상 우선순위가 높다.
- 여러 노드가 동시에 동일한 식별자를 갖는 메시지의 송신을 금지해야 한다.
- 메시지 식별자의 할당 예는 다음과 같다.

(3) 메시지 오브젝트 예

예를 들어 <그림 14.21>과 같은 시스템을 보자.

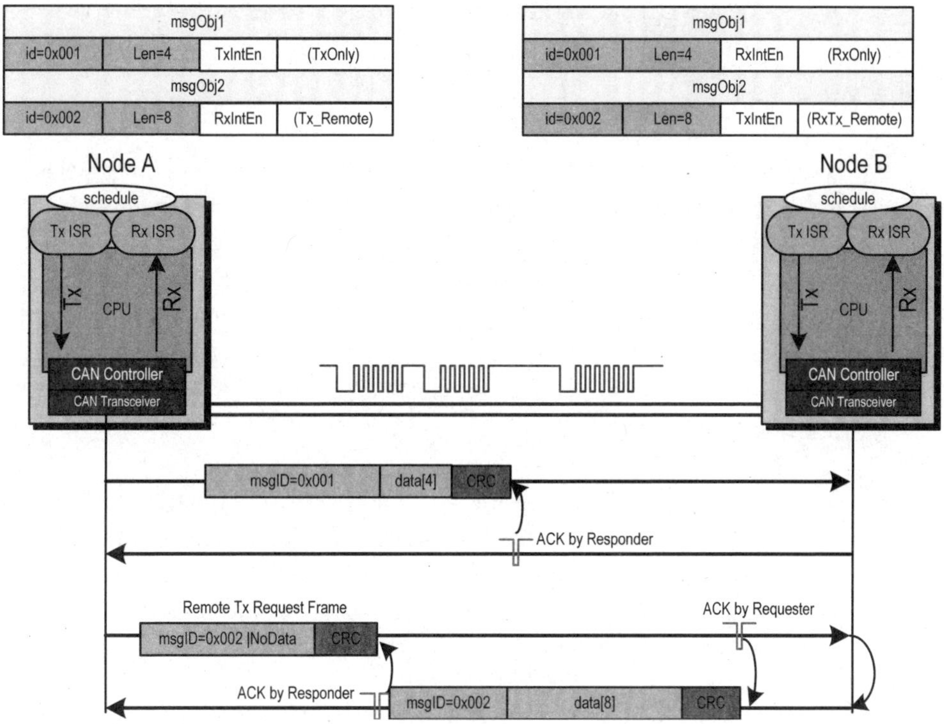

<그림 14.21> 메시지 오브젝트에 의한 CAN 모듈의 동작 예

각 노드의 메시지 오브젝트는 상이한 메시지 id와 데이터 길이 그리고 송신전용 또는 RemoteRequest 절차용 등이 다음과 같이 설정되어 있다.

Node A			Node B		
MsgId	data len	특성	MsgId	data len	특성
0x001	4	송신전용	0x001	4	수신전용
0x002	8	RemoteRequest용	0x002	8	RemoteRequest수신시 응답

이러한 메시지 오브젝트에 대하여 순서대로 데이터를 송신하거나 remote request에 의한 read 동작을 수행한다.
이러한 동작을 위해 해당 MessageObject에 대하여 다음과 같이 동작을 설정해야 한다.

- TX : 데이터를 함께 송신한다.
- TX_REMOTE Request : 송신측이 Remote Request메시지의 송신을 지시함. 이것을 수신하는 측은 사전에 RX_REMOTE Object를 생성해 두어야 한다.
- RX : 일반 데이터 메시지를 수신하도록 한다.
- RX_REMOTE : Remote Request메시지의 수신을 지시함. 해당 메시지에 대한 응답여부는 별도로 판단한다.
- RXTX_REMOTE : Remote Request메시지를 수신하면 자동으로 응답하도록 한다.

14.11 비트 동기

CAN의 bitwise arbitration 매체 접근 절차가 정확히 동작하려면 버스 상의 각 노드가 송신하는 각 비트의 송신 개시 시점이 일치되어야 송신 신호값이 정확하게 버스상에 표출되어 다음 비트의 송신 여부를 결정할 수 있다.
하지만 CAN 버스상의 각 노드는 자신의 로컬클럭만 사용한다. 당연히 이 클럭 주파수는 각 노드마다 오차 범위내에서 서로 상이할 수 있다. 또한 케이블의 특성에 따라 전파 지연 시간이 변동될 수 있다.
CAN의 각 노드는 정확한 비트 동기를 위하여 다음과 같은 절차를 사용하여 수신 비트열로부터 송신 노드의 클럭을 추출한다.

- Idle 상태에 있던 수신노드는 SOF 비트열에 의한 버스 상태 천이를 감지한다. 이 과정은 일종의 프레임 동기라고 할 수 있으며 hard synchronization이라고 부른다[20].
- 이후 비트별로 정확한 값을 샘플링하기 위하여 각 비트 신호 상태가 recessive(Vpp=0) 상태에서 dominant(Vpp=2V) 상태로 천이할 때마다 자신의 수신 클럭 주파수를 재조정한다. 이 과정을 재동기과정이라고 부른다.

정밀한 재동기과정을 위하여 <그림 14.22>과 같이 한 비트 송신 시간인 BitTime(BT)을 여러 개의 타임슬롯인 time quanta(Tq)로 세분하고 이들을 총 4개의 구간 {Synchronization, Propagation Delay Segment, Phase Segment 1, Phase Segment 2}으로 조합한다. 각 구간의 역할은 다음과 같다.

- SYNC 구간 : Idle상태(recessive)에서 처음으로 dominant('0')상태로 천이할 경우, 첫번째 Tq의 시작 부분을 내부 시스템 타이머 값을 기록한다. 이것을 활용하여 송신측의 클럭에 수신클럭을 동기시킨다. 다음 비트의 synchronisation엣지시점은 BT 이후에 설정하는 것이 일반적이다[21].

---

[20] UART에서도 유사한 과정이 있었다.
[21] 이전 비트의 Phase Seg2 구간내에 설정해도 된다. 이 경우 early edge방식이라고 한다. 또한 다음 비트의 Prop Seg 구간내에서 synchronisation 엣지를 설정해도 되는데 이것을 late edge라고 한다.

- Propagation Delay 구간 : 버스 길이에 따른 전파 지연 시간을 고려한 샘플링 지연 시간이다.
- Phase 1과 Phase 2 구간 : 한 비트 구간의 신호의 중간지점을 샘플링할 수 있도록 설정된 구간이다. 수신 신호의 실제 샘플링은 Phase 1의 마지막 시점에서 수행된다.

이러한 각 구간의 길이는 망의 상태에 따라 결정할 수 있다. 즉 송신측의 클럭 변위에 대하여 각 비트별 샘플링 시점을 가감할 수 있다.

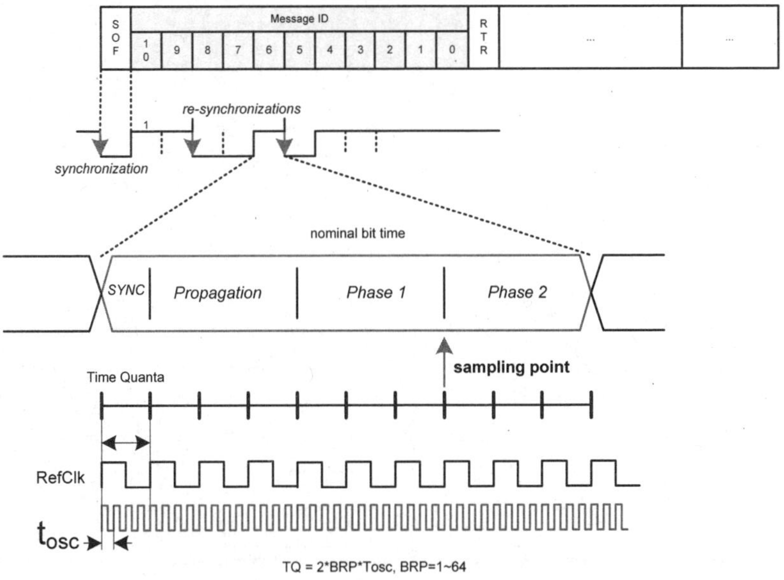

<그림 14.22> CAN의 time quanta 및 동기과정

(예) 비트타임을 25quanta로 분할한 경우.
1Mbps급 CAN버스의 경우 BT은 1μsec이다. 이 기간을 25등분한다면 time quanta는 1/25μsec = 40nsec이다. 샘플링 시점을 17time quanta 시점에서 수행하려면 각 구간을 다음과 같이 할당할 수 있다[22].

syncronisation	propagation delay	phase 1	phase 2
1 TQ	8 TQ	8 TQ	8 TQ

14.12 CAN의 동작절차

(1) CAN 프레임의 기능별 분류

CAN에서 사용되는 여러 종류의 프레임은 크게 Periodic, Request/Response, Command 프레임으로 분류된다.

[22] 참고로 CAN 컨트롤러의 내부 시스템 클럭이 100MHz인 경우 quanta당 4 시스템 클럭이 할당된다. 따라서 timer couter의 4 tick마다 time quanta를 증가시키면 된다.

- Periodic 프레임 : 주기적으로 전송되는 데이터 프레임이다. 이러한 프레임은 속도, 위치, 압력 등의 이벤트를 수납하는 용도로 사용된다.
- Request/Response 프레임 : 필요시 특정 장치에 대하여 요청하고 응답받을 때 사용하는 프레임이다. 예를 들어 오일 압력 센서나 low battery sensor의 동작여부를 감시할 경우 safety system은 이들에 대하여 자신의 상태를 보고하라고 지시할 수 있다. 이것을 Remote Transmit Request (RTR) 절차라고도 한다. 물론 Error 프레임이 응답될 수도 있다.
- Command 프레임 : 액츄에이터를 작동시키는 등의 명령을 전송할 때 사용하는 프레임이다. 이 경우 message ID는 대부분의 경우 대상장치의 주소값으로 할당되며 데이터 영역은 없어도 된다. 이 명령에 대한 응답으로 ACK비트면 충분하다.

(2) 일반적인 전송과정

CAN 버스에서의 전송은 모든 노드로 방송된다. 수신측 노드는 해당 메시지필터링을 한 후 메시지를 상위 계층으로 전달한다.

<그림 14.23>는 이러한 동작의 예를 도시한 것이다.

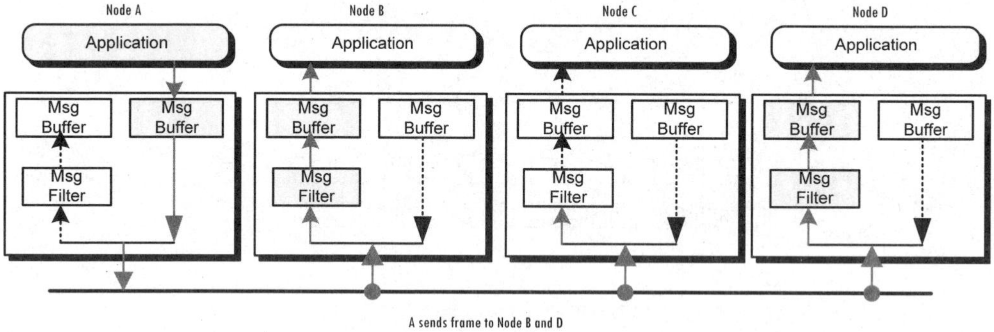

<그림 14.23> CAN의 일반적인 전송과정

a) 송신절차

버스가 idle하다고 판단한 어떤 노드라도 CAN 프레임을 송신할 수 있다. 송신노드를 제외한 모든 노드는 수신상태에 있다.

- 오직 한 노드만 메시지를 송신에 성공한다.
- 정상 수신한 모든 노드는 ACK 비트 영역을 pull-down시켜 ACK한다.
- 이 ACK 비트값을 감지한 송신노드는 송신이 성공했다고 판단하고 end-of-frame를 송신한 후 수신모드로 전환하거나 다음 메시지의 송신을 준비한다. 그렇지 않다면 즉시 재전송을 개시한다. 재전송횟수의 제한값은 없다.
- 송신노드 스스로 또는 다른 노드에 의해 오류가 감지되면 6개의 연속된 '0'비트값으로 구성된 Error 프레임을 송신한다. 이에 송신중에 있던 노드는 재전송을 시도한다. 이러한 오류는 TEC(Tx Error Count) 및 REC(Rx Error Count) 카운터에 누적된다.

b) 수신절차

- 송신 노드를 제외한 모든 노드는 수신상태로 설정된다.
- 수신되는 프레임에 오류가 없다면 ACK 비트 영역을 '0(우성 비트)'으로 설정한다.
- 수신 완료된 프레임에 대하여 메시지 필터를 적용하여 상위로 전달하거나 무시한다.

(3) Remote Request 프레임을 사용하는 경우

<그림 14.24>의 예는 노드A가 송신한 Remote Tx Request 프레임에 대하여 노드 D가 응답하는 절차이다. RTR 비트의 상태에 유의하라.

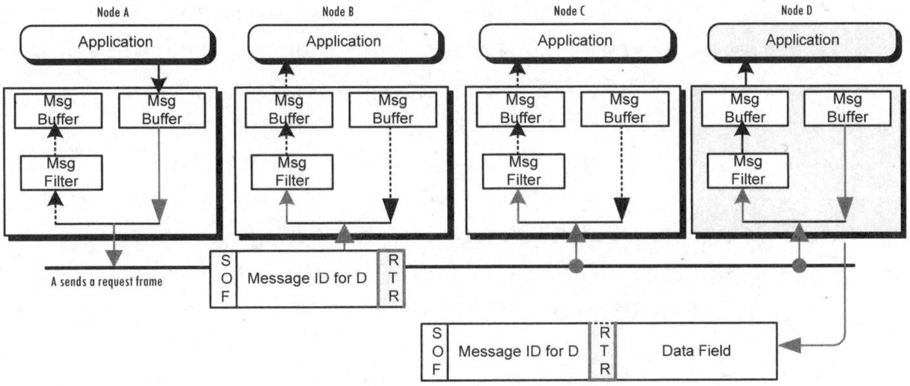

<그림 14.24> CAN의 Remote Reqeust 절차

(4) 메시지 필터 설정

CAN에서 사용되는 Acceptance Mask는 CAN 수신 버퍼로 들어오는 다양한 메시지에 대해서 자신이 원하는 특정 ID 또는 특정 범위의 메시지에 대해서만 수신하도록 한다. 다음은 그 예이다.

- MsgID = 0x03001, Mask = 0x00000 : 모든 mask 비트가 0이므로 모든 ID에 대하여 수용한다.
- MsgID = 0x03001, Mask = 0xFFFFF : ID=0x3001인 메시지만 수신 허용한다.
- MsgID = 0x03001, Mask = 0xFFFF7 : ID=0x03000~0x03007 범위내의 메시지를 모두 수신 허용한다.

14.13 CAN의 오류 감지 및 처리기능

CAN은 안전운행이 필수적인 자동차용으로 고안된 것이므로 오류 처리 기능에 많은 중점을 두었다. 특히 CAN은 하나 이상의 수신 노드가 눈을 부릅뜨고 버스에서 전송된 모든 메시지에 대한 오류를 검사한다. 또한 송신노드 자신도 송신중에 있는 비트값과 실제 버스상에 표출되는 신호값을 비교함으로써 오류 감지 기능에 동참한다. 만약 하나의 수신 노드로부터 오류가 통보되면 송신측은 intermission time 이후에 재전송한다.

(1) 오류의 종류

CAN에서 정의된 장애의 종류는 다음과 같다.

- CRC 오류 : 15비트의 CRC값이 부착된 프레임의 수신측은 CRC를 계산하여 메시지 오류를 검사한다. 오류발견시 오류프레임을 송신한다.
- Ack 오류 : 송신 노드는 송신프레임의 마지막 부분에 위치한 Ack 비트 영역에 대하여 자신은 열성 비트 값을 송신한다. 그런데도 버스상에서 그 값을 읽었을 때 우성 값이라면 적어도 한 노드는 정상적으로 해당 프레임을 수신한 것으로 판단한다. 반면에 해당 ACK 비트 영역이 열성으로 감지된다면 모든 수신노드가 ACK하지 못한 것이므로 오류 프레임을 능동적으로 송신한다.
- Form 오류 : 만약 버스상의 어떤 노드가 End of Frame, Interframe Space, Acknowledge Delimiter 또는 CRC Delimiter 영역 다음에 우성 비트값이 버스상에 표출된다면 이것은 규정에 어긋난 프레임 형식이므로 Form Error를 발생한다.
- 비트 오류 : 송신 노드가 우성 비트값을 송신했는데 열성 비트값이 감지되거나 그 반대인 경우의 오류이다. 물론 Arbitration영역 또는 Ack 영역에서는 이 상황이 비트 오류는 아니다. 이러한 오류가 감지되면 오류프레임이 수신노드로 부터 생성될 것이다.
- Bit Stuff 오류 : CAN은 NRZ 신호방식을 사용하고 비트 동기를 위해 비트 스터핑을 수행한다. 만약 수신측이 비트 스터핑 규정에 어긋난 6개 이상의 동일한 극성인 연속 비트열을 수신하면 비트 스터핑 오류로 감지하고 오류 프레임을 송신하여 재전송되도록 한다.

	오류 구분	검출 기능부
Bit error	전송한 비트가 버스상에서 감지된 비트와 다른 경우	Transmitter
Stuff error	같은 극성의 비트가 6개 이상 연속으로 감지될 경우	Transmitter/Receiver
Form error	정해진 형식의 비트 패턴이 나타나지 않은 경우	Receiver
ACK error	ACK 슬롯이 'd'로 설정되지 않은 경우	Transmitter
CRC error	CRC오류의 경우	Receiver

(2) 오류 감지 기능

기본적으로 수신측과 송신측 뿐만 아니라 오류를 감지한 다른 노드도 참여하여 다음과 같이 오류를 감지한다.

- 송신측 :Ack 오류가 감지되거나 비트오류를 감지한다.
- 수신노드 : 비트 스터핑 오류, Form오류, CRC오류 등을 감지한다.

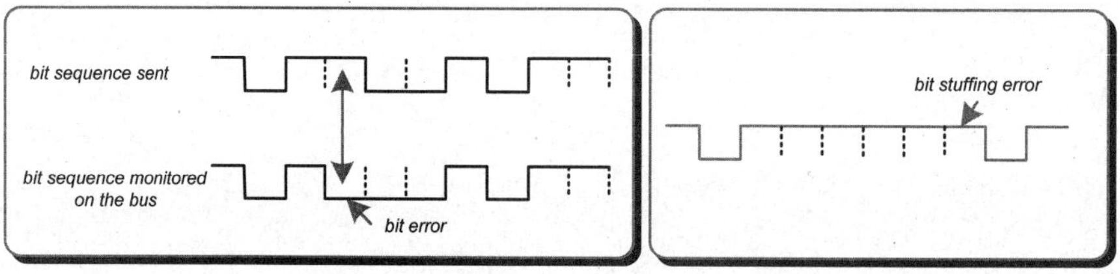

(a) Error detect by sender (b) Error detect by receiver

<그림 14.25> 오류 감지 기능

(3) 오류 감지 통보 기능

오류를 감지한 모든 노드(송신 노드 자신 포함)는 해당 영역이 감지되는 즉시 버스 상태를 최소한 6BT 기간동안 logical 0(우성 상태)를 발행한다. 이 과정은 바로 오류 프레임의 송신과정이다. 이 오류 프레임을 구성하는 비트열은 비트 스터핑 규칙을 고의적으로 위반하는 것이므로 다른 노드로 하여금 오류 프레임의 전송도 함께 야기한다[23].

단 CRC 오류의 경우에는 ACK 구분자를 수신한 이후에 오류 프레임을 전송한다.

(4) 오류 복구 절차

각 노드는 다음과 같은 3가지 중 하나의 오류상태에 있을 수 있다. <그림 14.26>을 참조하라.

- Error-Active : 오류를 감지한 노드가 자신의 Transmit Error Counter (TEC)와 Receive Error Counter(REC)값이 모두 128 미만이라면 6개의 우성 비트로 구성된 액티브 오류프레임을 송신하는 상태이다. 이것은 비트 스터핑 규칙을 위반한 프레임이므로 모든 노드도 자신의 REC(receive error counter)값을 4 증가시킨다. 이러한 Error-Active 상태에서는 정상적인 데이터 전송이 가능하다.
- Error-Passive : TEC 또는 REC값이 127을 초과하는 경우이다. 이때 해당 노드는 6개의 열성 비트로 구성된 Passive 오류 프레임을 송신한다[24].
- Bus-Off : TEC값이 255를 초과한 경우, 스스로 버스에서 이탈하는 상태이다[25]. 이 상태에서 노드는 송수신 및 ACK를 할 수 없으며, 모든 종류의 오류 플래그 프레임도 송신하지 못하는 고립상태가 된다. 이렇게 함으로써 장애가 발생한 노드가 버스를 독점하지 못하도록 한다.

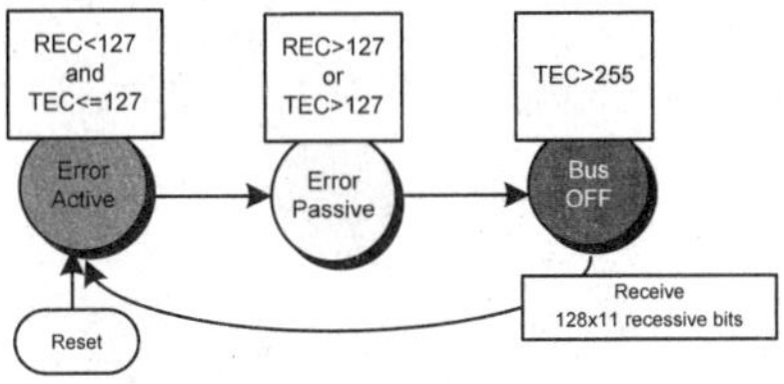

<그림 14.26> 오류에 따른 노드의 상태천이

---

[23] 예를 들어, 임의의 노드A가 수신오류를 감지하면 6개의 'd'비트(오류 플래그)와 8개의 'r'비트(에러 구분자)로 구성된 오류 프레임(능동 오류플래그)을 전송하게 된다. 이 오류 플래그 프레임을 수신하는 다른 노드들은 수신되는 6개의 'd'비트열로부터 오류가 발생하였음을 인식한다. 이에 이들도 또 6개의 'd'bits(에러 플래그)와 8개의 'r'bits(에러 딜리미터)로 구성된 오류 프레임을 전송하게 되므로, A가 전송한 에러 프레임의 에러 딜리미터 영역에 6개의 'd'비트(에러 딜리미터)로 구성된 에러 프레임을 전송하게 되고, A가 전송한 에러 프레임의 에러 딜리미터 영역에 6개의 'd'bits를 오버라이트(overwrite)하여 에러 플래그의 중첩영역(6~12bits)을 초래한다.

[24] 만약 이 노드가 버스상에서 유일한 송신 노드라면 이 passive error 플래그는 bit stuffing 규칙을 위반한 비트열이므로 이를 수신한 다른 노드들(active 또는 passive)은 Error Flag를 송신하게 된다. 만약 Error-Passive노드 자신이 유일한 송신노드인지 모를 경우, 즉 arbitration 중이거나 수신 노드일 경우 Passive Error플래그는 버스상에 전송되어도 영향을 주지 않는다(왜냐하면 error flag 비트열은 모두 recessive bit 열이므로). Error-Passive 노드가 Passive Error 플래그를 송신할 때 dominant 비트를 감지하면, IFS 이후 8비트 시간 동안 버스를 다시 감지한 후 버스 상태에 따라 재전송을 시도한다.

[25] REC값이 255를 초과하는 경우도 있겠지만 자신의 책임이 아니므로 Bus-Off 상태로 천이하지는 않는다.

오류가 보고된 송신측은 프레임의 송신을 즉시 중지하고 TEC(transmit error counter) 카운터값을 4 증가시킨다[26].
만약 이 값이 255 이하라면 재전송을 시도하고, 그렇지 않으면 스스로 Bus Off 상태로 천이하여 버스에서 자신을 제거한다. 만약 이 메시지가 이번에는 성공적으로 전송되었다면 송신측은 자신의 TEC값에서 1을 감소시키고 나머지 수신노드도 자신들의 REC 값에서 1을 감소시킨다.
Bus-off 상태에서 정상상태로 복귀하는 절차는 설계자 몫이다. 자신을 리셋하거나 정상적인 프레임이 연속해서 일정 개수가 수신되면 Error-Active 상태로 천이하여 정상적인 송수신이 가능해 질 수 있다. 이 경우 정상복귀 신호가 인가되더라도 129*11개의 연속된 high bit(idle) 상태동안은 대기해야 한다.

14.14 CAN 모듈의 구성과 동작

(1) CAN Controller 의 구성

범용 MCU에 내장된 CAN Controller 모듈의 구성은 <그림 14.27>과 같다.

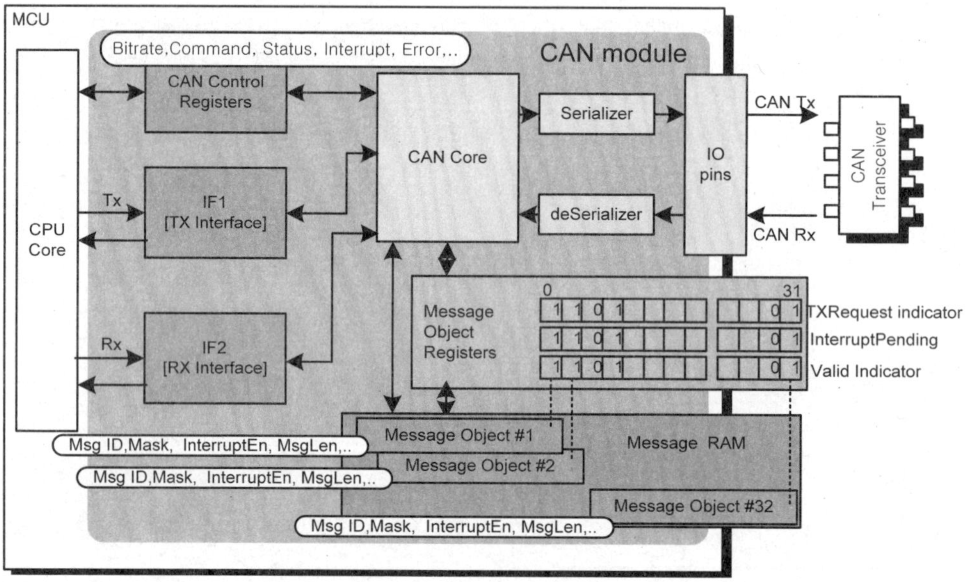

<그림 14.27> 범용 CAN 모듈의 내부 구성

- CAN Control 레지스터 : 기본적인 동작 설정용 레지스터(CAN버스 동작속도 등 설정)
- Message RAM : CAN 장치가 송신하는 메시지는 Message Object 형태로 구성되는데 이것을 최대 32개 저장하는 모듈 내부 메모리이다. CPU 코어는 저장된 개별적인 Message Object에 대하여 인터페이스 레지스터를 경유하여 접근할 수 있다. RAM에 저장되는 각 메시지의 내용은 갱신되는 것이 일반적이지만 동일한 내용을 주기적으로 송신하거나 응답할 경우 영구적 메시지 object로 설정할 수 있다.

[26] 즉 TEC는 자신이 야기한 오류 횟수이며, REC값은 다른 노드가 야기한 오류 횟수를 기록하는 카운터이다.

- Message Object 레지스터 : Message Object RAM에 저당된 Message Object들에 대한 개별적인 상태정보(Txrequest, InterruptPending, Valid 등)를 표시한다.
- Interface 레지스터 : 송신용과 수신용으로 분리된 FIFO와 Mask 등으로 구성된다.
- SerDes : MCU 내부의 병렬버스와 CAN용 직렬버스간 변환기능을 제공한다.

(2) 초기화 과정

CAN 버스의 동작속도 등을 설정하고 송수신 및 오류발생시에 대한 인터럽트 발생 여부를 설정한다. 또한 주기적으로 송신하거나 수신할 Message Object의 message id, 마스크,데이터 길이 등을 설정한다. 그리고 단순 데이터 송신기능을 수행하는 메시지 object와 Remote Transmission Request가 필요한 메시지 object를 구분 설정한다.

(3) 송신 동작

CPU Core가 송신할 메시지는 송신용 Interface 레지스터를 경유하여 Message Object RAM에 "Message Objects" 형태로 저장된 후 CAN core 기능부가 채널 상태를 참조하여 해당 메시지를 송신한다. 필요시 RAM을 경유하지 않고 송신용 Interface 레지스터 내부의 FIFO에서 직접 송신될 수 있다. 총 32개의 메시지 오브젝트에 대한 송신명령을 동시에 발행할 수도 있다. 이 경우 우선순위에 따라 차례로 전송된다. 낮은 Message id값이 높은 우선순위를 갖는다. 즉 1이 높은 순위이고 32가 낮은 순위이다.

이러한 송신 절차에서 CAN core는 송신명령에 대하여 버스상태가 최소 시간동안 idle한지 검사한 후 다음과 같이 송신개시한다. 송신개시의 경우 다음과 같은 2가지 경우가 있다.

- 단순 송신의 경우 : 해당 message object id를 수납한 데이터 프레임의 송신을 개시한다. 송신완료시점에서 상대방으로 부터의 ACK비트(버스상태 0)가 유효하다면 EOF를 송신함으로써 송신이 완료된다. 이후 수신모드로 천이하거나 다음 프레임의 송신을 준비한다.
- Remote Request 메시지 송신의 경우 : 해당 message object id를 수납한 Remote 프레임의 송신을 개시한다. 이어 상대방으로부터의 응답 프레임 수신을 대기한 후 프레임이 수신되면 ACK한 후 처리한다.

만약 ACK가 응답되지 않으면 재전송을 시도한다.

(4) 수신 동작

송신중이 아닌 모든 노드는 수신 가능 상태이다. 수신되는 직렬 비트열에 대하여 이를 병렬화한 후 수신된 메시지의 Message ID를 판독한다. 이를 위하여 Message RAM에 미리 설정된 32개의 Message Object의 개별적인 메시지 ID값과 일치하는지 검사한다. 만약 있다면 필터 설정값을 적용한다. 수용되는 메시지라면 Message RAM에 있는 해당 Message Object의 데이터 저장 영역에 저장하고 필요시 인터럽트를 생성한다. 만약 FIFO가 full인 경우 가장 오래된 것을 폐기한다.

유효한 메시지에 대하여 종류에 따라 다음과 같이 처리한다.

- 데이터 메시지인 경우 : 메시지 id에 해당되는 RAM 위치에 저장한 후 message object 레지스터에 인터럽트 또는 valid 상태를 발행한다. 또한 ACK 비트(0)로 응답한다.

- Remote Request 메시지인 경우 : 메시지 id에 해당되는 RAM에 저장된 내용을 자동 응답 송신한다.

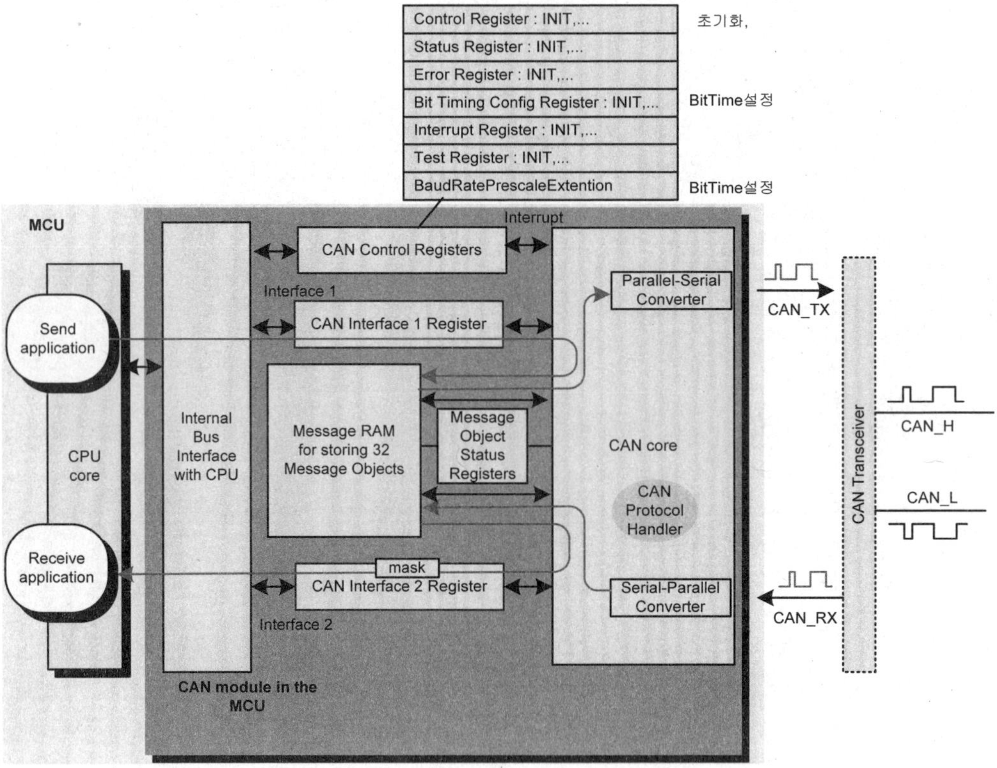

<그림 14.28> CAN 모듈의 송 수신 과정

14.15 기타 CAN 규격

(1) 기타 CAN 규격

CAN용 물리 계층은 다음과 같은 3가지가 있다. 이들의 상호 직접연결은 동작 전압 등이 상이하여 불가능하지만 필요시 게이트웨이를 사용하여 연결될 수 있다.

- Hi-Speed CAN : 일반적인 CAN이며 승용차는 최대 1Mbps, 트럭용은 250 Kbp를 지원한다. 이것의 표준은 ISO11898-2이다.
- Fault Tolerant Low Speed CAN : 저속인 125 Kbps를 지원한다. Fault Tolerant하다는 것은 케이블 양단에 종단저항을 접속하는 대신에 각 노드마다 종단저항을 장착함으로써 케이블이 개방되거나 단락(short)되더라도 동작할 수 있도록 하기 때문이다. 이것의 표준은 ISO11898-3이다.
- Single Wire CAN : 전송 케이블은 1가닥이며, GND는 차체 새시를 이용한다. General Motor사에서 사용하는 33.33 Kbps의 저속방식이다.

(2) ISO 11898-3 f ault-tolerant CAN 표준

물리 계층 규격인 ISO 11898-3은 fault-tolerant CAN 규격으로써 최대 125Kbps 전송 가능하다. 이것은 단거리 전송 전용이므로 터미네이터가 없어도 큰 문제가 없다. 따라서 이러한 종단저항이 없으면 2.5V bias된 전원에 의해 저항에서 손실되는 전력이 없으므로 저전력 드라이버를 사용할 수 있고 스타구조로 결선도 가능하다.

특히 하나의 꼬임쌍선 중 한 선로가 단락되면 불평형 전송모드로 전환하여 송신이 가능한 내고장성 기능을 제공한다. 최대 32개의 노드가 접속 가능하다.

(3) SAE J2411 single wire CAN(SWC) 표준

이것은 저속 및 단거리용으로 개발된 것으로써 최대 32개의 노드를 한 가닥의 비차폐 선로를 사용하여 연결하며 최대 33.3 kbps 전송을 지원한다. 새시 그라운드를 이용하므로 차동 전송방식이 아닌 single-ended 전송방식을 사용한다. 이것은 주로 골프카트 등에서 사용된다. 역시 스타구조 결선도 가능하다. 각 단말마다 9.09 kΩ 종단저항을 사용한다.

(4) ISO 11992-1 point-to-point CAN 표준

이것은 또 다른 40m의 단거리 fault-tolerant 기능을 가진 125Kbps급 저속 CAN 방식으로써 다른 버스/스타구조의 CAN과 달리 점대점 연결만 제공한다. 이것은 주로 본 차량과 트레일러간 점대점 연결용으로 사용된다. 만약 2대의 트레일러를 끌고 가야 한다면 daisy-chain도 가능하다. 별도의 (12 V 또는 24 V)전원규격도 규정하고 있다. 전송매체는 UTP 케이블이다. 특히 케이블 단락에 대비할 수 있도록 각 노드마다 종단저항을 장착한다.

(4) SAE J1939

SAE J1939는 확장 CAN (29비트 식별자)인 CAN2.0B를 사용한다. 일반 트럭과 트레일러 시스템 내의 전자 제어 장치들을 함께 연결한다.

14.16 상위 계층과 추가 고려사항

(1) 상위 계층

CAN이 오류제어 기능을 지원하지만 CAN버스 단절과 같은 심각한 오류 및 비정상 동작하는 노드에 의한 끊임 없는 송신오류 등에 대한 복구기능은 CAN 규격에 없다.

따라서 상위 계층에서 타임아웃 등을 사용하여 재전송을 시도하거나 다음 단계의 명령을 발행하는 등의 추가적인 방법이 필요하다. 예를 들어 브레이크 장치에 장애가 발생하여 제동이 안될 경우 변속장치에 엔진브레이크가 작동하도록 기어를 변속하도록 할 필요가 있다.

이를 위하여 응용 계층에 대한 여러 종류의 표준 즉 승용차용 ISO 15765, 트럭용 J1939 등이 있지만 자동차 제조회사별로 고유한 응용 계층만을 사용한다.

하지만 이러한 폐쇄적인 방법은 비용 대비 효과적이지 않아 표준화된 개방형 애플리케이션 계층들이 다양하게 개발되고 있다. 예를 들어 임베디드 시스템과 산업 자동화를 위한 CAN의 상위 계층은 CANopen과 DeviceNet과 같은 표준을 사용한다. CANopen은 임베디드 네트워크에서의 애플리케이션들을 위한 표준이며, DeviceNet은 특히 Rockwell Automation 환경에서의 산업 자동화에 사용되고 있다. 트럭용으로는 SAE J1939 표준이 사용된다.

(2)추가 고려사항

- Message id 정의시 우선순위를 고려해야 한다. Message ID값이 작을 수로 높은 우선순위를 가진다.
- CAN버스의 부하는 35% 이하가 되도록 설계하는 것이 좋다. 왜냐하면 높은 부하의 경우 낮은 우선순위를 갖는 메시지의 지연이 크게 증가하기 때문이다.
- Bus 속도 : Bus 속도는 효율 및 지연면에서 불리하더라도 가급적 저속으로 작동시키는 것이 좋다. 만약 버스가 불안하게 동작하면 터미네이터 저항불량을 확인해야 한다.

14.17 CAN 트랜시버

CAN 트랜시버는 CAN버스에 필요한 차동신호, 즉 평균전압 2.5V이면서 3.5V와 1.5V를 천이할 수 있는 신호를 생성하고 처리할 수 있는 변환기능을 제공하며 SN65HVD1050, NXP PCA82C250, MC33388D, TJA1050T, MCP2551 등 다양하다.

<그림 14.29>는 ISO 11898 표준 규격에 따라 1Mbps의 속도를 지원하는 SN65HVD1050 CAN 트랜시버 칩의 구조로 5V 전원으로 작동하면서 Standby 및 Sleep 모드도 지원한다. 또한 CAN controller와의 접속용 TXD 및 RXD 핀을 제공하며, CAN 버스측 인터페이스로는 CANH와 CANL핀을 가진다. TXD=0일 때 {CANH=H, CANL=L}인 Dominant 신호를 버스상에 생성하고 TXD=1일 경우에는 {CANH=Z, CANL=Z}, 즉 Vdd=0V 의 Recessive 신호를 버스상에 생성한다.

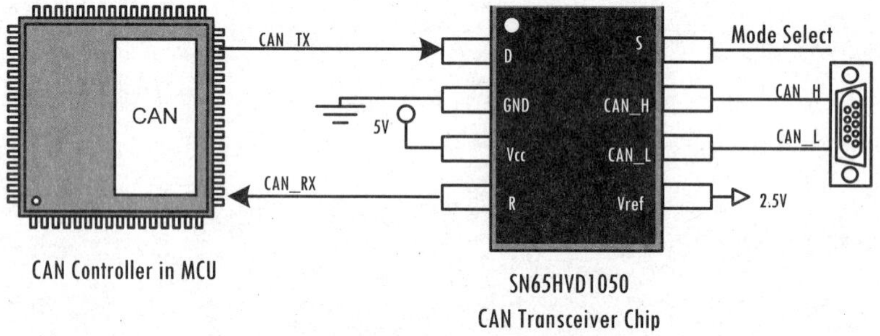

<그림 14.29> CAN 트랜시버 SN65HVD1050

CAN 버스의 종단에는 케이블 임피던스와 일치하는 120옴의 종단 저항을 반드시 연결해야 한다. 각 핀의 기능은 다음과 같다.

- D핀 : CAN 제어기(MCU)의 송신 드라이버핀(CAN_TX)과 연결되는 TTL 레벨의 입력 핀이다.
- R핀 : CAN 제어기(MCU)의 수신 Receiver핀(CAN_RX)과 연결되는 TTL 레벨의 출력 핀이다.
- CANL/CANH 핀 : 각각 CAN 버스측 LOW/HIGH 케이블에 연결된다.
- Vcc 공급전력 : 5V
- Vref : CAN 버스의 기준 전압인 VCC/2(=2.5V)를 출력한다

- S : High-speed 모드 또는 silent 모드를 선택한다. 기본적으로 GND에 연결하거나 개방하면 1Mbps의 High-speed 모드로 설정된다. 반면에 S=VCC로 설정하면 수신부만 동작하는 silent 모드로 설정된다[27].

5V 전원으로 동작하는 CAN용 트랜시버 칩인 SN651050의 내부구조는 <그림 14.30>과 같다.
내부 구조에서도 알 수 있듯이, 수신부(Receiver)는 차동수신회로이다. 송신부(Driver)의 출력은 다시 수신부로 입력되는 것을 알 수 있다.
이것은 LIN 트랜시버와 마찬가지로 TXD값은 RXD로도 역시 되돌려지는 readback동작에 의해 상위의 CAN제어블록은 자신의 송신파형의 전위값과 실제 버스상의 전위값을 비교할 수 있어 매체 접근 절차에 활용할 수 있다.

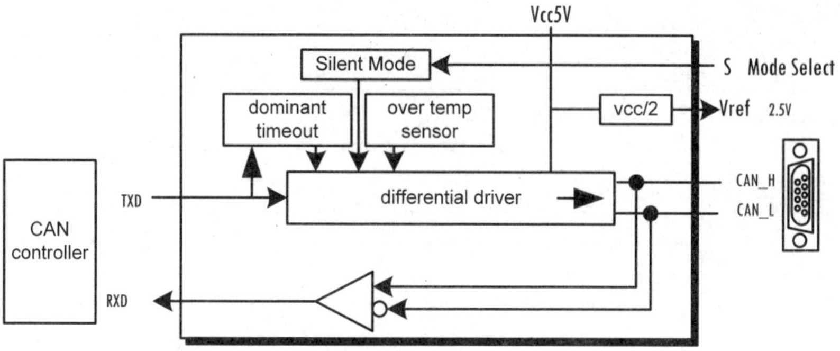

<그림 14.30> CAN 트랜시버 SN65HVD1050의 내부 구성

14.18 On-Board Diagnostic(OBD)-II

(1) OBD-II

OBD-II는 자동차의 기능 진단용 장치 규격으로써 차량내의 ECU에 연결된 제어 버스에 연결하여 배기가스를 검사 하거나 엔진 동작상태 및 장애 원인을 질의-응답 형태로 취득한다. 이것은 16핀의 OBD-II Data Link Connector와 다양한 신호방식 및 메시지 형식을 사용한다[28].
그 중에서 ISO15765 CAN 신호방식의 OBD-II 장치는 핀 6과 14를 각각 CAN-H와 CAN-L 신호선 연결을 사용한다.
OBD-II에서 다루는 차량내 다양한 정보는 J1979 규격에 정의된 PID(parameter identification number) 코드로 식별된다. 물론 제조회사별로 모든 PID에 해당되는 항목을 구현하지는 않으며 심지어 자체 PID도 사용한다.
<표 14.1>은 모드와 각 모드에 대한 PID의 일부이다. 모드 1의 경우는 현재 운행 정보를 취득 시 사용하고, 모드 3은 차량의 고장 진단 코드를 얻을 때 사용된다. 해당 고장 진단 코드는 4자리의 Diagnostic Trouble Code(DTC)로 식별된다.

---

[27] voltage-based signaling bus방식에 비하여 CAN에서 사용하는 current mode는 dominant 신호생성시 비교적 작은 저항값인 120R 저항으로 인해 큰 전류를 낭비하기 때문에 silent mode를 지원한다.
[28] CAN이 아닌 PWM 등의 다양한 신호방식도 OBD-II 규격에 포함된다. 차량에 따라 상이하다.

<표 14.1> PID

Mode	PID	수신길이	용도		
0x01	구동장치 관련 정보 수집				
	04	1	엔진 부하율	0~100%	A*100/255
	05	1	냉각수 온도	-40~215도	A*40
	0C	2	엔진 RPM	0~16383.75	((A*256)+B)/4
	0D	1	운행속도	0~255 km/h	A
	0E	1	Timing Advance	-64~63.5(#1 실린더 기준)	A/2-64
	0F	1	유입 대기 온도	-40~215도	A*40
	10	2	MAF air flow rate	0~655.35 g/s	((A*256)+B)/100
	11	1	쓰로틀 위치	0~100%	A*100/255
0x02	displays Freeze Frame data				
0x03	획득된 emission-related DTC를 열거한다.				
0x04	지금까지 획득된 emission-related diagnostic정보 및 Freeze Frame data 를 삭제한다.				
0x05	oxygen sensor 정보를 출력한다.				
	01	Rich-to-Lean O2 sensor threshold voltage			
	02	Lean-to-Rich O2 sensor threshold voltage			
	...				
0x06	oxygen sensor 시험결과를 요청한다.				
0x07	현재 또는 직전 운행시의 emission-related diagnostic trouble code를 요청한다.				
0x08					
0x09	차량 정보 취득				
0x0A					

(2) OBD-II용 CAN 메시지 형식

ECU로부터의 엔진 RPM값을 얻기 위하여 해당 모드(0x01)과 PID(0x0C)가 수납된 OBD-II용 질의 메시지와 응답 메시지의 예는 <그림 14.31>과 같다.

a) 질의 메시지 : Standard CAN 기반의 OBD-II의 경우, ISO 15765-3 규격에 따라 CAN 버스를 통한 PID 질의시 사용되는 Functional Request 프레임의 Message ID는 0x7DF~0x7E7이며, 데이터 영역은 반드시 8바이트 길이를 가져야 한다.
엔진 RPM의 경우 다음과 같이 구성된다.

- Msg ID = 0x7DF (확장형 주소를 사용하는 CAN의 경우의 Msg ID는 0x18DAF110이다.)
- Additional Data Length = 2 : 8바이트 길이의 데이터 영역 중 유효한 바이트 수
- Mode = 0x01
- PID = 0x0C : 엔진 RPM
- 나머지 영역 : 0×55로 채워진다.

b) 응답 메시지 : ECU가 응답하는 메시지는 다음과 같다.

- Msg ID = 0x7E8. 이것은 요청 메시지 ID에 8을 더한 값이다.
- Additional Data Length = 2 : 8바이트 길이의 데이터 영역 중 유효한 바이트 수
- Mode = 0x41 : 요청된 Mode값에 0x40을 더한 값이다.
- 유효 데이터 = 0x0104 :엔진 RPM 값은 0x0104/4 = 65 RPM이다.
- 나머지 영역 : 0×55로 채워진다.

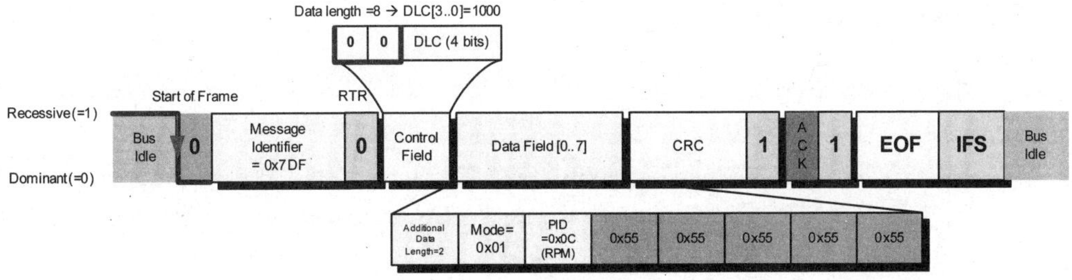

(a) Functional Request Frame

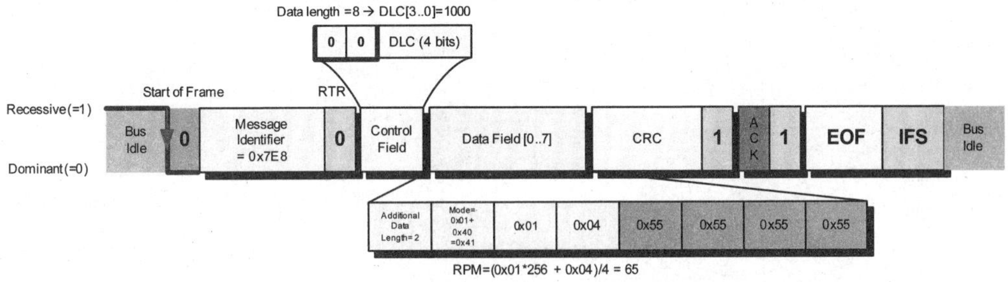

(b) Functional Response Frame

<그림 14.31> OBD-II용 CAN 메시지 형식

(3) OBD-II 커넥터

차량의 OBD-II단자는 <그림 14.32>과 같이 female형태를 갖는다. CAN용 핀은 핀 6=CAN_H이고 핀14=CAN_L이다.

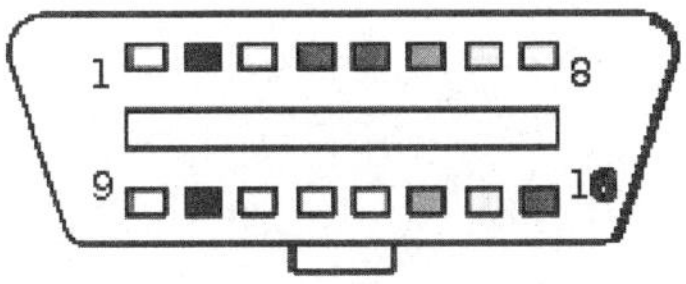

<그림 14.32> OBD-II용 커넥터

14.19 Automotive AVB 기술(참고)

최근 이더넷은 DVD, 디지털 TV, 디지털 오디오 장치 등과 같은 실시간 트래픽을 생성하고 재생하는 디지털 미디어 장치들간의 전송 기술에도 적용되고 있다[29].

이를 표준화한 Audio/Video Bridging(AVB) 기술은 IEEE802.1AS 시간 동기 기술, IEEE802.1at 스트림 예약절차, IEEE802.1av 브리징 기술 등으로 구성된다. 현재 100Mbps급 이더넷 기반의 디지털 음향기기 연결을 지원한다.

최근 이 기술은 자동차 내부 제어 및 멀티미디어 통신 방식으로도 활용되고 있다. 특히 대량의 데이터가 전송되어야 하는 전방위 카메라 시스템 설계에 매력적이다. 또한 차량의 케이블링 무게를 감소시키기 위하여 단일 쌍 케이블로 양방향 100Mbps 전송 기술도 개발되었다.

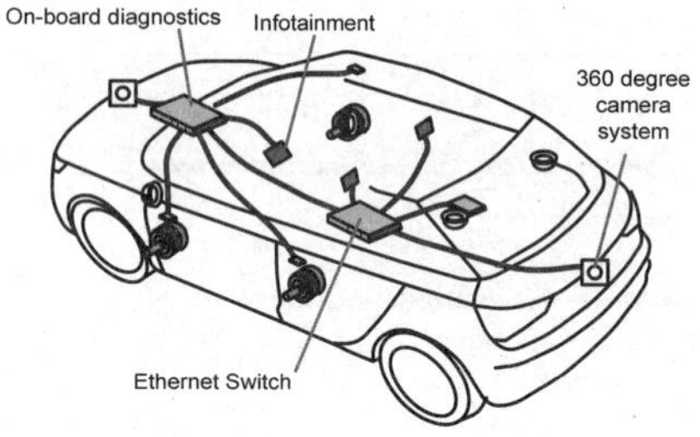

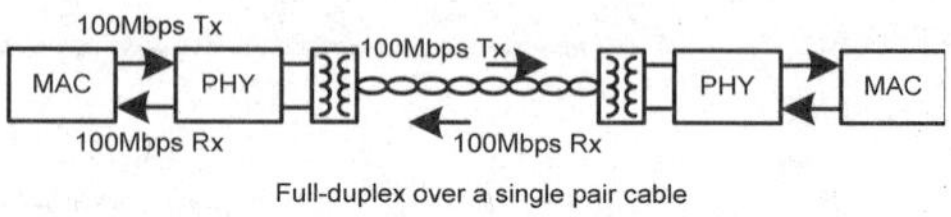

<그림 14.33> Automotive AVB 기술

14.20 설계과제

다음과 같은 3종류의 CAN 관련 설계를 수행한다.

- MCU에 내장된 CAN 모듈과 CAN 트랜시버 주변회로 설계 및 구동 소프트웨어를 설계한다.
- SPI 인터페이스를 제공하는 외장형 CAN칩인 MCP2515의 주변회로를 설계한다.
- OBD-II 진단장치를 설계한다.

14.21 CAN 모듈설계

(1) 설계 목표

MCU에 내장된 CAN 모듈과 CAN 트랜시버 주변회로와 구동 소프트웨어를 설계한다.
필요시 SPI 인터페이스를 제공하는 외장형 CAN 칩인 MCP2515의 주변회로를 추가 설계한다.

---

29 이것과 유사한 용도의 IEEE1394는 인접한 기기들의 연결 시에만 사용될 뿐 댁 내의 각 방에 위치한 장치들간에 연결하기에는 문제가 있었다. 또한, 모든 시스템이 하나의 공유 매체상에서 동작하기 때문에 어떤 장치가 망에서 분리되거나 새로 접속되는 경우, 전송 매체가 일시적으로 리셋되는 문제도 있다. 특히, 많은 사람들이 이더넷은 알지만 IEEE1394에 대해서는 잘 모르는 결정적인 시장 관점에서의 취약점이 있다.

(2) 요구 사항

<그림 14.34>와 같은 2개의 노드로 구성되는 CAN 시스템을 설계한다. 구성요소는 다음과 같다.

- 마스터 노드와 슬레이브 노드가 각각 설계되어야 한다.
- ARM Core와 CAN controller가 내장된 MCU와 외부 CAN 트랜시버로 구성한다.
  - CAN 트랜시버인 SN65HVD1050을 사용한다.
  - SN65HVD1050은 5V로 동작하므로 74LS125를 사용하여 3V3과 5V간을 정합하는 것이 바람직하다.
  - CAN-H와 CAN-L 선로로 구성된 CAN버스에서의 파형을 오실로스코프로 관측 시 2개의 probe를 사용하여 차동 모드로 시행해야 한다.
- CAN노드 A : 버튼 A를 누르면 노드 B의 LED를 ON시킬 수 있는 메시지를 생성하여 송신한다.
- CAN노드 B : 노드 A로부터의 메시지를 수신하면 LED를 ON시킨다.
- 오실로스코프를 이용하여 CAN버스라인인 CAN_H와 CAN_L의 두 라인의 180도의 위상차를 확인하고 메시지를 분석한다.

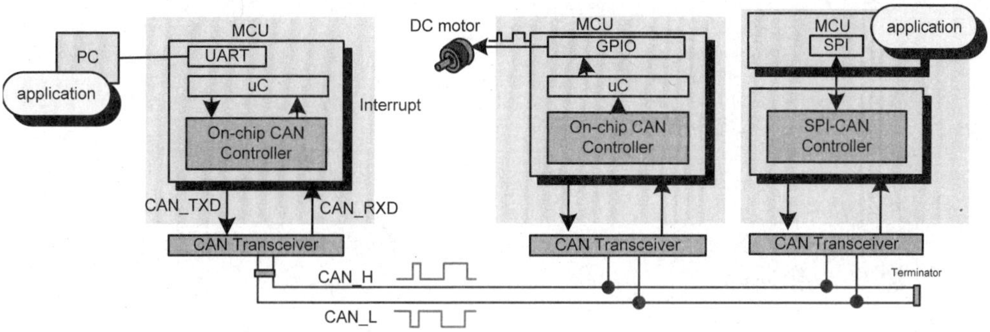

<그림 14.34> CAN 시스템의 구성

(3) 하드웨어 설계

참고 회로는 <그림 14.35>와 같다. MCU의 CAN 모듈과 트랜시버간은 CANTX와 CANRX 신호선으로 연결하며, 버스 종단저항도 반드시 설치한다.

- CN5는 2가닥의 CAN 버스선로를 위한 터미널블록 커넥터이다.
- 사용하는 CAN 트랜시버인 SN651050은 5V의 외부동작전압으로 동작하면서 이것의 1/2인 2.5V의 버스 바이어스 전압을 idle일 때 버스상으로 표출한다.
- 추가된 74125(U3)는 MCU의 CAN신호 레벨 정합용이다[30].
- **(선택)** SPI 인터페이스를 제공하는 CAN 컨트롤러인 MCP2515 주변회로와 소프트웨어를 설계한다.

---

[30] 다행히 SN651050의 입력 신호핀인 TXCAN핀은 최소동작전압이 2.1V이므로 MCU의 CAN_TX의 출력 3.3V신호를 무리 없이 처리할 수 있다. 반면에 SN651050의 출력 신호핀인 RXCAN의 최대 출력전압이 5V이므로 MCU의 CAN_RX입력 허용 전압이 3.3V라면 문제가 발생할 수 있다.

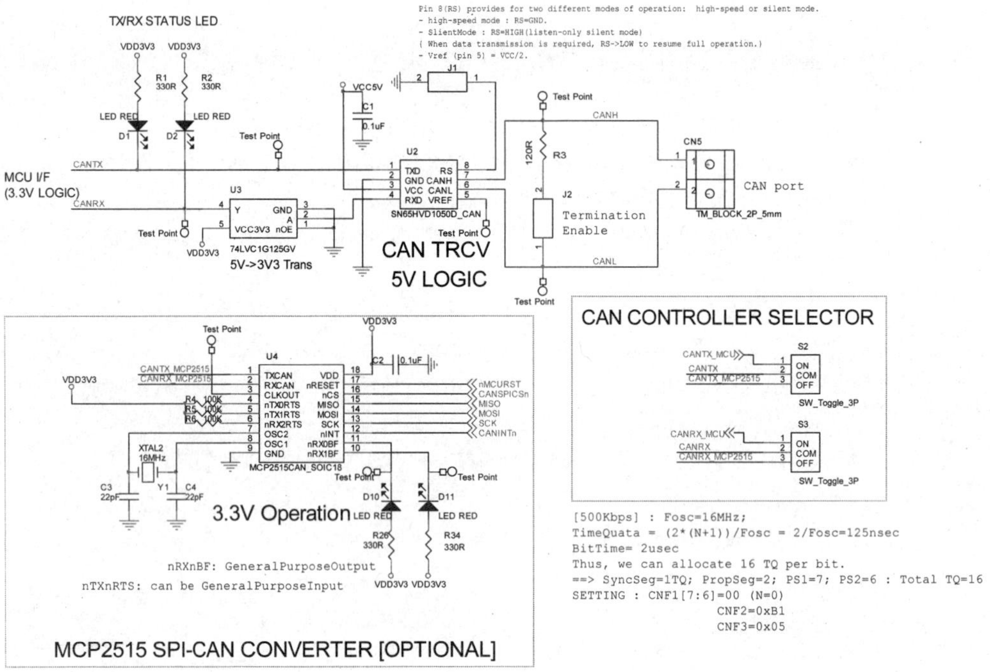

<그림 14.35> CAN 트랜시버 및 MCP2515 주변회로 설계

(4) 소프트웨어 설계

다음과 같은 기능을 수행하는 마스터와 슬레이브 기능을 설계한다. <그림 14.36>은 설계할 CAN 시스템의 동작 예이다.

- 다음과 같은 3종류의 Message Object와 4종류의 Message ID를 사용한다.
  - Msg ID 0x555 : Msg Object 1에서 {0x00, 0xaa, 0xaa, 0xaa}, 마스터가 슬레이브에게 송신 전용
  - Msg ID 0x666 : Msg Object 2에서 {0x55,0x55,0xFF,0xFF,0x00,0x00,0x55,0x55}, automatic response on Remote Request, 마스터가 슬레이브 데이터를 읽음
  - Msg ID 0x71C Msg Object 3에서 {0x31, 0x31, 0x31, 0x31, 0x31, 0x31}, 마스터가 슬레이브에게 송신 전용
  - Msg ID 0x71C Msg Object 3에서 {0x32, 0x32, 0x32, 0x32, 0x32, 0x32, 0x32, 0x32}, 마스터가 슬레이브에게 송신 전용, 슬레이브는 이 메시지를 필터링하여 무시함
- 마스터는 4종류의 상이한 Message ID 를 갖는 메시지를 순차적으로 송신한다. 즉 한 싸이클은 4개의 메시지 송신과정으로 이루어 진다. 매 싸이클 완료시 다음 송신할 내용을 1씩 증가 시킨다. 특히 Message ID 0x666은 슬레이브에 대한 읽기 동작을 위해 Remote Request 절차를 수행한다.
- 슬레이브는 4종류의 Message ID 중에서 0x71D는 필터링하여 무시한다. 또한 Message ID 0x666인 Remote Request 메시지에 대해서는 8바이트의 데이터를 응답한다.

- CAN용 포트에 대한 초기화를 수행한다.
- 필요시 LED를 구동할 수 있는 GPIO를 추가 설정한다.
- CAN 전송속도는 250Kbps로 설정한다.

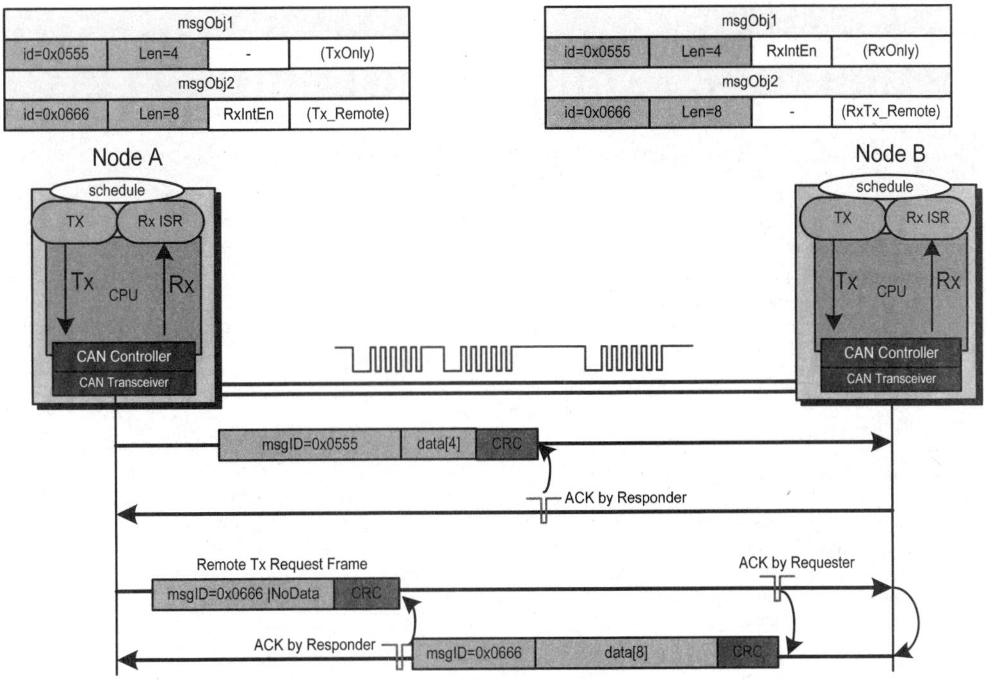

<그림 14.36> CAN 시스템의 동작과 메시지 object

(5) 프로그램의 예

```
/* CAN Example
[NOTE] You should install CANIntHandler ISR in the Interrupt Vector Table.
(1) General
  This example shows how to set up the CAN to receive multiple CAN messages using separate message
        objects for different messages,
  and using CAN ID filtering to control which messages are received.
  Filtering is used to receive only specific messages, and therefore not receiving all 4 messages.
  Although this code is for LM3S8962, you may modify it for your favorite MCU.
(2) TX and RX
[TX] Using three MsgObj of 1,2, and 3, but we use four Msg id of {0x0555,0x0666,0x071C, 0x071D}.
        The Msg id of 0x071C and 0x071D are shared with MsgObject 3.
        After successful 4 transmissions, the value of each message will be updated.
[RX] Using the filter, it will pickup 0x0555, 0x0666, and 0x0x71C (excludes 0x71D).
        As messages are received the content of each are printed to the serial console.
(3) Also it supports the automatic response on master's remote request for MsgObj 2.
   - Master : Set Tx_REMOTE
   - Slave   : Set RXTX_REMOTE;
   * If you need manually response for the REMOTE REQ, the MsgObj of 2 shall be set as RX_REMOTE
==========================================================================
                                  [MASTER]                  [SLAVE]
  MsgObj 1 (msgid=0x0555):   MSG_OBJ_TYPE_TX            MSG_OBJ_TYPE_RX
```

```
 MsgObj 2 (msgid=0x0666):   MSG_OBJ_TYPE_TX_REMOTE MSG_OBJ_TYPE_RXTX_REMOTE
                                                         (automatically response)
 MsgObj 3 (msgid=0x071C) : MSG_OBJ_TYPE_TX              MSG_OBJ_TYPE_RX
 MsgObj 3 (msgid=0x071D) : MSG_OBJ_TYPE_TX              MSG_OBJ_TYPE_RX (FilterOut)
==================================================================================
(4) [MCU GPIO/CAN Port Mapping] (MCU dependent)
//+ PD1 = CAN TX (Pin10)
//+ PD0 = CAN RX (Pin9)
//+ PA7 = LED0
(5) // CANBitClkSettings= {5,2,2,4} // 13 TQ
 */

typedef enum {CAN_ROLE_SLAVE=0, CAN_ROLE_MASTER=1} CAN_ROLE;

#define CANTXMASK (0xffffffff)
#define CANRXMASK (0xffffffff)

#define CAN_MSG_ID0555 0x0555
#define CAN_MSG_ID0666 0x0666
#define CAN_MSG_ID071C 0x071C
#define CAN_MSG_ID071D 0x071D

#define ISTX 1
#define ISRX 0

u8 g_can_role;

volatile unsigned long g_bMsgObj3Sent = 0;
volatile unsigned long g_bErrFlag = 0;
volatile unsigned char g_bRXFlags[33];
volatile unsigned long g_bRxErrFlag = 0;
volatile unsigned char g_ucRxMsgData[8];

//We use 3 MsgObjects.
tCANMsgObject g_sCANMsgObject1;
tCANMsgObject g_sCANMsgObject2;
tCANMsgObject g_sCANMsgObject3;

//We provide 4 Message Data.
//(i) the data of MsgObject1; msgid=0x0555
unsigned char g_ucMsg1[4] = {0x00, 0xaa, 0xaa, 0xaa};
//(ii) the data of MsgObject2; msgid=0x0666. automatic response value.
unsigned char g_ucMsgAutoResponseData2[8]={0x55,0x55,0xFF,0xFF,0x00,0x00,0x55,0x55};
//(iii) the data of MsgObject3; msgid=0x071c
unsigned char g_ucMsg3[6] = {0x31, 0x31, 0x31, 0x31, 0x31, 0x31 };
//(iv) the data of MsgObject3; msgid=0x071d
unsigned char g_ucMsg4[8] = {0x32, 0x32, 0x32, 0x32, 0x32, 0x32, 0x32, 0x32};

void PrintCANMessageInfo(tCANMsgObject *pCANMsg, unsigned long ulMsgObjIndex, u8 istxrx)
{
  unsigned int uIdx;
 if(istxrx == ISTX){
    printf("TX>msg(ObjIdx=%d) msgID=0x%04x len=%u ", ulMsgObjIndex, pCANMsg->ulMsgID,
                                                              pCANMsg->ulMsgLen);
 }else{
       if(pCANMsg->ulFlags & MSG_OBJ_DATA_LOST)
         printf("RX>CAN message loss detected on message object %d\n", ulMsgObjIndex);
       else{
        if(pCANMsg->ulFlags & MSG_OBJ_EXTENDED_ID){
           printf("RX>msg (EXT)(ObjIdx=%d) msgID=0x%04x len=%u ", ulMsgObjIndex, pCANMsg->ulMsgID &
                                                   0x1FFFFFFF, pCANMsg->ulMsgLen);
       }else{
```

```
            printf("RX>msg (STD)(ObjIdx=%d) msgID=0x%04x len=%u ", ulMsgObjIndex, pCANMsg->ulMsgID & 0x7FF,
                                                                                    pCANMsg->ulMsgLen);
        }
      }
  }
  for(uIdx = 0; uIdx < pCANMsg->ulMsgLen; uIdx++) printf("%02x-", pCANMsg->pucMsgData[uIdx]);
                                                                                    printf("\r\n");
}

void ConfigCANetc(){ //LM3S8962 MCU Specific
  SysCtlPeripheralEnable(SYSCTL_PERIPH_GPIOA);
  GPIOPinTypeGPIOOutput(GPIO_PORTA_BASE, GPIO_PIN_7);
  GPIOPinWrite(GPIO_PORTA_BASE, GPIO_PIN_7, ~GPIO_PIN_7); // Turn off the LED
  //Button
  //SysCtlPeripheralEnable(SYSCTL_PERIPH_GPIOC); //BTN-SW3: PC7
  //GPIOPinTypeGPIOInput(GPIO_PORTC_BASE, GPIO_PIN_7);
}

void ConfigCAN(u32 rate){ //LM3S8962 MCU Specific
  SysCtlPeripheralEnable(SYSCTL_PERIPH_GPIOD); // CAN0 is used with RX and TX pins on port
                                                  D0 and D1.
  GPIOPinTypeCAN(GPIO_PORTD_BASE, GPIO_PIN_0 | GPIO_PIN_1);
                                                  // Enable the CAN function on the GPIO pins.
  SysCtlPeripheralEnable(SYSCTL_PERIPH_CAN0);    // The CAN peripheral must be enabled.
  CANInit(CAN0_BASE);                    // Initialize the CAN controller
  //Set CAN rate
  CANBitRateSet(CAN0_BASE, 8000000, rate); // SourceClock of 8MHz (fixed for LM3S8962 MCU).
  printf("CAN Init Done. 250Kbps\n");
   /*[TBD] If tighter timing requirements are needed, then you should use CANBitTimingSet()
                                                            function as the belows.
            CANBitClk.uSyncPropPhase1Seg = 5;
            CANBitClk.uPhase2Seg = 2;
            CANBitClk.uQuantumPrescaler = 1;
            CANBitClk.uSJW = 2;
            CANSetBitTiming(CAN0_BASE, &CANBitClk);
  */
  CANEnable(CAN0_BASE);// Enable the CAN for operation.
  CANIntEnable(CAN0_BASE, CAN_INT_MASTER | CAN_INT_STATUS | CAN_INT_ERROR);

  IntEnable(INT_CAN0);// Enable the CAN interrupt on the processor.
  IntMasterEnable();
}

void CANIntHandler(void) //CAN Interrupt Service Routine -- MCU Specific
{
  unsigned long ulStatus,ulIntStatus, ulMsgObjId;

  ulIntStatus = CANIntStatus(CAN0_BASE, CAN_INT_STS_CAUSE);
  // Returns the value of 1 of 2 interrupt status registers.
  // Read the CAN interrupt status to find the cause of the interrupt
  // ulStatus(Get from CANINT reg) = 0x1~0x20 : Number of msg obj that caused the Int.
  //                               = 0x8000 : Status Interrupt

  //(i) For Status Interrupt
  if(ulIntStatus == CAN_INT_INTID_STATUS) //related with status
  {
       // Read the INT status. The act of reading this status will clear the interrupt.
       ulStatus = CANStatusGet(CAN0_BASE, CAN_STS_CONTROL);
       if(ulStatus & CAN_STATUS_BUS_OFF){
            printf("-BUSOFF"); g_bErrFlag = 1;
       }
       if(ulStatus & CAN_STATUS_EWARN){
```

```
            printf("-EWARN(errorLevelWarning)"); g_bErrFlag = 1;
        }
        if(ulStatus & CAN_STATUS_EPASS){
            printf("-EPASS(errorPassiveLevel)"); g_bErrFlag = 1;
        }
        if(ulStatus & CAN_STATUS_RXOK){ //! A message was received successfully.
            printf("-RXOK");g_bErrFlag = 0;
        }
        if(ulStatus & CAN_STATUS_TXOK){ //! A message was transmitted successfully.
            printf("-TXOK");g_bErrFlag = 0;
        }
        //For detailed error cause
        ulStatus = ulStatus & CAN_STATUS_LEC_MSK;
        if(ulStatus & CAN_STATUS_LEC_MSK){ //0x0007 (the mask for the last error code)
            g_bErrFlag = 1;
            if(ulStatus == CAN_STATUS_LEC_STUFF) //! A bit stuffing error has occurred.
             printf("-BITSTUFF ERR");
            else if(ulStatus == CAN_STATUS_LEC_FORM) //! A bit stuffing error has occurred.
             printf("-formattingErr");
            else if(ulStatus == CAN_STATUS_LEC_ACK) //! A bit stuffing error has occurred.
             printf("-AckErr");
            else if(ulStatus == CAN_STATUS_LEC_BIT1) //The bus remained a bit level of 1 for
                                                      longer than is allowed.
             printf("-LEC_BIT1");
            else if(ulStatus == CAN_STATUS_LEC_BIT0) //bus remained a bit level of 0 for
                                                      longer than is allowed.
             printf("-LEC_BIT1");
            else if(ulStatus == CAN_STATUS_LEC_CRC) //!   CRC error has occurred.
             printf("-CrcErr");
            else if(ulStatus == CAN_STATUS_LEC_MASK)
             printf("-No Event");
            }else if(ulStatus == CAN_STATUS_LEC_NONE){ //!   No Error
             printf("-NoError");
             g_bErrFlag = 0;
            }
            printf("\r\n");
  } else if( ulIntStatus <= 0x20){ //(ii) actual msg object rx/tx events
      ulMsgObjId = ulIntStatus; //IntStatus is the MsgObjId(1~32).
      if(g_can_role == CAN_ROLE_MASTER){ //Handle Response msg from the slave.
            if(ulMsgObjId == 2){   //receive from the slave by RTR
             printf("Master>RX INT (2)\r\n");
             g_bRXFlags[ulMsgObjId] = 1;
            }
             //Handle Tx MsgObject of 3
            if(ulMsgObjId == 3){
                g_bMsgObj3Sent = 1; //Indicate allow to next message.
                printf("Master>TX INT (%d TxDone)\r\n", ulMsgObjId);
            }
       }else{ //as SLAVE
            if(ulMsgObjId !=0){
                          g_bRXFlags[ulMsgObjId] = 1;
                          printf("Slave>RX INT (%d)\r\n",ulMsgObjId);
        }
    }
  }
  CANIntClear(CAN0_BASE,ulIntStatus);
}

//Main loop for CAN Slave Node
int CAN_SLAVEloop(void) //MCU Specific
{
  tCANMsgObject sCANMessage1,sCANMessage2,sCANMessage3,sCANMessage;
```

```
unsigned char i;

// (1) Initialize a message object to receive CAN messages with ID 0x0555.
// The expected ID must be set along with the mask to indicate that all bits in the ID must match.
sCANMessage1.ulMsgID = CAN_MSG_ID0555;// CAN msg ID
sCANMessage1.ulMsgIDMask = 0xfffff; // mask, all 20 bits must match
sCANMessage1.ulFlags = MSG_OBJ_RX_INT_ENABLE;// | MSG_OBJ_USE_ID_FILTER |
                                                        MSG_OBJ_EXTENDED_ID;
// Now load the message object into the CAN peripheral message object 1.
// Once loaded the CAN will receive any messages with this CAN ID into this message object,
                                                        and an interrupt will occur.
CANMessageSet(CAN0_BASE, 1, &sCANMessage1, MSG_OBJ_TYPE_RX);

// (2) For the ID of CAN_MSG_ID0666, and load into message object 2
// which will be used for automatic response any CAN messages with this ID.
sCANMessage2.ulMsgID = CAN_MSG_ID0666;
sCANMessage2.ulMsgIDMask = 0xfffff; // mask, all 20 bits must match
sCANMessage2.ulFlags = MSG_OBJ_RX_INT_ENABLE;// | MSG_OBJ_USE_ID_FILTER;
                                                        // | MSG_OBJ_EXTENDED_ID;
sCANMessage2.pucMsgData = g_ucMsgAutoResponseData2; //prepared data for responding.
sCANMessage2.ulMsgLen = 8;// allow up to 8 bytes
CANMessageSet(CAN0_BASE, 2, &sCANMessage2, MSG_OBJ_TYPE_RXTX_REMOTE);
                                                        //2= Msg obj of 2.
//On RTR, the slave will respond with Msg2.
// (3) For the ID of CAN_MSG_ID071C, and load into message object 3
// Thus the filtering is used to demonstrate how to receive only specific message of 0x071C not for 0x071D.
sCANMessage3.ulMsgID = CAN_MSG_ID071C;
sCANMessage.ulMsgIDMask = 0xFFFF; //Only one (071C) will be accepted.
// sCANMessage.ulMsgIDMask = 0xFFF0;
// You can MASK OFF the last 4 bits to receive two msg of 0x071C and 0x071D.
//Of course, another msg of 0x0710~0x071F can be accepted
sCANMessage3.ulFlags = MSG_OBJ_RX_INT_ENABLE | MSG_OBJ_USE_ID_FILTER;
                                                        // | MSG_OBJ_EXTENDED_ID;
CANMessageSet(CAN0_BASE, 3, &sCANMessage3, MSG_OBJ_TYPE_RX); //3= Msg obj of 3

IntEnable(INT_CAN0);// Enable the CAN interrupt on the processor.
IntMasterEnable();

memset(g_bRXFlags,0x00,33);

while(1)
{
    for(i=1;i<=32;i++){
      if(g_bRXFlags[i]) {
        sCANMessage.pucMsgData = &g_ucRxMsgData[0]; //set the receiver's memory point.
        printf("CANSlave>i=%d\r\n",i);
        CANMessageGet(CAN0_BASE, i, &sCANMessage, 0); // 0= The interrupt clearing flag is not set
                              // because this interrupt was already cleared in the interrupt handler.
        PrintCANMessageInfo(&sCANMessage, i, ISRX);

        //Actuator Demo: For MsgObj3, we control LED of PA7. You may control the motor direction.
        if(i==3){
            //if(g_ucRxMsgData[0]%2)          dtUserLed0Control(1);
            //else                            dtUserLed0Control(0);
        }
        g_bRXFlags[i] = 0; //// Clear the pending message flag
      }
    }//for
}
return(0);
}
```

```
//Main loop for CAN Master Node
int CAN_MASTERloop(void)
{
  tCANMsgObject sCANMessage;
  unsigned char ucMsgData[8], i,ucMsgData2[8];
  i=0;

  //Configures MsgObjects
  // MSG_OBJ_TYPE_TX - CAN transmit message object.
  // MSG_OBJ_TYPE_TX_REMOTE - CAN transmit remote request message object.
  // MSG_OBJ_TYPE_RX - CAN receive message object.
  // MSG_OBJ_TYPE_RX_REMOTE - CAN receive remote request message object.
  // MSG_OBJ_TYPE_RXTX_REMOTE - CAN remote frame receive remote,
                                    then transmit message object(response msg).

  // Initialize the first message object 1 to be able to send CAN message id of 0x0555.
  // This object is not shared so it only needs to be initialized once,
                  and used for repeatedly sending the same message ID.
  g_sCANMsgObject1.ulMsgID = CAN_MSG_ID0555;
  g_sCANMsgObject1.ulMsgLen = sizeof(g_ucMsg1);
  g_sCANMsgObject1.pucMsgData = g_ucMsg1;

  // Initialize message object 2 to be able to send REMOTE REQUEST of MsgObj2(msgid=0x0666).
  // Only the request part will be sent, and then it will receive the response from the slave.
  g_sCANMsgObject2.ulMsgID = CAN_MSG_ID0666;
  g_sCANMsgObject2.ulMsgIDMask = 0xffff;// mask, all 20 bits must match.
  g_sCANMsgObject2.ulFlags = MSG_OBJ_USE_ID_FILTER | MSG_OBJ_RX_INT_ENABLE
                                                   | MSG_OBJ_USE_DIR_FILTER;
  g_sCANMsgObject2.ulMsgLen = sizeof(g_ucMsgAutoResponseData2); //To be received.
  g_sCANMsgObject2.pucMsgData = g_ucMsgAutoResponseData2; //To be received buffer pointer.

  //The other 3 and 4 message ids will be setup in the following loop.
  // The contents of each message may be changed each time.
  memset(g_bRXFlags,0x00,33);
  while(1)
  {
    // (i) Send message 1 using CAN controller message object 1.
    printf("Master>Send #1:");
    PrintCANMessageInfo(&g_sCANMsgObject1,1,ISTX);
    CANMessageSet(CAN0_BASE, 1, &g_sCANMsgObject1, MSG_OBJ_TYPE_TX);
                                              //Object ID = 1 (msg id=0x0555)
    delayms(1000); //delay 1sec

    // (ii) Send REMOTE REQUEST of MsgObj2(msgid=0x0666).
    // Only the request part will be sent, and then it wait for receiving the response from the slave.
    memset(g_ucMsgAutoResponseData2,0x00,8);
    printf("Master>Send #2(RTR):");
    CANMessageSet(CAN0_BASE, 2, &g_sCANMsgObject2, MSG_OBJ_TYPE_TX_REMOTE);
                                              //Send it with RTR.
      delayms(100); //Need some delay for receiving response from the slave
      if(g_bRXFlags[2]){ //if got the response
            g_sCANMsgObject2.pucMsgData = g_ucMsgAutoResponseData2;
            CANMessageGet(CAN0_BASE, 2, &g_sCANMsgObject2, 0); //get the response message.
            printf("Master>Rcv Response of #2 : ");
            PrintCANMessageInfo(&g_sCANMsgObject2,2,ISRX); //Show it.
            g_bRXFlags[2] = 0;
      }else  printf("Master> ---- No Response from the slave\r\n");
      delayms(1000); //delay 1sec

      // Load message object 3 with message 3.
      // This is needs to be done each time because message object 3 is being shared for 2 different messages.
      g_sCANMsgObject3.ulMsgID = CAN_MSG_ID071C;
```

```
        g_sCANMsgObject3.ulMsgIDMask = 0;// No Filter
        g_sCANMsgObject3.ulFlags = MSG_OBJ_TX_INT_ENABLE; //Enable Tx Interrupt for this msg3.
        g_sCANMsgObject3.ulMsgLen = sizeof(g_ucMsg3);
        g_ucMsg3[0] = i; //update data
        g_sCANMsgObject3.pucMsgData = g_ucMsg3;
        // Clear the flag that indicates that message 3 has been sent.
        // This flag will be set in the interrupt handler when a message has been sent using message object 3.
        g_bMsgObj3Sent = 0;
        //PrintCANMessageInfo(&g_sCANMsgObject3, 3,ISTX);
        CANMessageSet(CAN0_BASE, 3, &g_sCANMsgObject3, MSG_OBJ_TYPE_TX);
                                                                        //transmit instantly
        // Wait for the indication from the interrupt handler that message object 3 is done.
        while(!g_bMsgObj3Sent){}; //this flag will be set by the interrupt service routine.
        printf("Master>Sent #3\r\n");
        delayms(1000); //delay 1sec
        // Now send 4th message with the shared message object of 3, but different msgID of 0x071D.
        // Load message object 3 for 4th message.
        g_sCANMsgObject3.ulMsgID = CAN_MSG_ID071D;
        g_sCANMsgObject3.ulMsgIDMask = 0; //No Filter
        g_sCANMsgObject3.ulFlags = MSG_OBJ_TX_INT_ENABLE;
        g_sCANMsgObject3.ulMsgLen = sizeof(g_ucMsg4);
        g_sCANMsgObject3.pucMsgData = g_ucMsg4;
        printf("Master>Send #4:");
        //PrintCANMessageInfo(&g_sCANMsgObject3, 3,ISTX);
        CANMessageSet(CAN0_BASE, 3, &g_sCANMsgObject3, MSG_OBJ_TYPE_TX);
                                                                        //transmit instantly

        delayms(2000); // Wait 2 second before continuing(for TEST)

         // Check the error flag to see if errors occurred
         if(g_bErrFlag){
                printf("\r\n error - cable connected?\r\n"); g_bErrFlag = 0;
         }else{// No errors
    //dtToggleLED();
         }

         // Update the value in the message data for each of the messages.
         g_ucMsg1[0]=i;
         g_ucMsgAutoResponseData2[0]=i;
         g_ucMsg3[0]=i;
         g_ucMsg4[0] = i;
         i++;
    }
    return(0);
}

//Main Loop
void dtCanLoop(u8 role){
    printf("CAN Test : 250Kbps");
    ConfigCAN(250000); //250Kbps
    ConfigCANetc(); //user LED config. PA7.
    g_can_role = role;
    if (role == CAN_ROLE_MASTER){
                printf("\r\n==== CAN MASTER NODE. This needs CANIntHandler\r\n");
                CAN_MASTERloop();
    }else{
                printf("\r\n==== CAN SLAVE NODE. This needs CANIntHandler\r\n");
                CAN_SLAVEloop();
    }
}
```

(6) 실험 결과

<그림 14.37>은 Message ID=0x555를 송신한 마스터 노드에 의해 슬레이브 노드가 마지막에 Ack 하는 것을 보인 것이다.

그리고 <그림 14.38>은 Message ID=0x666인 Remote Request 메시지를 송신한 마스터 노드에 의해 슬레이브 노드가 동일한 Message ID=0x666인 데이터 메시지를 응답하는 것을 보인 것이다.

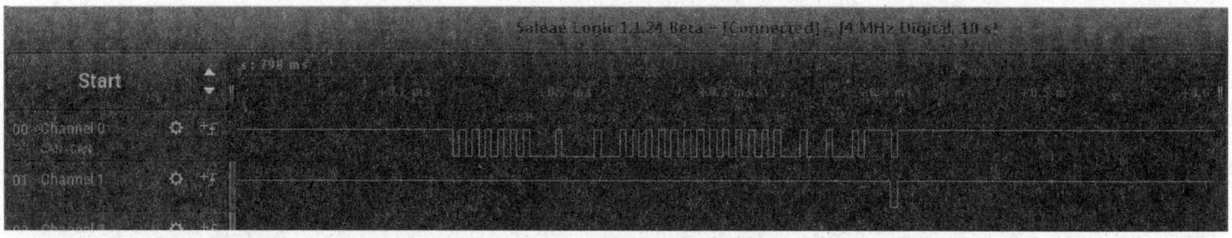

<그림 14.37> CAN 시스템의 동작 분석 (Message ID=0x555의 경우)

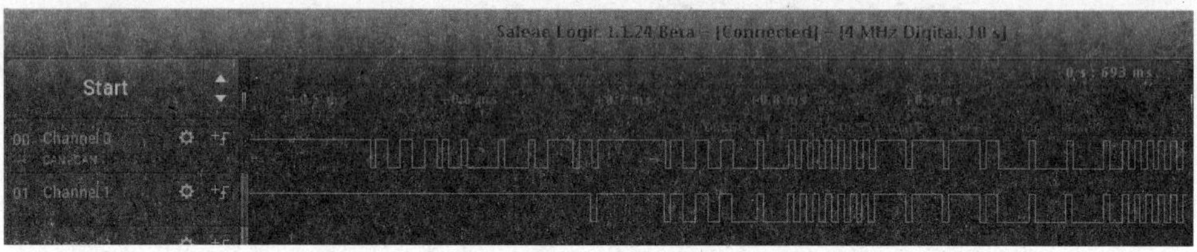

<그림 14.38> CAN 시스템의 동작 분석(Message ID=0x666의 경우)

14.22 OBD-II 진단장치 설계(선택)

(1) 설계 목표

실제 차량의 엔진 상태를 모니터링 하기 위한 OBD-II 모듈을 설계한다.

(2) 요구 사항

- 모드는 1만 사용한다.
- 각 PID 별로 보내는 시간 간격은 10ms로 한다.
- CAN 버스를 지원하는 차량의 ECU에 접속한다.
- 출력 결과는 UART를 통해 콘솔로 표출한다.
- **(선택)** ELM327 및 STN1110 칩은 CAN버스에 접속하여 UART로 출력하는 OBD-II 전용 칩이다. 이들은 모두 전용 AT커맨드를 사용하여 복잡한 OBD PID를 디코딩하여 출력한다. 이 칩을 이용한 회로를 설계한다.

(3) 상용 OBD-II

상용 OBD-II 단말은 UART 인터페이스를 제공하는 경우가 대부분이다. 물론 블루투스와 같은 무선 인터페이스로 제공하는 OBD-II 단말도 있어 스마트폰에 연동하여 운행 중인 차량의 상태를 모니터링 할 수 있다.

<그림 14.39> 상용 OBD-II 단말기의 예

14.23 CAN의 특징 요약

CAN 기술의 특징은 다음과 같이 다양하다.

- 차동 직렬 버스 사용 : 2개의 꼬임쌍선을 사용하는 차동전송버스를 사용하여 차량내부의 강한 전자파나 잡음에 내성을 가진다. 2개의 선은 각각 CAN_H 및 CAN_L라고 부르며 이들간의 전위 차로 비트값이 결정된다.
  만약 전위차가 2V 이상이면 '0' 또는 'dominant 비트'라고 부르며, 전위차가 0V인 경우에는 '1' 또는 'recessive 비트'라고 부른다.
- Multi-Master 통신 : 하나의 CAN 버스에 모든 노드가 멀티드롭 형태로 공유하고 각 노드는 해당 버스가 idle하면 자신이 자발적으로 송신을 개시할 수 있다. 해당 메시지는 다른 모든 노드가 수신할 수 있고 이들은 수신되는 메시지의 종류에 따라 선별적으로 수용하거나 폐기한다.
  따라서 "Multi-Master, Multi-Slave" 기능이라고도 부른다. 이것은 단일 마스터로 운영되는 RS485 기반 통신 시스템과 다른 점이다. 이렇게 함으로써 점대점 또는 스타망 구조에 비해 배선의 길이가 감소되는 장점도 있다.
- 반이중 통신 : 하나의 공유버스를 사용하므로 각 노드는 동시에 송수신할 수 없다. 오직 한 노드만 송신하고 나머지 노드는 수신해야 한다.
- Content 기반 주소법 사용 : 각 프레임헤더에 수신측 주소가 명시되는 이더넷과 달리, CAN 메시지의 헤더에는 내용별로 상이하게 미리 정의된 메시지 식별자(Message ID)가 주소 개념으로 사용된다. 메시지 식별자의 예는 0x01 = 엔진 제어 관련 메시지, 0x02 = 파워윈도우 관련 메시지 등이다.
  메시지 식별자가 수납된 메시지는 버스상의 모든 노드가 수신한다. 수신이 완료되면 자신에게 미리 설정된 메시지필터 즉 특정 메시지 식별자 또는 범위 내의 메시지만 선택적으로 수신하도록 설정된 필터링을 수행하여 수용하거나 폐기한다.
  이러한 방법을 사용한 이유는 자동차 내 통신망의 경우 하나의 메시지가 여러 곳의 수신 노드에 동시에 전달될 필요가 있기 때문이다. 이렇게 함으로써 냉각수 온도 센서 값이 엔진 제어 모듈뿐만 아니라 계기판에도 동시에 전달될 수 있도록 한다.

이러한 주소법에 의한 전달 방법을 "single-producer multiple-consumer" 방법이라고 하며 대부분의 공장자동화 시스템 설계 및 항공기 내 제어 버스 등에 널리 활용된다.

- 용이한 노드 추가 : 노드별로 상이한 주소법을 사용하지 않으므로 임의의 노드를 버스에 추가할 수 있다.
- 우선순위 지원 : CAN에서는 프레임의 헤더를 구성하는 메시지식별자의 낮은 값이 높은 값에 비하여 묵시적으로 우선순위를 가진다. 만약 메시지 식별자가 0x01 = 엔진 제어 관련 메시지, 0x02 = 파워윈도우 관련 메시지가 동시에 전송되었다면 우선순위가 높은 엔진 제어 관련 메시지의 송신은 성공하는 반면 낮은 순위의 메시지는 재전송을 시도해야 한다. 이것은 Non-destructive bit-wise arbitration MAC 절차에 의해 지원된다.
- CSMA/NDBA(Non-destructive bit-wise arbitration) MAC 절차 사용 : CSMA/CD방식을 사용하는 이더넷의 경우 하나의 버스를 모든 노드들이 공유하므로 전송중인 프레임이 다른 노드가 송신하고 있는 프레임과 충돌이 발생할 수 있다.
  CAN에서도 idle한 캐리어를 감지한 후 송신을 개시하는 CSMA를 수행하지만 역시 송신 중에 다른 노드로부터의 송신에 의한 충돌이 발생할 수 있다. CSMA/CD의 경우 충돌에 개입한 모든 노드는 자신의 송신동작을 즉시 중지한다.
  하지만 CAN에서는 송신 중에 헤더를 구성하고 있는 첫번째 11비트 길이의 메시지 식별자 비트열 구간에서 자신이 송신하고 있는 비트값과 버스상에서 실제 감지되는 비트값을 비교한다. 만약 동일한 경우 자신의 송신을 지속하지만 반면에 그렇지 못한 다른 노드는 자신의 송신을 중지하고 수신모드로 전환한다.
  즉 메시지 헤더 부분의 첫 11비트값 즉 메시지 식별자 부분의 전송과정에서 우선순위가 결정된다. 이것을 CAN에서 사용하는 독특한 MAC인 CSMA/NDBA 또는 CSMA/Collision Resolution(CSMA/CR) MAC 절차라고 부른다.
- 접속 노드 수 : 이론적으로는 2032 개의 서로 다른 디바이스(임베디드 컨트롤러)를 하나의 네트웍상에 연결하여 통신을 수행할 수 있다. 실제로는 CAN 트랜시버(송신기)의 한계로 인하여 110 개까지의 노드가 연결될 수 있다. 각 노드 간격은 90cm이내로 멀티드롭되어야 한다.
- 실시간 전송기능 : 우선순위에 따른 전송이 가능하므로 1Mbps CAN의 경우 최상위 우선순위 메시지는 130μsec 시간내에 송신 완료될 수 있다. 또한 하나의 CAN 메시지에 최대 8바이트의 데이터를 수납하는 짧은 메시지 형식을 사용하므로 신속한 전송이 가능하다. 1Mbps 링크의 경우 8바이트 데이터 길이(표준 포맷)에서는 초당 약 7,200개의 메시지가 전송될 수 있다. 물론 CAN 시스템 설계시 높은 우선순위 메시지가 버스를 독점하지는 않도록 해야 한다.
- 능동적인 오류제어 기능 : 송신중인 노드는 자신이 송신하고 있는 비트열과 실제 버스상에 표출되는 비트값을 비교하면서 그 값이 상이할 경우 버스오류로 판단한다. 또한 나머지 수신 노드들도 프레이밍 오류, 버스 오류 등을 감지한다. 송신 또는 수신 노드들이 이러한 오류를 감지하면 즉시 특별한 오류 프레임를 버스상에 송신하여 이 사실을 모든 노드들에게 통보한다. 이에 송신 중에 있던 노드는 즉시 송신을 중지하고 재 전송을 시도한다.

- 오류 발생 노드 고립 기능 : 일정 횟수의 오류를 연속 발생한 CAN 노드는 스스로 버스에서 이탈하여 다른 노드에 영향을 주지 않도록 동작한다.
- 전송속도 : 저속(low-speed)는 최대 125Kbps, 고속(high-speed)는 40m 이내의 케이블 상에서 최대 1Mbps를 지원한다. 전송거리에 따라 최대속도가 제한된다.
- 전송거리 : 최대 1Km를 지원하지만 거리가 멀어질수록 전송속도는 감소한다. 1Km의 경우 50Kbps로 송신이 가능하다. 이렇게 전송거리에 따른 전송속도가 변하는 이유는 CAN에서 사용하는 bit-wise 중재 방식 때문이다. 즉 11비트의 메시지 식별자를 구성하는 각 비트가 전송되는 시간 동안에 우선순위가 결정되어야 하는데, 최악의 경우에는 케이블 종단에 위치한 2노드 입장에서 케이블이 길면 전파 지연 시간이 커지므로 비트값을 유지해야 할 시간이 증가되어야 한다. 이것은 전송속도의 감소를 초래한다. 즉 전송거리가 증가하면 최대 비트율은 반비례한다.
- 호환성 : 대부분의 CAN 2.0A 노드는 11비트 길이의 메시지 식별자를 사용하는 표준 CAN 포맷 방식의 메시지의 전송 및 수신이 가능하지만 29비트 길이의 메시지 식별자를 사용하는 확장 CAN 포맷 방식(CAN 2.0B)의 메시지는 인식하지 못한다. 반면에 CAN 2.0B 노드는 모든 포맷의 메시지의 송수신 가능하다.
- 다양한 활용 분야 : CAN은 원래 차량 전용으로 개발되었다. 그리고 OBDII 차량 진단기용으로도 기본 사용된다. 하지만 지능형 주변장치를 위한 개방형 통신 시스템은 물론, 마이크로 제어기용 내장 통신 시스템으로도 사용될 수 있다.

14.24 연습문제

[1] CAN에서는 ___ 신호방식을 사용한다.
a) single ended b) differential

[2] CAN 버스의 전위차가 2V 이상이면 '0' 또는 __ 비트라고 한다.
a) dominant b) recessive

[3] CAN 시스템은 하나의 버스에 여러 개의 마스터 노드가 있을 수 있다. LIN은 ___개의 마스터 노드가 있다.
a) 1 b) n

[4] CAN은 ___ 통신방식으로 동작한다.
a) 전이중 b) 반이중

[5] CAN의 특징이 아닌 것은?
a) Content 기반 주소법 사용
b) 우선순위 지원
c) CSMA/CD 절차 사용
d) 우선순위에 따른 실시간 전송 가능
e) 능동적인 오류제어 기능

[6] CAN은 ACK 기능을 지원한다. 맞는가?
a) 맞다 b) 틀리다.

[7] CAN과 이더넷 시스템과의 연동시 고려해야 할 사항을 열거하라.

제 15 장 이더넷

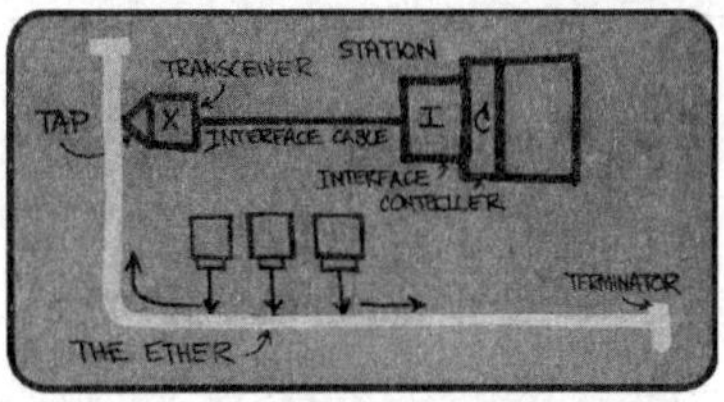

지금까지 다루었던 I2C, SPI, I2S, AES/EBU 등은 단거리 전송이거나 저속의 중거리 전송을 수행하는 것이었다. 본 장에서는 가장 상업적으로 성공한 고속 근거리 통신망(Local Area Network) 기술인 이더넷에 대하여 다룬다.

이것은 1980년초에 10Mbps의 LAN용으로 개발된 이후 Token Ring, Fiber Channel, ATM 등의 쟁쟁한 경쟁 기술을 제치고 가장 대중적이고 저렴한 전송 기술로 시장에서 환영을 받으면서 장수하고 있다. 현재 400Gbps까지의 전송 속도도 지원할 수 있게 되었다. 이더넷과 관련된 시스템에는 단말용 Network Interface Card(NIC), 스위치/브리지, 허브, Power over Ethernet 이 있다.

이더넷은 직접 연결된 단말과 단말(또는 라우터)에게 IP와 같은 상위 계층 데이터를 수납하여 전달하는 데이터 링크 계층의 기능을 Gbps급으로 100m 케이블상에서의 전송기능을 수행할 수 있는 직렬 평형 전송기능을 수행하는 물리 계층 및 데이터 링크 계층 기술이다. 특히 100Mbps급 이더넷부터는 매체를 공유하지 않고 점 대 점으로 연결되므로 CSMA/CD 기법을 사용하지 않는다. 또한 점대점 연결 시 100Mbps급 이더넷은 UTP 케이블상에서 송신로와 수신로가 물리적으로 분리되어 있으므로 전이중 통신이 가능하다.

15.1 이더넷의 역사

(1) 초기 버스형 이더넷

1973년에 DEC, Intel, Xerox 등 3사가 연합하여 개발한 10Mbps급 이더넷은 동축케이블 상에 다수의 단말이 접속되어 매체를 공유하는 방식으로 동작하였다. 이것은 당시의 타 기술(토큰링, 토큰버스 등)에 비하여 우월한 속도와 가격 경쟁력에 의해 시장을 장악하면서 10Base-T, 10Base-2, 10Base-5, 10Base-F 등 다양한 전송거리와 기능으로 발전하였다.

특히 이것은 인터넷 기술의 전송수단으로 활용도가 아주 높았다. 현재까지도 SPI 인터페이스를 제공하는 10Mbps급 이더넷 칩 형태로 여전히 사용되고 있다[1].

(2) 100Mbps급 고속 이더넷

1992년 2월 28일, 고속 이더넷 개발을 위한 Grand Junction Network사가 설립되었다. 이후 세계최초의 100Mbps급 이더넷인 100Base-TX 방식의 제품을 판매 개시하였다. 100Base-TX는 100m의 UTP 케이블상에서 100Mbps급 이더넷 프레임을 전송하기 위하여 기존의 전송기술이었던 FDDI(Fiber Distributed Data Interface) 전송기술의 UTP 케이블 버전인 CDDI(Copper Distributed Data Interface) 기술에서 사용된 4B5B 인코딩방식과 Non-Return-to-Zero Inverted(NRZI) 코딩방식에 MLT-3라인 코딩기법을 추가 사용한 것이다.

(3) 기가비트 이더넷

100Mbps급 이더넷의 표준화가 완료되어가던 1995년, 1Gbps로 향상시키기 위한 개발이 착수되어 1998년 7월에 표준으로 완성되었다. 이것은 이미 개발되어 있던 전송기술인 FiberChannel 방식의 전송기술을 활용하였다.

기가비트 이더넷은 파이버채널 기술과 동일한 8B/10B 인코딩방식을 사용하여 실제 선로상의 전송속도는 1.25Gbps이다. 참고로 8B/10B 인코딩방식은 최근의 새로운 하드디스크 연결용 인터페이스인 SATA(Seiral ATA) 방식에서도 사용되고 있다.

(4) 10기가비트 이더넷

기가급 이더넷의 표준화가 완료되어가던 1999년 초, 이더넷의 속도를 10Gbps로 향상시키기 위한 기술개발이 착수되었으며 2002년 7월에 표준도 완성되었다.

하지만 이러한 10기가비트 이더넷의 개발과정에서 LAN 환경에 맞는 기존의 10Gbps급 전송기술이 없었기 때문에 많은 우여곡절이 있었다.

또한 9.958Gbps를 지원할 수 있는 SONET/SDH 기술도 수용하기 위하여, 원래 목표했던 것과 달리 여러 가지 물리 계층의 전송방식이 모두 표준으로 등재되어, 전송선로에서의 실제 전송속도는 12.5Gbps, 10.33Gbps, 9.958Gbps 등으로 다양하다.

(5) 이더넷 응용 기술

현재 이더넷은 사무실 환경뿐만 아니라, 오디오/비디오 등 실시간 트래픽 전송을 보장하기 위한 Audio/Video Bridging(AVB), 자동차 내부 제어 통신망을 위한 Single Pair Ethernet과 AVB Automotive 기술, 항공기 내부 제어 통신망을 위한 Airbone Full Duplex Ethernet(AFDX), UTP케이블을 통해 최대 100W의 전력을 공급받는 Power Over Ethernet, 로봇제어 및 공장자동화를 위한 EtherCAT 및 Fieldbus 등 다양한 융합기술 분야에 널리 활용되고 있다.

또한 SONET/SDH와 같은 장거리 백본 망을 대체할 수 있는 Carrier Ethernet 기술과 최대 400Gbps급 이더넷도 출현하고 있다.

[1] Microchip사의 ENC20J60칩

15.2 매체 공유형 이더넷

(1) CSMA/CD

초기 이더넷은 하나의 전송 매체에 3개 이상의 장치가 접속 가능하도록 하는 매체 접근 방식으로 carrier sense multiple access with collision detection(CSMA/CD)가 사용되었다.
이것의 기본적인 동작은 <그림 15.1>과 같다.

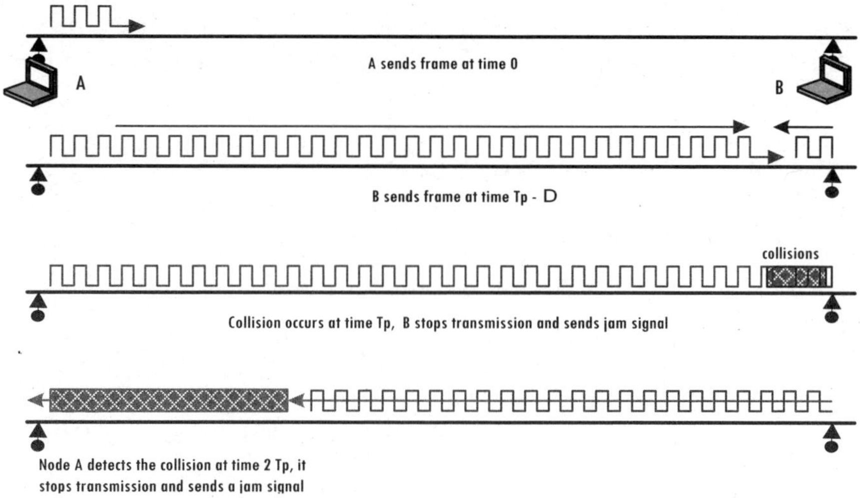

<그림 15.1> CSMA/CD의 동작

① 이더넷 장치의 MAC은 송신될 데이터(MAC 이상의 상위 계층 패킷: LLC, IP 등) 외에 목적지 이더넷 장치의 주소를 포함한 헤더가 부착된 MAC프레임 형태로 만든 다음, 전송매체상태(즉, 캐리어 상태)를 점검한다. 이것을 carrier sense[2]한다고 한다.

② 만약 캐리어 신호가 감지되면(즉, 다른 통신국에 의한 전송이 진행중이거나 충돌이 지속되는 경우), 장치들은 캐리어가 없어질 때까지 계속 케이블의 상태를 감시한다[3].

③ 이후 케이블에 캐리어가 없어지면, 이 송신국은 최소한 9.6μs의 Inter-Frame Gap(IFG) 시간동안 대기한 후 케이블이 여전히 idle하면 이 프레임을 송신한다.

④ 통신선로에 접속된 다른 모든 이더넷 장치 각각은 이 프레임의 송신에 의한 캐리어를 감지하는 즉시, 이 프레임의 수신을 시작한다. 이들은 수신되는 이 프레임의 헤더 영역에 있는 목적지 주소(destination address:DA)와 자신의 이더넷 주소가 같은지를 검사하여, 같은 경우에만 이 프레임의 수신을 계속한다[4]. 그렇지 않은 장치들은 이 프레임의 수신을 중지하고, 그 동안 수신된 프레임 비트열을 버린다.

---

[2] Carrier라는 용어는 Metcalf가 Communications of ACM저널에 개제한 그의 논문에서 사용되었는데, 그는 이더넷이 캐리어(반송파)에 변조된 신호를 실어 송신하는 무선방식의 ALOHA 프로토콜을 개량한 것이기 때문에, 일관성을 유지하기 위하여 사용한 것이다. 대부분의 이더넷은 변조되지 않은 디지털신호를 전송하는 baseband 방식이므로, 엄밀한 의미의 아날로그 반송파(carrier)는 없다. 여기서 캐리어란, 케이블상에 전송되는 프레임이나 충돌신호들을 의미한다.

[3] 1-persistent 방식이라고 한다.

[4] 자신의 MAC주소는 NIC의 EEPROM에 기록되어 있다.

⑤ 만약 한 장치 외에 다른 장치들도 거의 같은 시간에 전송을 시도하게 되면 이들 프레임간에 충돌이 발생할 수 있다. 그러므로 송신국들은 자신의 송신중에 충돌이 발생하는지를 계속 점검한다.

⑥ 만약에 송신국들이 충돌발생을 감지하면(collision detection), 즉시 정해진 시간(32 bit time)동안 재밍신호를 송신한 후 전송을 중단한다[5]. 그리고 랜덤하게 결정되는 backoff 지 연시간 이후 다시 캐리어을 감지하여 전송을 재 시도한다.

결과적으로 이러한 버스 구조에서는 여러 개의 단말 중 한 단말만이 송신할 수 있고, 나머지는 수신하거나 송신 기회를 기다려야 한다. 이 동작을 이더넷의 Half-duplex(반이중) 모드라고 한다.

(2) 버스형 이더넷에서의 충돌감지기능

이더넷의 가장 기본적인 개념은 하나의 전송매체를 여러 통신국이 공유할 수 있도록 하는 것이다. 하지만 이 전송매체상에 있는 두 개 이상의 이더넷 장치가 동시에 자신들의 패킷을 송신한다면, 이 패킷들은 서로 간섭을 일으켜 무효한 것이 되어 버린다. 이 과정을 충돌이라고 한다.
이러한 충돌을 가급적 감소시키기 위하여 이더넷에서는 carrier sense multiple access with collision detection(CSMA/CD) 방식을 사용한다.

- 프레임을 전송하기 전에 전송매체의 상태가 idle한 경우에만 전송을 개시한다. 혹시 다른 장치도 이 기간에 송신을 개시하여 충돌이 발생할 수도 있으므로 전송 중에도 충돌발생 여부를 계속 감시한다.
- 전송 중 충돌이 감지되면 즉시 전송을 중지하고 랜덤한 시간 이후에 재전송한다.

<그림 15.2>는 초기 버스형 이더넷의 구조와 충돌감지의 원리를 보여주고 있다. 전송 중 충돌감지 동작은 다음과 같이 수행된다.

- 각 장치는 송신하는 디지털 비트값에 따라 90mA의 전류를 받아들이거나 중지하는 Current Sink 방식으로 송신과정을 수행한다. 즉 송신부는 open collector 형태의 current sink로 구현된다.
- 케이블 양쪽에는 50옴의 종단저항이 연결되어 있으므로, 병렬 저항값 25옴에 의해 '1'일 때 -2.25V, '0'일 때 0V의 전압이 케이블도체와 실드선 간에 발생한다. 평균적으로는 -1.125V의 전압이 케이블에 표출된다.
- 만약 2개 이상의 장치가 거의 동시에 이와 같은 방법으로 송신하면, Current Sink 장치가 2개 이상이 되므로 정상적인 경우보다 더 많은 전류가 흘러 케이블의 평균전압이 더 크게 표출된다.
- 송신 중에 있는 장치들은 이러한 평균전압의 크기를 감지하여 충돌여부를 판단한다.

이러한 방식을 Receiver 모드 충돌감지방식이라고도 한다.

---

[5] 전송이 완료되기 전에 충돌이 감지되어야만 재전송이 가능하다. 이것을 만족하기 위하여, 최소 프레임길이를 규정한다.

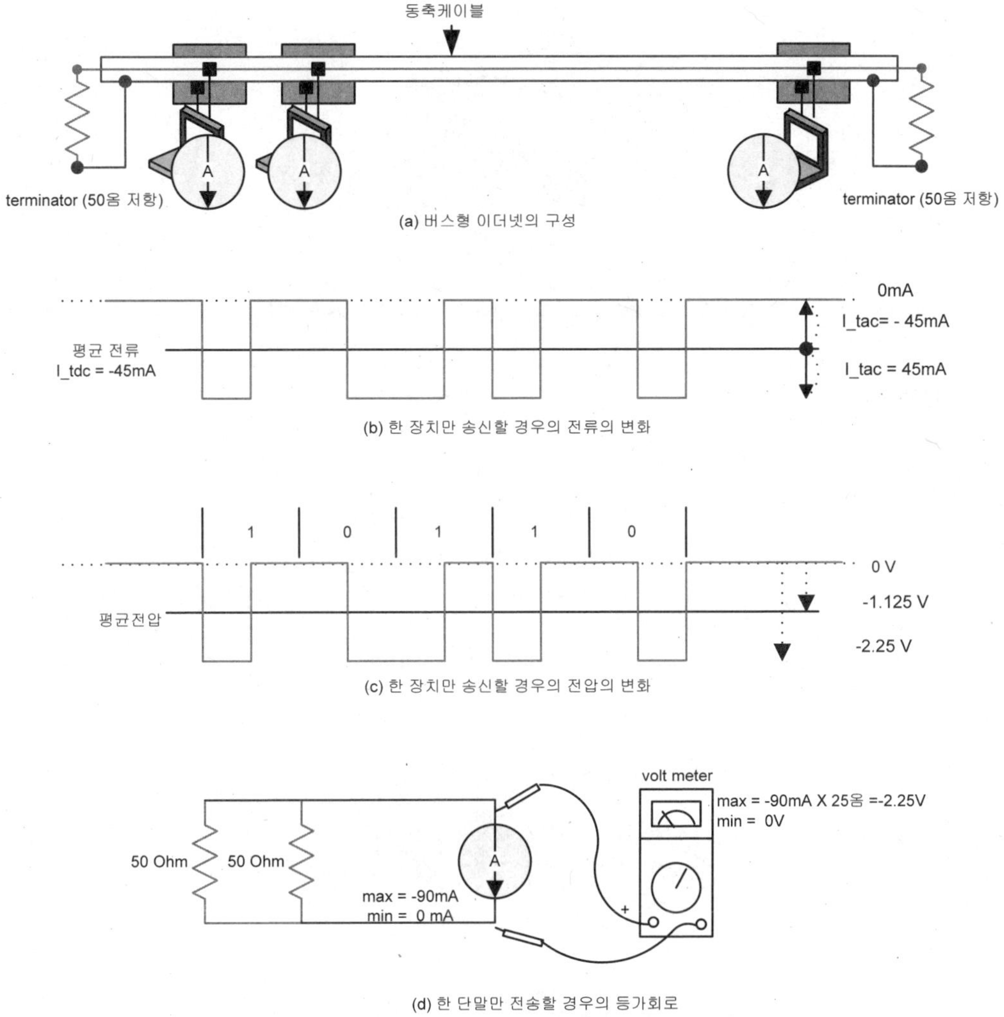

<그림 15.2> 초기 버스형 이더넷의 구성과 충돌감지의 원리

(3) 스타형 이더넷에서의 충돌감지기능

허브를 사용하고 송신로와 수신로가 물리적으로 분리된 10Bast-T 경우 충돌방식은 버스형 이더넷에서의 그것과 다르다.

허브는 2포트 이상의 포트에 수신상황이 동기에 감지되면 이것을 충돌이라고 판단하고 모든 포트로 랜덤한 비트열로 구성된 jamming 신호를 보낸다.

이에 송신 중이던 장치는 송신 중에 수신 상황이 동시에 감지되면 자신의 송신으로 인한 충돌로 판단하고 즉시 송신을 중단하고 재전송 과정을 수행한다.

이것을 Transmitter 모드 충돌감지방식이라고도 한다.

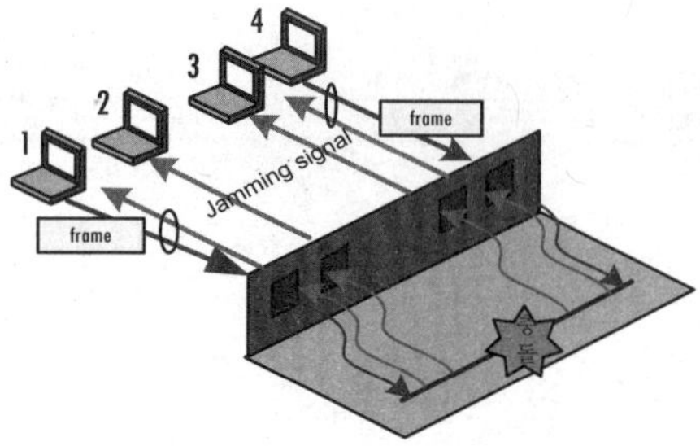

<그림 15.3> 스타형 이더넷의 구성과 충돌감지(10Mbps의 경우)

15.3 100Mbps급 이더넷

(1) 구성과 동작

이것은 100m의 UTP 케이블상에서 이더넷 프레임을 100Mbps로 전송하기 위하여, 당시 고가의 전송 기술이었던 FDDI(Fiber Distributed Data Interface) 전송 기술의 UTP 케이블 버전인 CDDI(Copper Distributed Data Interface) 기술에서 사용된 4B5B 인코딩방식과 Non-Return-to-Zero Inverted(NRZI) 코딩방식을 재활용하였다.

예를 들어 <그림 15.4>와 같이 4B5B 인코딩에 의해 4비트의 데이터 '0000'은 '11110'로 변환된다.

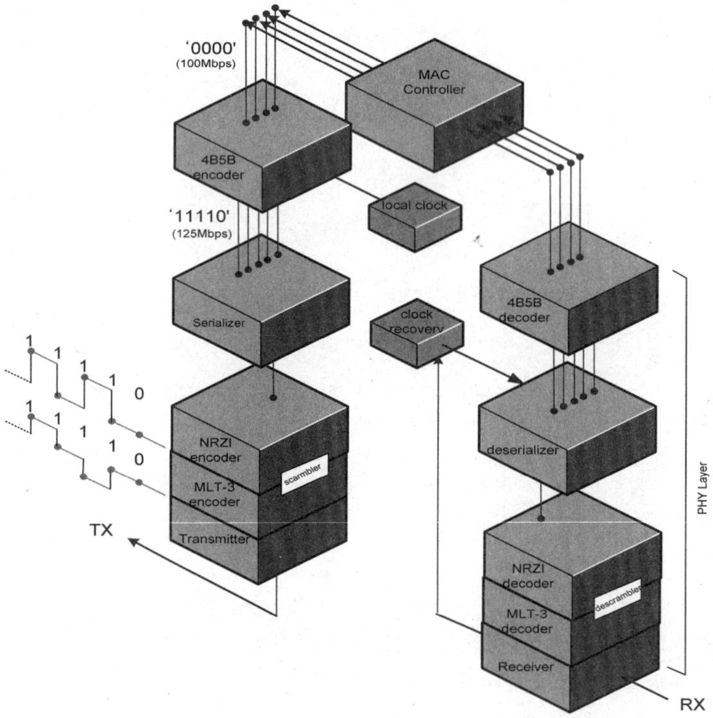

<그림 15.4> 100Mbps급 이더넷의 송수 기능부의 구조

이어 비트값 '1'일 때마다 전압 레벨을 바꾸는 NRZI 코딩에 의해 전압 레벨이 반드시 한번 이상 천이된다. 따라서 적어도 5비트 중에 1이 하나라도 있으면 신호 모양이 변하므로, 수신부에서는 송신측이 전송시 사용한 송신 클럭의 속도에 맞추어 수신할 수 있는 비트 동기가 가능하도록 한다[6]. 이러한 NRZI 코딩방식은 USB에서도 사용되고 있다.

UTP를 사용하는 100Base-TX의 경우에는 NRZI코드에 대하여 3단계의 신호 레벨을 갖는 MLT-3(Multiple Level Transition - 3 levels) 인코딩을 추가로 수행한다.

이렇게 4B5B 인코딩 방식을 사용함으로써 실제 전송률이 125Mbps로 증가되지만 NRZI와 MLT-3 라인코딩에 의해 UTP케이블로 100Mbps를 전송할 수 있다. 즉 125Mbps는 NRZI에 의해 최대 62.5 MHz로 되고 MLT-3에 의해 다시 1/2로 되어 최대 31.25 MHz의 심볼률로 감소될 수 있기 때문이다.

추가적으로 NRZI 인코더 하부에 스크램블러를 추가함으로써 고주파 방사를 감소시킨다.

(2) 전이중 이더넷 기능

기존의 이더넷은 한 장치가 송신하는 동안에 다른 장치는 수신만 가능한 반이중 방식으로 동작한다. 반면에 송신 및 수신용 전송로를 분리할 수 있도록 광 케이블을 2개 사용하거나 UTP 케이블을 사용하여 스위치와 스위치간 점대점 연결이거나 스위치의 한 포트에 직접 LAN 카드를 연결할 경우, 송수신이 동시에 가능하다. 또한 이 케이블상에는 오직 직접 연결된 2개의 이더넷 장치만 있으므로 CSMA/CD 과정은 당연히 불필요하다.

이러한 이더넷 통신방식을 전이중(full-dupelx) 이더넷방식이라고 하며 Kalpana사에서 1993년에 개발하였다. 이러한 전이중 통신은 PC간 직접 연결시에도 가능하다.

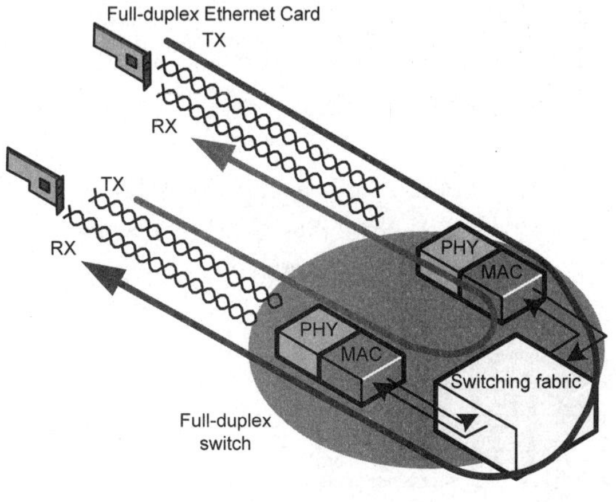

<그림 15.5> 전이중 이더넷의 동작

[6] 10Mbps의 경우 Manchester 인코딩 방식을 사용하므로 최악의 경우 10MHz의 디지털 신호가 UTP 케이블 상에서 송신된다. 100Mbps급 이더넷에서 4B5B 인코딩 결과를 동일한 Manchester 인코딩방식을 사용한다면 125MHz의 디지털 신호가 UTP 케이블에 전송되어야 할 것이다. 이렇게 높은 주파수 성분을 가지는 디지털 신호를 기존 UTP 케이블로는 거의 불가능하다.

15.4 기가비트 이더넷

1000Base-T의 경우, 4쌍의 UTP케이블을 모두 사용하여 송수신을 동시에 수행한다. 이것이 가능한 이유는 자신이 송신한 신호파형을 기억했다가 상대방으로부터 수신되는 파형과 트랜스포머에서 반사된 자신의 송신파형이 합쳐진 수신신호에서 자신의 송신신호 성분을 제거하는 echo canceller 기능을 사용하기 때문이다[7].

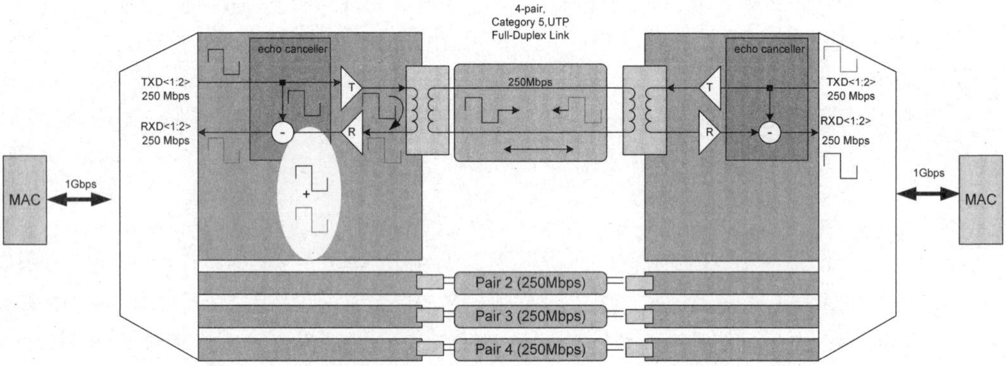

<그림 15.6> 1000-Base-T 기가비트 이더넷의 송수신 방법

15.5 이더넷용 전송 매체와 커넥터

(1) 케이블

이더넷용 전송 매체는 Unshield Twisted Pair(UTP) 케이블, 동축케이블, 광케이블 등 다양하다. UTP 케이블은 <그림 15.6>과 같이 8가닥의 차폐되지 않은 케이블로 구성되어 있으며, 각각 2가닥씩 꼬여 있다.

10Mbps와 100Mbps의 경우, EIA/TIA 568B 규격에 따라 4쌍의 케이블 중 1번과 2번핀에 연결된 두번째 케이블 쌍을 송신용으로 사용하고, 3번 및 6번핀에 연결된 첫번째 케이블 쌍을 수신용으로 사용한다. 반면에 기가급 이더넷은 4쌍의 케이블 모두를 송수신용으로 동시에 사용한다.

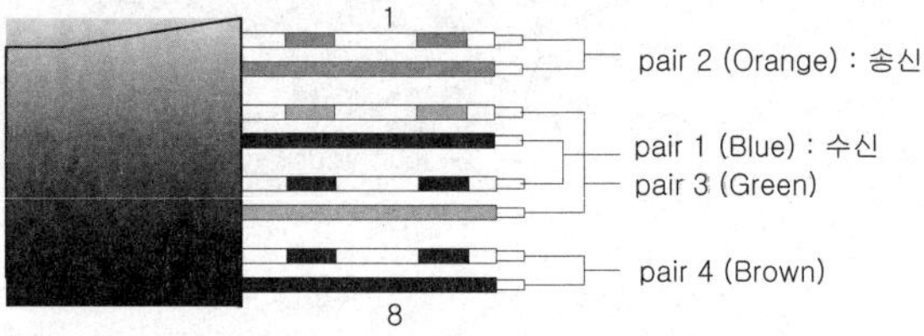

<그림 15.7> EIA/TIA 568B UTP 케이블의 구성

[7] 이러한 일종의 액티브 하이브리드 기능은 사람도 갖고 있다. 상대방과 대화시 상대방의 음성과 자신의 음성이 함께 자신의 귀에 유입되지만 자신의 음성을 제거하면서 상대방의 음성을 아주 똑똑하게 인식한다.

(2) 커넥터

10Mbps와 100Mbps의 경우, EIA/TIA 568B 규정에 따라 4쌍의 케이블을 다음과 같이 사용한다.

- 1번과 2번 핀에 연결된 두번째 케이블 쌍을 송신용으로 사용하고,
- 3번 및 6번 핀에 연결된 첫번째 케이블 쌍을 수신용으로 사용한다.
- 나머지는 사용하지 않는다.

이더넷 카드에 있는 잭과 UTP 케이블용 커넥터인 RJ-45의 핀 배열은 <그림 15.7>과 같다. 최근의 일부 RJ45 소켓에는 송수신 중임을 표시하는 LED와 10Mbps 또는 100Mbps를 구분하는 LED도 함께 포함되어 있다.

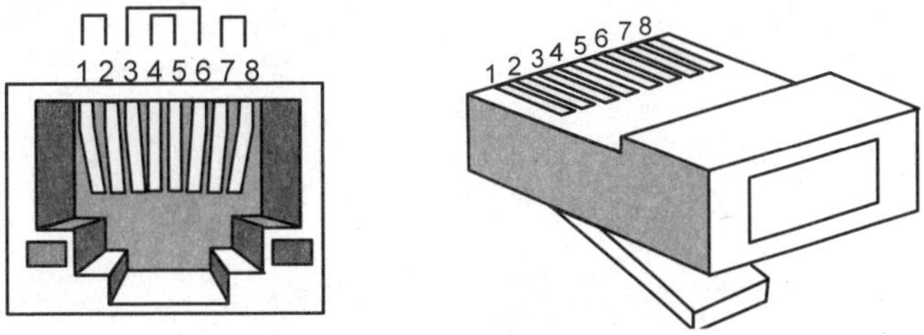

<그림 15.8> RJ45 커넥터

(3) SFP(small form-factor pluggable) 커넥터

이것은 기가비트 이더넷, Fibre Channel, SONET 등에서 사용되는 hot-pluggable 기능을 갖는 e/o 및 o/e 변환 트랜시버 규격이다. 이것은 기존의 큰 gigabit interface converter(GBIC)를 대체한다.
모듈에 내장된 256바이트의 EEPROM에는 해당 트랜시버의 지원기능과 제조회사 식별자 등이 저장되며 I2C(주소 1010000X (A0h)) 버스를 통해 읽을 수 있다.
또한 트랜시버의 동작상태 정보(출력 광전력 등)인 digital diagnostics monitoring(DDM) 기능 역시 I2C주소 0x2A로 읽거나 쓸 수 있다.

<그림 15.9> 광 이더넷 카드와 SFP 커넥터

(4) 다이렉트 케이블과 크로스 케이블

앞에서 UTP 케이블의 1,2번 케이블은 송신용이고 3,6번 케이블은 수신용이라고 하였다. 이것은 단말입장에서의 용도이다. 반면에 허브나 스위치 입장에서는 1,2번 케이블로 수신하고 3,6번 케이블로는 단말로 송신한다. 이러한 용도의 케이블을 다이렉트 케이블(direct cable)이라고 한다.

단말과 단말을 직접 연결하는 경우에는 <그림 15.10>과 같이 1,2번 케이블로 송신된 신호가 상대방 단말의 3,6번 핀에 수신되어야 한다. 따라서 단말과 단말을 연결할 경우에는 교차된 UTP 케이블을 사용해야 하는데 이러한 케이블을 크로스 케이블(cross cable)이라고 부른다. 크로스 케이블인 경우 반드시 케이블에 'X'로 표시하여야 혼란을 예방할 수 있다.

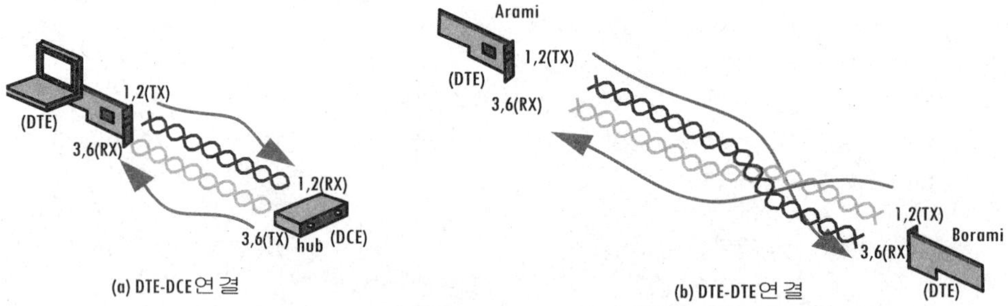

<그림 15.10> 다이렉트와 크로스 케이블링

(5) MDI/MDI-X

최근의 이더넷 칩은 PC와 PC 연결시 크로스케이블을 사용하지 않더라도 자동으로 상호간에 마치 크로스케이블로 연결된 것처럼 설정한다. 이러한 기능은 2002년에 이미 표준화된 MDI/MDI-X 기능이라고 한다.

15.6 드라이버

이더넷의 경우는 신호레벨은 다음과 같다.

- 10Base-T : 맨체스터 라인코딩에 의한 +2.5 V 와 −2.5 V 차동전압을 사용한다.
- 100BASE-TX : MLT-3 라인코딩에 의한 {+1, 0, −1V} 등 3종류의 차동전압이 사용된다.
- 1000BASE-T : PAM5 라인코딩에 의해 {−2, −1, 0, +1, +2V} 등 5종류의 차동전압이 사용된다. 실제 라인상에는 { +1 V, +0.5 V, 0 V, −0.5 V, −1 V}이 표출된다.

일반적으로 전류모드와 전압모드 등 2종류의 라인 드라이버가 사용된다.

a) 전류모드

이것은 <그림 15-11>의 위쪽에 있는 그림과 같이 항상 동작하는 전류원으로부터의 전류를 공급하거나 중단하는 방법으로 신호를 전송한다[8].

출력측의 100옴 저항은 전류의 전압 변환용이다. 경로상의 커패시터는 교류신호성분만 통과시킨다. 이더넷의 경우에는 <그림 15.11>의 아래쪽에 있는 그림과 같이 트랜스포머를 사용하여 이것의 중간 탭으로부터 전원을 공급받는 current sink 방식으로 동작한다[9].

---

[8] 실제 전류모드 구동부는 push−pull 회로로 구성된다.

[9] 2개의 50옴 저항은 100옴의 케이블 임피던스와의 정합용 종단저항이다. 이 저항을 칩에 내장한 것도 있다.

즉 양 전위의 신호를 생성하려면 트랜스포머의 윗쪽 권선으로 흐러도록 하고, 음 전위의 신호를 생성할 경우에는 아래쪽 권선으로 흐로도록 한다. 그리고 0V의 경우에는 양쪽 권선에 모두 균등하게 흐르도록 한다. 이렇게 단순히 전류의 단속기능만 수행함으로써 고속 전송이 가능하지만 항상 켜져 있는 전류원에 의한 전력소모가 큰 단점이 있다.
더욱이 트랜스포머의 중간 탭에 의해 2차 권선에 비해 1차 권선이 1/2이므로 수신부 측에 충분한 전압을 전달하려면 2배의 전류가 필요하다. 예를 들어 수신측에서 요구되는 V_{pp}가 2V라면 2 V / 200 ohms = 10 mA가 소모되어 전류모드에 비하여 저전력으로 동작할 수 있다.
또한 선로상에 커패시터 또는 트랜스포머를 사용한 AC커플링 회로에 의해 신호변화가 없는 연속된 1 또는 0의 경우 전류가 흐를 수 없으므로 잦은 변화를 보장하는 4B5B 또는 8B10B 블록 인코딩 등을 추가 사용한다[10].

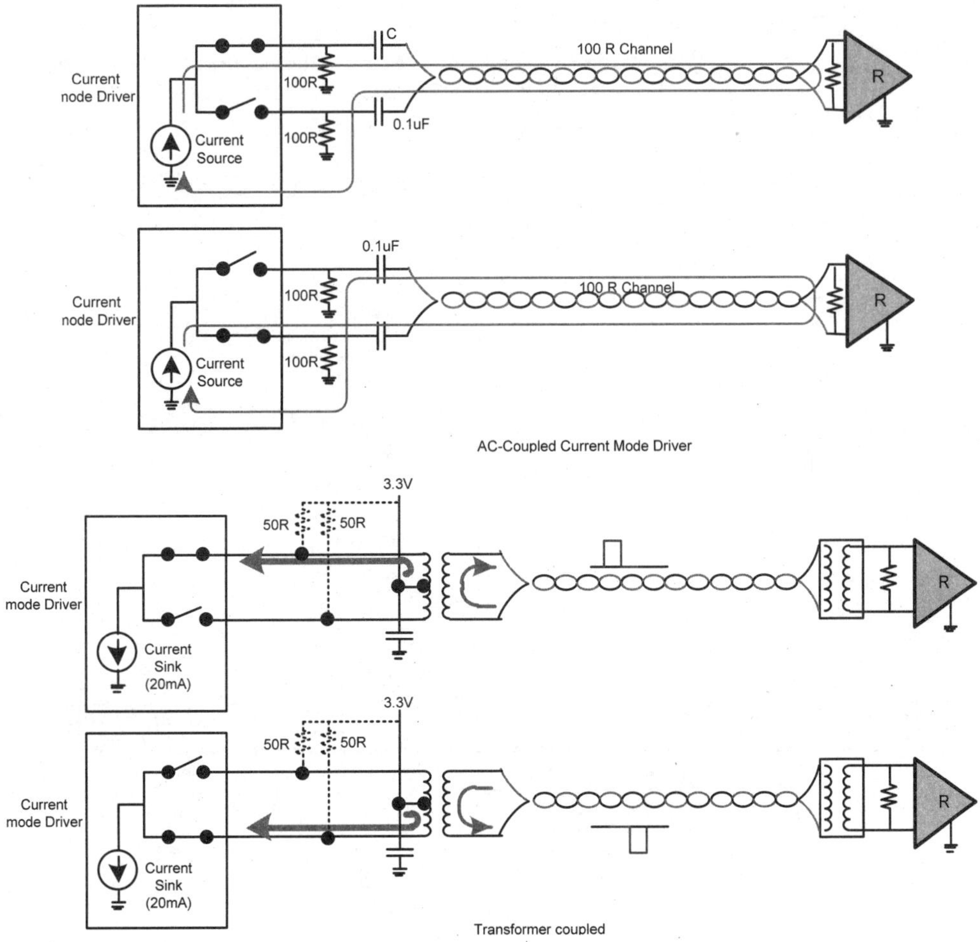

<그림 15.11> 전류모드

[10] AC-coupling 회로란 교류신호 성분은 통과시키지만 직류성분은 차폐하는 것이다.

b) 전압모드

이 모드는 일반적으로 이더넷 스위치 모듈에서 사용되며, 작은 출력 임피던스를 가진다. 전류모드 구동부와 달리 종단저항 및 부하 임피던스는 직렬로 구성된다. 전류모드에 비하여 저전력으로 동작할 수 있다. 하지만 이것은 전류모드 방식에 비하여 복잡하다.

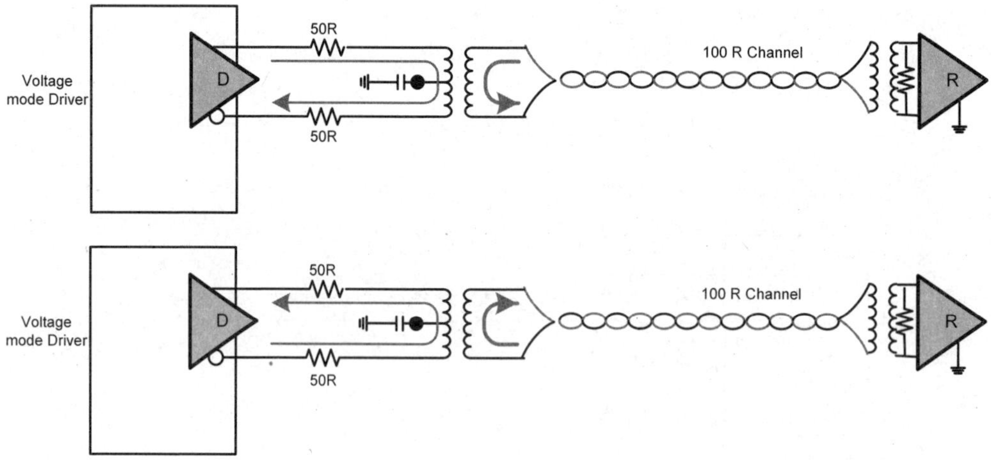

<그림 15.12> 전압모드

15.7 이더넷 프레임

(1) 이더넷 프레임 형식

이더넷 프레임은 다음과 같은 2종류이지만 공존할 수 있다.

a) DIX 2.0 프레임 형식 : 이것은 Digital, Intel, Xerox 등 세 개의 회사연합에 의해 만들어진 최초의 10Mbps급 이더넷에서 사용된 프레임 형식이다.

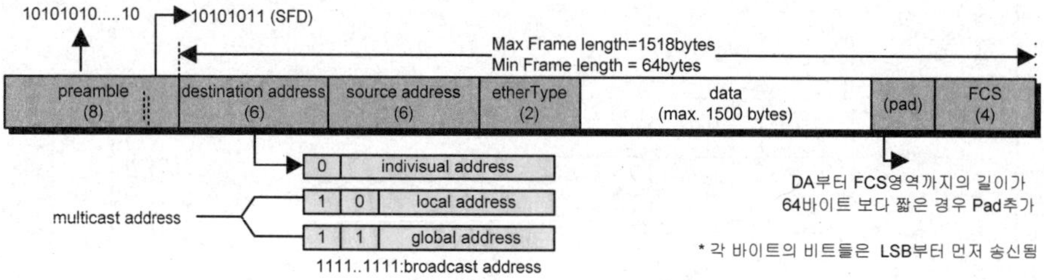

<그림 15.13> DIX2.0 이더넷 프레임 형식

b) IEEE802.3 프레임 형식 : IEEE 802 표준화 기구에서 토큰 링과 토큰 버스 등 다른 LAN 방식과의 호환성을 고려하여 구성한 프레임 형식이다. DIX 2.0 이더넷의 형식과 일부 상이하지만 공존할 수 있다.

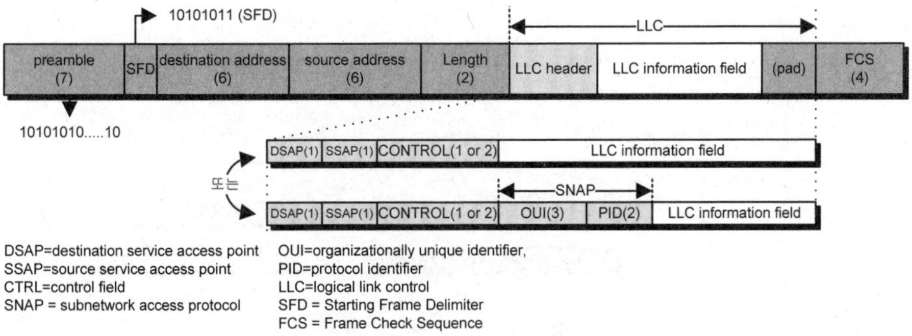

<그림 15.14> IEEE802.3 이더넷 프레임 형식.

(2) 계층 구조

IEEE802.3 표준에 의한 이더넷 시스템의 계층 구조는 <그림 15.15>과 같이, 데이터 링크 계층이 MAC과 LLC로 분리된 두 개의 부계층(sublayer)으로 구성된다.

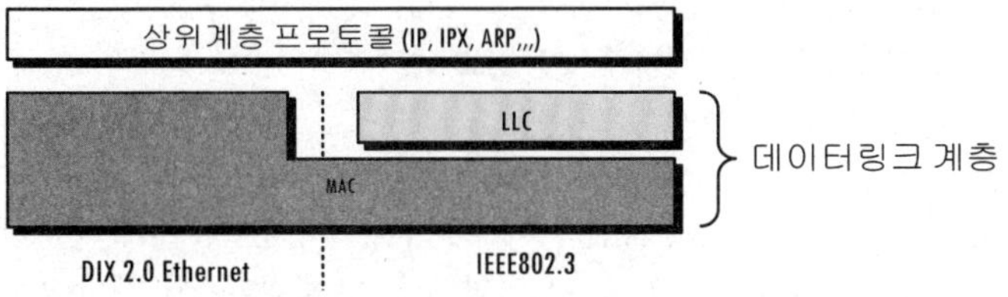

<그림 15.15> IEEE 802.3과 DIX 2.0 이더넷의 계층 비교.

(3) 각 영역의 기능

DIX2.0 이더넷과 IEEE 802.3은 각각 RFC 894 및 RFC 1042의 표준들이므로 하나의 LAN상에서 이러한 프레임들이 공존할 수 있도록, 모든 이더넷 시스템들은 이들 두 가지 형식의 프레임을 모두 처리할 수 있어야 한다.

이더넷 프레임의 각 영역의 기능은 다음과 같다.

a) 프리앰블(Preamble : 7 또는 8바이트) : 수신되는 비트열로부터 수신 클럭을 추출하여 비트 동기를 맞출 수 있도록 1과 0이 반복되는 비트열로 구성된다. 즉 프리앰블의 가장 큰 목적은 송신측과 수신측간의 송수신 속도를 일치시키기 위한 비트 동기를 제공하는 것이다.

b) SFD(starting frame delimiter : 1바이트 : 10101011) : 이 영역 이후부터 바이트 단위로 조합된 유효한 프레임이 시작됨을 알린다. SFD는 바이트 단위의 동기를 위한 것일 뿐만 아니라, SFD 다음 바이트 열이 프레임의 시작임을 알리는 프레임 단위의 동기화를 제공한다.[11] 이러한 프리앰블과 SFD 영역은 상위 계층으로 전달되지 않는다.

[11] 프리앰블 및 SFD는 모두 MAC 컨트롤러 칩에서 만들어진다. 또한, 프리앰블와 SFD 영역의 전송 중에 충돌이 발생하면, 이 영역의 송신을 완료한 다음, 32비트의 재밍 신호를 송신하고, 전송을 중지한다.

c) Destination address(DA : 6바이트) : 목적지 주소이다. 총 6바이트 영역인 목적지 주소는 <그림 15.16>와 같이, 첫 3바이트는 Block ID 또는 OUI(Organizationally Unique Identifier)라고 불리는 카드 제조회사를 식별하는 코드로 지정되어 있다[12]. 나머지 3바이트는 개별적인 목적지를 식별하는데 사용된다.

<그림 15.16> 이더넷 주소의 구성

DA 주소는 크게 세 가지 종류로 구성된다.

- Individual address : 첫번째 바이트의 LSB 값이 0인 주소로서, 각각의 목적지 이더넷 카드의 주소이다. 단말들은 수신되는 이더넷 프레임의 DA 영역이 자신의 이더넷 주소 값과 같은 경우에는 이 프레임을 받아들이고, 그렇지 않으면 버린다.
- Multicast address : 첫번째 바이트의 LSB 값이 1인 주소이며, 이것을 사용하는 예는 RFC-1112에 규정된 멀티캐스트 프로토콜이다.
- broadcast address : 모든 비트가 1인 주소는 모든 단말들에 대한 방송용 주소이다.

d) Source address(SA : 6바이트) : 송신측 이더넷 주소이다. LAN 카드는 자신의 이더넷 주소를 ROM이나 EEPROM에 기록하고 있다. SA 영역의 첫 번째 바이트의 첫 번째 LSB는 0으로 예약되어 있다.

e) Length/EtherType 영역 : IEEE 802.3 CSMA/CD 표준에서는 이더넷 프레임의 정보 영역 길이를 표시한다. 반면에 DIX 2.0 표준에서는 이 영역을 이더넷 프레임의 데이터 부분에 수납된 상위 계층 프로토콜 종류를 지시하는 EtherType 영역으로 사용된다[13].

f) 데이터 영역 : IP 등의 상위 계층 프로토콜 또는 LLC 메시지를 수납한다. 최대 허용길이는 1500바이트이다. 또한 DA부터 FCS 영역까지의 길이가 64바이트 이상 되어야 하는 최소길이 규정도 준수해야 한다.

g) 패딩 : DA부터 FCS까지의 길이가 MAC 프레임 최소길이 규정인 64바이트 보다 짧을 때 0으로 채워야 하는 영역이다. 예를 들어 1바이트의 데이터가 송신되는 경우, 패딩의 길이는 45 바이트이다.

---

[12] 이 외의 상세한 규정은 IETF RFC-1340-Assigned Numbers RFC에 있음. 또는 IEEE에서는 OUI 목록을 다음 웹페이지에 유지하고 있다.

[13] 이러한 두 가지 의미가 공존할 수 있도록, EtherType의 값은 항상 0x0600 이상의 값을 가진다. 즉, 이더넷 프레임의 정보 영역 길이는 최대 1500바이트로 제한되므로, 수신된 프레임의 이 영역값이 0x600(=1536) 이상이면, DIX 2.0 프레임의 EtherType으로 해석하고, 그렇지 않으면, IEEE 802.3 프레임의 길이 영역(정보 영역의 길이를 표시)으로 해석한다.

h) Frame Check Sequence(FCS) : 프리앰블과 SFD 부분을 제외한 유효한 MAC 프레임의 비트열에서 발생할 수 있는 오류를 검사하기 위해 사용된다.

(5) 각 바이트의 비트 송신 순서

각 바이트의 비트들은 FCS를 제외하고는 모두 LSB부터 송신된다(즉 FCS는 MSB부터 송신된다.) 예를 들어 프리앰블 영역은 다음과 같은 비트열 형태로 송신된다.

10101010 10101010 10101010 10101010 10101010 10101011

이러한 비트열을 송신하려는 Verilog 프로그래머는 LSB부터 송신됨을 고려하여 미리 비트 순서를 변경시켜야 한다. 즉 프리앰블 영역의 첫 바이트를 송신하려면 '0x55'값을 사용해야 한다. 이 경우 0x55(=01010101)의 LSB부터 송신된다. 마찬가지로 SFD 송신시에는 0xD5 (=11010101)을 출력하도록 한다.

(6) 이더넷 프레임의 실제

LAN 프로토콜 분석기를 사용하여, 이더넷 프레임들을 수집하면 <그림 15.17>, <그림 15.18>과 같은 두 가지 종류의 프레임들이 망에서 공존하고 있음을 알 수 있다.

<그림 15.17>은 IP 패킷을 실어가는 이더넷 프레임으로서, 송신측 이더넷 카드의 주소는 6바이트의 00-50-FC-67-09-F9이고 수신측 이더넷 카드의 주소는 00-D4-38-5D-92-03임을 알 수 있다. 그리고 이 이더넷 프레임에 수납된 상위 계층 프로토콜이 IP라는 것은 2바이트의 Ether type값인 0x0800으로부터 알 수 있다.

<그림 5.18>은 윈도우 PC들간에 송신되는 NetBEUI 메시지를 수납한 이더넷 프레임으로서, 주소영역 다음에 있는 2바이트의 영역이 길이정보 영역이고, 또 다른 상위 링크 계층 프로토콜인 Logical Link Control (LLC) 계층용 3바이트의 새로운 헤더가 추가되어 있음을 알 수 있다.

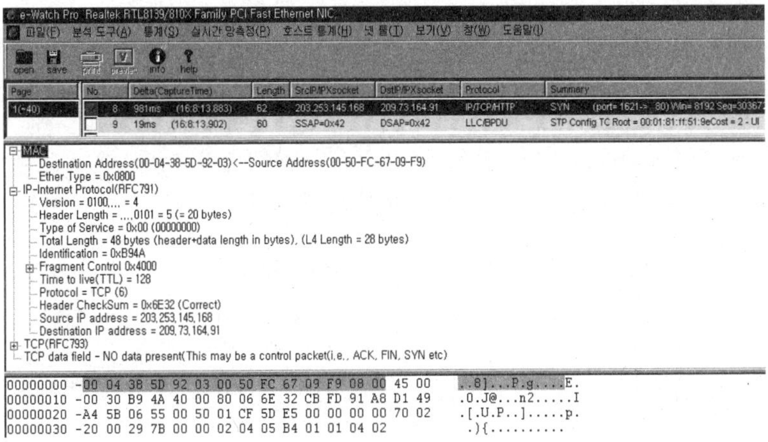

<그림 15.17> DIX2.0 형식의 이더넷 프레임의 예

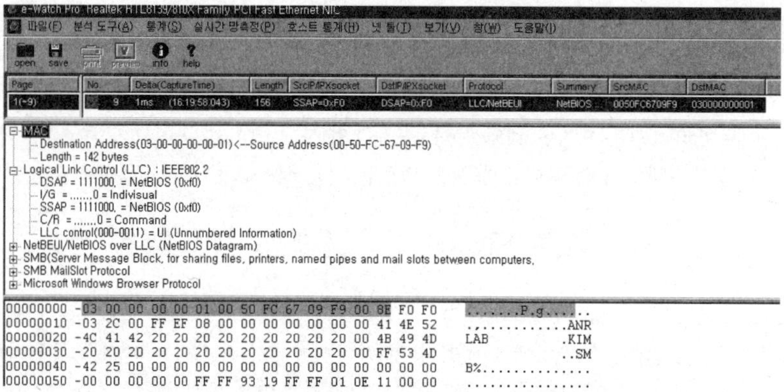

<그림 15.18> IEEE802.3 형식의 이더넷 프레임의 예

15.8 이더넷 파라미터

이더넷 시스템이 준수해야 하는 파라미터는 다음과 같다.

- Bit time(BT) : 케이블상에서 1비트가 송신되는 시간이다. 100Mbps 이더넷인 경우 비트 타임은 10nsec이고, 1Gbps급 이더넷의 BT는 1nsec이다.
- Slot time : 이것은 CSMA/CD 동작 시 프리앰블의 첫 비트가 송신된 시간부터 충돌 사실이 감지되어 전송을 중지할 수 있는 충분한 시간이며 이것을 collision window라고도 한다.

  이 시간은 케이블 양 종단에 위치한 단말간의 충돌을 고려하여 다음 식과 같이 전파 지연 시간(propagation delay)의 2배 시간에 리피터 및 단말에서의 충돌 감지 지연 시간 등의 safty margin을 더한 것이다. 이것은 4개의 리피터로 연결된 2.5Km의 이더넷망에서, slot time은 512 BT(=512 x 100ns = 51.2μs)으로 규정된다. 즉, 전파 속도가 빛의 0.6배 정도인 2.5km의 동축케이블은 2500m/(0.6x3x108 m/s) = 13.89μs의 전파 지연시간을 가진다. 따라서, safty margin = 51.2μs - 2x13.89μs의 시간이고, 이것은 4개의 리피터에서 겪는 지연시간 및 두 개의 장치에서 겪는 송신 및 수신지연 간의 합을 의미한다[14].
- Minimum frame size : 원래는 자신의 전송 중에 충돌을 감지할 수 있는 최소 프레임 길이(Minimum frame size)는 slot time과 동일한 512비트이어야 한다. 즉, 64 바이트로 정의되며, DA+SA+Length_field+FCS에 정보 영역을 포함한 길이이다. 그러나 실제 이 프레임이 케이블상에 전송되는 기간은 slot time에 64비트의 프리앰블 및 SFD 부분을 추가한 시간으로서, 512+64 =576비트 시간(57.6us)이다. 최악의 경우 slot time동안에 충돌 사실을 송신국이 감지할 때까지 이 프레임의 송신이 완료되지 않도록 보장하는 프레임의 길이가 최소 프레임 길이이다. 이러한 최소 프레임 길이 규정을 보장하기 위해 길이가 짧은 프레임에 대해서는 송신시 강제로 0으로 코딩된 패딩 부분을 데이

14 100Mbps급 이더넷에서는 이러한 충돌 현상이 없으므로 무의미 하지만 기존 방식과의 호환성을 유지하기 위해 정의된다.

터 부분에 삽입하여 64바이트 길이의 최소길이 요구조건을 만족시켜 송신해야 한다.

- InterFrameGap(IFG) time : 일단 자신의 프레임 송신을 완료한 장치는 연속된 프레임을 전송하지 못하고, 일단 96BT(=9.6μs: 10Mbps Ethernet의 경우)으로 정의된 IFG 시간 이후에라야 다시 송신할 수 있다. 만약 IFG가 없다면 프레임 송신을 완료한 장치가 즉시 다음 프레임을 연속하여 송신하는 채널 독점 현상이 발생한다.
  이 경우 이더넷 버스가 busy상태를 계속 유지하므로 다른 장치는 송신을 할 수 없게 된다. 따라서 IFG를 둠으로써 모든 장치들이 동일한 조건에서 이더넷 버스를 공유할 수 있도록 한다.
- Maximum frame size(maxFrameSize) : 1518바이트이다. 이것은 최대 정보 영역 길이인 1500바이트에 14바이트의 SA+DA+EtherType 영역과 4바이트의 FCS를 합한 값이다. 단 8바이트의 프리앰블 및 SFD는 최대 프레임 길이 규정에 포함되지는 않는다. 참고로 802.1Q의 VLAN인 경우 4바이트의 Q-tag가 추가되어 최대 길이는 1522바이트로 증가되었다. 최근 이러한 최대 프레임 길이는 2000바이트로 증가되었다. 이외에 MTU=9000바이트 길이를 가지는 프레임을 Jumbo 프레임이라고 부르는 것도 있지만 표준은 아니다.

15.9 Logical Link Control(LLC)

(1) LLC

IEEE 802.3 프레임인 경우, 링크 계층의 또 다른 부 계층인 IEEE 802.2 LLC 계층이 함께 사용된다. 이것은 HDLC 프레임 형식을 참조한 링크 계층 프로토콜로써 IEEE 802.2 표준이다.
다음과 같은 3종류의 서비스를 제공한다.

- LLC Class 1 Connectionless(CL) : 오류제어기능을 사용하지 않는 방식이다. 따라서 HDLC에 규정된 XID, UI 프레임만 사용한다. 이 클래스가 대부분 사용된다.
- LLC Class 2 Connection-Oriented(CO) : 연결설정, 흐름제어, 오류제어기능 등을 모두 사용한다. 따라서 HDLC의 LAP-B에 규정된 SABME, UA, I, RR, RNR 등의 기능을 LLC에서도 동일한 목적으로 사용될 수 있다.
- LLC Class 3 Acknowledged-Connectionless(AC) : Class1과 Class2가 혼합된 것이다. 거의 사용되지 않는다.

LLC의 헤더는 각각 1바이트 길이의 Destination Service Access Point (DSAP)와 Source SAP (SSAP) 영역 그리고 1바이트 또는 2바이트 길이의 제어 영역으로 구성된다.
이 SAP은 LLC의 상위 계층 프로토콜인 IPX, NetBEUI 등을 구분하는 값으로 사용된다. 그리고 제어영역은 이 LLC 프레임의 종류를 표시하며 대부분의 경우 0x03값을 가진다. 이 경우 Unnumbered Information (UI) 프레임을 의미한다.

(2) 논리적 링크(logical link)

LLC에서 사용되는 논리적 링크의 의미는 <그림 15.19>와 같이 LLC를 사용하는 두 단말의 상위 계층간 논리적인 연결을 의미한다. 각 연결들의 구분은 Service Access Point(SAP) 값에 따른다.
두 시스템을 연결하는 물리적 링크가 한 개밖에 없지만 상이한 SAP 번호를 사용하는 여러 개의 상위 계층 프로토콜들이 송신한 LLC 패킷들이 물리적 링크상에 열을 지어 전송된다.
이들을 수신한 단말이 SAP별로 이들을 분류할 수 있으므로 LLC의 상위 계층 입장에서는 마치 여러 개의 독립적인 링크가 있는 것으로 간주되는 링크를 논리적인 링크라고 한다. SAP 영역은 1바이트의 길이를 가지므로, 총 256가지의 SAP가 정의된다.

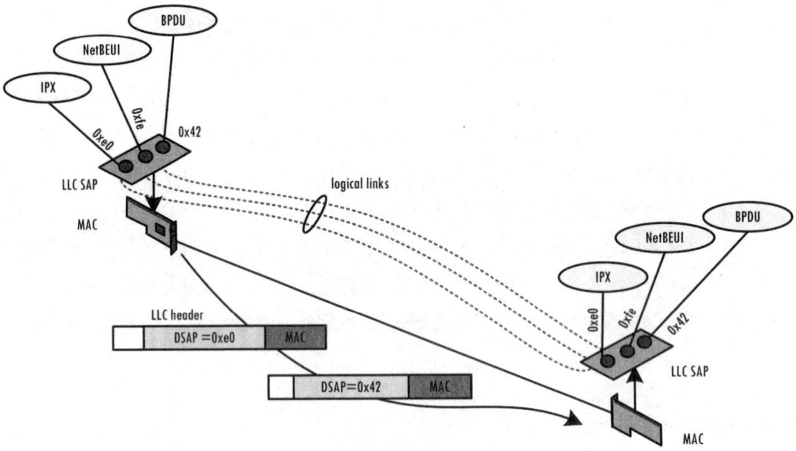

<그림 15.19> LLC의 SAP과 Logical link의 개념

<그림 15.20>은 대표적인 SAP 번호이다.

SAP	프로토콜	SAP	프로토콜
06	IP	e0	NetWare IPX
42	BPDU	f0	NetBIOS
aa	IEEE SNAP	fe	ISO

<그림 15.20> SAP의 예

(3) SNAP(SubNetwork Access Protocol)

DIX2.0 이더넷 프레임의 경우, 2바이트의 Ethertype 영역을 사용하여 총 65536가지의 다양한 상위계층 프로토콜을 구분할 수 있었다. 하지만 LLC에서 사용하는 SAP 영역은 1바이트의 길이만 가지므로, 상위 계층 프로토콜들을 다양하게 구분할 수 없는 문제가 있다. 이러한 문제를 해결하기 위하여 <그림 15.21>과 같이 SNAP(SubNetwork Access Protocol)라고 하는 5바이트 길이의 추가정보를 사용하여 PID 부분에 상위 계층 프로토콜의 종류를 표시할 수 있다.
이러한 SNAP 방식으로 상위 계층 프로토콜의 종류를 표시할 경우 DSAP과 SSAP의 값으로 모두 0xAA를 사용하여 SNAP영역이 있음을 표시한다.

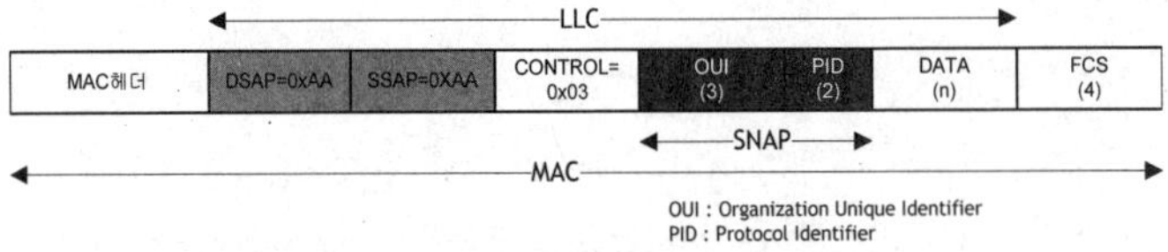

<그림 15.21> 802.3 프레임 경우의 SNAP(OUI와 PID)

15.10 상위 계층 프로토콜 분류 방법

(1) DIX 2.0의 경우

<그림 15.22>는 DIX 2.0 이더넷의 경우 EtherType을 기준으로 상위 계층 프로토콜들을 분류하는 방법을 도시한 것이다. LAN 카드 드라이버는 수신된 이더넷 프레임의 SA 영역 다음에 있는 두 바이트 값이 0x600 이상인 경우에는 EtherType으로 간주한다. 예를 들어 이 값이 0x0800이면 IP, 0x0806이면 ARP 등으로 분류하여 적합한 상위 계층에게 이 프레임을 전달한다.

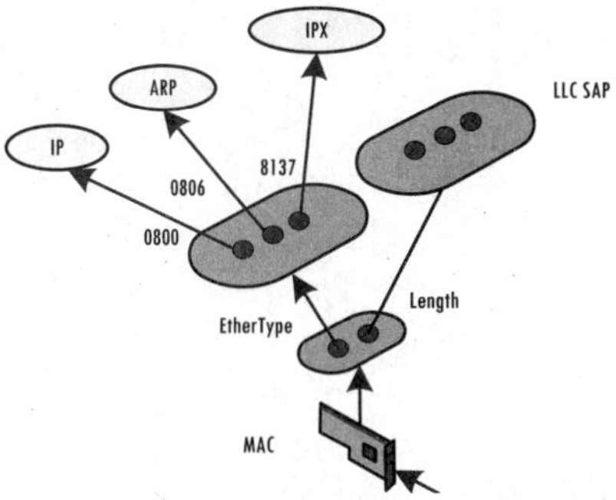

<그림 15.22> DIX 2.0 이더넷 프레임 경우의 상위 계층 분류과정

Ethertype code	프로토콜	Ethertype code	프로토콜
0000-05dc	IEEE 802.3 길이영역	0806	ARP
0600	XNS IDP	8035	RARP
0800	IP	8137	Netware IPX
0805	X.25 PLP	8191	NetBios

(2) IEEE 802.3 이더넷의 경우

SA 영역 다음의 두 바이트 값이 0x600 미만일 때에는 이 값을 IEEE 802.3 프레임 형식에서 정의된 길이 정보 영역으로 간주하고, 이 프레임에는 LLC가 있다고 판단한다. <그림 15.23>은 이 경우에 대한 분류과정을 도시한 것이다. 상위 계층의 종류는 LLC의 DSAP 값에 따라 구분된다.

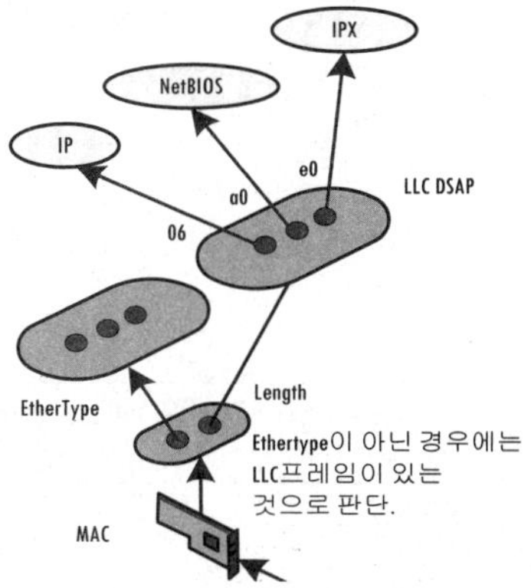

<그림 15.23> IEEE 802.3 프레임인 경우 LLC의 SAP에 의한 상위 계층 분류과정

(3) IEEE 802.3/LLC/SNAP의 경우

LLC의 SAP번호가 0xAA인 경우 사용되는 SubNetwork Access Protocol(SNAP)는 3바이트의 OUI(Organizatioally Unique Identifier)와 2바이트의 PID(protocol Idenitifier)로 구성되어 상위 계층 프로토콜의 종류를 식별할 수 있도록 한다.

<그림 15.24>는 이러한 SNAP가 사용되는 경우, PID값에 따른 상위 계층 분류과정을 도시한 것이다. OUI 영역의 값이 0x000000인 경우에는 PID 영역값이 EtherType과 동일한 의미를 가진다. 반면에 OUI=0x0080c2인 경우에는 MAC 브리지 레벨에서 중계하는 프레임의 종류가 이더넷인지 토큰링인지를 구분할 수 있도록 할 때 사용된다.

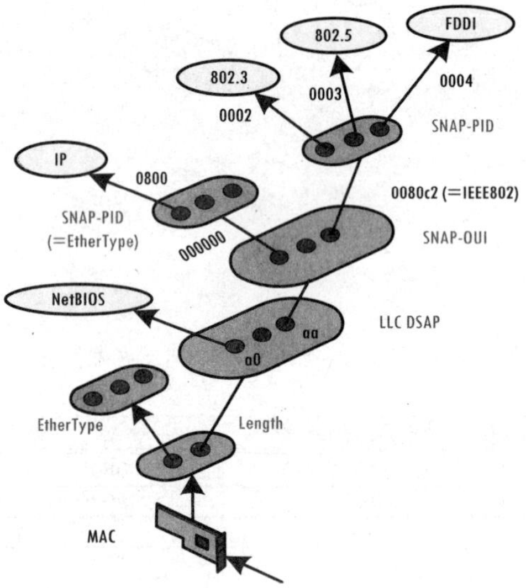

<그림 15.24> LLC/SNAP 방식에 의한 상위 계층 분류과정

이러한 다중화 방법에 대하여 SAP이 0xAA인 경우의 예를 들면 다음과 같다.

- OUI= 0x000000인 경우 : PID 값은 Ethertype의 역할을 하므로, 다양한 종류의 망 계층 프로토콜들을 구분할 수 있다. 따라서, ADSL망에서는 외장형 모뎀이 라우터 모드로 동작할 때, 이 방법으로 망 계층 프로토콜들을 다중화 한다.
- OUI= 0x0080C2인 경우 : 여러 가지의 MAC 프레임들의 종류를 표시할 수 있다. 따라서, 외장형 ADSL 모뎀이 브리지모드로 동작할 때, 이 방법으로 MAC 계층 프레임들을 식별할 수 있도록 한다. 또한, 전달될 MAC 프레임들의 FCS 값까지 전달하는지 아니면, FCS값들은 제외한 것인지도 다음과 같은 PID 값으로 구분한다.

MAC의 종류	with preserved FCS	witout preserved FCS
802.3/Ethernet	0x00-01	0x00-07
802.4	0x00-02	0x00-08
802.5	0x00-03	0x00-09
FDDI	0x00-04	0x00-0a

15.11 Media Independent Interface(MII)와 SMI

(1) MII와 SMI

이더넷의 물리 계층에는 10Mbps부터 10Gbps까지의 다양한 종류가 있다. 또한 100Mbps급 이더넷에도 100Base-TX, 100Base-T4 등 다양한 종류가 있다. 이 경우 상위 계층인 MAC 입장에서는 하부의 PHY가 교체되더라도 MAC과 PHY간에 표준화된 인터페이스 규격이 있다면 필요시 리셋을 하거나 현재 동작 상태를 질의하여 해당 PHY를 사용하여 이더넷 프레임을 송수신할 수 있을 것이다.

100Mbps급 이더넷의 경우, 이를 위한 MAC과 PHY간의 인터페이스를 MII라고 부른다[15].

이 MII인터페이스는 25MHz의 속도로 4비트폭, 즉 니블(nibble) 단위의 데이터를 PHY측으로 송신하거나 PHY로부터 수신한다. 뿐만 아니라 MII에는 TxEn, TxC, TxErr, RxDV, RxC, RxErr, CRS 등의 제어신호도 함께 사용된다.

이러한 신호와 데이터는 표준화된 40핀 규격의 MII 커넥터를 통하여 전달된다[16].

또한 해당 PHY에 대해 필요시 리셋을 하거나 현재 동작상태를 질의하는 기능도 추가되어 있다.

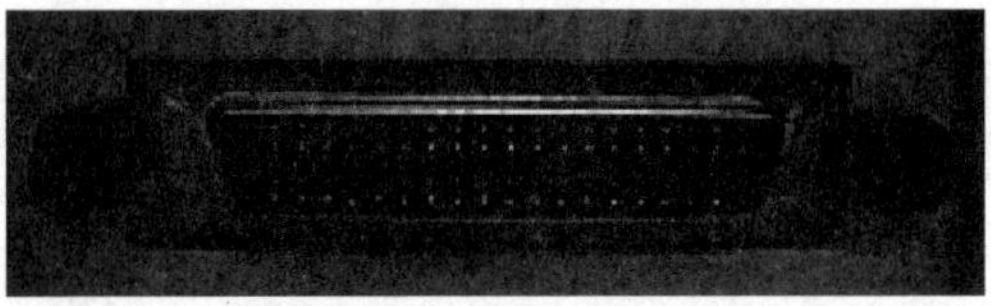

<그림 15.25> 물리적인 MII 커넥터의 예

이러한 100Mbps급 MII인터페이스는 다음과 같은 신호선으로 구성되는데, 이들은 데이터 인터페이스와 관리용 인터페이스로 크게 구분된다.

a) MII 데이터 인터페이스

이것은 다음과 같은 신호선을 사용하여 MAC과 PHY간의 이더넷 프레임 송수신과정을 수행한다.

- TXD[3:0]
- TX_EN
- TX_CLK : PHY가 MAC에 제공하는 송신용 25MHz 클럭
- RXD[3:0]
- RXDV(RX Data Valid)
- CRS(Carrier Sense)
- RX_ER (Receive Error)
- RX_CLK : PHY가 MAC에 제공하는 수신용 25MHz 클럭

[15] Gigabit의 경우 Gigabit Media Independent Interface(GMII) 및 Reduced Gigabit Media Independent Interface(RGMII) 가 규정되어 있다.

[16] 현재에는 이러한 물리적인 MII 커넥터를 사용하지 않는다.

b) SMI 관리용 인터페이스

이것은 MDIO, Media Independent Interface Management(MIIM) 또는 Serial Management Interface(SMI) 인터페이스라고 하며 PHY칩 내부의 control/status레지스터를 읽거나 쓰는데 사용되는 일종의 직렬버스이다.

이것은 다음과 같은 2개의 신호선으로 구성된다.

- MDIO (Management data I/O)
- MDC (Management data clock)

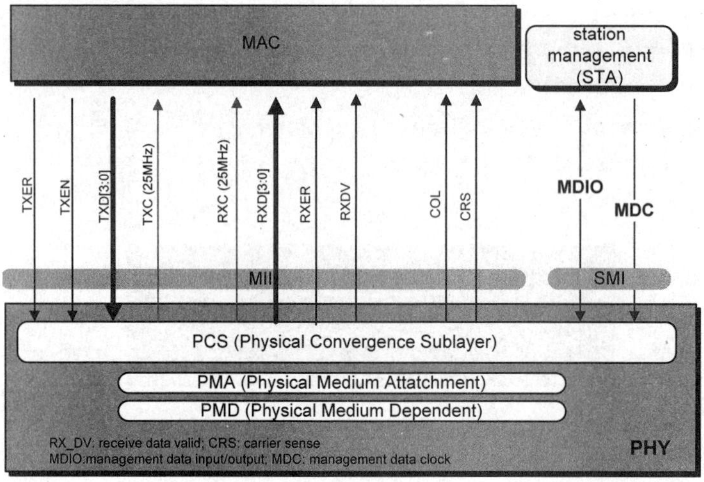

<그림 15.26> MII/SMI의 구성

(2) MII 데이터 인터페이스

MII를 통한 데이터 송신 및 수신용 인터페이스의 동작은 다음과 같다.

a) 송신과정

MII를 경유한 이더넷 MAC 프레임의 정상적인 전송 과정은 <그림 15.27>과 같다. 한 CLK 기간 동안에 4비트의 nibble 단위로 전달되므로 100Mbps 송신이 가능하다. 송신시 MAC은 PHY에서 공급되는 25MHz TXCLK의 하강 엣지마다 4비트의 nibble씩 전송하고, 전송 중에는 TX_EN 제어 신호를 활성화시킨다[17].

송신이 지속되는 경우 자신의 송신에 의해 전송 매체에 캐리어가 발생하므로 당연히 캐리어 감지 신호(CRS)가 ON된다[18].

이후 MAC은 이 프레임의 송신 완료시 TX_EN 신호를 비활성화 시킨다. 참고로 TX_ER 신호선은 수신된 데이터 열에 오류를 발견한 경우 발생되는 RX_ERR 신호에 대하여 이것을 상대방 송신측에게 이를 통보하기 위해 MAC이 생성하는 것이다. 즉 이것은 RX_ER 신호에 대한 일종의 루프백 신호로써 대부분의 경우 이 신호선을 사용하지 않는다.

---

[17] 이렇게 송신시 하강 엣지를 사용하는 것은 수신측이 상승 엣지에서 데이터/신호값을 latch하기 편하도록 하기 위함이다.

[18] 상용화된 PHY 칩에서는 이러한 CRS 신호 핀을 사용하지 않기도 한다.

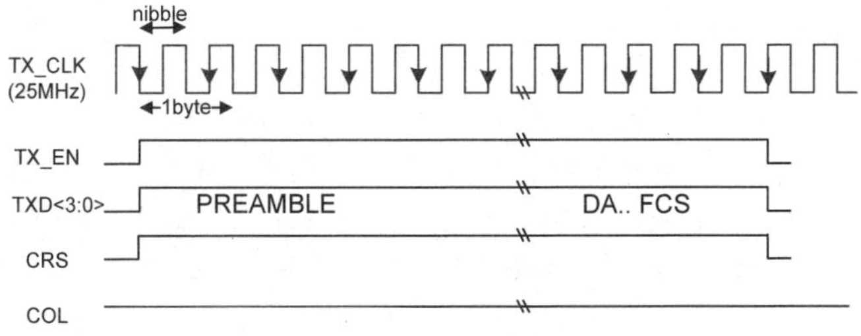

<그림 15.27> MII의 송신 과정

<그림 15.28>은 전송되는 MAC 프레임이 MII를 통하여 nibble 형태의 병렬 전송되는 방법을 도시한 것이다. 802.3 MAC 프레임은 각 비트의 LSB부터 먼저 송신되므로 MII로 전달되는 nibble은 LSB부터 4비트가 먼저 전달되고 난 다음, 나머지 4비트가 전달된다.

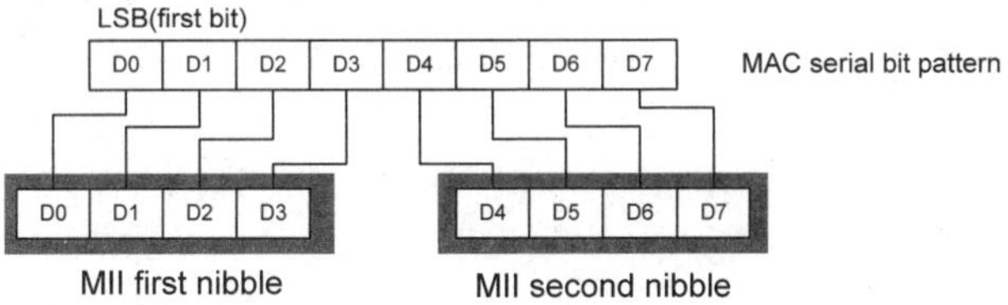

<그림 15.28> 4비트 단위의 전송

b) 수신 과정

PHY에서 MAC으로의 프레임 수신 과정은 <그림 15.29>와 같다. PHY가 MAC으로 보고하는 RX_DV(rx_data_valid) 신호는 PHY 계층이 수신한 신호에서 RXCLK과 수신 비트열을 정확하게 복원하여 nibble 데이터를 RXD<3:0> 라인을 통하여 MAC에 전달할 수 있을 때 ON된다.

일단 RX_DV 신호가 ON되면, 25MHz의 RX_CLK에 맞춰 프리앰블 부분과 SFD 영역으로 구성되는 프레임 헤더의 앞 부분부터 nibble 단위씩 MAC 계층으로 전달된다.

이때 PCS에서 보고되는 CRS(carrier sense) 신호는 현재 상태가 수신 중이므로 당연히 ON되어 있다. 참고로 RX_ER은 수신된 데이터 열에 오류를 발견한 경우 이를 MAC에 통보하는 Receive Error신호이다. 결국 이 신호는 MAC에서 TX_ER 신호로 변환되어 송신된다. 단말의 경우 사용되지 않는다. MII가 MAC으로 전달하는 RXD의 각 nibble은 RXCLK의 하강 엣지에서 생성되므로 이를 받아 처리하는 MAC은 RXCLK의 상승 엣지에서 해당 nibble을 래치하면 된다.

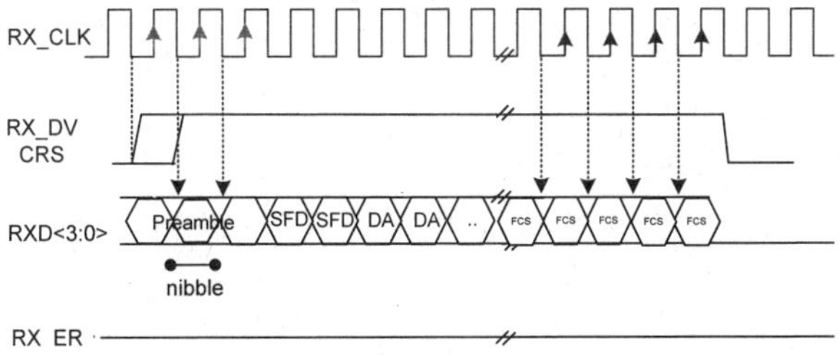

<그림 15.29> MII의 수신 과정

15.12 SMI(Serial Management Interface)

(1) 개요

100Mbps급 이더넷 전용 40핀의 MII 커넥터에는 데이터 관련 송수신 핀 외에도 별도의 직렬 버스인 Serial Management Interface(SMI)가 있다. 이를 Management Data Input/Output(MDIO) 또는 Media Independent Interface Management(MIIM)라고도 부른다. MAC 또는 외부 스위칭 모듈은 이를 통하여 PHY 내부에 있는 일련의 레지스터에 접근하여 각종 동작(관리용) 파라미터를 설정하거나 읽는다. 이것은 I2C 버스와 유사한 open drain 버스이므로 pull-up 저항으로 연결되어야 하며, 최대 32개의 PHY 모듈을 멀티드롭 버스 형태로 연결하여 제어할 수 있다.

(2) 구성

SMI 버스는 2개의 선로로 구성된다.

- MDIO Management data I/O(MDIO) : 이것은 양방향 직렬 데이터 선로이다.
- MDC Management data clock(MDC) : MAC이 PHY에 공급하는 최대 2.5MHz 클럭이다.

MDIO 데이터 선로는 PHY측에 장착된 1.5K~10KR의 저항으로 pull-up시켜 idle 및 turnarround시 MDIO 신호값을 High로 유지되도록 한다. 이것은 양방향 전송로써 MAC은 해당 레지스터에 대하여 write 또는 read할 수 있다. 이때 전송되는 정보들의 전달 속도는 마스터인 STA 기능부가 제공하는 최대 2.5MHz 의 MDC(management data clock)로 결정된다.
MII의 신호 레벨은 3.3V 또는 5V의 TTL signal level이 사용된다. 따라서 각 인터페이스는 이러한 두 가지 전압을 모두 수용해야 하지만 일부 칩은 3.3V에만 동작하므로 주의해야 한다.

(3) STA

여러 개의 PHY 포트가 장착되는 멀티포트 스위치나 허브의 경우, 각 포트에 대한 초기화, 동작 설정 및 상태 정보 수집 등을 MIIM을 통하여 수행하며 이를 주도적으로 수행하는 일종의 마스터 기능부를 station management(STA) 기능부라고 한다.
이것은 소프트웨어 또는 하드웨어로 구현된다. 이 STA 기능부는 각 PHY별로 할당된 최대 32개의 매니지먼트용 레지스터의 내용을 설정하거나 읽어 AN 기능과 PHY 칩에 대한 리셋 및 초기 설정과 동작 상황 읽기 등으로 사용된다. 또한 <그림 15.30>과 같이 STA는 접속 가능한 최대 32개의 상이한 종류의 PHY들에 대한 접근이 가능하다.

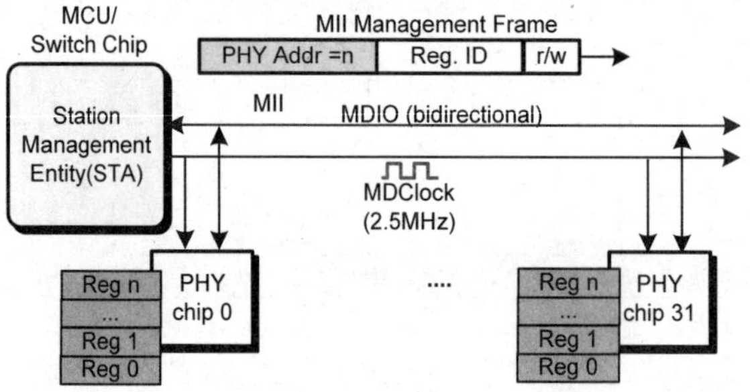

<그림 15.30> SMI 구조

STA는 각 PHY들에 대한 제어를 위하여 2.5MHz의 MDClock(MDC)에 동기된 특별한 MII 매니지먼트 프레임을 MDIO 데이터 선로에 전송한다. 이 MDC와 MDIO 선로는 멀티드롭 형태로 모든 PHY에 공유되어 있으므로, 각 PHY에 대한 식별용으로 이 매니지먼트 프레임헤더에는 PHY 주소 영역이 있다.

이를 이용하여 STA는 PHY 장치에 대한 동작 설정 및 동작 상태 보고 요청을 할 때, MDIO를 통하여 write 또는 read 메시지를 슬레이브인 PHY 장치에 송신한다.

이 메시지에 대하여 PHY 장치는 자신의 리셋, 루프백 모드 설정 및 auto-negotiation 과정의 활성화/비활성화의 선택, PHY과 MII간의 전기적인 분리, 충돌 과정, 검사 과정의 활성화 여부를 설정한다. 또한 Read 명령에 대하여 자신의 PHY device 종류인 100Base-T4, FDX 100Base-X, HDX 100Base-X, 10Mbps FDX, 또는 10Mbps HDX 인지를 보고하기도 한다.

15.13 MII 관리용 인터페이스(SMI)의 동작절차

(1) MDIO 프레임 형식

STA가 PHY에 명령을 쓰거나 PHY 내부 동작상태를 읽어 보기 위하여, PHY 장치에 SMI 직렬 버스상에 전송하는 Read/Write용 SMI 프레임 구조는 <그림 15.31>과 같다.

SMI 버스에는 하나의 마스터와 최대 31개의 PHY 슬레이브 장치가 멀티드롭되어 다중 연결될 수 있으므로 PHY 주소 영역이 있으며 각 바이트의 비트는 MSB부터 전송됨에 유의하라.

	preamble	start of frame	operation code	PHY address	register address	turn around	data	Idle
write (command)	1111.1111 (32bits)	01	**01** (write)	5bits	5bits	**10** (2bits)	16bits (레지스터 value)	Z
read (status)	1111.1111 (32bits)	01	**10** (read)	5bits	5bits	**z0**	16bits (레지스터 value)	Z

*Z=high−impendance

<그림 15.31> SMI 프레임 구조

이 프레임의 구성요소는 다음과 같다.

- 프리앰블(32비트) : 32개의 '1'인 비트로써 PHY 장치들이 마스터에 대한 클럭 동기를 맞추도록 하는데 사용된다.
- Start of Frame Delimiter (2비트) : <01>로서, '1'이 반복되는 프리앰블 이후에 '0'다음에 '1'이 있으면, 이 SMI 프레임의 데이터 부분의 시작을 알 수 있도록 한다.
- Operation Code (2비트) : <01>은 write의 의미이며, <10>은 read의 의미이다. 참고로 10기가비트 이더넷의 경우 <00>과 <11>이 더 추가되어 있다.
- PHY address(5비트) : 하나의 MAC 장치에 여러 종류의 PHY 모듈이 접속되어 있는 경우 이들을 식별하기 위한 값이다. 최대 32개의 PHY를 식별할 수 있다. 참고로 10기가비트 이더넷의 경우 이 주소를 포트 주소라고 한다.

- 레지스터 주소(5비트) : 각 PHY에 내장된 최대 32개의 레지스터를 식별하기 위한 것이다. 이들 중에서 control 레지스터는 <00000>이고, status 레지스터는 <00001>로 규정되어 있다. 10기가비트 이더넷의 경우 이 주소를 MDIO manageable device(MMD) 주소라고 한다.
- Turn arround 비트(2비트) : STA가 레지스터의 설정값을 read할 때를 보자. 이를 위해 먼저 STA는 자신의 MDIO 포트를 출력 상태로 설정한 후 PHY device에게 프레임의 레지스터 주소 영역까지만 우선 송신한다. 이어 STA는 PHY device로부터의 응답 비트열을 수신하기 위해서는 자신의 MDIO 포트의 상태를 입력 상태로 전환해야 한다. 대부분의 MCU가 그렇듯이 해당 포트의 상태를 전환할 경우 일부 지연 시간이 요구된다. 이를 위하여 STA와 PHY device 모두 1비트 시간동안 Z(high-impedance) 상태에 머물렀다가, PHY device 측이 비트 0값을 시작으로 상태 정보 데이터를 STA 측에 송신할 수 있도록 한다. 반면에 write시에는 단방향 전송이므로 이 기간 동안 STA는 1 및 0인 2비트 모두를 전송한다.
- 데이터(2바이트): 지정된 PHY의 지정된 레지스터의 내용이다.
- IDLE : 매니지먼트 프레임간의 간격 구분용의 Interframe Space라고 할 수 있으며 high-impedance(Z)로 설정된다.

(2) 읽기 동작

<그림 15.32>를 보자. 이것은 STA가 read 동작 수행 시 MDIO 프레임이 MDC에 맞추어 전송되는 예를 도시한 것이다. 특정 PHY의 특정 레지스터의 내용을 읽기 위하여 일단 STA는 32개의 1로 구성된 MIIM용 메시지의 첫 부분인 preamble을 MDIO 선로상에 송신한다. 이 기간 동안 데이터는 1로 유지되고 MDC클럭만 변화한다. 이어 16비트의 제어 비트(read/write표시, PHY 주소값, 레지스터 주소값)를 송신한다. 이어 MAC의 송신 상태를 수신 상태로 전환하기 위한 trun-around 비트 기간 이후 PHY로부터의 16비트 데이터를 수신한다.

이 과정에서 MAC이 MDIO 선로상에 데이터 비트 값을 전송할 경우 MDC의 상승엣지의 10ns 이전부터 상승 엣지의 10nsec 이후까지(즉, 20nsec동안) 유효한 데이터 비트값을 표출해야 한다. 슬레이브는 MDC 클럭의 상승 엣지에서 MDIO 데이터를 래치한다.

반면에 PHY가 MDIO 선로상에 데이터 비트를 전송할 경우 MDC의 상승 엣지 이후에 천이하여 다음 상승 엣지 이전까지 유지되도록 한다.

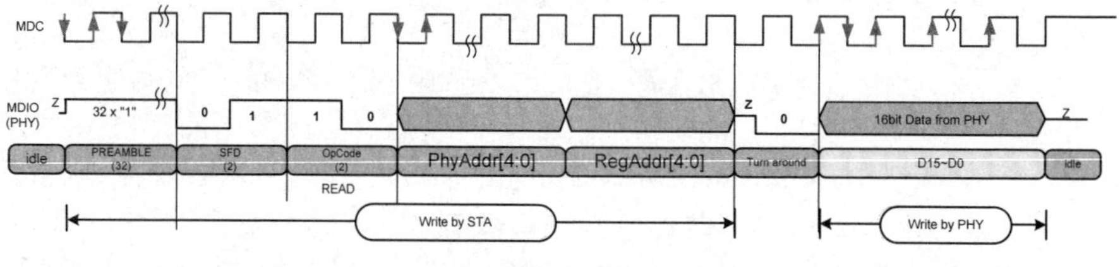

<그림 15.32> SMI 읽기 동작

(3) 쓰기 동작

STA가 {특정 PHY, 특정 Reg, 설정값}의 비트열을 연속 전송한다. 이 과정에서 데이터 영역 이전의 turn around 영역은 사실 의미가 없으며 단지 데이터 부분의 시작을 의미한다.

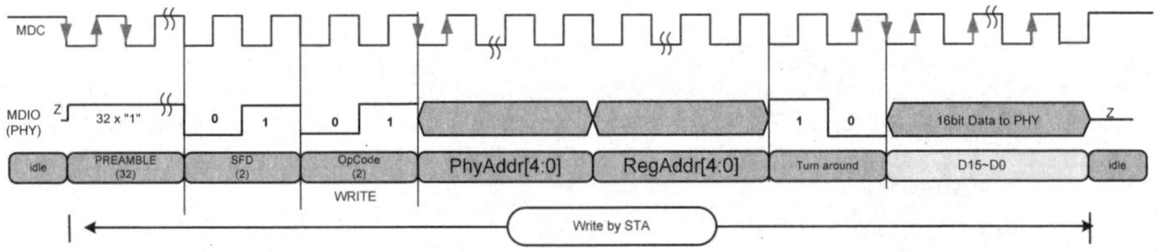

<그림 15.33> SMI 쓰기 동작

15.14 PHY 내부 레지스터

(1) 레지스터의 종류

모든 이더넷 PHY 내부에는 다음과 같은 레지스터를 필수적으로 탑재한다. 이 외에 총 32개의 레지스터를 탑재할 수 있다.

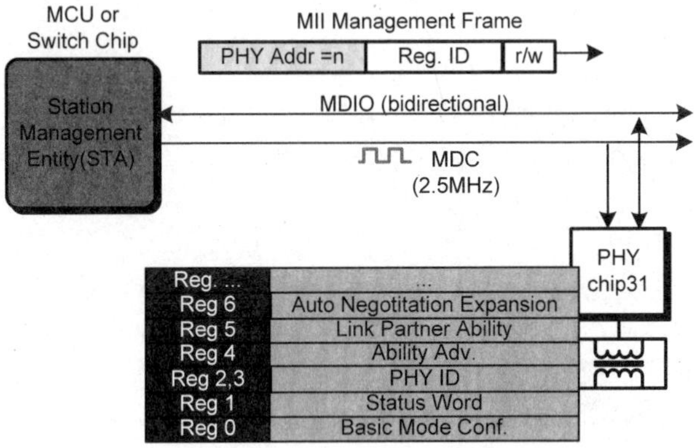

<그림 15.34> PHY 내부 레지스터의 구성

- 0번 레지스터 : Control
- 1번 레지스터 : Status Word
- 2,3번 레지스터 : PHY Identification
- 4번 레지스터 : Ability Advertisement
- 5번 레지스터 : Link Partner Ability
- 6번 레지스터 : Auto Negotiation Expansion

PHY 장치에 대한 제어 및 상태정보를 기록하거나 읽기 위하여, control(또는 command) 레지스터 및 status 레지스터 등 두 가지의 기본적인 레지스터와 확장 레지스터(extended mode의 경우)가 필요하다. 이러한 레지스터들의 종류는 <표 15.1>과 같으며, 이러한 레지스터들 중에서 가장 기본적인 레지스터인 control 레지스터 및 status 레지스터의 각 비트 값은 <표 15.2>, <표 15.3>과 같이 정의되어 있다[19].

---

[19] 일부 상용 칩에는 16~31번 레지스터를 활용하여 나름대로의 추가 데이터를 설정하고 있다. 이 외의 상세한 레지스별 규격은 IEEE802.3 규격이나 리눅스의 MII관련 헤더 파일인 "include/linux/mii.h"을 참조하라.

<표 15.1> MDIO용 기본 레지스터의 종류

레지스터 주소	레지스터 이름	basic/extended	r/w
0	Control	b	R/W
1	Status	b	RO
2,3	PHY identifier[2]	e	RO
4	Auto-negotiation Advertisement	e	R/W
5	Auto-negotiation Link Partner Ability	e	RO
6	Auto-negotiation Expansion	e	RO
7	Auto-negotiation Next Page Transmit	e	R/W
8	Auto-negotiation Link Partner Received Next Page	e	RO
9	master-slave Control Register(100BaseT2 전용)	e	R/W
10	master-slave Status 레지스터(100BaseT2 전용)	e	RO
11-14	PSE, MMD 관련 레지스터	e	R/W 또는 RO
15	Extended Status 레지스터(GMII에서는 basic)	Rsvd/B	R/W
16-31	vendor-specific	Vendor	RO

(2) PHY 내부 레지스터 접근 방법

각 PHY는 5비트의 PHY 주소 영역으로 식별된다. 그리고 각 PHY 내부의 레지스터들은 5비트 길이의 레지스터 주소 영역에 의해 다시 식별된다. 참고로 기가비트 이더넷의 경우에는 이를 확장하여 최대 65536개의 레지스터를 지정할 수 있다.

(3) 레지스터 0(Control 레지스터) 상세

AN 기능부를 enable/disable하거나, restart를 지시하거나, AN 기능이 활성화되지 못할 때 수동으로 설정할 수 있도록 한다. 수동으로 설정할 경우에는 반드시 상대방의 지원 가능한 기능을 사전에 알고 있어야 한다. 특히 PAUSE 비트(PS1, PS2)들은 특히 신경을 써서 설정되어야 이후의 데이터 교환이 가능해 진다. 이 레지스터의 구성은 다음과 같다.

<표 15.2> Control 레지스터의 비트값(레지스터 0)

Register Bit	Name	Description	Mode	Default
0.15	Reset	1 = PHY reset.	RW/SC	0
0.14	Loopback	1 = Enable loopback mode 0 = Normal operation	RW	0
0.13	Speed select(LSB) (수동 설정 시)	0.6 0.13 1 1 Rsvd 1 0 1000Mbps 0 1 100Mbps 0 0 10Mbps	RW	
0.12	ANeg enable	1 = enable auto-negotiate process. 0 = Disable auto-negotiate process.	RW	0
0.11	Power-down	1 = power-down. 0 = Normal operation.	RW	0
0.10	Isolate	1 = N/A 0= Normal operation.	R	0
0.9	Restart ANeg	1 = Restart auto-negotiate process. 0 = Normal operation.	RW/SC	0
0.8	Duplex mode(수동 설정시)	1 = Full-duplex 0 = Half-duplex	RW	
0.7	Collision test	1 = Enable collision test. 0 = Disable COL test.	RW	0
0.6	Speed selection(MSB)	Bit 13과 함께 속도 설정	RW	0000000
0.[5:0]	N/A			

(4) 레지스터 1 (Status 레지스터) 상세

다음과 같이 해당 PHY가 망에 접속된 상태를 표시하는 비트열로 구성된다.

<표 15.3> MDIO용 status 레지스터의 비트값(1번 레지스터)

bit	name	comment
1.15	100BaseT4	PHY가 현재 100BaseT4 를 지원하고 있음을 표시함.
1.14	100BaseX FDX	PHY가 현재 전이중 모드로 동작함을 표시함.
1.13	100BaseX HDX	PHY가 현재 반이중 모드로 동작함을 표시함.
1.12	10Mbps FDX	PHY가 현재 전이중 모드로 동작함을 표시함.
1.11	10Mbps HDX	PHY가 현재 반이중 모드로 동작함을 표시함.
1.10	100Base-T2 Full-dupex	100Base-T2 PHY에 대한 전이중 모드로 동작함을 표시함
1.9	100Base-T2 HDX	100Base-T2 PHY에 대한 전이중 모드로 동작함을 표시함
1.8	Extended Status	1= 레지스터 15(Extended 레지스터)가 추가로 있음 0 = 없음
1.7	reserved	
1.6	MF Preamble Suppression	PHY가 preamble spression된 매니지먼트 프레임을 수신할 수 있음을 표시함.
1.5	Auto-negotiation done	Auto-negotiation 동작이 완료하였음을 표시함.
1.4	remote fault detected	상대방이 현재 고장나 있음을 표시함(detected/No)
1.3	Auto-negotiation ability	PHY가 Auto-negotiation 기능이 있음을 표시함(Y/N)
1.2	Link status	링크가 정상적인지 아닌지를 표시함(Up/Down)
1.1	Jabber Detect	Jabber를 감지하였음을 표시함(detected/No)
1.0	Extended capability	Extended 레지스터가 구현되어 있음을 표시함(extended/basic only)

(5) 레지스터 2,3 (PHY ID 레지스터)

이 두 개의 레지스터로 조합되는 4바이트의 값은 PHY 장치의 제조회사, 모델 번호 및 개량 번호를 표시한다. 제조회사 식별용 Organization Unique Identifier(OUI)는 원래 3바이트이므로, 이 제조회사 번호와 모델 번호 및 개량 번호를 모두 4바이트에 담기 위하여, 다음과 같이 OUI 코드의 일부만 PHY ID값으로 사용된다.

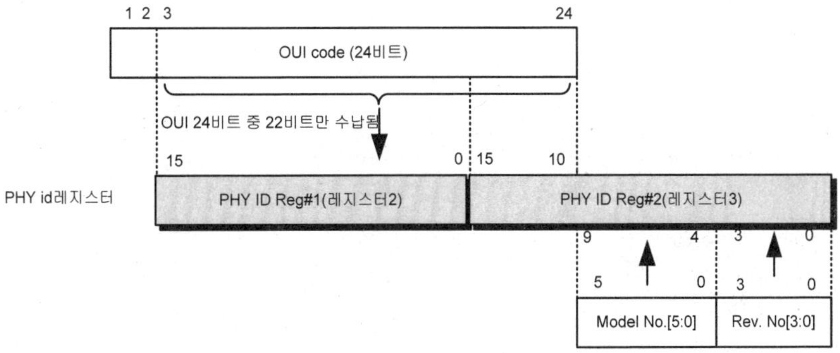

<그림 15.35> PHY ID 레지스터의 구성

(6) 레지스터 4 (AN advertisement 레지스터(R/W))

이 레지스터에는 자신의 기본 기능(base page)을 광고한 결과가 다음 표와 같은 형식으로 저장된다.

<표 15. 4> AN Advertisement 레지스터

Bits	Name	R/W
4.15	Next Page	R/W
4.14	rsvd	RO
4.13	Remote Fault	R/W
4.12:5	Technology Ability Field	R/W
4.4:0	Selector Field	R/W

이 중에서 자신의 capabiltity를 알리는 Technology Ability 영역에는 다음과 같은 Techonoloby ability 레지스터의 내용이 수록된다.

<표 15.5> Techonoloby ability 레지스터

Bit	Technology	Minimum cabling requirement
A0	10BASE-T	Two-pair category 3
A1	10BASE-T FDX	Two-pair category 3
A2	100BASE-TX	Two-pair category 5
A3	100BASE-TX FDX	Two-pair category 5
A4	100BASE-T4	Four-pair category 3
A5	PAUSE 지원	N/A
A6	Asymmetric PAUSE 기능 지원	N/A
A7	Reserved for future technology	

예를 들어, 10Base-T 반이중 기능만 있다면 Reg. 4의 비트 12:0은 다음과 같이 설정된다.

<표 15.6> Auto-Neotiation Advertisement 레지스터 (Reg.4)

Bit	Name	Description	Mode	Default
4.5	10BASE-T	1 = 10BASE_T half-duplex capable 0 = Not 10BASE_T half-duplex capable	RW	
4.[4:0]	Selector field	Protocol Selection[00001] = IEEE 802.3	RO	00001

[주의] 이러한 레지스터 4는 1000Base-X의 경우 상이하게 사용된다.

(7) 레지스터 5 (AN link partner ability base page 레지스터)

이 레지스터에는 상대방이 광고한 능력(즉, 상대방이 송신한 레지스터 4의 내용)이 저장된다.

<표 15.7> Link partner ability 레지스터 (base page) (Reg 5)

Bits	이름	R/W
5.15	Next Page	RO
5.14	Acknowledge	RO
5.13	Remote Fault	RO
5.12:5	Technology Ability Field	RO
5.4:0	Selector Field	RO

이들의 각 비트들은 상대방의 base page 레지스터 내용(즉, 상대방의 Reg. 4) 값과 일치한다. 성공적으로 Auto-Negotiation이 수행되면, Status 레지스터의 Auto-Negotiation Complete bit(1.5)가 1로 설정된다. 또는 AN expansion 레지스터(6)의 Page Received bit (6.1)가 1로 설정된 경우에도 상대방으로 부터 관련된 페이지가 완전히 수신된 경우를 나타낸다. Technology ability 영역의 상세 구성은 다음과 같다.

<표 15.8> AN link partner ability base page 레지스터(Techonology ability영역을 명시한 경우)

Bit	Name	Description	Mode	Default
5.15	Next page	1 = Link partner desires next page transfer. 0 = Link partner does not desires next page transfer.	RO	0
5.14	Acknowledge	1 = Link partner acknowledge reception of FLP words. 0 = Not acknowledged by link partner.	RO	0
5.13	Remote fault	1 = Remote fault indicated by link partner. 0 = No Remote fault indicated by link partner	RO	0
5[12:10]	Reserved	For future technology.	RO	000
5.9	100BASE-T4	1 = 100BASE-T4 supported by link partner. 0 =100BASE-T4 not supported by link partner.	RO	0
5.8	100BASE-TX full-duplex	1 = 100BASE-TX full-duplex supported by link partner. 0 =100BASE-TX full-duplex not supported by link partner.	RO	0
5.7	100BASE-TX	1 = 100BASE-TX half-duplex supported by link partner. 0 =100BASE-TX half-duplex not supported by link partner.	RO	0
5.6	10BASE-TX full-duplex	1 = 10 Mbps full-duplex supported by link partner. 0 =10 Mbps full-duplex not supported by link partner.	RO	0
5.5	10BASE-T	1 = 10 Mbps half-duplex supported by link partner. 0 =10 Mbps half-duplex not supported by link partner.	RO	0
5.[4:0]	Selector field	Protocol selection[00001] = IEEE 802.3	RO	00001

(8) 레지스터 6(AN expansion 레지스터)

이것은 추가적인 정보를 표시한다. 즉, parallel detection 기능의 성공 여부, Next page를 송수신할 수 있는지의 여부, 상대방의 AN 기능 지원 여부 등을 표시한다.

이 레지스터의 내용을 다음과 같다.

<표 15.9> AN expansion 레지스터

Bit(s)	Name	Description	R/W	Default
6.15:5	Reserved	Write as zero, ignore on read	RO	0
6.4	Parallel Detection Fault	1 = A fault has been detected via the Parallel Detection function. 0 = A fault has not been detected via the Parallel Detection function.	RO/ LH	0
6.3	Link Partner Next Page Able	1 = Link Partner is Next Page able 0 = Link Partner is not Next Page able	RO	0
6.2	Next Page Able	1 = Local Device is Next Page able 0 = Local Device is not Next Page able	RO	0
6.1	Page Received	1 = A New Page has been received 0 = A New Page has not been received	RO/ LH	0
6.0	Link Partner Auto-Negotiation Able	1 = Link Partner is Auto-Negotiation able 0 = Link Partner is not Auto-Negotiationable	RO	0

- Parallel Detection Fault bit(6.4) : autoneg_wait_timer가 만기되었을 때, NLP를 수신하였거나, 100BASE-TX/100BASE-T4 PMA들이 정상적으로 작동하는 경우(link_status=READY)를 표시할 때 1로 설정된다. 즉, Parallel Detection Fault=1의 의미는 AN 기능에 의해 상대방의 기능을 알아낸 것이 아님을 나타낸다.
- Link Partner Next Page Able bit(6.3) : 상대방이 Next Page 송수신 기능이 있음을 표시한다.
- Next Page Able bit(6.2) : 자신이 Next Page의 송수신 기능이 있음을 표시한다.
- Page Recei ed bit(6.1) : 새로운 페이지(base page나 next page)를 상대방으로부터 수신하여, AN link partner ability base(5) 또는 next page (8)레지스터에 저장 완료하였음을 표시한다. 이 6번 레지스터를 읽고서, 0으로 리셋시켜야 한다.
- Link Partner Auto-Negotiation Able bit(6.0) : 상대방이 AN 기능을 지원할 수 있음을 표시한다.

15.15 NLP와FLP

(1) NLP(Normal Link Pulse)

10Base-T이더넷에서는 <그림 15.36>과 같이 16msec마다 100nsec 펄스폭을 갖는 링크펄스(link pulse)를 주기적으로 상대방에게 전송한다. 만약 이러한 펄스가 상대방으로부터 수신되지 않으면 상대방이 비정상적이거나 UTP 케이블에 연결되어 있지 않거나 RJ-45커넥터의 접속 불량임을 알게 된다. 이러한 링크펄스에 의해 쌍방은 UTP케이블의 접속여부를 지속적으로 점검할 수 있다. 이러한 과정을 링크무결성 검사(Link Integrity Test)라고 한다.

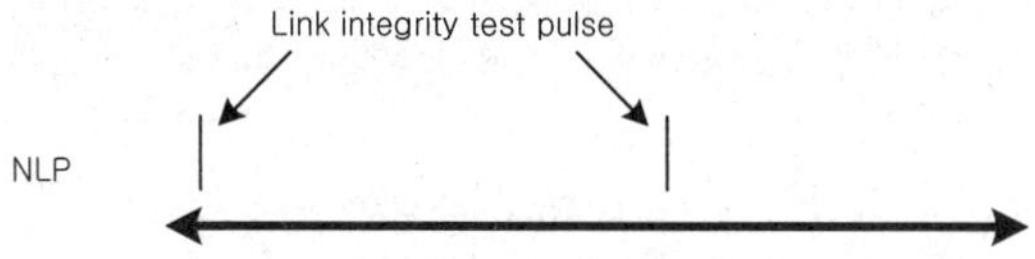

<그림 15.36> NLP

물론 수신부는 이 신호를 데이터로 간주하지 않는다. 수신부는 프레임의 수신이 끝나거나 이전의 link integrity pulse가 도착한 시간부터 150ms기간 동안에 link integrity pulse나 프레임이 수신되지 않으면 오류가 발생한 것으로 판단한다. 이후 150ms 내에 16ms 간격으로 4개의 연속적인 link integrity pulse를 수신하거나 데이터 프레임을 수신하면 정상상태로 복귀한다.
이러한 링크 펄스를 Normal Link Pulse(NLP)라고 부르며, 이것은 자신이 현재 프레임을 송신하고 있지 않는 기간에 송신되므로 데이터 전송 성능을 저하시키지 않는다.

(2) Fast Link Pulse(FLP)

100Base-TX 및 1000Base-T에서는 NLP와 같은 기능을 확장하여 자신의 지원능력까지 상대방에게 통보할 수 있도록 총 33개의 NLP로 구성된 Fast Link Pulse (FLP)를 사용한다.
각 FLP버스트는 33개의 Normal Link Pulse(NLP) 로 구성되는데, 이 버스트는 16 ± 8ms 간격마다 주기적으로 송신된다. 총 33개의 펄스로 구성된 이 FLP는 <그림 15.37>와 같이 17개의 클럭펄스와 16개의 데이터 비트가 교대한다. 이 버스트내에서 16개의 데이터 펄스에는 자신의 지원능력이 수납된 Auto-Negotiation용 데이터비트열이 수납된다. 만약 <그림 15.37>과 같이 클럭 펄스 다음에 펄스가 없으면 logic 0인 데이터임을 의미한다.
이러한 FLP는 NLP의 송신주기인 16 ± 8ms 와 동일하며, idle기간에만 송신되므로, 기존의 10BASE-T 장치에서 사용하는 NLP와도 호환될 수 있다. 또한 FLP를 해독할 수 없는 기존의 10Base-T장치는 자신이 상대방으로부터 FLP를 수신했을 때 이 펄스들을 NLP로 간주하여, 단순히 상대방이 동작중인 것으로만 판단한다.

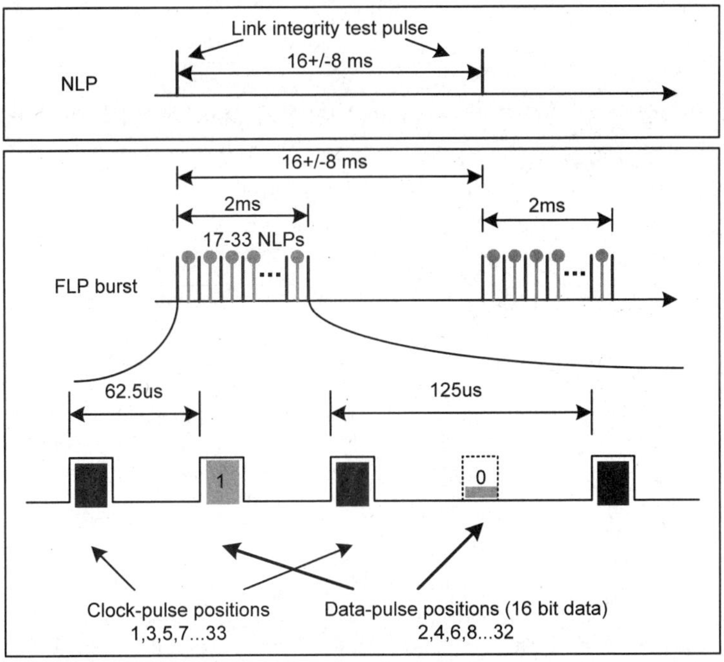

<그림 15.37> NLP와 Fast Link Pulse(FLP)

15.16 이더넷의 자동협상기능(Auto Negotiation)

Automatic-Negotiation(AN) 방식은 National Semiconductor사에 의해 NWay라고 하는 이름으로 제안되어 현재 ANSI/IEEE 802.3 표준에 포함되어 있다.

이것은 NIC가 10BASE-T, 100BASE-TX, 100BASE-T4, 100Base-T2, 1000Base-X, 1000Base-T 또는 각각의 전이중 또는 반이중모드 중에서 자신이 지원할 수 있는 모든 능력을 FLP를 통해 광고한다. 이를 통해 상대방과 최선의 동작모드를 자동적으로 선택하게 된다.

<그림 15.38>은 100 및 10Mbps NIC를 각각 사용하는 두 PC간의 접속 예이다. 왼쪽의 PC의 NIC는 100Base-TX 및 10Base-T로 동작할 수 있는 AN 기능이 있는데 비하여, 오른쪽 PC의 NIC는 10Base-T로 만 동작하는 예이다. 이 경우 왼쪽 LAN 카드의 AN 기능부는 자신의 동작 정보가 수록된 FLP를 16ms마다 주기적으로 송신하여 자신의 동작정보를 광고한다. 하지만 상대국은 이 FLP를 해독할 수 없고 단지 NLP만 주기적으로 송신한다. 결국 쌍방은 10Mbps로 동작한다.

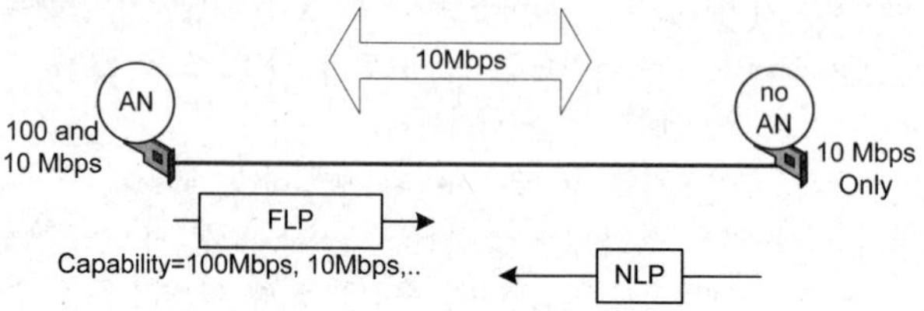

<그림 15.38> Auto Negotiation 기능의 예

15.17 브리지

이더넷 브리지는 모든 수신 프레임을 버퍼에 저장한 뒤, MAC 계층의 목적지 주소를 읽어 목적지노드가 있는 세그멘트로 이 프레임을 전달하며, 각 세그멘트에서 발생한 충돌은 중계되지 않는다. 즉, 브리지는 링크 계층에서 동작하는 연동장치이다.

예를 들어 <그림 15.39>와 같이 3개의 세그멘트가 브리지 A와 B로 연결된 망을 생각해 보자.

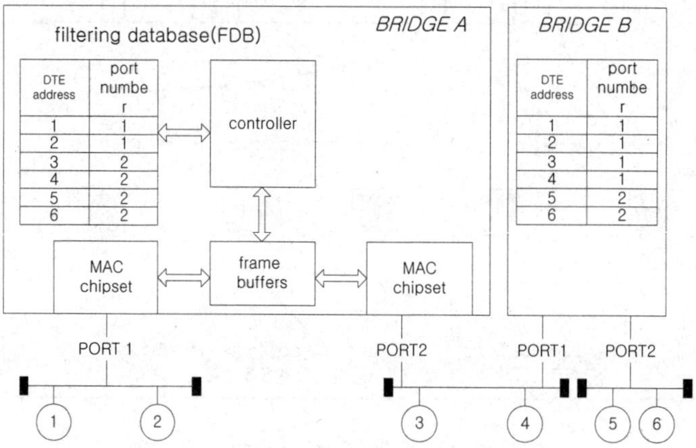

<그림 15.39> 브리지의 동작 예

브리지 A는 자신의 포트 1과 2에 접속된 각 단말의 MAC 주소를 filtering database(FDB)에 저장하고 있다고 가정한다. 또한, 브리지 B도 자신의 두 개의 포트에 연결된 LAN 세그멘트에 위치한 단말의 주소를 기억하고 있다고 가정한다.

- 단말 1이 단말 2에 송신하는 경우 이 프레임의 DA와 SA는 각각 2와 1이다. 이 프레임은 목적지 단말 2에 전달됨과 동시에 브리지 A에도 수신이 된다. 브리지 A는 이 프레임을 수신 버퍼에 저장하고, 목적지 주소(DA)를 FDB의 내용과 비교한다. 이 경우, DA = 2는 브리지 A의 포트 1에 연결된 세그멘트에 있음을 알 수 있으므로, 브리지 A는 이 프레임을 폐기(filtering)하여, 다른 세그멘트로 이 프레임이 전달되지 않도록 한다.
- 하지만 단말 1이 단말 6에 보내는 프레임의 경우는 이와 다르다. 이 프레임은 우선 브리지 A에 전달된다. 브리지 A는 이 프레임의 DA가 6임을 알고는 FDB를 참조하여 포트 2로 이 프레임을 전달(forwarding)한다.
- 브리지 A를 통과한 이 프레임은 다시 브리지 B에 수신된다. 브리지 B는 목적지인 단말 6이 자신의 포트 2에 연결된 세그멘트상에 있음을 자신의 FDB를 참조하여 알게 되면 이 프레임을 포트 2로 송신한다. 결국 이 프레임은 두 개의 브리지를 경유하여 단말 1에서 목적지 단말 6에 전달된다.

결과적으로 한 세그멘트내에 있는 통신국간의 프레임 전송은 브리지를 경유하여 다른 포트로 전달되지 않는다. 이러한 브리지의 동작을 필터링 기능이라고 한다. 이 필터링 동작에 의하여 다른 세그멘트에는 이러한 로컬 트래픽에 의한 부하가 추가되지 않는다.
따라서 링크 계층의 연동장치인 브리지는 망의 접속거리 연장 및 접속할 수 있는 단말의 개수도 증가시킬 수 있다. 반면에 브리지의 단점은 "**브리지는 모든 프레임을 수신하여 저장한 다음 전달하므로, 전달지연시간이 리피터에 비하여 길다**"는 것이다.
MAC 계층에는 흐름제어기능이 없으므로, 브리지의 제한된 수신 버퍼 크기로 인해 과도하게 수신되는 프레임의 일부는 버려질 수 있으며 이것은 송신측에 통보되지 않는다.
이러한 브리지의 내부구조는 <그림 15.40>과 같다. 여러 포트로부터 수신되는 프레임을 버퍼에 저장한 후 목적지 주소를 검사 하여 이들을 적합한 출력포트로 중계한다. 예를 들어 포트 A에서 포트 D로, 포트 B에서 D로, 포트 E에서 C로 동시에 프레임을 전달할 수 있다. 물론 서로 상이한 포트로부터 수신된 프레임들이 동시에 하나의 출력포트로 전송될 경우 경합이 발생할 수 있으므로, 출력버퍼를 사용하여 해결한다

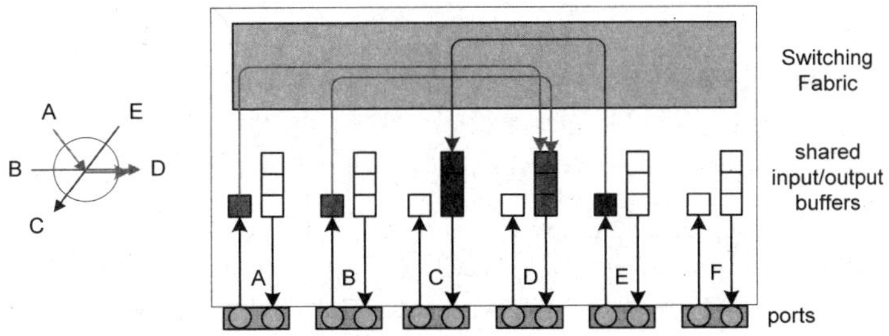

<그림 15.40> 브리지의 구조

15.18 브리지의 기본기능

(1) 브리지의 기능

브리지는 모든 프레임을 수신하여 해당 목적지가 있는 출력포트로 중계한다. 이를 위하여 브리지의 수신 MAC은 모든 프레임을 수신할 수 있도록 promiscuous 모드로 설정된다. 수신되는 모든 프레임에 대하여 MAC 계층의 목적지 주소를 읽어 목적지 노드가 위치한 출력포트를 통하여 이 프레임을 전달한다. 즉 브리지는 링크 계층에서 동작하는 연동장치이다.

예를 들어, <그림 15.41>과 같이 세 개의 LAN이 브리지A와 B로 연결된 망을 생각해 보자. 브리지 A는 자신의 포트 1과 2에 접속된 각 단말의 MAC주소를 filtering database(FDB)에 저장하고 있다고 가정한다. 또한 브리지 B도 자신의 두 개의 포트에 연결된 LAN 세그멘트에 위치한 단말의 주소를 기억하고 있다고 하자.

먼저 단말 A가 단말 B에 송신하는 로컬 트래픽을 생각해 보자. 이 프레임은 목적지 단말 B에 전달됨과 동시에 브리지 B1에도 수신이 된다. 브리지 B1은 이 프레임의 목적지 주소(DA)를 FDB의 내용과 비교한다. 이 경우 DA=B는 포트 P2에 연결된 LAN에 있으므로 브리지는 이 프레임을 폐기하여, 다른 세그멘트로 이 프레임이 전달되지 않도록 한다. 이러한 동작을 브리지의 필터링 기능이라고 하는데, 이 필터링 동작에 의하여 다른 세그멘트에는 이러한 로컬트래픽에 의한 부하가 추가되지 않는다. 하지만 단말 A가 단말 C에 보내는 프레임의 경우는 이와 다르다. 이 프레임을 브리지가 수신하면 브리지는 이 프레임의 목적지 C에 대한 포트를 FDB로부터 알아내어 포트 P1으로 이 프레임을 전달함으로써 단말 A에서 목적지 단말 C에 전달된다[20].

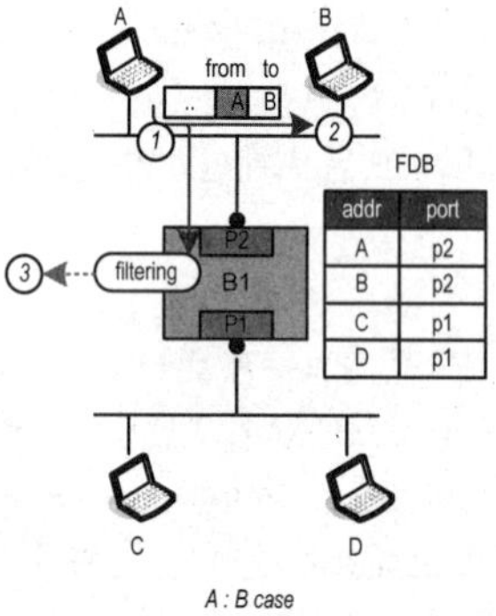

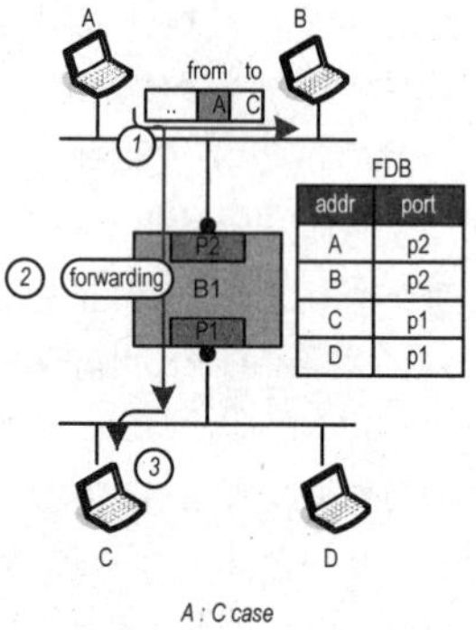

<그림 15.41> 브리지의 기본동작

(2) 브리지의 자동학습기능

앞에서 각 브리지의 FDB가 미리 작성되어 있다고 가정하였다. 하지만 미리 라우팅 테이블을 관리자가 설정해야 하는 라우터와 달리 브리지는 자신의 FDB를 스스로 학습하여 추가 및 갱신하는 자동주소학습기능을 수행한다. <그림 15.42>는 이러한 자동학습기능의 예이다.

---

[20] 참고로 브리지의 각 포트마다 최대 프레임 도착률로 프레임들이 수신될 때 손실없이 프레임을 필터링하고 전달할 수 있는 수행능력을 가지는 브리지는 wire-speed로 동작 또는 non-blocking 동작한다고 한다. 한 예로 10Mbps 이더넷 포트를 24개를 갖는 wire-speed로 동작하는 브리지는 포트별로 최대 초당 14881개의 프레임을 수신하여 이를 필터링 및 포워딩할 수 있으며 이를 위하여 해당 브리지의 프레임 처리능력은 모든 포트의 처리용량의 총합인 2.4Gb/s 와 같거나 그 이상이어야 한다.

이러한 FDB를 동적으로 갱신할 때 추가로 고려해야 할 사항은 방송형 프레임과 aging 타이머의 필요성이다. 만약 목적지주소가 FF:FF:FF:FF:FF:FF인 방송형주소 또는 L2 멀티캐스트 주소를 갖는 프레임이라면 브리지는 수신된 포트를 제외한 모든 포트로 이 프레임을 복사하여 송신한다. 이때 이러한 DA주소를 FDB에 등록하지는 않는다.

또한 이러한 주소학습과정을 통하여 학습된 단말이 다른 포트로 이동될 경우에는 이것을 반영하지 않으면 문제가 발생한다. 예를 들어 A 와 B가 데이터를 교환함으로써 학습된 정보가 FDB에 반영되어 있다고 하자. 이후 B가 LAN2로 이동된 경우 이 사실을 모르는 브리지는 B로 향하는 프레임을 LAN2로 중계하지 않는다.

이러한 문제점을 해결하기 위하여 브리지는 FDB에 등록된 각 항목별로 300초의 aging timer를 사용하여 해당 주소정보를 동적으로 갱신한다. 이 타이머는 해당 SA가 수납된 프레임을 수신할 때마다 새로 시작한다. 위의 예에서 B가 LAN2로 이동하고 B가 프레임을 송신하지 않으면 최대 300초 이후에는 FDB의 'B=P1' 항목이 삭제된다. 따라서 5분 뒤에는 A가 B로 송신한 프레임에 대하여 브리지는 B에 대한 항목이 자신의 FDB에 없으므로 모든 포트로 플러딩시킴으로써 B로의 프레임 중계가 가능하게 된다.

이러한 브리지의 필터링, 포워딩, 자동주소학습기능에 대한 동작의 흐름과정은 <그림 15.43>과 같다. 브리지의 한 포트에 MAC 프레임이 수신되면 6바이트의 SA(source address)를 우선 추출하여 FDB의 내용과 비교한다.

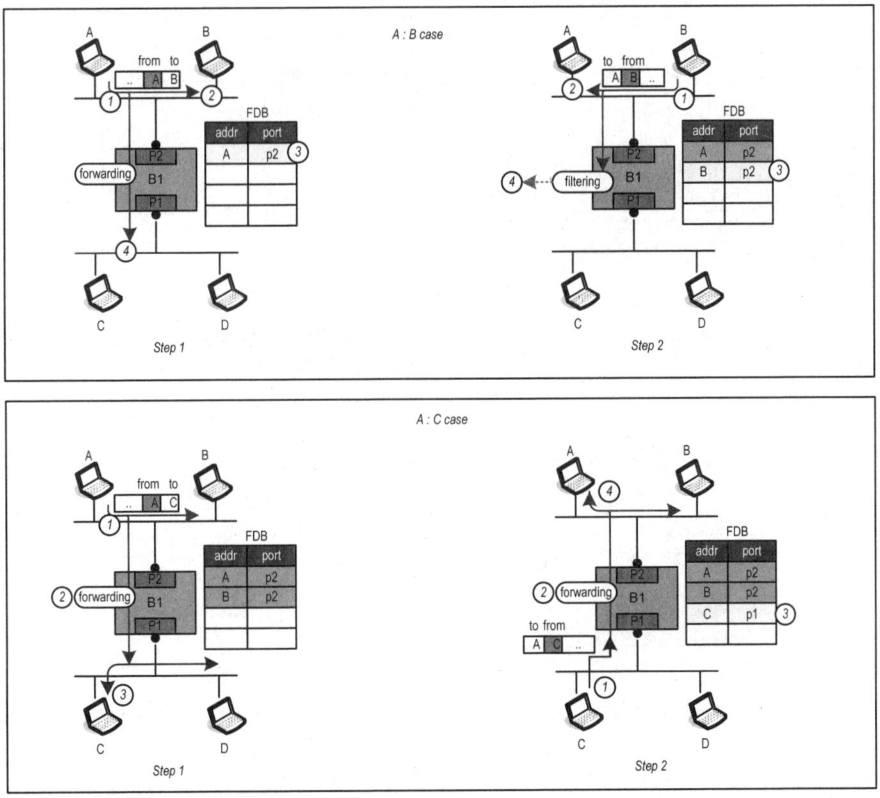

<그림 15.42> 브리지의 자동학습기능

만약 이 SA가 FDB에 등록되어 있지 않으면 이 SA값과 수신된 포트번호를 FDB에 기록하면서 FDB_update 타이머를 기동한다. 이 타이머 값은 300초인데 이 시간 동안에 같은 송신국으로부터 프레임이 수신되지 않으면 이 FDB의 내용값을 무효시킨다. 이렇게 하는 이유는 단말의 이동을 고려하여 동적인 자동주소학습을 수행하기 위함이다. 이어서 이 프레임의 DA값을 FDB의 내용과 비교한다. 만약 FDB의 주소값이 DA와 일치되는 항목이 있을 때 해당 항목의 포트값이 이 프레임이 수신된 포트와 같으면 이 프레임은 로컬 트래픽이므로 이 프레임을 폐기(filtering)하고, 그렇지 않으면 FDB에 기록된 해당 포트로 이 프레임을 전달(forwarding)한다.

이렇게 프레임을 전달할 때 브리지의 출력포트의 MAC은 송신되는 프레임의 송신주소(SA) 영역에 브리지 자신의 MAC주소를 덧쓰지 않는다. 따라서 송신측 단말과 수신측 단말들은 경로상에 브리지의 유무를 알지 못한 채 송수신이 가능하므로 이러한 브리지의 기능을 투명(transparent) 브리징이라고 부른다. 하지만 FDB에 DA 항목이 아직 기록되어 있지 않거나 300초 동안 트래픽을 발생하지 않은 송신국에 대한 FDB정보가 소실되면 목적지 단말이 접속된 세그멘트의 위치를 FDB로 참조할 수 없을 경우 브리지는 수신된 포트를 제외한 모든 포트로 이 프레임을 전달한다. 이 과정을 플러딩(flooding)이라고 부른다. 브리지가 많이 사용되는 큰 규모의 망에서는 이 과정에 의하여 일시적으로 많은 양의 브로드캐스팅 트래픽이 발생하여 망을 혼잡상황으로 만드는 broadcast storm 현상을 초래할 수 있다[21].

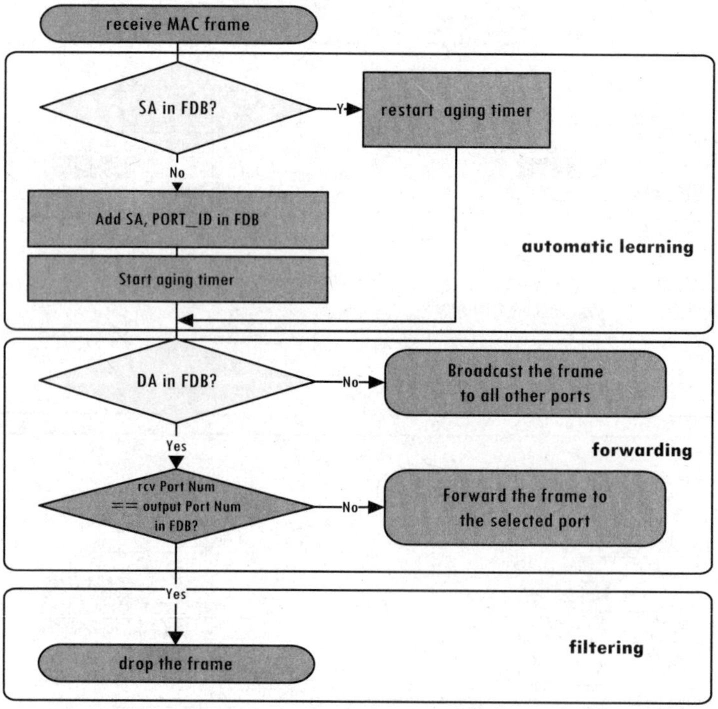

<그림 15.43> 브리지의 동작 흐름도(자동주소등록, filtering/forwarding 기능)

[21] 망의 모든 통신국에 송신하는 ARP, RARP등의 프레임은 MAC의 목적지 주소가 FFFFFFFF로서 브리지는 이 프레임을 무조건 전달한다. 따라서, 이러한 프레임에 의해 broadcast storm 현상은 더욱 가중된다. 라우터는 이러한 브로드캐스팅 프레임을 막을 수 있다.

(3) FDB의 구조

일반적인 802.1D 브리지의 FDB 구조는 다음과 같다.

Index	Mac addr	Dest_port map				aging	Use_count	flags	
		Port ID	State	priority	…			S/D	로컬
0									
1									
2									
…									
N									

입력된 프레임에 대하여 브리지는 자동학습 기능에 의하여 단말의 주소를 FDB에 기록한다. S/D flag의 값을 dynamic으로 설정하여 이 주소 값이 동적으로 추가되었음을 표시한다. 그리고 현재의 aging timer값을 300초로 재설정하고, use_count값을 증가시킨다

이어 포워딩 동작을 위하여 DA 주소에 해당되는 항목을 찾는다. 해당되는 항목이 발견되면 이 현재의 포트상태가 FORWARDING 상태이면 해당되는 출력 포트 식별자를 참조하여 중계한다. 만약에 해당 항목이 없다면 수신된 포트를 제외한 모든 포트로 이 프레임을 중계한다. 물론 해당 출력포트번호가 입력포트번호와 동일한 경우, 이 프레임을 폐기한다.

이러한 FDB의 일부 항목은 관리자에 의해 정적으로 설정될 수 있다. 이 경우 S/D 플래그값은 static으로 설정된다.

(3) 브리지의 스패닝 트리 프로토콜의 필요성

브리지의 기본적인 필터링, 포워딩, 자동주소학습기능 외에 브리지가 갖추어야 할 추가 기능은 스패닝트리 프로토콜이다. <그림 15.44>를 보자.

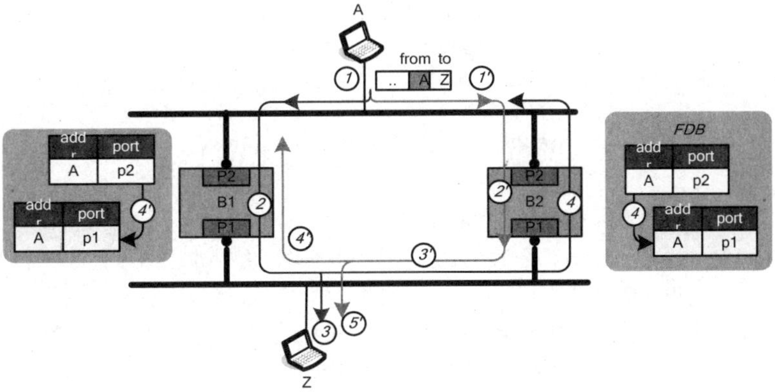

<그림 15.44> 다중 브리지에 의한 루프현상

- 두 개의 세그멘트에 두 개의 브리지가 병렬로 연결되어 있고, 단말 A가 목적지 단말 Z에 프레임을 송신하는 경우를 생각해 보자. 아직 FDB에는 목적지 Z에 대한 내용이 기록되어 있지 않다.

- 단말 A가 Z에 프레임을 송신하면, 단말 A에 가까운 브리지인 B1이 먼저 이 프레임을 수신하면, 단말A가 자신의 포트 P2에 연결된 것으로 FDB에 기록한 다음, 이 프레임을 전달한다.
- 단말 A에서 송신된 프레임은 같은 세그멘트에 연결된 B2 브리지에도 역시 전달된다. B2는 단말 A가 포트 P2에 연결되어 있다고 자신의 FDB에 기록하고 전달한다.
- 하지만 이후 전달된 프레임들은 각각 브리지의 P1에 수신되므로 각 브리지는 A가 P1에 있다고 갱신한 후 다시 다른 포트로 중계한다. 결국 이 프레임들은 계속 세그멘트 1과 2에서 루프된다.

이러한 과정에서 Z는 여러 개의 동일한 프레임을 연속 수신하게 되어 호스트 Z의 응용프로그램이나 상위 프로토콜 계층에서의 동작에 치명적인 오류를 발생할 수 있다. 이러한 루프현상은 목적지 주소가 멀티캐스트주소나 브로드캐스트 주소인 프레임의 경우에도 역시 발생한다.
이러한 루프(loop)를 방지하려면, 두 개의 브리지 중에서 하나를 기능적으로 블록킹(blocking)하여 루프가 없도록 해야 한다.
이를 위하여 각 브리지들이 협상하여 특정 포트만 활성화되도록 하는 절차를 <그림 15.45>에서 보이는 스패닝트리 프로토콜(Spanning treeprotocol)이라고 한다.

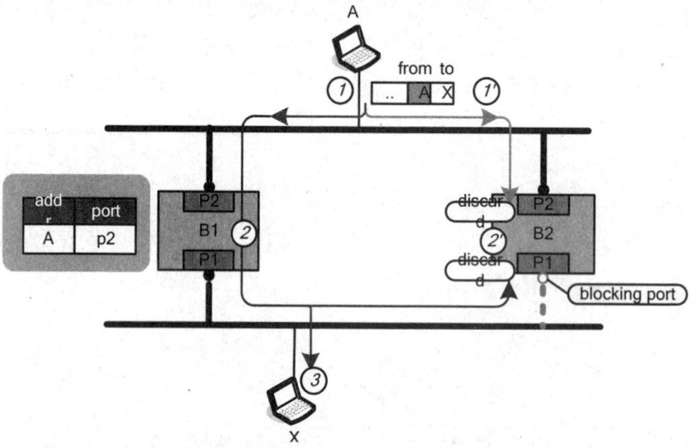

<그림 15.45> 스패닝트리에 의한 루프 방지의 예

(4) 브리지 망에서의 스패닝 트리 프로토콜 동작 예

<그림 15.46>은 여분의 연결을 제공하는 루프가 존재하는 물리적 망 구성을 보여주며 브리지 안의 숫자는 브리지ID를 의미한다.
이 그림에서 브리지로 연결된 망에서 루트 브리지로 선정된 브리지 1을 중심으로 경로비용(root path cost)이 작으면서 루프가 없는 망으로 만들어질 때 각 브리지와 브리지의 포트들은 자신의 역할에 따라 root bridge, designatred bridge, root port, designated port 로 설정된다.
<그림 15.47>은 이러한 스패닝 트리 프로토콜의 동작에 의해 설정된 포트의 기능에 의해 구성된 스패닝트리 구조를 보여준다.

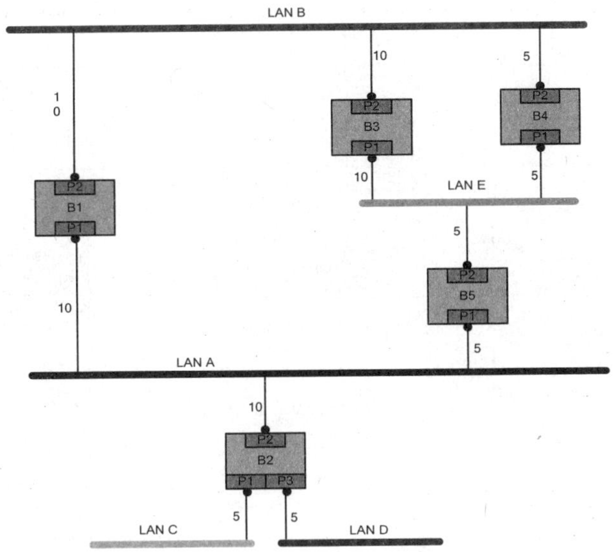

<그림 15.46> 브리지망의 예(물리적인 토폴로지)

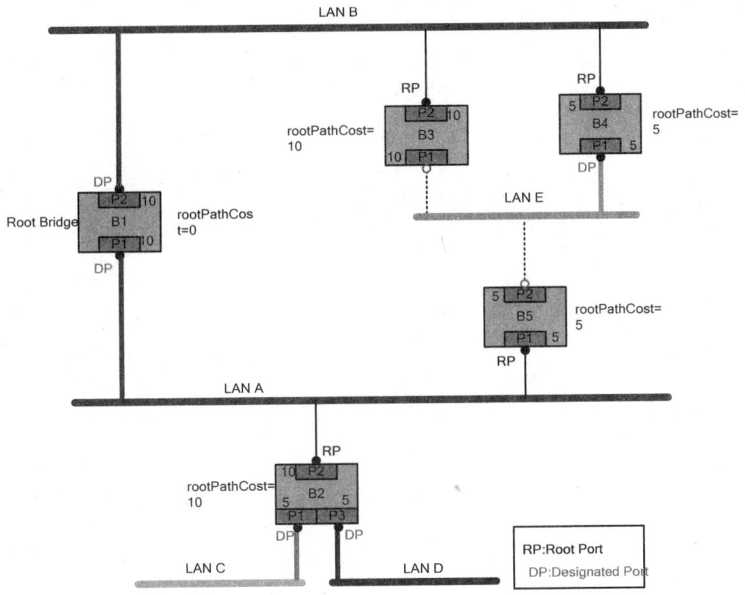

<그림 15.47> 스패닝 트리에 의한 브리지망

(5) BPDU

다른 브리지와 연합하여 스패닝트리 구성용 정보를 교환하기 위하여 BPDU(브리지 Protocol Data Unit)라는 메시지를 사용한다.

여기에는 <그림 15.48>과 같은 구성 BPDU(Configuration BPDU)와 망 구성변화통지 BPDU (Topology Change Notification BPDU)가 사용된다.

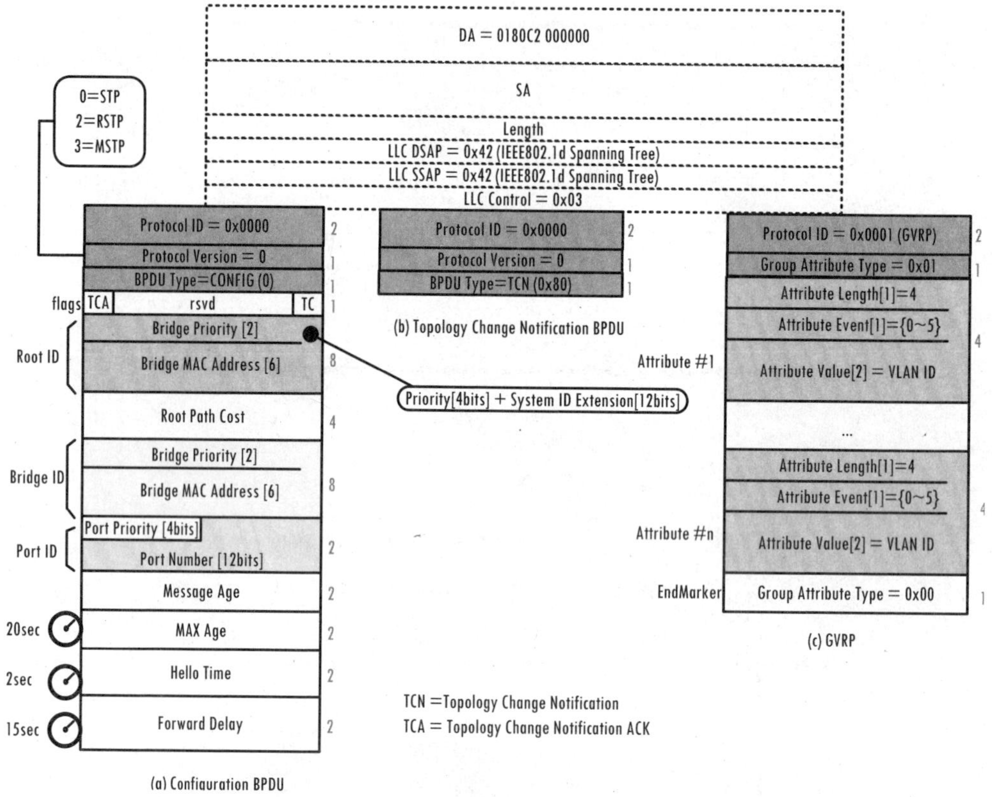

<그림 15.48> BPDU 프레임 형식

[참고] 예전 규격과 달리 개정된 802.1D브리지 규격에서는 Root ID와 Bridge ID를 구성하는 2바이트의 Bridge Priority 영역이 4비트의 Priority와 12비트의 System ID Extension 영역으로 세분되었다. System ID Extension 영역은 총 4,096개의 상이한 값을 가지므로 하나의 MAC 주소에 대하여 최대 4,096개의 상이한 bridge ID를 가질 수 있다.

(2) 구성 BPDU(Configuration BPDU)

구성 BPDU는 Hello Time(2초)마다 루트 브리지에 의하여 생성되어 망 전체에 주기적으로 전달된다.

이것을 수신한 브리지는 이 프레임의 내용을 일부 수정하여 다음 브리지로 중계함으로써 망의 모든 브리지들은 루트 브리지나 이웃 브리지들에 관한 정보를 획득한다.

<그림 15.49>에서 알 수 있듯이, 이 BPDU를 전송한 브리지는 루트 브리지이다. SA와 Root ID 필드의 MAC 주소가 같은 것을 볼 수 있으며, 루트 경로비용이 0인 이유는 BPDU를 보내는 브리지가 루트 브리지 이기 때문이다.

이러한 구성 BPDU의 실제 예는 다음과 같다.

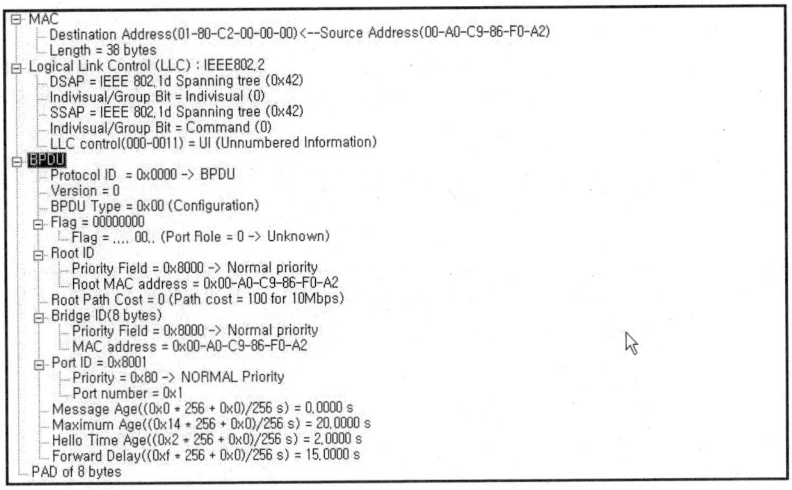

<그림 15.49> 구성 BPDU의 예

구성 BPDU의 각 영역은 다음과 같다.

- **Protocol Identifier** : 0x0000→ STP를 나타낸다.
- Protocol Version : 0x00
- **BPDU Type** : BPDU의 종류를 나타낸다. 0x00인 경우 구성 BPDU이며, 망 구성변화통지 BPDU의 경우 이 필드의 값은 0x80 이다.
- Flags
  - TCA : Topology change acknowledgement
  - TC : Topology change
- **Root Identifier** : 루트 브리지의 ID, 자신이 루트 브리지라고 생각하는 브리지는 자신의 브리지ID를 이 영역에 기록한다.
- **Root Path Cost** : 해당 BPDU를 수신한 포트에서 루트 브리지까지의 경로비용의 합이다. 루트 브리지에서 BPDU가 전송될 때 이 필드의 값은 0이다.
- **브리지 Identifier** : 해당 BPDU를 전송한 브리지의 브리지ID이다.
- **Port identifier** : 해당 BPDU를 전송한 브리지의 포트 ID이다.
- **Message Age**: 해당 BPDU가 루트 브리지에서 생성된 후 경과시간이다. 루트 브리지는 0으로 설정하여 송신하고 이를 중계하는 브리지는 소요시간값을 더하여 수납한다.
- **Hello time** : 루트 브리지가 주기적으로 구성 BPDU를 전송하는 기본값 2초의 시간간격이다. 1/256초 단위로 부호화된다.
- **MaxAge** : 루트 브리지가 아닌 브리지가 루트 브리지로부터의 Conf BPDU의 수신을 대기하는 최대수명시간이다. 기본값은 20sec(즉 Hello Time의 10배)이며 1/256초 단위로 부호화된다. 만약 이 기간동안에 BPDU가 수신되지 않으면 링크장애 또는 루트브리지의 고장으로 간주한다.
- **Forward delay** : 포트의 listening 및 learning 상태에 머무는 시간으로서 기본값은 15초이다. 1/256초 단위로 부호화된다.

(3) 망 구성변화통지 BPDU(Topology Change Notification BPDU)

이 BPDU는 망 구성변화를 감지한 브리지가 망에 변화가 생겼음을 루트브리지에게 알리기 위해 사용하는 BPDU로서, 그 사용목적이 루트 브리지에게 이벤트가 발생했음을 통보하는 것이기 때문에 형식이 비교적 간단한 다음과 같은 형식을 가진다.

<그림 15.50>은 Topology Change Notification BPDU의 실제 예이다. 앞에서 다루었던 구성 BPDU는 루트 브리지에서의 하향 프레임인데 비하여 이 TCN BPDU는 상향 프레임이다.

```
⊟ MAC
   ├ Destination Address(01-80-C2-00-00-00)<--Source Address(00-A0-C9-86-F0-A2)
   └ Length = 7 bytes
⊟ Logical Link Control (LLC) : IEEE802.2
   ├ DSAP = IEEE 802.1d Spanning tree (0x42)
   ├ Indivisual/Group Bit = Indivisual (0)
   ├ SSAP = IEEE 802.1d Spanning tree (0x42)
   ├ Indivisual/Group Bit = Command (0)
   └ LLC control(000-0011) = UI (Unnumbered Information)
⊟ BPDU
   ├ Protocol ID  = 0x0000 -> BPDU
   ├ Version = 0
   └ BPDU Type = 0x80 (Topology Change Notification)
└ PAD of 39 bytes
```

<그림 15.50> 망 구성변화통지 BPDU의 예

15.19 브리지의 우선순위 처리

(1) 이더넷의 우선순위

전달될 프레임은 브리지의 해당 출력포트의 버퍼에 저장된다. 이때 프레임의 우선순위에 따라 별도의 버퍼에 저장된다. 이더넷 프레임에 대한 차별적인 처리를 위하여 총 8단계의 우선순위가 다음 표와 같이 정의되어 있다.

7(highest)	Network mgmt
6	Voice
5	Video
4	Controlled load(min.bw)
3	Excellent effort(better than 2)
0	Best effort
2	undefined
1	Background(file server backups)

(2) 스케듈링

우선순위에 따라 구분된 버퍼에 프레임이 저장되면, 스케듈러는 우선순위에 따라 송신순서를 결정한다. 상용화되어 있는 스위치 칩에는 다음과 같은 두 가지 방법의 알고리듬 중에서 하나를 선택할 수 있도록 되어 있다.

이러한 두 가지 방법에 대한 예는 <그림 15.51>과 같다.

a) Strict priority 스케듈링 방식 : 우선순위가 높은 버퍼를 우선적으로 처리하고, 이 버퍼가 비어지면 다음 순위의 버퍼를 처리하는 방식이다. 이 방법은 간단하지만 우선순위가 높은 트래픽이 많은 경우 낮은 우선순위의 트래픽은 전송되지 못하는 문제가 발생한다.

b) Weighted fair queueing(또는 weighted round-robin) 스케줄링 방식 : 각 버퍼마다 상대적으로 스케듈링의 횟수에 차등을 두는 방법이다. 예를 들어 각 우선순위대로 가중치를 4,3,2,1로 할당하였다면, 총 9번의 스케듈링 사이클에서 우선순위가 높은 버퍼는 이 기간동안 4번 서비스 받는 반면에 제일 낮은 우선순위의 버퍼는 한번만 서비스를 받는다.

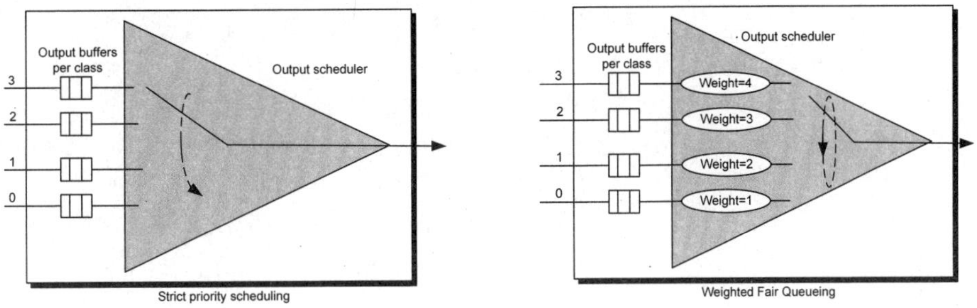

<그림 15.51> 스케듈링의 예

15.20 이더넷 시스템

(1) 이더넷 허브

허브는 신호가 수신측까지 전파될 때 세기가 약해지므로, 보다 장거리의 전송을 지원하기 위하여 약해진 신호를 다시 복원해서 중계하는 전기적인 리피터 기능을 수행한다. 이러한 기능을 물리 계층에서의 중계기능이라고 한다. 허브 경유시 이더넷 프레임의 내용은 변경되지 않는다.

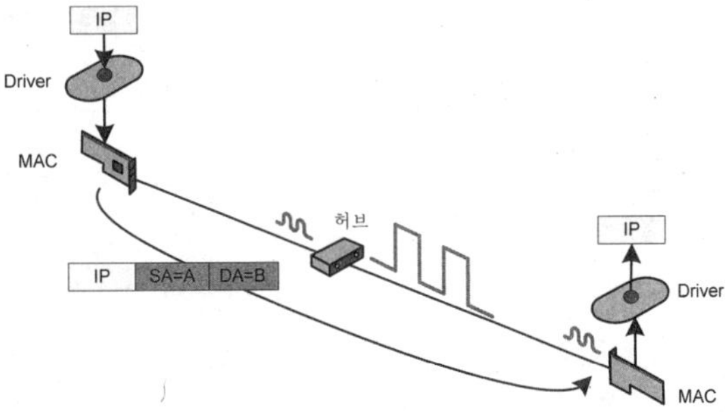

<그림 15.52> 허브의 리피팅 기능

뿐만 아니라 허브는 <그림 15.53>과 같이 여러 개의 단말들을 상호 연결하는데 사용된다. 이 예에서, Arami가 전송한 이더넷 프레임에 대해 허브는 연결된 다른 모든 단말들에게 이것을 전달한다. 이 프레임을 수신한 모든 단말들 중에서, 프레임의 목적지 주소가 자신의 이더넷 주소와 같은 수신측만 이 프레임을 처리하고, 다른 단말들의 이더넷 카드들은 이 프레임을 모두 버린다. 이렇게 하여 각 단말들은 마치 다른 단말들과 1:1로 연결되어 있는 것처럼 동작할 수 있게 된다.

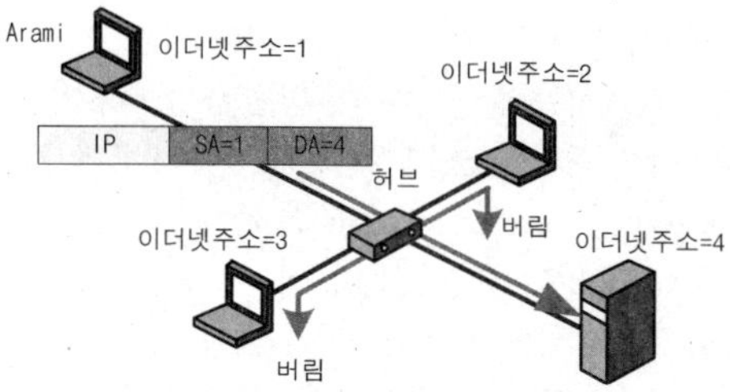

<그림 15.53> 허브의 브로드캐스팅 기능

(2) 이더넷 스위치(또는 브리지)

이더넷 허브는 수신된 이더넷 프레임을 다른 모든 포트로 중계하는데 비하여, 이더넷 스위치는 <그림 15.54>와 같이 목적지 단말에게만 이 프레임을 중계한다. 이 과정에서 중계하는 프레임의 내용을 변경시키지 않는다.

이러한 중계동작을 위하여 스위치는 자동학습기능(automatic learning)기능을 사용하여 {단말의 주소, 접속된 포트번호} 정보를 스스로 습득하여 Forwarding Database(FDB)에 기록한다.

또한 브리지는 <그림 15.55>는 내부에 버퍼를 가지고 있으므로, 허브와 달리 두 포트 이상에서 동시에 수신되는 프레임들에 대해서 목적지를 검사하여 해당 포트로 동시에 이들을 중계할 수 있는 장점이 있다. 결과적으로, 스위치는 허브에 비하여 조금 복잡하지만, 모든 포트로 중계하는 허브와 달리 전송효율이 높다.

Forwarding database

MAC춘(	춘(
1	P1
2	P2
3	P4
4	**P3**
..	..

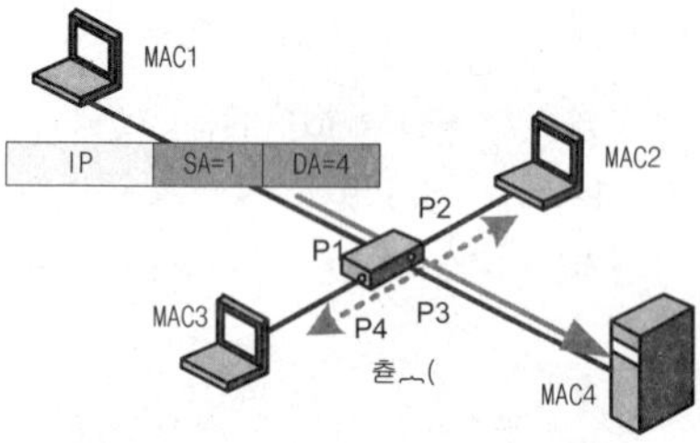

<그림 15.54> 스위치의 기능

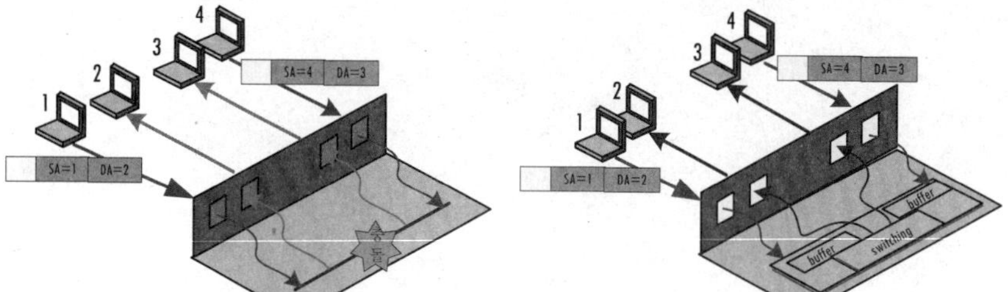

(a) 허브 (b) 브리지

<그림 15.55> 허브와 브리지의 기능 비교

[참고] 수신된 프레임을 중계하는 방법에는 store-and-forward, cut-through, modified cut-through 등 세 가지 종류가 있다. <그림 15.56>은 다음과 같은 3 종류의 전달방식을 도시한 것이다.

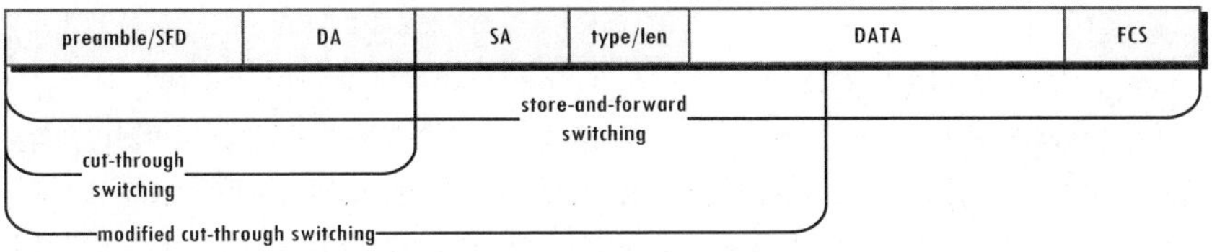

<그림 15.56> LAN 스위치의 프레임 전달방식의 분류

- Store-and-Forward : 한 프레임 전체를 수신하여 저장한 후, 출력포트를 결정한다. 또한 CRC검사를 수행하여 오류가 발생한 프레임은 폐기하는 전형적인 브리지의 동작 방식이다. 또한 runt 프레임이라는 64바이트보다 짧은 충돌시 발생한 프레임들도 걸러내어 폐기한다. 따라서 이러한 store-and-forward방식의 브리지는 오류가 있는 프레임을 미리 버리기 때문에 오류가 있는 프레임에 의해 망 혼잡이 발생할 수 있는 경우에는 이 방식이 바람직하다. 하지만 저장 후 전송방식에 의하여 비교적 지연시간이 크므로 작은 규모의 워크그룹 LAN에서는 이 방식이 그다지 좋지 않다.
- Cut-through : 프레임의 목적지주소부분 까지만 저장하여 목적지 주소를 검사한 뒤, 적합한 목적지 포트로 전달한다. 따라서, runt 프레임, CRC오류가 있는 프레임 등도 전달되는 문제점이 있다. 하지만, 전달지연시간이 짧으므로, 워크그룹 LAN에 적합하다. 이러한 cut-through방식의 브리지를 스위치라고 부른다.
- Modified Cut-through : 임의의 길이만 저장하고 검사한 뒤 전달함으로써, runt 프레임 등 짧은 패킷들은 버릴 수 있다.

이러한 cut-through 방식을 사용하는 LAN 스위치 개념은 Kalphana사에서 최초로 사용하였는데, 사실 이러한 스위치 개념은 멀티포트 이더넷 브리지의 기능 중에서 포워딩하는 방법을 다양하게 한 것이라고 할 수 있다[22].

(3) 라우터

Arami가 라우터를 경유하여 Darongi에게 IP 패킷을 전달할 경우, 새로운 이더넷 프레임에 IP 패킷을 수납하여 중계한다.

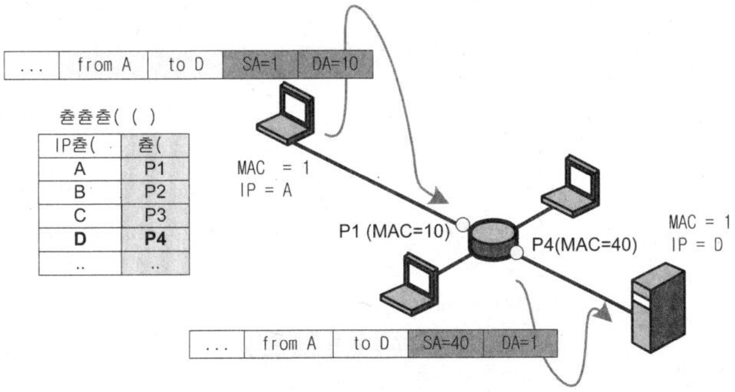

<그림 15.57> 라우터의 중계동작

[22] Switching이라는 용어를 Bay Network에서는 routing이라고 하며, Grand Junction Network에서는 bridging이라고도 한다.

(4) Power over Ethernet (PoE)

이 기술은 UTP 케이블을 이용하여 데이터뿐만 아니라 전원도 함께 공급하는 기술이다. 단말은 별도의 전원공급장치 없이도 직접 스위치로부터의 전원을 공급받아 동작할 수 있다. 전력공급방법은 <그림 15.58>과 같이 2종류가 있다.
유휴 페어케이블을 사용하는 방법과 팬텀파워방법이 그것이다. 일반적으로는 48볼트/400mA, 즉 19.20W의 전력을 PSE(Power sourcing equipment)가 공급한다. 관련 표준은 IEEE 802.3af이다.

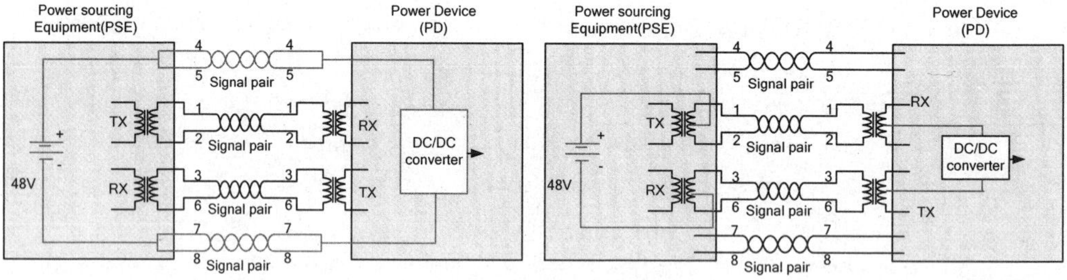

<그림 15.58> PoE 전원공급방법

만약 기존 이더넷 스위치 장비를 그대로 사용하면서 PoE기능에 의해 단말에게 전원을 공급하고자 한다면, <그림 15.59>과 같이 Mid-span 장비라고 부르는 것을 기존 스위치와 단말간에 설치하면 된다.

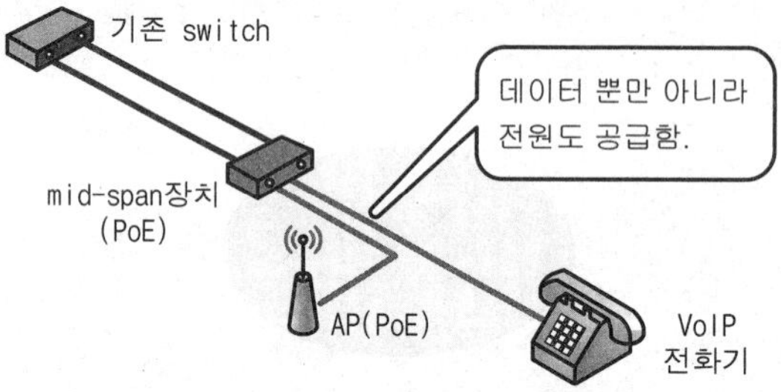

<그림 15.59> PoE 장비의 활용

15.21 설계과제

본 장에서는 다음과 같은 이더넷 시스템을 설계한다.

- 100Mbps 이더넷 설계
- SMI 설계
- 4포트 이더넷 스위치 모듈 설계
- SPI로 접속되는 10Mbps급 이더넷 설계

15.22 100Mbps급 이더넷 설계

(1) 설계 목표

MCU에 내장된 100Mbps급 이더넷 모듈의 주변회로와 소프트웨어를 설계한다.

(2) 요구사항

- 이더넷 MAC뿐만 아니라 PHY기능부도 함께 내장된 MCU를 사용한다.
- 외부에 LED가 내장된 트랜스포머를 장착한다.
- 간단한 이더넷 프레임의 송신과 수신 동작을 프로그래밍 한다. 이때 인터럽터를 사용하지 않는 방법과 인터럽트를 사용하는 방법 중 하나를 선택한다.

(3) MCU 내장 이더넷 모듈의 구성

일부 MCU(예: LM3S8962)는 이더넷 MAC뿐만 아니라 PHY 기능부도 함께 내장되어 있다. 따라서 외부에는 차동신호 전송용 트랜스포머와 RJ45 소켓만 추가 필요로 한다. 또한 관련 프로그래밍도 간편하다.

LM3S8962 등 일부 MCU에 재장된 100Mbps급 이더넷 모듈은 <그림 15.60>과 같이 기본적인 Interrupt Control, Receive Control, Data Access, Transmit Control 모듈을 가지며, MII 인터페이스도 내장된다. Data Access모듈은 각각 2KB크기의 Transmit FIFO와 Receive FIFO를 가진다.

송신 FIFO내의 프레임은 4B5B 및 NRZI인코딩부를 거친 후, MLT-3파형을 생성하는 Pulse Shaping부를 거쳐 TXOP/TXON 핀으로 송신된다.

RXIP/RXIN페어로 수신되는 직렬데이터는 클럭복원부를 거친 후 NRZI 및 4B5B디코딩부를 거쳐 수신 FIFO에 저장된다.

인터럽트는 프레임 수신, 송신오류, 송신 완료, RX overrun, 수신오류와 같은 이벤트와 물리계층에서 Remote Fault, Link Status Change 등의 상태 변화시 발생한다.

필요시 GPIO 핀인 PF3와 PF2를 활용하여 RJ45커넥터에 필요한 2개의 LED 신호인 LED0 및 LED1를 구동할 수 있다.

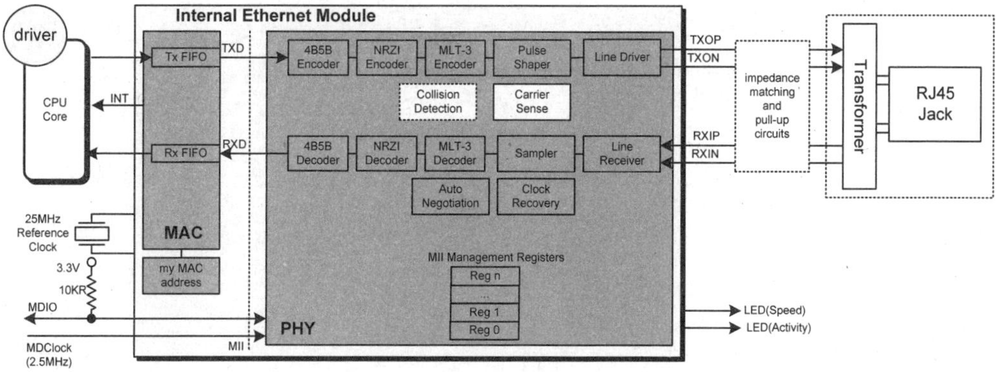

<그림 15.60> MCU내부 이더넷 모듈의 구성

(4) 외부 트랜스포머/RJ45 커넥터의 구성

TXOP/TXON과 RXIP/RXIN핀으로 접속되는 트랜스포머/RJ45 커넥터의 구성은 <그림 15.61>과 같다. 여기서 도시된 Ethernet Jack은 내부에 이더넷용 트랜스포머를 내장한 것이다.

이 회로에서 알 수 있듯이 TXOP/TXON핀으로부터의 출력신호는 3.3V로 바이어스된 트랜스포머의 센터 탭에 의해 해당 신호는 3.3V를 중심으로 +/-1V 파형과 40mA의 전류로 구성되는 파형이 형성된다.

수신의 경우에도 3.3V로 바이어스된 신호가 RXIP/RXIN 핀으로 유입되도록 되어 있다.

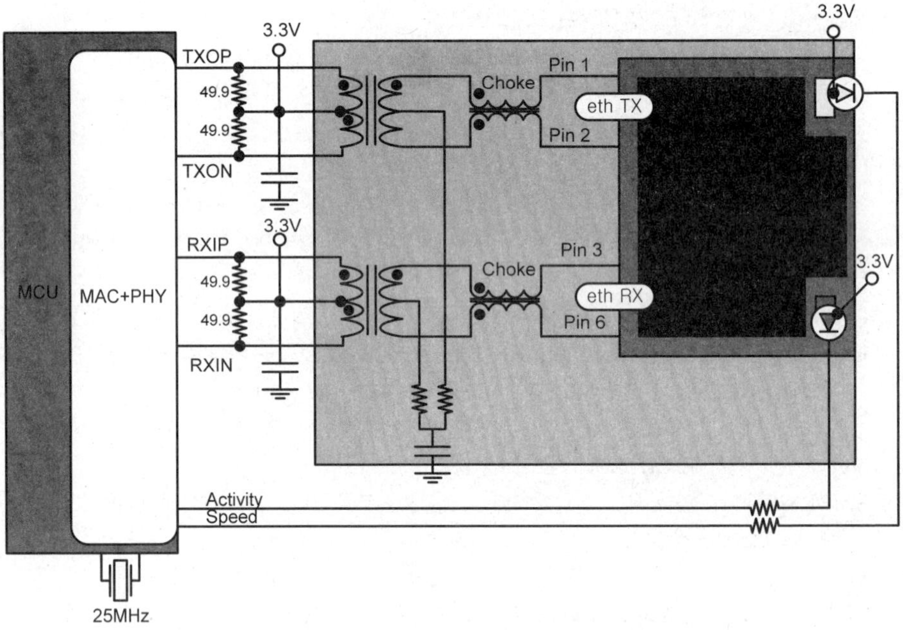

<그림 15.61> 트랜스포머 주변 회로의 예

(5) 하드웨어 설계

이더넷 모듈이 내장된 MCU의 경우 주변회로 설계는 간단하다. MCU의 이더넷 모듈에 연결된 차동 송신 신호용 TXOP와 TXON핀과 차동 수신 신호용 RXIP와 RXIN핀을 <그림 15.62>와 같이 트랜스포머가 내장된 RJ45 커넥터에 연결한다. 필요시 Speed 및 Link Activity LED 핀도 해당 커넥터에 연결한다.

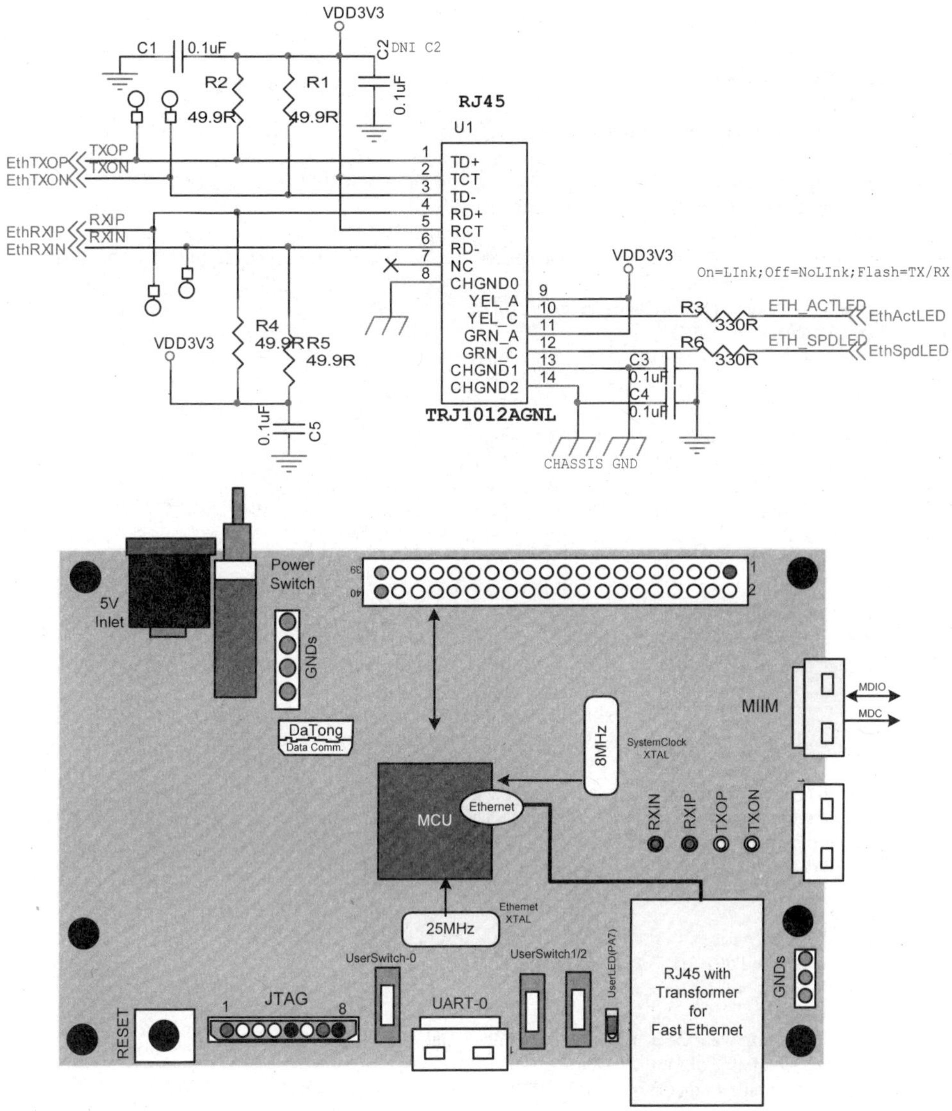

<그림 15.62> 트랜스포머가 내장된 RJ45 커넥터

(6) 소프트웨어 설계

다음과 같은 송신 전용 및 수신 전용 프로그램을 각각 작성한다.

- 간단한 ARP 패킷이 수납된 이더넷 프레임을 생성하여 전송한다.
- Promiscuous 모드로 설정하여 모든 수신 패킷에 대한 프로토콜 분석을 수행한다.

두 종류의 프로그램 모두 이더넷 관련 인터럽트를 사용하지 않고 구현한다. 이후 오실로스코프를 사용하여 이더넷 파형 분석한다.

(7) 프로그램 예

```
// MCU Specific (LM3S8962)
// 초기화.
void dtConfigEthernetHw(unsigned char *macAddr){

SysCtlPeripheralEnable(SYSCTL_PERIPH_ETH); //PHY0와 MAC0의 활성화(RCGC2)
EthernetInitExpClk(ETH_BASE,SysCtlClockGet());
//Full-duplex 전송, 자동 Padding 기능, 자동 CRC 계산기능 설정
EthernetConfigSet(ETH_BASE, (ETH_CFG_TX_DPLXEN | ETH_CFG_TX_PADEN | ETH_CFG_TX_CRCEN));
//이더넷 하드웨어 주소 설정
EthernetMACAddrSet(ETH_BASE, macAddr);
EthernetEnable(ETH_BASE);
// GPIOF2,3에 있는 LED0, LED1 핀을 ethernet용 LED로 설정.
// LED0 :PF3          Bit 3    Output
// LED1 :PF2          Bit 2    Output
//LED1은 Link Activity, LED0는 RX/TX시 toggle되도록 설정함.
SysCtlPeripheralEnable(SYSCTL_PERIPH_GPIOF);
GPIOPinTypeEthernetLED(GPIO_PORTF_BASE, GPIO_PIN_2 | GPIO_PIN_3);
EthernetPHYWrite(ETH_BASE, PHY_MR23, PHY_MR23_LED1_LINK | PHY_MR23_LED0_RXTX);
//위의 MR 레지스터는 모두 LED 설정용 private MII 레지스터임.
}

int EthernetLoop(void){
 unsigned char macAddr[6] = {0x00, 0x1e, 0xed, 0x22, 0xca, 0x04};// 임시로 사용하는 MAC 주소
 unsigned char ethFrame[64] = { 0xFF,0xFF,0xFF,0xFF,0xFF,0xFF, //DA – Broadcast 주소
                               0x00, 0x1e, 0xed, 0x22, 0xca, 0x04, //SA
                               0x08, 0x00, //EtherType = 0x0800= IP
                               0x45//이하 유효한 값을 채우시오.
 };
 unsigned char ethRxFrame[1514];
 unsigned int Rxlen;
 dtConfigEthernetHw(macAddr);
 IntMasterEnable();

 while(1) {
   //send to somewhere
   EthernetPacketPut(ETH_BASE, ethFrame, 64); //Blocking Ft.
   printf("Sent a broadcast frame \n");
   //Wait for rx
   Rxlen = EthernetPacketGet(ETH_BASE, ethRxFrame, sizeof(pucMyRxPacket)); //수신
   printf("Got a frame of %u\n",Rxlen);
   printf("Rx Frame's EtherType=%02X%02X\n", ethRxFrame [12], ethRxFrame [13]);
 }
}
```

(8) 실험

송신된 프레임을 LAN 프로토콜 분석기로 수집한 예는 다음과 같다.

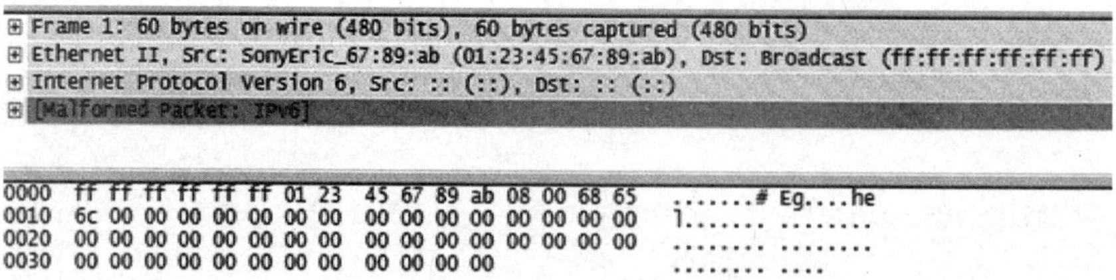

100Base-TX의 경우 MLT-3로 인코딩되므로 3단계의 전위차를 갖는 파형이 관측될 것이다. '1'인 경우 천이된다.

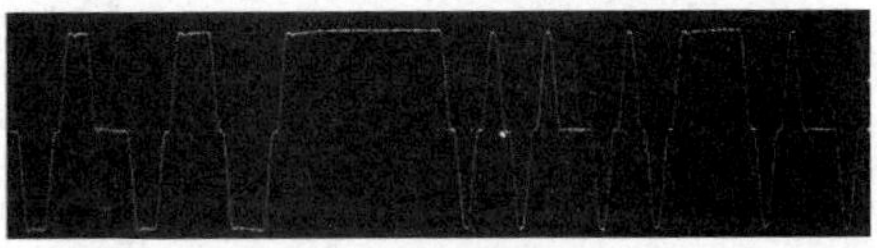

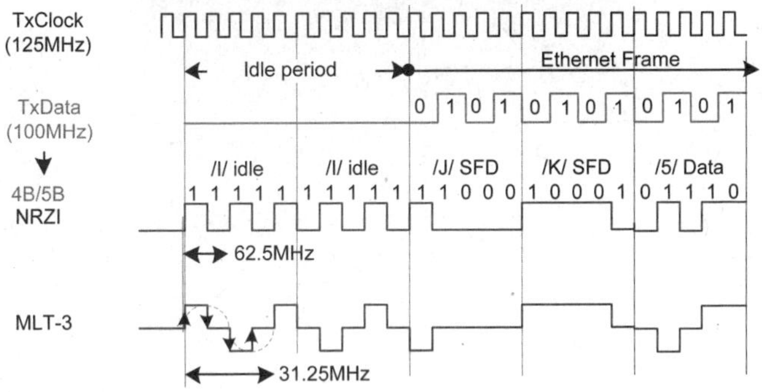

15.23 이더넷 스위치 설계

(1) 설계 목표

4 포트 이상의 100Mbps급 이더넷 포트를 지원하는 이더넷 스위치 칩을 활용하여 주변회로를 설계한다.

(2) 요구 사항

- IC Plus사의 100Mbps급 128핀 구조의 IP175C 스위칭 칩을 활용한 4 포트 이더넷 스위치 모듈을 설계한다.
- IP101A PHY칩을 MII로 연결하여 MAC4와 이 PHY간의 MII신호도 함께 관측할 수 있도록 설계한다.
- MAC5 부분은 외부 PHY를 연결할 수 있도록 설계한다.
- MAC2/PHY2, MAC3/PHY3, PHY4는 사용하지 않는다.
- SMI 인터페이스를 제공한다.

(3) IP175C 스위칭 칩

IP175C는 128핀 구조의 100Mbps급 5포트 이더넷 스위칭 칩이다. 이것은 4개의 MAC기능부와 5개의 PHY기능부도 함께 내장하고 있어 별도의 PHY칩을 외부에 장착할 필요가 없다. 또한 이 칩은 MAC4와 MAC5 모듈을 외부의 PHY 칩에 연결할 수도 있어 무선 LAN PHY모듈 등을 활용할 수 있다. 또는 내부 PHY4를 외부 MAC이 사용할 수도 있다.

우리는 <그림 15.63>과 같이 MAC4에 IP101A PHY칩을 외부에 접속하여 MAC과 PHY간의 MII 신호도 함께 관측할 수 있도록 설계한다. 또한 MAC5에 추가의 PHY 모듈이 접속될 수 있도록 확장 핀 헤더를 설계한다.

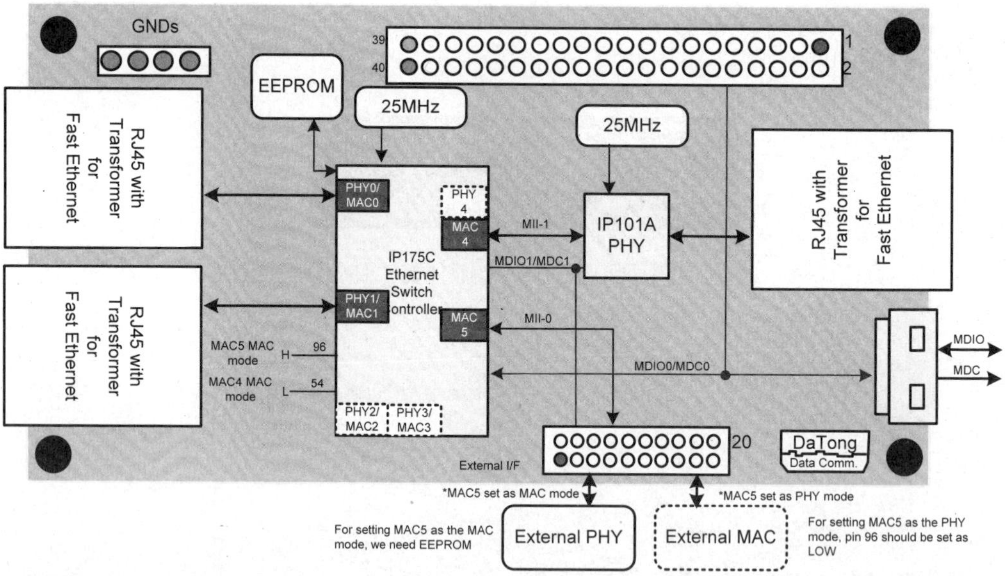

<그림 15.63> 이더넷 스위치 모듈의 구성 예

[참고] 내부의 PHY들에 대한 PHY 주소는 0~4이다. 따라서 관리자는 이들에 대한 SMI 제어를 {MDIO0, MDC0}로 수행할 수 있다. 하지만 추가된 외부 PHY에 대한 SMI 제어는 IP175에 접속된 {MDIO1, MDC1}로만 수행할 수 있다.

이를 위해 IP 175는 MII-0로 연결된 외부 PHY0에 대한 상태정보를 MDIO0/MDC0를 통해 얻을 수 있도록 {PHYADDR=31, REGADDR=3}에 저장한다.

또한 MII-1에 연결된 외부 PHY1에 대한 정보는 {PHYADDR=31, REGADDR=4}에 저장된다.

(4) 하드웨어 설계

<그림 15.64>는 이더넷 스위치 모듈 회로의 예이다. 메인 스위칭 칩은 IP175C으로써 내부에 총 4개의 MAC과 PHY를 함께 갖는다. 따라서 별도의 PHY 칩은 필요없다.

하지만 MII를 통한 PHY 칩을 추가할 수 있으므로 별도의 IP101 PHY 칩을 포함하여 설계한다.

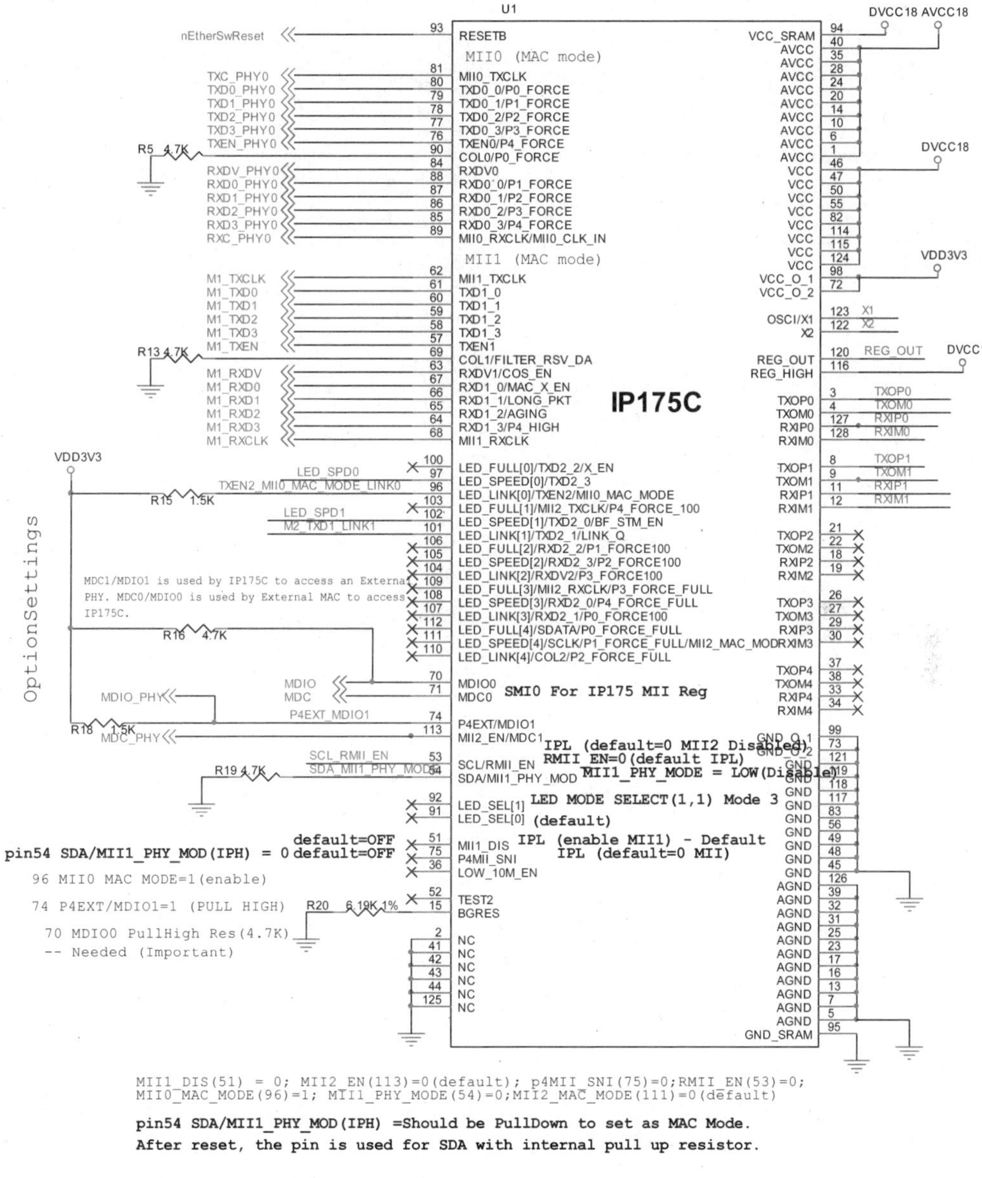

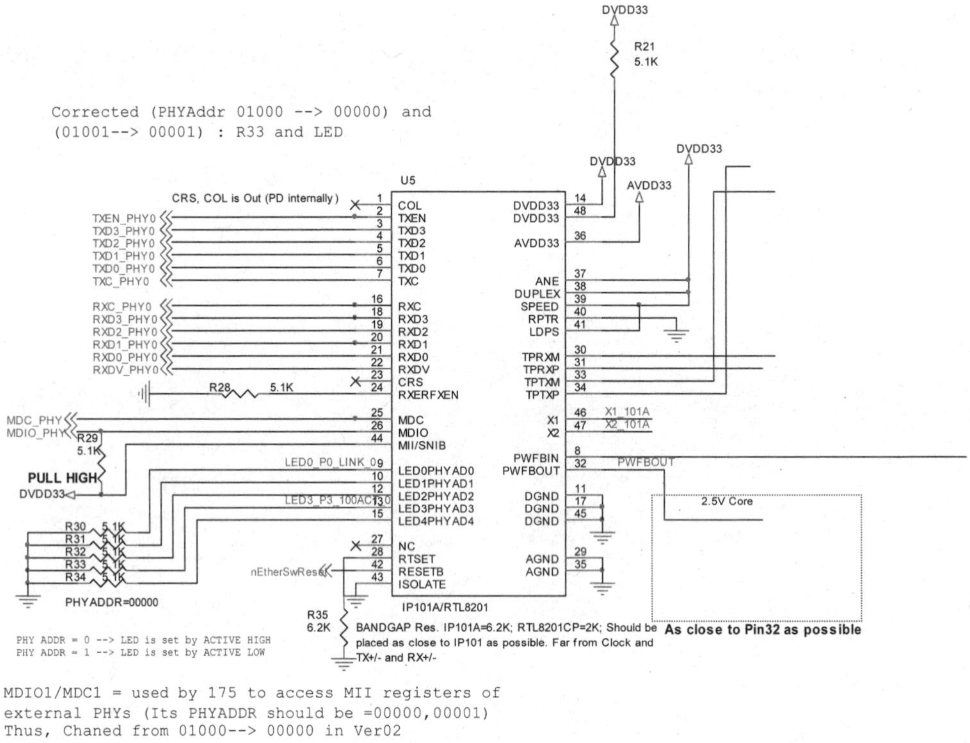

<그림 15.64> 이더넷 스위치 모듈 회로의 예

15.24 SMI 기능 설계

(1) 설계 목표

IP175C 이더넷 스위치의 내부 레지스터의 내용을 읽거나 쓰기 동작이 가능한 SMI 인터페이스용 프로그램을 작성한다.

(2) 요구사항

- MCU의 GPIO를 사용하여 MDIO와 MDC 클럭신호를 생성한다.
- 이더넷 스위치의 MDIO0/MDC0에 연결하여, 스위치 내부 및 외부 PHY 레지스터의 내용을 읽거나 쓸 수 있어야 한다.

(3) SMI

SMI버스에 접속하여 특정 PHY의 레지스터 값을 읽거나 쓰기 동작을 수행할 수 있는 STA 모듈 기능을 MCU의 GPIO를 활용하여 설계한다.
이를 위하여 MDC와 MDIO 선로의 기능을 bitbang 방식의 소프트웨어로 구현한다. 이를 활용하여 이더넷 스위치의 MDIO/MDC에 연결하고, 스위치 내부의 PHY 레지스터의 내용을 읽거나 쓸 수 있는 도구를 설계한다. 참고로 IP175C의 내부 레지스터의 구성은 다음과 같다.

MII 레지스터	Register Number	Value
Control Reg	0	0x3100(Speed=100Mb, AN=enabled; FDX enabled.)
Status	1	0x7849(해당 포트 연결시 0x786d로 변경됨.)
PHY ID1	2	0x0243
PHY ID2	3	0x0d80
	OUI=0x0090C3; ModelNo=6'h18; RevNo.=0	
AN Advertisement	4	0x05e1
AN Link Partner Base Page Ability	5	0x45e1
AN Expansion	6	0x0000→0x0003
AN NP Transmit (10G)	7	-
AN Link Partner Received Next Page(10G)	8	-
Master-Slave Control(10G)	9	-
Master-Slave Status(10G)	10	-
PSE Control	11	-
PSE Status	12	-
MMD Access Control Reg	13	-
MMD Access Address Data Reg	14	-
Extended Status	15	-
Vendor Specific	16~31	
Special Control Register	16	0x1f00→0x018c
--	17	0x0000
Special Status Registers	18	0x7955→0x6c01 (18.11=1=100Mbps; 18.10=1=FDX)
PHY_29(1d) : **MII registers of Switch controller**		
	18(0x12)	0xf408
	18.15&14=11=LED_MODE_3(def) 18.13=1=X_EN; 18.12=1=BK_EN; 18.11=0=BroadcastStorm(x); 18.10=1=MAX_X_EN 18.3=1=Aging	
Port0 VLAN	19	0x9f9f
Port2 VLAN	20	0x9f9f
Port4 VLAN	21	0x9f00
PX_FORCE	22	0x0000
VLAN Tag	23~28	0x0000 0x0001 0x0002 ...
Rsvd	29(1d)	0x503F
VLAN_TAG_5	30(1e)	0x0002
	31(1f)	0x175c
PHY31 (0x1f)		
Bandwidth Control3	0	0xc414
Bandwidth Control3	1	0x2f3f
Bandwidth Control3	2	0x3f30
MII0 MAC Mode Register	3	0x3f3f
MII1 MAC Mode Register	4	0x3f3f
MII0..MII2 Control Register	5	0xe8f0 (이러면 OK)
	5.15=P4EXT :1 5.12=0=MII1_PHY MODE→ MII1 is connected to MAC4 5.11=1=MII0_MAC_MODE_EN (중요: Default=0) 5.10=0=MII0_RMII disabled	

(4) 프로그램의 예

```
// MCU의 특정 GPIO 2개를 MDIO와 MDC로 사용한다. (예) MDIO = PG0; MDC   = PG1
#define MDIO_PIN        GPIO_PIN_0  //PG0
#define MDC_PIN         GPIO_PIN_1  //PG1
#define PARAM_MAXNUM            10
#define PARAM_MAXLEN            20
#define    BASE         16.0
#define NULL 0

s8      line[MAXLINE];
u8  line_char_cnt       =       0;
volatile u8   inputed   =       0;

static void output_MDIO(u32 val, u32 n);
static void turnaround_MDIO(void);
static unsigned int input_MDIO(void);
void UARTIntHandler(void);
extern char g_cCmdBuf[CMD_BUF_SIZE];

// This is the table that holds the command names, implementing functions, and brief description.
int dtMdioCmd_help(int argc, char *argv[]);
tCmdLineEntry g_sCmdTableMDIO[] =
{
      { "help",    dtMdioCmd_help,    " : Display list of commands" },
      { "h",       dtMdioCmd_help,    "       : alias for help" },
      { "?",       dtMdioCmd_help,    "       : alias for help" },
      { "r",       dtMdioCmd_read,    "   : read <phy addr> <reg addr>" },
      { "w",       dtMdioCmd_write,   " : write <phy addr> <reg addr> <value>" },
      { 0, 0, 0 }
};
// This function implements the "help" command.
int dtMdioCmd_help(int argc, char *argv[])//, unsigned char cmdid)
{
      tCmdLineEntry *pEntry;
      printf("\r\nAvailable commands\r\n");
      pEntry = &g_sCmdTableMDIO[0];
      while(pEntry->pcCmd)   {
         printf("%s%s\r\n", pEntry->pcCmd, pEntry->pcHelp); pEntry++;
      }
      return(0);
}

void init_MDIO(void)
{
         SysCtlPeripheralEnable(SYSCTL_PERIPH_GPIOG); //MDC
         // Set MDIO and MDC pin as output
         GPIOPinTypeGPIOOutput(GPIO_PORTG_BASE, MDIO_PIN);
         GPIOPinTypeGPIOOutput(GPIO_PORTG_BASE, MDC_PIN);

         GPIOPinWrite(GPIO_PORTG_BASE, MDC_PIN, ~MDC_PIN); // Set MDC Low
}

//MDIO output with MDC clock (bitbang)
static void output_MDIO(u32 val, u32 n)
{
         for(val <<= (32-n); n; val <<= 1, n--)       {
               if (val & 0x80000000)
                 GPIOPinWrite(GPIO_PORTG_BASE, MDIO_PIN, MDIO_PIN);// Set high
               else
```

```
                GPIOPinWrite(GPIO_PORTG_BASE, MDIO_PIN, ~MDIO_PIN);// Set low
            // Output clock (MDC signal)
            somedelay(1);
            GPIOPinWrite(GPIO_PORTG_BASE, MDC_PIN, MDC_PIN);// Set high
            somedelay(1);
            GPIOPinWrite(GPIO_PORTG_BASE, MDC_PIN, ~MDC_PIN);// Set low
        }
}

static void turnaround_MDIO(void)
{
        GPIOPinTypeGPIOInput(GPIO_PORTG_BASE, MDIO_PIN);// Set input
        // Output clock (MDC signal)
        GPIOPinWrite(GPIO_PORTG_BASE, MDC_PIN, MDC_PIN);// Set high
        somedelay(1);
        GPIOPinWrite(GPIO_PORTG_BASE, MDC_PIN, ~MDC_PIN);// Set low
        somedelay(1);
}

static u32 input_MDIO(void)
{
        u32   i, val = 0;
        for (i = 0; i < 16; i++){
          val <<= 1;
          // Output clock (MDC signal)
          GPIOPinWrite(GPIO_PORTG_BASE, MDC_PIN, MDC_PIN);// Set high
          delayms(1);
          GPIOPinWrite(GPIO_PORTG_BASE, MDC_PIN, ~MDC_PIN);// Set low
          if (GPIOPinRead(GPIO_PORTG_BASE, MDIO_PIN) & MDIO_PIN) val |=1;
        }
        return val;
}

u32 mdio_read(u32 PhyAddr, u32 PhyReg)
{
        u32 val;
        // Set MDIO and MDC pin as output
        GPIOPinTypeGPIOOutput(GPIO_PORTG_BASE, MDIO_PIN);
        GPIOPinTypeGPIOOutput(GPIO_PORTG_BASE, MDC_PIN);

        // 32 consecutive ones on MDIO to establish sync
        output_MDIO(0xffffffff, 32);

        // start cod (01), read command (10)
        output_MDIO(0x06, 4);

        // write PHY address
        output_MDIO(PhyAddr, 5);

        // write the PHY register to write
        output_MDIO(PhyReg, 5);

        // turnaround MDIO is tristated
        turnaround_MDIO();

        // read the data value
        val = input_MDIO();
        // turnaround to make MDIO tristated
        turnaround_MDIO();
        return val;
}

```

```
void mdio_write(u32 PhyAddr, u32 PhyReg, u32 val){
        // Set MDIO and MDC pin as output
        GPIOPinTypeGPIOOutput(GPIO_PORTG_BASE, MDIO_PIN);
        GPIOPinTypeGPIOOutput(GPIO_PORTG_BASE, MDC_PIN);

        output_MDIO(0xffffffff, 32); // 32 consecutive ones on MDIO to establish sync
        output_MDIO(0x05, 4);        // start cod (01), write command (01)
        output_MDIO(PhyAddr, 5); // write PHY address
        output_MDIO(PhyReg, 5); // write the PHY register to write
        output_MDIO(0x02, 2);        // turnaround MDIO (1,0)
        output_MDIO(val, 16);        // write the data value
        turnaround_MDIO();           // turnaround to make MDIO tristated
}

void GPIOPortB_IRQHandler(void)
{

}

int dtMdioCmd_read(int argc, char *argv[]){
        u32 phyaddr;
        u32 reg;
        u32 val;
        //read <phy addr> <reg addr>
        if(argc==3){
         phyaddr         =          (u32)strtol(argv[1], NULL, 16);
         reg  =               (u32)strtol(argv[2], NULL, 16);
         val  =          mdio_read(phyaddr, reg);//ReadReg(reg1);
         printf("0x%04x\r\n", val);
        }else
         printErr();
}

//write <phy addr> <reg addr> <value>
int dtMdioCmd_write(int argc, char *argv[]){
        u32 phyaddr;
        u32 reg;
        u32 val;
        if(argc==4){
         phyaddr         = (u32)strtol(argv[1], NULL, 16);
         reg  = (u32)strtol(argv[2], NULL, 16);
         val  = (u32)strtol(argv[3], NULL, 16);
         printf("Writing on Phy(0x%02x) Reg 0x%02x <-- 0x%04x\r\n",   phyaddr, reg, val);
         mdio_write(phyaddr, reg, val);
        }else
         printErr();
}

//MCU Specific...
void dtMdioCmd_handler()//
{
        int nStatus;
        unsigned char showCmdPrompt = 0;

       // Get a line of text from the user.
        if(UARTPeek('\r') != -1){ //BUFFERED MODE ONLY
                UARTgets(g_cCmdBuf, sizeof(g_cCmdBuf));
        }
        else   return;

          // Pass the line from the user to the command processor.
          // It will be parsed and valid commands executed.
```

```
        nStatus = CmdLineProcess(g_cCmdBuf,CMD_MDIO);

        if(nStatus == CMDLINE_BAD_CMD) printf("Bad command!\r\n");
        else if(nStatus == CMDLINE_TOO_MANY_ARGS)
                printf("Too many arguments for command processor!\r\n");
        else if(nStatus != 0) {
              printf("Command returned error code %s\r\n",
                        StringFromFresult((FRESULT)nStatus));
        }
          printf("\r\nCLI> ");
}

//main loop
int dtMdioLoop(void)
{
        s8    params[PARAM_MAXNUM][PARAM_MAXLEN];
        s32   result;
        u8    len;

        printf("MDIO with Bitbang Style.\r\n\r\n");

        init_MDIO();
        dtMdioCmd_help(0,0);

        printf("SMI> ");

        while(1) dtMdioCmd_handler();
}
```

(6) 결과

Phy 0의 레지스터 0에 대한 읽기 동작 과정에 대한 명령어 입력과 그 결과는 다음과 같다.

```
SMI> r 0 0
Reading Phy(0x00):Reg(0x00) = 0x3100
```

그리고 아래 그림은 이 과정에서 관측된 MDIO와 MDC 신호의 예이다. 이 그림에서 Sync 부분, Start(01), OpCode(01), PhyAddr(00000), RegisterAddr(00000), 그리고 Turn Around 신호(10), 이후에 0x3100 데이터가 읽혀진다.

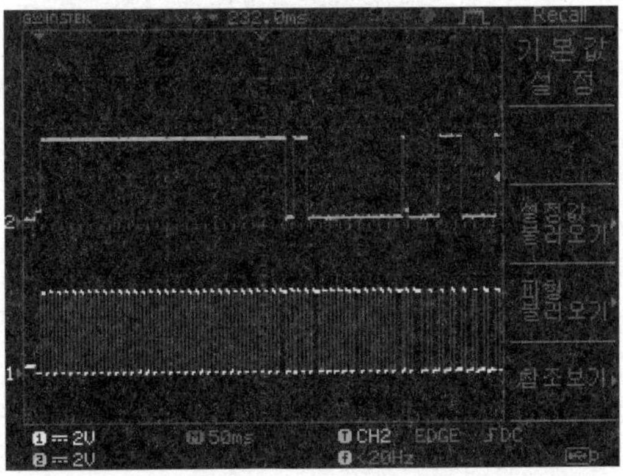

15.25 10Mbps급 이더넷 설계

(1) 설계 목표

Microchip사의 ENC20J60을 이용한 10Mbps급 이더넷을 설계한다.

(2) 요구사항

- ENC28J60을 사용한다.
- MCU는 SPI를 통하여 ENC28J60에 대한 이더넷 프레임의 송수신을 수행한다.
-

(3) ENC28J60

ENC28J60은 SPI 인터페이스를 제공하는 10 Mbps 이더넷 칩이다. 외부에 25 MHz 클럭이 추가되어야 한다. 이것은 내부에 8 Kbyte의 송수신용 버퍼를 가지며 3.3 V로 동작하는 전이중/반이중 10 Mbps급 MAC/PHY 통합 이더넷 칩으로서 MCU와는 SPI로 연결된다.

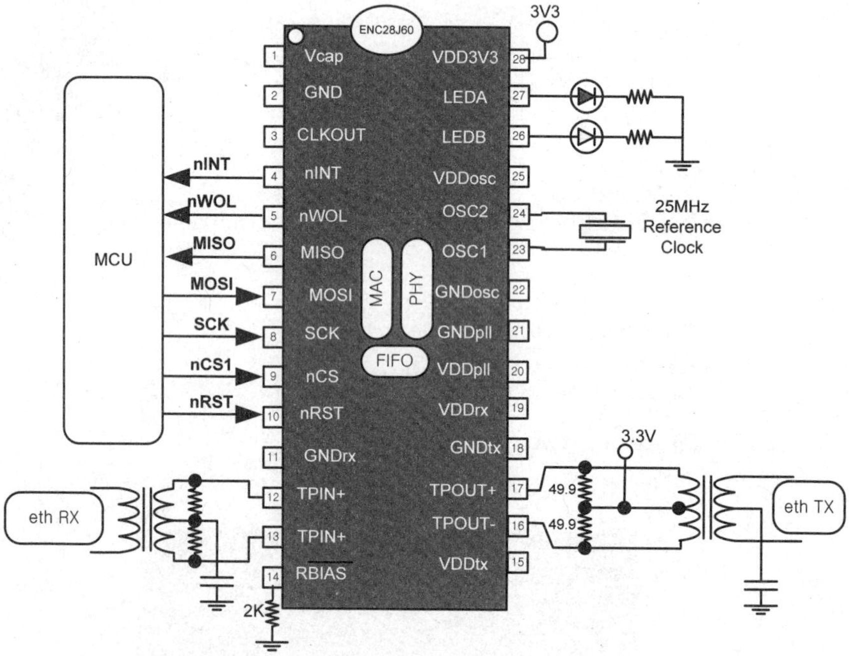

<그림 15.65> ENC28J60 SPI Ethernet Converter

이것은 하드웨어 인터럽트 핀도 제공하므로 기본적인 SPI 핀 외에 추가 핀이 필요하다. 외부와는 트랜스포머와의 송수신 연결을 위한 TPOUT+/-와 TPIN+/-핀을 가지며 동작상태를 표시하기 위한 LEDA/LEDB 출력을 가진다.

부가적으로 프레임의 송수신시 발생하는 인터럽트 보고용 INTn과 Wake On Lan용 nWOL 출력도 함께 제공한다. 참고로 10 Mbps급 이더넷은 Manchester 코드를 사용한다.

입력부는 1:1 트랜스포머가 사용되며 출력부는 3.3V 바이어스된 중앙 탭이 있는 1:1트랜스포머를 사용한다. LEDB는 추가적으로 시스템 리셋시 자신의 동작 즉 전이중 또는 반이중 이더넷 기능을 결정하는데 사용된다.
우리는 해당 핀을 LED를 거쳐 GND에 연결함으로써 반이중 방식으로 동작하도록 고정한다.
ENC28J60 내부의 레지스터와 버퍼 메모리의 구성은 <그림 15.66>과 같다. 레지스터는 Control 및 PHY 레지스터가 있다.

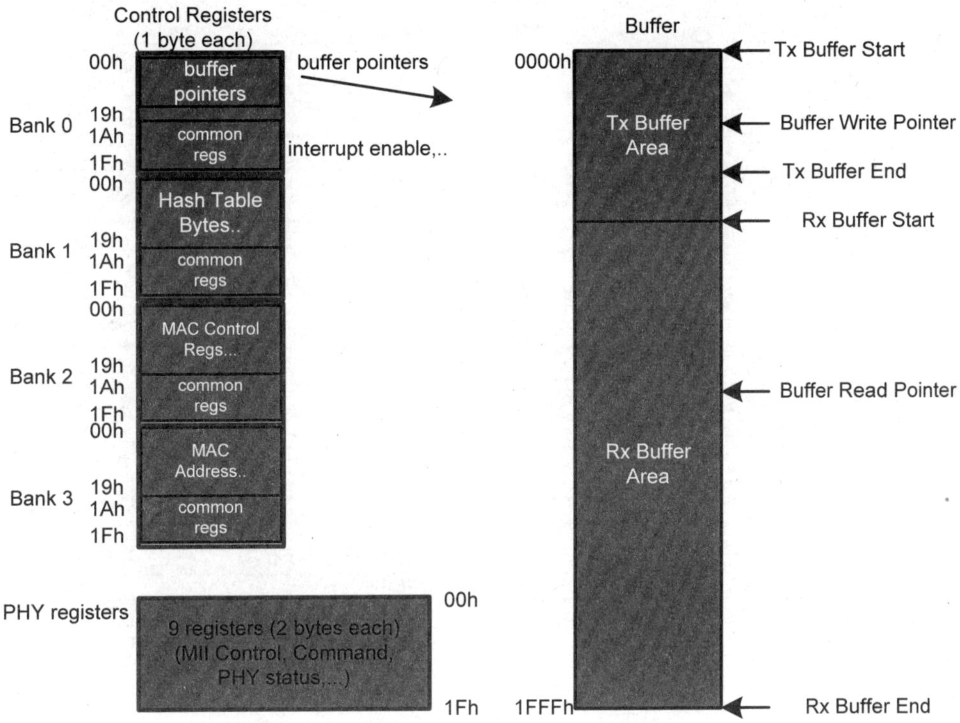

<그림 15.66> ENC28J60 내부 레지스터 및 버퍼.

- Control 레지스터는 해당 칩의 설정, 제어, 상태 관련 레지스터로써 4개의 뱅크에 걸쳐 있다. 이것은 이더넷 동작을 위한 각종 파라미터 즉 duplex 지원여부, 이더넷 주소, 인터럽트 매스크, 프레임버퍼 포인터, 최대 프레임 길이 설정 등을 지원한다.
- PHY 레지스터는 PHY 기능부의 설정 및 상태를 접근하는데 사용되는 32개의 SMI용 레지스터중에서 필수적인 9개로 구성된다. 이것에 대한 접근은 전용 MAC control register인 MIREGADR과 MICMD 레지스터를 사용하여 SPI로 접근해야 한다.
- 이더넷 프레임을 수납하는 버퍼는 8K 바이트 크기를 갖는다. 이것은 내부에 있는 8Kbyte의 이더넷 프레임 송수신용 버퍼는 용도별로 그 크기를 설정할 수 있다. 수신버퍼는 링 버퍼로 운영된다. 이러한 버퍼에 대한 관리는 뱅크 0에 있는 버퍼 포인터 관련 제어 레지스터를 통해 수행할 수 있다. 만약 가득 찬 버퍼에 도착한 새로운 프레임은 폐기된다. 송신버퍼는 수신버퍼를 제외한 영역에 할당된다..

Bank 0 Address	Name	Bank 1 Address	Name	Bank 2 Address	Name	Bank 3 Address	Name
00h	ERDPTL	00h	EHT0	00h	MACON1	00h	MAADR1
01h	ERDPTH	01h	EHT1	01h	MACON2	01h	MAADR0
02h	EWRPTL	02h	EHT2	02h	MACON3	02h	MAADR3
03h	EWRPTH	03h	EHT3	03h	MACON4	03h	MAADR2
04h	ETXSTL	04h	EHT4	04h	MABBIPG	04h	MAADR5
05h	ETXSTH	05h	EHT5	05h	—	05h	MAADR4
06h	ETXNDL	06h	EHT6	06h	MAIPGL	06h	EBSTSD
07h	ETXNDH	07h	EHT7	07h	MAIPGH	07h	EBSTCON
08h	ERXSTL	08h	EPMM0	08h	MACLCON1	08h	EBSTCSL
09h	ERXSTH	09h	EPMM1	09h	MACLCON2	09h	EBSTCSH
0Ah	ERXNDL	0Ah	EPMM2	0Ah	MAMXFLL	0Ah	MISTAT
0Bh	ERXNDH	0Bh	EPMM3	0Bh	MAMXFLH	0Bh	—
0Ch	ERXRDPTL	0Ch	EPMM4	0Ch	Reserved	0Ch	—
0Dh	ERXRDPTH	0Dh	EPMM5	0Dh	MAPHSUP	0Dh	—
0Eh	ERXWRPTL	0Eh	EPMM6	0Eh	Reserved	0Eh	—
0Fh	ERXWRPTH	0Fh	EPMM7	0Fh	—	0Fh	—
10h	EDMASTL	10h	EPMCSL	10h	Reserved	10h	—
11h	EDMASTH	11h	EPMCSH	11h	MICON	11h	—
12h	EDMANDL	12h	—	12h	MICMD	12h	EREVID
13h	EDMANDH	13h	—	13h	—	13h	—
14h	EDMADSTL	14h	EPMOL	14h	MIREGADR	14h	—
15h	EDMADSTH	15h	EPMOH	15h	Reserved	15h	ECOCON
16h	EDMACSL	16h	EWOLIE	16h	MIWRL	16h	Reserved
17h	EDMACSH	17h	EWOLIR	17h	MIWRH	17h	EFLOCON
18h	—	18h	ERXFCON	18h	MIRDL	18h	EPAUSL
19h	—	19h	EPKTCNT	19h	MIRDH	19h	EPAUSH
1Ah	Reserved	1Ah	Reserved	1Ah	Reserved	1Ah	Reserved
1Bh	EIE	1Bh	EIE	1Bh	EIE	1Bh	EIE
1Ch	EIR	1Ch	EIR	1Ch	EIR	1Ch	EIR
1Dh	ESTAT	1Dh	ESTAT	1Dh	ESTAT	1Dh	ESTAT
1Eh	ECON2	1Eh	ECON2	1Eh	ECON2	1Eh	ECON2
1Fh	ECON1	1Fh	ECON1	1Fh	ECON1	1Fh	ECON1

(4) 하드웨어 설계

ENC28J60 주변 회로 구성의 예는 <그림 15.67>과 같이 간단하다.

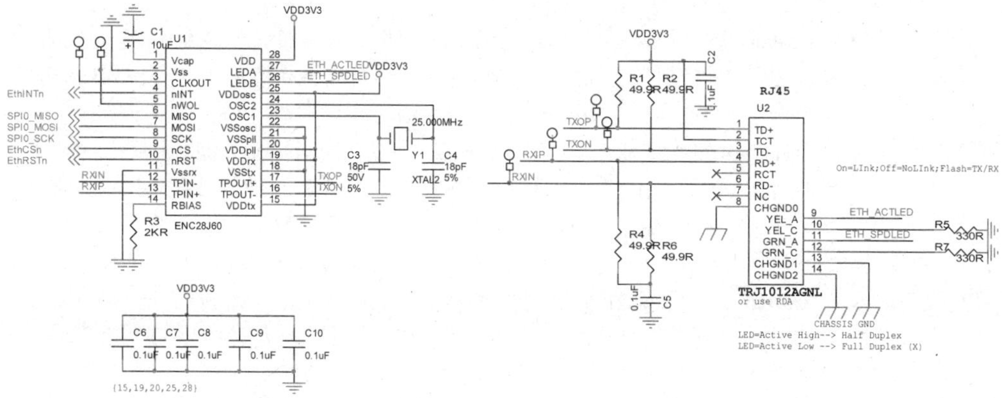

<그림 15.67> ENC28J60 주변회로의 예

(6) 소프트웨어 설계

MCU는 8비트 SPI Mode 0 방식을 사용하여 ENC28J60에 대한 설정 및 이더넷 프레임의 송수신 절차를 수행한다. 이때 제어 명령은 3비트의 OpCode로 시작되며 다음은 SPI 명령어의 일부이다.

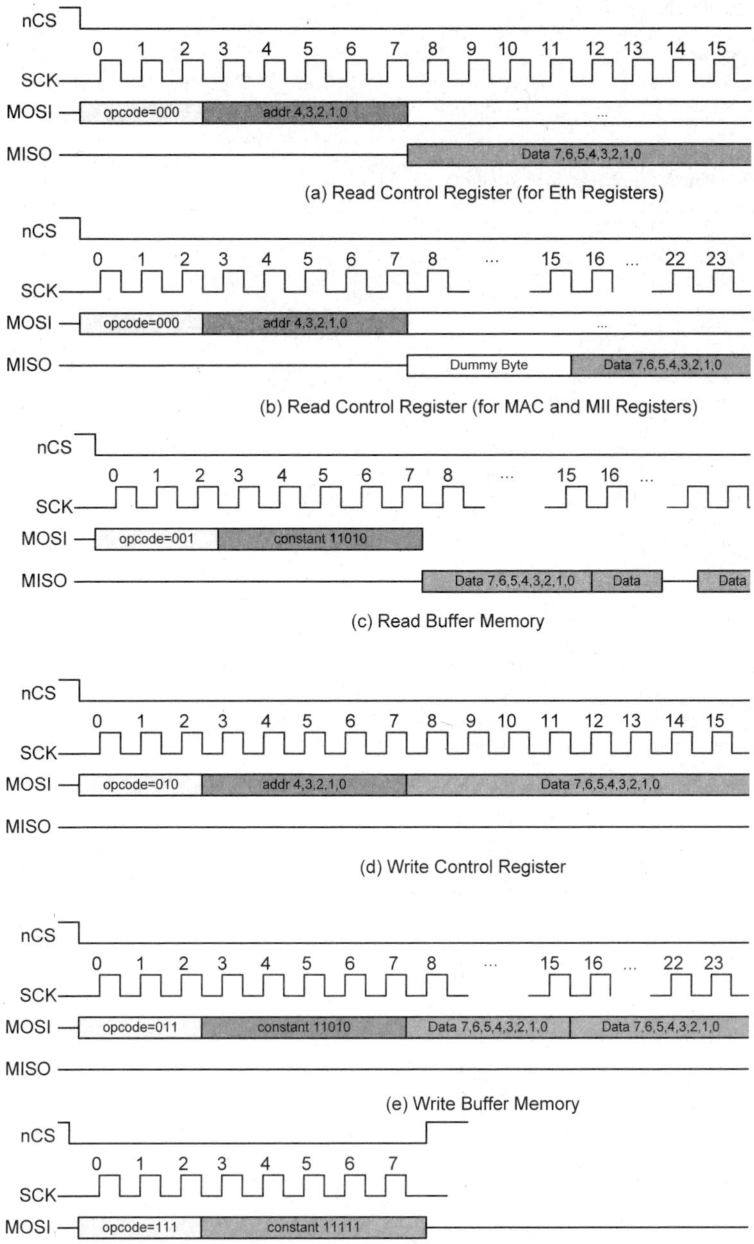

READ control register command의 경우

<그림 15.68> ENC28J60 제어 절차

(7) 프로그래밍의 예

```
// Microchip ENC28J60 Ethernet Interface Driver - LM3S8962 Specific
/* ENC28J60 is 3.3V. SPI Mode=0, 8 bit
  * Memory consists of 3-parts : Control Regs(00~1F), EtherBuffer(0000~1FFF), PHY regs(0~1F).
  * nCS2 (PE0) is employed.
  */
//use nCS2 of PE0
#define NSSENC28_1          {GPIOPinWrite(GPIO_PORTE_BASE, GPIO_PIN_0, GPIO_PIN_0);}
#define NSSENC28_0          {GPIOPinWrite(GPIO_PORTE_BASE, GPIO_PIN_0, ~GPIO_PIN_0);}

//! - SSI0 peripheral
//! - GPIO Port A peripheral (for SSI0 pins)
//! - SSI0CLK - PA2
//! - SSI0Fss - PE0 (CS2)
//! - SSI0Rx   - PA4
//! - SSI0Tx   - PA5

u32 gEnc28BufSize;

// ENC28J60 Control Registers: a combination of address,bank number,
   and Ethernet/MAC/PHY indicator bits.
// MAC/PHY indicator (bit 7) | Bank number (bits 5-6) | Register address(bits 0-4)
#define ADDR_MASK           0x1F
#define BANK_MASK           0x60
#define SPRD_MASK           0x80

// All-bank registers
#define EIE                 0x1B
#define EIR                 0x1C
#define ESTAT               0x1D
#define ECON2               0x1E
#define ECON1               0x1F

// Bank 0 registers
#define ERDPT               (0x00|0x00)
#define EWRPT               (0x02|0x00)
#define ETXST               (0x04|0x00)
#define ETXND               (0x06|0x00)
#define ERXST               (0x08|0x00)
#define ERXND               (0x0A|0x00)
#define ERXRDPT             (0x0C|0x00)
#define EDMAST              (0x10|0x00)
#define EDMAND              (0x12|0x00)
#define EDMACS              (0x16|0x00)

// Bank 1 registers
#define EHT0                (0x00|0x20)
#define EHT1                (0x01|0x20)
#define EHT2                (0x02|0x20)
#define EHT3                (0x03|0x20)
#define EHT4                (0x04|0x20)
#define EHT5                (0x05|0x20)
#define EHT6                (0x06|0x20)
#define EHT7                (0x07|0x20)
#define EPMM0               (0x08|0x20)
#define EPMM1               (0x09|0x20)
#define EPMM2               (0x0A|0x20)
#define EPMM3               (0x0B|0x20)
#define EPMM4               (0x0C|0x20)
#define EPMM5               (0x0D|0x20)
```

```
#define EPMM6 (0x0E|0x20)
#define EPMM7 (0x0F|0x20)
#define EPMCS (0x10|0x20)
#define EWOLIE (0x16|0x20)
#define EWOLIR (0x17|0x20)
#define ERXFCON (0x18|0x20)
#define EPKTCNT (0x19|0x20)

// Bank 2 registers
#define MACON1 (0x00|0x40|0x80)
#define MACON2 (0x01|0x40|0x80)
#define MACON3 (0x02|0x40|0x80)
#define MACON4 (0x03|0x40|0x80)
#define MABBIPG (0x04|0x40|0x80)
#define MAIPG (0x06|0x40|0x80)
#define MACLCON1 (0x08|0x40|0x80)
#define MACLCON2 (0x09|0x40|0x80)
#define MAMXFL (0x0A|0x40|0x80)
#define MAPHSUP (0x0D|0x40|0x80)
#define MICON (0x11|0x40|0x80)
#define MICMD (0x12|0x40|0x80)
#define MIREGADR (0x14|0x40|0x80)
#define MIWR (0x16|0x40|0x80)
#define MIRD (0x18|0x40|0x80)

// Bank 3 registers
#define MAADR1 (0x00|0x60|0x80)
#define MAADR0 (0x01|0x60|0x80)
#define MAADR3 (0x02|0x60|0x80)
#define MAADR2 (0x03|0x60|0x80)
#define MAADR5 (0x04|0x60|0x80)
#define MAADR4 (0x05|0x60|0x80)
#define EBSTSD (0x06|0x60)
#define EBSTCON (0x07|0x60)
#define EBSTCS (0x08|0x60)
#define MISTAT (0x0A|0x60|0x80)
#define EREVID (0x12|0x60)
#define ECOCON (0x15|0x60)
#define EFLOCON (0x17|0x60)
#define EPAUS (0x18|0x60)

// ENC28J60 ERXFCON Register Bit Definitions
#define ERXFCON_UCEN 0x80
#define ERXFCON_ANDOR 0x40
#define ERXFCON_CRCEN 0x20
#define ERXFCON_PMEN 0x10
#define ERXFCON_MPEN 0x08
#define ERXFCON_HTEN 0x04
#define ERXFCON_MCEN 0x02
#define ERXFCON_BCEN 0x01
// ENC28J60 EIE Register Bit Definitions
#define EIE_INTIE 0x80
#define EIE_PKTIE 0x40
#define EIE_DMAIE 0x20
#define EIE_LINKIE 0x10
#define EIE_TXIE 0x08
#define EIE_WOLIE 0x04
#define EIE_TXERIE 0x02
#define EIE_RXERIE 0x01
// ENC28J60 EIR Register Bit Definitions
#define EIR_PKTIF 0x40
#define EIR_DMAIF 0x20
```

```
#define EIR_LINKIF            0x10
#define EIR_TXIF              0x08
#define EIR_WOLIF             0x04
#define EIR_TXERIF            0x02
#define EIR_RXERIF            0x01
// ENC28J60 ESTAT Register Bit Definitions
#define ESTAT_INT             0x80
#define ESTAT_LATECOL         0x10
#define ESTAT_RXBUSY          0x04
#define ESTAT_TXABRT          0x02
#define ESTAT_CLKRDY          0x01
// ENC28J60 ECON2 Register Bit Definitions
#define ECON2_AUTOINC         0x80
#define ECON2_PKTDEC          0x40
#define ECON2_PWRSV           0x20
#define ECON2_VRPS            0x08
// ENC28J60 ECON1 Register Bit Definitions
#define ECON1_TXRST           0x80
#define ECON1_RXRST           0x40
#define ECON1_DMAST           0x20
#define ECON1_CSUMEN          0x10
#define ECON1_TXRTS           0x08
#define ECON1_RXEN            0x04
#define ECON1_BSEL1           0x02
#define ECON1_BSEL0           0x01
// ENC28J60 MACON1 Register Bit Definitions
#define MACON1_LOOPBK         0x10
#define MACON1_TXPAUS         0x08
#define MACON1_RXPAUS         0x04
#define MACON1_PASSALL        0x02
#define MACON1_MARXEN         0x01
// ENC28J60 MACON2 Register Bit Definitions
#define MACON2_MARST          0x80
#define MACON2_RNDRST         0x40
#define MACON2_MARXRST        0x08
#define MACON2_RFUNRST        0x04
#define MACON2_MATXRST        0x02
#define MACON2_TFUNRST        0x01
// ENC28J60 MACON3 Register Bit Definitions
#define MACON3_PADCFG2        0x80
#define MACON3_PADCFG1        0x40
#define MACON3_PADCFG0        0x20
#define MACON3_TXCRCEN        0x10
#define MACON3_PHDRLEN        0x08
#define MACON3_HFRMLEN        0x04
#define MACON3_FRMLNEN        0x02
#define MACON3_FULDPX         0x01
// ENC28J60 MICMD Register Bit Definitions
#define MICMD_MIISCAN         0x02
#define MICMD_MIIRD           0x01
// ENC28J60 MISTAT Register Bit Definitions
#define MISTAT_NVALID         0x04
#define MISTAT_SCAN           0x02
#define MISTAT_BUSY           0x01

// ENC28J60 EBSTCON Register Bit Definitions
#define EBSTCON_PSV2          0x80
#define EBSTCON_PSV1          0x40
#define EBSTCON_PSV0          0x20
#define EBSTCON_PSEL          0x10
#define EBSTCON_TMSEL1        0x08
#define EBSTCON_TMSEL0        0x04
```

```
#define EBSTCON_TME          0x02
#define EBSTCON_BISTST       0x01

// PHY registers
#define PHCON1               0x00
#define PHSTAT1              0x01
#define PHHID1               0x02
#define PHHID2               0x03
#define PHCON2               0x10
#define PHSTAT2              0x11
#define PHIE                 0x12
#define PHIR                 0x13
#define PHLCON               0x14

// ENC28J60 PHY PHCON1 Register Bit Definitions
#define PHCON1_PRST          0x8000
#define PHCON1_PLOOPBK       0x4000
#define PHCON1_PPWRSV        0x0800
#define PHCON1_PDPXMD        0x0100
// ENC28J60 PHY PHSTAT1 Register Bit Definitions
#define PHSTAT1_PFDPX        0x1000
#define PHSTAT1_PHDPX        0x0800
#define PHSTAT1_LLSTAT       0x0004
#define PHSTAT1_JBSTAT       0x0002
// ENC28J60 PHY PHCON2 Register Bit Definitions
#define PHCON2_FRCLINK       0x4000
#define PHCON2_TXDIS         0x2000
#define PHCON2_JABBER        0x0400
#define PHCON2_HDLDIS        0x0100
// END28J60 PHY PHLCON(0x14) Register Bit Definitions
// ENC28J60 Packet Control u8 Bit Definitions
#define PKTCTRL_PHUGEEN      0x08
#define PKTCTRL_PPADEN       0x04
#define PKTCTRL_PCRCEN       0x02
#define PKTCTRL_POVERRIDE 0x01
// SPI operation codes (See 4.2 SPI Instruction Set)
#define ENC28J60_SPI_READ_CTRL_REG          0x00 //RCR
#define ENC28J60_SPI_READ_BUF_MEM           0x3A //RBM
#define ENC28J60_SPI_WRITE_CTRL_REG         0x40 //WCR
#define ENC28J60_SPI_WRITE_BUF_MEM          0x7A //WBM
#define ENC28J60_SPI_BIT_FIELD_SET          0x80 //BFS
#define ENC28J60_SPI_BIT_FIELD_CLR          0xA0 //BFC
#define ENC28J60_SPI_SOFT_RESET             0xFF //SC

// The RXSTART_INIT must be zero. See Rev. B4 Silicon Errata point 5.
// Buffer boundaries applied to internal 8K RAM. The entire available packet buffer space is allocated
#define RXSTART_INIT         0x0000    // start of RX buffer, room for 2 packets
#define RXSTOP_INIT          0x0BFF    // end of RX buffer
#define TXSTART_INIT         0x0C00    // start of TX buffer, room for 1 packet
#define TXSTOP_INIT          0x11FF    // end of TX buffer
#define SCRATCH_START        0x1200    // start of scratch area
#define SCRATCH_LIMIT        0x2000    // past end of area, i.e. 3.5 Kb
#define SCRATCH_PAGE_SHIFT   6         // addressing is in pages of 64 bytes
#define SCRATCH_PAGE_SIZE    (1 << SCRATCH_PAGE_SHIFT)
// max frame length which the conroller will accept: (note: maximum ethernet frame length would be 1518)
#define MAX_FRAMELEN         1500
#define FULL_SPEED   1      // switch to full-speed SPI for bulk transfers

u8 g8Enc28j60Bank;
int gNextPacketPtr;
u8 gEtherBuf[1514];

```

```
void Enc28J80EtherSpiConfig(void){ // 8Mbps, 8 bit mode
      dtSpiMasterInit(SSI_FRF_MOTO_MODE_0,8000000,8, SYSCTL_PERIPH_GPIOE,
      GPIO_PORTE_BASE, GPIO_PIN_0); //use PE0 of nCS2
      NSSENC28_1;//nCs2=1
}
u8 Enc28ReadOp8 (u8 op, u8 address) {
      u8 result;
      NSSENC28_0;
      dtSpiWrByte(op | (address & ADDR_MASK));
      result = dtSpiRdByte();
      if (address & 0x80) result = dtSpiRdByte();
      NSSENC28_1;
      return result;
}

void Enc28writeOp16 (u8 op, u8 address, u8 data) {
      NSSENC28_0;//enableChip();
      dtSpiWrByte(op | (address & ADDR_MASK));
      dtSpiWrByte(data);
      NSSENC28_1;//disableChip();
}

void Enc28ReadBuf(u16 len, u8* data) {
      NSSENC28_0;//enableChip();
      dtSpiWrByte(ENC28J60_SPI_READ_BUF_MEM);
      while (len--) *data++ = dtSpiRdByte();
      NSSENC28_1;
}

 void Enc28WriteBuf(u16 len, const u8* data) {
      NSSENC28_0;
      dtSpiWrByte(ENC28J60_SPI_WRITE_BUF_MEM);
      while (len--) dtSpiWrByte(*data++);
      NSSENC28_1;
}

void Enc28SetBank (u8 address) {
      if ((address & BANK_MASK) != g8Enc28j60Bank) {
            Enc28writeOp16(ENC28J60_SPI_BIT_FIELD_CLR, ECON1, ECON1_BSEL1|ECON1_BSEL0);
            //Reg ECON1 Bank Selection.
            g8Enc28j60Bank = address & BANK_MASK;
            Enc28writeOp16(ENC28J60_SPI_BIT_FIELD_SET, ECON1, g8Enc28j60Bank>>5);
      }
}

u8 Enc28ReadReg8 (u8 address) {
      Enc28SetBank(address);
      return Enc28ReadOp8(ENC28J60_SPI_READ_CTRL_REG, address);
}

u16 Enc28ReadReg16(u8 address) {
            return Enc28ReadReg8(address) + (Enc28ReadReg8(address+1) << 8);
}

void Enc28WriteReg8 (u8 address, u8 data) {
      Enc28SetBank(address);
      Enc28writeOp16(ENC28J60_SPI_WRITE_CTRL_REG, address, data);
}

void Enc28WriteReg16(u8 address, u16 data) {
      Enc28WriteReg8(address, data);
      Enc28WriteReg8(address + 1, data >> 8);
```

```
}

u16 Enc28ReadPhy8 (u8 address) {
	Enc28WriteReg8(MIREGADR, address);
	Enc28WriteReg8(MICMD, MICMD_MIIRD);
	while (Enc28ReadReg8(MISTAT) & MISTAT_BUSY);
	Enc28WriteReg8(MICMD, 0x00);
	return Enc28ReadReg8(MIRD+1);
}

void Enc28WritePhy16 (u8 address, u16 data) {
	Enc28WriteReg8(MIREGADR, address);
	Enc28WriteReg16(MIWR, data);
	while (Enc28ReadReg8(MISTAT) & MISTAT_BUSY) ;
}

boolean ENC28J60isLinkUp() {
	return (Enc28ReadPhy8(PHSTAT2) >> 2) & 1;
}

void ENC28J60packetSend(u8 *txbuf, u16 len) {
	while (Enc28ReadOp8(ENC28J60_SPI_READ_CTRL_REG, ECON1) & ECON1_TXRTS)
		if (Enc28ReadReg8(EIR) & EIR_TXERIF) {
			Enc28writeOp16(ENC28J60_SPI_BIT_FIELD_SET, ECON1, ECON1_TXRST);
			Enc28writeOp16(ENC28J60_SPI_BIT_FIELD_CLR, ECON1, ECON1_TXRST);
		}
	Enc28WriteReg16(EWRPT, TXSTART_INIT);
	Enc28WriteReg16(ETXND, TXSTART_INIT+len);
	Enc28writeOp16(ENC28J60_SPI_WRITE_BUF_MEM, 0, 0x00);
	Enc28WriteBuf(len, txbuf);
	Enc28writeOp16(ENC28J60_SPI_BIT_FIELD_SET, ECON1, ECON1_TXRTS);
}

u16 ENC28J60packetReceive() {
	u16 len = 0;
	if (Enc28ReadReg8(EPKTCNT) > 0) {
		Enc28WriteReg16(ERDPT, gNextPacketPtr);

		struct {
			u16 nextPacket;
			u16 byteCount;
			u16 status;
		} header;

		Enc28ReadBuf(sizeof header, (u8*) &header);

		gNextPacketPtr    = header.nextPacket;
		len = header.byteCount - 4; //remove the CRC count
		if (len>gEnc28BufSize-1) len=gEnc28BufSize-1;
		if ((header.status & 0x80)==0) len = 0;
		else Enc28ReadBuf(len, gEtherBuf);
		gEtherBuf[len] = 0;

		printf("Enc28> Rx Frm Len=%d\r\n, ",len);
		if(gEtherBuf[12]== 0x08){
		    if(gEtherBuf[13]== 0x00) printf("Ethetype=IP\r\n");
		    else if(gEtherBuf[13]== 0x06) printf("Ethetype=ARP\r\n");
		}

		if (gNextPacketPtr - 1 > RXSTOP_INIT) Enc28WriteReg16(ERXRDPT, RXSTOP_INIT);
		else Enc28WriteReg16(ERXRDPT, gNextPacketPtr - 1);
		Enc28writeOp16(ENC28J60_SPI_BIT_FIELD_SET, ECON2, ECON2_PKTDEC);
```

```
	}
	return len;
}

void ENC28J60copyout (u8 page, const u8* data) {
	u16 destPos = SCRATCH_START + (page << SCRATCH_PAGE_SHIFT);
	if (destPos < SCRATCH_START || destPos > SCRATCH_LIMIT - SCRATCH_PAGE_SIZE) return;
	Enc28WriteReg16(EWRPT, destPos);
	Enc28WriteBuf(SCRATCH_PAGE_SIZE, data);
}

void ENC28J60copyin (u8 page, u8* data) {
	u16 destPos = SCRATCH_START + (page << SCRATCH_PAGE_SHIFT);
	if (destPos < SCRATCH_START || destPos > SCRATCH_LIMIT - SCRATCH_PAGE_SIZE) return;
	Enc28WriteReg16(ERDPT, destPos);
	Enc28ReadBuf(SCRATCH_PAGE_SIZE, data);
}

u8 ENC28J60peekin (u8 page, u8 off) {
	u8 result = 0;
	u16 destPos = SCRATCH_START + (page << SCRATCH_PAGE_SHIFT) + off;
	if (SCRATCH_START <= destPos && destPos < SCRATCH_LIMIT) {
		Enc28WriteReg16(ERDPT, destPos);
		Enc28ReadBuf(1, &result);
	}
	return result;
}

void ENC28J60powerDown() { //Enter to Sleep Mode
	Enc28writeOp16(ENC28J60_SPI_BIT_FIELD_CLR, ECON1, ECON1_RXEN);
	while(Enc28ReadReg8(ESTAT) & ESTAT_RXBUSY);
	while(Enc28ReadReg8(ECON1) & ECON1_TXRTS);
	Enc28writeOp16(ENC28J60_SPI_BIT_FIELD_SET, ECON2, ECON2_VRPS);
	Enc28writeOp16(ENC28J60_SPI_BIT_FIELD_SET, ECON2, ECON2_PWRSV);
}

void ENC28J60powerUp() {
	Enc28writeOp16(ENC28J60_SPI_BIT_FIELD_CLR, ECON2, ECON2_PWRSV);
	while(!Enc28ReadReg8(ESTAT) & ESTAT_CLKRDY);
	Enc28writeOp16(ENC28J60_SPI_BIT_FIELD_SET, ECON1, ECON1_RXEN);
}
// Functions to enable/disable broadcast filter bits (Rx). With the bit set, broadcast packets are filtered.
void Enc28J60enableBroadcast () {
  Enc28WriteReg8(ERXFCON,
ERXFCON_UCEN|ERXFCON_CRCEN|ERXFCON_PMEN|ERXFCON_BCEN);
}

void ENC28J60disableBroadcast () {
	Enc28WriteReg8(ERXFCON, ERXFCON_UCEN|ERXFCON_CRCEN|ERXFCON_PMEN);
}

void ENC28J60disableMulticast() { // disable multicast filter , enable multicast reception
	Enc28WriteReg8(ERXFCON, ERXFCON_CRCEN);
}

#define RANDOM_FILL		0b0000
#define ADDRESS_FILL		0b0100
#define PATTERN_SHIFT		0b1000
#define RANDOM_RACE		0b1100

u8 ENC28J60Init (u16 size, const u8* macaddr) {
	gEnc28BufSize = size;
```

```

    NSSENC28_1;
    //SoftReset
    Enc28writeOp16(ENC28J60_SPI_SOFT_RESET, 0, ENC28J60_SPI_SOFT_RESET);
    //op | addr, data delayms(2); // errata B7/2
    //Wait until Clk Ready.
    while (!Enc28ReadOp8(ENC28J60_SPI_READ_CTRL_REG, ESTAT) & ESTAT_CLKRDY) ;
    //Bank 0, 0x1D

    gNextPacketPtr = RXSTART_INIT;
    Enc28WriteReg16(ERXST, RXSTART_INIT);
    Enc28WriteReg16(ERXRDPT, RXSTART_INIT);
    Enc28WriteReg16(ERXND, RXSTOP_INIT);
    Enc28WriteReg16(ETXST, TXSTART_INIT);
    Enc28WriteReg16(ETXND, TXSTOP_INIT);
    Enc28J60enableBroadcast(); // change to add ERXFCON_BCEN recommended by epam
    Enc28WriteReg16(EPMM0, 0x303f);
    Enc28WriteReg16(EPMCS, 0xf7f9);
    Enc28WriteReg8(MACON1, MACON1_MARXEN|MACON1_TXPAUS|MACON1_RXPAUS);
    Enc28WriteReg8(MACON2, 0x00);
    Enc28writeOp16(ENC28J60_SPI_BIT_FIELD_SET, MACON3,
            MACON3_PADCFG0|MACON3_TXCRCEN|MACON3_FRMLNEN);
    Enc28WriteReg16(MAIPG, 0x0C12);
    Enc28WriteReg8(MABBIPG, 0x12);
    Enc28WriteReg16(MAMXFL, MAX_FRAMELEN);
    Enc28WriteReg8(MAADR5, macaddr[0]);
    Enc28WriteReg8(MAADR4, macaddr[1]);
    Enc28WriteReg8(MAADR3, macaddr[2]);
    Enc28WriteReg8(MAADR2, macaddr[3]);
    Enc28WriteReg8(MAADR1, macaddr[4]);
    Enc28WriteReg8(MAADR0, macaddr[5]);
    Enc28WritePhy16(PHCON2, PHCON2_HDLDIS);
    Enc28WritePhy16(PHLCON, 0x34D2);
      //YOON LED CONFIG - LEDB = LinkStatus and tx/rx activities

    Enc28SetBank(ECON1);
    Enc28writeOp16(ENC28J60_SPI_BIT_FIELD_SET, EIE, EIE_INTIE|EIE_PKTIE);
    Enc28writeOp16(ENC28J60_SPI_BIT_FIELD_SET, ECON1, ECON1_RXEN);

    u8 rev = Enc28ReadReg8(EREVID);
    // Check for correct configuration by read silicon revision code. 6 is now rev B7.
    printf("Enc28> Chip Revision = %u(6==rev.B7)\r\n",rev);
    if (rev > 5) ++rev;
    return rev;
}
void Enc28J60EtherSpiLoop(){
        u16 size,rcvlen;
        u8 myMACAddr[6],i;
        printf("ENC28J60 10Mbps Ethernet with SPI TEST with SPI MODE_0,2Mbps, 8bit.");
        Enc28J80EtherSpiConfig();
        //myMacAddress
        myMACAddr[0] = 0x01; myMACAddr[1] = 0x23; myMACAddr[2] = 0x45;
        myMACAddr[3] = 0x67; myMACAddr[4] = 0x89; myMACAddr[5] = 0xAB;

        ENC28J60Init(1514, myMACAddr);

        while(!ENC28J60isLinkUp()){};
        printf("ENC28>LinkUp\r\n");

      //assemble a packet
    //DA-Broadcast
    for(i=0;i<6;i++)        gEtherBuf[i] = 0xFF;
```

```
    //SA
    for(i=0;i<6;i++)        gEtherBuf[i+6] = myMACAddr[i];
    gEtherBuf[12]=0x08;
    gEtherBuf[13]=0x00;
    gEtherBuf[14]=0x01;
    gEtherBuf[15]=0x02;
    gEtherBuf[16]=0x03;
    gEtherBuf[17]=0x04;

    while(1){
            ENC28J60packetSend(gEtherBuf, 64);
            delayms(100);
            rcvlen = ENC28J60packetReceive();
            if(rcvlen) printf("ENC28>rx frame(len=%u)\r\n",rcvlen);
    }
}
```

(8) 실험

다음 사항을 확인한다.

- 10Mbps의 경우 NLP(Normal Link Pulse)가 idle 상태에서 주기적으로 송신된다. 이것은 자신의 존재를 상대방에게 알리는 용도로써 상대방은 연결상태를 점검할 수 있다.
- 일반 프레임은 '1'일 때 천이하는 Manchester 코드로 송신된다.

15.26 프로토콜 분석기 설계(참고)

송수신 과정에서의 이더넷 프레임을 중간에서 수집하여 분석하는 도구를 LAN 프로토콜 분석기라고 한다. 이것의 이더넷 카드는 promiscuous 모드로 설정되어 MAC 주소와 무관하게 모든 프레임을 수집, 분석한다. 물론 특정 프로토콜에 대한 필터링 기능도 설정할 수 있다. 이러한 분석기에는 Wireshark 및 e-Watch 등이 있다. 앞에서 다루었던 이더넷 관련 설계 항목을 활용하여 나름대로의 분석기를 설계할 수 있다.

15.27 연습 문제

[1] 이더넷에는 ___와(과) ___형식의 두 가지 프레임이 공존한다.
a) DIX 2.0, IEEE 802.3 b) DIX 2.0, IEEE 802.4 c) DIX 2.0, IEEE 802.5 d) DIX 2.0, IEEE 802.6

[2] 이더넷의 전송 매체로 사용되는 케이블이 아닌 것은?
a) 광케이블 b) 동축케이블 c) UTP d) STP

[3] 10Base2 이더넷의 최대 전송거리는 ___m이다.
a) 200 b) 185 c) 2 d) 2000

[4] 1Gbps 이더넷 표준이 아닌 것은?
a) 1000Base-T2 b) 1000Base-T c) 1000Base-LX d) 1000Base-CX

[5] 전이중 이더넷의 특징이 아닌 것은?
a) 송수신 선로를 별도로 가진다.
b) 3개 이상의 장치들이 전송선로를 공유한다.
c) 충돌감지기능이 필요 없다.
d) 캐리어 감지기능이 필요 없다.

[6] 이더넷 프레임의 구성요소에 대한 설명 중 틀린 것은?
a) 프리앰블은 비트동기를 위한 것이다.
b) SFD는 바이트 동기를 위한 것이다.
c) SFD는 프레임 동기를 위한 것이다.
d) SA 다음 영역은 항상 EtherType이다.

[7] 이더넷 프레임에 LLC가 있는지 없는지는 ____로 알 수 있다.
a) Preamble의 값
b) SFD의 유무
c) SA 다음 영역의 값이 0x600 이상인지 아닌지
d) DA의 값

[8] 이더넷 카드의 주소값에는 ___바이트의 ___도 포함되어 있다.
a) 3, 제조회사코드 b) 2, 버전 c) 6, 제조회사 코드 d) 6, 버전

[9] 이더넷 프레임의 각 바이트의 비트는 ____부터 송신된다.
a) LSB b) MSB

[10] LLC와 SNAP가 사용되면, 이더넷의 MTU는 ____바이트이다.
a) 1500 b) 1492 c) 1412 d) 1518

[11] 이더넷의 최소 프레임 길이는 FCS를 포함하고 프리앰블을 제외하면 ___바이트이다.
a) 53 b) 64 c) 60 d) 1518

[12] ARP의 EtherType은 ____이다.
a) 0800 b) 0806 c) 0006 d) 8139

[13] 맨체스터 부호화를 수행하는 계층은 ____이다.
a) MAC b) PLS c) PMA d) PMD

[14] CSMA/CD 방식에서, 최대 재전송 횟수는 ___회이다.
a) 10 b) 16 c) 15 d) 무한

[15] 1Gbps 이더넷의 Bit Time은 ____이다.
a) 100ns b) 10ns c) 1ns d) 0.1ns

[16] 이더넷의 slot time으로 틀린 것은?
a) 512 Bit time이다.
b) 송신중 충돌감지에 필요한 최대 허용시간이다.
c) 최소 프레임 길이 규정과 관련된다.
d) 모든 이더넷 프레임은 이 slot time 기간동안에 송신 완료되어야 한다.

[17] 이더넷 허브는 ____이다.
a) 브리지 b) 리피터 c) 라우터 d) 게이트웨이

[18] 11번의 전송시도가 실패하였다. 12번째의 전송을 시도하려면 최대로 기다리는 시간은 10Mbps이더넷의 경우 ____x slot time이다.
a) 1023 b) 1024 c) 2^{11} d) 2^{12}

[19] SA 주소 영역의 첫 세 바이트는 OUI 코드라고 부르며, LAN 카드의 MAC 콘트롤러 제조회사 고유번호이다. IEEE에 접속하여, 현재 자신의 망에 어떤 제조회사의 LAN 카드가 사용되고 있는지 조사하라.

[20] 프로토콜 분석기를 사용하여 브로드캐스트 주소를 갖는 프레임을 수집하여 어떠한 프로토콜들이 MAC 계층에서의 방송주소를 사용하는지 분류하라.

[21] LLC를 이용하는 것과 DIX 2.0 프레임을 이용하는 프로토콜의 종류를 구분하라. DIX 2.0과 IEEE 802.3 프레임 형태 중 어떤 것이 더 많이 사용되는가?

[22] SNAP를 사용하는 프레임이 있으면, 기록하고 상위 계층 프로토콜은 어떻게 식별될 수 있는지 설명하라.

[23] 어떤 서버에 접속할 수 있다면, 다음과 같은 Unix 명령어를 입력하여, 각 인터페이스의 MTU를 조사하라. 이더넷과 어떤 관계가 있는가?

% netstat –in

[24] JumboFrame과 SuperJumboFrame에 대하여 조사하라.

[25] 이더넷 파형의 아이패턴을 분석함으로써 채널의 감쇄 및 지터 특성을 분석하라.

[26] 대부분의 100Base-TX 이더넷의 송신용 라인 구동부는 20mA의 single ended 방식의 current sink로 동작한다. 필요한 전원은 외부 트랜스포머의 중간 탭에 연결된 전원으로부터 공급받는다. 이러한 전송 기능부를 전류모드 라인 드라이버라고 한다. 다음 회로를 참조하여 이더넷의 전류모드 구동부를 설계하라.

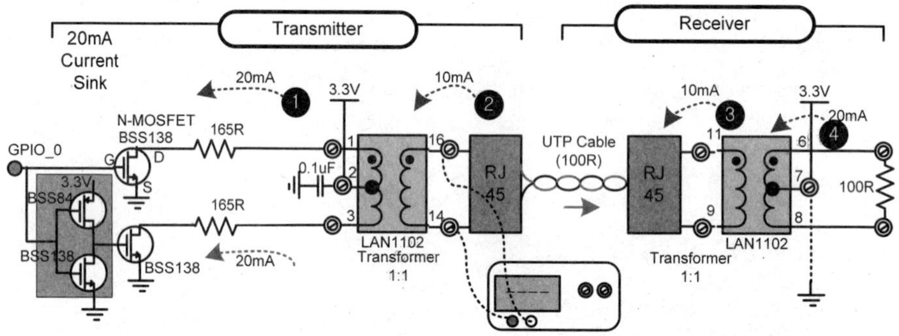

제 **16** 장

RFID와 NFC

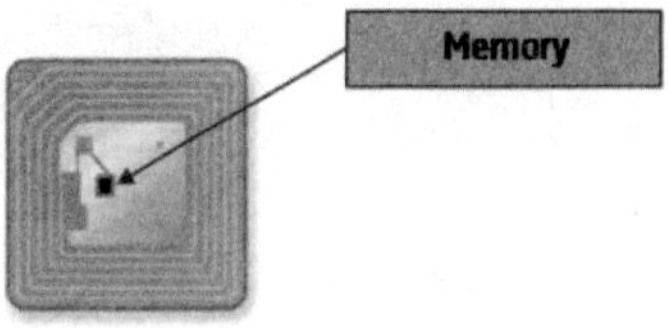

16.1 RFID(Radio Frequency Identification)와 NFC

(1) 개요

버스 카드 및 스마트 폰에 내장된 무접촉 무선 데이터 전송 기술인 RFID와 NFC 기술은 다음과 같이 구분된다[1].

- RFID 비접촉형 스마트 카드 : 125Khz, 13.56MHz, 433/868MHz 등의 무선주파수를 사용하여 106~848Kbps의 무선데이터 통신을 수행한다. 관련 표준은 ISO/IEC 14443 및 15693 등이다. 사용주파수 및 연결거리에 따라 다양한 방식이 있다.
- Near Field Communication(NFC) : 13.56MHz의 대역에서 단말간의 10cm 이내의 근접 통신방식으로써 다음과 같은 3가지 동작모드를 지원하는 무선 데이터 통신기술이다[2].
  - Card Emulation 모드 : 기존 RFID카드 역할을 수행한다. Reader로부터 전원을 공급받는다.

---

[1] [참고] 접촉형 스마트 카드는 리더기에 삽입했을 때 접촉점을 통해 전원을 공급받아 해당 정보를 읽고 쓴다. 관련된 표준은 ISO/IEC7816 및 ISO/IEC7810이다. 주로 신용카드 및 출입 및 시스템 접근 통제용으로 사용하는 Secure ID 카드용으로 많이 사용된다. '스마트'란 카드 내부에 일련번호 등의 정보를 기록하고 리더기와의 데이터를 전달하는 Sequential Logic 또는 CPU기능이 내장되어 있기 때문이다. 여기서 Sequential Logic이란 카드내부의 이벤트에 대한 처리를 순서대로 처리하도록 설계된 일종의 finite state machine 로직이다.

[2] 즉 NFC기술은 단말이 RFID 카드 역할을 하기도 하고, 다른 카드를 읽고 쓸 수도 있으며, 다른 단말과의 P2P 무선 통신기능도 제공하므로 다양한 응용 분야에 활용될 수 있다.

- Read/Write 모드 : 사용자 단말이 리더기 역할을 한다.
- Peer To Peer(P2P) 모드 : 블루투스처럼 점대점 통신하는 무선 통신기능을 지원한다. 두 장치간에 "Initiator"와 "Target" 관계를 설정하고 LLCP(Logical Link Control Protocol)를 사용한 데이터 연결로를 설정하여 데이터를 송수신한다.

(2) 구성요소

RFID/NFC 시스템의 종류는 <그림 16.1>과 같다.

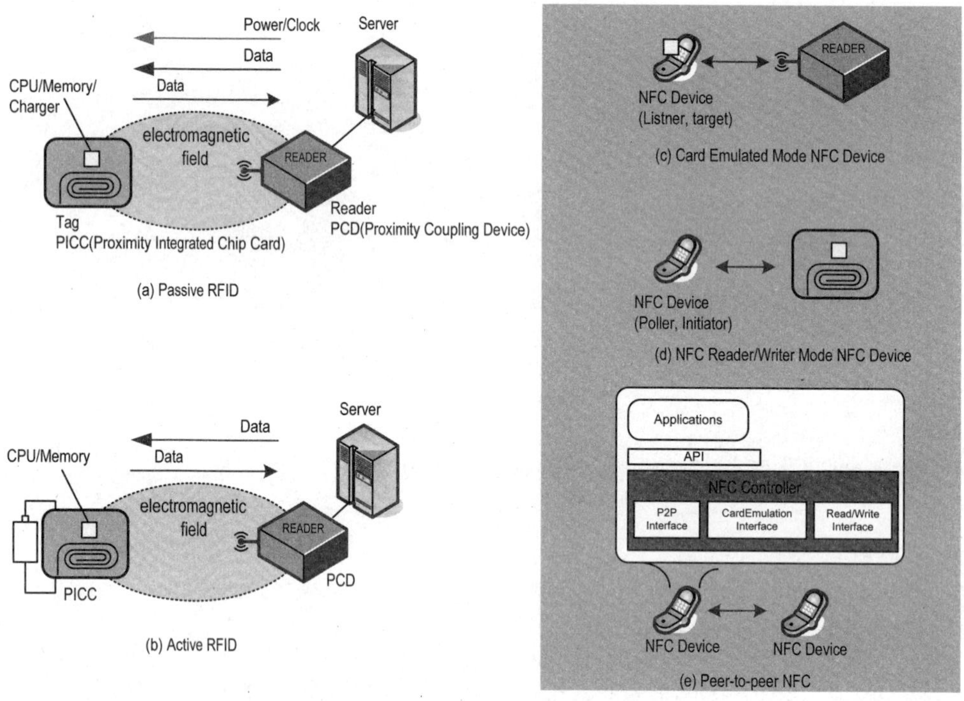

<그림 16.1> RFID/NFC 시스템의 종류

RFID 카드에는 비교적 큰 안테나와 Sequential Logic(또는 CPU) 및 작은 양의 메모리로 구성되어 있으면서 리더기로부터의 질문에 대하여 대답한다. 필요한 전력은 리더기로부터의 전자파 유도에 의해 공급받는 수동형 카드와 내장된 배터리 전력을 사용하는 능동형 카드가 있다.

버스 카드의 예를 보자. 안테나를 내장한 버스 카드를 리더기에 접촉시키면 리더기로부터 전자파 형태의 전원을 순간적으로 공급받아 내부의 축전지에 저장하여 내부의 CPU의 동작을 개시한다.

이어 리더기는 카드에 저장된 내용에 대한 읽기동작을 지시하여 현재의 잔액정보를 읽어 온 후, 해당 요금을 뺀 잔액정보를 다시 카드에 기록한다.

이러한 과정은 모두 리더기로부터의 무선에 의한 전력을 공급받아 동작하고 읽기동작과 쓰기동작이 정해진 시간 내에 수행되므로 버스 카드를 가급적 오랫동안 리더기에 접촉시켜야 한다. 이렇게 리더기로부터 전력을 공급받는 방식을 **수동형** RFID 카드라고 부른다.

반면에 컨테이너 속에 있는 물품에 부착된 RFID 카드를 원거리에서 인식하려면 이러한 수동형 카드로는 불가능하므로 RFID 카드에 배터리가 내장된 **능동형** RFID 카드가 사용된다.
이 방식은 배터리를 사용하기 때문에 수동형에 비해 높은 가격이며 동작 시간이 제한된다. 이러한 기본적인 RFID 시스템은 카드(또는 태그, 트랜스폰더라고 함), 리더(interrogator라고도 함), 데이터처리 서버 등으로 구성된다.
P2P 기능도 지원하는 NFC의 경우 연결을 시도하는 장치를 Initiator 또는 Poller라고 하고, 상대방을 Target 또는 Listner 장치라고 한다.

(3) 종류

주파수 대역과 전송방식에 따라 다양한 종류의 RFID 방식이 있다[3].

- 125KHz의 주파수 카드 : 단거리의 인식거리와 anti-collision 기능이 제공되지 않아 간단한 출입통제, 자동차 키, 동물 인식 등에 사용된다. 여기서 anti-collision 기능은 리더기 주변에 여러 개의 카드가 있을 때 이들이 송수신하는 메시지간의 충돌을 회피하는 기능이다.
- 13.56MHz의 주파수 카드 : anti-collision기능을 사용하여 초당 20여 개의 카드를 동시에 인식할 수 있다. 가장 많이 사용된다.
- 433MHz방식 : 군용으로 사용되는 능동형 전용이다.
- 800MHz~1GHz 대역(한국은 908.5~914MHz) UHF 카드 : 중장거리 판독과 고속 데이터 전송이 가능하다. 이것은 기존과 달리 안테나의 크기를 작게 할 수 있지만 카드의 가격이 높다. 또한 2.45GHz방식도 있다.

방식	거리	ISO표준	NFC Forum 규격	주파수
Closed Coupling IC Card (CICC)	1cm	ISO10536	없음	4.91MHz
Proximity IC Card (PICC)	10cm	ISO14443 Type A(=MIFARE) Type B ISO18092	NFC Digital Protocol (NFCDP) NFC-A NFC-B NFC-F(Felica)	13.56MHz
Vicinity IC Card (VICC)	1m	ISO15693	없음	
능동형 RFID 시스템	1~100m	ISO18000-7	없음	433MHz, 868–928 MHz

(4) 시스템의 동작

RFID 시스템의 구성과 동작은 <그림 16.2>와 같다. 리더기는 L_1과 C_1으로 구성된 직렬 공진회로를 사용하여 125KHz 또는 13.56MHz의 반송파를 방사한다. 이 반송파의 역할은 인근 카드에 대한 전력과 클럭을 공급하는 것이다.
카드 역시 L_2와 C_2로 조합된 병렬 공진회로를 갖는다. 수동 카드의 경우 자체전원이 없으므로 이 반송파에서 정류회로와 커패시터를 사용하여 전력을 충전한다. 충분한 전력이 저장되면 CPU가 작동하면서 자신의 데이터를 부하 변조방식으로 송신한다.

[3] 고급 카드리더기는 이러한 방식을 모두 지원하기 위해 차례로 각 방식을 변경하면서 주변 카드를 탐색한다.

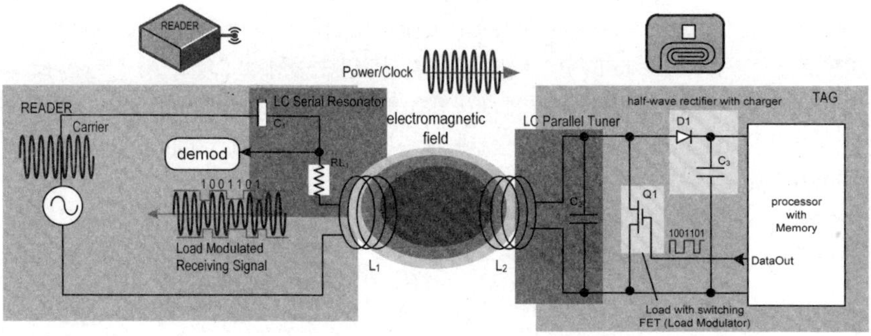

<그림 16.2> RFID 시스템의 구성과 동작

a) 부하 변조 방식에 의한 카드에서 리더로의 전송과정

카드에서 리더로의 정보 전송은 부하 변조(Load Modulation with subcarrier)방식을 이용한다. 부하 변조란 카드 내부의 On/Off 스위치 기능을 사용하여 안테나에 흐르는 전류량을 단속시킬 때 발생되는 임피던스의 변화에 따른 전압변동을 리더기가 감지하도록 하는 저전력 변조방식이다.

이것의 동작은 리더기와 카드간 무선구간이 <그림 16.3>과 같이 트랜스포머로 연결되었다고 간주하면 이해될 것이다. 여기서 L_1과 C_1은 리더기의 직렬 공진회로의 구성요소이고 R_{L1}은 L_1 코일 저항이다. 그리고 카드의 L_2와 C_2는 병렬 공진회로의 구성요소이고, SW_T 는 CPU에 의해 On-Off 되는 FET 스위칭 소자이다. R_{mod}는 FET 내부 저항이다.

카드 내부 CPU는 송신할 데이터에 대하여 스위치 SW_T 를 On 시키면 부하저항 R_L에 비하여 작은 값을 갖는 ($R_L \parallel R_{mod}$) 병렬저항 값을 갖게 되어 2차 코일 측 부하가 감소한다. 이에 반송파가 송신되고 있는 L_1 1차코일에 해당되는 리더기의 안테나 출력에 전압강하가 발생된다. 리더기는 이러한 변동되는 신호의 포락선을 검파기로 복조한다.

부하 변조를 위한 On-Off 동작은 다음과 같으며, 주로 라인코딩방식에 의존적이라 할 수 있다.

- 라인코딩 : 송신할 데이터를 맨체스터 코드로 라인코딩한다.
- 부반송파 변조 : 라인코딩된 신호에 대하여 f_c/16 등의 주파수를 갖는 디지털 신호로 부반송파 변조를 한다.
- 부하 변조 : 부반송파 변조된 신호로 스위칭 소자인 FET를 ON/OFF시키는 부하 변조를 수행한다.
- 복조 : 리더기는 자신이 송신중인 반송파의 진폭 변동을 포락선 검파를 통하여 복조한다.

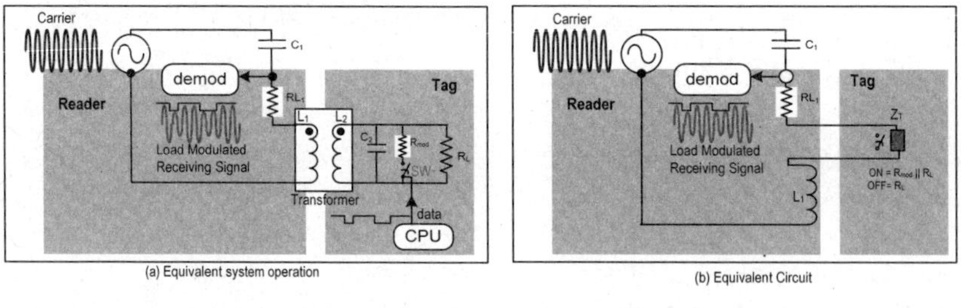

<그림 16.3> 부하 변조의 원리

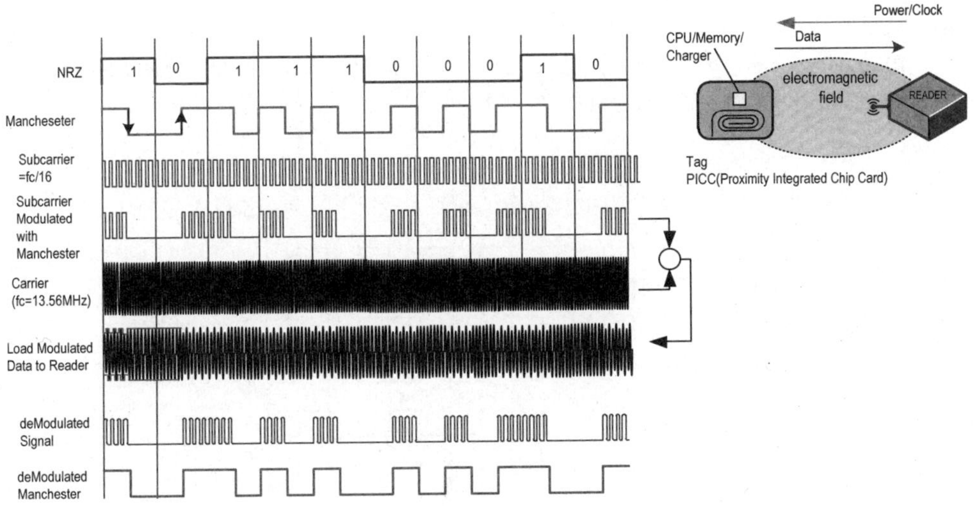

<그림 16.4> 부하 변조의 예

b) 리더기에서 카드로의 전송
쓰기가 가능한 카드에 대한 리더기의 송신과정에서 사용되는 다양한 라인코딩방식과 변조방식 중 Modified Miller 인코딩 방식의 예는 <그림 16.5>와 같다.

- 라인코딩 : 송신될 데이터를 Modified Miller방식으로 라인코딩한다. 수신측 카드는 이 신호로부터 클럭을 추출할 수 있다.
- 변조 : 125KHz의 정현파를 사용한 ASK방식으로 송신한다[4].

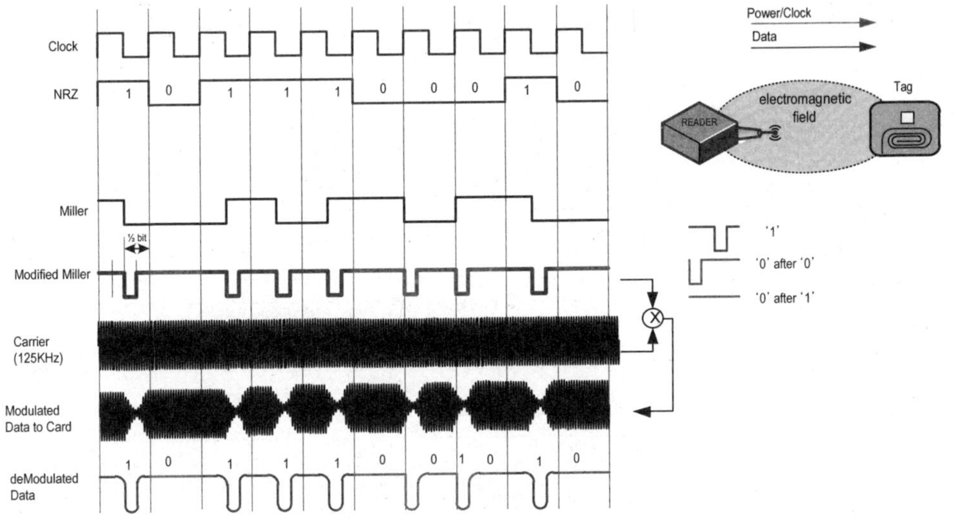

<그림 16.5> 리더기에서 카드로의 라인코딩 및 변조 과정의 예

[4] On-Off Keying이다.

(5) RFID 시스템용 라인코딩

RFID 시스템에서는 방식에 따라 <그림 16.6>과 같이 다양한 라인코딩 방법이 전송방향에 따라 달리 사용된다. 참고로 Modified Miller 인코딩 방식의 인코딩 규칙은 다음과 같다.

- '1': 비트 1/2시점에 반드시 1/4기간동안 Low로 천이
- '0': 비트 시작시점에 1/4기간동안 Low로 천이(단 이전 비트값이 '1'이면, High상태 유지)

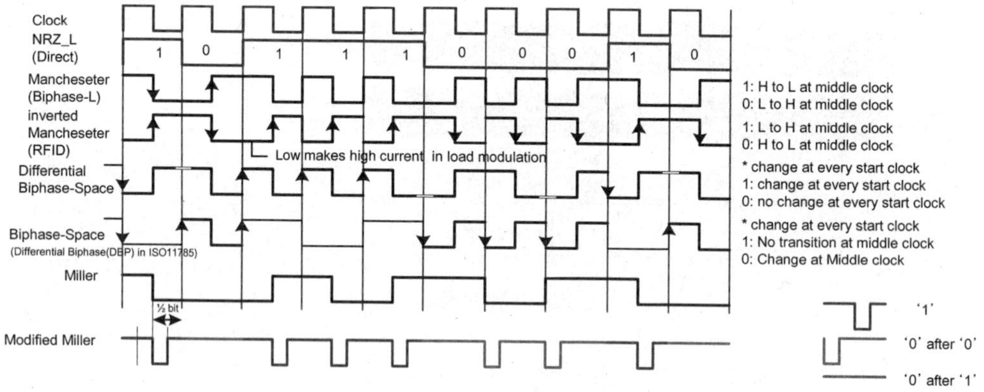

<그림 16.6> RFID 시스템용 라인코딩 방식

16.2 125KHz / 134.2KHz RFID 시스템

(1) 개요

동물식별이나 차량잠금장치 및 출입보안용으로 널리 사용되는 ISO11785 표준에 따르는 저주파 RFID 시스템은 기본적으로 134KHz 시스템으로써 HDX 방식 또는 FDX 방식 등 2종류가 있다. 하지만 이 표준의 부록에서 이미 상용화된 125KHz 제품 및 변조방식(AM-FSK 및 라인코딩방식)도 모두 이 표준에 부합한다고 명시되어 있고 실제 산업계에서는 더 많이 사용하고 있다[5].

주파수	방식/표준/제품	Duplexing	라인코딩	변조방식	
125KHz	ISO11785	FDX	Modified DBP	AM-PSK	
	EM4100/EM4102	FDX	Manchester	100%ASK(OOK)	NonStd
	EM4200/4205	FDX	Manchester	100%ASK	NonStd
		FDX	Biphase	100%ASK	
	EM4069			65% AM	R/W 256bit Tag
	EM4450				R/W 1Kbit Tag
	EM4469/4569				
	EM4095	FDX		100%ASK(OOK)/n%ASK	Reader
	Destron	FDX		AM-FSK	
	Datamars			PSK	
	Trovan(128KHz)			PSK	
	HTRC110	FDX			Reader
	HiTAG				
134.2KHz	ISO11785	HDX	NRZ-L	FSK/직접변조	
	TMS3705 Reader	HDX		FSK	ISO11785
	ISO11785	FDX-B	Differential BiPhase		
	EM4200				
	EM4094				Reader

[5] 이들은 인코딩이나 변조방식 및 데이터 형식 등에서 각 제조회사별로 서로 상이하다. 이러한 상용제품은 모두 ISO11784/11785/14223규격에 부합된다고 하지만 실제 타 제품간의 호환은 되지 않는다.

(2) ISO11785 134.2KHz FDX 방식

RFID 시스템에서의 Full duplex란 전력공급을 위한 반송파 송신과정 중에 부하 변조방식에 의한 데이터 전송이 함께 수행되는 것이다. ISO11785 규격에 따른 134 KHz 시스템의 FDX 방식의 경우 카드는 <그림 16.7>과 같이 자신의 데이터를 Biphae-S 방식을 변형한 modified Biphae-S 방식으로 인코딩한 후 PSK 방식의 부하 변조 방식을 사용하여 송신한다. 수납되는 내용은 카드 식별자이다. 주로 애완동물 식별용으로 사용된다.

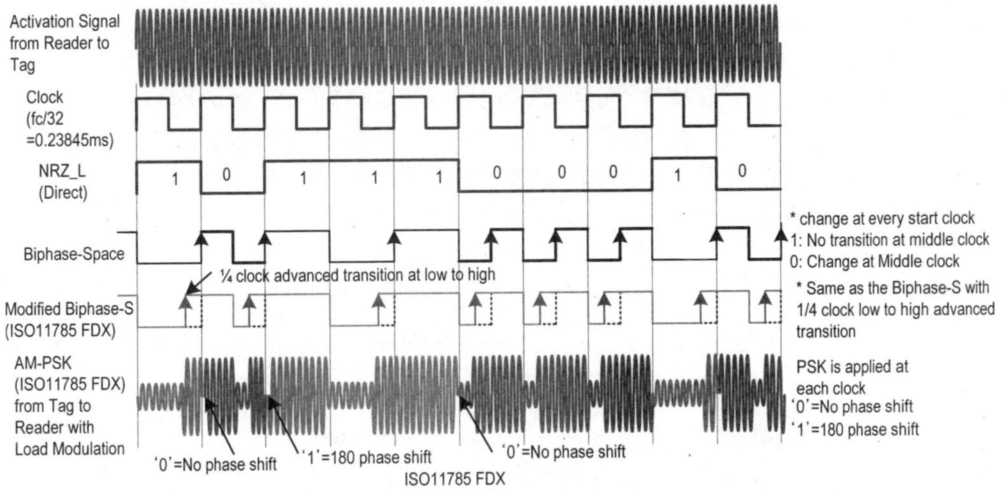

<그림 16.7> ISO11785 134.2KHz FDX RFID 시스템용 라인코딩 및 변조방식

각 영역의 LSB부터 송신되는 메시지 형식은 <그림 16.8>과 같다.

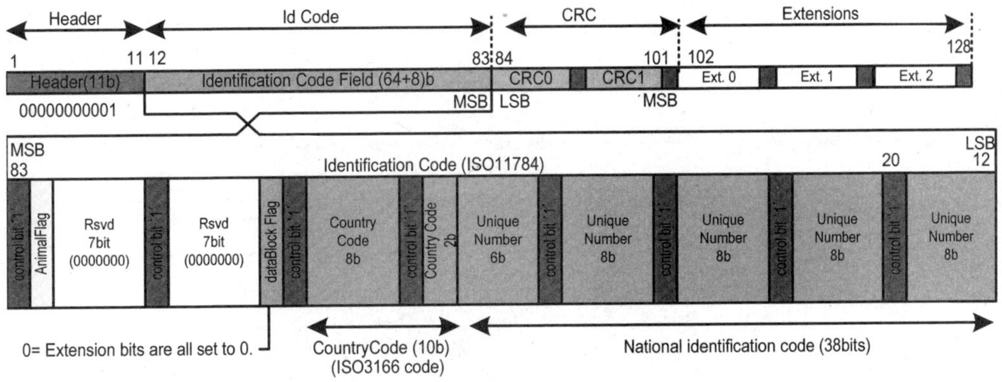

<그림 16.8> ISO11785 134.2KHz FDX RFID 시스템의 메시지 형식

11비트의 고정된 값을 가지는 헤더 영역 이후의 영역은 ISO11784 식별코드이다.

각 바이트는 '1'로 설정된 trail bit(framing bit)가 추가되어 전송된다. 비트당 32클럭으로 동작할 경우 총 128비트의 프레임을 125 KHz/32 = 3.9 Kbps의 전송속도로 LSB부터 전송한다.

(3) ISO14223 FDX-B 방식(참고)

이것은 256~2048비트 데이터에 대한 읽기/쓰기 동작을 할 수 있으며 NXP의 HITAG 계열이 여기에 속한다.

(4) ISO11785 134.2 KHz HDX 방식

ISO1178 5표준에 따른 반이중 방식의 리더기는 <그림 16.9>와 같이 카드에 대한 전력을 공급하기 위하여 134.2KHz의 전자파로 구성된 50msec 이상의 충전 구간과 3msec 이상의 idle상태를 반복한다. 이 충전구간에서 충분히 충전한 카드는 3msec 이내에 자신의 데이터를 송신한다. 즉 HDX 방식은 전력공급과 데이터 전송과정이 분리되어 운용된다.

이것은 NRZ 데이터에 대하여 '0'=134.2KHz의 16싸이클 신호와 '1'=124.2KHz의 16 싸이클 신호를 사용하는 FSK 변조방식을 사용한다. 이때 각 비트는 동일한 16싸이클을 점유하지만 그 점유시간은 상이하다. 이 과정에서 부하 변조 대신에 직접변조가 사용된다. 64비트의 식별코드를 수납하여 112비트로 구성되는 HDX 방식의 패킷 형식은 <그림 16.10>과 같다[6].

모든 영역은 LSB부터 송신된다. CRC 영역은 64비트의 ID 코드 영역에 대하여 계산된다. 이것도 가축 식별용으로 주로 사용된다.

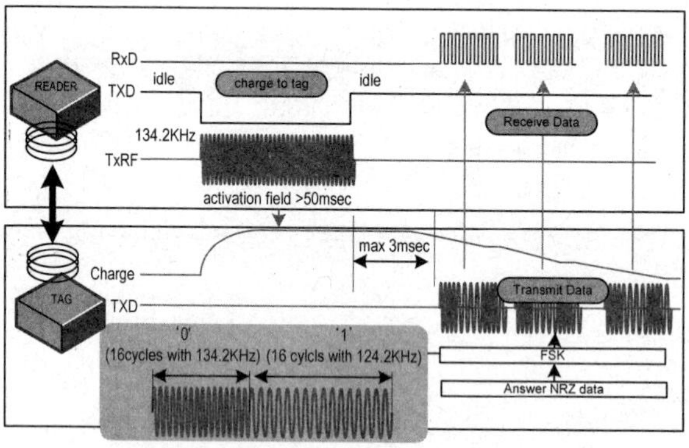

<그림 16.9> ISO11785 134.2KHz HDX RFID 시스템의 동작

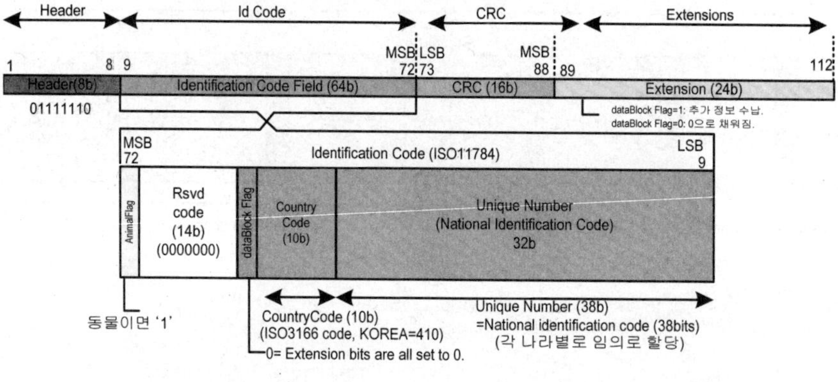

<그림 16.10> ISO11785 134.2KHz HDX RFID 시스템의 메시지 형식

[6] 식별코드(Id Code) 형식은 FDX의 경우와 상이하다.

(5) 상용 FDX 방식

실제 산업계에서 사용되는 FDX 방식은 134.2 KHz의 FDX 방식에 비해 125 KHz에서 동작하는 제품이 더 많다. 또한 부하 변조시 ISO11785에 규정된 코딩방식을 따르지 않고 맨체스터, Biphase, FSK, PSK 등과 같이 상이한 인코딩방식과 변조방식을 사용하는 제품이 더 많다[7].

전송 메시지 형식도 ISO11785 규격의 128비트 형식이거나 나름대로의 64비트 메시지 형식 등 다양하다.

<그림 16.11>은 다양한 RFID 시스템의 동작을 비교한 것이다. 이들은 모두 상이한 부하 변조방식을 사용하고 있음을 알 수 있다.

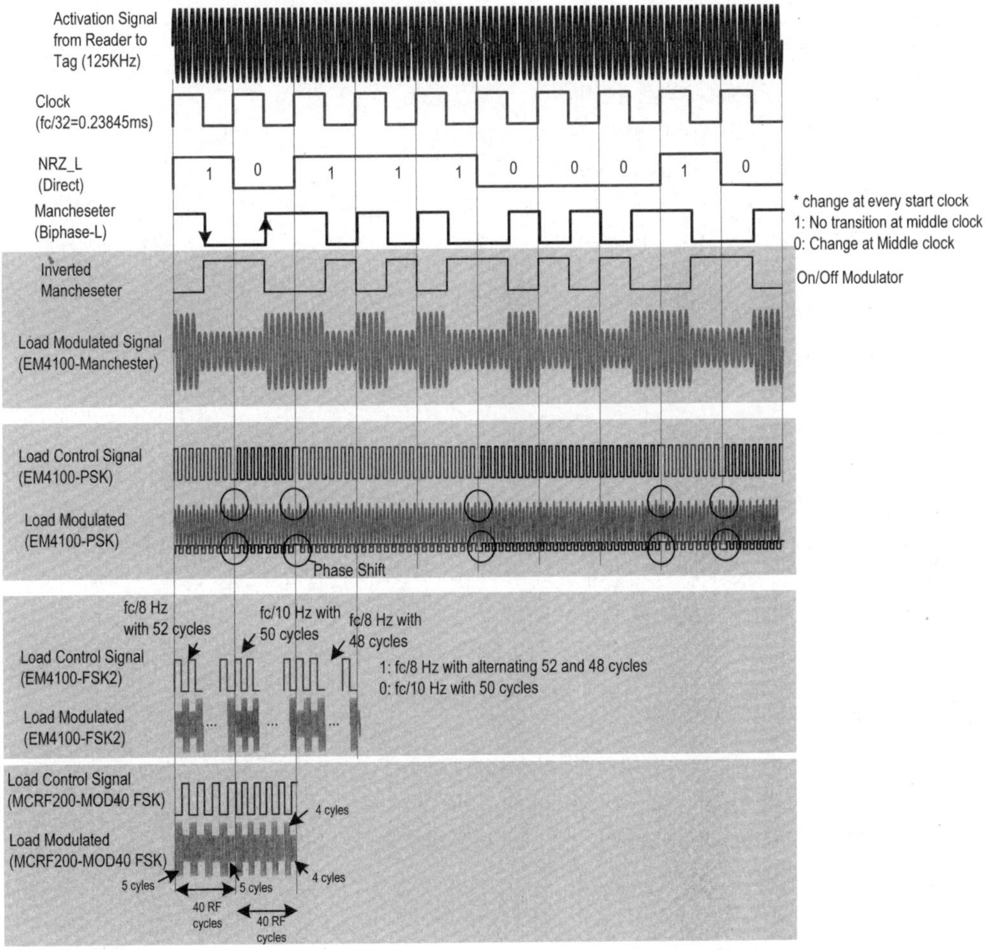

<그림 16.11> 상용 125KHz FDX RFID 시스템의 라인코딩 및 변조방식.

[7] 물론 이러한 방식도 ISO11785규격에 부합된다(왜냐하면 ISO11785 표준 부록에 이러한 규격도 허용하기 때문이다).

16.3 13.56 MHz RFID 시스템

(1) 개요

13.56 Mhz 대역용 근접형(Proximity-Coupling Smart Card) RFID 시스템의 관련 표준은 ISO14443과 ISO18092이다. 전송속도는 106, 212, 424, 848Kbps 이다[8].
이 주파수 대역은 NFC에서도 사용된다.

(2) 종류

13.56 MHz용 규격은 4종류가 있다.

- ISO14443 Type A : MemoryCard 방식이라고도 부른다. 통신중에도 전원을 공급받는다. NFC의 NFC-A방식과 같다.
- ISO14443 Type B 방식 : Microprocessor card 방식이라고도 한다. 통신중에 전력을 공급받을 수 있다. NFC의 NFC-B 방식과 같다.
- ISO18000-3 : 물류전용 RFID 방식으로써 변조방식이 상이한 다양한 모드로 세분된다.
- Felica방식 : NFC의 고속전송용 NFC-F 방식과 같다.

(3) 시스템의 계층 구조와 동작

13.56MHz RFID 시스템 규격인 ISO14443은 다시 ISO-14443-2, ISO-14443-3, ISO14443-4로 세분된다.

- ISO14443-2 : 라인코딩, 변조방식, 비트의 표현 등의 물리 계층 규격을 다룬다. 방식에 따라 Type A와 B로 다시 구분된다.
- ISO14443-3 : 초기화 및 anticollision 과정을 수행한다. 이 과정에서 전송속도 및 프레임간 대기시간 설정값이 교환된다. 방식에 따라 Type A와 B로 다시 구분된다. 관련 프레임의 구조도 규정된다.
- ISO14443-4 : 초기화 및 anticollision과정 이후의 Activation 절차와 Half-duplex기반의 블록 전송 절차를 다룬다. Transmission Protocol 이라고 한다[9].

실제 산업계에서 널리 사용되고 있는 기존 RFID 기술은 <그림 16.12>와 같이 ISO 표준과 별개로 RF 주파수, 통신모드, 속도 및 {변조방식, 프레임형식 및 절차}가 다양하다.
또한 ISO14443-4 및 MIFARE 등의 상위 계층도 다양하다.

---

[8] 동일 대역의 ISO18000-3 규격은 변조방식이 상이한 물류전용 RFID 시스템용이다. 그리고 이렇게 다양한 표준규격은 13MHz 대역의 RFID 규격에 대한 ISO14443의 표준화 과정에서 NXP사, Infineon사, Sony사가 제안한 3가지 변조방식에 대한 통합이 실패하여 결국 NXP사 방식의 ISO14443-A와 Infineon사 방식을 따르는 ISO14443-B규격이 각각 만들어 졌기 때문이다. 참고로 범용 RFID 카드 중 하나인 Mifare 방식은 ISO14443 Type A를 따르면서 NXP사의 고유한 암호화 모듈이 추가된 것이다. 반면에 Sony사의 RFID 규격인 Felcia는 ISO14443규격에 포함되지 못하고 이후 규격인 ISO18092에 포함되었다.

[9] 실제 상용화 시스템에서는 각 제조회사별 고유한 절차가 더 많이 사용되고 있다. 예를 들면 MIFARE 등이 있다.

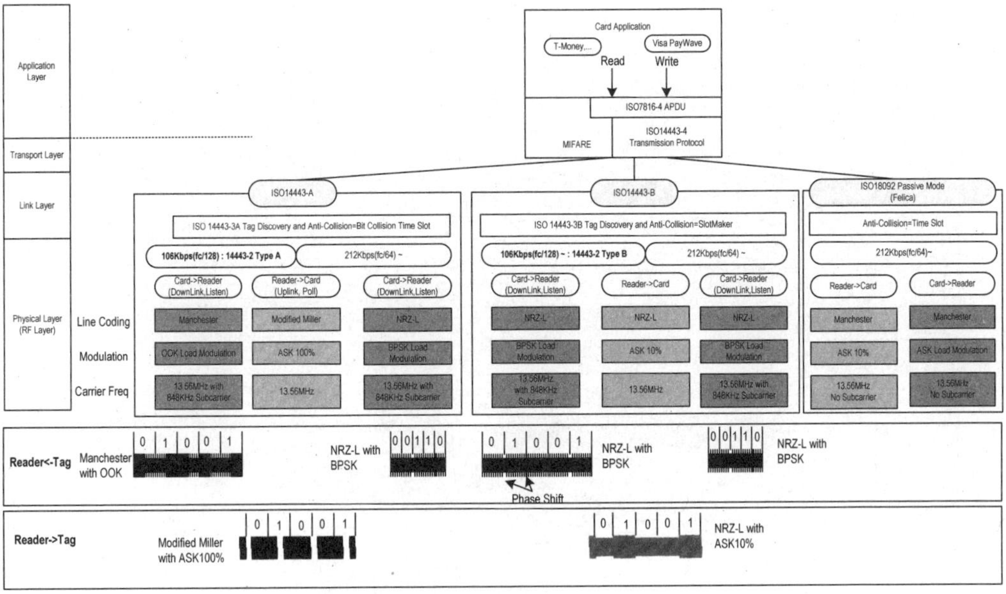

<그림 16.12> 13.56 MHz 표준 RFID 시스템의 종류와 계층 구조

(4) 동작절차 개요

다음과 같은 두 가지 절차를 차례로 수행한다.

① 초기화 및 충돌방지 과정 : ISO14443-3 절차에 의거 전송속도 및 프레임간 대기시간 설정값, 카드의 종류 등이 식별된다. 또한 여러 카드에 대한 충돌방지 및 선택절차가 수행된다.

② Activation절차와 데이터 블록 전송 과정 : ISO14443-4 또는 MIFARE 등의 절차를 사용하여 쌍방간의 추가적인 전송속도 협상 등의 activation절차에 이어 ARQ기능에 의하여 신뢰성 있는 데이터 블록의 송수신을 위한 Transmission Protocol 절차를 수행한다.[10]

응용 계층은 이 절차를 활용하여 카드 데이터에 대하여 읽기 및 쓰기 명령을 발행한다[11].

이 과정에서 ISO7816-4 APDU 규격의 표준화된 command 및 response 형식이 사용될 수도 있다.

---

[10] 이러한 Half-Duplex Block 전송 절차를 "T=CL" 프로토콜이라고도 한다. 여기서 CL=Contactless의 의미이다.

[11] MIFARE Classic 1K 카드의 경우에는 이러한 기능을 하나로 통합하였지만 MIFARE DESFire 계열 카드는 표준규격을 지원한다.

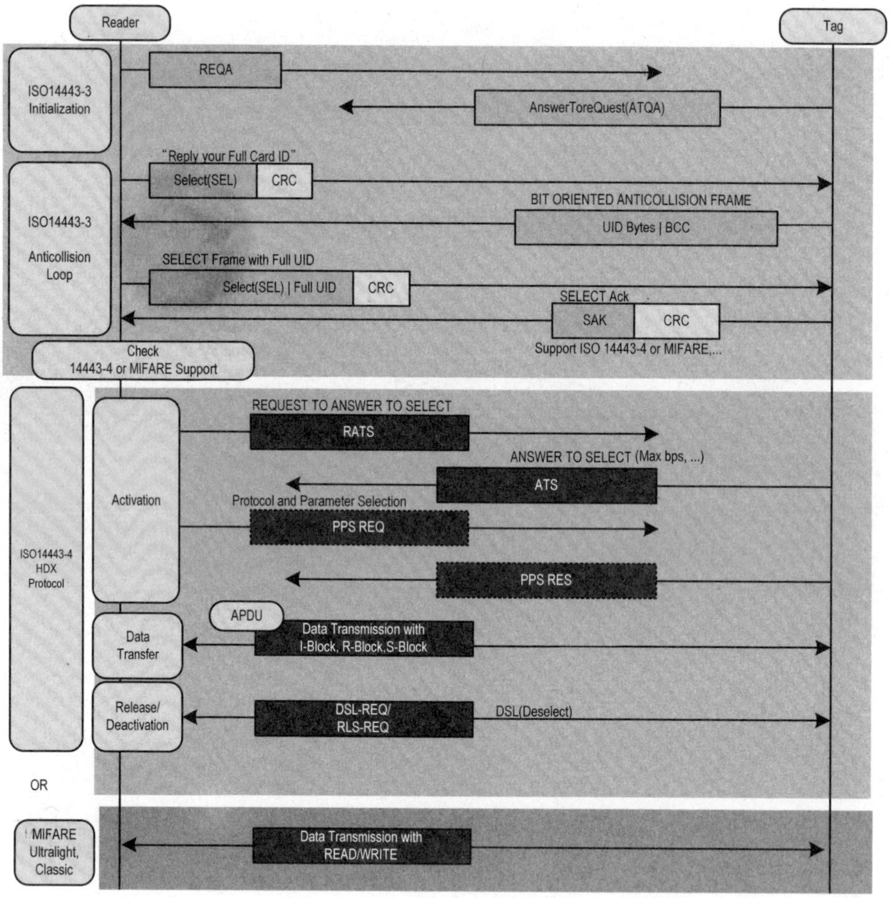

<그림 16.13> 13.56 MHz RFID 시스템의 동작절차

16.4 ISO14443-2 13.56MHz RFID 규격

(1) 개요

이것은 라인코딩 및 변조방식 비트의 표현 등의 물리 계층 규격을 다룬다. 방식에 따라 Type A와 B로 다시 구분된다.

(2) ISO14443-2 Type A

a) 개요

초기화 및 충돌방지절차에서는 기본 속도인 f_c/128(~106 kbit/s) 전송속도를 사용한다. 이후의 절차에서는 고속인 f_c/128(~106 kbit/s),f_c/64(~212 kbit/s), f_c/32(~424 kbit/s), f_c/16(~848 kbit/s) 등의 속도를 지원할 수도 있다[12].

[12] 기본 속도를 제외한 고속방식은 ISO14443-2의 개정판 AMD1에 포함되어 있다.

b) 리더기에서 카드로의 전송 과정[13]

리더기에서 카드로의 전송시 모든 속도에서 Modified Miller/ASK100% 변조방식을 사용한다. Modified Miller 인코딩에 따른 각 비트의 표현은 다음과 같다.

- Logic '1' : 비트기간의 중간 부분 이후에 Pause 신호를 생성한다[14].
- Logic '0' : 기본적으로 비트 기간동안 Pause 신호가 없다. 하지만 만약 2개 이상의 '0'이 송신될 경우 두번째 '0'부터는 선두부분이 Pause 신호로 대치된다. 또한 Start of frame 비트의 송신 후 이어지는 첫번째 비트가 '0'이라면 역시 선두 부분은 Pause 신호로 대치된다

<그림 16.14>는 106 Kbps로 동작하는 Type A 리더기가 카드에게 송신하는 비트열을 도시한 것이다. Modified Miller 인코딩 신호에 의해 13.56MHz의 반송파의 출력을 On-Off시킴을 알 수 있다.

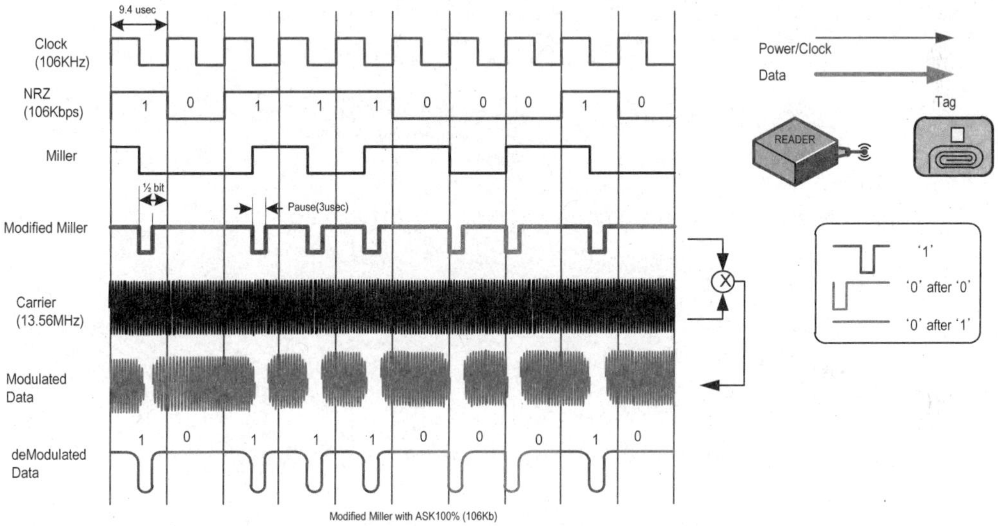

<그림 16.14> Type A 인코딩 및 변조방식(리더기에서 카드 방향)

c) 카드에서 리더기로의 전송과정[15]

106Kbps, 즉 fc/128인 경우에는 Manchester 인코딩/OOK를 사용한다. 보다 고속인 경우에는 NRZ-L/BPSK가 사용된다. 모두 13.56MHz/16(≈847 kHz)의 부반송파를 사용한 부하 변조 방식을 사용한다. 인코딩에 따른 각 비트의 표현은 Mancheser 인코딩에 의해 다음과 같다.

- logic '1' : 비트 시작에서 1/2비트 구간까지 부반송파에 대한 변조를 수행한다. 이것을 sequence D 라고 한다.

---

[13] NFC에서는 Poll 모드라고 한다.

[14] Pause신호는 최대 3usec 폭을 갖는 변조가 중지되는 간격 즉 일종의 blanking 구간이다. 즉 Modified Miller 인코딩시 해당 펄스의 지속시간이다.

[15] NFC에서는 Listen 모드라고 한다.

- logic '0' : 비트 구간의 후반 1/2비트 구간에서 부반송파에 대한 변조를 수행한다. sequence E라고 한다.

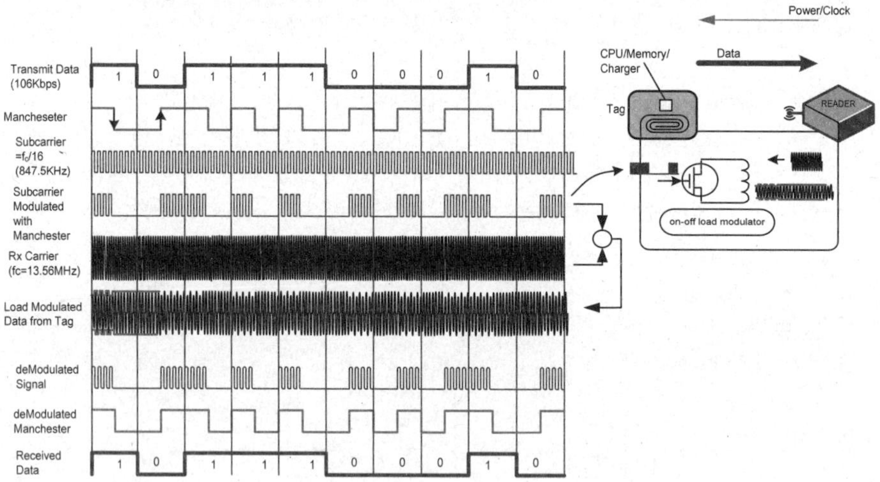

<그림 16.15> Type A 인코딩 및 변조방식(카드에서 리더기 방향)

d) 프레임의 구성

리더기에서 카드로의 프레임의 시작 및 끝은 다음과 같이 표현된다.

- Start of frame : 비트기간의 시작시점에서의 Pause신호로 표현된다.
- End of frame : Logic '0' + 1비트 기간동안 변조하지 않은 신호(즉 2비트 구간). 직전의 비트값에 따라 logic 0의 실제 변조되는 신호는 <그림 16.16>과 같이 2 종류이다.
- No Information : 2개 이상의 무변조 구간이다.

반면에 카드에서 리더기로의 프레임의 시작 및 끝은 다음과 같이 표현된다.

- Start of frame : Sequence D를 사용한다. 즉 logic '1'이다.
- End of frame : Sequence F를 사용한다. 한 비트 구간동안 부반송파에 의한 변조를 하지 않는다.
- No information : 반송파가 없다.

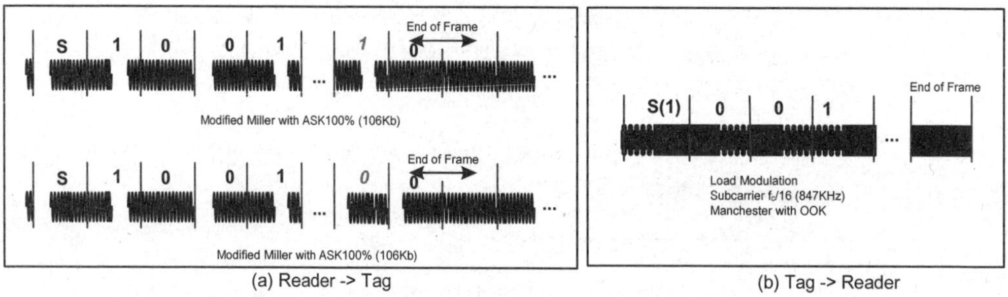

<그림 16.16> Type A 프레임 신호방식

(3) ISO14443-2 Type B

Type A와 마찬가지로 초기화 과정 및 충돌방지 과정에서는 기본속도인 $f_c/128$(~106 kbit/s) 전송속도를 사용한다. 보다 고속인 $f_c/128$(~106 kbit/s),$f_c/64$(~212 kbit/s), $f_c/32$(~424 kbit/s), $f_c/16$(~848 kbit/s) 등의 속도를 지원할 수도 있다[16]. 하지만 라인코딩 및 변조방식이 상이하다.

a) 리더기에서 카드

든 속도에서 <그림 16.17>과 같은 NRZ-L/ASK 10% 변조방식을 사용한다.

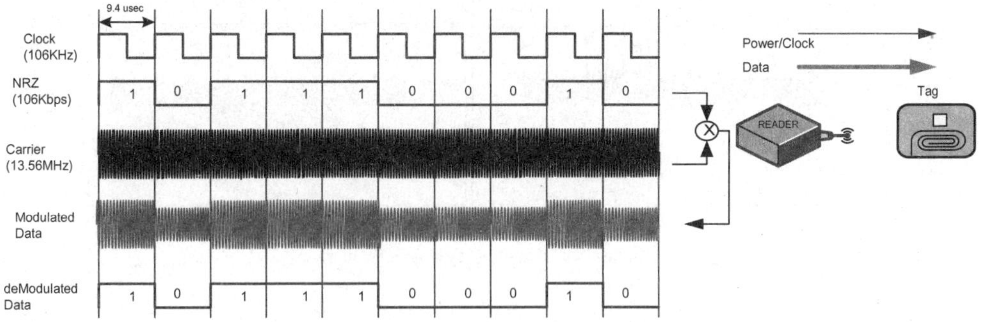

<그림 16.17> ISO14443-2 Type B 신호방식

b) 카드에서 리더기

모든 속도에서 <그림 16.18>과 같은 NRZ-L/BPSK 변조방식 기반의 $f_c/16$(≈847 kHz)의 부반송파 기반의 부하변조를 사용한다.

- 로직 '1' : $Ø_0$: 부반송파의 위상을 유지함[17].
- 로직 '0': $Ø_0 + 180°$: 부반송파의 위상을 반전시킴.

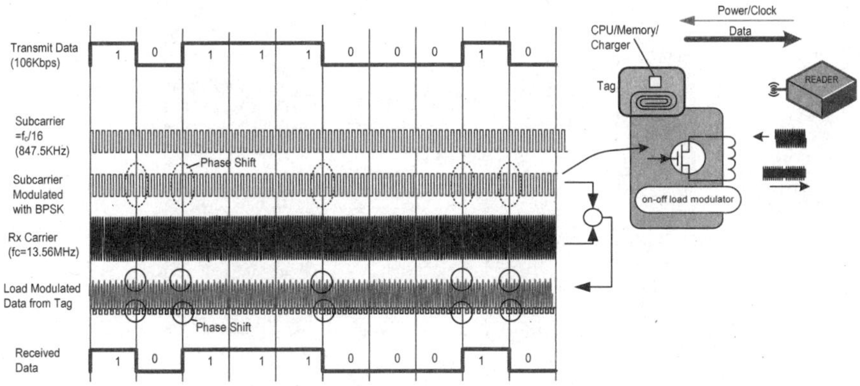

<그림 16.18> ISO14443-2 Type B 신호방식(카드에서 리더기)

---

[16] 기본 속도를 제외한 고속방식은 ISO14443-2의 개정판 AMD1에 포함되어 있다.

[17] 초기 위상값의 결정을 위해 태그는 80/fs기간동안 자신이 로직 '1'로 간주하는 부반송파를 송신한다. 이에 리더기는 이후 반전된 위상의 신호 수신시 로직 '0'으로 판단한다.

(4) ISO14443-2 Type A와 B의 비교(참고)

상이한 변조 방식을 사용하는 Type A와 B간의 차이점은 <그림 16.19>와 같다.

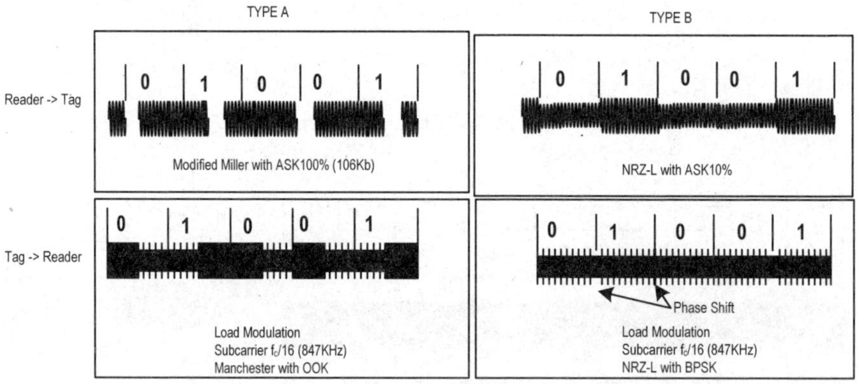

<그림 16.19> ISO14443-2 Type A/B 의 비교

16.5 ISO14443-3 Type A 초기화 및 충돌방지절차

(1) 개요

ISO14443-3규격은 <그림 16.20>과 같이 여러 개의 카드가 리더기 주변에 있을 때 이들이 지원하는 상위 계층 프로토콜의 종류를 식별하는 초기화 과정과 및 충돌방지 과정에 대한 것이다. 이 과정에서 전송속도 및 프레임간 대기시간을 지정하는 내용도 협상된다.

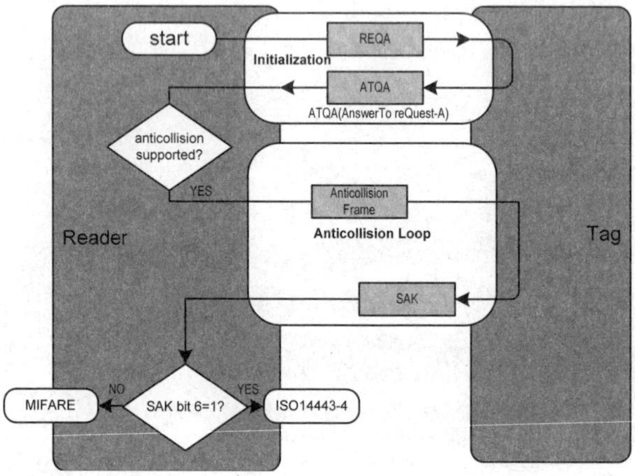

<그림 16.20> ISO14443-3 Type A 기본 절차

(2) ISO14443-3 Type A 프레임 형식

다음과 같은 3종류의 프레임이 사용된다. 이 프레임은 ISO14443-3에 규정된 Start비트와 Stop비트열에 의해 시작과 끝이 표시된다. 모든 바이트와 비트열은 LSB부터 송신된다.

- Short 프레임 : 초기화시 사용되며 { REQA, WUPA(WakeUp-Type A)}등의 명령 프레임용으로 사용된다.
- Standard 프레임 : ISO14443-4 또는 MIFARE 등의 상위 전송계층 데이터를 수납하거나 ATQA(Answer To reQuest-A), SELECT-A, SAK(Select Ack), HLTA(HALT-A) 등의 제어 명령 및 응답용으로 사용된다. 각 바이트는 홀수 패리티로 보호된다.
- Anticollision 프레임 : 충돌방지 절차에서 사용된다.

ISO14443-3 Type A의 프레임 형식은 <그림 16.21>과 같다.

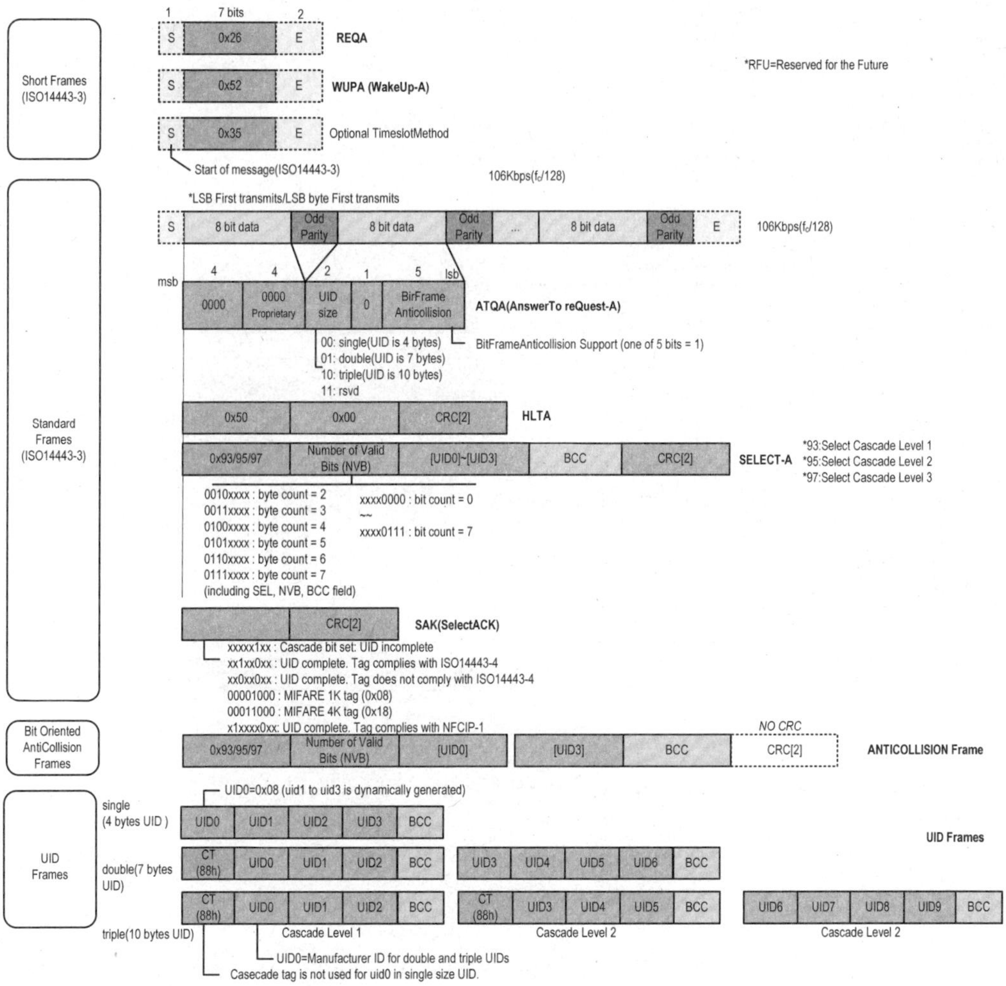

<그림 16.21> ISO14443-3 Type A 프레임 형식

특히 충돌방지 절차에서 사용되는 ANTICOLLISION 및 SELECT 프레임의 형식은 거의 동일하며 이들은 다음과 같은 구성을 갖는다.

- SEL(select code; 1바이트) : UID의 Cascade Level에 따라 0x93,0x95,0x97 값을 갖는다.
- NVB(number of valid bits; 1바이트) : 최대 40비트의 유효 비트 수를 표시한다. 실제 이 값은 command 영역과 NVB 영역 자신을 포함한 총 비트수로 표시된다. 만약 유효비트 수가 40비트가 아닌 Select 메시지는 모두 ANTICOLLISION메시지이다. 반면에 NVB=0x70(valid byte count=7바이트)인 메시지는 Select 메시지로써 2바이트 길이의 CRC를 갖는다[18].
- Unique identifier(UID) (0~40비트) : NVB 값에 따라 길이가 결정된다. UID는 4~10 바이트 길이를 가지는데 충돌방지과정에서는 최대 4바이트씩 분할 전송된다. 특히 카드가 송신하는 UID가 5~10바이트를 가질 경우에는 Cascade Tag라고 하는 0x88값이 선두에 부착된다.

(3) 초기화절차

<그림 16.23-2>은 ISO14443-3 Type A의 초기화 절차를 나타내고 있으며, <그림 16.25>는 충돌이 없는 경우에서의 ISO14443-3 Type A의 동작 절차를 보여주고 있다.

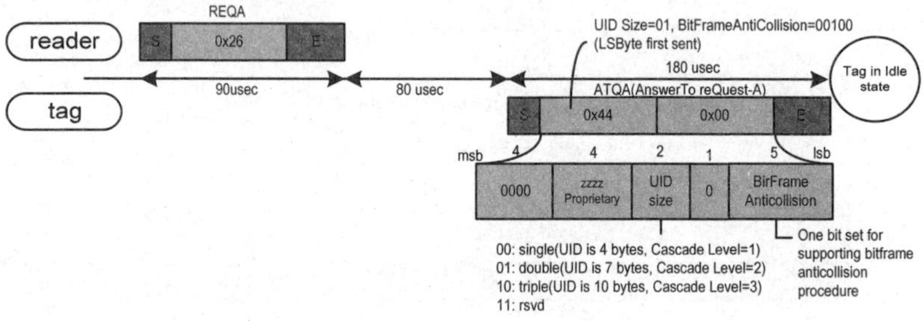

(a) Tag in idle state case

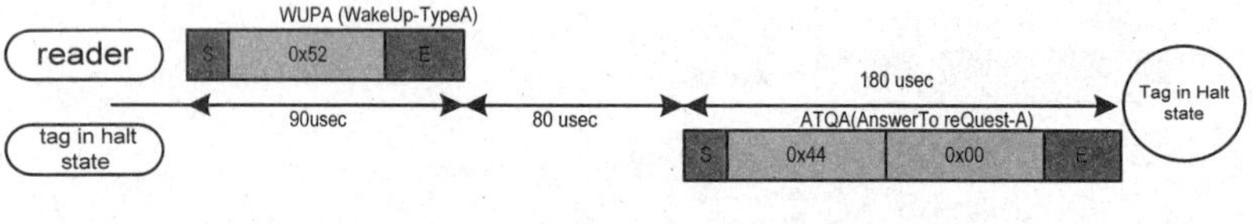

(b) Tag in Halt state case

<그림 16.22> ISO14443-3 Type A 초기화 절차

기본적으로 리더기는 REQA(Request Type A) 메시지를 주변의 카드에 방사한다. 먼저 1개의 카드만 있는 경우에는 다음과 같은 절차가 수행된다.

① 리더기 : REQA(Request Type A) 또는 WUPA(WakeUp-Type A) 명령 메시지를 송신한다.
② 카드 : 리더로부터의 REQA를 수신한 카드들은 동시에 ATQA(Answer To Request)로 응답한다.

---

[18] NVB=0x70은 byte count가 7인 메시지로써 command code와 NVB영역, 4바이트의 UID 그리고 BCC 영역 등 총 7 바이트로 구성된 완전한 메시지임을 의미한다.

이 ATQA에는 UID 길이 정보와 BitFrame Anticollision 절차를 지원할 수 있음을 표시하는 플래그가 설정된다[19].

Halt 상태에 있던 카드는 WUPA메시지에만 반응하고, READY*상태로 천이한다. 만약 주변에 1개의 카드만 있었다면 이 응답은 충돌없이 수신된다.

③ 리더기 : 이어 해당 카드에 대한 식별번호인 UID(Unique ID)를 획득하기 위한 Select 절차를 개시한다. 일단 불특정 카드에 대하여 자신의 UID를 응답하도록 NVB=0x20 값을 갖는 SELECT 메시지를 송신한다.

④ 카드 : 자신의 UID를 응답한다.

⑤ 리더기 : 이 과정에서 응답 신호는 충돌 없이 수신된다. 이제 해당 카드의 UID를 알았으므로 이 UID를 모두 수납한 정식 SELECT 메시지로 해당 카드를 지정한다.

⑥ 카드 : SAK(Select Ack) 메시지로 응답한다.

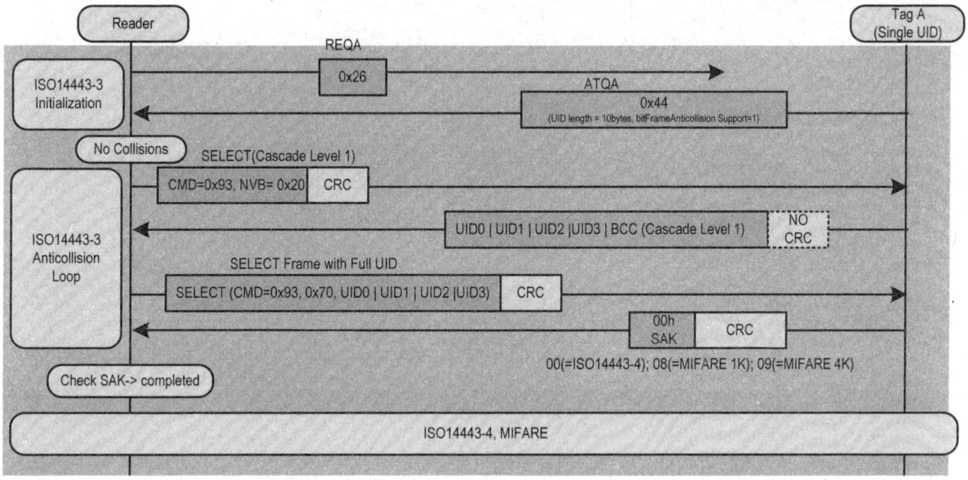

<그림 16.23> ISO14443-3 Type A 동작절차(충돌이 없는 경우)

(4) 충돌방지(Anti Collision) 절차

만약 Select 과정에서 2개 이상의 카드가 있다면 이들은 SELECT 메시지에 대하여 동시에 자신의 UID값을 응답함으로써 신호들이 중첩될 것이다. 리더기는 맨체스터 코드 규칙에 위반되는 비트를 감지함으로써 충돌 발생을 감지한다.

만약 충돌이 있었다면 이러한 충돌을 해결하여 여러 개의 카드 중에서 특정 카드를 선택하는 Anticollision 절차를 수행한다. 이러한 충돌방지 절차는 각 카드의 고유한 식별자인 Unique IDentification (UID)를 기반으로 동작한다[20].

예를 들어 <그림 6.24>는 2개의 카드에 대한 selection 절차이다. 카드 1(PICC 1)은 single-size UID (uid0='10')이고 카드 2 (PICC 2)는 double-size UID를 갖는다.

[19] 또한 5비트의 BitFrame Anticollision 비트열의 적절한 위치에 설정하는 1값으로 태그의 종류를 식별할 수 있도록 할 수 있다.

[20] MF0ICU1 태그는 7 바이트의 cascade level 2 UID를 갖는다.

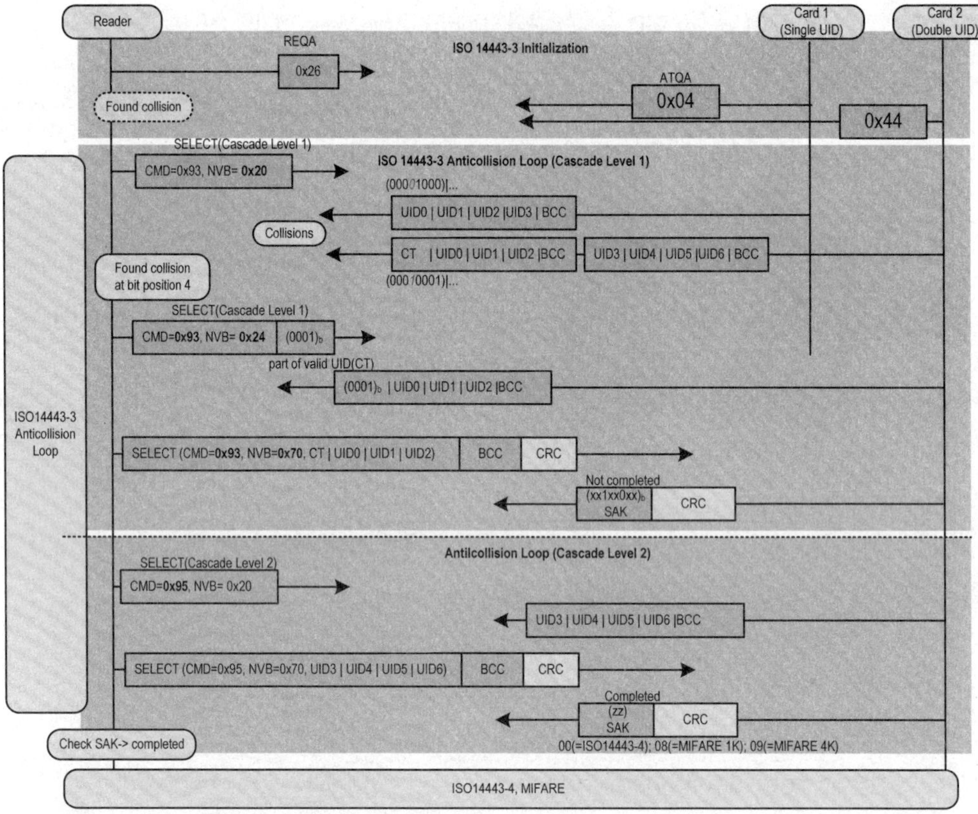

<그림 16.24> ISO14443-3A 초기화 및 충돌방지 절차(충돌이 있는 경우)

① [초기화 절차] 리더기가 REQA를 송신한다. 카드 1 및 2는 각각 자신의 ATQA로 응답한다. 각각의 ATQA에는 카드 1의 경우 {0x04= single-size UID, bitframe anticollision support}, 카드 2의 경우 {0x44= double-size UID, bitframe anticollision support}로 응답한다.

② [충돌방지 절차] 수신된 ATQA 메시지로부터의 충돌을 미리 감지한 리더기는 cascade level 1(CL-1) 충돌방지 절차를 개시한다. 이를 위해 CL-1용 ANTICOLLISION(select code = 0x93)메시지를 송신한다[21]. 여기에 NVB(number of valid bits) ='20'도 함께 보내는데 이것은 NVB 이후 영역이 없음을 표시하는 동시에 주변의 카드에게 자신의 완전한 UID를 응답하도록 지시한다.

③ 각 카드는 자신의 CL-1 UID을 응답한다. 카드 1은 4 바이트 길이의 UID만 가지므로 자신의 UID 전체를 송신한다. 반면에 카드 2는 7바이트 길이의 UID를 가지므로 자신의 UID에 앞서 Cascade Tag(CT)값인 0x88을 선두에 송신하고 이어 UID를 송신한다. 결과적으로 4번째 비트에서 충돌이 발생한다.

④ 리더기는 이 비트 충돌을 감지한다. 이때 최초의 오류가 발생한 비트가 4번째이고, 이것은 1 또는 0이 충돌한 것이다.

---

21 완전한 UID가 없는 Select 메시지를 ANTICOLLISION 메시지라고 한다.

따라서 리더기는 3번째까지의 유효한 비트값과 1 또는 0으로 선택한 4번째 비트값이 수납된 4비트의 UID 영역과 기존 NVB값 20에 4를 더한 NVB=0x24를 수납한 ANTICOLLISION 프레임을 다시 송신한다.

⑤ 만약 4번째 비트값이 카드2의 UID값과 일치한다면 카드 2만이 자신의 UID 나머지 28 비트(CL1 UID 영역)와 BCC를 응답한다.

⑥ 이제 리더기는 카드 2의 CL1 UID를 습득하였으므로 카드 2에게 CL-1 UID가 모두 수납된 CL-1 SELECT 프레임을 보낸다.

⑦ 자신의 UID값이 double size UID인 카드 2는 아직 완전한 UID를 알려주지 못한 상태이므로 Not completed 비트가 설정된 SAK (Select Acknowledge) 메시지로 응답한다.

⑧ 리더기는 CL-2용 ANTICOLLISION(Select code (SEL) = 0x95(cascade level 2))를 송신한다. 역시 NVB='20'으로 설정하여 완전한 CL-2 UID 를 요구한다.

⑨ 카드 2는 이 명령에 대하여 자신의 전체 40 비트 길이의 CL-2 UID로 응답한다.

⑩ 리더기는 해당 카드의 CL-2 UID의 모든 비트를 수납한 SELECT 메시지를 송신한다. 이 메시지의 NVB는 역시 0x70이다.

⑪ 카드 2는 Incompleted 비트를 0으로 설정한 SAK 메시지로 응답하여 자신의 UID가 완전히 식별되었음을 알린다. 만약 SAK값이 00이면 ISO14443-4, 08이면 MIFARE Classic 1K 카드임을 표시한다.

⑫ 카드 2는 Active 상태로 진입한다.

(5) Select 절차

Anticollision 절차에 의해 여러 개의 카드 식별자가 수집되면 특정 카드를 선택하는 Select 절차에 의해 SAK(Select Ack)가 마지막에 수신되면, 해당 카드가 ISO14443-4 절차를 지원하는지 또는 MIFARE 카드인지 등의 여부를 판단할 수 있다. 지원하지 않는 카드에 대해서는 HLTA 명령어를 발행하여 해당 카드를 Halt 상태로 만든다.

16.6 ISO14443-3 Type B 방식

ISO14443-3 Type B는 bitframe collision 감지 절차를 사용하는 Type A와 달리 Slotted ALOHA with dynamic slot adaptation 절차를 사용하는 충돌방지 절차와 이를 위한 프레임을 규정한다.

16.7 ISO14443-4 Half-Duplex Block Transmission Protocol

(1) 개요

선행된 ISO14443-3 절차에서 충돌이 해결되었고 해당 카드가 ISO/IEC 14443-4을 지원한다는 것이 밝혀졌다면 해당 카드와의 신뢰성 있는 데이터를 전달하기 위한 Modulo 2 방식의 HDLC 기반의 Stop-and Wait ARQ 기반의 블록 전송 절차를 수행한다[22].

실제 카드에 대한 쓰기/읽기 등의 응용 동작은 ISO7816-4 APDU를 사용한 Command/Response 절차를 이용하여 상위 계층에서 수행되어야 한다.

---

[22] 물론 이 블록은 하부의 ISO14443-3의 Standard Frame에 수납되어 전송된다.

이 절차는 상업적으로 널리 사용되는 MIFARE 프로토콜 등에 의해 많이 사용되지는 않는다. 대신 NFC 시스템에서 Card Emulation 및 Read/Write 모드로 동작시 ISO-DEP(Data Exchange Protocol) 라는 이름으로 기본적인 상위 메시지 전달용 프로토콜로 사용된다.

(2) 블록 형식

선행된 ISO14443-3 절차에서 ISO14443-4 절차를 지원한다는 것이 인식된 경우, 추가적인 activation 절차와 이후 데이터 전송 절차를 수행한다.

<그림 16.25>는 이를 위한 ISO14443-4 메시지 형식이다. 크게 헤더인 Prologue Field라고도 불리는 3바이트의 Start of Data(SoD)와 페이로드, 그리고 마지막에 Epilogure Field로 불리우는 2바이트 길이의 CRC가 수납된 End of Data(EoD)로 마감된다.

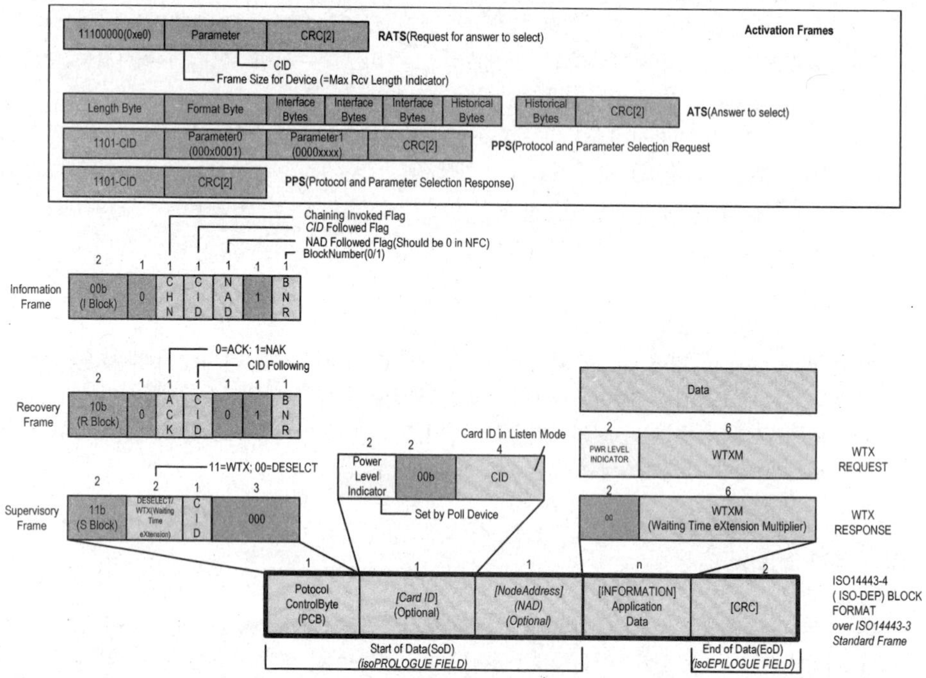

<그림 16.25> ISO14443-4 Half-Duplex Block (ISO-DEP) 형식

a) ISO14443-4 Activation용 메시지

Request for Answer To Select (RATS), Answer To Select (ATS), Protocol and Parameter Selection(PPS) Request, PPS Response 메시지를 사용하여 수신 가능하는 메시지 길이 및 등의 정보를 교환하여 협상한다.

b) ISO14443-4 데이터 전달용 메시지

ISO14443-4 Activation 절차가 완료되면 다음과 같은 형식의 메시지를 사용하여 상위계층 데이터를 신뢰성 있게 전달한다.

이후 연결 해제, 즉 Deactivation시에는 DESELECT 메시지를 사용한다.

각 영역의 상세는 다음과 같다.

- Protocol Control Byte(PCB): {I-,R-,S-블록}을 구분한다.
  - I-블록 : 상위 계층 데이터를 수납한다.
  - R-블록 : Modulo 2 방식, 즉 Stop and Wait ARQ에 의한 ACK 및 NAK 절차를 수행한다.
  - S-블록 : Deselect 메시지 또는 Frame waiting time extension 값을 정보영역에 수납한 WTX 메시지로 사용된다. Frame waiting time은 리더기로부터의 요청에 대한 응답을 지연하는 시간으로써 WTXM(waiting time extension multiplier) 값으로 지정된다.
- Card identifier(CID) : 특정 카드 식별값이다. 리더기로부터의 수신감도도 함께 표시한다. NFC에서는 Device ID(DID)이라고 부른다.
- Node Address(NAD)[23]: (0xxx0xxx)로 설정될 경우 I-블록에서만 사용되는 ISO/IEC 7816-3노드 주소값이다. 이것은 I-블록 체인의 첫 블록에만 수납된다.
- 정보 영역 : I-블록의 경우 상위 계층 데이터가 수납되고 WTX(Waiting Time eXtension)의 경우 1바이트의 WTXM값이 수납된다.

(3) Activation 절차

선행된 ISO14443-3 절차에서 해당 카드가 Data Exchange Protocol(DEP)로 ISO/IEC14443-4 방식을 사용한다는 것이 밝혀졌다면 다음과 같은 추가적인 활성화 절차를 수행한다[24].

① 리더기는 4비트의 최대 수신 가능 메시지 길이 정보와 카드에 할당할 4비트의 Card ID값이 수납된 RATS (request for answer to select) 프레임을 카드에 보낸다. 여기서 CID는 일종의 논리적인 카드 식별자이다.

② 카드는 자신의 최대 프레임 길이, 양 방향의 전송속도, 프레임간 대기시간 등의 정보를 수납한 ATS (answer to reset)을 응답한다.

③ 리더기는 ATS (answer to reset)가 응답되면 쌍방간의 추가적인 통신옵션 설정을 위한 데이터 및 파라미터를 PPS(protocol and parameter selection) 메시지를 사용하여 설정한다. 만약 기본값만 사용할 경우에는 PPS 절차 없이 ATS 수신 즉시 데이터 전송과정을 수행한다.

④ 이후 ISO14443-4에 규정된 ARQ기반의 데이터 전송 절차가 수행된다. 이 과정에서 카드는 수신된 프레임을 처리하는데 FWT(Frame Waiting Time)보다 긴 시간이 필요한 경우, 1바이트의 WTXM(WaitingTimeExtension Multiplier) 영역에 1~59값으로 표시되는 값을 부착한 WTX(WaitingTimeExtension) 요청 프레임으로 지연시간을 알린다. 이에 수신측은 동일한 WTXM 값이 수납된 WTX 응답 프레임으로 응답한다.

⑤ 연결 해제시에는 DESELECT 메시지를 송신하는데, 상대방도 DESELECT 블록으로 응답한다.

---

[23] NFC의 경우 없다.

[24] 사실 이 activation절차는 일종의 추가적인 selection절차이다

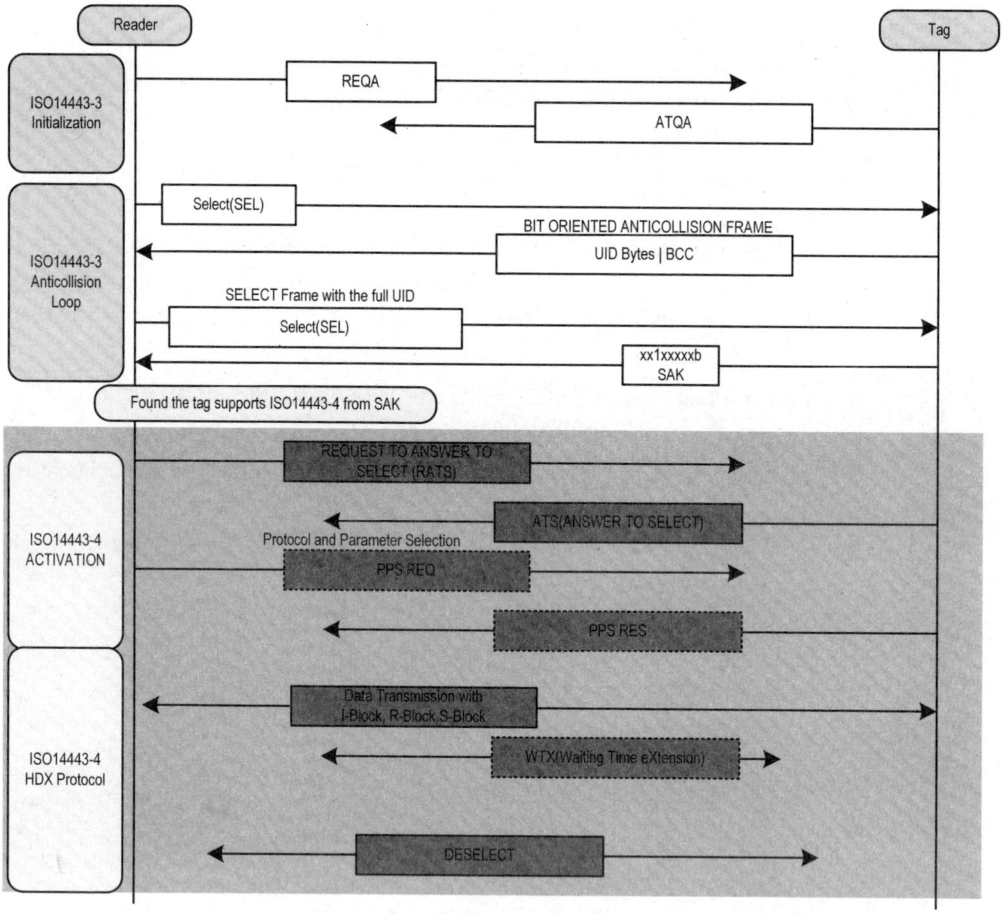

<그림 16.26> ISO14443-4 Transmission Protocol 동작절차

16.8 MIFARE Transmission Protocol

(1) 개요

이것은 ISO14443-3(Type A) 절차에 의한 초기화 및 Anticollision 과정 이후, 카드에 저장된 데이터에 대한 Read/Write/Increment 등의 실제 응용동작 수행을 위한 NXP사 고유의 메시지 블록 전송 절차이다[25].

참고로 동일한 기능의 전달 프로토콜인 ISO14443-4를 기준으로 MIFARE와 다른 프로토콜을 비교하면 <그림 16.27>과 같다.

상세한 내용은 설계 항목에서 다룬다.

---

[25] MIFARE Classic 1K(One), MIFARE Mini, MIFARE Classic 4K, MIFARE Ultralight, MIFARE Ultralight C, MIFARE Plus in the security level 1 and 2 은 모두 MIFARE 절차를 사용한다. 단 ISO-14443-4에 규정된 T=CL 프로토콜은 MIFARE DESFire 버전을 지칭한다.

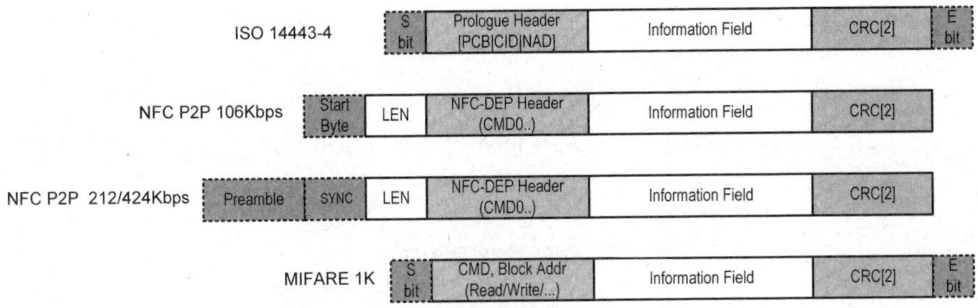

<그림 16.27> Transmission Protocol 메시지의 비교

16.9 ISO7816-4 Smart Card Application Protocol Data Unit (APDU)

이것은 RFID 시스템의 응용 계층간 데이터 전달을 위한 명령어(Read, Write 등)를 수납한 Command 메시지와 응답(Response) 메시지 형식를 정의한 것이다. 이것은 MIFARE DESFire 계열 카드에서는 사용되지만 Classic 1K 계열 카드에서는 나름대로의 Read/Write 명령이 있으므로 사용되지 않는다.

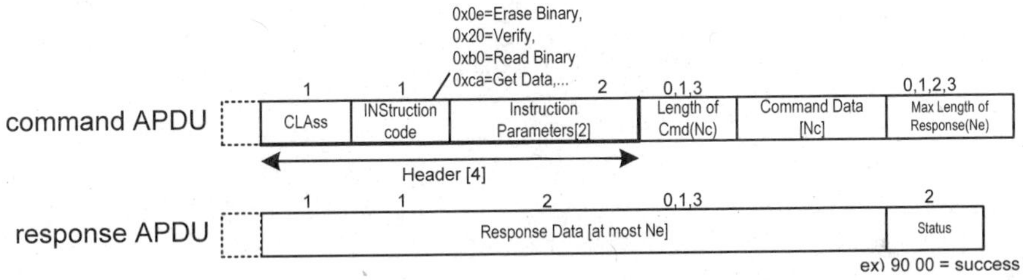

<그림 16.28> ISO7816-4 APDU

16.10 NFC 시스템

(1) 개요

기존 RFID 기술은 RF 주파수, 통신모드, 속도 및 {변조방식, 프레임형식 및 절차}가 제조회사 및 표준이 다양하여 상호간 호환성이 약하다.

NFC(Near Field Communication)는 이러한 문제점을 해결하기 위하여 13.56MHz의 ISO14443-A/B, Felica규격의 카드를 모두 수용한다. 특히 카드와 리더기로 구분되던 기존 RFID 시스템과 달리 NFC 장치는 다음과 같은 3가지 동작모드를 모두 지원한다.

- 카드 에뮬레이션 모드 : NFC 단말을 카드처럼 동작한다. 이 모드에서 자신은 Type 1~4 Tag Platform 기능을 수행한다. 예를 들어 Type 2카드로 동작시 MIFARE Ultralight 계열 카드처럼 동작한다[26].

[26] NFC Digital Protocol Specification

- Reader/Writer 모드 : NFC 단말을 리더기로 동작시킨다. 다양한 RFID 카드 방식을 수용하기 위하여 Type 1,2,3,4로 구분한다.
- P2P 모드 : NFC 단말간의 직접 통신 기능이다. LLC와 유사한 신뢰성 있는 링크계층 프로토콜인 LLCP를 사용하여 IP통신을 지원한다. 이 절차는 ISO/IEC18092 NFCIP-1로 규정된다.

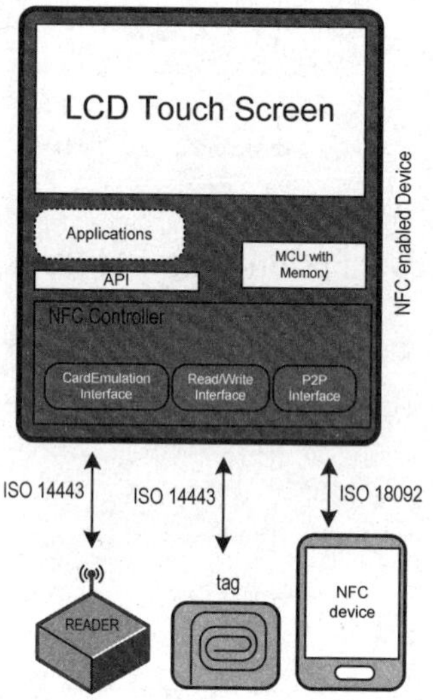

<그림 16.29> NFC 시스템의 구성

(2)NFC 물리 계층의 종류

NFC의 물리 계층 규격은 다음과 같은 3종류가 있다.

- NFC-A: ISO14443 Type A 표준을 준수하는 방식이다. Memory Card방식이라고도 부른다.
- NFC-B: ISO14443 Type B 표준을 준수하는 방식이다. Microprocessor Card, 즉 reader 방식이라고 한다.
- NFC-F: ISO18092 Felica 표준을 따르는 고속 방식이다.

(3) 카드에서 리더기로의 라인코딩 및 변조방식

방식에 따라 다음 절차에 의해 송신된다.

a) NFC-A 방식

- Poll 모드 : 리더기에서 카드로의 전송시 사용하며 모든 속도에서 Miller/ASK100% 변조방식이 사용된다.
- Listen 모드 : 카드에서 리더기로의 전송시 사용하며 f_c/128인 경우에는 Manchester 인코딩/OOK를 사용하고 부판송파는 f_c/16의 100% ASK방식을 사용한다. 보다 고속인 경우에는 NRZ-L/BPSK를 사용하고 부반송파는 f_c/16(848KHz) BPSK를 사용한다.

b) NFC-B 방식

- 리더기에서 카드(Poll모드) : 모든 속도에서 NRZ-L/ASK10% 변조방식을 사용한다.
- 카드에서 리더기(Listen모드) : 모든 속도에서 NRZ-L/BPSK 변조방식을 사용한다.

초기화 과정 및 충돌방지 과정에서는 f_c/128(~106 kbit/s) 전송속도를 사용한다. 이후에는 f_c/64 (~212 kbit/s), f_c/32 (~424 kbit/s), f_c/16 (~848 kbit/s) 등의 고속 방식으로 전환될 수 있다.

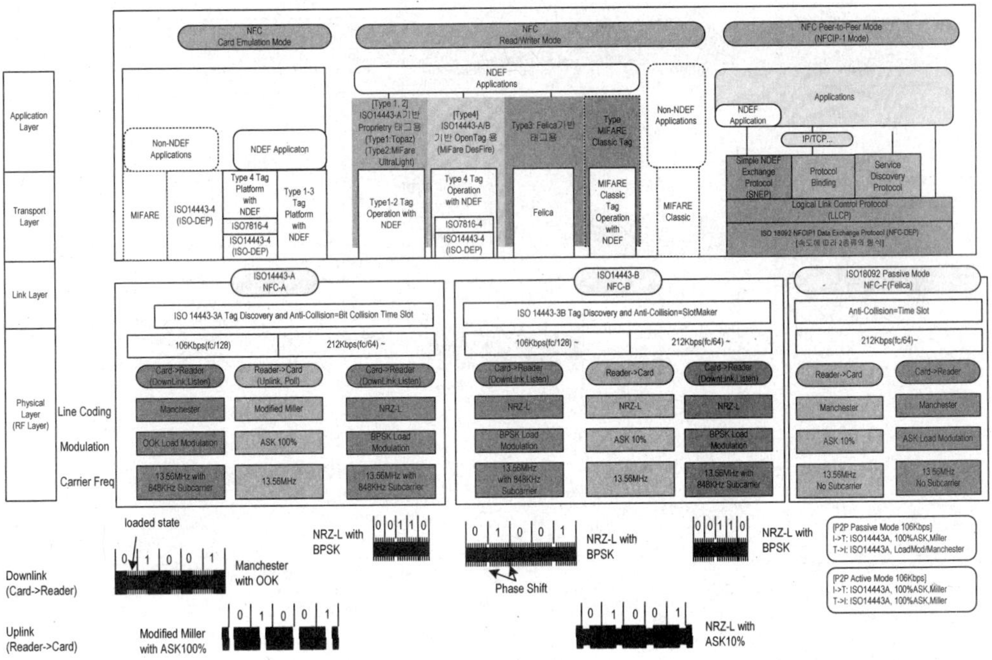

<그림 16.30> NFC 시스템의 종류

(4) NFC 통신 모드

NFC장치의 통신모드는 전력을 받는 Passive 모드와 전력을 공급하는 Active 모드로 구분된다.

- 수동 통신 모드(Passive Communication mode) : NFC Card Emulation 동작 모드에서는 외부 리더기로부터 전력을 공급받으면서 부하 변조 방식으로 데이터를 전송한다. NFC Reader/Writer 모드로 동작시에는 외부 카드에 대한 전력을 공급하면서 통신한다. 또한 P2P 동작 모드에서는 자신이 Initiator 역할을 하면 전력을 공급하고 Targer 역할을 하면 상대방으로부터의 전력을 공급받으면서 부하 변조 방식으로 데이터를 송신한다. 이 경우 106Kbps에서 Initiator는 Miller 코딩, Target은 Manchester 코딩을 사용한다. 반면에 보다 고속인 경우, 모두 Manchester 코딩을 사용한다.
- 능동 통신 모드(Active Communication mode) : P2P 모드에서 쌍방이 송 수신을 교대하면서 전력을 공급하면서 동작한다. 이 경우 쌍방 모두 동일한 라인코딩 방식을 사용한다. 즉 106Kbps에서는 모두 Miller 코딩을 사용하고, 보다 고속에서는 Manchester 코딩을 사용한다.

두 기기간 통신의 초기화부터 데이터 교환이 완료되는 일련의 과정을 트랜잭션(transaction)이라 부르는데, 하나의 트랜잭션 기간 동안에는 능동 및 수동 모드 간의 전환이 일어날 수 없다.

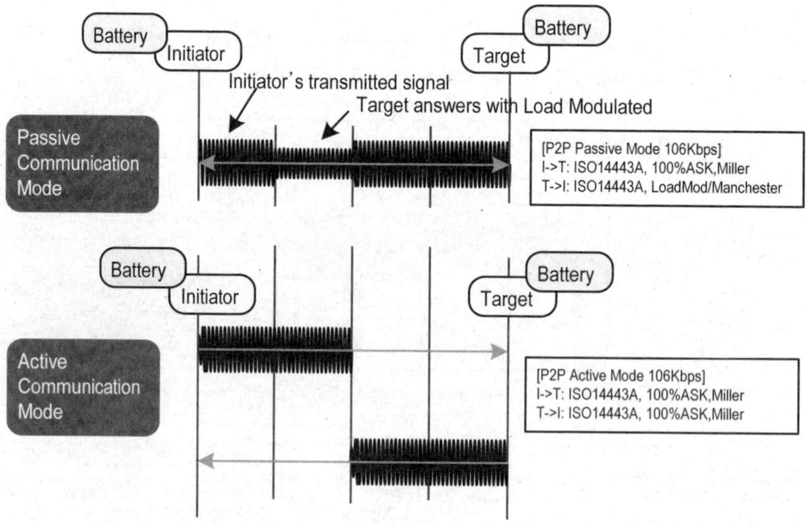

<그림 16.31> NFC용 수동 모드와 능동 통신 모드(106 Kbps의 경우)

16.11 NFC P2P 모드

(1) 개요

NFC의 세번째 모드, 즉 P2P 모드는 Initiator 와 타겟 장치간에 최대 424 Kbps를 10 cm거리를 무선으로 직접 연결하는 것이다[27].

Intiator와 target이 모두 전원을 공급할 수 있고 두 기기가 모두 자체적으로 13.56 MHz 전파를 생성하며 이때 통신을 먼저 시작한 쪽이 Initiator가 되고 상대방은 Target장치로 된다. 서로 신호송신을 교대하는 반이중 통신을 한다. 불루투스와 비교하면 최대전송속도가 424 Kbps로 낮지만 쌍방간 연결(불루투스에서는 페어링이라고 하며 6초 소요됨)시 0.1초 이하로 짧으며 기존 RFID와 호환기능도 제공되는 장점이 있다.

(2) 계층 구조

P2P 모드용 ISO18092 NFCIP-1 규격은 ISO14443-3의 초기화 및 충돌방지 절차를 재활용하면서 그 상위는 ISO14443-4(ISO-DEP) 프로토콜 대신에 P2P 전용 전달 프로토콜인 Data Exchange Protocol인 (NFC-DEP)을 사용한다. 또한 NFC-DEP 프로토콜 위에는 LLC와 유사한 LLCP를 사용하여 신뢰성 있는 여러 개의 논리적인 링크를 제공함으로써 IP 등을 연결할 수 있도록 한다.

[27] P2P로 연결된 장치는 마스터 슬레이브 관계가 아니므로 연결을 먼저 시도한 단말을 Initiator라고 하고 상대방을 타겟 장치라고 한다.

(3) P2P 동작 예

<그림 16.40>은 Initiator와 타겟 모드 NFC 단말간의 동작절차이다.

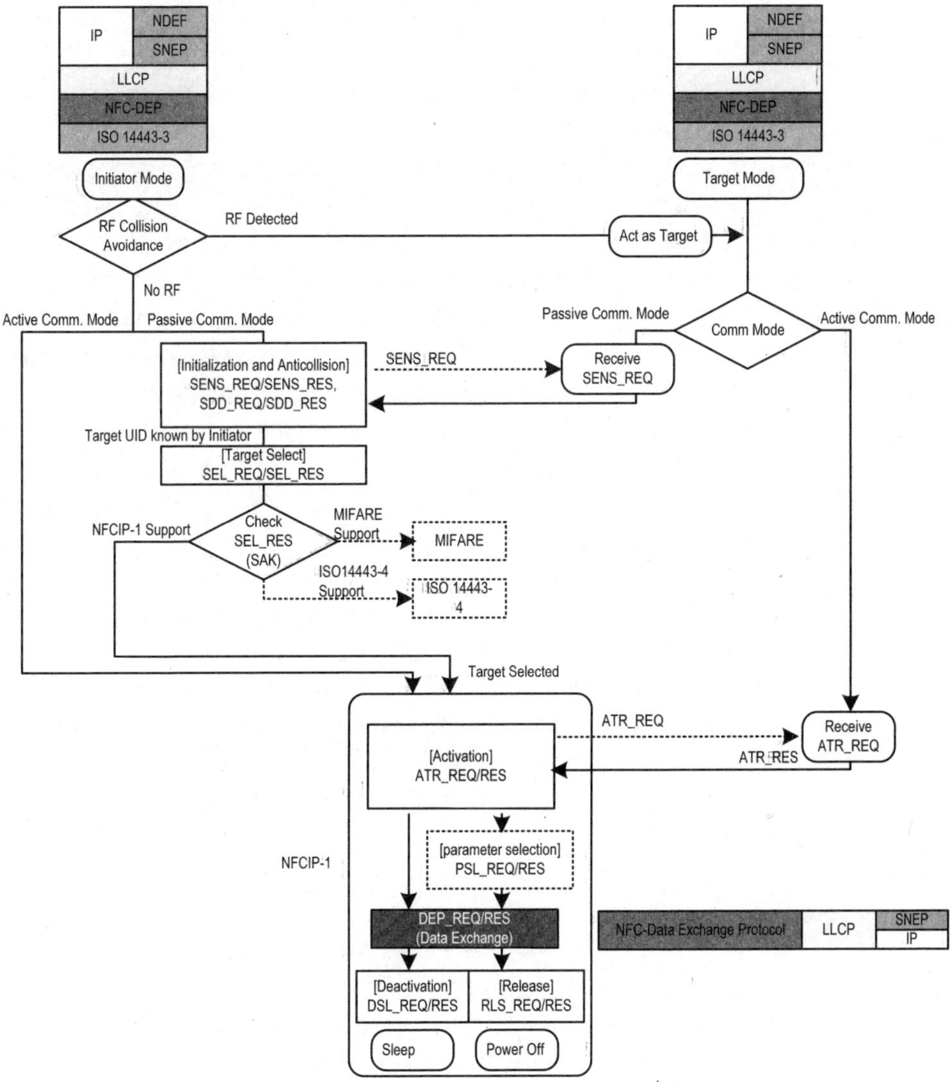

<그림 16.32> NFC P2P 동작절차(106 Kbps의 경우)

a) Intiator로 동작 개시할 경우 : 수동형 또는 능동형 통신모드에 따른 P2P 절차는 다음과 같다. 특히 수동 통신모드의 초기 절차는 ISO14443-3A Antilcollision 절차와 유사하다.

- 초기화 및 충돌방지 단계 : Initiator로 설정되면 먼저 Initial Collision Avoidance 절차를 수행한다. 이는 단순히 지정된 시간동안 주변 RF 신호의 유무를 판단하는 것이다.

- ■ RF 신호가 감지되면 다른 Initiator가 있다고 판단하고 Target모드로 변경한다.
- ■ RF 신호가 없다면 자신에게 설정된 통신모드(능동/수동)에 따라 다음과 같이 동작한다.
  - ✓ 능동 통신모드인 경우 : 프로토콜 활성화 및 파라미터 선택 단계로 바로 진입한다.
  - ✓ 수동 통신모드인 경우 : 주기적으로 SENS_REQ(일종의 REQA) 메시지를 송신하면서 전자파를 방사한다[28].

    이것을 수신한 Target 장치는 SENS_RES(일종의 ATQA)로 응답한다. 이어 SEL_REQ(일종의 Select 프레임)과 SDD_REQ(Single Device Detection, 일종의 Anticollision 프레임)을 사용하면서 충돌을 해결한다. 마지막으로 SEL_RES(일종의 SAK 프레임)을 수신하면 해당 타겟 장치의 UID를 완전히 식별하는 Aniticollision/Select 절차가 완료된다. 그리고 SEL_RES 프레임에서 NFCIP-1을 준수하는 단말이라고 확인되면 이후 과정을 진행한다.

- ● 프로토콜 활성화 및 파라미터 선택 단계 : Initiator는 ATR-REQ(Attribute-Request) 메시지를 주기적으로 송신한다. 이에 Target에 의한 ATR-RESP(Attribute-Response)를 응답받으면 이 메시지로부터 device ID와 추가적인 정보를 사용하여 LLCP(Logical Link Control Protocol) 등의 상위 계층 프로토콜의 종류를 식별한다. 필요시 Parameter 변경을 위한 Parameter Selection 절차를 수행한다.
- ● 데이터 교환 단계 : P2P NFC 전용 반이중 전송 프로토콜인 NFC-DEP (Data Exchange Protocol)절차를 사용하여 상위의 LLCP패킷을 수납하여 전달한다.
- ● 비활성화 단계 : Initiator는 DSL-REQ(Deselect Request)와 DSL-RES 메시지를 교환하여 초기 선택모드 및 기본 전송속도로 복귀하도록 하고 Sleep 모드로 진입시킨다. 필요시 RLS-REQ (Release Request) 메시지를 타겟에 보내면 완전히 연결을 해제한다.

b) Target 장치로 설정된 경우 : 최초에 Targer장치로 설정되었거나 다른 Initiator가 있는 경우 다음과 같은 순서로 동작한다.

- ● 초기화 및 충돌방지 단계
  - ■ 수동 통신모드로 설정된 경우 : SENS_REQ(일종의 REQA) 메시지 수신을 대기중 이것이 수신되면 SENS_RES(일종의 ATQA)로 응답한다. 이어 SEL_REQ(일종의 Select 프레임)과 SDD_REQ(Single Device Detection, 일종의 Anticollision 프레임)을 활용하며 Anlticollision 절차를 수행한다. 마지막으로 자신의 UID가 Initiator에게 알려지면 SEL_RES(일종의 SAK 프레임)로 응답 완료한다.
  - ■ 능동 통신모드로 설정된 경우 : 프로토콜 활성화 및 파라미터 선택 단계로 바로 진입한다.
- ● 프로토콜 활성화 및 파라미터 선택 단계 : Initiator로부터의 ATR_REQ가 수신되면 Initiator의 ID 등의 충분한 정보를 알 수 있어 Target 자신은 ATR-RESP(Attribute-Response)로 응답하고 수신모드로 진입한다. 필요시 동작 파라미터 변경을 위한 PSL 절차를 수행한다.

---

[28] 또는 WUPA (Wakeup) 프레임과 유사한 ALL_REQ 프레임을 송신한다.

- 데이터 교환 단계 : P2P NFC 전용 반이중 전송 프로토콜인 NFC-DEP (Data Exchange Protocol)절차를 사용하여 상위의 LLCP패킷을 수납하여 전달한다.
- 비활성화 단계 : Initiator는 RLS-REQ (Release Request) 메시지를 타겟에 보내어 비활성화시킨다

(4) NFC-DEP (NFC - Data Exchange Protocol) 절차

P2P 모드인 경우 상위 계층 데이터 전달을 위해 전용 transmission protocol인 NFC-DEP 절차를 다음과 같이 사용한다.

- ATR-REQ(Attribute Request) : Initator가 Target장치를 활성화시킬 때 송신된다. 이에 상대방은 ATR-RES로 응답한다.
- PSL-REQ(Parameter Selection) : 이후 진행될 데이터 교환절차를 위해 통신속도, 최대 프레임 길이 등의 파라미티를 변경하도록 할 때 송신된다.
- DEP-REQ(Data Exchange Protocol) : 데이터 전송시 사용된다.
- DSL-REQ(DeSelect) : 데이터 연결 해제시 사용된다.
- RLS-REQ(Release) : Initiator가 타켓 장치와의 연결 해지시 사용된다.

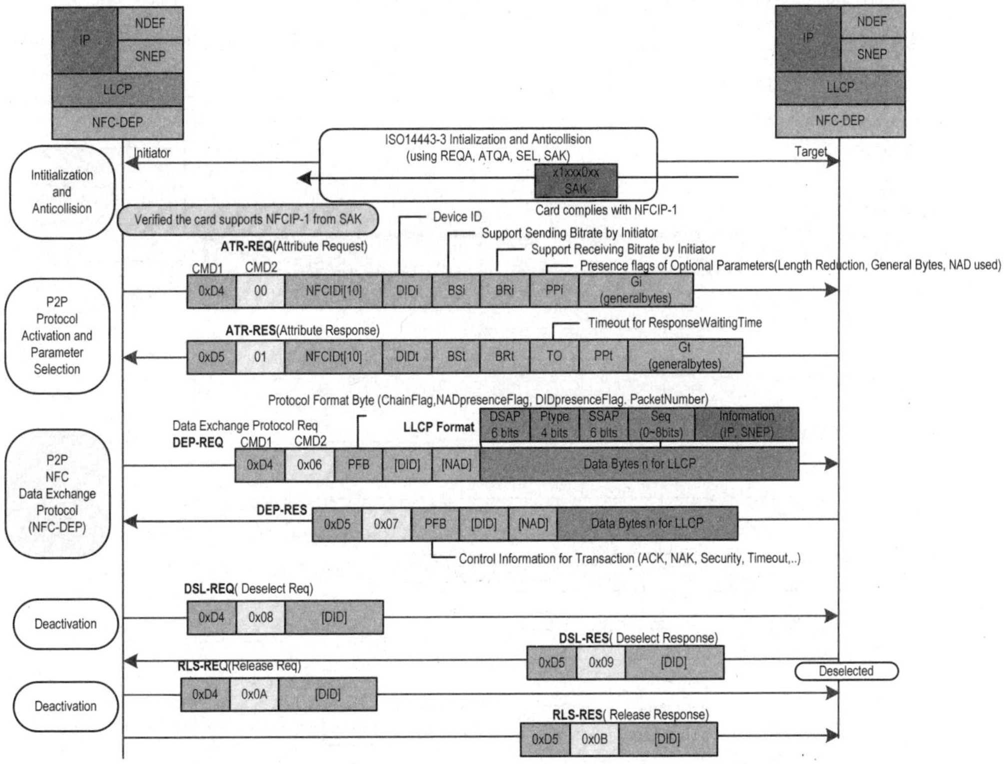

<그림 16.33> NFC-DEP(Data Exchange Protocol) 절차

(4) NFC-DEP 수납 프레임 형식

P2P 모드에서 전송되는 NFC-DEP 메시지를 수납하는 프레임 형식은 <그림 16.32>과 같이 전송속도에 따라 2 종류이다. 이것은 ISO14443-4 ISO-DEP 메시지를 수납하는 Start 비트와 End 비트로 구성되는 ISO14443-3의 프레임 형식과 달리 Start Byte 또는 {Preamble, Sync, Length} 등의 헤더와 2바이트의 CRC로 마감된다.

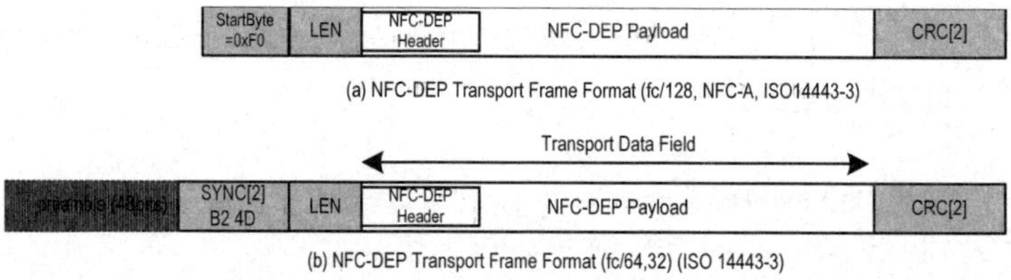

<그림 16.34> NFC-DEP 수납 프레임 형식

(5) Logical Link Control Protocol (LLCP)

NFC-DEP 프레임의 데이터 영역에 수납되는 LLCP는 IEEE802.2 LLC와 유사한 프레임 형식과 기능을 제공한다. 연결 위주의 경우 LLCP 은 3개의 필수 영역인 Destination Service Access Point (DSAP), Source SAP(SSAP), PTYPE (Protocol type)으로 구성된다.

또한 0 또는 8비트 길이의 sequence 영역{4bit N(S), 4bit N(R)}가 사용되며 LLCP 페이로드에는 상위 계층인 IP, SNEP 등이 수납된다.

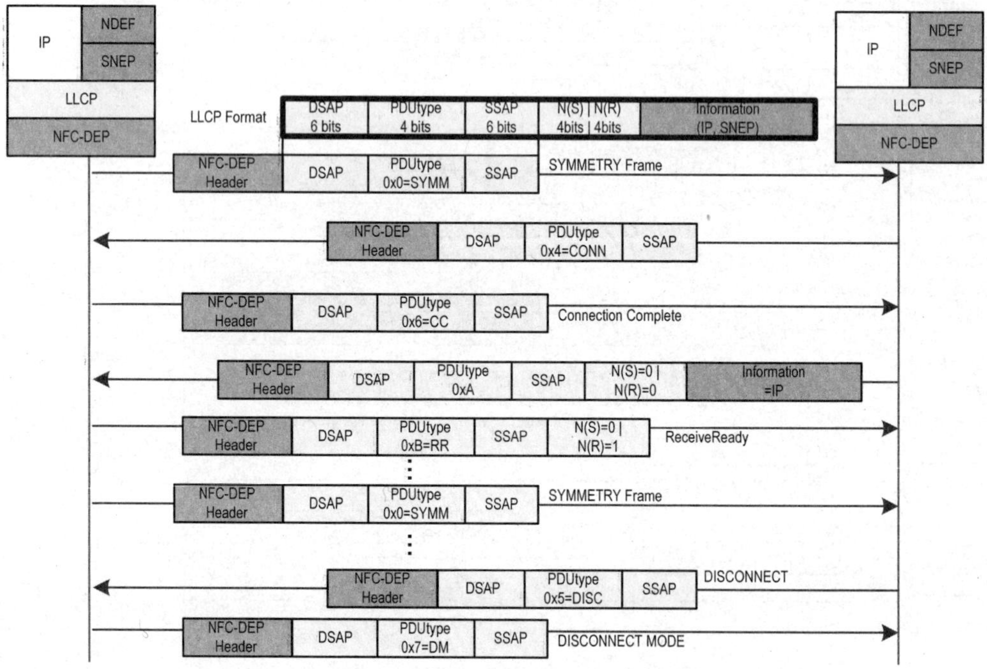

<그림 16.35> NFC LLCP

(6) NDEF와 Simple NDEF Exchange Protocol(SNEP)

NFC Data Exchange Format(NDEF)는 NFC 장치간에 응용 데이터를 교환하기 위해 NFC 포럼에서 정의한 데이터 형식이다. 이것은 여러 개의 레코드로 구성되며 각 레코드는 URL, Card, NFC 전용 데이터 등을 수납한다.

그리고 SNEP는 NFC장치간의 NDEF 메시지를 전달하기 위한 요청/응답 프로토콜이다. SNEP 클라이언트는 SNEP 서버에 프로토콜 버전, 요청 메서드, 정보영역 길이 그리고 정보 영역으로 구성된 형식의 요청을 보낸다. SNEP 서버는 정보를 제공하는데 사용할 요청 메서드를 실행시켜 프로토콜 버전, 메서드 호출의 성공/실패에 대한 상태 코드가 수납된 메시지로 응답한다.

최대전송길이는 2^(32)-1바이트이고, 필요시 분할 전송된다. PUT과 GET 명령이 있다. 일종의 APDU 성격을 갖는다. 이것은 LLCP 상위에 있으며, LLCP SAP=4이다.

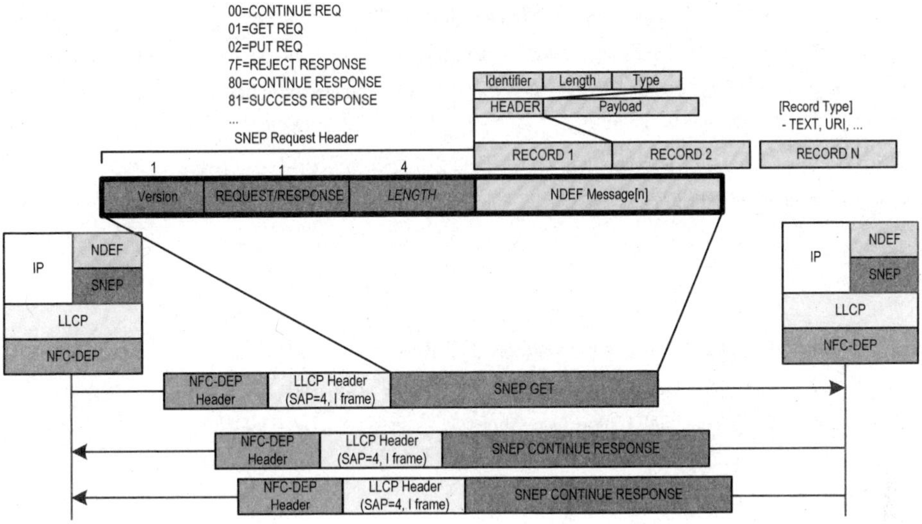

<그림 16.36> SNEP와 NDEF

16.12 프로토콜 요약

지금까지 다루었던 RFID와 NFC규격을 요약하면 다음과 같다.

ISO 국제표준 외에 Mifare, Felica, EPCglobal 같은 실질적 표준(de fecto standard) 등이 있다.

(1) 125KHz 및 134.2KHz 표준

- ISO11784 : Radio-frequency identification of animals — Code structure. 식별코드규격을 정의함.
- ISO11785 : Radio-frequency identification of animals — Technical concept : HDX와 FDX방식에 대한 전송 절차와 메시지 형식을 규정함. Read기능만 제공함.
- ISO14223 : Radio-frequency identification of animals — Advanced transponders': ISO11784/11785를 개정하여 Read/Write모두 지원함. 2가지 규격인 FDX-B와 HDX-ADV규격을 정의함.

- ISO18000-2A : Parameters for air interface communications below 135 kHz-Part 2: Code and command structure : 물류용으로써 125KHz의 TypeA(FDX)와 134.2KHz의 TypeB(HDX)가 있다.

(2) 4.9152MHz

ISO/IEC 10536 : 밀착형(Close-Coupling Smart Card)규격이다.
객실 출입문 제어용으로 사용된다.

(3) 13.56MHz

- ISO14443(근접형 13.56MHz규격) : Identification cards – Contactless integrated circuit(s) cards – **Proximity cards** : 카드규격, anticollision, 반이중 전송 절차 등을 규정한다.
- ISO15693 Identification cards – Contactless integrated circuit(s) cards – **Vicinity cards(근방형)**
- ISO/IEC 18092(ECMA-340) : Near Field Communication—Interface and Protocol(NFCIP-1) : 13.56MHz용 수동 및 능동형 NFC 장치에 대한 변조방식, 전송 속도, 프레임 형식, 초기화 절차, activation 및 데이터 전달 절차를 규정한다.
- ISO/IEC 18000-3 : 물류용 13.56MHz RFID규격

(5) UHF 대역

- EPCglobal UHF Class-0규격(868~928MHz)
- EPCglobal UHF Class-1 Generation-1규격(868~928MHz)
- EPCglobal UHF Class-1 Generation-2규격(868~928MHz) – ISO18000-6C

(6) 응용 규격

- Mifare Classic : ISO14443-3 Type A방식으로 동작하지만 상위에 ISO14443-4 대신에 MIFARE프로토콜을 사용하는 필립스사 전용 응용이다. 또한 비표준 CRYPTO1 알고리듬이 적용되어 Philips사의 RC632등의 리더용 칩을 사용해야 한다.
- Mifare Ultralight : crypto기능이 없는 방식이다. ISO14443-Type A방식의 Philips사 전용 응용. ISO14443-4은 없음
- FeliCa : Sony규격으로써 ISO18092표준에 포함되어 있다.
- ISO/IEC 7816-4: Interindustry command for interchange. 카드와의 메시지형식, 명령/응답 절차를 규정하며, APDU라고 한다.

(7) NFC 포럼 규격

- NFC Digital Protocol Technical Specification: 수동(Passive) 통신모드의 절차에 대하여 변조 방식, 비트 단위 코딩, 비트 레이트, 프레임 포맷, 프로토콜 및 커맨드를 규정하며 ISO18092규격에 포함되어 있다.

여기에는 기존 기술인 ISO14443- 3A, ISO14443-3B, JIS 6319-4규격을 각각 NFC-A,-B,-F로 재정의하고 이들을 조합하여 구성할 수 있는 Type 1, 2, 3, 4A, 4B 카드 플랫폼을 제시한다.
물론 ISO14443-4 Transmission Protocol을 ISO-DEP로 재정의하고 유사한 NFC P2P전용 NFC-DEP 프로토콜도 규정한다.

- NFC Logical Link Control Protocol (LLCP): P2P용 LLC기반의 L2프로토콜이다. 연결형 서비스를 제공시에는 흐름 및 오류제어를 지원하지만 비연결형 서비스를 제공할 수도 있다.
이것은 IEEE 802.2 LLC를 간략화한 것으로써 상위의 IP를 수납할 수 있다.
- NFC Forum Tag Types : Reader/Writer모드 동작시 다양한 tag를 지원하기 위한 규격.
- NFC Forum Type 1 Tag규격 : ISO/IEC 14443A기반의 Anticollision방식 없음. 106Kbps지원. NDEF형식의 데이터 교환.
- NFC Forum Type 2 Tag규격 : ISO/IEC 14443A기반의 Anticollision방식 지원. NXP MIFARE Ultralight규격 전용. 106Kbps지원.
- NFC Forum Type 3 Tag규격 : 소니의 FeliCa 전용규격. Anticollision방식 지원 212,424Kbps지원.
- NFC Forum Type 4 Tag규격 : ISO/IEC 14443A표준지원(NXP DESFire제품) Anticollision방식 지원 212,424Kbps지원.
- NFC Data Exchange Format (NDEF) : NFC장치간에 사용되는 공통 데이터 형식
- NFC Simple NDEF Exchange Protocol (SNEP) : P2P모드일 때 LLCP 상위에서 NDEF 메시지를 전달하는 절차이다.

16.13 설계과제

- 125KHz 리더기능 설계 : EM4095칩 기반 카드 리더기능을 설계한다.
- 13MHz 리더기능 설계 : MIFARE용 RC522 기반 카드 리더기능을 설계한다.

16.14 125KHz 카드 리더 설계

(1) 설계 목표

Read/Write용 아날로그 변복조 기능을 제공하는 EM4095 칩을 사용하여 125KHz용 EM4100 카드를 읽는 동작을 지원하는 리더기능을 설계한다.

(2) 요구 사항

- EM4095 칩을 사용한 리더기를 설계한다.
- 125KHz용 EM4100 카드를 읽는 동작을 소프트웨어로 설계한다.

(2) EM4100 카드

<그림 16.37>은 산업용으로 널리 사용되는 EM4100 카드의 내부 구성이다.

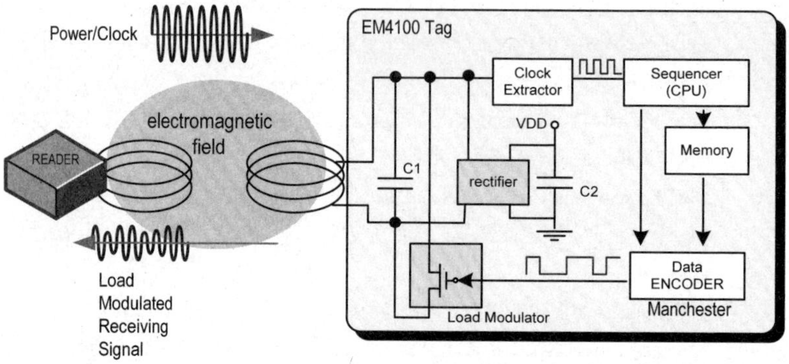

<그림 16.37> EM4100 카드의 내부 구성

이것은 모두 '1'로 구성된 9비트의 헤더에 이어 ISO11784규격의 40비트 식별자 데이터를 전송하는 EM Microelectronics사의 고유한 읽기전용 카드다.
이 식별자는 제조회사에서 서로 상이한 값으로 설정하여 고정되어 있으므로 변경할 수 없다. 40비트 데이터는 4비트씩 조합되어 짝수 패리티로 보호된다. 마지막 4비트 길이의 패리티비트 영역은 각 데이터비트의 컬럼별 짝수 패리티값이다.
또한 125KHz/64 또는 125KHz/32의 비트율로 전송하며 칩 버전에 따라 맨체스터, Biphase-S 또는 PSK 인코딩방식 중 하나를 지원하지만 우리는 맨체스터 방식을 지원하는 것을 고려한다.

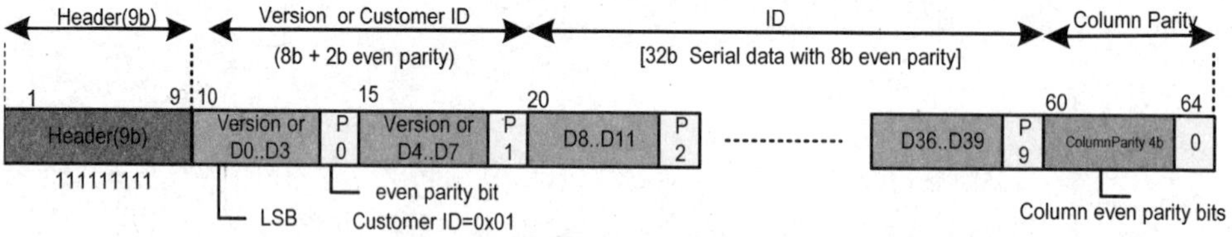

<그림 16.38> EM4100 카드용 프레임 구성

(3) EM4095 리더기

리더 기능을 수행하는 이 칩은 다음 기능을 제공한다.

- 5V로 동작한다.
- 125KHz의 반송파를 생성하는 안테나 구동회로를 갖는다.
- 100% AM(즉 OOK) 변복조 또는 변조율의 조정이 가능한 AM 변조방식을 모두 지원한다. 수신파형에서 0.85~2mVpp의 진폭변화를 감지하여 복조한다.
- EM4102,4200, 4205,4305 등의 읽기 전용 카드를 지원한다.
- MOD 핀을 사용하여 EM4450과 같은 쓰기 가능 카드에 대한 쓰기동작도 할 수 있다. 우리는 읽기 전용 기능만 설계한다.
- 외부 안테나코일은 500μH를 사용한다.

이것의 내부 구성은 다음과 같다.

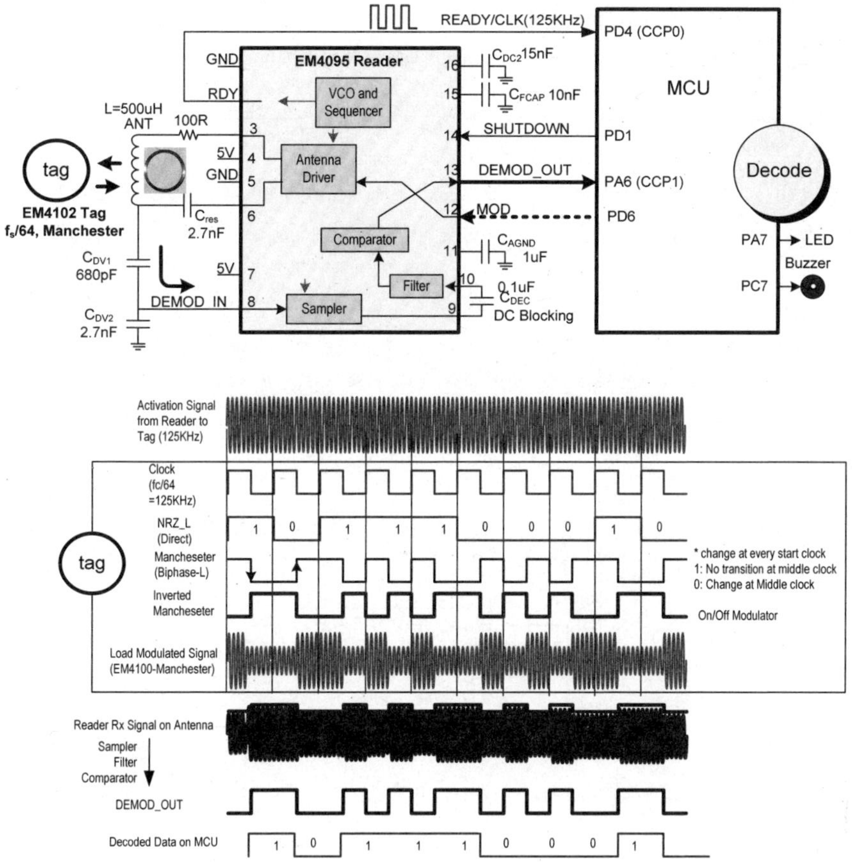

<그림 16.39> EM4095 리더기 칩의 구성과 동작

- 안테나 구동부 : 125KHz의 공진주파수에 따른 정현파를 생성하며 외부 공진회로의 Q값에 따라 전류공급량이 결정된다. 최대 공급값은 250㎃이다.
- MOD핀 : 송신 동작시 MCU로부터 입력되는 값에 대하여 AM 변조하여 송신한다. 수신 기능만 사용시에는 GND로 연결한다.
- 수신부 : 복조부 입력신호는 안테나에 감지되는 전압차에 의해 복조하는 AM 복조 방식을 사용한다[29]. DEMOD_IN(8)핀이 이 용도로 사용된다. 복조부는 샘플러와 비교기, 반송파 성분을 제거하는 HPF 필터가 사용되며 복조된 데이터는 DEMOD_OUT 핀으로 출력된다.
- SHD (ShutDown) : '1'로 설정시 송신부와 수신부의 기능이 중지된다.
- RDY/CLK 신호 : 125KHz의 클럭을 MCU에게 제공한다.

[29] AM Synchronous Demodulation 방식이라고 부른다.

이러한 구성에서 알 수 있듯이 EM4095칩은 아날로그 디지털 변환 기능을 수행하는 기능만 제공한다. 따라서 프레임 구성 및 맨체스터 인코딩/디코딩 기능과 같은 디지털 기능은 모두 MCU에서 소프트웨로 설계되어야 한다.
참고로 안테나를 통한 공진회로의 공진주파수는 다음과 같이 주어진다.

$$f_0 = \frac{1}{2\pi\sqrt{LC_0}},\quad C_0 = C_{RES} + \frac{C_{DV1} * C_{DV2}}{C_{DV1} + C_{DV2}}$$

따라서 L = 500uH 안테나 코일의 경우, C_{RES}=2.7nF, C_{DV1}=680pF, C_{DV2}=2.7nF를 사용하면 공진주파수 f_0 = 125KHz를 얻을 수 있다.

(4) 하드웨어 설계

EM4095 기반의 리더기 주변회로의 예는 <그림 16.40>과 같다. 이것의 동작전압은 5V이므로 3.3V의 MCU와의 인터페이스를 위한 레벨 변환기를 MOD신호선에 추가한다. 반면에 DEMOD 출력 전압은 MCU의 입력으로 큰 문제가 없는 경우 별도의 레벨 변환기가 불필요하다.

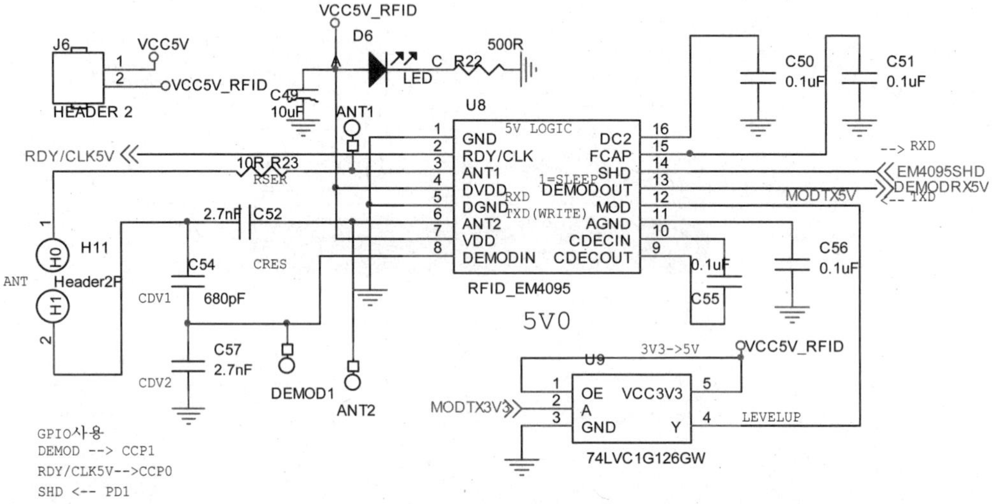

<그림 16.40> EM4095 리더기 주변회로의 예

(5) 소프트웨어 설계

다음 사항에 유의하여 설계한다.

- EM4100 카드에 대한 읽기 전용 기능을 설계한다.
- 데이터 전송률은 2Kbps(125KHz 변조신호에 대한 1/64 배 속도)로 설정한다.
- DEMOD핀으로 부터 수신되는 맨체스터 코드 데이터를 MCU의 엣지 트리거드 타이머 기능을 사용하여 소프트웨어적으로 디코딩한다.
- 송신시 readback되는 것을 방지하기 위하여 Shutdown핀을 제어한다.
- 카드 인식시 Buzzer 및 LED로 표시한다.

```
// RFID reader with EM4095. It can read EM4100 series Tags
/* +GPIO Configurations -- MCU Specific
 * DEMOD : CCP1, PA6, Pin 4 Input (2Kbps Manchester)
 * MOD    : PD6, Pin 9 Output (May be 2Kbps Manchester) -- Not used.
 * SHD    : PD1, Pin 10 Output -- need for stopping unnecessary back-to-back reads.
 * RDY/CLK: CCP0, PD4, Pin 33 Input (125KHz from EM4095)
 * BUZZER : PC7 Pin 34 GPIO Output
 * ULED0 : PA7
*/
/* For 50MHz MCU System Clock, Tc= 20nsec. Max time = 1.3107msec.
 * RFID Data Rate =   1/64 of 125KHz = about 2Kbps (Demodulated data rate).
 * Each bit takes 25000 clks for 50MHz Timer.
 * 16 bit input edge timer mode : No prescaled. use free-running down counter (init val = 0xffff)
 * To change from rising to falling, or vice versa, you must call TimerDisable(),
 * and reload 0xFFFF, and then TimerEnable().
*/

//+MCU Specific
#define _XTAL_FREQ 50000000       // MCU oscillator frequency
#define RFID_MOD_ON GPIOPinWrite(GPIO_PORTD_BASE, GPIO_PIN_6, GPIO_PIN_6); //set 1
#define RFID_MOD_OFF GPIOPinWrite(GPIO_PORTD_BASE, GPIO_PIN_6, ~GPIO_PIN_6);// set 0
#define SPKON   {GPIOPinWrite(GPIO_PORTB_BASE, GPIO_PIN_1, GPIO_PIN_1);}
#define SPKOFF {GPIOPinWrite(GPIO_PORTB_BASE, GPIO_PIN_1, ~GPIO_PIN_1);}

#define MANCHESTER_BIT                    25000               //2Kbps RFID (500usec) == 25000 clks. (1/64)
#define MANCHESTER_HALF_BIT    (MANCHESTER_BIT / 2)   //200 clks
#define MANCHESTER_MIDDLE        ((MANCHESTER_BIT + MANCHESTER_HALF_BIT) / 2)
        // 300 clks
#define MANCHESTER_MAX             (MANCHESTER_MIDDLE + MANCHESTER_HALF_BIT)
        // 300+200=500 clks
#define MANCHESTER_MIN             (MANCHESTER_MIDDLE - MANCHESTER_HALF_BIT)
        // 300-100 =200 clks
#define IS_MANCHESTER ((sigHoldTime < MANCHESTER_MAX) &&
                                        ( sigHoldTime >
                                            MANCHESTER_MIN))              // 200 < sigHoldTime < 500
#define IS_MANCHESTER_T          (sigHoldTime < MANCHESTER_MIDDLE)      // sigHoldTime < 300
#define IS_MANCHESTER_2T         (sigHoldTime > MANCHESTER_MIDDLE)      // sigHoldTime > 300

char rfid_code[17];
char g_dataReady = 0;
char currentBit = 1;
char needNextManchesterT = 0;
unsigned char bitReceived = 7;
unsigned char byteReceived = 6;
unsigned char buffer[8];
unsigned char data[5];

//+GPIO Config -- MCU Specific
void Em4095GpioConf(void)
{
        /* LED : PA7
         * DEMOD : CCP1, PA6, Pin 4 Input
         * MOD    : PD6, Pin 9 Output
         * SHD    : PD1, Pin 10 Output
         * RDY/CLK: CCP0, PD4, Pin 33 Input
         * BUZZER : PC7 Pin 34 GPIO Output
         * */
        // set MOD and SHDN pins as outputs
        SysCtlPeripheralEnable(SYSCTL_PERIPH_GPIOA);
        SysCtlPeripheralEnable(SYSCTL_PERIPH_GPIOB);//SPK VER4
        SysCtlPeripheralEnable(SYSCTL_PERIPH_GPIOC);
        SysCtlPeripheralEnable(SYSCTL_PERIPH_GPIOD);
```

```
            GPIOPinTypeGPIOOutput(GPIO_PORTA_BASE, GPIO_PIN_7);//LED PA7
            GPIOPinTypeGPIOInput(GPIO_PORTA_BASE, GPIO_PIN_6); //DEMOD CCP1 PA6
            GPIOPinTypeGPIOOutput(GPIO_PORTD_BASE, GPIO_PIN_6);//MOD PD6
            GPIOPinTypeGPIOOutput(GPIO_PORTD_BASE, GPIO_PIN_1);//SHD PD1
            GPIOPinTypeGPIOInput(GPIO_PORTD_BASE, GPIO_PIN_4); //RDY/CLK CCP0 PD4
            GPIOPinTypeGPIOOutput(GPIO_PORTB_BASE, GPIO_PIN_1);//SPK PB1
            somedelay(100);
}

/*********************************************************************
// MCU-Specific
1. set timer to 125kHz (or external triggered from CLK/RDY on EM4095 using CCP0. TBD)
2. set interrupt on capture (falling edge) with CCP on DEMOD pin
 - CCP1(PA6) of LM3s8962 can support CCP with Edge Timing Mode, but only either rising or falling edge.
   Not Both. Thus, we switch edge mode at each interrupt.
*********************************************************************/
void Em4095Init(void) {

        // initialization of capture module
        printf("Using 16-Bit Timer Interrupt for decoding the demodulated Manchester Code.\r\n");
        printf("     Timer = Timer0B\r\n");
        printf("Mode =    Edge-Timer Mode(Interrupt on Next Rising/Falling Edge)\r\n");
        printf("RFID Data Rate = 1/64 of 125KHz = about 2Kbps\r\n");
        printf("DeMOD signal is routed into CCP1(PA6 of LM3S8962)\r\n");
        printf("You may use the CLK of 125KHz from EM4905.\r\n");
        printf("In addition, you may use the MOD to write something to Tag.\r\n");
        printf("\r\nContact me your EM4102/4200/4205/4305 Tags.\r\n");

        // Configure the PA6 pin muxing for the Timer/CCP function.
        //+Configi Timer 0B (CCP1)(DEMOD input pin).
        //If you need CLK pin, add Timer 0A(CCP0).--TBD
        GPIOPinConfigure(GPIO_PA6_CCP1);
        GPIOPinTypeTimer(GPIO_PORTA_BASE, GPIO_PIN_6);
        // Configure the ccp settings for CCP pin.
        // Set up Timer0B for edge-timer mode, positive edge.
        SysCtlPeripheralEnable(SYSCTL_PERIPH_TIMER0);
        TimerConfigure(TIMER0_BASE,TIMER_CFG_16_BIT_PAIR | TIMER_CFG_B_CAP_TIME);
        TimerControlEvent(TIMER0_BASE, TIMER_B, TIMER_EVENT_POS_EDGE); //rising edge
        TimerLoadSet(TIMER0_BASE, TIMER_B, 0xffff);
        //load initial counter value of 0xffff(will be count down)
        // Configure the Timer0B interrupt
        //IntPrioritySet(INT_TIMER0B, 0x40);//priority 0 is the highest
        TimerIntEnable(TIMER0_BASE, TIMER_CAPB_EVENT);
        TimerEnable(TIMER0_BASE, TIMER_B);
        IntEnable(INT_TIMER0B);
        IntMasterEnable();

        Em4095off();            // turns RFID module off
}

// Data reception (called on each capture interrupt)
// MCU-Specific
// [NOTE] CCP1(PA6) of LM3s8962 can support CCP with Edge Timing Mode,
            but only either rising or falling edge. Not Both. Thus we will change the edge mode on each interrupt.
volatile u8 edge;
volatile u16 sigHoldTime=0;
void Em4095Isr(void) { //called at each rising or falling edge
            u32 curr_timer;

            IntMasterDisable(); //Mask all interrupts
            TimerIntClear(TIMER0_BASE, TIMER_CAPB_EVENT);       //Timer0B Interrupt Clear
```

```
        curr_timer = TimerValueGet(TIMER0_BASE, TIMER_B);
    //HWREG(TIMER0_BASE + TIMER_O_TBR);//
        TimerDisable(TIMER0_BASE, TIMER_B);
        edge = GPIOPinRead(GPIO_PORTA_BASE, GPIO_PIN_6) >> 6; //get whether rising or falling edge.
        if(edge){ //on rising edge
            TimerControlEvent(TIMER0_BASE, TIMER_B, TIMER_EVENT_NEG_EDGE);
    //switch to falling edge
            TimerLoadSet(TIMER0_BASE, TIMER_B, 0xffff); //load initial value of 0xffff(will count down)
            TimerEnable(TIMER0_BASE, TIMER_B);
            sigHoldTime = 0xffff - curr_timer;// +2;
        }
        else{ //falling edge
            TimerControlEvent(TIMER0_BASE, TIMER_B, TIMER_EVENT_POS_EDGE);
    //switch to rising edge
            TimerLoadSet(TIMER0_BASE, TIMER_B, 0xffff); //load initial value of 0xffff(count down)
            TimerEnable(TIMER0_BASE, TIMER_B);
            sigHoldTime = 0xffff - curr_timer;// +2;
        }

        if (IS_MANCHESTER) {
          if (needNextManchesterT) {         // if previous reception was half-bit
            if (IS_MANCHESTER_T) {   // if it's second half-bit
              needNextManchesterT = 0;   // we don't expecting next half-bit
              Em4095buffer_add_bit();     // add received bit to buffer
            }else                        // if we expected half bit and it wasn't
              Em4095BufReset();          // reset buffer

          }else {              // if half-bit wasn't expected
              if (IS_MANCHESTER_T) {// expect second half-bit on next capture
                            needNextManchesterT = 1;
              }else {          // if it was full byte
                currentBit ^= 0x01;       // toggle bit that will be added
                Em4095buffer_add_bit();// add received bit to buffer
              }
          }
          //printf("%d",currentBit);
        }

        else {// if not manchester symbol
          Em4095BufReset();            // reset buffer
        }

    TimerIntEnable(TIMER0_BASE, TIMER_CAPB_EVENT);
    IntEnable(INT_TIMER0B);
    IntMasterEnable();
    return;
}

// Add bit to buffer on correct reception
// Each bit will be stored in the buffer[8]. The first bit will be stored in the last bit of the last byte of the buffer.
// That is, buffer[0]                          buffer[7]
//                      <--------------
void Em4095buffer_add_bit(void) {
        if (buffer[7] == 0xff) { // if we received 8 bits of header (it is synchronized)
                buffer[byteReceived] |= currentBit << bitReceived;// save received bit on current position
                if (bitReceived-- == 0) {                    // change bit position
                  bitReceived = 7;         // if we are at the and of byte jump on start
                  if (byteReceived-- == 0) {// and change byte position
                      Em4095checkdata();  // if reception end, check received buffer and save data
                      Em4095BufReset();              // prepare buffer and counters for next transfer
                      //printf("Got a full frame\r\n");
                      return;
```

```
                }
            }
        }
        else { // if we are not synchronized, thus we will get 111111111(sync 9 bits)
            buffer[7] <<= 1;                    // shift first byte
            buffer[7] |= currentBit;            // and add received bit
        }
}

// Return even parity of data
char parity(unsigned char dataIn) {
        char n;
        char par = 0;

        for (n = 8; n; n--) {
            par ^= dataIn & 0x01;    // makes exclussive-or with every bit
            dataIn >>= 1;
        }
        return par;
}

// Reset buffer, positions and capture edge
void Em4095BufReset(void) {
        buffer[0] = 0; buffer[1] = 0; buffer[2] = 0; buffer[3] = 0;
        buffer[4] = 0;     buffer[5] = 0;        buffer[6] = 0;        buffer[7] = 0;

        currentBit = 1;    // next bit that will bi added is 1
        needNextManchesterT = 0;    // don't expect half-bit
        bitReceived = 7;  // reset bit position in buffer
        byteReceived = 6; // reset byte position in buffer
}

// Set RFID module to sleep mode
void Em4095off(void) {
        g_dataReady = 0;                // if it's in sleep mode, data cant't be ready
        RFID_MOD_OFF;                   // it's recomended to turn modulation off in sleep mode
        GPIOPinWrite(GPIO_PORTD_BASE, GPIO_PIN_1, GPIO_PIN_1); //SHDN_port
}

// Wake-up from sleep mode
void Em4095on(void) {
        Em4095BufReset();                       // reset buffer etc.
        RFID_MOD_OFF;                   // turn the modulation off
        GPIOPinWrite(GPIO_PORTD_BASE, GPIO_PIN_1, ~GPIO_PIN_1);// SHD=0. wake-up
        delayms(35);        // wait for antenna oscillation
}

char Em4095checkdata(void) {
      char n;
        if ((buffer[7] != 0xff) || ((buffer[6] & 0x80) != 0x80)) { // check header bits(9 bits of '1')
            printf(" BAD HEADER\r\n");
            return 0;
        }
        if ((buffer[0] & 0x01) != 0) {                  // check stop bit
            return 0;
        }

        if (parity(buffer[6] & 0b01111000) != ((buffer[6] & 0x04) >> 2))      // check P0
            return 0;

        if (( parity(buffer[6] & 0b00000011) ^ parity(buffer[5] & 0b11000000)) != ((buffer[5] & 0x20) >> 5))
        // check P1
```

```
        return 0;

    if (parity(buffer[5] & 0b00011110) != (buffer[5] & 0x01))            // check P2
        return 0;

    if (parity(buffer[4] & 0b11110000) != ((buffer[4] & 0x08) >> 3))     // check P3
        return 0;

    if ((parity(buffer[4] & 0b00000111) ^ parity(buffer[3] & 0b10000000)) != ((buffer[3] & 0x40) >> 6))
        return 0;

    if (parity(buffer[3] & 0b00111100) != ((buffer[3] & 0x02) >> 1))     // check P5
        return 0;

    if ((parity(buffer[3] & 0b00000001) ^ parity(buffer[2] & 0b11100000)) != ((buffer[2] & 0x10) >> 4))
        return 0;

    if (parity(buffer[2] & 0b00001111) != ((buffer[1] & 0x80) >> 7))     // check P7
        return 0;

    if (parity(buffer[1] & 0b01111000) != ((buffer[1] & 0x04) >> 2))     // check P8
        return 0;

    if ((parity(buffer[1] & 0b00000011) ^ parity(buffer[0] & 0b11000000)) != ((buffer[0] & 0x20) >> 5))
    // check P9
        return 0;

    if (parity(buffer[6] & 0b01000010) ^
        parity(buffer[5] & 0b00010000) ^
        parity(buffer[4] & 0b10000100) ^
        parity(buffer[3] & 0b00100001) ^
        parity(buffer[2] & 0b00001000) ^
        parity(buffer[1] & 0b01000010) != ((buffer[0] & 0x10) >> 4)) // check PC0
        return 0;

    if (parity(buffer[6] & 0b00100001) ^
        parity(buffer[5] & 0b00001000) ^
        parity(buffer[4] & 0b01000010) ^
        parity(buffer[3] & 0b00010000) ^
        parity(buffer[2] & 0b10000100) ^
        parity(buffer[1] & 0b00100001) != ((buffer[0] & 0x08) >> 3)) // check PC1
        return 0;

    if ((parity(buffer[6] & 0b00010000) ^
        parity(buffer[5] & 0b10000100) ^
        parity(buffer[4] & 0b00100001) ^
        parity(buffer[3] & 0b00001000) ^
        parity(buffer[2] & 0b01000010) ^
        parity(buffer[1] & 0b00010000) ^
        parity(buffer[0] & 0b10000000)) != ((buffer[0] & 0x04) >> 2)) // check PC2
        return 0;

    if ((parity(buffer[6] & 0b00001000) ^
        parity(buffer[5] & 0b01000010) ^
        parity(buffer[4] & 0b00010000) ^
        parity(buffer[3] & 0b10000100) ^
        parity(buffer[2] & 0b00100001) ^
        parity(buffer[1] & 0b00001000) ^
        parity(buffer[0] & 0b01000000)) != ((buffer[0] & 0x02) >> 1)) // check PC3
        return 0;

    data[4] = ((buffer[6] & 0b01111000) << 1) |    ((buffer[6] & 0b00000011) << 2) |
```

```
                  ((buffer[5] & 0b11000000) >> 6);
        data[3] = ((buffer[5] & 0b00011110) << 3) |   ((buffer[4] & 0b11110000) >> 4);
        data[2] = ((buffer[4] & 0b00000111) << 5) |
                  ((buffer[3] & 0b10000000) >> 3) |
                  ((buffer[3] & 0b00111100) >> 2);
        data[1] = ((buffer[3] & 0b00000001) << 7) |   ((buffer[2] & 0b11100000) >> 1) |
                          (buffer[2] & 0b00001111);
        data[0] = ((buffer[1] & 0b01111000) << 1) |   ((buffer[1] & 0b00000011) << 2) |
                   ((buffer[0] & 0b11000000) >> 6);              // save data from buffer

        printf("RX>[buffer[7..0] 8bytes : HEX] ");
        for (n = 7; n >= 0; n--)    printf("%02x ", buffer[n]);
        printf("\r\n");
        g_dataReady = 1; // data is ready for reading
        return 1;
}

char Em4095read(char *code) {
        signed char n;
        if (g_dataReady) {
            g_dataReady = 0;
            return 1;
        }else                   return 0;
}

//main loop
void Em4095Loop(void) {
        signed char n;

        GuiInit("EM4095 125KHz RFID Reader Test");
        Em4095GpioConf();
        Em4095Init();
        Em4095on();                     // turn on RFID module
        SPKON;
       delayms(100);
        SPKOFF;
        IntMasterEnable();

        while(1) {
           if (Em4095read(rfid_code)) {     // read data
              Em4095off();              // turn RFID module off (to avoid interrupting and getting program slow)
              dtUserLed0Control(1);  // LED ON
              SPKON;
              printf("RX>[Tag Data[4..0] 5bytes : HEX] ");
              for (n = 4; n >= 0; n--) printf("%02x ", data[n]);
              printf("\r\n");
              delayms(100); // wait for 100 msec
              SPKOFF;
              delayms((2000); // wait for 2sec
              dtUserLed0Control(0); //OFF
             }
             Em4095on();// turn on to read again
         }//while
}
```

(6) 결과

EM4095는 SHD신호를 0으로 비활성화 시킨 구간에서 전자파를 방사하면 EM4100 카드가 부하 변조한 데이터를 샘플링하여 DEMOD 핀으로부터 출력한다. MCU는 이 맨체스터 인코딩된 데이터를 디코딩하여 UART를 통해 출력한다.

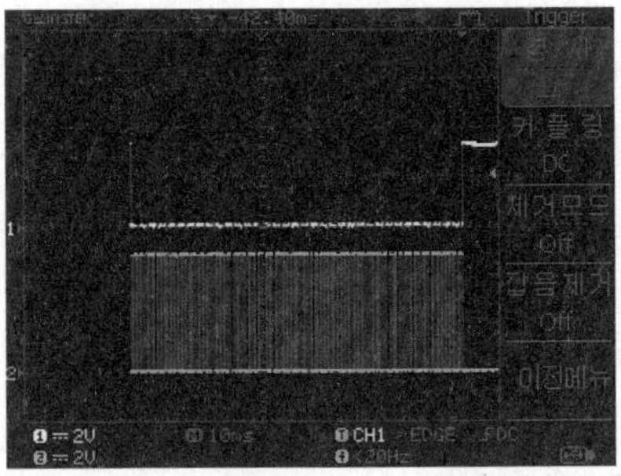

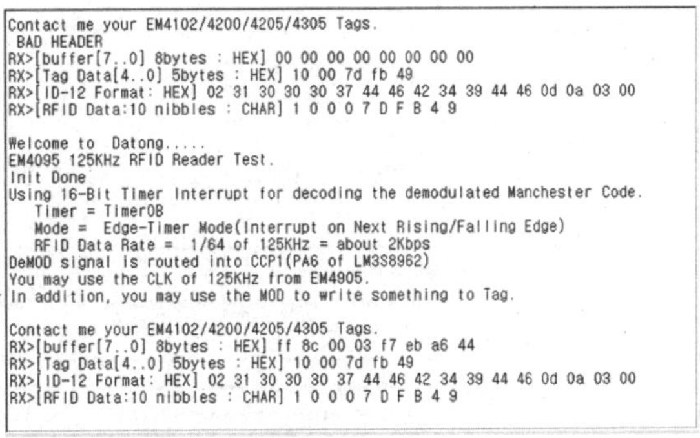

```
Contact me your EM4102/4200/4205/4305 Tags.
 BAD HEADER
RX>[buffer[7..0] 8bytes : HEX] 00 00 00 00 00 00 00 00
RX>[Tag Data[4..0] 5bytes : HEX] 10 00 7d fb 49
RX>[ID-12 Format: HEX] 02 31 30 30 30 37 44 46 42 34 39 44 46 0d 0a 03 00
RX>[RFID Data:10 nibbles : CHAR] 1 0 0 0 7 D F B 4 9

Welcome to  Datong.....
EM4095 125KHz RFID Reader Test.
Init Done
Using 16-Bit Timer Interrupt for decoding the demodulated Manchester Code.
   Timer = Timer0B
   Mode =  Edge-Timer Mode(Interrupt on Next Rising/Falling Edge)
   RFID Data Rate =  1/64 of 125KHz = about 2Kbps
DeMOD signal is routed into CCP1(PA6 of LM3S8962)
You may use the CLK of 125KHz from EM4905.
In addition, you may use the MOD to write something to Tag.

Contact me your EM4102/4200/4205/4305 Tags.
RX>[buffer[7..0] 8bytes : HEX] ff 8c 00 03 f7 eb a6 44
RX>[Tag Data[4..0] 5bytes : HEX] 10 00 7d fb 49
RX>[ID-12 Format: HEX] 02 31 30 30 30 37 44 46 42 34 39 44 46 0d 0a 03 00
RX>[RFID Data:10 nibbles : CHAR] 1 0 0 0 7 D F B 4 9
```

16.15 13.56MHz MIFARE 카드 리더 설계

(1) 설계 목표

13.56 MHz MIFARE 방식의 RFID 리더기를 설계한다.

(2) 요구 사항

- NXP사의 RC522 리더기용 칩을 사용한다.
- 버스 카드처럼 접속시 1000원을 감액하고, 만약 잔액이 부족하면 10000원을 충전하는 절차를 설계한다.
- 카드는 MIFARE Classic 계열의 MF1S50XX 칩이 내장된 것을 사용한다.

(3) MIFARE Classic 1K(One) 카드

MF1S50XX는 14443-3 Type A기반에서 106Kbps로 동작한다. 메모리 접근시 인증을 위하여 각 블록별로 2 종류의 키 중 하나를 적용시켜야 한다. 또한 전달되는 메시지는 모두 암호화 된다. 이러한 인증과 암호화를 위해 CRYPTO1 스트림 싸이퍼가 내장되어 있다.
인증절차는 challenge문 기반의 CHAP 절차를 사용한다.

a) 메모리 구조

- 1 KB의 메모리는 총 64개의 블록으로 구성되며 각 블록은 16 바이트이다.
- 4개의 블록은 한 개의 섹터로 조합되며 1KB 메모리는 총 16개의 섹터로 구성된다.
- 첫번째 섹터의 첫번째 블록은 제조사 코드 블록이다. 카드 식별번호(UID)와 제조회사 식별자가 기록되어 있다.
- 각 섹터별 3개의 블록은 데이터 수납용이다. 16 바이트 길이의 각 데이터 블록에는 실제 4바이트 long 형의 값이 저장된다.
- 각 섹터의 마지막 블럭은 Sector Trailer블록이다. 여기에는 해당 섹터의 블록 데이터에 접근시 필요한 Key A와 B로 구성되는 2개의 비밀키와 {C3,C2,C1}로 구성되는 3비트의 접근제한 값인 Access 비트가 설정된다[30].

[30] CHANGE_AUTHKEY 명령어로 해당 섹터의 인증 키 및 접근 권한을 변경할 수 있다.

- 각 섹터별로 인증용 키를 가지므로 CHAP 기반의 3-way 인증절차를 통해 해당 섹터의 블록 중 하나의 값을 읽거나 쓸 수 있다.

<그림 16.41>은 MIFARE 1K 의 내부 메모리 구조이다.

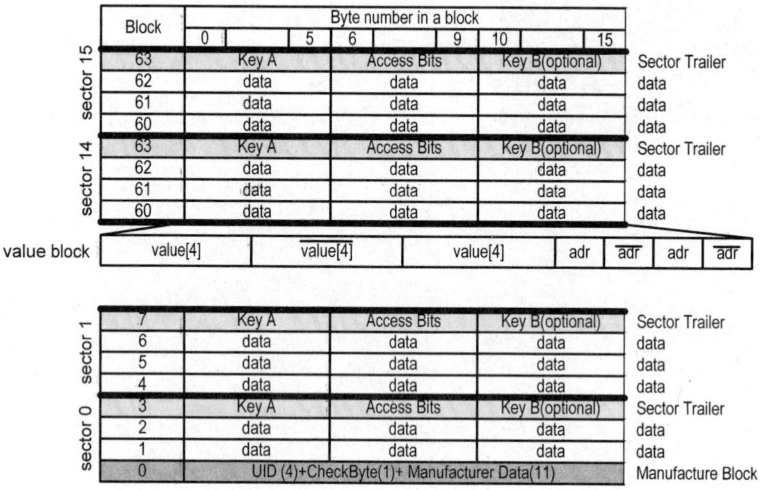

Block = 16 bytes
Sector = 4 blocks. Total 16 Sectors.
KeyA = 6 bytes ; KeyB = 6 bytes /per Sector. Total 32 Keys
Transport Key = Key stored by Manufacturer. KeyA/B=0xFF...FF(6bytes)
Value = 4 byte long variable stored in a block
Card ID = 4 byte unique id (UID) | CheckByte(UID bytes exor)
| Manufacture code. Stored in block 0 of sector 0
Access condition bits = 0xFF0780xx
(Key A used to read/write, key A itself is not readable. Key B is data only)

<그림 16.41> MIFARE 1K 카드 메모리의 구성

b) Value 블록

내용의 증감이 가능하도록 Access 비트를 설정한 데이터 블록을 Value 블록이라고 한다. 리더기는 VALUE_INCREMENT 및 VALUE_DECREMENT 명령어를 사용하여 해당 값을 증감시킬 수 있다.

이 경우 데이터 오류시 복원을 위하여 실제 4바이트의 long 정수형 값은 {4바이트 실제 값, 4바이트 보수 값, 4바이트 실제 값, 4바이트의 해당 메모리 주소값} 형태의 총 16 바이트 형태로 저장된다. 하위 바이트값이 낮은 주소번지에 저장된다. 음수 값은 2의 보수값으로 저장된다.

여기서 메모리 주소값은 해당 블록이 저장된 1바이트의 주소 adr을 {adr, /adr, adr, /adr} 형태로 보관하여 백업용으로 활용될 수 있도록 한다. Value의 증감 동작시 또는 restore 및 transfer 동작시 이 주소값은 변경되지 않는다. 단지 쓰기 동작시에만 변경된다.

c) Sector trailer

이것은 각 섹터의 마지막 블록으로써 다음 값이 기록된다.

- Key A(필수)와 B (선택) : 만약 key B가 불필요한 경우 마지막 6바이트는 추가의 데이터 바이트로 사용할 수 있다. Key A는 읽기 동작시 '0'이 반환된다. 반면에 Key B는 읽기 가능으로 설정된 경우에는 키 값을 반환한다.
- Access 비트열 : 3비트의 {C3,C2,C1}로 구성되는 접근제한 값인 Access 비트열이 총 3바이트 영역에 걸쳐 저장된다. 해당 섹터의 블록 접근 가능 여부와 일반 데이터 또는 증감이 가능한 value인지를 표시한다. 이 Access 영역의 마지막 바이트, 즉 바이트 9는 사용자 데이터 저장용으로 사용 가능하다 상세한 구조는 <그림 16.42>와 같다.

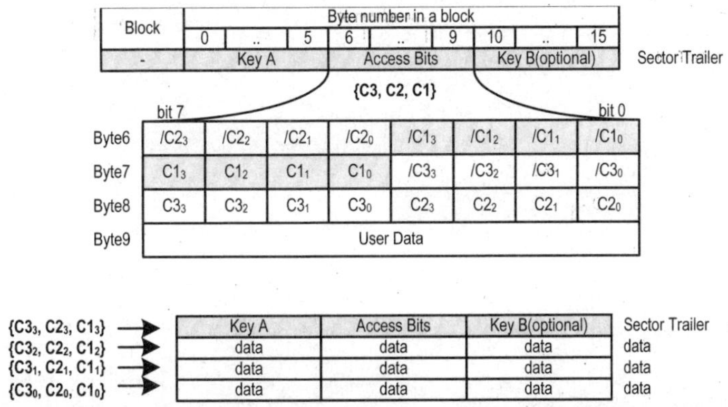

Access bits	Access condition for Sector Trailer					
	Key A		Access bits		KEY B	
C1 C2 C3	Read	Write	Read	Write	Read	Write
000	–	KeyA	KeyA	–	KeyA	KeyA
010	–	–	KeyA	–	KeyA	–
100	–	KeyB	KeyA/B	–	–	KeyB
110	–	–	KeyA/B	–	–	–
001	–	KeyA	KeyA	KeyA	KeyA	KeyA
011	–	KeyB	KeyA/B	KeyB	–	KeyB
101	–	–	KeyA/B	KeyB	–	–
111	–	–	KeyA/B	–	–	–

Access bits	Access condition for Data blocks				
C1 C2 C3	Read	Write	Increment	Decrement/Transfer/Restore	응용
000	KeyA/B	KeyA/B	KeyA/B	KeyA/B	
010	KeyA/B	–	–	–	
100	KeyA/B	KeyB	KeyB	–	
110	KeyA/B	KeyB	–	KeyA/B	vlaue
001	KeyA/B	–	–	KeyA/B	value
011	KeyB	KeyB	–	–	
101	KeyB	–	–	–	
111	–	–	–	–	

<그림 16.42> MIFARE 1K Access 비트의 구성

d) 인증 절차

리더기와 MIFARE 1K 카드간의 특정 섹터에 대한 데이터 교환시 쌍방간에 약속된 Key A/B를 사용한 다음과 같은 CHAP (Challenge Handshake Authentication Protocol) 기반의 상호 인증절차를 수행한다. 인증 후에는 모든 프레임은 암호화되어 전송된다.

이를 위해 MIFARE 전용 메시지인 Authenticaltion Request using Key A(0x60) 또는 Authenticaltion Request using Key A(0x61)를 사용한다.

① Authentication Request : 리더기는 {0x60(=Authenticaltion Request using Key A), Block Address n} 메시지로 특정 블록에 대하여 Key A로 인증하자고 지시한다.
② Challenge by card : 카드는 해당 블록에 속한 섹터의 키값과 Access 조건을 참조하여 일종의 도전문인 $nonce_{card}$ 값을 리더기에 보낸다.
③ Challenge Response by reader/Challenge by reader : 리더기는 {비밀키, $nonce_{card}$}로부터 생성한 Challenge Response와 함께 상대방 카드에 대한 상호인증을 위해 자신이 생성한 도전문인 $nonce_{reader}$ 값을 함께 제시한다[31].
④ Challenge Response by card : 카드는 먼저 응답의 유효성을 검사한 후 리더기가 제시한 도전문인 $nonce_{reader}$ 값에 대한 challenge response를 응답한다.
⑤ 리더기는 자신의 도전문에 대한 응답을 검사하여 상호 인증한다.
⑥ 이후 모든 전송은 암호화 된다.

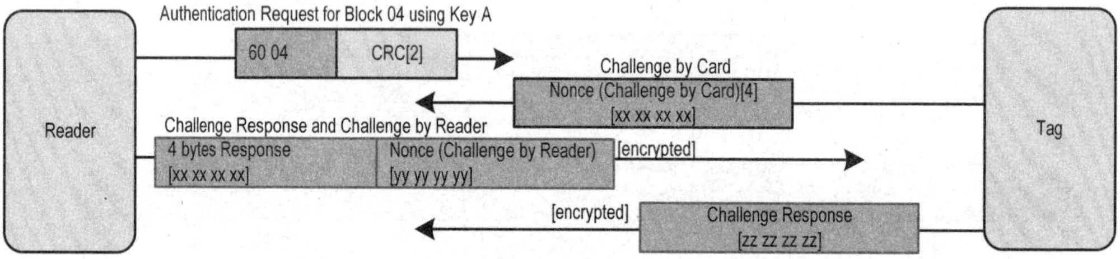

<그림 16.43> MIFARE 시스템의 인증절차

f) MIFARE 메시지

MIFARE 절차는 ISO14443-4와 같은 Transmission Protocol 절차와 동급의 NXP사 고유의 상위 계층 메시지 전달 절차이다.
이 절차에서 사용되는 메시지의 종류는 <그림 16.44>와 같다.

ISO-14443-4와 상이한 MIFARE규격은 다음과 같은 명령어로 시작되는 메시지를 사용한다. 각 메시지는 ISO14443-3 Type A 형식으로 프레이밍 된다.

- Request(REQA, 0x26) : 주변 카드에게 자신의 식별번호를 응답하도록 한다.
- Anticollision(Anti-collision CL1, 0x93, 0x20) : 여러 카드 중 하나를 선택한다.
- Select(Select CL1, 0x93, 0x70) : 선택된 카드의 식별번호를 송신하여 해당 카드로 부터 응답을 받는다.
- Authenticate(0x60 또는 0x61) : 리더기에 저장된 키 A 또는 B를 선택하여 해당 카드의 섹터에 대한 challenge를 보낸다. 만약 승인되면 섹터 접근이 가능하다.

---
[31] 이 과정에서 key값 자체는 전송되지 않는다.

- MIFARE Read(0x30) : 메모리 블록 1개를 읽는다.
- MIFARE Write(0xA0) : 메모리 블록 1개에 대한 쓰기 동작이다.
- MIFARE Increment(0xC0) : 해당 블록의 내용을 증가시키도록 한다.
- MIFARE Decrement(0xC1) : 해당 블록의 내용을 감소시키도록 한다.
- MIFARE Restore(0xC2) : 해당 블록 내용을 읽어 내부 데이터 레지스터에 임시 보관한다.
- MIFARE Transfer(0xB0) : 내부 데이터 레지스터에 임시 보관된 값을 지정된 블럭에 저장한다.

Commands	ISO14443	Command Code
Request	REQA	26h(7 bit)
Wakeup	WUPA	52h(7 bit)
Anticollision CL1	Anticollision CL1	93 20
Select CL1	Select CL1	93 70
Halt	Halt	50 00
Authentication with Key A	–	60 | Block Addr
Authentication with Key B	–	61 | Block Addr
MIFARE Read	–	30 | Block Addr -- 16 byte data
MIFARE Write	–	A0 | Block Addr | 16 byte data
MIFARE Decrement	–	C0 | Block Addr | 4 byte value
MIFARE Increment	–	C1 | Block Addr | 4 byte value
MIFARE Restore	–	C2 | Block Addr | 4 byte value
MIFARE Transfer	–	B0 | Destination Block Addr
ACK	–	1010b (4 bits)
NACK	–	0100b (4 bits) or 0101 (4 bits)

<그림 16.44> MIFARE 메시지의 종류

(g) 절차의 예

<그림 16.45>는 MIFARE 1K 카드와 리더기간의 ISO14443-3의 초기화 및 충돌방지 절차에 이어서 MIFARE 전송 프로토콜에서 규정된 인증절차 그리고 해당 블록에 대한 읽기 동작에 대한 것이다.

(4) MFRC522 리더기

<그림 16.46>은 리더기 역할을 수행하는 MFRC522의 구성도이다. 이것은 13.56MHz용 RFID reader/writer 칩으로써 ISO/IEC 14443 A/MIFARE 모드를 지원한다.

내부의 송수신부는 ISO/IEC 14443 A 프레이밍과 오류감지 기능을 제공한다. MF1xxS20, MF1xxS70, MF1xxS50 등의 카드에 대하여 최대 848Kbps를 지원한다.

MCU와는 SPI, I2C, UART 등 3가지 방식으로 연결될 수 있다. 외부에 27.12 MHz 크리스털을 사용해야 하며 3.3 V로 동작한다.

MIFARE Transmission Protocol 메시지의 전송을 위한 ISO14443-3 및 ISO14443-2 Type A 절차는 MFRC522가 하드웨어적으로 수행한다.

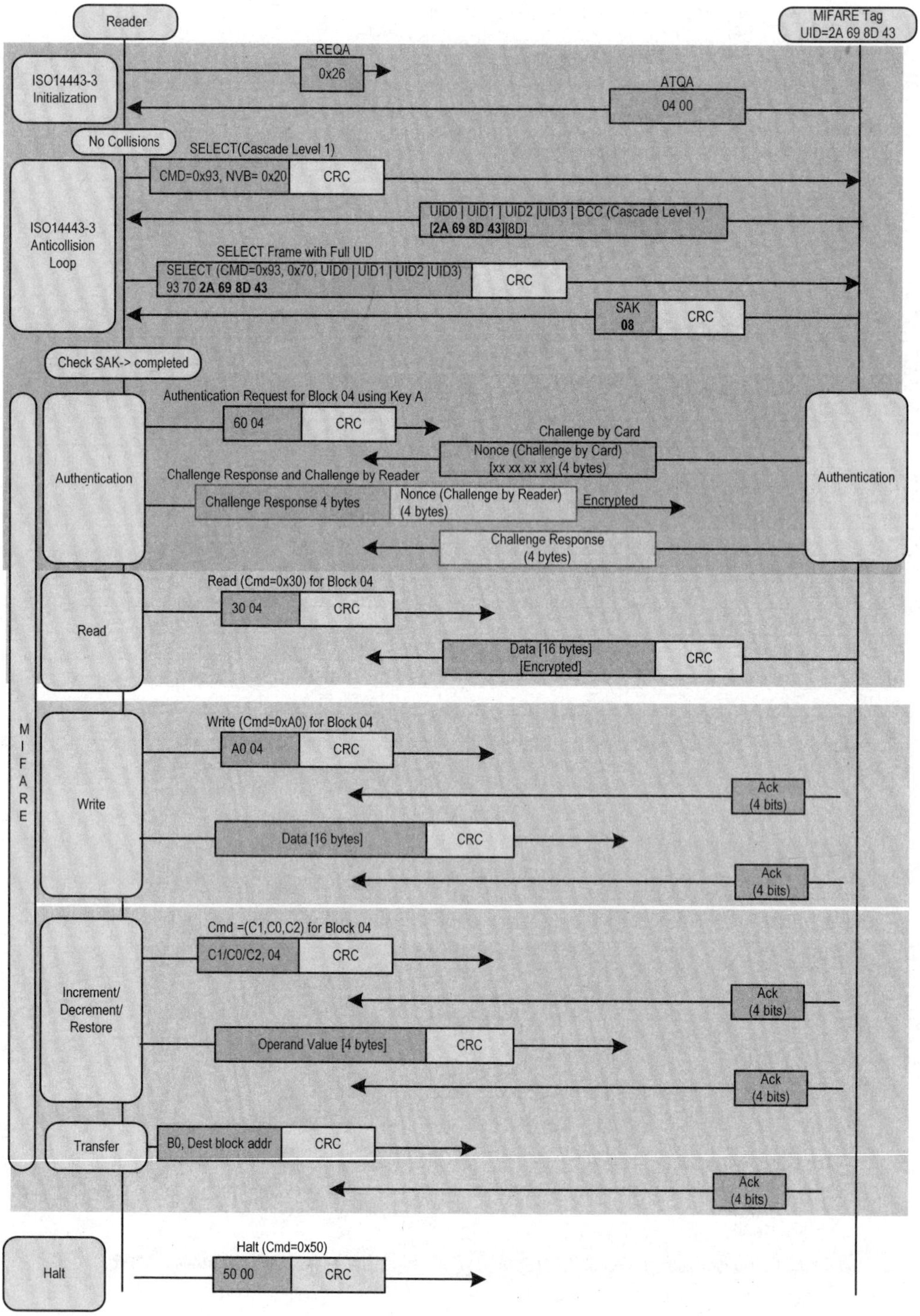

<그림 16.45> MIFARE 시스템의 동작(충돌이 없는 경우)

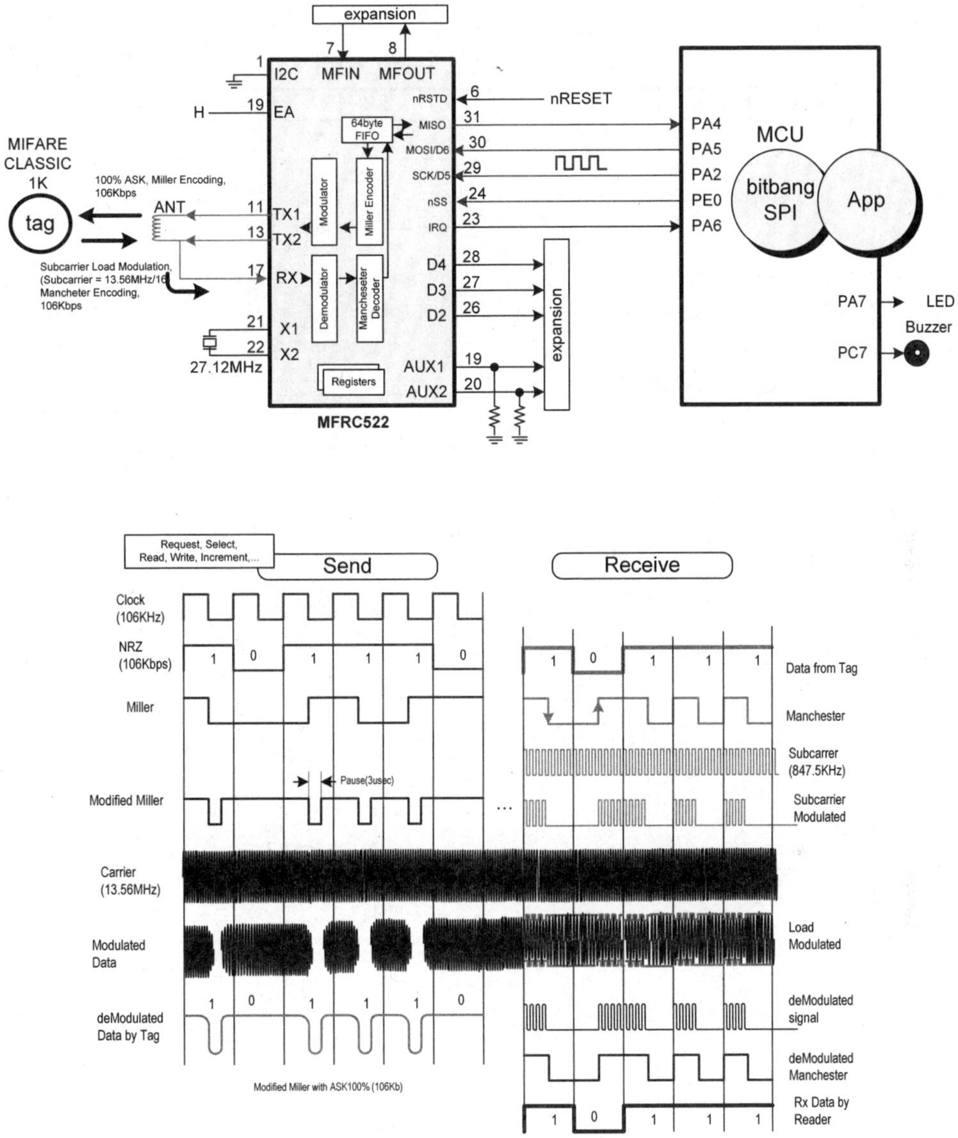

<그림 16.46> MFRC522의 구성과 동작

(5) 하드웨어 설계

이 칩은 <그림 16.47>과 같은 SPI Mode0 방식을 지원한다. 이를 위하여 GPIO를 이용한 bitbang 방식의 SPI 기능을 소프트웨어 적으로 설계한다[32].

또한 필요시 상용 RFID 모듈인 RC522을 직접 연결할 수 있도록 8핀 헤더를 추가한다.

[32] 물론 MCU내부의 SPI 모듈을 활용해도 된다.

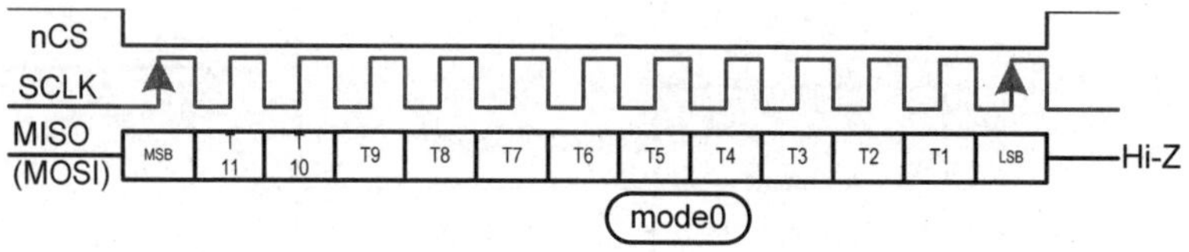

<그림 16.47> MFRC522 SPI 신호방식 (Mode 0)

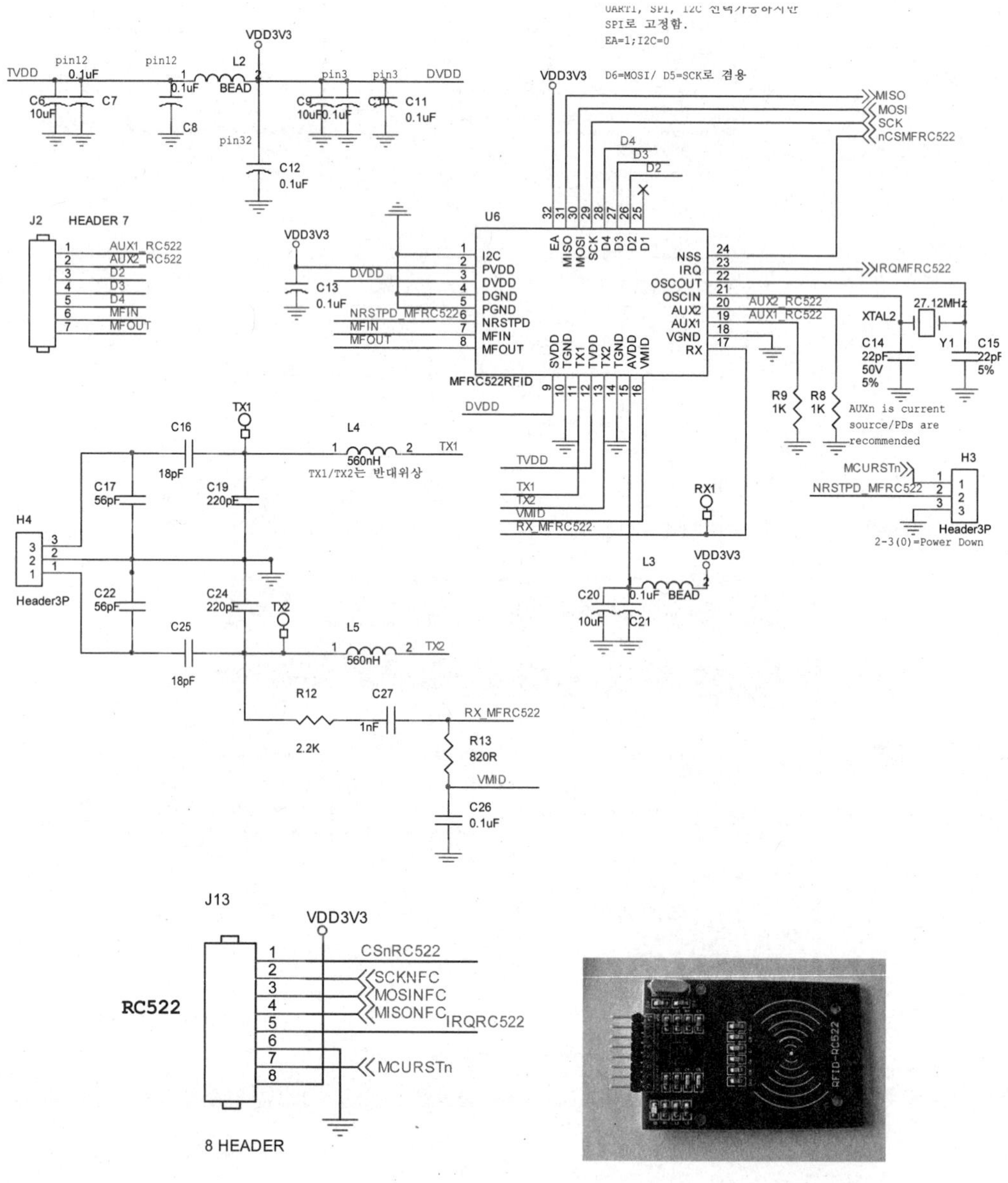

<그림 16.48> MFRC522 회로의 예

(7) 소프트웨어 설계

다음 사항을 고려하여 설계한다.

- MFRC522 리더기 칩의 내부 레지스터는 총 4 페이지에 걸친 0x40 개가 있다.
- MFRC522 리더기 칩에 대하여 {CRC 계산, 송신, 수신, 인증, 리셋 } 등의 명령어를 SPI를 통해 발행한다. 이 명령은 내부의 Command 레지스터에 전달되어 해당 동작을 수행한다.
- 인증 과정에서 필요한 키는 초기상태의 키 값인 0xFF,..0xFF를 사용한다.
- REQA, SELECT, MIFARE_READ, MIFARE_DECREMENT, MIFARE_TRANSFER 등의 필요한 프레임 생성 및 처리기능을 설계한다.
- MFRC522 리더기 칩은 수신, 버퍼 full 등의 이벤트에 대한 인터럽트를 발생시킬 수 있지만 우리는 폴링 방식으로 설계한다.
- SPI 연결을 사용한다. 필요한 SPI기능은 bitbang 방식으로 설계한다.
- 카드 인식시 LED 및 스피커(부저)에 표시한다.

(8) 프로그램 예

```
//NXP's MFRC522 Driver (13.52MHz RFID for Mifare 1K (one) tags) ========================
//No interrupt Routine
// Description: Mifarel find cards, anti-collision - election card to read and write interface
// The SPI is coded with Bitbang Style.
// GPIOs: SCK:PA2;   nSS: PE0; MISO:PA4; MOSI:PA5; IRQ : PA6(NA); nRST: TBD
// LED: PA7; BUZZER : PB1(Pin34)

//----GPIO PIN Mapping (MCU Specificic)----

//nSS (otuput by MCU)
#define NSS522_1          {GPIOPinWrite(GPIO_PORTE_BASE, GPIO_PIN_0, GPIO_PIN_0);}
#define NSS522_0          {GPIOPinWrite(GPIO_PORTE_BASE, GPIO_PIN_0, ~GPIO_PIN_0);}

// SCK (otuput by MCU)
#define SCK522_1          {GPIOPinWrite(GPIO_PORTA_BASE, GPIO_PIN_2, GPIO_PIN_2);}
#define SCK522_0          {GPIOPinWrite(GPIO_PORTA_BASE, GPIO_PIN_2, ~GPIO_PIN_2);}

// MOSI (otuput by MCU)
#define SI522_1           {GPIOPinWrite(GPIO_PORTA_BASE, GPIO_PIN_5, GPIO_PIN_5);}
#define SI522_0           {GPIOPinWrite(GPIO_PORTA_BASE, GPIO_PIN_5, ~GPIO_PIN_5);}

// MISO(Input by MCU)
#define SO522             ((GPIOPinRead(GPIO_PORTA_BASE, GPIO_PIN_4) == GPIO_PIN_4) ? 1:0)

// Speaker
#define SPKON             {GPIOPinWrite(GPIO_PORTB_BASE, GPIO_PIN_1, GPIO_PIN_1);}
#define SPKOFF            {GPIOPinWrite(GPIO_PORTB_BASE, GPIO_PIN_1, ~GPIO_PIN_1);}

//LED
#define LED_RED_ON    GPIOPinWrite(GPIO_PORTA_BASE, GPIO_PIN_7, GPIO_PIN_7);
#define LED_RED_OFF   GPIOPinWrite(GPIO_PORTA_BASE, GPIO_PIN_7, ~GPIO_PIN_7);

//==============================================================
//MF522 Commands (See Manual 10.3)
#define PCD_IDLE              0x00    //No Action, Cancel Current Execution
```

```
#define PCD_CALCCRC      0x03    //Activate CRC copressor or perform self test
#define PCD_TRANSMIT     0x04    //Transmit data from FIFO buffer to antenna
#define PCD_RECEIVE      0x08    //Activate Rx Circuits
#define PCD_TRANSCEIVE 0x0C      //Tx data from FIFO to antenna, and activate Rx after Tx
#define PCD_AUTHENT      0x0E    //Authentication Key(12bytes.)
#define PCD_SOFTRESET    0x0F    //SoftReset

//Mifare_One(1K) Frame Commands (Software Frame Format)
//Mifare_One card command word
#define PICC_REQIDL 0x26             // look for antenna region does not enter hibernation
#define PICC_REQALL 0x52             // look for the antenna all the cards in the region
#define PICC_ANTICOLL 0x93           // anti-collision
#define PICC_SELECTTAG 0x93          // election card
#define PICC_AUTHENT1A 0x60          // Verify A key
#define PICC_AUTHENT1B 0x61          // verify the B key
#define PICC_READ 0x30               // read block
#define PICC_WRITE 0xA0              // write block
#define PICC_DECREMENT 0xC0          // chargeback
#define PICC_INCREMENT 0xC1          // recharge
#define PICC_RESTORE 0xC2            //adjust the block data to buffer
#define PICC_TRANSFER 0xB0           //save the buffer data
#define PICC_HALT 0x50               // sleep

#define DEF_FIFO_LENGTH              64 //FIFO size=64byte
#define MAXRLEN 18

//MF522 Registers ==================================================
//PAGE 0
#define       RFU00                0x00
#define       COMMANDREG01         0x01
#define       COMIENREG            0x02
#define       DivlEnReg            0x03
#define       COMIRQREG04          0x04
#define       DivIrqReg            0x05
#define       ERRORREG06           0x06
#define       Status1Reg           0x07
#define       Status2Reg           0x08
#define       FIFODataReg          0x09
#define       FIFOLEVELREG0A       0x0A
#define       WaterLevelReg        0x0B
#define       ControlReg           0x0C
#define       BITFRAMINGREG0D      0x0D
#define       COLLREG0E            0x0E
#define       RFU0F                0x0F

// PAGE 1
#define       RFU10                0x10
#define       MODEREG11            0x11
#define       TxModeReg            0x12
#define       RxModeReg            0x13
#define       TxControlReg         0x14     // bit3:Tx2CW(Output on Tx2 continuous wave with
                                 unmodulated 13.56MHz energy carrier);bit 1:Tx2REFn ; bit 0:Tx1REFn
#define       TXASKREG15           0x15
#define       TxSelReg             0x16
#define       RXSELREG17           0x17
#define       RxThresholdReg       0x18
#define       DemodReg             0x19
#define       RFU1A                0x1A
#define       RFU1B                0x1B
#define       MifareReg            0x1C
#define       RFU1D                0x1D
#define       RFU1E                0x1E
```

```
#define     SerialSpeedReg          0x1F

//PAGE 2
#define     RFU20                   0x20
#define     CRCResultRegM           0x21
#define     CRCResultRegL           0x22
#define     RFU23                   0x23
#define     ModWidthReg             0x24
#define     RFU25                   0x25
#define     RFCfgReg                0x26
#define     GsNReg                  0x27
#define     CWGsCfgReg              0x28
#define     ModGsCfgReg             0x29
#define     TMODEREG2A              0x2A
#define     TPRESCALERREG2B         0x2B
#define     TReloadRegH             0x2C
#define     TReloadRegL             0x2D
#define     TCounterValueRegH       0x2E
#define     TCounterValueRegL       0x2F

//PAGE 3
#define     RFU30                   0x30
#define     TestSel1Reg             0x31
#define     TestSel2Reg             0x32
#define     TestPinEnReg            0x33
#define     TestPinValueReg         0x34
#define     TestBusReg              0x35
#define     AutoTestReg             0x36
#define     VersionReg              0x37
#define     AnalogTestReg           0x38
#define     TestDAC1Reg             0x39
#define     TestDAC2Reg             0x3A
#define     TestADCReg              0x3B
#define     RFU3C                   0x3C
#define     RFU3D                   0x3D
#define     RFU3E                   0x3E
#define     RFU3F                   0x3F

// Error Codes
#define MI_OK                       0
#define MI_NOTAGERR                 1
#define MI_ERR                      2

void Mfrc522GpioConf(void)
{
    //+nSS, SCK, MOSI, MISO, IRQ , nRST, LED, SPK 등에 대한 핀을 설정함
    // MCU Specific
}

//Write a value on given Register with SPI
void Write_MFRC522(unsigned char Address, unsigned char value)
{
    unsigned char i, ucAddr;

    SCK522_0; //SCK=0; -- Idle
    NSS522_0; //nSS=0
    ucAddr = ((Address<<1)&0x7E); //MSB=0; LSB=0

    for(i=8;i>0;i--)  {
        if ((ucAddr&0x80)==0x80)    SI522_1;    //MOSI=1
        else                        SI522_0;    //MOSI=0
```

```
            SCK522_1; //SCK=1
            ucAddr <<= 1;
            SCK522_0; //SCK=0
        }

        somedelay(10);
        for(i=8;i>0;i--)   {
            if ((value&0x80)==0x80)   SI522_1;        //MOSI=1
            else                      SI522_0;        //MOSI=0
            SCK522_1; //SCK=1
            value <<= 1;
            SCK522_0; //SCK=0
        }
        SCK522_0; //SCK=0 //Idle
        NSS522_1; //nSS=1
        //SCK522_1; //SCK=1
}

//Read RC522 Register Value with SPI
//For Read MSB=1 + Address (for 0x37--> 0xee)
unsigned char Read_MFRC522(unsigned char Address){
        unsigned char i, ucAddr;
        unsigned char ucResult=0;

        //Data bit is latched on rising edge.
        SCK522_0; //SCK=0
        NSS522_0; //Select
        ucAddr = ((Address<<1)&0x7E)|0x80;
        for(i=8;i>0;i--)   {
            if ((ucAddr&0x80)==0x80)        SI522_1;       //MOSI=1
            else                            SI522_0;       //MOSI=0
            SCK522_1;//SCK=1
            ucAddr <<= 1;
            SCK522_0;//SCK=0
        }

        somedelay(10);
        //read data
        for(i=8;i>0;i--) {
            SCK522_1; //SCK=1
            ucResult <<= 1;
            SI522_0; //dummy output(0)
            ucResult |= SO522;
            //GPIOPinRead(GPIO_PORTA_BASE, GPIO_PIN_4);// SO522 ;//MISO
            SCK522_0; //SCK=0
        }
        SCK522_0; //SCK=0 //Idle...
        NSS522_1; //nSS=1
        delayms(1);
        return ucResult;
}

//set RC522 register bit
void SetBitMask(unsigned char reg,unsigned char mask)
{
        char tmp = 0x0;
        tmp = Read_MFRC522(reg); //maskSET
        Write_MFRC522(reg,tmp | mask);    // set bit mask
}

//clear RC522 register bit
void ClearBitMask(unsigned char reg,unsigned char mask)    {
```

```
    char tmp = 0x0;
    tmp = Read_MFRC522(reg);
    Write_MFRC522(reg, tmp & ~mask);   // clear bit mask
}

/* Look for the card, read the card type
 * reqMode, - to find the card the way,
 * TagType - return type of card
 *   0x4400 = Mifare_UltraLight
 *   0x0400 = Mifare_One (S50)
 *   0x0200 = Mifare_One (S70)
 *   0x0800 = Mifare_Pro (X)
 *   0x4403 = Mifare_DESFire
*/

char MFRC522_Request(unsigned char req_code,unsigned char *TagType){
   char status;
   unsigned int   backBits; //data bits to be received
   //ClearBitMask(Status2Reg,0x08);   //.3=MFCrypto1On(0=Clear)
   Write_MFRC522(BITFRAMINGREG0D,0x07); //The number of last bits.=7
   //.2.1.0=TxLastBits[2:0] = the number of bits of the last byte that will be txed.
   // (000=All bits of the last byte will be txed)
   //SetBitMask(TxControlReg,0x03);
   // bit1=Tx2REFn and bit0=Tx1REFn (output signal Tx2 and Tx1 delivers 13.56MHz energy
   // carrier modulated by tx data.)
   TagType[0] = req_code; //MIFARE Command
   status = MFRC522_ToCard(PCD_TRANSCEIVE,TagType,1,TagType,&backBits);
   if ((status != MI_OK) || (backBits != 0x10))      status = MI_ERR;
   return status;
}

//MIFARE Protocol : RC522 and ISO14443 card communication
char MFRC522_ToCard(unsigned char Command, // MF522 command word
                    unsigned char *pInData, // RC522 sent to the card data
                    unsigned char InLenByte, // Send data length
                    unsigned char *pOutData, // received data is returned,
                    unsigned int   *pOutLenBit) // Returns the length of the data bits
{
    char status = MI_ERR;
    unsigned char irqEn     = 0x00;
    unsigned char waitFor = 0x00;
    unsigned char lastBits, n;
    unsigned int i;

    switch (Command)
    {
       case PCD_AUTHENT:
          irqEn    = 0x12;      waitFor = 0x10;       break;
       case PCD_TRANSCEIVE:
          irqEn    = 0x77;      waitFor = 0x30;       break;
       default:
         break;
    }

    Write_MFRC522(COMIENREG02,irqEn|0x80); //allow the interrupt request
    ClearBitMask(COMIRQREG04,0x80); //clear all int req bit
    SetBitMask(FIFOLEVELREG0A,0x80);//flush buffer 1, FIFO Init.
    Write_MFRC522(COMMANDREG01,PCD_IDLE); //No Action to cancel the current

    //Write data into the buffer
    for (i=0; i<InLenByte; i++)   Write_MFRC522(FIFODataReg, pInData[i]); //FIFO MIFARE
    //Execute the command
```

```
        Write_MFRC522(COMMANDREG01, Command);
        if (Command == PCD_TRANSCEIVE)    SetBitMask(BITFRAMINGREG0D,0x80); //Start Tx

        //Wait for data to be received
        i = 600;//425ms
        do {
                n = Read_MFRC522(COMIRQREG04);
                i--;
        }while ((i!=0) && !(n&0x01) && !(n&waitFor));

        ClearBitMask(BITFRAMINGREG0D,0x80); //StartSend=0(Stop)

        if (i!=0){
                if(!(Read_MFRC522(ERRORREG06)&0x1B)){ //No Error
                        status = MI_OK;
                        if (n & irqEn & 0x01)        status = MI_NOTAGERR;
                        if (Command == PCD_TRANSCEIVE) {
                            n = Read_MFRC522(FIFOLEVELREG0A);
                            lastBits = Read_MFRC522(ControlReg) & 0x07;
                            if (lastBits) *pOutLenBit = (n-1)*8 + lastBits;
                            else          *pOutLenBit = n*8;
                            if (n == 0)    n = 1;
                            if (n > MAXRLEN)    n = MAXRLEN;
                            //Read the rxed data in the FIFO
                            for (i=0; i<n; i++) {     pOutData[i] = Read_MFRC522(FIFODataReg); }
                        }
                } else{
                    status = MI_ERR;         printf("MI_ERR\r\n");
                }
      }
      SetBitMask(ControlReg,0x80); // stop timer now
      Write_MFRC522(COMMANDREG01,PCD_IDLE);
      //printf("Status=0x%02x\r\n",status);
      return status;
}

void PcdAntennaOn(){ //Tx Energy wave ON
        unsigned char i;
        i = Read_MFRC522(TxControlReg);
        if (!(i & 0x03)){ //ON
            printf("Antenna ON(TxControlReg = 0x%02x)\r\n",i);
          SetBitMask(TxControlReg, 0x03);
        }
}

void PcdAntennaOff(){ //Tx Energy wave OFF
        printf("Antenna OFF\r\n");
        ClearBitMask(TxControlReg, 0x03);
}

// Anti-collision detection, and read the card serial number of the selected card
// Input parameters: return Pointer for the 4-byte card serial num, + the last byte is checksum byte
char PcdAnticoll(unsigned char *pSnr)
{
        char status;
        unsigned char i,snr_check=0;
        unsigned int   unLen;
        unsigned char ucComMF522Buf[MAXRLEN];

        ClearBitMask(Status2Reg,0x08);
        Write_MFRC522(BITFRAMINGREG0D,0x00);
        ClearBitMask(COLLREG0E,0x80);
```

```
    ucComMF522Buf[0] = PICC_ANTICOLL;//0x93(ISO14443-3 AntiCollision) : Cascade Level 1;
    ucComMF522Buf[1] = 0x20; //0x20=ANTICOLL(ISO14443-3)
    status = MFRC522_ToCard(PCD_TRANSCEIVE,ucComMF522Buf,2,ucComMF522Buf,&unLen);
    if (status == MI_OK)      {
      for (i=0; i<4; i++)   *(pSnr+i)   = ucComMF522Buf[i];   snr_check ^= ucComMF522Buf[i];
      if (snr_check != ucComMF522Buf[i]) //BCC1 check
            status = MI_ERR;
    }
    SetBitMask(COLLREG0E,0x80);
    return status;
}

u8 MFRC522_SelectTag(unsigned char *pSnr)
{
    u8 size, status;
    unsigned char i;
    unsigned int  unLen;
    unsigned char ucComMF522Buf[MAXRLEN];

    ucComMF522Buf[0] = PICC_SELECTTAG;
    ucComMF522Buf[1] = 0x70; //0x70=SELECT(ISO14443-3)
    ucComMF522Buf[6] = 0;//BCC reset
    for (i=0; i<4; i++)      { //echo back to PICC
     ucComMF522Buf[i+2] = *(pSnr+i);
     ucComMF522Buf[6]   ^= *(pSnr+i);
    }
    CalulateCRC(ucComMF522Buf,7,&ucComMF522Buf[7]);
    ClearBitMask(Status2Reg,0x08);
    //0x93 0x70(SELECT) 0x88(CT) | SN0,1,2 | BCC | CRC0 | CRC1
    status = MFRC522_ToCard(PCD_TRANSCEIVE,ucComMF522Buf,9, ucComMF522Buf,&unLen);
    if ((status == MI_OK) && (unLen == 0x18)) size = ucComMF522Buf[0];
    else      size = 0;
    return size;
}

// MFRC522_Auth: Verify that the card password
char PcdAuthState(unsigned char auth_mode, //0x60 = Key A; 0x61 = Key B
                  unsigned char addr,   // block address
                  unsigned char *pKey, // sectors password
                  unsigned char *pSnr) //Snr=Card serial Num(4 bytes)
{
    char status;
    unsigned int  unLen;
    unsigned char i,ucComMF522Buf[MAXRLEN];

    ucComMF522Buf[0] = auth_mode;
    ucComMF522Buf[1] = addr; //BlockAddr
    for (i=0; i<6; i++)      {      ucComMF522Buf[i+2] = *(pKey+i);     } //SectorKey
    for (i=0; i<6; i++)      {      ucComMF522Buf[i+8] = *(pSnr+i);     }

    status = MFRC522_ToCard(PCD_AUTHENT,ucComMF522Buf,12,ucComMF522Buf,&unLen);
    if ((status != MI_OK) || (!(Read_MFRC522(Status2Reg) & 0x08)))   status = MI_ERR;
    return status;
}

//Receive MIFARE msg
char PcdRead(unsigned char addr,unsigned char *pData){
    char status;
    unsigned int  unLen;
    unsigned char i,ucComMF522Buf[MAXRLEN];
    ucComMF522Buf[0] = PICC_READ; //0x30 MIFARE READ COMMAND
    ucComMF522Buf[1] = addr;
```

```
        CalulateCRC(ucComMF522Buf,2,&ucComMF522Buf[2]);
        status = MFRC522_ToCard(PCD_TRANSCEIVE,ucComMF522Buf,4, ucComMF522Buf,&unLen);
        if ((status == MI_OK) && (unLen == 0x90))        {
              for (i=0; i<16; i++)    *(pData+i) = ucComMF522Buf[i];
        }
        else        status = MI_ERR;
        return status;
}

// Write block data.
char PcdWrite(unsigned char addr,        // block address
                    unsigned char *pData)  // writeData(16 bytes of data) to the block
{
        char status;
        unsigned int    unLen;
        unsigned char i,ucComMF522Buf[MAXRLEN];
        ucComMF522Buf[0] = PICC_WRITE; //0xA0 MIFARE WRITE COMMAND
        ucComMF522Buf[1] = addr;
        CalulateCRC(ucComMF522Buf,2,&ucComMF522Buf[2]);
        status = MFRC522_ToCard(PCD_TRANSCEIVE,ucComMF522Buf,4, ucComMF522Buf,&unLen);
        if ((status != MI_OK) || (unLen != 4) || ((ucComMF522Buf[0] & 0x0F) != 0x0A)) status=MI_ERR;
        if (status == MI_OK)        {
              for (i=0; i<16; i++)      ucComMF522Buf[i] = *(pData+i);
              CalulateCRC(ucComMF522Buf,16,&ucComMF522Buf[16]);
              status = MFRC522_ToCard(PCD_TRANSCEIVE,ucComMF522Buf,18,
                                                                  ucComMF522Buf,&unLen);
              if ((status != MI_OK) || (unLen != 4) || ((ucComMF522Buf[0] & 0x0F) != 0x0A)) status = MI_ERR;
        }
        return status;
}

char PcdValue(unsigned char dd_mode,     //Decrement or Increment
                    unsigned char addr,       //block address
                    unsigned char *pValue) // amount of value
{
        char status;
        unsigned int    unLen;
        unsigned char i,ucComMF522Buf[MAXRLEN];

        ucComMF522Buf[0] = dd_mode;
        ucComMF522Buf[1] = addr;
        CalulateCRC(ucComMF522Buf,2,&ucComMF522Buf[2]);
        status = MFRC522_ToCard(PCD_TRANSCEIVE,ucComMF522Buf,4,ucComMF522Buf,&unLen);
        if ((status != MI_OK) || (unLen != 4) || ((ucComMF522Buf[0] & 0x0F) != 0x0A))
            status = MI_ERR;
        if (status == MI_OK)    {
              for (i=0; i<16; i++) {    ucComMF522Buf[i] = *(pValue+i);      }
              CalulateCRC(ucComMF522Buf,4,&ucComMF522Buf[4]);
              unLen = 0;
              status = MFRC522_ToCard(PCD_TRANSCEIVE,ucComMF522Buf,6,ucComMF522Buf,&unLen);
              if (status != MI_ERR){ status = MI_OK;       }
        }
        if (status == MI_OK) {
              ucComMF522Buf[0] = PICC_TRANSFER;
              ucComMF522Buf[1] = addr;
              CalulateCRC(ucComMF522Buf,2,&ucComMF522Buf[2]);
              status = MFRC522_ToCard(PCD_TRANSCEIVE,ucComMF522Buf,4,ucComMF522Buf,&unLen);
              if ((status != MI_OK) || (unLen != 4) || ((ucComMF522Buf[0] & 0x0F) != 0x0A))
                                                                          { status = MI_ERR;}
        }
        return status;
}
```

```
//Backup Value (using Transfer)
char PcdBakValue(unsigned char sourceaddr,    //Sector Address
                    unsigned char goaladdr)    //To be saved sector address
{
    char status;
    unsigned int  unLen;
    unsigned char ucComMF522Buf[MAXRLEN];

    ucComMF522Buf[0] = PICC_RESTORE;
    ucComMF522Buf[1] = sourceaddr;
    CalulateCRC(ucComMF522Buf,2,&ucComMF522Buf[2]);

    status = MFRC522_ToCard(PCD_TRANSCEIVE,ucComMF522Buf,4,ucComMF522Buf,&unLen);
    if ((status != MI_OK) || (unLen != 4) || ((ucComMF522Buf[0] & 0x0F) != 0x0A))
                                                            {status = MI_ERR;}

    if (status == MI_OK)    {
        ucComMF522Buf[0] = 0;       ucComMF522Buf[1] = 0;
        ucComMF522Buf[2] = 0;       ucComMF522Buf[3] = 0;
        CalulateCRC(ucComMF522Buf,4,&ucComMF522Buf[4]);
        status = MFRC522_ToCard(PCD_TRANSCEIVE,ucComMF522Buf,6,ucComMF522Buf,&unLen);
        if (status != MI_ERR) { status = MI_OK;    }
    }

    if (status != MI_OK)    return MI_ERR;
    ucComMF522Buf[0] = PICC_TRANSFER;
    ucComMF522Buf[1] = goaladdr;
    CalulateCRC(ucComMF522Buf,2,&ucComMF522Buf[2]);
    status = MFRC522_ToCard(PCD_TRANSCEIVE,ucComMF522Buf,4,ucComMF522Buf,&unLen);
    if ((status != MI_OK) || (unLen != 4) || ((ucComMF522Buf[0] & 0x0F) != 0x0A))
                                                            { status = MI_ERR;}
    return status;
}

char PcdHalt(void) // command card into hibernation
{
    char status;
    unsigned int  unLen;
    unsigned char ucComMF522Buf[MAXRLEN];

    ucComMF522Buf[0] = PICC_HALT;
    ucComMF522Buf[1] = 0;
    CalulateCRC(ucComMF522Buf,2,&ucComMF522Buf[2]);
    status = MFRC522_ToCard(PCD_TRANSCEIVE,ucComMF522Buf,4,ucComMF522Buf,&unLen);
    return MI_OK;
}

// Input parameters: pIndata - to be reading a CRC data, len - the length of the data,
                                                    pOutData - calculated CRC
void CalulateCRC(unsigned char *pIndata,unsigned char len,unsigned char *pOutData){
    unsigned char i,n;
    ClearBitMask(DivIrqReg,0x04);
    Write_MFRC522(COMMANDREG01,PCD_IDLE);
    SetBitMask(FIFOLEVELREG0A,0x80);
    for (i=0; i<len; i++)    {    Write_MFRC522(FIFODataReg, *(pIndata+i));    }
    Write_MFRC522(COMMANDREG01, PCD_CALCCRC);
    i = 0xFF;
    do    {
        n = Read_MFRC522(DivIrqReg);
        i--;
    }  while ((i!=0) && !(n&0x04));
```

```
    pOutData[0] = Read_MFRC522(CRCResultRegL);
    pOutData[1] = Read_MFRC522(CRCResultRegM);
}

//Reset RC522
char MFRC522_Init(){
    u8 ver;
    Write_MFRC522(COMMANDREG01,PCD_SOFTRESET); //Issue Reset Command
    delayms(10);
   // Timer: TPrescaler * TreloadVal/6.78MHz = 24ms
   // TMODEREG2A [3 .. 0] + TPRESCALERREG2B
    Write_MFRC522 (TMODEREG2A, 0x8D); // Tauto = 1; f(Timer) = 6.78MHz/TPreScaler
    Write_MFRC522 (TPRESCALERREG2B, 0x3E);
    Write_MFRC522 (TReloadRegL, 30); //16 bit timer reload value
    Write_MFRC522 (TReloadRegH, 0);

    Write_MFRC522 (TXASKREG15, 0x40); // 100% ASK
    Write_MFRC522 (MODEREG11, 0x3D); // LSB first, TxWaitRF, CRC initial value of 0x6363

    // ClearBitMask (Status2Reg, 0x08); / / MFCrypto1On = 0
    // Write_MFRC522 (RXSELREG17, 0x86); / / RxWait = RXSELREG17 [5 .. 0]
    // Write_MFRC522 (RFCfgReg, 0x7F); / / RxGain = 48dB

    PcdAntennaOn(); // open the antenna
    ver = Read_MFRC522(VersionReg);//ChipType[7:4], Version[3:0]
    //printf("MFRC522> Ver=%0x(expected = 0x91(ver1.0) or 0x92(ver2.0))\r\n",ver);
    return MI_OK;
}

u8 mifare_tag_type(u8 *b){
        if(b[0] == 0x44 && b[1] == 0x00)    printf("TagType(0x44:00)=MifareUltralight\r\n");
        else if(b[0] == 0x44 && b[1] == 0x03)   printf("TagType(0x44:03)=Mifare_DESFire\r\n");
        else if(b[0] == 0x04 && b[1] == 0x00)   printf("TagType(0x04:00)=MifareOne(S50)\r\n");
        else if(b[0] == 0x02 && b[1] == 0x00)   printf("TagType(0x02:00)=MifareOne(S70)\r\n");
        else if(b[0] == 0x08 && b[1] == 0x00)   printf("TagType(0x08:00)=MifarePro(x)\r\n");
        return 0;
}
//------------------------------- test data -------------------------------
unsigned char data1[16] =
{0x12,0x34,0x56,0x78,0xED,0xCB,0xA9,0x87,0x12,0x34,0x56,0x78,0x01,0xFE,0x01,0xFE};
unsigned char data2[4]  = {0x12,0,0,0};
unsigned char DefaultKey[6] = {0xFF, 0xFF, 0xFF, 0xFF, 0xFF, 0xFF};
unsigned char g_ucTempbuf[20];

// 4-byte card serial number, 5 byte checksum byte
u8 serNum [5];
u8 writeData[16] = {0, 0, 0, 0, 0, 0, 0, 0, 0, 0, 0, 0, 0, 0, 0, 100}; // initialize the 100 Won
u8 moneyConsume = 18; // consumption of 18 Won
u8 moneyAdd = 10;       // recharge 10 Won
// Key A password, 16 sectors, each sector password 6Byte
u8 sectorKeyA [16][16] = {
            {0xFF, 0xFF, 0xFF, 0xFF, 0xFF, 0xFF},
            {0xFF, 0xFF, 0xFF, 0xFF, 0xFF, 0xFF},
           //{0x19, 0x84, 0x07, 0x15, 0x76, 0x14},
            {0xFF, 0xFF, 0xFF, 0xFF, 0xFF, 0xFF},
            {0xFF, 0xFF, 0xFF, 0xFF, 0xFF, 0xFF},
};
u8 sectorNewKeyA [16][16] = {
        {0xFF, 0xFF, 0xFF, 0xFF, 0xFF, 0xFF},
        {0xFF, 0xFF, 0xFF, 0xFF, 0xFF, 0xFF, 0xff, 0x07, 0x80, 0x69, 0x19, 0x84, 0x07, 0x15,0x76, 0x14},
        //You can set another key, such as "0x19, 0x84, 0x07, 0x15, 0x76, 0x14"
        //{0x19, 0x84, 0x07, 0x15, 0x76, 0x14, 0xff, 0x07, 0x80, 0x69, 0x19,0x84, 0x07,0x15, 0x76,0x14},
```

```
        // But when loop, please set the sectorKeyA, the same key, so that RFID module can read the card
        {0xFF,0xFF,0xFF, 0xFF, 0xFF, 0xFF, 0xff, 0x07, 0x80, 0x69, 0x19, 0x33, 0x07, 0x15, 0x34, 0x14},
};

//=================== MAIN LOOP ===================================
void Mfrc522Loop(void){
    unsigned char status, ver, size;
    u8 uid[5];

    Mfrc522GpioConf();

    printf("MFRC522 RFID Test");
    MFRC522_Init();
    delayms(100);

    ver = Read_MFRC522(VersionReg);
     printf(ostr,"MFRC522> Ver=%0x(expected = 0x91(v1) or 0x92(v2))\r\n",ver);
     somedelay(1000);

    while (1){
       //Get TagType
       status = MFRC522_Request(PICC_REQIDL, g_ucTempbuf); //PICC_REQALL
      if (status != MI_OK)      { LED_RED_OFF; continue;}
      mifare_tag_type(g_ucTempbuf);
      LED_RED_ON;   SPKON;
       delayms(100);
       SPKOFF;          LED_RED_OFF;

      //Anticollision.
      status = PcdAnticoll(g_ucTempbuf);
      if (status != MI_OK)      continue;
      printf("SerialNum=%0x %0x %0x %0x %0x\r\n",
      g_ucTempbuf[0], g_ucTempbuf[1], g_ucTempbuf[2], g_ucTempbuf[3], g_ucTempbuf[4]);

      // Select a specific card, return the card capacity
      size = MFRC522_SelectTag(g_ucTempbuf);
      if (size == 0)    continue;
      printf("MFRC522_SelectTag. Size=%d\r\n", size);

      status = PcdAuthState(PICC_AUTHENT1A, 1, DefaultKey, g_ucTempbuf);
      //Using Key A on the block 1.
      if (status != MI_OK)    {     continue;     }
      printf("PcdAuthenticated\r\n");

      status = PcdWrite(1, data1); //Write the test byte stream of 16 bytes on the block 1.
      if (status != MI_OK)    {     continue;     }
      printf("PcdWrite Done\r\n");

      status = PcdValue(PICC_DECREMENT,1,data2); //decrement 0x12 from the value in the block 1
      if (status != MI_OK)              {     continue;     }

      status = PcdBakValue(1, 2); //Test Transfer Operation (from sector 1 to sector 2)
      if (status != MI_OK)              {     continue;     }

      status = PcdRead(2, g_ucTempbuf); //Check the transfer operation result
      if (status != MI_OK)              {     continue;     }
      PcdHalt();
    }
}
```

16.16 연습문제

[1] 다음 중 RFID를 활용한 시스템이 아닌 것은?
a) 교통 카드 시스템　　　b) 대형 마트의 물품 관리 시스템
c) 혈액관리 시스템　　　d) 노트북의 무선 데이터 전송 시스템

[2] 다음 중 RFID 시스템의 3가지 구성요소가 아닌 것은?
a) 카드　　　b) 터치 센서
c) 데이터처리 서버　　　d) 리더

[3] NFC 시스템은 __MHz 대역을 사용한다.
a) 125KHz　　　b) 13.56Hz　　　c) 900MHz

[4] NFC 시스템의 동작모드 중 RFID 카드로 동작하는 것은?
a) Card Emulation　　　b) Read/Write　　　c) P2P

[5] RFID 카드가 사용하는 부하 변조에서 '1'을 카드가 응답시 리더기 안테나에는 전류가 __ 한다.
a) 감소　　　b) 증가

[6] ISO___규격은 13MHz RFID 시스템의 라인코딩, 변조방식, 비트의 표현 등의 물리 계층 규격을 다룬다.
a) 14443-2　　　b) 14443-3　　　c) 14443-4

[7] ISO___규격은 13MHz RFID 시스템의 초기화 및 anticollision 절차를 다룬다.

[8] 125KHz RFID 시스템에서는 데이터 전송을 위해 f_c/32 클럭을 사용한다. 이때 데이터 전송률은 __이다.
a) 3.9Kbps　　　b) 106 Kbps　　　c) 424 Kbps　　　d) 848 Kbps

[9] 13.56MHz RFID 시스템에서 부하 변조를 f_c/128 로 동작시 전송률은 __이다.
a) 106 Kbps　　　b) 212 Kbps　　　c) 424 Kbps　　　d) 848 Kbps

[10] RFID와 바코드의 장단점을 비교 분석하시오.

[11] http://www.tec-it.com/playground에 접근하여, 온라인 UPC 바코드 생성을 수행해 보라.

[12] 900MHz 등의 고주파를 사용하여 1m이상의 거리를 지원할 경우 레이더 원리를 이용하여 지향성 안테나를 사용한 백스캐터링 변조방식을 사용한다. 카드 안테나를 short시키면 리더로부터의 신호를 크게 반사하지만, 안테나 양단을 분리하면 작게 반사되는 방법으로 변조하여 응답한다. 다음 그림을 참조하여 백스캐터링 방식의 동작을 설명하라.

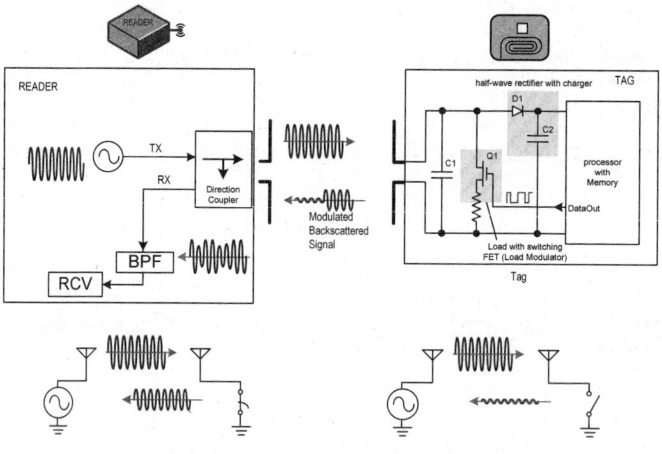

부록

데이터 통신 시스템 개발환경 구축절차

(1) 데이터 통신 시스템 개발 환경

본 교재는 데이터통신 시스템을 위한 하드웨어 및 소프트웨어의 설계능력을 갖도록 하는데 중점을 두고 있다. 하드웨어 관점에서는 두 장치간의 데이터 통신을 위한 모듈의 설계, 구현, 그리고 시험을 포함한다. 소프트웨어 관점에서는 하이퍼터미널 소프트웨어 등의 공개된 소프트웨어의 활용 또는 MCU 기반의 프로그래밍 기법을 습득해야 한다. 이를 위해 다음과 같은 항목을 수행해야 한다.

① 요구하는 기능을 지원하는 부품의 데이터시트와 가격을 참조하여 가장 적합한 부품을 선정한다. 특히 각 칩의 내부 블록도를 참조하여 기능을 분석한 후 각 핀의 역할을 검토해야 한다. 특히 입출력 신호의 동작 가능한 전압 레벨에 유의해야 한다.
② 선정된 칩의 제조회사가 제공하는 참조 설계도를 면밀히 분석한다.
③ 필요한 주변 부품의 기능을 검토한 후 회로도를 설계한다. 이때 MCU가 제공하는 GPIO와 I2C 및 SPI 등을 활용한 인터페이스도 함께 설계한다. 이때 적절한 회로설계 도구(OrCAD, Eagle 등)을 사용한다. 필요시 PCB Layout도 작성하여 PCB를 제작한다.
④ 부품을 장착하여 전원 및 리셋 등에 대한 하드웨어 디버깅을 수행한다.
⑤ 하드웨어 모듈을 구동하기 위한 MCU 소프트웨어를 작성하면서 디버깅한다.

(2) MCU

Microcontroller(μC, MCU)는 CPU(processor) 뿐만 아니라 메모리(RAM, EEPROM)과 다양한 주변장치 모듈(USB, UART, Ethernet, CAN, ADC 등)을 하나의 칩에 집적시킨 칩으로써 일종의 컴퓨터 부품들을 모두 모아 놓은 것이다. 내장된 EEPROM FlashROM에는 프로그램을 내장시킬 수 있다.
대부분의 MCU는 외부의 볼륨 Up/down 스위치, 릴레이, 터치LCD, 블루투스, USB, 온습도 센서 등의 다양한 주변 모듈을 연결할 수 있는 IO핀의 집합인 GPIO(General Purpose IO)핀을 제공한다.
최근의 범용 MCU는 크게 ARM core 기반과 Intel8051 core 기반으로 양분된다.
특히 AtmelAVR (8bit), AVR32(32bit),AT91SAM(32bit), FreescaleColdFire(32bit), Microchip Technology PIC, NXP 사의 LPC 계열, STMicroelectronics사의 STM 계열 그리고 Texas Instruments 사의 MSP430(16bit), Luminary LM3S 계열 및 TM4C 계열 MCU 등이 널리 사용된다.
예를 들어 TI사의 LM3S8962 MCU는 32비트 Cortex-M3 ARM 프로세서 코어를 갖는 100핀 칩으로써 기본사양은 다음과 같다.

- CPU코어 : 32-bit RISC ARM Cortex-M3 v7M(50-MHz)

- 메모리 : 프로그램 저장용 플래시 메모리(256-KB) 및 SRAM 64-KB.
- ADC x4, Timer x4, PWM x6, QEI x2
- GPIO(General Purpose I/O) x 42
- UART x 3 (SIR 기능 지원)
- CAN(Controller area network) x1
- SPI (Serial Peripheral Interface) x 1
- I^2C x1
- 이더넷 모듈 : MAC과 100Mbps급 PHY모듈이 함께 내장됨.

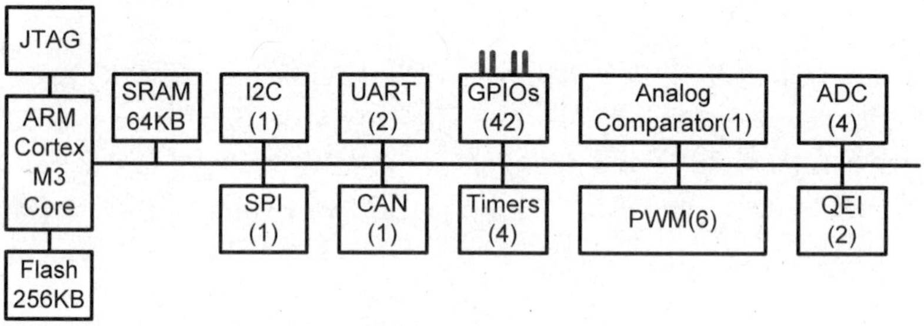

<그림 A.1> LM3S8962 MCU의 내부구성

특별히 42개의 GPIO핀은 크게 PortA~PortG 등으로 그룹화 되어 있으며, 각 포트 그룹 내에서 각 핀은 숫자로 구분된다. 예를 들어 PA0는 Port A 그룹의 0번째 핀을 의미한다.
이러한 GPIO핀은 사용자의 설정에 따라 범용 Input / Output용으로 사용하거나 UART 등의 기능을 부여할 수 있다. 예를 들어 UART0 기능이 필요한 경우, 26번 핀인 PA0를 UART0의 수신 데이터핀, 즉 U0Rx로 할당할 수 있다.

(5) MCU 기반 보드 설계(선택)

본 교재에서 수행할 다양한 데이터 통신 시스템을 설계하기 위하여 먼저 기반이 되는 MCU보드를 설계한다.
이 기반보드에 대한 요구사항은 다음과 같다.

- 전원과 리셋 : 5V 주전원 입력을 사용하여 최대 2A급의 3.3V전원을 공급하며 시스템 리셋스위치를 가진다.
- MCU : 이더넷 모듈이 내장된 MCU를 사용한다. 시스템 클럭은 50MHz 이상이어야 한다. 또한 내부 모듈은 UART, I2C, SPI, CAN, LIN, Ethernet, QEI 등을 지원해야 한다.
- JTAG : 프로그램 다운로드/디버거 인터페이스를 제공해야 한다.
- UART0 : MCU에 내장된 UART0 모듈에 대한 외부 인터페이스로써 콘솔출력용이다.
- User Switch x 2 : 2개의 독립적인 사용자 입력 버튼
- User LED : 1개의 독립적인 사용자 출력 LED
- User Buzzer : 1

- User Encoder : 1개의 독립적인 사용자용 Quadrature Incremental Encoder
- 이더넷 : 100Mbps급 이더넷 인터페이스이다.
- ADC : 4개의 독립적인 ADC입력
- 크기 : 100 x 65 mm

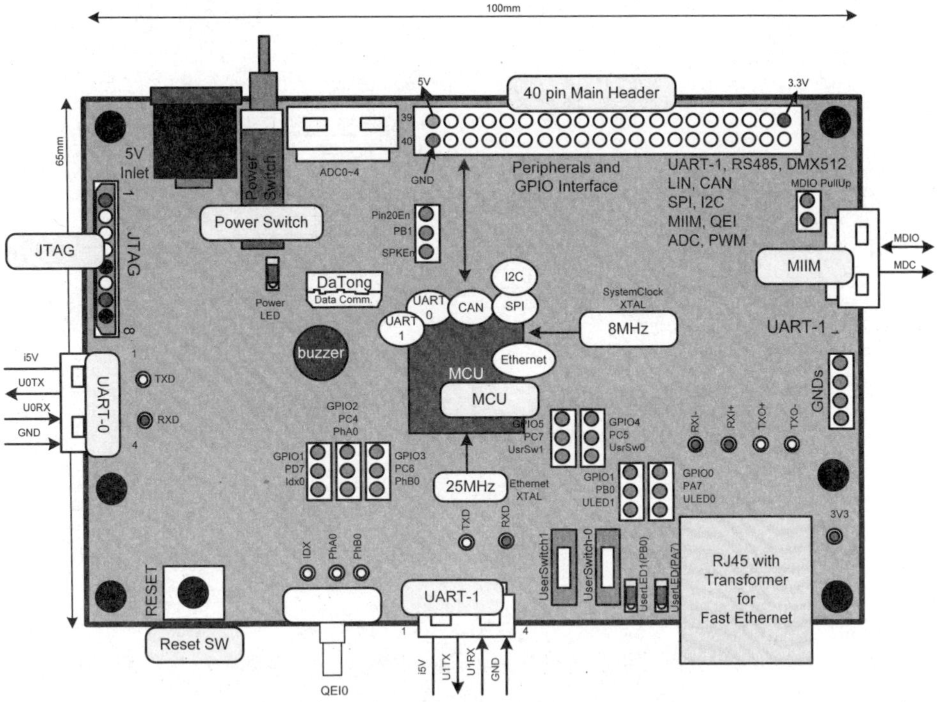

<그림 A.2> MCU 기반 보드의 구성과 예

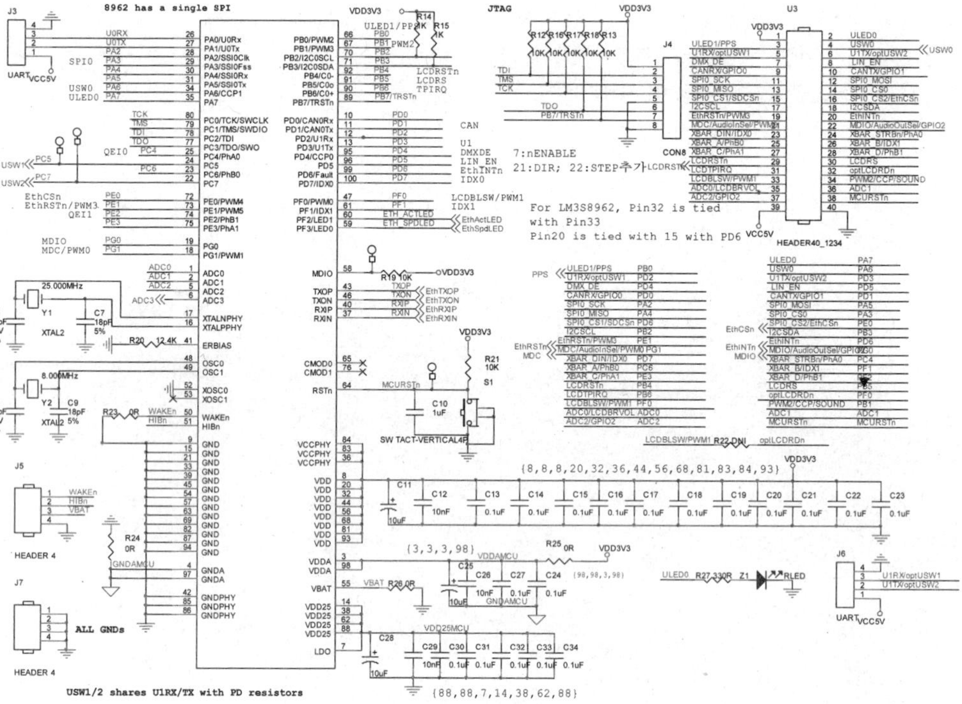

<그림 A.3> LM3S8962 MCU 기반 보드 회로도의 일부

[참고] 필요시 아두이노 계열 보드를 사용해도 된다. 이것은 보드상에 다운로더 기능이 탑재되어 있다. 필요한 GPIO핀은 주변의 헤더소켓의 핀을 사용한다. <그림 A.4>는 Uno 보드이다. 주의할 점으로 모든 신호선은 5V의 TTL 레벨을 갖는다는 것이다.

<그림 A.4> Arduino Uno 보드의 예

(6) I/O 보드의 구성

RS485, Current Loop, I2C, SPI, I2S, LIN, CAN, GPS 등의 기능을 제공하는 개별적인 I/O보드는 MCU 보드의 40핀 헤더와 연결되어 3.3V, 5V,GND등의 전원을 공급받고 UART1, I2C, SPI 등의 신호를 연결하기 위한 표준화된 인터페이스도 갖도록 한다.

이를 위하여 다음과 같은 규격을 지원하도록 한다.

- I/O보드의 크기는 100x50 mm이다.
- 2.54mm 피치를 갖는 2x20핀 헤더는 top면에 male 핀이 위치하며 bottom측에는 female 핀이 위치하도록 한다.
- 여러 보드를 stacking할 경우 보드간의 수직 간격은 15mm이다. 고정 홀은 3mm 직경을 갖는다.

또한 MCU와 모듈간의 인터페이스는 MCU로부터 전원과 Reset신호를 수신받으며 CAN, LIN, UART-1 등의 신호를 인터페이스하기 위한 40핀 헤더로 구성된다.
본 교재에서 사용할 20x2 인터페이스 헤더는 <그림 A.5>와 같이 할당한다. 여기서 3.3V 주전원, Reset, 5V 부전원, GND 핀은 각각 1,38, 39,40번 핀에 고정 할당되어 있다.
이 외에 User LED, User Switch, UART-1, DMX512, LIN, CAN, SPI, I2C 등의 기능이 할당되어 있으며, Ethernet Interrupt, Crossbar Switch, Encoder(QEI), PWM, ADC용 핀이 할당되어 있다. 이러한 인터페이스 핀들은 앞으로 사용될 각종 I/O 모듈을 접속시 활용된다.
핀 별 신호할당은 다음과 같으며 본 교재에서는 UniBus라고 부르도록 한다.

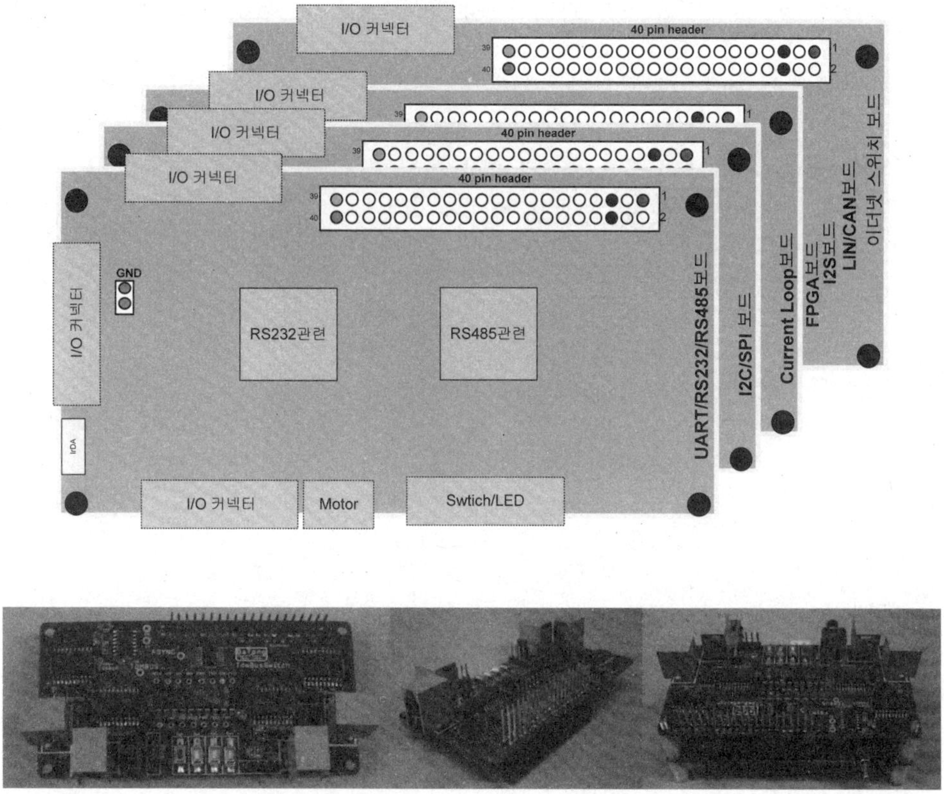

<그림 A.5> 데이터통신용 I/O 모듈의 구성과 MCU보드에 결합된 예

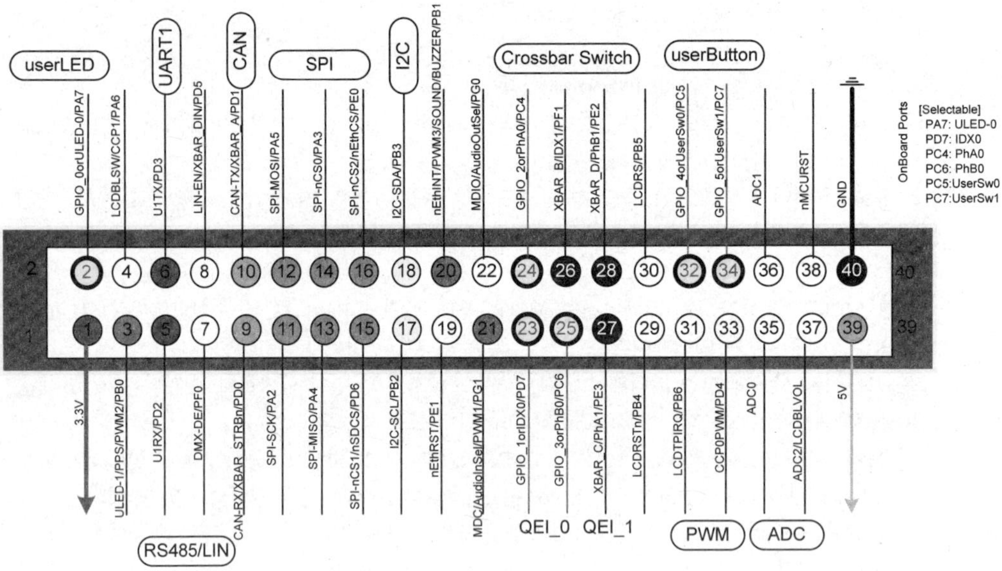

<그림 A.6> UniBus 인터페이스 규격

[참고] 필요시 아두이노용 shield 보드에 점퍼선으로 연결하여 사용해도 된다.

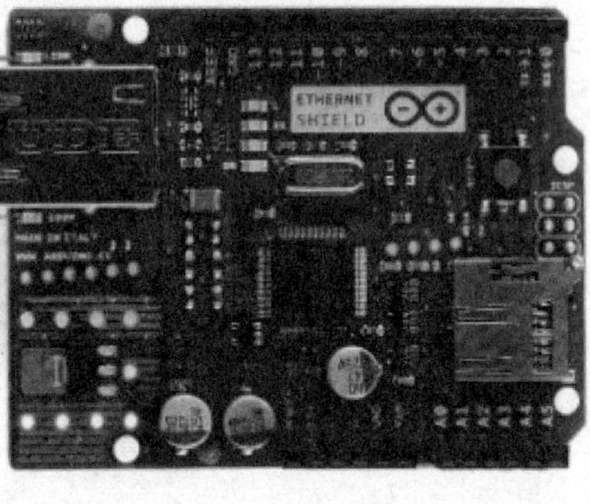

<그림 A.7> 아두이노 이더넷 shiled 모듈의 예

(7) 개발환경

a) 공통 개발 환경

- 오실로스코프 및 로직 분석기
- 테스터기 및 함수발생기

b) 하드웨어 개발 환경

- 회로 설계 도구 : OrCAD Capture, Allegro OrCAD, Eagle CAD, Altium 등
- PCB 설계 도구 : OrCAD Layout, Eagle CAD, KiCAD(무료), PADS
- 참조 MCU 보드 및 다운로더 및 디버거
- MCU 보드 : 임의의 MCU 보드 사용. 필요시 아두이노 등 범용 MCU 보드 사용 가능
- IO 보드 : 별도 설계. 일부 주제의 경우 아두이노 계열 Shield 모듈을 사용해도 됨.

c) 소프트웨어 개발 환경

- 통합 개발 환경 : Compiler, Linker, Debugger, Downloader가 통합된 도구(CooCox CoIDE 등). 아두이노 플랫폼을 사용할 경우에는 아두이노 IDE를 사용해도 된다.
- 라이버러리 : Stellarisware(LM3S 계열 MCU의 경우)

(8) 프로그램 개발 환경

<그림 A.8>은 일반적인 데이터통신시스템 개발환경이다. 크게 MCU와 주변회로가 탑재된 타겟보드와 MCU내부의 플래시메모리에 저장될 프로그램을 다운로드하는 JTAG 다운로드 모듈, 그리고 PC에 설치된 컴파일러, 디버거, 다운로더가 포함된 통합개발환경(IDE)이다.

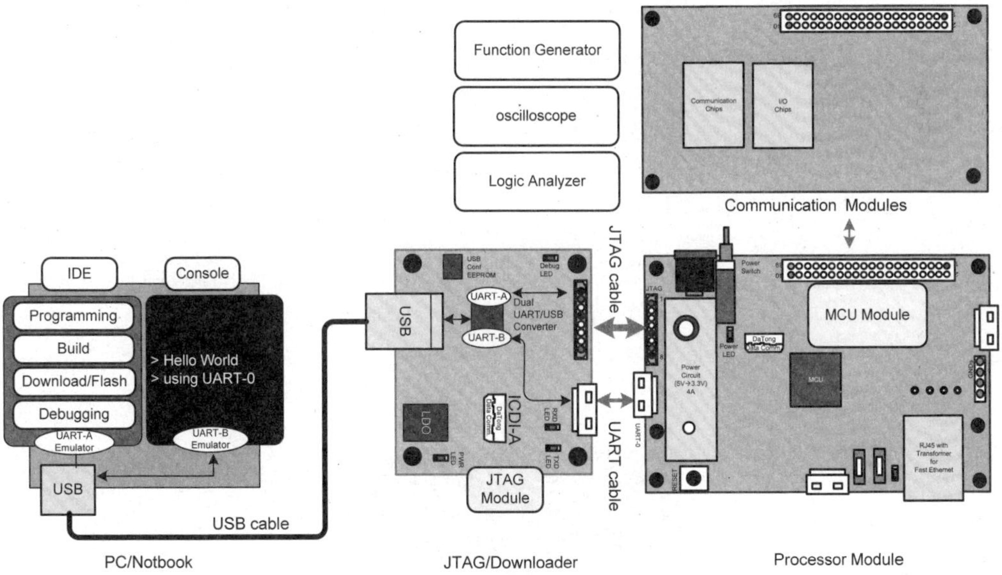

<그림 A.8> 개발환경의 구성

컴파일러뿐만 아니라 다운로더 및 디버거 등의 기능을 통합한 것을 IDE(Integrated Development Environment, 통합 개발 환경)라고 하며 다음과 같이 많은 종류가 있다.

- Keil ARM RealView Microcontroller Development System
- IAR Embedded Workbench for ARM
- CodeSourcery G++
- Code Red Technology Red Suite
- CooCox IDE
- **[참고]** Arduino IDE

각 제조회사별로 MCU 내부의 구조와 동작 방식이 상이하므로 적절한 컴파일러가 필요하다. 본 교재에서는 다양한 종류의 MCU를 지원하면서 무료로 사용 가능한 Eclipse 기반의 CooCox IDE를 사용한다. 사용자는 이러한 개발도구를 사용하여 다음과 같은 절차로 MCU를 구동한다.

① IDE를 PC에 설치한다.
② MCU용 프로그램을 작성한다.
③ 크로스 컴파일, 링크 등을 연속처리하는 빌드 과정을 수행한다.
④ 빌드 결과로 생성되는 이진파일을 JTAG 인터페이스를 통하여 MCU 내부의 플래시 메모리에 주입한다. 이 과정을 flash 또는 다운로드한다고 한다.
⑤ 필요시 개발도구의 디버거를 사용하여 breakpoint 설정 등이 가능한 디버깅을 수행한다.

(9) 다운로더/JTAG Debug 모듈

빌드된 프로그램을 MCU에 주입하기 위한 방법으로는 JTAG인터페이스 또는 Single Wire Debug(SWD) 인터페이스 방식이 있다. 우리는 JTAG 방식을 이용할 것이며 PC와 MCU간에 프로그램의 다운로드 및 디버깅을 지원하는 전용 JTAG 모듈을 사용한다.
JTAG 모듈은 USB를 통하여 2개의 UART 기능을 지원하는 FT2232D 칩이 장착되어 있다. 첫번째 UART-A는 JTAG 버스를 지원하는 용도로 사용되며 두번째 UART-B는 MCU보드의 UART-0에 접속되어 MCU 보드 작동시 콘솔 화면 출력으로 사용할 수 있다.
따라서 개발환경(IDE)이 설치된 PC에 JTAG 모듈을 USB로 연결하려면 PC에는 2개의 Com포트가 설정될 수 있도록 해야 한다.

<그림 A.9> JTAG/다운로드 모듈의 예

(10) CooCox IDE 설치

다음 절차에 따라 CoIDE를 PC(Windows XP, 7)에 설치한다.

a) UART 및 JTAG 드라이버 설치
Console 출력 및 JTAG 프로그램 다운로더/디버거용 UART 드라이버를 설치한다. 이 과정에서 2개의 UART 드라이버(USB를 통한 Com port)가 설치된다. 설치가 완료되면 PC 제어판의 Port 항목에 USB Serial Port(COMx)가 2개 표시될 것이다.

- FTDI사에서 FT2232D용 드라이버인 VCP 드라이버를 다운로드하여 설치한다.
- JTAG 다운로더 보드를 PC와 연결한다.

b) MCU용 라이브러리 설치
각 MCU제조회사 또는 통합 개발 환경을 제공하는 회사가 제공하는 MCU용 하드웨어 드라이버를 설치한다. TI 사의 LM3S8962의 경우, 하드웨어 드라이버 라이버러리인 Stellarisware를 TI사에 접속하여 PC에 설치한다. 가급적 버전 6000대 이상을 사용한다.(SW-LM3S-6594). 참고로 2013년 4월 버전은 v10636이다.

c) Coocox IDE 설치
Version 1.4 이상을 인터넷에서 CoIDE를 다운로드하여 설치한다. 설치시 컴파일러는 CooCox에서 제공하는 GCC toolchain을 사용하도록 한다.

d) 시험
MCU 종류를 선택한 후 blinky 예제 프로그램을 수행하여 동작을 시험한다.

(11) Arduino와 범용 MCU 기반 프로그래밍의 비교(참고)

참고로 LED를 깜빡이는 아두이노 기반의 프로그래밍과 LM3S8962 MCU 기반의 프로그램을 비교해 보자.

a) 아두이노 기반 프로그래밍
아두이노 프로그램은 기본적으로 setup()과 loop()로 구성해야 한다. setup()은 LED가 연결된 MCU의 GPIO 핀 13번에 대하여 출력포트로 설정한다. loop()는 setup 완료된 해당 핀에 대하여 '1'과 '0'을 교대하면서 출력시켜 LED를 깜빡하도록 한다.
여기서 main() 함수는 보이지 않지만 아두이노 IDE는 main()문에 상응하는 코드를 생성하여 여기에 setup()을 삽입하고 이후 loop()함수에 대하여 while(1)루프를 추가시킨 새로운 코드로 번역한 후 컴파일한다.
이 과정에서 pinMode() 함수는 내부적으로 플랫폼 MCU(예: AVR MCU)에 맞는 GPIO핀 설정함수로 대체되어 컴파일되며, digitalWrite()함수 역시 그러하다.

```
#define LED_PIN 13
void setup () {
      pinMode (LED_PIN, OUTPUT);       // 13 번 핀을 출력 핀으로 설정
}

void loop () {
      digitalWrite (LED_PIN, HIGH);        // LED ON
      delay (1000);                        // 1000ms(1 초) 대기
      digitalWrite (LED_PIN, LOW);         // LED OFF
      delay (1000);                        // 1000ms(1 초) 대기
}
```

b) 범용 MCU 기반 프로그래밍

전통적인 방법을 사용하여 main() 함수와 필요한 헤더파일을 프로그램에 명시해야 한다. 아래는 LM3S8962 MCU용 blinky 코드이다. 먼저 해당 MCU에 맞는 GPIO 모듈을 enable하고 해당 핀을 출력모드로 설정한다.

이 과정은 아두이노 환경에서의 setup() 기능에 해당된다. 이후 while(1) 루프 내에서 LED를 깜빡이는데 이것은 loop()에 해당된다.

```
//*****************************************************************************
// blinky.c - Simple application that blinks the LED at Port A7.
//*****************************************************************************
#include "inc/hw_types.h"
#include "inc/hw_memmap.h"
#include "inc/hw_gpio.h"
#include "driverlib/gpio.h"
#include "driverlib/debug.h"
#include "driverlib/sysctl.h"

main(){

 //setup
 // Enable the GPIO port group A that is used for the on-board LED at PA7.
 SysCtlPeripheralEnable(SYSCTL_PERIPH_GPIOA);
 // Enable the GPIO pin with output for the LED (Port A7).
 GPIOPinTypeGPIOOutput(GPIO_PORTA_BASE, GPIO_PIN_7);

  //loop
  while(1){ // Loop forever.
        for(ulLoop = 0; ulLoop < 200000; ulLoop++); //delay some time
        GPIOPinWrite(GPIO_PORTA_BASE, GPIO_PIN_7, GPIO_PIN_7); // Output high level
        for(ulLoop = 0; ulLoop < 200000; ulLoop++); //delay some time
        GPIOPinWrite(GPIO_PORTA_BASE, GPIO_PIN_7, ~GPIO_PIN_7); // Output Low level
  }
}
```

c) 비교

여러분은 어떤 것이 편한가? 윈도우와 리눅스 중에서 어떤 것이 편한가? 여러분은 개발자인가?

데이터 통신

Data Communications
A Practical Approach

첫째판 1쇄 인쇄 | 2015년 03월 05일
첫째판 1쇄 발행 | 2015년 03월 15일

지 은 이 윤종호
발 행 인 박은숙
출 판 기 획 강원경
편 집 디 자 인 강원경
표 지 디 자 인 계백피앤피
발 행 처 계백북스
등 록 제 301-2009-136호(2009. 7. 15)

본 사 (110-013) 서울특별시 중구 수표로 4길 27(충무로 3가) (주)케이제이프라자 502호
Tel. (02) 734-2267, 736-9914 Fax. (02) 736-9917